Fundamentals of Corporate Finance

財務管理

10e Ross / Westerfield / Jordan 著

徐燕山 譯

國家圖書館出版品預行編目(CIP)資料

財務管理 ／ Stephen A. Ross, Randolph W. Westerfield,
  Bradford D. Jordan 著：徐燕山譯. – 六版. -- 臺北市：麥
  格羅希爾, 臺灣東華, 2014. 01
    面；　公分
  譯自：Fundamentals of corporate finance, 10th ed.
  ISBN　978-986-341-042-3（平裝）.

  1. 財務管理

494.7　　　　　　　　　　　　　　　　102025066

財務管理 第十版

繁體中文版©2014 年，美商麥格羅希爾國際股份有限公司台灣分公司版權所有。本書所有內容，未經本公司事前書面授權，不得以任何方式（包括儲存於資料庫或任何存取系統內）作全部或局部之翻印、仿製或轉載。
Traditional Chinese Translation Copyright ©2014 by McGraw-Hill International Enterprises, LLC., Taiwan Branch
Original title: Fundamentals of Corporate Finance Alternate Edition, 10e
(ISBN: 978-0-07-747945-9)
Original title copyright © 2013 by McGraw-Hill Education
All rights reserved.

作　　　者	Stephen A. Ross, Randolph W. Westerfield, Bradford D. Jordan
譯　　　者	徐燕山
合 作 出 版 暨 發 行 所	美商麥格羅希爾國際股份有限公司台灣分公司 台北市 10044 中正區博愛路 53 號 7 樓 TEL: (02) 2383-6000　　FAX: (02) 2388-8822
	臺灣東華書局股份有限公司 10045 台北市重慶南路一段 147 號 3 樓 TEL: (02) 2311-4027　　FAX: (02) 2311-6615 郵撥帳號：00064813 門市 10045 台北市重慶南路一段 147 號 1 樓　TEL: (02) 2382-1762
總 經 銷	臺灣東華書局股份有限公司
出 版 日 期	西元 2016 年 1 月 六版二刷
印　　　刷	華顏印刷有限公司

ISBN：978-986-341-042-3

原　序

　　當我們三位決定撰寫本書之時，有一個強而有力的共同信念：財務管理應以整合有力的觀念來加以介紹。我們認為大部份的教科書只是為了湊成一本書，而將相關的主題收集在一起罷了。我們覺得應該有更好的方法來編寫財務管理的教科書。

　　有一件事是可以確定的，我們不僅僅是寫一本教科書而已。因此，藉由多方的協助，我們嚴謹地評估每個主題的重要性與實用性。去除了一些較無相關及純理論的主題，同時也儘量不使用數學來說明理論的涵義及一些不實用的理論。

　　經過這個評估過程，本書撰寫的重心就是下列三大支柱：

- **強調涵義**　在介紹個別課題之前，先探討原理的共同性及其涵義。在各種情況下，先將背後原理作一般性的介紹，再佐以範例說明財務經理應如何進行分析。
- **整合型的評價方法**　我們以淨現值作為財務管理的基本觀念。大多數的教科書均欠缺將淨現值觀念整合入其他分析中。NPV 最重要的觀念（即 NPV 是市價與成本的差額）在機械式的計算過程中消聲匿跡。相反地，我們所介紹的每一個主題均建立在評價概念上，並會小心翼翼地解釋各項決策的評價效果。
- **強調管理階層的看法**　學生應認清財務管理是探討管理的相關議題，我們強調財務經理的決策角色及管理上的數據與判斷。避免以黑箱作業方式來處理財務問題，在一般情況下，我們會點出財務分析的本質、分析的陷阱及分析的限制。

　　回想在 1991 年本書第一版上市時，像一般企業家一樣，我們心裡既盼望，也有擔心，本書的市場接受性會是如何呢？同時，我們也沒想到在短短二十年後，第十版就要出版了。我們做夢也沒想到，在這段期間，我們與來自世界各地的朋友與同事出版適合當地國情的教科書，有澳洲版、加拿大版、南非版、國際版、中文版、法文版、波蘭語版、葡萄牙文版、泰文版、俄文版、韓文版與西班牙文版，和另外一本第七版的教科書「財務管理要義」。

今天，我們預備再跨入市場，目標仍是堅守原先的基本原則。然而，依照眾多讀者的建議與意見，我們改版本書比前面版本更具彈性，諸如：主題上的彈性、不同版本的彈性與教學上的彈性，同時，編排上的特色可以協助學生學習財務管理的內容。我們也提供各種彈性的教材選擇，包括各種授課輔助、學習輔助及設備輔助。不管是使用本書作為教科書，或是與其他教材合併使用，我們確信本書能符合你目前與未來的需求。

Stephen A. Ross
Randolph W. Westerfield
Bradford D. Jordan

譯　序

　　本書是由 Ross、Westerfield 與 Jordan 三位學者所撰寫，在 1991 年發行初版，第十版則在 2013 年問世，在過去短短二十年期間，本書改版了九次，可見本書是各校競相採用的教材。

　　本書內容涵蓋了大部份重要的財務管理課題，讀完本書後，讀者對財務管理內容會有初步與完整的認識。

　　本人很高興能翻譯本書，然而，個人才學不足，疏誤之處，在所難免，尚祈先進不吝賜教。

國立政治大學財務管理學系教授
美國愛荷華大學財務博士

徐燕山

2013 年 8 月

目 次

第一篇　財務管理總論

第 1 章　財務管理導論　3
- **1.1** 財務管理和財務經理　4
  - 何謂財務管理？　4
  - 財務經理　4
  - 財務管理決策　4
- **1.2** 企業組織的型態　7
  - 獨　資　7
  - 合　夥　8
  - 公　司　9
  - 公司的其他名稱……　10
- **1.3** 財務管理的目標　11
  - 可能的目標　11
  - 財務管理目標　12
  - 廣義的目標　13
  - 沙賓法案　14
- **1.4** 代理問題與公司控制　15
  - 代理關係　15
  - 管理目標　15
  - 管理者的行為是為了股東的利益嗎？　16
  - 利害關係人　18
- **1.5** 金融市場與公司　19
  - 公司現金的流入和流出　19
  - 初級市場和次級市場　19
- **1.6** 總　結　22

第 2 章　財務報表、租稅與現金流量　27
- **2.1** 資產負債表　28
  - 左邊：資產　28
  - 右邊：負債和業主權益　28
  - 淨營運資金　29
  - 流動性　31
  - 負債相對於權益　31
  - 市價相對於帳面價值　32
- **2.2** 損益表　34
  - GAAP 和損益表　35
  - 非現金項目　36
  - 時間和成本　36
- **2.3** 租　稅　39
  - 公司稅率　39
  - 平均稅率相對於邊際稅率　39
- **2.4** 現金流量　42
  - 來自資產的現金流量　43
  - 流向債權人和股東的現金流量　45
  - 例子：Dole Cola 的現金流量　48
- **2.5** 總　結　51

第二篇　財務報表與長期財務規劃

第 3 章　運用財務報表　63
- **3.1** 進一步探討現金流量和財務報表　64
  - 現金的來源和使用　64
  - 現金流量表　67
- **3.2** 財務報表標準化　70
  - 共同比的財務報表　70
  - 共同基期的財務報表：趨勢分析　72
  - 結合共同比和共同基期的分析　73
- **3.3** 比率分析　74
  - 短期償債能力比率或流動性指標　75
  - 長期償債能力　78
  - 資產管理或週轉率　81
  - 獲利能力　84
  - 市場價值　86
  - 結　論　88
- **3.4** 杜邦恆等式　89

ROE 的進一步探究　89
杜邦恆等式的延伸分析　92
3.5 財務報表資訊　94
為何要評估財務報表？　94
選擇比較標準　95
財務報表分析的缺失　100
3.6 總結　102

第 4 章　長期財務規劃與成長　119
4.1 何謂財務規劃？　121
成長作為財務管理目標　121
財務規劃的構面　122
規劃可以達成哪些事項？　123
4.2 財務規劃模型：基礎篇　124
財務規劃模型：要素　124
簡易財務規劃模型　126
4.3 銷貨百分比法　127
損益表　128
資產負債表　129
特殊情境　131
另一種情境　132
4.4 外部融資和成長　134
外部資金需求（EFN）和成長　134
財務政策和成長　138
計算可支撐成長率的小提示　142
4.5 財務規劃模型的一些警示　145
4.6 總結　146

第三篇　未來現金流量評價

第 5 章　評價：貨幣的時間價值　161
5.1 終值和複利　162
單期投資　162
多期投資　162
複成長　170
5.2 現值和折現　171
單期現值　171
多期現值　172

5.3 現值和終值：進一步探討　175
現值和終值　175
折現率的求算　176
計算投資期數　181
5.4 總結　185

第 6 章　折現現金流量評價　193
6.1 多期現金流量的現值和終值　194
多筆現金流量的終值　194
多期現金流量的現值　197
現金流量時點　201
6.2 評估均等現金流量：年金和永續年金　202
年金現金流量的現值　203
年金終值　210
期初年金　211
永續年金　212
成長型普通年金與永續年金　215
6.3 利率的比較：複利的功效　216
有效年利率和複利　216
計算和比較有效年利率　216
EAR 和 APR　219
極限型的連續複利　221
6.4 貸款種類與分期償還貸款　223
純折價貸款　223
純付息貸款　224
分期償還貸款　224
6.5 總結　230

第 7 章　利率和債券評價　245
7.1 債券及債券的評價　246
債券的特性和價格　246
債券的價值和收益率　246
利率風險　250
找出到期收益率：試誤法　253
7.2 債券的其他特性　258
是債務，還是權益？　258

　　　　　長期債務：基本概念　259
　　　　　債券合約條款　260
　7.3　債券評等　264
　7.4　其他類型的債券　266
　　　　　政府債券　267
　　　　　零息債券　268
　　　　　浮動利率債券　269
　　　　　其他類型債券　270
　　　　　伊斯蘭債券（Sukuk）　273
　7.5　債券市場　274
　　　　　如何買賣債券　274
　　　　　債券價格報價　274
　　　　　債券價格報價的解釋　278
　7.6　通貨膨脹和利率　279
　　　　　實質利率和名目利率　279
　　　　　費雪效果　280
　　　　　通貨膨脹和現值　281
　7.7　債券收益率的決定因素　282
　　　　　利率期間結構　282
　　　　　債券收益率和殖利率曲線　285
　　　　　結　論　287
　7.8　總　結　287

第 8 章　股票評價　295
　8.1　普通股評價　296
　　　　　現金流量　296
　　　　　特殊情況　298
　　　　　必要報酬率的成份　306
　　　　　倍數股票評價法　307
　8.2　普通股和特別股的特性　308
　　　　　普通股的特性　308
　　　　　特別股的特性　313
　8.3　股票市場　315
　　　　　自營商和經紀商　315
　　　　　NYSE 的組織　315
　　　　　NASDAQ 的運作　318
　　　　　股票市場報導　320
　8.4　總　結　322

第四篇　資本預算

第 9 章　淨現值及其他投資準則　335
　9.1　淨現值法則　336
　　　　　基本概念　336
　　　　　估計淨現值　337
　9.2　還本期間法則　341
　　　　　定　義　341
　　　　　解　析　343
　　　　　補償性優點　344
　　　　　匯　總　344
　9.3　折現還本期間法則　345
　9.4　平均會計報酬率法則　348
　9.5　內部報酬率法則　351
　　　　　IRR 的問題　355
　　　　　補償性優點　362
　　　　　修正內部報酬率（MIRR）　363
　9.6　獲利指數法則　365
　9.7　資本預算實務　366
　9.8　總　結　368

第 10 章　資本投資決策　381
　10.1　專案現金流量：基本概念　382
　　　　　攸關現金流量　382
　　　　　獨立原則　382
　10.2　增額現金流量　383
　　　　　沉入成本　383
　　　　　機會成本　383
　　　　　副效果　384
　　　　　淨營運資金　385
　　　　　融資成本　385
　　　　　其他課題　385
　10.3　預估財務報表與專案現金流量　386
　　　　　預估財務報表　386
　　　　　專案現金流量　387
　　　　　預估總現金流量和價值　388

10.4	專案現金流量：進階探討 390			銷售量和營運現金流量 445	
	淨營運資金的進一步探究 390			現金流量、會計及財務損益兩平 445	
	折舊 393		11.5	營運槓桿	448
	例子：The Majestic Mulch and Compost Company（MMCC） 396			基本概念 448 營運槓桿的涵義 448 衡量營運槓桿 450	
10.5	營運現金流量的其他定義 402			營運槓桿和損益兩平點 452	
	由下往上法 403 由上往下法 404		11.6	資本配額 軟性配額 453	453
	稅盾法 404 結論 405			硬性配額 453	
10.6	折現現金流量分析的特殊案例 405		11.7	總結	454
	評估降低成本的專案 406		**第五篇 風險與報酬**		
	決定投標價格 408 評估不同經濟年限的設備 410		**第 12 章 資本市場的一些歷史**		
10.7	總結 413			**準則**	**465**
第 11 章	**專案分析與評估**	**425**	12.1	報酬 報酬金額 466	466
11.1	評估 NPV 估計值	426		報酬率 468	
	基本問題 426 預測的現金流量和實際的現金流量 426		12.2	歷史紀錄 初步探討 472 深入探討 473	471
	預測風險 427 價值的來源 427		12.3	平均報酬：第一個準則 計算平均報酬 479	479
11.2	情境分析與其他「如果-就怎樣」分析	429		平均報酬：歷史紀錄 479 風險溢酬 480	
	前言 429 情境分析 430			第一個準則 480	
	敏感度分析 433 模擬分析 435		12.4	報酬變異性：第二個準則 次數分配和變異性 481	481
11.3	損益兩平分析	435		歷史變異數和標準差 482	
	固定成本和變動成本 435 會計損益兩平 440			歷史紀錄 486 常態分配 487	
	會計損益兩平：進一步探討 440 會計損益兩平的用途 442			第二個準則 488 2008 年：熊市咆哮，投資者哀號！ 488	
11.4	營運現金流量、銷售量和損益兩平點	443		應用資本市場經驗 489	
	會計損益兩平和現金流量 443			股市風險溢酬：進一步探討 490	

財務管理

- **12.5 平均報酬的進階探討** 492
  - 算術平均與幾何平均 493
  - 計算幾何平均報酬 493
  - 幾何平均報酬或算術平均報酬？ 495
- **12.6 資本市場效率性** 497
  - 效率市場內的價格行為 497
  - 效率市場學說 499
  - 關於 EMH 的一些常見錯誤觀念 499
  - 市場效率性的各種形式 501
- **12.6 總 結** 502

第 13 章 報酬、風險與證券市場線 511

- **13.1 預期報酬和變異數** 512
  - 預期報酬 512
  - 計算變異數 515
- **13.2 投資組合** 517
  - 投資組合權數 517
  - 投資組合預期報酬 517
  - 投資組合的變異數 519
- **13.3 宣告、意外和預期報酬** 521
  - 預期報酬和非預期報酬 521
  - 宣告和消息 522
- **13.4 風險：系統性和非系統性** 523
  - 系統性風險和非系統性風險 524
  - 報酬的系統性部份和非系統性部份 524
- **13.5 分散投資與投資組合風險** 525
  - 分散投資的效果：市場歷史的另一個準則 525
  - 分散投資原則 527
  - 分散投資和非系統性風險 528
  - 分散投資和系統性風險 529
- **13.6 系統性風險與貝它係數** 529
  - 系統性風險原則 529
  - 衡量系統性風險 530
  - 投資組合的貝它係數 531
- **13.7 證券市場線** 534
  - 貝它係數和風險溢酬 534
  - 證券市場線 540
- **13.8 證券市場線與資金成本** 544
  - 基本概念 544
  - 資金成本 544
- **13.9 總 結** 545

第六篇 資金成本和長期財務政策

第 14 章 資金成本 559

- **14.1 資金成本：基礎篇** 560
  - 必要報酬率和資金成本 560
  - 財務政策和資金成本 561
- **14.2 權益成本** 561
  - 股利成長模型法 562
  - SML 法 564
- **14.3 負債成本和特別股成本** 566
  - 負債成本 566
  - 特別股成本 567
- **14.4 加權平均資金成本** 568
  - 資本結構權數 568
  - 稅和加權平均資金成本 569
  - 計算 Eastman Chemical 的 WACC 570
  - 解決倉儲問題和類似的資本預算問題 576
  - 績效評估：WACC 的另一用途 577
- **14.5 部門和專案資金成本** 580
  - SML 和 WACC 580
  - 部門資金成本 581
  - 單純遊戲法 582
  - 主觀法 582
- **14.6 發行成本和加權平均資金成本** 584
  - 基本方法 584
  - 發行成本和 NPV 586

內部權益資金和發行成本　588
14.7　總　結　588

第15章　募集資金　599

15.1　公司的融資生命週期：創始階段的融資和創業投資資金　600
　　　創業投資資金　600
　　　創業投資資金的真相　601
　　　選擇創業投資公司　601
　　　結　論　602
15.2　公開發行有價證券：基本步驟　602
15.3　各種證券發行方式　605
15.4　承銷商　606
　　　如何選擇承銷商　607
　　　承銷方式　607
　　　後　市　609
　　　綠鞋條款（增售條款）　609
　　　閉鎖協議　609
　　　靜默期　610
15.5　初次公開發行和價格低估　610
　　　IPO價格低估：1999年至2000年的經歷　611
　　　價格被低估的證據　611
　　　為什麼價格會低估？　615
15.6　新權益的銷售和公司價值　618
15.7　證券發行的成本　619
　　　公開銷售股票成本　619
　　　公開發行的成本：個案探討　622
15.8　認股權　624
　　　認股權發行的機制　624
　　　購買一股新股票所需的認股權數目　626
　　　認股權的價值　626
　　　除　權　629
　　　承銷協議　629
　　　對股東的影響　630
15.9　權益稀釋　631
　　　所有權百分比的權益稀釋　632
　　　價值的權益稀釋：帳面價值和市場價值　632
15.10 發行長期負債　634
15.11 存架註冊　635
15.12 總　結　636

第16章　財務槓桿和資本結構政策　645

16.1　資本結構問題　646
　　　公司價值和股票價值：例子　646
　　　資本結構和資金成本　647
16.2　財務槓桿的效果　648
　　　財務槓桿的基本概念　648
　　　公司借款和自製的財務槓桿　652
16.3　資本結構和權益資金成本　654
　　　M&M定理I：圓形派模型　655
　　　M&M定理II：權益成本和財務槓桿　655
　　　營業風險和財務風險　658
16.4　有公司稅下的M&M定理I和定理II　659
　　　利息稅盾　660
　　　稅和M&M定理I　660
　　　稅、WACC和定理II　662
　　　結　論　663
16.5　破產成本　666
　　　直接破產成本　666
　　　間接破產成本　667
16.6　最適資本結構　668
　　　資本結構的靜態理論　668
　　　最適資本結構和資金成本　669
　　　最適資本結構：重點重述　669
　　　資本結構：管理上的建議　672
16.7　圓形派的再探討　673
　　　圓形派模型的延伸　673
　　　流通請求權和非流通請求權　674
16.8　融資順位理論　675

內部融資及融資順位理論　675
　　　融資順位涵義　676
16.9　資本結構的實際面　677
16.10　破產程序速讀　679
　　　清算和重整　679
　　　財務管理和破產過程　682
　　　免於破產的協議　683
16.11　總　結　683

第 17 章　股利和股利政策　693

17.1　現金股利和股利發放　694
　　　現金股利　694
　　　現金股利發放的標準過程　695
　　　股利發放：時序表　695
　　　除息日　696
17.2　股利政策有關嗎？　698
　　　股利政策無關說的例子　698
　　　自製股利　699
　　　測　驗　700
17.3　現實世界中偏愛低股利的因素　701
　　　稅　701
　　　發行成本　701
　　　股利限制　702
17.4　有利於高股利的實務面因素　702
　　　渴望現時的所得　703
　　　高股利在賦稅上和法令上的優點　703
　　　結　論　704
17.5　實務面因素的分解　704
　　　股利的資訊內容　704
　　　股利顧客效果　705
17.6　股票買回：現金股利的替代方案　707
　　　現金股利與股票買回　708
　　　股票買回的實務面考量　710
　　　股票買回和每股盈餘　711

17.7　關於股利和支付政策，所知的與所不知的　711
　　　股利和股利支付公司　711
　　　公司平滑股利　714
　　　總匯整　715
　　　股利的相關調查結果　717
17.8　股票股利和股票分割　719
　　　股票分割和股票股利的細部探討　720
　　　股票分割和股票股利的價值　721
　　　反向分割　722
17.9　總　結　724

第七篇　短期財務規劃與管理

第 18 章　短期財務與規劃　733

18.1　現金和淨營運資金　734
18.2　營業循環和現金循環　736
　　　定義營業循環和現金循環　736
　　　營業循環和公司組織圖　738
　　　計算營業循環和現金循環　739
　　　解釋現金循環　742
18.3　短期財務政策的一些課題　743
　　　公司在流動資產上的投資規模　743
　　　流動資產的各種融資政策　745
　　　哪一種融資政策最佳？　748
　　　流動資產和流動負債的實務探討　749
18.4　現金預算　750
　　　銷貨和收取現金　750
　　　現金流出　751
　　　現金餘額　752
18.5　短期借款　753
　　　無擔保貸款　754
　　　擔保貸款　755
　　　其他來源　757
18.6　短期財務計畫　758
18.7　總　結　759

第 19 章 現金和流動性管理　773

- **19.1** 持有現金的理由　774
  - 投機性動機和預防性動機　774
  - 交易性動機　774
  - 補償性餘額　774
  - 持有現金的成本　775
  - 現金管理和流動性管理　775
- **19.2** 認識浮流量　775
  - 支付浮流量　776
  - 收款浮流量和淨浮流量　776
  - 浮流量的管理　778
  - 電子資料交換和票據交換 21 法案（Check 21）：浮流量終結者？　783
- **19.3** 現金收取和集中　784
  - 收款時間的成份　784
  - 現金收款　784
  - 鎖　箱　785
  - 現金集中化　786
  - 加速收款：範例　786
- **19.4** 現金支付的管理　789
  - 增加支付浮流量　789
  - 掌控支付　790
- **19.5** 閒置現金的投資　791
  - 暫時性的現金餘額　791
  - 短期有價證券的特性　793
  - 貨幣市場內的各類有價證券　793
- **19.6** 總　結　795
- **19A** 決定目標現金餘額　801
  - 基本觀念　801
  - BAT 模型　802
  - Miller-Orr 模型：一般化模型　806
  - BAT 和 Miller-Orr 模型的涵義　808
  - 影響目標現金餘額的其他因素　809

第 20 章 授信和存貨管理　813

- **20.1** 授信和應收帳款　814
  - 授信政策的要素　814
  - 授信而來的現金流量　814
  - 應收帳款的投資金額　815
- **20.2** 銷貨條件　816
  - 基本形式　816
  - 信用期間　816
  - 現金折扣　818
  - 信用工具　820
- **20.3** 授信政策分析　821
  - 授信政策效果　821
  - 評估授信政策　821
- **20.4** 最適授信政策　824
  - 授信總成本曲線　824
  - 建構授信運作　826
- **20.5** 信用分析　827
  - 在何時授信？　827
  - 信用資料　829
  - 信用評估和評分　829
- **20.6** 收款政策　830
  - 監控應收帳款　830
  - 催收帳款　831
- **20.7** 存貨管理　832
  - 財務經理和存貨政策　832
  - 存貨種類　832
  - 存貨成本　833
- **20.8** 存貨管理的技術　834
  - ABC 法　834
  - 經濟訂購量模型　834
  - EOQ 模型的延伸　839
  - 衍生性需求存貨的管理　840
- **20.9** 總　結　842
- **20A** 授信政策的更進一步探討　851
  - 兩種替代方案　851
  - 折扣和違約風險　853

第八篇　財務管理專題

第 21 章　國際財務管理　861
- 21.1　專業術語　862
- 21.2　外匯市場和匯率　863
  - 匯　率　864
- 21.3　購買力平價假說　870
  - 絕對購買力平價假說　870
  - 相對購買力平價假說　872
- 21.4　利率平價假說、不偏遠期匯率和國際費雪效果　874
  - 受拋補利息套利　874
  - 利率平價假說　876
  - 遠期匯率和未來的即期匯率　877
  - 綜合討論　878
- 21.5　國際資本預算　879
  - 方法一：本國貨幣法　880
  - 方法二：外國貨幣法　881
  - 未匯出現金流量　881
- 21.6　匯率風險　882
  - 短期風險　882
  - 長期風險　883
  - 換算風險　884
  - 匯率風險管理　885
- 21.7　政治風險　886
- 21.8　總　結　887

附錄 A　附表　895
附錄 B　主要公式　904
索　引　909

財務管理總論

第 1 章　財務管理導論

第 2 章　財務報表、租稅與現金流量

財務管理導論

在美國，公司主管的薪資一直是個爭論不休的問題。大部份的人認為，主管的薪資已成長到高得離譜的程度（至少有些案例是如此）。為了回應此現象，在 2010 年 7 月，Dodd-Frank 華爾街改革及消費者保護法案（Dodd-Frank Wall Street Reform and Consumer Protection Act）成為法律，而這項議案的「有權過問薪資」（say-on-pay）章節規定，市值超過 $7 千 5 百萬的公司，從 2011 年元月開始，必須允許股東針對公司主管的薪資進行不具效力的表決。〔要注意的是，因為此法案適用於公司，對眾議員與參議員來說，它並未讓選民「有權過問（眾議員與參議員）的薪資」。〕

更確切地說，這個法案允許股東同意或反對公司主管的薪資計畫，因此該法案不具法律效力，它不允許股東否決配套薪資，也未對主管的薪資設限。在新法律通過後的 2011 年 2 月，Beazer Homes USA 與 Jacobs Engineering Group 這兩家公司股東首開先鋒投票反對公司主管薪資提案。有位分析師預言，這兩家公司不會是特例，預期在 2011 年至少還有 50 家公司會收到股東的反對票。

理解一家公司如何設定主管薪資及股東在此過程中所扮演的角色，帶領我們進入以下本章所涵蓋的課題：企業的組織型態、公司目標及公司控管。

在研讀現代公司理財與財務管理課程之前，必須先討論兩個中心問題。第一，何謂財務管理以及財務經理在公司內所扮演的角色？第二，財務管理的目標是什麼？為了描述財務管理環境，必須討論公司的組織型態以及公司內部本身所引發的一些衝突。此外，本章也簡略地介紹美國的金融市場。

1.1 財務管理和財務經理

本節討論財務經理在公司內所處的位階。首先定義何謂財務管理（corporate finance）及財務經理的職掌。

何謂財務管理？

設想你要創業，不論這份事業性質為何，你都必須回答下列三個問題：

1. 你應該從事什麼樣的長期投資呢？換言之，你要從事什麼行業，以及你需要哪些辦公場地、機器和設備？
2. 你將從何處募得投資所需的長期資金呢？是要引進其他合夥人，還是要採用借錢的方式呢？
3. 你要如何管理日常性的財務活動，例如，向顧客收款和支付供應商款項等？

你所要面對的問題不止這些，但是，這些是最重要的。廣泛地說，財務管理就是在探討如何解決上述三個問題。因此，本書後面的章節將逐一探討這些問題。

財務經理

大型公司的特色之一是所有權人（公司股東）通常並不直接參與公司業務上的決策，尤其是日常業務決策。而是由公司所雇用的經理人員，在維護所有權人的利益之前提下，代理所有權人制定決策。在大型公司中，財務經理的職責就是回答上面提及的三個問題。

財務管理的功能通常是由公司中的某位高階主管負責，例如財務副總（vice president of finance）或首席財務長（chief financial officer, CFO）等。圖 1.1 中的簡化組織圖凸顯出大型公司的財務活動。如圖所示，財務副總負責協調財務長（treasurer）和會計長（controller）的工作。會計長負責處理成本會計、財務會計、稅務及財務資訊管理系統。財務長則負責現金與信用管理、財務規劃及資本支出。這些財務活動都和前面所提及的三個問題有關，而下面的章節主要在探討這些問題。所以，本書所探討的主題著重於與財務長相關的活動。

財務管理決策

由以上討論得知，財務經理的工作牽涉到三個基本問題。以下，我們進一步地探討其中細節。

資本預算 第一個問題是有關公司的長期投資。資本預算（capital budgeting）就

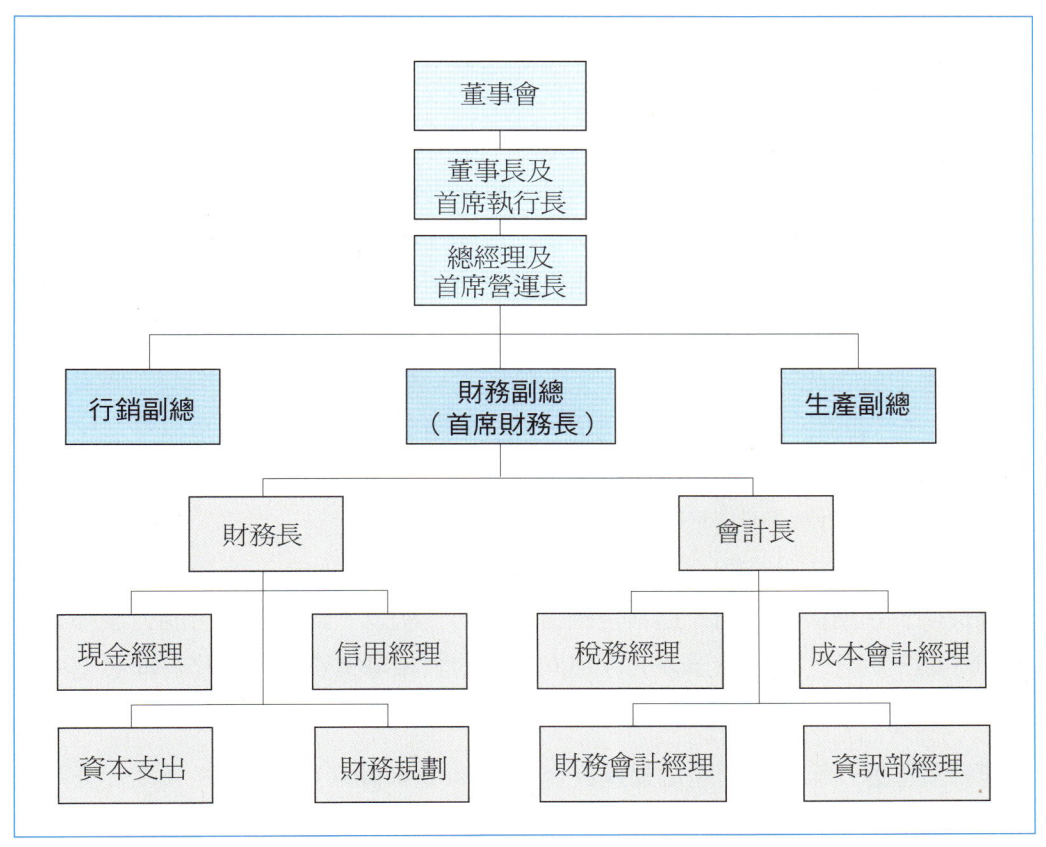

圖 1.1　簡化組織圖：職稱與組織因公司而異

是有關規劃和管理公司長期投資的過程。在資本預算過程中，財務經理應找出那些物超所值的投資機會，簡單地說，就是資產所帶來現金流量的價值超過資產的投資成本。

經常納入考慮的投資機會類型，部份因素取決於公司本身行業的性質。舉例來說，像 Walmart 這種大型零售店，是否再開一間分店將是個重要的資本預算決策。同樣地，對 Oracle 或 Microsoft 之類的電腦軟體公司而言，是否開發及銷售新的工作底稿軟體程式，也是重大的資本預算決策。至於要採用何種電腦系統的決策，則是每個行業普遍面臨的資本預算決策。

無論公司所考慮的是什麼性質的投資機會，財務經理不僅要評估預期回收的現金金額，而且也要注意回收的時點和回收的可能性。資本預算的本質在於評估未來現金流量的大小（size）、發生時點（timing）和風險（risk）。事實上，就如後面的章節所探討的內容，每當我們評估一項企業決策時，現金流量的大小、

發生時點和風險是最重要的考慮因素。

資本結構　財務經理所關心的第二個問題是：公司應經由哪個管道取得長期投資所需的長期資金。資本結構〔capital structure；也稱為財務結構（financial structure）〕就是探討公司採取何種型態的長期負債和權益的資金組合以支援公司所需的資金。在這課題上，財務經理必須考慮兩件事。第一，公司應該舉多少債；換言之，最佳的負債和權益資金的組合為何？所挑選的資金組合將影響到公司的風險和價值。第二，何處是公司最便宜的資金來源？

如果把公司比喻成一個大餅，公司的資本結構就決定了如何切割這個大餅。換言之，公司的資本結構決定了債權人和股東所分配到公司的現金流量之比率。在選擇資本結構時，公司有很大的彈性。而資本結構問題的核心就在於對公司而言，某一資本結構是否優於其他資本結構。

除了必須決定融資組合外，財務經理還必須決定如何以及從何處募得資金。募集長期資金所需的費用，通常是相當可觀的。所以，對於各種可能方案都必須詳加評估。另外，公司有眾多的管道向眾多的對象募集資金，財務經理必須決定經由哪一個管道向哪一特定對象取得資金。

營運資金管理　第三個問題是營運資金（working capital）的管理。營運資金所指的是公司的短期資產，例如，存貨和短期負債；又如，應付供應商的款項。營運資金管理是公司日常性的活動，在確保公司有足夠的資金足以持續營運，以避免營運中斷所造成的損失。營運資金管理牽涉到眾多的公司現金收支之相關活動。

營運資金管理所要探討的問題如下所列：

(1) 公司手頭上應該握有多少現金和存貨？
(2) 公司是否應該賒銷？如果是，賒銷的條件如何？應提供給哪些客戶？
(3) 公司應如何取得所需的短期融資？是要賒購，還是要以短期借款來支應現金交易呢？如果公司打算採用短期借款，公司應該採用哪個管道，以及從哪裡取得借款呢？這些只是公司營運資金管理所要解決的一部份課題而已。

結論　我們描述了財務管理的三個領域：資本預算、資本結構和營運資金管理。這三個領域所包含的範圍非常廣泛。在每一領域之下，又有許多不同的主題，到目前我們所討論的只是其中一小部份而已。下面的章節將針對每一主題，做較詳細的討論。

> **觀念問題**
>
> **1.1a** 何謂資本預算決策？
> **1.1b** 公司所選擇的某一長期負債和權益的資金組合稱為什麼？
> **1.1c** 現金管理屬於財務管理的哪一領域？

1.2 企業組織的型態

Ford 和 Microsoft 等美國的大企業，幾乎都是以公司型態設立。為了探討此現象的背後原因，我們先比較三種不同的法定企業組織型態：獨資、合夥和公司。從企業的壽命、籌措資金的能力和租稅三方面來看，每一種企業組織型態在這三方面各有其優缺點。然而，當企業持續成長時，公司型態的優點將超越公司型態的缺點。

獨　資

獨資（sole proprietorship）就是一人所擁有的企業，是最簡單、最不受法令約束的企業組織型態。隨著地域性不同，有的地區只要取得營業執照，就可以開始獨資經營的事業。因為成立容易，獨資比任何其他型態的企業組織都還要多。現今的許多大企業在初期，就是以獨資的組織型態開始。

獨資的業主獨享全部的利潤，這是獨資的優點；但獨資的業主同時也得承擔公司債務的無限償還責任（unlimited liability），這是獨資的缺點。也就是說，除了企業的資產外，債權人也可以追討業主的私人資產以取得償還。同樣地，個人所得和獨資企業營業所得之間沒有區分，營業所得就是業主的個人所得，因此，全部營業所得都納入個人綜合所得中計算業主的稅額。

獨資企業的存續期間受限於業主本身的壽命，而獨資企業的資本也受限於業主的個人財富。由於資金不足的限制，獨資企業將可能錯失有利的投資機會。另外，獨資企業的所有權移轉非常困難，因為它牽涉到把整個企業轉賣給另一個人。

合　夥

　　合夥（partnership）類似於獨資，只是業主（合夥人）有兩位或兩位以上。就普通合夥（general partnership）而言，所有的合夥人必須共同承擔利潤和損失，且對該合夥企業之全部債務都負有無限償還的責任。合夥企業之利潤（和損失）的分配，則詳細規定在合夥協定（partnership agreement）內。這個協定可以是非正式的口頭上約定，例如，「讓我們一起經營割草機生意吧！」或是一份非常冗長、正式的書面文件。

　　就有限責任合夥（limited partnership）而言，一位或一位以上的普通合夥人（general partners）負責經營該企業，並負無限償還責任。同時也有一位或一位以上的有限責任合夥人（limited partners）在合夥企業內，但他們並不實際參與經營企業。有限責任合夥人對企業債務的償還責任僅限於其所出資的部份。在房地產創業中，這種型態的企業組織非常普遍。

　　合夥和獨資的利弊基本上是一樣的。以非正式協定為基礎的合夥是省事又省錢的組織型態。普通合夥人對合夥債務負有無限償還責任。如果其中任一普通合夥人想要退出或死亡，合夥關係即告中止。合夥人的全部所得都視為個人所得來課稅；而且所有可能籌得的資本，侷限於所有合夥人財富的總和。普通合夥企業的所有權轉移並不是簡單的事，因為轉移牽涉到一個新的合夥關係的組成。雖然有限責任合夥人並不需要解除合夥關係就可以賣掉其股份，然而，要找到一個買主是件困難的事。

　　普通合夥內的合夥人必須對所有合夥債務負無限償還的責任，所以具備一份書面協定是非常重要的。未能事先寫下各合夥人的權利和責任，往往導致日後彼此間的誤解。而且，如果你是一位有限責任合夥人，除非你願意承擔普通合夥人的責任，否則，千萬不要介入公司的經營決策。因為如果經營不好，即使你聲稱自己是有限責任合夥人，你仍可能被視為是無限責任合夥人。

　　依照上述的討論，獨資和合夥這兩種企業組織型態的主要缺點是：

(1) 業主必須承擔企業債務的無限償還責任。
(2) 企業的壽命有限。
(3) 所有權的轉移相當困難。

這三個缺點凸顯了一個核心問題：這類企業因為無法募得投資所需的資金，使其成長能力受到嚴重的限制。

公　司

在美國，公司（corporation）是企業組織型態中最重要的一種（就規模而言）。公司是「法人」的組織型態，與業主完全獨立。公司擁有許多自然人所擁有的權利、義務和特有的權利。公司可以借錢、可以擁有財產、可以告人、可以被告、也可以簽立契約。公司甚至可以成為合夥關係中的普通合夥人，或是有限責任合夥人，也可以持有另一家公司的股份。

可想而知，成立一家公司遠比成立其他型態的企業組織來得複雜。成立公司必須擬定一份公司章程（articles of incorporation 或 charter）和一套實施細則（by-laws）。公司章程必須包括一些項目，像公司名稱、預期壽命（可以是永遠的）、公司的經營目的和可發行股數等。通常這些資料都必須送交公司所在地的州政府。從法律的觀點來看，公司就像是州裡的一個「居民」。

實施細則規定公司如何規範本身的運作。例如，實施細則描述如何選舉董事。這些細則可能是少數規定和程序的簡單陳述。但是在大型企業中，它包含的層面也可能非常廣。股東們可以經常對實施細則作修改或增補。

在大公司中，股東和管理人員通常分屬不同的群體。股東選舉董事會，再由董事會挑選管理人員。管理當局必須以股東的利益為前提，經營公司業務。因為董事是股東所選出來的，所以，基本上真正控制公司的還是股東。

所有權和經營權分開的結果，為公司組織帶來了不少好處。所有權（以股份為代表）的轉讓容易，公司的存續沒有受到限制。公司可以自己的名義借錢，所以股東對公司的債務只負有限責任。股東所損失的，只限於投入公司的資金。

所有權轉讓容易、對公司債務只負有限責任以及公司存續不受限，使得公司在募集資金方面有特別的優勢。例如，公司如果需要增加資本，它可以發行新股票出售給投資人。Apple 公司就是一很好的案例，Apple 是個人電腦產業的先驅者，當產品需求快速增加時，Apple 就由合夥的組織型態轉變成公司的組織型態，以利募集資金支持公司業務成長和開發新產品。股東的數目可能非常龐大，大型公司的股東數目可達數千人，甚至數百萬人。譬如，在 2011 年，GE 擁有大約 4 百萬位股東，發行在外的股票約有 107 億股。在這種情況下，公司所有權的持續轉移不會影響到企業的經營。

公司組織型態有個明顯的缺點。因為公司是一個法人，所以必須繳稅。而股東收到公司發放的股利後，股東必須再繳納個人所得稅。這種現象就是雙重課稅

（double taxation），公司所賺得的利潤必須繳兩次稅：在公司方面，公司就盈餘繳納公司所得稅；在個人方面，股東就收到股利再繳納個人所得稅。[1]

至目前為止，美國境內所有 50 個州已制定法令允許設立兩合公司（limited liability company, LLC）。此類企業組織型態依照合夥企業組織型態的方式課稅，但每位業主僅承擔有限的責任，因此，兩合公司是合夥與公司混合而成的組織型態。雖然各州對兩合公司的定義或許有所差異，但國稅局（Internal Revenue Service, IRS）則是兩合公司的最後認定者。除非兩合公司能符合某些事先設定的條件，否則國稅局將認定兩合公司為一公司的組織型態。兩合公司的組織型態與本質，不能太像公司的組織型態與本質，否則將被視同公司。兩合公司似乎愈來愈流行。例如，Goldman, Sachs and Co. 決定從合夥的組織型態轉變為兩合公司（後來 Goldman, Sachs and Co. 也上市成為上市公司）；另外，許多大型會計師事務所與律師事務所也決定轉型為兩合公司。

由本節的討論可知，大型企業依賴外部投資者和債權人的資金供給，使得公司成為企業的最佳組織型態。公司組織在美國及世界經濟中均佔重要地位，所以，在下面章節中的討論，將以公司組織型態為主。此外，還有一些重要的財務管理課題是公司所獨有的，例如股利政策。然而，不同行業、任何規模的企業都需要財務管理的知識。所以，在下面所討論的主題，大部份也適用於各種型態的企業。

公司的其他名稱……

世界各地的公司組織型態多少有所差異。每個國家的法律和規定也可能不完全一樣，但是大眾持有股權和有限償還責任這兩個公司的重要屬性則不會改變。通常這些企業被稱為聯合股份公司（joint stock companies）、公開有限公司（public limited companies）或兩合公司（limited liability companies），依企業性質和設立的所在國而異。

表 1.1 是一些著名的國際公司、設立所在國、公司型態與其代表的意思。

---

[1] S 公司是特別型態的小型公司，以合夥企業的型態課稅，所以，S 公司可以避免雙重課稅，在 2012 年，S 公司股東數目的上限是 100 位。

表 1.1 國際公司

公司	所在國	公司型態 原文	公司型態 意思
寶馬汽車（Bayerische Motoren Werke (BMW) AG）	德國	Aktiengesellschaft	公司
Dornier GmBH	德國	Gesellschaft mit Beschränkter Haftung	兩合公司
勞斯萊斯（Rolls-Royce PLC）	英國	Public limited company	公開有限公司
殼牌石油（Shell UK Ltd.）	英國	Limited	公司
聯合利華（Unilever NV）	荷蘭	Naamloze Vennootschap	聯合股份公司
飛雅特汽車（Fiat SpA）	義大利	Società per Azioni	聯合股份公司
富豪汽車（Volvo AB）	瑞典	Aktiebolag	聯合股份公司
標緻汽車（Peugeot SA）	法國	Société Anonyme	聯合股份公司

觀念問題

1.2a 企業組織有哪三種型態？
1.2b 獨資和合夥的主要優缺點有哪些？
1.2c 普通合夥和有限責任合夥的差異？
1.2d 為什麼在籌措資金時，公司組織較具優勢？

1.3 財務管理的目標

假設我們所討論的範圍僅限於營利事業，那麼財務管理的目標就是賺錢，或是增加業主財富。當然，這個目標顯得有點籠統，所以我們要檢視一些不同的表達公司目標的方式，以整理出一個較明確的定義。一個明確的目標是非常重要的，因為它可以提供一個客觀的基礎，作為制定和評估財務決策的依據。

可能的目標

如果要思考可能的財務目標，我們或許會想到下面這些目標：

生存

避免財務困難和破產

擊敗競爭對手

銷售或市場佔有率極大化

成本極小化

利潤極大化

穩定的盈餘成長

上述目標只是我們所能列出的眾多目標中的一小部份而已。然而，將上述的任一目標訂為公司的財務目標，均會給財務經理帶來莫大的難題。

例如，只要降低價格，或是放寬信用條件，就可以很容易地提高產品市場佔有率或銷售量。同樣地，只要停止研發計畫，成本就可以降低；只要不舉債、不從事風險性投資，公司就可以避免破產。然而，我們不確定這些措施是否帶給股東最大的利益。

利潤極大化大概是最常標榜的目標。然而，這樣的目標仍不甚明確。我們是追求本年度利潤的極大化嗎？如果是，那麼如延後維修費用支出、降低存貨量和執行削減短期成本的措施，都將使利潤立刻增加，可是這些作法未必是股東所要的。

利潤極大化可能是所謂「長期的」或「平均的」利潤極大化。但是，這種定義仍不甚清楚。首先，我們所指的利潤是會計淨利，或每股盈餘這些數據？誠如下一章中所討論的，這些會計數字和公司的好壞並沒有什麼關聯。其次，何謂「長期」？有位著名的經濟學家曾經說過，長期下來，我們都過世了！更重要的是，這個目標並無法告訴我們，如何取捨目前利潤與未來利潤。

以上所舉的目標雖然各不相同，但是這些目標可以歸類為兩大類。第一類目標與獲利力有關，這些目標包括銷售量、市場佔有率和成本控制等目標，這些目標均牽連到盈餘與利潤。第二類目標則與風險控制有關，包括避免破產、穩定性和安全性。不幸地，這兩類目標多少有些相互矛盾。追求利潤難免會涉及風險，所以實際上並不可能同時達到安全性和利潤極大化兩個目標。因此，我們所需要的是一個整合這兩個因素的目標。

財務管理目標

在公司裡，財務經理代理股東制定決策，依照這個前提，我們無須列舉財務

經理的各種可能目標,而只要回答下面這個基本問題,就可以知道財務管理的目標:從股東的觀點來看,什麼是一個好的財務管理決策呢?

假設股東購買股票的動機是為了要追求財務上的利益,那麼答案就顯而易見了:提高股票價值是好的決策,降低股票價值則是壞的決策。

依照上述的看法,財務經理應以股東的最大利益為方針,制定決策以提升股票價值。如此,財務管理的目標可以簡單地描述如下:

> 財務管理的目標是使公司股票的目前價值極大化。

股票價值極大化這個目標,避免了前節提及的其他目標所遭遇的定義上難題。這個目標清楚且不含糊,也沒有短期或長期的問題。這個目標就是股票的目前(current)價值極大化。

如果你認為這個目標太牽強且片面的話,請你也注意到,股東是公司的剩餘財產所有權人(residual owners)。換言之,只有在償還員工、供應商和債權人(以及任何具有合法求償權者)之後,剩下的資產才是股東所有的。只要這些擁有求償權的其中一方未獲償還,股東也就得不到償還。所以,當股東的剩餘資產價值增加時,就代表股東賺了,同時其他債權人也賺了,因為他們的債權更有保障了!

既然財務管理的目標是要使股票價值極大化,所以我們必須學習如何找尋對股票價值有正面效果的投資和融資機會。事實上,財務管理(corporate finance)就是在探討公司決策與股票價值之間的關係。

廣義的目標

認知目標(股票價值極大化)之後,接下來有一個待解決的問題:如果公司的股票沒有公開交易的話,公司的目標又是如何呢?公司只是企業組織型態的其中一種,況且許多公司的股票也很少轉手,所以要隨時說出這些公司股票的價值是不容易的。

假使我們的對象是營利事業機構,上述目標只需稍作修改即可。公司的股票總價值就等於業主權益的價值。因此,上述目標可以廣泛地定義為:使現有業主權益的市場價值極大化。

無論企業是屬於獨資、合夥或公司型態,只要堅定在上述的廣義目標即可。凡是好的財務決策就會提高業主權益的市場價值,而不好的財務決策則會降低業主權益的市場價值。雖然後面章節中,以公司為我們研究的主要對象,但這些原

理原則仍適用於各種型態的企業，而其中的許多原理原則也可以應用於非營利事業。

上述目標並非暗示財務經理可以採取違法或不道德的行為以提高公司的權益價值。我們的意思是，財務經理應為了業主的利益，提供市場所需且價值高的貨品與勞務，以提升公司股票的價值。

沙賓法案

為因應發生在諸如 Enron、WorldCom、Tyco 及 Adelphia 等公司的企業醜聞，美國國會在 2002 年制定了沙賓法案（Sarbanes-Oxley），此法案較為人所熟知的名稱是 Sarbox，其目的是要保護投資者免於企業濫權之害。例如，Sarbox 其中有一條款，禁止公司提供個人貸款給員工，如 WorldCom 總裁 Bernie Ebbers 所接受的公司貸款。

Sarbox 主要的條款之一在 2004 年 11 月 15 日生效，第 404 條規範每家公司的年報，必須包括一份有關公司內部控制機制及財務報表的評估報告，管理階層對這些事項所做的評估，須經會計師的審核及簽證。

Sarbox 包含其他重要的規定，例如，企業主管需詳閱並簽署年報，他們必須明確宣稱，年報沒有做假或遺漏某些重大資訊；財務報表真實地呈現財務績效；他們為所有的內部管控負責。最後，年報必須列出任何的內部控制缺失。Sarbox 的基本精神在於使管理階層為公司財務報表的正確性負責。

因為呈報的規定與範圍很廣泛，公司為了符合 Sarbox 的規定可能要花費很多費用，這產生了一些未預料到的結果。自從法案開始實施後，數百家上市公司選擇「翻黑」（go dark），意思是它們的股票從證券交易所下市，Sarbox 就不再適用於它們。大多數的這些下市公司都宣稱，它們下市的理由是要規避符合 Sarbox 規定所需的支出。諷刺的是，在這樣的狀況下，法律的效應是阻礙了而不是促進了資訊的公開化。

觀念問題

1.3a 財務管理的目標為何？
1.3b 使利潤最大化這個目標有哪些缺點？
1.3c 請定義財務管理。

1.4 代理問題與公司控制

　　財務經理的決策均應以股東的利益為依歸，以提高股票的價值。然而，我們也知道大型公司的所有權是握在為數眾多的股東手中。所有權的高度分散，意味著管理階層能有效地掌控公司的運作。在此種情況下，管理階層的決策是否會以股東的利益為依歸呢？換言之，管理階層會不會犧牲股東的利益以追求本身的目標？下面就簡略地探討這個課題。

代理關係

　　股東和管理階層之間的關係稱為代理關係（agency relationship）。當某人（雇主）雇用另一個人（代理者）來代理他的權益時，就存在代理關係。舉個例子說，當你不在校期間，你可能雇用某人（代理人）來幫你賣掉你的車子。在這種代理關係中，利益衝突的可能性存在於雇主和代理人之間。這種衝突稱為代理問題（agency problem）。

　　假設你雇用某人幫你賣車子，你答應賣掉車子後付她（他）一筆固定佣金。在這個案件中，代理人的動機是趕快把車子賣掉，以收取此筆固定佣金，而不是高價賣出車子。如果你是以售價的 10% 作為她（他）的佣金，上述的問題就不會存在。這個例子說明了，代理人的報酬方式是影響代理問題的因素之一。

管理目標

　　我們以公司某項新投資方案為例，探討管理階層和股東間的利益衝突。該投資方案預期對股票價值產生正面影響，然而，此投資方案的風險也相對較高。在這種情況下，公司的股東希望進行這項投資（因為股票價值會上升），但是，管理階層卻不這麼想；因為這項投資的結果可能不佳，屆時他們的飯碗可能就不保。如果管理階層不進行這項新投資，股東可能失去了一個有價值的投資機會，這就是一個代理成本的例子。

　　廣泛地說，代理成本（agency costs）是指股東和管理階層間的利益衝突所衍生的成本。這些成本有些是直接的，有些是間接的。像上面所提到投資機會的錯失，就是一種間接代理成本（indirect agency cost）。

　　直接代理成本有兩種型態。第一種是對管理階層有利，但不利於股東的費用支出項目，像購買豪華卻非必要的小型商務噴射機就屬此類。第二種直接代理成本是為了督察管理階層而產生的費用支出，雇用外部的查帳人員來評估財務報表資訊的真實性就是一個例子。

如果任憑管理階層做決策，有人認為他們將傾向於擴充其權力和所能掌控的資源，這將導致過度重視公司的規模與成長。例如，管理階層可能為了擴大企業規模，或展示公司的影響力，而以過高價錢購併另一家公司，這種案例是司空見慣的。如果所付的價碼過高，購併顯然地不利於公司的股東。

上述的討論顯示出，管理階層傾向於強調公司的生存，以保障個人的職位。同時，管理階層可能不歡迎外界的干預，因此，公司的獨立性和公司的自主性可能是他們的重要目標。

管理者的行為是為了股東的利益嗎？

管理者的決策是否以股東的最大利益為根據，取決於兩個因素。第一，管理階層的目標和股東的目標一致性的程度？這個問題和管理者報酬的設計方式有關。第二，如果管理階層不以股東的目標為其目標，他們會被汰換嗎？這個問題和公司的控管有關。根據下面的討論可以得知，即使在大型的公司企業中，我們有足夠理由相信管理階層會以股東的利益作為其決策的依據。

管理者的報酬　基於某種經濟誘因，有兩個理由會促使管理階層去提高股票的價值。第一，高階管理階層的報酬通常是根據公司財務數據績效來決定的，尤其是股票價值這個數據。例如，管理階層經常擁有買價較低的公司股票選擇權。股票的價值愈高，這個選擇權的價值就愈高。事實上，股票選擇權已漸漸地被用來激勵各階層的員工。例如，在 2010 年年底，超過 2 萬名的 Google 員工擁有足以買下 1 千 1 百 50 萬股公司股票的股票選擇權，很多其他大型或小型公司也都採取相同的作法。

第二個理由與管理人員工作生涯前景有關。在公司裡表現愈好的人員，愈容易得到升遷。一般而言，能成就股東目標的管理人員將是人力資源市場上的搶手貨，而他們的薪資也理應較高。

事實上，成功達成股東目標的經理人獲利豐碩。例如，2010 年美國收入最高的經理人是 United Health Group 的執行長（CEO）Stephen Hemsley。根據 *Forbes* 雜誌的報載，他賺了約 $1 億 2,000 萬。相較之下，Hemsley 賺的比 Oprah Winfrey（$2 億 9,000 萬）與 band U2（$1 億 9 千 5 百萬）少，但比 Lady Gaga（$9 千萬）多。2006 年至 2010 年間薪資最高的執行長是 Oracle 的 Lawrence Ellison，他賺了約 $9 億 6 千 1 百萬。幾乎任何上市公司，有關其執行長報酬的資訊或其他成噸的相關資訊皆可輕易地在網路上找到。下一頁的網路作業會教你如何開始。

網路作業

上網是認識公司企業的好方法，有很多網站提供這方面的資訊。你可以上 finance.yahoo.com 網站，進入網站，你就可以看到類似下列的畫面：

要尋找某家公司，你必須先找出它的「代碼符號」（或簡稱為「代碼」）由一到四個字母組成。你可以連接 "Symbol Lookup"，並輸入公司名稱，就可以找到代碼。例如，輸入 Papa John's 公司的代碼 "PZZA" 後，就可以得到下面的畫面：

Papa John'S International, Inc. (NasdaqGS: PZZA)
REAL-TIME 28.35 ↓ 0.36 (1.25%) 1:53PM EST

Last Trade:	28.34	Day's Range:	28.26 - 28.69
Trade Time:	1:50PM EST	52wk Range:	21.51 - 28.84
Change:	↓ 0.37 (1.29%)	Volume:	45,295
Prev Close:	28.71	Avg Vol (3m):	115,866
Open:	28.63	Market Cap:	730.38M
Bid:	28.32 x 200	P/E (ttm):	14.83
Ask:	28.34 x 200	EPS (ttm):	1.91
1y Target Est:	31.20	Div & Yield:	N/A (N/A)

從這裡，你可以獲取很多資訊內容或連接到其他網站，好好享受吧！在學期末時，希望你能了解這些內容的意義。

問 題

1. 進入 finance.yahoo.com 網站，尋找 Southwest Airlines（LUV）、Harley-Davidson（HOG）與 Starwood Hotels & Resorts（HOT）等公司的目前股價。
2. 找出 American Express（AXP）公司的股票報價，並依照 "Key Statistics" 的連結，從這個連結，你可以取得哪些資訊？mrq、ttm、yoy 及 lfy 分別代表什麼意義？

公司的控制 公司的控制權最終仍落在股東手中。股東選舉董事,再由董事聘用或解雇管理人員。在本章前言中,Steve Jobs 在 Apple 公司的經歷就是股東掌控公司的最佳見證。雖然 Jobs 是公司創辦人之一,且成功地開發公司各類產品,然而,當 Apple 公司的股東認為 Jobs 離開 Apple 對公司有利時,Jobs 只好走路了。當然,Jobs 事後又被 Apple 公司重新聘任,並以大受好評的 iPod、iPhone 及 iPad 等新產品,幫助公司成功轉型。

股東可以藉由收受委託書(proxy fight)的機制,以更換不適任的管理人員。委託書是代理其他股東投票的憑據。當股東收受委託書,以取代現有董事會進而更換現有管理階層時,就會展開委託書爭奪戰。例如,2002 年年初,Hewlett-Packard(HP)和 Compaq 所提議的合併案引發了史上最引人注目、競爭最激烈、代價最高昂的委託書爭奪戰,其代價遠高於 $1 億。有一群股東,包括 HP 的董事及某位合夥創始人的繼承人 Walter B. Hewlett,反對此合併,為了掌控 HP 展開委託書爭奪戰。另一群由 HP 執行長 Carly Fiorina 主導的股東則支持合併案。在些微票數差距下,Fiorina 獲勝,合併案通過,Hewlett 自董事會辭職。

管理權會被取代的另一個方式是購併,經營不善的公司被購併後所產生的潛在利益高於經營完善的公司,因此,為了避免被另一家公司購併,管理階層願意為股東的利益著想並效力。例如:在 2010 年夏季期間,遺傳基因藥廠 Genzyme 正在抵擋法國製藥廠 Sanofi-Aventis 的 $185 億非善意併購提案,這個收購價格雖然高出 Genzyme 當時的市值 28% 之多,Genzyme 管理團隊仍然認為收購價格嚴重地低估了公司的價值,這裡的爭執點是 Lemtrada 多發性硬化症藥物的預估銷售額。Genzyme 預估每年銷售金額是 $35 億,但 Sanofi-Aventis 則預估只有 $7 億,Genzyme 董事會全體一致地否決每股 $69 的收購價格,認為 $80 是比較合理的價格,經過幾個月的討價還價後,Genzyme 最後接受每股 $74 的收購價格,附帶每股 $14 的額外加碼,只要 Lemtrada 的銷售金額越過一些門檻。

結論 現有的理論和證據支持股東控制公司,以及股東利潤極大化是公司的攸關目標等論點。即使如此,管理階層有時會犧牲股東的利益(至少是暫時性地),以追求他們自己的目標。

利害關係人

截至上述的討論,似乎只有管理階層和股東與公司的決策有利害關係。當然,這種討論太過簡化了。舉凡員工、客戶、供應商,甚至政府,都和公司有利害關係。

這些不同的利害關係群體都稱為公司的利害關係人（stakeholders）。一般而言，利害關係人是除了股東和債權人之外，對公司現金流量有可能求償的人。這些人也會企圖去控制公司，甚至損害公司所有權人的利益。

觀念問題

1.4a 何謂代理關係？
1.4b 何謂代理問題？它們是如何產生的？何謂代理成本？
1.4c 大型公司裡，有哪些激勵會誘使管理人員努力於股票價值最大化？

1.5 金融市場與公司

與其他組織型態的企業作比較，公司組織型態的企業最主要的優點是所有權可以迅速地轉移，而且資金的募集也比較容易。金融市場的存在明顯地強化了公司這兩項優點，所以金融市場在公司財務管理上扮演一個極重要的角色。

公司現金的流入和流出

圖 1.2 說明了公司和金融市場間的現金交流。圖中的箭頭標明現金如何從金融市場流入公司，再如何從公司流回金融市場。

我們從公司銷售股票和借款來募集現金出發。現金從金融市場流入公司（A），公司把現金投資在流動資產和固定資產上（B），這些資產產生一些現金（C），其中一部份用來繳公司稅（D）。繳完稅後，部份現金流量再投資於公司中（E）。其餘的則以現金付給債權人和股東，再流回金融市場（F）。

就像其他市場一樣，金融市場是撮合買方和賣方的地方。在金融市場中，買賣的是債務證券和權益證券。然而，各類金融市場在細節上有所差異。最重要的差異在於交易的證券種類、交易如何進行，以及買方和賣方的身分。以下討論其中一些差異。

初級市場和次級市場

金融市場兼有債務證券和權益證券的初級市場和次級市場的作用。初級市場（primary market）是指政府和企業初次發行證券的市場。次級市場（secondary markets）則是買賣初次發行後的證券的市場。當然，只有公司才能發行權益證券。公

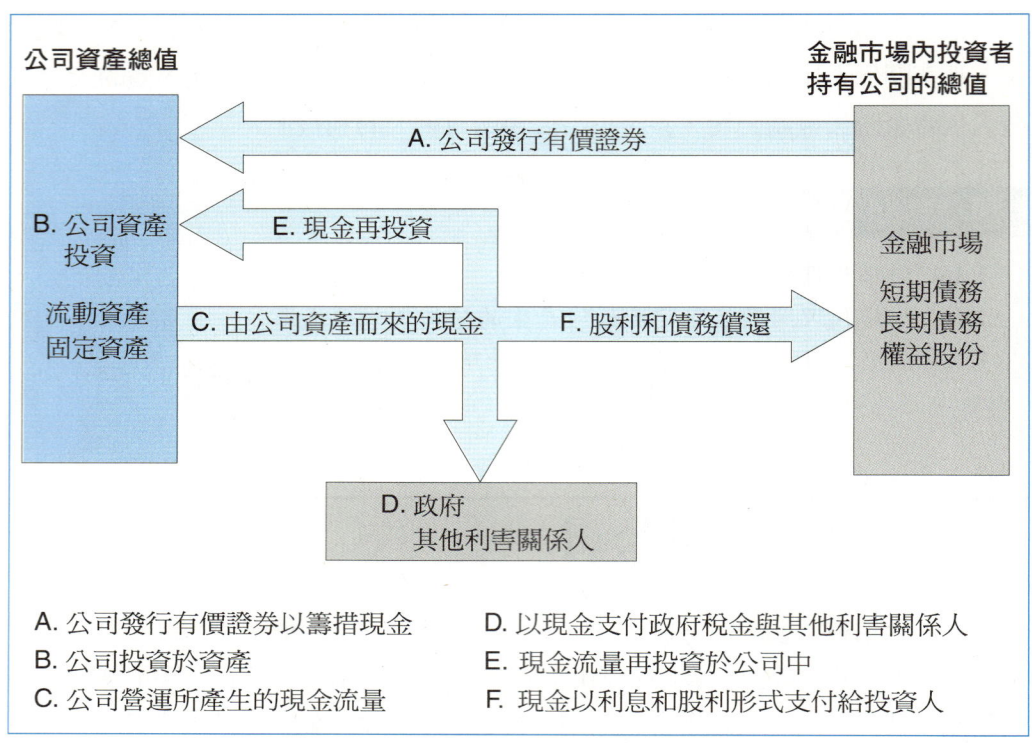

圖 1.2　企業和金融市場間的現金流量

司和政府均可發行債務證券。在下面的討論中，以公司所發行的證券為主。

初級市場　在初級市場交易中，公司是證券的賣方，從交易中籌措公司所需的資金。公司從事兩種初級市場交易：公開發行有價證券和私下募集。顧名思義，公開發行有價證券涉及將有價證券賣給一般投資大眾，而私下募集則是針對特定買主賣出證券。

依照法令規定，公開發行債務證券和權益證券必須向證券管理委員會（Securities and Exchange Commission, SEC）註冊登記。該項註冊要求公司在銷售任何有價證券之前，必須揭露許多與公司營運相關的資訊。公開發行有價證券所涉及的會計、法律和銷售成本可能相當可觀。

債務和權益證券也經常私下賣給一些大型金融機構，例如，人壽保險公司和共同基金等，箇中原因是為了避免公開發行的各種法令規定和費用。私下募集不必向 SEC 登記，也不需要承銷商（專門銷售有價證券給大眾的投資銀行）的介入。

次級市場 　次級市場交易涉及證券的原所有權人，將其證券所有權賣給另一個投資人。因此，次級市場提供了公司證券所有權轉移的管道。雖然公司只直接介入初級市場交易（當公司發行證券以募集現金時），次級市場對大型公司而言，仍十分重要。因為只有投資者認知日後可以輕易地將手上的證券賣出時，他們才會有意願購買初級市場中交易的證券。

自營商市場和拍賣市場 　次級市場有兩種型態：拍賣市場（auction markets）和自營商市場（dealer markets）。自營商為自己買賣，風險自負。譬如，汽車自營商為自己買賣汽車。相反地，經紀商（brokers）和代理商（agents）則撮合買方和賣方，但是他們不擁有交易商品的所有權。以房地產代理商為例，通常他們並不會以自己名義買賣房子。

　　股票和長期債券的自營商市場稱為店頭市場或櫃檯市場（over-the-counter (OTC) markets）。大部份的債券交易都是在櫃檯市場進行。櫃檯交易這個名稱起源於：過去的證券交易，都是在自營商的櫃檯上進行。現今大部份的股票市場和幾乎全部的長期債券市場都沒有一個實質的中樞交易地點，許多自營商都以電腦連線系統從事交易。

　　拍賣市場和自營商市場的差異有兩點：第一，拍賣市場或交易所均有實質的交易地點（像華爾街）；第二，在自營商市場中，大部份的交易活動都是經由自營商完成。相反地，拍賣市場的主要目的是撮合交易雙方。自營商扮演的角色有限。

公司有價證券的交易 　大部份美國大型公司的股票都在拍賣市場中進行交易。這類市場中最大的就是紐約證券交易所（New York Stock Exchange, NYSE），還有一個規模相當大的股票櫃檯市場。在 1971 年，全國證券自營商協會（National Association of Securities Dealers, NASD）提供自營商和經紀商一個電子報價系統，稱為全國證券自營商協會自動報價系統，簡稱 NASDAQ（NASD Automated Quotation system，發音成"naz-dak"）。NASDAQ 上交易的公司數目大約是 NYSE 的兩倍，但是這些公司規模較小，且交易較不熱絡。當然也有例外的，例如，Microsoft 和 Intel 都在 OTC 上交易。雖然如此，NASDAQ 證券的總值遠低於 NYSE 證券總值。

　　在美國以外的地區也有許多規模大且重要性高的金融市場，愈來愈多的美國公司到這些市場募集資金。東京證券交易所（Tokyo Stock Exchange, TSE）和倫敦證券交易所（London Stock Exchange, LSE）就是最佳的例子。由於櫃檯市場不

需要實質的交易場所，國界不再是證券交易的障礙了，所以現在已經有一個國際性債券櫃檯市場。金融市場的全球化，促使許多金融工具每分每秒有交易在進行，交易幾乎是全年無休。

上市掛牌　股票在交易所進行買賣，稱為在該交易所上市掛牌（listed）。公司必須達到某些標準，始能上市掛牌，這些標準有資產規模和股東人數。不同交易所的要求標準各不相同。

在美國，NYSE 是要求最嚴格的交易所。譬如，在 NYSE 上市，投資大眾所持有公司股票的市價至少達 $1 億。此外，盈餘、資產和流通在外股數也都有最低限制。

觀念問題

1.5a　何謂自營商市場？自營商市場和拍賣市場有何差異？
1.5b　OTC 代表什麼？最大的股票櫃檯市場是哪一個？
1.5c　美國最大的拍賣市場是哪一個？

1.6　總　結

本章介紹了一些財務管理的基本概念。這些概念包括：

1. 財務管理的三個主要領域：
   a. 資本預算：公司應該從事哪些長期投資？
   b. 資本結構：公司要從哪裡取得投資所需的長期資金？換言之，公司應該採取何種型態的負債和權益資金組合，以支援公司的經營？
   c. 營運資金管理：公司應該如何管理日常的財務活動？
2. 營利事業的財務管理目標是提高股票價值，或是更廣義地說，以提高股東權益的市場價值。
3. 公司型態的組織在資金募集和所有權轉移上較其他型態的組織具優勢。但是，它具有雙重課稅的缺點。
4. 在大型公司中，股東和管理階層間可能存在著利益衝突。這些衝突稱為代理問題，我們討論了如何控制和減少這些問題。
5. 金融市場強化了公司組織型態的優點。金融市場具有初級市場和次級市場的

功能,它可以以自營商市場或是拍賣市場的型態運作。

截至目前所討論的課題中,最重要的是財務管理的目標:股票價值最大化。在整本書中,當我們分析許多不同的財務決策時,我們總是要考慮這個問題:各種決策對股票的價值將有何影響呢?

財務連線

假如你的課程有使用 Connect™ Finance 的話,請上線做個練習測驗(Practice Test),看一看學習輔助工具,及你需要哪些額外練習。

▼ Chapter 1 Introduction to Corporate Finance			
1.1 Corporate Finance and the Financial Manager	eBook	Study	Practice
1.2 Forms of Business Organization	eBook	Study	Practice
1.3 The Goal of Financial Management	eBook	Study	Practice
1.4 The Agency Problem and Control of the Corporation	eBook	Study	Practice

Section Quiz

你能回答下列問題嗎?
1.1 決定所要採購的固定資產是屬於哪一類的財務決策?
1.2 何種企業組織型態的所有權轉移是最容易的?
1.3 財務管理的目標是什麼?
1.4 公司內部的最主要代理衝突是涉及哪兩方人員?

登入找找看吧!

觀念複習及思考

1. **財務管理決策的過程** 財務管理決策有哪三種類型?每一種決策各舉一個相關的例子。
2. **獨資和合夥** 獨資和合夥型態的企業組織有哪四個主要缺點?相對於公司型態,獨資和合夥型態的企業組織有哪些優點?
3. **公司** 公司型態的組織之主要缺點為何?列舉至少兩項公司型態組織的優點。
4. **沙賓法案** 為了因應沙賓法案所帶來的影響,許多美國小型公司採取讓公司

股票下市或下櫃的措施，為何公司會作這樣的決策呢？下市或下櫃決策有哪些相關成本呢？

5. **公司財務組織**　在大型公司中，哪兩組不同的員工直屬於首席財務長？哪一組員工負責公司財務管理？

6. **財務管理的目標**　公司之財務經理應常常受到激勵為公司追求哪些目標？

7. **代理問題**　誰擁有公司所有權？描述股東如何掌控公司的經營管理。代理關係存在於公司型態組織的主要原因為何？此種關係可能帶來怎樣的問題？

8. **初級與次級市場**　你可能注意到有關公司股票首次公開發行（initial public offering, IPO）的財經新聞和報導。IPO 是屬於初級市場交易或是次級市場交易？

9. **拍賣與自營商市場**　紐約證券交易所是個拍賣市場，這句話代表什麼意義？拍賣市場和自營商市場有何不同？NASDAQ 屬於哪一種市場？

10. **非營利事業的目標**　假設你是個非營利事業（也許是非營利醫院）的財務經理。你認為什麼樣的目標是適當的？

11. **公司的目標**　請評估下面這段話：「經理人不應該把重點放在目前股票價值上，因為如此會導致過度強調短期利潤，而犧牲了長期利潤。」

12. **倫理道德與公司目標**　追求股票價值最大化是否會與避免不道德或不合法的行為等其他目標相衝突？尤其是，像客戶和員工安全、環境保護和社會公益等主題，是否與股價最大化目標相合？或是這些目標根本就被忽略了？舉出一些明確的例子來支持你的觀點。

13. **國際公司的目標**　在外國，財務管理的目標是否與股票價值最大化這個目標不一樣？為什麼？

14. **代理問題**　假設你擁有某家公司的股票，目前股價為 $25。另一家公司剛宣佈想要買下這家公司，並以每股 $35 收購所有流通在外的股票。你的公司的管理階層馬上反擊這項具有敵意的收購行動。管理階層的行為是否符合股東的最大利益？為什麼？

15. **代理問題與公司所有權**　世界各地的公司所有權各不相同。過去的資料顯示，美國的上市公司股票大部份為個人所擁有。而在德國和日本，則大部份由銀行、其他大型金融機構、公司所擁有。你認為德國和日本公司的代理問題可能比美國公司嚴重，還是輕微呢？為什麼？近幾年來，在美國，像共同基金和退休金基金這種大型金融機構，已經逐漸成為股票的主要持有人，而這些機構也愈來愈活躍於公司的業務。這種趨勢對代理問題和公司的控管有何涵義？

16. **高階主管的薪酬**　外界對於美國高階經理人員的薪酬頗有微詞，認為簡直是太高了，應該削減。以大型公司為例，速食店 Yum! Brands 的 David Novak 是美國最高薪的 CEO 之一，他在 2010 年賺了大約 $2,967 萬，在 2006 年至 2010 年期間則賺了大約 $1 億 9,988 萬。這樣的金額是不是過高了呢？但體壇巨星 LeBron James、名演員 Tom Hanks 與 Oprah Winfrey，以及其他領域的代表人物的收入，雖然未必高出 CEO 薪酬許多，但至少不比 CEO 薪酬差，你如何看待 CEO 薪酬太高的論調呢？

迷你個案

McGee 蛋糕公司

2005 年年初，Doc 和 Lyn McGee 成立了 McGee 蛋糕公司，此公司生產各類型的蛋糕，其招牌產品包括西洋棋蛋糕（chess cake）*、長方形檸檬蛋糕（lemon pound cake）及雙層巧克力蛋糕（double-chocolate cake）。這對夫婦因業餘的興趣創立這家公司，兩人也繼續原本的工作。Doc 負責烘焙，Lyn 處理行銷和配送。因為產品品質佳，行銷計畫合理，公司成長快速。2010 年年初，有一家銷路很廣的企業雜誌便做了 McGee 蛋糕公司的專題報導，同年年底，美食雜誌龍頭 *Gourmet Desserts* 也以 McGee 蛋糕公司為專題，當文章在 *Gourmet Desserts* 刊出時，公司的銷售量呈爆炸性的成長，開始接到來自全世界的訂單。

因為銷量大增，Doc 離開原有工作，不久 Lyn 也是。公司增雇了員工以因應日增的工作量。不幸的是，快速的成長導致了現金流量及產能的問題。公司目前以所有的設備盡可能地生產最多的蛋糕，但需求量仍繼續成長。另外，一家全國性的連鎖超市已和公司洽詢，提議在所有的連鎖店販賣 McGee 的四種蛋糕，還有一家美國性的連鎖餐廳也和公司洽談有關在餐廳販賣 McGee 蛋糕之事。這家餐廳賣蛋糕時不會使用品牌名稱。

Doc 和 Lyn 以獨資者的身分經營這家公司，他們請你幫忙管理和引導公司的成長，他們要你確切回答以下問題：

問　題

1. 將公司組織從獨資改成責任有限公司的利弊為何？
2. 將公司組織從獨資改成公司的利弊為何？
3. 最後你會建議公司採取何種行動？原因為何？

---

*西洋棋蛋糕相當可口，但不同於起司蛋糕（cheese cake），西洋棋蛋糕的名稱來源查無可考。

財務報表、租稅與現金流量

　　一家公司進行資產沖銷經常意味著公司的資產價值業已降低。例如，在 2010 年，美國銀行（Bank of America）宣佈，將沖銷 $340 億的呆帳。另外，因為近期的法律變更降低了銀行信用卡業務部的價值，公司宣佈將沖銷 $105 億的資產，這兩筆沖銷是尾隨著 2008 年的 $162 億沖銷與 2009 年的 $337 億的沖銷，當然，美國銀行並不是唯一特例。穆迪信評公司（Moody's Investor Services）估計銀行業在 2009 年與 2010 年兩年期間的沖銷金額達 $4,760 億，而 2011 年預期金額是 $2,860 億。

　　美國銀行沖銷的額度很大，但還不是個紀錄。史上最大的沖銷紀錄可能是媒體公司 Time Warner 的沖銷，該公司於 2002 年第四季沖銷 $455 億，在此鉅額沖銷之前，Time Warner 還有一筆額度更大的沖銷達 $540 億。

　　因此，是否因資產沖銷就使美國銀行的股東損失了 $340 億嗎？答案可能不是。要理解其緣由，就必須進入本章的主題：只有現金流量（cash flow）才是攸關的因素。

　　在本章中，我們探討財務報表、租稅和現金流量。我們強調的重點不在於如何編製財務報表，而是要認知財務報表經常提供財務決策所需的資訊。所以，我們的目標是要很快地瀏覽一下財務報表，並指出一些較攸關的重點。在此，我們會特別留意現金流量的一些實務細節。

　　在閱讀當中，要特別注意下列兩個重要區別：(1) 會計價值和市價之差異；(2) 會計收入和現金流量之差異。這些區別在整本書中非常重要。

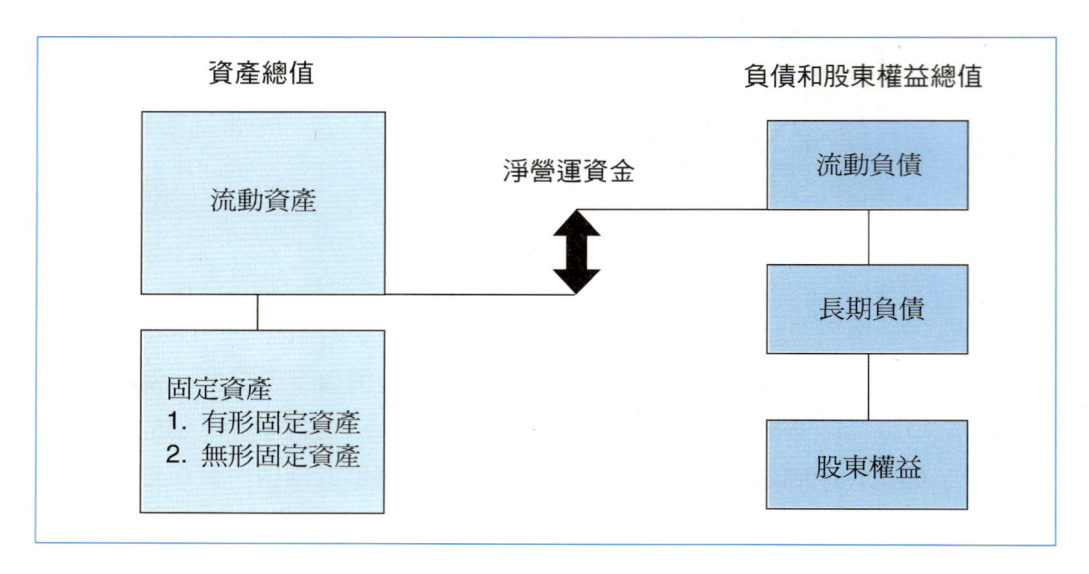

图 2.1　資產負債表。左邊：資產總值。右邊：負債和股東權益總值

2.1　資產負債表

　　資產負債表（balance sheet）是公司的一張快照。它總結一家公司在某一特定時點所擁有的（公司的資產）、所積欠的（公司的負債），和這兩者的差額（公司的權益）。圖 2.1 說明了資產負債表的架構。如圖所示，左邊是公司的資產，右邊則是負債和股東權益。

左邊：資產

　　資產分為流動（current）資產和固定（fixed）資產。固定資產的年限較長，它可能是有形（tangible）資產，如一部卡車或一部電腦；也可能是無形（intangible）資產，如商標或專利權。流動資產的年限通常少於一年，也就是說，能在 12 個月之內轉換成現金。例如，存貨的買進和賣出通常都在一年內，所以被歸類為流動資產。顯然地，現金是流動資產，應收帳款（客戶欠公司的錢）也是流動資產。

右邊：負債和業主權益

　　資產負債表右邊的上半部是公司的負債。負債分成流動（current）負債和長期（long-term）負債。流動負債就像流動資產一樣，到期日少於一年（意指一年內必須償還），而且列在長期負債之前。應付帳款（公司欠供應商的錢）就是一

種流動負債。

在未來一年內不會到期的負債就歸類為長期負債。例如，公司將於五年後償還的貸款，是一種長期負債。公司的長期借款有許多不同來源，我們將概略地分別以債券（bond）和債券持有人（bondholders）來代表長期負債和長期債權人。

最後，資產總值（流動的和固定的）和負債總值（流動的和長期的）的差額就是股東權益（shareholders' equity），亦稱為普通股權益（common equity），或業主權益（owners' equity）。資產負債表的特性反映出一個事實：如果公司賣掉全部的資產，以所得的資金來償還債務後，所剩餘的資金就歸股東所有。所以，資產負債表會「平衡」，因為左邊的價值永遠等於右邊的價值。換言之，公司的資產等於它的負債和股東權益之和：[1]

資產＝負債＋股東權益　　　　　　　　　　　　　　　　　　　　　　　[2.1]

這就是資產負債表恆等式（balance sheet identity）。這個等式永遠成立，因為股東權益定義為資產和負債的差額。

淨營運資金

如圖 2.1 所示，公司的流動資產和流動負債之間的差額稱為淨營運資金（net working capital）。當流動資產超過流動負債時，淨營運資金是正的。根據流動資產和流動負債的定義，這意味著在未來 12 個月內，可以使用的現金超過同期必須支付的現金。所以，對一家健全的公司而言，淨營運資金通常是正的。

範例 2.1　編製資產負債表

某家公司有流動資產 $100、淨固定資產 $500、短期負債 $70 和長期負債 $200。這家公司的資產負債表會是什麼樣子？股東權益是多少？淨營運資金又是多少？

在這個例子裡，總資產是 $100＋500＝$600，而總負債是 $70＋200＝$270，所以股東權益是 $600－270＝$330。因此，資產負債表看起來如下：

---

[1] 業主權益與股東權益將交替使用以表彰公司的權益，有時也使用淨值（net worth），除了這些以外，尚有其他不同的用語。

資　產		負債和股東權益	
流動資產	$100	流動負債	$ 70
淨固定資產	500	長期負債	200
		股東權益	330
總資產	$600	總負債和股東權益	$600

淨營運資金是流動資產和流動負債的差額，即 $100－70＝$30。

表 2.1 是虛擬的 U.S. 公司的簡化資產負債表。資產負債表中各項資產的排列順序，是根據正常營運下，它們轉換成現金所需的時間來排序。同樣地，負債也是根據它們在正常情況下償還的時序排列。

一家公司的資產結構可以顯示出該公司所屬的產業，也顯示出該公司有關現金、存貨、授信、固定資產和其他資產的管理政策。

資產負債表的負債邊主要表達出管理階層對資本結構和短期借款的決策。例

表 2.1　資產負債表

U.S. 公司
2011 年和 2012 年資產負債表
（單位：百萬美元）

資　產	2011	2012	負債和業主權益	2011	2012
流動資產			流動負債		
現金	$ 104	$ 160	應付帳款	$ 232	$ 266
應收帳款	455	688	應付票據	196	123
存貨	553	555	合計	$ 428	$ 389
合計	$1,112	$1,403			
固定資產					
廠房設備淨值	$1,644	$1,709	長期負債	$ 408	$ 454
			業主權益		
			普通股和資本公積	600	640
			保留盈餘	1,320	1,629
			合計	$1,920	$2,269
總資產	$2,756	$3,112	總負債和業主權益	$2,756	$3,112

如，U.S. 公司在 2012 年的長期負債是 $454，總權益是 $640＋1,629＝$2,269，所以，總長期融資是$454＋2,269＝$2,723，其中$454/2,723＝16.67%是長期負債。這個百分比反映出 U.S.公司管理階層過去的資本結構決策。

在閱讀資產負債表時，有三件重要的事須謹記在心：流動性、負債相對於權益，以及市價相對於帳面價值。

流動性

流動性（liquidity）是指資產變現的速度快慢和難易程度。現金是流動性相當高的資產，而按客戶要求特別訂做的生產設備則流動性低。流動性實際上包含兩個構面：轉換的難易程度和價值的損失。原則上，只要價格降得夠低，任何資產都可以很快地轉換成現金。因此，高度流動性的資產指的是，在不遭受重大損失之下能很快賣掉的資產。而缺乏流動性的資產則是指，若沒有大幅降價，就無法快速轉換成現金的資產。

資產通常都是依照其流動性，由高至低排列在資產負債表左邊；也就是說，流動性最高的排列在最上面。流動資產的流動性相當高，包括現金和預期在未來 12 個月內轉換成現金的資產。例如，應收帳款係指銷貨已完成，尚未向客戶收取的款項。顯然地，這些應收帳款應可以在最近的未來轉換成現金。對許多行業而言，存貨大概是流動資產中流動性最低的。

大部份的固定資產流動性都相當低，包括有形資產，例如建築物和機器設備，它們在正常營業活動內不會轉換成現金（當然，企業使用它們來產生現金）。另外，無形資產，例如商標，雖然沒有實體存在，卻可能是非常有價值的。它們和有形固定資產一樣，通常並不轉換成現金，且流動性很低。

流動性是有價值的。一個企業的流動性愈高，發生財務困難（也就是無法償還負債或購買所需資產）的可能性就愈低。不幸的是，流動性高的資產通常獲利性低。例如，現金是所有資產中流動性最高的，但是，持有它卻是一點報酬也沒有──只是放著。因此，在流動性和獲利性之間必須作取捨。

負債相對於權益

就借款方面而言，公司通常把現金流量的第一求償權給予債權人。權益持有人只能就剩餘價值進行分配，也就是償還債權人後所剩下的部份。剩餘部份的價值就是公司裡的股東權益，也就是公司的資產價值減掉負債價值：

股東權益＝資產－負債

從會計的觀點來看，上述關係是正確的，因為股東權益就是被定義為剩餘價值這部份。再者，從經濟的觀點來看，上述關係仍是正確的：如果公司賣掉它的資產並償還它的負債，則所剩下的現金才是股東的。

在公司的資本結構中使用負債籌資之情形稱為財務槓桿（financial leverage）。使用愈多負債（以佔總資產的百分比來看）的公司，它的財務槓桿程度就愈高。正如我們在後面章節中將討論的，負債的作用就好像是一支槓桿一樣，它可以巨幅地放大公司的獲利和損失。所以財務槓桿增加股東的潛在利益，但是它同時也增加企業財務危機和失敗的可能性。

市價相對於帳面價值

顯示在資產負債表上的公司資產價值是帳面價值（book values），通常它們並不是資產的真實價值。根據一般公認會計原則（Generally Accepted Accounting Principles, GAAP），在美國經過查核簽證的財務報表一般是以歷史成本（historical cost）來表示資產價值。換句話說，資產是以公司購買時所支付的價格「在帳簿上記載」，而不管它們是多久以前購買的，也不管它們現在值多少錢。

對流動資產而言，市價和帳面價值可能多少還算相似，因為流動資產通常是在買入後，於一段相當短的期間內轉換成現金。在其他情況下，市價和帳面價值則可能相差甚遠。尤其是固定資產，如果它的真實市價（這項資產所能賣得的價錢）和帳面價值相等，那可能是純屬巧合。舉個例子，某家鐵路公司可能擁有一世紀，甚至更久以前所購買的一大片土地，該鐵路公司在當時支付這塊土地的價格可能比它目前的價格少了好幾百倍，甚至好幾千倍。即使如此，資產負債表仍以歷史成本表示。

市價和帳面價值的區分，對於評估公司報表上盈虧的可靠性是相當重要的。例如，在本章一開始時，我們討論到美國銀行提列巨幅費用。現在，我們知道這些資產價值的減少都只是代表會計變動而影響了帳面價值罷了。然而，會計法規的改變本身並不會對有價證券的價值產生任何影響。有價證券市價的主要決定因素包括有價證券的風險與現金流量，而這些都和會計無關。

資產負債表對眾多群體而言是相當有用的報表。供應商可能藉由觀察應付帳款的大小，以了解這家公司的付款速度；潛在的債權人可能檢查流動性和財務槓桿程度；公司管理者可能追蹤一些現況，諸如：公司持有的現金和存貨數量。有關財務報表的使用，第 3 章有更詳細的介紹。

管理者和投資者對公司的價值均感興趣，然而，資產負債表上並沒有這些資

訊。資產負債表上所顯示的是成本，表上的總資產和公司的價值之間並沒有必然的關聯。的確，公司所擁有的許多極有價值的資產（例如，良好的管理、良好的聲譽、優秀的員工等）都沒有顯現在資產負債表上。

同樣地，資產負債表上的股東權益數字和真實的股票價值並不一定有關聯。例如，在 2011 年年初，IBM 公司的股東權益帳面價值是 \$230 億，而其市值則是 \$1,930 億；同時，Google 的帳面價值是 \$440 億，而其市值則是 \$2,020 億。

對財務經理而言，股票的會計價值並不是他們特別關心的，而市價才是最重要的。因此，每當我們提及一項資產，或是公司的價值時，通常我們所指的都是市價（market value）。舉個例子，當我們說財務經理的目標是要提高股票價值時，我們所指的是股票的市價。

範例 2.2　市價和帳面價值

Klingon 公司的固定資產的帳面價值是 \$700，而評估的市價大約是 \$1,000。帳面上的淨營運資金是 \$400，但是如果所有的流動資產都變現，大約可拿到 \$600。Klingon 的長期負債的帳面價值和市價都是 \$500。請問權益的帳面價值是多少？市價是多少？

我們可以編製兩張簡化的資產負債表：一張採用會計（帳面價值）觀點；一張採用經濟（市價）觀點：

KLINGON 公司
資產負債表
市價和帳面價值

資　產	帳面價值	市價	負債和股東權益	帳面價值	市價
淨營運資金	\$　400	\$　600	長期負債	\$　500	\$　500
淨固定資產	700	1,000	股東權益	600	1,100
	\$1,100	\$1,600		\$1,100	\$1,600

在這個例子裡，股東權益的實際價值幾乎是帳面價值的兩倍。由此可見，區別帳面價值和市價是非常重要的，因為帳面價值和真實經濟價值的差別可能很大。

> **觀念問題**
>
> **2.1a** 何謂資產負債表恆等式？
> **2.1b** 何謂流動性？為什麼它很重要？
> **2.1c** 財務槓桿指的是什麼意思？
> **2.1d** 解釋會計價值和市價之間的差異。對財務經理而言，哪一種比較重要？為什麼？

2.2 損益表

損益表（income statement）衡量某段期間的經營績效，通常是一季或一年。損益表等式是：

$$收入 - 費用 = 利得 \qquad [2.2]$$

如果你把資產負債表看成是一張快照，那麼你可以把損益表視為是錄下兩張快照間所有過程的錄影帶。表 2.2 是 U.S. 公司的簡化損益表。

表 2.2　損益表

U.S. 公司 2012 年損益表（單位：百萬美元）	
淨銷貨	$1,509
銷貨成本	750
折舊	65
息前稅前盈餘	$ 694
利息	70
應稅所得	$ 624
稅（34%）	212
淨利	$ 412
股利 $103	
增額保留盈餘　309	

損益表中最先列報的，是來自公司主要業務的收入和費用。接下去是融資費用，如已付利息。稅款則分開來表達。最後一項是淨利（net income）（所謂的

最底線）。淨利通常是以每股為計算基礎，稱為每股盈餘（earnings per share, EPS）。

如表 2.2 所示，U.S. 公司發放了 $103（百萬）的現金股利。淨利和現金股利之間的差額 $309（百萬），是這一年的增額保留盈餘（addition to retained earnings）。這金額累加到資產負債表內的累積保留盈餘。如果你回頭看表 2.1 中 U.S. 公司的資產負債表，你會看到保留盈餘確實增加了這個金額：$1,320＋309＝$1,629（百萬）。

> **範例 2.3　計算每股盈餘和每股股利**
>
> 假設在 2012 年年底時，U.S. 公司有 2 億股普通股流通在外。根據表 2.2 的損益表，EPS 是多少？每股股利是多少？
>
> 從損益表得知，U.S. 公司這一年的淨利是 $412（百萬），總股利是 $103（百萬）。因為共有 2 億股流通在外，我們可以求得每股盈餘和每股股利如下：
>
> 每股盈餘（EPS）＝淨利/總流通股數
> 　　　　　　　＝$412/200＝$2.06（每股）
>
> 每股股利＝總股利/總流通股數
> 　　　　＝$103/200＝$0.515（每股）

在檢視損益表時，財務經理必須記住三件事：GAAP、現金相對於非現金項目，以及時間與成本。

GAAP 和損益表

根據 GAAP 編製的損益表，收益在發生的時候就予以認列。然而，這並不一定是現金流入的時點。一般原則〔實現原則（realization principle）〕是當盈餘賺取之過程實質上已經完成，而且商品或勞務的交換價格已經知道或是可以決定時，就認列收益。實務上，這個原則意味著收益的認列是在銷貨時點。然而，收款則未必與銷貨在同一時點。

損益表上的費用是根據配合原則（matching principle）。其基本觀念是，先決定上面所描述的收益，然後再將產生該收益所發生的成本配合在一起。所以，如果我們生產並賒銷一樣產品，收益將在銷售的當時實現。該產品的生產成本和其他成本也同樣地在銷售當時認定。再次提醒，實際現金流出可能發生於不同時間。

上述認列收益和費用的方法，致使損益表上所列的金額未必是在同一期間所發生的現金流入和流出量。

非現金項目

會計所得不等於現金流量的主要原因是損益表包括非現金項目（noncash items）。其中最重要的是折舊（depreciation）。假設一家公司付現購買價值 $5,000 的資產，在購買時，這家公司有 $5,000 的現金流出。然而，會計人員並不把這 $5,000 當做一筆費用來扣減，而可能是將這項資產分成五年攤提折舊。

如果採取直線折舊法，而且該資產在折舊期末將攤提至零，那麼每一年將扣減 $5,000/5＝$1,000 作為費用。[2] 重要的是，扣掉的這 $1,000 不是現金，只是個會計上的數字罷了。實際的現金支出在購買資產當時就已經發生了。

折舊攤提只是會計上配合原則的另一個應用罷了。一項資產通常可以在一段相當長時間內產生收益。所以，會計人員設法將購買資產的費用和由它產生的利益配合。

下面我們將看到，財務經理能否對資產市價做合理估計，現金流入和現金流出的實際時點是個關鍵性因素。所以，我們必須從眾多的會計科目中，區別出現金流量。實際上，現金流量和會計收入可能相去甚遠。例如，Chrysler 汽車廠商公佈該公司 2010 年第三季淨損失 $0.84 億。情況似乎很糟糕，然而，Chrysler 卻有 $4.19 億的正現金流入量，兩者的差異達 $5.03 億！

時間和成本

把未來區分成短期和長期，有助於財務決策與分析之進行。短期和長期並不能以幾年以上為長期、幾年以下為短期來區分。長期、短期的區別與企業成本認定為固定或變動成本有關。就長期而言，所有經營成本都是變動的。只要時間夠長，資產可以賣掉，負債也可以清償。

然而，如果我們所考慮的期間相當短，則有些成本實際上是固定的，無論如何都必須支付（例如，財產稅）。其他像工資和供應商貨款這些成本，則仍然是變動的。結果，在短期內，公司也可以藉著改變變動成本來變動它的產出水準。

對財務經理而言，固定成本和變動成本的區分是非常重要的。但是損益表所報導成本的方式，並無法分辨出變動成本與固定成本的項目。因為在實務上，會計人員只將成本分為產品成本或期間成本兩大類。

---

[2] 在「直線折舊法」下，每年的折舊金額均相同；「攤提至零」就是資產在第五年底時，沒有殘值；折舊將在第 10 章進一步討論。

網路作業

美國政府證管會（U.S. Securities and Exchange Commission, SEC）要求公開發行公司，必須定期申報季報與年報。在 SEC 的網址 www.sec.gov 內，有一個網站 "EDGAR" 免費提供這些財務報表資訊。進入 SEC 網址後，接著連結 "Search for Company Filings"，並輸入 "Hewlett-Packard"：

下面是我們所擷取的部份資料內容：

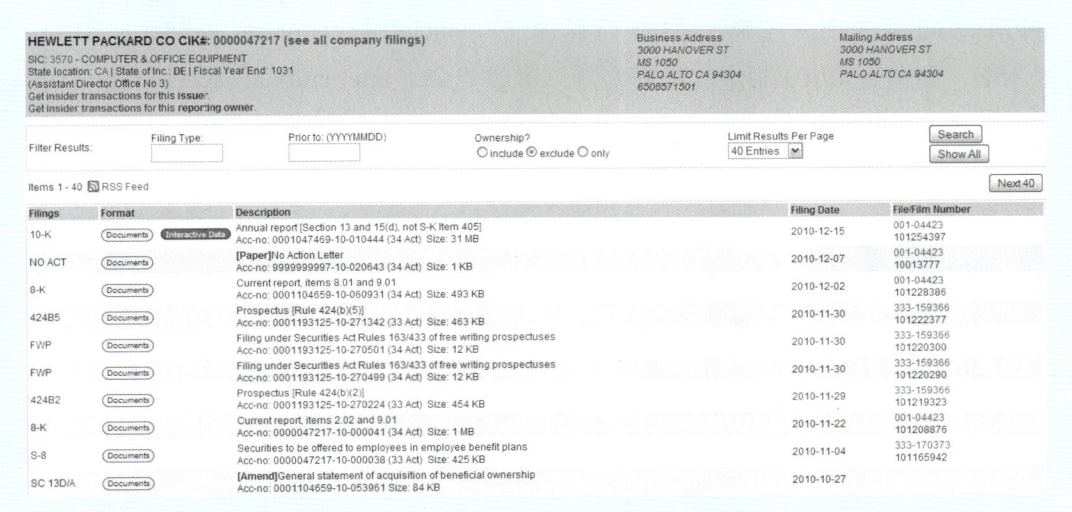

10-K 與 10-Q 是人們最常閱覽的兩個報表。10-K 是公司向 SEC 申報的年報，主要內容包括公司主管名單與薪資、前一年度的財務報表，及公司對營運財務面結果的註解與說明。而 10-Q 報告篇幅相對較小，主要內容是公司當季的財務報表。

問　題

1. 如同你所想像的，SEC 的電子檔財務報表才推行一段時間，進入 www.sec.gov 網站，找出 GE 的報表，網站上 GE 最早期的 10-K 報表是在哪一年？同時，也尋找 IBM 和 Apple 的 10-K 報表，這兩家公司的第一個電子報表年份是否與 GE 的年份相同？
2. 進入 www.sec.gov 網站，找出下列的報表：DEF 14A、8-K 和 6-K。

產品成本（product costs）包括原料、直接人工費用和製造費用。這些成本彙總在損益表上的銷貨成本（costs of goods sold）內。但是它們同時包含了固定成本和變動成本。同樣地，期間成本（period costs）是發生在一段特定期間內，包括銷售、一般及管理費用。期間成本中有一些可能是固定的，有一些可能是變動的。例如，公司總裁的薪資是項期間成本，而且就短期來看，可能是固定的。

到目前為止，本章所使用資產負債表與損益表內的數據資料都是虛擬的。上面的網路作業示範如何從網路上擷取公司資產負債表與損益表的實際數據資料。另外，由於全球化企業的興起，有必要制定一套會計準則以供比較各國的會計報表，因此，近年來，美國的會計準則愈來愈趨近於國際財務會計準則（International Financial Reporting Standards, IFRS），值得注意的是，負責美國一般公認會計原則制定的財務會計準則委員會（Financial Accounting Standards Board, FASB）與負責 IFRS 制定的國際會計準則委員會（International Accounting Standards Board）攜手合作於 2011 年 6 月取得一致性的政策，美國本土公司全面採用 IFRS 的此項決定預期會隨之而來。

觀念問題

2.2a 什麼是損益表等式？
2.2b 評估損益表時，有哪三件事要謹記在心？
2.2c 為什麼會計收入和現金流量不一樣？舉兩個例子。

2.3 租　稅

　　租稅可能是公司最大的現金支出之一。例如，2010 年 ExxonMobil 的稅前盈餘是 $529.6 億，它的稅額，包括在世界各地所付的稅款，竟高達 $215.6 億，約佔稅前盈餘的 41%；另外，2010 年 Walmart 的稅前盈餘是 $235.4 億，稅額是 $75.8 億，平均稅率是 32%。

　　稅額的大小由稅法決定，而稅法經常修改。本節中，我們介紹公司稅稅率，以及如何計算稅額。如果不同的稅法規定讓你覺得有點奇怪的話，請記住，稅法是政治協調的結果，而非經濟力量使然。所以，它未必合乎經濟觀點。

公司稅率

　　表 2.3 是 2012 年美國的公司稅率（corporate tax rates）。它是在 1986 年稅務改革法案（Tax Reform Act）中訂定，並於 1993 年總括預算協調法案（Omnibus Budget Reconciliation Act）加以補充，特色是稅率並不是全然地遞增。如表 2.3 所示，公司稅率從 15% 升至 39%。但是在所得超過 $335,000 時，稅率降回 34%。然後，又升到 38%，最後再降到 35%。

　　根據現行稅法的立法原意，公司稅率只有四種：15%、25%、34% 和 35%。38% 和 39% 級距的產生是因為在 34% 和 35% 之上加徵「附加稅」（surcharges）。然而，稅就是稅，所以實際上有六個公司稅級距，如表 2.3 所示。

平均稅率相對於邊際稅率

　　在制定財務決策時，將平均稅率和邊際稅率區分通常是很重要的。平均稅率（average tax rate）是稅額除以應稅所得（taxable income），也就是你的所得中用

表 2.3　公司稅稅率

應稅所得	稅率
$　　　　0 －　　　50,000	15%
50,001 －　　　75,000	25
75,001 －　　100,000	34
100,001 －　　335,000	39
335,001 －10,000,000	34
10,000,001 －15,000,000	35
15,000,001 －18,333,333	38
18,333,334 ＋	35

來付稅的百分比。邊際稅率（marginal tax rate）則是每多賺 $1，所需額外支付的稅。表 2.3 所顯示的稅率百分比是邊際稅率。換句話說，表 2.3 的稅率只適用於所指範圍內的所得而已，並非全部所得。

平均稅率和邊際稅率的差別可用一個簡單的例子說明。假設某公司的應稅所得是 $200,000，那麼稅額是多少？使用表 2.3 內的稅率，我們可以算出稅額是：

0.15($50,000)	=	$ 7,500
0.25($75,000 − 50,000)	=	6,250
0.34($100,000 − 75,000)	=	8,500
0.39($200,000 − 100,000)	=	39,000
		$61,250

因此，總稅額是 $61,250。

在這個例子裡，平均稅率是多少呢？因為應稅所得是 $200,000，稅額是 $61,250，所以平均稅率是 $61,250/200,000＝30.625%。邊際稅率是多少呢？如果我們再多賺 $1，這 $1 的稅是 $0.39，所以邊際稅率是 39%。

範例 2.4　公司稅的深入探討

Algernon 公司的應稅所得是 $85,000。稅額是多少呢？平均稅率是多少呢？邊際稅率又是多少呢？

從表 2.3 知道，適用於最初 $50,000 的稅率是 15%，接下去 $25,000 的適用稅率是 25%，剩下的 $100,000 的適用稅率是 34%。所以，Algernon 必須支付 0.15×$50,000＋0.25×$25,000＋0.34×($85,000−75,000)＝$17,150 的稅。因此，平均稅率是 $17,150/85,000＝20.18%。而邊際稅率是 34%，因為 Algernon 每增加 $1 的應稅所得，它的稅額將增加 $0.34。

表 2.4 綜合了一些不同的公司應稅所得、邊際稅率和平均稅率。請注意，在較高的應稅所得時，平均稅率和邊際稅率一樣是 35%。

在單一稅率（flat-rate）下，只有一個稅率，所以不同的所得水準，其稅率都一樣。在這種稅制下，邊際稅率和平均稅率是一樣的。目前，美國的公司稅是以修正過的單一稅率為基礎。對最高所得者而言，他們被課以單一稅率。

從表 2.4 可以看到，公司賺的錢愈多，應稅所得中用來繳稅的百分比就愈高。換個角度看，在現行稅法下，即使邊際稅率會下降，平均稅率卻永遠不會下

表 2.4　公司稅和稅率

(1) 應稅所得	(2) 邊際稅率	(3) 總稅額	(3)/(1) 平均稅率
$ 45,000	15%	$ 6,750	15.00%
70,000	25	12,500	17.86
95,000	34	20,550	21.63
250,000	39	80,750	32.30
1,000,000	34	340,000	34.00
17,500,000	38	6,100,000	34.86
50,000,000	35	17,500,000	35.00
100,000,000	35	35,000,000	35.00

降。如表所示，對公司而言，平均稅率從 15% 增加到最高的 35% 極限。

與財務決策攸關的稅率，通常是邊際稅率，因為任何新增的現金流量都以邊際稅率課稅。由於財務決策經常牽涉到新增的現金流量，或目前現金流量的改變，邊際稅率可供我們評估決策對公司應繳稅額的影響。

另外，還有一點關於稅法對公司影響的注意事項，如果公司的應稅所得超過 $1,833 萬，公司的稅額就是應稅所得乘以 35% 稅率；而許多中型公司的應稅所得介於 $335,000 和 $10,000,000 間，其稅率是 34%。因為我們探討的對象是大公司，所以除非另有說明，否則將假設平均稅率和邊際稅率都是 35%。

請注意，我們的討論簡化了美國的稅法，事實上，美國稅法相當複雜，且參雜了不同產業的各種稅額抵減規定，因此，很多公司的平均稅率絕對不會是 35%，表 2.5 列出不同產業的平均稅率。

就如你所看到的，平均稅率從電力事業的 33.8% 到生物科技產業的 4.5%。

在繼續下面討論之前，請注意這裡所討論的是聯邦稅率。一旦將州政府稅、地方稅和其他稅納入考量，整體稅率將變得更高。

觀念問題

2.3a 邊際稅率和平均稅率有何差別？
2.3b 對應稅所得最高的公司而言，部份應稅所得稅率較低是否意味著減稅？請解釋。

表 2.5　平均稅率

產業別	公司數目	平均稅率
電力事業（美東）	24	33.8%
卡車運輸	33	32.7
鐵路運輸	15	27.4
證券	30	20.5
銀行	481	17.5
醫療器材	264	11.2
網路	239	5.9
製藥	337	5.6
生物科技	121	4.5

2.4　現金流量

　　我們已經預備好要討論，由財務報表所能收集到最重要的一項財務資料：現金流量（cash flow）。現金流量是指進出現金金額的差異。例如，如果你是一家公司的所有人，你可能很感興趣的是，某一年中公司所流出的現金有多少？如何決定這個金額就是下面所要討論的。

　　所有標準財務報表均無法以我們所希望的方式來呈現現金進出金額。因此，我們將討論如何為 U.S. 公司計算現金流量，並指出這些結果異於標準財務報表之處。有一種標準財務會計報表，稱為現金流量表（statement of cash flows），但它所關注的問題與我們所要的有點差別，所以不應該和本節中所討論的相混淆。現金流量表將在第 3 章中討論。

　　資產負債表恆等式告訴我們：公司的資產價值等於負債價值加上權益價值。同樣地，由公司資產而來現金流量必須等於流向債權人和流向股東（即業主）的現金流量的和：

$$\text{來自資產的現金流量} = \text{流向債權人的現金流量} + \text{流向股東的現金流量} \quad [2.3]$$

這就是現金流量恆等式（cash flow identity），來自公司資產的現金流量等於付給公司資金供給者的現金流量。它反映出一個事實，公司業務活動所產生現金，不是用來支付債權人，就是支付給公司的所有權人。接著我們討論構成這些現金流量的細部項目。

來自資產的現金流量

來自資產的現金流量（cash flow from assets）包括三部份：營運現金流量、資本支出和淨營運資金之變動。營運現金流量（operating cash flow, OCF）是指公司日常的產銷活動所產生的現金流量。購買資產所花費的現金不列在這裡面，因為它們不是營業費用。

正如第 1 章中所討論的，公司的現金流量中有一部份會再投入到公司中。資本支出（capital spending）指的是在固定資產上的淨支出（買入的固定資產減賣出的固定資產）。最後，淨營運資金變動（change in net working capital）是淨營運資金的支出金額，它衡量在同一期間內，淨流動資產變動和淨流動負債變動間的差額。以下詳細探討這三項現金流量。

營運現金流量 要計算營運現金流量（OCF）須先計算營業收益減營業成本。但不包括折舊，因為折舊不涉及現金流出。也不包括利息，因為利息是融資費用。但是必須將稅包括在內，因為稅涉及現金支出。

由 U.S. 公司的損益表（表 2.2）可知，息前稅前盈餘（earnings before interest and taxes, EBIT）是 $694。這幾乎是我們所要的，因為它不包括利息支出。但必須做兩項調整。第一，折舊不是現金費用。要得到現金流量，必須把 $65 的折舊加回去，因為它並未涉及現金支出。另一項調整是減掉 $212 的稅，因為它是以現金支付的。就得到營運現金流量：

U.S. 公司 2012 年營運現金流量	
息前稅前盈餘	$694
＋折舊	65
－稅	212
營運現金流量	$547

因此，U.S. 公司在 2012 年的營運現金流量是 $547。

營運現金流量是個重要數字，它透露出一個基本訊息：公司營業而來的現金收入是否足夠支應日常現金支出。基於這個理由，負的營運現金流量通常是問題的徵兆。

談及營運現金流量時，有時會產生困惑。從會計實務來看，營運現金流量通常被定義為淨利加上折舊。對 U.S. 公司而言，就是 $412＋65＝$477。

營運現金流量的會計定義和我們這裡所定義的有一個重大差異：在計算淨利時，要扣除利息費用。我們所計算的 $547 營運現金流量和會計定義的 $477 之差額是 $70，就是這一年的利息費用。因此，會計上現金流量的定義將利息視為營業費用；而我們的定義則將它視為融資費用。如果沒有利息費用，這兩個定義就一樣了。

在結束來自資產的現金流量的計算之前，我們尚須探討 $547 的營運現金流量中，有多少再投資回到公司裡。首先，我們探討固定資產的支出。

資本支出　淨資本支出就是花費在固定資產的支出減掉銷售固定資產而來的收入。2011 年年底，U.S. 公司的淨固定資產是 $1,644（見表 2.1）。這一年中，損益表上註銷了（攤提折舊）$65 的固定資產價值。所以如果不購買任何新固定資產，年底時的淨固定資產將是 $1,644－65＝$1,579。然而，2012 年的資產負債表顯示淨固定資產是 $1,709。所以在這一年中，總共支出了 $1,709－1,579＝$130 在固定資產：

期末淨固定資產	$1,709
－期初淨固定資產	1,644
＋折舊	65
淨資本支出	$ 130

這 $130 就是 2012 年的淨資本支出。

淨資本支出可以是負的嗎？答案是可能的，它發生於公司賣掉的資產多於買進的資產的情況下。這裡的「淨資本支出」，指的是購買的固定資產減賣掉的固定資產。你將經常會看到資本支出被簡寫為 CAPEX，係由 capital expenditure 的前幾個字首所組成，意義是相同的。

淨營運資金的變動　除了投資於固定資產外，公司也可能投資於流動資產。例如，表 2.1 的資產負債表列出 U.S. 公司在 2012 年年底的流動資產是 $1,403。而 2011 年年底的流動資產是 $1,112，所以在這一年中，U.S. 公司投資了 $1,403－1,112＝$291 於流動資產上。

當公司的流動資產變動時，流動負債通常也會改變。計算淨營運資金變動數的最簡單的方法是找出期初和期末淨營運資金（NWC）的差額。2012 年年底的淨營運資金是 $1,403－389＝$1,014。而 2011 年年底的淨營運資金是 $1,112－428＝$684。有了這些數字，就可以得到：

期末 NWC	$1,014
－期初 NWC	684
NWC 變動數	$ 330

淨營運資金增加了 $330。換言之，U.S. 公司在這一年中的 NWC 淨投資是 $330。NWC 的變動額就稱為「增額」NWC。

結論 有了上述這些數據資料，我們便可以求算來自資產的現金流量了。來自資產的總現金流量是營運現金流量減掉投資在固定資產和淨營運資金的金額。所以 U.S. 公司來自資產的現金流量是：

U.S. 公司	
2012 年來自資產的現金流量	
營運現金流量	$547
－淨資本支出	130
－增額 NWC	330
來自資產的現金流量	$ 87

由現金流量恆等式可知，來自資產的現金流量 $87 等於流向債權人的現金流量和流向股東的現金流量的加總。下面接著探討流向債權人和股東的現金流量。

對成長中的公司而言，負的現金流量一點也不足為奇。就如下面即將討論的，負的現金流量意味著公司從舉債和發行股票所募得的資金，超過同期間內付給債權人和股東的現金。

「自由」現金流量之註解 來自資產的現金流量有時又稱為自由現金流量（free cash flow），當然，沒有所謂「免費」（free）的現金這回事（我們也希望有）。這名詞的意義是，公司可以自由地把現金分派給債權人和股東，因為這些現金不需投入營運資金或固定資產上。在實務上，使用者有各自的公式以求算自由現金流量，因此，本書將以「來自資產的現金流量」來代表「自由現金流量」；所以，只要一聽到自由現金流量，就是指來自資產的現金流量或類似的概念。

流向債權人和股東的現金流量

流向債權人和股東的現金流量代表一年中對債權人和股東（業主）的淨現金支出，這些現金流量的計算方法與來自資產的現金流量類似。流向債權人的現金

流量（cash flow to creditors）是支出的利息扣掉新增借款淨額，而流向股東的現金流量（cash flow to stockholders）則是發放的股利減掉新募集的權益淨額。

流向債權人的現金流量　表 2.2 的損益表顯示，U.S. 公司支付了 $70 的利息給債權人。而表 2.1 的資產負債表顯示，長期負債增加了 $454－408＝$46。所以，U.S. 公司支付了 $70 的利息，但額外借了 $46。因此，流向債權人的淨現金流量是：

U.S. 公司 2012 年流向債權人的現金流量	
利息支付	$70
－新借款淨額	46
流向債權人的現金流量	$24

流向債權人的現金流量有時候也稱為流向債券持有人的現金流量（cash flow to bondholders）。我們將交替使用這兩個名詞。

流向股東的現金流量　從損益表可以看出，發放給股東的股利是 $103。要求算新募集的權益淨額，必須從普通股股本和資本公積科目著手。這個科目透露出公司賣出多少股票。在這一年中，這個科目金額增加了 $40，因此，公司募集了 $40 的新權益淨額，有了這些數字，我們就可以得到下列結果：

U.S. 公司 2012 年流向股東的現金流量	
股利發放	$103
－新權益淨額	40
流向股東的現金流量	$ 63

所以，2012 年流向股東的現金流量是 $63。

最後，我們必須以現金流量恆等式來確認我們的計算過程沒有任何錯誤。由上可知，來自資產的現金流量是 $87，流向債權人和股東的現金流量是 $24＋63＝$87，所以現金流量恆等式確認無誤。為了日後參考上的方便，表 2.6 匯總了不同現金流量的計算方法。

上述的討論指出，公司必須注意它的現金流量情況。下面這首詩可以提醒公司應隨時注意現金流量的重要性，除非業主想陷入缺錢的困境。

表 2.6　現金流量摘要

I. 現金流量恆等式

$$\text{來自資產的現金流量} = \text{流向債權人（債券持有人）的現金流量} + \text{流向股東（所有權人）的現金流量}$$

II. 來自資產的現金流量

$$\text{來自資產的現金流量} = \text{營運現金流量} - \text{淨資本支出} - \text{淨營運資金變動數（NWC）}$$

其中：

營運現金流量 ＝ 息前稅前盈餘（EBIT）＋折舊－稅
淨資本支出 ＝ 期末淨固定資產－期初淨固定資產＋折舊
淨營運資金變動數 ＝ 期末NWC－期初NWC

III. 流向債權人（債券持有人）的現金流量

$$\text{流向債權人的現金流量} = \text{利息} - \text{新增借款淨額}$$

IV. 流向股東（業主）的現金流量

$$\text{流向股東的現金流量} = \text{已發放股利} - \text{新增權益淨額}$$

銀行家曰：「盯緊現金流量」

　　寂寥夜裡，審視諸多會計常識，苦思不得其道
　　欲走旁門，逃避其稅
　　霎時耳聞敲門聲響，
　　　　惟此無他。

　　爾後疙瘩四起，銀聲響落，
　　一銀行家攸入，面目駭人，前曾常見
　　其面金綠，其眼閃出美元錢號 $$
　　　　「現金流量」銀行家拋下此句，就此封口。

　　吾慣以為，盈餘出現，心就舒坦
　　然此銀行家大喝一聲：「非也！汝應收帳款頗高，
　　直入雲霄，壞帳沖銷頻繁，事關重大乃現金流量也。」
　　　　其再耳提面命，「盯緊現金流量」。

爾後吾道：存貨雖多，然皆美矣！
此銀行家視其量增，乃下重誓
揮其臂膀，大聲斥責：「住嘴！足矣！
　　繳付利息，勿再予我一派胡言！」

次而尋覓，以非現金科目代現金外流，
為求盈餘，不提折舊
然此銀行家言道，吾乃暴虎憑河
　　言後顫抖，咬牙切齒。

當吾欲貸，還以哀嘆，
利率為基本利率外加八碼，
為證吾誠，其索吾產，外加吾頭，以安其心，
　　惟此堪稱標準利率。

吾之盈餘仍豐，高枕無憂，
然吾現金，流向他處，顧客付款，聲聲慢
應收帳款增長，其速駭人
「命數已定，回天乏術！」
吾耳聞此銀行家，口出預言，其聲低渾
　　「盯緊現金流量」

Herbert S. Bailey Jr.

資料來源：Reprinted from the January 13, 1975, issue of *Publishers Weekly*, published by R. R. Bowker, a Xerox company. Copyright © 1975 by the Xerox Corporation.

我們對這首詩只能說：「阿門。」（Amen，基督徒禱告時表示誠心所願。）

例子：Dole Cola 的現金流量

　　本例涵蓋了本章所討論過的不同現金流量的計算，也指出一些少許的差異可能會出現。

營運現金流量　在 2012 年，Dole Cola 公司的銷貨收入和銷貨成本分別是 $600 和 $300，折舊是 $150，利息支出是 $30，稅額以單一稅率 34% 計算，股利是 $30（所有的數字都是以百萬美元為單位）。Dole 的營運現金流量是多少？為什麼不等於淨利呢？

在這裡，最簡單的方法是直接編製一張損益表。然後，挑選出我們所需要的數字。Dole Cola 的損益表如下：

DOLE COLA 2012 年損益表	
淨銷貨收入	$600
銷貨成本	300
折舊	150
息前稅前盈餘	$150
利息支出	30
應稅所得	$120
稅	41
淨利	$ 79
股利　　　　　　　$30	
增額保留盈餘　　　49	

因此，Dole 的淨利是 $79。現在，我們需要的數字都有了。參閱 U.S. 公司的例子和表 2.5，就可以得到：

DOLE COLA 2012 年營運現金流量	
息前稅前盈餘	$150
＋折舊	150
－稅	41
營運現金流量	$259

這個例子顯示出，營運現金流量和淨利並不一樣。因為在計算淨利時，折舊和利息都被扣掉了。還記得前面所討論的，計算營運現金流量時不扣掉這兩項，因為折舊不是現金費用，而利息支出則是融資費用，並非營業費用。

淨資本支出　假設期初淨固定資產是 $500，期末淨固定資產是 $750。這一年的淨資本支出是多少？

從 Dole 的損益表知道，這一年的折舊是 $150，淨固定資產增加了 $250。Dole 共投資了 $250 和額外的 $150，總共是 $400。

NWC 變動數和來自資產的現金流量　假設年初時，Dole Cola 有流動資產 $2,130 和流動負債 $1,620，年底時則分別為 $2,260 和 $1,710。這一年的

NWC 變動數是多少？來自資產的現金流量是多少？和淨利比起來又是如何？

年初的淨營運資金是 $2,130-1,620=$510，年底時為 $2,260-1,710=$550。所以，NWC 增加了 $550-510=$40。綜合 Dole 的這些資料，就得到：

DOLE COLA 2012 年來自資產的現金流量	
營運現金流量	$259
－淨資本支出	400
－NWC 變動數	40
來自資產的現金流量	－$181

Dole 來自資產的現金流量是 －$181，淨利是 ＋$79。負的來自資產的現金流量是否為一警訊呢？未必。這裡負的現金流量主要是因為大舉投資在固定資產上所造成。如果這些投資是正面的話，負現金流量的現象就不需要擔心。

流向債權人和股東的現金流量　Dole Cola 公司來自資產的現金流量是 －$181，此一現象反映出 Dole 以新負債或新權益方式募集的現金收入，比公司這一年的現金支出還多。例如，假設 Dole 在這一年沒有募集任何新權益資金，則流向股東的現金流量有多少？流向債權人的有多少？

因為沒有募集任何新權益資金，所以 Dole 流向股東的現金流量正好等於所支付的現金股利：

DOLE COLA 2012 年流向股東的現金流量	
股利發放	$30
－新募集權益淨額	0
流向股東的現金流量	$30

從現金流量恆等式知道，付給債權人和股東的總現金是 －$181，流向股東的現金流量是 $30，所以流向債權人的現金流量必須等於 －$181－30＝－$211：

流向債權人的現金流量＋流向股東的現金流量＝－$181
流向債權人的現金流量＋$30　　　　　　　＝－$181
流向債權人的現金流量　　　　　　　　　　＝－$211

因為流向債權人的現金流量是 −$211，而利息支出是 $30（從損益表中得知），所以我們可以算出新借款淨額。在這一年中，Dole 必定舉借了 $241，以融資固定資產的擴張：

DOLE COLA
2012 年流向債權人的現金流量

利息	$ 30
－新借款淨額	− 241
流向債權人的現金流量	−$211

觀念問題

2.4a 什麼是現金流量恆等式？它說明了什麼意義？
2.4b 營運現金流量包括哪些部份？
2.4c 為什麼利息支出不是營運現金流量的一部份？

2.5 總　結

本章介紹了一些財務報表、租稅和現金流量的基本觀念。這些觀念包括：

1. 會計資產負債表中的帳面價值和市價可能相差甚遠。財務管理的目標是要使股票的市價極大化，而非帳面價值極大化。
2. 損益表中所計算的淨利並非現金流量。主要的原因是，折舊是一個非現金費用，但在計算淨利時，卻要扣減掉。
3. 邊際稅率和平均稅率未必會一樣，而與大部份財務決策攸關的是邊際稅率。
4. 公司所得稅的最高邊際稅率是 35%。
5. 現金流量恆等式類似於資產負債表恆等式。它說明了來自資產的現金流量等於流向債權人及流向股東的現金流量。

依照財務報表來求算現金流量並不困難，但在處理非現金費用如折舊費用時要特別注意。另外，也不要混淆營運成本與融資成本。最重要的是，不要把帳面價值和市價弄混淆，或是把會計所得和現金流量混淆。

財務連線

假如你的課程有使用 Conncet™ Finance 的話,請上線做個練習測驗(Practice Test),看一看學習輔助工具,及你需要哪些額外練習。

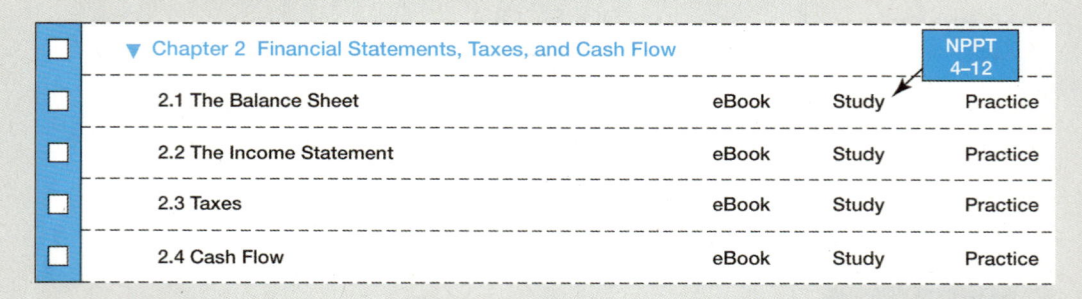

▼ Chapter 2 Financial Statements, Taxes, and Cash Flow			NPPT 4–12
2.1 The Balance Sheet	eBook	Study	Practice
2.2 The Income Statement	eBook	Study	Practice
2.3 Taxes	eBook	Study	Practice
2.4 Cash Flow	eBook	Study	Practice

你能回答下列問題嗎?

2.1 哪些類型的會計科目具有最高的流動性?

2.2 請舉出一項非現金費用?

2.3 邊際稅率是什麼稅率呢?

2.4 利息費用是屬於什麼類型的現金流量呢?

登入找找看吧!

自我測驗

2.1 **Mara 公司的現金流量** 本題旨在練習財務報表的應用和現金流量的計算。根據下列 Mara 公司的相關資料,編製 2012 年的損益表,以及 2011 年和 2012 年的資產負債表。以本章中的 U.S. 公司為範例,計算 2012 年 Mara 公司來自資產的現金流量、流向債權人的現金流量和流向股東的現金流量。假設稅率為 35%。你的答案可以對照下面所列的正確答案。

第 2 章　財務報表、租稅與現金流量　　53

	2011	2012
銷貨	$4,203	$4,507
銷貨成本	2,422	2,633
折舊	785	952
利息	180	196
股利	225	250
流動資產	2,205	2,429
淨固定資產	7,344	7,650
流動負債	1,003	1,255
長期負債	3,106	2,085

自我測驗解答

2.1 編製資產負債表時要記住，股東權益是一項殘餘價值。了解這點後，Mara 公司的資產負債表如下：

MARA 公司
2011 年和 2012 年資產負債表

	2011	2012		2011	2012
流動資產	$2,205	$2,429	流動負債	$1,003	$1,255
淨固定資產	7,344	7,650	長期負債	3,106	2,085
			權益	5,440	6,739
總資產	$9,549	$10,079	總負債和股東權益	$9,549	$10,079

損益表如下：

MARA 公司
2012 年損益表

銷貨	$4,507
銷貨成本	2,633
折舊	952
息前稅前盈餘	$ 922
利息	196
應稅所得	$ 726
稅（35%）	254
淨利	$ 472
股利	$250
增額保留盈餘	222

我們採用 35% 的平均稅率。另外，增額保留盈餘就是淨利減現金股利。

現在，我們可以挑出所需的數字，以計算營運現金流量：

MARA 公司 2012 年營運現金流量	
息前稅前盈餘	$ 922
＋折舊	952
－稅	254
營運現金流量	$1,620

接著，由固定資產的變動可以算出這一年的資本支出，記得考慮折舊：

年底固定資產	$7,650
－年初固定資產	7,344
＋折舊	952
淨資本支出	$1,258

年初和年底 NWC 的差額，就是 NWC 的變動數：

年底 NWC	$1,174
－年初 NWC	1,202
NWC 變動數	－$ 28

加總營運現金流量、淨資本支出和淨營運資金變動數後，就可以得到來自資產的總現金流量：

MARA 公司 2012 年來自資產的現金流量	
營運現金流量	$ 1,620
－淨資本支出	1,258
－ NWC 變動數	－ 28
來自資產的現金流量	$ 390

計算流向債權人的現金流量如下，這一年中，長期借款減少 $1,021，而利息支出是 $196。所以：

MARA 公司	
2012 年流向債權人的現金流量	
利息支出	$ 196
－新借款淨額	－1,021
流向債權人的現金流量	$ 1,217

最後，股利發放 $250。要得到新權益募集淨額，我們必須多做一些計算。總權益增加了 $6,739－5,440＝$1,299，其中，$222 來自增額保留盈餘，所以這一年中所募集的新權益是 $1,077。因此，流向股東的現金流量是：

MARA 公司	
2012 年流向股東的現金流量	
股利發放	$ 250
－新權益淨額	1,077
流向股東的現金流量	－$ 827

最後的查驗證實，來自資產的現金流量（$390）確實等於流向債權人的現金流量加上流向股東的現金流量（$1,217－827＝$390）。

觀念複習及思考

1. **流動性** 流動性是在衡量什麼？說明公司在高流動性和低流動性之間如何取捨。
2. **會計與現金流量** 為什麼標準式的損益表上所顯示的收益和成本數字，未必是在同一期間內所發生的現金流入和現金流出呢？
3. **帳面價值與市價** 在編製資產負債表時，你認為為什麼標準的會計實務把重點放在歷史成本，而非市價呢？
4. **營運現金流量** 在比較會計淨利和營運現金流量時，有哪兩項出現在淨利中，卻不出現在營運現金流量中？分別說明這兩項，並解釋為什麼它們被排除於營運現金流量外。
5. **帳面價值與市價** 在標準的會計法則下，公司的負債可能超過其資產嗎？當這種情形發生時，業主權益是負的。此情形可能發生在市價上嗎？為什麼？
6. **資產的現金流量** 假設一家公司在某段期間內來自資產的現金流量是負的，這是好徵兆，還是壞徵兆呢？

7. **營運現金流量** 假設一家公司在接連數年中，營運現金流量都是負的。這是好徵兆，還是壞徵兆呢？

8. **淨營運資金與資金支出** 一家公司在某一年內的淨營運資金變動數可以為負嗎？（提示：可以。）解釋這種現象的背後原因。淨資本支出的情況又如何？

9. **流向股東及債權人的現金流量** 一家公司在某一年之內，流向股東的現金流量可以是負的嗎？（提示：可以。）解釋這種現象的背後原因。如果是流向債權人的現金流量呢？

10. **公司價值** 回到本章前言中美國銀行的例子。我們認為美國銀行股東可能不會因報表上提列的損失而遭受損失。你認為我們的結論根據何在？

11. **企業價值** 一家公司的價值等於該公司負債市值加上權益市值，再扣除這家公司持有的現金，此金額對公司的可能買方具有相當的參考價值，為什麼？

12. **盈餘管理** 公司經常試圖維持盈餘成長在一穩定比率，當然，公司也會努力達成盈餘目標。因此，公司會採取各種策略，其中一種簡易方式就是調整收入和成本的入帳時點。例如，如果本季盈餘偏低，則將一些成本遞延至下季才入帳，這種作法稱為盈餘管理。雖然盈餘管理很普遍，但公司為何用如此做呢？為何在 GAAP 準則下，公司也可以進行盈餘管理的措施？它是符合道德倫理嗎？這樣的作法對公司現金流量和股東財富有何涵義？

問 題

初級題

1. **編製資產負債表** Penguin Pucks 公司的流動資產是 $4,800，淨固定資產是 $27,500，流動負債是 $4,200，長期負債是 $10,500。公司帳上的股東權益是多少？淨營運資金是多少？

2. **編製損益表** Billy's Exterminators 公司的銷貨是 $734,000，成本是 $315,000，折舊費用是 $48,000，利息費用是 $35,000，稅率是 35%。這家公司的淨利是多少？

3. **股利和保留盈餘** 假設第 2 題中的公司發放了 $85,000 的現金股利，則增額保留盈餘是多少？

4. **每股盈餘和股利** 假設第 3 題中的公司有 110,000 股普通股流通在外，則每股盈餘（EPS）是多少？每股股利又是多少？

5. **市價和帳面價值** Klingon Widgets 公司在三年前購買了一部價值 $600 萬的新

機器。現在這部機器可以用 $530 萬賣給 Romulans。Klingon 目前的資產負債表顯示 $3,200,000 的淨固定資產、$900,000 的流動負債和 $215,000 的淨營運資金。如果將所有的流動科目立即清算變現，公司可收到 $125 萬的現金。目前 Klingon 的資產的帳面價值是多少？市價是多少？

6. **計算稅額** Anberlin 公司在 2011 年的應稅所得是 $255,000。使用本章中的表 2.3，計算該公司在 2011 年的稅額。

7. **稅率** 在第 6 題中，平均稅率是多少？邊際稅率是多少？

8. **計算 OCF** Chevelle 公司的銷貨是 $39,500，成本是 $18,400，折舊費用是 $1,900，利息費用是 $1,400。若稅率是 35%，營運現金流量（OCF）是多少？

9. **計算淨資本支出** Earnhardt Driving 學校的 2010 年資產負債表顯示淨固定資產是 $280 萬，而 2011 年資產負債表則顯示淨固定資產是 $360 萬。另外，公司的 2011 年損益表顯示折舊費用是 $345,000。Earnhardt Driving 在 2011 年的淨資本支出是多少？

10. **計算 NWC 變動數** Greystone 公司 2010 年的資產負債表顯示流動資產是 $3,120，流動負債是 $1,570。2011 年的資產負債表則顯示 $3,460 的流動資產和 $1,980 的流動負債。2011 年該公司的淨營運資金（NWC）變動數是多少？

11. **流向債權人的現金流量** Maria's Tennis Shop 公司 2010 年的資產負債表顯示長期負債是 $230 萬，2011 年的資產負債表則顯示長期負債是 $255 萬。2011 年的損益表顯示利息費用是 $190,000。2011 年中，Maria's Tennis Shop 公司流向債權人的現金流量是多少？

12. **流向股東的現金流量** Maria's Tennis Shop 公司在 2010 年的資產負債表顯示 $68,000 的普通股，和 $4,300,000 的資本公積。在 2011 年的資產負債表中這兩個科目則分別是 $715,000 和 $4,700,000。如果公司在 2011 年中發放了 $540,000 的現金股利，這一年中，流向股東的現金流量是多少？

13. **計算總現金流量** 已知第 11 題和第 12 題中 Maria's Tennis Shop 公司的資料，如果你還知道公司在 2011 年的淨資本支出是 $1,300,000，而且公司的淨營運資金減少了 $55,000，則該公司在 2011 年的營運現金流量（OCF）是多少？

進階題

14. **計算總現金流量** Jetson Spacecraft 公司在 2011 年的損益表顯示下列資料：銷貨＝$235,000；成本＝$141,000；其他費用＝$7,900；折舊費用＝$17,300；利息費用＝$12,900；稅＝$19,565；股利＝$12,300。此外，公司在 2011 年發行

了 $6,100 的新股,並贖回了 $4,500 流通在外的長期負債。

    a. 2011 年來自營業的現金流量是多少?

    b. 2011 年流向債券持有人的現金流量是多少?

    c. 2011 年流向股東的現金流量是多少?

    d. 如果這一年中淨固定資產增加了 $25,000,則 NWC 變動數是多少?

15. 使用損益表　使用 Calvani Pizza 公司下列資料,計算折舊費用:銷貨＝$52,000;成本＝$27,300;增額保留盈餘＝$5,300;股利發放＝$1,800;利息費用＝$4,900;稅率＝35%。

16. 編製資產負債表　根據下列資料,編製 Cornell 公司 2011 年的資產負債表:現金＝$127,000;專利權和版權＝$630,000;應付帳款＝$210,000;應收帳款＝$105,000;有形淨固定資產＝$1,620,000;存貨＝$293,000;應付票據＝$160,000;累積保留盈餘＝$1,278,000;長期負債＝$845,000。

17. 剩餘請求權　Dimeback 公司在這一年中必須支付債權人 $5,800。

    a. 如果資產價值是 $7,100,則股東權益價值是多少?

    b. 如果資產價值是 $5,200 呢?

18. 邊際稅率和平均稅率　(參見表2.3) Corporation Growth 公司有 $76,000 的應稅所得,Corporation Income 公司則有 $7,600,000 的應稅所得。

    a. 這兩家公司的稅額各是多少?

    b. 假設這兩家公司都有一個新專案會增加 $10,000 的應稅所得,則這兩家公司各要付多少額外的稅?為什麼這兩個稅額是一樣呢?

19. 淨利和 OCF　在 2010 年中,Raines Umbrella 公司的銷貨額是 $850,000。銷貨成本、銷管費用和折舊費用分別是 $610,000、$110,000 和 $140,000。此外,公司的利息費用是 $85,000,稅率是35%。不考慮任何損失前抵或後抵稅額條款。

    a. 2010年 Raines 的淨利是多少?

    b. 營運現金流量是多少?

    c. 解釋 (a) 和 (b) 的結果?

20. 會計價值和現金流量　在第19題中,假設 Raines Umbrella 公司發放了 $63,000 的現金股利。可能嗎?如果淨固定資產支出或淨營運資金沒有增加,而且這一年中沒有發行新股票,那麼有關公司的長期負債科目變動如何呢?

21. 計算現金流量　下面是 Zigs 公司 2011 年的營業結果:銷貨＝$27,360;銷貨成本＝$19,260;折舊費用＝$4,860;利息費用＝$2,190;股利發放＝$1,560。年

初時，淨固定資產是 $16,380，流動資產是 $5,760，流動負債是 $3,240。年底時，淨固定資產是 $20,160，流動資產是 $7,116，流動負債是 $3,780，而且 2011 年的稅率是 34%。

a. 2011 年的淨利是多少？
b. 2011 年的營運現金流量是多少？
c. 2011 年來自資產的現金流量是多少？可能嗎？請解釋。
d. 如果這一年中沒有發行新債券，流向債權人的現金流量是多少？流向股東的現金流量是多少？請解釋 (a) 至 (d) 答案中的正負符號。

22. **計算現金流量** 下面是 Parrothead 公司的簡化財務報表：

PARROTHEAD 公司
2010 年和 2011 年的部份資產負債表

資　產	2010	2011	負債和業主權益	2010	2011
流動資產	$ 914	$ 990	流動負債	$ 365	$ 410
淨固定資產	3,767	4,536	長期負債	1,991	2,117

PARROTHEAD 公司
2011 年損益表

銷貨	$11,592
成本	5,405
折舊	1,033
利息	294

a. 2010 年和 2011 年的業主權益各是多少？
b. 2011 年的淨營運資金變動數是多少？
c. 在 2011 年中，Parrothead 公司購買了 $1,890 的新固定資產，則 Parrothead 賣掉了多少固定資產呢？這一年中，來自資產的現金流量是多少呢？（稅率是 35%）
d. 在 2011 年中，Parrothead 公司從長期負債募得了 $378。這一年中 Parrothead 償還了多少長期負債呢？流向債權人的現金流量是多少呢？

迷你個案

Sunset Boards 公司的現金流量和財務報表

Sunset Boards 位於 Malibu，是製造和販售衝浪板的小公司。公司創辦人 Tad Marks 負責衝浪板的設計和銷售，他的背景在衝浪而非商務，因此公司的財務紀錄維持得並不完善。

Sunset Boards 初期的投資是由 Tad 及其友人和家人提供，因為初期的投資很小，公司也僅為自己的門市製造衝浪板，投資者並未要求 Tad 提供詳盡的財務報表。但由於職業衝浪選手的口耳相傳，公司最近銷售額扶搖直上，Tad 便考慮來個大規模的擴充，他的計畫包括在夏威夷開另一家衝浪門市，並提供其他廠商他所生產的「條仔」（衝浪者稱呼衝浪板的行話）。

Tad 的擴充需要可觀的投資，他預備向外人募集所需的額外資金並向銀行貸款。想當然耳，新的投資者及債權人所要求的財務報表，一定要比先前其所準備的更有結構也更詳盡。在投資者的催促下，Tad 雇用了財務分析師 Christina Wolfe 來評估公司過去幾年來的表現。

看完了以前的銀行存提款紀錄、銷售收據、退稅及其他紀錄後，Christina 整理出以下資訊：

Sunset Boards 目前付給 Tad 及其他元老投資者的股利，佔收入淨額的 30%，稅率則佔了 20%。你是 Christina 的助理，她請你準備下列資料：

1. 2010 年及 2011 年的損益表。
2. 2010 年及 2011 年的資產負債表。
3. 每一年的營運現金流量。
4. 2011 年來自資產的現金流量。
5. 2011 年流向債權人的現金流量。
6. 2011 年流向股東的現金流量。

問 題

1. 你如何描述 Sunset Boards 在 2011 年的現金流量狀況？請簡短的討論。
2. 針對上一題的論述，你對 Tad 的擴充計畫有何看法？

	2010	2011
銷貨成本	$163,849	$206,886
現金	23,643	35,721
折舊	46,255	52,282
利息費用	10,056	11,526
管銷費用	32,223	42,058
應付帳款	41,786	47,325
固定資產	204,068	248,625
銷貨	321,437	391,810
應收帳款	16,753	21,732
應付票據	19,046	20,796
長期負債	103,006	116,334
存貨	32,255	43,381
新發行權益證券	0	20,500

財務報表與長期財務規劃

第 3 章　運用財務報表

第 4 章　長期財務規劃與成長

3

運用財務報表

2011 年 1 月 21 日，綠能曳引機製造商 John Deere 公司普通股每股價格收在 $89 附近。在這個價位時，John Deere 的本益比（price-earnings (PE) ratio）為 21 倍。也就是說，對 John Deere 所賺的 $1 淨利，投資者願意以 $21 的代價來購買。在同一時間，投資者只願意用 $72、$23 及 $9 的代價來分別購買 Amazon.com、Google 及 Ford 公司的 $1 淨利。另一類極端的例子是 General Motors（GM）及 United States Steel，這兩家公司在去年都是虧損的，然而，GM 的每股股價為 $37，United States Steel 則為 $54。由於淨利是負的，所以本益比會是負數，因此這兩家公司本益比值是不加以揭示。同一期間 S&P 500 股價指數的本益比大約是 15，即股價是年盈餘的 15 倍。

本益比的比較是如何運用財務比率的一些例子。本章會有許多的財務比率，這些比率是用來衡量財務狀況的指標。除了討論如何分析財務報表，以及如何計算這些財務比率之外，我們還會討論這些資訊的使用者以及使用原因。

第 2 章探討了一些有關財務報表和現金流量的重要觀念。第二篇中的本章和下一章將接續先前章節所討論的問題，目的是要進一步了解財務報表資訊的運用（和濫用）情形。

財務報表資訊還會陸續在本書其他章節出現，雖然研讀後面章節的內容，不一定要先了解第二篇的教材，但是第二篇的教材有助於全盤了解財務報表資訊在公司理財上所扮演的角色。

對財務報表的內容有基本的了解是非常重要的。因為這些報表和從中導引出來的數字，是公司內部以及外部溝通財務資訊的主要工具。總之，大部份的財務管理術語都是根源於本章中所討論的觀念。

此外，財務報表資訊有許多不同的用途，財務報表資訊也有許多不同的使用

者。這種用途與使用者的多樣性反映出財務報表資訊在眾多類型的決策中，都扮演著重要的角色。

在完美的情況下，財務經理擁有關於公司資產之市場價值的完整資訊。但這種情況是很少存在的。因為我們很難獲得所需的市場資訊，所以我們依賴會計數字作為主要的財務資訊。評估公司決策的唯一有意義標準就是，決策是否為公司創造了經濟價值（請見第 1 章）。然而，在許多重要情境下，因為我們沒辦法觀察決策對市價的影響，所以不可能對決策的好壞作直接的評斷。

雖然會計數字通常只能反映部份的經濟實情，但是會計數字已經是可獲得的資訊中最好的。舉例來說，對私人企業、非營利事業及小型公司而言，很少有市場價值的資訊存在。所以在這些情況下，會計人員編製的財務報表就具有決定性的影響力。

會計人員的工作目標之一就是提供一套適用的財務報表資訊，供使用者作決策使用。然而，很諷刺的是，所提供的財務資訊經常沒有達到使用者所要求的適用程度。換言之，財務報表並沒有附帶一份使用者的指引。本章及下一章就是填補這個缺口的第一步。

3.1 進一步探討現金流量和財務報表

基本上，公司從事兩種活動：創造現金和使用現金。現金的創造來自於銷售產品、資產或是有價證券。銷售有價證券包括舉債或是銷售公司權益證券（股票）。現金的使用則是包括支付生產所需的原料和人工，以及購買資產；對債權人和業主的支付，也會用掉現金。

在第 2 章中，公司的現金活動可以整理成一個簡單的恆等式：

$$\begin{matrix}\text{來自資產的}\\\text{現 金 流 量}\end{matrix} = \begin{matrix}\text{流向債權人}\\\text{的現金流量}\end{matrix} + \begin{matrix}\text{流向股東的}\\\text{現 金 流 量}\end{matrix}$$

這個現金流量恆等式總結了公司在一年中各種交易的現金活動總結果。本節回到現金流量的主題，進一步探討在一年中會導致這些現金餘額改變的一些原因。

現金的來源和使用

帶進現金的活動稱為現金來源（sources of cash），而花費現金的活動則稱為現金使用（uses of cash）。經由追蹤資產負債表上各科目餘額的改變，我們可以

了解在某段期間內，公司如何取得現金，以及如何使用現金。

以表 3.1 中 Prufrock 公司的資產負債表為例。請注意，我們已經算出資產負債表上每一科目餘額的變動。

看過 Prufrock 的資產負債表後，我們發現這一年中有一些改變。例如，Prufrock 的淨固定資產增加了 $149，和存貨增加了 $29（本例中所有的貨幣單位都是百萬美元）。這些資金是從哪裡來的呢？要回答這個問題和其他相關問題，我們必須先分辨哪些變動用掉了現金（現金使用），哪些變動則帶來了現金（現金來源）。

這裡有個簡單有用的判斷法則。公司以現金支付所購買資產的款項，所以大致而言，資產科目的增加代表公司（以淨效果來看）購買了一些資產，是一種現

表 3.1

PRUFROCK 公司
2011 年和 2012 年資產負債表
（單位：百萬美元）

	2011	2012	變動
資產			
流動資產			
現金	$ 84	$ 98	+$ 14
應收帳款	165	188	+ 23
存貨	393	422	+ 29
合計	$ 642	$ 708	+$ 66
固定資產			
廠房設備淨值	$2,731	$2,880	+$149
總資產	$3,373	$3,588	+$215
負債和業主權益			
流動負債			
應付帳款	$ 312	$ 344	+$ 32
應付票據	231	196	− 35
合計	$ 543	$ 540	−$ 3
長期負債	$ 531	$ 457	−$ 74
業主權益			
普通股和資本公積	$ 500	$ 550	+$ 50
保留盈餘	1,799	2,041	+ 242
合計	$2,299	$2,591	+$292
負債和業主權益合計	$3,373	$3,588	+$215

金使用。如果資產科目減少，那麼公司就是賣掉了一些資產（以淨效果來看），是一種現金來源。同樣地，如果負債科目減少，代表公司做了一些淨支付，是一種現金使用。

根據這個道理，我們可以找到一個簡單的判斷法則。左邊科目（資產）的增加，或是右邊科目（負債或權益）的減少，代表現金的使用。同樣地，左邊科目的減少，或是右邊科目的增加則是一種現金來源。

回到 Prufrock 的資產負債表，我們發現存貨增加了 $29，這是一種現金淨使用，因為實際上 Prufrock 花了 $29 來增加存貨。應付帳款也增加了 $32，這是一種現金淨來源，相當於公司在年底以前借了 $32。另一方面，應付票據減少了 $35，所以 Prufrock 實際上償還了 $35 的短期債務，是現金使用。

根據上述討論，我們可以從資產負債表匯整出現金來源和現金使用項目如下：

現金來源：	
應付帳款增加	$ 32
普通股增加	50
保留盈餘增加	242
總來源	$324
現金使用：	
應收帳款增加	$ 23
存貨增加	29
應付票據減少	35
長期負債減少	74
淨固定資產取得	149
總使用	$310
現金淨增加	$ 14

現金的淨增加為 $14，即現金來源減現金使用，和資產負債表上的現金科目變動金額相吻合。

這個簡單的報表告訴我們這一年中所發生的事情。但是，它並沒有說出全盤故事。例如，增加的保留盈餘是淨利（資金來源）減掉股利（資金使用）。如果把這些項目分開報告，就可以看到個別的金額是多少，將更具意義。而且，我們只考慮淨固定資產的取得，固定資產的支出總金額或是支出毛額應是較有意義的數字。

表 3.2
PRUFROCK 公司
2012 年損益表
（單位：百萬美元）

銷貨	$2,311
銷貨成本	1,344
折舊	276
息前稅前盈餘	$ 691
利息	141
應稅所得	$ 550
稅（34%）	187
淨利	$ 363
股利	$121
增額保留盈餘	242

為了進一步追蹤公司在這一年中現金的流量，必須借助損益表。表 3.2 是 Prufrock 公司的損益表。

在此需留意的是，從資產負債表來的 $242 增額保留盈餘，就是淨利 $363 和股利 $121 的差額。

現金流量表

雖然匯總現金來源和去向成財務報表格式時，有不同的彈性作法。但不管採用哪一種作法，結果都稱為現金流量表（statement of cash flows）。

表 3.3 是現金流量表的一種格式，基本觀念在於把所有的現金變動分為三大類：營業活動、理財活動，以及投資活動。報表的格式會因報表編製者之不同而異。

如果你所熟悉的現金流量表格式和這裡不一樣，不要訝異。它們所表達的資訊內容都是非常相似的；只是順序可能不一樣罷了。本例子的重點是，年初的現金是 $84，年底是 $98，現金淨增加 $14。我們只是要了解哪些公司活動會造成這項變動。

回憶一下第 2 章，這裡有一些觀念性的問題；要注意的是，利息支付實際上應該是理財活動，但是會計上卻不是這樣處理，而在計算淨利時，把利息當做費用減掉。另外，固定資產的淨支出是 $149，因為我們沖銷了 $276 的累積折舊，所以固定資產的實際支出總共是 $149＋276＝$425。

表 3.3

PRUFROCK 公司
2012 年現金流量表
（單位：百萬美元）

現金：年初	$ 84
營業活動	
淨利	$363
加：	
折舊	276
應付帳款增加	32
減：	
應收帳款增加	－ 23
存貨增加	－ 29
營業活動的淨現金	$619
投資活動	
固定資產取得	－$425
投資活動的淨現金	－$425
理財活動	
應付票據減少	－$ 35
長期負債減少	－ 74
股利發放	－ 121
普通股增加	50
理財活動的淨現金	－$180
現金淨增加	$ 14
現金：年底	$ 98

　　一旦有了這份報表後，就像每股盈餘一樣，以每股為基礎來表示現金的改變似乎比較適當。但諷刺的是，即使我們感興趣的是每股的現金流量，但標準的會計作法卻不揭示這些資料。原因是會計師認為現金流量（或是某部份的現金流量）並不可以替代會計盈餘，所以只揭示每股盈餘。

　　就如表 3.4 所示，有時候以稍微不一樣的格式來表達同一資訊，是非常有幫助的，表 3.4 稱為「現金來源使用表」。財務會計上並沒有這種報表，但這種報表已行之有年，而且誠如下面所討論的，這種報表使用起來很便利。縱然如此，我們再度強調，現金來源使用表並不是這種資訊的正統表達格式。

　　既然已經有了現金流量的各個部份，我們對於這一年中所發生的事件將有較

表 3.4

PRUFROCK 公司
2012 年現金來源使用表
（單位：百萬美元）

現金：年初	$ 84
現金來源	
營業：	
淨利	$363
折舊	276
	$639
營運資金：	
應付帳款增加	$ 32
長期融資：	
普通股增加	50
總現金來源	$721
現金使用	
營運資金：	
應收帳款增加	$ 23
存貨增加	29
應付票據減少	35
長期融資：	
長期負債減少	74
固定資產取得	425
股利發放	121
總現金使用	$707
現金淨增加	$ 14
現金：年底	$ 98

佳的了解。Prufrock 公司主要的現金流出是固定資產的購買和現金股利的發放，而支付這些活動的現金，則主要是來自於營業活動所產生的現金。

　　Prufrock 也償還了一些長期負債，並增加了流動資產。最後，流動負債變動不大，及銷售了少部份的新股。總而言之，這個簡短的草稿捕捉了這一年中 Prufrock 的主要現金來源和現金的使用。

> **觀念問題**
>
> **3.1a** 何謂現金來源？請列舉三個例子。
> **3.1b** 何謂現金使用？請列舉三個例子。

3.2 財務報表標準化

接下來，我們想將 Prufrock 的財務報表和其他類似公司作比較。然而，我們會遭遇到一個問題，因為公司規模大小不一樣，要直接比較兩家公司的財務報表幾乎是不可能的。

例如，Ford 和 GM 是汽車市場的競爭對手，但是 GM 公司比 Ford 大得多（以資產規模來看），所以要直接比較它們是很困難的。同樣地，如果公司的規模已經改變，即使要對同一家公司之不同時點的財務報表加以比較，也會有困難。如果我們要比較 GM 和 Toyota 兩家公司，那麼公司規模差異的問題就更複雜了，如果 Toyota 的財務報表是以日圓表示，那麼我們就會同時面臨規模不同和貨幣不同的問題。

為了作比較，必須以某種方式把財務報表標準化。一種普遍有用的標準化方式是以百分比，而非總金額來表示報表內的資料。本節中，我們詳述兩種將財務報表標準化的方法。

共同比的財務報表

首先，將財務報表標準化的方法之一是把資產負債表上的每一項目都表示成資產的百分比，把損益表上的每一項目都表示成銷貨的百分比。這樣的財務報表就稱為共同比的財務報表（common-size statements），接下來介紹什麼是共同比的財務報表。

共同比資產負債表（common-size balance sheets） 編製共同比資產負債表的方法之一（非唯一的方法）是把每一項目都表示成總資產的百分比。例如，表 3.5 是 Prufrock 在 2011 年和 2012 年的共同比資產負債表。

需注意的是，因為小數點四捨五入的誤差，有些總額並不剛好相等。同時，因為期初的總和及期末的總和都必須是 100%，所以總變動必須是零。

以這種形式表達財務報表比較容易閱讀及作比較。例如，從 Prufrock 這兩張

表 3.5

PRUFROCK 公司
2011 年和 2012 年共同比資產負債表

	2011	2012	變動
資　產			
流動資產			
現金	2.5%	2.7%	＋0.2%
應收帳款	4.9	5.2	＋0.3
存貨	11.7	11.8	＋0.1
合計	19.1	19.7	＋0.6
固定資產			
廠房設備淨值	80.9	80.3	－0.6
總資產	100.0%	100.0%	0.0
負債和業主權益			
流動負債			
應付帳款	9.2%	9.6%	＋0.3%
應付票據	6.8	5.5	－1.4
合計	16.0	15.1	－1.1
長期負債	15.7	12.7	－3.0
業主權益			
普通股和資本公積	14.8	15.3	＋0.5
保留盈餘	53.3	56.9	＋3.6
合計	68.1	72.2	＋4.1
負債和業主權益合計	100.0%	100.0%	0.0

資產負債表可以看出，流動資產佔總資產的比率從 2011 年的 19.1%，上升到 2012 年的 19.7%。同期間內，流動負債佔負債和業主權益合計的比率則由 16.0% 降至 15.1%。同樣地，總權益佔負債和業主權益合計的比率則由 68.1% 增加到 72.2%。

整體而言，根據流動資產和流動負債的數據變動，這一年中 Prufrock 的流動性增加了。同時，Prufrock 的負債佔總資產的百分比減少了。我們可以下個結論：Prufrock 的資產負債表變得更「健壯」了。稍後我們會作更多討論。

共同比損益表（common-size income statements） 將損益表標準化的方法之一是把每一項都表示成總銷貨額的百分比，如表 3.6 所示。

這張損益表告訴我們，每 $1 的銷貨背後所代表的意義。對 Prufrock 而言，每 $1 的銷貨金額中，利息吃掉了 $0.061，稅又拿走了另外的 $0.081。最後，每

表 3.6

PRUFROCK 公司
共同比損益表
2012 年

銷貨	100.0%
銷貨成本	58.2
折舊	11.9
息前稅前盈餘	29.9
利息	6.1
應稅所得	23.8
稅（34%）	8.1
淨利	15.7%
股利	5.2%
保留盈餘的增加數	10.5

$1 的銷貨只有 $0.157 的淨利，這個金額再分割成兩部份：$0.105 保留在公司中，$0.052 則以股利發放。

這些百分比在作比較時很有用；例如，成本百分比是個很重要的數字。對 Prufrock 而言，每 $1 的銷貨中，就有 $0.582 是用來支付貨品的生產成本。如果可以得到 Prufrock 的主要競爭對手的成本百分比資料，那麼就可以看出 Prufrock 的成本控制是否做得很好。

共同比現金流量表（common-size statements of cash flows）　雖然這裡沒有將現金流量表列出，不過，我們也可以編製共同比的現金流量表。很不幸的是，現金流量表並沒有一個像總資產或是總銷貨這樣的標準來作為分母。然而，如果將現金流量表重新整理成像表 3.4 一樣，那麼每一項目就可以表示成現金總來源（或現金總使用）的百分比；這些結果就可以解釋為某一特定項目佔總現金來源的百分比，或是總現金使用的百分比。

共同基期的財務報表：趨勢分析

假想我們擁有某家公司過去十年的資產負債表，而且我們想要研究這家公司營業狀況的趨勢。這家公司是否使用了太多或太少負債呢？公司的流動性是否變得更高或更低呢？在這種情況下，我們可以選擇一年為基期（base year），然後，每一項都以相對於基期的金額來表示。這種報表就稱為共同基期的財務報表（common-base year statements）。

例如，Prufrock 的存貨從 2011 年的 $393 增加到 2012 年的 $422。如果我們以 2011 年為基期，設定該年的存貨為 1.00，下一年，存貨相對於基期的比例是 $422/393＝1.07。所以，我們可以說，存貨在這一年中約增加了 7%。如果有很多年，我們只要把每年的存貨都除以 $393，所得到的序列就可以很容易地畫在圖上，那麼要比較兩家或是更多不同公司也是輕而易舉的事了。表 3.7 匯總了資產負債表中資產項的計算。

結合共同比和共同基期的分析

趨勢分析可以和共同比分析結合起來，這樣做的理由是，隨著總資產的成長，大多數的會計科目也會跟著成長。而共同比報表可以去除個別會計科目金額成長的影響。

例如，表 3.7 中，Prufrock 在 2011 年的應收帳款是 $165，佔總資產的 4.9%。到了 2012 年時，應收帳款增加到 $188，佔總資產的 5.2%。如果我們以

表 3.7

PRUFROCK 公司
標準化資產負債表摘要
（資產項）

	資產 （單位：百萬美元）		共同比資產		共同基 期資產	結合共同比與 共同基期年資
	2011	2012	2011	2012	2012	2012
流動資產						
現金	$　　84	$　　98	2.5%	2.7%	1.17	1.08
應收帳款	165	188	4.9	5.2	1.14	1.06
存貨	393	422	11.7	11.8	1.07	1.01
總流動資產	$　642	$　708	19.1	19.7	1.10	1.03
固定資產						
廠房設備淨值	$2,731	$2,880	80.9	80.3	1.05	0.99
總資產	$3,373	$3,588	100.0%	100.0%	1.06	1.00

請注意：共同比資產中，各個數值是將當年中各個資產項目除以總資產。舉例來說，2011 年現金的共同比是 $84/3,373＝2.5%。共同基期資產中，所得的數值是將 2012 年資產項目除以 2011 年（基期）之資產金額，如現金的共同基期比率為 $98/84＝1.17，表示現金增加了 17%。結合共同比與共同基期的數字則是以每一項的共同比資產除以基期（2011 年）共同比資產，如 2012 年結合共同比與共同基期的現金為 2.7%/2.5%＝1.08，表示 2012 年現金佔總資產之比率較 2011 年之比率上升 8%。欄中的數字因為四捨五入的關係而有誤差的現象。

總金額作為分析，那麼 2012 年的數字是 $188/165＝1.14，增加了 14%。然而，如果我們用共同比報表來分析，那麼 2012 年的數字將是 5.2%/4.9%＝1.06。這告訴了我們，以總資產百分比來表示，應收帳款成長 6%。約略地說，應收帳數總金額成長率的 14% 中，約有 8%（14%－6%＝8%）可以歸因於總資產的成長。

> **觀念問題**
>
> **3.2a** 為什麼經常必須把財務報表標準化？
> **3.2b** 說出兩種將財務報表標準化的方法，並描述這些標準化方法的過程。

3.3　比率分析

　　還有另外一種方法可以避免因比較不同規模的公司而衍生的問題，那就是計算並比較財務比率（financial ratios）。財務比率可以用來比較，並研究不同財務資訊的關係。使用比率可以消除規模問題，因為規模實際上已經去除掉了，剩下的只是百分比、倍數或是期間。

　　在討論財務比率時，要注意一個問題。因為比率只是把一個數字除以另一個數字，而且有很多會計科目以及數字，所以我們可以檢視的比率數目相當可觀。每個人都有自己的偏好，我們的討論重點放在那些具有代表性的比率。

　　在本節中，只介紹一些普遍使用的財務比率。我們並不認為這些是最好的比率。事實上，有些比率對你而言是沒有意義，或是不如其他比率有用。果真如此，不必擔心，身為一個財務分析師，你可以決定自己所需要的比率。

　　你必須要擔心的是，不同的人以及不同的會計資料並非完全以相同的公式來計算這些比率，以致造成使用上的混淆。我們在此所用的定義，可能和你以前看過的或是未來你在其他地方將看到的會不太一樣。如果你有機會使用比率作為分析工具，你應該仔細地說明如何計算每一個比率，如果要比較你計算的數字和其他來源的數字，你必須確實知道這些數字是怎麼算出來的。

　　關於如何使用比率，以及使用這些比率時所面臨的問題，將延到本章的稍後才討論。現在，對我們所要討論的每個比率，要將下列問題記在心裡：

1. 這個比率是如何求算？

2. 這個比率是要衡量什麼？為什麼我們會對它有興趣？
3. 衡量的單位是什麼？
4. 比率值的高低代表什麼意義？這種比率值可能會產生怎樣的誤導？
5. 如何改進這個衡量的方法？

傳統上，財務比率分成以下幾類：

1. 短期償債能力或流動比率。
2. 長期償債能力或財務槓桿比率。
3. 資產管理能力或週轉率。
4. 獲利能力比率。
5. 市場價值比率。

我們將逐一討論。在計算 Prufrock 的這些比率時，除非另有說明，否則將一律使用 2012 年年底的資產負債表，以及 2012 年全年的損益表資料。

短期償債能力比率或流動性指標

顧名思義，短期償債能力比率提供公司流動性資訊，所以這些比率也稱為流動性指標（liquidity measures），主要是衡量公司短期內償還帳務的能力。所以，這些比率的重點是放在流動資產和流動負債。

很明顯地，短期債權人對流動比率特別感興趣，因為財務經理經常與銀行，以及其他短期債權人打交道，所以必須了解這些比率。

衡量流動資產和流動負債的好處是，它們的帳面價值和市價是非常相近的。通常（但並非總是）這些資產和負債的到期日並不會長到可以使帳面價值嚴重地偏離市價。另一方面，就像近似現金（near-cash）的資產一樣，流動資產和流動負債變動得非常快速。所以，今天的流動資產或流動負債金額未必是未來金額的有效參考指標。

流動比率　最有名且最廣為使用的比率之一是流動比率（current ratio）。你或許猜到了流動比率的定義：

$$流動比率 = \frac{流動資產}{流動負債} \quad [3.1]$$

對 Prufrock 而言，2012 年的流動比率是：

$$流動比率 = \frac{\$708}{\$540} = 1.31 \text{ 倍}$$

原則上，流動資產和流動負債會在未來的 12 個月內轉換成現金，所以流動比率衡量的是短期流動性，衡量單位則是元或是倍數。因此，我們可以說就每 $1 的流動負債，Prufrock 就擁有 $1.31 的流動資產；或是說 Prufrock 的流動資產是流動負債的 1.31 倍。

對債權人而言，特別是短期債權人（例如，供應商），流動比率愈高愈好。對公司而言，高流動比率代表高流動性，但是也可能是現金和其他短期資產的使用效率不佳。除非是特殊情況，否則，我們預期流動比率至少是 1，因為流動比率小於 1 代表淨營運資金（流動資產減流動負債）是負的。對一家健全的公司而言，這是不尋常的，至少大多數的企業是如此。

流動比率，就像所有的比率一樣，會受許多不同型態的交易之影響。例如，如果公司以長期舉債來募集資金，那麼短期的效果是現金增加以及長期負債增加，流動負債並沒有受到影響，所以流動比率會上升。

最後要注意的是，對一家保有大量舉債能力的公司而言，低流動比率未必是個壞現象。

範例 3.1　流動比率問題

假設一家公司要償還部份供應商和短期債權人款項，則其流動比率會有什麼變化呢？假設公司買進一些存貨，流動比率又會有什麼變化呢？如果公司賣掉一些產品呢？

第一個情況是個有趣的問題，其結果是流動比率會更偏離 1。如果流動比率大於 1（正常情況），它會變得更大。但是，如果流動比率是小於 1，那麼它會變得更小。例如，假設公司的流動資產是 $4，流動負債是 $2，所以流動比率是 2。若我們花 $1 現金在降低流動負債上，那麼新的流動比率為 ($4－1)/($2－1)＝3。如果我們把它顛倒成流動資產是 $2，流動負債是 $4，那麼流動比率就會從 1/2 降到 1/3。

第二個情況就沒有那麼技巧了。因為現金減少，而存貨卻增加，總流動資產不變，所以流動比率也沒有任何改變。

在第三個情況中，流動比率通常會上升，因為存貨是以成本表示，而銷貨通常會比成本再高一點〔其差額即為加碼（markup）〕。因此，增加的現金或應收帳款，會比減少的存貨大。所以流動資產增加，流動比率也跟著增加。

速動比率（或是酸性測驗比率） 存貨通常是流動資產中流動性最低的，而且相對於其他流動資產，存貨的帳面價值與它的市場價值差異是最大的。因為帳面價值並不考慮存貨的品質，有些存貨可能已經損壞、過期或是遺失了。

更直接的說，累積過多存貨通常是短期營運困難的徵兆。公司可能高估了銷貨，以致於購買太多，或是生產太多存貨。在這種情況下，公司可能有一大部份的流動性被存貨銷售太慢所綁住。

為了進一步評估流動性，我們以流動比率的方式計算速動比率（quick ratio），即酸性測驗比率（acid-test ratio），但是將存貨排除於流動資產項目之外：

$$速動比率 = \frac{流動資產 - 存貨}{流動負債} \qquad [3.2]$$

請注意，以現金購買存貨不會影響流動比率，卻會降低速動比率。其觀念在於存貨和現金比起來，較不具流動性。

對 Prufrock 而言，2012 年的速動比率是：

$$速動比率 = \frac{\$708 - 422}{\$540} = 0.53 \text{ 倍}$$

在這裡，速動比率所顯示的公司流動性和流動比率所顯示的有點不一樣，因為存貨佔 Prufrock 的流動資產一大半。若誇張一點的話，如果存貨中包括一座未售出的核能電廠，那情況就值得憂慮了。

舉個例子來說明流動比率與速動比率的關係，根據最新的財務報表，Walmart 和 Manpower 公司的流動比率分別是 0.9 和 1.5。然而，Manpower 並無存貨可言，Walmart 的流動資產幾乎都是存貨。結果 Walmart 的速動比率只有 0.2，而 Manpower 的速動比率是 1.4。

其他流動性比率 我們簡略地提出其他三種流動性衡量方法。出借期限很短的債權人可能對現金比率（cash ratio）感興趣：

$$現金比率 = \frac{現金}{流動負債} \qquad [3.3]$$

你可以算出 Prufrock 在 2012 年的現金比率是 0.18。

因為淨營運資金（NWC）被視為是公司的短期流動性，我們可以衡量淨營運資金對總資產（NWC to total assets）的比率：

$$\text{淨營運資金對總資產比率} = \frac{\text{淨營運資金}}{\text{總資產}} \quad [3.4]$$

這個值較低可能代表流動性程度較低。在這個例子裡，我們算出來的是 ($708－540)/$3,588＝4.7%。

最後，假設 Prufrock 公司突然發生員工罷工事件，現金流入已經枯竭。公司營運可以維持多久呢？答案來自於期間衡量（interval measure）：

$$\text{期間衡量} = \frac{\text{流動資產}}{\text{平均每日營業成本}} \quad [3.5]$$

若不算折舊和利息，這一年的總成本是 $1,344。平均每天的成本為 $1,344/365＝$3.68。[1] 因此，期間衡量是 $708/$3.68＝192 天。根據這個結果，Prufrock 可以再撐六個月左右。[2]

對營業收入不多的新創事業或公司而言，期間衡量（或其他的類似指標）是相當管用的工具。因為它指出，在進行下一階段籌資之前，公司手上的現金尚能支撐多久的營運時間。新創事業的每天平均營運成本稱為燒錢速度（burn rate），意味著在獲利之前，公司手上現金的流失速度。

長期償債能力

長期償債能力（long-term solvency）比率旨在討論公司償還長期負債的能力，也就是一般所討論的財務槓桿，有時也稱為財務槓桿比率（financial leverage ratios，或僅稱之為槓桿比率）。我們介紹三個最常用的衡量指標及其變化型態。

總負債比率 總負債比率（total debt ratio）考量公司各種不同到期日的負債。總負債比率有好幾種定義方式，其中最簡單的是：

$$\text{總負債比率} = \frac{\text{總資產} - \text{股東權益}}{\text{總資產}} \quad [3.6]$$

$$= \frac{\$3{,}588 - 2{,}591}{\$3{,}588} = 0.28 \text{ 倍}$$

---

[1] 使用每日平均數額以計算這些比率時，實務上將一年視為 360 天；這就是銀行家的一年，一年有四季，每季 90 天；在沒有計算機的時代，此種作法可以簡化計算。但這裡將一年視為 365 天。

[2] 折舊及（或）利息有時包括在平均每日成本的計算內，折舊並不是現金費用，將它包括在成本內並不合理；利息是一項融資費用，所以將它排除（我們只看營業成本），當然，我們可以將利息費用納入，以計算另一個比率。

在這個例子裡，Prufrock 使用 28% 的負債。[3] 至於這個比率是高是低，或是對公司有何意義，端視公司對資本結構所持的態度而定，資本結構課題留在第六篇再討論。

對於 Prufrock 而言，每 $1 的資產就有 $0.28 的負債。因此，每 $0.28 的負債就有 $0.72 的股東權益。所以，我們可以定義兩個常用的總負債比率之變化型態：負債/權益比率（debt-equity ratio）和權益乘數（equity multiplier）：

$$負債/權益比率 = 總負債/權益 \qquad [3.7]$$
$$= \$0.28/\$0.72 = 0.38 \text{ 倍}$$
$$權益乘數 = 總資產/權益 \qquad [3.8]$$
$$= \$1/\$0.72 = 1.38 \text{ 倍}$$

事實上，權益乘數永遠等於 1 加上負債/權益比率，因為：

$$權益乘數 = 總資產/權益 = \$1/\$0.72 = 1.38$$
$$= (權益 + 總負債)/權益$$
$$= 1 + 負債/權益比率 = 1.38 \text{ 倍}$$

要注意的是，只要給予這三個比率中的任何一個，就可以馬上計算出其他兩個比率，所以這三個比率代表同樣的意義。

資本總額相對於總資產　財務分析師通常很關心公司的長期負債勝於短期負債，因為短期負債會不斷地變動。而且，應付帳款所反映的可能是公司的交易慣例，而不是債務管理的政策。基於這些原因，長期負債比率（long-term debt ratio）通常計算如下：

$$長期負債比率 = \frac{長期負債}{長期負債 + 股東權益} \qquad [3.9]$$
$$= \frac{\$457}{\$457 + 2,591} = \frac{\$457}{\$3,048} = 0.15 \text{ 倍}$$

長期負債和股東權益合計是 $3,048，稱為公司的資本總額（total capitalization）。財務經理通常把重點放在公司的資本總額，而非總資產。

更複雜的是，不同的人（和不同的書本）經常以負債比率（debt ratio）來代

---
[3] 這裡的股東權益包括了特別股（特別股將在第 8 章及其他地方討論）。在計算這個比率時，另一個常用的分子數值是流動負債＋長期負債。

表不同的意義。有的指的是總負債比率,有的指的是長期負債比率。更不幸的是,很多比率根本沒有清楚說明它們所指的是哪一個。

這是混淆的根源,所以我們以兩種不同的比率名稱來分別表示兩種不同的衡量方法。同樣的問題也發生在負債/權益比率,財務分析師經常只用長期負債來計算這個比率。

利息保障倍數　另一種常用來衡量長期償債能力的是利息保障倍數比率（times interest earned (TIE) ratio）。同樣地,這個比率也有許多不同的定義,但是我們仍採用傳統的定義：

$$\text{利息保障倍數比率} = \frac{\text{EBIT}}{\text{利息費用}} \quad [3.10]$$

$$= \frac{\$691}{\$141} = 4.9 \text{ 倍}$$

顧名思義,這個比率衡量公司對利息費用能提供多大的保障,因此也經常被稱為利息涵蓋比率（interest coverage ratio）。對 Prufrock 而言,它的利息費用有 4.9 倍的保障。

現金涵蓋比率　利息保障倍數的問題在於它是根據 EBIT 來計算,而 EBIT 並不是可以用來支付利息的現金,因為非現金費用的折舊被 EBIT 扣除了。利息是一種現金流出,所以現金涵蓋比率（cash coverage ratio）可以定義為：

$$\text{現金涵蓋比率} = \frac{\text{EBIT} + \text{折舊費用}}{\text{利息費用}} \quad [3.11]$$

$$= \frac{\$691 + 276}{\$141} = \frac{\$967}{\$141} = 6.9 \text{ 倍}$$

上式的分子是 EBIT 加上折舊費用,簡寫成 EBITD（earnings before interest, taxes, and depreciation,折舊前息前稅前盈餘）。這個比率衡量公司從營業中獲取現金的能力,它也衡量可供公司支付負債的現金流量。

EBITD 的另一個變化型態是 EBITD 加上攤提費用,簡稱 EBITDA。這種的攤提（amortization）費用類似於折舊費用,均非現金費用,但它適用在無形資產上（例如,專利權）,而不是適用在有形資產上（例如,機器設備）。這裡的攤提費用並不是指債務償還上的攤提,有關這個課題,後面章節將會討論。

資產管理或週轉率

接下來，我們把重點轉到 Prufrock 的資產使用效能。本節所討論的衡量方法，有時也稱為資產利用比率（asset utilization ratios）。本節所討論的比率都可以解釋為週轉率，這些週轉率所要探討的是，公司運用資產創造銷貨的效率性或密集度。首先，探討兩種重要的流動資產：存貨和應收帳款。

存貨週轉率和庫存天數
在這一年中，Prufrock 的銷貨成本是 \$1,344，年底的存貨是 \$422。因此，存貨週轉率（inventory turnover）為：

$$存貨週轉率 = \frac{銷貨成本}{存貨} \qquad [3.12]$$

$$= \frac{\$1,344}{\$422} = 3.2 \text{ 次}$$

這個比率的意思是，Prufrock 一年之中把全部的存貨賣掉（或是週轉了）3.2 次。[4] 只要不會因沒有存貨以供銷售，而失去銷貨機會的話，這個比率的值愈高，表示存貨管理愈有效率。

如果在這一年中，存貨週轉了 3.2 次，那麼就可以馬上算出，存貨平均週轉一次要花多少的時間，這就是平均庫存天數（days' sales in inventory）：

$$庫存天數 = \frac{365 \text{ 天}}{存貨週轉率} \qquad [3.13]$$

$$= \frac{365 \text{ 天}}{3.2} = 115 \text{ 天}$$

這個數值告訴我們，存貨進來後，大約需 115 天才銷售出去。換言之，如果我們剛登錄完最近的進貨和成本資料，那麼 Prufrock 必須花 115 天才能把這些存貨賣掉。

舉個例子，在 2011 年 3 月間，美國整體汽車業者有 57 天的庫存量，剛好低於 60 天的理想庫存量。這意味著在當時的銷貨速度下，必須經過 57 天之久才能銷售完庫存量。當然，各種車型間存在著重大的庫存量差異，新推出及熱門的車型庫存量較低（反之亦然），所以在 2011 年 3 月間，Mini Countryman 車型只有 14 天的庫存量，而豐田 Camry Hybrid 車型則有 139 天庫存量。

---

[4] 請注意，我們以銷貨成本作為分子。為了某些目的，以銷貨收入作為分子或許較有用。例如，想知道每 \$1 存貨所帶來的銷貨額時，我們只要以銷貨收入取代銷貨成本就可以了。

在計算存貨週轉率時，使用平均存貨可能較有意義。若使用平均存貨，存貨週轉率就是 $1,344/[($393＋422)/2]＝3.3$ 次。[5] 究竟要採用哪一個週轉率，端視所要的目的是什麼，如果想了解需要多少時間才能賣完現有存貨，那麼使用年底的值可能比較好一點。

同樣地，在下面所討論的眾多比率中，也都可以使用平均值來計算比率。與前面相同的概念，必須視我們的目的為何。若想了解過去的情形，則以平均值較適合；若攸關未來的情況，則以年底的值較佳。然而，在計算整個產業的平均比率時，普遍使用年底的值；所以為了比較的目的，應該使用年底的值。不管怎樣，使用年底的值會比較省事，所以我們將繼續採用年底的值。

應收帳款週轉率和應收帳款收回天數　對於公司可以多快賣掉產品，存貨週轉率提供了指標。現在，我們來看看公司可以多快收到貨款。應收帳款週轉率（receivables turnover）和存貨週轉率的定義方式是相似的：

$$應收帳款週轉率 = \frac{銷貨金額}{應收帳款} \qquad [3.14]$$

$$= \frac{\$2,311}{\$188} = 12.3 \text{ 次}$$

約略地說，在這一年中，Prufrock 收回其流通在外的賒帳再把錢貸放出去，總共 12.3 次。[6]

如果把這個比率轉換成天數會更有意義。所以，應收帳款收回天數（days' sales in receivables）為：

$$應收帳款收回天數 = \frac{365 \text{ 天}}{應收帳款週轉率} \qquad [3.15]$$

$$= \frac{365}{12.3} = 30 \text{ 天}$$

平均而言，Prufrock 花 30 天才收回賒銷的帳款。所以，這個比率也稱為平均收款期間（average collection period, ACP）。

請注意，如果這是最近報表的數字，那麼我們也可以說，公司有 30 天的銷貨金額還沒有收回。有關信用政策的內容在後面章節有更多的討論。

---

[5] 請注意，我們以 (期初值＋期末值)/2 作為平均值。

[6] 在此，我們假設所有銷貨均是賒銷，假如情形不是如此，則在計算比率時，應使用總賒銷，而不是總銷貨金額。

範例 3.2　應付帳款週轉率

這是個應收帳款收款期間的變化問題。平均而言，Prufrock 花多長的時間才付清應付帳款呢？要回答這個問題，假設 Prufrock 賒購所有的貨品，我們必須以銷貨成本來計算應付帳款週轉率。

Prufrock 的銷貨成本為 $1,344，應付帳款為 $344，所以應付帳款週轉率為 $1,344/$344＝3.9 次。因此，應付帳款週轉一次需 365/3.9＝94 天。平均而言，Prufrock 花 94 天才付清帳款。Prufrock 公司的債權人應特別留意這一點。

資產週轉率　除了存貨和應收帳款外，我們還可以考慮許多類似的比率。例如，淨營運資金週轉率（NWC turnover）是：

$$\text{NWC 週轉率} = \frac{\text{銷貨金額}}{\text{淨營運資金}} \qquad [3.16]$$

$$= \frac{\$2,311}{\$708 - 540} = 13.8 \text{ 次}$$

這個比率衡量營運資金可以創造多少銷貨金額。同樣地，假設不會因淨營運資金不足而錯失銷貨機會，這個比率愈高愈好。（為什麼？）

同理，固定資產週轉率（fixed asset turnover）是：

$$\text{固定資產週轉率} = \frac{\text{銷貨金額}}{\text{淨固定資產}} \qquad [3.17]$$

$$= \frac{\$2,311}{\$2,880} = 0.80 \text{ 次}$$

這個比率代表 Prufrock 公司的每 $1 固定資產可以創造 $0.80 的銷貨金額。

最後一個資產管理比率是總資產週轉率（total asset turnover），我們在本章的稍後及下一章中還會再看到它。顧名思義，總資產週轉率是：

$$\text{總資產週轉率} = \frac{\text{銷貨金額}}{\text{總資產}} \qquad [3.18]$$

$$= \frac{\$2,311}{\$3,588} = 0.64 \text{ 次}$$

換言之，Prufrock 的每 $1 的總資產創造了 $0.64 的銷貨金額。

舉個例子，根據最新的財務報表，Southwest Airlines 的總資產週轉率是 0.8，而 IBM 是 0.9。然而，Southwest 的固定資產週轉率是 1.2，相對於 IBM 的 7.1，正是反映出航空業在固定資產的高投資。

> **範例 3.3　週轉率**
>
> 假設你發現某一家公司，每 $1 的總資產可以創造 $0.40 的銷貨收入。請問，這家公司週轉其總資產的次數是多少？週轉其總資產的時間有多長？
>
> 這裡的總資產週轉率是每年 0.40 次，表示需要 1/0.40＝2.5 年的時間，才能把總資產完全週轉一次。

獲利能力

本節所介紹的三種衡量獲利能力（profitability measures）的指標大概是所有財務比率中最為熟悉，也是最被廣泛使用的。不管是哪一種衡量指標，它們都在衡量公司使用資產的效率，或是公司營運管理的效率，這些指標的重點都是在淨利。

邊際利潤　公司非常注意它們的邊際利潤（profit margins）：

$$邊際利潤 = \frac{淨利}{銷貨金額} \quad [3.19]$$
$$= \frac{\$363}{\$2,311} = 15.7\%$$

因此，從會計的觀點來看，Prufrock 每 $1 的銷貨金額創造約 $0.16 的利潤。

在其他條件不變之下，大家都希望能有較高的邊際利潤，也就是希望費用佔銷貨金額的比率較低。但是，必須強調的是，通常其他條件並不會維持不變。

例如，調降銷貨價格通常會提高銷貨量，但是邊際利潤通常會縮水。總利潤（或營業現金流量）可能會上升，也有可能會下降；所以，邊際利潤變小未必是壞事。但是，是不是會像俗話所說的「當售價降低到每售出一件物品，就虧損一件，但我們還可以在銷貨量上的增加彌補虧損」呢？[7]

資產報酬率　資產報酬率（return on assets, ROA）是用來衡量每 $1 的資產所創

---
[7] 不，這句俗語是錯的。

造的利潤。它有幾種不同的定義，最普遍的是：

$$資產報酬率 = \frac{淨利}{總資產} \qquad [3.20]$$
$$= \frac{\$363}{\$3,588} = 10.12\%$$

股東權益報酬率　股東權益報酬率（return on equity, ROE）衡量一年中股東的獲利情形。因為使股東受益是公司的目標，在會計觀點上，ROE 是衡量獲利績效的最終指標。通常 ROE 定義如下：

$$股東權益報酬率 = \frac{淨利}{股東權益} \qquad [3.21]$$
$$= \frac{\$363}{\$2,591} = 14\%$$

因此，每 $1 的股東權益，Prufrock 可以創造 $0.14 的利潤。但是，這是根據會計數字算出來的。

因為 ROA 和 ROE 是常被提及的指標，但我們要強調的是，它們是會計報酬率。基於這個原因，這些比率應稱為帳面資產報酬率（return on book assets）和帳面股東權益報酬率（return on book equity）。事實上，有時候 ROE 也稱為淨值報酬率（return on net worth）。不管稱它為什麼，將這些比率拿來和金融市場上所觀察到的資訊（例如，利率）相比是不適當的。在接下來的幾章中，我們還會介紹更多的其他會計報酬率。

Prufrock 公司的 ROE 大於 ROA，是因為使用了財務槓桿。下面我們要進一步檢視兩者之間的關係。

範例 3.4　ROE 和 ROA

因為 ROE 和 ROA 通常是衡量過去一段期間的經營績效，因此以平均股東權益和平均資產為計算基礎比較有意義。對 Prufrock 而言，應該如何計算這些數值呢？

首先，我們必須算出平均資產和平均股東權益：

平均資產 = ($3,373 + 3,588)/2 = $3,481

平均股東權益 = ($2,299 + 2,591)/2 = $2,445

有了這些平均值，就可以算出 ROA 和 ROE 如下：

$$\text{ROA} = \frac{\$363}{\$3,481} = 10.43\%$$

$$\text{ROE} = \frac{\$363}{\$2,445} = 14.85\%$$

這些數值比前面算出的稍微大一點，這是因為這一年中資產增加了，所以資產及股東權益的平均值低於年底的值。

市場價值

最後這一組衡量比率所用的部份資料（每股市價），未必會列在財務報表上。很顯然地，只有公開交易的公司才能計算出這些衡量指標。

假設 Prufrock 流通在外股數為 3,300 萬股，年底時每股的股價是 $88。由於 Prufrock 的淨利是 $3 億 6 千 3 百萬，所以每股盈餘（EPS）為：

$$\text{EPS} = \frac{\text{淨利}}{\text{流通在外股數}} = \frac{\$363}{33} = 11$$

本益比　我們所介紹的第一個市場價值衡量指標是本益比（price-earnings (PE) ratio）（或乘數），其定義為：

$$\text{本益比} = \frac{\text{每股價格}}{\text{每股盈餘}} = \frac{\$88}{\$11} = 8 \text{ 倍} \tag{3.22}$$

我們可以說，Prufrock 的股票價格是盈餘的 8 倍，或者說 Prufrock 的股票本益比倍數是 8。

本益比會因公司不同而差異很大，然而，在 2011 年，美國公司的平均 PE 比大約是 15 至 20 之間，跟過去比起來，這算是偏高的數值，但不是最高的。1974 年時，PE 值大約只有 5，算是最低的。PE 比也因國家而異，例如，日本公司的 PE 比一般都比美國高很多。

因為 PE 比是衡量投資者願意付出多少元來購買每 $1 的目前盈餘，所以 PE 比愈高，通常表示公司前景愈被看好。當然，如果公司沒有或幾乎沒有盈餘，本益比可能會變得非常大，所以解釋這個比率時總是要特別小心。

分析師有時會將本益比除以未來盈餘成長率，再乘上 100，就可以得到本益比成長率比率（PE Growth, REG）。假設 Prufrock 的每股盈餘成長率是 6%，則 PEG 是 8/6 = 1.33，PEG 比率透露出，本益比是偏高或偏低，端視預期盈餘成長率而定，高 PEG 比率意味著本益比相對高於成長率，反之亦然。

市價對銷貨金額比　在某些情況，公司的盈餘為負數（特別是新創立的公司），本益比就不是很有意義了。但這些公司總是會有銷貨收入，因此分析師會計算公司的市價對銷貨金額比（price-sales ratio）：

$$\text{市價對銷貨金額比} = \frac{\text{每股市價}}{\text{每股銷貨金額}}$$

Prufrock 的銷貨金額是 $2,311，因此它的市價對銷貨金額比是：

$$\text{市價對銷貨金額比} = \frac{\$88}{(\$2,311/33)} = \frac{\$88}{\$70} = 1.26$$

就如同本益比一樣，市價對銷貨金額比是否偏高或偏低，端視不同產業而定。

市價對帳面價值比　第三種常用的衡量指標是市價對帳面價值比（market-to-book ratio）：

$$\text{市價對帳面價值比} = \frac{\text{每股市價}}{\text{每股帳面價值}} \qquad [3.23]$$
$$= \frac{\$88}{(\$2,591/33)} = \frac{\$88}{\$78.5} = 1.12 \text{ 倍}$$

請注意，每股帳面價值是股東權益（不只是普通股股本）除以流通在外股數。

因為每股帳面價值是會計數字，反映歷史成本，所以大致而言，市價對帳面價值比是比較公司所擁有的投資的市價及其投入成本。如果這個比值小於 1，代表公司沒有成功地為股東創造價值。

和過去比起來，最近幾年的市價對帳面價值比顯然偏高。以道瓊工業指數（Dow Jones Industrial Average）所採樣的 30 家績優公司為例，過去的市價對帳面比平均大約是 1.7；然而，近年來的市價對帳面價值比已經加倍變成 3.4。

另一個與市價對帳面價值比類似的比率就是所謂的托賓 Q 比率（Tobin's Q ratio），托賓 Q 值是將公司資產市值除於資產重置成本：

$$\text{托賓 Q 值} = \frac{\text{資產市值}}{\text{資產重置成本}} = \frac{\text{債務與權益證券市值}}{\text{資產重置成本}}$$

在上式中,我們分別使用兩個等值的分子:公司資產市值及公司債務與權益證券市值。

直覺上,Q 值相對優於市價對帳面價值比值,因為 Q 值看重今天的公司價值相對於它的重置成本。高 Q 值公司大抵會擁有較佳的投資機會或有利的競爭優勢,或者是兩者兼具;相反地,市價對帳面價值比看重資產的歷史成本,與上述公司的投資機會或競爭優勢較無相關。

然而,在實務上,由於公司資產的重置成本不易估算,所以也就無法求得精確的 Q 值;另外,公司的債務市場價值不易取得,因此常以債務的帳面價值替代,但如此一來也降低了 Q 值的精確性。

企業價值對息前稅前折價攤銷前盈餘比(Enterprise Value-EBITDA Ratio)　一家公司的企業價值指的是這家公司營運資產的市場價值估計值,營運資產涵蓋了現金以外的其他公司資產,當然,逐項估計各項資產的價值是件不切實際之事,因為通常無法取得個別資產的市場價值,然而,我們可以使用資產負債表右半邊的資料,以求算企業價值:

$$\text{企業價值} = \text{股票的總市值} + \text{債務的帳面價值} - \text{現金金額} \qquad [3.24]$$

因為大部份債務的市場價值不易取得,所以我們以帳面價值替代,然而,就債務而言,特別是短期債務,帳面價值通常是市場價值的合理估計值。請注意,依據資產負債表恆等式,股票的市值加上所有負債等於公司資產的價值,然後再扣除現金金額,就可以得到公司資產的價值。

企業價值可供用來計算 EBITDA 比率(或乘數):

$$\text{EBITDA 比率} = \text{企業價值}/\text{EBITDA} \qquad [3.25]$$

這個比率的性質與本益比性質相似,但它連結了營運資產的價值(企業價值)與這些資產所產生的營運現金流量(EBITDA)。

結　論

上面介紹了一些常見的財務比率,我們可以進一步探討這些比率,但是目前這些就夠用了。接下來,我們要討論這些比率的一些應用。表 3.8 匯總了我們所討論過的比率。

> **觀念問題**
>
> **3.3a** 財務比率分為哪五類？每類各舉兩至三個例子。
> **3.3b** 已知總負債比率，可以求算另外哪兩個比率呢？請解釋如何求得。
> **3.3c** 週轉率都有兩個數值供挑選作為分母，這兩個數值是什麼呢？這些比率在衡量什麼呢？你如何解釋這些週轉率分析的結果呢？
> **3.3d** 獲利率的分子都是同一個數值，是什麼呢？這些比率衡量什麼呢？你要如何解釋獲利率所分析的結果？

3.4 杜邦恆等式

在前面的 ROA 和 ROE 討論中，曾提及這兩個獲利率指標的差異在於公司的負債融資，也就是財務槓桿的使用。本節中，我們將 ROE 分解成幾個財務比率，以說明 ROA 和 ROE 之間的關係。

ROE 的進一步探究

首先，ROE 的定義是：

$$權益報酬率 = \frac{淨利}{權益}$$

我們可以把式子右邊的分子和分母分別乘上資產，而不影響等號：

$$權益報酬率 = \frac{淨利}{權益} = \frac{淨利}{權益} \times \frac{資產}{資產}$$

$$= \frac{淨利}{資產} \times \frac{資產}{權益}$$

請注意，我們已經把 ROE 表示成 ROA 和權益乘數的乘積：

$$ROE = ROA \times 權益乘數 = ROA \times (1 + 負債/權益比率)$$

例如，在 Prufrock 的例子裡，負債/權益比率是 0.39，ROA 是 10.12%，因此，Prufrock 的 ROE 是：

表 3.8　常用財務比率

I. 短期償債能力或流動性比率

$$流動比率 = \frac{流動資產}{流動負債}$$

$$速動比率 = \frac{流動資產 - 存貨}{流動負債}$$

$$現金比率 = \frac{現金}{流動負債}$$

$$淨營運資金對總資產 = \frac{淨營運資金}{總資產}$$

$$期間衡量 = \frac{流動資產}{平均每日營業成本}$$

II. 長期償債能力或財務槓桿比率

$$總負債比率 = \frac{總資產 - 權益}{總資產}$$

$$負債/權益比率 = \frac{總負債}{權益}$$

$$權益乘數 = \frac{總資產}{權益}$$

$$長期負債比率 = \frac{長期負債}{長期負債 + 權益}$$

$$利息保障倍數比率 = \frac{EBIT}{利息費用}$$

$$現金涵蓋比率 = \frac{EBIT + 折舊費用}{利息費用}$$

III. 資產管理或週轉率

$$存貨週轉率 = \frac{銷貨成本}{存貨}$$

$$庫存天數 = \frac{365 \text{ 天}}{存貨週轉率}$$

$$應收帳款週轉率 = \frac{銷貨金額}{應收帳款}$$

$$應收帳款收回天數 = \frac{365 \text{ 天}}{應收帳款週轉率}$$

$$NWC \text{ 週轉率} = \frac{銷貨金額}{NWC}$$

$$固定資產週轉率 = \frac{銷貨金額}{淨固定資產}$$

$$總資產週轉率 = \frac{銷貨金額}{總資產}$$

IV. 獲利率

$$邊際利潤 = \frac{淨利}{銷貨金額}$$

$$資產報酬率（ROA） = \frac{淨利}{總資產}$$

$$權益報酬率（ROE） = \frac{淨利}{權益}$$

$$ROE = \frac{淨利}{銷貨金額} \times \frac{銷貨金額}{資產} \times \frac{資產}{權益}$$

V. 市價比率

$$本益比 = \frac{每股價格}{每股盈餘}$$

本益比對預期盈餘成長率比值

$$= \frac{本益比}{盈餘成長率（\%）}$$

$$市價對銷貨金額比 = \frac{每股市價}{每股銷貨金額}$$

$$市價對帳面價值比 = \frac{每股市價}{每股帳面價值}$$

$$托賓 \text{ Q 值} = \frac{資產市值}{資產重置成本}$$

企業價值對息前稅前折舊攤銷前盈餘

$$比率 = \frac{企業價值}{EBITDA}$$

$$ROE = 10.12\% \times 1.38 = 14\%$$

ROE 和 ROA 的差異可能會很大，尤其是在某些特定行業。例如，在 2010 年，American Express 的 ROA 只有 2.78%，和一般金融機構的平均值差不多。然而，金融機構通常有很多借款，所以權益乘數相當大。以 American Express 來說，ROE 大約是 24.81%，意味著權益乘數是 8.92。

我們可以再把上面式子上下同乘以銷貨金額，進一步地分解 ROE：

$$ROE = \frac{銷貨}{銷貨} \times \frac{淨利}{資產} \times \frac{資產}{權益}$$

稍微整理一下就可以得到 ROE 為：

$$ROE = \underbrace{\frac{淨利}{銷貨} \times \frac{銷貨}{資產}}_{資產報酬率} \times \frac{資產}{權益} \quad [3.26]$$

$$= 邊際利潤 \times 總資產週轉率 \times 權益乘數$$

我們已經把 ROA 分為兩部份：邊際利潤和總資產週轉率。上面的式子就稱為**杜邦恆等式**（DuPont identity），是杜邦公司首創，目前廣為大家所採用。

我們可以替 Prufrock 驗證這個關係式。因為邊際利潤是 15.7%，總資產週轉率是 0.64，所以：

$$\begin{aligned} ROE &= 邊際利潤 \times 總資產週轉率 \times 權益乘數 \\ &= 15.7\% \times 0.64 \times 1.39 \\ &= 14\% \end{aligned}$$

上式所算出的數值與我們之前算出的是一致的。

杜邦恆等式指出，ROE 受下列三個因素的影響：

1. 營運的效率性（以邊際利潤來衡量）。
2. 資產使用的效率性（以總資產週轉率來衡量）。
3. 財務槓桿（以權益乘數來衡量）。

若營運效率差或是資產使用效率低會造成資產報酬率下降，進而降低了 ROE。

杜邦恆等式顯示，提高公司的負債比率可以提升 ROE。但是，這種現象只有當 ROA 大於借款的利率時才會出現。更重要的是，負債融資尚有其他的作用。就如本書第六篇中冗長的討論，公司所使用的槓桿金額會受限於公司的資本結構政策。

將 ROE 分解成三個比率來分析，是一種簡便且有系統性分析財務報表的途徑。如果公司的 ROE 不佳，那麼杜邦恆等式會告訴你應該從何處著手去尋找原因。

General Motors 就是一個很好的例子，這個例子顯示出杜邦分析是多麼地有用，同時也說明為什麼解釋 ROE 值時，必須特別小心。在 1989 年，GM 的 ROE 是 12.1%，到了 1993 年時，ROE 快速地提升到 44.1%。然而，經過仔細地檢查後，我們發現在同一期間內，GM 的邊際利潤從 3.4% 跌至 1.8%，ROA 從 2.4% 跌至 1.3%。因為這段期間的總資產週轉率從 0.71 提高至 0.73，所以 ROA 的下降幅度才沒有那麼大。

然而，GM 的 ROE 怎麼會上升這麼快呢？根據我們對杜邦恆等式的了解，GM 的權益乘數必定大幅地提高。事實上，在 1992 年，由於對退休基金的會計處理原則改變，以致於 GM 帳面的權益幾乎都提列光了，權益剩下的金額很少，權益乘數也就自然上升。在 GM 的例子裡，權益乘數從 1989 年的 4.95 上升至 1993 年的 33.62。整體而言，GM 大幅「改善」ROE，完全是因為會計處理的改變，而影響到權益乘數，根本不能歸功於財務績效的真正改善。

杜邦恆等式的延伸分析

截至目前為止，我們已看到杜邦恆等式將 ROE 分解成三個基本要素：邊際利潤、總資產週轉率和權益乘數。我們現在要延伸此項分析，看看公司營運績效如何影響 ROE。首先，我們先上 S&P Market Insight Web 網站（www.mhhe.com/edumarketinsight），並找出科技業巨人 DuPont 的精簡版財務報表。這些資料列在表 3.9。

使用表 3.9 的資訊，圖 3.1 列出如何為 DuPont 公司建立杜邦恆等式的延伸分析，杜邦恆等式延伸分析圖表的好處是，它讓我們馬上就能檢視數個財務比率，因而對公司的表現有較全面的認識，也讓我們可以決定該改善哪些項目。

表 3.9

DUPONT 公司財務報表
2010 年 12 月底
（單位：百萬美元）

損益表		資產負債表			
銷貨	$32,134	流動資產		流動負債	
銷貨成本	21,766	現金	$ 6,801	應付帳款	$ 4,440
銷貨毛利	$10,368	應收帳款	5,635	應付票據	133
管銷費用	4,828	存貨	6,353	其他負債	4,816
折舊	1,380	合計	$18,789	合計	$ 9,389
息前稅前盈餘	$ 4,160				
利息費用	449	固定資產	$21,621	長期負債	$21,281
稅前盈餘	$ 3,711				
稅額	659			股東權益	$ 9,740
淨利	$ 3,052	總資產	$40,410	股東權益合計	$40,410

在圖 3.1 的左側，是與獲利相關的項目。邊際利潤是淨利除以銷貨額，而淨利則受到銷貨及相關成本的影響，這些成本包括銷貨成本與管銷費用（SG&A）。DuPont 可以藉由增加銷貨及降低相關成本以提高 ROE。換句話說，如果要改善獲利，圖表清楚地指出該集中火力的地方。

接下來看圖 3.1 的右側，這裡分析了影響總資產週轉率的主要因素。例如，藉由降低存貨，就可以提高總資產週轉率。

觀念問題

3.4a 資產報酬率可以表示成哪兩個比率的乘積？
3.4b 權益報酬率可以表示成哪三個比率的乘積？

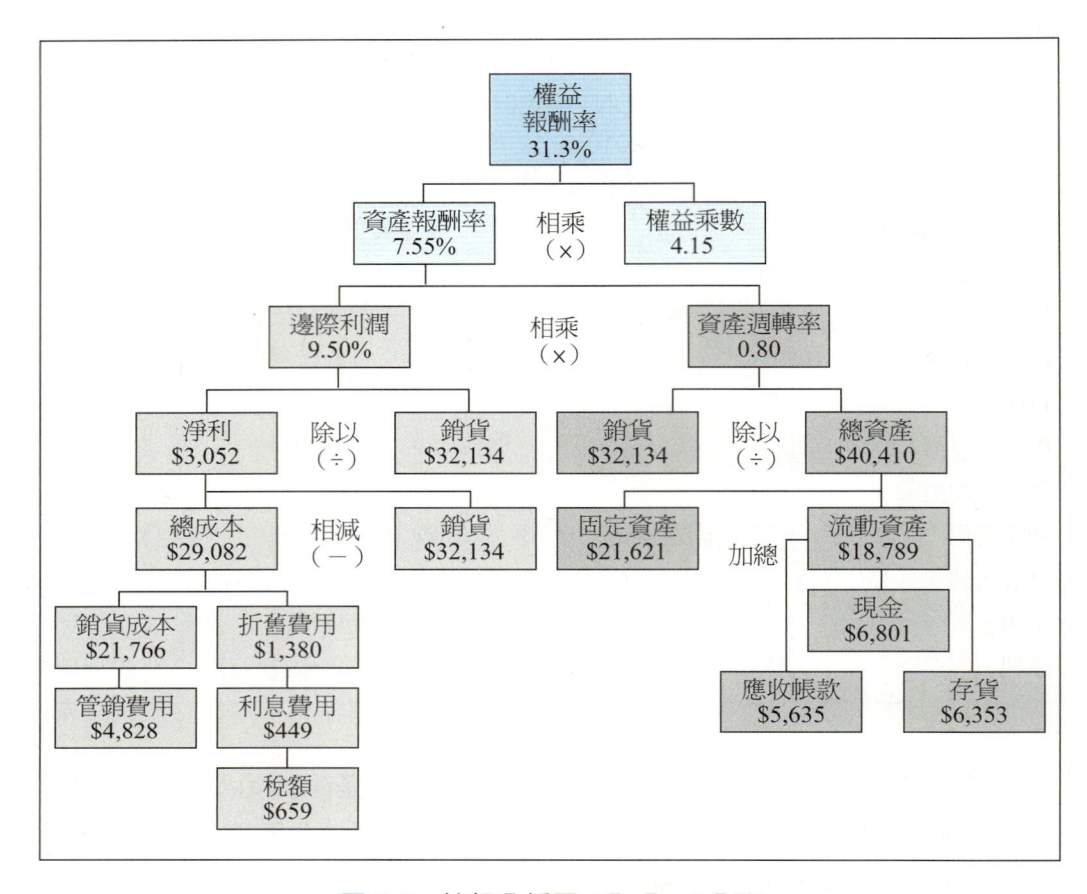

圖 3.1　杜邦分析圖：DuPont 公司

3.5　財務報表資訊

　　本章最後進一步討論財務報表分析的一些實務面細節。尤其是，從事財務報表分析的目的何在、如何選取比較標準，以及在這個過程中可能遭遇的問題。

為何要評估財務報表？

　　如先前所討論的，我們之所以要分析會計資訊，主要是因為我們沒有或是沒辦法取得市價資訊。要強調的是，只要有市場價值的資訊，我們就不使用會計資料。而且，如果會計資料和市場資料有衝突時，應該優先使用市場資料。

　　財務報表分析本質上是「例外管理」的一種應用。在許多情況下，財務報表分析簡化成把一個企業的財務比率和產業的平均值或是具有代表性的指標相比

較。然後，進一步地探討那些差異較大的比率。

內部使用　財務報表資訊在公司內部有多種用途，其中最重要的是作為績效的評估。例如，經理人員績效的評估和獎勵經常是根據一些會計上的績效指標，如邊際利潤和權益報酬率。此外，公司也經常以財務報表資訊來比較各部門間的營運績效。

另一個重要的用途是作為規劃時的參考資料，下一章會介紹此點。過去的財報資訊對作未來的預測，以及檢測這些預測的背後假設之合理性，會有相當大的助益。

外部使用　財務報表對於公司外部的人也很有用，包括短期和長期的債權人，以及潛在的投資者。例如，在決定是否對一個新客戶授信時，會發現財務報表資訊相當有用。

我們也可以用財務報表資訊來評估供應商；而供應商在決定是否對我們授信時，也會先看看我們的財務報表。重要的客戶以財務報表內容來評估我們是否可以存活下去繼續服務他們；債信評等機構用財務報表來評估公司的信用程度。這裡共同主題是，財務報表是有關公司財務是否健全之主要資訊。

在評估公司的競爭對手時，財務報表資訊是很有用。我們計畫推出一項新產品，但關心此項新產品是否會立刻引來對手的競爭。在這種情況下，我們想要知道競爭對手的財務實力是否足以支持他們必要的發展。

最後，若想要收購另一家公司，此時，找尋潛在的收購目標以及決定收購價格，財務報表資訊更是不可或缺的。

選擇比較標準

以財務報表來評估一個部門或是一家公司，馬上會出現一個基本問題：如何選擇一個比較的標準呢？我們將在本節討論一些方法。

時間趨勢分析（time trend analysis）　我們可以利用的標準是過去的資料。假設某家公司，根據最近幾年的財務報表，其流動比率為 2.4；比較過去十年，我們可能會發現，流動比率在這段期間已經直線地下降了。

根據這項資訊，我們可能會懷疑，公司的流動部位已經變差了。當然，這可能是公司更有效率地管理流動資產，也可能是公司營業內容已經改變，或是公司調整了某些商業作法。如果我們仔細地去探討，可以發現比率下降背後可能的解釋原因。這就是我們所謂的例外管理的一個例子——惡化的時間趨勢不見得是

件壞事，但是它確實值得進一步探討。

同業分析　第二種建立比較標準的方法是找出同一競爭市場中資產相似，營運方式也相似的公司。換句話說，我們必須找出一個同業（peer group）。在找出同業時會有很大的困難，因為實際上並沒有兩家公司是完全一模一樣的。因此，選擇以哪一家公司作為比較基礎就是一種主觀的判斷了。

判斷同業最普遍的方法是採用**標準產業分類碼**（Standard Industrial Classification (SIC) codes）。這是美國政府為了統計上的需要所建立的四位碼。擁有相同的 SIC 碼通常可以假設是相似公司。

SIC 碼的第一個數字代表產業的一般分類，例如，財務、保險和不動產公司的第一個 SIC 碼都是 6，每增加一碼就進一步縮小產業範圍。所以，SIC 碼前兩位為 60 的公司大部份是銀行，或類似銀行的行業；前三位為 602 的公司幾乎都是商業銀行；而 SIC 碼為 6025 的就是屬於聯邦準備銀行會員的全國性銀行。表 3.10 節錄了一部份之二位碼（四位 SIC 碼的前兩個數字），以及它們所代表的產業。

SIC 碼並非完美。例如，如果你檢視美國最大零售商 Walmart 的財務報表，其相關的 SIC 碼為 53，屬於一般商品店。很快地瀏覽一下資料庫，你可能會發現大約有 20 家大規模的公開發行公司擁有相同的 SIC 碼。其中，有一些你可能

表 3.10　選擇性二位 SIC 碼

農業、林業及漁業	交通、通訊、電力、汽油及清潔服務
01　農產品——雜糧	40　鐵路運輸
08　林業	45　空運運輸
09　漁業、牧業及獵捕業	49　電力、汽油及清潔服務
礦業	零售買賣業
10　金屬礦業	54　食品店
12　生煤及褐煤	55　汽車自營商及加油站
13　石油及煤氣鑽探	58　餐飲業
營建業	財務、保險及房地產
15　建築業	60　銀行
16　非建築的營造業	63　保險
17　營建承造商	65　房地產
製造業	服務業
28　化工及相關產品	78　電影
29　原油提煉及相關產業	80　保健服務
37　運輸工具	82　教育服務

不太能接受。Target 公司似乎是 Walmart 蠻合理的同業，但是 Neiman Marcus 也具有相同的產業碼。Walmart 和 Neiman Marcus 真的可以相提並論嗎？

這個例子說明了，盲目地使用以 SIC 碼為分類依據的平均值是不恰當的。分析師通常是先挑選一些主要的競爭對手，然後再根據這些公司計算出平均值。此外，我們可能比較關心產業中的龍頭廠商，而非平均水準的公司。這些公司稱為目標群（aspirant group），因為我們渴望能夠像它們一樣。在這種情況下，財務報表分析會告訴我們，公司的表現離目標群公司的差異還有多大。

從 1997 年開始，新的北美產業分類系統（North American Industry Classification System, NAICS，發音為 "nakes"）將用來取代舊的 SIC 碼，終究會完全取代 SIC 碼。然而，SIC 碼目前仍然廣受使用。

知道這些有關 SIC 碼的注意事項之後，現在就可以來看某一特定產業。假設我們正處在五金工具零售業，表 3.11 中包括了 Risk Management Association（RMA，先前名稱為 Robert Morris Associates）所屬產業的一些簡式的共同比資產負債表。表 3.12 則是一些財務比率。

這裡有非常多的資訊，大部份都不需要額外的說明及解釋。表 3.11 的右邊是根據銷貨金額分組的資訊，每一銷貨分組都有共同比的資訊。例如，銷貨金額在 $1,000 萬至 $2,500 萬的公司，現金及約當現金佔總資產的 6.7%。在全部的 337 家公司中，有 33 家屬於這一組。

表 3.11 的左邊是全部公司過去三年的資料摘要。例如，在這段期間，營業利益率從 2.3% 下降至 1.7%。

表 3.12 包括了部份的財務比率。表的右半部是根據銷貨額分組的各組財務比率資料，左半部則是這些比率在過去至現在的變化情況。為了說明如何使用這些資料，假設我們公司的流動比率是 2。根據這些比率，我們公司的流動比率是否不尋常呢？

表中所有樣本的流動比率（表 3.12 左邊算起第三欄）共列出三個數字。中間的數字是 2.8，為中位數，代表 337 家公司中有一半公司的流動比率小於 2.8，一半公司的流動比率大於 2.8。其他兩個數字分別是上下四分位數。所以，有 25% 的公司其流動比率大於 4.9；25% 的公司其流動比率小於 1.6。我們公司的流動比率是 2，落在這個範圍內，所以並不算太離譜。這項比較說明，除了要知道比率的平均值外，知道比率範圍也是非常重要的。請注意，流動比率在過去三年非常穩定。

表 3.11　選擇性財務報表資訊

零售業──五金工具（NAICS 444130）

比較性歷史資料			報表型態	按銷貨金額分組					
10	12	6	無保留意見					1	5
47	33	48	在查核中	2	7	11	9	15	4
90	83	64	已申報	5	27	10	18	4	
69	106	121	稅簽	29	55	18	15	4	
89	103	98	其他	10	39	15	13	9	12
4/1/07-3/31/08 總數 305	4/1/08-3/31/09 總數 337	4/1/09-3/31/10 總數 337	報表數目	57（4/1-9/30/09）			280（10/1/09-3/31/10）		
				0-1 MM 46	1-3 MM 128	3-5 MM 54	5-10 MM 55	10-25 MM 33	25 MM &21 以上
%	%	%	資產	%	%	%	%	%	%
6.4	6.4	7.2	現金及約當現金	10.1	6.7	8.6	6.5	6.7	3.5
12.8	10.3	10.0	應收帳款（淨額）	6.1	7.7	10.3	13.5	15.9	12.8
51.0	53.7	51.0	存貨	53.9	53.4	47.2	47.7	51.1	47.8
2.2	2.6	1.7	其他流動資產	2.0	1.5	1.5	1.6	2.0	3.1
72.4	73.0	69.9	總流動資產	72.1	69.4	67.6	69.3	75.7	67.3
16.3	14.4	15.3	固定資產（淨額）	13.0	13.6	16.0	18.2	14.4	22.3
1.8	2.3	3.9	無形資產（淨額）	4.9	4.8	2.7	3.4	1.7	3.6
9.6	10.2	10.9	其他非流動資產	10.0	12.2	13.7	9.1	8.1	6.8
100.0	100.0	100.0	合計	100.0	100.0	100.0	100.0	100.0	100.0
			負債						
10.3	12.1	8.9	應付票據──短期	4.8	10.5	6.0	7.5	13.5	11.4
3.4	3.0	3.5	長期借款──一年內到期	4.4	3.8	3.3	3.0	2.1	3.2
13.8	13.2	12.0	應付帳款	9.8	10.7	13.2	14.6	13.0	12.7
0.2	0.1	0.2	應付所得稅	0.5	0.1	0.1	0.1	0.3	0.0
7.5	7.0	6.5	其他流動負債	8.5	6.6	4.9	5.7	6.0	8.6
35.2	35.4	30.9	總流動負債	28.0	31.7	27.5	30.8	34.9	35.9
21.0	19.8	22.7	長期借款	34.2	23.9	24.4	16.8	13.9	15.5
0.1	0.1	0.1	遞延稅款	0.0	0.0	0.1	0.3	0.3	0.5
6.6	7.8	9.5	其他非流動負債	20.6	10.8	4.2	6.6	5.9	3.9
37.1	36.9	36.7	淨值	17.2	33.6	43.8	45.5	45.0	44.2
100.0	100.0	100.0	總負債及淨值	100.0	100.0	100.0	100.0	100.0	100.0
			損益資料						
100.0	100.0	100.0	淨銷貨額	100.0	100.0	100.0	100.0	100.0	100.0
36.7	36.4	38.9	毛利	44.3	40.2	38.1	35.5	36.6	33.9
34.4	34.7	37.2	營運費用	41.6	39.1	35.7	33.9	35.0	31.6
2.3	1.7	1.7	營運利潤	2.7	1.1	2.4	1.6	1.6	2.3
0.2	0.0	0.0	其他費用（淨額）	0.6	−0.4	−0.1	0.1	0.2	0.1
2.0	1.7	1.8	稅前盈餘	2.1	1.5	2.5	1.5	1.3	2.2

M＝千美元；MM＝百萬美元。

報表數據說明：RMA 提醒讀者上述研究結果，只能作為一般性的參考，不能視為產業的絕對標準；因為各類別內的樣本數有限，且只依照標準產業分類碼來歸類。另外，同產業內的各公司營運方式也有差異。基於這些原因，除了供財務分析之用外，RMA 建議這些數據，只供一般性參考之用。

©2011 年 RMA 版權所有。未徵得 RMA 的書面允許之前，不得以任何形式，或使用任何電子或機械工具，包括攝影、錄製或其他的資訊存取系統，複製或使用本表的任何內容。

表 3.12 選擇性財務比率

比較性歷史資料			零售業——五金工具（NAICS 444130） 按銷貨金額分組						
			報表型態						
10	12	6	無保留意見	2	7	11	9	1	5
47	33	48	在查核中	5	27	10	18	15	4
90	83	64	已申報	29	55	18	15	4	4
69	106	121	稅簽	10	39	15	13	9	12
89	103	98	其他						
4/1/07- 3/31/08	4/1/08- 3/31/09	4/1/09- 3/31/10		57 (4/1-9/30/09)				280 (10/1/09-3/31/10)	
總數 305	總數 337	總數 337	報表數目	0-1 MM 46	1-3 MM 128	3-5 MM 54	5-10 MM 55	10-25 MM 33	25 MM &21 以上
4.1 2.4 1.5	4.2 2.6 1.6	4.9 2.8 1.6	比率 流動比率	6.0 3.1 1.9	5.1 2.9 1.7	5.4 2.9 1.7	4.0 2.7 1.5	4.3 2.4 1.5	2.6 1.7 1.5
(304) 1.1 0.5 0.3	1.0 0.5 0.2	1.1 0.5 0.2	速動比率	1.4 0.5 0.2	1.1 0.5 0.2	1.2 0.7 0.3	1.3 0.5 0.3	1.1 0.6 0.2	0.9 0.5 0.2
6 56.4 12 29.3 29 12.6	4 81.5 9 39.4 22 16.4	5 78.7 10 36.7 20 18.0	銷貨金額/應收帳款	2 152.1 8 45.3 17 21.3	4 92.8 8 46.3 15 24.3	5 72.7 11 34.0 22 16.6	6 56.2 14 25.5 29 12.5	8 43.5 14 25.9 30 12.1	7 54.7 15 24.1 22 16.4
85 4.3 126 2.9 173 2.1	94 3.9 138 2.7 185 2.0	95 3.8 141 2.6 200 1.8	銷貨成本/存貨	131 2.8 221 1.6 287 1.0	109 3.3 155 2.4 200 1.8	83 4.4 116 3.1 158 2.3	77 4.8 115 3.2 166 2.2	72 5.1 151 2.4 187 2.0	89 4.1 109 3.4 152 2.4
15 24.3 26 14.3 42 8.6	14 26.4 24 15.0 38 9.5	14 26.6 24 15.4 37 9.8	銷貨成本/應付帳款	4 92.8 20 18.1 43 8.6	12 29.3 22 16.5 34 10.9	14 22.7 28 12.8 39 9.3	14 25.3 26 14.1 38 9.6	16 23.5 24 15.4 35 10.4	16 22.9 24 15.2 34 10.8
4.2 5.9 11.7	3.8 5.6 10.5	3.7 5.5 9.2	銷貨金額/營運資金	2.6 3.9 6.3	3.7 5.3 9.0	3.8 6.2 10.4	4.5 5.6 9.7	4.1 5.1 11.5	5.9 8.1 11.7
(281) 5.2 2.4 1.0	(306) 6.5 2.4 0.9	(295) 6.7 2.6 0.5	EBIT/利息費用	(34) 3.2 2.4 0.6	(111) 6.6 2.8 0.4	(50) 5.9 2.2 0.3	(49) 7.4 3.0 1.0	(30) 6.0 1.7 -0.2	11.8 7.2 1.3
(61) 4.3 1.9 0.7	(54) 4.1 1.7 0.4	(50) 4.2 1.6 0.5	淨利+折舊/到期 長期負債		(10) 3.4 1.0 0.5	(11) 3.2 1.6 0.7		(10) 4.9 2.8 0.1	
0.1 0.4 1.0	0.1 0.3 1.1	0.1 0.3 1.6	固定資產/淨值	0.0 0.4 -0.9	0.1 0.4 -9.8	0.1 0.3 0.9	0.1 0.3 1.0	0.1 0.2 0.6	0.2 0.5 0.9
0.7 1.6 4.7	0.6 1.6 4.6	0.6 1.7 7.3	負債/淨值	0.7 3.1 -11.4	0.5 1.8 -45.7	0.4 1.5 3.5	0.6 1.3 3.2	0.6 1.7 3.4	0.7 1.4 2.5
(269) 25.1 9.7 1.6	(289) 25.4 12.2 1.5	(280) 26.9 11.0 1.9	稅前淨利/有形淨值	(33) 47.6 19.5 3.5	(95) 21.7 11.4 2.9	(46) 23.0 7.9 1.1	(54) 20.0 8.4 0.8	(32) 20.5 6.1 -3.0	(20) 24.0 14.1 0.6
9.0 3.5 0.3	9.8 4.2 -0.2	9.9 4.1 -0.5	稅前淨利/總資產	11.4 4.2 -2.2	11.6 4.3 -1.3	7.7 3.6 -2.2	9.0 4.1 0.1	9.8 2.5 -1.0	9.4 6.2 1.0
53.3 23.1 10.2	73.0 26.0 10.2	56.5 24.4 9.7	銷貨金額/ 固定資產淨額	146.1 36.8 9.1	53.4 27.2 11.4	54.2 19.7 9.1	59.3 25.5 6.3	34.3 24.1 16.0	47.6 14.1 6.4
2.9 2.4 1.8	3.0 2.4 1.8	2.9 2.2 1.7	銷貨金額/總資產	2.3 1.7 1.4	2.9 2.3 1.7	3.1 2.3 1.8	3.1 2.2 1.7	3.0 2.4 1.9	3.1 2.3 1.7
(256) 0.5 1.2 1.8	(269) 0.6 1.2 2.0	(270) 0.6 1.3 2.2	折舊/銷貨金額	(29) 0.6 1.3 3.4	(103) 0.6 1.3 2.6	(47) 0.7 1.3 2.0	(45) 0.6 1.1 2.1	(29) 0.6 1.1 1.5	(17) 0.7 1.8 2.0
(172) 2.3 4.0 6.4	(197) 1.7 3.1 5.4	(201) 1.9 3.5 5.6	董事、員工 薪酬/銷貨金額	(26) 3.5 5.7 9.2	(75) 2.3 3.9 5.3	(40) 2.4 3.8 5.4	(39) 1.1 2.0 5.6	(16) 1.2 2.8 3.8	
4482123M 1909677M	5286386M 2072674M	3234499M 1496318M	淨銷貨金額 ($) 總資產 ($)	28058M 21422M	237156M 112110M	211693M 99184M	386738M 192442M	522395M 228535M	1848459M 842625M

M＝千美元；MM＝百萬美元。

©2011 年 RMA 版權所有。未徵得 RMA 的書面允許之前，不得以任何形式，或使用任何電子或機械工具，包括攝影、錄製或其他的資訊存取系統，複製或使用本表的任何內容。

範例 3.5　比 率

看到表 3.12 的銷貨/應收帳款比率和 EBIT/利息比率，全部樣本公司的中位數是多少？這些比率值是多少？

若你回顧我們先前的討論，你會發現這兩個比率分別是應收帳款週轉率和利息保障倍數。全部樣本公司的應收帳款週轉率中位數是 36.7 次，所以應收帳款回收天數是 365 天/36.7＝10 天，就是表中的粗體字。利息保障倍數的中位數是 2.6 倍，括號內的數字表示其計算只根據 337 家公司中的 295 家公司，這可能是只有 295 家公司有較大的利息費用的支出。

除了上述來源之外，我們可以從其他途徑找到更多的財務比率資料。下一頁的網路作業示範如何擷取公司的財務比率資料，以及一些基準的財務比率。你一定要上網看看，並與你所喜愛的公司的財務資料作比較。

財務報表分析的缺失

本章的最後，討論在使用財務報表時可能遭遇到的一些問題。無論如何，財務報表分析的基本問題是，其背後沒有一套理論可以告訴我們應分析哪些財務比率，以及如何建立可供比較的標準。

誠如我們在其他章節中所討論的，在許多情況下，財務理論和經濟邏輯可以指引我們如何判斷價值和風險。然而，財務報表卻沒有提供這些。因此，我們沒辦法說哪些比率是最重要的，以及比率值多少才是高或才是低。

一個特別嚴重的問題是，許多公司是集團式的企業，擁有一些沒有關聯的事業。這種公司的合併報表無法符合任何單純的產業分類。GE 與 3M 就是兩家著名的集團式企業。一般而言，各公司同屬於一種產業，此產業的競爭非常激烈，而且各公司只有一種相同的營運方式時，同業比較分析的效果最佳。

另一個愈來愈普遍的問題是，產業中的同業及主要競爭對手可能分散於全世界，汽車業就是一個明顯的例子。問題所在是，美國以外國家的公司所編製之財務報表未必會符合美國一般公認會計原則（GAAP）。各國不同的會計標準與程序使得跨國界的財務報表比較變得非常困難。

即使是處在同一產業的公司，有時也可能無法相比較。例如，以發電為主的電力公用事業，全部都歸於同一組（SIC 4911）中，這一組公司經常被認為同質性相當高。然而，一般的公共事業常因為管制而造成市場的獨佔，它們之間並不

網路作業

就如同本章所討論的,財務比率是評估公司經營績效的重要工具。然而,藉由收集財務報表,以求算財務比率,是件耗時費力的苦差事。很幸運地,目前許多網站都免費提供這些資料,其中一個不錯的網站是 http://investing.businessweek.com。進入這個網站後,輸入 McDonald's 公司的代碼 "MCD",接著前往財務比率頁面,你就得到下列結果:

MCDONALD'S CORP (MCD:New York)

LAST $75.01 USD　CHANGE TODAY -0.15 -0.20%　VOLUME 9.8M　MCD On Other Exchanges▼
As of 8:04 PM 01/21/11 All times are local (Market data is delayed by at least 15 minutes.)

| Snapshot | News | Charts | Financials | Earnings | People | Ownership | Transactions | Options |

Financial Statements　Ratios　Pensions & Options　SEC Filings

Ratio data TTM as of 09/30/2010

PROFITABILITY - MCDONALD'S CORP (MCD)

Return on Assets	14.68%	Return on Equity	36.68%
Industry Comparison		Industry Comparison	
Return on Capital	18.22%		
Industry Comparison			

這個網站的一個特別之處是提供了產業的 5 分位數比率數據,你可以看出 McDonald's 公司的三個獲利率財務比率都是列在前 20 百分比內。

問題

1. 進入 investing.businessweek.com 網站後,找出這個網站所列示的主要財務比率類別,它的分類與本書的分類有何不同?
2. 進入 investing.businessweek.com 網站找出 McDonald's 公司的所有財務比率數據,就網站所列示的各類財務比率,McDonald's 在每個類別的表現如何呢?

互相競爭。其中，有些公共事業擁有股東，有些則以合作社型態組成，沒有股東；發電的方式也不同，從水力發電到核能發電都有。所以，公用事業的營運活動差異可能相當大。最後，它們的利潤受法令規定的影響很大，因此在不同地方的公共事業雖然非常相似，但是它們的利潤卻相差非常大。

此外，還有一些常碰到的問題。首先，不同的公司使用不同的會計程序（如存貨），這使得財務報表的比較非常困難。其次，不同的公司，其會計年度不一樣，對於受季節性影響的產業（例如，零售商的耶誕旺季）而言，可能會因為會計科目的金額受到季節性波動的影響而導致資產負債表的比較有所困難。最後，對於任一家特定公司而言，不尋常的或短暫的事件，例如，出售資產所得到的短期利潤，都可能會影響到財務的績效。在比較公司時，諸如此類的事件可能會產生誤導的信號。

觀念問題

3.5a 財務報表分析有哪些用途？
3.5b 為什麼財務報表分析是「例外管理」？
3.5c 何謂 SIC 碼？它們可能的用處為何？
3.5d 財務報表分析可能會遭遇哪些問題？

3.6 　總　結

本章從幾方面探討財務報表分析：

1. 現金的來源及使用：我們討論了企業獲取現金及使用現金的途徑，也描述了如何追蹤一年中現金在公司裡的流程，並簡略地介紹了現金流量表。
2. 將財務報表標準化：我們解釋了因公司規模大小的差異使得比較財務報表變得很困難，並且討論了如何編製共同比和共同基期的財務報表，使得比較財務報表變得較為容易。
3. 比率分析：評估各種會計科目金額的比率是比較財務報表資訊的另一種方法。因此，我們定義並討論了許多最常用的財務比率，並且介紹了著名的杜邦恆等式，作為分析財務績效的方法。
4. 使用財務報表：我們描述了如何建立比較的標準，並討論一些可取得資訊的

第 3 章　運用財務報表

種類，然後我們探討一些潛在的問題。

讀完本章後，希望你能對財務報表的使用及誤用有所認識，你應該也會發現你在商業及財務方面的詞彙增長不少。

財務連線

假如你的課程有使用 Connect™ Finance 的話，請上線做個練習測驗（Practice Test），看一看學習輔助工具，及你需要哪些額外練習。

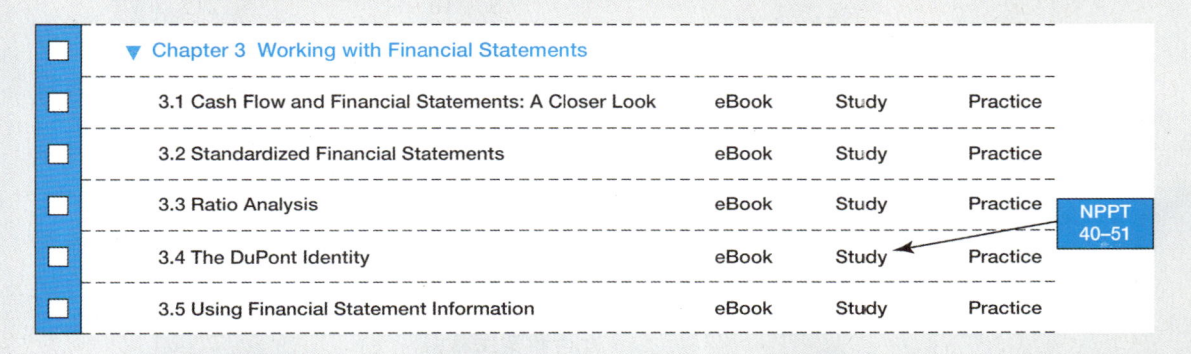

▼ Chapter 3 Working with Financial Statements			
3.1 Cash Flow and Financial Statements: A Closer Look	eBook	Study	Practice
3.2 Standardized Financial Statements	eBook	Study	Practice
3.3 Ratio Analysis	eBook	Study	Practice
3.4 The DuPont Identity	eBook	Study	Practice
3.5 Using Financial Statement Information	eBook	Study	Practice

NPPT 40–51

你能回答下列問題嗎？

3.1　請舉出一項現金來源項目？

3.2　Pioneer Aviation 公司的總負債是 $23,800，而業主權益是 $46,200，流動資產是 $8,600，流動資產的共同比是多少呢？

3.3　哪個比率衡量流動資產的週轉天數呢？

3.4　什麼是資產報酬率的正確計算公式？

3.5　假如你想找出與你的公司資產及營運相類似的其他公司，你應從何處著手呢？

登入找找看吧！

自我測驗

3.1　**現金的來源及使用**　以下為 Philippe 公司的資產負債表，請計算不同科目的變動，並說明這些變動是現金來源還是現金使用。主要的現金來源及現金使用是什麼？公司在這一年中變得更具流動性嗎？在這一年中，現金發生了什

麼變化？

<table>
<tr><td colspan="3">PHILIPPE 公司
2011 年和 2012 年資產負債表
（單位：百萬美元）</td></tr>
<tr><td></td><td>2011</td><td>2012</td></tr>
<tr><td colspan="3" align="center">資　產</td></tr>
<tr><td>流動資產</td><td></td><td></td></tr>
<tr><td>　現金</td><td>$ 210</td><td>$ 215</td></tr>
<tr><td>　應收帳款</td><td>355</td><td>310</td></tr>
<tr><td>　存貨</td><td>507</td><td>328</td></tr>
<tr><td>　　合計</td><td>$1,072</td><td>$ 853</td></tr>
<tr><td>固定資產</td><td></td><td></td></tr>
<tr><td>　廠房設備淨值</td><td>$6,085</td><td>$6,527</td></tr>
<tr><td>總資產</td><td>$7,157</td><td>$7,380</td></tr>
<tr><td colspan="3" align="center">負債和業主權益</td></tr>
<tr><td>流動負債</td><td></td><td></td></tr>
<tr><td>　應付帳款</td><td>$ 207</td><td>$ 298</td></tr>
<tr><td>　應付票據</td><td>1,715</td><td>1,427</td></tr>
<tr><td>　　合計</td><td>$1,922</td><td>$1,725</td></tr>
<tr><td>長期負債</td><td>$1,987</td><td>$2,308</td></tr>
<tr><td>業主權益</td><td></td><td></td></tr>
<tr><td>　普通股和資本公積</td><td>$1,000</td><td>$1,000</td></tr>
<tr><td>　保留盈餘</td><td>2,248</td><td>2,347</td></tr>
<tr><td>　　合計</td><td>$3,248</td><td>$3,347</td></tr>
<tr><td>負債和業主權益合計</td><td>$7,157</td><td>$7,380</td></tr>
</table>

3.2 **共同比財務報表**　以下是 Philippe 公司最近的損益表。根據這些資料編製一份共同比損益表。如何解釋標準化的淨利？銷貨中有多少百分比是銷貨成本？

PHILIPPE 公司
2012 年損益表
（單位：百萬美元）

銷貨	$4,053
銷貨成本	2,780
折舊費用	550
息前稅前盈餘	$ 723
利息費用	502
應稅所得	$ 221
稅（34%）	75
淨利	$ 146
股利	$47
保留盈餘	99

3.3 財務比率 根據前兩題 Philippe 的資產負債表和損益表，計算 2012 年的下列比率：

- 流動比率 _____
- 速動比率 _____
- 現金比率 _____
- 存貨週轉率 _____
- 應收帳款週轉率 _____
- 庫存天數 _____
- 應收帳款收回天數 _____
- 總負債比率 _____
- 長期負債比率 _____
- 利息保障倍數 _____
- 現金涵蓋比率 _____

3.4 ROE 和杜邦恆等式 計算 2012 年 Philippe 公司的 ROE，然後利用杜邦恆等式把你的答案分解成不同部份。

自我測驗解答

3.1 答案已經填入下表。記住，資產的增加和負債的減少代表我們使用了一些現金；資產的減少和負債的增加則代表我們獲得了現金。

PHILIPPE 公司
2011 年和 2012 年資產負債表
（單位：百萬美元）

	2011	2012	變動	現金來源或使用
資產				
流動資產				
現金	$ 210	$ 215	+$ 5	
應收帳款	355	310	− 45	來源
存貨	507	328	− 179	來源
合計	$1,072	$ 853	−$219	
固定資產				
廠房設備淨值	$6,085	$6,527	+$442	使用
總資產	$7,157	$7,380	+$223	
負債和業主權益				
流動負債				
應付帳款	$ 207	$ 298	+$ 91	來源
應付票據	1,715	1,427	− 288	使用
合計	$1,922	$1,725	−$197	
長期負債	$1,987	$2,308	+$321	來源
業主權益				
普通股和資本公積	$1,000	$1,000	+$ 0	—
保留盈餘	2,248	2,347	+ 99	來源
合計	$3,248	$3,347	+$ 99	
負債和業主權益合計	$7,157	$7,380	+$223	

Philippe 的現金使用主要是購買固定資產和償還短期負債，這些現金的主要來源則是長期負債的增加、流動資產的減少，以及保留盈餘的增加等。

流動比率從 $1,072/1,922 = 0.56$ 掉到 $853/1,725 = 0.49$，所以公司的流動性顯得變差了。然而，整體而言，手上的現金增加了 $5。

3.2 下列是共同比損益表。記住，我們只是把每一項都除以總銷貨額。

	PHILIPPE 公司 2012 年共同比損益表
銷貨	100.0%
銷貨成本	68.6
折舊費用	13.6
息前稅前盈餘	17.8
利息費用	12.3
應稅所得	5.5
稅（34%）	1.9
淨利	3.6%
股利	1.2%
保留盈餘	2.4%

淨利為銷貨的 3.6%。因為這是每 $1 的銷貨中流到淨利的百分比，所以標準化的淨利就是公司的邊際利潤。銷貨成本為銷貨額的 68.6%。

3.3 根據年底數字，我們算出下列比率。如果你不記得這些比率的定義，請參考表 3.8。

流動比率	$853/$1,725	= 0.49 倍
速動比率	$525/$1,725	= 0.30 倍
現金比率	$215/$1,725	= 0.12 倍
存貨週轉率	$2,780/$328	= 8.48 次
應收帳款週轉率	$4,053/$310	= 13.07 次
庫存天數	365/8.48	= 43.06 天
應收帳款收回天數	365/13.07	= 27.92 天
總負債比率	$4,033/$7,380	= 54.6%
長期負債比率	$2,308/$5,655	= 40.8%
利息保障倍數	$723/$502	= 1.44 倍
現金涵蓋比率	$1,273/$502	= 2.54 倍

3.4 權益報酬率是淨利對權益比。對 Philippe 而言，就是 $146/$3,347＝4.4%，並不是個突出的數字。

根據杜邦恆等式，ROE 可以寫成：

$$\begin{aligned}
\text{ROE} &= \text{邊際利潤} \times \text{總資產週轉率} \times \text{權益乘數} \\
&= \$146/\$4{,}053 \times \$4{,}053/\$7{,}380 \times \$7{,}380/\$3{,}347 \\
&= 3.6\% \times 0.549 \times 2.20 \\
&= 4.4\%
\end{aligned}$$

請注意，資產報酬率（ROA）為 $3.6\% \times 0.549 = 1.98\%$。

觀念複習及思考

1. **流動比率**　下列事件對公司的流動比率有何影響？假設淨營運資金是正的。
   a. 購置存貨
   b. 付款給供應商
   c. 償還短期銀行貸款
   d. 提前償還長期負債
   e. 客戶償清賒帳
   f. 以成本賣出存貨
   g. 以成本加上利潤賣出存貨

2. **流動比率與速動比率**　在最近幾年，Dixie 公司大幅提高了流動比率。同時，速動比率卻下滑了。到底是怎麼回事呢？公司的流動性是不是改善了呢？

3. **流動比率**　一家公司的流動比率等於0.50，這代表什麼意義呢？如果這家公司的流動比率是1.50，是不是比較好呢？如果流動比率是15.0呢？請解釋你的答案。

4. **財務比率**　對於一家公司，下列財務比率提供什麼訊息？請解釋。
   a. 速動比率
   b. 現金比率
   c. 總資產週轉率
   d. 權益乘數
   e. 長期負債比率
   f. 利息保障倍數
   g. 邊際利潤
   h. 資產報酬率
   i. 權益報酬率
   j. 本益比

5. **標準化財務報表**　共同比的財務報表揭露了公司哪些資訊呢？這些共同比財務報表的最佳用途何在？共同基期之報表的目的又是什麼？什麼時候你會用到這些報表呢？

6. **同業分析**　何謂同業分析？身為財務經理，你如何利用同業分析的結果來評

估公司的績效呢？同業分析和目標群分析有何不同呢？

7. **杜邦恆等式**　為什麼杜邦恆等式是分析公司績效的有利工具？和 ROE 本身比起來，杜邦恆等式揭露了哪幾類資訊呢？

8. **特定產業的比率**　特定產業經常會採用特殊的比率。例如，半導體製造商特別密切監視所謂的訂單對銷貨比。0.93 的訂單對銷貨比值代表：每賣 $100 的晶片，同期間內只收到 $93 的新訂單。在 2010 年 12 月，半導體設備產業的訂單對銷貨比值為 0.90，相較於 2010 年 11 月的 0.97；這個比值在 2009 年 1 月來到相對低點 0.47，而相對高點則是 2010 年 7 月的 1.23；2010 年 12 月份的「三個月平均全球訂單值」是 $17 億，比 2010 年 11 月增加了 8.7%，而「三個月平均全球銷貨值」是 $15 億，較 2010 年 11 月下降 1.4%。這個比率主要是要衡量什麼呢？你認為為什麼他們要這麼關心這個比率呢？

9. **特定產業的比率**　對於像 McDonald's 和 Sears 這一類型的公司而言，所謂的「同店銷售量」（same-store sales）是一種非常重要的衡量法。顧名思義，同店銷售量法就是比較同一間店或同一間餐廳，在兩個不同時點的收入。為什麼這些公司會把重點放在同一間店的銷售量，而不是總銷售量呢？

10. **特定產業的比率**　除了本章中所討論的之外，標準化財務資訊尚有許多用途，其目的通常是要使公司站在同一基準作比較。舉個例子，汽車製造商通常都以每輛車為基準，來表達銷售、成本和利潤。對於下列的每種產業，舉一家實際的公司作為例子，並討論出一個或多個標準化財務資訊的用途：
    a. 公用事業
    b. 大型零售店
    c. 航空業
    d. 線上服務業
    e. 醫療業
    f. 教科書出版業

11. **現金流量表**　近年來，一些公司將出售政府公債所得的現金流量，列示在現金流量表的營業活動項下，這樣的作法會帶來什麼問題？在何種情境下，這樣的作法是可被接受的？

12. **現金流量表**　假如一家公司延長付款給供應商的期限，這樣的作法會如何影響公司的現金流量表？對公司現金流量變動的影響又會持續多久？

問　題

初級題

1. **計算流動比率**　SDJ 公司的淨營運資金為 $2,710，流動負債為 $3,950，存貨為 $3,420。請問流動比率為多少？速動比率為多少？

2. **計算獲利率比率**　Diamond Eyes 公司的銷貨額為 $1,800 萬，總資產為 $1,560 萬，總負債為 $630 萬。如果邊際利潤為 8%，淨利是多少？ROA 是多少？ROE 又是多少？

3. **計算平均收款期間**　Boom Lay 公司目前的應收帳款餘額為 $327,815，過去這一年的賒銷為 $4,238,720。請問，應收帳款週轉率是多少？應收帳款收回天數是多少？在上一年中，賒購的客戶平均要多久才把帳款付清呢？

4. **計算存貨週轉率**　Cape 公司期末存貨 $483,167，剛結束的這一年之銷貨成本是 $4,285,131。存貨週轉率是多少呢？庫存天數是多少呢？存貨在賣出之前，平均在架上停留多久呢？

5. **計算槓桿比率**　Perry 公司的總負債比率為 0.46。那麼負債/權益比率為多少？權益乘數為多少？

6. **計算市價比率**　Wich 公司在剛結束的這一年之保留盈餘增加了 $375,000。公司發放了 $175,000 的現金股利，股東權益總計為 $480 萬。如果 Wich 目前有 145,000 股的普通股流通在外，每股盈餘是多少？每股股利是多少？每股帳面價值是多少？如果目前每股市價 $79，那麼市價對帳面價值比是多少？本益比又是多少？如果公司銷貨為 $470 萬，市價/銷貨比是多少？

7. **杜邦恆等式**　如果 Roten Rooters 公司的權益乘數為 1.45，總資產週轉率為 1.80，而且邊際利潤為 5.5%，則 ROE 為多少？

8. **杜邦恆等式**　Kindle Fire Prevention 公司的邊際利潤為 4.6%，總資產週轉率為 2.3，ROE 為 19.14%。請問，負債/權益比率為多少？

9. **現金的來源及使用**　根據下列 Shinoda 公司的資料，現金是增加了，還是減少了呢？增加或減少多少呢？說明下列每一事件是現金的來源或是現金的使用。

存貨減少	$430
應付帳款減少	165
應付票據減少	150
應收帳款增加	180

10. **計算平均應付帳款期間** Tortoise 公司的銷貨成本為 $43,821。年底時，應付帳款餘額為 $7,843。在當年平均花多久時間才付清欠供應商的貨款？如果這個值較大，代表什麼意思？

11. **企業價值對 EBITDA 比率** Thompson 公司的權益證券市值是 $580,000，資產負債表上的現金與負債分別是 $35,000 與 $190,000，而損益表內的 EBIT 是 $91,000，折舊攤銷費用是 $135,000。請問，公司的企業價值對 EBITDA 比率是多少？

12. **權益乘數及權益報酬率** Isolation 公司的負債/權益比率為 0.80、資產報酬率為 7.9%，權益總額為 $480,000。權益乘數為多少？權益報酬率為多少？淨利呢？

Just Dew It 公司提報了下列 2011 年和 2012 年的資產負債表。根據這些資訊，回答第 13 題至第 17 題。

JUST DEW IT 公司 2011 年和 2012 年資產負債表					
資　產	2011	2012	負債和業主權益	2011	2012
流動資產			流動負債		
現金	$ 9,279	$ 11,173	應付帳款	$ 41,060	$ 43,805
應收帳款	23,683	25,760	應付票據	16,157	16,843
存貨	42,636	46,915	合計	$ 57,217	$ 60,648
合計	$ 75,598	$ 83,848			
			長期負債	$ 40,000	$ 35,000
			業主權益		
			普通股和資本公積	$ 50,000	$ 50,000
固定資產			累積保留盈餘	200,428	236,167
廠房設備淨值	$272,047	$297,967	合計	$250,428	$286,167
總資產	$347,645	$381,815	負債和業主權益合計	$347,645	$381,815

13. **編製標準化財務報表** 請編製 2011 年和 2012 年 Just Dew It 公司的共同比資產負債表。

14. **編製標準化財務報表** 請編製 2012 年 Just Dew It 公司的共同基期之資產負債表。

15. **編製標準化財務報表** 請編製 2012 年 Just Dew It 公司的合併共同比/共同基期之資產負債表。

16. **現金來源及現金使用** 說明2012年公司資產負債表中各科目的變動,並註明該變動為現金的來源還是現金的使用。這些數字加起來對嗎?合理嗎?請解釋你的答案。

17. **計算財務比率** 根據Just Dew It公司的資產負債表,計算每一年的下列各項財務比率:
    a. 流動比率
    b. 速動比率
    c. 現金比率
    d. 淨營運資金佔總資產比
    e. 負債/權益比率和權益乘數
    f. 總負債比率和長期負債比率

進階題

18. **利用杜邦恆等式** Y3K公司的銷貨額為$6,189,總資產為$2,805,而且負債/權益比率為1.40。如果權益報酬率為13%,則淨利為多少?

19. **應收帳款收回天數** 某家公司的淨利為$179,000,邊際利潤為8.3%,應收帳款為$118,370。假設其銷貨70%為賒銷,請問此公司之應收帳款收回天數是多少?

20. **比率及固定資產** Caughlin公司長期負債比率為0.35,流動比率為1.30,流動負債為$910,銷貨額為$6,430,邊際利潤為9.5%,ROE為18.5%。公司的淨固定資產為多少?

21. **邊際利潤** 為了回應外界對高價的抱怨,一家雜貨連鎖店推出下列的廣告策略:「如果你請你的孩子去幫你買$50的日用品,並給他$2作為報酬。那麼,你的孩子跑這趟路賺的錢是我們的兩倍。」你收集有關該店的財務資訊如下:

(單位:百萬美元)	
銷貨	$680
淨利	13.6
總資產	410
總負債	280

評估雜貨連鎖店的聲明。該聲明的基礎是什麼呢?該廣告是否會誤導呢?請解釋原因。

22. **股東權益報酬率** A公司與B公司之負債/總資產比率各為45%及35%,而總資產報酬率則是各為9%及12%,這兩家公司的股東權益報酬率何者較高?

23. **計算現金涵蓋比率** Hedgepeth公司最近一年的淨利是$15,185,稅率是34%,

公司付出的總利息費用是 $3,806，折舊費用是 $2,485。公司的現金涵蓋比率是多少？

24. **銷貨成本** Saunders 公司的流動負債為 $435,000，速動比率是 0.95，存貨週轉率為 6.2，流動比率為 1.6，該公司的銷貨成本是多少？

25. **比率和外國公司** Prince Albert Canning PLC 公司淨損是 £45,831，銷貨額是 £198,352。公司的邊際利潤是多少？這些數字以外幣報價是否有任何差別呢？為什麼？如果以美元為報價單位，則其銷貨額為 $314,883。美元淨損是多少呢？

Smolira Golf 企業的最近財務報表如下。根據這些資料回答第 26 題至第 30 題。

SMOLIRA GOLF 企業
2011 年和 2012 年資產負債表

資產	2011	2012	負債和業主權益	2011	2012
流動資產			流動負債		
現金	$ 24,046	$ 24,255	應付帳款	$ 23,184	$ 27,420
應收帳款	12,448	15,235	應付票據	12,000	10,800
存貨	25,392	27,155	其他	11,571	15,553
合計	$ 61,886	$ 66,645	合計	$ 46,755	$ 53,773
			長期負債	$ 80,000	$ 95,000
			業主權益		
			普通股和資本公積	$ 40,000	$ 40,000
固定資產			保留盈餘	219,826	243,606
廠房設備淨值	$324,695	$365,734	合計	$259,826	$283,606
總資產	$386,581	$432,379	負債和業主權益合計	$386,581	$432,379

SMOLIRA GOLF 企業 2012 年損益表	
銷貨	$366,996
銷貨成本	253,122
折舊	32,220
息前稅前盈餘	$ 81,654
利息	14,300
應稅所得	$ 67,354
稅（35%）	23,574
淨利	$ 43,780
股利	$20,000
增額保留盈餘	23,780

26. 計算財務比率　找出 Smolira Golf 企業的下列財務比率（使用年底資料，而非平均值）：

短期償債能力比率：

a. 流動比率　　_____

b. 速動比率　　_____

c. 現金比率　　_____

資產管理比率：

d. 總資產週轉率　　_____

e. 存貨週轉率　　_____

f. 應收帳款週轉率　　_____

長期償債能力比率：

g. 負債比率　　_____

h. 負債/權益比率　　_____

i. 權益乘數　　_____

j. 利息保障倍數　　_____

k. 現金涵蓋比率　　_____

獲利能力比率：

l. 邊際利潤　　_____

m. 資產報酬率　　_____

n. 權益報酬率　　_____

27. **杜邦恆等式** 列出 Smolira Golf 企業的杜邦恆等式。
28. **現金流量表** 編製 Smolira Golf 企業的 2012 年現金流量表。
29. **市價比率** Smolira Golf 企業的普通股流通在外股數為 25,000 股，2012 年年底的每股市價為 $43。請問本益比為多少？每股股利為多少？2012 年年底的市價對帳面價值比為多少？假設該公司年成長率為 9%，PEG 比率為多少？
30. **托賓 Q 值** 請計算 Smolira Golf 企業的托賓 Q 值？你對 Smolira 的負債帳面價值與負債市場價值作了哪些假設？資產帳面價值與資產市場價值又作了哪些假設？這些假設實際嗎？為什麼？

迷你個案

S&S Air 公司的財務比率分析

Chris Guthrie 最近受雇於 S&S Air 公司，協助公司的財務規劃並評估公司績效。Chris 五年前從學院畢業，獲有財務學位，畢業迄今，他一直任職於某家《財星》雜誌評比為五百大公司的財務部門。

S&S Air 是十年前由 Mark Sexton 和 Todd Story 兩位好友所創立的，這段時間，公司製造並銷售輕型飛機，其產品在安全性及可靠性上獲得極高的評價。公司主力市場的主要銷售對象是擁有並駕駛自用飛機的個人。公司有兩款飛機：售價 $53,000 的飛鳥（Birdie）和 $78,000 的倏鷹（Eagle）。

當這家公司在生產飛機時，其運作方式迥異於商業飛機製造公司。在有訂單才生產飛機。藉著使用先前製造好的零件，公司可在僅僅五週內組裝完成一架飛機。公司也在訂貨時收取訂金，成品完工前再收取部份款項，不同的是，商業飛機製造公司在客戶下單後需要一年半至兩年的時間來製造飛機。

Mark 和 Todd 提供了以下的財務報表，Chris 收集了輕型飛機製造業的財務比率。

S&S AIR 公司 2012 年損益表	
銷貨	$36,599,300
銷貨成本	26,669,496
其他費用	4,641,000
折舊	1,640,200
息前稅前盈餘	$ 3,648,604
利息	573,200
應稅所得	$ 3,075,404
稅（40%）	1,230,162
淨利	$ 1,845,242
股利 $ 560,000	
增額保留盈餘 1,285,242	

S&S AIR 公司			
2012 年資產負債表			
資　產		負債和權益	
流動資產		流動負債	
現金	$　　396,900	應付帳款	$　　844,550
應收帳款	637,560	應付票據	1,928,500
存貨	933,400	合計	$ 2,773,050
合計	$ 1,967,860		
		長期負債	
		股東權益	$ 5,050,000
		普通股	$　　322,500
固定資產		保留盈餘	9,233,930
廠房設備淨值	$15,411,620	合計	$ 9,556,430
總資產	$17,379,480	負債和權益合計	$17,379,480

輕型飛機產業的財務比率			
	四分之一分位數	中位數	四分之三分位數
流動比率	0.50	1.43	1.89
速動比率	0.21	0.35	0.62
現金比率	0.08	0.21	0.39
總資產週轉率	0.68	0.85	1.38
存貨週轉率	4.89	6.15	10.89
應收帳款週轉率	6.27	9.82	14.11
總負債比率	0.44	0.52	0.61
負債/權益比率	0.79	1.08	1.56
權益乘數	1.79	2.08	2.56
利息保障倍數	5.18	8.06	9.83
現金涵蓋比率	5.84	8.43	10.27
邊際利潤	4.05%	6.98%	9.87%
資產報酬率	6.05%	10.53%	13.21%
權益報酬率	9.93%	16.54%	26.15%

問　題

1. 計算 S&S Air 的下列財務比率：流動比率、速動比率、現金比率、資產週轉率、存貨週轉率、應收帳款週轉率、總負債比率、負債/權益比率、權益乘數、利息保障倍數、現金涵蓋比率、邊際利潤、資產報酬率、權益報酬率。

2. Mark 和 Todd 同意財務比率分析可以作為公司績效評估的指標，他們選擇波音作為標竿公司。你會選擇波音作為標竿公司嗎？為什麼？還有其他飛機製造商也可作為 S&S Air 的標竿公司，請討論下面所列的公司是否適合作為標竿公司：Bombardier、Embraer、Cirrus Design 企業及 Cessna Aircraft 企業。

3. 比較 S&S Air 和整個輕型飛機產業相較下，可被視為較佳或較差的表現呢？假設你自創一個存貨週轉率，將存貨除以流動負債，你認為 S&S Air 的這個比率和產業的平均值比較起來會如何呢？

4 長期財務規劃與成長

成長率是評估一家公司及公司股價的重要工具，在思索（及求算）成長率時，一點點常識就很管用了，例如：在 2010 年，零售業巨人 Walmart 擁有 6 億 300 萬平方英尺的店面、配銷中心及其他設施，公司預計在 2011 年增加其營運地坪面積 8%，這不算是一則駭人的消息，但 Walmart 能持續地以 8% 成長率擴充下去嗎？

下一章將會介紹如何求算營運地坪的增長，但假設在未來的 156 年期間內，Walmart 以每年 8% 持續成長下去的話，則公司會擁有 100 兆平方英尺的營運地坪，差不多就是美國的國土面積那麼大。換句話說，假如 Walmart 以 8% 成長下去，整個美國將變成一個巨型的 Walmart，好恐怖！

另一個例子是 Sirius XM 衛星廣播公司，這家公司 2002 年與 2010 年的總收入金額分別是 $805,000 與 $28.2 億，每年成長率大約是 177%，假如公司能以此成長率成長下去的話，狀況會如何呢？假如公司能以此成長率成長下去的話，九年後，公司的收入金額將達大約 $27.07 兆，差不多是美國國內生產毛額的兩倍，很明顯地，Sirius XM 公司未來幾年的成長率將大幅度衰退。所以，在估計長期間的成長率時，要非常小心，估計長期間成長率的一個經驗法則是，你應該假設一家公司的成長率不會超過整體經濟體系的成長率，大約是 1% 至 3% 之間（已調整過通貨膨脹的影響）。

適當的成長管理是極其重要的。本章強調對未來作規劃的重要性，並討論公司在思索並管理未來的成長時可使用的一些工具。

缺乏有效的長期規劃通常是財務困難和失敗的原因。誠如將在本章中討論的，長期規劃是有系統地思考未來，並在事情發生之前預期可能發生的問題的一種制度。當然，我們沒有魔鏡，所以我們所能冀求的是一套合乎邏輯，而且有組

織的方法來探測未知的內容。就像一位 GM 董事會成員所說的：「規劃是一種程序，它頂多是幫助公司避免跌跌撞撞地步入未來。」

財務規劃是公司變革和成長的指導方針。它的焦點通常是放在大項目上。意味著財務規劃所關心的是影響公司財務政策和投資政策的主要因素，而不檢視這些政策的細節。

本章的主要目的是要討論財務規劃，並說明公司各種投資決策和融資決策間的交互關聯。在以後的章節中，我們還會更詳細地探討如何制定這些決策。

首先，我們說明何謂財務規劃（financial planning）。這裡所談的大部份都是長期財務規劃，短期財務規劃將在後面章節中討論。我們介紹公司可以藉著長期規劃來完成哪些工作。為了達到這個目的，我們設計了一個簡單，卻非常有用的長期規劃方法：銷貨百分比法。最後，我們描述如何將這種方法應用到一些簡單情況下，而且我們也討論一些延伸應用。

為了設計出一套明確的財務計畫，管理階層必須建立公司財務政策的一些要素。這些財務規劃的基本政策要素是：

1. 公司在新資產上的投資需求：這是來自於公司所選擇進行的投資機會，也是公司資本預算決策的結果。
2. 公司選擇採用的財務槓桿程度：這決定了公司要舉多少債來融資它的實物資產，也就是公司的資本結構政策。
3. 公司認為必須發放給股東的現金數量：這是公司的股利政策。
4. 公司所需的流動性和營運資金以維持日常的營運：這是公司的淨營運資金決策。

正如我們將看到的，公司在這四個領域的決策將直接影響到它未來的獲利能力、外部融資需求和成長機會。

本章教導了一個關鍵性課題，就是公司的投資決策和融資決策是交互影響。因此，根本沒辦法單獨考慮其中一個決策。公司計畫購買的資產種類和數量，必須和公司籌措這些所需資金的能力一起考慮。商學院的學生大多知道行銷學中的 3P（或 4P）理論；同樣地，財務規劃人員也應至少有 6P：適當的（Proper）事前（Prior）規劃（Planning）可以避免掉（Prevents）不佳的（Poor）績效（Performance）。

財務規劃可以強迫公司思考它的目標。最常受到公司重視的目標是成長，幾乎所有公司都以一個明確的、整體公司的成長率，作為長期財務規劃的主要架

構。舉例而言，在 2007 年 9 月，Toyota 公司宣告該公司 2008 年及 2009 年汽車預估銷售量將分別達到 980 萬輛及 1,040 萬輛，將是第一家年銷售量超越 1,000 萬輛的汽車製造公司，當然，Toyota 的計畫並沒有實現，公司在 2009 年只賣出 720 萬輛，而在 2010 年賣出 860 萬輛，目前的銷售紀錄是 GM 公司 1978 年 955 萬輛的銷售量。

一家公司所能達到的成長和它的財務政策有直接的關聯。在下面的章節中，將說明財務規劃模型，怎樣幫助我們更加了解公司的成長是如何達成的。我們也說明如何使用這些模型，以推算公司成長的上限。

4.1 何謂財務規劃？

財務規劃明確地陳述達成財務目標的方法。因此，財務計畫書是對未來應該完成事項的說明書。大部份決策都需要很長的前置時間，也就是說，需要很長一段時間才能付諸實行。在不確定的情境下，實際執行決策很久以前，就必須先制定好此項決策。舉例來說，如果公司想要在 2015 年興建一座工廠，它可能要在 2013 年，甚至更早的時點，就要開始簽訂契約和進行融資。

成長作為財務管理目標

在本章中，因為還有許多不同的地方會討論到「成長」這個主題，所以我們需先給予讀者一個警示：成長本身並不是財務經理的適當目標。J. Peterman 公司是一家成衣零售商，它那新奇的成衣目錄在電視劇《Seinfeld》走紅，但這家公司經歷了成長所帶來的困境。雖然擁有很好的品牌，且收入呈現爆炸性的成長，但公司最終卻申請破產，成為過度成長導向下的犧牲品。

網路零售巨人 Amazon.com 又是一個典型的例子。有一段期間，「不惜任何代價追求成長」是 Amazon 公司的座右銘。然而，很不幸地，公司真正快速成長的是它的虧損金額。Amazon 重新定位營運目標，變成以犧牲成長來換取獲利。而這項改變似乎奏效，Amazon 已成為一家獲利的零售業巨人。

誠如我們在第 1 章中所討論的，適當的財務目標應該是提高業主權益的市場價值。當然，公司如果能成功地達成這個目標，那麼成長就會隨之而來。因此，成長可能是良好決策的結果，但是它本身並不是一個目標。我們討論成長，是因為規劃過程中，經常會提及成長率。接下來我們也將看到，成長是匯總公司不同

層面的財務政策與投資政策的一種指標。如果我們把成長定為公司股票市價的成長，那麼成長和提高公司股票市場價值這兩個目標的差別也就不大了。

財務規劃的構面

為了規劃上的便利，我們把未來分成短期和長期。實務上，短期通常是指接下來 12 個月。我們的財務規劃重點是放在長期，一般是指接下來的二至五年，這段期間就是所謂的規劃期間（planning horizon），也是規劃過程必須建立的第一個構面。

在製作出財務計畫時，所有即將進行的專案和投資都要綜合起來考慮，以決定總投資需求。實際上，每一個營業單位裡的較小投資案都要被加總起來視為一個大專案，這個過程稱為加總（aggregation）。加總至哪一個組織層級是規劃過程所必須考慮的第二個構面。

一旦規劃期間與加總的層級設定後，我們就要針對重要變數，在不同假設下，給予不同的數值。例如，假設公司有兩個不同部門：一個生產消費品；一個生產瓦斯渦輪馬達。財務規劃過程可能就需要對每一個部門未來的三年期間，準備三個替代計畫：

1. **最差情況**：這個計畫乃是對公司的產品和經濟狀況持相當悲觀的假設。這種情況下的規劃強調部門承受重大經濟逆境的能力，公司會對成本削減，甚至出售事業部和公司解散，做詳細的計畫。舉例而言，在 2010 年的「黑色星期五」當天，幾家零售業者調降 40 吋至 42 吋高畫質電視機售價到 $400 至 $500 之間。前一年的售價都超過 $1,000，庫存過多是這次大幅降價的主因，由於售價偏高，2010 年年初的電視機銷售量遠低於原先的預期，造成銷售量偏低，而年底需求增加的預期也未出現，需求下降而產量不變造成庫存過多。

2. **正常情況**：這個計畫乃是對公司的產品和經濟狀況持最可能出現的假設。

3. **最佳情況**：每個部門將以樂觀假設為基礎來研擬計畫。它可能牽涉到新產品的推出和擴廠，及融資細節。未針對最佳狀況做規劃可能會導致喪失獲利，例如：在 2010 年 10 月間，Subaru 汽車製造商的銷售量比前一年 10 月成長了 47%。事實上，公司該年的銷售量比前一年成長了 22%，這似乎是相當不錯的，但公司因無法即時生產足夠的汽車，導致一些經銷商無車可賣，而喪失了一些銷售量。

在上述例子裡，公司整體的業務活動以部門為加總單位，而規劃期間為三年。這種將各種經濟情況納入考量的規劃，對景氣循環型企業（指銷售量嚴重受整體經濟狀況或景氣循環影響）特別重要。

規劃可以達成哪些事項？

因為公司可能投入相當多的時間，去探討作為公司財務規劃基礎的各種不同經濟情境，所以我們應先思考規劃過程所要達成的事項。

各項決策的交互影響 正如下面將詳細討論的，財務計畫必須點出公司的投資方案與公司的融資方案間的搭配關聯。換言之，如果公司要進行擴張與新投資專案，哪裡可以取得融資以支援這些投資活動呢？

各種選擇方案的探討 財務計畫可供公司以一致性的方法分析與比較許多不同情境下的營運結果。公司可以研究不同的投資和融資選擇方案，也可以評估它們對公司股東的影響程度。關於公司未來的產品種類，以及最佳的融資方案之類的問題，都應該加以探討。至於像新產品行銷或關閉工廠的各種選擇方案，都要加以評估。

避免意外情況 財務規劃應該辨明各種不同事件對公司可能的衝擊。尤其是財務規劃應該探討公司應該採取的行動，如果事情非原先所預期或是今天財務規劃所做的假設是錯誤的話。如物理學家 Niels Bohr 所說：「預測是非常困難的，尤其是針對未來做預測。」因此，財務規劃的目的之一是要避免意外情況，以及設計應變計畫（contingency plans）。

例如，Boeing 在 2010 年 8 月宣佈，該公司新型 787 Dreamliner 機型的交貨時間至少會延遲至 2011 年第一季，落後原先時程三年之久，背後的原因並不是需求不振（Boeing 已收到 9 百多架的訂單）。而最近一次的延遲則是飛機引擎供應商所造成，幾位分析師指出供應商的問題已延宕了試飛時程。因此，缺乏一套銷貨成長的規劃，對大公司也可能造成問題。

確保計畫可行性和內部一致性（internal consistency） 除了創造價值這個一般性目標之外，公司通常還有很多特定的目標。這些目標可能是以市場佔有率、權益報酬或財務槓桿等表示。有時，公司目標和公司業務之間的關聯不是那麼顯而易見。財務計畫不僅清楚地顯示這些關聯，而且它也調和公司各種不同的目標。換言之，財務規劃確認了公司營運的各項目標與各項計畫的可行性和它們之間的一致性。目標相衝突是常有的事。為了編製一套有連貫性的計畫，必須修改先前目標，也必須排定目標的優先順序。

例如，公司的可能目標之一是，年銷貨量成長 12%。另一個目標則可能是將公司的負債比率從 40% 降至 20%。這兩個目標相容嗎？它們可以同時達成嗎？或許可以，或許不可以。誠如下面所討論的，財務規劃旨在找出哪些目標是可能達到的，以及哪些目標是不可能達到的。

結論 財務規劃過程的最重要結果，就是迫使管理階層思考目標，並建立目標的優先順序。事實上，傳統的商業概念認為財務計畫（financial plans）是沒有用的。但是，財務規劃（financial planning）有其用處。當然，未來是不可測的。我們所能做的是確定前進的方向，並對可能的遭遇做理性的推測。如果我們預備得好，那麼在步入未來之時，我們就會有警覺心。

觀念問題

4.1a 何謂財務規劃過程的兩個構面？
4.1b 為什麼公司應該製作財務計畫？

4.2　財務規劃模型：基礎篇

每家公司的規模和產品均不盡相同，所以每家公司的財務規劃過程也不相同。本節討論財務計畫的一些共同要素，並引用一個基本模型來說明這些要素。下面是個簡短的概論，稍後小節中將針對不同課題做更詳細的介紹。

財務規劃模型：要素

大部份財務規劃模型都要求使用者對未來設定一些假設。在這些假設上，模型就針對每個變數設定預測值。雖然各模型的複雜性差異很大。但是，大部份的模型都包含下面所討論的要素。

銷貨預測 幾乎所有的財務計畫都需要一個銷貨預測數值。例如，在下面的模型中，銷貨預測值是「驅動者」，意味著使用者決定了規劃模型內這個數值後，則大部份其他預測值可根據銷貨預測值推測得到。各種類型的企業，一般均採用上述規劃模型，規劃著重在預測未來的銷貨和支援此銷貨所需的資產及融資數額。

通常，銷貨預測是預測銷貨成長率，而不是預測一個明確的銷貨數據。這兩種方法實質上是一樣的，因為一旦知道成長率，我們就可以計算預測的銷貨數

值。當然，完美的銷貨預測是不可能的，因為銷貨受未來經濟不確定性的影響。有些行業專精於總體經濟預測和產業預測，以協助其他公司做好銷貨預測。

誠如上面所討論的，我們經常要評估不同情境下的銷貨，所以一個精確的銷貨預測並不是那麼重要。我們的目標旨在探討不同的銷貨水準下，投資和融資需求的交互影響，而不是要精確地指出我們預期會發生什麼。

預估財務報表 財務計畫包括預估的資產負債表、損益表和現金流量表，這些統稱為預估財務報表（pro forma statements，或簡稱 pro formas）。pro forma 的字面意思是「一種形式」，在這裡是指財務報表是用來匯總未來各種事件預測的一種形式。財務規劃模型應根據一些重要項目的預測，如銷貨量預測，以製作預估財務報表。

在下面的規劃模型中，預估報表是由財務規劃模型導出的。使用者只要提供銷貨數字，模型就會導出相對應的損益表和資產負債表。

資產需求 財務計畫將列明預估的資本支出。至少，預估的資產負債表內應包含總固定資產和淨營運資金的變動數額。這些變動數額事實上就是公司的總資本預算額。因此，各部門所規劃的資本支出必須和長期計畫中的整體資本支出相協調。

融資需求 財務計畫應包括融資的安排。這一部份應該討論股利政策和負債政策。有時候，公司預期以發行新股或舉債來募集現金。在這種情況下，財務計畫必須考慮所要發行有價證券的種類，以及最適當的證券發行管道，本書第六篇探討這方面的主題，包括長期融資、資本結構和股利政策。

填補項 公司有了銷貨預測和預估的資本支出後，因為預估的總資產超過預估的負債和權益總和。換言之，資產負債表不再平衡了。

因為新融資才足以支應所有預估的資本支出，我們必須選擇一個財務「填補」變數。這個填補項是以外部資金來因應資金的不足（或多餘），因而使資產負債表回到平衡。

例如，一家擁有很多投資機會而現金流量卻有限的公司，必須仰賴現金增資；而擁有較少成長機會，卻有大量現金流量的公司，將會有剩餘資金，所以可能發放額外股利。在第一個例子裡，外部的權益資金是填補變數，而在第二個例子裡，填補變數則是股利。

經濟假設 財務計畫必須明確地描述，在計畫期間公司預期面臨的經濟情境。其中，較重要的經濟假設是利率水準和公司的稅率。

簡易財務規劃模型

我們以一個相當簡單的例子進行長期規劃模型的探討。下面是 Computerfield 公司最近一年的財務報表：

COMPUTERFIELD 公司 財務報表					
損益表			資產負債表		
銷貨	$1,000	資產	$500	負債	$250
成本	800			權益	250
淨利	$ 200	合計	$500	合計	$500

除非另外說明，否則 Computerfield 的財務規劃人員會假設所有變數都直接隨著銷貨變動。而且，目前的變動關係是最合理的。這意味著，所有項目都將和銷貨以相同的比率成長。當然，這樣的假設明顯地過於簡化了，然而，我們的目的只是要說明規劃的精神所在。

假設銷貨增加 20%，從 $1,000 增至 $1,200，那麼規劃人員也預測成本會增加 20%，從 $800 增加到 $800×1.2＝$960。因此，預估損益表是：

預估損益表	
銷貨	$1,200
成本	960
淨利	$ 240

在所有變數都將成長 20% 的假設下，我們可以很容易地編製出預估資產負債表如下：

預估資產負債表			
資產	$600 (+100)	負債	$300 (+ 50)
		權益	300 (+ 50)
合計	$600 (+100)	合計	$600 (+100)

請注意，我們只是增加每一個項目的金額 20%，括弧中的數字是各項目下的變動金額。

現在，我們必須調和這兩份預估報表。例如，如何才能使淨利等於 $240，而

權益卻只增加 $50 呢？答案是，Computerfield 公司也許必須以現金股利支出這個差額，$240－50＝$190。如果是這樣，股利就是填補變數。

假設 Computerfield 沒有支出 $190，那麼保留盈餘將增加 $240。所以，Computerfield 公司的權益成長到 $250（一開始的金額）＋ $240（淨利）＝$490。因此，部份負債必須被償還，以保持總資產為 $600。

總資產是 $600，權益是 $490，所以負債必須是 $600－490＝$110。因為開始時負債是 $250，所以 Computerfield 公司必須償還 $250－110＝$140 的負債。因此，預估資產負債表看起來應該是：

預估資產負債表			
資產	$600 (+100)	負債	$110 (−140)
		權益	490 (+240)
合計	$600 (+100)	合計	$600 (+100)

在這種情況下，負債是填補變數，用來平衡預估的總資產和負債。

這個例子顯示了銷貨成長和財務政策間的交互影響。當銷貨增加時，總資產也增加，這是因為公司必須投資在淨營運資金和固定資產，才能支撐較高的銷貨水準。因為資產成長，資產負債表右邊的總負債和權益也將成長。

從這個簡單的例子，我們看出，負債和業主權益的變動，視公司的財務政策和股利政策而定。資產的增長迫使公司決定如何融資，這是一項管理決策。在上面例子裡，公司不需要外部資金，然而，這並非一般的情況。所以，我們在下一節中探討一般的情況。

觀念問題

4.2a 財務計畫的基本要素有哪些？
4.2b 為何在財務規劃模型中必須設定一個填補項？

4.3 銷貨百分比法

前一節介紹了簡單的規劃模型，當中每個項目的成長率與銷貨成長率相同。對某些項目而言，這可能很合理，然而，對其他項目來說，例如長期借款，就可

能不是合理的假設,因為長期借款金額有時候是由管理當局所制定的,並未必和銷貨水準直接有關。

本節延伸前一節的簡單模型。基本觀念在於把損益表和資產負債表內的項目分成兩組:一組直接隨著銷貨量變動;另外一組則否。這樣只要給予一個銷貨預測,我們就可以求出公司需要多少融資才能支持預估的銷貨水準。

接下來要介紹的財務規劃模型是根據銷貨百分比法(percentage of sales approach)。我們的目的是要開發一種快速而且實用的方法,以編製預估報表。一些細節將於後面章節內討論。

損益表

我們從表 4.1 的 Rosengarten 公司最近一期的損益表著手。請注意,我們仍將成本、折舊和利息歸納為成本一項。

Rosengarten 公司預測下一年的銷貨量會增加 25%,所以我們預估銷貨是 $1,000×1.25＝$1,250。為了編製預估損益表,我們假設總成本將繼續維持在銷貨的 $800/1,000＝80%。在這假設下,Rosengarten 公司的預估損益表就如表 4.2 所示。在這裡,假設成本佔銷貨的某一固定百分比,也就是假設邊際利潤率是固定的。注意到邊際利潤率原本是 $132/1,000＝13.2%,在預估報表中,邊際利潤率仍是 $165/1,250＝13.2%,沒有改變。

接下來,我們需預估股利金額。這個金額是由 Rosengarten 的管理階層所決定的。假設 Rosengarten 的股利政策是,將一固定比率的淨利以現金股利發放給股東。最近一年的股利發放率(dividend payout ratio)是:

$$\text{股利發放率} = \text{現金股利}/\text{淨利} \qquad [4.1]$$
$$= \$44/132 = 33\ 1/3\%$$

我們也可以計算增額保留盈餘對淨利的比率:

$$\text{增額保留盈餘}/\text{淨利} = \$88/132 = 66\ 2/3\%$$

這個比率稱為盈餘保留比率(retention ratio 或 plowback ratio),等於 1 減去股利發放率,因為所有沒有發放出去的盈餘都被保留下來了。假設股利發放率不變,則預估股利和增額保留盈餘將是:

第 4 章　長期財務規劃與成長

表 4.1　Rosengarten 公司的損益表

ROSENGARTEN 公司 損益表	
銷貨	$1,000
成本	800
應稅所得	$ 200
稅（34%）	68
淨利	$ 132
股利	$44
增額保留盈餘	88

表 4.2　Rosengarten 公司的預估損益表

ROSENGARTEN 公司 預估損益表	
銷貨（預估）	$1,250
成本（銷貨的 80%）	1,000
應稅所得	$ 250
稅（34%）	85
淨利	$ 165

$$\begin{aligned}預測發放股東股利 &= \$165 \times 1/3 = \$\ 55 \\ 預測增額保留盈餘 &= \$165 \times 2/3 = \underline{\ 110\ } \\ & \hspace{5em} \underline{\$165}\end{aligned}$$

資產負債表

為了編製預估資產負債表，我們從表 4.3 的最近資料開始著手。

在資產負債表中，我們假設有些項目和銷貨量直接相關，有些則否。對那些隨著銷貨量變動的項目，我們把每一項目都表示成剛結束這一年銷貨量的百分比。對那些不隨著銷貨變動的項目，我們就以 "n/a" 來表示「不適用」。

例如，在資產面這邊，存貨是銷貨的 60%（＝$600/1,000）。我們假設這個百分比仍適用於下一年。所以，每增加 $1 銷貨量，存貨就會增加 $0.60。整體而言，上一年的總資產對銷貨量比是 $3,000/1,000＝3，也就是 300%。

通常總資產對銷貨比就稱為資本密集比率（capital intensity ratio），也就是創

表 4.3　Rosengarten 公司的資產負債表

ROSENGARTEN 公司
資產負債表

資產	$	銷貨	負債和業主權益	$	銷貨
流動資產			流動負債		
現金	$ 160	16%	應付帳款	$ 300	
應收帳款	440	44	應付票據	100	n/a
存貨	600	60	合計	$ 400	n/a
合計	$1,200	120	長期負債	$ 800	n/a
固定資產			業主權益		
廠房設備淨值	$1,800	180	普通股和資本公積	$ 800	n/a
			保留盈餘	1,000	n/a
			合計	$1,800	n/a
總資產	$3,000	300%	總負債和業主權益	$3,000	n/a

造 $1 的銷貨所需的資產。所以這個比率愈高，公司的資本密集程度愈高。這個比率就是上一章所定義的總資產週轉率的倒數。

對 Rosengarten 而言，如果這個比率固定，那麼每 $3 的資產才能產生 $1 的銷貨（明顯地，Rosengarten 是一家相對資本密集的公司）。因此，如果銷貨量要增加 $100，Rosengarten 的總資產必須增加三倍，也就是 $300。

在資產負債表的負債這邊，應付帳款隨著銷貨量變動。當銷貨量增加時，我們預期會增加對供應商的採購。所以應付帳款會隨著銷貨做同步變動。另一方面，應付票據代表的是短期負債，如銀行借款。除非我們去變動它，通常它不會隨著銷貨量變動，所以我們把它標為 "n/a"。

同樣地，長期負債也標為 "n/a"，因為它不會隨著銷貨量變動。普通股和資本公積也是一樣的情形。右邊的最後一項是保留盈餘，它會隨著銷貨量變動，但不是銷貨量的固定百分比。我們將以預估的淨利和股利，來計算保留盈餘的變動。

現在，我們可以編製 Rosengarten 公司的部份預估資產負債表。儘量利用上面所求得的百分比來計算各項目的預估金額。例如，淨固定資產是銷貨量的 180%，所以在 $1,250 的銷貨水準下，淨固定資產將是 1.80×$1,250＝$2,250，增加了 $2,250－1,800＝$450 的廠房和設備。對那些不隨著銷貨量直接變動的項目，我們先假設它是不變的，所以只需要填入原本數字。結果顯示在表 4.4 中。保留盈餘變

表 4.4

ROSENGARTEN 公司
部份預估資產負債表

資產	今年	比去年增加	負債和業主權益	今年	比去年增加
流動資產			流動負債		
現金	$ 200	$ 40	應付帳款	$ 375	$ 75
應收帳款	550	110	應付票據	100	0
存貨	750	150	合計	$ 475	$ 75
合計	$1,500	$300	長期負債	$ 800	$ 0
固定資產			業主權益		
廠房設備淨值	$2,250	$450	普通股和資本公積	$ 800	$ 0
			保留盈餘	1,110	110
			合計	$1,910	$110
總資產	$3,750	$750	總負債和業主權益	$3,185	$185
			外部資金需求	$ 565	$565

動 $110，就是我們前面所計算出來的增額保留盈餘。

檢視這份預估資產負債表後，資產預計要增加 $750。然而，在沒有額外融資下，負債和權益只增加 $185，短少 $750－185＝$565。這個金額就是外部資金需求（external financing needed, EFN）。

特殊情境

現在，我們的財務規劃模型告訴了我們一個好消息，同時也告訴了我們一個壞消息。好消息是，我們預測銷貨量將增加 25%；壞消息是，除非 Rosengarten 可以融資募得 $565，否則銷貨成長將不可能實現。

這個例子說明規劃過程可以預先指出問題和潛在衝突。例如，若 Rosengarten 公司不願向外借款，也不願現金增資，那麼 25% 的銷貨成長可能是不可行的。

假設需要 $565 的外部融資，Rosengarten 有三個可能的資金來源：短期借款、長期借款和發行新股。管理人員可以在這三者之間選擇任一的資金來源組合，我們將只探討其中的一種組合。

假設 Rosengarten 決定借入所需資金。在這種情況下，公司可選擇借入部份短期資金和部份長期資金。例如，流動資產增加 $300，而流動負債只增加 $75。

所以，Rosengarten 可能借入 $300－75＝$225 的短期應付票據，使總淨營運資金保持不變。因為需要 $565，剩下的 $565－225＝$340，則必須以長期負債借入。表 4.5 是 Rosengarten 公司完整預估資產負債表。

我們以短期負債和長期負債的組合作為填補項。但這只是其中一種可能策略，卻未必是最佳的。第 3 章所討論的各種比率在這裡非常有用。例如，以前面的情境為例，當然要計算流動比率和總負債比率，看看我們是否可以接受預估的負債水準。

現在，我們已經完成了資產負債表，也已經有全部預測的現金來源和使用方式。最後可以編製第 3 章中所討論的預估現金流量表。但是，我們要把這個留給讀者作為練習，下面則探討另一個重要情境下的財務規劃。

另一種情境

資產對銷貨固定在某一比率是一個簡便的假設。然而，在許多情況下，這個假設可能是不適用的。尤其要注意的是，這個假設隱含 Rosengarten 公司的固定資產使用率達到 100%，所以任何銷貨量的增加，都導致固定資產的增購。對大部份公司而言，通常會有一些閒置或剩餘產能，產量可藉由增加開工時數來提高。依據聯準局的統計資料，美國製造業的資產使用率從 2009 年 6 月的低檔

表 4.5

ROSENGARTEN 公司
預估資產負債表

資　產	今年	比去年增加	負債和業主權益	今年	比去年增加
流動資產			流動負債		
現金	$ 200	$ 40	應付帳款	$ 375	$ 75
應收帳款	550	110	應付票據	325	225
存貨	750	150	合計	$ 700	$300
合計	$1,500	$300	長期負債	$1,140	$340
固定資產			業主權益		
廠房設備淨值	$2,250	$450	普通股和資本公積	$ 800	$ 0
			保留盈餘	1,110	110
			合計	$1,910	$110
總資產	$3,750	$750	總負債和業主權益	$3,750	$750

64.4%，上升至 2011 年 5 月的 74.5%。

例如，2007 年，Toyota 宣佈將在密西西比州增建其北美的第七間汽車製造廠。而在同時，Ford 則宣佈在未來五年期間，將關閉 12 間廠房；GM 則要關閉 13 間廠房。顯然，Ford 及 GM 都有閒置產能，而 Toyota 則無。

另一個也發生在 2004 年年初的例子是，Simmons 宣佈要關閉位於俄亥俄州生產踏墊的工廠。公司表示會在其他的廠房增加產量，來彌補關廠所造成的生產落差。顯然，Simmons 有相當大的多餘產能。

如果假設 Rosengarten 的營運只使用 70% 的產能，那麼所需的外部資金就大不一樣了。「70% 的產能」意味著目前的銷貨水準只是十足產能下銷貨水準的 70%：

目前銷貨額＝$1,000＝0.70×十足產能銷貨額

十足產能銷貨額＝$1,000/0.70＝$1,429

換言之，在增購新固定資產之前，銷貨額可以成長 43%（從 $1,000 到 $1,429）。

在前節的例子中，我們必須增加 $450 的淨固定資產額。而在目前狀況下，並不需要任何淨固定資產支出，因為銷貨額預估成長至 $1,250，比十足產能下的 $1,429 低很多。

所以，原先估計的 $565 外部資金是太高了。原先估計需要 $450 的新淨固定資產，而現在已經不需要任何額外的新淨固定資產支出。所以如果公司是在 70% 的產能下營運，那麼公司只需要 $565－450＝$115 的外部資金。剩餘產能造成外部資金需求預測有極大的差異。

範例 4.1　外部資金需求和產能利用

假設 Rosengarten 在 90% 的產能下營運。請問，十足產能下的銷貨額是多少？十足產能下的資本密集比率是多少？此時的外部資金需求又是多少？

十足產能下的銷貨額是 $1,000/0.90＝$1,111。從表 4.3 知道，固定資產是 $1,800。因此，在十足產能下，固定資產對銷貨比是：

固定資產/十足產能銷貨＝$1,800/1,111＝1.62

在十足產能情況下，每 $1 的銷貨需要增加 $1.62 的固定資產。那麼，在 $1,250 銷貨水準下，我們需要 $1,250×1.62＝$2,025 的固定資產，和原先所預估的 $2,250 相比，減少了 $225，所以外部資金需求是 $565－225＝$340。

流動資產仍然是 $1,500，所以總資產是 $1,500＋2,025＝$3,525。因此，資本密集比率為 $3,525/1,250＝2.82，比原先的 3 小，這是因為剩餘產能的緣故。

上述例子說明在規劃過程中盲目地調控財務報表的數據是不恰當的。因為這些數據視所假設的銷貨額與所需資產之間關係而定。稍後，我們會回到這個論點。

到目前為止，很明顯地，成長率在規劃過程中扮演了重要角色。對外面的分析師與投資者而言，成長率也是很重要的數據，下一頁的網路作業示範如何取得一些公司的成長率估計值。

觀念問題

4.3a 銷貨百分比法的基本概念為何？
4.3b 在一般情況下，銷貨百分比法對固定資產產能使用率作怎樣的假設？

4.4 外部融資和成長

外部融資需求和成長有所關聯是顯而易見。在其他情況不變下，銷貨或資產的成長率愈高，所需外部融資就愈多。在上一節中，我們設定一成長率，然後估算支持該成長率所需的外部融資。在本節中，我們先給定公司的財務政策，再探討財務政策和公司以融資新投資來成長的能力間的關係。

在此再次強調，雖然我們聚焦在「成長」，並不是因為「成長」是個適當的目標，而是「成長」是探討投資和融資決策間互動的簡便方法。實際上，以成長作為規劃的基礎，只是反映出高層管理單位在規劃過程中的作法罷了。

外部資金需求（EFN）和成長

首先，我們要建構 EFN 和成長間的關係。表 4.6 是簡化後的 Hoffman 公司損益表和資產負債表。注意，我們把資產負債表內的短期和長期負債都簡化在一個總負債金額。事實上，這就相當於假設流動負債不隨著銷貨變動。這個假設並不像它看起來那麼不實際。如果有任何流動負債（像應付帳款）隨著銷貨變動，

網路作業

計算公司成長率涉及繁雜的資料分析，而一位股票分析師的主要工作是提供公司成長率的估計值。可以找到盈餘和銷售成長率的網站之一就是 Yahoo! Finance，網址是 finance.yahoo.com。此處，我們找出 3M 公司的報價，點選 "Analyst Estimates" 的連結，接著你會看到下列的結果：

Revenue Est	Current Qtr. Mar 11	Next Qtr. Jun 11	Current Year Dec 11	Next Year Dec 12
Avg. Estimate	6.95B	7.45B	29.35B	31.34B
No. of Analysts	5	5	13	12
Low Estimate	6.74B	7.32B	28.69B	30.44B
High Estimate	7.11B	7.56B	29.68B	32.97B
Year Ago Sales	6.35B	6.73B	26.66B	29.35B
Sales Growth (year/est)	9.50%	10.70%	10.10%	6.80%

如上所顯示，分析師預期 2011 年的收入（銷售額）是 $293.5 億，2012 年會成長到 $313.4 億，成長率 6.8%。同時我們也會看到 3M 與其他標竿公司的比較表。

Growth Est	MMM	Industry	Sector	S&P 500
Current Qtr.	2.90%	7.20%	24.80%	67.30%
Next Qtr.	5.20%	20.80%	68.40%	43.00%
This Year	7.00%	17.60%	35.50%	35.00%
Next Year	11.40%	14.90%	14.70%	13.40%
Past 5 Years (per annum)	4.76%	N/A	N/A	N/A
Next 5 Years (per annum)	11.93%	14.17%	15.02%	10.51%
Price/Earnings (avg. for comparison categories)	14.39	15.94	15.29	13.70
PEG Ratio (avg. for comparison categories)	1.21	1.40	0.86	0.32

如你所看到的，3M 的預估盈餘成長率稍微低於產業（industry）未來五年的成長率，這對 3M 股票有什麼涵義呢？後面章節將回答這個問題。

問　題

1. 上述 3M 公司的 2011 年預估銷貨成長率是 finance.yahoo.com 網站上的預估值，這個預估值與實際值不同嗎？為何會有差異？
2. 在這網站上，也可以找到 3M 公司的盈餘歷史資料，這些數據與分析師的估計值相近嗎？換言之，3M 公司盈餘是否偏離了預期值呢？

表 4.6

HOFFMAN 公司			
損益表和資產負債表			
損益表			
銷貨			$500
成本			400
應稅所得			$100
稅（34%）			34
淨利			$ 66
股利		$22	
增額保留盈餘		44	
資產負債表			
資　產		負債和業主權益	
$	銷貨	$	銷貨
流動資產　$200	40%	總負債　　　　$250	n/a
淨固定資產　300	60	業主權益　　　250	n/a
總資產　　$500	100%	總負債和業主權益　$500	n/a

我們大可以假設這些變動已由流動資產的變動所抵銷了。而且，在損益表中，我們把折舊、利息和成本合在同一項科目內。

假設 Hoffman 公司預估下一年度的銷貨額成長 $100，而到達 $600。請注意，銷貨成長率是 $100/500＝20%。根據銷貨百分比法和表 4.6 中的數據，我們可以編製表 4.7 的預估損益表和預估資產負債表。如表 4.7 所示，在 20% 的成長率下，Hoffman 需要 $100 的新資產（假設十足產能），預估的增額保留盈餘是 $52.8，所以外部資金需求是 $100－52.8＝$47.2。

Hoffman 原本的負債/權益比率（從表 4.6 得知）是 $250/250＝1.0。假設 Hoffman 不想銷售新股。在此情況下，$47.2 的 EFN 必須由借款而來。那麼，新的負債/權益比率是多少呢？從表 4.7 中知道，預估的總業主權益為 $302.8，新的總負債將是原先的 $250，加上新借款 $47.2，總共是 $297.2。因此，負債/權益比率從原來的 1.0，稍為下降到 $297.2/302.8＝0.98。

表 4.8 列出在不同成長率下的 EFN，預估的增額保留盈餘和預估的負債/權益比率（你可能要選一些作為練習，自己演算一遍）。在決定負債/權益比率時，我們假設所需資金都是由借款而來，而且我們也假設任何多餘資金都被用來償還負債。所以成長率為零時，負債減少了 $44，從 $250 降到 $206。在表 4.8 中，

表 4.7

HOFFMAN 公司
預估損益表和資產負債表

損益表

銷貨（預估值）		$600.0
成本（銷貨的 80%）		480.0
應稅所得		$120.0
稅（34%）		40.8
淨利		$ 79.2
股利	$26.4	
增額保留盈餘	52.8	

資產負債表

資產	$	銷貨	負債和業主權益	$	銷貨
流動資產	$240.0	40%	總負債	$250.0	n/a
淨固定資產	360.0	60	業主權益	302.8	n/a
總資產	$600.0	100%	總負債和業主權益	$552.8	n/a
			外部需求資金	$ 47.2	n/a

表 4.8　Hoffman 公司的銷貨成長及預測的外部資金需求

預測的銷貨成長	資產需求增加	增額保留盈餘	外部資金需求（EFN）	預測的負債/權益比率
0%	$　0	$44.0	−$44.0	0.70
5	25	46.2	−21.2	0.77
10	50	48.4	1.6	0.84
15	75	50.6	24.4	0.91
20	100	52.8	47.2	0.98
25	125	55.0	70.0	1.05

所需增加的資產就是等於原本的資產 $500，乘上相對的成長率。同樣地，增額保留盈餘就等於 $44 乘以成長率，再加上零成長率下增額保留盈餘 $44。

　　表 4.8 顯示，成長率相對較低時，Hoffman 將有多餘資金，而且負債/權益比率也將下降。然而，當成長率增加到大約 10%，多餘資金變成不足了，更甚者，

當成長率超過大約 20% 時，負債/權益比率超過原本的 1.0。

圖 4.1 畫出表 4.8 中成長率所對應的資金需求和增額保留盈餘，圖 4.1 清楚地圖解銷貨成長和外部資金需求間的關係。如圖所示，新資產需求的成長速度比增額保留盈餘快。所以，由增額保留盈餘而來的內部融資很快地就消耗掉了。

由上面的討論可知，一家公司面臨現金過剩或現金不足與公司成長的快慢有關。例如，在 1990 年代，Microsoft 其每年的銷貨成長率皆超過 30%。然而，在 2000 年至 2010 年期間，Microsoft 的成長率明顯地趨緩。而高成長率搭配高毛利率造成公司現金存量的增加；另一方面，Microsoft 甚少發放現金股利，造成公司現金累積，在 2011 年年底，Microsoft 擁有的現金存量高達 $440 億。

財務政策和成長

依照上面的討論，成長率和外部融資金額有個直接的關聯。本節討論長期規劃中經常使用的兩種成長率。

內部成長率　第一個成長率是，在沒有任何外部融資情況下，公司所能達成的最大成長率。我們稱它為內部成長率（internal growth rate），因為這是公司在使用內部資金下，所能達到的成長率。在圖 4.1 中，內部成長率就是兩條線相交那

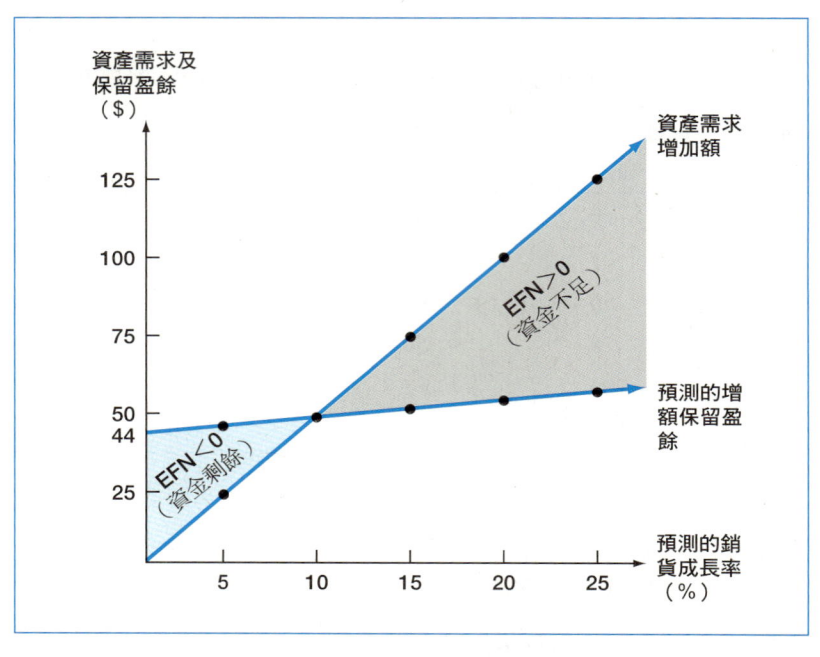

圖 4.1　Hoffman 公司的資金需求和成長

點。在這點成長率下，所需增加的資產正好等於增額保留盈餘，因此 EFN 是零。由圖可知這個成長率稍微小於 10%。只要稍加推算，我們就可以下面式子計算出內部成長率：

$$\text{內部成長率} = \frac{\text{ROA} \times b}{1 - \text{ROA} \times b} \qquad [4.2]$$

上式中，ROA 是第 3 章中所討論過的資產報酬率，b 是本章前面所定義的保留盈餘比率。

對 Hoffman 公司而言，淨利是 $66，總資產是 $500，所以 ROA 是 $66/500 = 13.2%。在這 $66 的淨利中，$44 被保留下來了，所以保留盈餘比率 b 是 $44/66 = 2/3。有了這些數字，我們就可以算出內部成長率：

$$\begin{aligned}
\text{內部成長率} &= \frac{\text{ROA} \times b}{1 - \text{ROA} \times b} \\
&= \frac{0.132 \times (2/3)}{1 - 0.132 \times (2/3)} \\
&= 9.65\%
\end{aligned}$$

因此，在沒有外部融資情況下，Hoffman 每年所能擴充的最大成長率是 9.65%。

可支撐成長率 我們認知到如果 Hoffman 公司每年成長超過 9.65%，那麼它就必須安排外部融資。我們所要探討的第二個成長率就是，在固定的負債/權益比率情況下，公司不需要發行新股所能達到的最大成長率。通常這個成長率就稱為**可支撐成長率**（sustainable growth rate），因為這是在不提高財務槓桿下，公司所能維持的最大成長率。

有各種不同的論點說明為什麼公司會避免發行新股票。例如，就像我們將在第 15 章中所討論的，發行新股的成本相當高；而且，現有股東可能不願意新股東介入公司或不願意認購新股。第 14 章和第 16 章將討論為什麼公司可能會有其最佳的負債/權益比率。目前，我們就先假設公司有其最佳負債/權益比率。

表 4.8 的資料顯示，Hoffman 公司的可支撐成長率約 20%，因為在該成長率下，負債/權益比率接近 1.0。精確的成長率可以由下式求得：

$$\text{可支撐成長率} = \frac{\text{ROE} \times b}{1 - \text{ROE} \times b} \qquad [4.3]$$

除了以 ROE（權益報酬率）代替 ROA 之外，這式子和內部成長率式子是一模一樣的。

就 Hoffman 而言，淨利是 $66，總權益是 $250，所以 ROE 是 $66/250＝26.4%，保留盈餘比率 b 仍然是 2/3。所以，我們可以計算出可支撐成長率為：

$$\text{可支撐成長率} = \frac{\text{ROE} \times b}{1 - \text{ROE} \times b}$$

$$= \frac{0.264 \times (2/3)}{1 - 0.264 \times (2/3)}$$

$$= 21.36\%$$

因此，在沒有發行新股下，Hoffman 公司每年可以擴充的上限是 21.36%。

範例 4.2　可支撐成長率

假設 Hoffman 的成長率正好等於可支撐成長率 21.36%，它的預估報表看起來是什麼樣子呢？

在 21.36% 的成長率下，銷貨將由 $500 增至 $606.8，預估損益表將是這樣的：

HOFFMAN 公司 預估損益表	
銷貨（預估值）	$606.8
成本（銷貨的 80%）	485.4
應稅所得	$121.4
稅（34%）	41.3
淨利	$ 80.1
股利	$26.7
增額保留盈餘	53.4

我們以同樣的方法編製資產負債表。請注意，此時業主權益將由 $250 增至 $303.4，因為增額保留盈餘是 $53.4。

<table>
<tr><th colspan="5">HOFFMAN 公司
預估資產負債表</th></tr>
<tr><th colspan="2">資　　產</th><th></th><th colspan="2">負債和業主權益</th></tr>
<tr><th>$</th><th>銷貨</th><th></th><th>$</th><th>銷貨</th></tr>
<tr><td>流動資產</td><td>$242.7</td><td>40%</td><td>總負債</td><td>$250.0</td><td>n/a</td></tr>
<tr><td>淨固定資產</td><td>364.1</td><td>60</td><td>業主權益</td><td>303.4</td><td>n/a</td></tr>
<tr><td>總資產</td><td>$606.8</td><td>100%</td><td>總負債和業主權益</td><td>$553.4</td><td>n/a</td></tr>
<tr><td></td><td></td><td></td><td>外部資金需求</td><td>$ 53.4</td><td>n/a</td></tr>
</table>

如上表所示，EFN 為 $53.4。如果 Hoffman 公司借入這筆資金，那麼總負債將增至 $303.4，而且負債/權益比率將正好是 1.0，因而驗證了我們先前的計算。在其他成長率下，結果將有所變動。

成長率的決定要素　在上一章中，我們看到權益報酬率（ROE）可經由杜邦恆等式化為不同要素。因為 ROE 是決定可支撐成長率的重要因素，所以影響 ROE 的重要因素也是影響成長的重要因素。

在第 3 章，我們知道 ROE 可以化為三個因素的乘積：

ROE＝邊際利潤×總資產週轉率×權益乘數

如果仔細分析可支撐成長率式子 [4.3]，就會發現任何使 ROE 增加的變動，也會使式 [4.3] 的分子變大，分母變小，造成可支撐成長率的增加。增加保留盈餘比率也將有同樣的效果。

綜合上述分析可知，公司的可支撐成長能力受到以下四個因素的影響：

1. **邊際利潤**：增加邊際利潤將提升公司內部產生資金的能力，因而增加它的可支撐成長率。
2. **股利政策**：降低股利發放比率將可增加保留盈餘比率。這樣可以增加內部而來的權益資金，因而提高可支撐成長率。
3. **財務政策**：藉由增加負債/權益比率來提高公司的財務槓桿。公司將可以取得額外負債融資，而提高可支撐成長率。
4. **總資產週轉率**：提高公司的總資產週轉率可以增加每 $1 的資產所創造的銷貨，如此可降低銷貨成長所需的新資產需求，因而增加可支撐成長率。事實

上，提高總資產週轉率就是降低資本密集比率。

可支撐成長率是個規劃上非常有用的數字，它彰顯了公司所關注的四個重要課題間的關係：營運效率（以邊際利潤衡量）、資產使用效率（以總資產週轉率衡量）、股利政策（以保留盈餘比率衡量）和融資政策（以負債/權益比率衡量）。

當上述四個衡量數值確定後，就可得到公司所能達成的成長率。這個重點值得重述如下：

> 如果公司不願意發行新股，而且它的邊際利潤、股利政策、融資政策和總資產週轉率（或資本密集比率）都是固定的話，那麼就只有一個可能的成長率。

誠如本章先前所述，財務規劃的一個主要功能是，確保公司各個目標間的內部一致性。可支撐成長率就點出這個功能。而且，我們已知道，如何使用財務規劃模型來評估達成所設定成長率的可行性。如果銷貨成長率比可支撐成長率高的話，公司就必須提高邊際利潤、提高總資產週轉率、提高財務槓桿、提高保留盈餘比率或發行新股。

表 4.9 匯總了內部成長率和可支撐成長率的意義與概要。

計算可支撐成長率的小提示

計算可支撐成長率時，經常以 ROE×b 作為分子，這導致了一些混淆，而這些混淆與 ROE 的計算方式有關。回想一下，ROE 的計算方式是淨利除以股東權益，如果權益是取自資產負債表的期末數字（我們一直都這樣做，實務上的作法也皆是如此），那我們的公式就是正確的。然而，如果是取自期初的金額，較簡單的公式就是正確的。

原則上，不管你使用哪個公式（只要你選用正確的公式計算 ROE），你會得到完全相同的可支撐成長率。事實上，一些會計原理與原則的相關因素，可能帶來少許的差異，附帶一提的是，如果（正如某些人所強調）採用期初和期末股東權益的平均值，那就需要另一個公式。此外，這裡所討論的也適用在內部成長率的計算上。

我們以一個簡單例子作說明，假設某家公司的淨利為 $20，保留盈餘比率為 0.60，期初資產金額為 $100，負債/權益比率為 0.25，所以期初股東權益是 $80。

假設我們使用期初的數據作計算，可得下列結果：

表 4.9　內部成長率和可支撐成長率

I. 內部成長率

$$內部成長率 = \frac{ROA \times b}{1 - ROA \times b}$$

其中
　　ROA＝資產報酬率＝淨利/總資產
　　　 b＝保留盈餘比率＝增額保留盈餘/淨利

內部成長率是在沒有任何外部融資下所能達到的最大成長率。

II. 可支撐成長率

$$可支撐成長率 = \frac{ROE \times b}{1 - ROE \times b}$$

其中
　　ROE＝權益報酬率＝淨利/總權益
　　　 b＝保留盈餘比率＝增額保留盈餘/淨利

可支撐成長率是在固定的負債/權益比率之下，且不發行任何新股所能達到的最大成長率。

　　ROE＝$20/80＝0.25＝25%
　　可支撐成長率＝0.60×0.25＝0.15＝15%

因此，這家公司的期末權益是 $80＋0.60×$20 ＝$92，所以我們可得下列結果：

　　ROE＝$20/92＝0.2174＝21.74%
　　可支撐成長率＝0.60×0.2174/(1－0.60×0.2174)
　　　　　　　　＝0.15＝15%

上述兩個可支撐成長率是完全一樣的，你也可以自己求算內部成長率，看看是不是 12%。

範例 4.3　邊際利潤和可支撐成長率

　　Sandar公司的負債/權益比率是0.5、邊際利潤3%、股利發放率40%、資本密集率為1。請問，其可支撐成長率是多少？如果Sandar希望達到10%的可支撐成長率，而且計畫以改進邊際利潤的方式來達成這個目標，你的看法如何？

聽聽他們怎麼說⋯

Robert C. Higgins 談可支撐的成長

大部份財務人員皆知以錢滾錢的道理，快速的銷售成長需要資產的增加，這些資產的形式有應收帳款、存貨、固定設備，反過來說，這些也要錢。他們也知道如果在需要時，公司沒有這筆錢，這意味著公司「倒閉」，可支撐成長方程式清楚表明了這個不消言說的事實。

銀行家及外面的分析師通常用可支撐成長來評估一家公司的信譽，有幾種複雜的電腦軟體可輔助這樣的評估，這些軟體提供了對公司過去財務表現的詳盡分析，包括每年的可支撐成長率。

銀行家將這些資訊作各種運用，快速地對公司實際成長率及可支撐成長率作比較，讓銀行家得知哪些議題將是管理階層財務計畫的首要考量，如果實際成長率一直高過可支撐成長率，管理的問題將是去哪裡找資金來投注接下來的成長，銀行家因此可以預期借貸的利息回收。相反地，如果可支撐成長率一直高過實際成長率，銀行家最好準備討論一下投資的產品，因為管理的問題將是如何處理一直堆在抽屜裡的現金。

銀行家也發現可支撐成長方程式很有用，它可用來對缺乏財務經驗的小企業主及過度樂觀的大企業家作說明，為了企業長遠的生機，保持成長和獲利的適當平衡是必須的。

最後，實際及可支撐成長率的比較，幫助銀行家了解為何一個申請貸款的人需要錢，及這樣的需求會持續多久。舉例來說，貸款申請人要求 $10 萬來支付數個供應商，並承諾數月後，當收到即將到期的貨款時會償還貸款。一個可支撐成長的分析顯示，此公司一直以高於其可支撐成長率四至六倍的速度在成長，而這樣的模式可能在可見的未來還會持續下去，這使銀行家警覺到，沒耐性的供應商不過是過度快速成長基本病因下的小症狀而已，而 $10 萬的借貸到後來可能是更大額、更多年的無底洞。

Robert C. Higgins 是華盛頓大學（University of Washington）財務系的教授，他率先使用可支撐成長率作為財務分析的工具。

ROE 是 $0.03 \times 1 \times 1.5 = 4.5\%$，保留盈餘比率是 $1 - 0.4 = 0.6$。

因此，可支撐成長率是 $0.045 \times 0.60 / (1 - 0.045 \times 0.60) = 2.77\%$。

要達到 10% 的成長率，邊際利潤必須提高，假設可支撐成長率等於10%，則邊際利潤（PM）可計算如下：

$$0.10 = PM(1.5)(0.6) / [1 - PM(1.5)(0.6)]$$
$$PM = 0.1 / 0.99 = 10.1\%$$

這個計畫要成功，必須大幅提升邊際利潤，從 3% 增加到大約 10%，似乎不太可行。

> **觀念問題**
>
> **4.4a** 公司的可支撐成長率和權益報酬率（ROE）之間的關聯如何？
> **4.4b** 成長的決定要素有哪些？

4.5 財務規劃模型的一些警示

並非所有財務規劃模型均能對症下藥。主要的原因之一是，這些模型傾向於倚賴會計關係，而非財務關係。尤其是與公司價值相關的三個基本要素：現金流量大小、現金流量風險和現金流量發生時點，大都被拋諸腦後。

因為上述原因，財務規劃模型使用者有時無法從模型所產生的結果，洞悉哪些策略將有助於公司價值的提升。相反地，使用者將其注意力轉移到負債/權益比率，以及公司成長這類的問題上。

我們在 Hoffman 公司中所使用的財務模型，事實上是太簡化了。我們的模型就像公司目前大多數的模型一樣，只提供預估的會計報表。這種模型的功能僅止於指出不一致性和提醒公司財務上需求的問題。但是如何處理這些問題，財務模型就使不上力。

在結束本章前，我們應該注意的是，財務規劃是個重複的過程。計畫設定後，要詳加檢查，並且一再地修改，定案的計畫是所有參與這個過程的各部門間協商的結果。事實上，大多數公司均倚賴 Procrustes 法來進行長期財務規劃。[1] 高階管理人員心中先有個目標，規劃幕僚將它重新整理制定，最後提出一個能達到該目標的可行計畫。

因此，最後的計畫隱含地融合了不同部門目標，也滿足許多限制。基於這個理由，這樣的計畫未必能反映出我們對未來走向的評估。相反地，定案的計畫是各個部門妥協後的產物，以作為大家未來的共同目標。

> **觀念問題**
>
> **4.5a** 財務規劃模型中經常遺漏了哪些重要要素？
> **4.5b** 為什麼我們說規劃是一種重複的過程？

---

[1] Procrustes 是古希臘神話中的一個巨人，他常擄人並綁於鐵床上。身高比床長的人就削足，比床短的人就強拉至與床齊。

4.6 總　結

　　財務規劃迫使公司去思考未來。我們已經探討過規劃過程中的一些特色，也描述了財務規劃可以完成的事項，以及財務模型的要素。我們接著說明成長和融資需求之間的關係及財務規劃模型可供用來探討這個關係。

　　公司財務規劃不應該變成一種純粹機械化的活動。如果是如此，它可能會集中注意力在錯誤的事情上面。尤其是，財務計畫經常以一個成長目標作為中心，而成長與公司價值並無多大的關聯，另外，財務計畫過份重視會計報表資料。然而，公司不做財務規劃，只會跌跌撞撞地步入未來。或許名人 Yogi Berra（著名的棒球捕手，不是卡通影片內的 Yogi Berra）的一句話最能描述此種狀況：「假如你不知道你要往哪裡去的話，你要警醒哦！因為你可能無法到達你的目的地。」[2]

財務連線

　　假如你的課程有使用 Connect™ Finance 的話，請上線做個練習測驗（Practice Test），看一看學習輔助工具，及你需要哪些額外練習。

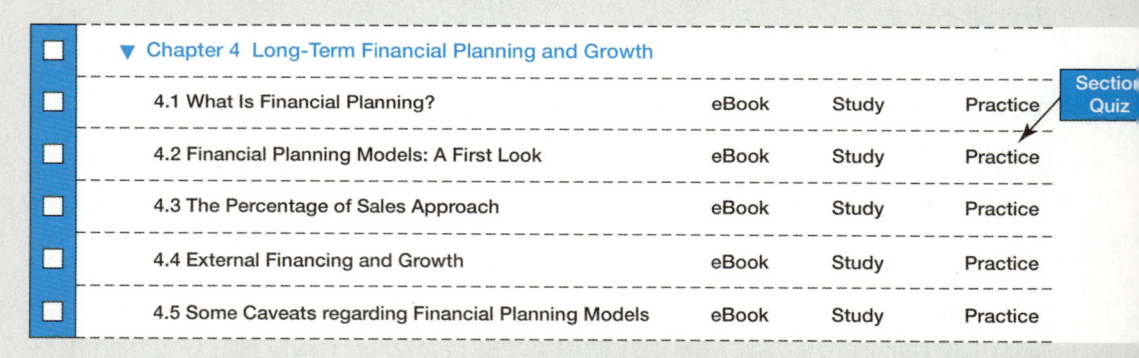

▼ Chapter 4　Long-Term Financial Planning and Growth			
4.1　What Is Financial Planning?	eBook	Study	Practice
4.2　Financial Planning Models: A First Look	eBook	Study	Practice
4.3　The Percentage of Sales Approach	eBook	Study	Practice
4.4　External Financing and Growth	eBook	Study	Practice
4.5　Some Caveats regarding Financial Planning Models	eBook	Study	Practice

Section Quiz

你能回答下列問題嗎？

4.1　Murphy's 公司正在進行未來五年期間的財務規劃，這五年期間指的是財務規劃的哪一個構面呢？

4.2　財務規劃過程的第一個步驟是什麼呢？

4.3　某家公司的銷貨額及資產分別是 $272,600 及 $311,000，假如公司目前的資

---

[2] 我們也不太確定這句話的意思，但我們喜歡這句話的感覺。

產使用率是 68%，請問公司的滿檔資本密集比率是多少？

4.4 假如負債/權益比率維持不變的話，成長率會是多少呢？

4.5 在編製一個財務計畫時，必須考慮哪些事項？

登入找找看吧！

自我測驗

4.1 計算 EFN　根據下列 Skandia Mining 公司的資料，如果預測銷貨將成長 10%，EFN 會是多少？假設公司是在十足產能的情況下，使用銷貨百分比法，而且股利發放率是固定的。

SKANDIA MINING 公司 財務報表					
損益表		資產負債表			
		資　產		負債和業主權益	
銷貨	$4,250.0	流動資產	$ 900.0	流動負債	$ 500.0
銷貨成本	3,875.0	淨固定資產	2,200.0	長期負債	1,800.0
應稅所得	$ 375.0			業主權益	800.0
稅（34%）	127.5			總負債和業主	
淨利	$ 247.5	總資產	$3,100.0	權益	$3,100.0
股利	$ 82.6				
增額保留盈餘	164.9				

4.2 EFN 和產能利用　根據第 4.1 題中的資料，假設 60% 的淨固定資產產能使用率，那麼 EFN 是多少？如果是 95% 的產能使用率呢？

4.3 可支撐成長率　根據第 4.1 題中的資料，如果沒有使用外部融資，Skandia 可以維持怎樣的成長率？可支撐成長率是多少呢？

自我測驗解答

4.1 我們可以利用銷貨百分比法編製預估財務報表，以計算 EFN。請注意，預測銷貨量是 $4,250 × 1.10 = $4,675。

<table>
<tr><td colspan="5" align="center">SKANDIA MINING 公司
財務報表</td></tr>
<tr><td colspan="5" align="center">預估損益表</td></tr>
<tr><td>銷貨</td><td colspan="2">$4,675.0</td><td colspan="2">根據預測</td></tr>
<tr><td>銷貨成本</td><td colspan="2">4,262.7</td><td colspan="2">銷貨的 91.18%</td></tr>
<tr><td>應稅所得</td><td colspan="2">$ 412.3</td><td colspan="2"></td></tr>
<tr><td>稅（34%）</td><td colspan="2">140.2</td><td colspan="2"></td></tr>
<tr><td>淨利</td><td colspan="2">$ 272.1</td><td colspan="2"></td></tr>
<tr><td>　股利</td><td colspan="2">$ 90.8</td><td colspan="2">淨利的 33.37%</td></tr>
<tr><td>　增額保留盈餘</td><td colspan="2">181.3</td><td colspan="2"></td></tr>
<tr><td colspan="5" align="center">預估資產負債表</td></tr>
<tr><td colspan="2" align="center">資　產</td><td colspan="3" align="center">負債和業主權益</td></tr>
<tr><td>流動資產</td><td>$ 990.0</td><td>21.18%</td><td>流動負債</td><td>$ 550.0　　11.76%</td></tr>
<tr><td>淨固定資產</td><td>2,420.0</td><td>51.76%</td><td>長期負債</td><td>1,800.0　　n/a</td></tr>
<tr><td></td><td></td><td></td><td>業主權益</td><td>981.3　　n/a</td></tr>
<tr><td>總資產</td><td>$3,410.0</td><td>72.94%</td><td>總負債和業主權益</td><td>$3,331.3　　n/a</td></tr>
<tr><td></td><td></td><td></td><td>EFN</td><td>$　78.7　　n/a</td></tr>
</table>

4.2 十足產能下的銷貨量等於目前銷貨量除以產能使用率。在 60% 的產能下：

$4,250 = 0.60 × 十足產能銷貨量

$7,083 = 十足產能銷貨量

在 $4,675 的銷貨水準下，不需要新的淨固定資產，所以我們先前的估計太高了。我們估計固定資產要增加 $2,420－2,200＝$220。因此，新 EFN 將是 $78.7－220＝－$141.3；此時，不需要外部融資。

在 95% 產能下，十足產能銷貨量是 $4,474。因而，固定資產對十足產能銷貨量的比率是 $2,200/4,474＝49.17%。在 $4,675 的銷貨水準下，我們需要 $4,675×0.4917＝$2,298.7 的淨固定資產，增加了 $98.7，比原先預測少了 $220－98.7＝$121.3。所以，現在的 EFN 是 $78.7－121.3＝－$42.6，呈現多餘的資金，不需要額外的融資。

4.3 Skandia 保留了 $b = 1 - 0.3337 = 66.63\%$ 的淨利，而且資產報酬率是 $247.5/3,100＝7.98%，所以內部成長率是：

$$\frac{\text{ROA}\times b}{1-\text{ROA}\times b}=\frac{0.0798\times 0.6663}{1-0.0798\times 0.6663}$$
$$=5.62\%$$

Skandia 的權益報酬率是 $247.5/800 = 30.94%，所以可支撐成長率：

$$\frac{\text{ROE}\times b}{1-\text{ROE}\times b}=\frac{0.3094\times 0.6663}{1-0.3094\times 0.6663}$$
$$=25.97\%$$

觀念複習及思考

1. **銷貨預測** 為什麼大部份的長期財務規劃都從銷貨預測開始？換言之，為什麼未來的銷貨是關鍵輸入變數？

2. **可支撐成長率** 本章中曾以 Rosengarten 公司為例說明如何計算 EFN，該公司之 ROE 為 7.3%，而保留盈餘比率為 67%，你計算 Rosengarten 的可支撐成長率只有 5.14%，如果以 25% 為成長率或計算 EFN 有可能嗎？（提示：有可能，如何做？）

3. **EFN** Testaburger 公司並不使用外部融資，且維持一個正的保留盈餘比率。當銷貨成長 15% 時，公司預測的 EFN 是負的。這告訴了你什麼有關公司的內部成長率呢？在這樣的銷貨成長水準下，如果保留盈餘比率提高了，那麼對於預測的 EFN 又會如何呢？如果是保留盈餘比率降低了呢？如果公司以股利形式將所有的盈餘都發放出去，預測的 EFN 又會如何呢？

4. **EFN 與成長率** Broslofski 公司每年都維持一個正的保留盈餘比率和固定的負債/權益比。當銷貨成長 20% 時，公司的預測 EFN 是負的。這告訴你什麼有關公司的可支撐成長率呢？你可以確定內部成長率是高於或低於 20% 嗎？為什麼？如果提高保留盈餘比率，那麼預測的 EFN 會變成如何呢？如果是降低保留盈餘比率呢？如果保留盈餘比率是零呢？

使用以下的資料來回答接下來的六個問題：Grandmother Calendar 公司開始銷售印有個人專屬照片的年曆。這種年曆引起市場的熱烈反應，銷售量很快地就遠超過預期。蜂擁而至的大量待交貨的訂單，促使公司租用更大的空間及擴充產能，即使如此，仍然不敷需求。設備因過度使用而故障，產品品質也因此變差。公司因擴大產能而耗盡了營運資金，同時，顧客的付款經常延誤，一直到貨品送出去時才收到款項。因為無法交貨，公司欠缺現金，以

致於員工的薪資無法如期發放。最後，在現金耗盡的情況下，公司在三年後就完全停止營運。

5. **產品銷售** 如果這家公司的產品較不受歡迎，你認為它的命運會一樣嗎？為什麼？

6. **現金流量** 顯然地，Grandmother Calendar 公司有現金流量問題。根據我們在第2章已介紹過的現金流量分析之內容，當顧客一直到運送貨品時才付款，會有什麼影響？

7. **產品定價** 雖然 Grandmother 所生產的年曆比競爭對手精細，但是公司所訂的產品價格卻低於競爭對手 20%。現在回顧起來，這是一個聰明的作法嗎？

8. **公司借款** 如果公司銷售得這麼成功，為什麼沒有銀行或其他放款機構介入，提供公司能夠繼續營運所需的現金呢？

9. **現金流量** 罪魁禍首到底是什麼呢？是訂單太多，或是現金太少，還是產能太小呢？

10. **現金流量** 像 Grandmother Calendar 公司這種中小企業，如果它發現自己處於因銷貨成長的幅度超過產能所能負荷的數量與可供利用的財務資源時，公司可以採取哪些行動？當訂單超過產能時，公司還有哪些其他的選擇（除了擴張產能外）？

問題

初級題

1. **預估報表** 考慮下列 Fire 公司的簡化財務報表（假設無所得稅）：

損益表			資產負債表		
銷貨	$32,000	資產	$25,300	負債	$ 5,800
成本	24,400			權益	19,500
淨利	$ 7,600	合計	$25,300	合計	$25,300

公司預測銷貨會增加 15%。並且，它預測資產負債表的每一個項目也將同時增加 15%。請編製預估報表，並協調各項目。這裡的填補項是什麼？

2. **預估報表和 EFN** 在前一題中，假設 Fire 把一半的淨利以現金股利形式發放給股東，而且成本和資產隨著銷貨額變動，負債和權益則否。請編製預估報表，並決定外部融資需求。

3. **計算EFN**　Dockett 公司最近的財務報表如下所示（假設無所得稅）：

損益表		資產負債表			
銷貨	$7,100	資產	$21,900	負債	$ 9,400
成本	4,370			權益	12,500
淨利	$2,730	合計	$21,900	合計	$21,900

資產與成本都和銷貨額成比例變動，負債和權益則否。該公司沒有發放股利，如果預測下一年的銷貨量是 $8,449，則外部資金需求是多少？

4. **EFN**　GPS 公司最近的財務報表如下所示：

損益表		資產負債表			
銷貨	$26,400	資產	$65,000	負債	$27,400
成本	17,300			權益	37,600
應稅所得	$ 9,100	合計	$65,000	合計	$65,000
稅（40%）	3,640				
淨利	$ 5,460				

資產和成本都與銷貨額成比例變動，負債和權益則否。GPS 公司發放了 $2,300 的股利，而且公司希望維持固定的發放率，下一年的預測銷貨量是 $30,360。請問，外部資金需求是多少？

5. **EFN**　Xporter 公司最近的財務報表如下所示：

損益表		資產負債表			
銷貨	$5,700	流動資產	$ 3,900	流動負債	$2,200
成本	4,200	固定資產	8,100	長期負債	3,750
應稅所得	$1,500			權益	6,050
稅（34%）	510	合計	$12,000	合計	$12,000
淨利	$ 990				

資產、成本及流動負債都和銷貨額成比例變動，長期負債和權益則否。公司的股利發放率維持在40%。另外，與此公司屬於相同產業的任何其他公司一樣，下一年度的預期銷貨成長剛好為15%。請問，外部資金需求是多少？

6. **計算內部成長率**　Live 公司最近的財務報表如下所示：

損益表			資產負債表		
銷貨	$17,500	流動資產	$10,400	負債	$17,500
成本	11,800	固定資產	28,750	權益	21,650
應稅所得	$ 5,700	合計	$39,150	合計	$39,150
稅（40%）	2,280				
淨利	$ 3,420				

資產與成本都和銷貨額成比例變動，負債和權益則否。公司維持固定的 30% 股利發放率，且無外部權益融資。請問，內部成長率是多少？

7. **計算可支撐成長率**　上一題中，公司的可支撐成長率是多少？

8. **銷貨和成長**　McGovney 公司最近的財務報表如下所示：

損益表			資產負債表		
銷貨	$49,000	流動資產	$ 21,000	長期負債	$ 51,000
成本	37,500	固定資產	86,000	權益	56,000
應稅所得	$11,500	合計	$107,000	合計	$107,000
稅（34%）	3,910				
淨利	$ 7,590				

資產與成本都和銷貨額成比例變動，而且該公司維持 30% 的固定股利發放率，以及固定的負債/權益比率。假設不發行新股，銷貨額最多可增加多少？

9. **從預估損益表計算保留盈餘**　考慮下列 Heir Jordan 公司的損益表：

HEIR JORDAN 公司	
損益表	
銷貨	$47,000
成本	31,300
應稅所得	$15,700
稅（35%）	5,495
淨利	$10,205
股利	$2,500
增額保留盈餘	7,705

預測銷貨成長率是 20%。假設成本隨著銷貨額變動，而且股利發放率是固定的，請編製預估損益表。預測的增額保留盈餘是多少？

10. 運用銷貨百分比法 下面為 Heir Jordan 公司的資產負債表。根據這些資料和上一題的損益表，以銷貨百分比法在空格內填入適當數字。假設應付帳款隨著銷貨額變動，應付票據則否。必要時，填上"n/a"。

HEIR JORDAN 公司
資產負債表

資產	$	銷貨	負債和業主權益	$	銷貨
流動資產			流動負債		
現金	$ 2,950	—	應付帳款	$ 2,400	—
應收帳款	4,100	—	應付票據	5,400	—
存貨	6,400	—	合計	$ 7,800	—
合計	$13,450	—	長期負債	$28,000	—
固定資產			業主權益		
廠房設備淨值	$41,300	—	普通股和資本公積	$15,000	—
			保留盈餘	3,950	—
			合計	$18,950	—
總資產	$54,750	—	總負債和業主權益	$54,750	—

11. EFN 和銷貨額 根據前面兩題，編製一份顯示出 EFN 的預估資產負債表。假設銷貨增加 15%，沒有新的債務或權益外部融資，及固定的股利發放率。

12. 內部成長率 如果 Boddy Shoppe 的 ROA 是 7%，股利發放率是 25%，內部成長率是多少呢？

13. 可支撐成長率 如果 Rando 公司的 ROE 是 14%，而且股利發放率是 30%，那麼可支撐成長率是多少呢？

14. 可支撐成長率 根據下列資料計算 Kaleb's Kickboxing 的可支撐成長率：

邊際利潤 = 7.1%
資本密集比率 = 0.75
負債/權益比率 = 0.60
　　淨利 = $48,000
　　股利 = $13,000

15. 可支撐成長率 假設下列比率是固定的，那麼可支撐成長率是多少？

總資產週轉率 = 2.70

邊際利潤 = 6.5%

權益乘數 = 1.2

股利發放率 = 35%

進階題

16. **完全產能銷貨量**　Alter Bridge 公司目前只在 92% 固定資產產能下營運，目前銷貨量是 $640,000，在需要任何新固定資產之前，銷貨量可以成長多快？

17. **固定資產和產能利用**　前一題中，假設固定資產是 $490,000，而且預測銷貨量會成長到 $730,000。那麼，需要多少新固定資產才能支撐這樣的銷貨成長？

18. **成長和邊際利潤**　Abacus 公司想要維持一年 13% 的成長率，1.20 的負債/權益比率，和 30% 的股利發放率。而且總資產對銷貨量比固定為 0.95，則公司的邊際利潤必須是多少？

19. **成長和資產**　某家公司想要維持 6.5% 的內部成長率和 25% 的股利發放率。目前的邊際利潤是 6%，而且公司不使用外部融資，則目前的總資產週轉率是多少？

20. **可支撐成長率**　根據下列資料計算 Clapton Guitars 公司之可支撐成長率：

    邊際利潤 = 5.3%

    總資產週轉率 = 1.60

    總負債週轉率 = 0.45

    股利發放率 = 30%

21. **可支撐成長率和外部融資**　你已經收集下列有關 Odyssey 公司的資料：

    銷貨 = $165,000

    淨利 = $14,800

    股利 = $9,300

    總負債 = $68,000

    總權益 = $51,000

    Odyssey 公司的可支撐成長率是多少？如果它真的以此速度成長，且假設有一固定的負債/權益比率，則下一年將有多少新的借款？在完全沒有外部融資的情況下，該公司可以支撐多大的成長率呢？

22. **可支撐成長率** Cambria公司的期初權益為 $145,000，期末總資產為 $275,000，該年之中並未售出新的權益，年終淨利為 $26,000，股利 $5,500，該公司可支撐成長率為何？如果以ROE×b為公式計算，並以期初權益計算則為多少？若以期末權益計算則為多少？此數值太高或太低？為什麼？

23. **內部成長率** 以上題為例計算內部成長率，以ROA×b為公式，分別以期初資產和期末資產來計算內部成長率，各為多少？你觀察到什麼？

24. **計算 EFN** Fleury 公司最近的財務報表顯示如下。預測 2012 年的銷貨將成長 20%，利息費用將維持不變，稅率和股利發放率也將維持不變。成本及其他費用、流動資產和應付帳款是隨著銷貨的增加而增加。如果公司正在十足產能下營運，而且沒有要舉新債或發行新股。請問，需要多少外部融資才能支撐 20% 的銷貨成長率？

FLEURY 公司 2011 年損益表	
銷貨	$743,000
成本	578,000
其他費用	15,200
息前稅前盈餘	$149,800
利息費用	11,200
應稅所得	$138,600
稅	48,510
淨利	$ 90,090
股利	$27,027
保留盈餘	63,063

<table>
<tr><th colspan="4">FLEURY 公司
2011 年 12 月 31 日資產負債表</th></tr>
<tr><th colspan="2">資　產</th><th colspan="2">負債和業主權益</th></tr>
<tr><td colspan="2">流動資產</td><td colspan="2">流動負債</td></tr>
<tr><td>　現金</td><td>$ 20,240</td><td>　應付帳款</td><td>$ 54,400</td></tr>
<tr><td>　應收帳款</td><td>32,560</td><td>　應付票據</td><td>13,600</td></tr>
<tr><td>　存貨</td><td>69,520</td><td>　合計</td><td>$ 68,000</td></tr>
<tr><td>　合計</td><td>$122,320</td><td>長期負債</td><td>$126,000</td></tr>
<tr><td>固定資產</td><td></td><td>業主權益</td><td></td></tr>
<tr><td>　廠房設備淨值</td><td>$330,400</td><td>　普通股和資本公積</td><td>$112,000</td></tr>
<tr><td></td><td></td><td>　保留盈餘</td><td>146,720</td></tr>
<tr><td></td><td></td><td>　合計</td><td>$258,720</td></tr>
<tr><td>總資產</td><td>$452,720</td><td>總負債和業主權益</td><td>$452,720</td></tr>
</table>

25. **產能利用和成長**　在前一題中，假設 2011 年中，公司只在 80% 的產能下營運，則 EFN 是多少？

26. **計算 EFN**　在第 24 題中，假設公司希望維持固定的負債/權益比率，則 EFN 是多少？

迷你個案

S&S Air 的成長規劃

　　Chris 為 S&S Air 完成了比率分析後，Mark 和 Todd 希望他為下一年度的銷售做規劃。S&S Air 自創立以來，很少為投資需求做計畫，因此由於現金流量的問題，公司歷經了一些挑戰。缺乏計畫導致錯失了銷售機會，有些期間，Mark 和 Todd 也無法領到薪水。為了此問題，他們要 Chris 準備下一年度的財務計畫，使公司可以開始準備對外投資所需資金。損益表及資產負債表如下：

S&S AIR 公司
2011 年損益表

銷貨	$36,599,300
成本	26,669,496
其他費用	4,641,000
折舊	1,640,200
息前稅前盈餘	$ 3,648,604
利息	573,200
應稅所得	$ 3,075,404
稅（40%）	1,230,162
淨利	$ 1,845,242
股利	$ 560,000
增額保留盈餘	1,285,242

S&S AIR 公司
2011 年資產負債表

資　產			負債和業主權益	
流動資產			流動負債	
現金	$ 396,900		應付帳款	$ 844,550
應收帳款	637,560		應付票據	1,928,500
存貨	933,400		合計	$ 2,773,050
合計	$ 1,967,860		長期負債	$ 5,050,000
固定資產			業主權益	
廠房設備淨值	$15,411,620		普通股	$ 322,500
			保留盈餘	9,233,930
			合計	$ 9,556,430
總資產	$17,379,480		總負債和業主權益	$17,379,480

問　題

1. 計算 S&S Air 的內部成長率與可支撐成長率，這些數字有何涵義？
2. S&S Air 規劃明年的銷貨成長率為 12%，假設目前公司的產能使用率已達滿檔，請求算公司的 EFN，公司的銷貨金額可能以 12% 的成長率成長嗎？
3. 大部份資產會隨銷貨增加成比率增加，例如，現金可以任何金額幅度增加，但固定資產則必須以固定額度增加，因為廠房或

機器設備都必須整套採購，只買其中某部份通常是不可能也不實際的。假設 S&S Air 固定資產無法以銷售額的百分比方式增加。相反地，當公司需要購買新的生產設備時，它必須以 $5,000,000 買進。在此假設下，算出 EFN。這對於下年度公司產能使用率有何涵義？

未來現金流量評價

第 5 章　評價：貨幣的時間價值

第 6 章　折現現金流量評價

第 7 章　利率和債券評價

第 8 章　股票評價

3

5 評價：貨幣的時間價值

在2008年3月28日，Toyota Motor 的子公司 Toyota Motor Credit Corporation（TMCC）公開銷售一批有價證券，當中約定 TMCC 將於 2038 年 3 月 28 日償還這種證券的持有人每張 $100,000。在這之前，投資者將不會收到任何現金償還。投資者以 $24,099 取得 TMCC 的有價證券，換言之，投資者是以在 2008 年 3 月 28 日放棄的 $24,099，換得 30 年後 $100,000 款項的承諾。這種以現在的某一筆金額，交換未來某一時點的一筆總額的證券，可以算是最簡單的一種證券型態。以 $24,099 交換 30 年後的 $100,000 划算嗎？從好處來看，你每投入 $1 就可以拿回 $4，似乎相當好。但是從壞處來看，你必須等待 30 年。你需要知道的是如何分析這中間的取捨。本章提供這種分析所需的工具。

　　財務經理所面對的基本問題之一是，如何決定預期的未來現金流量在今天的價值。例如，PowerBall™ 彩票頭獎的累積獎金是 $1 億 1 千萬。但這是否意味著中獎彩票的價值為 $1 億 1 千萬？當然不是。因為這 $1 億 1 千萬實際上是以 20 年期間，每年 $550 萬的型態支付的。那麼這張彩票在中獎時值多少呢？答案取決於貨幣的時間價值，也就是本章的主題。

　　所謂貨幣的時間價值（time value of money）指的是，今天 $1 的價值大於在未來某時點 $1 的價值。從實務面來看，因為你能經由時間的經過而賺得利息，所以今天的 $1 大於日後的 $1。因此，今天的貨幣價值和日後的貨幣價值之間的取捨，端視投資所能賺得的報酬率。本章的目標旨在明確地評估今天和日後的貨幣價值的取捨。

　　要了解接下去幾章的內容，必須先了解本章的內容。所以，你要特別用心地閱讀本章。本章中有很多例子。在這些例子或問題裡，你的計算答案可能和我們的答案有些微出入，這可能是小數點四捨五入的關係，請你不必擔心。

5.1 終值和複利

首先，我們要研究的是終值。終值（future value, FV）指的是，在某一利率水準下，今天投資的金額經過一段期間所能累積的價值。換言之，終值是今天的投資在未來某個時點的價值。我們從最簡單的單期投資開始討論起。

單期投資

假設你存 $100 到一個年息 10% 的儲蓄帳戶中。一年後你會有多少錢呢？你將有 $110。這 $110 就等於原來的本金（principal）$100，加上所賺得 $10 的利息。我們說 $110 就是在 10% 利率下，將 $100 投資一年的終值。意思就是說，在 10% 利率下，今天的 $100 在一年後的價值是 $110。

一般而言，如果你在 r 利率下投資一期，$1 的投資將成長為 $(1+r)$。在這個例子裡，r 為 10%，所以你的投資，將成長為 $(1+0.10)=1.10$。你總共投資了 $100，所以你的投資終值為 $100 \times 1.10 = \$110$。

多期投資

回到我們的 $100 投資。如果利率沒有變動，兩年後投資終值是多少呢？如果你繼續把第一年年底的 $110 存在銀行，那麼在第二年期間你就可以賺得 $110×0.10 = $11 的利息，所以兩年後你總共會有 $110+11=$121。這 $121 就是 $100 在 10% 利率下投資兩年後的終值。這也相當於在一年後，在 10% 利率下，以 $110 投資一年的終值。所以，這變成單期投資的課題，你所投資的每 $1 都可以拿到 $1.1，總共就是 $110×1.1=$121。

這 $121 包括四部份：第一部份是原本的 $100 本金；第二部份是第一年賺得的 $10 利息；第三部份是你在第二年賺得的另一個 $10 利息；前三部份加起來總共 $120，最後一部份的 $1 是第一年年底的利息在第二年所賺得的 $10×0.10 = $1 利息。

把本金連同累積的利息繼續投資超過一期，就是利息再投資（reinvesting），這種過程稱為複利（compounding）。複利就是利上加利（interest on interest），所以我們稱這部份的利息為複利利息（compound interest）。如果是單利利息（simple interest），利息就不再投資，每一期只賺得原本本金的利息。

範例 5.1　利上加利

假設你從事一個年利率 14% 的投資兩年。假如你投資了 $325，兩年後的投資終值是多少？其中多少是單利利息？多少是複利利息？

在第一年年底時，你將擁有 $325×(1+0.14)=$370.50。假如你把全部金額再投資，那麼第二年年底你將擁有 $370.50×1.14=$422.37。你所賺得的總利息是 $422.37−325=$97.37。本金每年賺得的利息為 $325×0.14=$45.50，兩年的單利利息和為 $91，剩下的 $97.37−91=$6.37，則是複利利息的部份。你可以驗算如下：第一年賺得 $45.50 利息，利上加利為 $45.50×0.14= $6.37。

現在，讓我們進一步探討如何計算出 $121 終值。把 $110 乘上 1.1 就得到 $121，而 $110 也是 $100 乘上 1.1 所得到的。換言之：

$121=$110×1.1=($100×1.1)×1.1=$100×(1.1×1.1)
　　=$100×1.1²=$100×1.21

接著，請問：三年後這 $100 的終值是多少呢？同樣地，兩年後，將 $121 再以利率 10% 投資一年。我們將得到 $121×1.1 =$133.10。這 $133.10 是由下面計算出來：

$133.10=$121×1.1=($110×1.1)×1.1
　　　　=($100×1.1)×1.1×1.1 =$100×(1.1×1.1×1.1)
　　　　=$100×1.1³
　　　　=$100×1.331

你或許已經注意到這些算式存在某種規則性，我們進一步說明一般化的公式。誠如上面的例子所顯示，在每期利率為 r 之下，$1 投資 t 期後的終值為：

終值＝$1×(1+r)^t　　　　　　　　　　　　　　　　　　　　　　[5.1]

式中的 $(1+r)^t$ 通常稱為 $1 在 r 利率下投資 t 期的終值利率因子（future value interest factor），或簡稱終值因子（future value factor），可縮寫為 FVIF(r, t)。

延伸上述例子，$100 的五年後價值是多少呢？首先我們可以算出攸關的終值因子為：

$(1+r)^t=(1+0.10)^5=1.1^5=1.6105$

因此，$100 將成長為：

$100×1.6105＝$161.05

表 5.1 說明 $100 的每年成長。如表所示，每年賺得的利息就是年初金額乘以利率 10%。

在表 5.1 中，總利息為 $61.05。在這五年的投資中，每年單利利息為 $100×0.10＝$10，共計 $50，其他的 $11.05 則是複利利息。

圖 5.1 說明表 5.1 中複利利息的成長。注意，每年的單利利息是固定的，而複利利息則是逐年增加。複利利息愈來愈大是因為愈來愈多利息加入生利息。

終值的大小視所設定的利率而定，尤其是長期投資，終值的大小受利率的影響更大。圖 5.2 列出在不同利率和不同投資期間下 $1 的成長圖形，此圖形說明了利率高低和終值大小之間的關係。在 20% 利率下，$1 在十年後的終值是 $6.20。但是，在 10% 利率下，終值只有大約 $2.60。在這個例子裡，雖然利率成長一倍，但終值成長超過一倍。

為了解決終值問題，我們必須先算出攸關的終值因子。求算終值因子有許多方法。在這個例子中，我們把 1.1 乘五次還不算太麻煩。但是，如果是 30 年的投資，乘起來就太繁瑣了。

很幸運地，有數種簡單的方法可供求得終值因子。大部份計算機都有 y^x 功能按鍵，你只要輸入 1.1，按 " y^x " 鍵，然後輸入 "5"，再按 "＝"，就可以得到答案了。這是獲得終值因子既快速又精確的簡單方法。

另外，你可以利用終值因子表求算終值因子。表 5.2 列出部份終值因子。本書附錄 A 中的表 A.1 提供更多的終值因子。使用表 A.1 為例，先找到 10% 所對應的欄位，然後往下一直找到五期的那一列，就可以找到我們所求得的 1.6105。

目前，表 5.2 的使用已不如過去那麼普遍了，因為它所能提供的終值因子數

表 5.1　10% 下 $100 的終值

年	年初金額	單利利息	複利利息	賺得利息	年終金額
1	$100.00	$10	$0.00	$10.00	$110.00
2	110.00	10	1.00	11.00	121.00
3	121.00	10	2.10	12.10	133.10
4	133.10	10	3.31	13.31	146.41
5	146.41	10	4.64	14.46	161.05
	單利總和 $50		複利總和 $11.05	總利息 $61.05	

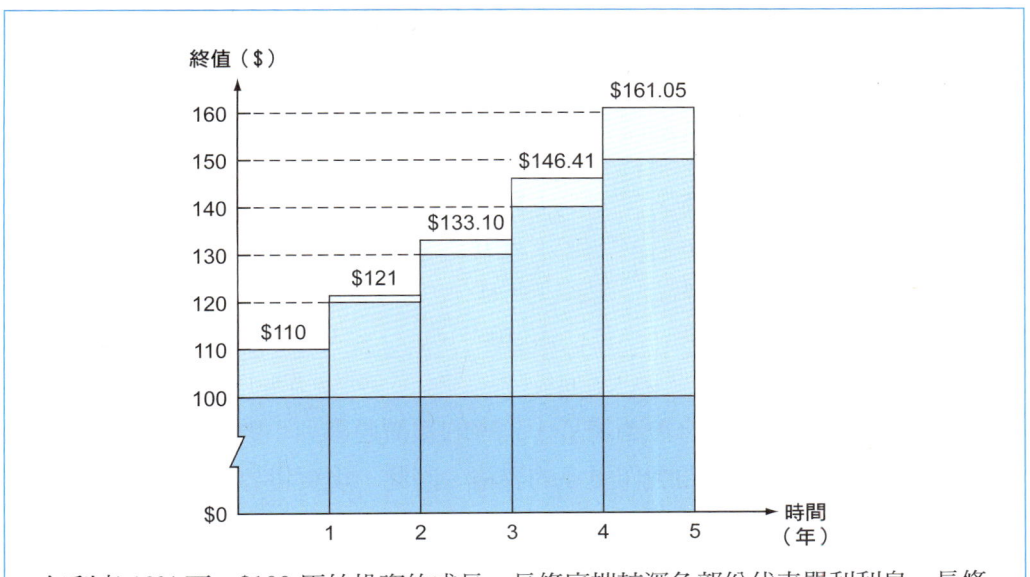

第 5 章 評價：貨幣的時間價值 **165**

年利率 10% 下，$100 原始投資的成長。長條底端較深色部份代表單利利息，長條的上端較淺色部份代表複利利息。

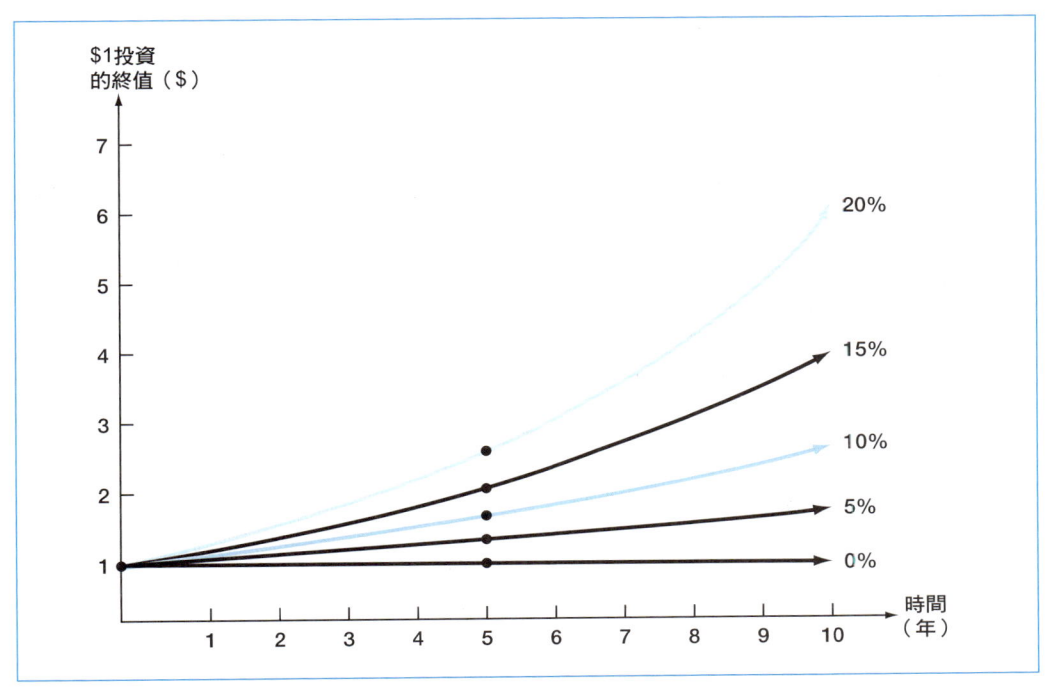

圖 5.1　終值、單利和複利

圖 5.2　不同期間和利率下 $1 的終值

表 5.2　終值利率因子

期數	5%	10%	15%	20%
1	1.0500	1.1000	1.1500	1.2000
2	1.1025	1.2100	1.3225	1.4400
3	1.1576	1.3310	1.5209	1.7280
4	1.2155	1.4641	1.7490	2.0736
5	1.2763	1.6105	2.0114	2.4883

目相當少，而計算機也愈來愈普遍了。利率的報價通常到小數第三位或第四位，所以要達到這種精確度需要製作更多的表格。因此，現實世界中已經不再使用它們了。本章強調計算機這方面的使用。

這些表還有一個用途。就是供你確定計算過程是否正確，可以選擇表中的因子，看看是否與你自己所計算的數值一樣。

範例 5.2　複利利息

你看中了一項報酬率 12% 的投資。由於這項投資的報酬率不賴，所以你投資了 $400。三年後你可以拿到多少呢？七年後？七年結束後，你賺得了多少利息？其中多少是來自複利利息呢？

根據上面的資料，我們求出 12% 的三年期終值因子：

$$(1+r)^t = 1.12^3 = 1.4049$$

因此，$400 成長為：

$$\$400 \times 1.4049 = \$561.97$$

七年後，你將擁有：

$$\$400 \times 1.12^7 = \$400 \times 2.2107 = \$884.27$$

所以，七年後你所擁有的超過原來投資的兩倍了。

因為你投資了 $400，所以在 $884.27 的終值中，$884.27 − 400 = $484.27 是利息。在 12% 利率下，你所投資的 $400，每年賺得 $400 × 0.12 = $48 的單利利息。七年期間，單利利息共 7 × $48 = $336。其餘的部份 $484.27 − 336 = $148.27，則是來自複利利息。

投資期間短時，複利的效果不大，但是當投資期間拉長時，其效果將加劇。舉個極端例子來說，假設你的祖先在 200 年前，以 6% 利率投資了 $5 在你的名下。那麼，今天你將擁有多少錢呢？終值因子 $(1.06)^{200}$ ＝ 115,125.90（你無法從表中找到這個因子）是個相當大的數字。所以，今天你將擁有 $5×115,125.90 ＝$575,629.52。請注意，若是以單利計算，每年利息只有 $5×0.06＝$0.30。200 年後也只有 $60 罷了，其餘都是來自於利息再投資。這就是複利的威力所在！

範例 5.3　曼哈頓島值多少錢？

為了進一步說明長期間複利的效果，讓我們來看看 Peter Minuit 和美國印第安人的例子。在 1626 年時，Minuit 以價值大約 $24 的貨物和一些小裝飾品買下整個曼哈頓島。這個價格聽起來好像很便宜，但是印第安人可能是賺到了。為什麼呢？假設當初這些印第安人把貨物都賣掉了，並且將這 $24 投資在 10% 年利率上。到今天，這些投資值多少呢？

從交易至今大約經過 385 年。在 10% 年利率下，$24 將隨時間慢慢成長。成長到多少呢？終值因子大約是：

$$(1+r)^t = 1.1^{385} \approx 8,600,000,000,000,000$$

也就是說，8.6 後面加 14 個零。因此，終值是 $24×8.6 千兆，即 $207 萬兆。

$207 萬兆是非常多的錢。有多少呢？如果擁有這筆錢，就可以買下美國。是的，以現金買下整個美國！剩下的錢你可以拿來買加拿大、墨西哥及其他國家。

當然，這是個誇張的例子。在 1626 年當時，要找到一個年利率 10%，並持續 385 年的投資不是件簡單的事。

計算機提示

使用財務計算機

到目前為止，雖然我們介紹了許多種不同計算終值的方式，但是你們大多數會認為使用財務計算機是較好的方式，如果你打算使用財務計算機，你應該閱讀以下的使用說明，否則就略過。

財務計算機只是普通計算機，再加上一些額外的特殊功能，特別是一些常用的財務公式，所以它可以直接用來求算終值。

財務計算機的優點是可以處理大量的運算，然而，也僅止於此。換言之，你仍得了解整個問題；計算機只是做一些算術處理。事實上，有個老笑話：任何人都可

能在貨幣的時間價值問題上犯錯，但是要糟蹋一個人，只要有一台財務計算機就夠了！所以本段落有兩個目標，首先我們要討論如何計算終值，接著我們要教你如何避免計算機使用上的一些常犯錯誤。

如何使用財務計算機計算終值

檢查一台典型的財務計算機，你會發現五個特別的按鍵，它們看起來如下：

| N | I/Y | PMT | PV | FV |

從現在起，我們需要把焦點放在其中的四個。標有 PV 和 FV 的按鍵，正如同你所猜想的，它們分別代表了現值和終值。標有 N 的按鍵代表期數，之前我們稱它為 t。最後，I/Y 表示利率，之前我們稱之為 r。[1]

如果我們的財務計算機已正確地設定（請看下一個段落），則計算終值就非常簡單。回頭看一下有關於 $100、利率 10%、五年後的終值問題。我們已經知道它的答案是 $161.05，確實的按鍵可能視計算機的廠牌而定，但是基本上你所要做的是：

1. 輸入 -100，按下 PV 鍵。（稍後將說明在 100 之前的負號功用。）
2. 輸入 10，按下 I/Y 鍵。（請注意：鍵入 10，而不是 0.10；請往下看。）
3. 輸入 5，按下 N 鍵。

現在我們已輸入所有相關資訊，為了算出終值，我們需要知道計算機對 FV 的定義。根據你的計算機機種，你可能得先按 "CPT" 鍵（Compute）然後再按 FV，或者是直接按下 FV。不論哪一種方式，你都會得到 161.05 的答案。如果沒有的話（如果你是第一次使用計算機，你可能不會得到這個答案），我們會在下一個段落提供協助。

在開始解釋你可能會碰上的問題之前，我們要先建立一個標準的格式來向你說明如何使用財務計算機，以前述例子做說明，以後我們將以下列的格式來說明這類問題：

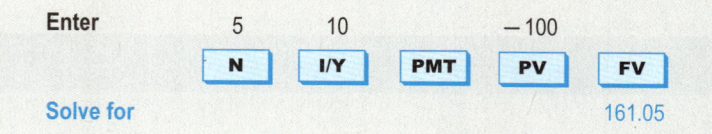

Enter	5	10		−100	
	N	I/Y	PMT	PV	FV
Solve for					161.05

這裡有一個重要的小祕訣：你可以查閱計算機所提供的使用手冊。

---

[1] 財務計算機經常被用在決定貸款的還款金額，這就是為什麼財務計算機設定 N 與 I/Y 這兩個按鍵的理由。在計算還款金額時，N 代表還款的期數，I/Y 代表貸款利率。然而，如同下面的例子所示，財務計算機的其他應用未必會涉及還款金額與利率。

為何使用財務計算機會得到錯誤答案

有一些常見的（令人沮喪的）問題會對財務計算機的使用造成許多困擾！本段落將提供一些重要的應做（dos）和不應做（don'ts），如果你實在無法解決所碰到的問題，你應該回頭參考這個段落。

我們所要探討的課題有兩種類型：有三件事情只要做一次即可，而另外三件事情是每次解題時都要做的。只要做一次即可的事情是有關於計算機的設定：

1. 確認計算機已設定成可以顯示多位小數點。因為大部份財務計算機只顯示到小數點以下兩位而已，但是我們經常處理數字問題，尤其是利率，它是很小的數目，這會造成許多問題。
2. 確認計算機之設定是一期或一年只有付款一次。除非你有設定，不然大多數的計算機都是假設每月付款（一年 12 次）。
3. 確認你的計算機是設定在"end"模式。這通常是預設值，但是你可能不小心把它改成"begin"模式。

如果你不知道如何設定這三件事情，請參見計算機的使用手冊。你每次在解題時都要做的三件事情是：

1. 開始使用前，要將計算機完全清除。這個步驟非常重要，得到錯誤答案的頭號原因是忽略掉清除的動作；你必須養成在計算一個問題之前就先執行清除動作的習慣。如何清除則視計算機的種類而定，而你所要做的不僅是清除掉畫面而已。例如，Texas Instruments 的計算機 BA II Plus，你必須先按 2nd 鍵，再按 CLR TVM 鍵以清除掉貨幣的時間價值。你的計算機也有著類似的指令，要記住！

    請注意，將計算機關機後再開機並不會進行清除的動作，因為大部份的計算機，即使關機後，仍會記憶你輸入的所有資料。換言之，它會記住你所犯的錯誤，除非你把它清除掉。同樣地，如果你正在解題而且犯了錯誤，最好是將它清除掉，然後重新開始，因為安全總比遺憾好。

2. 在現金流出量上輸入負號。大部份的財務計算機會要求在現金流出量上輸入負號，在現金流入量上輸入正號。在實際操作上，這通常表示當你輸入現值時，必須同時輸入負號（因為通常現值是代表今日你所放棄的金額以換取日後的現金流入量）。

3. 正確地輸入利率。財務計算機假設利率是用百分比來報價的，所以如果利率是 0.08（或者是 8%），你應該輸入 8，而不是 0.08。

如果你遵循這些指導方針（特別是有關於清除計算機），使用計算機以解決本章以及後續幾個章節的問題時，你應該不會有問題。在適當的時機，我們還會提供額外的例子及指導。

複成長

如果你正考慮把錢存在一個計息帳戶中，而且你不提走任何錢，那麼該帳戶的利率就是你的存款的成長率。如果利率是 10%，每一年你的存款都比上一年多出 10%。因此，利率就是複成長率的一個範例。

這種計算終值的方法實際上相當普遍，也可提供你回答各種成長的相關問題。例如，你的公司目前有 10,000 個員工。你估計員工人數每年以 3% 成長，五年後將有多少員工呢？這裡我們所處理的對象是 10,000 個人，而非 $10,000，我們所思考的是成長率而不是利率，但是兩者的計算卻完全一樣：

$$10,000 \times (1.03)^5 = 10,000 \times 1.1593 = 11,593 \text{ 個員工}$$

未來五年內將有 1,593 個新進員工。

再舉另外一個例子，根據 Value Line（提供商業資訊給投資者的知名投資顧問公司）的報導，Walmart 在 2010 年的銷售量大約是 $4,230 億，預測銷售將以每年 15% 的成長率成長。如果預測正確，那麼 2015 年時 Walmart 的銷售量將是多少？請自行驗證，答案大約是 $8,510 億，也就是大約原先銷售量的兩倍。

範例 5.4　股利成長

TICO 公司目前每股發放 $5 現金股利，你確信股利將以每年 4% 的成長率一直成長下去。八年後股利將是多少？

這是個現金股利成長的問題，但是同樣地，計算過程是一樣的：

$$終值 = \$5 \times (1.04)^8 = \$5 \times 1.3686 = \$6.84$$

這段期間，股利將成長 $1.84。在後面的章節中，我們還會回到股利成長這個課題。

觀念問題

5.1a　投資的終值代表什麼意義？
5.1b　何謂複利利息？複利利息和單利利息有何不同？
5.1c　一般而言，每期利率為 r，$1 投資 t 期的終值是多少？

5.2 現值和折現

當我們討論終值時，我們思考的是這樣的問題：「如果未來六年每年都可以賺得 6.5% 的報酬，那麼 $2,000 投資將成長到多少？」答案就是在 6.5% 年利率下將 $2,000 投資六年的終值（即 $2,918）。

在財務管理上，另外一個與終值概念相關的課題是：假設十年後，你需要 $10,000，而且你的投資每年可以賺得 6.5% 報酬。那麼今天你必須投資多少，才能達到你的目標？答案是 $5,327.26。怎麼知道的？請繼續往下看。

單期現值

我們已經知道，$1 在 10% 利率下投資 1 年的終值是 $1.1。現在，我們問一個稍微不一樣的問題：「在 10% 年利率下，今天我們必須投資多少，才能在一年後拿到 $1？」換句話說，現在我們知道終值是 $1，但是現值（present value, PV）是多少呢？答案不難得到。今天所有的投資，一年後都將成長為 1.1 倍。因為一年後我們需要 $1，所以：

現值 × 1.1 = $1

也就是：

現值 = $1/1.1 = $0.909

在這個例子裡，現值回答了下面的問題：「如果利率是 10%，今天要投資多少金額，1 年後才能拿到 $1？」現值只是終值的倒數。在這裡，我們把錢折現（discount）回到現在，而不是把錢向前複利到未來。

範例 5.5　單期現值

假設你明年需要 $400 購買教科書，而你的投資可以賺得 7% 的報酬。那麼，今天你必須存多少錢？

我們要知道在 7% 下，一年後 $400 的現值。計算過程同上例：

現值 × 1.07 = $400

解得現值為：

現值 = $400 × (1/1.07) = $373.83

因此，現值是 $373.83。這意味著在 7% 下，投資 $373.83 一年，就可以擁有終值 $400。

由上面的例子知道，一期後收到的 $1 的現值是：

$$PV = \$1 \times [1/(1+r)] = \$1/(1+r)$$

接下來我們討論如何計算將在兩期後，或更多期後收到的金額的現值。

多期現值

假設兩年後你得到需用的 $1,000。如果你的投資可以賺得 7%，那麼你必須投資多少錢才能確保你需用的 $1,000？換言之，如果利率是 7%，兩年後 $1,000 的現值是多少？

根據終值的概念，投資在兩年後要成長為 $1,000。換言之，下面式子要成立：

$$\begin{aligned}\$1,000 &= PV \times 1.07 \times 1.07 \\ &= PV \times 1.07^2 \\ &= PV \times 1.1449\end{aligned}$$

因此，我們可以解得現值為：

$$現值 = \$1,000/1.1449 = \$873.44$$

所以，$873.44 就是為了達到目標所必須投入的金額。

範例 5.6　儲　蓄

你想要買一部新車。你大約有 $50,000，但車價為 $68,500。如果你可以賺到 9% 的報酬，今天你必須存多少錢，才能在兩年後買這部車呢？你有足夠的錢嗎？假設車子的價格維持不變。

我們必須知道，在 9% 利率下，兩年後要支付的 $68,500 的現值是多少？從上面的討論知道：

$$PV = \$68,500/(1.09)^2 = \$68,500/1.1881 = \$57,655.08$$

即使你願意等兩年，仍短缺 $7,655。

你或許已經看出現值的求算方法很像終值的求算方法，而且兩者的一般化公式是類似的。在折現率 r 下，t 期後的 $1 之現值是：

$$PV = \$1 \times [1/(1+r)^t] = \$1/(1+r)^t \qquad [5.2]$$

$1/(1 + r)^t$ 有許多不同名稱。因為它是用來折現未來的現金流量，所以通常被稱為折現因子（discount factor）。從這個名稱，我們不難想像計算使用的利率常被稱為折現率（discount rate），我們討論現值時，將以折現率稱呼它。$1/(1 + r)^t$ 又被稱為利率 r 下，t 期的 $1 的現值利率因子（present value interest factor），並縮寫為 PVIF(r, t)。最後，這種計算未來現金流量的現值，以決定它（證券）在今天的價值之方法，通常稱為折現現金流量評價（discounted cash flow (DCF) valuation）。

例如，假設三年後你需用 $1,000，而你的投資每年可以賺到 15% 的報酬，今天你必須投資多少呢？我們必須先決定在 15% 下，三年後 $1,000 的現值是多少？我們以 15% 將 $1,000 折現三年。首先，折現因子計算如下：

$1/(1 + 0.15)^3 = 1/1.5209 = 0.6575$

因此，你必須投資的金額是：

$1,000 × 0.6575 = $657.50

$657.50 就是在利率 15% 下，三年後 $1,000 的現值或折現值。

有終值因子表，也有現值因子表，使用方法和終值因子表一樣（如果你用它的話）。表 5.3 則列出部份現值利率因子。在本書附錄 A 中的表 A.2 可以找到更多的現值因子。

在表 5.3 中，只需從 "15%" 這一欄往下看到第三列，就可以找到我們剛剛算出的折現因子 0.6575。

表 5.3　現值利率因子

期數	5%	10%	15%	20%
1	0.9524	0.9091	0.8696	0.8333
2	0.9070	0.8264	0.7561	0.6944
3	0.8638	0.7513	0.6575	0.5787
4	0.8227	0.6830	0.5718	0.4823
5	0.7835	0.6209	0.4972	0.4019

計算機提示

使用財務計算機解現值的問題就如同解終值的問題。就我們剛剛的例子（三年後收到 $1,000，利率 15%，求現值），你將會做下列輸入：

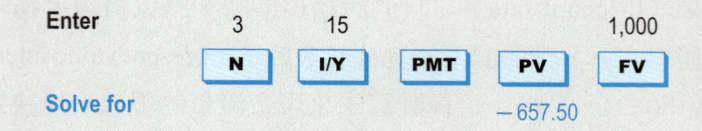

Enter	3	15			1,000
	N	I/Y	PMT	PV	FV
Solve for				−657.50	

注意到答案有個負號，如同我們先前所討論的，它代表今日的現金流出量是為了交換日後 $1,000 的現金流入量。

範例 5.7　欺騙性的廣告？

近來，經常看到這樣的廣告：「試試看我們的產品。只要你來，我們就送你 $100。」假如你仔細讀這個誘人的宣傳單，你將會發現它們要給你的是一張 25 年後兌現 $100 的儲蓄憑證。假如這張憑證的現行年利率是 10%，那麼實際上今天這張憑證值多少呢？

事實上，你所得到的是 25 年後 $100 的現值。假如年利率是 10%，所以折現因子是：

$$1/(1.1)^{25} = 1/10.8347 = 0.0923$$

這告訴了你，假設折現率是 10%，則 25 年後的 $1，在今天的價值只比今天的 $0.09 多一點而已。所以，這項促銷實際上只付給你 0.0923 × $100 = $9.23。也許，這已經足以吸引客人上門，但是絕非 $100。

如果付款日的時間愈長，現值就愈小。如範例 5.7 所示，隨著時間的增長，現值變小。如果時間夠遠，最終現值都將接近於零。同時，在一段固定期間下，折現率愈高，現值就愈低。換言之，現值和折現率具反向關係。折現率增加，現值就降低，反之亦然。

圖 5.3 說明時間、折現率和現值間的關係。請注意，當時間長達十年時，現值都遠小於終值。

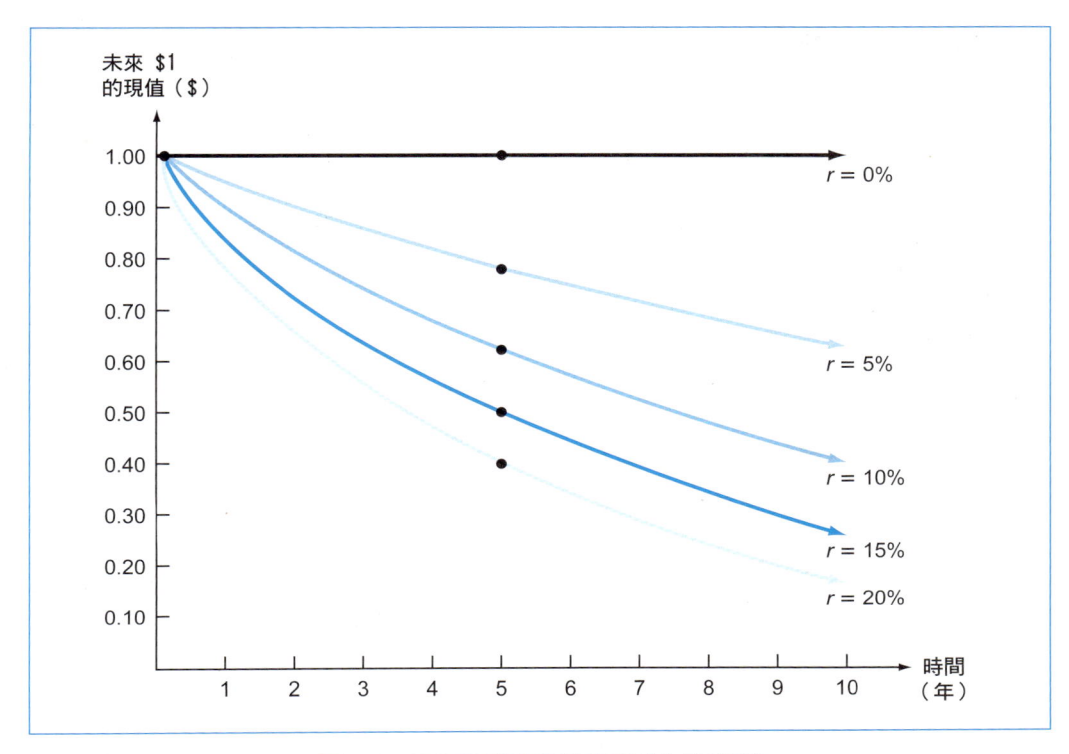

圖 5.3　不同期間和利率下 $1 的現值

觀念問題

5.2a 一項投資的現值代表怎樣的意義？
5.2b 把未來金額折現回到現在的反向步驟是什麼？
5.2c 何謂折現現金流量或 DCF 評價？
5.2d 一般而言，假設每期折現率是 r，那麼 t 期後的 $1 的現值是多少？

5.3　現值和終值：進一步探討

如果你回頭看現值和終值式子，你會發現它們之間有個非常簡單的關係。本節探討這個關係和一些相關課題。

現值和終值

我們所稱的現值因子就是終值因子的倒數：

終值因子 $= (1+r)^t$

現值因子 $= 1/(1+r)^t$

事實上，使用計算機以計算現值，最簡單的方法是先算出終值，然後再按 "$1/x$" 鍵，把它倒轉過來就可以了。

如果讓 FV_t 代表 t 期後的終值，那麼終值和現值間的關係就可以寫成：

$$PV \times (1+r)^t = FV_t$$

$$PV = FV_t/(1+r)^t = FV_t \times [1/(1+r)^t] \qquad [5.3]$$

上述這個式子，稱為基本現值等式（basic present value equation），在本書中將會反覆使用這個式子。雖然這個式子還有其他變化式子，這個簡單等式是許多財務管理重要觀念的基石。

範例 5.8　投資評估

我們以下列簡單投資案例，說明現值和終值的應用：你的公司擬購買價值 $335 的資產。這項投資方案非常安全，三年後你可以把這項資產以 $400 賣掉。另外，你也可以將 $335 作其他投資，賺取 10% 報酬率且風險極低。你覺得公司擬定進行的這項資產投資案如何呢？

這並不是項好投資。為什麼呢？因為將 $335 作其他投資，若報酬率為 10%，三年後就可以得到：

$$\$335 \times (1+r)^t = \$335 \times (1.1)^3$$
$$= \$335 \times 1.331$$
$$= \$445.89$$

而提案中的投資卻只得到 $400，所以這項投資並不如其他方案好。另一種看法是：在 10% 下，三年後 $400 的現值為：

$$\$400 \times [1/(1+r)^t] = \$400/(1.1)^3 = \$400/1.331 = \$300.53$$

這告訴我們，只要投資 $300 左右就可以在三年後得到 $400，而不用花到 $335。稍後我們還會回到類似的問題。

折現率的求算

我們經常會去求算一項投資所隱含的折現率。我們可以藉由下列基本現值等

式以計算折現率：

$$PV = FV_t/(1+r)^t$$

這個等式中只有四個部份：現值（PV）、終值（FV_t）、折現率（r）和投資期間（t）。只要知道其中任何三個，就可以求得第四個。

範例 5.9　找出單期投資的折現率

你正在考慮某項一年期的投資。如果你投入 $1,250，將回收 $1,350，這項投資的報酬率是多少？

首先，在這個單期的例子裡，答案十分明顯。除了原本的 $1,250，你又多拿到了 $100，因此此投資隱含的報酬率是 $100/1,250＝8%。

如果從基本現值等式來看，現值是 $1,250，終值是 $1,350，時間是一期，所以：

$$\$1,250 = \$1,350/(1+r)^1$$
$$(1+r) = \$1,350/1,250 = 1.08$$
$$r = 8\%$$

當然，在這個簡單例子裡，我們根本不需要這樣一步一步的計算。但是，當期數超過一期時，計算就變得比較複雜。

為了說明多期的計算情況，假設有一項投資必須投入 $100，八年後這項投資成長為 $200。為了和其他投資相比較，我們想要知道這個投資隱含的折現率是多少？這個折現率就稱為該投資的報酬率（rate of return，或只稱 return）。在這個例子裡，現值是 $100，終值是 $200（投入資金的兩倍），期間是八年。要計算報酬率，可以從基本現值等式著手：

$$PV = FV_t/(1+r)^t$$
$$\$100 = \$200/(1+r)^8$$

所以：

$$(1+r)^8 = \$200/100 = 2$$

現在我們必須解 r。我們有三種方法可以選擇：

1. 使用財務計算機。

2. 兩邊各開八次方根，解得 (1+r)。因為開八次方根就相當於是 1/8（也就是 0.125）次方，所以利用計算機上的 "y^x" 鍵，做起來非常簡單。只要輸入 2，然後按 "y^x"，最後再輸入 0.125，並按 "＝" 就可以了。2 的 8 次方根約為 1.09，隱含著 r 等於 9%。

3. 使用終值表。八年的終值因子是 2，如果在表 A.1 中沿著八期這一列找過去，你將發現終值因子 2 對應著 9% 這一欄，隱含報酬率是 9%。

事實上，在這個特例中，我們可以利用所謂的 72 法則（Rule of 72）求解 r。在合理的報酬率下，使你的錢變成兩倍大約需要 72/r% 的時間。以上面的例子來看，這就是 72/r% = 8 年，隱含著 r 是 9%。當折現率介於 5% 至 20% 之間，這個法則相當精確。

範例 5.10　棒球收藏品投資

在 2008 年 4 月，Barry Bonds 所揮出個人大聯盟生涯的最後一顆全壘打球，以大約 $376,000 拍售，這樣的得標價格被認為是值得投資的，因為買家不確定 Bonds 是否會再復出大聯盟。「專業」棒球收藏家認為這顆棒球收藏品的價值，於十年後會加倍。

這顆「棒球」真的是一項好投資嗎？既然專家預估這顆「棒球」十年後的價值會加倍，根據 72 法則，所推估的每年報酬率也不過大約是 72/10 = 7.2% 而已。

藝術品收藏界一個經驗法則是「在五年內可以回收，十年內會加倍」。根據這個法則，我們看看藝術收藏品的投資價值如何。1998 年 Alberto Giacometti 的銅雕像作品 *L'Homme Qui Marche III* 以 $2,972,500 賣出。五年之後這個雕像又以 $4,039,500 賣出，這項投資的報酬如何呢？

依照經驗法則判斷，投資價值會在十年後加倍。根據 72 法則，正常的情況下每年會有 7.2% 的報酬率。這個雕像在五年期間轉手一次，現值為 $2,972,500，終值為 $4,039,500，求解折現率 r 如下：

$$\$2,972,500 = \$4,039,500/(1+r)^5$$
$$(1+r)^5 = 1.3590$$

求解折現率 r，這項投資每年的報酬率將近 6.33%，略低於經驗法則所推估的 7.2%，可見這個投資並不是很突出。

那其他的收藏品呢？對集郵者而言，最炙手可熱的郵票是 1918 年面額 24 美分的 Jenny C3a，這郵票之所以值得收集是因為它上面是一架顛倒的雙翼飛機。在 2010 年這種郵票在拍賣市場，一張可賣到 $345,000，其投資報酬率如何呢？你自己可以驗證一下，投資期間是 92 年，所以年報酬率是 16.66%。

有些收藏品因錯誤估價而出名，例如：在 2010 年，1944 年出廠的林肯肖像 1 美分鋅幣（不是銅幣）賣得 $60,375，假如已經過了 66 年，這項收藏品的年報酬率高達 26.69%，你是否同意呢？

當然，並非所有收藏品的報酬率都是如此亮麗。在 2010 年，1796 年出廠的面額 $10 金幣，以 $57,500 賣出，對外行人而言，報酬似乎很高，但在這 214 年期間，這項收藏品的年報酬率大約只是 4.13%。

或許硬幣收集者最想要的硬幣是 1933 年發行的 20 年黃金雙鷹，除了在美國鑄幣廠及國家博物館機構外，這種硬幣只有一枚還在流通，2002 年這種硬幣在拍賣會場賣到 $7,590,020，你是否同意這個收藏品的年獲利率約為 20.5%？

另外一個稍微極端的例子是，關於在 1790 年 4 月 17 日去世的班哲明・富蘭克林所遺留的財產。在他的遺囑中，他給麻州的波士頓市 £1,000。同時，他也給賓州的費城同等的金額。這些錢是他在位期間所得到的薪資，但是富蘭克林認為政治家不應該為他們的服務收取任何酬勞（這個觀點似乎不為現今政治家所認同）。

原本，富蘭克林規定這筆錢必須在他死後 100 年始能提取，並用於培訓青年。然而，後來經過法律上的爭辯，終於協定這些錢必須在富蘭克林去世 200 年後，即 1990 年始能提取。到 1990 年，賓州的贈金已經成長到 $200 萬，麻州的則成長到 $450 萬。這些資金就用來成立波士頓市和費城的富蘭克林機構基金。假設 £1,000 相當於 $1,000。請問，這兩州的報酬率分別是多少？（直到 1792 年，美元才變成美國的官方貨幣。）

對於賓州而言，終值是 $200 萬，現值是 $1,000，期間是 200 年，所以：

$$\$1,000 = \$2,000,000/(1+r)^{200}$$
$$(1+r)^{200} = 2,000$$

解 r 得 3.87%。麻州則比較好一點，報酬率是 4.3%。小小的報酬率差異，卻造成這麼大的終值差異！

計算機提示

我們示範如何使用財務計算機及下列的數值，以求算出未知的利率。對賓州的個案而言，你將會做下列輸入：

Enter	200			−1,000	2,000,000
	N	I/Y	PMT	PV	FV
Solve for		3.87			

如同前面的範例，現值之前有個負號，它代表很多年前富蘭克林的支出。處理麻州的個案時，你會做什麼改變呢？

範例 5.11　為上大學儲蓄

你預估八年後你的孩子上大學時，將需要大約 $80,000 的目標金額。現在你有 $35,000。你的投資報酬率是每年20%，你可以達到目標嗎？在報酬率多少之下你剛好可以達到目標？

假設年報酬率20%，$35,000 在八年後的終值是：

$$FV = \$35{,}000 \times (1.20)^8 = \$35{,}000 \times 4.2998 = \$150{,}493.59$$

所以，你可以輕易地達成目標。最低限度的報酬率就是求解下式的 r：

$$FV = \$35{,}000 \times (1+r)^8 = \$80{,}000$$
$$(1+r)^8 = \$80{,}000/35{,}000 = 2.2857$$

因此，終值因子為2.2857。查表 A.1 中八期所對應的那一列，可以找到終值因子大約介於10%（2.1436）和12%（2.4760）的中間，所以如果報酬率大約是11%，可以剛好達到目標。要得到較精確的答案，可以使用財務計算機，或解下式的 r 值：

$$(1+r)^8 = \$80{,}000/35{,}000 = 2.2857$$
$$1+r = 2.2857^{(1/8)} = 2.2857^{0.125} = 1.1089$$
$$r = 10.89\%$$

範例 5.12　18,262.5 天後退休

你想要在 50 年後以一個百萬富翁退休。假如你今天擁有 $10,000，要達到百萬富翁的目標，你的報酬率必須是多少？

終值是 $1,000,000，現值是 $10,000，離退休還有 50 年，我們必須算折現率 r：

$$\$10,000 = \$1,000,000/(1+r)^{50}$$
$$(1+r)^{50} = 100$$

因此，終值因子是 100。你可以驗算得隱含的利率大約是 9.65%。

計算成長率或報酬率時，若未考慮貨幣的時間價值，就會得到誤導的數字。例如，最受愛戴（也最受敵視）的棒球隊──New York Yankees（紐約洋基隊），在 1988 年的球季，擁有全美最高的全隊薪資總額，其數目約 $1 千 9 百萬。2010 年 Yankees 的薪資總額又是全美最高──$2 億 6 百萬，幾乎增加了 984%！如果歷史會重複發展下去的話，我們可以推估未來棒球隊薪資總額的成長率，你是否同意這個年成長率是 11.4%，這就是可支撐的成長率，的確遠遜於耀眼的 984%。

古董地圖又如何？根據最近的數據顯示，1507 年印製於羅馬的第一張美國地圖價值約 $135,000，比十年前的價值 $80,000 增加 69%。回到投資的觀點，假如你引以為傲地在過去十年間擁有這張地圖，請計算一下你的報酬率只不過 5.4%，比未考慮貨幣的時間價值的 69% 低很多。

不管是地圖或是球隊薪酬，當其報價忽略貨幣的時間價值時，其報酬率很容易誤導投資人。可是，這不只是外行人易犯的錯誤而已，連最近著名的商業雜誌的標題都預言道瓊工業指數在最近五年內的獲利會向上飛揚 70%，這是否意味著每年 70% 的報酬率？再思考思考吧！

計算投資期數

假設我們有意購買價值 $50,000 的某項資產。目前，我們有 $25,000 現金，如果這 $25,000 可以賺得 12% 的報酬，多久才能累積到 $50,000 呢？答案必須求解基本現值等式中的最後一個變數：期數。你已經知道如何針對這個問題估計大概答案了。我們要使錢加倍，根據 72 法則，在 12% 下，這將需要 72/12 = 6 年的時間。

要得到較精確的答案，我們先回到基本現值等式。現值是 $25,000，終值是 $50,000，在 12% 折現率下，基本現值等式為：

$$\$25{,}000 = \$50{,}000/(1.12)^t$$
$$\$50{,}000/25{,}000 = (1.12)^t = 2$$

因此，我們得到 12% 下的終值因子為 2。要解 t，可以查表 A.1 中 12% 所對應的那一欄，你將看到終值因子 1.9738 對應的期數為 6，所以大約是六年，和我們所計算的一樣。要得到精確答案，我們必須解 t（或使用財務計算機）。答案為 6.1163 年，和我們的近似答案非常接近。

計算機提示

如果你使用財務計算機，以下是相關的輸入：

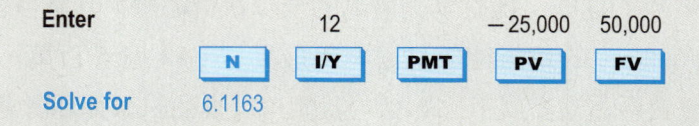

Enter		12		−25,000	50,000
	N	I/Y	PMT	PV	FV
Solve for	6.1163				

範例 5.13　計畫買下 Godot 公司

你正存錢準備買下 Godot 公司。該公司價值為 $1,000 萬。目前，你有 $230 萬，如果你的投資可以賺得 5% 報酬，那麼你必須等多少年呢？在 16% 的報酬率下，你又必須等多久呢？

在 5% 下，你必須等很久。從基本現值等式知道：

$$\$230 萬 = \$1{,}000 萬/(1.05)^t$$
$$1.05^t = 4.35$$
$$t = 30 年$$

在 16% 下，情況稍微好一點，大約需要等十年。

策略試算表

以試算表計算貨幣的時間價值

愈來愈多來自不同領域的商業人士（不僅是財會人員）開始倚賴試算表來處理各種不同商業問題的計算。因此本節將說明如何使用試算表，處理在本章中所探討的各種貨幣時間價值的問題。我們將採用 Microsoft Excel™ 軟體，然而，應該與其他軟體的指令很相似，以下假設你已經熟悉試算表的各項基本操作。

你可以求解終值、現值、折現率、期間四個未知數中的任何一個，在試算表中它們皆有個別獨立的公式可應用，在 Excel 中，這些公式應用如下：

求解	公式
終值	=FV(rate,nper,pmt,pv)
現值	=PV(rate,nper,pmt,fv)
折現率	=RATE(nper,pmt,pv,fv)
期數	=NPER(rate,pmt,pv,fv)

公式中，pv 與 fv 分別表示現值及終值、nper 指期數、rate 則是折現率或利率。

此外，有兩件事必須注意：一是，與財務計算機不同的，試算表所輸入的折現率必須以小數點方式輸入；二是，必須在現值或終值前加負號，才能解出正確的折現率或期間數。基於相同的理由，當求解現值，結果也會有一負號，除非你先輸入負號的終值。求解終值，同樣的狀況也會出現。

我們以本章先前的例子，說明如何使用這套軟體指令，假如在年報酬率 12% 的情況下投資 $25,000，需要多久的時間可以成長至 $50,000？可以建立一個試算表如下所示：

	A	B	C	D	E	F	G	H
1								
2			使用試算表計算貨幣的時間價值					
3								
4	如果以 12% 利率投資 $25,000，需要多久可以成長至 $50,000？我們必須求解未知的							
5	期數，所以使用 NPER(rate,pmt,pv,fv)。							
6								
7	現值 (pv):	$25,000						
8	終值 (fv):	$50,000						
9	折現率 (rate):	0.12						
10								
11	期數:	6.1162554						
12								
13	格子 B11 的內建公式 =NPER(B9,0,-B7,B8)；注意 pmt 是零，pv 前有負號。另外，							
14	折現率以小數點輸入，而不是百分比。							

美國的 EE Savings Bonds 是眾所皆知的投資工具。你只要以面值（$100）的一半價格就可以買到這些債券。換言之，你現在付 $50，就可以在未來某個時點，當債券「到期」時收到 $100。在這段期間，你都不會收到利息。利率每半年調整一次，因此要花多久時間才能從 $50 成長至 $100，視未來利率高低而定，不過即使在最糟的情況下，此公債仍保證 17 年後價值為 $100，這是獲取 $100 所需期間中最長的時間，假如你真的必須等滿 17 年，你所獲得的報酬率是多少？

因為這項投資在 17 年間價值加倍了。72 法則馬上告訴我們答案是：72/17 = 4.24%。記住，這是保證的最低報酬，你的實際報酬可能會更高。在這裡，我們結束基本的貨幣時間價值的討論，表 5.4 匯總了現值和終值的計算，供未來參考。就如下一頁的網路作業所示範的，雖然網上計算機可用來處理一些計算，了解它的計算過程仍是很重要的一件事。

觀念問題

5.3a 何謂基本現值等式？

5.3b 何謂 72 法則？

表 5.4　時間價值計算摘要

I. 符號：
　PV＝現值，未來現金流量在今天的價值
　FV_t＝終值，現金流量在未來的價值
　　r＝每期之利率、報酬率或折現率，通常一期（但並非絕對）是一年
　　t＝期數，通常（但並非絕對）是年數
　C＝現金數量

II. 在每期 r% 下，把 C 投資 t 期的終值：
　$FV_t = C \times (1 + r)^t$
　$(1+r)^t$ 稱為終值因子（future value factor）。

III. 在每期 r% 下，t 期後將收到的 C 的現值：
　$PV = C/(1+r)^t$
　$1/(1+r)^t$ 稱為現值因子（present value factor）。

IV. 根據基本淨現值等式，現值和終值的關係如下：
　$PV = FV_t/(1+r)^t$

網路作業

到底貨幣的時間價值有多重要呢？最近的研究顯示，從某個搜尋引擎找到的搜尋結果超過 2,650 萬個！了解貨幣時間價值背後的運算是很重要的，但由於財務計算機和試算表軟體的出現，已經取代了過去這些耗時的運算工作。事實上，許多網站提供可以計算貨幣時間價值的計算機，底下的一個例子是來自於網站 www.investopedia.com。你今天有 $10,000，準備以 10.5% 的利率投資 35 年，到那時這筆錢的價值是多少？使用 Investopedia 的計算機，你只要輸入這些數值然後按下"Calculate"鍵：

Interest Rate Per Time Period:	10.5 %
Number of Time Periods:	35
Present Value:	10000
Calculate	
Future Value:	$329,366.73

誰說貨幣時間價值的計算很難？

問題

1. 使用這個網站的現值計算機，求解下列問題：假設 25 年後你想擁有 $140,000 資金，若年報酬率為 10%，今天你必須投資多少資金呢？
2. 使用這個網站的終值計算機，回答下列問題：假設為了 40 年後退休作打算，你目前有 $8,000 可供投資，假如年報酬率是 10.8%，你退休時這個投資帳戶內的價值是多少呢？

5.4 總 結

本章介紹現值的基本原則和折現現金流量評價法。當中，我們解釋了許多有關貨幣的時間價值，包括：

1. 在已知報酬率下，今天的投資在未來某時點的價值可以由計算該投資的終值來決定。

2. 在已知報酬率下，未來一筆現金流量，或是一連串現金流量的目前價值可由計算現金流量的現值來決定。

3. 在已知報酬率為 r、時間為 t 下、現值（PV）和終值（FV）的關係可由基本現值等式得知：

$$PV = FV_t/(1+r)^t$$

誠如我們所證明的，在這四部份（PV、FV_t、r、t）中，只要知道任何其中三個，即可求算第四個。

本章所發展出來的原則將在接下去幾章中經常應用到。原因是大部份的投資，無論是不動產或是金融資產，都可以用折現現金流量方法（DCF）來分析。所以，DCF 法的應用範圍很廣，實務上也用得很多。在進一步介紹之前，你或許可以練習做下面的問題。

財務連線

假如你的課程有使用 Connect™ Finance 的話，請上線做個練習測驗（Practice Test），看一看學習輔助工具，及你需要哪些額外練習。

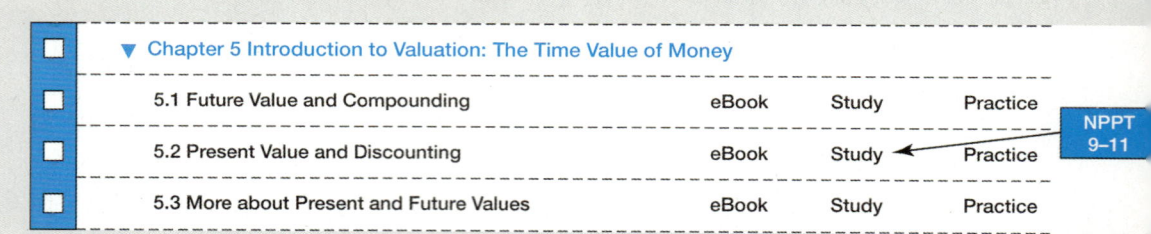

▼	Chapter 5 Introduction to Valuation: The Time Value of Money			
□	5.1 Future Value and Compounding	eBook	Study	Practice
□	5.2 Present Value and Discounting	eBook	Study	Practice
□	5.3 More about Present and Future Values	eBook	Study	Practice

NPPT 9–11

你能回答下列問題嗎？

5.1 你將 $2,000 存入年息 5% 的銀行帳戶內，三年後帳戶內的金額會是多少呢？

5.2 將 $11,500 以 9% 折現 11 年後的現值會是多少呢？

5.3 Charlie 去年投資 $6,200 在一檔股票上，目前這項投資的價值是 $6,788.38，這項投資的報酬率是多少呢？

登入找找看吧！

自我測驗

5.1 計算終值 假設今天你在一個 6% 利率的帳戶存了 $10,000。五年後,你將有多少錢?

5.2 計算現值 假設你剛慶祝過 19 歲生日。你富有的叔叔為你成立了一個信託基金,將在你 30 歲時給你 $150,000。如果折現率是 9%,那麼今天這個基金值多少?

5.3 計算報酬率 某項投資可以使你的錢在 10 年後變成兩倍。請問,這項投資的報酬率是多少?利用 72 法則來檢驗你的答案是否正確。

5.4 計算期數 某項投資將付給你每年 9% 利率。如果你現在投資 $15,000,多久後你就會有 $30,000?多久後你就會有 $45,000?

自我測驗解答

5.1 我們必須計算在 6% 利率下,$10,000 在五年後的終值。終值因子為:

$$(1.06)^5 = 1.3382$$

因此,終值是 $10,000 \times 1.3382 = \$13,382.26$。

5.2 我們要算出在 9% 利率下,11 年後支付的 $150,000 的現值。折現因子是:

$$1/(1.09)^{11} = 1/2.5804 = 0.3875$$

所以,現值是 $58,130。

5.3 假設你現在投資 $1,000。十年後,你將擁有 $2,000。所以 $1,000 是你現在擁有的金額,即現值。$2,000 是你十年後擁有的金額,即終值。根據基本現值等式,我們可以得到:

$$\$2,000 = \$1,000 \times (1+r)^{10}$$
$$2 = (1+r)^{10}$$

這裡,我們必須解未知的利率,r。誠如在本章中所介紹的,有好幾種方法可以解得 r。我們可以先取 2 的 10 次方根:

$$2^{(1/10)} = 1 + r$$
$$1.0718 = 1 + r$$
$$r = 7.18\%$$

利用 72 法則，我們可以得到 72/t＝r％，即 72/10＝7.2％，和我們的答案相當接近（切記 72 法則只是一個近似值）。

5.4 從基本等式得知：

$$\$30,000 = \$15,000 \times (1+0.09)^t$$
$$2 = (1+0.09)^t$$

解 t，得 t = 8.04 年。利用 72 法則，可得 72/9＝8 年。所以，再次驗證結果相當接近。要達到 \$45,000，你則必須等 12.75 年。

觀念複習及思考

1. **現值** 基本現值等式包括哪四部份？
2. **複利** 何謂複利？何謂折現？
3. **複利與期間** 當所考慮的時間拉長時，終值會變怎樣？現值又會變怎樣？
4. **複利與利率** 如果提高利率 r，終值會變怎樣？現值又會變怎樣？
5. **道德考量** 回到範例 5.7，那是不是一個欺騙性的廣告呢？像這種終值承諾的廣告是不是不道德的呢？

在回答下面五個問題時，請參考本章前言所討論的 TMCC 證券。

6. **貨幣的時間價值** 為什麼TMCC願意在現在接受 \$24,099 這麼小的金額，而換予在未來償還四倍（終值 \$100,000）的承諾呢？
7. **贖回條款** TMCC 有權每年以事先約定價格買回證券。這個特性對投資者投資這種證券的意願有何影響？
8. **貨幣的時間價值** 你願意現在以 \$24,099 交換 30 年後的 \$100,000 嗎？你的答案主要是基於什麼考慮因素？你的答案是否視誰承諾償還而定呢？
9. **投資比較** 假設當TMCC以 \$24,099 發行該證券時，美國政府也發行一個本質上完全一樣的證券。你認為它的價格會較高或較低呢？為什麼？
10. **投資期間** 該 TMCC 證券在紐約證券交易所買賣活絡。如果你查看今天的報價，你認為價格會超過 \$24,099 的原始價格嗎？為什麼？你認為在 2019 年時的價格會高於或低於今天的價格呢？為什麼？

問 題

初級題

1. 單利和複利 First City Bank 支付儲蓄存款帳戶 7% 的單利，而 Second City Bank 則支付 7% 利息，每年複利一次。如果你分別在這兩家銀行存入 $6,000，那麼在第九年年底時，你從 Second City Bank 帳戶中多賺得多少錢？

2. 計算終值 計算下列各個終值：

現值	年數	利率	終值
$ 2,250	11	13%	
8,752	7	9	
76,355	14	12	
183,796	8	6	

3. 計算現值 計算下列各個現值：

現值	年數	利率	終值
	13	7%	$ 15,451
	4	13	51,557
	29	14	886,073
	40	9	550,164

4. 計算利率 解下列未知的利率：

現值	年數	利率	終值
$ 240	4		$ 297
360	18		1,080
39,000	19		185,382
38,261	25		531,618

5. 計算期數 解下列未知的年數：

現值	年數	利率	終值
$ 560		9%	$ 1,389
810		10	1,821
18,400		17	289,715
21,500		15	430,258

6. **計算利率** 假設 18 年後，當你的孩子要進大學時，大學教育總費用將是 $300,000。目前你有 $65,000 可以投資，你的投資必須賺得多少年報酬率，才能給付你的孩子的大學教育費？

7. **計算期數** 在 6.5% 利率下，必須多久你的錢才會加倍呢？多久才會成四倍呢？

8. **計算利率** 在 2010 年 1 月，美國的平均房價是 $283,400；而在 2000 年 1 月時平均房價為 $200,300。請問，每年房屋之銷售價格成長多少？

9. **計算期數** 為了要購買一輛價值 $190,000 的 Ferrari 跑車，你正設法存錢。目前你有 $40,000 可以投資在銀行裡，而銀行的年利率是 4.8%。要等多久你才會有足夠的錢購買跑車？

10. **計算現值** Imprudential 公司有一筆 $5 億 7 千 5 百萬的退休金負擔額，必須在 20 年後支付。為了評估該公司股票價值，財務分析師想要把這筆負擔額折回現值。如果折現率為 6.8%，該負擔額的現值是多少？

11. **計算現值** 你剛收到 Centennial Lottery 的通知，你中了 $100 萬的頭獎。然而，這筆獎金將在 80 年後，也就是你 100 歲生日的時候頒給你（假設到時候你還存活）。如果適當的折現率是 9%，那麼你這筆獎金的現值是多少？

12. **計算終值** 你收集的錢幣包括 50 個 1952 年的銀幣。當它全新的時候，如果你是以它們的面值購買的，假設價格每年上漲 4.1%，那麼當你在 2060 年退休時，你所收集的這些錢幣價值多少？

13. **計算利率和終值** 在 1895 年，第一屆美國高爾夫球公開賽的冠軍獎金是 $150，而在 2010 年，這項獎金為 $1,350,000；請計算在這段期間的獎金調升百分比率？如果獎金以這種比率調升，那麼 2040 年的獎金金額是多少呢？

14. **計算利率** 在 2010 年時，一枚 Morgan 1895 年發行的 $1 金幣可賣得 $125,000。請問，這枚金幣的投資年報酬率是多少？

15. **計算報酬率** 雖然收藏藝術品較有品味，卻不見得一定會獲利。同樣是在 2003 年，Sotheby's 拍賣一幅 Edgar Degas 的銅雕 *Petite Danseuse de Quatorze*

Ans 價格為 $10,311,500。可惜的是，前一位買主在 1999 年買入價錢是 $12,377,500。如果賣方接受了這個買價，那麼他的年報酬率是多少呢？

進階題

16. **計算報酬率** 回到我們在本章前言所討論的 TMCC 證券：
    a. 根據 $24,099 的價格，TMCC 所付的借款利率是多少？
    b. 假設在 2019 年 3 月 28 日，該證券的價格是 $42,380。如果一個投資者在發行之初以 $24,099 買入，並在這一天賣出，那麼她所賺得的年報酬率是多少？
    c. 如果一個投資者在 2019 年 3 月 28 日買入該證券，並持至到期，那麼她所賺得的年報酬率是多少？

17. **計算現值** 假設你仍然承諾自己，要擁有價值 $190,000 的 Ferrari（見第 9 題）。如果你相信你的共同基金可以達到 12% 的年報酬率，而且你想要在九年後，當你滿 30 歲時購買這部車，那麼你必須在現在投資多少錢呢？

18. **計算終值** 你剛存入第一筆 $5,000 到你的個人退休帳戶。假設你可以賺得11%的報酬，而且不再做任何額外存款，那麼 45年後你的帳戶將有多少錢？如果你在十年後才存進這筆錢呢？（這代表較佳的投資策略嗎？）

19. **計算終值** 你將在兩年後收到 $15,000。當你收到這筆錢時，你將以每年7.1%的利率再投資六年。請問，八年後你將擁有多少錢？

20. **計算期數** 你預計將在兩年後畢業時收到 $15,000。你計畫以11%的利率將這筆錢再投資，一直到你擁有 $85,000。請問，從現在開始，你還要等多久？

折現現金流量評價

大名鼎鼎運動員的簽約常會伴隨著眾多的誇虛，但這些簽約金額經常是誤導人的。舉個例子來說，2010 年，捕手 Victor Martinez 和 Detroit Tigers 達成協議，簽下了據報導是 $5,000 萬的合約。這真是很不錯，特別是對那些靠「無知的工具」（tools of ignorance，棒球界術語，意指捕手的裝備）謀生的人而言。另一個例子是，Washington Nationals 的 Jayson Werth，他簽的合約上所記載的金額大約是 $1 億 2 千 6 百萬。

看起來 Victor 和 Jayson 混得不錯，但之後 Carl Crawford 加入 Boston Red Sox（波士頓紅襪隊），他簽的合約上所記載的金額是 $1 億 4 千 2 百萬。這個數目事實上分成幾年來給付：簽約當下先付 $600 萬；第一年付 $1,400 萬；再加上之後 $1 億 2 千 2 百萬的薪資，分別在 2011 年至 2017 年間付清。Victor 和 Jayson 的薪資也同樣是分一段時間付清的。因為這三個合約都是之後才付清的，我們必須考量貨幣的時間價值，這意味著這些球員沒有人收到合約所登載的金額，那他們究竟拿到多少錢？本章會給你「所需的工具」（tools of knowledge）來回答這個問題。

在前一章中，我們介紹了折現現金流量評價的基本觀念。然而，到目前為止，我們只介紹單一現金流量。實務上，大部份的投資都有多筆現金流量。舉個例子來說，如果 Target 考慮新設店面，在一開始的時候會有一大筆現金流出，然後，接下來好幾年都會有現金流入。本章探討如何評估這種型態的投資。

讀完本章後，你應擁有了一些實務的技能。例如，你會知道如何計算汽車貸款的分期付款額或學生貸款的分期付款額。另外，如果你每個月都只付信用卡帳單的最低付款額（我們並不建議你如此做），本章的內容也可供你判斷哪家銀行的信用卡利率最低，而哪家最高。而且，你將發現利率有各種不同的牌告方式，有些牌告利率會誤導人。

6.1 多期現金流量的現值和終值

到目前為止，我們的重點只放在一筆現金流量的終值，或是在未來的某一筆現金流量的現值。本節將探討多筆現金流量。我們從終值開始。

多筆現金流量的終值

假設你今天存入 $100 在 8% 利率的帳戶內。一年後，你再存入另外 $100。兩年後你會有多少錢呢？這個問題相當簡單。第一年年底時，你將有 $108 加上第二年存入的 $100，總共是 $208。這 $208 以 8% 的利率再存一年，在第二年年底時，它的價值為：

$$\$208 \times 1.08 = \$224.64$$

圖 6.1 是時間線（time line），說明這兩個 $100 的終值的計算過程。在處理複雜的問題時，像這一類的時間線圖是非常有用的。當處理現值或終值問題碰到困難時，畫一條時間線可以幫助你看出問題點。

圖 6.1 的第一部份顯示了時間線上的現金流量。最重要的是，我們將現金流量標記在發生的時點。第一筆現金流量發生在今天，標記在時點 0。因此，我們把 $100 放在時間線上的時點 0。第二筆 $100 發生在一年後，所以將它標在時點 1 的地方。在圖 6.1 的第二部份中，我們一期一期地計算終值，得到最後的終值 $224.64。

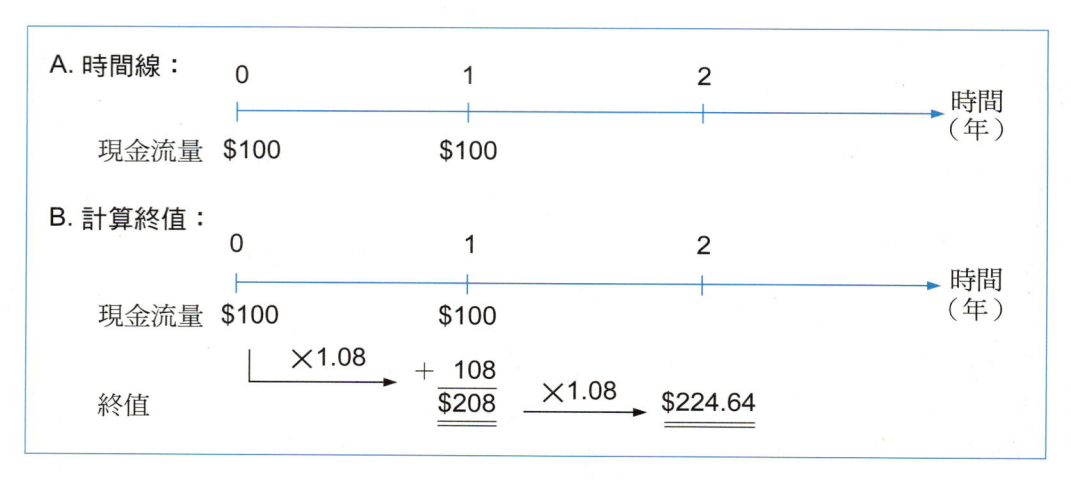

圖 6.1　時間線圖形的運用

範例 6.1　儲蓄問題的再探討

你將在未來三年的每一年年底，存 $4,000 進入年利率 8% 的銀行帳戶內。目前你在該帳戶中有 $7,000。三年後你將擁有多少錢？四年後呢？

在第一年年底，你將擁有：

$7,000 \times 1.08 + 4,000 = \$11,560$

在第二年年底，你將擁有：

$11,560 \times 1.08 + 4,000 = \$16,484.80$

第三年年底：

$16,484.80 \times 1.08 + 4,000 = \$21,803.58$

所以，三年後你將擁有 $21,803.58。如果你把這些錢留在帳戶內多存一年（而且不另存錢進去），那麼在第四年年底你將擁有：

$21,803.58 \times 1.08 = \$23,547.87$。

當我們計算兩筆 $100 存款的終值時，我們只是先求出每年年初的餘額，然後再把它往下一年推進。還有另外一個簡便的方法計算終值。第一個 $100 以 8% 利率存了兩年，所以終值為：

$\$100 \times (1.08)^2 = \$100 \times 1.1664 = \$116.64$

第二個 $100 以 8% 存了一年，因此它的終值為：

$\$100 \times 1.08 = \$108$

如同前面所計算的，總終值等於這兩個終值的和：

$\$116.64 + 108 = \$224.64$

所以，有兩種方法可供計算出多期現金流量的終值：(1) 將累積餘額往前每年複利一次；(2) 先個別計算每筆現金流量的終值，再加總。兩種方法的答案相同，所以你可任選其中一種。

為了說明這兩種計算終值的方法，請計算未來五年每年年底投資 $2,000 的終值。目前餘額為零，年利率為 10%。首先我們在圖 6.2 中畫出一條時間線。

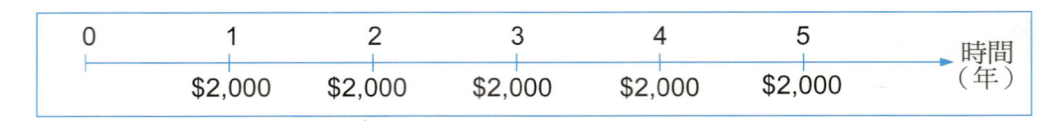

圖 6.2　五年期每年投入 $2,000 的時間線

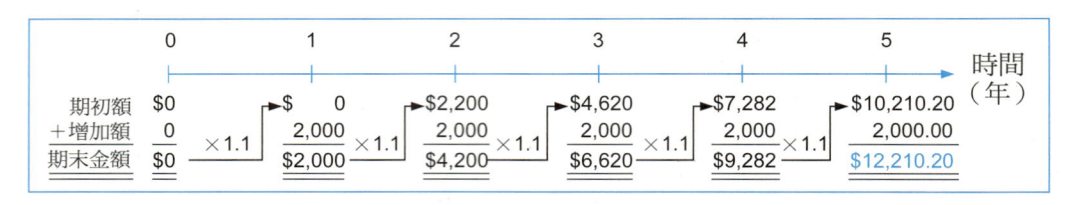

圖 6.3　每期複利一次的終值

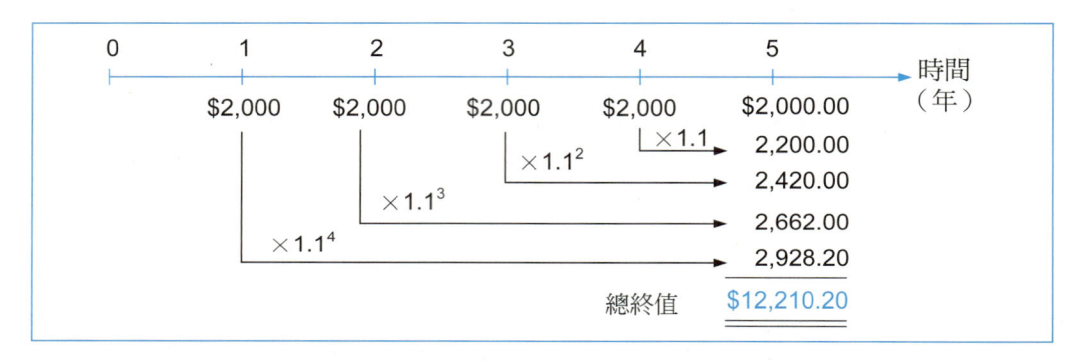

圖 6.4　每筆現金流量個別複利的終值

在時間線上，到第一年年底才有第一筆 $2,000 的投資。第一筆 $2,000 可以賺得往後四年（而非五年）的利息。另外，最後一筆 $2,000 是在第五年年底投入的，沒賺到任何利息。

圖 6.3 圖解將投資金額每期複利一次的計算過程，終值為 $12,210.20。

圖 6.4 則是第二種方法的計算過程，答案是一樣的。

範例 6.2　再談儲蓄

如果你在一年後存入 $100，兩年後存入 $200，三年後存入 $300，那麼在第三年年底你將有多少錢？其中多少是利息？如果你不再存入款項，五年後你將擁有多少錢？假設年利率為 7%。

我們分別計算每筆金額三年後的終值。請注意，$100 賺了兩年利息，$200 賺了一年利息，$300 則未賺到任何利息。終值為：

$$\$100 \times (1.07)^2 = \$114.49$$
$$\$200 \times 1.07 = 214.00$$
$$+\$300 = 300.00$$
$$總終值 = \$628.49$$

因此，總終值為 $628.49。利息總共是：

$$\$628.49 - (100 + 200 + 300) = \$28.49$$

五年後你會擁有多少錢呢？我們知道三年後你將有 $628.49。若你將 $628.49 又多存了兩年，就變成：

$$\$628.49 \times (1.07)^2 = \$628.49 \times 1.1449 = \$719.56$$

請注意，我們也可以分別計算每一筆存款的終值。請注意存款時間的長短。如同前面所述，第一筆 $100 賺得四年利息，第二筆錢賺得三年利息，最後一筆錢則賺得二年利息：

$$\$100 \times (1.07)^4 = \$100 \times 1.3108 = \$131.08$$
$$\$200 \times (1.07)^3 = \$200 \times 1.2250 = 245.01$$
$$+\$300 \times (1.07)^2 = \$300 \times 1.1449 = 343.47$$
$$總終值 = \$719.56$$

多期現金流量的現值

我們常常需要求出一連串未來現金流量的現值。像終值一樣，我們有兩種計算方法：一次折現一期，或是先算出個別現金流量的現值，再予以加總。

假設你一年後需要 $1,000，兩年後需要 $2,000。如果你的投資可以賺得 9% 的報酬，那麼你現在應該存入多少，才能滿足未來所需的這些金額呢？也就是說，在 9% 折現率下，這兩個未來現金流量的現值是多少呢？

以 9% 折現率來計算，兩年後 $2,000 的現值為：

$$\$2,000/(1.09)^2 = \$1,683.36$$

一年後 $1,000 的現值為：

$$\$1,000/1.09 = \$917.43$$

因此，總現值為：

$1,683.36 + 917.43 = $2,600.79$

為了驗證 $2,600.79 是正確答案，我們來看看是否在兩年後付出 $2,000 之後，就一毛不剩了。如果在 9% 利率下，將 $2,600.79 投資一年，我們將有：

$2,600.79 \times 1.09 = $2,834.86$

取走 $1,000 之後，剩下 $1,834.86。這些錢可以用 9% 的利率再賺一年的利息，最後金額是：

$1,834.86 \times 1.09 = $2,000$

這正是我們所計畫的。這個例子說明在某一折現率下，未來多期現金流量的現值就是，要複製那些未來現金流量今天所需投資的金額。

另一種計算多期未來現金流量現值的方法是一次折現一期。假設我們有一項投資在未來五年的每年年底可回收$1,000。為了求出此項投資的現值，我們可先將個別的$1,000 折現回來，然後再全部加總。圖 6.5 說明 6%折現率下的計算過程。由圖 6.5 得知，答案是$4,212.37（忽略四捨五入誤差）。

我們也可以將最後一筆現金流量折現至前一期，再加上前一期的現金流量（倒數第二期）：

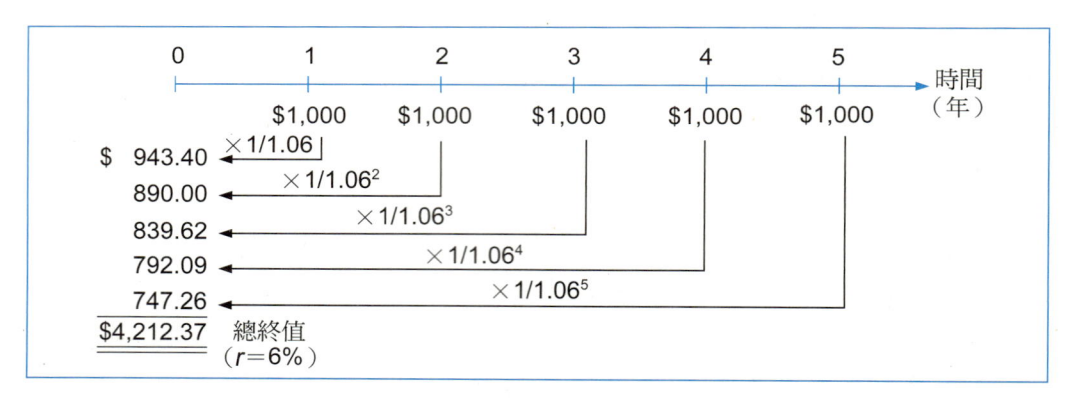

圖 6.5 以個別折現方式計算現值

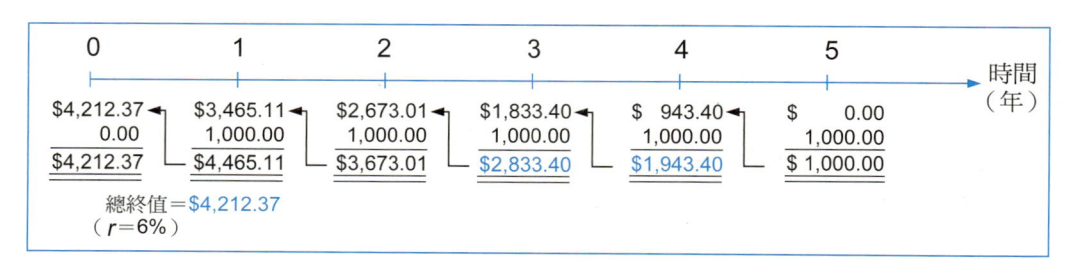

圖 6.6 以一次折現一期的方式計算現值

第 6 章　折現現金流量評價

($1,000/1.06)＋1,000＝$943.40＋1,000＝$1,943.40

然後我們再將這個金額往前折現一期，並加到第三年的現金流量：

($1,943.40/1.06)＋1,000＝$1,833.40＋1,000＝$2,833.40

這個過程可一直重複。圖 6.6 說明該方法的計算過程。

範例 6.3　價值多少呢？

有項投資將在一年後付你 $200、兩年後付你 $400、三年後付你 $600、四年後付你 $800。類似投資的報酬率為 12%。那麼這項投資你至多會付多少錢呢？

在 12% 利率下，我們來計算這些現金流量的現值：

$$\begin{aligned}
\$200 \times 1/(1.12)^1 &= \$200/1.1200 = \$\ 178.57 \\
\$400 \times 1/(1.12)^2 &= \$400/1.2544 = \ \ \ 318.88 \\
\$600 \times 1/(1.12)^3 &= \$600/1.4049 = \ \ \ 427.07 \\
+\$800 \times 1/(1.12)^4 &= \$800/1.5735 = \ \ \underline{\ \ 508.41} \\
總現值 &= \underline{\$1,432.93}
\end{aligned}$$

如果你能賺得 12% 的報酬，那麼你就可以用 $1,432.93 複製這項投資的現金流量。所以，你最多願意付 $1,432.93。

範例 6.4　價值多少呢？第二部份

某項投資將分三次回收，每次回收 $5,000。第一次回收是在四年後，第二次回收是在五年後，第三次回收則在六年後。如果你可以賺得 11% 的報酬。這項投資在今天最多值多少？而此現金流量的終值是多少？

我們將逆向回答這個問題以闡述一個重點。現金流量在六年後的終值為：

$$5,000 \times (1.11)^2 + 5,000 \times (1.11) + 5,000 = \$6,160.50 + 5,550 + 5,000$$
$$= \$16,710.50$$

所以，現值必為：

$16,710.50/(1.11)^6 = \$8,934.12$

我們來驗算看看。分別計算每一筆現金流量，得到的現值是：

$$\$5,000 \times 1/(1.11)^6 = \$5,000/1.8704 = \$2,673.20$$
$$\$5,000 \times 1/(1.11)^5 = \$5,000/1.6851 = 2,967.26$$
$$+\$5,000 \times 1/(1.11)^4 = \$5,000/1.5181 = \underline{3,293.65}$$
$$\text{總現值} = \underline{\$8,934.12}$$

與先前求得的答案一樣。這裡的重點是,為了簡便起見,我們可以先計算出現值或終值,然後再以現值(或終值)求算終值(或現值)。只要折現率一樣,而且不要弄錯期數,答案必定一樣。

計算機提示

如何使用財務計算機去計算多筆現金流量之現值

使用財務計算機去計算多筆現金流量之現值時,只要使用前面章節的方法,將個別現金流量分別折現即可,所以並沒有任何新鮮事。然而,這裡教你一條捷徑,我們以範例 6.3 的數字做說明。

一開始時,當然要記得先清除計算機。接著,在範例 6.3 中,第一個現金流量是一年後所收到的 $200,折現率是 12%,所以我們要做下列事情:

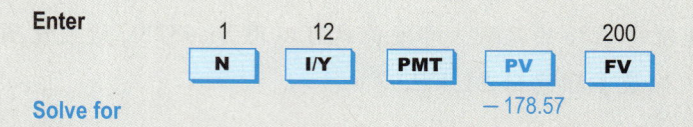

Enter	1	12			200
	N	I/Y	PMT	PV	FV
Solve for				−178.57	

現在,你可以寫下答案,但這樣很沒效率。因為所有的計算機都有記憶體可供儲存數字,為什麼不把它存在計算機裡呢?這樣做可以避免因為抄寫或是重複輸入所造成的錯誤,而且速度也比較快!

接著,我們計算第二個現金流量,我們需要把 N 改成 2、FV 改成 400,只要其他資料沒有變動,就無須重新輸入 I/Y,或清除計算機,所以我們得到:

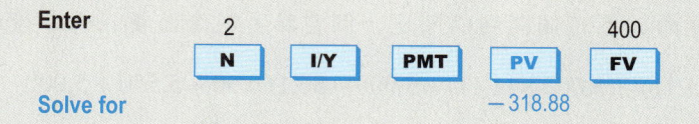

Enter	2				400
	N	I/Y	PMT	PV	FV
Solve for				−318.88	

把這個數字存起來,跟第一次計算所得的結果加在一起,再繼續進行剩下的兩個計算。

後面的章節將提及,有些財務計算機可以一次輸入所有的現金流量,但是目前暫不討論。

策略試算表

如何使用試算表計算多期現金流量的現值

就如同前一章，我們可設定試算表，以求算個別現金流量的現值，如下所示。請注意，我們是一筆一筆現金流量計算現值，再將其加總：

	A	B	C	D	E
1					
2			使用試算表評價多期未來現金流量		
3					
4	假設折現率是 12%，一年後 $200 的現值是多少？兩年後 $400 的現值呢？				
5	三年之後 $600 的現值呢？及四年後 $800 的現值呢？				
6					
7	利率：	0.12			
8					
9	年	現金流量	現值	公式	
10	1	$200	$178.57	=PV($B$7,A10,0,-B10)	
11	2	$400	$318.88	=PV($B$7,A11,0,-B11)	
12	3	$600	$427.07	=PV($B$7,A12,0,-B12)	
13	4	$800	$508.41	=PV($B$7,A13,0,-B13)	
14					
15		總現值：	**$1,432.93**	=SUM(C10:C13)	
16					
17	注意 PV 公式內的負號，這些負號是使現值答案為正。另外，B7 內的折現率在 PV 公式內，				
18	均以 $B$7 輸入，因為四個公式均需使用到，當然，我們也可以直接輸入"0.12"，但這裡的方法				
19	比較有彈性。				
20					
21					
22					

現金流量時點

在處理現值和終值問題時，現金流量的時點相當重要。幾乎在所有這類計算中，都假設現金流量發生在期末。事實上，我們所討論的所有公式，所有現值表和終值表中的數字，以及所有財務計算機的預設值，皆假設現金流量發生在每期期末。除非另有說明，否則你應該總是做這樣的假設。

簡單說明這個觀點，假設你知道有一個三年期的投資，第一年現金流量為 $100，第二年現金流量為 $200，第三年現金流量為 $300。如果要你畫出一條時間線，若沒有其他說明時，你應該假設時間線如下所示：

```
0          1          2          3
           $100       $200       $300
```

請注意，在這條時間線上，第一筆現金流量發生在第一年年底，第二筆現金流量發生在第二年年底，第三筆則在第三年年底。

我們以回答本章前言內的棒球選手 Carl Crawford 的合約問題來結束本節。

回想合約金額的支付是，簽約當下支付 $600 萬與 2011 年支付 $1,400 萬，剩餘的 $1 億 2 千 2 百萬則於 2012 年付 $1,950 萬、2013 年付 $2,000 萬、2014 年付 $2,025 萬、2015 年付 $2,050 萬、2016 年付 $2,075 萬，及 2017 年付 $2,100 萬。如果折現率是 12%，這位紅襪隊的外野手獲得一紙價值多少的合約呢？

要回答這個問題，我們可以將每年的薪水折現計算其現值如下（請注意，我們假設所有的支付均發生在年底）：

第 0 年（2010）：$6,000,000 ＝$6,000,000.00
第 1 年（2011）：$14,000,000×(1/1.12)^1 ＝$12,500,000.00
第 2 年（2012）：$19,500,000×(1/1.12)^2 ＝$15,545,280.61
第 3 年（2013）：$20,000,000×(1/1.12)^3 ＝$14,235,604.96
⋮
第 7 年（2017）：$21,000,000×(1/1.12)^7 ＝$9,499,333.52

如果你求算出省略掉的那幾年的現值，然後加總（練習看看），你將發現 Carl 的合約現值是 $9,280 萬，大約是合約所登載金額 $1 億 4 千 2 百萬的 65%。

> **觀念問題**
>
> 6.1a 如何計算一連串現金流量之終值？
> 6.1b 如何計算一連串現金流量之現值？
> 6.1c 除非另有說明，否則對現值和終值問題的現金流量時點，應作何假設？

6.2　評估均等現金流量：年金和永續年金

我們經常會遇到每期金額都一樣的多期現金流量。例如，在常見的貸款償還計畫裡，借款人必須在某段時間內，每期償還固定的金額。幾乎所有的消費貸款（例如，汽車貸款）和房屋貸款都具有固定付款額的特點，而且通常是每個月付一次。

一般來說，這種在某段固定期間內，發生在每期期末的一連串固定現金流量稱為普通年金（annuity），或者是說，現金流量呈現普通年金形式（ordinary annuity form）。年金的觀念常常出現在財務借貸上。有一些簡便方法可供決定年金的現值。下面是相關的討論。

年金現金流量的現值

假設某項投資在未來三年的每年年底均可回收 $500。這項投資的現金流量是三年期間的 $500 年金。如果我們要求 10% 報酬率，我們現在對此年金願付出多少錢呢？

從上一節的討論得知，我們可以用 10% 將每一期的 $500 折現回來，然後加總起來求得現值：

$$\begin{aligned}
現值 &= [\$500/(1.1)^1] + [500/(1.1)^2] + [500/(1.1)^3] \\
&= (\$500/1.1) + (500/1.21) + (500/1.331) \\
&= \$454.55 + 413.22 + 375.66 \\
&= \$1,243.43
\end{aligned}$$

這種方法是可行的。然而，我們經常遇到的情況是年金的期數非常大，例如，典型的房屋貸款需要長達 30 年期間的月付款，總期數 360 期。如果要計算這些付款的現值，一種簡便的方法將是很管用的。

既然年金的每期現金流量都一樣，我們可以將基本現值等式加以變化出一個公式。當報酬率或利率為 r 時，期數為 t 期，每期現金流量為 C 的情況下，此年金現值為：

$$\begin{aligned}
年金現值 &= C \times \left(\frac{1 - 現值因子}{r} \right) \\
&= C \times \left\{ \frac{1 - [1/(1+r)^t]}{r} \right\}
\end{aligned} \quad [6.1]$$

第一行括弧內的項目稱為年金現值利率因子（present value interest factor for annuities），縮寫為 PVIFA(r, t)。

年金現值的式子看起來可能有點複雜，但是用起來卻一點也不難。請注意，第二行中括弧內的項目，$1/(1+r)^t$，就是我們所熟知的現值因子。在本節一開始所介紹的範例中，利率是 10%，為期三年。故現值因子為：

$$現值因子 = 1/(1.1)^3 = 1/1.331 = 0.751315$$

要算出年金現值因子，只要代入這一項：

年金現值因子＝(1－現值因子)/r
　　　　　　＝(1－0.751315)/0.10
　　　　　　＝0.248685/0.10
　　　　　　＝2.48685

與我們之前算出來的一樣。所以，$500 年金的現值為：

年金現值＝$500×2.48685＝$1,243.43

範例 6.5　你付得起多少呢？

在仔細評估過預算後，你決定以月付 $632 的方式，來購買一輛新車。你打電話給本地銀行，查知現行48個月期月利率是1%。那麼你可以借到多少錢呢？

要決定這個金額，必須算出月利率1%下，每個月 $632，為期48個月的現值。這項貸款呈普通年金形式，所以年金現值因子為：

年金現值因子＝(1－現值因子)/r
　　　　　　＝[1－(1/1.01^{48})]/0.01
　　　　　　＝(1－0.6203)/0.01
　　　　　　＝37.9740

有了這個因子，我們就可以算出期付 $632，共付48期的現值為：

現值＝$632×37.9740＝$24,000

因此，$24,000是你所能借得起的金額。

年金表　有普通現值因子表，也有年金現值因子表。表 6.1 列出部份年金現值利率因子，附錄 A 中的表 A.3 則列示較多的因子。要找出範例 6.5 所求得的年金現值因子，只要沿著期數 3 的那一列，對照到 10% 那一欄，交叉的這一格就是 2.4869，和之前計算出來的一樣。試著計算一些因子，然後和表上的答案對照，以確認知道如何計算。若使用財務計算機，只要輸入 $1 作為付款額，然後計算現值，結果應該就是年金現值因子了。

表 6.1　年金現值利率因子

期數	5%	10%	15%	20%
1	0.9524	0.9091	0.8696	0.8333
2	1.8594	1.7355	1.6257	1.5278
3	2.7232	2.4869	2.2832	2.1065
4	3.5460	3.1699	2.8550	2.5887
5	4.3295	3.7908	3.3522	2.9906

計算機提示

年金現值

用計算機求年金現值時，我們需要用到 PMT 鍵，與單一金額現值之計算作比較，這裡有兩個重要的差別。第一，我們用 PMT 鍵來輸入年金的金額；第二，我們不需輸入任何有關終值 FV 的數字。所以，用我們剛剛看的例子，三年 $500 的年金，如果折現率是 10%，我們要進行下列的輸入（在清除計算機之後）：

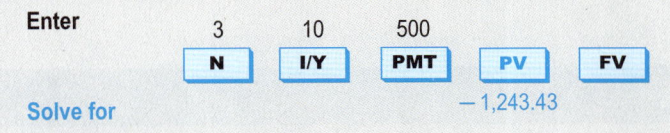

Enter	3	10	500		
	N	I/Y	PMT	PV	FV
Solve for				−1,243.43	

照例，在 PV 的數字前會出現負號。

找出付款額　假設你打算經營時下最流行的健康食品冷凍犛牛奶。為了生產及行銷這項新產品——Yakkee Doodle Dandy，你須借款 $100,000。但你深信這股風潮只是一時的流行，不會持續太久，所以你打算分五年定額迅速地還清這筆借款。若利率是 18%，則每年還款多少呢？

在這個例子裡，現值是 $100,000，利率是 18%，期間是五年，每期付款金額相同。所以我們必須找出攸關的年金因子，以求出未知的現金流量：

$$\text{年金現值} = \$100{,}000 = C \times [(1 - \text{現值因子})/r]$$
$$= C \times \{[1 - 1/(1.18^5)]/0.18\}$$
$$= C \times [(1 - 0.4371)/0.18]$$
$$= C \times 3.1272$$
$$C = \$100{,}000/3.1272 = \$31{,}977.78$$

所以，每年的付款金額略少於 $32,000。

策略試算表

年金現值

使用試算表找出年金現值：

	A	B	C	D	E	F	G
1							
2	使用試算表找出年金現值						
3							
4	假設折現率是 10%，每期付款額 $500 的三年期年金現值是多少？						
5	我們必須求解未知的現值，所以使用公式 PV(rate,nper,pmt,fv)。						
6							
7	每期付款額：	$500					
8	期數：	3					
9	折現率：	0.1					
10							
11	年金現值	**$1,243.43**					
12							
13	在 B11 格子內的公式是 =PV(B9,B8,-B7,0)；注意 fv 為零且 pmt 前有負號。						
14	另外，折現率是以小數點輸入，不是百分比。						
15							
16							
17							

計算機提示

年金支付

用財務計算機找出年金支付是很容易的，在前面的例子中，PV 是 $100,000，利率是 18%，期間是五年。我們用下列方式找出支付額：

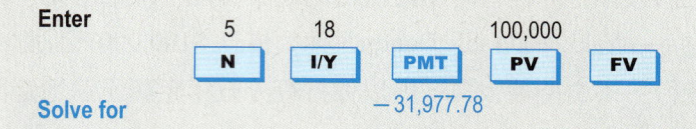

Enter	5	18		100,000	
	N	I/Y	PMT	PV	FV
Solve for			−31,977.78		

在支付額之前會有一個負號，因為對我們而言，它是現金流出。

策略試算表

年金每期付款額

使用試算表求解相同問題如下：

	A	B	C	D	E	F	G
1							
2		使用試算表找出年金每期付款額					
3							
4	假設現值為 $100,000，利率是 18%，且期數為 5，求算年金的每期付款額？我們要求解						
5	年金的未知每期付款額，所以使用公式 PMT(rate,nper,pv,fv)。						
6							
7							
8		年金現值：	$100,000				
9		付款期數：	5				
10		折現率：	0.18				
11							
12		年金每期付款額：	−$31,977.78				
13							
14	在 B12 格子內的公式是 =PMT(B10,B9,B8,0)；注意 fv 是 0，而付款額前有負號，因它對我們						
15	而言，是現金流出量。						
16							

範例 6.6　找出還款期數

你在春假期間因為錢不夠用，所以用信用卡簽帳 $1,000，但你只付得起最低付款額 $20。假設信用卡的利率是每月 1.5%，那麼你需要多久時間才能把這 $1,000 的帳款還清呢？

我們知道這是每月 $20 的年金現金流量，月利率 1.5%，期數則未知，現值是 $1,000（你今天所欠的錢）。我們需要做一點運算（或使用財務計算機）：

$$\$1,000 = \$20 \times [(1 - 現值因子)/0.015]$$
$$(\$1,000/20) \times 0.015 = 1 - 現值因子$$
$$現值因子 = 0.25 = 1/(1+r)^t$$
$$(1.015)^t = 1/0.25 = 4$$

這時候，問題變成：「在每個月 1.5% 利率下，要多少期間，你的錢才會變成四倍呢？」根據上一章的討論，答案是大約 93 個月：

$$(1.015)^{93} = 3.99 \approx 4$$

所以，大約要花 93/12 = 7.75 年才能還清這 $1,000 的欠款。如果使用財務計算機來解這類問題，部份計算機會自動四捨五入取整數。

計算機提示

求期數

用財務計算機求解這個問題時,做下列的輸入:

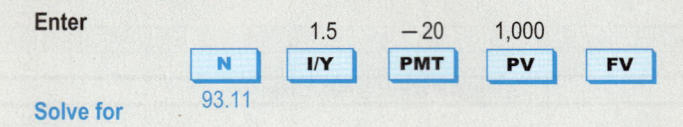

Enter		1.5	−20	1,000	
	N	I/Y	PMT	PV	FV
Solve for	93.11				

請注意,在支付額之前要輸入負號,我們已求出了月數,必須把它除以 12 才能得到我們要的答案。有些財務計算機不會報出 N 的小數點部份,它們會自動(不會告訴你)進位到下一個整數(不是最接近的數字)。使用試算表時,用 = NPER(rate, pmt,pv,fv) 這個函數;記得 fv 要輸入 0,payment 輸入 −20。

找出折現率 最後一個問題是關於年金的隱含利率。例如,保險公司願意每年支付 $1,000 計十年,只要你現在給付 $6,710。這個十年年金所隱含的利率是多少?

在這個例子裡,我們已知現值($6,710)、現金流量(每年 $1,000)及該項投資的期間(十年)。還不知道的是折現率:

$$\$6,710 = \$1,000 \times [(1-現值因子)/r]$$
$$\$6,710/1,000 = 6.71 = \{1-[1/(1+r)^{10}]\}/r$$

所以,十期的年金因子是 6.71,我們必須解出式子中的未知數(r)。很不幸地,無法直接解出答案。唯一可以求得 r 的方法就是查表或試誤法(trial and error)。

如果你在表 A.3 中沿著十期這列看過去,你將發現在 8% 這一欄的年金因子為 6.7101,所以保險公司提供給你的大概是 8% 的報酬率。或者,我們可以開始代入不同值,直到得到最接近的答案,試誤法或許有點繁瑣,幸好,我們可以借助電腦來計算。[1]

為了說明如何使用試誤法,假設有位親戚想向你借 $3,000,並將在接下來四年每年還你 $1,000。根據這些已知條件,她付給你的利率是多少?

這裡的現金流量是每年 $1,000 的四年期年金。現值是 $3,000,我們需要找出折現率 r。這樣做的主要目的在於讓你了解年金的每年現金流量和折現率間的關係。

---

[1] 財務計算機依賴試誤法求出答案,這就是為什麼計算機似乎先停頓「想」一下,再計算出答案的原因。事實上,假如期數少於五期,也可以直接地求 r,但無須如此大費周章。

首先，我們必須以某個利率開始。假設以 10% 為起始利率，那麼年金因子就是：

年金現值因子＝$[1-(1/1.10^4)]/0.10 = 3.1699$

因此，在 10% 下，現金流量的現值為：

現值＝$\$1,000 \times 3.1699 = \$3,169.90$

你看！我們快接近答案了。

10% 是太高，還是太低呢？記得，現值和折現率是呈相反方向變動。折現率提高，現值就降低，反之亦然。而這裡的情況是，現值太高了，所以折現率顯然是太低了。我們試試 12%：

現值＝$\$1,000 \times \{[1-(1/1.12^4)]/0.12\} = \$3,037.35$

現在更接近答案了，不過折現率還是有點低（因為現值還是高了一點），所以我們再試試 13%：

現值＝$\$1,000 \times \{[1-(1/1.13^4)]/0.13\} = \$2,974.47$

現值變成少於 $3,000。所以，答案就介於 12% 和 13% 之間，而且大約是在 12.5% 左右。請再試幾次，看看答案是否為 12.59%。

找出隱含的利率將有助於決策的分析。為了說明這一點，讓我們來看看在緬因州、佛蒙特州和新罕布夏州三州所發行的 Megabucks 彩券所提供給中獎人支領獎金的各種選擇（彩券通常提供中獎人類似的選擇）。在最近一次抽獎中，中獎人可以選擇一次領取總額 $250,000 的獎金，或是 $500,000 平均分攤於 25 年的年金（通常一次領取的獎金金額是分次領取年金總額的一半）。哪一種選擇比較好？

要回答這個問題，我們必須比較現今的 $250,000 和 25 年每年 $500,000/25＝$20,000 的年金。當利率多少時，這兩筆金額的價值會相等嗎？這正是剛討論過的問題：我們必須找出未知的利率 r，使得 25 年年金的現值正好等於 $250,000。這個利率計算出來大約是 6.24%。如果這個利率比其他的投資更具吸引力的話，你就應該選擇年金方案。請注意，在這個例子裡，我們忽略了稅的考量，而稅會影響到我們的結論。所以，只要中了彩券，記得找稅務顧問好好商量一下。

計算機提示

求利率

或者，你可以用財務計算機做下列輸入：

	Enter	4		1,000	−3,000	
		N	I/Y	PMT	PV	FV
	Solve for		12.59			

請注意，我們在現值之前輸入負號（為什麼？），使用試算表時，用 =RATE(nper,pmt,pv,fv) 這個函數；記得 fv 要輸入 0，payment 輸入 1,000，pv 輸入 −3,000。

年金終值

了解年金終值的計算捷徑是很管用的。你或許猜測，有年金現值因子就有年金終值因子。通常年金終值因子就是：

$$\text{年金終值因子} = (\text{終值因子} - 1)/r$$
$$= [(1+r)^t - 1]/r \quad [6.2]$$

假設你每年存 $2,000 到利率 8% 的退休金帳戶，那麼 30 年後退休時，戶頭裡會有多少錢？

在這裡，年數 t 是 30 年，利率 r 是 8%，所以我們可以計算年金終值因子如下：

$$\text{年金終值因子} = (\text{終值因子} - 1)/r$$
$$= (1.08^{30} - 1)/0.08$$
$$= (10.0627 - 1)/0.08$$
$$= 113.2832$$

所以，30 年期 $2,000 年金的終值是：

$$\text{年金終值} = \$2,000 \times 113.28$$
$$= \$226,566$$

計算機提示

年金終值

當然,你可以用財務計算機求解這個問題,按照下列方式輸入:

Enter	30	8	−2,000		
	N	I/Y	PMT	PV	FV
Solve for					226,566

請注意,我們在支付額之前輸入負號(為什麼?),使用試算表時,用 =FV(rate, nper,pmt,pv) 這個函數;記得 pv 要輸入 0,payment 輸入 −2,000。

有時候,我們必須由已知的年金終值找出未知的利率 r。例如,如果你在 1978 年 12 月之前的 25 年期間,每個月投資 $100 到股票上,那麼你的投資價值已經成長到 $76,374。然而,在 1925 年至 2005 年間,上述 25 年期間的股票市場是表現最差的 25 年。到底有多差呢?

在這個例子裡,我們的現金流量是每個月 $100,終值(future value)是 $76,374,期間是 25 年,也就是 300 個月。我們必須找出隱含的利率 r:

$$\$76{,}374 = \$100 \times [(終值因子 - 1)/r]$$
$$763.74 = [(1+r)^{300} - 1]/r$$

因為這是最差的一段期間,所以我們先試試看 1%:

$$年金終值因子 = (1.01^{300} - 1)/0.01 = 1{,}878.85$$

可見 1% 太高了。用試誤法求得 r 大約是每個月 0.55%,年利率約為 6.8%(本章稍後會介紹到如何換算為年利率)。

期初年金

到目前為止,我們只討論了普通年金。普通年金固然很重要,另外一種變化型年金也相當常見。普通年金的現金流量發生在每期期末。例如,當你以每月償還的方式取得一筆貸款時,第一次還款通常是在你取得貸款的一個月後。然而,當你承租公寓時,第一個月的租金通常是立刻支付,第二個月的租金則在第二個月月初支付,餘此類推。租賃就是**期初年金**(annuity due)的例子。期初年金的現金流量發生在每期期初。所有期初預付相等款項的現金流量都是期初年金。

有各種不同的方法可供計算期初年金的現值。如果使用財務計算機，只需將型態轉換成"due"或"beginning"就可以了。我們以時間線來解說另一種計算期初年金現值的方法。假設有一項每期 $400 的五期期初年金，收關折現率是 10%。時間線看起來就像這樣：

```
0         1         2         3         4         5
$400     $400     $400     $400     $400
```

上述的現金流量類似於四年期的普通年金，只是在時點 0 時多了一個額外的 $400 罷了。先找出四年期普通年金在折現率 10% 下的現值為 $1,267.95，然後再加上 $400，共計 $1,667.95，就是期初年金的現值了。

還有更簡單的方法可供計算期初年金的現值和終值。如果我們假設現金流量發生在期末，但實際上卻是發生在期初，那麼把期初年金看待成普通年金處理，將會多折現一期。所以，只要乘以 $(1+r)$，就可以得到期初年金的現值。事實上，期初年金與普通年金的關係就是：

期初年金價值＝普通年金價值×$(1+r)$　　　　　　　　　　　　　　　　[6.3]

這個式子對現值和終值都成立。所以，計算期初年金的價值有兩個步驟：(1) 把它視為普通年金以求算現值或終值；(2) 將 (1) 的答案乘以 $(1+r)$。

永續年金

我們已經探討了一連串的年金現金流量的價值。有一種特別年金，它的現金流量是永遠持續下去。這種年金稱為永續年金（perpetuity）。永續年金在加拿大和英國又稱為統合公債（consols）。範例 6.7 是永續年金的例子。

永續年金的現金流量期數是無窮盡的，所以我們無法將每期現金流量分別折現。但很幸運地，永續年金的評價是所有各類年金中最簡單的。永續年金的現值即為：

永續年金之現值＝C/r　　　　　　　　　　　　　　　　　　　　　　[6.4]

例如，一項投資可獲得每年 $500 永續現金流量，你要求的報酬率是 8%。那麼，這項投資的價值是多少？這個永續年金的價值計算如下：

永續年金之現值＝C/r＝$500/0.08＝$6,250

多期現金流量的評價討論到此為止。表 6.2 匯總前面所介紹年金和永續年金之計算，供未來參考之用。到目前為止，你或許認為可以直接使用網站上的計算機處理年金問題。在你上網之前，請先參考下一頁的網路作業範例。

網路作業

如同前面章節所討論的，許多網站提供了財務計算機，其中一個網站是 Calculatoredge，網址是 www.calculatoredge.com，假設你幸運地擁有 $2,000,000，你認為你可以賺到 8% 的報酬率，往後的 30 年期間，你每年可以提取多少錢呢？這裡是 Calculatoredge 計算出的結果：

```
Enter your values:
Currency:              US Dollars
Starting Principal:    2000000     US Dollars
Annual Interest Rate:  8           %
Repayment Period:      30          Years

          [Calculate]    [Clear]

Results:
Annuity Payment:  164495.25  US Dollars / Year
```

根據 Calculatoredge 的計算機，這個答案是 $164,495.25，明白你所計算的事是多重要？你自己再重新計算一遍，你應該會得到 $177,654.87 的答案，哪一個是正確的？當然是你的答案，答案不同的原因是因為 Calculatoredge 假設（它有另外說明）年金的形式是期初年金，並不是普通年金。回想一下，採用期初年金的方式時，付款是發生在每一期的期初而不是期末，這則故事的用意非常簡單：計算者留心（caveat calculator）。

問　題

1. 請上網連接到 www.calculatoredge.com 的財務計算機，假設你擁有 $2,500,000，且每年可賺取 8% 的報酬率，往後的 35 年期間，你每年可以提取多少金額呢？假設是普通年金型態，你每年可以提取多少金額呢？

2. 假設你擁有 $500,000，希望未來十年期間，每個月提領一筆固定金額。假設你今天提領第一筆金額，而年利率為 9%，每個月複利一次，請使用網站的計算機，求算每個月的提領金額？

表 6.2　年金和永續年金計算摘要

I. 符號：

　PV＝現值，未來現金流量在今天的價值
　FV_t＝終值，現金流量在未來的價值
　　r＝每期之利率、報酬率或折現率，通常一期（並非絕對）是一年
　　t＝期數，通常（並非絕對）是年數
　　C＝現金金額

II. 在每期 $r\%$ 下，每期 \$$C$，持續 t 期的終值：

$$FV_t = C \times \{[(1+r)^t - 1]/r\}$$

一連串等額的現金流量就稱為年金（annuity），$[(1+r)^t - 1]/r$ 則稱為年金終值因子（annuity future value factor）。

III. 在每期 $r\%$ 下，每期 C，持續 t 期的現值：

$$PV = C \times \{1 - [1/(1+r)^t]\}/r$$

$\{1 - [1/(1+r)^t]\}/r$ 稱為年金現值因子（annuity present value factor）。

IV. 每期 \$$C$ 的永續年金現值：

$$PV = C/r$$

永續年金（perpetuity）擁有每年相同的現金流量，持續永遠。

範例 6.7　特別股

　　特別股（preferred stock 或 preference stock）是永續年金中的一個重要例子。當一家公司發行特別股時，購買者所得到的承諾是每期（通常是每季）持續地領取固定的現金股利。特別股股利優先於普通股股利的發放，所以是特別的（preferred）。

　　假設 Fellini 公司擬以每股 \$100 發行特別股。已經流通在外的類似特別股的每股價格是 \$40，每季股利 \$1。如果 Fellini 要發行這支特別股，它必須提供多少股利？

　　已發行的特別股之現值是 \$40，現金流量是永續的每季 \$1，因為這是一個永續年金，所以：

　　現值＝\$40＝\$1 × (1/r)
　　　r ＝ 2.5%

為了吸引投資者，這支新發行的特別股也應該每季（per quarter）發放 2.5% 的股利。所以，如果現值是 $100，股利就是：

現值 = $100 = C × (1/0.025)
C = $2.50（每季）

成長型普通年金與永續年金

普通年金一般會有與時成長的給付，例如，假定我們觀察一個給付期 20 年的彩券，一年後的第一次給付金額會是 $200,000。之後每一年的給付金額會增加 5%，所以第二年的給付金額是 $200,000 × 1.05 = $210,000，第三年則是 $210,000 × 1.05 = $220,500，之後以此類推。如果折現率為 11%，則年金的現值是多少？

如果我們以 g 代表成長率，我們可以使用修正版的普通年金公式來計算成長型普通年金的現值：

$$\text{成長型普通年金現值} = C \times \left[\frac{1 - \left(\frac{1+g}{1+r}\right)^t}{r - g} \right] \quad [6.5]$$

代入我們彩券例子的數字（讓 $g = 0.05$），得到：

$$\text{現值} = \$200,000 \times \left[\frac{1 - \left(\frac{1 + 0.05}{1 + 0.11}\right)^{20}}{0.11 - 0.05} \right]$$
$$= \$200,000 \times 11.18169 = \$2,236,337.06$$

也有另一個公式可用來計算成長型永續年金的現值：

$$\text{成長型永續年金現值} = C \times \left[\frac{1}{r - g} \right] = \frac{C}{r - g} \quad [6.6]$$

我們所舉的彩券例子中，現在假定給付會永遠持續下去，如此一來，現值為：

$$\text{現值} = \$200,000 \times \frac{1}{0.11 - 0.05}$$
$$= \$200,000 \times 16.6667 = \$3,333,333.33$$

成長型永續年金的概念似乎有些奇怪，因為每一期給付無止境地變大，但我們在後面一章會看到，成長型永續年金在股票評價中扮演重要的角色。

進入下一個主題前，關於成長型普通年金及永續年金公式，有一個要注意的重點，公式中的現金流量 C 是從今天算起剛好一期後的現金流量。

> **觀念問題**
>
> **6.2a** 一般而言，折現率為 r，每期 C 的年金現值是多少？終值是多少？
> **6.2b** 一般而言，永續年金的現值為何？

6.3 利率的比較：複利的功效

最後，要討論的主題是牌告利率。因為利率有多種報價方式，所以易造成混淆。有些報價方式是源自於傳統，有些則要符合法令規定。不幸地，利率的報價方式經常不是很清楚，以致於誤導消費者和投資者。這些是本節的主題。

有效年利率和複利

如果年利率是 10%，每半年複利一次，那麼實際上這項投資的六個月報酬是 5%。問題是：半年 5% 的利率和每年 10% 的利率是一樣嗎？這兩個是不一樣的。如果在 10% 年利率下投資 \$1，一年後你將擁有 \$1.10。但是如果在每六個月 5% 的利率下投資 \$1，那麼 5% 利率下的 \$1 在兩期後的終值是：

$$\$1 \times (1.05)^2 = \$1.1025$$

多了 \$0.0025。理由很簡單，六個月後，\$1×0.05＝\$0.05 的利息進到你的帳戶中，而這些利息又將在接下來的六個月賺取 5% 的利息。所以，一年後就多出了 \$0.05×0.05＝\$0.0025。

這個例子說明了，半年複利一次的 10% 年利率相當於年利率 10.25%。換句話說，年利率 10% 每半年複利一次和年利率 10.25% 每年複利一次是一樣的。只要年中有複利，就要注意實際利率究竟是多少。

在這個例子裡，10% 稱為設定利率（stated interest rate），或牌告利率（quoted interest rate）；而 10.25% 則是你實際賺得的，稱為有效年利率（effective annual rate, EAR）。要比較不同投資或不同的牌告利率，必須先把利率轉換成有效利率。接下來介紹轉換方法。

計算和比較有效年利率

為了說明有效利率的重要性，假設你有下列三種利率報價：

A 銀行：15%，每日複利

B 銀行：15.5%，每季複利

C 銀行：16%，每年複利

如果要開一個儲蓄帳戶，哪一家銀行的利率最好呢？如果上述是貸款利率，那麼又是哪一家銀行的利率最好呢？

C 銀行提供的是 16% 的年利率。因為在一年中沒有複利，所以 16% 就是有效年利率。B 銀行實際上是每季付 0.155/4＝0.03875＝3.875%。在這個利率下，投資 $1，四季後就變成：

$1×(1.03875)^4＝$1.1642

因此，EAR 是 16.42%。對存款人而言，B 銀行利率高於 C 銀行提供的 16%，所以 B 銀行比較好；但是，對借款人而言，B 銀行比較不好。

再來看看 A 銀行。A 銀行採每天複利計息的方式。這似乎有點極端，但是每天計息的方式是很常見的。在這個例子裡，日利率實際上是：

0.15/365＝0.000411

也就是每天 0.0411%。在這個利率下，$1 複利 365 次後，就變成：

$1×(1.000411)^{365}＝$1.1618

EAR 為 16.18%。對存款人來說，不如 B 銀行所提供的 16.42% 好；對借款人來說，則不如 C 銀行的 16% 好。

這個例子說明了兩件事：第一，牌告利率最高的未必是最好的；第二，年中複利可能造成牌告利率和有效利率間的重大差異。記住，有效利率就是你實際得到或支付的利率。

從上面的例子得知，計算 EAR 有三個步驟：(1) 把牌告利率除以複利期數；(2) 將求得的結果加 1，並以複利期數為次方，算出結果；(3) 將 (2) 的結果減掉 1，就是 EAR。如果令 m 為一年中的複利期數，則 EAR 的公式如下：

$$\text{EAR}=[1+(牌告利率/m)]^m-1 \qquad [6.7]$$

例如，某項投資的牌告利率為 12%，每月複利計息。也就是說，利息一年複利 12 次，所以 m 是 12。故算出有效年利率是：

$$\begin{aligned}\text{EAR}&=[1+(牌告利率/m)]^m-1\\&=[1+(0.12/12)]^{12}-1\\&=(1.01)^{12}-1\end{aligned}$$

$$= 1.126825 - 1$$
$$= 12.6825\%$$

範例 6.8　EAR 是多少？

某家銀行提供 12% 利率，每季複利一次。如果你存入 $100 到這家銀行，一年後你將有多少錢？EAR 是多少？兩年後你又將有多少錢呢？

實際上，銀行所提供的利率是每季 12%/4＝3%。如果你把 $100 投資四期，每期利率 3%，則終值為：

$$終值 = \$100 \times (1.03)^4$$
$$= \$100 \times 1.1255$$
$$= \$112.55$$

求出 EAR 是 12.55%。（∵ $100×(1＋0.1255)＝$112.55）

有兩種方法可算出兩年後你所擁有的錢。一種方法是把兩年看成八季，每季 3%。八季後你就有：

$$\$100 \times (1.03)^8 = \$100 \times 1.2668 = \$126.68$$

或者，可以利用 EAR，也就是 12.55% 來計算這筆錢在兩年後的價值：

$$\$100 \times (1.1255)^2 = \$100 \times 1.2668 = \$126.68$$

兩種方法求得的答案是一樣的。所以，當求算現值或終值時，務必使用實際利率，或是有效年利率。在這個例子裡，實際利率是每季 3%，有效年利率是 12.55%。只要知道 EAR，兩種方法均適用。

範例 6.9　牌告利率

既然已經知道如何將牌告利率轉換成 EAR，我們來看看反方向的轉換。身為放款人，你想從一筆放款中賺取 18% 的利息，而且你想以每月複利計息的方式報價。那麼，放款的牌告利率應是多少呢？

在這個例子裡，EAR 為 18%，我們知道這是每月複利的結果。如果令 q 為牌告利率，那麼：

$$EAR = [1+(牌告利率/m)]^m - 1$$
$$0.18 = [1+(q/12)]^{12} - 1$$
$$1.18 = [1+(q/12)]^{12}$$

要求解式子內的 q，其求算過程與第 5 章中求算未知利率的方法類似：

$$1.18^{(1/12)} = 1+(q/12)$$
$$1.18^{0.08333} = 1+(q/12)$$
$$1.0139 = 1+(q/12)$$
$$q = 0.0139 \times 12$$
$$= 16.68\%$$

所以，利率可設定為 16.68%，採每月複利計息。

EAR 和 APR

有時候，不易判斷某個利率是否為有效年利率。貸款合約內的年百分率（annual percentage rate, APR）就是一個例子。美國的誠實貸款法（truth-in-lending laws）要求放款人揭露所有消費貸款的 APR，必須清楚且不含糊地列在貸款契約文件上。[2]

既然規定必須揭露 APR，那麼問題是：APR 是有效年利率嗎？換句話說，如果銀行公佈汽車貸款是 12% 的 APR，消費者付出的是 12% 利率嗎？令人訝異的是：答案是否定的。下面就來澄清這點困惑。

APR 會產生混淆，肇因於法律要求放款人使用特別方法以計算 APR。依據法律規定，APR 就是一年中每期的利率乘以該年中的期數。例如：如果銀行對汽車貸款收取每月 1.2% 的利息，那麼 APR 就是 1.2%×12＝14.4%。所以，APR 事實上就是我們前面討論過的設定利率或牌告利率。例如：採月付款方式，APR 為 12% 的貸款，實際上每個月利率是 1%，因此 EAR 為：

$$EAR = [1+(APR/12)]^{12} - 1$$
$$= (1.01)^{12} - 1 = 12.6825\%$$

---

[2] 法律規定放款人必須揭露所有消費者貸款的 APR。在本書中，我們將每期的利率乘以一年內的期數，計算出 APR。依照聯邦法律的規定，APR 是消費者信用貸款成本的年化利率指標，它包含利息和一些非利息項的收費及費用。實務上，假如放款人的非利息項收費相當高的話，那麼使用聯邦所命令的 APR 計算公式，將這些收費納入後所得到的 APR，可能會高出貸款利率甚多。

範例 6.10　你付出多少利息？

典型的信用卡發卡銀行均設定 APR 為 18%，而且消費者要每月償還款項。這種信用卡的實際利率是多少呢？

根據上面的討論，每月付款 18% 的 APR 相當於每月利率為 $0.18/12 = 0.015$，也就是 1.5%。因此，EAR 是：

$$\begin{aligned}
EAR &= [1+(0.18/12)]^{12} - 1 \\
&= (1.015)^{12} - 1 \\
&= 1.1956 - 1 = 19.56\%
\end{aligned}$$

這就是你實際支付的利率。

令人覺得諷刺的是，所謂的誠實貸款法竟然要求放款人無須誠實地書明貸款的實際利率。同樣地，也有所謂的誠實存款法（truth-in-saving laws）要求銀行或其他借款人針對存款帳戶公佈「年百分殖利率」（annual percentage yield, APY）。APY 其實就是 EAR。因此，對借款人的報價利率（APRs）與對存款人的報價利率（APYs），其計算方式是不同的。

當利率處於高檔時，APR 和 EAR 的差異會很大。例如，以「支薪日貸款」（payday loans）為例，支薪日貸款是由 AmeriCash Advance 及 National Payday 等公司提供給消費者的短期貸款，貸款期間通常少於兩週。貸款程序如下：消費者今天開立一張遠期支票，與放款公司交換一些現金，當支票到期時，消費者到放款公司支付支票金額或放款公司將支票兌現（或者自動續約）。

例如，在美國的某一州，消費者交付 Check Into Cash 公司一張面額 $115 的 14 天遠期支票，而 Check Into Cash 則交付 $100 現金給消費者，請問這筆交易的 APR 和 EAR 是多少呢？首先，我們可以使用終值公式求算利率如下：

$$\text{終值} = \text{現值} \times (1+r)^1$$
$$\$115 = \$100 \times (1+r)^1$$
$$1.15 = (1+r)$$
$$r = 0.15 \text{ 或 } 15\%$$

看起來還不賴，但那是 *14 天*的利率！而 APR 是：

$$APR = 0.15 \times 365/14$$
$$APR = 3.9107 \text{ 或 } 391.07\%$$

另外，EAR 是：

EAR＝(1＋牌告利率/m)^m － 1
EAR＝(1＋0.15)$^{365/14}$ － 1
EAR＝37.2366 或 3,723.66%

這就是貸款利率！看看償還金額變動後有什麼差異，假設 Check Into Cash 允准你開立面額 $117.50 的遠期支票，日期仍是 14 天，自己演算一下，看看 APR 是不是 456.25%，而 EAR 是不是 6,598.65%；這樣的貸款利率不是我們所期待的。

極限型的連續複利

儲蓄帳戶中的存款一年內可以複利幾次？事實上，複利次數並沒有上限。例如，我們已經看過每日複利的例子。然而，複利期間不是到每日為止。可以每小時、每分鐘或每秒鐘複利一次。在這種情況下，EAR 最高是多少？表 6.3 列示當複利期間愈來愈短時，年利率 10% 複利的 EAR。請注意，EAR 確實是愈來愈大，但是之間的差異卻愈來愈小。

如表 6.3 所示，EAR 有個上限。如果以 q 代表牌告利率，那麼當複利次數非常大時，EAR 將趨近於：

EAR＝e^q － 1　　　　　　　　　　　　　　　　　　　　　　　　　[6.8]

e 為 2.71828（在你的計算機上找尋"e^x"這個字鍵）。例如，以 10% 來說，最大的 EAR 為：

表 6.3　複利次數和有效年利率

複利期間	複利次數	有效年利率
年	1	10.00000%
季	4	10.38129
月	12	10.47131
週	52	10.50648
日	365	10.51558
小時	8,760	10.51703
分鐘	525,600	10.51709

$$\begin{aligned}
\text{EAR} &= e^q - 1 \\
&= 2.71828^{0.10} - 1 \\
&= 1.1051709 - 1 \\
&= 10.51709\%
\end{aligned}$$

在這個例子裡，我們說錢是連續地（continuously）或是瞬間地（instantaneously）複利。實際情形是，賺得利息的那一瞬間，錢已經進入帳戶繼續滾利息了，所以金額是持續不斷地成長的。

範例 6.11 法律有何規定？

在很久以前，商業銀行和儲貸機構（S&Ls）的儲蓄存款利率都有上限。在 Q 條款（Regulation Q）下，S&Ls 最多只能支付 5.5% 的利率，而銀行則不能支付超過 5.25%（其概念是為了要增加 S&Ls 的競爭力；但是並沒有用）。然而，Q 條款並沒有規定複利的期間。那麼，在 Q 條款下，利率上限是多少呢？

最大可能利率是發生在連續複利，或稱為瞬間複利時。對商業銀行而言，5.25% 的連續複利為：

$$\begin{aligned}
\text{EAR} &= e^{0.0525} - 1 \\
&= 2.71828^{0.0525} - 1 \\
&= 1.0539026 - 1 \\
&= 5.39026\%
\end{aligned}$$

這是銀行所能支付的，而 S&Ls 可以支付到 5.65406%。

觀念問題

6.3a 如果利率是 12%，採每日複利，我們稱此 12% 利率為何？
6.3b 何謂 APR？何謂 EAR？兩者相同嗎？
6.3c 一般而言，設定利率和有效利率之間有何關係？在財務決策上何者較攸關？
6.3d 連續複利代表什麼意思？

6.4 貸款種類與分期償還貸款

每當放款人貸放款項時，會設定一些有關本金（原始貸款金額）償還的條款。例如，貸款可以分期等額償還，或是一次付清。因為本金和利息的償還方式是由借貸雙方決定的，所以實際上有各種可能性。

本節介紹一些較常見的類型。至於其他較複雜的類型，可以由這裡衍生出來。我們介紹三種基本類型：純折價貸款、純付息貸款，以及分期償還貸款。這些類型的貸款都是前述章節中的現值原則之應用。

純折價貸款

純折價貸款（pure discount loan）是最簡單的一種貸款。借方在今天收到錢，在未來某個時點一次償還本息。舉例來說，一筆 10% 的一年期純折價貸款要求借款人就一年前所借的每 $1，償還 $1.10。

純折價貸款是很容易計算的。假設借款人在五年後將償還 $25,000，如果我們想從這筆貸款中賺得 12% 的利息，我們至多借他多少錢？換句話說，五年後 $25,000 的今天價值是多少？根據第 5 章的討論，就是五年後 $25,000 的現值：

$$現值 = \$25,000/1.12^5$$
$$= \$25,000/1.7623$$
$$= \$14,186$$

當貸款期間較短時，比如說一年或少於一年，純折價貸款是非常普遍。近年來，較長期間的貸款也經常使用這種貸款類型。

範例 6.12　國庫券

美國政府需要短期借款（一年或少於一年）時，就發行所謂的國庫券（Treasury bills 或 T-bills）。國庫券是政府承諾在未來某時點，例如三個月或 12 個月後，償還一筆固定金額的有價證券。

國庫券是純折價貸款。如果一張國庫券在 12 個月後償還 $10,000，而市場利率是 7%，那麼這張國庫券在市場上可以賣多少錢呢？

因為市場利率是 7%，所以今天所能賣的國庫券價錢就是一年後 $10,000 的現值：

現值＝$10,000/1.07
　　＝$9,345.79

純付息貸款

第二種貸款償還類型是借款人每期必須支付利息，然後在未來某時點償還全部本金。此種償還計畫稱為純付息貸款（interest-only loans）。請注意，如果只有一期，那麼純折價貸款和純付息貸款是完全一樣的。

舉個例子來說，某項三年期，利率 10% 的 $1,000 純付息貸款，在第一年和第二年年底借款人必須支付 $1,000×0.10＝$100 的利息。第三年年底時，借款人必須償還本金 $1,000 和該年的利息 $100。同樣地，對於 50 年的純付息貸款，借款人必須在接下來的 50 年每年支付利息，然後再還本金。最極端的情形是，借款人永遠每期支付利息，而從不償還本金，這就是本章稍早所討論的永續年金。

大部份的公司債都具有純付息貸款的型態，下一章將介紹公司債，目前就不做深入的探討。

分期償還貸款

無論是純折價貸款或是純付息貸款，本金都是一次償還。在分期償還貸款（amortized loan）類型中，放款人可能要求借款人分期償還本金。定期攤還本金的過程就稱為貸款本金的分期攤還（amortizing）。

最簡單的分期償還方法是借方每期償還利息加上一個固定金額。這種方法在商業貸款中相當常見。例如，某公司借款 $5,000，為期五年，利率 9%。借款合約規定借款人每年支付借款的利息，及償還 $1,000 的借款本金。因為借款本金每年減少 $1,000，五年後就全部還清。

在這個例子中，每年的總付款額遞減，因為貸款本金減少了，導致每年的利息費用跟著降低，但每年所減少的本金 $1,000 是固定的。例如，第一年的利息是 $5,000×0.09＝$450，總付款額是 $1,000＋450＝$1,450；第二年時，貸款餘額剩下 $4,000，所以利息費用是 $4,000×0.09＝$360，總付款額就是 $1,360。我們可以編製分期償還貸款表（amortization schedule）如下：

年	期初餘額	總付款額	利息支付	本金償還	期末餘額
1	$5,000	$1,450	$ 450	$1,000	$4,000
2	4,000	1,360	360	1,000	3,000
3	3,000	1,270	270	1,000	2,000
4	2,000	1,180	180	1,000	1,000
5	1,000	1,090	90	1,000	0
合計		$6,350	$1,350	$5,000	

每一年所支付的利息金額就是期初餘額乘以利率。而期初餘額就是上一年的期末餘額。

最常見的分期償還貸款方式是借款人每期償付一筆固定金額。幾乎所有的消費貸款（例如，汽車貸款）和抵押貸款，都採用這種方式。例如，前述五年期，利率 9%，$5,000 的貸款若採取這種償還方式，分期償還貸款表應該是什麼樣子呢？

首先必須決定付款額。從本章稍早的討論中得知，這種貸款的現金流量就是普通年金形式。所以，可以求解下式中的 C：

$$\$5,000 = C \times \{[1-(1/1.09^5)]/0.09\}$$
$$= C \times [(1-0.6499)/0.09]$$

得到：

$$C = \$5,000/3.8897 = \$1,285.46$$

借款人必須每年支付 $1,285.46 計五年。這樣是否就還清貸款了？我們來檢查看看。

在上例中，我們知道每年本金償還的金額，以貸款餘額計算利息，就可以求得總付款額。在這個例子裡，已知總付款額。因此，先計算利息，然後從總付款額中減掉利息，剩下的就是償還本金的金額。

第一年的利息是 $450，總付款額是 $1,285.46，所以本金償還的金額是：

本金償付＝$1,285.46－450＝$835.46

期末貸款餘額為：

期末貸款餘額＝$5,000－835.46＝$4,164.54

第二年的利息是 $4,164.54×0.09＝$374.81，貸款餘額減少了 $1,285.46－374.81＝$910.65。我們把所有相關的計算匯總如下：

年	期初餘額	總付款額	利息支付	本金償還	期末餘額
1	$5,000.00	$1,285.46	$ 450.00	$ 835.46	$4,164.54
2	4,164.54	1,285.46	374.81	910.65	3,253.88
3	3,253.88	1,285.46	292.85	992.61	2,261.27
4	2,261.27	1,285.46	203.51	1,081.95	1,179.32
5	1,179.32	1,285.46	106.14	1,179.32	0.00
合計		$6,427.30	$1,427.31	$5,000.00	

最後貸款餘額為零，所以五期的等額還款的確還清了這筆貸款。因為貸款餘額遞減的緣故，所以每期所支付的利息也遞減。在總付款額固定之下，每一期支付的本金必定遞增。

如果比較本節內的這兩種分期償還貸款方式，你會發現當總付款額相等時，總利息費用將較多（$1,427.31 相對於 $1,350）。這是因為前面幾期所償還的本金較少，所以利息就較多。但這並不意味著哪一種償還方式比較好，只是一種方式比另一種更快還清本金。例如，在總付款額相等的情況下，第一年減少的本金只有 $835.46，另一種情況則減少了 $1,000。許多網站都有提供分期償還貸款表，下一頁的網路作業就是一個範例。

本章以下面這個例子作為結束。Federal Stafford 貸款是許多大學生的重要資金來源，幫助學生支付學費、書籍費、新車款、住宿費和其他費用。但學生似乎不了解 Stafford 貸款有一個嚴重的缺點，就是貸款必須每個月分期償還，通常是在學生離校六個月後開始償還。

有些 Stafford 貸款給學生補貼，學生在開始還款之前，貸款不計利息（這是件好事）。如果你是合乎這項規定的大學生，你可以累積貸款的餘額高達 $23,000。在 2010 年至 2011 年期間，最高利率是 6.8%，也就是月利率 6.8%/12 ＝0.5667%。在「標準償還計畫」下，這項貸款分十年償還（但每月最低付款額為 $50）。

假設你借到了最高額度，但適用最高利率。你畢業（或離校）六個月後，每個月的還款額是多少？繳了四年貸款後，你還積欠多少錢？

根據之前的討論，在 $23,000 的貸款總額下，每月還款額是 $264.68。同時，由範例 6.13 得知，繳了四年貸款後，貸款餘額就是剩餘未繳款的現值。貸款期間總共是 120 個月，繳了 48 期（前四年）後，還剩 72 期。所以，在 0.50% 月利率下，每月金額為 $264.68 的 72 個月普通年金的現值大約是 $15,613，所以仍

網路作業

準備攤銷表是相當耗時的工作之一，使用試算表則可以簡化這個工作，然而，有一些網站提供快速、簡單的攤銷表計算功能。其中一個網站是 www.bankrate.com，它提供抵押貸款的計算機以計算房屋貸款，但是它一樣可以適用在其他大部份的貸款，如汽車貸款、助學貸款。假設你畢業時助學貸款的餘額是 $30,000，你打算在往後的十年內清償，利率是 6.8%，你每個月該還多少錢？用這個計算機計算，答案是：

Mortgage Calculator	Mortgage Payment Calculator
Mortgage amount:	$ 30000
Mortgage term:	10.000 years or 120 months
Interest rate:	6.8 % per year
Mortgage start date:	Jan 24 2011
Monthly Payments:	$ 345.24

自行練習這個例題，按下 "Show/Recalculate Amortization Table" 鍵，你會發現第一次的還款中，$175.24 屬於本金，$170.00 屬於利息。在整個貸款過程中，你將會付出 $11,428.92 的利息。

問題

1. 假設你有一筆 30 年期的 $250,000 房屋貸款，貸款利率為 6.8%，使用上述網站計算機，建構房貸的攤銷表，請找出第 110 期還款金額的本金與利息各是多少？在整個還款期間內，你總共支付了多少利息？
2. 假設你有一筆 30 年期的 $275,000 房貸，利率為 7.3%，在整個還款期間，你總共支付了多少利息？假設每個月的還款金額增加 $100，你共支付了多少利息？這個房貸可以提前多少時間償還完畢呢？

有一大筆貸款要償還。

當然，學生可能會債台高築。根據美國醫學院校協會的統計，2009 年醫學院的畢業生中，若有使用助學貸款，每位學生的貸款餘額平均數是 $160,000，喔！這些學生必須花費多少年始能還清債務？

範例 6.13　部份分期償還貸款（partial amortization）

一種常見的不動產貸款是將五年期借款以更長的期限（譬如15年）來分期償還。也就是說，借款人以15年分期償還為基礎，每月付固定金額。然而，60個月後，借款人必須以一筆高出前面每月付款的金額，稱為「汽球式付款」（balloon），來還清所有貸款。因為每個月所支付的金額（以15年為計算基礎）低於一般五年分期償還的金額，所以這種貸款稱為部份分期償還貸款。

假設有一筆 $100,000 的商業大樓抵押貸款，APR 為12%，分20年（240個月）償還，並且假設這項貸款期限是五年。那麼，每月的部份分期付款額是多少？五年後最後一筆汽球式付款是多少呢？

每月的付款額就是現值為 $100,000 的普通年金之每月現金流量。共有240期，每個月利率是1%，所以付款額為：

$$\$100{,}000 = C \times [1-(1/1.01^{240})]/0.01 = C \times 90.8194$$
$$C = \$1{,}101.09$$

各有一個簡單與複雜的方法可供計算五年後的最後一筆汽球式付款，複雜的方法是編製60個月分期償還貸款表，就可以找出五年後的貸款餘額。簡單的方法則是找出60個月後，所剩下 240－60＝180 個月貸款在當時（即60個月後）的現值。屆時，每個月還是付 $1,101.09，利率也仍是每個月1%，因此貸款餘額就是剩餘未付款額之現值：

$$\text{貸款餘額} = \$1{,}101.09 \times [1-(1/1.01^{180})]/0.01$$
$$= \$1{,}101.09 \times 83.3217$$
$$= \$91{,}744.69$$

所以，最後一筆汽球式付款是 $91,744。為什麼會這麼多呢？以第一個月的付款額為例，第一個月的利息是 $100{,}000 \times 0.01 = \$1{,}000$，而你支付 $1,101.09，本金部份只償還 $101.09。因為貸款餘額下降很慢，五年內所償還的本金並不多。

假設每月的還款金額為 $1,000，每個月的利率為 7/12 ＝ 0.5833%，請驗算一下，是否必須花費 466 個月或 39 年期間，始能還清債務。或許醫學學位（MD）代表的真正意義是「債務累累」（mucho debt）！

策略試算表

使用試算表求算貸款分期償還

貸款分期償還是試算表的一種很普遍的應用；我們以前述五年期，利率 9%，$5,000 的貸款問題為例，試算表就如下所示：

	A	B	C	D	E	F	G	H
1								
2				使用試算表求算貸款分期償還				
3								
4			貸款本金：	$5,000				
5			利率：	0.09				
6			貸款期限：	5				
7			每期償還金額：	$1,285.46				
8				注意: 償還金額是使用 PMT(rate,nper,-pv,fv) 求算。				
9			分期償還表：					
10								
11		年	期初	總付	利息	本金	期末	
12			餘額	款額	支付	償還	餘額	
13		1	$5,000.00	$1,285.46	$450.00	$835.46	$4,164.54	
14		2	4,164.54	1,285.46	374.81	910.65	3,253.88	
15		3	3,253.88	1,285.46	292.85	992.61	2,261.27	
16		4	2,261.27	1,285.46	203.51	1,081.95	1,179.32	
17		5	1,179.32	1,285.46	106.14	1,179.32	0.00	
18		合計		6,427.31	1,427.31	5,000.00		
19								
20			分期償還表內的內建公式：					
21								
22		年	期初	總付	利息	本金	期末	
23			餘額	款額	支付	償還	餘額	
24		1	=+D4	=$D$7	=+$D$5*C13	=+D13-E13	=+C13-F13	
25		2	=+G13	=$D$7	=+$D$5*C14	=+D14-E14	=+C14-F14	
26		3	=+G14	=$D$7	=+$D$5*C15	=+D15-E15	=+C15-F15	
27		4	=+G15	=$D$7	=+$D$5*C16	=+D16-E16	=+C16-F16	
28		5	=+G16	=$D$7	=+$D$5*C17	=+D17-E17	=+C17-F17	
29								
30			注意:分期償還表內的合計是使用 SUM 公式求算得到的。					
31								

觀念問題

6.4a 何謂純折價貸款？何謂純付息貸款？試說明之。

6.4b 分期攤還貸款是什麼意思？

6.4c 何謂汽球式付款（balloon payment）？如何計算其金額？

6.5 總結

本章介紹貨幣時間價值和折現現金流量評價的基本觀念。這些重要觀念包含：

1. 有兩種方法可供求算多期現金流量的現值和終值。這兩種方法均由前章單一現金流量的分析概念延伸而來。

2. 一連串發生在每期期末的固定現金流量稱為普通年金。本章也介紹了一些計算年金現值和終值的簡便方法。

3. 利率有許多不同的報價方式。在財務決策中，首先要將各種利率先轉換成有效利率。牌告利率，如：年百分率（APR）和有效利率（EAR）間的關係如下：

$$EAR = [1 + (牌告利率/m)]^m - 1$$

其中，m 是每年複利的次數，也就是每年的付息次數。

4. 許多貸款都屬於年金性質。分期償還貸款的過程就稱為分期攤還貸款。另外，本章也介紹如何編製與解釋分期攤還貸款表。

本章所介紹的原則將充分應用在後面的章節中。無論實物資產或是金融資產，都可以使用折現現金流量方法（DCF）來分析其價值。所以，DCF 法的應用範圍很廣，也廣被實務界採用。例如，接下來的兩章將引用本章所介紹的分析技巧來評估債券和股票的價值。然而，在進入下一章之前，你或許應該練習下面的題目。

財務連線

假如你的課程有使用 Connect™ Finance 的話，請上線做個練習測驗（Practice Test），看一看學習輔助工具，及你需要哪些額外練習。

▼ Chapter 6 Discounted Cash Flow Valuation			
6.1 Future and Present Values of Multiple Cash Flows	eBook	Study	Practice
6.2 Valuing Level Cash Flows: Annuities and Perpetuities	eBook	Study	Practice
6.3 Comparing Rates: The Effect of Compounding	eBook	Study	Practice
6.4 Loan Types and Loan Amortization	eBook	Study	Practice

你能回答下列問題嗎？

6.1 你在兩年前開立一個投資帳戶，並且存入 $5,000，一年前再存入 $2,000，你今天存入最後一筆款項 $7,500，假如報酬率是 14% 的話，三年後，你的帳戶會有多少金額呢？

6.2 在一年期間內，每個月月初都有一筆均等現金流量，這一連串固定現金流量稱為什麼呢？

6.3 你的信用卡每個月利率是 1.2%，請問年百分率是多少呢？

6.4 到期時一次償還本息的貸款是什麼型態的貸款呢？

登入找找看吧！

自我測驗

6.1 多期現金流量的現值 在第一輪選秀會被相中的一位四分衛與他所屬的球隊簽訂了 $2,500 萬的三年合約。該合約立即交付他 $200 萬的現金紅利，在第一年年底，他將收到 $500 萬的薪資，次年年底和最後一年年底分別可拿到 $800 萬和 $1,000 萬。假設折現率是 15%，此合約值 $2,500 萬嗎？此合約應該值多少呢？

6.2 多期現金流量的終值 你打算在個人的退休帳戶中陸續存入款項。你計畫今天存 $1,000，兩年後存 $2,000，五年後存 $2,000。如果你在三年後提領出 $1,500，七年後提領 $1,000，假設中途提取款項不罰款，且利率是 7%。那麼八年後你有多少錢？這些現金流量的現值是多少？

6.3 年金現值 你正在考慮一項投資，該投資在接下來十年將支付你每年 $12,000。若你要求 15% 的報酬，那麼這項投資你最多願意付多少錢？

6.4 APR 和 EAR 現行學生貸款利率是以 8% 的 APR 報價，採月分期還款。這項貸款的有效年利率（EAR）是多少？

6.5 本金是重要的 假設你借款 $10,000，分五年的等額償還，年利率是 14%。請編製該貸款的分期償還貸款表，並算出貸款期間內所支付的利息。

6.6 每月只繳少許款項 你剛完成 Darnit School 的 MBA 學位。你必須立刻買一輛全新的 BMW，車款大約是 $21,000，銀行的牌告利率是 15% 的 APR，先付 10% 的頭期款，尾款以 72 個月分期償還。你計畫兩年後換輛新車。請問，每個月付款額是多少？這項貸款的 EAR 是多少？當你換車時貸款餘額是多少？

自我測驗解答

6.1 顯然地，此契約不值 $2,500 萬，因為付款分散在三年內。紅利是立即支付，所以它值 $200 萬，其他三筆薪資的現值是：

$$(\$5/1.15)+(8/1.15^2)+(10/1.15^3)=(\$5/1.15)+(8/1.32)+(10/1.52)$$
$$=\$16.9721（百萬）$$

故該契約共值 $18.9721（百萬）。

6.2 我們將分別計算每筆現金流量的終值，然後再予以加總。請注意，我們把提款視為負的現金流量：

$$\$1,000\times(1.07)^8= \quad \$1,000\times1.7182= \quad \$1,718.19$$
$$\$2,000\times(1.07)^6= \quad \$2,000\times1.5007= \quad 3,001.46$$
$$-\$1,500\times(1.07)^5= \quad -\$1,500\times1.4026= \quad -2,103.83$$
$$\$2,000\times(1.07)^3= \quad \$2,000\times1.2250= \quad 2,450.09$$
$$-\$1,000\times(1.07)^1= \quad -\$1,000\times1.0700= \quad -1,070.00$$
$$\text{終值合計} \quad \$3,995.91$$

上列數值有少許四捨五入誤差。

要計算現值，我們可以把每筆現金流量折現，或是每次折現一年。因為我們已經知道八年後的終值為 $3,995.91，最簡單的求算現值方法就是直接將這個金額折現：

$$現值=\$3,995.91/(1.07)^8$$
$$=\$3,995.91/1.7182$$
$$=\$2,325.64$$

你也可以將個別現金流量折現，驗算答案是否一樣。

6.3 你最多願意付的是在 15% 折現率下，每年 $12,000 十年期普通年金的現值。該現金流量屬普通年金形式，故攸關的現值因子為：

$$年金現值因子=(1-現值因子)/r$$
$$=[1-(1/1.15^{10})]/0.15$$
$$=(1-0.2472)/0.15$$
$$=5.0188$$

因此，該十筆現金流量的現值為：

現值＝$12,000×5.0188
　　＝$60,225

這是你所願意付的金額。

6.4 APR 為 8%，採每月付款，實際上就是月利率 8%/12＝0.67%，因此 EAR 為：

$$EAR = [1+(0.08/12)]^{12} - 1 = 8.30\%$$

6.5 首先需算出年付款額。因為現值是 $10,000，利率是 14%，為期五年，所以可求得付款額：

$10,000＝付款額×{[1－(1/1.14^5)]/0.14}
　　　＝付款額×3.4331

因此，付款額為 $10,000/3.4331＝$2,912.84。（實際上是 $2,912.8355；這與下列的償還表間有少許四捨五入誤差。）現在，我們可以編製分期償還貸款表如下所示：

年	期初餘額	總付款額	利息支付	本金償還	期末餘額
1	$10,000.00	$ 2,912.84	$1,400.00	$ 1,512.84	$8,487.16
2	8,487.16	2,912.84	1,188.20	1,724.63	6,762.53
3	6,762.53	2,912.84	946.75	1,966.08	4,796.45
4	4,796.45	2,912.84	671.50	2,241.33	2,555.12
5	2,555.12	2,912.84	357.72	2,555.12	0.00
合計		$14,564.17	$4,564.17	$10,000.00	

6.6 汽車貸款的現金流量是一種年金形式，我們只需找出每期的付款額即可。每月利率是 15%/12 ＝ 1.25%，為期 72 個月。首先需算出 72 期的年金現值因子：

年金現值因子＝(1 －現值因子)/r
　　　　　　＝[1－(1/1.0125^{72})]/0.0125
　　　　　　＝[1－(1/2.4459)]/0.0125
　　　　　　＝(1－0.4088)/0.0125
　　　　　　＝47.2925

現值就是我們融資的金額。頭期款是 10%，表示我們借了 $21,000 的九成款

項，也就是 $18,900。因此，要求算付款額，必須解出下式中的 C：

$$\$18,900 = C \times 年金現值因子 = C \times 47.2925$$

重新整理後得到：

$$C = \$18,900 \times (1/47.2925)$$
$$= \$18,900 \times 0.02115$$
$$= \$399.64$$

所以，每月所支付的金額將近 $400。

這項貸款的每月利率是 1.25%，根據本章的公式，有效年利率是：

$$EAR = (1.0125)^{12} - 1 = 16.08\%$$

有效年利率比牌告利率大約高一個百分點。

我們可以編製攤還表，計算屆時的貸款餘額。不過，這樣做未免太繁瑣，利用前面已求得的一些數字可以直接求算剩餘未付款的現值。兩年後，我們已經付了 24 期，所以還剩 72 － 24 = 48 期。每期償還 $399.64，共 48 期，月利率是 1.25%，現值是多少呢？可求出年金現值因子如下：

$$年金現值因子 = (1 - 現值因子)/r$$
$$= [1 - (1/1.0125^{48})]/0.0125$$
$$= [1 - (1/1.8154)]/0.0125$$
$$= (1 - 0.5509)/0.0125$$
$$= 35.9315$$

因此，現值是：

$$現值 = \$399.64 \times 35.9315 = \$14,359.66$$

兩年後，你還欠大約 $14,360。

觀念複習及思考

1. **年金因子** 在評估年金現值時，包括哪四個部份？
2. **年金期間** 當期間拉長時，年金現值會有何變化？年金終值又有何變化？
3. **利率** 如果利率 r 上升，年金終值會有何變化？年金現值又會有何變化？
4. **現值** 關於本章所討論跨州發行的 Tri-State Megabucks 彩券，對外宣告獎金是

$500,000，然而，一次付清的獎金總額卻只有 $250,000，你的看法為何？這是個欺騙性的廣告嗎？

5. **現值** 如果你是一位運動員，正在洽談一項合約，你希望馬上拿到一筆較高金額的簽約金及較低的未來年薪，還是不希望呢？如果從球隊的觀點來看，又是如何？

6. **現值** 假設兩位運動員都簽了 $8,000 萬的十年合約。其中一位的 $8,000 萬將分十年等額支付。另一位 $8,000 萬將分十年支付，但付款金額逐年增加 5%。哪一個合約對運動員比較有利呢？

7. **APR 與 EAR** 放款法令是否應該改成要求放款人公告 EAR，而非 APR 呢？為什麼？

8. **時間價值** 在補貼性的 Stafford 大學生獎助貸款中，開始還款之前是不計息。誰受到的補助較高：低年級生還是高年級生呢？試說明之。針對補貼性的 Stafford 貸款，你如何評估其補助金額呢？試說明之。

9. **時間價值** Stafford 補助貸款的申請資格視申請人目前財務上的需要而定。然而，補助貸款或是非補助貸款均以未來的收入來償還。就這點來看，是否有任何理由反對此兩種貸款的區別？

10. **時間價值** 臨終支付讓渡是以一大筆資金交換臨終病患的壽險保單，當被保險人過世後，買下保險單的第三者就可以從人壽保單取得理賠金額。哪些因素會影響臨終支付讓渡的價值？你認為讓渡是符合道德倫理的行為嗎？為什麼？

11. **永續年金價值** 利率上升對永續年金終值有何影響？利率下跌呢？

12. **貸款與利率** 本章內容介紹了幾種「支薪日貸款」型態，就如同你看到的，這些貸款的利率相當高，就像是在搶錢，你認為如此高利率貸款是有道德的嗎？

問 題

初級題

1. **現值和多期現金流量** Wainright 公司的某項投資專案現金流量如下表所示。如果折現率是 10%，這些現金流量的現值是多少？如果折現率是 18% 呢？24% 呢？

年	現金流量
1	$ 720
2	930
3	1,190
4	1,275

2. **現值和多期現金流量**　投資案 X 每年支付你 $5,200，為期八年；投資案 Y 則每年付你 $7,300，為期五年。如果折現率是 5%，哪一項投資的現值較高？如果折現率是 15% 呢？

3. **終值和多期現金流量**　Toadies 公司參與某項投資專案，其現金流量如下表所示。如果折現率是 8%，這些現金流量在四年後的終值是多少？若折現率是 11% 呢？24% 呢？

年	現金流量
1	$1,375
2	1,495
3	1,580
4	1,630

4. **計算年金現值**　某項投資提供每年 $6,100 為期 15 年的給付，而且第一筆給付是在一年後。若必要報酬率是 6%，該項投資的價值是多少呢？如果給付持續 40 年、75 年，或者永遠給付，那麼價值分別是多少？

5. **計算年金現金流量**　如果你今天投入 $45,000，以換取一項利率 6.25% 的 15 年年金，那麼年金現金流量將是多少？

6. **計算年金價值**　某套資料庫系統將在未來七年間每年節省 $68,000 的費用。如果年利率是 8.5%，則未來八年間的節省費用之現值是多少呢？

7. **計算年金價值**　如果你在接下來 20 年，每年年底存 $5,000 到 10.8% 年利率的帳戶內，20 年後你的帳戶內有多少錢？若你存了 40 年，到時又會有多少錢？

8. **計算年金價值**　你希望 12 年後你的儲蓄帳戶中有 $75,000，而且你打算在每年年底存入相同金額。若利率是 6.8%，則你每年必須存入多少？

9. **計算年金價值**　Dinero Bank 提供你一筆 $60,000 的五年期貸款，年利率是 7.5%。你每年要還多少錢呢？

10. 計算永續年金價值　Maybe Pay 壽險公司向你推銷一種投資保單，將永遠付給你或你的繼承人每年 $30,000。如果這項投資的必要報酬率是 5.8%，你願意付多少錢買這種保單呢？

11. 計算永續年金價值　上一題中，假設 Maybe Pay 告訴你保單成本是 $475,000，利率多少時，這保單才是一個公平的交易呢？

12. 計算 EAR　求算出下列各個情況下的 EAR：

牌告利率（APR）	複利次數	有效年利率（EAR）
9%	每季	
18	每月	
14	每日	
11	無限	

13. 計算 APR　求算出下列各個情況下的 APR：

牌告利率（APR）	複利次數	有效年利率（EAR）
	每半年	11.5%
	每月	12.4
	每週	10.1
	無限	13.8

14. 計算 EAR　First National Bank 的商業貸款利率為 13.2%，採每月複利計息。First United Bank 則為 13.5%，每半年複利一次。你會向哪家銀行借錢？

15. 計算 APR　Barcain Credit 公司想從消費性放款上賺取 15% 的有效年報酬。該銀行對貸款採每日複利計息。依照法律的規定，銀行應揭示的利率是多少？說明為何 APR 會誤導借款人。

16. 計算終值　假設利率是 7.9%，每半年複利一次，則 $2,600 在 19 年後的終值是多少？

17. 計算終值　Gold Door Credit Bank 的儲蓄帳戶利率是 6.7%，採每日複利計息。如果你今天存入 $5,100，五年後你的帳戶中會有多少錢呢？十年後呢？20 年後呢？

18. 計算現值　某項投資將在十年後付你 $43,000。如果折現率為 7%，採每日複利計息，則現值是多少？

19. EAR 相對於 APR　Big Dom's Pawn Shop 當鋪索取每月 27% 的放款利率。如同其他放款業者，Big Dom 必須向消費者揭示 APR。它應該揭示的利率是多少

呢？有效年利率是多少呢？

20. 計算貸款付款額　你想要買一輛售價 $83,500 的新跑車，經銷商的融資部提供你一項為期 60 個月，6.5% APR 的貸款，來購買這輛車。那麼，你每月必須付多少錢？此貸款的有效年利率是多少？

21. 計算期數　你的客戶拖欠應付帳款。最後，你們雙方同意一項每月支付 $500 的償還計畫，且你將對過期的餘額收取每月 1.7% 的利息。如果目前的餘額是 $16,000，要多久的時間才能還清所有餘額呢？

22. 計算 EAR　Friendly's Quick Loans 公司提供你一項商品："three for four or I knock on your door." 意思是，今天你從 Friendly 拿到 $3，一週後（比如說）當你拿到薪水時，就還他 $4。Friendly 從這項貸款業務賺得的有效年利率是多少？APR 是多少？

23. 評估永續年金　Live Forever 壽險公司正在銷售月付 $1,500 的永續年金合約。此合約目前賣 $115,000，這項投資工具的月報酬是多少？APR 是多少？有效年報酬又是多少？

24. 計算年金終值　你每個月存 $400 到利率 10% 且每月複利計息的退休金帳戶。如果第一筆存款是在一個月後，那麼 30 年後你的退休金帳戶會有多少錢？

25. 計算年金終值　上一題中，如果你每年存 $4,800 到相同的退休金帳戶中，30 年後帳戶餘額是多少？

26. 計算年金現值　三個月後，你將開始每季從你的銀行帳戶中提領 $2,500，用以支付接下來四年的大學費用。假如這個帳戶支付你每季 0.47% 的利率，那麼今天你的銀行帳戶中必須有多少錢，才夠你接下來所需的開支？

27. 折現現金流量分析　如果下列現金流量的折現率是 9%，採每季複利方式計息，則這些現金流量的現值是多少呢？

年	現金流量
1	$ 830
2	910
3	0
4	1,500

28. 折現現金流量分析　如果下列現金流量的折現率是每年 7.38%，這些現金流量的現值是多少呢？

年	現金流量
1	$2,480
2	0
3	3,920
4	2,170

進階題

29. 單利和複利 First Simple Bank 對投資帳戶採 9% 單利計息，First Complex Bank 則採每年複利計息。那麼 First Complex Bank 的利率應該訂為多少，才能使它和 First Simple Bank 的十年期投資報酬率一樣？

30. 計算 EAR 你正在考慮一項 EAR 為 14% 的投資。請問，有效半年報酬是多少呢？有效季報酬是多少呢？有效月報酬又是多少呢？

31. 計算利息費用 你收到了來自 Shady Banks Savings and Loan 的信用卡申請表，提供你最初六個月 0.5% 的年利率且每月複利的優惠利率，之後，利率則提高到17% 年利率，仍採每月複利計息。假設你將目前信用卡帳戶中的 $6,000 借款餘額轉移過去，而且之後也沒有支付款項。請問，在第一年年底時，你積欠了多少利息？

32. 計算年金 你正存錢準備 30 年後退休，你每月投資 $800 在股票和 $400 在公司債上，股票預期報酬率是 10%，公司債預期報酬率是 6%，當你退休時兩項投資要轉入 7% 投資報酬率的帳戶中，請計算退休後分 25 年期領回之金額為多少？

33. 計算終值 有一項投資每個月付你 0.98% 的利息。那麼，你投資的每 $1，一年後變為多少？兩年後呢？

34. 計算年金期付款 你希望 40 年後退休並成為百萬富翁，如果你每年投資報酬率是 11%，你每月應存少錢？若十年後才開始存這筆錢，則應存多少？若 20 年後才開始呢？

35. 計算報酬率 假設某項投資在 12 個月後可以使你的投資變為四倍（可別相信）。那麼這項投資所提供的季報酬率是多少？

36. 比較現金流量 你剛加入 Dewey、Cheatum 及 Howe 投資銀行。他們提供你兩種不同的給薪方式。你可以選擇在接下來的兩年每年領 $75,000，或是在接下來兩年每年領 $64,000，外加立刻給付的 $20,000 簽約獎金。如果年利率是 10%，採每月複利方式計息，你會比較喜歡哪一種？

37. 成長型年金 你剛中了樂透彩，一年後可以領取 $1,000,000 獎金，總獎金分 30 年支付，而支付金額每年會成長 3%，假如折現率是 7%，你這筆樂透獎金的總現值是多少？

38. 成長型年金 你的公司於年底時一次支付你該年 12 個月的薪資，今天是 12 月 31 日，你剛領到薪水 $60,000 並打算全數花光，但你要從下一年度開始為退休作儲蓄，決定於一年後開始將每年薪水的 8% 存入年利率 10%的銀行帳戶內。你的薪資將以每年 3% 的成長率增加，請問 40 年後退休時，你的儲蓄金額是多少？

39. 現值和利率 年金的價值和利率水準之間有何關係？假設你在年利率 10% 時買了每年 $7,500 的 20 年期年金。如果利率驟降為 5%，這項投資的價值有何變化？如果利率突然升到 15% 呢？

40. 計算付款次數 你準備從這個月底開始，每個月存 $290 到 7% 利率每月複利計息的帳戶中。當你的帳戶餘額到達 $20,000 時，你已經存了多少次？

41. 計算年金現值 你想向某地方銀行借 $95,000 購買新帆船。你每月最多付得起 $1,950。假設每月複利，在 60 個月期 APR 貸款，你所能承擔的最高利率是多少？

42. 計算貸款付款額 你需要一筆 30 年期的固定利率抵押貸款，以購買一幢 $290,000 的新房子。銀行將以 5.85% APR 借你這筆為期 360 個月的貸款。然而，你每月只付得起 $1,300，所以你打算在貸款到期時，以汽球式付款付清所有貸款餘額。那麼這筆汽球式付款額是多大，你才能每個月只需付 $1,300？

43. 現值與終值 下表的現金流量以年利率 9% 計為 $8,400，請計算第二年空白處之現金流量為多少？

年	現金流量
1	$2,000
2	?
3	2,600
4	3,200

44. 計算現值 你中了 TVM 樂透彩，獎金是即刻領回 $100 萬，及未來十年每年增加 $600,000 的年金支付，亦即下一年你會領到 $1,600,000，再下一年你會領到 $2,200,000。以年利率 7% 計算，你這筆樂透獎金的總現值為何？

45. EAR 和 APR　你剛購置了一間新倉庫。在 $3,400,000 的購置款項中，80% 資金是由 30 年期的抵押貸款而來。這筆貸款須月付 $17,500。請問，該貸款之 APR 是多少？EAR 是多少？

46. 現值和損益兩平利率　某家公司承攬到四年後銷售 $145,000 價值的資產合約。該資產目前的生產成本是 $81,000。已知該資產的攸關折現率是每年 13%，這家公司可以從該合約賺取利潤嗎？折現率是多少時，公司正好達到損益兩平？

47. 現值和多筆現金流量　計算一筆每年 $4,000 的進帳，折現率 10%，頭期是六年後領回，最後一期是 20 年後，領回的現值為何？

48. 變動利率　一項 15 年的年金每個月月底付 $1,750。如果前七年的利率是 10%，採每月複利計息，之後利率變為 6% 仍採每月複利，則此年金的現值是多少？

49. 比較現金流量　有兩個投資帳戶可供你選擇：投資 A 是 13 年年金，每個月月底付 $1,500，利率 7.5%，每月複利；投資 B 則是期初總額投資，年利率 7%，連續複利，期限也是 13 年。那麼今天你必須在 B 投資多少錢，才能使它在 13 年後的價值和 A 一樣呢？

50. 計算永續年金現值　在 4.7% 年利率下，從時點 $t=7$ 時開始支付 $3,100 的永續年金，其在時點 $t=15$ 時的價值是多少？

51. 計算 EAR　一家地方性的融資公司公佈一年期的貸款利率為 17%。所以如果你借了 $25,000，這一年的利息就是 $4,250。因為一年後你必須償還總額 $29,250，這家公司要求你在接下來 12 個月內，每個月支付 $29,250/12 = $2,437.50。這是一項 17% 的貸款嗎？法定的牌告利率是多少呢？有效年利率又是多少呢？

52. 計算現值　一個九年後開始的 5 年期年金，每半年付款 $8,000，共計十期，第一筆付款是在 9.5 年後。如果折現率是 8%，採每月複利，那麼五年後這個年金的價值是多少呢？三年後的價值是多少呢？這個年金的目前價值又是多少呢？

53. 計算期初年金　假設在未來五年期間，你每年可收到 $13,500，如果折現率是 8.4%：

　a. 假設這是五年期的普通年金，請求算它的現值？若是期初年金，則它的現值又是多少呢？

　b. 假如你計畫將所收到的款項再投資五年，則這筆普通年金的終值是多少呢？假若是期初年金的話，它的終值又是多少呢？

c. 哪一個的現值較大呢？普通年金或期初年金？哪一個的終值較大呢？總是相同的結果嗎？

54. **計算期初年金** 你用 $78,000 向 Muscle Motors 買一輛新跑車。合約約定以 60 個月的期初年金與 7.25% 的 APR 支付，請問每月應付多少？

55. **等額分期償還** 某項貸款金額 $63,000，為期五年，年利率是 8%，每年付款額相等。請編製分期償還貸款表。第三年支付多少利息？貸款期間共支付了多少利息？

56. **等額本金分期償還** 重做第 55 題，假設這項貸款要求每年償還本金 $12,600，而非等額償還。

迷你個案

攻讀 MBA 學位

Ben Bates 六年前從大學畢業，取得了財務學士學位，雖然他很滿意目前的工作，然其目標是成為投資銀行家，他認為企管碩士學位能協助他達成此目標，搜索諸多大學後，他決定不是就讀 Wilton 大學，就是 Mount Perry 學院。雖然兩所學校都鼓勵學生實習，然實習卻是無給職，只能獲得課程的學分。除了實習之外，兩校皆不准學生就學期間仍在外工作。

Ben 目前任職於 Dewey & Louis 金融管理公司，年薪 $53,000，薪資預期每年會增加 3% 直到退休。目前他 28 歲，預計再工作 38 年，現在的工作福利包括完全給付的健康醫療保險計畫，他的平均所得稅率是 26%。Ben 的銀行存款足以支付所有企管碩士課程的相關費用。

Wilton 大學的 Ritter College of Business 是美國頂尖的企管碩士課程之一，碩士學位需要兩年全時間在學，每年的學費是 $58,000，在每學年初繳交，書籍費和文具用品費每年估計要 $2,000。Ben 希望從 Wilton 畢業後，可以找到年薪 $87,000，附帶簽約金 $10,000 的工作，新工作的薪資每年會成長 4%。因為薪資較高，他的所得稅率會增加到 31%。

Mount Berry 學院的 Bradley School of Business 在 16 年前開設企管碩士課程，和 Ritter College 比起來，Bradley School 規模和名氣均較小。Bradley 提供一年的密集課程，學費是 $75,000，入學時就須繳清。課程所需的書籍費和文具用品預估要花費 $4,200。Ben 認為畢業後，可以找到年薪 $78,000，附帶簽約金 $8,000 的工作，此新工作的薪資每年會成長 3.5%。他的所得稅率會是 29%。

兩所學校所提供的健康醫療保險計

畫，每年索費 $3,000，學年一開始就須繳清，Ben 也預估兩校的食宿費用每年約需 $4,000。適當的折現率是 6.5%。

問　題

1. Ben 的年紀對他想取得企管碩士的決定有何影響？
2. 還有哪些非量化的因素會影響 Ben 想取得企管碩士的決定？
3. 假定所有的薪資均在每年年底給付，以嚴謹的財務觀點來評估，最好的選擇為何？
4. Ben 相信分別求算這兩個方案的終值，是評估修讀企管碩士的決策的最佳方法，你會如何評估此說法？
5. Ben 會要求多少的起薪，他才會覺得就讀 Wilton 大學和留在目前工作無太大差別？
6. 假設 Ben 無法以現金支付其企管碩士課程，而需借貸，目前利率為 5.4%，這又會如何影響他的決定？

利率和債券評價

當州政府、市政府，或其他地方政府需要募集資金時，它們通常會轉向地方政府公債市場。目前流通在外的地方政府公債總值約 $2.8 兆，顯示這些地方政府經常光臨地方政府公債市場，在 2010 年與 2011 年初，金融市場相對穩定之時，地方政府公債市場因為潛在的違約風險顯得特別刺激有趣。依據標準普爾信評公司的報告，2010 年有 110 筆地方政府公債違約，總價值達 $26.5 億，投資者擔心的是未來可能會爆發較大額的違約事件，諸如加州與伊利諾州陷入嚴重的赤字預算，因此大額的地方政府公債違約事件可能會出現。而國會的政黨領袖提議修改法律，允許地方政府可以宣告破產，此舉更強化了投資者認為地方政府公債會爆發違約事件的看法。

當然，截至今日，美國史上最大額的地方政府公債違約事件當屬 Washington Public Power Supply System（WPPSS）所發行 "Whoops" 債券，該筆債券是用來融資建造五座核能發電廠，於 1983 年違約，金額達 $22.5 億，而投資者最後只回收原先投資金額一成至四成的償還金額。

本章的目的是介紹債券。一開始，我們將第 5 章和第 6 章所介紹的技巧應用到債券的評價上。然後，我們將討論債券的特性及債券如何交易。在這裡的重點是，債券的價值主要是由利率所決定的。所以，本章的最後將探討利率以及其走勢。

7.1 債券及債券的評價

當企業（或政府）想要向大眾籌借長期資金時，通常會發行債務證券，通稱為債券（bonds）。本節將介紹公司債的各種不同特性以及相關的專有名詞。然後，本節也會討論債券的現金流量，以及如何應用現金流量折現法來評價債券。

債券的特性和價格

如前面幾章所討論的，債券通常是一種付利息的貸款，意指借款人每期支付利息，而本金則在貸款到期時才一次償還。例如，假設 Beck 公司想要借 $1,000，借款期限是 30 年。目前市場上類似公司所發行的債券之利率是 12%，因此 Beck 每一年要付 $0.12 \times \$1,000 = \$120$ 的利息，共 30 年。30 年後，Beck 將償還 $1,000。如同這個例子，債券是一種非常簡單的融資方式。然而，債券的相關專業術語卻相當地多，因此我們以這個例子來定義一些重要的名詞。

上面的例子中，Beck 允諾每年支付的 $120 固定利息，就稱為債券的票面利息（coupons）。因為票面利息是固定的且每年支付一次，所以這類的債券有時也稱為正常附息債券（level coupon bond）。貸款結束時所償還的金額稱為債券的面值（face value 或 par value）。就像上面的例子一樣，大多數公司債的面值是 $1,000，如果債券是以面值出售，我們就稱它為平價債券（par value bond）。政府公債的面值通常較高。最後，每年的支付票面利息除以面值就是債券的票面利率（coupon rate）。在本例中，因為 $120/1,000 = 12%$，所以票面利率是 12%。

距離償還面值的年數就是該債券的到期期限（maturity）。剛發行的公司債之到期期限通常是 30 年，不過情況差異很大。一旦債券發行後，到期期限就會隨著時間的經過而遞減。

債券的價值和收益率

隨著時間的經過，市場上的利率也跟著改變。然而，債券所支付的現金流量則維持不變，所以債券的價值會波動。當利率上升時，債券未來的現金流量之現值減少，債券的價值也降低了；反之，當利率下降時，債券的價值會上升。

要計算債券在某一時點的價值，必須知道到期期數、面值、票面利息，以及類似債券的市場利率。市場對債券所要求的必要報酬率稱為該債券的到期收益率（yield to maturity, YTM），簡稱為收益率（yield）。有了這些資料，就可以計算債券未來現金流量的現值，以作為債券市價的估計值。

第 7 章　利率和債券評價　**247**

```
現金流量
年     0    1    2    3    4    5    6    7    8    9    10
票息        $80  $80  $80  $80  $80  $80  $80  $80  $80  $  80
面值                                                       1,000
            ___  ___  ___  ___  ___  ___  ___  ___  ___  _____
            $80  $80  $80  $80  $80  $80  $80  $80  $80  $1,080
```

Xanth 債券的每年票息為 $80，面值 $1,000 在 10 年後債券到期時償還。

圖 7.1　Xanth 公司債的現金流量

例如，假設 Xanth 公司要發行十年期的債券，該債券的年票面利息是 $80，類似債券的到期收益率為 8%。根據上面的討論，Xanth 將在未來的十年，每年支付 $80 票面利息。十年後，Xanth 將支付給債券的持有人 $1,000。圖 7.1 為債券的現金流量，這張債券的市值是多少呢？

如圖 7.1 所示，Xanth 債券的現金流量包括年金的部份（票面利息）以及總額的部份（到期時所償還的面值）。因此，我們分別計算這兩部份的現值，再把它們加起來，以估計債券的市價。首先，在目前市場利率為 8% 下，十年後償還的 $1,000 本金之現值是：

現值 = $1,000/(1.08)^{10} = $1,000/2.1589 = $463.19

其次，此債券未來的十年，每年支付 $80 的票面利息。這個年金的現值為：

年金現值 = $80 × [1 − 1/(1.08)^{10}]/0.08
　　　　 = $80 × (1 − 1/2.1589)/0.08
　　　　 = $80 × 6.7101
　　　　 = $536.81

現在，把這兩部份加起來，得到債券的價值：

債券價值 = $463.19 + 536.81 = $1,000

這張債券的價值正好等於面值，這並非巧合。目前市場的利率是 8%，如果把它想成是只支付利息的貸款，那麼這張債券的利率是多少呢？因為票面利息是 $80，當市價是 $1,000 時，這張債券的利率正好是 8%。

利率改變時，債券的價格會有什麼變化呢？假設一年過去了，現在 Xanth 債券的到期期限剩下九年。如果市場的利率上升至 10%，這張債券價值多少呢？我們把到期期限由十年改成九年，而且以 10% 的收益率代替 8%，重複上面的現值

計算。首先，在 10% 下，九年後支付的 $1,000 的現值為：

現值 $= \$1,000/(1.10)^9 = \$1,000/2.3579 = \$424.10$

其次，此債券未來九年每年支付的 $80 票面利息，在 10% 下，這個年金現值為：

$$\begin{aligned}\text{年金現值} &= \$80 \times (1-1/1.10^9)/0.10 \\ &= \$80 \times (1-1/2.3579)/0.10 \\ &= \$80 \times 5.7590 \\ &= \$460.72\end{aligned}$$

把這兩部份加起來，就得到債券的價值：

債券總價值 $= \$424.10 + 460.72 = \$884.82$

這張債券的市價大約是 $885。簡單地說，這張票面利率為 8% 的債券，在市場收益率 10% 下，價格為 $885。

　　Xanth 公司債券現在的售價已低於面值 $1,000，為什麼？因為市場利率是 10%，如果把這張債券看成是只支付利息的貸款 $1,000，由於票面利率為 8%，它只付 8% 的利率，比市場利率 10% 低，所以投資者只願意付出低於面值 $1,000 的價格購買。由於這張債券的市價低於面值，所以稱為折價債券（discount bond）。

　　唯一可以把債券購買人的收益率提高到 10% 的方法，就是把債券的價格降到低於 $1,000，好讓購買者藉由價差可以賺得 10% 的市場收益率。對於 Xanth 公司債券而言，$885 的價格比面值少了 $115。所以購買並保留這張債券的投資者可以每年收到 $80 利息，同時，到期時還有 $115 的利得。這個利得是補償投資者因投資於票面利率比市場利率低的債券所減少的利息收入。

　　還有另一種方法可供了解為什麼債券會折價 $115。根據目前市場的利率，$80 的票面利息比起最近新發行的平價債券，票面利息低了 $20。此意味只有在每年票面利息是 $100 之下，債券價值才會是 $1,000。在某種意義上，購買並保留 Xanth 公司債券之投資者每年放棄了 $20，共九年。在 10% 下，這個年金價值為：

$$\begin{aligned}\text{年金現值} &= \$20 \times (1-1/1.10^9)/0.10 \\ &= \$20 \times 5.7590 \\ &= \$115.18\end{aligned}$$

剛好就是折價的金額。

　　如果利率不是上升 2%，而是下降 2%，那麼 Xanth 公司債券的價格為何？

你可能已經猜到，這時債券的價格會超過 $1,000，這種債券是以溢價（premium）出售，被稱為溢價債券（premium bond）。

溢價債券是折價債券的相反情況，Xanth 公司債券的票面利率是 8%，而市場利率只有 6%，投資者願意付額外的價格以得到額外的票面利息。在這個例子裡，攸關的折現率為 6%，到期期限還有九年，所以 $1,000 面值的現值為：

現值 $= \$1,000/(1.06)^9 = \$1,000/1.6895 = \$591.89$

票面利息的現值為：

年金現值 $= \$80 \times (1 - 1/1.06^9)/0.06$
$= \$80 \times (1 - 1/1.6895)/0.06$
$= \$80 \times 6.8017$
$= \$544.14$

把這兩部份加起來，就得到債券價值：

債券價值 $= \$591.89 + 544.14 = \$1,136.03$

因此，債券價值較面值多 $136。同樣地，根據目前市場情況，票面利息較市場一般新發行之債券高出 $20。在 6% 下，每年 $20，共九年的現值是：

年金現值 $= \$20 \times (1 - 1/1.06^9)/0.06$
$= \$20 \times 6.8017$
$= \$136.03$

正是上面所計算的。

根據這個例子，現在可以介紹債券評價的一般式。只要知道債券的下列資訊：(1) 到期時的面值 F；(2) 每期支付的票面利息 C；(3) 到期期數 t；和 (4) 每期收益率 r，那麼債券的價值就是：

債券價值 $= C \times [1 - 1/(1+r)^t]/r + F/(1+r)^t$
債券價值 $=$ 票面利息的現值 $+$ 面值的現值 [7.1]

範例 7.1 半年付息一次的債券

實務上，美國的債券通常一年付息兩次。所以，票面利率是 14% 的普通債券，持有人每年可以領到 $140 的利息，但是這 $140 是分兩次收到的，每次是 $70。假設我們要計算這張債券的價值，而目前所揭示的收益率為 16%。

債券的收益率是以如 APRs 的方式報價的，所揭示的利率等於每期實際票面利率乘以期數。在這個例子裡，所揭示的收益率是16%，而且每半年付息一次，所以每半年的收益率是8%。這張債券的到期期限是七年。則此債券的價格是多少？有效的年收益率是多少？

根據之前的討論，這張債券會以折價出售，因為票面利率是半年7%，而市場所要求的報酬率卻是半年8%。所以如果答案超過 $1,000，我們就知道答案錯了。

要得到正確的價格，首先算出該債券在七年後償還 $1,000 面值的現值。每期六個月，所以七年共有14期。在每期8%下，價值為：

$$現值 = \$1,000/(1.08)^{14} = \$1,000/2.9372 = \$340.46$$

票面利息可以視為是未來14期每期 $70 的年金。在8%折現率下，這種年金的現值為：

$$\begin{aligned}年金現值 &= \$70 \times [1-1/(1.08)^{14}]/0.08 \\ &= \$70 \times (1-0.3405)/0.08 \\ &= \$70 \times 8.2442 \\ &= \$577.10\end{aligned}$$

總現值就是債券的價格：

$$總現值 = \$340.46 + 577.10 = \$917.56$$

要得到債券的有效收益率，請注意，每六個月8%相當於：

$$有效年收益率 = (1+0.08)^2 - 1 = 16.64\%$$

所以有效年收益率是16.64%。

如本節所舉的例子，債券的價格和利率是呈相反方向變動。當利率上升時，債券的價格就下降；同樣地，當利率下降時，債券的價格就上升。即使我們所考慮的是無風險債券（借款人一定會履行所有付款義務），持有債券仍有其他風險，下面討論這項風險。

利率風險

債券持有人因為利率的波動而引起的風險，稱為利率風險（interest rate risk）。債券的利率風險之大小，由該債券的價格對利率變動之敏感度高低來決

定,敏感度的高低直接受到兩個因素的影響:到期期限和票面利率。當看到債券時,就必須記住下面兩件事:

1. 在其他條件不變下,到期期限愈長,利率風險就愈大。
2. 在其他條件不變下,票面利率愈低,利率風險就愈大。

圖 7.2 說明了上述的第一點。圖中分別計算並畫出在各種不同市場利率的情境下,10% 票面利率,到期期限分別為一年和 30 年的債券價格。由圖可知,30 年期債券價格線的斜率比一年期債券價格線的斜率陡,斜率較陡意味著相當小的利率變動就可能導致較大之債券價值的變動。比較起來,一年期債券的價格對利率的變動比較不敏感。

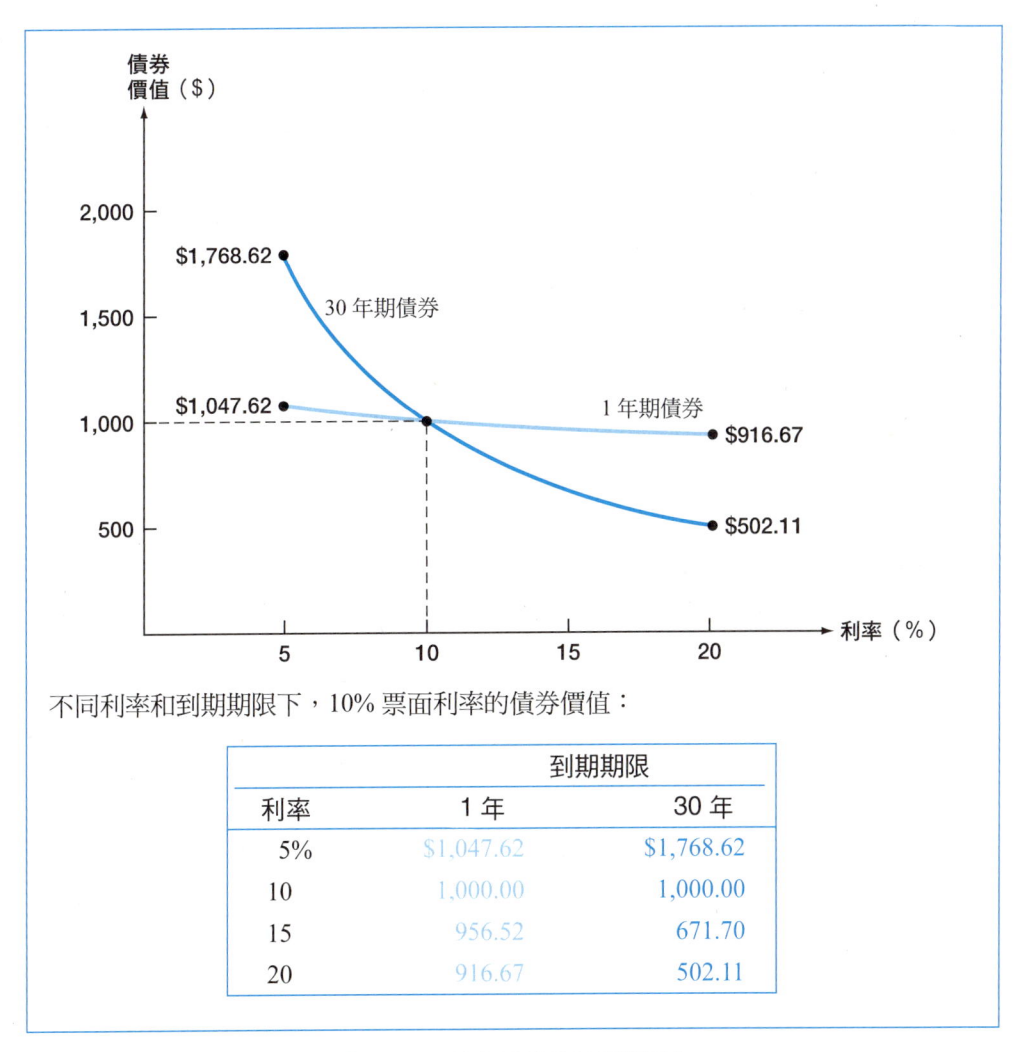

不同利率和到期期限下,10% 票面利率的債券價值:

	到期期限	
利率	1 年	30 年
5%	$1,047.62	$1,768.62
10	1,000.00	1,000.00
15	956.52	671.70
20	916.67	502.11

圖 7.2　利率風險和到期期限

直覺上，較長期債券的利率敏感度較高，這是因為債券的價值中有一大部份是來自於 $1,000 的面值。如果這 $1,000 將在一年後收到，則其現值受利率變動的影響不大。然而，如果這 $1,000 要在 30 年後才收到，在經過 30 年的複利後，即使是非常小的利率變動，對現值的影響可能就相當可觀了。因此，對較長期債券而言，面值之現值的波動幅度比較大。

此外，利率風險也和大部份的財務或經濟的報酬率一樣，其邊際成長率是遞減的。換句話說，如果我們比較一個十年期債券和一個一年期債券，會發現十年期債券的利率風險較一年期債券高很多。然而，如果再比較 20 年期和 30 年期的債券，會發現 30 年期債券因為到期期限較長而利率風險較高，可是與 20 年期債券的風險差異卻相當小。

至於票面利率愈低的債券，利率風險愈大，其理由也是一樣。前面已經討論過，票面利息的現值和到期面值的現值決定債券的價值。假如兩張不同票面利率但具有相同到期期限的債券，那麼票面利率愈低的債券，債券價值來自於到期日收到面值之現值的比例將愈高。因此，其他條件不變下，利率變動時，它的價值變動的幅度會較大。換句話說，票面利息較高的債券有較多現金流量發生在較早期，所以它的價值受到折現率變動之影響較小，即對利率的變動較不敏感。

以前新發行債券的到期期限幾乎都沒有超過 30 年。然而，近年來由於利率處於低檔，造成公司發行到期期限較長的公司債。在 1990 年代，Walt Disney 發行到期期限長達 100 年 "Sleeping Beauty"（睡美人）債券；同樣地，BellSouth（更名為 AT&T）、Coca-Cola 和荷蘭的銀行鉅子 ABN AMRO 都發行了 100 年期的債券。這些公司之所以發行到期期限這麼長的債券，是為了長期鎖住這低檔的利率水準。目前的長期限債券的發行紀錄是由 Republic National Bank 保持，它曾發行到期期限為 1,000 年的債券。在最近這幾次發行之前，上一次的 100 年期債券是由 Chicago and Eastern Railroad 在 1954 年 5 月所發行的。你可能要等上一段期間之後，才會再看到 100 年期限債券再度被發行，因為美國國稅局已威嚇這些債券發行公司，這些債券的相關利息費用不可用來抵減稅額。

我們可以利用 BellSouth 公司所發行的 100 年期債券來說明利率風險。下表是這筆債券的基本資料，和它在 1995 年 12 月 31 日、2008 年 5 月 6 日，以及 2011 年 1 月 24 日的價格：

到期日	票面利率	12/31/1995 的價格	5/6/2008 的價格	1995-2008 價格變動百分比	1/24/2011 的價格	2008-2011 價格變動百分比
2095	7.00%	$1,000.00	$1,008.40	0.8%	$702.95	−30.3%

上表有幾個重點。首先，從 1995 年 12 月 31 日至 2008 年 5 月 6 日，利率稍微下跌（為什麼？）；然而，在那之後，利率又大幅上漲（為什麼？）。債券價格上漲了 0.8%，之後下跌 30%，變動的幅度很大，顯示較長期債券的利率風險較高。

找出到期收益率：試誤法

我們知道債券的價格、票面利率和到期日後，通常卻不知道它的到期收益率。例如，假設我們有一張六年期，8% 票面利率的債券，經紀商公告的價格為 $955.14。請問，這張債券的到期收益率是多少？

我們已經知道債券的價格是債券利息之年金及到期面值這兩部份之現值的和。所以六年期，票面利息 $80，面值 $1,000 的債券價格應為：

$$\$955.14 = \$80 \times [1-1/(1+r)^6]/r + 1,000/(1+r)^6$$

其中，r 是未知的折現率，即到期收益率。這裡有一個等式及一個未知數，但是我們沒辦法直接解 r，找出答案的唯一方法是用試誤法（trial and error）。

這個問題實際上與上一章中解年金的未知利率是完全一樣的。但是要找出債券的利率（收益率）會較複雜，因為還有一筆 $1,000 的面值。

我們可以利用債券價格與到期收益率之間的關係來加速試誤法的求解過程。在本例中，債券的票面利息是 $80，以折價發行，所以到期收益率必定大於 8%。如果我們代入 10%：

$$債券價值 = \$80 \times (1-1/1.10^6)/0.10 + \$1,000/1.10^6$$
$$= \$80 \times (4.3553) + \$1,000/1.7716$$
$$= \$912.89$$

在 10% 折現率之下，我們算出來的價值比實際的價值低一點，所以 10% 太高了。正確的收益率必定介於 8% 和 10% 之間。接下來，你會試著以 9% 代入，並會發現事實上 9% 就是該債券的到期收益率。

請不要混淆了債券到期收益率與現行收益率（current yield），後者是債券的票息除以債券價格。例如，在前述的例子中，債券的每年票息是 $80，而價格為

$955.14，所以現行收益率為 $80/955.14＝8.38%，低於到期收益率 9%；現行收益率較低的原因是它只納入整個報酬收益中的票息收益部份，而未將折價債券所帶來的資本利得納入計算。對溢價債券而言，現行收益率將高於到期收益率，因為現行收益率未將溢價債券所帶來的資本損失納入計算。

表 7.1 彙整了上面有關債券評價的討論。

表 7.1　債券評價摘要

I. 計算債券價值

債券價值＝$C \times [1-1/(1+r)^t]/r + F/(1+r)^t$

其中 C＝每期支付的票面利息
　　　r＝每期折現率
　　　t＝期數
　　　F＝債券面值

II. 找出債券收益率

已知債券價值、票面利息、到期日和面值，以試誤法的方式，找到隱含的折現率，也就是到期收益率。實地求算時，嘗試不同的折現率，一直到所求得的債券價值等於已知的價格。記住，提高折現率就會降低債券價值。

範例 7.2　現行收益率

某一債券的目前價格為 $1,080.42，面值為 $1,000，半年付息一次 $30，到期期限為五年，計算現行收益率與到期收益率，哪一個利率較大？為什麼？

請注意，債券半年付息一次 $30，所以全年票息為 $60；因此，現行收益率為 $60/1,080.42＝5.55%；為了計算到期收益率，可以參考範例 7.1，債券每半年付息 $30，到期之前共有十次票息支付，所以我們可以求算下式的 r：

$$\$1,080.42 = \$30 \times [1-1/(1+r)^{10}]/r + 1,000/(1+r)^{10}$$

經過幾次試誤之後，我們找出 r＝2.1%，然而，這是半年期的收益率。因此，一年的到期收益率為4.2%，低於現行收益率。背後的原因是現行收益率未將溢價債券所帶來的資本損失納入計算。

範例 7.3　債券收益率

有兩張債券，除了票面利息和價格不同外，其餘的特性則完全相同。這兩張債券的到期期限都是 12 年，第一張的票面利率是 10%，價格為 $935.08。如果第二張的票面利率是 12%，你認為它的價格應該是多少呢？

因為這兩張債券很相似，所以它們應該有相同的收益率才對。我們必須先算出 10% 債券的收益率。計算過程和前面一樣，因為這張債券是以折價賣出的，所以其收益率必定大於 10%。這張債券的到期期限長達 12 年。我們知道長期債券的價格對利率的變動相當敏感，所以收益率可能很接近 10%。只要試幾次，你就會發現收益率是 11%：

$$債券價值 = \$100 \times (1 - 1/1.11^{12})/0.11 + 1{,}000/1.11^{12}$$
$$= \$100 \times 6.4924 + \$1{,}000/3.4985$$
$$= \$649.24 + 285.84$$
$$= \$935.08$$

在 11% 收益率下，第二張債券應該以溢價賣出，因為它的票面利息是 $120。債券價值為：

$$債券價值 = \$120 \times (1 - 1/1.11^{12})/0.11 + 1{,}000/1.11^{12}$$
$$= \$120 \times 6.4924 + 1{,}000/3.4985$$
$$= \$779.08 + 285.84$$
$$= \$1{,}064.92$$

計算機提示

如何用財務計算機計算債券價格和收益率

許多財務計算機有複雜的內建債券評價程式，但是執行方式卻有很大的差異，而且並不是所有的財務計算機都有這個功能，所以我們要介紹一個簡單、可在任何一種財務計算機使用的方式去處理債券問題。

一開始時，當然要記得清除計算機，接著，在範例 7.3 內有兩張債券都是 12 年後到期。第一張價格是 $935.08，票面利率是 10%，為了找出收益率，我們要做下列的輸入：

	Enter	12		100	−935.08	1,000
		N	I/Y	PMT	PV	FV
	Solve for		11			

請注意，在這裡我們同時輸入終值 $1,000，債券的面額，以及每年 $1,000 的 10% 付款額，也就是 $100，就是債券所支付的利息。同時注意到，在債券價格之前加上負號，這個金額就是所應輸入的現值金額。

對第二張債券而言，它的收益率是 11%，它的票面利率是 12%，還有 12 年到期。所以，它的價格是多少呢？要回答這個問題，我們只要輸入相關數值，然後求出這支債券現金流量的現值是多少：

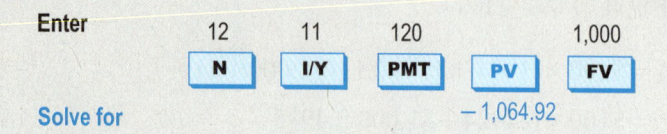

	Enter	12	11	120		1,000
		N	I/Y	PMT	PV	FV
	Solve for				−1,064.92	

這裡有一個細節要注意。假設有一張債券，它的價格是 $902.29，還有十年到期，票面利率是 6%，如同先前所述，大部份的債券都是半年付息一次，假設這裡所討論的債券也是同樣情形，則債券的收益率是多少呢？要回答這個問題，我們需要輸入如下的相關數字：

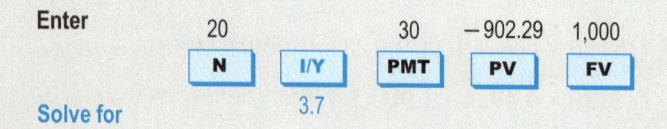

	Enter	20		30	−902.29	1,000
		N	I/Y	PMT	PV	FV
	Solve for		3.7			

請注意，我們輸入 $30 作為付款金額，是因為債券的確每六個月付息 $30。同樣地，我們將 N 值輸入 20，因為這裡的確有 20 個半年。求解收益率時，我們會得到 3.7%，但是要記住，這個收益率是每六個月的收益率，所以要乘以二才是正確的答案：2×3.7＝7.4%，這就是債券的收益率。

策略試算表

運用試算表來計算債券的價格及收益率

大多數的試算表都有計算債券價格以及收益率的設計功能可供使用，且許多的功能都已經超過我們的討論範圍。然而，設計一個簡單的試算表來計算債券的價格或收益率是很容易的，如下面兩張試算表所示：

使用試算表計算債券價值

	A	B	C	D	E	F	G	H
1								
2				使用試算表計算債券價值				
3								
4	假設有一張債券，其到期期限是 22 年，票面利率 8%，及到期收益率是 9%，如果債券							
5	每半年付息一次，請問債券的價格是多少？							
6								
7	購買日：	1/1/00						
8	到期日：	1/1/22						
9	每年票面利率：	0.08						
10	到期收益率：	0.09						
11	面值(面值的百分比)：	100						
12	每年付息次數：	2						
13	債券價格(面值的百分比)：	90.49						
14								
15	在 B13 格子內的公式是 =PRICE(B7,B8,B9,B10,B11,B12)；注意，面值及債券價格是以面值的							
16	百分比表示。							

	A	B	C	D	E	F	G	H
1								
2				使用試算表計算債券收益率				
3								
4	假設有一張債券，其到期期限是 22 年，票面利率 8%，及價格是 $960.17，如果債券							
5	每半年付息一次，請問債券的到期收益率是多少？							
6								
7	購買日：	1/1/00						
8	到期日：	1/1/22						
9	每年票面利率：	0.08						
10	債券價格(面值的百分比)：	96.017						
11	面值(面值的百分比)：	100						
12	每年付息次數：	2						
13	到期收益率：	0.084						
14								
15	在 B13 格子內的公式是 =YIELD(B7,B8,B9,B10,B11,B12)；注意，面值及債券價格是以面值的							
16	百分比表示。							
17								

在上述的試算表中，我們已經輸入兩個日期：購買日（settlement date）、到期日（maturity date），購買日是你實際付款購買債券的日期，而到期日則是債券到期並償還本金的日期。在大多數的例子中，我們並不知道確實的購買日與到期日，所以必須以假設資料來替代。如上述的例子，因為債券還有 22 年到期，因此，我們分別選取 1/1/2000（2000 年 1 月 1 日）及 1/1/2022（2022 年 1 月 1 日）這兩天來代表購買日與到期日；任何正好相隔 22 年的兩個日期都可以選用，選用上述兩個日期是為了方便起見。最後，我們還必須輸入票面利率、以年表示的市場收益率，以及每年的付息次數等資料。

> **觀念問題**
>
> 7.1a 債券的現金流量有哪些？
> 7.1b 債券價值的一般式為何？
> 7.1c 持有債券的唯一風險是發行者不履行付款義務，對嗎？請解釋。

7.2 債券的其他特性

　　本節繼續討論公司債，介紹關於長期公司債的一些相關名詞和特性。下一節中，我們再討論長期債券的其他課題。

　　公司所發行的有價證券大致可分為權益證券（equity securities）和負債證券（debt securities）。負債代表著必須償還的欠款，是由借款所產生的。公司舉債時，通常會承諾定期支付利息，並且償還最初的借款金額（也就是本金）。貸放出款項的個人或公司就稱為債權人（creditor）或出借人（lender）；而借入款項的公司則稱為債務人（debtor）或借款人（borrower）。

　　從財務的觀點來看，負債和權益有下列的主要差異：

1. 負債不是公司所有權的表彰，債權人通常沒有投票權。
2. 公司債務上的利息是企業經營的成本，可以完全抵稅，而發放給股東的股利則是不可抵稅的。
3. 未償還的債務是公司的負債，如果負債沒有償還，債權人對公司的資產就有合法的求償權，而這會導致公司破產的兩種結果：清算（liquidation）或重整（reorganization）。因此，發行債券的成本之一就是財務危機的可能性。而發行權益就不會有此種可能性。

是債務，還是權益？

　　某一特殊的證券到底是債務或是權益呢？有時候很難分清楚。例如，某家公司發行一種永續債券（perpetual bond），只在公司賺錢的時候，才從利益中提撥支付利息。此種債券是否屬債務，實在很難說，這完全是法律上和語意上的問題，法庭和稅務當局會做最後的判定。

　　公司通常擅長於設計一些具有權益特色，卻被視為債務的新奇混合型證券。顯然地，從稅負的觀點來看，債務和權益的區分是非常重要的。所以，公司之所

以會設計一項其實是權益的負債證券,是為了要獲得視同債務在稅負上的好處,以及權益在破產事件上的利益。

權益證券表彰公司的所有權,是一種剩餘請求權(residual claim)。也就是說,權益證券持有人的支付順位在債權人之後。因此,持有債務和持有權益證券的風險及利益並不一樣。例如,持有債務證券的最大報酬,受限於該筆債務的金額,而持有權益證券的潛在報酬則沒有上限。

長期債務:基本概念

所有長期債務證券都是由發行公司承諾,在到期時償還本金,以及定期支付未償還本金餘額的利息。此外,債務證券也因許多不同的特性而互有差異。下面將討論長期債務證券的一些特性。

長期債務的到期期限(maturity)指的是債務流通在外未償付的期間長度。債務證券有短期的(short-term,到期期限是一年或一年以內)或長期的(long-term,到期期限超過一年)。[1] 短期債務有時稱為非融資型債務(unfunded debt)。[2]

債務證券通常可以分為票據(notes)、信用債券(debentures)和債券(bonds)。嚴格地說,債券是一種擔保債務(secured debt)。然而,在一般的用法,債券這個名詞泛指所有的有擔保和無擔保債務。因此,我們將概括地使用這個名詞來代表長期債務。

另外,票據和債券的唯一差異就是原始的到期期限,原始到期期限是十年或少於十年就稱為票據,而比較長期的就稱為債券。

長期債務可以分為公開發行(public issue)和私下募集(privately placed)。我們把重點放在公開發行債券。然而,這裡所討論的大部份也適用於私下募集的長期債務,公開發行和私下募集債務的最主要差別在於,私下募集債券是直接向債權人募集資金,並不是對外公開的。因為這是一種私下交易,所有的交易條件都是由借貸雙方所議定。

長期債務還有許多其他的構面,包括擔保、贖回條款、償債基金、債信評等等級,以及保護性條款。下表以科技業巨人 E. I. du Pont de Nemours 公司(就是 DuPont)所發行的債券為例來說明債券的特性。如果對其中某些條款不甚熟悉,請別害怕,我們將會逐一討論。這些特性大都詳細記載於債券合約條款中,所以下面先討論債券合約條款。

---

[1] 短期和長期債務並沒有一致性的區別標準。另外,一般人提及的中期債務(intermediate-term debt),指的是到期期限長於一年及短於三至五年,或十年。
[2] 以長債換短債(funding)是財務的術語,它一般指的是長期的,所以當公司計畫以長期換短期(fund)處理債務上的需求時,或許是以長期債務替代短期債務。

E. I. du Pont de Nemours 公司債券的特性	
條款	解釋
發行量　　　$5 億	公司發行了 $5 億的債券。
發行日　　　09/23/2010	債券在 09/23/2010 開始銷售。
到期日　　　01/15/2041	債券在 01/15/2041 到期。
面值　　　　$2,000	債券的面額是 $2,000。
年票面利率　4.90	每張債券每年可以收到 $98 的利息（面值的 4.90%）。
發行價格　　98.654	每張債券的售價是面值 $2,000 的 98.654% 或 $1,972.80。
付息日　　　1/15, 7/15	$98/2＝$49 的債息將在每年的這兩天支付。
擔保　　　　無	公司未設定特定資產作為擔保品。
償債基金　　無	公司將不提撥償債基金。
贖回條款　　隨時可贖回	沒有延遲贖回的特色。
贖回價格　　公債利率＋0.20%	公司將一次全部贖回。
債信評等　　Moody's A2　　S&P A	債券信用評等屬較高評等的等級（但不是最高等級）。

這種所列示的許多特性將在債券合約條款內詳細介紹，現在我們就來討論債券合約條款。

債券合約條款

債券合約條款（indenture）是公司（借款人）和債權人之間所簽訂的書面合約，有時也稱為信用契約書（deed of trust）。[3] 通常，公司指定一個受託人（trustee，也許是一家銀行）來代表所有的債券持有人。受託的信託公司（trust company）必須：(1) 確定借款人確實遵守債券合約條款；(2) 管理償債基金（以下會有較詳細的敘述）；(3) 當公司違背對債券持有人的支付約定時，即公司違約時，代表債券持有人。

債券合約條款屬法律文件。它可以長達數百頁，通常是咬文嚼字，單調乏味。然而，它卻是一份很重要的文件，通常包括下列條款：

1. 債券的基本條款。
2. 債券的發行總額。

---

[3] 貸款契約（loan agreement or loan contract）常用在私下募集的債務及期限貸款上。

3. 列述作為擔保的財產。
4. 償還債券本金的安排。
5. 贖回條款。
6. 保護條款細節。

以下討論這些特性。

債券的條款　雖然像 DuPont $2,000 面額的債券愈來愈普遍，但公司債的面值（也就是面額）通常是 $1,000，叫做本金（principal value），會記載在債券的憑證上。所以，如果某家公司想借款 $100 萬，它就必須賣 1,000 張債券。債券的面額（par value）（也就是債券發行時的會計帳上價值），幾乎都等於面值，這兩個名詞在實務上也交叉使用。

公司債通常為記名形式（registered form），例如，債券合約條款可能有如下的敘述：

> 以 6 月 15 日和 12 月 15 日營業日結束時所註冊的債券持有人為對象，在每年的 7 月 1 日和 1 月 1 日各支付半年利息一次。

這意味著公司將有一位負責記錄與變更債券所有權的登錄員。公司將依登錄名冊上所記錄的地址，以支票直接郵寄利息與本金給債券持有人。公司債可能是記名的，而且附有「息票」，債券持有人必須撕下息票，將它寄至公司的債券登記部門，才可以領取利息。

另一方面，債券也有採不記名形式（bearer form）。這意味著憑證是所有權的依據，擁有債券的人就有權利收到公司支付的利息與到期本金，公司不另外登錄持有人的姓名與資料。不記名債券和記名債券一樣附有息票，持有債券憑證的人必須把息票撕下來，並寄回公司，才能領取公司的支付。

不記名債券有兩個缺點。首先，如果債券遺失或失竊，通常就很難找回。其次，因為公司並不清楚債券持有人是誰，當有重大事件時，沒辦法通知債券持有人。在美國，不記名式債券曾經相當流行，但是現在比較不普遍了。

擔保（security）　債務證券可以依是否有擔保品或是抵押來加以區分，而擔保品與抵押主要的目的就是用來保護債權人。

擔保品（collateral）是個概括性名詞，經常是指以有價證券（如債券或股票）作為償還債務的擔保品。例如，擔保信託債券（collateral trust bonds）通常

是以公司的普通股作為擔保品。雖然如此，擔保品泛指用來擔保債務的任何資產。

抵押證券（mortgage securities）是以借款人之不動產作為抵押品之證券。這裡所牽涉到的不動產通常是房地產，像土地或建築物。書明抵押品之法律文件就叫做抵押信託合約條款（mortgage trust indenture）或信託證書（trust deed）。

有時候，抵押品是某些特定財產，例如火車。抵押經常採總括抵押，在總括抵押（blanket mortgage）中，公司名下的所有不動產都是擔保品。[4]

債券通常沒有任何的擔保。信用債券（debenture）就是一種無擔保債券，沒有設定任何資產作為擔保品。一般所謂的票據（note），是指在發行之時，到期期限少於十年的債券。信用債券持有人只對那些未用來作為其他債務擔保品的財產，擁有請求權，換言之，在抵押和擔保信託後所剩餘的財產才納入考慮償還信用債券的持有人。前面表內的 DuPont 債券就是此類債券的一個例子。

這裡和本章其他地方所用的名詞在美國已標準化，在美國以外的其他地區，相同的名詞可能會有不同的涵義。例如，英國政府所發行的「債券」（gilts）叫做國庫「股票」，而且信用債券在英國是有擔保的債務。

目前，美國一般產業公司和金融業所公開發行的債券，幾乎都是信用債券。然而，大部份的公用事業和鐵路公司發行的債券，則有資產作為擔保。

優先權（seniority）　一般而言，優先權代表債務人在償還順序上的優先地位，債務經常以高級（senior）或次級（junior）來標示它的優先權。有時候，債券是屬於次等的（subordinated），如次等信用債券（subordinated debenture）就是一例。

當發生違約時，次等信用債券的持有人償還的優先順序是在其他特定債權人之後，這意味著只有當特定債權人得到償還之後，次等債權人才能得到償還。儘管如此，債務的優先權仍高於權益。

償還（repayment）　債券可能在到期時償還。到期時，債券持有人可以收到債券的面值。債券也可能在到期前部份或全部償還。提前償還通常是以償債基金的方式進行。

償債基金（sinking fund）是發行公司為了償還債券而委託信託公司管理的帳戶，公司每年支付給信託公司，然後信託公司再以此筆基金買回部份債務。信託公司通常從市場上買回債券，或是贖回部份流通在外的債券。下一節討論第二個

---

[4] 不動產包括土地和一些「固定資產」，但不包含現金或存貨。

方式。

償債基金的償還安排有許多不同類型,細節都詳細記載在債券合約條款中。例如:

1. 有些償債基金是在債券發行十年後才開始。
2. 有些償債基金是在債券存續期間內等額償還。
3. 有些高品質債券的償債基金並不足以贖回整筆債券。因此,到期時會有一筆很大的「汽球式付款」。

贖回條款　贖回條款(call provision)允許公司在特定期間內,以事先約定的價格買回部份或全部的債券,公司債通常都是可提前贖回的。

通常,贖回價格都比債券的面值高。贖回價格和面值之間的差額,就稱為**贖回溢價**(call premium)。贖回溢價通常隨時間經過而愈來愈小。其中的一種作法是,贖回溢價一開始時設定等於年票面利息。然後,贖回溢價隨著贖回日期愈接近債券的到期日而遞減至零為止。

贖回條款通常並不會在債券發行初期生效,所以債券持有人在發行初期時不必太擔心贖回條款。舉例來說,某家公司可能禁止在最初十年內贖回債券,這就是一種**遞延贖回條款**(deferred call provision)。在這段期間內,我們稱債券正處於**贖回保護**(call protected)下。

僅在幾年前,一種新型的贖回條款 —— 完整贖回(make-whole),在公司債市場上非常盛行。在完整贖回的情況下,債券持有者可以收到約略與債券價格相等的贖回金額。當債券被贖回時,債券持有者並不會遭到損失,因此他們是完整地「被保護」(made whole)。

欲決定完整贖回的價格,我們可以使用債券條款所規定的折現率將剩餘利息及本金折成現值。例如,以 DuPont 的債券為例,折現率是「政府公債利率加 0.20%」。所以,我們先找尋相同到期期限的美國政府公債,求出它的收益率,然後再加上 0.20%,就是我們要的折現率。

在完整贖回條款下,當利率較低時,贖回價格會較高,利率較高時,贖回價格會較低(為什麼?),在完整贖回條款情形下,DuPont 債券並沒有遞延贖回的特性,為何投資者不太介意是否有遞延贖回的規定呢?

保護契約　保護契約(protective covenant)是債券合約條款或借款合約的一部份,它限制公司在借款期間內所能採取的某些行動。保護契約可以分為兩種:負面契約和正面契約。

負面契約（negative covenant）是一種負面條列式的契約，限制或禁止公司採取的行為。下面是一些典型的例子：

1. 公司必須依照某些公式，限制其股利發放的最高金額。
2. 公司不可以把任何資產抵押給其他債權人。
3. 公司不可以和另一家公司合併。
4. 沒有債權人的同意，公司不可以將任何主要資產出售或出租。
5. 公司不可以發行額外的長期負債。

正面契約（positive covenant）是一種正面條列式契約，詳加記載公司承諾採取的行為，或是公司必須遵守的條件。下面是一些例子：

1. 公司必須維持其營運資金在某一特定的最低水準或之上。
2. 公司必須定期提供審核過的財務報表給債權人。
3. 公司必須維持所有質押品或擔保品在良好的狀態下。

這只是契約的一部份，一份特定的債券契約條款可能包括許多不同的特色。

觀念問題

7.2a 和權益比起來，債務有哪些顯著的特色？
7.2b 何謂債券合約條款？何謂保護契約？請舉些例子。
7.2c 何謂償債基金？

7.3 債券評等

公司經常請債券評等公司為其所發行的債券評等。最有名的兩家債券評等公司是 Moody's 和 Standard & Poor's（S&P）。債券評等就是評估債券發行公司的債信，Moody's 和 S&P 所使用的債信之定義是依據可能違約的機率，以及違約時，債權人所獲得的保障程度。

債券評等所探討的內容只限於違約的可能性。先前所討論的利率風險，是利率變動所導致債券價值變動的風險，而債券評等並沒有考慮利率風險。所以，評等很高之債券，其價格仍然可能有相當大的波動。

債券評等是藉由公司所提供的資訊來建構的，下一頁的表是評等的等級和一

		投資級債券			低品質、投機性及「垃圾」債券				
		高等級		中等級	低等級		非常低等級		
Standard & Poor's		AAA AA	A	BBB	BB	B	CCC CC	C	D
Moody's		Aaa Aa	A	Baa	Ba	B	Caa Ca	C	
Moody's	S&P								
Aaa	AAA	Aaa 和 AAA 是債券評等中的最高等級，支付利息和本金的能力非常強。
Aa	AA	等級為 Aa 和 AA 的債券擁有非常強的支付利息和本金能力。Aa 或 AA 級債券和最高評等的債券合稱高等級債券。
A	A	在遇到環境或經濟條件改變時，評等為 A 的債券比高評等的債券更會受到不利的影響。但是，它們支付利息和償還本金的能力仍強。
Baa	BBB	評等為 Baa 和 BBB 的債券被認為擁有足夠能力支付利息，並償還本金。然而，在遇到不利經濟條件或環境改變時，它比高等級的債券更易減弱支付利息和償還本金的能力。這種債券是中等級的債務。
Ba、B Caa Ca C	BB、 B CCC CC C	這些等級的債券被認為在利息的支付和本金的償還上存有投機性。BB 和 Ba 代表投機性最低，而 Ca、CC 和 C 則代表最高的投機性。雖然這種債券仍稍具品質以及保護性的特徵，卻不能彌補它們曝露在不利條件下的高度風險。有些債券可能會違約。這些等級是專屬於不支付利息的收益債券。
	D	D 等級的債券是已違約，利息的支付和（或）本金的償還正在拖欠中。

請注意：有時候，Moody's 及 S&P 會對這些評等作調整，S&P 會利用加、減號來調整，如 A＋表示評等為 A 級中最好的，而 A－表示是最差的；Moody's 則以 1、2 或 3 來表示，1 表示最高等級，而 3 表示最差等級。

些相關的資料。

　　公司債信的最高等級是 AAA 或 Aaa，這些公司的債務被認定為品質最好，風險程度最低的債務。例如，前面所討論的 BellSouth 所發行的 100 年公司債，其債信評等為 AAA 級，這種等級並不經常授予：截至 2011 年，只有四家美國非金融業公司獲得 AAA 級評等，AA 或 Aa 級代表相當好的債務品質，是比較常見的評等。

　　很多公司以低等級債券，即「垃圾」債券來舉債籌措資金。這些低等級債券接受評等時，重要的評等公司會評定它們為投資等級以下的公司債券。而投資等級債券在 S&P 評等中至少是 BBB，在 Moody's 評等中至少是 Baa。

債信評等機構評等的結果未必會一致，所謂的「交叉債券」(crossover) 或 "5B" 債券就是個例子，它們被一家評等機構評為 BBB (或 Baa)，卻被另一家評為 BB (或 Ba)，造成不一致的評等。例如，從事生命科學研究的 Bio-Red Laboratories 在 2010 年 12 月發行一批十年期債券，S&P 將它評為 BBB−，Moody's 則評為 Ba2。

當發行公司的財務狀況改善或惡化時，債券的信用等級會改變。舉例來說，在 2010 年 11 月，S&P 和 Moody's 將 Regions Financial Corporation 的長期債務等級，從投資等級降至垃圾債券的等級。被調降至垃圾等級的債券就稱為墮落天使 (fallen angels)。Regions 是因為其商用不動產放款業務的鉅額損失且未來的損失將會擴大。

信用等級是重要指標，因為違約事件有時會發生；當發生違約事件時，投資者將遭受重大損失。例如，供應上至漢堡，下至玩具贈品給 Burger King 等企業的 AmeriServe Food Distribution 公司，它所發行的垃圾債券在 2000 年就發生金額 $2 億違約事件。違約事件發生後，面值 $1 的市場價格只有 1.8 美分，所有投資者的損失超過 $1 億 6 千萬。

更糟糕的是，該筆垃圾債券才剛發行了四個月之久而已，使得 AmeriServe 得到一個 NCAA 冠軍頭銜。對肯德基大學 (University of Kentucky) 籃球校隊 Wildcats 而言，NCAA (National College Academic Association) 的冠軍頭銜是一件喜事；但在債券市場上，NCAA 是 "No Coupon At All" 的縮寫，對投資者而言，就不是好事情了。

> **觀念問題**
>
> 7.3a 對於因為利率變動所造成債券價值波動的風險，債券評等有何看法？
>
> 7.3b 何謂垃圾債券？

7.4 其他類型的債券

到目前為止，我們只介紹單純的公司債。本節簡短地介紹政府發行的債券，以及其他比較特殊的債券。

政府債券

全世界最大的借款人就是大家所喜愛的家庭成員——山姆叔叔。在 2011 年，美國政府的總負債是 $14.1 兆，相當於每位公民平均負債 $45,000（而且還在增加）。當政府想要借超過一年以上的款項時，它就公開發行中期國庫公債和長期國庫公債（事實上，政府每個月都這樣做）。目前，中期國庫公債和長期國庫公債的原始到期期限介於兩年至 30 年間。

美國財政部所發行的大多是普通附息債券。一些較早期發行的債券則是可贖回的，很少有較特殊的規定。然而，有兩件重要事情必須謹記在心。首先，不像其他債券，美國政府所發行的債券沒有違約風險，因為（我們希望）財政部總是有辦法籌錢來還款。其次，政府債券免繳州政府所得稅，換言之，政府票據或政府債券的利息，只需繳聯邦所得稅。

州政府和地方政府也會藉由發行票據和債券來籌錢，這些就稱為地方政府票據和債券（municipal notes and bonds），簡稱"munis"。與中央政府債券不同之處，地方政府債券擁有不同等級的違約風險，事實上它們的評等很像公司債。此外，它們幾乎都是可贖回的。munis 最吸引投資者之處在於它們的利息收入免繳聯邦所得稅（但須繳州政府所得稅），因而吸引了大批高所得與高稅率級距的投資者。

因為有高額的稅負減免，所以地方政府債券的收益率遠低於應稅債券的收益率。例如，在 2011 年 1 月，Aa 級長期公司債的收益率大約是 5.23%，而同一時期的 Aa 級長期地方政府債券的收益率則只有大約 4.84%。假設有一位處在 30% 稅率級距的投資者，當其他條件相同時，他會選擇 Aa 級公司債，還是 Aa 級地方政府債券呢？

要回答這個問題，必須比較這兩種債券的稅後收益率。若不考慮州政府和地方稅，munis 的稅前收益率和稅後收益率都是 4.84%；公司債稅前收益率為 5.23%，在考慮 30% 的所得稅率之後，公司債的稅後收益率為 $0.0523 \times (1 - 0.30) = 0.0366$，即 3.7%。所以，munis 的稅後收益率較高。

範例 7.4　應稅債券和地方政府債券

假設應稅債券目前的收益率是 8%。而風險相同和到期期限一樣的 munis 收益率是 6%。對於 40% 稅率級距的投資者而言，哪一種債券較具吸引力？損益兩平稅率是多少？如何解釋此稅率？

對於 40% 稅率級距的投資者而言，應稅債券的稅後收益率是 $0.08 \times (1 - 0.40)$

=4.8%。所以，munis 較具吸引力。損益兩平稅率就是使應稅債券和免稅債券兩者的稅後收益率相等的稅率。如果令 t^* 代表損益兩平稅率，那麼 t^* 可以求解如下：

$$0.08 \times (1 - t^*) = 0.06$$
$$1 - t^* = 0.06/0.08 = 0.75$$
$$t^* = 0.25$$

因此，對於25%稅率級距的投資者而言，這兩筆債券的稅後收益率都是6%。

零息債券

不支付任何票息的債券，其發行價格必定遠低於它的面值。這種債券稱為零息債券（zero coupon bonds 或 zeroes）。[5]

假設 EIN 公司發行面值為 $1,000 的五年期零息債券，發行價格訂為 $508.35。雖然此筆債券不支付票息，半年為一期的零息債券價格計算公式與附票息債券的計算方式是一致的，以半年作為一期，在這個價格之下，可以輕易地算出債券的到期收益率是 14%，債券到期期間內的總利息是 $1,000－508.35＝$491.65。

從稅負的觀點來看，即使實際上沒有支付任何利息，零息債券的發行公司仍然可以計算每年的利息來抵稅。同樣地，即使沒有真的收到利息，債券持有人也要繳應計利息的所得稅。

零息債券是根據稅法的規定計算年息。1982 年以前，公司可以採用直線法來計算利息抵減。以 EIN 為例，每年利息抵減是 $491.65/5＝$98.33。

在目前的稅法下，利息費用是由分期攤還貸款方法來決定。首先算出每年年初的債券價值。例如，一年後，債券還有四年才到期，所以，它的價值是 $1,000/$(1.07)^8$＝$582.01，兩年後的價值將是 $1,000/(1.07)^6$＝$666.34，以此類推。每一年的隱含利息費用就是在該年內債券價值的變動金額。表 7.2 列出 EIN 債券每年之價值和利息費用。

留意表中的數字可以發現，零息債券在舊的稅法規定下較具有吸引力，因為最初幾年的利息抵減額較高（比較隱含利息費用和直線法利息費用）。

---

[5] 以很低票面利率發行的債券（不同於零票面利率）稱為原始折價發行債券（original-issue discount (OID) bond）。

表 7.2　EIN 零息債券的利息費用

年	期初價值	期末價值	隱含利息費用	直線法利息費用
1	$508.35	$ 582.01	$ 73.66	$ 98.33
2	582.01	666.34	84.33	98.33
3	666.34	762.90	96.56	98.33
4	762.90	873.44	110.54	98.33
5	873.44	1,000.00	126.56	98.33
合計			$491.65	$491.65

在目前的稅法下，第一年 EIN 可以扣減 $73.66 的利息支出，而債券的持有人則有 $73.66 的應稅所得（即使實際上並沒有收到利息）。這一點使得應稅的零息債券對個人比較沒有吸引力。然而，對那些擁有以美元計價的長期債務之免稅投資者，例如退休基金，零息債券因為未來價值（即到期值）是相當地確定，所以仍是非常具有吸引力的投資。

有些債券只有在某一段期間內是零息債券，例如，General Motors 就有一筆綜合零息債券和付息債券的信用債券。該債券將於 2036 年 3 月 15 日到期，在前 20 年期間不支付票息。之後，每年支付 7.75% 的票息（每半年支付一次）。

浮動利率債券

本章所討論的傳統債券支付固定金額的票息，也就是票面利率是面值的某一固定百分比。同樣地，本金也都設定等於面額。在此種情況下，票面利息的支付和本金都是完全固定的。

然而，對浮動利率債券（floating-rate bonds 或 floaters）而言，票面利息的支付則是可調整的，通常是隨著某些利率指標之變動而調整，例如，國庫券利率或 30 年期的政府公債利率。第 5 章提到的 EE 儲蓄債券就是浮動利率債券的一個很好例子，1997 年 5 月 1 日以後，EE 債券每半年調整一次利率，其利率計算的方式是採取浮動利率的方式，以過去六個月內所發行之五年期政府公債收益率的簡單平均值為指標，打九折後作為 EE 債券這六個月的收益率。

浮動利率債券的價值端視票面利息是如何調整而定。在大部份情況下，票面利息的調整是落後於作為調整基準之利率指標。例如，如果在 6 月 1 日調整債息，調整的幅度可能是以過去三個月政府公債的簡單平均收益率為基礎。此外，大部份的浮動利率債券有下列的特性：

1. 持有人在某段特定期間之後,有權在付息日將他(她)的票據以票面金額賣回給發行者,領回本金。這是一種賣回條款(put provision),將在下面討論。
2. 票面利率有上限與下限,也就是說,票面利息有最低值和最高值。此時稱票面利率為被「蓋住」(capped),而利率的上限與下限則稱為 collar。

另一種特別有趣的浮動利率債券就是通貨膨脹相連債券(inflation-linked bond)。這種債券的票面利息是根據通貨膨脹率而調整(本金也可能跟著調整)。從 1997 年 1 月起,美國政府開始發行這種債券。這種債券常被稱為"TIPS",全名為防禦通貨膨脹之政府債券(Treasury Inflation-Protected Securities)。其他國家如加拿大、以色列和英國,也都發行類似的證券。

其他類型債券

許多債券都會有一些很奇特或怪異的特色,所謂的災難債券就是一個有趣的例子。在 2010 年 12 月,再保公司 Swiss Re 發行 $1 億 7 千萬的災難債券(再保公司賣保單給保險公司)。這些債券投保澳洲地震、北美颶風及加州地震,當發生任一災難事件時,Swiss Re 將可收到(由災難債券而來的)現金流量以抵銷它的(再保)損失。

截至目前,發行規模最大的災難債券是 Merna 再保公司於 2007 年發行的六筆序列債券,發行目的是為了彌補 Merna 公司承保 State Farm 公司災難險,可能帶來的巨額損失。這六筆債券的總面額約 $12 億,佔 2007 年災難債券發行額 $70 億相當高的比例。截至 2010 年,災難債券的發行金額下跌至 $50 億,預計 2011 年的金額會介於 $50 億至 $60 億之間。

災難債券的投資風險看起來似乎很高,事實上,自從 1997 年第一筆災難債券發行以來,只有一筆災難債券的票息與本金未全額支付。在 Katrina 颶風災難事件中,債券持有者損失了 $1 億 9 千萬。

認股權證(warrant)可能是債券的另一個附加特性,認股權證可供債券投資者,以固定的價格買進發行公司的普通股股票,當普通股股價大幅攀漲,認股權證也將是價值非凡,由於這個道理,附有認股權證特性的債券,它們的票息金額經常是很低。

誠如這些例子所顯示,債券的特性超乎我們所想像的。很可惜的是,因為不同情況實在是太多了,以致於沒辦法在此逐一詳細介紹。因此,本節只介紹一些

聽聽他們怎麼說⋯

Edward I. Altman 談垃圾債券

過去30年公司理財最重要的發展之一是，公開發行的低等級公司債券重新出現。原先是在二十世紀初銷售給投資大眾，以協助一些有成長性的新產業，這些高收益、高風險的債券在經濟大恐慌期間違約頻傳後，實際上已銷聲匿跡。然而，最近垃圾債券市場從原本是公司債券市場不起眼的小角色，搖身一變成了成長最快速、最惹人爭議的融資工具。就技術上來說，高收益債券發行公司的債信等級乃是一家或一家以上的主要信評機構，諸如：Fitch、Moody's 或 Standard & Poors，評比為低於投資等級，例如：低於 S&P 的 BBB。

垃圾債券這個詞主要是指於1977年以前就發行，但被評等為低等級的債券。當時的「市場」幾乎清一色是原先發行的投資等級債券，這些債券從投資等級降至具高違約風險及投機的等級。這些所謂的墮落天使在1977年約高達 $85 億。在2008年年底，墮落天使的規模約佔規模達 $1 兆之公開交易垃圾債券市場的 25%。歐洲高收益債券市場最近才開始成長，2008年的規模約達 €1,750 億。

1977年開始，發行者為了達到成長的目的，開始直接向大眾募集資金。早期的使用者是一些與能源相關的公司、有線電視公司、航空及各種其他的產業公司。公司成長性加上早期投資者回收頗高，使垃圾債券的發行合情合理。

截至目前為止，垃圾債券融資最重要且最引人爭議的是，它在1985年至1989年間的公司重組過程中所扮演的角色。高融資的交易及購併，像融資收購（LOBs），會出現在公司私有化與債務對權益證券的交換，改變了美國公司的面貌，使得有關公司資本結構轉換成6：1的負債/權益比率，所造成的經濟及社會效應，辯論四起。在2004年至2007年間的第二波 LBO 交易盛況，也引發了同樣的辯論，但不如之前那麼情緒化。

愈來愈多大公司介入這些交易，數十億美元的購併變得稀鬆平常，最後於1989年，$250 多億的 RJR Nabisco 融資收購交易達到最高點。融資收購大約有 60% 的資金是來自向銀行及保險公司的舉債，約 25% 至 30% 是垃圾債券，10% 至 15% 是權益證券。垃圾債券有時被稱為「夾層」資金，因為它介於「上層」優先債務及「下層」權益證券之間。然而，在最近的融資收購狂潮中，收購資金中來自權益證券資金的比率超過 30%，而平均交易金額比 1980 年代末期來得大，在 1980 年代末期的案件中，只有 RJR Nabisco 目前仍位居在十大 LBOs 的名單中。

這些資本結構重組使得財務顧問及承銷商獲得高利，股票被收購的持股股東也獲利頗多，而且只要市場願意買下這些看起來不錯的風險與報酬交換之垃圾債券，他們就會持續獲利。在 1989 年後半年，市場因諸多因素而出現崩潰，這些因素包括呆帳顯著增加、政府規範反對儲貸銀行（S&Ls）持有垃圾債券，及一個眾所皆知的高槓桿財務重整案例的破產——Federated Departement Stores。

1989 年呆帳率戲劇化地升至 4% 之後，於 1990 年及 1991 年分別遽升至 10.1% 及 10.3%。在 1991 年，大約有 $190 億的呆帳。1990 年年底之前，當價格重挫，而垃圾債券發行市場全部枯竭時，垃圾債券的發行及投資者的報酬遽跌。1991 年是關鍵性的一年，儘管有呆帳的紀錄，債券價格及發行市場強力反彈，因為未來前景一片看好。

1990 年代早期，金融市場質疑債券市場是否能起死回生，肯定的答案響徹雲霄，新發行量在 1992 年衝至 $400 億的紀錄，1993 年幾乎

是 $800 億，1997 年更高達 $1,190 億。下跌的呆帳率（1993 年至 1997 年間每年低於 2.0%）及吸引人的回收，這些風險與報酬的特質非常吸引投資者。

1990 年代末期的垃圾債券市場和 1980 年代比起來是較平靜的，但就成長及報酬而言，是比以前健全的。1992 年至 1998 年間的低呆帳率加速了新的投資及發行，然而，市場在之後幾年有起有落。的確，呆帳率於 1999 年開始升高，並於 2000 年及 2002 年加速升高。在 2002 年這一年，當經濟衰退，呆帳率創歷史新高，投資者在 1990 年代末期所作的投資，因而遭受重大損失。

從 1990 年代中期以來，私募槓桿債務市場發展出一個高收益債券「姐妹」市場。在 2005 年至 2007 年間，這個低信評等級債券市場在美國及歐洲大幅地成長，其規模至少比 2008 年的高收益債券市場高出 30%。這些由非投資等級公司所發行的債券，其快速成長及常受青睞的主要原因之一是，發行銀行能輕易地把這些債券重組成各種結構債產品，就是所謂的貸款擔保憑證（collateralized-loan-obligations, CLOs）。這些私募債券和高收益債券比較起來，違約率通常較低，但有跡象顯示，由於在 2008 年之前幾年，其規模大幅擴展及契約條款寬鬆，這種違約率的型態即將有所改變。

高槓桿融資市場在 2003 年的快速反彈，並持續蓬勃發展，一直到 2007 年至 2008 年期間的信用危機。2007 年下半年和 2008 年次級房貸市場的瓦解，造成投資者奔向高品質債券，而高收益債券及私募債券的投資報酬大幅下挫，新發行案例枯竭，而違約率也從風險奇低、私募槓桿債券過度發行的當年大幅攀升。儘管具有這些大幅變化之特性及流動性問題，我們確信高收益債券及私募槓桿債券在未來仍然會是公司債務資金的主要來源，也是投資者應該持有的資產種類之一。

Edward I. Altman 是 Max L. Heine 財務講座教授及紐約大學（New York University）史坦恩商業學院（Stern School of Business）所羅門中心（Salomon Center）的副主任。他是世界公認研究破產、信用分析及高收益垃圾債券市場的專家之一。

較常見的類型。

收益債券（income bonds）和傳統的債券類似，唯一的差別是支付票面利息必須視公司的收入而定。更詳細地說，只有在公司的收入足夠時，債券持有人才會收到票面利息。這點看起來是項吸引人的特色，但是收益債券並不普遍。

可轉換債券（convertible bond）之持有者可以在到期前，以債券交換某一固定數目的普通股。可轉換債券相當普遍，但是近年來發行數量已經大幅減少。

賣回債券（put bond）允許持有人（holder）強迫發行公司以事前約定價格將債券買回，舉例來說，當一些不利事件發生時，International Paper 公司的債券持有者有權利要求公司以面額購回債券；這些不利的事件之一是，Moody's 或 S&P 將 International Paper 公司的債信由投資等級降至投資等級以下。所以這種賣回的

特性只不過是贖回條款的相反，是一種相當新的發展。

某些債券可能有許多不尋常的特性，晚近兩種此類債券是有附票面利息的 CoCo 債券及票面利率為零的 NoNo 債券，CoCo 和 NoNo 債券是在某些條件下可轉換、可賣回、可贖回的次等順位債券，除了必須先符合一些條件外，這兩種債券的可轉換條款與一般可轉換特性是類似的。例如，所需的條件可能如下：在最近 30 天交易日當中，有 20 天交易日發行公司股票價格必須高出轉換價格的 110%；此種債券的評價相當困難，而所求算出的到期收益率（YTM）毫無意義可言。例如，在 2011 年，American International Group（AIG）發行的 NoNo 債券以 $1,032.50 的價格賣出，隱含的到期收益率是 −1.6%。同時，Merrill Lynch 發行的 NoNo 債券以 $1,205 的價格賣出，隱含的到期收益率是負 −107%。

伊斯蘭債券（Sukuk）

全球對依照伊斯蘭教律法與文化傳統而設計的資產需求呈現快速成長，截至 2010 年，同時計入伊斯蘭金融機構客戶存款後，這些伊斯蘭債券總額大約是 $9,500 億，這筆金額預計於 2012 年會成長至 $1.6 兆，西方國家的金融操作與伊斯蘭教律法規定的一個主要差異是伊斯蘭教律法禁止收支利息，這意味著遵循伊斯蘭教律法之任何人將無法買賣傳統債券。

為了符合不可收支利息之限制，市場上出現了伊斯蘭債券。伊斯蘭債券有各種不同的型態，諸如對某筆債務擁有部份所有權的 Murabaha 伊斯蘭債券（SukukMunabaha），或對某項資產擁有部份所有權的 A1 Ijara 伊斯蘭債券（Sukuk A1 Ijara）。就以 A1 Ijara 為例，債券發行者於債券到期時，必須買回債券所擁有的該項資產。在債券到期之前，發行者必須支付該項資產的租金，我們知道債券的流動性相對較低，大部份的伊斯蘭債券被買進後，都是持有至到期日。因此，伊斯蘭債券的次級市場流動性非常低。

觀念問題

7.4a 為什麼收益債券可能較吸引那些現金流量變動幅度很大的公司？你能否想出一個理由說明為什麼收益債券不是很普遍？

7.4b 你認為賣回特性對債券的票面利息有何影響？而可轉換的特性呢？為什麼？

7.5 債券市場

債券每天的成交量非常龐大。你可能會非常訝異，一般的交易日中，債券交易量竟然比股票交易量多好幾倍〔交易量（trading volume），就是指轉手的金額〕。這裡有一個財務上的瑣碎問題：全世界最大的證券市場是哪一個？大部份的人都會猜紐約證券交易所。事實上，以交易量來看，全世界最大的證券市場是美國政府公債市場。

如何買賣債券

第 1 章曾經提過，大部份的債券交易都在櫃檯市場（即 OTC）進行，也就是說，交易並不是在特定地點完成，是由遍佈全國（以及全世界）的自營商隨時準備買和賣，各地的自營商都是由電子系統所相連。

債券市場之所以這麼大，原因之一是債券發行數量遠超過股票發行數量。理由有兩個。首先，通常公司都只有一種流通在外的普通股（下一章會討論到一些例外的情形）。然而，一家大公司很容易就會有一打，甚至更多的債券流通在外。其次，聯邦政府、州政府和地方政府的借款金額更是龐大。例如，即使是一個小城市，經常發行許多種債券，作為支付馬路、排水溝和學校這類建設的借款。當你想到全美國有多少這種小城市時，就可以想像得到總金額會是多龐大。

因為債券市場幾乎都是 OTC 市場，所以它的透明度非常低，甚至沒有。所謂市場是透明的（transparent），表示可以容易地觀察到市場的價格和交易量。例如，在紐約證券交易所，每筆交易的價格和交易量都可以看得到；相反地，在債券市場中通常看不到成交的價格與數量。交易是由買賣雙方私下協議，所以很少，甚至於沒有市場整體的交易報告。

雖然債券的總交易量遠超過股票，然而，每天實際交易的債券卻只佔所有發行在外債券的一小部份。此外，因為債券市場缺乏透明性，要取得個別債券的即時報價，特別是小型公司債或地方政府債，是非常困難甚至是不可能的事。解決的辦法是利用許多不同的價格估計值，而這些估計價格的方法也普遍被採用。

債券價格報價

2002 年公司債市場的透明度有戲劇性的提升，在新的規定下，公司債的自營商現在必須要透過 Trade Report and Compliance Engine（TRACE）來呈報交易資料。下一頁的網路作業教你如何得到 TRACE 的報價資訊。

網路作業

拜網路盛行之賜，投資者愈來愈容易取得債券的報價資訊，cxa.marketwatch.com/finra/MarketData/Default.aspx 就是提供債券價格資訊的一個網站，我們連接到該網站找尋 Coca-Cola 所發行的債券，下面是其中一筆債券的部份資料：

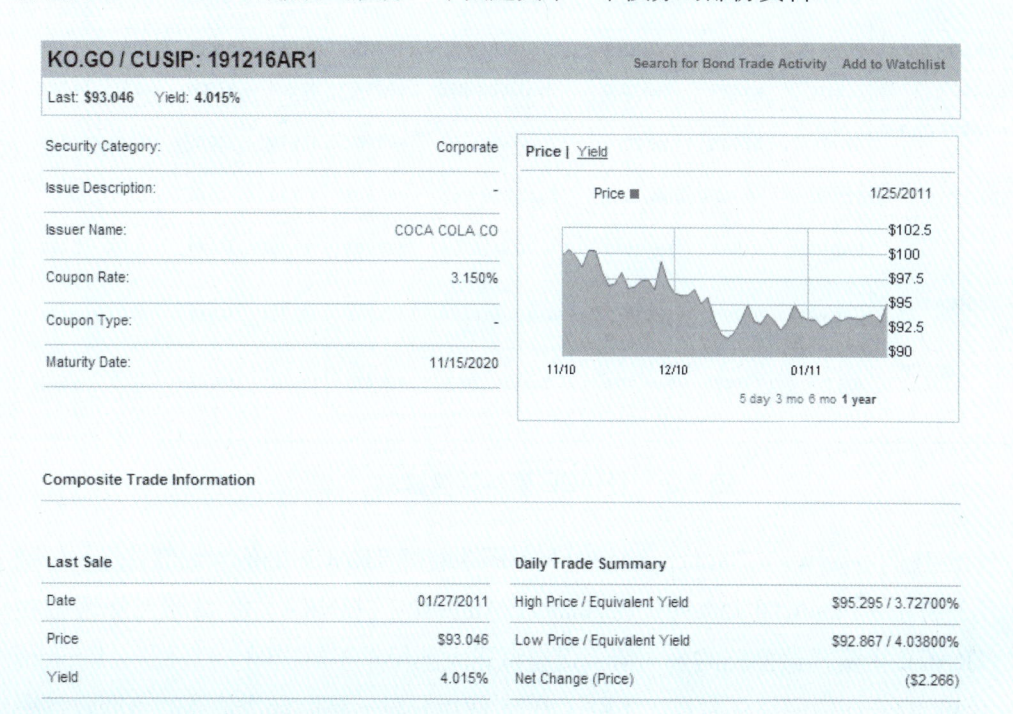

```
KO.GO / CUSIP: 191216AR1                    Search for Bond Trade Activity   Add to Watchlist
Last: $93.046   Yield: 4.015%

Security Category:                Corporate    Price | Yield
Issue Description:                       -              Price ■                      1/25/2011
Issuer Name:                 COCA COLA CO                                            $102.5
Coupon Rate:                        3.150%                                           $100
Coupon Type:                            -                                            $97.5
Maturity Date:                   11/15/2020                                          $95
                                                                                     $92.5
                                                                                     $90
                                                         11/10      12/10     01/11
                                                         5 day 3 mo 6 mo 1 year

Composite Trade Information

Last Sale                                    Daily Trade Summary
Date                        01/27/2011       High Price / Equivalent Yield    $95.295 / 3.72700%
Price                          $93.046       Low Price / Equivalent Yield     $92.867 / 4.03800%
Yield                           4.015%       Net Change (Price)                       ($2.266)
```

這筆債券的票面利率是 3.15%，將於 2020 年 11 月 15 日到期，前一交易日的收盤價是面額的 93.046%，到期收益率大約是 4.015%。這個網站不僅提供價格與收益率資訊，它也提供更多的一些債券重要資訊，諸如：債信等級、票面利率、贖回日及贖回價格，你可以親自上網看一看及尋找其他資訊。

問　題

1. 上到網站並找出這筆債券，它是何時發行的？發行總金額是多少？發行時的到期收益率與價格分別是多少？
2. 當你搜尋 Chevron 債券（CVX）時，你會發現這些債券有不同的發行公司，為何 Chevron 使用不同的公司名稱發行債券？

Issuer Name	Symbol	Coupon	Maturity	Rating Moody's/S&P/Fitch	High	Low	Last	Change	Yield%
DPL CAP TR II	DPL.GE	8.125%	Sep 2031	Baa2 /BBB /BBB	110.000	106.500	110.000	3.504	N/A
CREDIT SUISSE USA INC	CS.JF	6.500%	Jan 2012	Aa1 /A+ /AA-	105.703	105.256	105.592	-0.059	0.621
REGIONS BK ALA MTN FDIC TLGP	RF.GO	3.250%	Dec 2011	Aaa /AAA /AAA	102.660	101.454	101.454	-0.746	1.531
BARCLAYS BK PLC	BCS.IDX	2.500%	Jan 2013	Aa3 /AA- /AA-	102.330	101.449	101.651	0.651	1.648
SARA LEE CORP	SLE.HJ	4.100%	Sep 2020	Baa1 /BBB /BBB	99.764	97.387	97.938	-0.313	4.364
GOLDMAN SACHS GROUP INC	GS.KW	6.600%	Jan 2012	A1 /A /A+	105.807	105.100	105.690	0.106	0.618
TECK RESOURCES LTD	TCK.GL	10.750%	May 2019	Baa2 /BBB /BBB-	130.625	129.500	130.625	1.125	N/A
MERRILL LYNCH CO INC MTN BE	BAC.HRM	5.450%	Feb 2013	A2 /A /A+	107.100	104.960	105.811	-0.400	2.470
BANK OF AMERICA FDIC GTD TLGP	BAC.HGP	3.125%	Jun 2012	Aaa /AAA /AAA	103.610	102.764	103.595	-0.024	0.493
AMERICAN INTL GROUP INC	AIG.PMD	6.400%	Dec 2020	Baa1 /A- /BBB	106.476	105.564	106.155	0.035	5.579

圖 7.3　TRACE 債券報價實例

我們可從 www.finra.org/marketdata 網站取得 TRACE 的債券報價資訊，如圖 7.3 所示，Financial Industry Regulatory Authority（FINRA）當局每天會報載在 TRACE 上交易最熱絡的公司債，這些資訊大部份是不解自明。請注意，Regions Bank 的公司債價格在當日已下跌了 0.75 個百分點，請問該筆債券的到期收益率會有何變化呢？圖 7.3 僅節錄交易最熱絡的投資等級債券，但網站上也提供交易最熱絡的可轉換公司債及高收益債券的相關資訊。

如果你連結到該網站尋找某一特定債券，將可得到許多債券資訊，包括信用等級、贖回排程、發行資訊及交易資料。

前面已經提過，美國政府公債市場是全世界最大的證券市場。就像一般的債券市場，美國政府公債市場是 OTC 市場，所以透明度非常有限。然而，不像一般的債券市場，政府公債市場的交易量非常活絡，尤其是近期發行的公債。因此，財經報紙每天都會報導具有代表性的政府公債交易的價格。

圖 7.4 是《華爾街日報》有關政府公債的每日報價資料。在框起來的 "2024/11/15" 這一列，表示債券的到期日是 2024 年 11 月，下一欄是票面利率，這筆債券的票面利率是 7.500%。所有政府公債都是半年付息一次，面值均為 $1,000，所以這張債券每半年支付 $37.50，一直到到期日。

接下去兩筆資料分別是買價（bid prices）和賣價（asked prices）。一般而

第 7 章 利率和債券評價

到期日	票息	買價	賣價	變動	賣價收益率
2015/5/15	4.125	110:06	110:07	−6	1.6537
2016/2/15	4.500	111:29	111:30	−10	2.0033
2016/5/15	5.125	115:02	115:04	−12	2.0935
2016/11/30	2.750	102:00	102:02	−14	2.3709
2017/2/28	3.000	103:00	103:01	−15	2.4606
2017/5/15	8.750	136:24	136:27	−20	2.4090
2017/7/31	2.375	98:17	98:18	−16	2.6192
2017/8/15	4.750	113:02	113:03	−19	2.5658
2018/8/15	4.000	107:25	107:27	−22	2.8407
2018/11/15	3.750	105:26	105:27	−21	2.9055
2018/11/15	9.000	143:09	143:12	−28	2.7741
2019/2/15	2.750	98:05	98:06	−22	3.0050
2019/5/15	3.125	100:15	100:15	−22	3.0591
2019/8/15	3.625	103:25	103:26	−24	3.1126
2019/8/15	8.125	138:12	138:15	−30	2.9927
2019/11/15	3.375	101:14	101:15	−24	3.1809
2020/2/15	3.625	103:01	103:01	−26	3.2348
2020/5/15	3.500	101:17	101:18	−26	3.3030
2020/8/15	2.625	93:28	93:29	−26	3.3766
2020/8/15	8.750	145:01	145:04	−33	3.2239
2020/11/15	2.625	93:13	93:13	−26	3.4224
2021/2/15	7.875	138:12	138:14	−33	3.3411
2021/11/15	8.000	140:02	140:04	−37	3.5039
2022/8/15	7.250	133:28	133:30	−38	3.6272
2022/11/15	7.625	137:20	137:23	−40	3.6603
2023/2/15	7.125	132:22	132:24	−41	3.7266
2023/8/15	6.250	124:01	124:03	−41	3.8160
2024/11/15	7.500	137:29	137:31	−49	3.9133
2025/2/15	7.625	139:17	139:18	−50	3.9330
2026/8/15	6.750	130:07	130:09	−55	4.0975
2026/11/15	6.500	127:10	127:11	−54	4.1263
2027/11/15	6.125	122:29	123:00	−55	4.2030
2028/8/15	5.500	115:04	115:06	−54	4.2621
2028/11/15	5.250	111:28	111:31	−54	4.2829
2029/2/15	5.250	111:29	111:31	−54	4.2904
2029/8/15	6.125	123:13	123:15	−58	4.2790
2030/5/15	6.250	125:08	125:11	−62	4.3029
2031/2/15	5.375	113:17	113:19	−58	4.3517
2036/2/15	4.500	99:24	99:26	−62	4.5135
2037/5/15	5.000	107:13	107:15	−68	4.5126
2038/2/15	4.375	97:05	97:07	−64	4.5547
2039/2/15	3.500	82:23	82:24	−56	4.6009
2040/2/15	4.625	100:22	100:24	−66	4.5789
2040/8/15	3.875	88:10	88:12	−61	4.5981
2040/11/15	4.250	94:13	94:14	−64	4.5952

資料來源：wsj.com. Reprinted by permission of *The Wall Street Journal*, via Copyright Clearance Center. © 2008 Dow Jones and Company, Inc., January 27, 2011. All Rights Reserved Worldwide.

圖 7.4　《華爾街日報》國庫券與政府公債報價實例

言，在 OTC 或自營商市場中，買價代表自營商願意買進證券的價格，而賣價則是自營商賣出證券的價格，這兩個價格的差就稱為買賣價差（bid-ask spread），或簡稱為價差（spread），代表自營商的利潤。

基於慣例，政府債券的報價是以 1/32 為單位。所以，2024 年 11 月到期，7.5% 票面利率之債券的買價為 137:29，實際上就是面值的 137 29/32 或是 137.90625%，以 $1,000 面額來看，即 $1,379.0625。因為價格是以 1/32 作為報價，所以最小的價格變動就是 1/32，稱為「檔」（tick），即最小的跳動單位。

下一個數目是今天賣價的變動金額，仍以檔為單位（即 1/32 為單位），所以賣價下跌了 5/32，表示債券的賣價較前一日下跌面額 1% 的 49/32，即面額的 1.53125%。最後一個數字是以賣價為計算基礎的到期收益率。因為這張債券的售價高於面額，屬溢價債券，所以它的到期收益率（3.9133%）低於票面利率（7.5%）。

最後一筆債券，"2024/11/15"，通常稱為「指標債券」（bellwether），該債券的收益率就是通常晚間新聞所報導的利率。所以當你聽到長期利率上升時，相當於指標債券的收益率上升（而債券的價格下跌）。

如果觀察圖 7.4 中不同債券的收益率，你會發現不同債券的收益率會隨著其到期期限不同而有所差異。造成這個現象的原因，以及它代表什麼意義，是下一節要討論的課題。

債券價格報價的解釋

如果在兩個付息日之間買入債券的話，你所支付的價格通常比你所看到的報價高，原因是債券市場所報載的市價不含應計利息。市場報價稱為淨價（clean price）。然而，你實際所付的價格包含了所累積的利息，這個價格就是毛價（dirty price），也被稱為「完整價格」（full price）或「發票價格」（invoice price）。

要了解這些議題，最簡單的方式就是透過例子說明，假設你買進票面利率 12% 的債券，半年付息一次，而你支付了 $1,080 是毛價或是發票價。再者，當你買進的那一天，距離下一個付息日尚有四個月期間，所以交易日是在兩個付息日之間。另外，下一期票息金額是 $60。

債券的應計利息的計算方式，是計算距離上次付息日已經過了多少時日，在這個例子中，已過了兩個月，所以這個例子的應計利息是 2/6×$60＝$20，而債券的市場報價（即淨價）是 $1,080−$20＝$1,060。[6]

---

[6] 應計利息的計算方式視所交易的債券是政府公司債而定。就公司債而言，我們將每個月都當做 30 天計算（換言之，一年是 360 天），此種計算方式與公司債的市場報價公式是相一致的。相對地，就政府公債而言，是一天一天計算，因此一年以 365 天計算。

觀念問題

7.5a 為何債券市場的透明度很低或甚至無透明度呢？
7.5b 何謂買價？何謂賣價？
7.5c 淨價與毛價有何差異？

7.6 通貨膨脹和利率

到目前為止，有關利率、收益率和報酬率的討論，均尚未考慮到通貨膨脹的角色。但通貨膨脹是一項重要因素，所以下面討論通貨膨脹的影響。

實質利率和名目利率

在探討利率，或金融市場上的折現率、債券收益率、報酬率和必要報酬率時，都必須區分實質利率（real rates）與名目利率（nominal rates）。名目利率稱為「名目」是指未經通貨膨脹調整，而實質利率則是指已經調整通貨膨脹率。

為了解通貨膨脹的影響，假設價格每年上升 5%，也就是說，通貨膨脹率是 5%。某項投資計畫一年後的價值為 $115.50，今天的成本為 $100。因為今天的成本是 $100，一年後的終值是 $115.50，所以這項投資的報酬率是 15.5%。然而，在計算 15.5% 的報酬率時，我們並未將通貨膨脹列入考慮，所以這是名目報酬率。

通貨膨脹在此有何影響呢？為了回答這個問題，假設披薩在年初價格是每個 $5，若有 $100，就可以買 20 個披薩。因為通貨膨脹率是 5%，披薩的價格也將上漲 5%，換句話說，年底時每個披薩的價格是 $5.25。如果我們從事上述投資，那麼年底時能買幾個披薩呢？以披薩來代替金額作為價值衡量的單位，我們的投資報酬率又是多少呢？

投資所得到的 $115.50 將可以買 $115.50/5.25＝22 個披薩。比 20 個披薩還多，所以披薩報酬率是 (22－20)/20＝10%。這個例子告訴我們，即使投資的名目報酬是 15.5%，但因為通貨膨脹的影響，購買力只上升了 10%。換言之，我們只比以前富有 10%，所以實質報酬是 10%。

換個角度說，在 5% 的通貨膨脹率下，投資所得到的 $115.50 名目收入中的每 $1，實質購買力都少了 5%。所以一年後投資所得的實質價值是：

$115.50/1.05 = $110

這裡所做的就是把 $115.50 平減（deflate）5%。因為放棄今天 $100 的購買力，來換取約當 $110 的購買力，實質報酬是 10%。因為我們已去除未來通貨膨脹的影響，所以 $110 是以目前的貨幣價值來衡量的。

名目報酬和實質報酬的差異非常重要，值得重述如下：

> 投資的名目報酬率就是你所擁有的貨幣之變動百分比。
> 投資的實質報酬率就是你的貨幣所能購買的變動百分比，也就是購買力的變動百分比。

費雪效果

上述實質報酬和名目報酬之間的關係，常被稱為費雪效果（Fisher effect，以紀念偉大的經濟學家 Irving Fisher）。因為投資者最關心的是貨幣購買力，所以會要求通貨膨脹的補償。以 R 代表名目報酬，r 代表實質報酬，則費雪效果內的名目報酬、實質報酬和通貨膨脹率間的關係可以寫成：

$$(1+R) = (1+r) \times (1+h) \qquad [7.2]$$

其中，h 代表通貨膨脹率。

在上例中，名目報酬率是 15.50%，通貨膨脹率是 5%，則實質報酬率是多少呢？只要把數字代入，就可以得到答案：

$$1 + 0.1550 = (1+r) \times (1+0.05)$$
$$1 + r = 1.1550/1.05 = 1.10$$
$$r = 10\%$$

這裡的實質報酬率和前面的結果一樣。如果換個角度看待費雪效果，可以把式 [7.2] 移項整理成：

$$(1+R) = (1+r) \times (1+h)$$
$$R = r + h + r \times h \qquad [7.3]$$

這個式子顯示出名目報酬的三個成份：第一個成份是投資的實質報酬，r；第二個成份針對通貨膨脹 h 造成原始投資貨幣購買力的損失，所要求的補償；第三個成份則是針對通貨膨脹造成投資所賺的錢購買力之損失，所要求的補償。

由於第三個成份非常小，通常被省略。所以名目報酬率近似於實質報酬率加上通貨膨脹率。

$$R \approx r + h \qquad [7.4]$$

範例 7.5　費雪效果

如果投資者要求 10% 的實質報酬率，而通貨膨脹率為 8%，則名目報酬的近似值是多少？精確的名目報酬率又是多少？

首先，名目報酬率的近似值等於實質報酬率加上通貨膨脹率：10%＋8%＝18%。根據費雪效果，我們可以得到：

$$(1+R) = (1+r) \times (1+h)$$
$$= (1.10) \times (1.08)$$
$$= 1.1880$$

因此，精確的名目報酬非常接近於 19%。

要注意的是，財務上常使用的利率、折現率和報酬率等，幾乎都是以名目方式來表示。從現在開始，以 R 而不是 r 代表名目利率或報酬率。

通貨膨脹和現值

一個經常碰到的問題是：通貨膨脹對於求算現值的影響。基本原則很簡單：使用名目利率折現名目現金流量，使用實質利率折現實質現金流量。只要維持一致性，答案會是相同。

舉個例子說明，假設在未來三年期間的每年年底，你想支領以今天貨幣計算之等值貨幣購買力金額 $25,000。假如每年通貨膨脹率是 4%，因此支領金額每年必須增加 4%，才能維持貨幣購買力。所以，每年的提領金額如下所列示：

$C_1 = \$25,000(1.04) = \$26,000$
$C_2 = \$25,000(1.04)^2 = \$27,040$
$C_3 = \$25,000(1.04)^3 = \$28,121.60$

假如名目折現率是 10%，上述現金流量的現值是多少呢？答案計算如下：

現值 $= \$26,000/1.10 + \$27,040/1.10^2 + \$28,121.60/1.10^3 = \$67,111.65$

請注意，我們使用名目折現率來折現名目現金流量。

若使用實質現金流量求算現值，必須先找出實質折現率，使用費雪等式求得實質折現率如下：

$$1+R=(1+r)(1+h)$$
$$1+0.10=(1+r)(1+0.04)$$
$$r=0.0577$$

而實質現金流量是一筆每年 $25,000 的三年期年金。因此，現值可以求算如下：

$$現值 = \$25,000[1-(1/1.0577^3)]/0.0577 = \$67,111.65$$

所以兩者的答案是相同的。當然，你也可以使用前一章的成長型年金的現值公式求算現值。支領金額每年成長率是 4%，現值可以求算如下：

$$現值 = \$26,000\left[\frac{1-\left(\frac{1+0.04}{1+0.10}\right)^3}{0.10-0.04}\right] = \$26,000(2.58122) = \$67,111.65$$

而這是我們先前所求得的現值金額。

觀念問題

7.6a 名目報酬和實質報酬有何差異？對一般投資者，哪一種比較重要？
7.6b 何謂費雪效果？

7.7　債券收益率的決定因素

現在我們來討論債券收益率的決定因素。誠如下面將介紹的，債券的收益率反映出各種不同因素，有些因素是所有債券共同的，有些因素則是專屬某些債券。

利率期間結構

在任一時點，短期利率和長期利率通常是不一樣。有時候短期利率較高，有時候則較低。圖 7.5 是近兩世紀以來，短期和長期利率的變動，提供我們一個較長期間的觀察值。如圖所示，短期利率和長期利率的利差由零至好幾個百分點，有時正有時負。

短期利率和長期利率的關係就是一般所稱的利率期間結構（term structure of

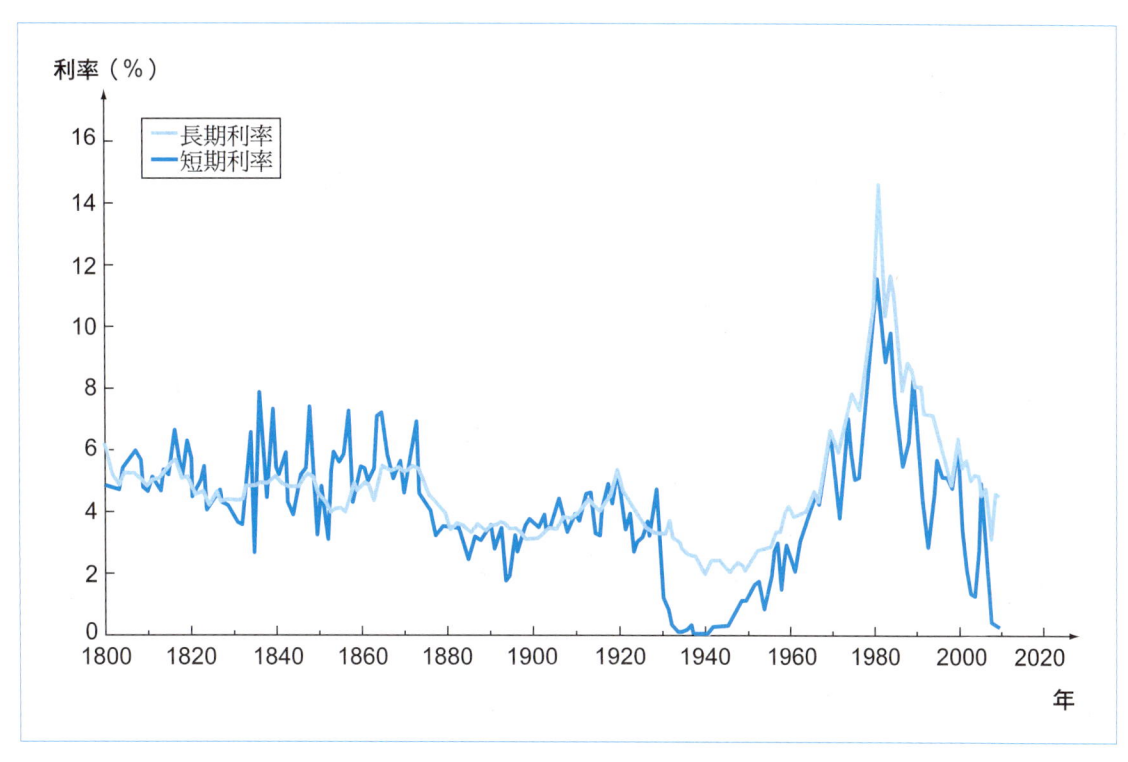

資料來源：Jeremy J. Siegel, *Stocks for the Long Run*, 4th edition, © McGraw-Hill, 2008.

圖 7.5　美國利率：1800－2010

interest rates）。更精確地說，利率期間結構說明各種不同到期日之無風險（default-free）、純折價（pure discount）債券的名目利率。本質上，這些利率是「單純」的利率，因為它們沒有牽涉到違約風險，且債券只有單單一筆未來總額的支付款。換言之，利率期間結構說明了貨幣在不同期間長度下「單純」的時間價值。

當長期利率高於短期利率時，利率期間結構是向上彎曲的，當短期利率較高時，它是向下彎曲的。利率期間結構也可以是「駝峰」型的，這種情形發生在近期利率是上升的，可是當期間愈來愈長時，利率就開始下跌了。目前最常見的利率期間結構形狀是向上彎曲的，但陡峭程度則差異很大。

哪些因素決定了利率期間結構的形狀呢？有三個基本因素。前兩個因素是上一節所討論過的實質利率和通貨膨脹率。實質利率是補償投資者放棄使用金錢而遞延消費的損失，可視為調整過通貨膨脹效果後的貨幣時間價值。

不管到期期限是短或長，實質利率是各種利率中的基本要素，當實質利率升高時，各種利率都會上升，反之亦然。因此，實質利率並不能決定利率期間結構

的形狀，然而，它影響了各種期限的利率水準。

相反地，未來通貨膨脹之預期對利率期間結構的形狀影響很大。當投資者將資金分別以不同到期期間借貸出去時，未來的通貨膨脹會侵蝕到資金的報酬。因此，投資者就會要求較高的名目利率以補償損失。此項額外的補償就稱為**通貨膨脹溢酬**（inflation premium）。

如果投資者認為未來的通貨膨脹率會較高，那麼長期名目利率就會比短期名目利率高。所以，向上彎曲的利率期間結構也許正是反映預期未來通貨膨脹上升。同樣地，向下彎曲的利率期間結構可能是反映未來通貨膨脹下跌的看法。

第三個也是最後一個影響利率期間結構的因素是利率風險。本章先前曾討論過，長期債券的利率風險會大於短期債券。投資者意識到這種風險，會要求較高的報酬率，以補償所承擔的風險。這種額外補償就稱為**利率風險溢酬**（interest rate risk premium）。到期期限愈長，利率風險就愈大，所以利率風險溢酬和到期期限成正比。然而，如同前面所討論的，利率風險是以遞減速度來增加的，所以隨著到期期限的增加，利率風險溢酬也是以遞減速度增加。[7]

所以，利率期間結構反映出實質利率、通貨膨脹溢酬和利率風險溢酬的綜合影響。圖 7.6 顯示這些因素如何交互影響而產生向上彎曲的利率期間結構（圖 7.6 的上半部）或向下彎曲的利率期間結構（圖 7.6 的下半部）。

在圖 7.6 的上半部，通貨膨脹率的預期是隨著到期期限的增加而逐漸地上升。同時，利率風險溢酬是以遞減速度在增加，綜合這兩方面的影響，產生了明顯向上彎曲的利率期間結構。在圖 7.6 的下半部，未來通貨膨脹率的預期是隨著到期期限的增加而減少，而且預期下跌的幅度足以抵銷利率風險溢酬，因而產生向下彎曲的利率期間結構。假如未來通貨膨脹率的預期下跌幅度很小，因為利率風險溢酬的影響，仍會產生向上彎曲的利率期間結構。

在繪製圖 7.6 時，假設實質利率維持不變。實際上，未來實質利率的期望值可能高於或低於目前的實質利率。此外，為了簡便起見，假設未來通貨膨脹率上漲或下跌的預期呈直線變化，但未必會是如此。例如，它們可能先上升，再下跌，形成駝峰型的殖利率曲線。

---

[7] 利率風險溢酬早期稱為「流動性」溢酬，現今流動性溢酬（liquidity premium）有著完全不同的意義，下一節將加以探討；另外，利率風險溢酬又稱為到期日風險溢酬（maturity risk premium）。我們這裡的用語與現代利率期間結構的觀點是一致的。

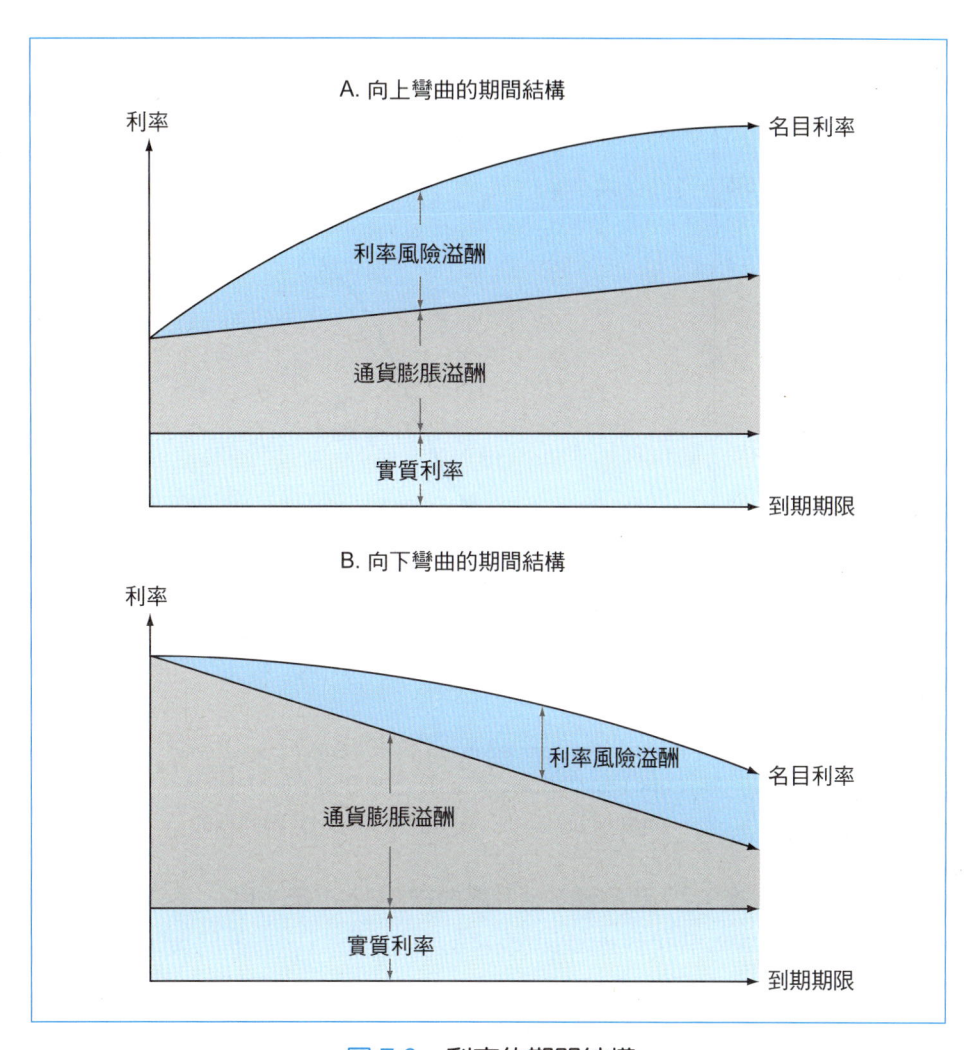

圖 7.6　利率的期間結構

（圖A：向上彎曲的期間結構，顯示名目利率由實質利率、通貨膨脹溢酬、利率風險溢酬三部分組成）

（圖B：向下彎曲的期間結構，同樣顯示三部分組成）

債券收益率和殖利率曲線

回頭看圖 7.4，各種不同到期期限的政府票據和政府債券，其收益率並不一樣。除了圖 7.4 的政府債券價格和收益率外，《華爾街日報》每天也提供各種不同到期期限的政府債券收益率的圖形，這種圖形就稱為<u>政府債券殖利率曲線</u>（Treasury yield curve），簡稱殖利率曲線（yield curve）。圖 7.7 就是 2011 年 1 月的殖利率曲線。

你或許會懷疑，殖利率曲線的形狀反映出利率期間結構。事實上，政府債券的殖利率曲線和利率期間結構幾乎是同一件事。唯一的差別在於利率期間結構是建構在純粹折價（零息）債券上，而殖利率曲線則是建構在付息債券的收益率上。因此，政府債券的收益率也是由決定利率期間結構的三個因素所決定的，即

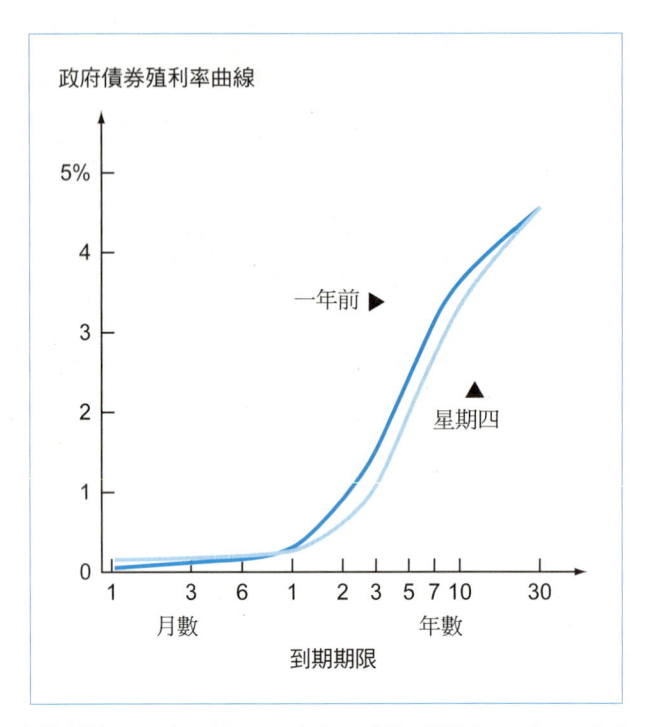

資料來源：Reprinted by permission of *The Wall Street Journal*, via Copyright Clearance Center © 2011 by Dow Jones & Company, Inc., 2011. All Rights Reserved Worldwide.

圖 7.7　政府債券殖利率曲線：2011 年 1 月

實質利率、預期的通貨膨脹率和利率風險溢酬。

政府票據和債券有三個重要特性：它們是無風險的、它們的利息是應稅的，而且它們是高流動性的。然而，一般債券並非如此，所以探討公司或地方政府所發行的債券時，必須分析其他因素。

首先是信用風險，也就是違約的機率。投資者認為不是政府所發行的債券可能會，也可能不會履行所有承諾的付款，所以會對這種風險要求額外的補償，這種額外的補償就稱為違約風險溢酬（default risk premium）。本章先前曾介紹過債券評等是依據它的信用風險債信評等，等級愈低的債券，其收益率愈高。

在計算債券的收益率時，我們都假設公司所承諾的付款均會如期支付。因此，它是承諾的收益率，你未必能賺到這個承諾的收益率，尤其是如果發行者違約，實際的收益率將會較低，可能會低很多。對於垃圾債券而言，這一點特別重要。託現代行銷技術之福，垃圾債券目前在市場上被泛稱為高收益債券，名稱比垃圾債券要漂亮多了，實際上它們是承諾的（promised）收益率較高的債券。

其次，由先前的討論，我們了解到地方政府債券是免大部份的稅捐，所以其收益率比應稅債券低。投資者對應稅債券要求較高的收益率，以補償不利的稅負條款，這種額外補償稱為稅負溢酬（taxability premium）。

最後，債券有不同程度的流動性。誠如前面所討論的，債券發行的數量非常多，而其中大部份並沒有經常交易，因此如果你想要很快地賣掉債券，可能沒辦法賣到好價格。投資者偏好流動性高的資產，除了先前所討論過的溢酬之外，對於低流動性的債券，投資者要求流動性溢酬（liquidity premium）。在其他情況相同之下，低流動性債券的收益率比高流動性債券要高。

結　論

如果綜合了所有有關債券收益率的討論，將發現債券收益率綜合了至少六個效果。第一是實質利率。除了實質利率之外，另外的五種溢酬分別補償：⑴未來預期的通貨膨脹；⑵利率風險；⑶違約風險；⑷稅負；⑸低流動性。所以，要決定債券的恰當收益率就必須小心地分析這些因素。

觀念問題

7.7a 何謂利率期間結構？什麼因素決定它的形狀？
7.7b 何謂政府債券的殖利率曲線？
7.7c 哪六個因素組成債券的收益率？

7.8　總　結

本章討論了債券和債券收益率。我們了解到：

1. 決定債券價格和收益率是基本現金流量折現的應用。
2. 債券的價值與利率呈相反方向變動，造成債券投資者的潛在利得或損失。
3. 債券的各種不同特性詳載於債券合約條款的文件內。
4. 債券是根據它們的違約風險來評等。有的債券，像政府債券，並沒有違約風險，而所謂的垃圾債券則有相當高的違約風險。
5. 債券種類相當多，其中有些是包括奇怪特性與特殊規定的債券。
6. 幾乎所有的債券都在 OTC 交易，透明度非常低，甚至完全沒有。因此，很難找到債券價格和交易量的資訊。

7. 債券收益率反映出六個因素：實質利率和五種溢酬，這五種溢酬分別代表投資者對通貨膨脹、利率風險、違約風險、稅負和缺乏流動性所要求的補償。

最後，在政府和企業的各項融資中，債券是最重要的來源。債券價格和收益率是一個內容豐富的課題。本章只介紹一些最重要的觀念。下一章我們將介紹股票。

財務連線

假如你的課程有使用 Connect™ Finance 的話，請上線做個練習測驗（Practice Test），看一看學習輔助工具，及你需要哪些額外練習。

▼ Chapter 7 Interest Rates and Bond Valuation			
7.1 Bonds and Bond Valuation	eBook	Study	Practice
7.2 More about Bond Features	eBook	Study	Practice
7.3 Bond Ratings	eBook	Study	Practice
7.4 Some Different Types of Bonds	eBook	Study	Practice
7.5 Bond Markets	eBook	Study	Practice
7.6 Inflation and Interest Rates	eBook	Study	Practice
7.7 Determinants of Bond Yields	eBook	Study	Practice

（Bonds and Bond Valuation）

你能回答下列問題嗎？

7.1 某筆債券面額是 $1,000，票面利率 8%，半年付息一次，若債券的價格是 $1,030，則現行收益率是多少呢？

7.2 債券合約條款會包含哪些項目？

7.3 KP Enterprises 十年期債券去年的評等是 BBB 及 Baa，而今年的評等是 CC 及 Ca，哪些用語最適合用來描述這些債券的現況呢？

7.4 哪種類型的債券常會附上書面利率上限與下限（collar）？

7.5 面額 $100,000 政府公債的目前報價是 101：13，請問債券價格是多少呢？

7.6 Kate 想賺取 4% 實質利率，假如通貨膨脹率是 3.6%，則她必須賺到多少的名目利率呢？

7.7 利率期間結構是以哪一類型的債券來建構的呢？

登入找找看吧！

自我測驗

7.1 債券價值 Microgates 企業的債券票面利率為 10%，面值為 $1,000，每半年付息一次，到期期限為 20 年。如果投資者的必要報酬率是 12%，那麼該債券的價值是多少？有效年收益率是多少？

7.2 債券收益率 Macrohard 公司的債券票面利率為 8%，每半年付息一次，面值為 $1,000，而且到期期限為六年。目前這張債券的售價是 $911.37，則到期收益率是多少？有效年收益率又是多少？

自我測驗解答

7.1 債券的票面利率為 10%，而投資者的必要報酬率是 12%，所以此債券是以折價的方式出售。請注意，因為債券是每半年付息一次，所以每六個月的票面利息是 $100/2＝$50，每六個月的必要報酬率是 12%/2＝6%。最後，債券的到期期限是 20 年，所以共有 40 期。

債券的價值等於未來 40 期，每期 $50 的年金現值，加上 20 年後的 $1,000 面值的現值：

債券價值＝$50×[(1－1/1.06^{40})/0.06]＋1,000/1.06^{40}
　　　　＝$50×15.04630＋1,000/10.2857
　　　　＝$849.54

請注意，我們以每期 6% 將 $1,000 折現了 40 期，而不是以 12% 折現 20 期。理由是此債券的有效年收益率是 1.06^2－1＝12.36%，不是 12%。因此，也可以以每年 12.36% 將 $1,000 折現 20 期，答案是一樣的。

7.2 債券的現金流量的現值就是它的目前價格 $911.37。票面利息是每半年 $40，共 12 期，面值是 $1,000，所以債券的收益率就是下面式子中的未知折現率：

$911.37＝$40×[1－1/(1＋r)^{12}]/r＋1,000/(1＋r)^{12}

這張債券是以折價的方式出售，因為票面利率為 8%，收益率必定大於 8%。

如果利用試誤法，我們可能會試 12%（即每六個月 6%）：

債券價值＝$40×(1－1/1.06^{12})/0.06＋1,000/1.06^{12}＝$832.32

結果小於實際價值,所以折現率太高了。現在我們知道折現率應該介於 8% 和 12% 之間。再利用一次試誤法,結果答案是 10%,也就是每半年 5%。

根據慣例,所揭示的債券的到期收益率是 2×5%＝10%,而有效收益率為 $1.05^2-1=$ 10.25%。

觀念複習及思考

1. **政府公債** 美國政府債券真的是無風險的嗎?
2. **利率風險** 30 年期的美國政府債券和 30 年期的 BB 級公司債,哪一個的利率風險較高?
3. **公債價格** 針對政府債券的買價和賣價,買價是否有可能較高呢?為什麼?
4. **到期收益率** 有時候政府公債的買賣報價是以收益率來表示,所以會有買價收益率和賣價收益率。你認為這兩個收益率,何者會較高?請解釋。
5. **贖回條款** 某家公司正打算發行一筆長期債券,而現在爭辯的是,是否應該包含贖回條款(call provision)。公司可以從贖回條款中得到什麼利益呢?它又有什麼成本呢?如果是賣回條款(put provision),你的答案有何不同呢?
6. **票面利率** 債券發行者如何決定債券的適當票面利率呢?解釋票面利率和必要報酬率的差異。
7. **實質與名目利率** 是否有可能投資者會較關心投資的名目報酬,而非實質報酬?
8. **債券評等** 公司付費給 Moody's 和 S&P 這些評等機構為它們的債信評等,而這種費用可能相當可觀。雖然如此,公司並不一定要接受將它們的債券評等,這純粹是自願性質。你認為公司為什麼會選擇債信被評等呢?
9. **債券評等** 通常垃圾債券沒有被評等,為什麼?
10. **期間結構** 利率期間結構和殖利率曲線的差異何在?
11. **交叉債券** 本章曾經提到交叉債券,為什麼債信評等會發生分歧的等級呢?
12. **地方政府債券** 為什麼地方政府債券不需繳聯邦政府稅,而必須繳州政府稅呢?為什麼美國政府債券不需繳州政府稅呢?(你可能需要找一找美國歷史課本。)
13. **債券市場** 債券市場缺乏透明度,對債券投資者有何涵義?
14. **評等機構** 近來,對於債券評等機構的角色爆發了爭議,原因是有些評等機構已經主動評等各債券。為什麼這會引起爭議呢?

15. **債券化的權益證券** 本章中所討論的 100 年期債券和垃圾債券有一些共同點，即這兩者都被批評為發行者是在銷售偽裝的權益證券。問題出在哪裡呢？為什麼公司要銷售「偽裝的權益證券」呢？

問　題

初級題

1. **解釋債券收益率** 債券的到期收益率和必要報酬率一樣嗎？YTM 和票面利率一樣嗎？假設票面利率為 10% 的債券，目前以面值出售，兩年後，此債券的必要報酬率是 8%。現在該債券的票面利率是多少呢？YTM 呢？

2. **解釋債券收益率** 假設今天你買了一張剛發行的 7% 票面利率，20 年期債券。如果利率突然升到 15%，這張債券的價值會有什麼變化呢？為什麼？

3. **債券評價** 雖然美國的公司債大抵是每半年付息一次，但其他國家的公司債經常是每年付息一次，假如有一家德國公司發行一筆公司債，面額 €1,000，25 年到期，票面利率 6.4%，每年付息一次，若到期收益率是 7.5%，則債券的目前價格會是多少呢？

4. **債券收益率** 一家日本公司發行 4.3% 票面利率，18 年後到期的債券。該債券每年付息一次。如果目前的債券價格是面額 ¥100,000 的 87%，則 YTM 為多少？

5. **票面利率** Page 企業的債券每年付息一次，九年到期，售價 $948。在這個價格之下，債券的收益率為 5.9%。Page 公司債的票面利率是多少呢？

6. **債券價格** 一年前 Ninja 公司發行了 14 年期的債券，票面利率為 6.9%，每半年付息一次。如果 YTM 為 5.2%，則目前債券的價格為多少？

7. **債券收益率** Stone Sour 公司在兩年前發行了 20 年期的債券，票面利率為 7.1%，每半年付息一次。如果這些債券目前以面值的 105% 交易，則 YTM 為多少？

8. **票面利率** Ponzi 公司的債券還有 14.5 年到期，YTM 是 6.1%，目前價格是 $1,038，每半年付息一次。該公司債券的票面利率是多少？

9. **計算實質報酬率** 如果國庫券的報酬率是 6%，而且通貨膨脹率是 2.6%，則實質利率的近似值是多少？精確的實質利率是多少？

10. **通貨膨脹率和名目報酬率** 假設實質利率是 2.5%，通貨膨脹率是 4.1%，那麼你預期國庫券報酬率是多少？

11. **名目報酬和實質報酬** 某項投資計畫，明年的報酬率是 13%，Fred Bernanke 認為這項投資計畫的實質報酬率將只有 7%，則 Fred 認為下一年度的通貨膨脹率是多少？

12. **名目報酬和實質報酬** 假設你所擁有的資產去年報酬是 10.7%。如果去年的通貨膨脹率是 3.7%，則你的實質報酬率是多少？

13. **使用政府債券報價** 由圖 7.4 找出到期日為 2029 年 8 月的政府公債。該筆發行屬於票據還是債券？票面利率是多少？買價是多少？前一天的賣價又是多少？

14. **使用政府債券報價** 由圖 7.4 找出到期日為 2029 年 8 月的政府公債。該筆發行是溢價或折價？其現行收益率是多少？到期收益率是多少？買賣價差又是多少？

進階題

15. **債券價格的變動** 債券 X 是每年付息一次的溢價債券，其票面利率為 9%，YTM 為 7%，到期期限為 13 年。債券 Y 則是每年付息一次的折價債券，其票面利率為 7%，YTM 為 9%，到期期限也是 13 年。若利率維持不變，你預期這些債券一年後的價格為多少？三年後呢？八年後呢？12 年後呢？13 年後呢？請利用債券價格和到期期限間的關係圖形，以說明你的答案。

16. **利率風險** Sam 債券和 Dave 債券的票面利率都是 7%，每半年付息一次，而且都是以面值發行。Sam 債券三年後到期，而 Dave 債券則 20 年後才到期。如果利率突然上升 2%，請問，Sam 債券的價格變動百分比為多少？Dave 債券呢？如果換成利率是突然下跌 2%，那麼 Sam 債券和 Dave 債券的價格變動百分比分別是多少？請利用債券價格和 YTM 間的關係圖形，以說明你的答案。這個問題說明長期債券利率風險的哪些內容？

17. **利率風險** 債券 J 的票面利率為 3%，債券 K 的票面利率為 9%，兩者的到期日都是 15 年，每半年付息一次，YTM 為 6%。如果利率突然上升 2%，這些債券的價格變動百分比分別是多少？如果利率突然下跌 2%，價格變動百分比又分別是多少？這個問題說明了低票面利率債券利率風險的哪些內容？

18. **債券收益率** Martin Software 公司債的票面利率為 9.2%，18 年到期，每半年付息一次，而且目前是以面值的 106.8% 賣出。那麼該公司債券的現行收益率為多少？YTM 呢？有效年收益率呢？

19. **債券收益率** Coccia 公司想要發行一種 20 年期債券以籌措擴展專案所需的資

金。目前該公司有一票面利率為 8%，每半年付息一次，剩下 20 年到期的債券在市場上交易，其售價是 $1,075。請問，如果公司想要以面值發行，則票面利率應訂為多少？

20. **應計利息** 你購買一筆公司債的發票價格是 $1,027，票面利率是 6.8%，下一次半年期的付息日還有四個月。請問，該債券的淨價是多少？

21. **應計利息** 你購買一項公司債的票面利率是 7.3%，淨價是 $945，下一期半年期的利息付息日是兩個月後，請問該債券的發票價格是多少？

22. **找出債券的到期日** Backwater 公司有一票面利率為 8% 的債券，每年付息一次，YTM 為 7.2%。這種債券的現行收益率為 7.55%。請問，該債券的到期期限為多長？

23. **使用債券報價** 下列是 IOU 公司債券在今天報紙財經版上的報價。如果該債券的面值為 $1,000，假設今天是 2012 年 4 月 19 日。請問，該債券的 YTM 是多少？現行收益率又是多少？

公司（代碼）	票息	到期日	收盤價	收益率	成交量（千股）
IOU（IOU）	6.2	2028年4月19日	108.96	？	1,827

24. **債券價格和收益率**
    a. 債券的價格和到期收益率（YTM）間有何關係？
    b. 為什麼有些債券是以溢價銷售，有些則以折價銷售呢？溢價債券的票面利率和到期收益率間有何關係？折價債券呢？平價債券呢？
    c. 溢價債券的現行收益率和到期收益率之間有何關係？折價債券呢？平價債券呢？

25. **零息債券利息** Pangaea 公司必須募集資金，以供擴充廠房之需。公司方面決定藉由發行 25 年期的零息債券，取得所需資金。債券的必要報酬率是 7%。
    a. 發行時，債券的銷售價格是多少？
    b. 根據 IRS 的攤提法則，Pangaea 公司可以在第一年從這些債券扣減多少利息費用？最後一年呢？
    c. 利用直線攤提法，重做 (b)。
    d. 根據 (b) 和 (c) 的答案，Pangaea 公司將偏好哪一種利息扣減法？為什麼？

26. **零息債券** 假設你的公司必須募資 $4,500 萬，而你要以發行 30 年期債券，取得這筆資金。如果債券的必要報酬率是 6%，而你正在評估兩種方案：年票面利率 6% 的債券和零息債券。你公司的稅率是 35%。

a. 你應發行多少付息債券才能募得所需的 $4,500 萬？如果是零息債券，又需發行多少呢？

b. 如果發行付息債券，在這 30 年期間，公司必須償還多少金額呢？如果發行零息債券又必須償還多少金額呢？

c. 根據 (a) 和 (b) 的答案，你會想發行零息債券嗎？回答時，計算在這兩種不同債券情境下，公司第一年的稅後現金流量。假設零息債券使用 IRS 攤提法。

27. **找出到期期限** 你在市場上看到一種票面利率 10% 的債券，以面額交易。求出該債券的到期期限？

28. **實質現金流量** 40 年後退休之時，你想擁有 $2,000,000 的實質現金，假如名目投資報酬率是 10%，而通貨膨脹率為 3.8%。請問，你每年應投資多少的實質金額在投資帳戶內？

迷你個案

使用債券融資 S&S Air 的擴張計畫

S&S Air 的老闆 Mark Sexton 和 Todd Story 決定擴張公司營運，他們指示新聘的財務分析師 Chris Guthrie，找尋一家承銷商，協助銷售總面額 $3 千 5 百萬，到期期限十年的公司債，以籌措工程所需的經費。Chris 已開始和 Raines and Warren 承銷商的經辦人員 Renata Harper，討論 S&S Air 將要發行的債券之特性及票面利率應設定為多少。

雖然 Chris 知道一些債券的特性，但他不確定這些特性的成本和效益，所以他並不是很清楚每個特性對債券票面利率的影響。你是 Renata 的助理，她請你準備一份報告，描述以下每個債券特性對債券票面利率的影響，以供 Chris 參考，她也要你列出每個特性的利與弊。

問 題

1. 債券的安全性，亦即，債券是否有抵押品。
2. 債券的優先權。
3. 償債基金的設置。
4. 贖回條約、贖回價格、贖回期間的設定。
5. 贖回條款內的遞延贖回規定。
6. 贖回條款內的全部贖回規定。
7. 正面契約：請討論 S&S Air 可採用的一些正面契約。
8. 負面契約：請討論 S&S Air 可採用的一些負面契約。
9. 轉換特性（請注意，S&S Air 非上市公司）。
10. 浮動票面利率。

股票評價

在2011年1月24日股票市場收盤時，優質大學教科書出版商 McGraw-Hill 的股票收盤價是 $38.53，於同一天，FirstEnergy 電力公司的股票收盤價是 $39.43，同時，生物藥品公司 Gilead Sciences 的股票收盤價是 $38.31。既然這三家公司的股票價格是如此的接近，你可能認為這三家公司都配發相同的股利給股東，但是你錯了。事實上，FirstEnergy 每年支付的股利是每股 $2.20，McGraw-Hill 則是每股 $1.00，至於 Gilead Sciences 則並未發放任何的股利。

誠如本章所介紹的，最近發放的股利是評估股票價值時應注意的一個主要因子。然而，Gilead Sciences 的例子透露出，本期股利並非是唯一解釋股票價值的因子，因此本章將探討股利、股票價值，以及這兩者之間的關聯。

在前一章中，已介紹過債券和債券評價。在本章中，我們將轉而探討企業的其他主要融資來源：普通股和特別股。首先，介紹普通股的相關現金流量，我們提出著名的股利成長模型。然後，以股東利益為重點，進而探討普通股和特別股的各種重要特性。最後，我們討論如何交易股票、股價如何決定，以及其他財經報章中的重要訊息。

8.1 普通股評價

實務上，普通股的評價比債券要難，原因有三：第一，就普通股而言，無法事先知道相關的現金流量；第二，普通股並沒有到期日，因此普通股的投資期間是永遠的；第三，無法很容易地決定市場所要求的普通股報酬率。雖然如此，在一些特定的情況下，我們依然可以決定普通股的未來現金流量之現值，進而評估其價值。

現金流量

假設你今天想要買一支股票，並計畫在一年後把它賣掉。你知道屆時股票的價值為 $70，而且在年底時，這支股票預計發放每股 $10 的股利。如果你要求的投資報酬率是 25%，那麼你願意花多少錢來買這支股票呢？換言之，在 25% 的折現率下，$10 的現金股利以及 $70 的終值，兩者的現值是多少呢？

如果你買下這支股票，而且在一年後賣掉它，到時你將擁有 $80 的現金。在 25% 折現率下：

現值＝($10＋70)/1.25＝$64

因此，今天你最多願意花 $64 來買下這支股票。

一般而言，令 P_0 為現在的股票價格，P_1 為一期後的價格，若 D_1 為期末所發放的現金股利，則

$$P_0 = (D_1 + P_1)/(1+R) \qquad [8.1]$$

其中，R 是市場投資者所要求的必要報酬率。

到目前為止，我們只是簡述估計今天股價的概念而已，由以上的簡述可知，要求出今天的股價（P_0），必須先知道該股票在一年後的股價（P_1）。這是難上加難，所以我們只是把問題弄得更複雜罷了。

然而，一期後的股票價格（P_1）到底是多少呢？通常我們並不知道。但是，如果我們知道兩期後的股票價格（P_2），能預估兩期後的股利（D_2），則一期後的股票價格便是：

$$P_1 = (D_2 + P_2)/(1+R)$$

把這個式子中的 P_1 代入式 [8.1] 內，就會得到：

$$P_0 = \frac{D_1+P_1}{1+R} = \frac{D_1+\dfrac{D_2+P_2}{1+R}}{1+R}$$

$$= \frac{D_1}{(1+R)^1} + \frac{D_2}{(1+R)^2} + \frac{P_2}{(1+R)^2}$$

現在,我們必須有兩期後的價格(P_2),但不知 P_2 是多少。我們可以把 P_2 表示成下式:

$$P_2 = (D_3+P_3)/(1+R)$$

再把這個式子中的 P_2 代入 P_0 的式中,就可以得到:

$$P_0 = \frac{D_1}{(1+R)^1} + \frac{D_2}{(1+R)^2} + \frac{P_2}{(1+R)^2}$$

$$= \frac{D_1}{(1+R)^1} + \frac{D_2}{(1+R)^2} + \frac{\dfrac{D_3+P_3}{1+R}}{(1+R)^2}$$

$$= \frac{D_1}{(1+R)^1} + \frac{D_2}{(1+R)^2} + \frac{D_3}{(1+R)^3} + \frac{P_3}{(1+R)^3}$$

你應該已經注意到,我們可以把求算股價的問題一直往後推。但不論股價是多少(只要折現率大於零),很遠很遠的股價其折現後的現值必然為零。[1] 所以,我們得到一個結論,今天的股價可以表示成未來無窮盡股利的現值之加總:

$$P_0 = \frac{D_1}{(1+R)^1} + \frac{D_2}{(1+R)^2} + \frac{D_3}{(1+R)^3} + \frac{D_4}{(1+R)^4} + \frac{D_5}{(1+R)^5} + \cdots$$

上式說明了股票在今天的價格就等於其未來股利現值的加總。未來股利有多少個呢?原則上,有無限多個。這意味著我們仍無法算出股價,因為必須先估計無限多個股利,再將它們折回現值。在一些特殊的情況下,上述求算股價所遭遇的問題是可以克服的,下一節介紹這些特殊情況。

---

[1] 我們對股價只作一個假設,即它是有限數字,不管它有多大。它可能是非常的大,但不會是無限大,因為沒有人曾見到無限大的股價,所以這個假設是合理的。

範例 8.1　成長股

對那些不發放股利的公司，例如：Yahoo!，你可能對它們很好奇。成長型的小公司通常會將盈餘再投資，而不發放股利。這些股票是否就毫無價值呢？不一定。當我們說股價是未來股利的現值時，並不排除未來有些股利為零的可能性，只要不是全為零就可以了。

假設某家公司的章程規定永遠不發放股利，這家公司從不借錢，也不支付股東任何錢，也從不賣任何資產。這種公司是不可能存在的，因為美國國稅局（IRS）不會喜歡這種公司，並且股東也可以以投票方式來修改章程。如果這種公司確實存在，它的股價應該是多少呢？

這種股票絕對是一文不值。這類公司是所謂的財務「黑洞」，錢投入進去，卻沒有任何回報。因為投資沒有任何報酬，所以這種投資無價值可言。這個例子有點荒謬，我們只是借用這個例子來說明，公司不發放股利指的是目前不發放股利而已。

特殊情況

在少數的特殊情況下，我們可以估計出股票的價值，這些特殊情況均對未來股利型態做一些簡化的假設。下面分別討論三種情況：(1) 股利呈零成長；(2) 股利呈固定成長；(3) 一段期間後股利呈固定成長。

零成長率（zero growth）　我們先前已經討論過零成長的情況。固定股利金額的普通股類似於特別股。從第 6 章的範例 6.7 得知，特別股的股利是呈零成長，即股利是固定的。對於零成長的普通股而言，其股利也是固定的：

$$D_1 = D_2 = D_3 = D = 常數$$

所以，股價為：

$$P_0 = \frac{D}{(1+R)^1} + \frac{D}{(1+R)^2} + \frac{D}{(1+R)^3} + \frac{D}{(1+R)^4} + \frac{D}{(1+R)^5} + \cdots$$

因為每期股利都一樣，所以股票可以視同每期現金流量為 D 的永續年金。因此，股票的價值為：

$$P_0 = D/R \tag{8.2}$$

其中，R 是必要報酬率。

例如，假設 Paradise Prototyping 公司每年發放 $10 的股利。假如這個措施將一直執行下去，如果必要報酬率是 20% 時，每股的價值是多少呢？在這種情況下，股票可視為永續年金，所以每股股價為 $10/0.2＝$50。

固定成長率　假設某家公司的股利成長率為固定，以 g 代表成長率。如果本期的股利為 D_0，則下一期的股利 D_1 為：

$$D_1=D_0\times(1+g)$$

兩期後的股利為：

$$\begin{aligned}D_2&=D_1\times(1+g)\\&=[D_0\times(1+g)]\times(1+g)\\&=D_0\times(1+g)^2\end{aligned}$$

可以重複上述步驟，求出未來任何一期的股利金額。由第 6 章複利成長的概念得知，未來第 t 期的股利 D_t，可以下式表示之：

$$D_t=D_0\times(1+g)^t$$

如同先前，所介紹的現金流量以某種固定速率永遠地成長下去，此種現金流量為**成長型永續年金**（growing perpetuity）。

股利成長率固定不變的假設可能會令人覺得怪怪的。為何股利會以固定比率成長呢？因為很多公司均設定股利穩定成長為其目標。例如，總部設在康乃迪克州專門生產個人與家庭用品的寶鹼（Procter & Gamble）公司，2010 年的股利成長 9.5%，達每股 $1.93。這是公司連續第 54 次提高股利，引起投資者的關注。股利發放是屬於股利政策下的課題，後面章節將探討這方面的課題。

範例 8.2　股利成長

Hedless 公司剛發放每股 $3 的股利，如果股利每年成長率為 8%，則五年後的股利為多少？

目前股利為 $3，未來五年每年股利成長為 8%，五年後的股利為：

$$\$3\times(1.08)^5=\$3\times1.4693=\$4.41$$

所以，在未來五年期間，股利將成長 $1.41。

如果股利的成長率固定，我們就可以把估計無限多個股利的問題簡化為估計單一股利成長率的問題。在這種情況下，令 D_0 為剛發放的股利，g 為固定成長率，則股價為：

$$P_0 = \frac{D_1}{(1+R)^1} + \frac{D_2}{(1+R)^2} + \frac{D_3}{(1+R)^3} + \cdots$$

$$= \frac{D_0(1+g)^1}{(1+R)^1} + \frac{D_0(1+g)^2}{(1+R)^2} + \frac{D_0(1+g)^3}{(1+R)^3} + \cdots$$

只要成長率 g 小於折現率 R，上述序列現金流量的現值就可以簡化為：

$$P_0 = \frac{D_0 \times (1+g)}{R-g} = \frac{D_1}{R-g} \quad [8.3]$$

上述這個式子有不同的名稱。我們稱它為**股利成長模型**（dividend growth model）。此模型的應用非常容易。舉例來說，假設 D_0 是 \$2.30，R 是 13%，g 是 5%，則每股股價為：

$$P_0 = D_0 \times (1+g)/(R-g)$$
$$= \$2.30 \times 1.05/(0.13 - 0.05)$$
$$= \$2.415/0.08$$
$$= \$30.19$$

使用股利成長模型不僅可以求得今天的股價，也可以得到在任何時點的股價。一般而言，時點 t 的股票價格可以表示為：

$$P_t = \frac{D_t \times (1+g)}{R-g} = \frac{D_{t+1}}{R-g} \quad [8.4]$$

假設我們想計算五年後的股價（P_5），必須先知道五年後的股利 D_5。因為剛發放的股利為 \$2.30，而股利每年成長率為 5%，所以：

$$D_5 = \$2.30 \times (1.05)^5 = \$2.30 \times 1.2763 = \$2.935$$

根據股利成長模型，五年後的股價為：

$$P_5 = \frac{D_5 \times (1+g)}{R-g} = \frac{\$2.935 \times 1.05}{0.13 - 0.05} = \frac{\$3.0822}{0.08} = \$38.53$$

範例 8.3　Gordon Growth 公司

Gordon Growth 公司下一期的股利為每股 $4。投資者要求 16% 的必要報酬率，另外 Gordon 的股利每年成長 6%。根據股利成長模型，今天 Gordon 公司股票的價值是多少呢？四年後的價值又是多少？

請注意，下一期的股利（D_1）是 $4，所以不需要再乘以 $(1+g)$ 了。每股價格為：

$$P_0 = D_1/(R-g)$$
$$= \$4/(0.16-0.06)$$
$$= \$4/0.10$$
$$= \$40$$

一年後的股利（D_1）為 $4，所以四年後的股利為 $D_1 \times (1+g)^3 = \$4 \times (1.06)^3 = \$4.764$。因此，四年後的價格為：

$$P_4 = D_4 \times (1+g)/(R-g)$$
$$= \$4.764 \times 1.06/(0.16-0.06)$$
$$= \$5.05/0.10$$
$$= \$50.50$$

請注意，在這個例子裡，P_4 等於 $P_0 \times (1+g)^4$：

$$P_4 = \$50.50 = \$40 \times (1.06)^4 = P_0 \times (1+g)^4$$

為什麼會這樣呢？因為：

$$P_4 = D_5/(R-g)$$

而 D_5 就是 $D_1 \times (1+g)^4$，所以 P_4 可以寫成：

$$P_4 = D_1(1+g)^4/(R-g)$$
$$= [D_1/(R-g)] \times (1+g)^4$$
$$= P_0 \times (1+g)^4$$

這個例子說明了股利成長模型的內含假設：股價和股利以相同的固定成長率成長。這個假設並沒有什麼奇怪的地方，如果某項投資的現金流量以一固定成長率成長，那麼這項投資的價值也會以相同的成長率成長。

如果股利成長率 g 大於折現率 R，你或許會好奇股利成長模型會變成什麼樣子呢？因 $R - g$ 小於零，似乎會得到負的股價，但實際情形不會有負的股價。

相反地，股利成長率大於折現率時，股價將是無窮大。為何會這樣呢？因為股利成長率大於折現率時，則股利的現值會變大。同樣地，如果股利成長率和折現率相等時，股價也是無窮大。在上述這兩種情況下，以股利成長模型估計股票價值是「不恰當的」。所以除非股利成長率小於折現率，否則股利成長模型得到的股價將是沒有意義的。

最後，股利固定成長模型不僅適用在普通股股利上，也適用在成長型永續年金上。如同第 6 章所討論的，假如 C_1 是成長型永續年金下一期的現金流量，那麼成長型永續年金的現值為：

$$現值 = C_1/(R-g) = C_0(1+g)/(R-g)$$

請注意，除了分母以 $R-g$ 替代 R 外，這個公式看起來類似於普通永續年金的公式。

非固定成長率　接下來要討論的情況是非固定成長率型，在這種狀況下，股利在部份期間內超常成長（supernormal growth）。如前面所討論的，股利成長率不可能永遠地大於必要報酬率，但在某段期間內則有可能。為了克服估計和折現無限多期股利的難題，我們必須假設股利從某個時點起，以固定的成長率成長。

舉個有關非固定成長率的簡單例子。假設有家不發放股利的公司，你預估這家公司將在五年後發放第一次股利，每股 $0.50，並且預估股利將以每年 10% 無限期地成長下去。如果這家公司股票的必要報酬率為 20%，則今天股票的價值是多少？

想知道今天股票的價值，必須先找出公司開始發放股利時的股票價格，然後將這未來的價格折算成現值，即是今天的價格。第一次股利發放是在五年後，以後股利以固定成長率成長。首先，使用股利成長模型，求算出四年後的股價：

$$P_4 = D_4 \times (1+g)/(R-g) = D_5/(R-g) = \$0.50/(0.20-0.10) = \$5.00$$

若四年後的股價為 $5，在 20% 的折現率下，股票今天的價格為：

$$P_0 = \$5/(1.20)^4 = \$5/2.0736 = \$2.41$$

所以今天股票價值 $2.41。

在非固定成長率的模型中，如果前面幾年的股利不是零的話，問題會稍微複

雜一點，例如，假設你預估接下來三年的股利如下：

年	預估的股利
1	$1.00
2	$2.00
3	$2.50

第三年後，股利將以每年 5% 固定成長率成長。如果必要報酬率是 10%，目前這支股票的價值是多少？

在處理非固定成長率的問題時，時間線是很有用的工具。圖 8.1 是一個範例。由圖可知，股利從第三期開始呈固定成長率成長。這表示可以使用固定成長型公式算出在時點 3 的股票價格，P_3。但一個常見的錯誤是弄錯股利開始固定成長的時點，結果是估算了錯誤時點的股票價格。

股價是所有未來股利的現值。要求出此範例的股價，必須先求出三年後股票價格（P_3），然後再加上未來三年期間股利的現值。三年後的股價為：

$$P_3 = D_3 \times (1+g)/(R-g) = \$2.50 \times 1.05/(0.10-0.05) = \$52.50$$

將未來三年的股利現值加上三年後的股價現值，就可得到該股票今天的價值：

$$P_0 = \frac{D_1}{(1+R)^1} + \frac{D_2}{(1+R)^2} + \frac{D_3}{(1+R)^3} + \frac{P_3}{(1+R)^3}$$

$$= \frac{\$1}{1.10} + \frac{2}{(1.10)^2} + \frac{2.50}{(1.10)^3} + \frac{52.50}{(1.10)^3}$$

$$= \$0.91 + 1.65 + 1.88 + 39.44$$

$$= \$43.88$$

得到股票今天的價值為 $43.88。

圖 8.1 非固定成長

範例 8.4　超常成長

Chain Reaction 公司藉由快速擴充創造了爆炸性的銷售量，股利每年以 30% 的速度成長。假如這種成長速度可以再維持三年，然後成長率就下降至每年 10%，且永遠維持在 10%，今天股票的總值是多少？剛發放的股利為 $500 萬，且必要報酬率為 20%。

Chain Reaction 公司的情況屬超常成長的例子。30% 的高成長率是不可能無限期持續下去。為了計算這家公司的權益價值，必須先算出超常成長期間的股利總額：

年	股利總額（單位：百萬美元）
1	$5.00 \times 1.3 = \$ 6.500$
2	$6.50 \times 1.3 = 8.450$
3	$8.45 \times 1.3 = 10.985$

第三年價格的計算公式為：

$$P_3 = D_3 \times (1+g)/(R-g)$$

其中，g 為成長率。所以，P_3 為：

$$P_3 = \$10.985 \times 1.10/(0.20 - 0.10) = \$120.835$$

今天的價值為上述金額（P_3）的現值再加上前三年股利總額的現值：

$$\begin{aligned} P_0 &= \frac{D_1}{(1+R)^1} + \frac{D_2}{(1+R)^2} + \frac{D_3}{(1+R)^3} + \frac{P_3}{(1+R)^3} \\ &= \frac{\$6.50}{1.20} + \frac{8.45}{1.20^2} + \frac{10.985}{1.20^3} + \frac{120.835}{1.20^3} \\ &= \$5.42 + 5.87 + 6.36 + 69.93 \\ &= \$87.58 \end{aligned}$$

今天股票的總價值為 $8,758 萬。假設有 2,000 萬股股票，則每股價值為 $87.58/20 = $4.38。

兩階段股利成長模型　最後要討論的是非固定成長率模型的一個特例：兩階段成長模型。這個模型假設在前 t 年期間股利的成長率為 g_1，之後的成長率則固定在

g_2。在這種情況下，股票的價值為：

$$P_o = \frac{D_1}{R-g_1} \times \left[1 - \left(\frac{1+g_1}{1+R}\right)^t\right] + \frac{P_t}{(1+R)^t} \quad [8.5]$$

等號右邊的第一項是成長型年金的現值，就如同第 6 章所討論的內容，在第一階段，股利成長率 g_1 可以大於 R；等號右邊第二項是第二階段期初股價（P_t）的現值，P_t 可以求算如下：

$$P_t = \frac{D_{t+1}}{R-g_2} = \frac{D_0 \times (1+g_1)^t \times (1+g_2)}{R-g_2} \quad [8.6]$$

所以，我們必須先算出 $t+1$ 期時股利金額（D_{t+1}），就可以得到第 t 期的股價（P_t）；將今天的股利（D_0）以 g_1 成長率成長 t 期後，再以 g_2 成長率成長一期，就可以求得 D_{t+1}。另外，在第二階段，g_2 必須是小於 R。

範例 8.5　兩階段股利成長模型

在未來五年期間，Highfield 公司的股利成長率為 20%，之後成長率將固定在 4%，公司剛發放 $2 股利，假設股票的必要報酬率是 10%，Highfield 公司股票的價值是多少呢？

這裡有一些計算流程，但大抵只是在計算機上輸入數值計算而已。首先，我們先求算五年後的股價（P_5）：

$$\begin{aligned}P_5 &= \frac{D_6}{R-g_2} = \frac{D_0 \times (1+g_1)^5 \times (1+g_2)}{R-g_2} \\ &= \frac{\$2 \times (1+0.20)^5 \times (1+0.04)}{0.10-0.04} = \frac{\$5.18}{0.06} \\ &= \$86.26\end{aligned}$$

接下來，套用兩階段股利成長模型，求算今天的股票價值：

$$\begin{aligned}P_0 &= \frac{D_1}{R-g_1} \times \left[1 - \left(\frac{1+g_1}{1+R}\right)^t\right] + \frac{P_t}{(1+R)^t} \\ &= \frac{\$2 \times (1+0.20)}{0.10-0.20} \times \left[1 - \left(\frac{1+0.20}{1+0.10}\right)^5\right] + \frac{\$86.26}{(1+0.10)^5} \\ &= \$66.64\end{aligned}$$

請注意，$D_0=\$2$，所以讓此金額成長20%就可以求得$D_1$；另外，本範例內的$g_1$是大於$R$，但這並不影響到求解過程。

必要報酬率的成份

到目前為止，必要報酬率或折現率R，均為已知。第12章及第13章將針對必要報酬率作深入探討。現在，先討論股利成長模型內的必要報酬率的組成成份。由先前討論得知：

$$P_0=D_1/(R-g)$$

重新整理上述公式後，得到下式：

$$R-g=D_1/P_0$$
$$R=D_1/P_0+g \qquad [8.7]$$

必要報酬率R由兩個成份組成。第一個是D_1/P_0，也就是**股利收益率**（dividend yield）。由預期現金股利除以目前股價而得，觀念上類似於債券的利息收益率。

第二個成份是成長率g。我們知道股利成長率也就是股價成長率（見範例8.3），所以成長率也可解釋成**資本利得收益率**（capital gains yield），也就是投資價值的成長率。[2]

為了說明必要報酬率的組成成份，假設有一支股價$\$20$的股票，其下一期股利為$\$1$。而且股利將以10%的成長率一直成長下去。依據這些資料，計算這支股票的報酬率。

股利成長模型中的報酬計算公式如下：

$$R = 股利收益率 + 資本利得收益率$$
$$R = \quad D_1/P_0 \quad + \quad g$$

在這個例子裡，必要報酬率為：

$$R=\$1/20+10\%$$
$$=5\%+10\%$$
$$=15\%$$

---

[2] 在這裡及其他地方，我們對資本利得（capital gains）這個名詞的使用不是很嚴謹。嚴格講起來，資本利得（或損失）一詞是由IRS來定義的。就我們的目的而言，使用價格上升（price appreciation）一詞比資本利得一詞將來得精確（但較不通用）。

所以，這支股票的預期報酬率為 15%。

我們使用必要報酬率 15% 來計算一年後的股價 P_1，以驗證答案。根據股利成長模型的公式，股價應該是：

$P_1 = D_1 \times (1+g)/(R-g)$
$= \$1 \times 1.10/(0.15-0.10)$
$= \$1.10/0.05$
$= \$22$

$22 是 $20×1.1，所以股價如所預期地上漲了 10%。今天你以 $20 買入這支股票，年底時你將收到 $1 的股利，且資本利得為 $22－20＝$2。股利收益率為 $1/20＝5%，資本利得收益率為 $2/20＝10%，總報酬率為 5%＋10%＝15%。

根據 2010 年 *Value Line Investment Survey* 的報告，寶鹼公司未來五年左右期間的每年股利成長率為 6%，而公司過去五年和過去十年的股利成長率分別為 12% 和 11%。在 2010 年時，預測下一年的股利為 $1.95。而當時的股價是每股 $67。寶鹼公司的股票必要報酬率是多少呢？已知股利收益率是 2.9%，資本利得收益率是 6%，所以寶鹼公司股票的總報酬率是 8.9%。

倍數股票評價法

以股利為基礎的評價方法會遇到一個問題，就是許多公司都不發放股利，我們怎麼辦呢？一個解決方法就是使用本書第 3 章的本益比，本益比就是股價相對於前一年每股盈餘（EPS）的比值，首先找到標竿或參考本益比值，然後將它乘以每股盈餘就可以得到價格：

第 t 期的股價＝P_t＝標竿本益比值×EPS_t [8.8]

有幾個來源可供取得標竿本益比值，它可能是同業公司的本益比（或許是產業平均本益比值或中位數），也可能是公司本身過去的本益比，例如：我們想評估以 *Slack Ops* 系列出名的電動遊戲研發廠商 Inactivision 公司的股票價值，但該公司不發放股利，我們參考整個產業的本益比數據後，認定 Inactivision 的本益比是 20，而公司最近四季期間的每股盈餘是 $2，所以你認為股價應該是 20×$2＝$40，假如股價低於 $40，應該買進；若股票高於 $40，則應該賣出。

證券分析師花費相當多時間在預估未來的盈餘，特別是來年的盈餘金額，使用未來盈餘金額所求算的本益比稱為預估本益比（forward PE ratio），例如：由

於 World of Slackcraft 多人線上角色扮演遊戲（MMORPG）漸受到歡迎，Inactivision 公司下一年的每股盈餘預估值是 $2.50，假如目前股價是 $40，那麼預估本益比就是 $40/$2.50＝16。

最後，請注意！股價 $40 是使用 20 倍數的標竿本益比值乘以去年的每股盈餘而得到的股價，若來年的每股盈餘是 $2.50 的話，則一年後的股價應該是 20×$2.50＝$50，這個預估價格就稱為目標價格（target prices）。

我們經常想評估一些不發放股利及盈餘為負數的新公司股票價值，該如何著手呢？一個解決之道就是使用本書第 3 章的市價對銷貨比值（price-sale ratio），這個比值就是股價除以每股銷貨金額（sales per share），用法與本益比法相同，只是以每股銷貨金額替代每股盈餘，就如同本益比，市價對銷貨比值會隨公司的年齡與產業變動，一般的比值介於 0.8 至 2.0 之間，但年輕、快速成長公司的比值會比較高。

表 8.1 匯總了股票評價的相關討論。

觀 念 問 題

8.1a 普通股評價的攸關現金流量是哪些？
8.1b 股票的價值是否與持有時間的長短有關？
8.1c 當股利以固定成長率成長時，股票的價值是多少？

8.2 普通股和特別股的特性

在討論普通股的特性時，本節著重在股東權利和股利的發放。至於特別股，則解釋特別所代表的意義，也討論特別股到底是負債還是權益。

普通股的特性

普通股（common stock）對不同的人有著不同涵義。通常所謂的普通股是指在股利發放或破產求償的順位上，沒有特別優先權的股票。

股東的權利 公司的組織架構是由股東選出董事，然後董事再雇用管理者來執行他們的經營理念。因此，股東藉由選舉董事來掌控公司。一般來說，只有股東才有這種權利。

表 8.1　股票評價摘要

I. 一般情況

一般來說，今天股票的價格 P_0，是所有未來股利，D_1，D_2，D_3，…的現值加總：

$$P_0 = \frac{D_1}{(1+R)^1} + \frac{D_2}{(1+R)^2} + \frac{D_3}{(1+R)^3} + \cdots$$

上式中，R 是必要報酬率。

II. 固定成長率型情況

如果股利以固定成長率（g）成長，股票的價格可寫成下式：

$$P_0 = \frac{D_1}{R-g}$$

這個式子稱為股利成長模型（dividend growth model）。

III. 超常成長率

如果股利在 t 期後呈固定成長，則股票的價格可以寫成下式：

$$P_0 = \frac{D_1}{(1+R)^1} + \frac{D_2}{(1+R)^2} + \cdots + \frac{D_t}{(1+R)^t} + \frac{P_t}{(1+R)^t}$$

上式中，

$$P_t = \frac{D_t \times (1+g)}{R-g}$$

IV. 兩階段成長率

如果股利在前 t 期成長率為 g_1，之後成長率為 g_2，則股票的價格可以寫成下式：

$$P_0 = \frac{D_1}{R-g_1} \times \left[1 - \left(\frac{1+g_1}{1+R}\right)^t\right] + \frac{P_t}{(1+R)^t}$$

上式中，$P_t = \dfrac{D_{t+1}}{R-g_2} = \dfrac{D_0 \times (1+g_1)^t \times (1+g_2)}{R-g_2}$

V. 倍數評價法

針對不發放股利（或股利成長率變動不規律）的股票，可以使用本益比與/或股價對銷貨比評估股價：

$P_t =$ 標竿本益比 $\times \text{EPS}_t$

$P_t =$ 標竿股價對銷貨比 $\times$ 每股銷貨金額$_t$

VI. 必要報酬率

必要報酬率，R，是由兩個成份組成：

$R = D_1/P_0 + g$

其中 D_1/P_0 是股利收益率（dividend yield），g 是資本利得收益率（capital gains yield）（與固定成長率下的股利成長率是相同的）。

每年的股東大會票選出公司的董事。雖然有例外（下面將討論）的情形，一般是「一股一票」（不是一位股東一票）。公司的選舉與政治上的選舉有很大的差異。在公司選舉中，掌控最多股票絕對奏效。[3]

董事是在每年的股東大會中，由出席且有投票權的股東投票選出；但是董事選舉規則因公司而異，而主要的差異在於累計選舉法，或是直接選舉法。

下面解釋這兩種不同的選舉方法，假設某家公司有兩位股東：Smith 有 20 股，Jones 有 80 股；他們兩位都想成為董事，但是 Jones 不希望 Smith 當上董事。我們假設總共要選出四位董事。

累計投票法（cumulative voting）的目的是讓小股東能參選董事。[4] 在累計投票法下，每一位股東的總投票數通常是其股數（擁有的或控制的）和所要選出的董事席數的乘積。

在累計投票法下，一次就選出應選的董事席數。在這個例子中，得到前四高票的股東就成為新董事。任何股東可以用任何方式來配票。

Smith 可以奪到一席董事嗎？假如排除五人同票的可能性，那答案是確定的。Smith 將有 20×4＝80 票，而 Jones 將有 80×4＝320 票。如果 Smith 把他所有的票都投給自己，他確定可以得到一席董事。理由是 Jones 沒辦法把他的 320 票分配給四位候選人，且每位票數都超過 80 票，所以 Smith 至少能得到第四高票。

基本上，如果要選出 N 席董事，那麼擁有 $1/(N+1)$% 比例的股票再加上一股，將可取得一個席位。在上例中，$1/(4+1)=20$%。所以所要選出的席數愈多，就愈容易（所需的持股愈少）贏得一席。

在直接投票法（straight voting）下，每次投票只選出一席董事。每一次投票，Smith 可獲得 20 票，而 Jones 可獲得 80 票。結果 Jones 將贏得所有董事席位。要贏取一席的唯一方法就是擁有 50% 的股票再加上一股。但此時，你也可以贏得每一席位。所以，不是贏得所有席位，就是一個席位也沒有。

範例 8.6　買　票

JRJ 公司股票的每股市價 \$20，以累計投票法選出董事。流通在外的股數有 10,000 股。假如要選出三位董事，要花多少錢才能確保取得一席董事呢？

這個問題也就是要取得一席董事需要多少持股。答案是 2,501 股。所以，所

---

[3] 金科玉律：誰擁有較多財富就可以決定遊戲規則。

[4] 所謂小股東參選（minority participation），指的是持股數較少的股東來參選董事。

需的成本是2,501×$20＝$50,020。為什麼是2,501股呢？因為剩下的7,499股無法分給三位股東，使這三位股東的持股均超過2,501股。例如，假設頭兩位股東各得2,502票。第三個人最多只能得到10,000－2,502－2,502－2,501＝2,495票，所以你可以取得第三席董事。

很多公司都採用每年改選部份董事席位。在部份改選（staggered elections）下，每年股東會只改選一部份的董事席位。因此，如果每次只選出兩席董事，獲取一席董事所需的股數是 1/(2＋1)＝33.33% 的股票再加上一股的股票。部份改選的董事會又稱為分類的董事會，因為董事們依照任期期限來歸類，近年來，受到外界壓力的影響，公司都取消部份改選政策，換言之，所有董事每年都改選，很多公司已採取此動作。

整體而言，部份改選有兩個影響：

1. 在累計投票法下，部份改選對小股東而言較難選上董事，因為要選出的席位變少了。
2. 部份改選降低了外界成功購併公司的可能性，因為要取得較多的本次改選董事席位變得較困難。

部份改選有一項優點。它能維持公司董事會運作的連續性（因為部份未改選董事仍在董事會內）。這點對於要進行重大長期規劃和投資計畫的公司而言，是非常重要的。

委託投票 委託書（proxy）就是股東授權給他人行使投票權的證明。為了會議進行之便，一些大型上市公司的提案表決都是透過委託書進行。

在直接投票法下，每股有一個投票權。擁有 10,000 股的股東，就有 10,000 個投票權。大公司都有數十萬位，甚至數百萬位股東。股東可以參加一年一度的年會並且親自投票，或是將投票權轉給他人。

很明顯地，管理階層總是設法取得較多的委託書。但是如果股東對管理階層不滿意，股東可能藉由委託書爭取較多數的董事席位，以更換現有的管理階層。這就是所謂的委託書爭奪戰（proxy fight）。

普通股的類別 有些公司發行超過一種類別的普通股。不同類別是由不同等的投票權而來。例如，Ford Motor 公司發行 B 級普通股，這類股票並不公開交易（它是由 Ford 家族企業和信託所持有）。這類股票只有 40% 的投票權，佔流通在外

股票的比率不到 10%。

還有許多其他公司發行不同類別的股票,例如,General Motors 擁有「古典 GM」股(原始股)和其他兩種類別:E 級(GME)和 H 級(GMH)。這兩種類別的股票是為了募集兩筆收購案:Electronic Data Systems 和 Hughes Aircraft 所需的資金。最近剛上市的網站搜尋引擎公司 Google 也有兩種類別的普通股:A 級和 B 級;A 級普通股票由投資大眾購買,每股有一個投票權;B 級普通股則由公司內部人持有,每股有十個投票權。如此,Google 的創辦人與管理團隊就能掌控公司的經營權。

原則上,紐約證券交易所不准上市公司發行不等投票權類別的普通股,但曾經有例外的情況(例如:Ford 公司)。此外,很多未在 NYSE 上市的公司均有兩種類別的普通股。

發行兩種或多種類別股票的主因是為了掌控公司的經營權。這些類別的股票可供公司的管理階層發行無投票權或限制投票權股票以籌措營運資金,同時掌控經營權。

不同等投票權的課題在美國引起很大的爭議,因為一股一票的觀念已行之有年。有趣的是,在英國和世界上其他國家不同等投票權是司空見慣的事。

其他權利　一家公司普通股的價值與股東所能行使的權利有關係。除了有權選舉公司董事之外,股東通常還有下列的權利:

1. 依比例領取股利的權利。
2. 依比例分享公司清算後剩餘資產的權利。
3. 投票表決公司重大事件的權利。例如,合併案的表決。這些表決通常在股東年會或臨時會議時進行。

此外,公司發行新股時,股東可依比例認購新股的權利,這種權利稱為優先認股權(preemptive right)。

基本上,優先認股權就是公司發行新股票給一般投資大眾之前,必須先供現有的股東認購。目的是給予股東機會避免股權(所有權)被稀釋。

股利　公司組織的一個特色是公司有權利發放股利給持有公司股份的股東。**股利**(dividends)是股東直接或間接地投入資金至公司所得到的回報。股利的發放由董事會裁定。

下列是股利的一些重要特性:

1. 除非公司的董事會宣告發放股利，否則股利並不算是公司的債務。只要未宣告股利，公司就不可能會對股利發放違約。因此，公司也不會因未宣告發放股利而被股東宣告破產。股利的多寡與是否發放股利，都是董事會評估經營情況後所做出的決定。
2. 發放的股利並不屬於公司的經營費用，股利是不能抵減公司所得稅的。簡單地說，股利是從公司的稅後盈餘內提撥支付的。
3. 個人股東所收到的股利要課稅，在 2011 年，股利稅率是 15%，但這個較低的優惠稅率可能會調整。然而，持有其他公司股票的企業，在其所收到的股利總額中，70% 是免稅，只有 30% 要課稅。[5]

特別股的特性

特別股（preferred stock）與普通股的差異是，特別股在股利發放以及公司清算後剩餘資產分配的順位優先於普通股。優先權（preference）意味著，在普通股股東配發股利之前，特別股股東必須先配發股利（以永續經營的公司為例）。

從法律和稅負的觀點來看，特別股屬權益證券。但要注意的是，特別股股東有時是沒有投票權的。

設定價值　特別股一般的票面價值設定為每股 $100。現金股利是以每股多少金額來計算。例如，General Motors 的「$5 特別股」，就是特別股的股利收益率為設定價值的 5%。

累積股利和非累積股利　特別股的股利和債券的利息是不相同的，董事會可以決定不發放特別股股利，而且他們的決定可能與公司目前的營運淨利無關。

特別股的應付股利不是累積的（cumulative）就是非累積的（noncumulative）；不過，大部份都是累積的。如果特別股股利是累積的話，某一年沒有發放的股利，將被累加到下一年，當成累積未付額（arrearage）。通常在普通股股東收到任何股利之前，過去累積的特別股股利以及今年的特別股股利必須先行支付。

未支付的特別股股利不是公司的負債。普通股股東所選出的董事會可以無限期地延後支付特別股股利。在這種情況下，普通股股東也得放棄股利。除此之

---

[5] 依照規定，收到股利的公司擁有發放股利的公司之股權少於 20% 時，70% 的股利是免稅，若擁有的股權高於 20%，但低於 80%，則 80% 股利是免稅的，若所持有的股權高出 80%，則公司可以提報合併報表，股利是百分之百免稅的。

外,如果一段期間沒有發放特別股股利,特別股股東通常會被授予投票權或其他權利。例如,到 1996 年夏天為止,USAir 已經連續六季未發放該公司一支特別股的股利,這些特別股股東被允許推選兩位代表進入董事會。因為累積的特別股股利是不計算利息的,所以有些人認為公司會傾向於延遲發放特別股股利,但這也會造成特別股股東來參與公司的經營掌控權。

特別股是負債嗎? 權益債券(equity bond)的特別股就是偽裝的公司負債。特別股股東只收到固定的股利,而且當公司被清算時,特別股股東拿回特別股的設定價值。通常,特別股的信用評等和債券的評等很相像。有些特別股可以轉換成普通股,而大部份特別股是可贖回的。

除此之外,近年來發行的特別股都有設立償債基金的條款。這種償債基金的設立,意味著特別股有到期日,因為所有特別股終究將被贖回。基於這個理由,特別股很像負債。但就稅負考量,特別股股利和普通股股利一樣,均不能抵稅。

1990 年代,公司發行一些看起來很像特別股的證券,但為了節稅目的,這類證券被視為債務證券。這類證券通常會有很有趣的字首縮寫,例如:TOPrS(trust-originated preferred securities 或 toppers)、MIPS(monthly income preferred securities)及 QUIPS(quarterly income preferred securities)。因為這些工具有各種特性,它們為了節稅目的被視為債務,因而使所付出的利息可以抵稅。這些工具支付給投資者的現金算為個人的利息所得。在 2003 年以前,個人利息所得及股利所得都被課予相同稅率,但當股利所得的稅率降低後,這些證券並不列入在特別股內,因此個別投資者從這些工具所得到的股利收入,依舊被課予較高的稅率。

觀 念 問 題

8.2a 何謂委託書?
8.2b 股東有哪些權利?
8.2c 為什麼特別股被稱為「特別」?

8.3 股票市場

第 1 章很簡略地提到了股票在交易所買賣,最重要的兩個交易所是紐約證券交易所(New York Stock Exchange, NYSE)和那斯達克(NASDAQ)。根據前面的討論,股票市場包括初級市場(primary market)和次級市場(secondary market)。初級市場或是發行市場是公司初次發行出售股票給投資者的市場。次級市場則是投資者之間買賣股票的市場。

在初級市場中,公司發行證券以籌措資金。後面章節會深入探討整個發行過程。因此,本節的重點放在次級市場的介紹。最後,討論財經報刊如何報載股價行情。

自營商和經紀商

因為大部份的證券交易都涉及自營商和經紀商,所以了解所謂自營商和經紀商是相當重要的。自營商(dealer)本身持有證券,隨時為手上的證券進場買賣。相反地,經紀商(broker)只是撮合買賣雙方,本身並不持有證券。所以當我們談到二手車自營商和不動產經紀商時,就知道二手車自營商持有二手車存貨,而不動產經紀商則不持有房地產。

在證券市場中,自營商隨時準備就手上的證券與投資者作買賣。回想前一章的內容,自營商買入證券所願支付的價格稱為買價,而自營商賣出證券所要求的價格則稱為賣價。買價和賣價的差額就稱為價差(spread),也就是自營商利潤的來源。

自營商也存在於經濟體系內的各部門,不僅存在於股票市場中。例如,大學附近的書商可能就是兼具初級市場和次級市場教科書的自營商。如果你買的是新書,這是初級市場交易;如果你買的是二手書,則是次級市場交易,你付給書店的是賣價。如果你把書賣回給書店,那麼你所收到的金額是書店的買價,通常是賣價的一半。這買價與賣價的差額就是書店的價差。

相反地,證券經紀商則是撮合投資者之間的交易,撮合想要買入證券的投資者和想要賣出證券的投資者。證券經紀商的主要特點在於他們並不經由自己的帳戶買賣證券。他們的工作是促使他人交易。

NYSE 的組織

紐約證券交易所(NYSE),又以大型股票交易所(Big Board)出名,幾年

前剛慶祝完 200 歲生日。從二十世紀初，NYSE 就座落在華爾街的現址上。從交易量和上市股票的總市值來比較，NYSE 是世界上最大的股票交易所。

會員 NYSE 擁有大約 1,366 個交易所會員（members），在 2006 年之前，這些會員擁有交易所的「席位」，這些會員也是交易所的主人。交易所會員不需付佣金就可在交易廳買賣證券。因此，交易所的席位是屬有價值的資產，席位經常有交易。2005 年席位的交易價格高達 $400 萬。

在 2006 年，當 NYSE 成為一家股票公開發行公司之後，它的股票也自然而然在 NYSE 掛牌交易。之後，會員不再是購買「席位」，而是要取得交易許可證，這些交易許可證的數量仍然限制在 1,366 張。在 2011 年一張許可證的年費是 $40,000，有了這張許可證；就可以在交易廳交易證券，而會員則會扮演下列不同的角色。

在 2007 年 4 月 4 日，NYSE 與位在阿姆斯特丹（Amsterdam）的 Euronext 證券交易所合併後，公司規模變得更大，Euronext 的子公司散佈在比利時、法國、葡萄牙及英國等地，合併之後的 NYSE Euronext 成為全世界第一個全球性交易所，而在 2008 年，藉由與美國證券交易所（American Stock Exchange）合併，NYSE Euronext 進一步擴大公司規模，然後在 2011 年 2 月間，總部設在德國 Deutsche Boerse AG 證券交易所向 NYSE Euronext 提出價值 $95.3 億的併購案，在本書撰寫期間，這項併購案尚未完成，因為歐盟反托拉斯委員會尚在審查這項併購案，而至少有一位 NYSE Euronext 股東針對併購案，提出訴訟案。

絕大部份的 NYSE 會員都登記為佣金經紀商（commission brokers）。佣金經紀商的業務是執行客戶的買賣委託。佣金經紀商的主要責任是替客戶爭取到最佳的成交價格。通常，NYSE 大約有 500 個會員屬於佣金經紀商，確實數目則經常變動。典型的 NYSE 佣金經紀商是證券公司的員工，例如，美林證券（Merrill Lynch）。

NYSE 會員中人數次多的是專業會員（specialists），每位專業會員被指派為數種證券的自營商。除了少許特例外，每一支在 NYSE 上市的股票都指派給一位專業會員負責。專業會員也稱為造市者（market makers），因為他們有義務為其所分配到的證券，維持一個公平、有秩序的交易市場。

專業會員公佈所負責證券的買價和賣價。當買單下單數量和賣單下單數量出現暫時性不平衡時，專業會員會隨時以買價買入和賣價賣出來造市，以促進市場的成交量。從這個角度來看，他們就是自營商，為自己的帳戶買賣。

人數第三多的交易所會員是**交易廳經紀商**（floor brokers）。當佣金經紀商本身無法處理所有客戶的買賣委託時，這些佣金經紀商就會將一部份買賣單委託交易廳經紀商執行。交易廳經紀商有時候又稱為二元經紀商（$2 brokers），這個名稱來自於在某段期間，他們所收取的標準服務費是 $2。

近幾年，交易廳經紀商在交易廳的角色愈來愈不重要了，因為交易所的**SuperDOT 系統**（SuperDOT system）非常有效率，可以讓買賣單經由電子系統直接傳遞給專業會員。目前 SuperDOT 的交易量在 NYSE 所有交易量佔有很高的比率，特別是在小額買賣單上。

最後，少數的 NYSE 會員是**交易廳交易員**（floor traders），他們為自己的帳戶交易買賣。交易廳交易員會預測股價的短期性波動，買低賣高賺取利潤。近幾十年來，交易廳交易員的數量已經大幅式微，意味著要在交易廳中藉著短線操作而獲利是愈來愈難了。

運作　對 NYSE 的組織和主要成員有些基本概念後，接下來要討論交易實際進行的情形。基本上，NYSE 的業務是吸引並處理投資人的買賣**委託流單**（order flow，指投資人買賣股票下的單）。NYSE 的客戶是數以百萬計的個人投資者和數以萬計的機構投資者，他們下單買賣在 NYSE 掛牌上市的公司。在吸引投資者下單交易上，NYSE 是相當成功的。目前，一天的交易股數超過 10 億股亦屬常見。

交易廳活動　或許你已經從電視上看到 NYSE 交易廳的畫面，或許你已經參訪過 NYSE，並從參觀廊中看過交易廳交易的情形（值得一遊）。反正你看到的交易廳大約像室內籃球場那麼大，這間大房間稱為「巨室」（the Big Room）。另外還有兩間較小的房間，較不易察覺的，其中一間叫做「車庫」（the Garage），因為在移作交易場之前，它就是一間倉庫。

在交易所交易廳中散佈著狀似「8」字亭的交易站。這些交易站有許多櫃檯，上面和兩旁擺滿了終端機螢幕。交易員在櫃檯前後進行交易。

另外一些人則在交易廳中不斷走動，經常來到掛滿電話機的交易牆，使用電話與外面聯繫。看到這些景觀，交易廳內的人很像一群工蟻在蟻穴中搬來搬去，你或許好奇這些人到底在做什麼？（而且為什麼那麼多人都穿著很怪異的外套？）

交易廳裡到底在進行什麼活動呢？每一個「8」字亭交易站內的每個櫃檯就是一個**專業會員板**（specialist's post）。專業會員通常在板前管理與交易他們所負責的股票。替專業會員工作的員工則在櫃檯後操作。忙碌穿梭在掛滿電話牆和

交易大廳之間的是佣金經紀商，他們接到客戶電話下單後，走到專業會員板前執行交易，然後回到電話牆向客戶確認交易結果，並且接收新的委託買賣單。

為了進一步了解 NYSE 交易廳內的活動，假設你是佣金經紀商，你的同事剛交給你一張公司客戶的委託賣單，要賣出 20,000 股 Walmart 股票。這位客戶希望儘快以最好的價格將股票賣掉。你立刻走（跑是違反交易所規定）到買賣交易 Walmart 股票的專業會員板前。

當你走到交易 Walmart 股票的專業會員板前，你從終端機螢幕上查出目前的市價。螢幕上顯示上一筆成交價是 60.10，而專業會員所掛的每股買價是 60。你可以馬上以 60 將股票賣給專業會員，可是如果只是這麼做的話，那你的工作也就太輕鬆了。

相反地，代理客戶買賣，你有義務找尋最好的交易價格。你的工作是成交買賣，但你的工作是提供滿意的服務給客戶。所以，你看看周圍是否有要替客戶買 Walmart 股票的經紀商，很幸運地，在專業會員板前，有位經紀商要買進 20,000 股 Walmart 股票，而專業會員所掛的每股賣價是 60.10，所以你們兩位同意以 60.05 的價格成交。這個價格正好介在專業會員的買賣價的中間，因此與專業會員的買賣價比較，你們兩位都為客戶省下了 $0.05×20,000＝$1,000。

對於交易非常熱絡的股票，專業會員板的四周擠滿了買者和賣者，大部份的交易就由經紀商們直接成交，這就是所謂「人群」中交易。在這種情況下，專業會員的責任是維持交易秩序，並確定所有買賣雙方都以合理價格成交。換句話說，專業會員的功能只是提供交易的參考價格。

然而，專業會員板前有時會沒有什麼人潮。回到剛才的 Walmart 的例子，假設你無法很快地找到另一位要買 20,000 股股票的經紀商，但你手上的賣單要馬上成交，所以除了以 60 的買價賣給專業會員外，別無其他選擇。在這種情況下，迅速成交是第一優先考慮，這時專業會員則提供迅速完成交易的功能。

最後，交易廳裡有許多人穿著不同顏色的外套。外套的顏色代表這個人的工作內容或職位，後檯人員、交易員、訪客、交易所的員工等穿著不同顏色的外套，以供分辨。另外，忙碌一天後，衣服容易變得髒亂，因此質料好的衣服容易毀損，這種便宜的外套反而可以保護裡面的衣服。

NASDAQ 的運作

就成交總值來看，NASDAQ 是美國的第二大股票市場；然而，就上市公司家數及成交股數來看，NASDAQ 規模比 NYSE 大。NASDAQ 這個名稱的全名是全

國證券自營商自動報價系統協會（National Association of Securities Dealers Automated Quotations system）。不過，現在 NASDAQ 已成為一個獨立名稱。

在 1971 年，NASDAQ 市場是一個證券自營商藉助電腦網路組成的市場，這些自營商定時傳送證券報價給 NASDAQ 訂戶。這些自營商扮演 NASDAQ 上市股票的造市者。身為一個市場造市者，自營商揭示他們的買價和賣價，同時也揭示他們所能接受的最大交易股數。

類似於 NYSE 的專業會員，NASDAQ 的造市者也是以本身的存貨，來調節市場的供需失調現象。然而，不同於 NYSE 的專業會員制度，NASDAQ 對交易較活絡的股票要求有多位造市者。因此，NYSE 和 NASDAQ 有兩個主要差異：

1. NASDAQ 藉助電腦網路交易，沒有實際的交易場所。
2. 和單一專業會員制比較起來，NASDAQ 有數位造市者，而不是唯一的專業會員制。

一般而言，櫃檯市場（over-the-counter (OTC) market）的特性是自營商以本身握有的證券，從事證券買賣。因此，NASDAQ 市場經常被認定為櫃檯市場。然而，NASDAQ 的主事當局為了提升 NASDAQ 的形象，並不願意 NASDAQ 被冠上櫃檯市場的稱號。但是人的習性總是不易更改，大家仍然認定 NASDAQ 為櫃檯市場。

到 2011 年，在一些指標上，NASDAQ 已經超越了 NYSE。例如：在 2011 年 1 月 21 日，NASDAQ 的成交股數是 19.6 億股，而 NYSE 則只有 12.7 億股；就成交值來看，NASDAQ 的成交值是 $622.7 億，而 NYSE 是 $383.9 億。

事實上，NASDAQ 是由三個市場組成：NASDAQ 全球精選市場（NASDAQ Global Select Market）、NASDAQ 全球市場（NASDAQ Global Market）及 NASDAQ 資本市場（NASDAQ Capital Market）。在 NASDAQ 全球精選市場上交易的公司數目約有 1,600 家（截至 2011 年年初），其規模較大，且交易熱絡；其中包含了一些世界知名的公司，諸如微軟（Microsoft）與英特爾（Intel）。在 NASDAQ 全球市場上交易的公司數目約有 800 家，其公司規模較小。最後，在 NASDAQ 資本市場上交易的公司數目約有 500 家，它們的規模最小。當然，當小型股公司日漸成熟後，就會轉到 NASDAQ 全球精選市場或全球市場上交易。

ECNs 在 1990 年代末期，NASDAQ 系統有一重大發展，設立了電子傳輸網路系統（electronic communications networks, ECNs）。ECNs 基本上是一個網站，提供投資者間的直接交易服務。下到 ECNs 上的投資者買賣單將被傳送到 NASDAQ

市場,與造市者的買賣價一起顯示出來。結果,除了造市者外,個別投資者也可以經由 ECNs 輸入買賣單到 NASDAQ 市場上。所以,ECNs 提升了市場流動性與競爭程度。

當然,股票並不是只在 NYSE 與 NASDAQ 交易買賣,下一頁的網路作業會介紹其他的交易市場。

股票市場報導

近年來,股價及相關資訊的刊載快速地從傳統報章媒體,諸如《華爾街日報》,轉至網站上,Yahoo! Finance(finance.yahoo.com)就是個好例子。我們首先進入這個網站,尋找量販店好市多(Costco)公司股票的相關資料,好市多的股票在 NASDAQ 掛牌交易,下面是搜尋到的部份資訊:

Costco Wholesale Corporation (NasdaqGS: COST)		
REAL-TIME 72.07 ↓ 0.55 (0.76%) 1:21PM EST		
Last Trade:	72.05	Day's Range: 71.86 - 72.61
Trade Time:	1:07PM EST	52wk Range: 53.41 - 73.45
Change:	↓ 0.57 (0.78%)	Volume: 1,360,720
Prev Close:	72.62	Avg Vol (3m): 3,049,930
Open:	72.51	Market Cap: 31.45B
Bid:	72.05 x 800	P/E (ttm): 23.78
Ask:	72.06 x 2800	EPS (ttm): 3.03
1y Target Est:	73.25	Div & Yield: 0.82 (1.10%)

大部份這些資訊是不言自明的。上面有兩個股價金額:一個是即時價格($72.07);另一個是 15 分鐘前的成交價格($72.05)。投資者可以免費取得即時報價資訊。所登載的價格變動幅度(change),是 15 分鐘前的成交價格與前一交易日收盤價格的差異,開盤價(open)是當天的第一筆交易價格,當時自營商掛出的買價是 72.05,賣價是 72.06,而預計交易量分別是 800 股與 2,800 股,"1y Target Est"則是分析師所估計一年後股票的目標價。

往右移到第二欄,有當天股票交易的價格區間,跟隨著是過去 52 個星期來的交易價格區間。"Volume"代表當天的成交股數,跟隨著是過去三個月期間的平均每天成交量。"Market cap"是發行在外股數(依最近期的季報為準)乘上股價。"P/E"就是第 3 章所討論的本益比,每股盈餘(EPS)內的"ttm"代表過去「12 個月期間」(trailing twelve months)。最後,我們可以取得股利資料,股利金額是近一季現金股利金額乘上四倍,而股利收益率則是將股利金額除以股價:$0.82/$72.05 = 0.011 = 1.1%。

網路作業

當公司無法（或不想）符合大型證券交易所的上市規定時，它們會去哪裡？有兩個選擇：Over-the-Counter Bulletin Board（OTCBB）和 Pink Sheets。這兩個電子市場屬於股票交易的蠻荒區域，它們有點怪異的名稱有著簡明易懂的解釋，OTCBB 本來是個用來催化和活絡在店頭市場交易之未上市股票的電子看板；"Pink Sheets" 這個名字只是反映出，在先前一段期間，這些股票的報價資訊是登在粉紅色的紙上（Pink sheets of paper）。

像 NASDAQ 和 NYSE 這些有名的交易市場，有相對嚴苛的上市上櫃規定，如果公司無法符合這些規定，它可能被迫下市或下櫃。就另一方面而言，OTCBB 和 Pink Sheets 就沒有上市上櫃的規範，OTCBB 確有要求公司向 SEC（或其他相關的機構）呈報財務報表，但 Pink Sheets 則沒有。

在這些市場的股票常常有非常低的價格，因此常被稱為水餃股（penny stocks）、微小型股（microcaps），或甚至超微小型股（nanocaps）。很少有股票經紀人針對這些公司做研究，因此公司資訊的取得常是透過口耳相傳或網路，這些都不是最可靠的資訊。事實上，對許多股票而言，這類市場常常看起來像大型的電子謠言製造廠及馬路消息的生產工廠。為了感覺一下這些市場交易的狀況，我們從 OTCBB 的網站（www.otcbb.com）擷取一個典型的螢幕：

Name	Symbol	Last Price	Chg	% Chg	Open	High	Low	Volume
Greenshift Corp.	GERS	0.0002 ▲	0.0001	100.00%	0.0002	0.0002	0.0001	824.58 m
China Crescent Enterprises Inc.	CCTR	0.002 ▲	0.0001	5.26%	0.002	0.0024	0.0018	603.27 m
Camelot Entertainment Group Inc.	CMGR	0.0001 —	0.00	0.00%	0.0001	0.0002	0.0001	360.40 m
IDO Security Inc.	IDOI	0.0006 ▼	-0.0001	-14.29%	0.0006	0.0007	0.0005	321.39 m
Electric Car Company Inc.	ELCR	0.0001 —	0.00	0.00%	0.0001	0.0002	0.0001	241.10 m
Numobile Inc.	NUBL	0.0009 —	0.00	0.00%	0.001	0.0011	0.0007	143.17 m
Trey Resources Inc.	TYRIA	0.0001 ▼	-0.0001	-50.00%	0.0001	0.0002	0.0001	93.86 m
EcoSystem Corp. NEW	ESYR	0.0001 —	0.00	0.00%	0.0001	0.0002	0.0001	92.07 m
Sunvalley Solar Inc.	SSOL	0.0259 ▲	0.011	73.83%	0.016	0.028	0.016	86.13 m
MultiCell Technologies Inc.	MCET	0.0115 ▲	0.0037	47.44%	0.0081	0.013	0.0081	66.32 m

首先，看一下報酬，Greenshift Corp. 在當天資料擷取時點的報酬率是 100%，這不是你經常會見到的現象。當然，這麼高的報酬乃因股價從 $0.0001 巨幅地上揚了 $0.0001 所致。被列在 OTCBB 上的股票常是當日交易最熱絡的股票，例如，在這一天交易結束時，Intel 是 NASDAQ 中交易最熱絡的股票，有 8,240 萬股的交易量。在 OTCBB 中甚至有九檔股票有更高的交易量，Greenshift Corp. 領先群雄，其交易量略高於 8 億 2 千 4 百萬股，但以平均每股股價 $0.00015 來計算，Greenshift 的成交總值為 $123,600，相較之下，Intel 的成交總值高達約 $17 億。

Pink Sheets（www.pinksheets.com）是由一家私人公司所經營，公司股票要列名在 Pink Sheets 上交易，只要找到願意買進此家公司股票的造市者即可。有各種的理

由促使公司會在 Pink Sheets 上掛牌交易,其中之一是不想符合證券交易所上市規定的小公司;外國公司經常會在 Pink Sheets 上掛牌,因為它們沒有根據 GAAP 準則編製財務報表,而這是要在美國境內之股票市場上市交易的其中一個先決條件;還有許多先前在較大股票市場上市的公司,不是非自願的下市,就是因各種不同的原因選擇下市,其中包括本書第 1 章所討論過的,要符合沙賓法案所需支付的龐大費用。

整體來說,OTCBB 和 Pink Sheets 可以說是相當蠻荒的交易市場,只要小額的股價波動,交易低價股就有高報酬率。然而,意圖操作和作假也是稀鬆平常的事。此外,這些市場上的股票交易量通常很小,在這個市場上掛牌的股票,其一天交易量為零是司空見慣之事,甚至也常見某支股票,連續兩、三天都沒有交易。

問題

1. 在市場(美國東部時間 4:00 PM)收盤後,進入 finance.yahoo.com 網站,找出主要交易所當日交易量最大的幾檔股票。然後,再進入 www.otcbb.com 網站,找到同一天在 OTCBB 上交易量最大的幾檔股票。OTCBB 上有多少檔股票的交易量超過 NYSE 上交易量最大的股票?超過 NASDAQ 上交易量最大的股票,又有多少檔?
2. 當日在 OTCBB 上,報酬率最高和最低的股票各是哪些公司?股票要上漲或下跌多少金額,就會造成如此最高報酬或最低報酬?

觀念問題

8.3a 證券經紀商和證券自營商有何不同?
8.3b 買價和賣價何者較高,為什麼?
8.3c NASDAQ 不同於 NYSE 之處?

8.4 總　結

本章介紹了股票和股票評價的基本觀念。重點包括:

1. 持有股票所能獲得的現金流量就是未來的股利。在某些特殊的情況下,我們可以藉由算出全部未來股利的現值而得到股票的價值。
2. 身為公司普通股的股東,你擁有多種權利,包括選舉公司董事的權利。在公

司內的表決,可能採取累積投票法或是直接投票法。實際上,大部份的投票是以委託書方式行使。當敵對雙方股東均想取得足夠的票數以進入董事會時,就會展開委託書爭奪戰。

3. 除了普通股外,有些公司還會發行特別股(優先股)。特別股這個名稱起源於公司在發放給普通股股東股利之前,必須先發放股利給特別股股東,而特別股股利是固定的。

4. 美國最大的兩個股票市場是 NYSE 和 NASDAQ。我們討論了這兩個市場的組織和運作,也介紹了財經報紙如何揭露股價相關資訊。

本章是第三篇的最後一章。現在,你應該了解了現值這個概念,也知道如何計算現值及貸款償還金額等。第四篇將介紹資本預算決策,第 5 章至第 8 章所介紹的技巧,可供用來評估企業的投資方案。

財務連線

假如你的課程有使用 Connect™ Finance 的話,請上線做個練習測驗(Practice Test),看一看學習輔助工具,及你需要哪些額外練習。

▼ Chapter 8 Stock Valuation			
☐ 8.1 Common Stock Valuation	eBook	Study	Practice
☐ 8.2 Some Features of Common and Preferred Stocks	eBook	Study	Practice
☐ 8.3 The Stock Markets	eBook	Study	Practice

NPPT 47–48

你能回答下列問題嗎?

8.1 某支股票的價格是每股 $11.90,報酬率是 14%,而資本利得收益率是 5%,請問上次發放的股利金額是多少呢?

8.2 股利 $8 的特別股的股價是每股 $54,請問特別股的報酬率是多少?

8.3 紐約證券交易所(NYSE)是屬於什麼種類的股票市場?

登入找找看吧!

自我測驗

8.1 股利成長和股票評價 Brigapenski 公司剛發放每股 $2 的現金股利。投資者對類似的投資要求 16% 的報酬率。如果預期股利以每年 8% 的速度穩定地成長，那麼股票的目前價值為何？五年後的價值為何？

8.2 高股利成長和股票評價 在第 8.1 題中，如果預期未來三年股利會以 20% 成長，之後降為每年 8%，那麼目前股票的價格是多少？

自我測驗解答

8.1 前一次股利 D_0 是 $2，預期股利將穩定地以 8% 成長，必要報酬率為 16%。根據股利成長模型，目前的價格為：

$$P_0 = D_1/(R-g) = D_0 \times (1+g)/(R-g)$$
$$= \$2 \times 1.08/(0.16 - 0.08)$$
$$= \$2.16/0.08$$
$$= \$27$$

我們可以先求出五年後的股利金額，然後再利用股利成長模型求得五年後的股票價格。或利用股價每年成長 8% 的事實，直接計算未來的股價。我們分別使用這兩種方法求出股價。首先，五年後的股利為：

$$D_5 = D_0 \times (1+g)^5$$
$$= \$2 \times (1.08)^5$$
$$= \$2.9387$$

所以，五年後的股價為：

$$P_5 = D_5 \times (1+g)/(R-g)$$
$$= \$2.9387 \times 1.08/0.08$$
$$= \$3.1738/0.08$$
$$= \$39.67$$

然而，一旦了解股利成長模型的特性，就可以計算出五年後的股價為：

$$P_5 = P_0 \times (1+g)^5$$
$$= \$27 \times (1.08)^5$$
$$= \$27 \times 1.4693$$
$$= \$39.67$$

這兩種方法所算出的五年後價格是一樣的。

8.2 在這種情境下,接下來三年有超常報酬,我們需要計算這三年快速成長期間的股利和股價。股利為:

$$D_1 = \$2.00 \times 1.20 = \$2.400$$
$$D_2 = \$2.40 \times 1.20 = \$2.880$$
$$D_3 = \$2.88 \times 1.20 = \$3.456$$

三年後,成長率降為 8%。則當時的股價為:

$$P_3 = D_3 \times (1+g)/(R-g)$$
$$= \$3.456 \times 1.08/(0.16-0.08)$$
$$= \$3.7325/0.08$$
$$= \$46.656$$

為了計算出股票的現值,我們必須決定這三期股利和未來價格的現值:

$$P_0 = \frac{D_1}{(1+R)^1} + \frac{D_2}{(1+R)^2} + \frac{D_3}{(1+R)^3} + \frac{P_3}{(1+R)^3}$$
$$= \frac{\$2.40}{1.16} + \frac{2.88}{1.16^2} + \frac{3.456}{1.16^3} + \frac{46.656}{1.16^3}$$
$$= \$2.07 + 2.14 + 2.21 + 29.89$$
$$= \$36.31$$

觀念複習及思考

1. **股票評價** 為什麼股票價值是視股利而定?
2. **股票評價** 大多數在 NYSE 和 NASDAQ 上市的公司不發放股利。但投資者仍願意購買這些公司的股票。根據第 1 題的回答,這有可能嗎?
3. **股利政策** 回到第 2 題,在何種情況下公司可能選擇不發放股利呢?
4. **股利成長模型** 在哪兩個假設下,我們可以利用本章中的股利成長公式來決

定股票價值？討論這兩個假設的合理性。

5. **普通股與特別股** 假設某家公司發行特別股和普通股，而且兩種股票各付 $2 的股利。你認為哪一種股票的價格會較高，是特別股還是普通股？

6. **股利成長模型** 根據股利成長模型，股票的總報酬是由哪兩個成份組成？你認為哪一個會比較大？

7. **成長率** 在股利成長模型中，股利成長率和股價成長率完全一樣，這是真的嗎？

8. **投票權** 在選舉投票時，美國的政治民主和美國的公司民主有何不同？

9. **公司道德** 公司發行具有不同等投票權的股票，是不公平或不道德嗎？

10. **投票權** 像 Reader's Digest 等這些公司發行沒有投票權的股票，為什麼投資者要購買這種股票？

11. **股票評價** 請評斷下列這句話：經理人不應該看重股價，因為看重股價會造成過度強調短期利潤，而犧牲了長期利潤。

12. **兩階段股利成長模型** 兩階段股利成長模型假設股利成長率在高成長期結束時，立刻下跌至一個固定永續成長率，你如何評量這些假設？若這個假設與事實不符，將會帶來評價上哪些問題？

13. **投票權** 本章內文曾提及很多公司被迫取消部份改選董事席位投票法，為何投資者不喜歡部份改選投票法？部份改選有哪些好處呢？

14. **本益比評價** 使用本益比評估股票價值有哪些困難點？

問題

初級題

1. **股票價值** Jackson-Timberlake Wardrobe 公司剛發放每股 $1.45 的股利。預期股利將以每年 6% 一直成長下去，如果投資者的必要報酬率是 11%，股票目前價格是多少？三年後又是多少？15 年後呢？

2. **股票價值** Blue Cheese 公司下一次將發放每股 $1.89 股利，股利將以每年 5% 成長率一直成長下去。如果公司股票的市價為每股 $38，則必要報酬率是多少？

3. **股票價值** 在第 2 題中，股利收益率是多少？預期的資本利得收益率又是多少？

4. **股票價值** Staal 公司明年將發放每股 $3.40 的股利。公司保證每年股利將以

4.5% 成長率一直成長下去。如果你要求 11% 的投資報酬，今天你願意付出多少錢買這家公司的股票呢？

5. **股票評價** Keenan 公司預計它的股利每年以 4.8% 的成長率成長下去。如果該公司的股利收益率是 6.9%，則必要報酬率是多少？

6. **股票評價** 假設今天某家公司的股票每股市價為 $59，必要報酬率為 11%。而該股票的總報酬中，資本利得收益率和股利收益率各佔一半。若該公司的政策是維持固定股利成長率，請問，目前每股股利是多少？

7. **股票評價** Apocalyptica 公司每年固定發放 $8.50 股利，這樣的股利會再持續 11 年，然後就再也不發放股利。如果必要報酬率為 12%，請問，目前股票的價格是多少？

8. **評估特別股** Lane 公司有一特別股流通在外，每年發放 $4.75 股利。若該特別股目前市價為 $93，則必要報酬率是多少？

9. **股票評價和必要報酬率** Red 公司、Yellow 公司和 Blue 公司明年都將發放 $2.65 股利，股利成長率也都是 5%，而這三家公司的必要報酬率分別為 8%、11% 和 14%。請求算每家公司的股價？這些結果透露出必要報酬率和股價間有什麼關聯呢？

10. **投票權** 修習完財務管理課程後，你認為下一個挑戰是要成為 Schenkel 企業的董事，很不幸地，只有你會投自己一票，假如 Schenkel 有 400,000 股發行在外的股份，目前股價是 $48，公司採用直接投票法，成為公司董事的成本是多少呢？

11. **投票權** 在前一題中，假設 Schenkel 採用累計投票法，有四席董事要改選，那麼取得一席董事席位的成本是多少呢？

12. **股票評價與本益比** Sleeping Flower 公司每股盈餘是 $1.75，公司的標竿本益比為 18，你認為合理的公司股價是多少呢？假如本益比是 21 呢？

13. **股票評價與 PS** TwitterMe 公司是一家新成立公司，目前盈餘為負數，公司銷貨金額是 $120 萬，發行在外股份是 130,000 股，假如標竿市價對銷貨比是 5.2，那麼合理的公司股價是多少呢？假如市價對銷貨比是 4.6 呢？

進階題

14. **股票評價** Great Pumpkin 公司剛發放了 $3.20 的股利。股利成長率預期以 5% 速度一直成長下去。投資者前三年的必要報酬率為 15%，接下來的三年為 13%，之後為 11%。請問，公司股票目前的每股價格是多少？

15. **非固定成長** Metallica Bearings 是一家剛成立的公司，公司的盈餘必須再投入追求公司的成長，所以在未來九年都不發放股利。之後的十年期間，公司每年將發放每股 $12 的股利，十年期間滿後，股利將以 5% 成長率一直成長下去。如果必要報酬率是 13.5%，目前股價是多少？

16. **非固定股利** Maloney 公司有個奇怪的股利政策。公司剛發了每股 $3 的股利，並宣佈在接下來五年，每股股利每年增加 $5。之後就不再發放任何股利。如果必要報酬率為 11%，請問，你今天願意花多少錢買這支股票呢？

17. **非固定股利** Lohn 公司在接下來四年將發放下列股利：$12、$8、$7、$2.50。之後，公司保證股利將以 5% 的成長率一直成長下去。如果該股票必要報酬率為 12%，請問，目前的股價應是多少？

18. **超常成長** Janicex 公司成長迅速，預計未來三年的股利成長率為 24%，之後，就降為固定的 6%。如果必要報酬率為 11%，且該公司剛發放每股 $1.90 的股利。請問，目前股票的價格是多少？

19. **超常成長** Frey 公司成長快速，預期接下來三年股利成長率為 30%，再下一年為 20%，之後每年都是 6%。該股票的必要報酬率為 10%，目前每股市價為 $76。請問，下一年的預估股利是多少？

20. **負成長** Antiques R Us 公司是一家成熟的製造公司，它剛發放每股 $9.40 的股利，但是管理階層預計股利發放率將每年減少 4%。如果必要報酬率是 10%，那麼今天你願意付多少錢購買公司的股票？

21. **求出股利** Feeback 公司的股票目前市價為 $64，市場要求的報酬率為 11%。如果該公司的股利成長率為 4.5%，請問，剛發放的股利應是多少？

22. **特別股評價** E-Eyes.com Bank 剛發行新的特別股。從 20 年後開始，每年將發放 $20 股利。若市場要求的必要報酬率為 5.8%，目前特別股每股值多少？

23. **使用股票報價** 你在今天報紙財經版中找到下列 RJW 公司的股票報價。昨日的收盤價應為多少？若該公司目前有 2,500 萬股股票流通在外，則最近四季的淨利是多少？

52 週以來		股票	股利			成交量		漲跌
最高價	最低價	代號	（股利）	收益率	本益比	（百股）	收盤價	金額
72.18	53.17	RJW	1.28	2.1	21	17,652	?	−0.23

24. **兩階段股利成長模型** Thirsty Cactus 公司剛發放每股 $1.30 的股利，在未來八年期間，股利成長率每年都是 23%，之後每年都是 6%，若必要報酬率為

12%，則今天公司的股價是多少？

25. **兩階段股利成長模型** Chartreuse County Choppers 公司正經歷快速成長，在未來 11 年期間，股利成長率每年都是 18%，之後每年都是 5%，公司股票的必要報酬率為 12%。假如剛發放的股利金額是 $1.94，則公司股價是多少？

26. **股價與本益比** Sully 公司的每股盈餘是 $2.35，公司標竿本益比是 21，盈餘的預期成長率是每年 7%：
   a. 你估計公司股價是多少呢？
   b. 一年後的目標價格是多少呢？
   c. 假設公司不配發股利，那麼未來一年公司股價的隱含報酬率是多少呢？這又透露出使用本益比評價法的內在股票報酬率會是多少呢？

27. **股票評價與本益比** 下列是 Daniela 公司的一些歷史資料：

	第一年	第二年	第三年	第四年
股價	$49.50	$58.12	$67.34	$60.25
每股盈餘	2.40	2.58	2.71	2.85

下一年的盈餘成長率預估值是 11%，使用公司的歷史平均本益比值，求算一年後的目標價格。

28. **股票評價與本益比** 在前一題中，我們假設一整年的股價都是一樣，然而，一年當中，股價有高點與低點，因此每年也會一個高點本益比與一個低點本益比，我們可以使用高、低點本益比值求算下一年的高點與低點股價，下列是某家公司的財務資料：

	第一年	第二年	第三年	第四年
高點價格	$97.90	$121.50	$130.90	$147.53
低點價格	72.73	88.84	69.52	116.05
每股盈餘	7.18	8.93	10.01	11.40

下一年的盈餘成長率預估值是 6%，請求算下一年的高點目標股價與低點目標股價？

29. **股票評價與本益比** Davis 公司的每股盈餘是 $2，盈餘成長率是 8%，假如標竿本益比是 22，則五年後的股票目標價格會是多少呢？

30. **本益比與終期股價** 在實務上，若公司有發放股利，那麼評估公司股價的方法大抵是先估計公司未來五年的每年股利金額，然後再使用標竿本益比值求

算公司的「終期」（五年後）股價。假如有一家公司剛發放 $1.15 股利，而股利的未來五年期間的每年成長率是 20%，五年後股利發放率是 40%，而標竿本益比是 21，請求算五年後的目標股價？假如股票的應有報酬率是 12%，請求算股票的今天價格？

31. **股票評價與本益比** Plush Pilots 公司資產負債表內的股東權益金額是 $640 萬，而損益表內的淨利金額是$950,000，公司發放了 $485,000 股利，而流通在外股數是 190,000 股，假如標竿本益比值是 16 的話，一年後的目標股價是多少呢？

迷你個案

股票評價：Ragan 公司

九年前，Carrington 和 Genevieve Ragan 兄妹創立 Ragan 公司，該公司製造並安裝商用暖氣、通風及冷氣（HVAC）系統。拜公司自行開發的節能科技之賜，Ragan 公司成長快速。公司由兄妹兩人擁有，兄妹兩人各持有 50,000 股的股票，若任何一方想出售股票，則必須以較低價格，先詢問另一方的購買意願。

雖然兩人都不想賣出持股，但他們決定要估算所持公司股票的價值。首先，他們收集了一些主要競爭對手的財務資料：

Expert HVAC 企業每股盈餘為負值，是去年會計沖銷的結果，若沒有沖銷，則該公司每股可賺 $1.10。Expert HVAC 的股東權益報酬率（ROE）是依照排除沖銷後的盈餘來求算。

去年 Ragan 公司的每股盈餘（EPS）為 $3.75，並付給 Carrington 和 Genevieve 各 $48,000 的股利，公司的股東權益報酬率（ROE）是 17%。兄妹兩人相信公司股票應有的報酬率（R）是 14%。

RAGAN 公司的競爭者

	每股盈餘	每股股利	股價	股東權益報酬率	應有報酬率
Arctic Cooling 公司	$1.30	$0.15	$25.34	9.00%	10.00%
National Heating & Cooling	1.95	0.22	29.85	11.00	13.00
Expert HVAC 企業	−0.37	0.12	22.13	10.00	12.00
Industry Average	$0.96	$0.16	$25.77	10.00%	11.67%

問 題

1. 假設公司持續目前的成長率，公司的股票價格會是多少？

2. 為了確認他們的計算，Carrington 和 Genevieve 聘請 Josh Schlessman 擔任顧問，Josh 之前是分析師，其業務範圍涵蓋了 HVAC 產業，Josh 檢視了公司及其競爭對手的財務報表。雖然 Ragan 公司目前有技術上的優勢，Josh 的研究指出其他公司也在探尋增進效能的方法。正因為如此，Josh 相信公司的技術優勢只能再維持五年，之後公司的成長率可能下降至產業的平均成長值。此外，Josh 認為股票應有的報酬率被高估了，他認為使用產業的平均應有報酬率較為合適。在此成長率之下，你所估計的股價為何？

3. 產業平均本益比值為何？Ragan 公司的本益比值為何？這兩個比值之間的關係是你所預期的嗎？為什麼？

4. Carrington 和 Genevieve 不知道如何詮釋本益比值（P/E），絞盡腦汁後，他們找出了下面的本益比值等式：

$$\frac{P_0}{E_1} = \frac{1-b}{R-(\text{ROE} \times b)}$$

使用固定股利成長模型驗證這個等式。此等式隱含著股票應有的報酬率（R）、股利支付率（b）和公司 ROE 三者間的何種關係？

5. 假定五年後，公司的成長率下降至產業平均成長值，在固定股利支付率假設之下，未來的股東權益報酬率（ROE）是多少？

6. 和 Josh 討論過股價後，Carrington 和 Genevieve 想提升公司股票的價值。就像許多小企業的老闆一樣，他們想保有公司的控制權，但不想將公司股票賣給外面的投資者。他們也覺得公司的負債處於能掌控的程度。因此，不想再借更多的錢。他們要如何提升股價？在哪些情況下，股價提升策略將無法奏效？

資本預算

第 9 章　　淨現值與其他投資準則

第 10 章　　資本投資決策

第 11 章　　專案分析與評估

9

淨現值與其他投資準則

由於熱門產品 iPod、iPhone 及 iPad 的成功，蘋果公司（Apple）的 2010 年銷售金額持續上升且預期會更高，當然，較大銷貨量需要較多的產能，在 2010 年年底，蘋果公司產品的代工廠富士康公司（Foxconn）正規劃在中國興建一座價值 $100 億的全新廠房，這座廠房將成為 iPod 新市鎮，$100 億是一筆大投資，但富士康並不孤單，大約在同時，台積電公司宣佈在台灣興建一座新廠房，投資金額達 $90 億，預計聘用 8,000 名員工，而 Intel 公司宣佈將在俄勒岡州興建一座價值 $80 億的新廠房，同時也要提升目前四座廠房的產能。

富士康的新廠是資本預算決策的一個範例，像這種投資金額超過 $100 億的決策，顯然是相當重要的計畫，其風險和獲利都必須經過審慎評估。本章將會討論在進行此類決策時，所使用的一些基本分析工具。

本書第 1 章曾提及財務管理的目標就是提升公司的股價，因此我們需要知道如何辨別某個特定的投資案是否會達成此目標。本章將討論實務所應用的各類分析工具。更重要的是，本章也將指出這些分析工具可能會誤導人，並解釋為何淨現值法是正確的分析工具。

在第 1 章中，定義了財務經理所關心的三個主要課題。第一個課題是「公司應該購買什麼樣的固定資產？」我們稱為資本預算決策（capital budgeting decision）。本章中，我們處理回答這個課題時所遭遇的問題。

資金配置或資本預算的過程牽涉到的不僅是否要購買某一項固定資產，尚會經常面臨到更複雜的問題，像是否應該開發某一新產品，或是進入新市場。諸如此類的決策將決定公司未來的營運與產品，因為固定資產的投資通常是長期的，一旦投入後就很難變動。

企業的最基本決策是關於它的產品線。要提供什麼樣的服務或賣哪些產品？

要在怎樣的市場中競爭？要引進什麼新產品？這些問題的解決有賴於公司將其有限的資金投入到某些特定資產上。上述這些策略議題都屬於資本預算的範疇。資本預算過程的另一個名稱（不是令人印象深刻的名稱），就是**策略性資產配置**（strategic asset allocation）。

基於以上所討論的理由，資本預算大概是公司理財中最重要的課題。公司選擇如何融資它的營運（資本結構問題），或是如何處理它的短期營運活動（營運資金問題），都是公司關注的課題。但是，公司的固定資產決定了公司業務的內容。例如，不論公司如何融資，航空公司就是航空公司，因為它們的業務資產是飛機。

任何公司都擁有很多的投資機會，每一個投資機會都是公司的一個抉擇。有的選擇是有價值的，有的則無。公司的財務管理，要成功就在於分辨哪些是有價值的投資機會，哪些是沒有價值的。記住這點之後，本章的目標就是介紹一些分析潛在投資機會的技巧，以決定哪些是值得進行的投資。

我們提出並比較許多實務上所使用的不同方法，主要的目的是了解各種方法的優缺點。在這個領域裡，最重要的觀念是淨現值。接下來我們就來討論它。

9.1 淨現值法則

在第 1 章中，我們聲稱財務管理的目的是為股東創造價值。因此，財務經理必須檢視潛在的投資機會，並了解這些投資機會對公司股票價值的可能影響。在本節中，我們介紹一種最廣泛地用來評估投資機會的方法：淨現值法。

基本概念

一項投資如果能為股東創造價值，這項投資就是值得進行的。一般而言，如果一項投資所能創造的價值比在市場上取得的成本還高，我們就創造了價值。如何使創造的價值超過其成本呢？這就是使一項投資計畫的價值，超過組成這項計畫的人力、原料、機器等項目的成本。

例如，假設你以 $25,000 買一間荒廢的屋子，另外你又花了 $25,000 在油漆、更換水管和其他裝修工作上。你總共投資 $50,000。當全部完工時，你再把屋子賣掉，發現它價值 $60,000。那麼市價超過成本 $10,000。在此，你所扮演的就像一個經理人，把一些固定資產（一間屋子）、一些工人（水電工人、木匠和

其他）和一些材料（地毯、油漆等）湊在一起。結果你創造了 $10,000 的價值。換句話說，這 $10,000 就是藉由管理所創造的附加價值（value added）。

在這個例子中，如果事情都進行的很順利，最後創造了 $10,000 的價值。然而，真正的挑戰在於如何事前判斷出這 $50,000 的投資是值得的。這就是資本預算的課題：判斷提案的投資或專案的價值是否高於它的成本。

一項投資的市值和成本之間的差額就稱為該投資的淨現值（net present value），簡寫為 NPV。換言之，淨現值是衡量投資所創造或增加的價值。既然我們的目標是為股東創造價值，所以資本預算過程可視為尋找正淨現值的投資案。

透過這個荒廢屋子的例子，你可以想像得到我們是如何制定資本預算決策的。首先，必須觀察市場上像這種整修過的房子能賣多少錢；然後，再估計購買該荒廢房子，並加以整修後可供銷售，需要花費多少成本。到這裡，我們已經有一個估計的總成本和一個估計的市價。如果這個差是正值，則該項投資值得進行，因為估計的淨現值是正的。當然，這也有風險，因為我們的估計值未必是正確的。

這個例子說明了，當市場上存在著類似於我們所要投資的資產時，投資決策就很簡單了。但是當可供比較的投資找不到時，資本預算就變得非常困難，因為我們只能以間接的市場資訊來評估投資的價值。不幸的是，這正是財務經理經常面臨的情境。以下討論這方面的課題。

估計淨現值

想像我們正在考慮生產並銷售一種新產品，例如，有機肥料。我們可以相當精確地估計開辦成本（start-up costs），因為我們知道需購買什麼設備才能開始生產。這是一項好投資嗎？基於之前的討論，答案決定於這個新產品的價值是否超過它的開辦成本。換句話說，這項投資的淨現值是不是正的。

這個問題比整修屋子的例子還要困難，因為所有的肥料公司並不是經常地在市場上被交易買賣，所以我們不可能觀察到類似投資的市場價值。因此，我們必須藉著其他方法來估計。

根據第 5 章和第 6 章的觀念，你也許已經猜到我們會如何估計肥料公司的價值。首先，試著估計新事業預期將帶來的未來現金流量。然後，應用基本現金流量折現方法來估計這些現金流量的現值。一旦有了這些估計值，就可以用未來現金流量的現值和該投資的成本的差來估計 NPV。誠如第 5 章中所提過的，這個過程稱為現金流量折現評價（discounted cash flow (DCF) valuation）。

以下來看如何估計 NPV。假設我們相信肥料公司每年的現金收益是 $20,000。現金成本（包括稅）為 $14,000，我們將在八年後結束營業，到時廠房、資產、設備等的殘值為 $2,000。這個專案一開始時需要 $30,000 成本，假如使用 15% 的折現率。這是一項好投資嗎？假如發行在外的股數為 1,000 股，從事這項投資對股價會有什麼影響呢？

在運算上，我們必須以 15% 折現率計算未來現金流量的現值。未來八年每年的淨現金流量為 $20,000 的現金收入，減掉每年 $14,000 的成本。如圖 9.1 所示，每年有現金收入 $20,000 − $14,000 = $6,000，共八年，和一個八年後 $2,000 的流入。計算未來現金流量就回到第 6 章中所討論過的問題了。總現值為：

$$\begin{aligned}現值 &= \$6,000 \times [1-(1/1.15^8)]/0.15 + (2,000/1.15^8) \\ &= (\$6,000 \times 4.4873) + (2,000/3.0590) \\ &= \$26,924 + 654 \\ &= \$27,578\end{aligned}$$

將它和 $30,000 的估計成本比較時，淨現值是：

$$NPV = -\$30,000 + 27,578 = -\$2,422$$

因此，這不是一項好的投資。根據我們的估算，進行這項投資將使股票總價值下降 $2,422。該公司有 1,000 股流通在外，執行此專案會使每股價值損失 $2,422/1,000 = $2.42。

這個例子說明了如何使用 NPV 來評估一項投資是否值得進行。例中所示，如果 NPV 是負的，對股票價值的影響是不利的；如果 NPV 是正的，則是有利的。因此，是否要接受或拒絕某一特定提案，視 NPV 是正或負而定。

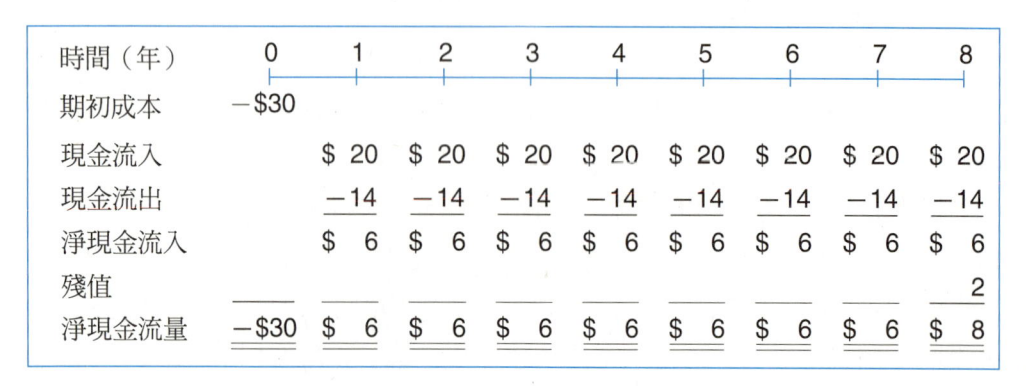

時間（年）	0	1	2	3	4	5	6	7	8
期初成本	−$30								
現金流入		$20	$20	$20	$20	$20	$20	$20	$20
現金流出		−14	−14	−14	−14	−14	−14	−14	−14
淨現金流入		$6	$6	$6	$6	$6	$6	$6	$6
殘值									2
淨現金流量	−$30	$6	$6	$6	$6	$6	$6	$6	$8

圖 9.1　專案現金流量（單元：千美元）

財務管理的目標是提高股價，本節的討論就可以歸納出淨現值法則（net present value rule）如下：

> 接受正淨現值的投資方案，否決負淨現值的投資方案。

如果淨現值正好是零，接受或否決該投資方案都可以。

對於上面的例子，有兩點值得注意。第一點是這種機械式的折算現金流量過程並不重要。因為一旦有了現金流量和折現率資料後，剩下的工作就是計算。倒是要求取現金流量和折現率較不容易。後面的章節中我們將會討論這方面的問題，在本章後面的部份，假設現金收入、成本和折現率的估計均為已知。

第二點是 $-\$2,422$ 的淨現值只是一個估計值。就像其他估計值一樣，它有可能高估，也有可能低估。唯一可以找到確切 NPV 的方法就是賣掉這項投資，看看可以賣到多少錢。一般人不會這樣做，所以可信度高的估計值是很重要的。後面的章節會進一步討論這方面的課題。本章假設所有估計值都是精確的。

範例 9.1 使用 NPV 法則

假設我們要決定是否要推出一項新的消費產品。根據預估的銷貨和成本數據，在這個五年計畫的前兩年每年現金流量為 $\$2,000$，次兩年為 $\$4,000$，最後一年為 $\$5,000$。而期初的生產成本為 $\$10,000$，折現率為 10%，我們應如何評估這項投資？

已知現金流量和折現率，就可以把現金流量折現，求得該產品的總現值：

$$現值 = (\$2,000/1.1) + (2,000/1.1^2) + (4,000/1.1^3) + (4,000/1.1^4) + (5,000/1.1^5)$$
$$= \$1,818 + 1,653 + 3,005 + 2,732 + 3,105$$
$$= \$12,313$$

預期現金流量的現值是 $\$12,313$，而生產的成本是 $\$10,000$，所以 NPV 為 $\$12,313 - 10,000 = \$2,313$。NPV 是正的，根據淨現值法則，應該進行這項專案。

如本節所示，NPV 是評估投資方案獲利力的一種方法。當然，NPV 並不是評估獲利力的唯一方法，尚有其他替代方法，但和 NPV 比起來，這些替代方法在評估獲利力時，都有一些重大缺點。所以雖然 NPV 並非實務界首要採用的方法，但原則上 NPV 是較佳的方法。

策略試算表

用試算表計算NPV

計算NPV中，試算表是經常使用的工具。我們從範例9.1來看：

	A	B	C	D	E	F	G
1							
2	使用試算表求算淨現值							
3							
4	由範例9.1 得知，計畫成本是$10,000，前兩年每年現金流量為$2,000，次兩年為$4,000						
5	最後一年為$5,000，折現率為10%，淨現值是多少呢？						
6							
7							
8			年	現金流量			
9			0	−$10,000	折現率 =	10%	
10			1	2,000			
11			2	2,000	NPV =	$2,102.72	(錯誤答案)
12			3	4,000	NPV =	$2,312.99	(正確答案)
13			4	4,000			
14			5	5,000			
15							
16	欄位 F11 內的公式是 =NPV(F9,C9:C14)，這個答案是錯誤的，因為NPV(.) 功能是求算現值，並						
17	不是淨現值。						
18							
19	欄位 F12 內的公式是 =NPV(F9,C10:C14)+C9，這個答案是正確的，因為NPV(.)						
20	功能求出現金流量的現值，再減掉初期成本，請注意欄位 C9 內的數字是負的，所以						
21	將C9 加入欄位 F12 內。						

在以上試算表的例子中，可以發現我們提供了兩個答案。比較這兩個答案，可知即使我們用的是試算表中的公式，但第一個答案是錯誤的，主要是因為試算表中的"NPV"公式其實只是現值公式，多年以前發展試算表的公式時就定義錯誤，後來的試算表就依樣畫葫蘆，因此第二個答案才是使用正確的公式。

這個例子說明了未經思考而盲目的使用計算機或電腦的危險性，想到實務界的資本預算決策均使用錯誤的公式來評估投資方案時，我們就頓感錯愕，在本章的後面，我們還會看到另外一則誤用試算表的案例。

觀念問題

9.1a 何謂淨現值法則？

9.1b 如果一項投資的 NPV 是 $1,000，它所指的意義是什麼？

9.2 還本期間法則

實務界經常談及某項投資方案的還本期間。簡單地說,還本(payback)期間是指回收原始投資(也就是「把我們的餌拿回來」)所需的時間。因為這個概念眾所皆知且廣為應用,我們將詳細地介紹它。

定　義

我們用一個例子來說明如何計算還本期間。圖 9.2 是一項計畫方案的現金流量。必須經過多久,該投資的累積現金流量才會等於或大於投資成本呢?如圖 9.2 所示,最初的投資成本是 $50,000。第一年後,公司回收 $30,000,還剩下 $20,000。第二年的現金流量剛好 $20,000,所以這項投資正好以兩年的時間,「回收成本」。換言之,還本期間(payback period)是兩年。如果我們所要求的還本期間是不超過三年,則這項投資是可接受的。這就是還本期間法則(payback period rule):

> 根據還本期間法則,如果一項投資的還本期間低於預先設定的年數,則這項投資是可接受的。

在上例中,還本期間剛好是兩年。當然,未必會是這樣。如果不是剛好為整數,通常以分數表示。例如,假設原始投資為 $60,000,第一年的現金流量為 $20,000,第二年為 $90,000,則前兩年的現金流量總共為 $110,000。所以,這個投資在第二年中的某個時點可以完全回收。在第一年後,投資已經回收了 $20,000,還剩 $40,000 未回收。剩餘的 $40,000 佔第二年現金流量的 $40,000/90,000＝4/9。假設 $90,000 的現金流量是平均地分佈在這一年中,那麼還本期間就是 1 4/9 年。

年	0	1	2	3	4
	−$50,000	$30,000	$20,000	$10,000	$5,000

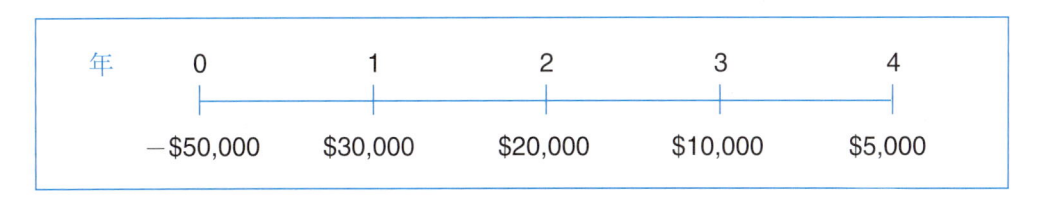

圖 9.2　投資專案淨現金流量

範例 9.2　計算還本期間

某項投資計畫的現金流量為：

年	現金流量
1	$100
2	200
3	500

投資成本為 $500，求此投資的還本期間。

原始成本為 $500。兩年後，現金流量總共是 $300。三年後，總現金流量是 $800。所以，該投資在第二年年底至第三年年底間還本。因為前兩年累積的現金流量為 $300，所以第三年必須再回收 $200。第三年的現金流量為 $500，所以在第三年中我們必須等 $200/500＝0.4 年才完全回收成本。因此，還本期間為 2.4 年，大約是兩年又五個月。

了解如何計算一項投資的還本期間後，使用還本期間法則來作決策就很簡單了。先選定一個抉擇時點（cutoff time），例如兩年。所有還本期間等於或小於兩年的投資案都可接受，超過兩年才還本的就拒絕。

表 9.1 說明五個不同專案的現金流量。第 0 年的現金流量代表投資的成本。我們使用這些投資案來說明還本期間法的可能問題。

投資案 A 的還本期間很容易計算。前兩年的現金流量總和為 $70，還剩 $100－70＝$30 未還。因第三年的現金流量為 $50，所以還本期間發生在第三年當中，即 $30/50＝0.6 年；所以，還本期間為 2.6 年。

投資案 B 的還本期間也很容易計算：它永遠沒辦法還本，因為現金流量加起來永遠小於原始投入的成本。投資案 C 的還本期間正好是四年，因為它第四年的現金流量為 $130，而投資案 B 則無。投資案 D 有點奇怪，因為第三年為負現金

表 9.1　投資案 A 至投資案 E 的預期現金流量

年	A	B	C	D	E
0	－$100	－$200	－$200	－$200	－$　　50
1	30	40	40	100	100
2	40	20	20	100	－50,000,000
3	50	10	10	－200	
4	60		130	200	

流量，你可以很容易地發現它有兩個不同的還本期間：兩年和四年。哪一個才是正確的呢？還本期間法則並不保證只有一個答案。最後，投資案 E 很明顯地不切實際，但是它卻只需要六個月就還本，說明了快速還本未必是好投資。

解　析

和 NPV 法則比起來，還本期間法則有一些嚴重的缺點。第一，還本期間是直接加總未來的現金流量，沒有考慮折現，所以忽略了貨幣的時間價值。同時，還本期間法則也沒有考慮到風險的差異。高風險和低風險的投資案都用同樣的方法計算還本期間。

也許還本期間法則的最大問題在於如何挑選抉擇期間（cutoff period），因為沒有客觀的方法可供決定一個期限。換言之，沒有任何經濟理論是以探討還本期限為其首要目標，所以沒有任何指引可供用來選擇一個取捨期限。結果，最終我們只是武斷地挑選一個比較期限。

假設我們已經選定了一個合適的還本期間，例如，兩年或少於兩年。還本期間法則忽視前兩年的貨幣時間價值。更嚴重的是，第二年以後的現金流量完全被忽略了。為了說明這點，表 9.2 列出兩個投資案：投資案 Long 和投資案 Short。這兩個投資案的成本都是 $250。Long 的還本期間為 2＋($50/100)＝2.5 年，Short 的還本期間為 1＋($150/200)＝1.75 年。因為取捨期限為兩年，所以應該接受 Short，拒絕 Long。

還本期間法則是否作了正確的決策？或許不是。假設這類型投資案的應有報酬率為 15%，則這兩個投資案的 NPV 分別為：

NPV（Short）＝－$250＋(100/1.15)＋(200/1.15^2)＝－$11.81

NPV（Long）＝－$250＋(100×{[1－(1/1.15^4)]/0.15})＝$35.50

問題顯現了：Short 的 NPV 是負的，這意味著該投資案將降低股東權益的價值；而 Long 的 NPV 是正的，將會增加股票的價值。

表 9.2　投資案的預測現金流量

年	Long	Short
0	－$250	－$250
1	100	100
2	100	200
3	100	0
4	100	0

這個例子說明了還本期間法則的兩個主要缺點：第一，忽略時間的價值，這可能誤導接受價值小於成本的投資案（像 Short）；第二，忽略抉擇點以後的現金流量，這可能導致拒絕有利的投資案（像 Long）。一般而言，使用還本期間法則將傾向於挑選投資期限較短的投資案。

補償性優點

即使有這些缺點，還本期間法則仍經常被大公司用來決定小型投資案的投資決策。這背後的主要理由是，許多投資案根本不值得做太詳細的分析。因為進行分析的相關成本遠大於決策錯誤的損失。從實務的觀點來看，如果一項投資可以很快還本，且在抉擇點之後還有獲利，則它的 NPV 通常會是正的。

大機構每天要決定數以百計的小型投資案。這些投資案決策是散佈在各管理階層的。所以，對於投資金額少於 $10,000 的投資案，公司通常只要求兩年以內的還本期間。而較大的投資就需要較仔細地審查。雖然兩年還本期間的要求並非完美，但是它確實對支出有控管的能力，也因此降低了可能的損失。

除了簡單易懂外，還本期間法則尚有兩個優點。第一，因為它傾向於選擇短期投資，所以也提高了資金運用的流動性。換句話說，還本期間法則傾向選擇那些可以很快地回收資金轉供他用的投資案上。這點對小公司而言，可能非常重要；對大公司而言，由於資金充裕，可能較不重要。第二，在投資後期預期收到的現金流量的不確定性較高。所以，還本期間法則考慮了後期現金流量的較高風險，只不過它的作法比較極端，也就是完全摒除了後期現金流量。

應該注意的是，還本期間法則簡單易懂的優點是一種假象。因為我們還是得先估計現金流量，而這是不簡單的。因此，比較持平的說法是，還本期間法則的概念較直覺且易懂。

匯 總

總而言之，還本期間是一種「損益平衡分析」的衡量指標。因為忽略了時間價值，所以還本期間可視為達到會計上損益兩平點所需的時間。而不是經濟上損益兩平點的時間。還本期間法則的最大缺點在於沒有抓住問題，這裡攸關的是投資案對股票價值的影響，而不是回收資金所需的時間。

然而，因為還本期間法則很簡單，公司經常用它來篩選無數的小型投資案。這種作法並沒有錯。如同其他簡單的經驗法則一樣，難免有時會有錯誤出現，但是如果還本期限法則一無是處，就不可能一直使用至今。既然了解了這個法則，你就會對那些可能引起問題的情況有所警覺。為了幫助理解，還本期間法則的優

缺點整理如下表：

還本期間法則的優點和缺點	
優點	缺點
1. 容易了解。 2. 調整後期現金流量的不確定性。 3. 傾向於高流動性。	1. 忽視貨幣的時間價值。 2. 需要一個武斷的抉擇點。 3. 忽視抉擇點後的現金流量。 4. 傾向於拒絕長期投資案，例如研究發展和新專案。

觀念問題

9.2a 以文字解釋何謂還本期間？何謂還本期間法則？
9.2b 為什麼還本期間是一種會計上損益兩平點的衡量指標？

9.3 折現還本期間法則

還本期間法則的缺點之一是忽略了時間的價值，而折現還本期間就是在解決這個問題，所以折現還本期間法可謂是還本期間法則的一種變化。折現還本期間（discounted payback period）是指折現現金流量的總和等於期初投資所需的時間。所以折現還本期間法則（discounted payback rule）是：

> 根據折現還本期間法則，如果一項投資的折現還本期間低於某個預先設定的年數，就接受該項投資案。

為了了解如何計算折現還本期間，假設我們對新投資要求 12.5% 的報酬率。目前有一項投資，其成本為 $300，未來五年每年現金流量是 $100。要得到折現還本期間就必須對每一筆現金流量以 12.5% 折現，然後再加總起來，如表 9.3 所示，列出折現和未折現的現金流量。從累積現金流量可以發現，一般的還本期間剛好是三年（你可以找到第三年的累積現金流量）。折現現金流量則是四年後才累積到 $300，而從折現還本期間來看，則需要四年。[1]

---

[1] 在這個例子中，折現還本期間是偶數年，當然，這種情形很少出現。然而，計算非整數年的折現還本期間比一般還本期間更複雜，所以一般很少計算非整數年的折現還本期間。

表 9.3　一般還本和折現還本

年	現金流量 未折現	現金流量 折現	累積現金流量 未折現	累積現金流量 折現
1	$100	$89	$100	$ 89
2	100	79	200	168
3	100	70	300	238
4	100	62	400	300
5	100	55	500	355

我們要如何解釋折現還本期間呢？一般還本期間是指達到會計上損益兩平點所需的時間。由於考慮了貨幣的時間價值，所以折現還本期間是達到財務上或經濟上的損益兩平點所需的時間。大致而言，在這個例子裡，我們可以在四年的時間內拿回本金和利息。

圖 9.3 畫出當折現率為 12.5% 時，$300 投資的終值和每年 $100 年金的終值。這兩條線正好在四年的地方相交。這告訴了我們，這個專案的現金流量在第四年時達到平衡，之後就超過原始投資。

表 9.3 和圖 9.3 說明了折現還本期間另外一個有趣的特性。在折現的基礎下，如果一個投資案可以還本，那麼它的 NPV 必定為正。[2] 根據定義這是對的，因為當折現現金流量總和等於其投資成本時，NPV 就是零。例如，表 9.3 中的所有現金流量現值為 $355，此投資案的成本為 $300，所以 NPV 為 $55。這 $55 就是在折現還本後的現金流量所創造的價值（見表 9.3 的最後一行）。一般而言，假如我們使用折現還本期間法則，只要估計的 NPV 是負的，就不會進行投資。

根據這個例子，折現還本期間法則好像比較好。但是，為什麼實務上很少採用這個法則？也許因為它比 NPV 法還來得複雜。要計算折現還本期間，必須把現金流量折現、加總，並和成本比較。這樣就和在算 NPV 時一樣。所以不像一般還本期間，折現還本期間的計算並不是很簡單。

折現還本期間法則有兩個重大的缺點。最大的缺點是抉擇點仍是任意選定的，且在抉擇點之後的現金流量都被忽略了。[3] 所以，一個正 NPV 的專案可能因

---

[2] 這個論點假設期初以後的現金流量都是正的，假如不是，則這些論點未必是正確的。另外，可能出現一個以上的折現還本期間。

[3] 假如抉擇年限可以設定為無窮期間，則折現還本期間法則就與 NPV 法則相同，也會與後面章節的獲利指數法則相同。

終值（$）

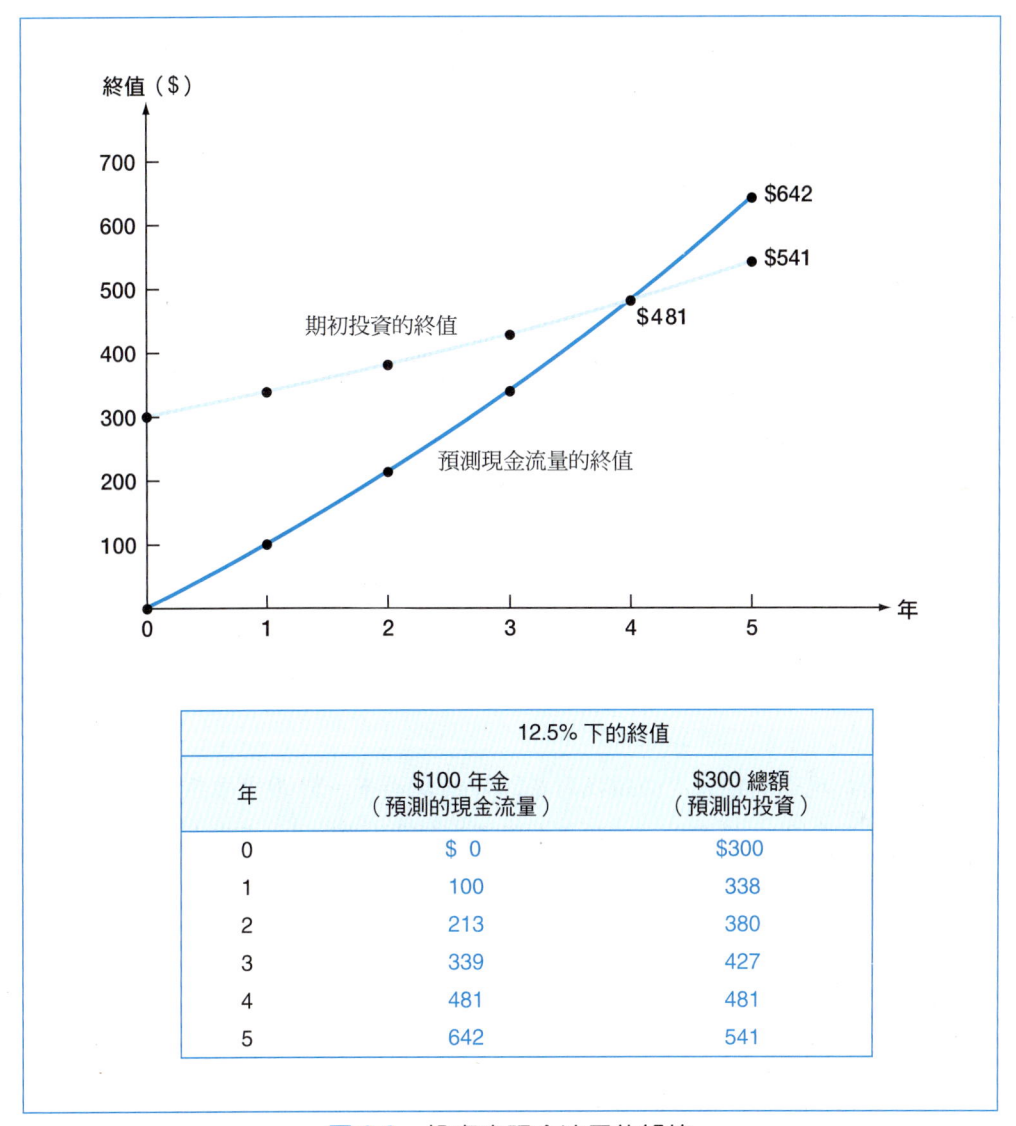

	12.5% 下的終值	
年	$100 年金 （預測的現金流量）	$300 總額 （預測的投資）
0	$ 0	$300
1	100	338
2	213	380
3	339	427
4	481	481
5	642	541

圖 9.3　投資案現金流量的終值

為抉擇點設定太短，而被拒絕。而且，一個投資案的折現還本期間較短，並不代表它的 NPV 就較大。

總之，折現還本期間法則是一般還本期間法則和 NPV 法則的一種折衷，它不如前者簡便，也不如後者嚴謹。然而，如果必須評估一項投資還本所需的時間時，折現還本期間還是比一般還本期間好，因為它考慮了時間價值。換言之，折現還本期間考慮了把資金投資在別的地方所應得的報酬。折現還本期間法則的優缺點匯整如下表：

折現還本期間法則的優點和缺點	
優點	缺點
1. 考慮了貨幣的時間價值。	1. 可能拒絕 NPV 為正的投資。
2. 容易了解。	2. 需要一個武斷的抉擇點。
3. 不會接受 NPV 為負的投資。	3. 忽略抉擇點後的現金流量。
4. 偏向於高流動性。	4. 偏向於拒絕長期專案，像研究發展和新專案。

範例 9.3　計算折現還本期間

一項投資案的投入成本為 $400，可以無限期地每年回收 $100。這項投資案的折現率為 20%。請問，一般還本期間是多久？折現還本期間是多久？NPV 是多少？

本題的 NPV 和一般還本期間很容易求得。因為該投資方案為永續年金，現金流量的現值為 $100/0.2＝$500，所以 NPV 為 $500－400＝$100，一般還本期間為四年。

要得到折現還本期間，必須找到在 20% 折現率下，$100 永續年金的現值在何時會累積到 $400。換言之，現值年金因子為 $400/100＝4，每期利率為 20%，期數應是多少呢？答案是比九年稍微少一點，這就是折現還本期間。

觀念問題

9.3a　敘述何謂折現還本期間。為何折現還本期間是財務上或經濟上損益兩平點的衡量值？
9.3b　折現還本期間優於一般還本期間的地方？

9.4　平均會計報酬率法則

另一個受歡迎但仍有缺點的資本預算決策法則是平均會計報酬率（average accounting return, AAR）法。AAR 有各種不同的定義，但不管是哪一種定義，AAR 均可定義如下：

$$\frac{\text{平均會計利潤指標}}{\text{平均會計價值指標}}$$

我們將採用下列的定義：

$$\frac{\text{平均淨利}}{\text{平均帳面價值}}$$

為了說明如何計算這個數值，假設我們正要決定是否在新的購物中心設立分店。該店的投資成本為 $500,000，使用期限為五年。因為五年後，店面要歸還給購物中心。投資成本將在五年內以直線法 100% 攤提折舊。所以，每年的折舊費用為 $500,000/5＝$100,000，稅率為 25%。表 9.4 中為預估的收入和費用。表中同時也列出了每年的淨利。

期初的投資面值為 $500,000（最初成本），期末為 $0，因此投資期間內的平均帳面價值為 ($500,000＋0)/2＝$250,000。只要使用直線法折舊，平均投資成本一定是原始投資成本的一半。[4]

由表 9.4 可知，第一年的淨利為 $100,000，第二年為 $150,000，第三年為

表 9.4　預估的收入、成本和平均會計報酬

	第 1 年	第 2 年	第 3 年	第 4 年	第 5 年
收入	$433,333	$450,000	$266,667	$200,000	$133,333
費用	200,000	150,000	100,000	100,000	100,000
折舊前盈餘	$233,333	$300,000	$166,667	$100,000	$ 33,333
折舊	100,000	100,000	100,000	100,000	100,000
稅前盈餘	$133,333	$200,000	$ 66,667	$ 0	－$ 66,667
稅（25%）	33,333	50,000	16,667	0	－　16,667
淨利	$100,000	$150,000	$ 50,000	$ 0	－$ 50,000

$$\text{平均淨利} = \frac{\$10,000 + 150,000 + 50,000 + 0 - 50,000}{5} = \$50,000$$

$$\text{平均帳面價值} = \frac{\$500,000 + 0}{2} = \$250,000$$

---

[4] 當然，我們可以直接算出這六個帳面價值的平均值，在千美元單位下，我們求得 ($500＋400＋300＋200＋100＋0)/6＝$250。

$50,000，第四年為 $0，最後一年為 $-$50,000。因此，平均淨利為：

$$[\$100,000+150,000+50,000+0+(-50,000)]/5=\$50,000$$

平均會計報酬為：

$$AAR=\frac{平均淨利}{平均帳面價值}=\frac{\$50,000}{\$250,000}=20\%$$

假如公司的目標 AAR 小於 20%，則會接受這項投資，反之則否。因此，平均會計報酬率法則（average accounting return rule）為：

> 根據平均會計報酬率法則，假如一項專案的平均會計報酬率大於目標平均會計報酬率，就可接受該專案。

使用平均會計報酬率亦會遇到一些問題，說明如下。

你應該很容易看出 AAR 的主要缺點，從經濟的觀點來看，AAR 不是一個有意義的報酬率。它只是兩個會計數字的比率，無法和金融市場上所提供的報酬率作比較。[5]

AAR 不是真實的報酬率，理由之一是它忽略了貨幣的時間價值。當我們把不同時點的數字加以平均時，相當於將較近的現金流量和較遠的現金流量作同等的看待。例如，計算平均淨利時並沒有考慮到折現。

AAR 的第二個問題和還本期間法類似，它也缺乏一個客觀的抉擇點。因為所求得的 AAR 無法和市場報酬作比較，所以必須決定一個目標 AAR。但目標 AAR 的決定，則沒有一致的看法。方法之一是計算整個公司的 AAR 作為比較標準，但是仍有許多其他方法可供採用。

AAR 的第三個也是最嚴重的問題是，AAR 計算所使用的資料是淨利和帳面價值，而不是相對的現金流量和市價。所以，AAR 無法顯示出一項投資對股價的影響，也就沒辦法回答我們想知道的答案。

那麼 AAR 有何優點嗎？有！你一定可以求得 AAR，因為一個投資案或是整個公司的會計資料總是會保存下來。另外要說明一個事實，就是有了會計資料，我們就有辦法將會計資料轉換成現金流量的資料。AAR 的優缺點匯整如下：

---

[5] AAR 與第 3 章的資產報酬（ROA）有密切關係。實務上，先計算各年度的 ROA，然後再取這些 ROA 的平均值作為 AAR，這樣的 AAR 類似但不同於本章內的 AAR 數值。

平均會計報酬率法則的優點和缺點	
優點	缺點
1. 容易計算。 2. 所需資料通常都可以取得。	1. 並非真正的報酬率，忽略貨幣的時間價值。 2. 使用隨意的報酬率作為比較標準。 3. 使用會計（帳面）價值，而非現金流量和市價。

觀念問題

9.4a 何謂平均會計報酬率（AAR）？

9.4b AAR 法則有何缺點？

9.5 內部報酬率法則

接下來，我們討論 NPV 法則的最重要替代法則，內部報酬率法（internal rate of return），就是所謂的 IRR。IRR 和 NPV 關係密切。IRR 法則就是找出一個能總結專案價值的報酬率。我們稱它為「內部的」報酬率，因為這個報酬率只取決於該投資的現金流量，而不受外在報酬率資料的影響。

為了說明 IRR 背後的觀念，有一項投資案的成本 $100，一年後回收 $110。假設你被問到「這項投資的報酬率是多少？」你會怎麼回答？很明顯地，你回答的報酬率是 10%。因為每投入 $1，回收 $1.10。事實上，10% 就是這項投資的內部報酬率（IRR）。

IRR 為 10% 的投資案是項好投資嗎？同樣地，如果我們所要求的報酬率低於 10%，這就是一項好投資。因此 IRR 法則可以定義如下：

> 根據 IRR 法則，如果一項投資的 IRR 超過所要求的報酬率，就接受該投資案；否則就拒絕。

假設我們要計算這項簡單投資案的 NPV。在折現率為 R 之下，NPV 為：

$$NPV = -\$100 + [110/(1+R)]$$

現在假設我們不知道折現率，那麼這就是問題，但是問題是折現率多高時，我們就不會接受這項投資案？當 NPV 為零時，是否進行該投資對公司而言沒有任何

差別。換言之，當 NPV 等於零時，這項投資處於經濟上的損益兩平點，因為既不創造價值也不減少價值。要找出損益兩平點的折現率（break-even discount rate），我們可以令 NPV 為零，求解 R：

$$NPV = 0 = -\$100 + [110/(1+R)]$$
$$\$100 = \$110/(1+R)$$
$$1+R = \$110/100 = 1.1$$
$$R = 10\%$$

這裡的 10% 就是我們所稱這項投資的報酬率。上述的推導演算說明了一項投資案的內部報酬率就是 NPV 等於零時的折現率。這是個重要觀念，值得重述如下：

> 一項投資案的 IRR 就是使該投資案的 NPV 等於零的折現率。

IRR 就是 NPV 等於零時的折現率，這點很重要，因為它告訴了我們如何求算較複雜投資案的內部報酬率。單期投資的 IRR 很容易求得。然而，假設你所考慮的投資案的現金流量如圖 9.4 所示，投資成本為 $100，每年現金流量為 $60，共兩年，此時計算就比單期投資來得複雜。請問，這項投資的報酬是多少，你要怎麼回答呢？答案似乎不是很容易地算出。然而，我們可以令 NPV 為零，並求解下式中的折現率：

$$NPV = 0 = -\$100 + [60/(1+IRR)] + [60/(1+IRR)^2]$$

不幸的是，上式只能用手算或計算機以試誤法找出 IRR。這個問題類似於第 5 章中找出年金的未知報酬率，以及第 7 章中找出債券的到期收益率的問題。事實上，在那兩個問題中，我們也都是在找 IRR。

在這個例子中，現金流量是兩年期的 $60 年金。要求出未知的報酬率，我們可以嘗試許多不同的折現率，直到得到答案為止。如果我們以 0% 開始，很明顯地，NPV 為 $120－100＝$20。如果以 10% 代入，則 NPV 為：

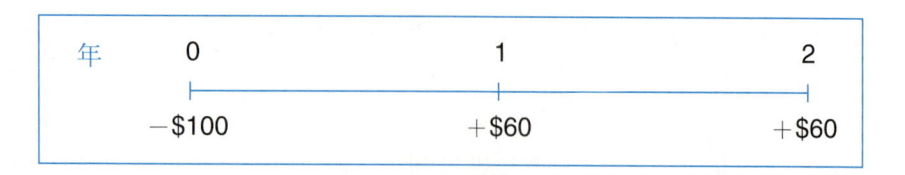

年	0	1	2
	－$100	＋$60	＋$60

圖 9.4　專案現金流量

表 9.5　不同折現率下的 NPV

折現率	NPV
0%	$20.00
5	11.56
10	4.13
15	−2.46
20	−8.33

$$NPV = -\$100 + (60/1.1) + (60/1.1^2) = \$4.13$$

則這次答案就更接近了。我們把一些其他的可能折現率列於表 9.5。從這些計算可以看到，NPV 為零的折現率介於 10% 至 15% 之間，所以 IRR 應落在這個範圍內。更進一步計算，就可求出 IRR 約為 13.1%。[6] 所以如果我們要求的報酬率小於 13.1%，則接受這個投資；如果要求報酬率大於 13.1%，則拒絕。

現在，你可能發現到 IRR 法和 NPV 法很類似。事實上，有時候 IRR 就稱為折現現金流量報酬（discounted cash flow），或是 DCF 報酬。透過表 9.5 可以簡單說明 NPV 和 IRR 間的關係。我們將不同的 NPV 列於縱軸，折現率列為橫軸。如果有非常多的點，就可以得到一條平滑曲線，稱為**淨現值曲線**（net present value profile）。圖 9.5 就是這個投資計畫的 NPV 曲線。當折現率為 0% 時，縱軸對應到 $20；當折現率增加時，NPV 平滑地遞減。這條曲線在哪裡通過橫軸呢？就是在 NPV 等於零，也就是在 IRR 為 13.1% 時。

在這個例子裡，NPV 法則和 IRR 法則會得到一致的投資決策。在 IRR 法則下，如果必要報酬率小於 13.1%，則接受該投資。然而，如圖 9.5 所示，當折現率小於 13.1% 時，NPV 為正，所以 NPV 法則也會接受此投資。對這個例子而言，這兩種方法是相同的。

範例 9.4　求算 IRR

某項專案初期投入的總成本為 $435.44，第一年的現金流量為 $100，第二年為 $200，第三年為 $300。請問，IRR 為多少？如果我們要求的報酬率是 18%，請問，是否應該進行這項投資？

---

[6] 在進一步求算（或使用個人電腦），我們可求得 IRR 大概是（到小數點後第九位）13.066238629%，並沒有人想算到這麼多位的小數點。

我們將描繪出 NPV 曲線，並計算不同折現率下的 NPV，以找出 IRR。從折現率 0% 開始，我們得到：

折現率	NPV
0%	$164.56
5%	100.36
10%	46.15
15%	0.00
20%	−39.61

折現率為 15% 時，NPV 為零，所以 IRR 是 15%。如果我們要求 18% 的報酬率，那麼不應該接受這項投資，因為 NPV 在 18% 下是負的（驗證一下 NPV 為 −$24.47）。根據 IRR 法則會獲致一樣的結論，不應該進行這項投資，因為內部報酬率 15% 小於所要求的必要報酬率 18%。

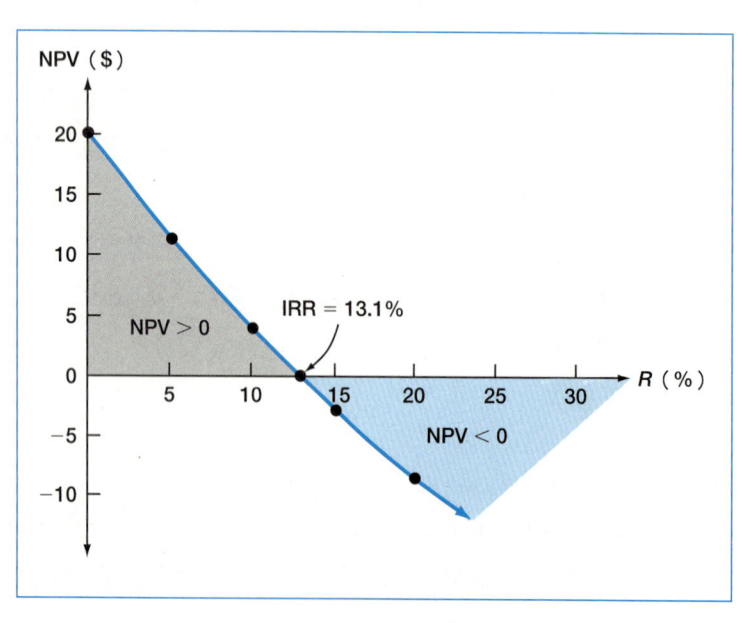

圖 9.5　NPV 曲線

第 9 章　淨現值與其他投資準則

策略試算表

用試算表計算 IRR

在試算表相當普及的今日，用手算或計算機來計算 IRR 特別顯得繁瑣，因各種財務用計算機的不同，要舉例說明計算 IRR 的方法，在操作程序上有太多的差異要說明，因此將重點放在試算表的使用，由下面的例子可看出試算表的應用是非常地容易。

	A	B	C	D	E	F	G	H
1								
2		使用試算表計算內部報酬率（IRR）						
3								
4		假設我們有一個為期四年的投資案，其成本為 $500，四年期間的現金流量分別為 $100、$200、$300 及 $400，則						
5		此投資案的內部報酬率是多少？						
6								
7			年		現金流量			
8			0		−$500			
9			1		100		IRR =	27.3%
10			2		200			
11			3		300			
12			4		400			
13								
14								
15		欄位 F9 中的公式是 =IRR(C8:C12)。注意！第 0 期的現金流量是負的，表示為此投資						
16		計畫期初的投入成本。						
17								

此時，你或許會猜想，IRR 和 NPV 法則是否會獲致相同的決策呢？只要下列兩個條件成立，答案就是肯定的。第一，專案的現金流量必須是一般傳統的狀況，也就是最初現金流量是負的，之後的現金流量都是正的。第二，專案必須是獨立的，意指這項專案是否被接受，不會影響其他專案接受與否的決策。第一個條件通常會成立，但是第二個條件就不見得了。只要其中任一條件不成立，就會有問題。接下來討論這方面的課題。

IRR 的問題

當現金流量並非一般傳統情況時，要比較兩個或多個投資案的優劣時，IRR 的問題就會浮現。第一個問題是：「各種投資案的報酬率是多少？」這個簡單的問題，就很難回答。第二個問題是：IRR 可能會是一個錯誤的決策參考指標。

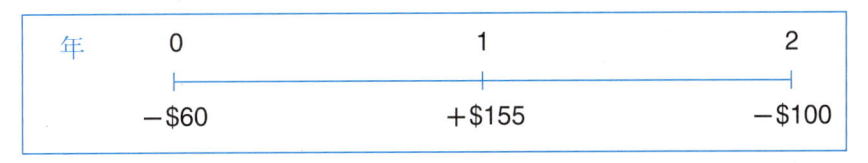

年	0	1	2
	−$60	+$155	−$100

圖 9.6　專案現金流量

非傳統型現金流量　假設有一項採礦計畫的期初投資為 $60。第一年的現金流量為 $155。第二年時，礦產採完後，必須花費 $100 重整礦區。如圖 9.6 所示，第一個和第三個的現金流量是負的。

我們可以計算不同折現率下的 NPV 以找出投資案的 IRR：

折現率	NPV
0%	−$5.00
10	−1.74
20	−0.28
30	0.06
40	−0.31

這裡的 NPV 變動似乎很特別。首先，折現率從 0% 增至 30% 時，NPV 由負轉為正。這好像是反常，因為折現率增加，NPV 卻增加。之後，NPV 又開始變小並轉為負。IRR 是多少？為了找出答案，圖 9.7 畫出 NPV 曲線。

在圖 9.7 中，當折現率等於 25% 時，NPV 等於零，所以 IRR 就是 25%。但是，這對嗎？當折現率為 33 1/3% 時，NPV 也是零！到底何者才是正確的呢？兩者都對，或是都錯。也就是說，沒有一個明確的答案。這是**多重報酬率**（multiple rates of return）的問題。許多財務電腦套裝軟體並未正視此問題，很多軟體只列示第一個找到的 IRR，或只顯示最小的正 IRR，即使這個答案不是最好的。

在這個例子裡，IRR 法則完全失效。若所要求的報酬率為 10%，我們應該投資嗎？這兩個 IRR 都大於 10%，所以根據 IRR 法則，也許應該投資。然而，如圖 9.7 所示，折現率小於 25% 時，NPV 是負的，所以這不是一項好投資。那什麼時候才應該投資這個專案呢？再看一下圖 9.7，只有所要求的報酬率介於 25% 至 33 1/3% 時，NPV 才是正的。

非一般傳統的現金流量發生在各種不同的狀況，例如位在康乃迪克州的核能電廠——Northeast Utilities 公司，在 1995 年 11 月暫停運轉三座核子反應爐，當時預計 1997 年 1 月恢復運轉。根據估計，暫停運轉的成本約需 $3 億 3 千 4 百萬。事實上，所有的核子反應爐終必停止運轉，而停轉一座核電廠的成本是浩大的，在計畫末期會產生負的現金流量。

這個故事的涵義是，當現金流量不是一般傳統狀況時，IRR 就會發生一些奇怪的狀況。然而，不必氣餒，因為 NPV 法則可以得到正確的答案。這說明了「投資案的報酬率是多少？」這樣的問題，並不一定能得到決策所需的答案。

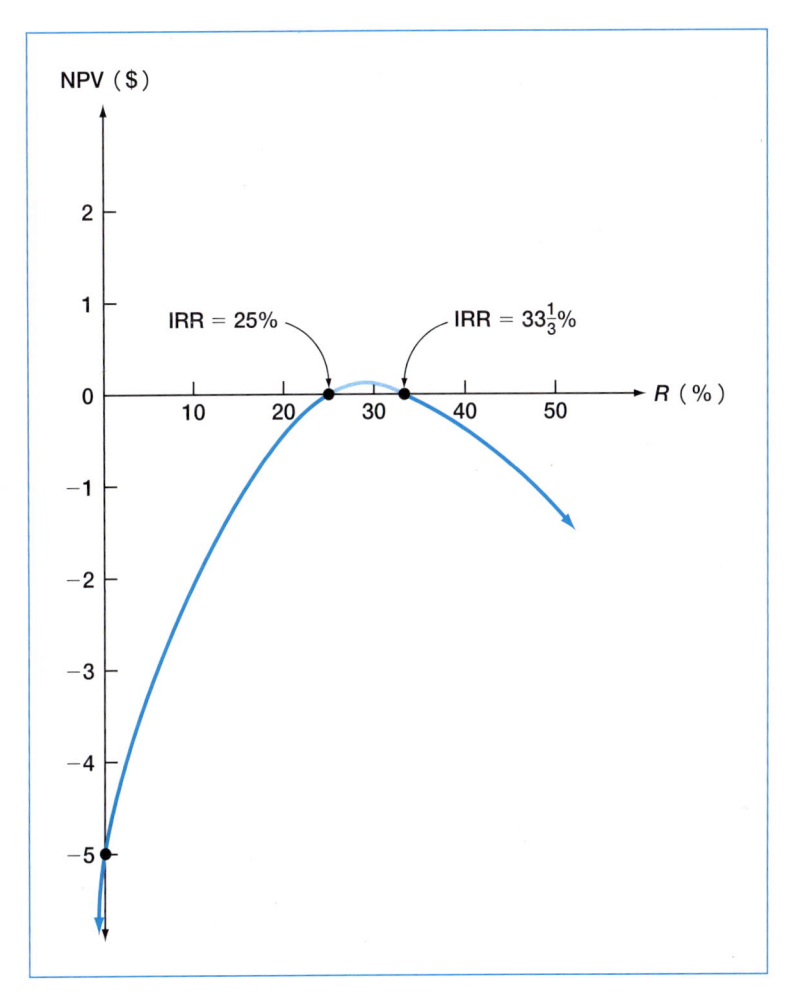

圖 9.7　NPV 曲線

範例 9.5　IRR 是多少？

你正在分析一項投資案，其期初成本為 $51。一年後你將得到 $100，但是兩年後你必須付出 $50。這項投資案的 IRR 是多少？

現在，你已察覺到這並不是一般傳統現金流量的問題。所以如果發現超過一個 IRR，也不要訝異。然而，如果使用試誤法來找 IRR，你可要花一段相當長的時間，因為根本就沒有 IRR。在任何折現率下，NPV 都是負的。因此，無論在任何情況下，都不應該進行這項投資。

範例 9.6　想一下就知道將有多少個 IRR

我們已經知道，有時候 IRR 會超過一個。如果你想要確定是否已經找到所有的 IRR，要怎麼做呢？答案就來自於偉大的數學家、哲學家及財務分析家笛卡兒（以「我思，故我在」出名）。笛卡兒的符號法則說明了，IRR 的最多可能個數就等於現金流量由正變負，和由負變正的次數。[7]

在前面 IRR 為 25% 和 33 1/3% 的例子裡，還有其他的 IRR 存在嗎？現金流量由正變成負，然後再變回正，總共變了兩次符號。所以根據笛卡兒法則知道，IRR 最多兩個，我們不需要再找其他的 IRR 了。請注意，實際的 IRR 個數可能少於笛卡兒法則的最多可能的個數（見範例 9.5）。

互斥專案　即使只有一個 IRR，也可能會產生另外一個**互斥投資決策**（mutually exclusive investment decisions）的問題。如果 X 和 Y 是兩個互斥的投資案，那麼選擇其中一個，就不能選另外一個。如果兩個投資不是互斥的，它們就是個別獨立的。例如，如果有一塊位在街角的地，不是用來蓋加油站，就是蓋公寓，但不能兩樣都蓋，所以它們是互斥的。

到目前為止，我們的問題皆是針對一項已知的投資進行評估是否值得進行。可是，另外一個常見的相關問題是兩個或更多個互斥的投資中，哪一個最好呢？答案很簡單，NPV 最大的就是最好的。可是，我們是否也可以說，報酬率最高就是最好的呢？答案是「不」！

為了說明 IRR 法則與互斥投資的關係，考慮下列兩個互斥投資的現金流量。

年	投資 A	投資 B
0	−$100	−$100
1	50	20
2	40	40
3	40	50
4	30	60

投資 A 的 IRR 是 24%，投資 B 的 IRR 是 21%。因為這兩個投資是互斥的，所

---

[7] 更精確一點，IRR 大於 −100% 的個數等於符號改變的次數，或者 IRR 的個數與符號改變次數的差異是個偶數數目；例如，若符號改變的次數為 5，則 IRR 的個數可能為 5、3 或 1；如果符號改變的次數是 2，則 IRR 個數為 2 或零。

以我們只能選擇其中之一。直覺告訴我們，投資 A 較佳，因為它的報酬較高。但不幸的是，直覺並非總是正確的。

為了解為什麼投資 A 未必是這兩個互斥投資中較好的，我們分別計算了這兩個投資在不同折現率下的 NPV：

折現率	NPV（A）	NPV（B）
0%	$60.00	$70.00
5	43.13	47.88
10	29.06	29.79
15	17.18	14.82
20	7.06	2.31
25	−1.63	−8.22

投資 A 的 IRR（24%）比投資 B 的 IRR（21%）高。然而，如果比較兩者的 NPV，哪個投資案的 NPV 較高會隨著折現率的大小改變？投資 B 的總現金流量較大，但是回收較晚，所以在較低的折現率下，投資 B 的 NPV 較大。

在這個例子裡，NPV 和 IRR 對投資案的排序，在某些折現率下是互相矛盾的。例如，若必要報酬率為 10%，投資 B 的 NPV 較高，是兩者中較好的，即使投資 A 的內部報酬率較高。然而，若必要報酬率為 15%，那麼 IRR 和 NPV 就沒有衝突，都是投資 A 較佳。

IRR 和 NPV 在互斥投資中的衝突可以用圖 9.8 的 NPV 曲線來說明。在圖 9.8 中，兩條 NPV 曲線相交於 11%。同時在折現率小於 11% 時，投資 B 的 NPV 較高。在這個範圍中，即使投資 A 的 IRR 較高，進行投資 B 仍比進行投資 A 更有利。在折現率大於 11% 時，則投資 A 有較大的 NPV。

這個例子說明，當遇到互斥專案時，不可以用內部報酬率作為評定的標準。一般而言，當我們比較哪個投資較佳時，IRR 可能會造成誤導。我們必須看相對的 NPV，以避免錯誤的決策。記住，我們的目標是要為股東創造價值，所以無論投資案相對報酬率如何，應選擇 NPV 較高的投資案。

如果這似乎違反直覺，請這樣想吧！假設你有兩個投資案，一個的報酬率為 10%，可以使你立即賺得 $100；另一個報酬率則是 20%，可以使你立即賺得 $50。你比較喜歡哪一個？無論報酬率是多少，我們都會選擇前者，因為我們比較喜歡 $100，而不是 $50。

NPV ($)

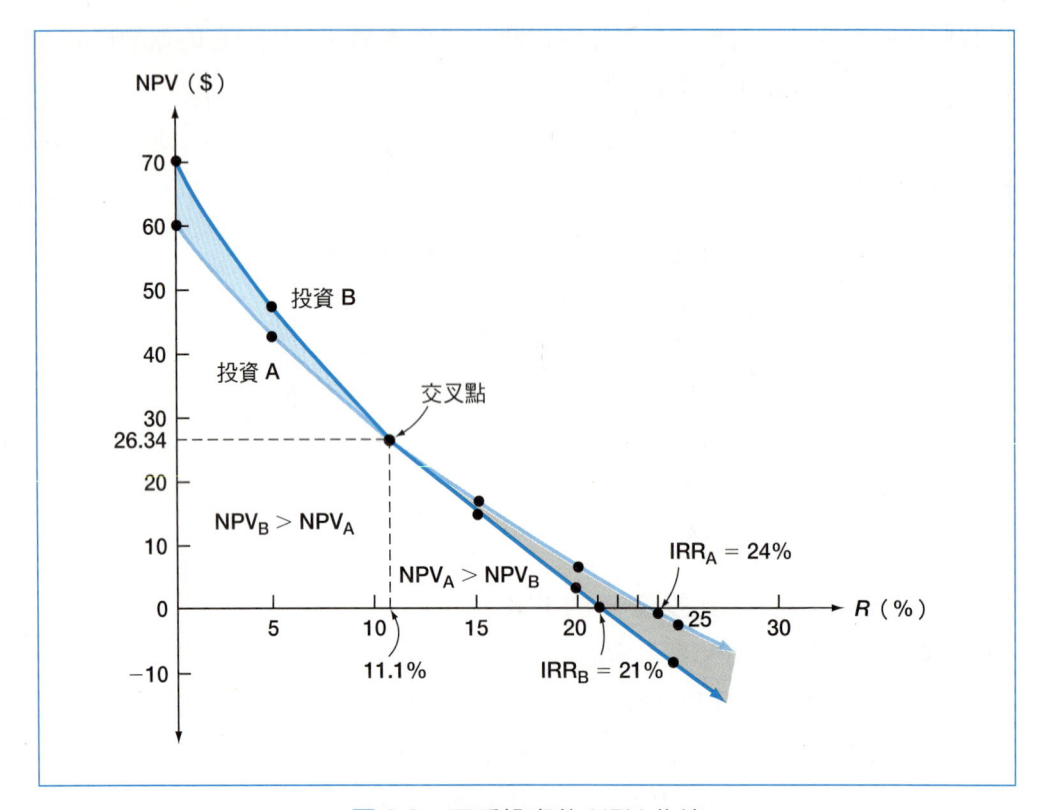

70
60
50 ● 投資 B
40 ● 投資 A
30
26.34
20 NPV_B > NPV_A
10   NPV_A > NPV_B   IRR_A = 24%
 0   5   10 15   20   25   30   R (%)
      11.1%   IRR_B = 21%
-10

圖 9.8　互斥投資的 NPV 曲線

範例 9.7　計算交叉報酬率

在圖 9.8 中，NPV 曲線相交在 11%。我們如何求算這個交叉點呢？所謂的交叉報酬率（crossover rate）就是使兩個投資案的 NPV 相等時的折現率。下列是兩個互斥的投資案：

年	投資 A	投資 B
0	−$400	−$500
1	250	320
2	280	340

交叉報酬率是多少呢？

要找出交叉報酬率，首先考慮以投資 B 來替代投資 A。假如做這樣的替代，將必須投資額外的 $100（=$500−400）。從這 $100 的投資中，你可以在第一

年得到額外的 $70（=$320－250），第二年得到額外的 $60（=$340－280）。這樣的替代是明智之舉嗎？換言之，值得投資這額外的 $100 嗎？

根據上面的討論，這項替代的 NPV 是 NPV(B－A)：

$$NPV(B-A) = -\$100 + [70/(1+R)] + [60/(1+R)^2]$$

令 NPV 等於零，並求解 IRR，就可以得到這項投資的報酬：

$$NPV(B-A) = 0 = -\$100 + [70/(1+R)] + [60/(1+R)^2]$$

IRR 正好是 20%。這告訴我們，折現率為 20% 時，這兩個投資對我們來說都一樣，因為現金流量差值的 NPV 為零。因此，這兩個投資的價值相同，這 20% 稱為交叉報酬率。我們可以驗算在 20% 下，兩個投資的 NPV 都是 $2.78。

基本上，先求出現金流量的差值，再計算差值的 IRR，就可得到交叉報酬率。至於以哪一個減哪一個都無所謂。你也可以找出 (A－B) 的 IRR，答案是一樣的。實務上，你或許想找出圖 9.8 中的精準交叉報酬率（11.0704%）。

投資或融資 考慮下列兩個獨立投資案：

年	投資案 A	投資案 B
0	－$100	$100
1	130	－130

在投資案 A，公司先支出現金，在投資案 B，則先收入現金；雖然大部份投資案比較像投資案 A，但有時也會出現類似 B 的投資案。例如，某家公司要舉辦研討會，出席者必須預先支付註冊費用給公司，而研討會籌辦費用大部份發生在研討會當天，因此這項投資案的現金流入量發生在現金流出量之前。

假定上述這兩個投資案的應有報酬率都是 12%，根據 IRR 決策法則，我們要接受哪個投資案呢？你求算投資案的 IRR，發現兩者都是 30%。

依照 IRR 決策法則，兩個投資案都可進行，但是若以 12% 折現率，求算投資案 B 的淨現值，我們得到下列結果：

$$\$100 - \frac{\$130}{1.12} = -\$16.07$$

在這種情況下，淨現值決策法則與 IRR 決策法則產生衝突，為了明白背後原因，

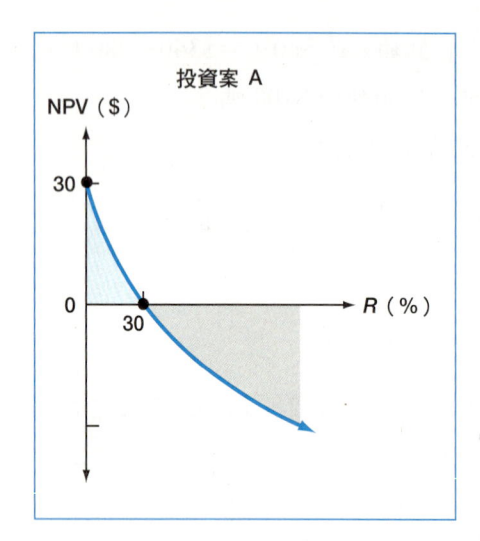

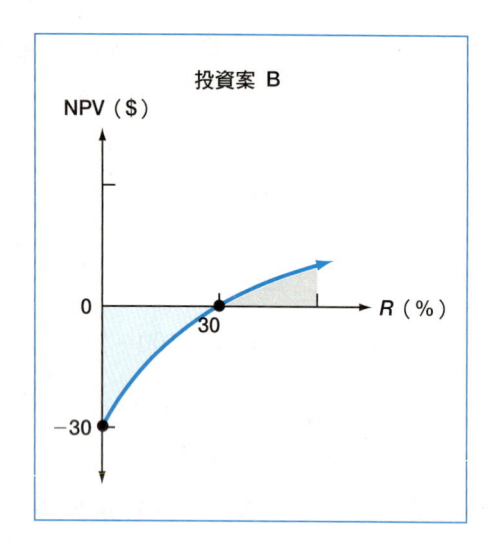

圖 9.9　投資案與融資案的 NPV 曲線

我們畫出這兩個投資案的 NPV 曲線，如圖 9.9 所示。投資案 B 的 NPV 曲線是向上傾斜，所以若應有報酬率大於 30% 時，就應該接受投資案。

當專案具有類似投資案 B 的現金流量型態時，IRR 是這個專案的融資成本費率，而不是回收報酬率。因為這個原因，我們稱投資案 B 擁有融資型態的現金流量，而投資案 A 擁有投資型態的現金流量。只有當 IRR 低於你所要求的報酬率時，你才應該進行具有融資型態的現金流量之專案。

補償性優點

即使 IRR 有其缺點，但是在實務上 IRR 比 NPV 更廣為採用。因為 IRR 有 NPV 所缺乏的一點。在分析投資案時，一般人，尤其是財務分析師探討的重點在報酬率，而不是在總金額。

同樣地，IRR 也是一個簡便溝通投資案內容的方法。經理間的對話可能是「重新裝修辦公室的報酬率為 20%」，這要比「在 10% 的折現率下，NPV 為 $4,000」來得簡單且易懂。

最後，在某些情況下，IRR 有一勝於 NPV 的實際優點。除非折現率為已知，否則我們就無法估計 NPV。然而，我們仍可以估計 IRR。假設我們不知道一項投資應有的報酬率，但是我們發現它的內部報酬率是 40%，我們就會傾向於接受該投資，因為應有報酬率不太可能會這麼高。我們將 IRR 的優缺點匯整如下：

第 9 章　淨現值與其他投資準則

內部報酬率的優缺點	
優點	缺點
1. 和 NPV 密切相關，通常導致與 NPV 相同的決策。 2. 容易了解和溝通。	1. 可能導致多重解，或無法應用在非一般傳統現金流量實例上。 2. 在比較互斥投資時，可能導致錯誤的決策。

修正的內部報酬率（MIRR）

為了解決標準 IRR 決策法則可能遭遇的一些問題，常會建議使用修正的 IRR，下面將介紹求算修正的 IRR 或稱為 MIRR 的幾種不同方法，其基本概念都是先要修正專案的現金流量，再以修正後的現金流量，求算 IRR，就不會有多重 IRR 的問題。

為了進一步說明，回到圖 9.6 的現金流量：－$60、＋$155 及 －$100。正如我們所看到的，有兩個 IRR：25% 及 33 1/3%。接下來，我們會說明求算 MIRR 的三種方法，就解決了多重 IRR 的問題。

方法一：折現法　折現法的概念是先將所有負的現金流量折現成現值，之後加入期初的投資支出，再求算 IRR。由於修正的現金流量只在期初出現現金流出量（負的現金流量），所以只會有一個 IRR。而所使用的折現率可以是專案應有的報酬率，也可以是其他報酬率，但我們將使用應有的報酬率。

假如專案應有的報酬率是 20%，那麼修正的現金流量將呈現下面的型態：

第 0 期：$-\$60+\dfrac{-\$100}{1.20^2}=-\$129.44$

第 1 期：＋$155

第 2 期：＋$0

求算 MIRR，答案是 19.74%。

方法二：再投資法　再投資法是將第 1 期及之後的專案現金流量，複利成專案結束時的終值，然後再求算 IRR。換句話說，將專案的各期現金流量「再投資」至專案結束時點。利率可為專案的應有報酬率，或其他再投資報酬率，假如使用應有的報酬率來複利，修正的現金流量將呈現下列的型態：

第 0 期：－$60

第 1 期：＋$0

第 2 期：$-\$100+(155\times 1.2)=\$86$

求算 MIRR，答案是 19.72%，稍低於折現法的 MIRR。

方法三：綜合法　顧名思義，綜合法是結合上述兩種方法。負的現金流量先折現成現值，而正的現金流量則複利成專案結束當期的終值。可以使用不同的折現率或複利率，但我們仍然使用專案的應有報酬率。

在綜合法情況下，修正的現金流量將呈現下列的型態：

第 0 期：$-\$60+\dfrac{-\$100}{1.20^2}=-\$129.44$

第 1 期：$+0$

第 2 期：$\$155\times 1.2=\$186$

你算看看 MIRR 是否為 19.87%，是三者中最高的？

哪個比較好：MIRR 或 IRR？　MIRR 是備受爭議的數值，支持它的人認定 MIRR 比 IRR 好，就是這樣。例如，MIRR 不會碰上多重 IRR 的問題。

但另一方面，反對 MIRR 的人認為 MIRR 是個「沒有意義的 IRR 數值」（meaningless internal rate of return）。就以前述的例子作說明，有三種不同的方法可供求算 MIRR，但哪一種方法最好呢？我們不知道，雖然上述三個 MIRR 數值的差異很小，但在大型且複雜的專案上，差異可能很大。另外，我們也不知道該如何解讀 MIRR 這個數值，它看起來像一個報酬率數值，但是是依據修正的現金流量而來，並非依據專案原先的現金流量求得。

我們不願表明支持哪一派的看法，但是計算 MIRR 之前需要先折現或複利或兩者兼行。因此，先來省思一下下列兩個課題：第一，若有專案的應有報酬率，為何不直接就求算專案的 NPV？第二，若求算 MIRR 時，所使用的是另一折現率（或複利率），此時，你得到的 MIRR 並不是真正的「內部」報酬率，因為它不是依據專案原先的現金流量，所求得的報酬率。

但我們將針對專案的價值，採取下列的立場。專案的價值不會因公司運用專案而來的現金流量之方式，而有所不同。公司可以使用專案的現金流量去進行另一個專案，也可以用在現金股利發放上，或購入高階主管的座機。但這些都不會影響專案的價值，因此我們也就無須考慮，在專案進行期間時所產生現金流量的再投資之課題，也就是不用尋找另一個報酬率，以求算 MIRR。

觀念問題

9.5a 在哪些情況下，IRR 和 NPV 會有相同的決策？在什麼情況下可能會有衝突？

9.5b IRR 優於 NPV 之處是使用 IRR 法則時不需要知道應有報酬率，對嗎？

9.6 獲利指數法則

另一種評估專案的方法稱為獲利指數法（profitability index, PI），也稱為利益/成本比率（benefit/cost ratio），此法則定義為未來現金流量的現值除以期初投資。所以如果一個專案的成本為 $200，未來現金流量的現值為 $220，則獲利指數為 $220/200＝1.1。請注意，這個投資的 NPV 為 $20，所以值得投資。

如果一項投資的 NPV 是正的，則其未來現金流量的現值，必大於其期初的投資。所以 NPV 為正的投資其獲利指數一定會大於 1，NPV 為負的投資其獲利指數一定會小於 1。

要如何解釋獲利指數呢？在這個例子中，獲利指數是 1.1，說明了每投資 $1 就會得到 $1.10 的價值，也就是得到 $0.10 的 NPV。所以，獲利指數衡量了每 $1 投資所創造的價值。因此，它經常被用來衡量政府或其他非營利投資的績效。而且當資金稀少時，將資源分配給 PI 最高的投資案也是合理的。在後面的章節中，我們會再回到這個課題。

顯而易見地，獲利指數和 NPV 很相像。然而，考慮一項成本 $5，淨現值 $10 的投資；和另一項成本 $100，淨現值 $150 的投資。第一個投資的 NPV 是 $5，PI 是 2；第二個的 NPV 是 $50，PI 是 1.5。如果這兩個是互斥投資，雖然第二個的 PI 較低，但是第二個投資仍優於第一個，因為第二個的 NPV 較高。這種排序問題和前一節 IRR 的排序問題類似。總而言之，似乎沒什麼理由可以 PI 代替 NPV。有關 PI 法的優缺點整理如下：

獲利指數的優缺點	
優點	缺點
1. 和 NPV 密切相關，經常和 NPV 有相同的決策。 2. 容易了解和溝通。 3. 當資金有限時，可能有助於投資案排序。	1. 在比較互斥投資時，可能導致錯誤的決策。

觀念問題

9.6a 獲利指數在衡量什麼？
9.6b 請敘述獲利指數法則的意義？

9.7 資本預算實務

既然 NPV 法似乎已直接給了我們想知道的答案，你可能會好奇為什麼還會有許多其他法則，而這些法則也被廣泛採用呢？請回想一下，我們試圖作投資決策，而且是在對未來不確定的情況下決策。在這種情境下，我們只估計投資案的一個 NPV。這個估計值可能非常「不牢靠」，也就是說，和實際的 NPV 可能相去甚遠。

因為真實的 NPV 是未知的，所以精明的財務經理必須尋找其他線索，以評估所估算的 NPV 是否可靠。因此，公司通常採用多種法則來評估一項提案。例如，假設我們有一項投資，其 NPV 估計值為正，根據以往其他專案的經驗，這項投資還本期間應較短，而且 AAR 也應相當高。在這個情況下，不同的指標似乎都很一致地接受這個投資案。換言之，還本期間法則以及 AAR 法都和 NPV 獲得一致的結論。

另一方面，假設有個估計的 NPV 值為正，但還本期間較長，且 AAR 較低。這可能仍是個好投資案，但必須更小心，因為我們得到的訊息並不一致。如果估計的 NPV 是不大可靠的話，則應該做進一步的分析。在下面兩章中，我們將詳細討論如何做進一步的分析。

大型公司的資本預算金額都相當龐大。例如，ExxonMobil 公司宣告 2011 年資本支出將達 $340 億，高於 2010 年的 $322 億；而在同時，它的競爭對手

Chevron 公司宣告 2011 年資本支出將達 $260 億，也高於 2010 年的 $216 億，全球各地石油公司 2011 年的資本支出將達 $4,900 億，高於 2010 年的 $4,420 億。Walmart 公司的資本預算金額也很龐大，2011 年的資本支出預算大約是介於 $130 億至 $140 億之間，而半導體公司 Intel 的 2011 年資本支出大約是 $55 億。

根據 2010 年美國商務部公佈的資料，2008 年整個美國經濟體的資本投資總額達 $1.375 兆，2007 年達到 $1.355 兆，2006 年達 $1.31 兆，這三年的加總超過 $3 兆。基於這麼大的資本支出金額，難怪成功的公司均追求精準的資本支出分析。

有很多的調查訪談了公司所使用的投資決策法則。表 9.6 匯總了這些調查結果。表 9.6 中的 A 部份是大公司所使用主要資本預算法則的比較。在 1959 年，只有 19% 的受訪公司使用 IRR 或 NPV，68% 的公司使用還本期間法則或 AAR

表 9.6　資本預算技巧的實務面

A. 主要資本預算法則使用之比較

	1959	1964	1970	1975	1977	1979	1981
還本期間	34%	24%	12%	15%	9%	10%	5.0%
平均會計報酬率（AAR）	34	30	26	10	25	14	10.7
內部報酬率（IRR）	19	38	57	37	54	60	65.3
淨現值（NPV）	—	—	—	26	10	14	16.5
IRR 或 NPV	19	38	57	63	64	74	81.8

B. CFO 總是或經常使用的資本預算法則——1999 年

資本預算法則	總是或經常使用的百分比	平均分數〔4（總是使用）至 0（從不使用）〕 全體公司	大型公司	小型公司
內部報酬率	76%	3.09	3.41	2.87
淨現值	75	3.08	3.42	2.83
還本期間法	57	2.53	2.25	2.72
折現還本期間法	29	1.56	1.55	1.58
平均會計報酬率	20	1.34	1.25	1.41
獲利指數法	12	0.83	0.75	0.88

資料來源：J. R. Graham and C. R. Harvey, "The Theory and Practice of Corporate Finance: Evidence from the Field," *Journal of Financial Economics*, May-June 2001, pp. 187-244; J. S. Moore and A. K. Reichert, "An Analysis of the Financial Management Techniques Currently Employed by Large U.S. Corporations," *Journal of Business Finance and Accounting*, Winter 1983, pp. 623-45; M. T. Stanley and S. R. Block, "A Survey of Multinational Capital Budgeting." *The Financial Review*, March 1984, pp. 36-51.

法則。但是，在 1980 年代，IRR 和 NPV 已經變成主要的法則。

表 9.6 中的 B 部份是 1999 年美國大、小型公司首席財務長（CFO）的訪談調查報告。表內的數字代表 392 位 CFO 中，使用各種資本預算法則的比例。在大型公司中，IRR 及 NPV 是經常使用的法則；然而，超過半數的 CFO 總是或經常使用還本期間法。事實上，在小型公司中，還本期間法則與 IRR 及 NPV 同受青睞。而折現還本期間法、平均會計報酬率及獲利指數法則較少被使用。表 9.7 是各種法則的摘要，供你參考。

觀念問題

9.7a 最常用的資本預算法則是什麼？
9.7b 既然 NPV 是資本預算中最好的評估方法，為何實務上還要使用多種衡量法則呢？

9.8　總　結

本章討論評估投資方案的各種準則。我們依序討論七個準則：

1. 淨現值法則（NPV）。
2. 還本期間法則。
3. 折現還本期間法則。
4. 平均會計報酬率法則（AAR）。
5. 內部報酬率法則（IRR）。
6. 修正的內部報酬率法則（MIRR）。
7. 獲利指數法則（PI）。

我們說明每一種準則的計算過程及其涵義，也說明各種準則的優缺點。好的資本預算準則必須回答下列兩個問題：第一，某項特定專案值得投資嗎？第二，如果我們擁有超過一項值得投資的計畫，而只能挑選其中一項，我們應該選哪一項？本章的重點在於，只有 NPV 準則可以正確地回答這兩個問題。

因此，NPV 是財務領域中幾個最重要的概念之一，在接下來幾章中還會經常提及。請牢記下面兩點：(1) NPV 就是一項資產或專案的市價和成本的差；(2) 財務經理為了使股東的利益極大化，必須找出並進行 NPV 為正的投

表 9.7　投資法則摘要

I. 折現現金流量準則

A. 淨現值（net present value, NPV）　一項投資的淨現值就是它的市價和成本的差額。根據 NPV 法則，如果 NPV 是正的，就接受該投資案。NPV 通常是由未來現金流量的現值，扣減成本後而得之。NPV 法則並沒有重大缺點，是較佳的決策準則。

B. 內部報酬率（internal rate of return, IRR）　IRR 就是使一項投資案的 NPV 等於零的折現率，有時也稱為折現現金流量報酬率（discounted cash flow (DCF) return）。根據 IRR 法則，如果專案的 IRR 超過必要報酬率，就接受。IRR 和 NPV 關係密切，而且就傳統型的獨立專案而言，IRR 的決策結果和 NPV 完全一樣。當專案現金流量是非傳統型時，可能會沒有 IRR，或是會有超過一個的 IRR。更嚴重的是，IRR 無法用來評估互斥專案；IRR 最高的專案未必是最好的投資案。

C. 修正的內部報酬率（modified internal rate of return, MIRR）　MIRR 是 IRR 的修正數值。專案的原始現金流量經由下列方法加以修正：(1)將負的現金流量折現成現值；(2)將正的現金流量複利成終值；或(3)結合(1)和(2)兩種方法。計算修正的現金流量之 IRR，就是 MIRR，不會出現多重 IRR 的問題，但是 MIRR 不易解釋，MIRR 並不是真正的「內部」報酬率，因為它是藉由另一個折現率或複利，所求得的報酬率。

D. 獲利指數（profitability index, PI）　PI 也稱為利益/成本比（benefit/cost ratio），是現值對成本的比例。根據 PI 法則，如果投資的獲利指數超過 1，就接受。PI 衡量每 $1 投資的現值。它和 NPV 相當類似，但是和 IRR 一樣，它無法用來評估互斥專案。可是當公司可融資的額度少於所有 NPV 為正的投資案金額時，PI 有時會被用來排序這些專案。

II. 還本準則

A. 還本期間（payback period）　還本期間是一項投資的現金流量總和等於它的成本所需的時間。根據還本期間法則，如果專案的還本期間低於某個抉擇點，就接受。還本期間是有缺陷的準則，因為它忽略風險、貨幣的時間價值和抉擇點之後的現金流量。

B. 折現還本期間（discounted payback period）　折現還本期間是一項投資的現金流量折現後總值等於它的成本所需的時間。根據折現還本期間法則，如果專案的折現還本期間低於某個抉擇點，就接受。折現還本期間亦有缺陷，主要是它忽視抉擇點之後的現金流量。

III. 會計準則

A. 平均會計報酬率（average accounting return, AAR）　AAR 是會計利潤相對於帳面價值的一種指標。AAR 和 IRR 沒有關聯。ARR 類似於第 3 章中所討論的資產報酬率（ROA）。根據 AAR 法則，如果一項投資的 AAR 超過某一比較標準，就接受。AAR 有許多缺點，因此一般並不採用。

資案。

最後，NPV 通常無法由市場上觀察到。相反地，它們只能估計。因為估計值有可能不精確，因此財務經理使用多重評估準則來評估專案。至於其他的評估準則，提供額外的資料以確認專案是否真的具有正的 NPV 值。

財務連線

假如你的課程有使用 Connect™ Finance 的話，請上線做個練習測驗（Practice Test），看一看學習輔助工具，及你需要哪些額外練習。

Chapter 9 Net Present Value and Other Investment Criteria			
9.1 Net Present Value	eBook	Study	Practice
9.2 The Payback Rule	eBook	Study	Practice
9.3 The Discounted Payback	eBook	Study	Practice
9.4 The Average Accounting Return	eBook	Study	Practice
9.5 The Internal Rate of Return	eBook	Study	Practice
9.6 The Profitability Index	eBook	Study	Practice
9.7 The Practice of Capital Budgeting	eBook	Study	Practice

你能回答下列問題嗎？

9.1 淨現值法則認為你應該接受一項事實，假如它的淨現值是_____。

9.2 還本期間法則的一項缺點是_____。

9.3 當折現率為正的時候，一項專案的折現還本期間會_____它的還本期間。

9.4 平均會計報酬率法則的一項優點是什麼？

9.5 某專案的內部報酬率是 10.6%，則下列的哪一個敘述是正確的？

9.6 何謂利益/成本比率？

9.7 依據課本內 1999 年的調查結果，首席財務長最少使用的是哪一種資本預算評估法則？

登入找找看吧！

自我測驗

9.1 投資準則 這個問題旨在實際練習計算 NPV 和還本期間。某項海外投資提案具有下列現金流量：

年	現金流量
0	−$200
1	50
2	60
3	70
4	200

計算在 10% 必要報酬率下的還本期間、折現還本期間和 NPV。

9.2 互斥投資 考慮下列兩個互斥投資。計算每個投資的 IRR 和交叉報酬率。在何種情況下，IRR 和 NPV 準則對這兩個專案的評估結果會不同？

年	投資 A	投資 B
0	−$75	−$75
1	20	60
2	40	50
3	70	15

9.3 平均會計報酬率 你正在審查一個三年期的專案，第一年預測淨利是 $2,000、第二年是 $4,000、第三年是 $6,000。專案的成本為 $12,000，將以直線法在三年期間內折舊至零。請問，平均會計報酬率（AAR）是多少？

自我測驗解答

9.1 下表列出現金流量、累積現金流量、折現現金流量（折現率為 10%）和累積折現現金流量：

年	現金流量 不折現	現金流量 折現	累積現金流量 不折現	累積現金流量 折現
1	$50	$ 45.45	$ 50	$ 45.45
2	60	49.59	110	95.04
3	70	52.59	180	147.63
4	200	136.60	380	284.23

期初投資是 $200，如果把它和累積未折現現金流量作比較，還本期間落在第三年和第四年之間。前三年的現金流量總共是 $180，尚不足 $20。第四年的總現金流量是 $200，所以還本期間是 3＋($20/200)＝3.10 年。

計算累積折現現金流量，我們發現折現還本期間落在第三年和第四年之間。總折現現金流量為 $284.23，所以 NPV 為 $84.23。這 $84.23 的 NPV 就是落在折現還本期間之後的現金流量之現值。

9.2 請用試誤法猜測下表的 IRR：

折現率	NPV（A）	NPV（B）
0%	$55.00	$50.00
10	28.83	32.14
20	9.95	18.40
30	−4.09	7.57
40	−14.80	−1.17

從上表中，可以容易地看出下列幾點。第一，投資 A 的 IRR 大約在 20% 至 30% 之間（為什麼呢？）。再進一步計算，我們發現 IRR 為 26.79%。第二，投資 B 的 IRR 只比 40% 少一點點（又是為什麼呢？），精確的值為 38.54%。當折現率在 0% 至 10% 之間時，兩個投資案的 NPV 非常接近，表示交叉報酬率應該就在那附近。

為了找出精確的交叉報酬率，必須計算兩個投資案現金流量差額的 IRR。如果把 A 的現金流量減掉 B 的現金流量，結果如下：

年	A − B
0	$ 0
1	−40
2	−10
3	55

這些現金流量看起來有點奇怪，但是符號只改變一次，所以我們可以找到一個 IRR。利用試誤法，我們可以發現在折現率為 5.42% 時，NPV 為零，所以交叉報酬率為 5.42%。

B 的 IRR 總是較高。而在折現率小於 5.42% 時，A 的 NPV 較大。所以，在這個範圍內，NPV 和 IRR 互相衝突。記住，如果兩種方法衝突時，我們必須選擇 NPV 較高者。因此，我們的決策法則非常簡單：如果必要報

酬率小於 5.42% 就選 A；如果必要報酬率介於 5.42% 至 38.54% 間，就選 B；如果必要報酬率大於 38.54%，兩個投資都不應該接受。

9.3 計算平均淨利對平均帳面價值的比，就可以得到 AAR。平均淨利為：

平均淨利＝($2,000＋4,000＋6,000)/3＝$4,000

平均帳面價值為：

平均帳面價值＝$12,000/2＝$6,000

所以，平均會計報酬率為：

AAR＝$4,000/6,000＝66.67%

這是相當不錯的報酬。然而，它不是像利率或 IRR 等真實的報酬，所以數值的大小沒有多大意義。尤其是我們的投資可能並不會以每年 66.67% 成長。

觀念複習及思考

1. **還本期間與 NPV**　一般傳統現金流量的投資計畫，如果它的還本期間比投資計畫的存續期間短，你能判斷 NPV 是正是負嗎？為什麼？如果知道折現現金流量比投資計畫的存續期間短，你對 NPV 有何推論呢？請解釋。
2. **NPV**　假設某投資計畫具有一般傳統的現金流量，且 NPV 為正。你對它的還本期間、獲利指數和 IRR 作何推論呢？請解釋。
3. **還本期間**　關於還本期間：
   a. 如何計算還本期間？它提供了哪些關於計畫現金流量的資訊？還本期間決策準則為何？
   b. 以還本期間法則評估現金流量，會遇到什麼問題？
   c. 以還本期間來評估現金流量有何優點？在何種情況下，還本期間可能是較適當的評估法則？請解釋。
4. **折現還本期間**　關於折現還本期間：
   a. 如何計算折現還本期間？它提供了哪些關於計畫現金流量的資訊？折現還本期間決策準則為何？
   b. 以折現還本期間法則評估現金流量，會遇到什麼問題？
   c. 在概念上，折現還本期間法則相較於一般還本期間法則，有何優點？折現還本期間有可能比還本期間長嗎？請解釋。

5. **AAR** 關於AAR：

    a. 如何計算平均會計報酬率？它提供了哪些關於計畫現金流量的資訊？AAR決策準則為何？

    b. 以AAR評估專案現金流量，會遇到什麼問題？從財務的觀點來看，AAR的哪一個特性最讓人困擾？AAR可有任何優點？

6. **NPV** 關於NPV：

    a. 如何計算NPV？它提供了哪些關於計畫現金流量的資訊？NPV決策準則為何？

    b. 在評估投資案的現金流量時，為什麼NPV比其他方法好？假使某個投資案現金流量的NPV為 $2,500，請問，$2,500這個數字對公司股東來說有何意義？

7. **IRR** 關於IRR：

    a. 如何計算 IRR？它提供了哪些關於計畫現金流量的資訊？IRR 決策準則為何？

    b. IRR和NPV的關係為何？在任何情況下，你會較偏好使用哪一種方法？

    c. 在某些情況下，IRR 有它的缺點，但大多數的財務經理在評估專案時仍同時採用 IRR 和 NPV，為什麼呢？在何種情況下，使用IRR比NPV更適當？請解釋。

8. **獲利指數** 關於獲利指數：

    a. 如何計算獲利指數？它提供了哪些關於計畫現金流量的資訊？獲利指數決策準則為何？

    b. 獲利指數和NPV的關係為何？在何種情況下，你會偏好使用其中一種法則之於另一法則呢？

9. **還本期間與 IRR** 某投資案具有每期 C 現金流量之永續年金，成本是 I，必要報酬率是 R。此投資案的還本期間和 IRR 有何關係？此種關係對於每期現金流量較固定的長期投資案，有何涵義？

10. **國際投資案** 在2010年10月，汽車製造商 BMW 宣佈將在南卡羅來納州投資 $7 億 5 千萬擴充 50% 的產能，BMW公司顯然認為在美國設廠生產可獲取較高的價值。其他公司，像日本富士底片公司和瑞士化學廠商 Lonza 也有類似的結論，並已採取相似的行動。哪些理由促使從底片到豪華轎車及化學品差異這麼大的外國生產廠商得到相同的結論呢？

11. **資本預算** 當實際應用本章所討論的各種不同準則時，會遭遇哪些困難？在

實際應用上，哪一種最簡單？哪一種最困難？

12. **非營利單位的資本預算**　我們所討論的資本預算準則適用於非營利組織嗎？非營利組織應如何制定資本預算決策呢？美國政府又如何進行資本預算決策呢？它是否應該利用這些法則來評估支出提案呢？

13. **修正的內部報酬率**　MIRR的另一個略帶嘲笑的縮寫是「沒有意義的內部報酬率」（meaningless internal rate of return），你認為這個用詞適用在MIRR嗎？

14. **淨現值**　「淨現值法則假設專案期間所產生的現金流量，可以再投資以賺得專案的必要報酬率。」這句話正確嗎？為了回答這個問題，你先使用本章的方法求算專案的NPV，接著進行下列的求算步驟：
    a. 除了期初現金流量外，求算專案期間其他現金流量之終值（專案結束時點的價值），以必要報酬率作為利率。
    b. 將(a)的終值折現成現值，並扣掉期初成本，求得專案的NPV，只要是使用必要報酬率作為折現率，那麼這個NPV一定與先前一般求算方法的NPV相等。

15. **內部報酬率**　「IRR法則假設專案期間所產生的現金流量，可以用IRR再投資獲利。」這句話正確嗎？為了回答這個問題，請先使用本章的方法，求算專案的IRR，接著，進行下列的步驟：
    a. 除了期初成本外，將專案的現金流量以IRR複利成一筆終值。
    b. 使用專案期初成本和(a)的單一筆終值，求算 IRR，只要使用 IRR 求算 (a) 的終值，你所求得的IRR必定與先前一般方法所求得的IRR相同。

問　題

初級題

1. **計算還本期間**　下列現金流量的還本期間是多久？

年	現金流量
0	−$5,500
1	1,300
2	1,500
3	1,900
4	1,400

2. **計算還本期間** 某項投資專案可帶來八年每年 $585 的現金流量。如果期初成本是 $1,700，則該專案的還本期間是多久？如果期初成本是 $3,300 呢？$4,900 呢？

3. **計算還本期間** Buy Coastal 公司採用三年作為國外投資專案的還本期間抉擇點。如果該公司有下列兩個專案可供選擇，它應該接受哪一個呢？

年	現金流量（A）	現金流量（B）
0	−$60,000	−$ 70,000
1	23,000	15,000
2	28,000	18,000
3	21,000	26,000
4	8,000	230,000

4. **計算折現還本期間** 某項投資專案的年現金流量為 $3,200、$4,100、$5,300、$4,500，且折現率為 14%。如果期初成本為 $5,900，那麼這些現金流量的折現還本期間是多久？如果期初成本是 $8,000 呢？$11,000 呢？

5. **計算折現還本期間** 某項投資專案的成本為 $10,000，每年的現金流量為 $2,900，共六年。如果折現率為 0%，則其折現還本期間是多長？如果折現率是 5% 呢？19% 呢？

6. **計算 AAR** 你正在考慮是否要興建新廠以擴展業務。工廠的安裝成本為 $1,200 萬，將以直線法在四年的期間內折舊至零。如果該專案在這四年的預估淨利分別為 $1,854,300、$1,907,600、$1,876,000 和 $1,329,500，那麼 AAR 是多少？

7. **計算 IRR** 某公司採用 IRR 法則來評估它的專案。如果必要報酬率為 14%，公司應該接受下列投資案嗎？

年	現金流量
0	−$28,000
1	12,000
2	15,000
3	11,000

8. **計算 NPV** 假設在上一題中的現金流量，公司採用 NPV 決策法則。在 11% 的必要報酬率下，公司應該接受這個專案嗎？如果必要報酬率是 25% 呢？

9. **計算 NPV 和 IRR** 某項專案帶來九年每年 $17,300 的現金流量，期初成本是 $79,000。如果必要報酬率為 8%，這是一項有利可圖的專案嗎？如果必要報酬率是 20% 呢？當折現率是多少時，是否接受此專案都沒有差別？

10. **計算 IRR** 下列現金流量的 IRR 是多少？

年	現金流量
0	−$16,400
1	7,100
2	8,400
3	6,900

11. **計算 NPV** 前一題中，如果折現率是 0%，NPV 是多少？如果折現率是 10% 呢？20% 呢？30% 呢？

12. **NPV 和 IRR** Garage 公司有下列兩個互斥專案：

年	現金流量（A）	現金流量（B）
0	−$29,000	−$29,000
1	14,400	4,300
2	12,300	9,800
3	9,200	15,200
4	5,100	16,800

a. 這兩個專案的 IRR 分別是多少？如果你採用 IRR 法則，公司應該接受哪一個專案？這樣的決定正確嗎？

b. 如果必要報酬率是 11%，這兩個專案的 NPV 分別是多少？如果你採用 NPV 法則，應該接受哪個專案？

c. 折現率在什麼範圍之下，你會選擇專案 A？在什麼範圍之下，你會選擇專案 B？折現率在多少時，這兩個專案對你來說沒有差異？

13. **NPV 和 IRR** 下列為兩個互斥的專案：

年	現金流量（X）	現金流量（Y）
0	−$20,000	−$20,000
1	8,850	10,100
2	9,100	7,800
3	8,800	8,700

請畫出折現率在 0% 和 25% 間 X、Y 的淨現值曲線圖。這兩個專案的交叉報酬率是多少？

14. **IRR 問題**　Light Sweet Petroleum 公司正在評估具有下列現金流量的專案：

年	現金流量
0	－$39,000,000
1	63,000,000
2	－12,000,000

a. 如果該公司對投資所要求的報酬率是 12%，應該接受這個專案嗎？為什麼？

b. 計算這個專案的 IRR。這個專案的 IRR 有幾個？如果採用 IRR 決策準則，你應不應該接受這個專案？

15. **計算獲利指數**　攸關折現率是 10%，下列現金流量的獲利指數是多少？如果折現率是 15% 呢？22% 呢？

年	現金流量
0	－$18,000
1	10,300
2	9,200
3	5,700

16. **獲利指數問題**　Angry Bird 電腦公司要在下列兩個互斥專案中作選擇。

年	現金流量（I）	現金流量（II）
0	－$64,000	－$18,000
1	31,000	9,700
2	31,000	9,700
3	31,000	9,700

a. 如果必要報酬率是 10%，而且公司採用獲利指數決策法則，那麼公司應該接受哪一個專案呢？

b. 如果公司採用 NPV 法則，應該接受哪一個專案呢？

c. 解釋為何 (a) 和 (b) 的答案不一樣。

17. **比較投資準則**　考慮下列兩個互斥專案：

年	現金流量（A）	現金流量（B）
0	−$350,000	−$50,000
1	45,000	24,000
2	65,000	22,000
3	65,000	19,500
4	440,000	14,600

不管選擇哪一個專案，你都要求15%的報酬率。

a. 如果採用還本期間法則，你應該選哪一個投資案？為什麼？
b. 如果採用折現還本期間法則，你應該選哪一個投資案？為什麼？
c. 如果採用NPV法則，你應該選哪一個投資案？為什麼？
d. 如果採用IRR法則，你應該選哪一個投資案？為什麼？
e. 如果採用獲利指數法則，你應該選哪一個投資案？為什麼？
f. 根據 (a) 到 (e) 的答案，你最終會選哪一個投資案？為什麼？

18. **NPV和折現率** 某項投資案的設立成本為 $527,800。該投資案的四年期間現金流量依序為 $221,850、$238,540、$205,110 和 $153,820。如果折現率是 0%，則NPV是多少？如果折現率是無限大，NPV是多少？折現率是多少時，NPV正好等於零？請根據這三點畫出淨現值曲線。

19. **MIRR** Slow Ride公司正在評估下列專案：

年	現金流量
0	−$29,000
1	11,200
2	13,900
3	15,800
4	12,900
5	−9,400

公司使用10%折現率評估所有專案，請使用三種不同方法求算專案的MIRR。

進階題

20. **MIRR** 在前一題中，公司使用11%折現率和8%再投資報酬率評估專案計畫，使用這些利率與三種不同方法，求算專案的MIRR。

21. **NPV和獲利指數** 如果我們定義NPV指數為NPV和成本的比，那麼NPV指數

和獲利指數間有何關係？

22. **現金流量內涵** 某專案的最初成本為 I，折現率為 R，每年支付 C，共 N 年。

   a. 用 I 和 N 來表示 C，使得專案的還本期間正好等於它的年限。
   b. 用 I、N 和 R 來表示 C，使得在 NPV 決策法則下，這是個有利的專案。
   c. 用 I、N 和 R 來表示 C，使得專案的利益/成本比等於 2。

迷你個案

Bullock Gold Mining

Seth Bullock 乃 Bullock Gold Mining 的所有人，他正在評估位於南達科他州新的黃金礦區。公司內部的地質學家 Dan Dority 剛完成新礦區的分析，他估計此地金礦可開採八年，之後就完全無礦藏了，Dan 將礦藏的估計值交給公司的財務專員 Alma Garrett，Seth 要求 Alma 分析此新礦藏，並提出公司是否應該開採此新礦藏的建議。

Alma 使用 Dan 所提供的估計值，求算新礦藏的預期收入，她也預估了開礦所需的費用及每年營運支出。如果公司開採此新礦區，期初費用為 $4 億 5 千萬，而九年後，關閉礦區及復原周圍地區的相關費用之現金流量為 $9,500 萬。採礦所帶來預期現金流量如下表所示，Bullock Gold Mining 所有的金礦開採專案的應有報酬率是 12%。

年	現金流量
0	−$450,000,000
1	63,000,000
2	85,000,000
3	120,000,000
4	145,000,000
5	175,000,000
6	120,000,000
7	95,000,000
8	75,000,000
9	−70,000,000

問題

1. 使用試算表來計算此專案的回收期間、內部報酬率、修正的內部報酬率及所提議開採之礦產淨現值。
2. 根據你的分析，公司應開採此金礦嗎？
3. 加分問題：大部份試算表都沒有現成的公式，以供計算回收期間，使用 Excel 內的 VBA 語言，撰寫程式以計算投資專案的回收期間。

10 資本投資決策

綠（色的節能產品）中果真有綠（色的美元鈔票）嗎？General Electric（GE）是如此認為的。透過其「生態想像」（Ecomagination）的計畫，公司計畫投入兩倍的金額來研發綠色產品，GE 已經投資了 $50 億，並且宣佈在 2011 年至 2015 年間將再投入 $100 億。有了油電混合的鐵軌火車頭〔被比喻為重達 200 噸、擁有 6,000 馬力的「軌道上 Prius」（Toyota 生產的油電混合轎車）〕之類的產品，GE 的綠色新方案似乎是成功的。2009 年綠色產品的收益是 $190 億，2010 年的目標為 $200 億。「生態想像」產品的收入成長率是兩倍於其他部門的成長率，公司內部對減少能源消耗的投入，也為它節省了 $1 億；公司在 2006 年至 2010 年間減少了 30% 的用水量，這又是另一筆不小的節省開銷。

毫無疑問地，從前一章的討論內容得知，GE 綠色科技的研發和產品生產決策就是一項資本預算決策。本章將進一步探究如何客觀地評估資本預算決策。

本章接續前一章更深入地探索資本預算課題，我們有兩項目標。首先，在前一章的內容中，我們看到現金流量估計值是淨現值分析中很重要的數值，但並沒有深入討論這些現金流量來自何處，本章將詳細地審視這個課題。其次，是要討論如何更嚴謹地評估 NPV 估計值，特別是如何評估 NPV 估計值受到模型假設變動的影響。

到目前為止，已經探討了資本預算決策的各層面課題。本章的主要任務就是要把這些層面的觀念整合起來。我們要讓你知道如何為一項投資專案「提供數字」，並根據這些數字，針對是否應該進行該投資專案做初步評估。

以下的討論重點放在建構折現現金流量分析的步驟。由前章的討論可知，預估未來現金流量是資本決策評價分析的關鍵因素。因此，本章著重在運用財務資

訊和會計資訊來算出這些現金流量數值。

在評估投資專案時，要特別注意哪些資訊和決策有關，哪些和決策無關。如同下面將討論的，有些資本預算問題中的重要資訊常常被忽略。

下一章將詳細介紹如何評估折現現金流量分析的結果。本章仍假設攸關必要報酬率或折現率為已知。這方面的課題將留到第五篇再進一步探討。

10.1 專案現金流量：基本概念

執行某項專案將會改變公司目前及未來的現金流量。當評估一項投資專案時，必須考慮此專案對公司現金流量的影響，以決定這些現金變動是否會增加公司的價值。因此，首要的步驟就是決定哪些現金流量變動是攸關的，哪些是非攸關的。

攸關現金流量

何謂專案的攸關現金流量呢？基本原則相當簡單：專案的攸關現金流量就是指那些因為接受該專案，而導致公司整體未來現金流量的變動量。因為攸關現金流量被定義為公司現有現金流量的變動量或增加量，所以攸關現金流量被稱為專案的增額現金流量（incremental cash flows）。

增額現金流量的觀念是專案分析的核心，它的一般性定義列舉如下，以供隨時參考應用：

> 專案的增額現金流量包括因為接受該專案，而直接導致公司未來現金流量的任何變動量。

這個增額現金流量的定義表明了一個重要推論：任何現金流量，不論專案被接受與否它都存在，它就不是專案的攸關現金流量。

獨立原則

實務上，尤其是對大企業而言，根據專案進行與否來分別計算相關的總現金流量，是件繁瑣的工作。幸運的是，並非真的得這樣做不可。一旦我們分辨出執行某項專案對公司現金流量的影響後，只需分析專案所產生的增額現金流量，這就是所謂的獨立原則（stand-alone principle）。

第 10 章　資本投資決策

獨立原則意味著一旦決定了某項專案的增額現金流量，就可以把該專案視為一個「迷你公司」，該專案有它自己的未來收益和成本、資產，以及現金流量。我們就可著重在比較它的現金流量和成本。這種分析方法的重點是，評估某項專案完全根據該專案的相關資料，與公司的其他業務或專案完全獨立。

> **觀念問題**
>
> **10.1a** 何謂專案評估中的攸關增額現金流量？
> **10.1b** 何謂獨立原則？

10.2　增額現金流量

這裡，我們只考慮由專案而來的增額現金流量。回顧前面的一般性定義，決定現金流量是否為增額現金流量，似乎輕而易舉。即使如此，在少數情況下，常出差錯。本節介紹一些常見的陷阱以及如何避免它們。

沉入成本

沉入成本（sunk cost）是指已經支付或已經發生且日後必須償付的成本。這種成本不受今天專案決策的影響而改變。換句話說，無論如何公司都必須支付這些成本。根據我們對增額現金流量所下的一般性定義，這種成本很明顯地和既有的決策無關。所以，沉入成本必須排除在專案的分析外。

因此，沉入成本很明顯地並不是攸關成本。儘管如此，仍然很容易陷入「沉入成本應該和專案有關」這樣的謬論中。舉個例子，假設 General Milk 公司雇用一位財務顧問來評估是否應開發一條巧克力牛奶的生產線。當這個顧問提出報告時，公司反對他的分析，因為他並沒有把龐大的顧問費納入該專案的成本內。

到底誰對呢？至目前為止，我們知道顧問費是一種沉入成本，因為不管是否進行巧克力牛奶生產線，都必須支付顧問費（這正是顧問業吸引人之處）。

機會成本

當我們想到成本時，通常我們會想到的是從口袋拿出去的成本，也就是那些必須實際付出現金的成本。機會成本（opportunity cost）則有點不同，它是我們必須放棄的既有利益。常見的一種情況是公司已經擁有某項專案所需使用的資

產。例如，我們可能想把幾年前以 $100,000 購買的一間老舊棉花廠翻修成一棟公寓。

如果採行這項專案，將不需花費任何現金購買這間舊廠，因為我們原本就擁有它了。在評估這個公寓專案時，我們是否可把這間工廠看成是「免費」的嗎？答案是否定的。這間工廠是這項專案要使用的資源，如果不在這裡使用，它可做其他用途。例如，至少可以將它出售。因此，這間工廠是公寓專案的一項機會成本：我們放棄了將工廠使用在其他生財的機會上。[1]

另外一個問題是，一旦我們認同使用這間工廠有其機會成本，這項機會成本是多少呢？既然工廠是用 $100,000 買來的，似乎應該把這筆金額作為公寓專案的機會成本。對嗎？答案是「錯」，理由則是基於沉入成本的概念。

我們在數年前支付了 $100,000 是個非攸關的事件，這個金額是個沉入成本。應該計入此公寓專案的機會成本是這個棉花廠目前的市價（扣除所有銷售成本之後），因為這個金額才是繼續擁有它所須放棄的金額。[2]

副效果

專案的增額現金流量包括公司未來現金流量的所有變動量。一個專案會產生一些正面或負面的副效果（side effect）或外溢效果（spillover effect），是常見的現象。例如，在 2010 年，劇院版和 DVD 版影片的發行時間差距，從 1998 年的 29 週縮短為 17 週，而 Walt Disney 公司宣佈將再縮短至 13 週，而背後的部份原因是劇院版放映收入衰退。影片租售零售業者喝采這項改變，因為可以提升 DVD 的銷售量。這種導入新產品的動作，對現有產品現金流量產生負面影響的現象就稱為侵蝕（erosion）。[3] 在這種情況下，應該調降新生產線所帶來的現金流量，以反映其他生產線的利潤所受侵蝕。

在計算侵蝕效果時，應該認清楚，任何引進新產品所導致的銷售損失，可能因競爭因素而喪失。侵蝕效果只有在銷貨不會因競爭因素而喪失時才成立。

副效果以不同的形式出現。例如，當 Walt Disney 在歐洲興建 Euro Disney 時，公司所關心的是新園區是否將吸走前往 Florida 園區度假的歐洲遊客。

---

[1] 經濟學家有時使用頭字語 TANSTAAFL（There ain't no such thing as a free lunch. 的縮寫）來說明，真正免費的事是少有的。

[2] 假如所探討的資產是很獨特且稀少，則機會成本會較高，因為其他專案也可能要使用這項資產；然而，如果這資產是一般經常買賣的（例如：二手車），則機會成本就是在市場上買進同樣資產的價格。

[3] 更生動地說，侵蝕有時稱為剽竊（piracy）或同類相食（cannibalism）。

當然，有時候也會存在有利的外溢效果。例如，當印表機價格從 1994 年的 $500 至 $600 的價格下跌到 2011 年的 $100 以下，你或許認為 Hewlett-Packard（HP）會很擔心。事實上，一點也不。因為 HP 知道，公司的收入來自印表機的相關耗材，像碳粉匣、墨水匣和特殊用紙等。印表機使用者必須大量購買這些耗材，才能使機器發揮效用。而這些產品的毛利是相當驚人的。

淨營運資金

一般而言，一項專案除了長期資產的投入之外，公司還需要投入淨營運資金。例如，進行專案時通常需要隨時保留一些現金在手邊，以支應相關的費用。除此之外，專案開始後需投入資金在存貨和應收帳款（因賒銷而產生）上。這些融資有些是以積欠供應商的形式（應付帳款）取得，其他餘額則必須另闢其他途徑。這些餘額就是淨營運資金的投資。

在資本預算中，淨營運資金常被忽略。在專案結束時，賣掉存貨，收回應收帳款，支付應付帳款，此時，公司回收原先在淨營運資金上的投資。所以專案中的淨營運資金投資像是一筆公司的放款，公司在專案開始時投入營運資金，在結束時回收。

融資成本

在分析投資專案時，要將利息或其他融資成本，像發放股利或是償還本金排除在專案分析外。因為我們的重點放在專案資產所帶來的現金流量。我們在第 2 章中指出，利息費用並非來自資產的現金流量，而是流向債權人的現金流量。

具體而言，專案評估的目標在於比較來自專案的現金流量和取得該專案的成本，以估計 NPV。公司在融資專案時所選擇的負債和權益融資組合，是一個管理變數，它決定如何分配專案的現金流量給股東和債權人。這並不表示融資決策不重要，在後面的章節中，我們將單獨地探討這個課題。

其他課題

還有其他一些需要注意的地方。第一，我們只關心如何衡量現金流量。除此之外，我們有興趣的是現金流量發生的時點，而非會計上認列的時點。第二，我們關心的是稅後（after tax）現金流量，因為稅是一種現金流出。事實上，當我們談及增額現金流量（incremental cash flows）時，指的是稅後增額現金流量。請記住，稅後現金流量和會計利潤或淨利完全是兩回事。

觀念問題

10.2a 何謂沉入成本？何謂機會成本？
10.2b 試解釋什麼是侵蝕？為什麼它是攸關的？
10.2c 解釋為什麼支付的利息不是專案評估中的攸關現金流量？

10.3 預估財務報表與專案現金流量

在開始評估投資提案時，首先需要有一套預估的財務報表。有了預估財務報表，就可以算出專案的預估現金流量。一旦有了現金流量，便可使用前一章所描述的方法來估計專案的價值。

預估財務報表

預估財務報表（pro forma financial statements）簡便且清楚地匯總了專案的許多攸關資訊。要編製這些報表，需要一些估計數字，例如，銷售單位、銷售單價、單位變動成本和總固定成本等。也必須知道總投資需求，包括任何淨營運資金的投資。

舉例來說，假設我們每年可以銷售 50,000 罐單價為 $4 的鯊魚引餌，每罐的製造成本是 $2.50，而這類新產品通常只有三年壽命（也許是因為顧客基礎快速變遷）。對此產品的投資，我們要求 20% 的報酬。

這項專案的固定成本，包括生產設備的租金，每年須花費 $12,000，[4] 而且必須投資 $90,000 在製造設備上。為了簡單起見，假設這 $90,000 將在三年的專案年限內完全折舊完畢。[5] 三年後，移走這套設備的成本大約等於那時這套設備的價值，所以用市價來計算，該設備到時將不具任何價值。最後，這個專案期初必須投入 $20,000 在淨營運資金上。公司稅率為 34%。

首先，我們整理這些預估數據如表 10.1 的預估損益表。要注意的是，我們並沒有扣除任何利息費用。誠如前面所描述的，利息是一種融資費用，而不是營業現金流量的一部份。

在表 10.2 編製數年的簡明資產負債表也列出了專案的資金需求。從表 10.2

---

[4] 這裡的固定成本指的是，無論銷貨水準高或低，都必須支出的現金流量，請不要與會計期間的固定費用混淆。
[5] 我們也假設第一年可以提列一整年的折舊金額。

表 10.1　預估損益表：鯊魚引餌專案

銷貨（50,000 單位，每單位 $4）	$200,000
變動成本（每單位 $2.50）	125,000
	$ 75,000
固定成本	12,000
折舊（$90,000/3）	30,000
息前稅前盈餘	$ 33,000
稅（34%）	11,220
淨利	$ 21,780

表 10.2　預估資金需求：鯊魚引餌專案

	年			
	0	1	2	3
淨營運資金	$ 20,000	$20,000	$20,000	$20,000
淨固定資產	90,000	60,000	30,000	0
總投資	$110,000	$80,000	$50,000	$20,000

得知，每年的淨營運資金是 $20,000，專案開始時（第 0 年）的固定資產是 $90,000，每年以 $30,000 的折舊遞減，到專案結束時正好為零。請注意，未來年度的總投資是指帳面價值，也就是會計價值，而非市價。

現在，我們需把這些會計資訊轉換成現金流量。接下來就來看看如何處理這項轉換。

專案現金流量

要估算專案的現金流量，請先回憶一下第 2 章的內容，來自資產的現金流量有三部份：營運現金流量、資本支出和淨營運資金的變動。要評估一項專案或是一家迷你公司，必須先得到這三部份的估計值。

一旦有了這三部份現金流量的估計值，就可以利用第 2 章中所介紹的等式，計算專案的現金流量：

專案現金流量＝專案營運現金流量
　　　　　－專案淨營運資金的變動
　　　　　－專案資本支出

接著，我們分別討論這三部份的現金流量。

專案營運現金流量　要決定專案的營運現金流量，先回想一下營運現金流量的定義：

營運現金流量＝息前稅前盈餘（EBIT）
　　　　　　　＋折舊
　　　　　　　－稅

我們將以鯊魚引餌專案的預估資料為例，來說明如何計算營業現金流量。為了參閱的方便，表 10.3 重述了損益表的內容，但以較簡潔的格式表達。

有了表 10.3 的損益表後，計算營運現金流量就很簡單了。如表 10.4 所列，鯊魚引餌專案的預估營運現金流量是 $51,780。

專案淨營運資金和資本支出　接下來計算固定資產需求和淨營運資金需求。根據上述的資產負債表，公司必須先支付 $90,000 購買固定資產，並投資 $20,000 在淨營運資金上。因此，即刻的現金流出是 $110,000。專案結束時，固定資產將不具任何價值，但是公司可回收當初的營運資金投資 $20,000。[6] 所以，最後一年將有 $20,000 的現金流入。

請注意，只要有淨營運資金的投資，就一定有同等金額的回收；換言之，現金流入必定會在未來某個時點出現。

預估總現金流量和價值

有了這些資料之後，就可以完成初步的現金流量分析，如表 10.5 所示。

有了現金流量預估值，就可以應用前一章的專案評估準則了。首先，在 20% 的必要報酬率下，專案的 NPV 為：

$$NPV = -\$110,000 + 51,780/1.2 + 51,780/1.2^2 + 71,780/1.2^3$$
$$= \$10,648$$

所以根據這些預估數字來看，專案的 NPV 超過 $10,000，應該接受此專案。另外，專案的報酬率顯然地超過 20%（因為在 20% 的報酬率下，NPV 大於零）。藉由此法，我們求出 IRR 大約是 25.8%。

如果有必要，我們也可以算出還本期間和平均會計報酬率（AAR）。評估專案的現金流量後，專案的還本期間超過兩年一點點（大約是 2.1 年）。[7]

---

[6] 實際上，由於壞帳損失、存貨損失及其他損失，公司可能無法百分之百回收這項投資。如果願意的話，我們可以假設回收 90% 來進行專案評估。

[7] 在這裡，我們犯了一個小小的不一致性的錯誤，當計算 NPV 及 IRR 時，假設所有現金流量均發生在年底，但當計算還本期間時，我們假設現金流量平均地分散在一整年期間。

表 10.3　預估損益表：鯊魚引餌專案

銷貨	$200,000
變動成本	125,000
固定成本	12,000
折舊	30,000
息前稅前盈餘	$ 33,000
稅（34%）	11,220
淨利	$ 21,780

表 10.4　預估營運現金流量：鯊魚引餌專案

息前稅前盈餘	$ 33,000
折舊	+30,000
稅	−11,220
營運現金流量	$ 51,780

表 10.5　預估總現金流量：鯊魚引餌專案

	年 0	1	2	3
營運現金流量		$51,780	$51,780	$51,780
增額淨營運資金	−$ 20,000			+20,000
資本支出	− 90,000			
專案總現金流量	−$110,000	$51,780	$51,780	$71,780

　　從前章得知，AAR 是平均淨利除以平均帳面價值。每一年的淨利是 $21,780，而總投資的平均帳面價值（見表 10.2，單位：千美元）為 ($110＋80＋50＋20)/4＝$65。所以，算出 AAR 是 $21,780/65,000＝33.51%。[8] 已知這項投資的報酬率（IRR）大約是 26%。AAR 較大的事實，說明了 AAR 並不是一個有意義的報酬率。

---

[8] 請注意，這裡的平均帳面價值不等於期初的 $110,000 除以 2，這背後的原因是 $20,000 的營運資金不用提「折舊」。

> **觀念問題**
>
> 10.3a 專案營運現金流量的定義為何？與淨利有何差別？
> 10.3b 在鯊魚引餌專案中，為什麼在專案最後一年加回公司的淨營運資金投資？

10.4 專案現金流量：進階探討

本節進一步探討專案的現金流量。我們將特別深入探討專案的淨營運資金，然後檢視關於折舊的現行稅法規定。最後，我們將深入探討一個資本投資決策的例子。

淨營運資金的進一步探究

之前在計算營運現金流量時，並沒有將賒銷的問題納入考慮。而且某些已發生的成本，我們可能尚未支付現金。在這兩種情況下，現金流量都還沒有發生。只要把淨營運資金的變動納入分析內，這兩種情況都不是問題。

假設某項專案在某年的簡化損益表如下所列：

銷貨	$500
成本	310
淨利	$190

折舊和稅為零，這一年中沒有購買任何固定資產。並且，為了簡便起見，假設淨營運資金只有應收帳款和應付帳款。年初和年底餘額分別是：

	年初	年底	變動量
應收帳款	$880	$910	+$30
應付帳款	550	605	+ 55
淨營運資金	$330	$305	−$25

依照這些訊息，該年度的總現金流量是多少呢？首先，運用前面所介紹的方法來求出答案。在這個例子裡，營運現金流量等於息前稅前盈餘，因為沒有稅，也沒有折舊，所以營運現金流量是 $190。同時要注意的是，淨營運資金減少了 $25，所以「增額」淨營運資金為負數，代表這一年中多出了 $25 可供使用。沒有資本支出，所以總現金流量為：

聽聽他們怎麼說⋯

Samuel Weaver 談赫雪食品公司的資本預算

和大多數《財星》雜誌500大或1,000大的公司一樣，赫雪食品公司（Hershey Company）的資本規劃包含了三階段的進程：計畫或預算期、評估期及事後的檢討期。

第一期要在策略規劃時程裡確定可能的方案，方案的選定是為了協助實現公司的策略目標，其範圍一般而言很大，只需附帶小規模的財務評估。當規劃的進程集中在短期計畫時，主要的資本支出就會有更嚴密的審核，方案所需的資金會更嚴密修訂，特定的計畫也會被重新考量。

然後每個方案會個別被評估及核准，現金流量的規劃、發展及修訂是赫雪食品資本分析的主要步驟。一旦現金流量決定後，使用淨現值、內部報酬率及回收期間等資本預算技術就成了例行公事。結果的呈現則採用敏感度分析來加強，在評估重要的假設及其衝擊時，敏感度分析是管理上的重要角色。

最後階段是事後的檢討，原先對此方案結果的預測會被拿來和實際的結果及修正後的目標作比較。

資本支出分析有賴於方案背後的假設，垃圾進垃圾出（GIGO）一詞也適用於此。增額現金流量主要導因於銷售的增加或其他方面的改善（成本節流）。大部份的增額現金流量可用市調或數字分析來確認。然而，對許多方案而言，要正確地看出其涵義及攸關的現金流量是深具挑戰性。例如，當新產品上市且預期會有數百萬美元的銷售額時，適切的分析應聚焦在新產品取代市場既存產品後所增加的銷售額上。

我們在赫雪食品所面臨的問題之一是淨現值與內部報酬率的應用，當處理互斥專案時，淨現值提供我們正確的投資資訊，然而各階層的決策者有時覺得難以理解其結果。確切來說，$535,000的淨現值需要作詮釋，淨現值為正數甚或高出另一個專案的淨現值是不夠的，在參酌其他標準後，決策者尋找一個投資獲利的「滿意度」。

雖然內部報酬率的結果可能會誤導方案的選擇，但結果的呈現方式使各方人馬皆能詮釋。得到的內部報酬率可和預期通貨膨脹、目前借貸率、資金成本及普通股的投資組合報酬等作比較。18%的內部報酬率隨時可被管理階層詮釋，或許這個容易了解的特性是多數《財星》雜誌500大或1,000大公司使用內部報酬率作為主要評估工具的原因。

除了淨現值與內部報酬率間的問題外，有少數方案難以使用傳統資本支出方法來分析，因為現金流量難以確定。當購買新的電腦裝備、整修辦公大樓、重鋪停車場時，基本上很難確定攸關的現金流量，所以傳統評估技術有其侷限。這些類型的資本支出方案使用管理者的判斷來決策。

Samuel Weaver 博士曾任職北美赫雪食品公司的財務計畫及分析部主任，領有管理會計師執照，他能融合理論與實務，除了資本支出分析外，他也投入不同層面的財務分析。

總現金流量＝營運現金流量－增額淨營運資金－資本支出
　　　　＝$190－(－25)－0
　　　　＝$215

這 $215 總現金流量必須等於該年度中「流入的錢」減「流出的錢」，因此換個問法是：這一年的現金收入是多少？現金成本又是多少？

要決定現金收入，必須進一步探究淨營運資金。在這一年中銷貨為 $500，然而，應收帳款增加了 $30，這 $30 意味著銷貨金額比收現的貨款多了 $30。換言之，在 $500 的銷貨中，有 $30 還沒有收到現金。所以，現金流入為 $500－30＝$470。一般而言，現金收入是銷貨金額減應收帳款的變動數。

至於現金流出金額也可以用類似的方法求得。損益表上顯示成本為 $310，但是應付帳款在這一年中增加了 $55，表示在 $310 中還有 $55 尚未支付。所以，這段期間的現金成本就是 $310－55＝$255。換言之，在這個例子裡，現金成本等於銷貨成本減應付帳款的增加數。[9]

綜合這些資料，現金流量等於現金流入減現金流出：$470－255＝$215，跟前面所求的現金流量相同。

$$\begin{align}現金流量 &= 現金流入 － 現金流出\\ &= (\$500－30)－(310－55)\\ &= (\$500－310)－(30－55)\\ &= 營運現金流量 － 淨營運資金變動數\\ &= \$190－(－25)\\ &= \$215\end{align}$$

這個例子說明將淨營運資金的變動納入計算式內，就可以調整會計帳上銷貨和成本與現金銷貨收入和現金支付間的差額。

範例 10.1　現金收款和成本

在今年中，Combat Wombat Telestat 公司的銷貨額為 $998，成本為 $734。下列是該公司年初和年底的資產負債表資料：

	年初	年底
應收帳款	$100	$110
存貨	100	80
應付帳款	100	70
淨營運資金	$100	$120

根據這些數據，現金流入是多少呢？現金流出又是多少呢？每一個科目的變動

---

[9] 假如還有其他科目，我們或許必須作進一步的調整，例如，存貨的淨增加代表著現金流出。

數呢？淨現金流量是多少呢？

銷貨是 $998，但應收帳款增加了 $10，所以現金收款比銷貨額少 $10，也就是 $988。成本是 $734，但是存貨少了 $20，表示我們並未補充 $20 價值的存貨。所以，會計成本比現金成本高出了 $20。應付帳款下降了 $30，意味著實際付給供應商的現金成本比從供應商進貨的會計成本多了 $30，所以會計成本低估了 $30。調整了這些項目之後，得到現金成本為 $734－20＋30＝$744，淨現金流量則為 $988－744＝$244。

最後，整體淨營運資金增加了 $20。原本的會計銷貨減成本是 $998－734＝$264。公司投資 $20 在淨營運資金上，所以淨現金流量為 $264－20＝$244，與上述答案相符。

折　舊

會計折舊是一種非現金費用。而折舊之所以影響現金流量，是因為它影響到稅額。因此，從稅負觀點來看，折舊的提列方式會影響到資本投資決策。折舊的提列方式是由稅法規定。接著，我們來討論 1986 年稅務改革法案（Tax Reform Act）中折舊制度的特點，這套制度是修訂 1981 年加速成本回收制（accelerated cost recovery system, ACRS）而來的。

修正後的 ACRS 折舊（MACRS）　折舊的提列通常相當機械化。即使牽涉到一大堆的「如果」、「和」以及「但是」等字眼，MACRS 的基本概念是將各項資產歸類。資產的類別係根據耐用年限來分類。一旦資產的稅負年限決定後，把該資產的成本乘上一個固定百分比，[10] 就得到每一年的折舊金額。在計算折舊時，資產的預期殘值（處置時的預期價值）和預期經濟年限（預期這項資產可以使用的年限）都未納入考慮。

一些代表性資產的折舊類別與稅率分別列入表 10.6 與表 10.7。[11]

非住宅用的不動產，例如辦公大樓，是以直線法在 31.5 年提列折舊；而住宅用不動產，如公寓大樓，則是以直線法在 27.5 年期間提列折舊。記住，土地

---

[10] 在一些情況下，計算折舊之前，必須先調整資產的成本，調整後的成本稱為折舊基礎，折舊的提列是依據這項折舊基礎，而不是資產的實際成本。

[11] 為了滿足你的好奇心，這些折舊百分比是使用餘額雙倍加速折舊法與直線折舊法求出，並採用其中較大的百分比；另外，有所謂的半年慣例，即所有資產均設定為年中啟用，除非資產成本的 40% 是發生在最後一季，否則就維持半年慣例；在本例中，是採取半年慣例。

表 10.6　修正後的 ACRS 財產類別

類別	例子
三年	研究用設備
五年	汽車、電腦
七年	大部份工業設備

表 10.7　修正後的 ACRS 折舊率

	財產等級		
年	三年	五年	七年
1	33.33%	20.00%	14.29%
2	44.45	32.00	24.49
3	14.81	19.20	17.49
4	7.41	11.52	12.49
5		11.52	8.93
6		5.76	8.92
7			8.93
8			4.46

不可以提列折舊。[12]

　　為了說明如何計算折舊，假設有輛成本 $12,000 的汽車。汽車通常被列為耐用五年的財產類別內。參閱表 10.7，該類別資產的第一年折舊率是 20%。[13] 因此，第一年的折舊是 $12,000×0.20＝$2,400。第二年的折舊率是 32%，所以折舊是 $12,000×0.32＝$3,840，依此類推。我們把這些計算匯總如下：

年	MACRS 百分比	折舊
1	20.00%	0.2000 × $12,000 ＝ $ 2,400.00
2	32.00	0.3200 × 12,000 ＝ 3,840.00
3	19.20	0.1920 × 12,000 ＝ 2,304.00
4	11.52	0.1152 × 12,000 ＝ 1,382.40
5	11.52	0.1152 × 12,000 ＝ 1,382.40
6	5.76	0.0576 × 12,000 ＝ 691.20
	100.00%	$12,000.00

---

[12] 然而，探鑽業者（例如，採礦業）有所謂耗損攤提金額，這些類似於折舊攤提金額。

[13] 五年使用年限的資產卻以六年期間提折舊，似乎很奇怪，就如他處的說明，稅務會計假設在第一年時公司只擁有資產六個月，結果最後一年也只擁有六個月，雖然總共有五段 12 個月期間，但在六年稅務會計的每一年均有折舊費用。

表 10.8　MACRS 帳面價值

年	期初帳面價值	折舊	期末帳面價值
1	$12,000.00	$2,400.00	$9,600.00
2	9,600.00	3,840.00	5,760.00
3	5,760.00	2,304.00	3,456.00
4	3,456.00	1,382.40	2,073.60
5	2,073.60	1,382.40	691.20
6	691.20	691.20	0.00

請注意，MACRS 百分比的和是 100%。因此，我們攤銷了 100% 的資產成本，在這個例子裡就是 $12,000。

帳面價值和市價　在現行稅法下計算折舊時，資產的經濟年限和未來市價都不加以考慮。所以，資產的帳面價值可能和它的市價相去甚遠。例如，這輛 $12,000 的車子一年後的帳面價值是 $12,000 減第一年的 $2,400 折舊，也就是 $9,600。其餘的帳面價值匯總在表 10.8 中。六年後，這輛車子的帳面價值是零。

假設我們要在五年後賣掉這輛車子。根據過去的市價資料，它的價值將是原先買價的 25%，也就是 0.25×$12,000＝$3,000。如果賣這麼多錢，我們必須就 $3,000 的售價和 $691.20 的帳面價值之間的差額，按一般稅率繳納稅額。若公司適用 34% 的稅率級距，應付稅負將是 0.34×$2,308.80＝$784.99。[14]

在這個範例中，繳稅的原因是市價和帳面價值之間的差額為「超提」折舊，當賣掉該資產時必須「回提回來」。也就是說，該資產超提了折舊 $3,000－691.20＝$2,308.80。因為多提了 $2,308.80 的折舊，所以少繳了 $784.99 的稅，因此我們必須補回稅的差額。

請注意，這不是針對資本利得所課的稅。一般而言，資本利得只出現在當市場價格高出原始成本時。然而，哪一項所得是資本利得，哪一項不是資本利得，由稅務當局來裁決，因為這些專門法規可能相當複雜，我們大都不考慮資本利得的稅額。

最後，如果帳面價值超過市價，這個差額就以損失作稅務上的處理。例如，如果我們在兩年後以 $4,000 賣掉這輛車，帳面價值比市價高了 $1,760，因為該損失可以節省 0.34×$1,760＝$598.40 的稅。

---

[14] 在不動產上，這些規則有差異且較複雜，在本例中，在直線折舊法下的帳面價值與實際帳面價值的差額，可以回溯為帳面價值，其他高出直線折舊法下帳面價值的金額，均視為資本利得。

範例 10.2　MACRS 折舊

Staple Supply 公司剛以 $160,000 購買並安裝了一套新電腦資訊系統。電腦被歸類為耐用五年的財產類別。請問，各年的折舊分別是多少？根據以往的經驗，四年後當我們不要這個系統時，它的價值將只有 $10,000。那麼賣掉該資產會有怎樣的稅負效果？而出售該資產的稅後總現金流量是多少？

只要把 $160,000 乘上表 10.7 中的耐用五年資產類別的百分比，就可以得到每一年的折舊：

年	MACRS 百分比	折舊	期末帳面價值
1	20.00%	0.2000 × $160,000 = $ 32,000	$128,000
2	32.00	0.3200 × 160,000 = 51,200	76,800
3	19.20	0.1920 × 160,000 = 30,720	46,080
4	11.52	0.1152 × 160,000 = 18,432	27,648
5	11.52	0.1152 × 160,000 = 18,432	9,216
6	5.76	0.0576 × 160,000 = 9,216	0
	100.00%	$160,000	

請注意，我們同時計算了這套系統在每一年年底的帳面價值。第四年年底的帳面價值是 $27,648。如果到時 Staple 公司把它以 $10,000 售出，從稅負觀點來看，將產生損失 $17,648。當然，這個損失就像折舊一樣，並不是現金支出。

實際情況又如何呢？首先，我們從購買者手中拿到了 $10,000。其次，我們節省了 0.34 × $17,648 = $6,000 的稅。所以，銷售該資產的總現金流入量是 $16,000。

例子：Majestic Mulch and Compost Company（MMCC）

現在，我們來討論一個較深入的資本預算分析。記住，這裡使用的基本方法和前面介紹的鯊魚引餌例子是完全一樣的。我們只是加了一些更實際的數據罷了。

針對日漸成長的家庭式堆肥，MMCC 正在開發一種電動枝葉絞碎機。公司想了解開發這條生產線的可行性。針對大型花園工具店內的客戶進行訪問，公司預估銷售量如下：

年	銷售單位
1	3,000
2	5,000
3	6,000
4	6,500
5	6,000
6	5,000
7	4,000
8	3,000

新的電動枝葉絞碎機每單位售價為 $120。三年後，當競爭者加入時，預期價格將跌至 $110。

一開始時，電動枝葉絞碎機專案需要 $20,000 的淨營運資金。之後，每一年年底的總營運資金是該年銷貨額的 15%。每單位變動成本 $60，每年總固定成本是 $25,000。

開始生產之前必須先投入 $800,000 購買設備。這項投資主要是屬於工業設備，可歸為耐用七年的 MACRS 財產類別。八年後，這項設備的實際價值大約是原先成本的 20%，也就是 0.20×$800,000＝$160,000。公司稅率為 34%，必要報酬率為 15%。根據這些資訊，MMCC 是否應該進行這項專案？

營運現金流量 我們先整理手上的資料。首先，計算預估的銷售額。第一年預估銷售 3,000 個單位，每單位 $120，總共是 $360,000，其他年的銷售額列於表 10.9 中。

接著，$800,000 投資設備的折舊攤提列在表 10.10。有了這些資料，就可以編製預估的損益表，如表 10.11 所示。有了損益表，計算營運現金流量就很容易了。營運現金流量列在表 10.13 的第一部份。

NWC 的變動 有了營運現金流量後，接著來確定增額 NWC。假設淨營運資金需求隨著銷貨額變動。通常來說，MMCC 每年不是增加，就是回收一些專案淨營運資金。專案開始時，NWC 是 $20,000，然後增加到銷貨額的 15%，每一年的 NWC 計算列在表 10.12。

從表中得知，第一年的淨營運資金由 $20,000 成長到 0.15×$360,000＝$54,000。因此，增加了 $54,000－20,000＝$34,000 的淨營運資金。同理，可以求得其餘年度的數字。

表 10.9　預估收入：電動枝葉絞碎機專案

年	單位價格	銷售量	收益
1	$120	3,000	$360,000
2	120	5,000	600,000
3	120	6,000	720,000
4	110	6,500	715,000
5	110	6,000	660,000
6	110	5,000	550,000
7	110	4,000	440,000
8	110	3,000	330,000

表 10.10　各年折舊額：電動枝葉絞碎機專案

年	MACRS 百分比	折舊	年底帳面價值
1	14.29%	$0.1429 \times \$800,000 = \$114,320$	$685,680
2	24.49	$0.2449 \times 800,000 = 195,920$	489,760
3	17.49	$0.1749 \times 800,000 = 139,920$	349,840
4	12.49	$0.1249 \times 800,000 = 99,920$	249,920
5	8.93	$0.0893 \times 800,000 = 71,440$	178,480
6	8.92	$0.0892 \times 800,000 = 71,360$	107,120
7	8.93	$0.0893 \times 800,000 = 71,440$	35,680
8	4.46	$0.0446 \times 800,000 = 35,680$	0
	100.00%	$800,000	

記住，淨營運資金增加是屬於現金流出，所以我們在表中以負號表示公司在淨營運資金上的額外投資，而正號則代表淨營運資金流回公司。例如，在第六年時 $16,500 的 NWC 流回公司。在整個專案期間，淨營運資金最高累積到 $108,000，然後隨著銷貨的下滑而遞減。

表 10.13 的第二部份就是淨營運資金的變動額。專案結束時公司還可回收 $49,500 的淨營運資金。在最後一年期間，該專案在年度中回收了 $16,500 的 NWC，並在年底回收了 $49,500，總共回收了 $66,000。

資本支出　最後，我們必須計算專案的長期資本支出。在 MMCC 例子裡，第 0 年時，投資了 $800,000 購買生產設備。假設這項設備在專案結束時的價值是

表 10.11　預估損益表：電動枝葉絞碎機專案

	年			
	1	2	3	4
單位價格	$ 120	$ 120	$ 120	$ 110
銷售量	3,000	5,000	6,000	6,500
收益	$360,000	$600,000	$720,000	$715,000
變動成本	180,000	300,000	360,000	390,000
固定成本	25,000	25,000	25,000	25,000
折舊	114,320	195,920	139,920	99,920
息前稅前盈餘	$ 40,680	$ 79,080	$195,080	$200,080
稅（34%）	13,831	26,887	66,327	68,027
淨利	$ 26,849	$ 52,193	$128,753	$132,053

	年			
	5	6	7	8
單位價格	$ 110	$ 110	$ 110	$ 110
銷售量	6,000	5,000	4,000	3,000
收益	$660,000	$550,000	$440,000	$330,000
變動成本	360,000	300,000	240,000	180,000
固定成本	25,000	25,000	25,000	25,000
折舊	71,440	71,360	71,440	35,680
息前稅前盈餘	$203,560	$153,640	$103,560	$ 89,320
稅（34%）	69,210	52,238	35,210	30,369
淨利	$134,350	$101,402	$ 68,350	$ 58,951

$160,000，而帳面價值是零。前面曾討論過，市價大於帳面價值 $160,000，這部份要課稅，所以稅後收入金額為 $160,000×(1－0.34)＝$105,600，這些數字列在表 10.13 的第三部份。

總現金流量和價值　現在所有的現金流量都已經有了，我們將這些現金流量湊合起來，如表 10.14 所示。除了總現金流量之外，表 10.14 也列出累積現金流量和折現現金流量。此時，淨現值、內部報酬率，以及還本期間都可輕易求得。

將折現現金流量和期初的投資加起來，可得到淨現值（在 15% 下）$65,485。因為 NPV 大於零，這個專案是可接受的。而內部報酬率是 17.24% 大

表 10.12　淨營運資金變動額：電動枝葉絞碎機專案

年	收益	淨營運資金	現金流量
0		$ 20,000	− $20,000
1	$360,000	54,000	− 34,000
2	600,000	90,000	− 36,000
3	720,000	108,000	− 18,000
4	715,000	107,250	750
5	660,000	99,000	8,250
6	550,000	82,500	16,500
7	440,000	66,000	16,500
8	330,000	49,500	16,500

於 15%，表示可接受這個專案。

再觀察累積現金流量，這個專案四年就幾乎可還本了，因為此時累積現金流量接近於零。如表所示，精確的還本期間（$17,322/214,040＝0.08）為 4.08 年。因為 MMCC 沒有一個還本期間的比較標準，所以無法判斷 4.08 年是否合理，這也是還本期間法的問題。

結論　我們已經完成了 DCF 分析。下一步要做什麼呢？如果對預估結果有信心的話，就不必再做進一步分析，MMCC 應該立刻著手生產及銷售。但是，事情並不是這麼簡單。記住，分析結果只是一個預估的 NPV，通常我們對預估值未必有百分之百的信心。所以，必須做其他分析。特別是，要花一些時間來評估這些估計值的可靠性。這就是下一章的主題。現在，我們就來介紹營運現金流量的其他定義，以及資本預算的其他案例。

觀念問題

10.4a 為何在估算現金流量時，考慮淨營運資金的變動是很重要的？這樣做，有何影響呢？

10.4b 在現行稅法下，固定資產的折舊應如何攤提？預估殘值和預估的經濟使用年限對折舊攤提有何影響？

表 10.13　預估的現金流量：電動枝葉絞碎機專案

	年				
	0	1	2	3	4
I. 營運現金流量					
息前稅前盈餘		$ 40,680	$ 79,080	$195,080	$200,080
折舊		114,320	195,920	139,920	99,920
稅		− 13,831	− 26,887	− 66,327	− 68,027
營運現金流量		$141,169	$248,113	$268,673	$231,973
II. 淨營運資金					
最初 NWC	−$ 20,000				
增加 NWC		−$ 34,000	−$ 36,000	−$ 18,000	$ 750
回收 NWC					
增額 NWC	−$ 20,000	−$ 34,000	−$ 36,000	−$ 18,000	$ 750
III. 資本支出					
最初投資	−$800,000				
稅後殘值					
資本支出	−$800,000				

	年			
	5	6	7	8
I. 營運現金流量				
息前稅前盈餘	$203,560	$153,640	$103,560	$ 89,320
折舊	71,440	71,360	71,440	35,680
稅	− 69,210	− 52,238	− 35,210	− 30,396
營運現金流量	$205,790	$172,762	$139,790	$ 94,631
II. 淨營運資金				
最初 NWC				
增加 NWC	$ 8,250	$ 16,500	$ 16,500	$ 16,500
回收 NWC				49,500
增額 NWC	$ 8,250	$ 16,500	$ 16,500	$ 66,000
III. 資本支出				
最初投資				
稅後殘值				$105,600
資本支出				$105,600

表 10.14　預估的總現金流量：電動枝葉絞碎機專案

	年				
	0	1	2	3	4
營運現金流量		$141,169	$248,113	$268,673	$231,973
增額 NWC	−$ 20,000	− 34,000	− 36,000	− 18,000	750
資本支出	− 800,000				
專案總現金流量	−$820,000	$107,169	$212,113	$250,673	$232,723
累積現金流量	−$820,000	−$712,831	−$500,718	−$250,045	−$ 17,322
折現現金流量（15%）	− 820,000	93,190	160,388	164,822	133,060

	年			
	5	6	7	8
營運現金流量	$205,790	$172,762	$139,790	$ 94,631
增額 NWC	8,250	16,500	16,500	66,000
資本支出				105,600
專案總現金流量	$214,040	$189,262	$156,290	$266,231
累積現金流量	$196,718	$385,980	$542,270	$808,501
折現現金流量（15%）	106,416	81,823	58,755	87,031

淨現值（15%）＝$65,485
　內部報酬率＝17.24%
　　還本期間＝4.08 年

10.5　營運現金流量的其他定義

　　前一節所介紹的分析是相當一般性的，而且可適用在任何資本預算專案上。在下一節中，將介紹一些特別有用的變化分析。在這之前，我們先來討論營運現金流量在實務上和財務教科書上普遍被引用的其他定義。

　　下面我們將看到，各種處理營運現金流量的方法都是衡量相同的內容。只要正確地運用，所得到的答案都會是一樣的，任何一種方法未必比另一種更好或是更有用。不幸的是，不同的定義經常造成混淆。接著介紹幾個營運現金流量的不同定義及它們之間的關聯。

　　在下面的討論中，請記住現金流量代表流入的現金減掉流出的現金。各種不

同的營運現金流量定義，其差別只在於以不同的方法整理銷貨額、成本、折舊和稅這些基本資料，來求得現金流量。

假設下列數字是某個專案在某年的估計值：

銷貨＝$1,500
成本＝$700
折舊＝$600

因此，EBIT 為：

息前稅前盈餘＝銷貨－成本－折舊
　　　　　　＝$1,500－700－600
　　　　　　＝$200

假設沒有利息支出，所以稅額為：

稅＝EBIT×T
　＝$200×0.34＝$68

其中，T 是公司稅率，為 34%。

把所有的數字湊在一起，得到專案的營運現金流量（OCF）：

OCF＝EBIT＋折舊－稅
　　＝$200＋600－68＝$732

除此之外，還有其他方法可以求得 OCF，下面介紹這些方法。

由下往上法

在計算專案 OCF 時，排除了所有的融資費用（例如利息），因此專案的淨利可以寫成：

專案淨利＝EBIT－稅
　　　　＝$200－68
　　　　＝$132

如果等式兩邊都加上折舊，就可以得到一個常見的 OCF 公式：

OCF＝淨利＋折舊　　　　　　　　　　　　　　　　　　　　[10.1]
　　＝$132＋600
　　＝$732

這就是由下往上法（bottom-up approach）。在這裡，我們從會計報表的淨利開始，逐一加回所有非現金費用，例如折舊。要記住，只有當利息費用未從淨利內扣除時，上述營運現金流量公式（淨利加上折舊）才是正確的。

以鯊魚引餌專案為例，淨利為 $21,780，折舊為 $30,000，所以由下往上的計算為：

$$OCF = \$21,780 + 30,000 = \$51,780$$

這正是前面所算出的答案。

由上往下法

下面是 OCF 最簡明的計算方法：

$$OCF = 銷貨 － 成本 － 稅 \qquad [10.2]$$
$$= \$1,500 － 700 － 68 = \$732$$

這就是所謂的由上往下法（top-down approach），OCF 定義的第二種變化型態。我們從損益表的最上端銷貨開始，一路往下減掉成本、稅及其他費用，以求得淨現金流量。整個計算過程中，我們只是排除掉非現金項目，例如折舊。

以鯊魚引餌專案為例，我們可以利用由上往下法求得現金流量。銷貨為 $200,000，總成本（固定加變動成本）為 $137,000，稅額為 $11,220，所以算出 OCF 為：

$$OCF = \$200,000 － 137,000 － 11,220 = \$51,780$$

正是前面所求得的答案。

稅盾法

OCF 定義的第三種變化型態是稅盾法（tax shield approach）。稅盾法有助於我們了解下一節的課題。稅盾法的 OCF 定義為：

$$OCF = (銷貨 － 成本) \times (1 － T) + 折舊 \times T \qquad [10.3]$$

上式中，T 是公司稅率。假設 $T = 34\%$，則 OCF 應為：

$$OCF = (\$1,500 － 700) \times 0.66 + \$600 \times 0.34$$
$$= \$528 + 204$$
$$= \$732$$

與前面求得的答案是一樣的。

這種方法把 OCF 拆成兩個部份，第一部份未考慮折舊時的專案現金流量。在這個例子裡就是 $528。

第二部份是折舊乘以稅率，稱為折舊稅盾（depreciation tax shield）。折舊是非現金費用，折舊費用所對現金流量的影響就是稅額減少了，這對公司有利。在現行的 34% 稅率下，每 $1 的折舊費用就可以節省 $0.34 的稅。所以在這個例子裡，$600 的折舊為我們節省了 $600×0.34＝$204 的稅。

以鯊魚引餌專案為例，折舊稅盾是 $30,000×0.34＝$10,200。銷貨減成本的稅後收入是 ($200,000−137,000)×(1−0.34)＝$41,580。把這兩個數字加總，就得到 OCF：

OCF＝$41,580＋10,200＝$51,780

所以，稅盾法和前面的方法是完全一樣的。

結　論

既然這些方法都得到同樣結果，為何大家不單採用其中一種方法呢？原因之一是，不同方法適用在不同的情況下，在下一節你將經歷這個原因。所謂最好的方法就是能最方便解決手上問題的方法。

> **觀 念 問 題**
>
> **10.5a** 說明營運現金流量由上往下及由下往上兩種方法的定義？
> **10.5b** 何謂折舊稅盾？

10.6　折現現金流量分析的特殊案例

本章最後探討折現現金流量分析中常見的三種案例。第一種以增進效能為主要目的，以求降低成本。第二種是公司以競標為其目的，而進行投資分析。最後一種則在各種不同經濟使用年限的設備間作抉擇。

還有其他許許多多的特殊案例，但這三種是較重要，因為我們經常碰到這三種案例。它們同時也展示了現金流量分析和折現現金流量（DCF）評價在各方面的應用。

評估降低成本的專案

我們經常要面臨是否提升目前設備,使它們更具成本效益的決策。這個課題在評估所節省的成本是否大於所需的資本支出。

舉例來說,假設我們要把現有的部分生產設備自動化。購置及安裝設備的成本為 $80,000,但是自動化後可以降低人工及物料成本每年 $22,000(稅前)。為了簡化起見,假設該設備耐用五年,並以直線法在年限內攤提折舊至零。五年後,這個設備的實際價值將是 $20,000。我們應該進行這項自動化專案嗎?假設稅率為 34%,折現率為 10%。

進行決策分析的第一步是分辨出攸關的增額現金流量。首先,決定攸關的資本支出相當容易。最初成本為 $80,000,五年後的帳面價值為零,所以稅後殘值為 $20,000×(1-0.34)=$13,200。其次,這個例子沒有淨營運資金效果,所以不必煩惱淨營運資金的變動。

最後一部份是營運現金流量。買進新設備對營運現金流量有兩點的影響。第一點,每年在稅前可節省 $22,000。換言之,公司的營業收入增加了 $22,000,所以這是攸關的增額專案營業收入。

第二點,也是常被忽略的,我們有額外的折舊費用。在這個例子裡,每年折舊為 $80,000/5=$16,000。

專案的營業收入為 $22,000(每年稅前成本節省),折舊為 $16,000,採行該專案將使公司的 EBIT 增加 $22,000-16,000=$6,000,這就是專案的 EBIT。

最後,公司的 EBIT 上升了,稅額也將增加 $6,000×0.34=$2,040。因此,營運現金流量為:

息前稅前盈餘	$ 6,000
+折舊	16,000
-稅	2,040
營運現金流量	$19,960

所以,稅後營運現金流量是 $19,960。

以另一種方法求算營運現金流量,或許會更易了解。道理其實相當簡單。第一,成本的節省增加了稅前收入 $22,000,但這筆收入是必須付稅的,所以稅額增加了 0.34×$22,000=$7,480。換言之,稅前收入的 $22,000 相當於稅後收入的 $22,000×(1-0.34)=$14,520。

第二,$16,000 折舊並非有現金流出,但是它減少了稅額 $16,000×0.34=

$5,440。第一和第二部份現金流量加起來就是 $14,520＋5,440＝$19,960，正如前面的答案。$5,440 就是前面介紹的折舊稅盾，所以我們運用稅盾法求算營運現金流量。

現在，我們完成了個別分析，攸關的現金流量為：

	年					
	0	1	2	3	4	5
營運現金流量		$19,960	$19,960	$19,960	$19,960	$19,960
資本支出	－$80,000					13,200
總現金流量	－$80,000	$19,960	$19,960	$19,960	$19,960	$33,160

在 10% 的折現率下，專案的 NPV 為 $3,860，所以應該著手進行自動化。

範例 10.3　買或不買的決策分析

我們正考慮購買一套 $200,000 的電腦存貨管理系統。該系統將在四年年限內以直線法攤提折舊至零。屆時該系統的市場價值為 $30,000。這套系統可以節省 $60,000 的稅前存貨管理成本，公司攸關稅率為 39%。因為新設備比現有的設備更有效率，所以可以降低存貨量，因而可回收 $45,000 的淨營運資金。在 16% 的折現率下，NPV 是多少呢？這項投資的 DCF 報酬率（IRR）又是多少呢？

首先計算營運現金流量。稅後成本節省了 $60,000×(1－0.39)＝$36,600，每年折舊為 $200,000/4＝$50,000，所以折舊稅盾為 $50,000×0.39＝$19,500。因此，每年營運現金流量為 $36,600＋19,500＝$56,100。

購買該系統需要 $200,000 的資本支出，稅後系統殘值為 $30,000×(1－0.39)＝$18,300。最後，要注意一個小問題。因為該系統降低了營運資金的需求，所以期初可回收 $45,000 的淨營運資金。在專案結束時，我們必須再投入這筆營運資金。這其中的涵義是：當系統在運作時，可以把 $45,000 運用在其他地方。

最後，我們算出總現金流量如下所示：

	年				
	0	1	2	3	4
營運現金流量		$56,100	$56,100	$56,100	$56,100
增額 NWC	$ 45,000				－45,000
資本支出	－200,000				18,300
總現金流量	－$155,000	$56,100	$56,100	$56,100	$29,400

在 16% 的折現率下，NPV 為 －$12,768，所以這項投資並不值得。使用試誤法發現，折現率為 11.48% 時，NPV 為零。所以，這項投資的 IRR 大約是 11.5%。

決定投標價格

之前，我們使用折現現金流量來評估新產品。另外一種（是相當常見）情況是，我們使用折現現金流量來決定競標的標價。在競標情況下，競標價格最低者就是贏家。

關於競標，有一句古老的諺語：「標低價者犯最大的錯誤。」這就是所謂贏家的詛咒（winner's curse）；換句話說，如果你贏了，可能是標價太低了。接著，我們就來研究如何訂定標價才能避免這種贏家的詛咒。下面的過程也有助於公司決定其產品或服務的價格。

正如其他的資本預算計畫一樣，你必須將所有相關的現金流量列入考慮。例如，產業分析師估計，微軟 Xbox 360 遊戲機組裝前的零件物料成本大約是 $470，其他配件包含電源線、電纜線及操控器將增加 $55 成本；因此，一台零售價訂為 $399 的 Xbox 360 遊戲機，將為微軟帶來重大虧損，為何售價要訂在成本之下呢？微軟公司相信遊戲軟體的銷售，將促使 Xbox 360 遊戲機變成有利可圖的專案。

為了說明如何訂定標價，假設我們的行業是買入拆卸後的卡車平台，再依顧客的需求改裝出售。某家配銷公司公開招標 20 輛改裝車，每年交車五輛，共計四年的合約。

我們要決定每輛卡車的標價。這個標案的分析重點，就是決定有利可圖的最低標價。如此一來，我們不僅有最大機會贏得該合約，同時也可避免贏家的詛咒。

假設我們以每輛 $10,000 買入卡車平台，而所需的設備每年租金為 $24,000。改裝每輛卡車需要 $4,000 的人工和材料成本。因此，每年的總成本是 $24,000 ＋ 5×(10,000＋4,000)＝$94,000。

我們必須投資 $60,000 的新設備，這項設備在四年期限內採直線法折舊至零。屆時，該設備仍有市值 $5,000。另外，還必須投資 $40,000 在原料存貨和其他的營運資金上。相關稅率是 39%。如果必要報酬率是 20%，每輛卡車的標價應訂為多少？

我們先計算資本支出和淨營運資金投資。期初必須花 $60,000 買新設備，期

末稅後殘值為 $5,000×(1－0.39)＝$3,050$。而且期初須投資 $40,000 在營運資金上，並於四年後回收。

我們尚無法算出營運現金流量，因為還不確定銷售價格（也就是我們的標價）是多少。到目前為止，我們有下列的資料：

	年				
	0	1	2	3	4
營運現金流量		＋OCF	＋OCF	＋OCF	＋OCF
NWC 變動額	－$ 40,000				$40,000
資本支出	－ 60,000				3,050
總現金流量	－$100,000	＋OCF	＋OCF	＋OCF	＋OCF＋$43,050

我們所能設定的最低價格（或競標價格），就是在 20% 折現率下，使標案的淨現值等於零。在此價格下，報酬率正好是 20%。

所以，我們要找出營運現金流量是多少時，才會使 NPV 等於零。首先，我們算出最後一年的非營運現金流量 $43,050 的現值，然後將這現值從期初投資 $100,000 內扣掉：

$$\$100,000-\$43,050/1.20^4=\$100,000-20,761=\$79,239$$

總現金流量的時間線就變為：

	年				
	0	1	2	3	4
總現金流量	－$79,239	＋OCF	＋OCF	＋OCF	＋OCF

現在營運現金流量就類似於一個普通年金。在折現率 20% 下，四年年金現值因子為 2.58873，所以我們算出：

$$NPV=0=-\$79,239+OCF\times2.58873$$

OCF 為：

$$OCF=\$79,239/2.58873=\$30,609$$

所以，每年營運現金流量是 $30,609。

至此，我們尚未完成分析。最後要找出使營運現金流量等於 $30,609 的銷售價格。最簡單的求法是把營運現金流量寫成淨利加上折舊（即由下往上法）。在

這裡，折舊是 $60,000/4＝$15,000，則淨利必須是：

營運現金流量＝淨利＋折舊
$30,609＝淨利＋$15,000
淨利＝$15,609

由此，我們便可沿著損益表往回推。如果淨利是 $15,609，則損益表如下所示：

銷貨	?
成本	$94,000
折舊	15,000
稅（39%）	?
淨利	$15,609

所以，銷貨為：

淨利＝(銷貨－成本－折舊)×(1－T)
$15,609＝(銷貨－$94,000－$15,000)×(1－0.39)
銷貨＝$15,609/0.61＋94,000＋15,000
　　＝$134,589

每年的銷貨為 $134,589。因為該合約為每年五輛卡車，故每輛卡車銷售價格為 $134,589/5＝$26,918。如果取整數，則每輛卡車投標價格約 $27,000。如以這個價格得標，那麼報酬率將超過 20%。

評估不同經濟年限的設備

最後一種的案例是如何在不同的系統、機器設備或生產過程方案中作挑選。目標是選出最具成本效益的方案。當下列兩種特殊情況出現時，才須使用這裡介紹的方法。第一，所評估的方案有不同的經濟年限；第二，不管採用哪套方案，我們會一直使用它。也就是說，當一項設備已耗損殆盡而不能再用時，就須重置新的。

我們用一個簡單的例子說明這種問題。想像我們是從事印造金屬半組合品的生產。如果打印機器磨損了，就必須換一個新的，以繼續營運。我們正想從兩種打印機器中挑選其中一種。

機器 A 的成本為 $100，每年的營運成本為 $10，每兩年就得更換一次；機器 B 的成本為 $140，每年的營運成本為 $8，可以使用三年，然後就必須更換。若不考慮稅，在 10% 的折現率下，我們應該選哪一組機器呢？

在比較這兩種機器時，機器 A 的購買成本較低，但它的營運成本較高，且耗損也較快。我們應該如何評估這些優缺點呢？首先，先計算這兩種機器的成本現值：

機器 A：PV＝－$100＋(－10/1.1)＋(－10/1.1^2)＝－$117.36

機器 B：PV＝－$140＋(－8/1.1)＋(－8/1.1^2)＋(－8/1.1^3)
　　　　＝－$159.89

請注意，這裡的數字都是成本，所以帶有負號。如果我們只看到這裡，可能會以為機器 A 比較吸引人，因為它的成本現值較低。然而，機器 A 的 $117.36 可供使用兩年，而機器 B 的 $159.89 則可供使用三年。因為它們的使用年限並不相同，所以無法直接比較。

我們必須找出這兩種方案的每年成本。所以問題是：「在機器的使用年限內，每年平均使用費用是多少，其現值的總和才會等於上述機器的成本現值呢？」這個平均使用費用就稱為約當年度成本（equivalent annual cost, EAC）。

計算 EAC 就是要找出這個未知的使用費用。例如，以機器 A 來說，就是在 10% 折現率下，找出現值為 －$117.36 的兩年期普通年金。由第 6 章內容可知兩年年金現值因子為：

年金因子＝(1－1/1.10^2)/0.10＝1.7355

對機器 A 而言，EAC 為：

機器的成本現值＝－$117.36＝EAC×1.7355

EAC＝－$117.36/1.7355
　　＝－$67.62

對機器 B 而言，其使用年限為三年，所以三年年金現值因子為：

年金因子＝(1－1/1.10^3)/0.10＝2.4869

所以機器 B 的 EAC 為：

機器的成本現值＝－$159.89＝EAC×2.4869

EAC＝－$159.89/2.4869
　　＝－$64.29

根據以上的分析，我們應該購買機器 B，因為它的 EAC 為 $64.29，相對低於機器 A 的 EAC 為 $67.62。換言之，機器 B 比較便宜。在這個例子裡，較長的使用

年限及較低營運成本的優勢抵銷了較高的購買價格。

範例 10.4 約當年度成本

這個例子探討納稅的困擾，EAC 會有什麼變化。有兩種汙染控制裝備可供挑選。過濾系統的安裝成本為 $110 萬，每年的稅前操作成本為 $60,000，每五年必須更換一次。沉澱系統的安裝成本為 $190 萬，但每年只需要 $10,000 的稅前操作成本，使用年限為八年。兩種系統均採直線法折舊，且皆無殘值。在 12% 折現率下，我們應該選哪一種裝備呢？假設稅率為 34%。

因為兩種裝備的經濟使用年限不同，且耗損後必須重新購置，所以計算它們的 EAC。攸關資料匯總如下：

	過濾系統	沉澱系統
稅後營業成本	−$ 39,600	−$ 6,600
折舊稅盾	74,800	80,750
營運現金流量	$ 35,200	$ 74,150
經濟年限	5 年	8 年
年金因子（12%）	3.6048	4.9676
營運現金流量現值	$ 126,888	$ 368,350
資本支出	− 1,100,000	− 1,900,000
總成本的 PV	−$ 973,112	−$1,531,650

請注意，兩者的營運現金流量都是正的，這是因為高額的折舊稅盾所造成。只要營運成本比購買價格低，就可能發生這種情形。

為了決定購買哪一個系統，我們各以其所適用的年金現值因子來計算 EAC：

過濾系統： $-\$973,112 = EAC \times 3.6048$
$EAC = -\$269,951$

沉澱系統： $-\$1,531,650 = EAC \times 4.9676$
$EAC = -\$308,328$

過濾系統較便宜，所以選擇它。這個例子不同於上例之處是，沉澱系統的較長使用年限及較低營運成本的優勢並不足以抵銷其較高的最初購買成本的劣勢。

觀念問題

10.6a 在訂定競標價格時，常以 NPV 為零作為基準。為何這樣做是恰當的？

10.6b 什麼情況下，必須注意機器的不同使用年限問題？如何解釋 EAC？

10.7　總　結

本章介紹如何整合折現現金流量分析。本章內容涵蓋：

1. 辨認攸關的專案現金流量。我們討論專案的現金流量及其他經常遭遇的相關問題，包括沉入成本、機會成本、融資成本、淨營運資金和侵蝕。
2. 編製並使用預估財務報表。我們示範了如何使用這些財務報表以求出預估的現金流量，同時也介紹營運現金流量的其他定義。
3. 淨營運資金和折舊對專案現金流量的影響。將淨營運資金的變動納入分析是很重要的，因為它調整了會計收入和成本與現金收入和現金成本間的差異。此外，也討論現行稅法有關折舊費用的攤提。
4. 介紹折現現金流量分析的一些特殊案例。我們探討了三種特殊案例：降低成本的投資案例、訂定競標價格的案例，以及機器不等使用年限的案例。

折現現金流量分析是商業界慣用的分析工具。因為它很好用，所以要特別小心。最重要的是現金流量的認定要符合經濟概念。本章介紹了這些基本概念。

財務連線

假如你的課程有使用 Connect™ Finance 的話，請上線做個練習測驗（Practice Test），看一看學習輔助工具，及你需要哪些額外練習。

▼ Chapter 10 Making Capital Investment Decisions			
10.1 Project Cash Flows: A First Look	eBook	Study	Practice
10.2 Incremental Cash Flows	eBook	Study	Practice
10.3 Pro Forma Financial Statements and Project Cash Flows	eBook	Study	Practice
10.4 More about Project Cash Flow	eBook	Study	Practice
10.5 Alternative Definitions of Operating Cash Flow	eBook	Study	Practice
10.6 Some Special Cases of Discounted Cash Flow Analysis	eBook	Study	Practice

Section Quiz

你能回答下列問題嗎？

10.1 依據專案攸關現金流量來進行專案分析就是所謂的＿＿＿＿。

10.2 哪些項目不應列為專案的增額現金流量？

10.3 某項專案的預估銷貨是 $62,000，成本是 $48,000，折舊費用是 $6,200，稅率是 34%，這項專案的營運現金流量是多少呢？

10.4 某項資產的成本是 $24,000，適用三年期間的修正後 ACRS 折舊率。請問，第二年的折舊金額是多少呢？

10.5 某家公司今年的銷貨是 $92,000，成本是 $46,000，稅額是 $21,000。請問，營運現金流量是多少呢？

10.6 某家公司接受一項專案，假如專案的公司報標價格等於產品售價，那麼公司將賺得多少報酬率？

登入找找看吧！

自我測驗

10.1 專案 X 的資本預算 根據下列專案 X 的資訊，是否應該進行這項投資？請先編製每年的預估損益表，然後計算營運現金流量，最後決定總現金流量，再計算 28% 必要報酬率下的 NPV。稅率為 34%。可以參考課文中所介紹鯊魚引餌和電動枝葉絞碎機的例子。

專案 X 是一種新型直排滑輪。每年可以每單位 $1,000 的售價賣出 6,000 單位。每單位變動成本為 $400，該產品有四年的壽命。

固定成本為每年 $450,000，並且必須在製造設備上投資 $1,250,000。這套

設備屬於耐用七年的 MACRS 財產類別。四年後,設備價值為購買價格的一半。一開始時,必須投資 $1,150,000 在淨營運資金上。之後,淨營運資金需求為銷貨的 25%。

10.2 計算營運現金流量　Mont Blanc Livestock Pens 公司的擴張專案將提升第二年銷貨為 $1,650,正常情形下,成本為銷貨額的 60%,即 $990;折舊費用為 $100,稅率為 35%。請問,營運現金流量是多少?請分別用本章所描述的各種方法計算(包括由上往下法、由下往上法和稅盾法)。

10.3 花錢來省錢?　為了幫你回答本題,請參考範例 10.3 的電腦化存貨管理系統。在此,我們想以新的自動監視系統取代目前的保全系統。新系統的取得成本為 $450,000,這些成本將在其四年使用年限內以直線法折舊至零。該系統在四年後的預期市場價值是 $250,000。

新系統每年可以節省稅前成本 $125,000。稅率為 34%,則採用此新系統的 NPV 和 IRR 各是多少?必要報酬率為 17%。

自我測驗解答

10.1 為了編製預估損益,我們必須計算每一年的折舊費用。攸關的 MACRS 百分比、折舊抵減及帳面價值為:

年	MACRS 百分比	折舊	期末帳面價值
1	14.29%	0.1429 × $1,250,000 = $178,625	$1,071,375
2	24.49	0.2449 × 1,250,000 = 306,125	765,250
3	17.49	0.1749 × 1,250,000 = 218,625	546,625
4	12.49	0.1249 × 1,250,000 = 156,125	390,500

因此,預估的損益表如下:

	年 1	年 2	年 3	年 4
銷貨	$6,000,000	$6,000,000	$6,000,000	$6,000,000
變動成本	2,400,000	2,400,000	2,400,000	2,400,000
固定成本	450,000	450,000	450,000	450,000
折舊	178,625	306,125	218,625	156,125
息前稅前盈餘	$2,971,375	$2,843,875	$2,931,375	$2,993,875
稅(34%)	−1,010,268	−966,918	−996,668	−1,017,918
淨利	$1,961,108	$1,876,958	$1,934,708	$1,975,958

根據這些資料，營運現金流量為：

	年			
	1	2	3	4
息前稅前盈餘	$2,971,375	$2,843,875	$2,931,375	$2,993,875
折舊	178,625	306,125	218,625	156,125
稅	−1,010,268	−966,918	−996,668	−1,017,918
營運現金流量	$2,139,732	$2,183,082	$2,153,332	$2,132,082

接著，我們必須考慮非營運現金流量。淨營運資金剛開始時為 $1,150,000，然後增加到銷貨額的 25%，即 $1,500,000。所以，增額淨營運資金為 $350,000。

而且我們必須在專案一開始時投資 $1,250,000。四年後，這項投資的帳面價值為 $390,500，相對於 $625,000（即成本的一半）的估計市價。因此，稅後的殘值為 $625,000−0.34×($625,000−390,500)＝$545,270。

整合這些資訊後，就可以得到專案 X 的預估現金流量：

	年				
	0	1	2	3	4
營運現金流量		$2,139,732	$2,183,082	$2,153,332	$2,132,082
NWC 變動額	−$1,150,000	−350,000			1,500,000
資本支出	−1,250,000				545,270
總現金流量	−$2,400,000	$1,789,732	$2,183,082	$2,153,332	$4,177,352

在 28% 下，這些現金流量的 NPV 為：

$$NPV = -\$2,400,000 + 1,789,732/1.28 + 2,183,082/1.28^2 + 2,153,332/1.28^3 + 4,177,352/1.28^4$$

$$= \$2,913,649$$

所以，該專案利潤不賴。

10.2 首先，我們要計算專案的 EBIT、稅和淨利：

$$EBIT = 銷貨 - 成本 - 折舊$$
$$= \$1,650 - 990 - 100 = \$560$$
$$稅 = \$560 \times 0.35 = \$196$$
$$淨利 = \$560 - 196 = \$364$$

所以，營運現金流量為：

$$OCF = EBIT + 折舊 - 稅$$
$$= \$560 + 100 - 196$$
$$= \$464$$

利用另外三種 OCF 定義，可以求出：

由下往上 OCF＝淨利＋折舊
$$= \$364 + 100$$
$$= \$464$$

由上往下 OCF＝銷貨額－成本－稅
$$= \$1,650 - 990 - 196$$
$$= \$464$$

稅盾 OCF＝(銷貨－成本)×(1－0.35)＋折舊×0.35
$$= (\$1,650 - 990) \times 0.65 + 100 \times 0.35$$
$$= \$464$$

如所預期的，三者的答案都一樣。

10.3 $125,000 的稅前節省，等於稅後節省 (1－0.34)×$125,000＝$82,500。每年折舊額為 $450,000/4＝$112,500，所以每年有 0.34×$112,500＝$38,250 的稅盾。加總起來，營運現金流量為 $82,500＋38,250＝$120,750。四年後的帳面價值為零，所以稅後的殘值為 (1－0.34)×$250,000＝$165,000。沒有營運資金效果，所以現金流量為：

	\multicolumn{5}{c}{年}
	0	1	2	3	4
營運現金流量		$120,750	$120,750	$120,750	$120,750
資本支出	－$450,000				165,000
總現金流量	－$450,000	$120,750	$120,750	$120,750	$285,750

你可以驗算一下，NPV 為 －$30,702，而且這個新系統的報酬只有 13.96%。所以，該專案無利可圖。

觀念複習及思考

1. **機會成本** 在資本預算裡，何謂機會成本？
2. **折舊** 如果可以選擇的話，公司會偏愛MACRS折舊法還是直線折舊法？為什麼？
3. **淨營運資金** 在我們的資本預算例子裡，假設公司可以回收所有投資在專案的營運資金。這是個合理的假設嗎？在什麼情況下，這個假設並不適用？
4. **獨立專案** 假設一位財務經理說：「我們公司採用獨立原則。因為在評估過程中，把專案視為迷你公司。而且，我們考慮了融資成本，因為對公司而言，這是攸關的。」針對以上敘述，你有什麼看法？
5. **EAC** 在什麼情況下，EAC分析法適合用來比較兩個或兩個以上的專案？為什麼？這種方法隱含什麼讓人困擾的假設？請解釋。
6. **現金流量與折舊** 「評估專案時，我們只關心攸關的稅後增額現金流量。因為折舊並非現金費用，所以在評估專案時，我們不考慮它的影響。」針對這段話，說說你的看法。
7. **資本預算考量** 一家大學教科書出版商目前已經有財務教科書。這家出版商正在考慮是否發行內容較少、價格較低的「精簡版」。應該考慮哪些因素？

　　回答下面三個問題時，請參閱下述的例子。在2003年年初，保時捷（Porsche）汽車公司宣佈推出Cayenne休旅車種，訂價每部$40,000，車速可在9.7秒間由0加速至62英里。保時捷的這項決定主要是受到其他車廠在這個市場成功的影響，例如，Mercedes-Benz的新型M-class。這些車種利潤豐厚。保時捷公司此型Cayenne迅速炒熱了SUV休旅車市場，保時捷並隨後又推出Turbo車種，車速改進為4.4秒內加速至60英里，最高時速171英里。在2011年定價為何？大約$105,000！

　　有些分析師卻質疑保時捷公司的決策，認為保時捷太晚進入這個市場，並擔心如此一來，可能破壞保時捷原本生產高級名車的聲譽。

8. **侵蝕** 在評估Cayenne專案時，有什麼可能情況會使得保時捷的聲譽產生侵蝕的？
9. **資本預算** 保時捷公司並非唯一覬覦休旅車市場的製造商。為什麼會一家公司決定要進入一個別家都不想進入的市場呢？

10. **資本預算** 在評估Cayenne專案時，你認為保時捷公司對市場現存的高邊際利潤，應該作何假設呢？當保時捷和其他公司進入這個市場後，這種高邊際利潤的現象還可能繼續維持嗎？保時捷可以其公司之好形象保有此高利潤嗎？

問　題

初級題

1. **攸關現金流量** Parker & Stone公司正考慮在South Park設一新廠生產園藝器材。公司在六年前以$500萬買了一塊地，預計作為倉庫及配銷中心，可是公司當時就決定向一個競爭對手租用這些設備。如果現在賣掉這塊地，公司可淨收回$530萬。公司想要利用這塊地建新廠，工廠的興建成本為$1,250萬，而興建之前需花$770,000整地。請問，這個專案的固定資產的期初現金流量投資是多少？為什麼？

2. **攸關現金流量** Winnebagel公司目前每年銷售30,000輛，每輛售價$68,000的旅行車和12,000輛每輛$105,000的高級休旅車。公司想要引進一種較輕便的露營車以填補它的生產線，希望能每年賣25,000輛，每輛賣$14,000。一位顧問表示，如果引進這種新車，每年應該會抬高目前的旅行車銷售2,400輛，但是高級休旅車的銷售量每年將減少1,100輛。請問，在評估這個專案時，年銷貨數字應該是多少？為什麼？

3. **計算預估的淨利** 某項新投資專案的預估銷貨額為$750,000，變動成本為銷貨額的55%，固定成本為$164,000，折舊為$65,000。假設稅率為35%，請編製預估損益表，並指出預估的淨利是多少？

4. **計算OCF** 參閱下列損益表：

銷貨	$682,900
成本	437,800
折舊	110,400
EBIT	?
稅（34%）	?
淨利	?

在空格中填入正確數字，然後計算OCF，並求出折舊稅盾是多少？

5. **以不同方法求OCF** 某項新專案預估銷貨為$125,000，成本為$59,000，折舊

為 $12,800，稅率為 35%。請用本章提及的四種不同方法計算營運現金流量，並驗證求得的答案是一樣的。

6. **計算折舊** 某項新購買的工業設備成本為 $975,000，屬於 MACRS 下的耐用七年財產類別。請計算該設備年折舊額及年底帳面價值。

7. **計算殘值** 某項資產的成本為 $640,000，採直線法在八年年限內提列折舊至零。該資產使用在一個五年期專案中，專案結束時該資產可以 $175,000 的價格出售。若攸關稅率是 35%，出售該資產的稅後現金流量是多少？

8. **計算殘值** 一項用於四年期專案的資產被歸類為耐用五年的 MACRS 財產類別。這項資產的取得成本為 $610 萬，專案結束時，可以賣得 $130 萬。若攸關稅率為 35%，此資產的稅後殘值為多少？

9. **計算專案的 OCF** Keiper 公司正考慮一項三年期的擴張專案，該專案初始固定資產須投入 $270 萬。該固定資產將在它的三年年限內以直線法攤提折舊至零，到時該資產將無任何價值。預估這個專案每年可以創造 $208 萬的銷貨額，而成本為 $775,000。若稅率為 35%，則 OCF 為多少？

10. **計算專案的 NPV** 在前一題中，假設必要報酬率為 12%，則專案的 NPV 應為多少？

11. **計算專案中來自資產的現金流量** 在前一題中，假設該專案最初需要 $300,000 的淨營運資金投資，且專案結束時固定資產的市價為 $210,000。請分別算出專案在第零年、第一年、第二年及第三年的現金流量。並求新 NPV 值。

12. **NPV 和 MACRS** 在前一題中，假設固定資產實際上是屬於耐用三年的 MACRS 資產類別。其他所有資訊不變，則其第一年至第三年的淨現金流量各為多少？新 NPV 值為多少？

13. **專案評估** Dog Up! Franks 正考慮安裝成本為 $480,000 的新熱狗生產系統。這筆成本將在專案的五年年限內以直線法攤提折舊至零，屆時該系統可賣得 $70,000。這個系統可以為公司每年節省 $160,000 的稅前營業成本，但是期初需要 $29,000 的淨營運資金投資。若稅率為 34%，折現率為 10%，此專案的 NPV 為多少？

14. **專案評估** 你的公司正想花 $580,000 購買一套新電腦化訂單系統。該系統將以直線法在五年年限內攤提折舊至零，屆時價值為 $60,000。公司每年將節省 $210,000 的稅前訂單處理成本，也可降低 $75,000 的淨營運資金投資。若稅率為 35%，請問此專案的 IRR 為多少？

15. **專案評估** 在前一題中，假設該專案的必要報酬率為 15%，且每年的稅前成

本節省只有 $200,000。你會接受該專案嗎？如果每年的稅前成本節省只有 $150,000 呢？當稅前成本節省為多少時，接受該專案與否沒有差別？

16. **計算 EAC**　某一項五年期專案的期初固定資產投資為 $310,000，期初 NWC 投資為 $30,000，年 OCF 為 $-$29,000。固定資產在專案期限內全部折舊完畢，沒有殘值。如果必要報酬率為 11%，請計算此專案的 EAC。

17. **計算 EAC**　你正在評估兩種不同的磨粉機。其中 Techron I 的成本為 $240,000，可用三年，稅前的營業成本為每年 $63,000，而 Techron II 的成本為 $420,000，耐用五年，稅前的營業成本為每年 $36,000。兩者皆採用直線法在專案期限內折舊至零，並假設專案結束時的機器殘值皆為 $40,000。若稅率為 35%，折現率為 10%，請計算兩者的 EAC。你會選哪一種？為什麼？

18. **計算投標價格**　Dahlia 企業在未來五年中，每年需要 120,000 箱的螺絲，以應付其製造上的需要。決定參加競標，以爭取這項合約。安裝所需生產設備的成本為 $870,000，採用直線法在專案年限內折舊至零。你預估這項設備五年後的殘值為 $70,000。每年固定成本為 $325,000，變動成本為每箱 $10.30，並且專案一開始時需要投入 $75,000 在淨營運資金上。若稅率為 35%，必要報酬率為 12%，請問你的投標價格是多少？

進階題

19. **成本削減專案**　Purple Haze Machine Shop 正考慮一項提升生產效率的四年期專案。一部新壓縮機的成本為 $470,000，估計每年可以節省稅前成本 $190,000。該機器屬於耐用五年的 MACRS 財產類別，專案結束時，機器的殘值為 $80,000。此外，一開始時，它必須投資 $20,000 在零件存貨上，之後每年需要額外投入 $2,500 在存貨上。若該商店的稅率為 35%，折現率為 9%，Purple Haze Machine Shop 應該購買這部機器嗎？

20. **比較互斥專案**　Lang Industrial Systems 公司要在兩種輸送帶系統中選擇其中一種。系統 A 成本為 $240,000，四年年限，每年稅前營業成本為 $75,000。系統 B 成本為 $340,000，六年年限，每年稅前營業成本為 $69,000。兩者皆採直線法在其耐用年限內攤提折舊至零，殘值亦皆為零。不管是選哪一個系統，耗損後都不再重置。若稅率為 34%，折現率為 8%，公司應該選擇哪個系統呢？

21. **比較互斥專案**　前一題中，如果公司一直需要輸送帶系統，當一個耗損後，就必須重置一個。那麼，公司現在應該選擇哪一個系統？

22. **計算投標價格**　有一個專案每年供應 100,000 萬張郵票給 U.S. Postal Service，

為期五年。你有間閒置工廠，五年前的成本是 $1,900,000，如果今天出售該廠，扣稅後可以淨得 $2,100,000。五年後，土地可以賣到 $2,300,000 的稅後金額。你必須安裝 $540 萬的新設備，才能印製郵票。設備將採直線法在五年年限內折舊至零，專案結束時，此設備可以賣得 $500,000。另外，專案一開始必須投入 $600,000 的淨營運資金，之後每年需要 $50,000 的額外淨營運資金。每張郵票的印製成本為 $0.05，每年固定成本為 $1,050,000。假設稅率為 34%，本專案的必要報酬率為 12%，那麼你的投標價格是多少？

23. **解釋投標價格** 前一題中，假設你實際上使用的設備是屬於耐用三年的 MACRS 財產類別，而且你認為營運資金可以維持在每年 $25,000 的水準。這些變動對你的投標價格有何影響？

24. **比較互斥專案** Vandalay Industries 公司正考慮買進一生產橫桿的新機器，機器 A 成本是 $3,100,000，年限六年，變動成本佔銷貨的 35%。固定成本每年 $240,000。機器 B 成本是 $5,300,000，年限九年，變動成本是 30%，固定成本每年 $175,000，兩項機器每年的銷售進帳都是 $1,100 萬，必要報酬率為 10%，稅率為 35%，兩者皆按直線法攤提折舊，公司決定要在一架毀損後，再買另一架，請問現在想買哪一架？

25. **EAC** 近年來，小型日光燈（CFLs）愈來愈受消費者歡迎，但它的成本比較低嗎？傳統 60 瓦電燈泡每個成本是 $0.45，使用壽命是 1,000 小時，而一個 15 瓦 CFL 也可以提供相同的照明度，其成本是 $3.40，使用壽命是 12,000 小時。1,000 瓦/小時的電費成本是 $0.121，若你所要求的報酬率是 10%，而使用燈具的時數是每年 500 小時，請求算這兩種燈具的 EAC 各是多少？

26. **損益兩平成本** 前一題的敘述認為選用 CFLs 是不智之舉，然而，電費成本會隨使用地區和使用者身分不同而改變。在西維吉尼亞州，工業用電的每千瓦/小時的電費成本是 $0.04；但在夏威夷州，家庭用電的每千瓦/小時的電費成本是 $0.25。前一題的每千瓦/小時之損益兩平成本是多少呢？

27. **損益兩平重置成本** 前兩題的結果建議，從財務觀點來評估，選用 CFLs 似乎是較佳的選擇，除非消費者是居住在電費相對較便宜的地區，但這樣的結論可能有一個缺陷。假如你的住家使用眾多的傳統電燈泡，每年的使用時數是 500 小時，燈泡的平均剩餘使用時數是 500 小時（你無法辨別這些燈泡的新舊程度），當每千瓦/小時電費為多少時，就值得今天進行更換傳統電燈泡為 CFLs？

28. **資本預算課題** 有關 CFLs 和傳統燈泡之間的評估（詳見第 25～27 題），尚有

下列因素要考量：

(1) 傳統燈泡所產生的熱量高於CFLs。

(2) CFLs價格下降幅度會大於傳統燈泡。

(3) CFLs 會含有微量的汞，對環境會帶來汙染，因此處理破裂和損壞的 CFLs 要特別小心，目前並無適當CFLs回收方式，而傳統燈泡則沒有這方面的問題。

(4) 依照明設備所安裝的位置，更換燈泡的勞力成本並不一定是微不足道。

(5) 在美國，煤炭發電是主要的汞汙染源，但在未來，此汙染源將快速減少。

(6) 在美國，發電是主要的二氧化碳排放來源。

(7) CFLs生產耗費較多的能源與物料，廠房的汞汙染和工人安全是兩大課題。

(8) 假如你安裝CFLs在固定的位置，在CFLs燒壞之前的一段時間，你可能老早換屋搬遷了。

(9) LEDs（light emitting diodes）是目前已在使用中的另一種照明技術，LEDs 比CFLs貴，但LEDs成本也在下降，LEDs的使用壽命比CFLs長，但耗用較少電力，且不含汞。

就定性分析而言，上述這些敘述會如何影響你的 CFLs 和傳統燈泡之間的抉擇？有些國家禁售傳統燈泡，你認為這是明智之舉嗎？除了全面禁售傳統燈泡之外，你認為哪些限制是比較合理的作法？

29. **汰換決策**　你所開設的裝潢公司擁有兩輛工作車，一輛是小型載客車，用在業務上的接洽，另一輛是重型卡車，用在搬運設備。載客車的耗油量是每加侖25英里，卡車是每加侖10英里，為了節省油費，你想提升其中一輛車子的效率，兩輛車子的效率提升成本完全相同，載客車可以提升至每加侖40英里，卡車則是每加侖12.5英里，每加侖的油價是 $3.70，你應該提升哪一輛車子的效率呢？兩輛車子的每年駕駛里程都是12,000英里。

30. **汰換決策**　在前一題中，假設大卡車的每年駕駛里程為 x，那麼載客車的駕駛里程為多少時，才值得提升載客車的效率？（提示：比較所節省的油費。）

迷你個案

Conch Republic Electronics：第一部份

Conch Republic Electronics 是一家位於佛羅里達州 Key West 的中型電子製造商，公司總裁 Shelley Couts 承接了這家公司，當 70 多年前公司被創建時，原先是修理收音機及其他家電用品，後來慢慢擴展成製造產品，現已是馳名的多種電器製造商。Jay McCanless 取得 MBA 學位，受雇於公司的財務部門。

Conch Republic 主要的獲利產品之一是智慧型手機，目前 Conch Republic Electronics 在市場上有一款智慧型手機，銷售情形一直都很好。這型手機很特殊，它有各種熱帶顏色，而且可預先設定播放 Jimmy Buffett 的音樂，但如同其他的電子產品，智慧型手機的技術一日千里，和其他的機型相比，目前這款手機特色有限。Conch Republic Electronics 花了 $75 萬研發新型手機的雛型。此新機型具備目前所有智慧型手機的功能，又多加了手機的功能，諸如 WiFi 連接功能。公司又花費了 $20 萬做市調，以探測新型智慧型手機預期銷售數量。

Conch Republic Electronics 生產這款新型手機的單位變動成本是 $185，而固定成本估計為每年 $530 萬，未來五年期間每年的銷售量預估值分別是 74,000、95,000、125,000、105,000 和 80,000 單位。新型手機售價是 $480，所需生產設備成本 $3,850 萬，採用 MACRS 七年的折舊期限，公司相信五年後設備的價值為 $540 萬。

如前所述，Conch Republic Electronics 目前生產的一款智慧型手機，預計兩年內會停止此機型生產，如果 Conch Republic Electronics 不引進新型的手機，未來兩年的銷售量將分別是 80,000 台和 60,000 台。目前此款智慧型手機的售價是 $310，其他林林總總的花費是每台 $125，每年的固定成本是 $180 萬，如果 Conch Republic Electronics 真的引進新型的手機，舊款手機每年銷售量會減少 15,000 台，且售價必須降低至每台 $275。兩款手機的淨營運資金（NWC）佔銷售額的 20%，而且會隨同年的現金流量同步變化。舉例來說，NWC 並不是在第一年年初就必須支出，而是當銷貨發生時才有 NWC 的投資支出。Conch Republic Electronics 目前的稅率是 35%，應有報酬率為 12%。

Shelley 請 Jay 準備一份報告，以回答下列問題：

問　題

1. 此計畫的還本期間是多少年？
2. 此計畫的獲利指數為何？
3. 此計畫的 IRR 為何？
4. 此計畫的 NPV 為何？

專案分析與評估

11

2010 年夏天，由 Jude Law 和 Forest Whitaker 主演的電影「索命條碼」（*Repo Men*）開始上映。該電影的宣傳詞是「這是你最後的選擇」（Consider them your final choice），很多影評人認同這句宣傳詞。有一位評論者說：「這是一部令人忍受超過享受的影片。」還有其他更尖酸刻薄的批評，說道「我們需要的是一些影藝界的討債打手（repo men）將這部影片拉離電影院」及「教導影片製作系的學生不要拍攝那些影片，*Repo Men* 是最好的範例」。

來看看以下的數字：Universal Pictures 花了將近 $3,200 萬製作這部電影，再加上數百萬美元的行銷及發行費用。不幸的是，對公司而言，*Repo Men* 毀了，全球票房只有 $1,370 萬。事實上，十部電影中大約有四部在票房上會賠錢，常常是透過賣 DVD 來平衡最後的帳面。當然也是有表現非常好的電影，同樣在 2010 年，Pixar Animation 的電影──「玩具總動員第三集」（*Toy Story 3*），製作費用是 $2 億，全球票房賺進了 $4 億 1 千 5 百萬。

顯然 Universal Pictures 沒打算要在 *Repo Men* 賠上 $1 千 8 百萬左右的金額，但它還是發生了。正如 *Repo Men* 在票房所顯示的，專案並非總是如公司所預期的。本章會探索其背後的原因，以及公司能採取哪些措施以避免陷入這些情境。

在前一章中，我們討論了如何確認並建立資本投資決策的相關現金流量。這些現金流量的主要目的是用來計算專案淨現值的預估值。本章則著重在評估這個估計值的可靠性，以及專案分析中的一些其他考量。

首先，我們討論評估現金流量和 NPV 估計值的必要性。接著，我們介紹一些在評估上有用的工具。並探討專案評估中可能出現的困擾與問題。

11.1 評估 NPV 估計值

從第 9 章的討論得知,如果一項投資的市價大於它的成本,則它的 NPV 是正的。這樣的投資能為股東創造價值,所以這項投資是值得的。然而,在辨認這種投資機會時,所遭遇到的最大問題是,並沒有辦法實際觀察到這項投資的市價。相反地,我們要估計它。但我們會自然而然地懷疑這個估計值是否接近正確的數值呢?接下來我們探討這方面的課題。

基本問題

假設我們正在進行前一章所介紹的初步的 DCF 分析。我們謹慎地確認相關的現金流量,排除沉入成本,考量營運資金的需求,並加回所有的折舊,也考慮了可能的侵蝕,且注意到機會成本。最後,重複檢查所有的計算後,得到的 NPV 估計值是正的。

下一步如何?我們就此打住,轉而評估下一個提案嗎?或許不是。正的 NPV 估計值確實是個好現象,但這也意味著我們必須進一步研究這項投資案。

下面兩種狀況均會出現正的 NPV:第一種可能狀況是該專案的 NPV 值真的是正的,這是好消息。第二種可能狀況則是壞消息,因為估計值不精確,致使該專案的 NPV 看起來是正的。

請注意,我們也可能犯相反的錯誤。如果專案的真正的 NPV 是正的,但 NPV 估計值卻是負的,那麼我們就失去了一個有價值的投資機會。

預測的現金流量和實際的現金流量

在這裡,我們要討論一個稍微難以形容的概念。當我們說「第四年的預測現金流量是 $700」時,這是什麼意思呢?現金流量正好是 $700 嗎?絕對不是。當然,也有可能現金流量正好是 $700,果真如此,我們會很訝異,因為 $700 這個預測值是根據目前我們所知的來預測,從現在至所預測的時點間所發生的任何事情都可能改變現金流量。

概略地說,我們真正的意思是:如果把四年期間各種可能的現金流量狀況加以平均,結果是每年現金流量 $700。所以在任何狀況下,我們並不預期所估計的現金流量是完全正確的。我們所期望的是,如果評估很多專案,一般而言,預測值是正確的。

預測風險

DCF 分析中的主要輸入要素是未來現金流量的預估值。如果這些預測值嚴重地錯誤,就形成了典型的垃圾進垃圾出(GIGO)系統。在這種狀況下,無論我們多麼小心地處理這些數據資料,最後的答案會誤導決策的,這是使用 DCF 分析法的危險所在。有時候很容易變成拼湊數字,而忘了背後所代表的經濟意義。

現金流量的錯誤預測而導致不良決策的可能性,稱為預測風險(forecasting risk)或估計風險(estimation risk)。因為有預測風險,所以會有負的 NPV 專案,被誤認為是「正的」的危險。怎麼會有這種可能呢?如果我們對未來過度樂觀,以致於預測的現金流量無法真實地反映可能的未來現金流量,那麼這種情形就會發生。

預測風險有許多種形式,例如,Microsoft 花了數十億美元研發 Xbox 遊戲機,由於技術上較為精良複雜,Xbox 可說是制敵的最佳利器。不幸的是,Microsoft 在 Xbox 上市的最初 14 個月裡,只賣掉 9 百萬台,落在 Microsoft 預期範圍的低點。Xbox 可以算是時下市面上最好的遊戲機,那為何它賣得不好?分析師所給的理由是,為 Xbox 所設計的遊戲軟體少太多了,例如,與 Xbox 比較起來,為 PlayStation 量身打造的遊戲軟體數目就有 2 對 1 的優勢。

到目前為止,我們尚未明確地討論如何處理預測錯誤的可能性。本章的目標之一就是介紹一些工具,有助於找出錯誤存在的地方,以及這些錯誤會在哪裡造成嚴重的傷害。換言之,我們將儘量評估估計值的合理性,以及這些錯誤估計值可能造成的損害。

價值的來源

控制預測風險的第一道防線就是提出疑問:「是什麼因素導致這項投資的 NPV 為正?」我們要能精確地指出價值來源。例如,假設所考慮的提案牽涉到新產品,則我們可能會問:「我們的新產品是否顯著地比競爭對手的好?我們的生產成本較低嗎?或配銷通路更有效率嗎?或能找出未開發的市場利基嗎?或贏得市場的控制權嗎?」

這只是一些潛在價值的來源,還有許多其他來源。例如,2004 年,Google 推出新的 e-mail 免費電子郵件服務。為何要這麼做?像 Microsoft 及 Yahoo! 這類熱門公司都提供了免費的電子郵件服務,而且這些服務顯然都是免費的。答案是 Google 的郵件服務會與其為人所稱道搜尋引擎整合,而成為其優勢,而且提供電子郵件服務,可供 Google 擴張其利潤可觀的關鍵字廣告輸送系統。因

此，Google 郵件服務價值的來源是充分利用其所擁有的網路搜尋及輸送技術專利。

要牢記在心裡的是市場競爭程度這個關鍵因素，經濟學的基本原理指出，在高度競爭的市場內，NPV 為正的投資專案是很稀少的，因此面臨激烈競爭卻似乎有利可圖的專案計畫是特別令人困擾的，此時一定要深入探究此項專案可能會面臨的競爭廠商之反擊。

舉例來說，2008 年對 LCD 電視的需求很高，價格高，零售商的利潤也頗豐，但在 2008 年 LCD 的製造廠商。例如：Samsung 和 Sony，計畫投入數十億美元購買生產設備，以製造 LCD 電視。因此，準備投入此高獲利市場的廠商，都得好好反思一下，幾年後 LCD 電視供應量（及利潤）會如何？事實上，高價格的景況並沒持續多久，在 2011 年，電視機兩年前的 $1 千多售價已下跌到 $400 至 $500 間。

我們也要考慮可能的競爭情況，舉例來說，如果家居修飾零售商 Lowe's 確認了一個還有新開門市店面的機會，如果這家分店成功了，將會發生什麼事？答案是 Home Depot 或其他的競爭者也很可能開新店，因此降低了原先的銷售額及利潤。所以我們心裡要有底，成功會吸引模仿者及競爭者。

記住一點：NPV 為正的投資可能並不是那麼普遍。任何公司中 NPV 為正的專案的個數可以確定是非常有限的。假如我們無法清楚地以一套合理的經濟邏輯，來說明我們的特殊發現與結果的話，對於專案的正 NPV 估計值，我們應該存疑。

觀念問題

11.1a 何謂預測風險？何以財務經理關心預測風險？
11.1b 新專案有哪些潛在的價值來源？

11.2 情境分析與其他「如果－就怎樣」分析

評估現金流量和 NPV 估計值的基本方法牽涉到一些「如果－就怎樣」的問題。因此，我們討論如何有組織地進行「如果－就怎樣」的分析（"What-if" analysis）。這樣做的目的是要評估預測風險的程度，並辨認一項投資成功或失敗的關鍵因素。

前言

我們正在評估一項新專案。自然地，要做的第一件事是根據預測的現金流量來估計 NPV 值，我們稱這種為基本狀況（base case）分析。然而，我們知道這些現金流量預測可能錯誤。因此，基本狀況分析完成後，我們檢視不同的未來假設對估計值的影響。

進行上述的分析方法之一是對專案的每一輸入值分別給予一個上限和下限。例如，假設預估每年銷售 100 單位。這個估計值可能過高或過低，但是我們相當確定不論是偏高或偏低，差距都不會超過 10 單位。因此，我們可以選擇以 90 單位作為下限和 110 單位作為上限。然後，我們可以針對其他不確定的現金流量輸入值，給予上下限。

在選擇上下限時，出現的實際值也有可能落在上下限之外。但是，整體而言，各種可能實際值的平均值（而非估計的平均值）不大可能會落在範圍之外。

舉個例子可以幫助了解這個概念。某一投資專案，成本為 $200,000，期間五年，無殘值，並以直線法折舊至零，必要報酬率為 12%，稅率為 34%。另外，我們收集了下列資料：

	基本狀況	下限	上限
銷售量	6,000	5,500	6,500
每單位價格	$80	$75	$85
每單位變動成本	$60	$58	$62
每年固定成本	$50,000	$45,000	$55,000

根據這些資料，我們可以求得基本狀況的淨利和淨現值：

銷貨	$480,000
變動成本	360,000
固定成本	50,000
折舊	40,000
息前稅前盈餘	$ 30,000
稅（34%）	10,200
淨利	$ 19,800

因此，營運現金流量為每年 $30,000＋40,000－10,200＝$59,800。在 12% 下，五年年金因子為 3.6048。所以，基本狀況 NPV 為：

$$\text{基本狀況 NPV} = -\$200,000 + 59,800 \times 3.6048$$
$$= \$15,567$$

因此，這個專案到目前為止看起來還不錯。

情境分析

「如果－就怎樣」分析的基本型式稱為情境分析（scenario analysis），我們可以進一步問：「如果比較切合實際的銷售量預測應該是 5,500 單位，而非 6,000 單位，結果會怎樣呢？」

當我們分析了其他情境後，也許會發現大部份情境下的 NPV 都是正的。在這樣的情形下，我們會比較有信心來進行這個專案。假如大部份情境下的結果均不佳，那麼預測風險的程度就比較高，必須進一步分析該專案。

我們可以探討各種不同的情境。我們可以從最差的情境開始探討，所得的結果就是專案的最低 NPV。如果結果是正的，表示前景看好。同時，也可探討另一個極端——最佳狀況，所得的結果就是 NPV 的上限。

在最差的狀況下，我們給予每一輸入項最差的數值，也就是說，銷售量與單位價格均取最低值，而成本則取最高值；最佳狀況則正好相反。這些值分別列示如下：

	最差狀況	最佳狀況
銷售量	5,500	6,500
每單位價格	$75	$85
每單位變動成本	$62	$58
固定成本	$55,000	$45,000

根據這些資料，我們可以計算每個情境下的淨利和現金流量：

情境	淨利	現金流量	淨現值	IRR
基本狀況	$19,800	$59,800	$ 15,567	15.1%
最差狀況*	−15,510	24,490	−111,719	−14.4
最佳狀況	59,730	99,730	159,504	40.9

*我們假設在最差狀況下有賦稅減免。

在最差狀況下，現金流量仍是正的 $24,490，這是個好消息。但壞消息是，在這個狀況下的報酬率是 −14.4%，NPV 是 −$111,719。因為這個專案的成本是 $200,000，所以在最差狀況下，我們的損失超過原始投資的一半。而最佳狀況的報酬率則高達 41%。

最佳狀況（best case）和最差狀況（worst case）是一些慣用的名詞，我們也將繼續使用。但是，這些名詞有幾分誤導。因為絕對最佳的狀況是不太可能發生的事情。例如，開發一種新的減肥汽水，之後卻意外地發現該配方（已獲專利）也能治療普通感冒。同樣地，極端最差的狀況是涉及一些不太可能會出現的大災難。我們並不是說這些狀況不會發生，它們偶爾才會發生的。有些產品，如個人電腦，就出乎意料地成功；而有些產品則是以悲劇收場。例如：在 2010 年 4 月間，BP 公司在墨西哥灣的鑽油機械裝置 Deepwater Horizon 著火，爆炸後沉入海中，導致大量原油外洩，持續到 7 月才停止下來，共計有 2 億加侖的原油流入墨西哥灣，BP 處理此災難事件的成本預計超過 $400 億，或許還遠超過這個金額。我們的重點是評估 NPV 估計值的合理性，因此必須掌握那些可能會發生的狀況。

那麼，以樂觀（optimistic）和悲觀（pessimistic）來代表最佳和最差可能較恰當。廣義地說，如果我們評估銷售量的合理區間，那麼最佳狀況就是指靠近該區間的上限，而最差狀況則是對應到區間的下限。

並非所有公司都會完成（或公佈）這三個估計值，例如：Almaden Minerals 公司發佈了公司在加拿大英屬哥倫比亞省的 Elk Gold 專案相關新聞稿，下表是這個專案的一些可能結果：

專案摘要	基本狀況	$1,200 狀況	單位
黃金價格預估	1,000	1,200	$US/盎司
每天處理公噸數	500	1,000	公噸
礦區壽命	7	9	年
總公噸量	1.1	2.6	百萬公噸
等級	4.14	3.89	平均等級
廢物比率	16.4	30.1	
廠房回復廢物率	92	92	%
黃金生產量	139,198	297,239	盎司
期初資本支出	9.91	17.50	百萬加幣
營運資金	2.27	9.60	百萬加幣
廢物開採費用	2.42	1.90	加幣/每公噸廢物
金礦開採費用	8.38	5.87	加幣/每公噸金礦
處理費用	20.68	14.74	加幣/每公噸金礦
管銷費用	2.07	1.27	加幣/每公噸金礦
總營運成本	70.30	78.91	加幣/每公噸金礦
稅前淨現值（折現率 8%）	28.7	67.9	百萬加幣
稅前 IRR	51%	39%	
最大損失金額	13.66	33.53	百萬加幣
回收期間	1.85	3.30	年
稅前盈餘對最大損失比	5.02	6.00	
NPV 對最大損失比	2.10	2.03	

如上表所示，在基本狀況下，NPV 預估值是 2,870 萬加幣，而最佳狀況下 NPV 預估值是 6,790 萬加幣，很不幸地，Almaden 並未公佈最差狀況下的估計值，希望公司也能探討最差狀況下的結果。

就像之前所提到的，我們可以探討無限多個的狀況，但至少要看看介於基本狀況和最佳或最差狀況間的兩種狀況。因此，包括基本狀況，總共就有五種情境。

除了這五種狀況外，我們很難知道應再增加多少狀況。當增加出更多可能狀況時，我們就冒著「過度分析」的風險。無論探討了多少種狀況，所得到的都是一些可能性，好狀況與壞狀況的可能性。除此之外，我們並沒有得到任何決策的指引。因此，情境分析只是說明可能發生什麼情形，並幫助我們評估潛在的損失。但是，它並不能告訴我們是否應該接受該專案。

不幸的是，在實際應用上，即使最差狀況的下限可能也不夠低，最近的兩個

案例印證了這個論點。Eurotunnel（又稱為 Chunnel）可能是新的世界七大奇觀之一，隧道在英吉利海峽之下連接了英格蘭和法國，長度 24 英里，8,000 個員工花八年時間移除了 980 萬立方碼的岩石。當隧道完工時，總費用是 $179 億，高於原先估價 $88 億兩倍的成本。然而，屋漏偏逢連夜雨，第一年預估 1,680 萬人次的乘客，但實際只有 400 萬人次，而 2003 年的收入預估金額是 $28 億 8 千萬，但實際數字只有三分之一，Eurotunnel 所面臨的主要問題是，來自渡船服務日益增多的削價競爭及低價航空公司的崛起。在 2006 年，經營狀況非常差，Eurotunnel 被迫與公司的債權人協商，將高達 $111 億的債務調降一半下來，以免公司步上破產的地步；債務的減損似乎有利於公司的營運績效。在 2007 年，Eurotunnel 帳上首次出現盈餘 $160 萬（€1 百萬），當然，這個數字相對於 Eurotunnel 在 1994 年營運以來所累積的虧損 €2 億 4 百萬，是微不足道。

另一個例子是運輸車 Segway，發明家 Dean Kamen 吹捧 Segway 將會取代城市中的汽車，Segway 上市時期待頗高，在 2003 年 9 月底，由於必要的軟體升級因素，公司回收了所有的運輸車。更慘的是，公司計畫在新車上市後五個月內賣出 50,000 至 100,000 部運輸車，但是上市三年後才賣出 23,500 部。

敏感度分析

敏感度分析（sensitivity analysis）是情境分析的一種變化型態，它指出那些預測風險的影響程度較嚴重的變數。敏感度分析的基本概念是除了一個變數變動，其他所有變數固定，然後看看 NPV 估計值隨此變數改變而變動的敏感程度。如果專案的現金流量中，某個要素的預測值微小的改變，造成 NPV 估計值非常敏感，那麼該變數的預測風險就非常高。

為了說明敏感度分析如何運作，讓我們回到基本情況下，除了銷售量之外，每一個項目都保持不變。那麼，我們可以用最大和最小的銷售量來計算現金流量和 NPV。

情境	銷售量	現金流量	淨現值	IRR
基本狀況	6,000	$59,800	$15,567	15.1%
最差狀況	5,500	53,200	−8,226	10.3
最佳狀況	6,500	66,400	39,357	19.7

為了比較起見，假設除了固定成本之外，其他變數均不變，重複上述分析：

情境	固定成本	現金流量	淨現值	IRR
基本狀況	$50,000	$59,800	$15,567	15.1%
最差狀況	55,000	56,500	3,670	12.7
最佳狀況	45,000	63,100	27,461	17.4

這裡的結果顯示，專案的 NPV 估計值對預估銷售量的變動比對固定成本的變動還要敏感。事實上，在最差狀況下的固定成本，NPV 仍是正的。

銷售量敏感度分析的結果可以用圖 11.1 來表示。在這裡，縱軸代表 NPV，橫軸代表銷售量。當我們連接了銷售量和 NPV 各組合點，發現所有組合都落在同一條直線上。當這條直線愈陡，NPV 估計值對該變數的預測值愈敏感。

依假設而定，敏感度分析的結果可能差異很大，例如：在 2011 年初，Bard Ventures 公司宣佈位於英屬哥倫比亞省銅礦專案的一些預估值，當資金成本是 10% 且每噸銅的平均價格是 $19 時，專案的 NPV 是 $1 億 1 千 2 百萬，IRR 是 12.4%，當價格是 $30 時，NPV 是 $11 億 5 千 2 百萬，IRR 是 32.0%。

敏感度分析可以指出哪些變數需要特別注意。如果 NPV 估計值對某個很難預測的變數特別敏感（例如，銷售量），此時預測風險的程度就很高。在這種狀況下，我們可能會決定作進一步的市場調查。

因為敏感度分析是情境分析的一種，所以它也具有情境分析的缺點。敏感度分析可以用來指出預測錯誤可能造成最大損失的地方，但是它並不能告訴我們如何處理可能出現的錯誤。

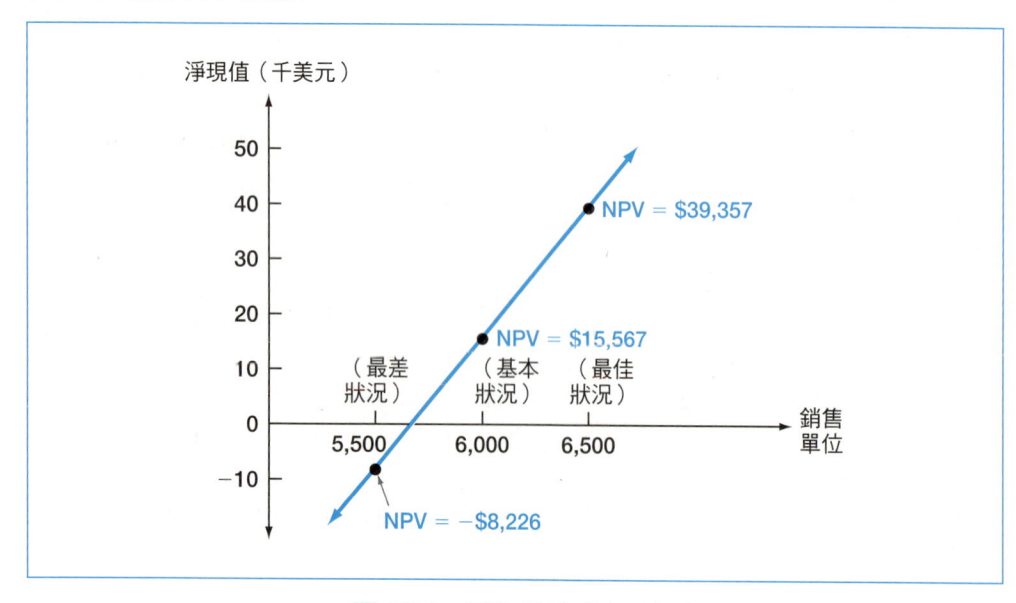

圖 11.1 銷售量敏感度分析

模擬分析

情境分析和敏感度分析都是常用的方法。在情境分析中，所有的變數都變動，但只是小幅度的變動。在敏感度分析中，只有一個變數變動，但變動幅度較大。結合這兩種分析方法就是模擬分析（simulation analysis）。

如果所有的因素可以同時變動，那麼就有很多不同的情境，因此就必須借助電腦。在最簡單的狀況下，假設介於 5,500 至 6,500 單位間的任何銷售量都有同樣機會出現。我們先隨機地選取一個銷售量（或是讓電腦選取），然後再隨機地選取一個價格、一個變動成本等等。

一旦有了所有相關因素的數值，就可以計算 NPV。我們可以依需要重複這個過程好幾千次，就可以得到一大串的 NPV 估計值，我們可以計算平均的 NPV 估計值及這些 NPV 估計值的散佈情形。例如，出現負的 NPV 估計值的機率是多少。

因為模擬分析是情境分析的延伸，所以它也有同樣的問題。雖然可以得到結果，但是卻沒有簡單的決策準則告訴我們應該怎麼做，而且我們所描述的只是相當簡單的一種模擬。正確的模擬作法還必須考慮各現金流量間的交互關係。不僅如此，還必須假設每個數值出現的機率都一樣。比較實際的作法是，假設接近基本狀況的數值比極端值更可能出現，但要決定這些數值的機率卻是非常困難的。

基於以上理由，模擬在實務上的使用多少有所限制。然而，近年來，由於電腦軟硬體的進步，我們相信模擬分析的應用在未來將會更普遍，尤其是在大規模專案中。

觀念問題

11.2a 何謂情境分析、敏感度分析和模擬分析？
11.2b 各種「如果－就怎樣」分析的缺點是什麼？

11.3 損益兩平分析

銷售量通常是專案的關鍵變數。例如，我們想推出一項新產品或是進入一個新市場，最困難的事是正確地預估銷售量。基於這個理由，銷售量通常比其他變數需要更深入的分析。

損益兩平分析（break-even analysis）是一種普遍用來分析銷售量和獲利力之間關係的工具。在前面章節中，我們已經看過好幾種損益兩平衡量值。例如，在第 9 章中，如果不考慮時間價值，還本期間可以解釋為專案損益兩平所需的時間。

所有的損益兩平衡量值都有類似的目標。換言之，我們總是這樣問：「不造成虧損的最低銷售量是多少？」這個問題隱含下列問題：「事情可能會變得那麼糟嗎？」在開始這個主題之前，我們先來討論固定成本和變動成本。

固定成本和變動成本

在討論損益兩平時，固定成本和變動成本的區別非常重要。所以，我們必須更明確地區別它們。

變動成本　根據定義，變動成本（variable costs）隨著產出數量的改變而變動，當產量為零時，變動成本為零。例如，直接人工成本和原料成本通常都被視為變動成本。因為如果明天就關掉工廠，未來就沒有任何人工和原料成本了。

我們假設每一產出單位的變動成本是一個固定金額，所以總成本就等於每單位成本乘以單位數。換言之，總變動成本（VC）、每單位產出成本（v）和總產量（Q）之間的關係可以表示如下：

總變動成本＝總產量×每單位產出成本
$$VC = Q \times v$$

例如，假設每單位變動成本（v）為 \$2。如果總產量（Q）為 1,000 單位，則總變動成本（VC）是多少？

$$VC = Q \times v = 1,000 \times \$2 = \$2,000$$

同樣地，如果 Q 為 5,000 單位，則 VC 為 5,000×\$2＝\$10,000。圖 11.2 說明了這個例子中產出水準和變動成本間的關係。請注意，在圖 11.2 中每增加一單位的產出，變動成本就增加 \$2，所以該線的斜率是 \$2/1＝\$2。

範例 11.1　變動成本

鉛筆製造商 Blume 公司接到了一張 5,000 枝鉛筆的訂單，必須決定是否接受該訂單。根據最近的經驗，公司估計每枝鉛筆的原料成本為 \$0.05，直接人工成本為 \$0.50，預期未來這些變動成本不會改變。如果公司接受該訂單，則其總變動成本為多少？

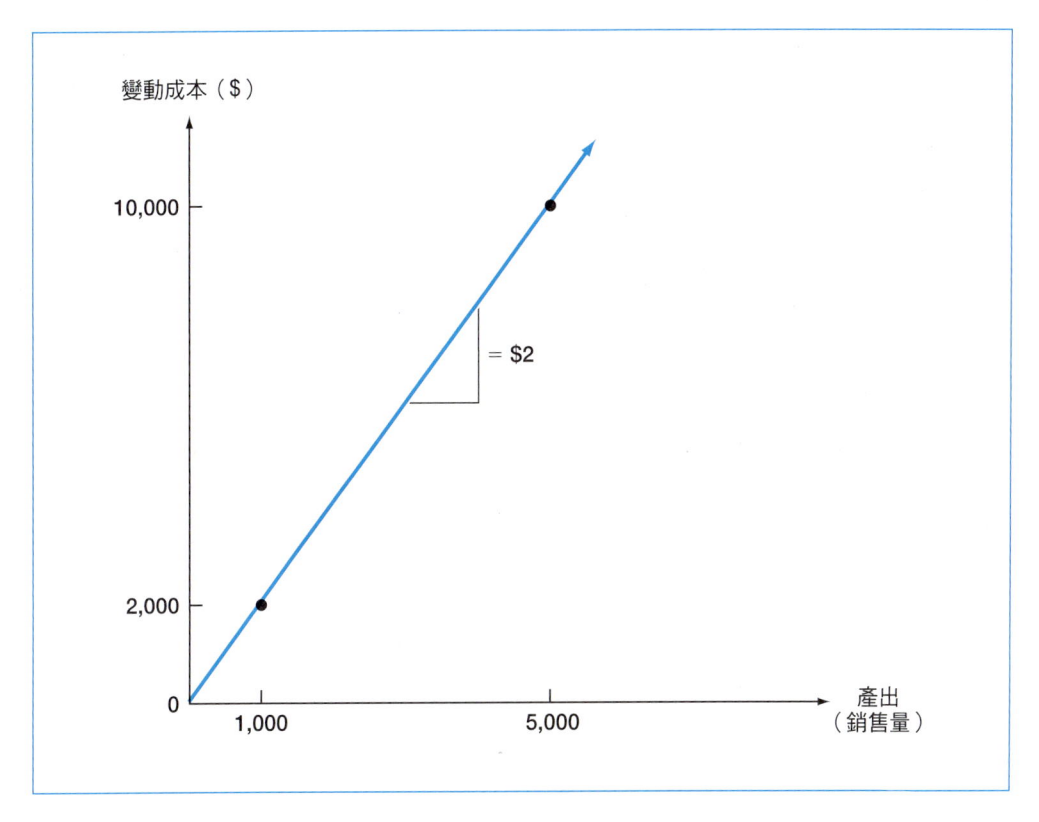

圖 11.2　產出水準和變動成本

在這個例子裡，每單位成本為 $0.50 的人工加上 $0.05 的原料，故每單位的變動成本共 $0.55。在 5,000 單位的產出下，總共是：

$$VC = Q \times v = 5,000 \times \$0.55 = \$2,750$$

所以，總變動成本為 $2,750。

固定成本　根據定義，固定成本（fixed costs）在一段特定期間內不會改變。所以，不像變動成本，固定成本並不會因一段期間所生產的商品或勞務數量而變動（至少在某數量範圍內）。例如，生產設備的租金和公司總裁的薪資都是固定成本（至少在一段期間內）。

當然，固定成本並不是永遠固定的。它們只是在一段特定期間內是固定的，可能是一季或一年內。超過該段期間之後，租賃可能終止，總裁也可能「退休」。只要時間夠長，任何固定成本都可以變動或是去除；所以，長期而言，所有的成本都是變動的。

請注意，在成本是固定的這段期間內，該成本實際上就是沉入成本，因為無論如何我們都必須支付這些成本。

總成本（total costs） 在某一產出水準下的總成本（TC），是變動成本（VC）和固定成本（FC）的和：

$$TC = VC + FC$$
$$= v \times Q + FC$$

例如，如果每單位變動成本為 \$3，每年固定成本為 \$8,000，則總成本為：

$$TC = \$3 \times Q + \$8,000$$

如果我們生產 6,000 個單位，則總生產成本就是 \$3×6,000＋\$8,000 ＝ \$26,000。其他產量下的成本列示如下：

產量	總變動成本	固定成本	總成本
0	\$ 0	\$8,000	\$ 8,000
1,000	3,000	8,000	11,000
5,000	15,000	8,000	23,000
10,000	30,000	8,000	38,000

將這些點標在圖 11.3 中，生產數量和總成本呈現線性關係。請注意，在圖 11.3 中，當銷售為零時，總成本等於固定成本。之後，每增加一單位的產量，總成本就增加 \$3，所以這條線的斜率是 3。換言之，每多生產額外一單位的**邊際成本**（marginal cost），也就是**增量成本**（incremental cost）是 \$3。

範例 11.2 平均成本和邊際成本

假設 Blume 公司每枝鉛筆的變動成本為 \$0.55，生產設備的租金為每月 \$5,000。如果每年生產100,000枝鉛筆，則總成本是多少？每枝鉛筆的平均成本是多少？

固定成本為每月 \$5,000，也就是每年 \$60,000。變動成本為每枝鉛筆 \$0.55，假設生產100,000枝鉛筆，則一整年的總成本為：

$$總成本 = v \times Q + FC$$
$$= \$0.55 \times 100,000 + \$60,000$$
$$= \$115,000$$

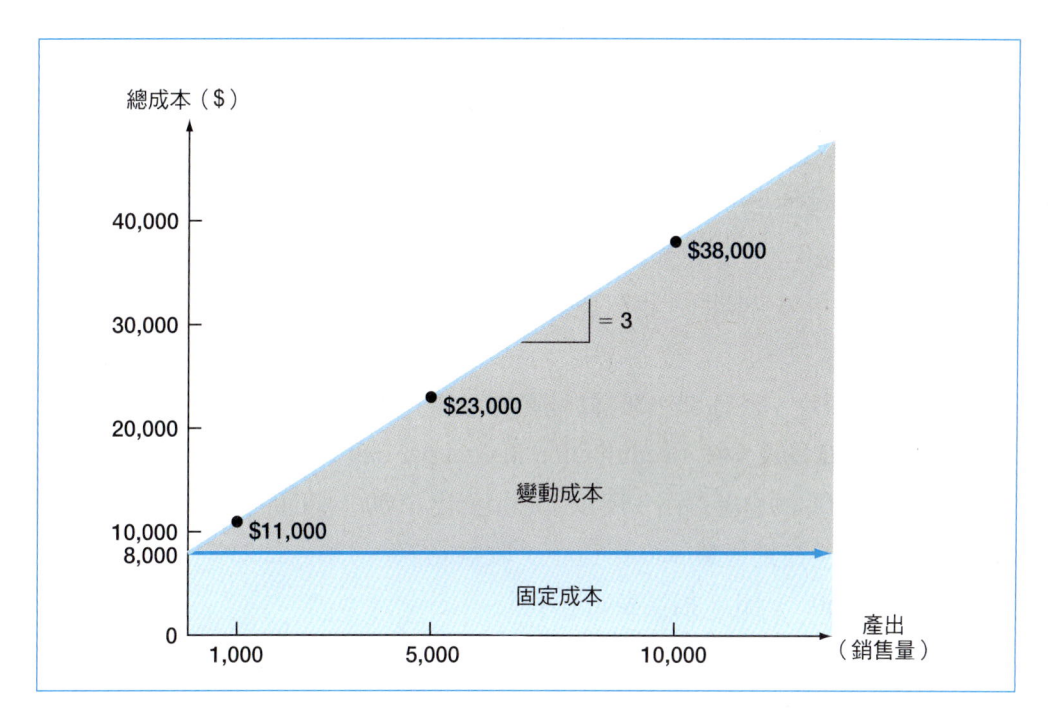

圖 11.3　產出水準和總成本

每枝鉛筆的平均成本為 $115,000/100,000 = $1.15。

現在，假設 Blume 接到 5,000 枝鉛筆的訂單。公司在原本已生產的 100,000 枝鉛筆之外，尚有充足的產能生產這 5,000 枝鉛筆，所以不會增加額外的固定成本，也不會影響目前的訂單。假設這張訂單中每枝鉛筆的售價是 $0.75，Blume 應該接受這張訂單嗎？

這個問題可以簡單地說明如下。生產額外一枝鉛筆的成本為 $0.55。任何超過 $0.55 增量成本的收入部份，均可用來分擔固定成本。因為邊際收益（marginal revenue），即增量收益（incremental revenue）是 $0.75，大於 $0.55 的邊際成本，所以 Blume 應該接受這張訂單。

$60,000 的固定成本對這個決策是無關緊要的，因為在目前，它是屬沉入成本。同理，平均成本 $1.15 也是無關緊要的，因為平均成本反映了固定成本。只要生產這額外的 5,000 枝鉛筆的每支成本不超過 $0.55，那麼，只要價格超過 $0.55，Blume 就應該接受訂單。

會計損益兩平

最被廣泛使用的損益兩平是**會計損益兩平**（accounting break-even）。會計損益兩平點就是專案的淨利等於零時的銷售量。

為了決定專案的會計損益兩平點，我們先從一般概念著手。假設我們以每張 $5 零售價銷售磁片，而以每張 $3 批發價向批發商買入。其他會計費用是 $600 固定成本和 $300 折舊。請問，我們必須賣多少張磁片才能達損益兩平，也就是淨利會剛好等於零？

每賣一張磁片，將有 $5－3＝$2 可用來承擔其他費用〔售價和變動成本間的差 $2，稱為單位邊際貢獻（contribution margin per unit）〕。我們總共必須承擔 $600＋300＝$900 的會計費用。所以，必須賣出 $900/2＝450 張磁片。我們可以檢查這個答案：在銷售量 450 單位下，收益為 $5×450＝$2,250，變動成本為 $3×450＝$1,350。因此，損益表如下：

銷貨額	$2,250
變動成本	1,350
固定成本	600
折舊	300
息前稅前盈餘	$ 0
稅（34%）	0
淨利	$ 0

記住，因為這是一個新專案，所以在計算專案的淨利或現金流量時，不用考慮利息費用，而且把折舊當成費用，雖然它不是現金流出。所以，這種分析稱為會計損益兩平。最後，當淨利為零時，當然稅前淨利和稅也都是零。以會計的觀點來看，收益等於成本，沒有利潤，就不需要繳稅。

圖 11.4 是換個角度來看這個問題。此圖看起來和圖 11.3 很像，只是多加了一條收益線。如圖所示，當產出為零時，總收益等於零。之後，每銷售一單位就可以獲得額外 $5 的收益，所以收益線的斜率為 5。

從前面的討論得知，當收益等於總成本時，就達到損益兩平，收益線和總成本線相交在 450 單位。如圖所示，產量少於 450 單位時，會計利潤是負的；產量高於 450 單位時，淨利則是正的。

會計損益兩平：進一步探討

在上面例子中，損益兩平點就等於固定成本和折舊的和，除以每單位價格與

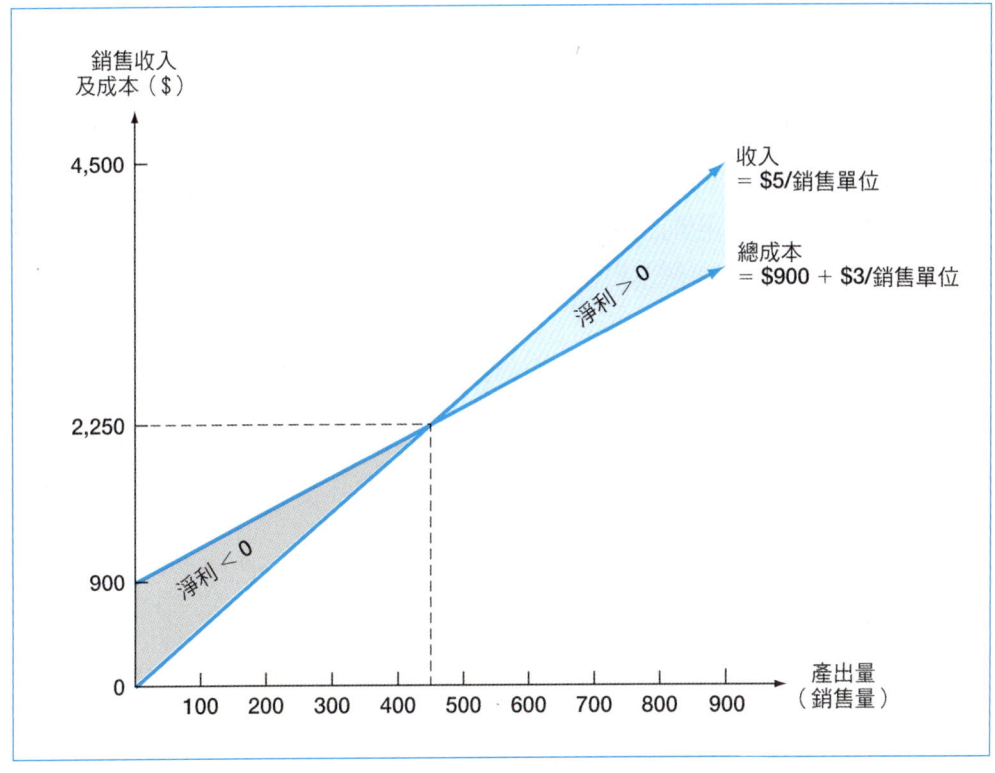

图 11.4　會計損益兩平分析

每單位變動成本的差額。這是永遠不變的。以下說明其原因：

$P=$每單位價格

$v=$每單位變動成本

$Q=$總銷售量

$S=$總銷貨$=P\times Q$

$VC=$總變動成本$=v\times Q$

$FC=$固定成本

$D=$折舊

$T=$稅率

專案的淨利為：

淨利＝(銷貨－變動成本－固定成本－折舊)×(1－T)

$\quad\quad=(S-VC-FC-D)\times(1-T)$

從以上式子，可以輕易地算出損益兩平點。如果我們令淨利等於零，可得：

$$\text{淨利} \stackrel{\text{SET}}{=} 0 = (S - \text{VC} - \text{FC} - D) \times (1 - T)$$

兩邊同時除以 $(1-T)$，得到：

$$S - \text{VC} - \text{FC} - D = 0$$

所以，當淨利為零時，稅前淨利也是零。如果我們回想 $S = P \times Q$，且 $\text{VC} = v \times Q$，那麼移項整理就可以解出損益兩平：

$$S - \text{VC} = \text{FC} + D$$
$$P \times Q - v \times Q = \text{FC} + D$$
$$(P - v) \times Q = \text{FC} + D$$
$$Q = (\text{FC} + D)/(P - v) \qquad [11.1]$$

這和上面討論的結果是一樣的。

會計損益兩平的用途

　　為什麼我們對會計損益兩平點有興趣呢？為了說明它的用途，假設我們是一家擁有地方性配銷系統的冰淇淋製造商，正在規劃擴張新市場。根據估計的現金流量，擴張計畫的 NPV 為正。

　　回到之前預測風險的討論，這個擴展計畫的關鍵就是銷售量。因為我們已經在這一行經營許久，所以相當清楚冰淇淋的合理價格和相關的生產及配銷成本。但是，我們卻沒辦法精確地知道銷售量。

　　然而，只要有成本和售價，就可以立刻求算損益兩平點。一旦完成這些計算，我們也許會發現必須擁有 30% 的市場佔有率才能達到損益兩平。如果我們認為這不大可能發生，因為目前只擁有 10% 的市場，那麼我們的預測是可疑的，真正的 NPV 可能是負的。另一方面，我們已經擁有買方的承諾，要購買大約這個損益兩平的數量，所以我們幾乎確定可以銷售更多。在這種狀況下，預測風險比較低，我們對估計值也比較有信心。

　　另外還有一些其他理由，說明為什麼知道會計損益兩平點是很有幫助的。第一，誠如下面的討論，會計損益兩平點和還本期間法是非常類似的衡量值。會計損益兩平點和還本期間都很容易計算和解釋。

　　第二，經理人員通常關心的是一個專案對公司的總會計盈餘的貢獻。無法達到會計損益兩平的專案，實際上會降低公司的總盈餘。

　　第三，會計損益兩平的專案，從財務的觀點或是機會成本的概念來評估，專案可能是賠錢，因為將資金投入他處或許可賺得更多利潤。這種專案的損失並不

觀念問題

11.3a 為何固定成本類似於沉入成本？
11.3b 會計損益兩平下的淨利是多少？稅是多少？
11.3c 為什麼財務經理對會計損益兩平點有興趣？

11.4 營運現金流量、銷售量和損益兩平

會計損益兩平是專案分析的利器。然而，我們終究關心現金流量更甚於會計收入。所以，如果銷售量是關鍵變數，那麼我們必須更了解銷售量和現金流量間的關係，而不只是會計損益兩平點。

本節的目標就是說明營運現金流量和銷售量的關係，同時討論其他損益兩平方法。為了簡化起見，我們將不考慮稅的影響。我們先探討會計損益兩平和現金流量間的關係。

會計損益兩平和現金流量

既然知道如何求得會計損益兩平點，自然會想知道現金流量又如何？假設 Wettway Sailboat 公司正在考慮是否開發新的 Margo 級帆船。每艘船的售價是 $40,000，變動成本大約是售價的一半 $20,000，固定成本每年是 $500,000。

基本狀況 這個專案所需的總投資是 $3,500,000，這筆投資將在五年年限內以直線法折舊至零，沒有殘值，也沒有營運資金投入。公司對新專案所要求的報酬率為 20%。

根據市場調查和過去的經驗，Wettway 預估五年可以銷售 425 艘船，大約每年 85 艘。在不考慮稅的情況下，應該進行這項專案嗎？

在不考慮稅的情況下，每年 85 艘船的營運現金流量是：

$$\begin{aligned}
\text{營運現金流量} &= \text{息前稅前盈餘} + \text{折舊} - \text{稅} \\
&= (S - VC - FC - D) + D - 0 \\
&= 85 \times (\$40,000 - 20,000) - 500,000 \\
&= \$1,200,000/\text{年}
\end{aligned}$$

在 20% 的必要報酬率下，五年年金因子為 2.9906。因此，NPV 為：

$$NPV = -\$3,500,000 + 1,200,000 \times 2.9906$$
$$= -\$3,500,000 + 3,588,720$$
$$= \$88,720$$

在沒有其他相關資訊下，應該進行這項投資。

計算損益兩平水準　如果進一步探討這個專案，你可能會問一連串的問題。例如，Wettway 必須銷售多少艘新船，才能達到會計上損益兩平？如果 Wettway 損益兩平，則該專案的年現金流量是多少？在這個情況下，該投資的報酬率是多少？

在考慮固定成本和折舊之前，每艘船可以帶進 $40,000 - 20,000 = \$20,000$（收益減變動成本）。每年折舊是 $\$3,500,000/5 = \$700,000$。固定成本和折舊合計共 $120 萬，所以公司每年必須銷售 $(FC+D)/(P-v) = \$120$ 萬$/20,000 = 60$ 艘船，才能達到會計損益兩平。這比預測的銷售量還少 25 艘。因此，假設公司確定它的預測只會偏差 15 艘之內，那麼這項投資應會達到會計損益兩平。

在這個情況下，Wettway 如果賣出 60 艘船，則淨利正好是零。由前一章的內容得知，專案的營運現金流量等於淨利加上折舊（由下往上的定義），因此很明顯地，這裡的營運現金流量就等於折舊，即 $700,000。內部報酬率正好等於零。（為什麼？）

還本期間和會計損益兩平點　誠如上面的例子，只要達到會計損益兩平，那麼該期間的現金流量就等於折舊。這個結果在會計上非常合理。例如，假設我們投資 $100,000 在一個五年期的專案。折舊採取直線法，沒有殘值，所以每年折舊 $20,000。如果專案在每一期都正好損益兩平，則每期現金流量就是 $20,000。

這個專案在年限內的現金流量和為 $5 \times \$20,000 = \$100,000$，就是原始投資金額。如果每一期都達到會計損益兩平，那麼專案的還本期間就正好等於它的年限。同樣地，如果專案表現比損益兩平還要好，那麼它的還本期間就比專案的年限短，而且該專案的報酬率是正的。

不過，正好達到會計損益兩平的專案，它的 NPV 是負的，而且報酬率是零。在上面的帆船專案中，Wettway 幾乎肯定可以達到會計損益兩平，意味著專案的潛在風險相當有限，但我們仍不確定這是一個會獲利的專案，有待更進一步的分析。

銷售量和營運現金流量

此時，我們可以將上面的例子一般化，並介紹一些其他損益兩平的指標。根據前面的討論得知，如果不考慮稅，則專案的營運現金流量（OCF）可以簡化成息前稅前盈餘（EBIT）加上折舊：

$$\begin{aligned}\text{OCF} &= [(P-v) \times Q - \text{FC} - D] + D \\ &= (P-v) \times Q - \text{FC}\end{aligned}$$

[11.2]

對 Wettway 帆船專案而言，營運現金流量和銷售量間的一般化關係式為：

$$\begin{aligned}\text{OCF} &= (P-v) \times Q - \text{FC} \\ &= (\$40-20) \times Q - 500 \\ &= -\$500 + 20 \times Q\end{aligned}$$

由此可知，營運現金流量和銷售量間的關係是線性關係，斜率為 20，y 軸截距為 $-\$500$。如果計算一些不同的銷售量與現金流量，就可以得到下表：

銷售量	營運現金流量
0	$-\$\ 500$
15	$-\ \ \ 200$
30	100
50	500
75	$1,000$

這些點標在圖 11.5。圖 11.5 標示出三個不同的損益兩平點。下面討論這三個損益兩平。

現金流量、會計及財務損益兩平

從前面的討論得知，營運現金流量和銷售量間的關係（不考慮稅）為：

$$\text{OCF} = (P-v) \times Q - \text{FC}$$

移項整理得：

$$Q = (\text{FC} + \text{OCF})/(P-v) \qquad [11.3]$$

這式子說明了達到某一營運現金流量（OCF）所需的銷售量（Q）。所以，這個式子比會計損益兩平式子更一般化。我們使用這個式子來找出圖 11.5 中的不同損益兩平點。

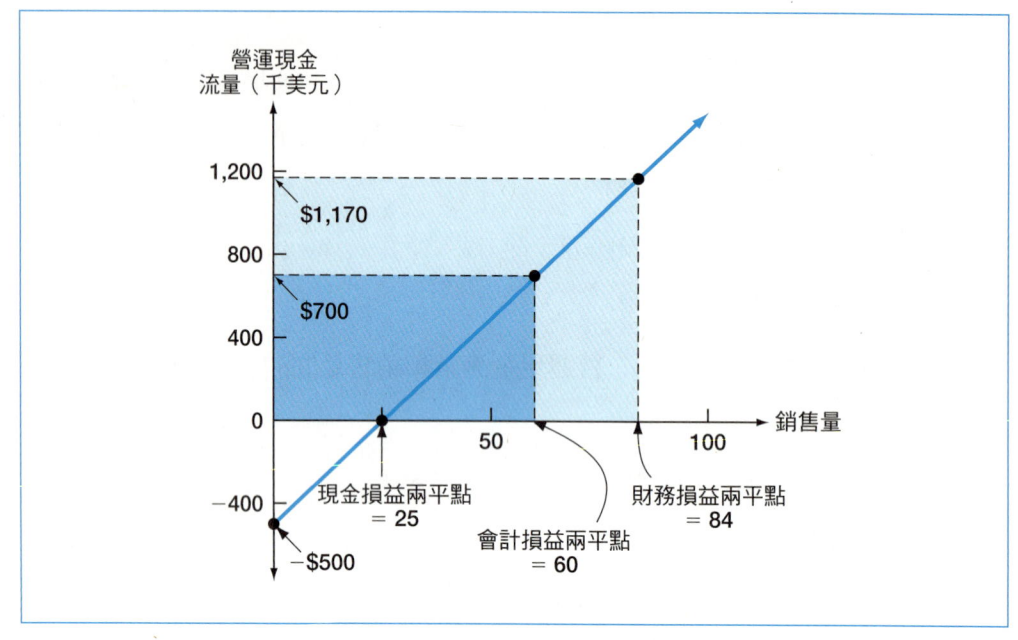

图 11.5　營運現金流量和銷售量

再談會計損益兩平點　回到圖 11.5，假設營運現金流量等於折舊（D），這就對應到會計損益兩平點。要找出此時的銷售量，我們將 $700 的折舊代入一般式中的 OCF：

$$Q = (FC + OCF)/(P - v)$$
$$= (\$500 + 700)/20$$
$$= 60$$

這和前面的答案是一樣的。

現金損益兩平點　會計上損益兩平的專案其淨利為零，但它的現金流量為正。在會計損益兩平點以下的銷售量，營運現金流量是負的，這不是好的狀況。如果這種狀況發生了，我們必須準備額外的現金投入專案，以持續專案的進行。

要計算現金損益兩平（cash break-even，即營運現金流量等於零），我們以 0 代入 OCF：

$$Q = (FC + 0)/(P - v)$$
$$= \$500/20$$
$$= 25$$

因此，Wettway 必須賣 25 艘船，才能回收 $500 固定成本。如圖 11.5 所示，這一點就在營運現金流量軸和橫軸相交的右手邊。

請注意，現金流量損益兩平的專案，可以回收它的固定成本，但它無法回收其他的支出。所以，原始資金投資就完全泡湯了（IRR 為 −100%）。

財務損益兩平點　最後一種狀況是**財務損益兩平**（financial break-even），就是 NPV 為零的銷售量。這是財務經理最在乎的損益兩平點。首先，要算出 NPV 為零時的營運現金流量，然後再根據這個金額來找出銷售量。

例如，Wettway 對它的 $3,500（千）投資要求 20% 的報酬。一旦考慮每年 20% 的機會成本後，Wettway 必須賣多少艘船才能達到損益兩平呢？

這個為期五年的帆船專案，其營運現金流量的現值等於 $3,500（千）時，它的 NPV 就是零。因為每年的現金流量都一樣，我們可以將它視為普通年金，解這個未知的金額。20% 下的五年年金因子為 2.9906，所以 OCF 可以由下式求得：

$$\$3,500 = OCF \times 2.9906$$
$$OCF = \$3,500/2.9906$$
$$= \$1,170$$

因此，Wettway 每年需要 $1,170（千）的營運現金流量，才能達到損益兩平。把 OCF 代入等式，就可求得銷售量：

$$Q = (\$500 + 1,170)/20$$
$$= 83.5$$

所以，Wettway 每年必須賣出約 84 艘船。這不是好消息。

如圖 11.5 所示，財務損益兩平點比會計損益兩平點高出很多，這是常有的現象。另外，這個帆船專案的預測風險相當高。我們預估可以每年銷售 85 艘船，但每年必須銷售 84 艘船才能達到我們所要求的報酬 20%。

結論　整體而言，Wettway 帆船專案似乎不大可能不會達到會計損益兩平。然而，NPV 很有可能會是負的。所以，只使用會計損益兩平來作決策是很危險的。

Wettway 應該怎麼辦呢？這個新專案一無是處嗎？這時候的決策完全視管理階層的判斷。關鍵性的判斷包括：

1. 我們對預測有多少信心？
2. 這個專案對公司的未來有多重要？

3. 如果銷售量非常低，公司受到的損失會有多嚴重？在這種情況下，公司有其他選擇嗎？

稍後將會探討這些問題。為了方便未來參考，表 11.1 匯總了各種損益兩平衡量指標。

> **觀念問題**
>
> 11.4a 如果專案落在會計損益兩平，那麼它的營運現金流量是多少？
> 11.4b 如果專案落在現金損益兩平，那麼它的營運現金流量是多少？
> 11.4c 如果專案落在財務損益兩平，那麼它的折現還本期間會是如何？

11.5 營運槓桿

我們已經討論了如何計算並解釋專案的各種損益兩平衡量指標，但尚未討論哪些因素決定這些兩平點，以及如何改變這些兩平點？這就是本節的重點。

基本概念

營運槓桿（operating leverage）是專案或公司投入固定生產成本的程度。低營運槓桿比高營運槓桿的公司有較低的固定成本。一般而言，在廠房和設備上投資較多的專案，營運槓桿程度也較高，我們稱這種專案屬於資本密集（capital intensive）。

當我們想到新投資案時，通常有各種方案供選擇來生產或運送該產品。例如，Wettway 可以購買所需設備，自己組裝整艘帆船，或者有些工作可以外包給其他公司。第一種方案在廠房設備上的投資較高，較高的固定成本和折舊，所以營運槓桿程度較高。

營運槓桿的涵義

不管如何衡量營運槓桿，營運槓桿對於專案的評估有重要的涵義。固定成本就好像是一支槓桿，小幅度的營運收益變動，就可以帶給營運現金流量和 NPV 非常大幅度的變動。這是為什麼我們稱它為營運「槓桿」。

營運槓桿程度愈高，預測風險的潛在危險就愈大。因為小小的銷售量預測，可能會造成相當大的現金流量預測錯誤。

表 11.1　損益兩平衡量指標摘要

I. 一般式

不考慮稅，營運現金流量（OCF）和產出數量，或銷售量（Q）間的關係為：

$$Q = \frac{FC + OCF}{P - v}$$

其中：

　　FC＝總固定成本
　　P＝每單位價格
　　v＝每單位變動成本

如下面所示，這個關係式可以用來決定會計、現金和財務損益兩平點。

II. 會計損益兩平點

會計損益兩平發生在淨利等於零時。當淨利等於零時，營運現金流量（OCF）等於折舊。所以，會計損益兩平點為：

$$Q = \frac{FC + D}{P - v}$$

會計損益兩平的專案，它的還本期間正好等於它的年限，NPV 是負的，而且 IRR 等於零。

III. 現金損益兩平點

現金損益兩平發生在營運現金流量（OCF）等於零時。因此，現金損益兩平點為：

$$Q = \frac{FC}{P - v}$$

現金損益兩平的專案永遠沒辦法還本，它的 NPV 是負的，而且等於期初的現金流出，因此 IRR 等於 -100%。

IV. 財務損益兩平點

財務損益兩平發生在專案的 NPV 等於零時。因此，財務損益兩平點為：

$$Q = \frac{FC + OCF^*}{P - v}$$

其中，OCF* 是 NPV 等於零時的 OCF。財務損益兩平的專案，其折現還本期間就等於它的年限，NPV 等於零，而且 IRR 就等於它的必要報酬率。

從管理的觀點來看，處理高度不確定專案的一種方法，就是盡可能地降低其營運槓桿程度。這樣至少可以讓專案維持在損益兩平。我們將說明這一點，但我們先討論如何衡量營運槓桿。

衡量營運槓桿

衡量營運槓桿的方法之一是：「如果銷售量上升 5%，營運現金流量會變動多少百分比？」換言之，營運槓桿程度（degree of operating leverage, DOL）定義為：

OCF 的變動百分比＝DOL×Q 的變動百分比

根據 OCF 和 Q 的關係，DOL 可以寫成：[1]

DOL＝1＋FC/OCF [11.4]

FC/OCF 比率用來衡量固定成本佔總營運現金流量的百分比。請注意，如果固定成本是零，DOL 就是 1，隱含著銷售量變動百分比和營運現金流量變動百分比是一對一的關係。換言之，不存在著槓桿效果。

為了說明營運槓桿的衡量，我們回到 Wettway 帆船專案。固定成本為 $500，$(P-v)$ 為 $20，所以 OCF 為：

OCF＝－$500＋20× Q

假設目前 Q 為 50 艘船。在這個產出水準下，OCF 為 －$500＋1,000＝$500。

如果 Q 上升 1 單位變成 51，那麼 Q 的變動百分比為 (51－50)/50＝2%。此時，OCF 上升到 $520，變動了 $(P-v)$＝$20。OCF 的變動百分比為 ($520－500)/500＝4%。所以，銷售量增加 2% 導致營運現金流量增加 4%，營運槓桿

---

[1] 下面說明這一點，如果 Q 上升一單位，OCF 將上升 $(P-v)$，在這種狀況下，Q 的變動率是 $1/Q$，而 OCF 的變動率為 $(P-v)$/OCF，我們得知：

OCF 變動率＝DOL×Q 變動率
$(P-v)$/OCF＝DOL×1/Q
DOL＝$(P-v)$×Q/OCF

另外，根據 OCF 的定義：

OCF＋FC＝$(P-v)$×Q

所以，DOL 可以寫成：

DOL＝(OCF＋FC)/OCF
　　＝1 ＋ FC/OCF

程度正好是 2.00。我們可以利用下面式子檢查答案：

DOL＝1＋FC/OCF
　　＝1＋\$500/500
　　＝2

這個結果和之前的結果一樣。

上面的 DOL 決定於目前的產出水準 Q。然而，它可以處理任何數量的變動，不只是一單位。例如，假設 Q 從 50 上升至 75，增加了 50%。在 DOL 等於 2 下，營運現金流量應該增加 100%，正好兩倍。對嗎？對的，因為 Q 等於 75 時，OCF 為：

OCF＝－\$500＋20×75＝\$1,000

請注意，營運槓桿隨著產出 Q 的增加而下跌。例如，在產出為 75 時，我們得到：

DOL＝1＋\$500/1,000＝1.50

DOL 下跌是因為固定成本佔營運現金流量的百分比愈來愈小，所以槓桿效果就愈來愈小。

範例 11.3　營運槓桿

Sasha 公司目前銷售狗食，每罐 \$1.20。變動成本是每罐 \$0.80，包裝及行銷業務每年固定支出 \$360,000，折舊則是每年 \$60,000。請問，會計損益兩平點是多少？不考慮稅，如果銷售量比會計損益兩平點的銷售量高出 10%，則營運現金流量增加多少？

會計損益兩平點為 \$420,000/0.40＝1,050,000 罐。在這個產量下營運現金流量等於折舊 \$60,000。所以，DOL 為：

DOL＝1＋FC/OCF
　　＝1＋\$360,000/60,000
　　＝7

所以，增加 10% 的銷售量，會增加 70% 的營運現金流量。

為了確定答案，如果銷售量增加 10%，那麼銷售量將增加到 1,050,000×1.1＝1,155,000 罐。不考慮稅，則營運現金流量為 1,155,000×\$0.4－\$360,000＝\$102,000，和我們得到的 \$60,000 現金流量比起來，剛好多了 70%：\$102,000/60,000＝1.70。

營運槓桿和損益兩平點

我們以另一種情境來說明為什麼營運槓桿是一個重要考慮項目。當 Q 是 85 艘船時，原始情境下的 DOL 為：

$$\begin{aligned} \text{DOL} &= 1 + \text{FC/OCF} \\ &= 1 + \$500/1{,}200 \\ &= 1.42 \end{aligned}$$

在產量為 85 艘船時，NPV 為 $88,720，而會計損益兩平點為 60 艘船。

Wettway 也可以選擇將船身組合外包給其他廠商。如果這樣，則必要投資下降為 $3,200,000，固定營運成本降為 $180,000。然而，變動成本升高為每艘 $25,000，因為外包比自己做還要貴。在不考慮稅的情況下，請評估這個外包方案。

你可以自己計算答案是否與下面的一樣：

$$20\% \text{ 下之 NPV（85 艘船）} = \$74{,}720$$
$$\text{會計損益兩平點} = 55 \text{ 艘船}$$
$$\text{營運槓桿程度} = 1.16$$

有什麼差異呢？這個方案的估計淨現值稍微低一點，會計損益兩平點從 60 艘船降為 55 艘船。

既然這個方案的 NPV 較低，是否還有其他理由值得進一步的探討？也許有。第二種方案的營運槓桿程度明顯較低。如果擔心預估值可能過份樂觀，那麼外包可能會比較好。

還有另外一個理由支持 Wettway 採用第二種方案。如果銷售量比預期的還好，到那時公司可以選擇自行生產。實務上，增加營運槓桿（購買設備）比減少營運槓桿（賣掉設備）要容易得多。如下面所討論的，折現現金流量分析的缺點之一是，很難明確地將這種重要的選擇納入分析內。

> **觀念問題**
>
> 11.5a 何謂營運槓桿？
> 11.5b 如何衡量營運槓桿？
> 11.5c 對財務經理而言，營運槓桿有何涵義？

11.6 資本配額

當公司沒有足夠資金進行所有有利（正 NPV）的專案時，就會出現資本配額（capital rationing）的問題。例如，當公司內的各部門經理確認了一些非常好的專案，其投資金額為 $500 萬，但公司只有 $200 萬的資金。怎麼辦呢？不幸的是，下面所討論的方法，都無法令人滿意。

軟性配額

上面所描述的情況就是軟性配額（soft rationing）。例如，公司內的不同單位每年均分配到固定金額的資本預算。這樣的分配方法是要掌控公司的整體支出。在軟性配額中，整個公司並不缺乏資金，如果管理階層願意，他們可以募得更多的資金。

如果部門面臨軟性配額的話，要設法爭取較多的配額。假如無法爭取更多的配額，應該在現有的預算內，盡可能創造最大的淨現值，也就是挑選利潤/成本比（獲利指數）較大的一些專案。

嚴格地說，若軟性配額只是僅此一次的情況，而明年就不存在的話，上述作法才是正確的。如果軟性配額是經常性的情況，則背後一定有問題。回溯到第 1 章，持續的軟性配額意味著持續地放棄 NPV 為正的投資案，這和公司的目標相牴觸。如果我們不是在追求公司價值的極大化，公司就不清楚應該進行哪些專案，因為公司已失去其首要目標：價值極大化。

硬性配額

在硬性配額（hard rationing）下，公司沒辦法為投資案再籌得資金。對健全的大公司而言，這種情形不常發生。這對我們而言是好消息，因為硬性配額將造成 DCF 分析無用武之地。公司的最佳策略也變得模糊了。

DCF 分析的不適用和報酬率有關。假設必要報酬率是 20%，我們會接受報酬率超過 20% 的專案。然而，如果面臨硬性配額，無論專案的報酬率是多少，我們都不能接受它。所以，必要報酬率的觀念就變得模糊。在這種狀況下，唯一的解釋是必要報酬率非常高，以致於沒有任何專案的 NPV 是正的。

硬性配額可能發生在公司經歷財務危機時，也就是公司有破產的可能性；另外，公司無法在不違反合約條款的情況下募得資金時，也會出現硬性配額。後面的章節會詳細討論這些問題。

> **觀念問題**
>
> 11.6a 何謂資本配額？有哪幾種型態？
> 11.6b 資本配額帶給折現現金流量分析哪些問題？

11.7 總　結

本章探討各種評估折現現金流量分析結果的方法，我們也探討了一些實務上可能面臨的問題：

1. 淨現值估計值視所預測的未來現金流量而定。如果未來現金流量的預測有錯誤，NPV 估計值就可能誤導，這就是所謂的預測風險（forecasting risk）。
2. 情境分析和敏感度分析可以找出專案成功的關鍵性變數及預測風險會在哪些變數上造成最大損害。
3. 損益兩平分析是情境分析中的一種，有助於辨認關鍵的銷售量。
4. 營運槓桿是損益兩平的重要決定因素，它反映出專案或公司投資在固定成本的程度。營運槓桿程度在衡量營運現金流量對銷售量變動的敏感度。
5. 各種專案均附有一些管理上未來的選擇。這些選擇可能是很有價值，但是標準的折現現金流量分析忽略它們的價值。
6. 當沒有足夠資金進行有利的專案時，就會發生資本配額。在這種情況下，NPV 不再是決策的準則，而標準的折現現金流量分析也無法適用。

本章最重要的重點是，估計的 NPV 或報酬只是專案的初步數值。這些數值主要視預測的現金流量而定，如果預測的現金流量不確定性大，則分析的結果就應該打折扣。

雖然我們討論了有關現金流量分析的眾多問題，但折現現金流量分析仍是分析專案的一種方法，它迫使我們追問應問的問題。另外，本章也讓我們知道，雖然提出正確的問題，但並不保證有答案。

財務連線

假如你的課程有使用 Connect™ Finance 的話,請上線做個練習測驗(Practice Test),看一看學習輔助工具,及你需要哪些額外練習。

▼ Chapter 11 Project Analysis and Evaluation				
☐ 11.1 Evaluating NPV Estimates	eBook	Study	Practice	
☐ 11.2 Scenario and Other What-If Analyses	eBook	Study	Practice	NPPT 29–32
☐ 11.3 Break-Even Analysis	eBook	Study	Practice	
☐ 11.4 Operating Cash Flow, Sales Volume, and Break-Even	eBook	Study	Practice	
☐ 11.5 Operating Leverage	eBook	Study	Practice	
☐ 11.6 Capital Rationing	eBook	Study	Practice	

你能回答下列問題嗎?

11.1 相信專案淨現值為正,但其實不然,此種可能性稱為_____。

11.2 Marcos Entertainment 公司預期來年可以用每張 $12 的價格賣出 84,000 張門票,假如所有估計值的誤差是上下 3% 內,則最差狀況下的銷售收入是多少?

11.3 Delta Tool 公司預估在每單位銷貨價格 $9,400 情況下,可以賣出 8,500 單位,固定成本估計值是 $520 萬,每單位變動成本估計值是 $8,300,假如公司暫停生產,公司的總成本是多少呢?

11.4 如果一項專案是落在財務損益兩平點上,則它具有哪些事實特性呢?

11.5 所謂資本密集專案指的是_____。

11.6 Pavloki 公司有三個淨現值為正的專案,它們的淨現值分別如下:專案 A ──$46,300;專案 B──$31,900;專案 C──$6,400,假如公司面臨硬性配額,它應該接受哪個專案呢?

登入找找看吧!

自我測驗

根據下列基本狀況下的資料,回答問題。

某項為期五年的專案,成本為 $750,000,沒有殘值,並以直線法折舊至零。必要報酬率為 17%,稅率為 34%,每年銷售量為 500 單位,每單位的價格為 $2,500,變動成本為每單位 $1,500,固定成本為每年 $200,000。

11.1 情境分析 假設上述的銷售量、價格、變動成本及固定成本預測值的變動範圍是 5%。這些預測值的上下限分別是多少?基本狀況下的 NPV 是多少?最佳狀況及最差狀況的 NPV 又是多少?

11.2 損益兩平分析 承前一題的基本狀況資料,分別計算專案的現金損益兩平點、會計損益兩平點和財務損益兩平點。不用考慮稅的影響。

自我測驗解答

11.1 我們將相關資料整理如下:

	基本狀況	下限	上限
銷售量	500	475	525
每單位價格	$ 2,500	$ 2,375	$ 2,625
每單位變動成本	$ 1,500	$ 1,425	$ 1,575
固定成本	$200,000	$190,000	$210,000

有了每年折舊金額 $150,000,就可以計算各種情境下的現金流量。以高成本、低價格及低銷貨量屬最差狀況,而最佳狀況則正好相反。

情境	銷售量	價格	變動成本	固定成本	現金流量
基本狀況	500	$2,500	$1,500	$200,000	$249,000
最佳狀況	525	2,625	1,425	190,000	341,400
最差狀況	475	2,375	1,575	210,000	163,200

在 17% 的必要報酬率下,五年年金因子為 3.19935,因此 NPV 分別為:

基本狀況 NPV = −$750,000 + 3.19935 × $249,000 = $46,638

最佳狀況 NPV = −$750,000 + 3.19935 × $341,400 = $342,258

最差狀況 NPV = −$750,000 + 3.19935 × $163,200 = −$227,866

11.2 在這種狀況下,我們必須回收 $200,000 的固定成本。每單位對固定成本的貢

獻為 $2,500-1,500=\$1,000$，所以現金損益兩平點為 $\$200,000/1,000=200$ 單位。另外，我們有 $\$150,000$ 的折舊，因此，會計損益兩平點為 $(\$200,000+150,000)/1,000=350$ 單位。

要得到財務損益兩平點，我們必須找出專案的 NPV 為零的 OCF。五年年金因子為 3.19935，專案的成本為 $\$750,000$，所以 OCF 必須滿足：

$$\$750,000 = OCF \times 3.19935$$

因此，要達到財務損益兩平，專案每年的現金流量必須是 $\$750,000/3.19935 = \$234,423$。再加上 $\$200,000$ 的固定成本，合計 $\$434,423$，就是必須回收的金額。在每單位 $\$1,000$ 下，必須銷售 $\$434,423/\$1,000 = 435$ 單位，才能達到財務損益兩平。

觀念複習及思考

1. **預測風險** 何謂預測風險？一般而言，新產品的預測風險程度較高，還是成本削減專案較高？為什麼？
2. **敏感度分析與情境分析** 敏感度分析和情境分析的主要差異何在？
3. **邊際現金流量** 你的工作夥伴辯稱，所有邊際數量及增量金額都是廢物，「如果平均收入沒有超過平均成本，那麼現金流量就是負的，我們將破產！」你將如何回應？
4. **營運槓桿** 許多日本公司均曾經實施「終生雇用」政策（IBM 也是如此）。這種政策對公司的營運槓桿程度有何涵義？
5. **營運槓桿** 航空業就是屬於營運槓桿程度非常高的產業。為什麼？
6. **損益兩平點** 就公司的股東而言，你在評估公司專案時，你較看重會計損益兩平、現金損益兩平或財務損益兩平呢？為什麼？
7. **損益兩平點** 假如某家公司正在評估某項專案計畫，這項專案計畫有期初資金投入，在專案期間，銷貨金額將等於成本。請問這項專案將先達到會計、現金或是財務損益兩平點？其次是哪個兩平點？最後是哪個兩平點？這種順序是永不改變的嗎？
8. **資本配額** 比較軟性配額與硬性配額的差異？當公司面臨軟性配額時，它有何涵義？硬性配額呢？
9. **資本配額** 回溯到第 1 章，獨資和合夥在籌資時可能會面臨困難。就本章內容

而言，中小企業一般會面臨何種問題？

10. **情境分析**　你的同事很興奮地跑到你的工作桌前，向你展示了公司一項新專案的情境分析結果，在他的三個分析情境下，專案的 NPV 都是正的，所以他說道：「我們必須進行這個專案！」你對這項新專案的個人反應是如何？你相信情境分析的結果嗎？

問　題

初級題

1. **計算成本和損益兩平點**　Night Shades 公司生產生化太陽眼鏡。其變動原料成本為每單位 $10.48，變動人工成本為每單位 $6.89。
   a. 每單位變動成本是多少？
   b. 假設當年產量為 280,000 單位時，固定成本為 $870,000。請問，這一年的總成本是多少？
   c. 如果售價是每單位 $49.99，在現金基礎上，公司可以達到損益兩平嗎？如果折舊是每年 $490,000，會計損益兩平點是多少？

2. **計算平均成本**　K-Too Everwear 是製造登山鞋的公司，每雙鞋原料的變動成本是 $31.85，人工製造變動成本是 $22.80，每雙鞋售價 $145。去年總共生產 120,000 雙鞋。固定成本為 $1,750,000。請問，總生產成本為多少？每雙鞋的邊際成本為多少？平均成本為多少？如果公司正在考慮接下僅只一次 5,000 雙鞋的額外訂單，那麼這張訂單的最低總收益應是多少？請解釋。

3. **情境分析**　Olin Transmissions 公司齒輪裝配專案的估計值：每單位價格＝$1,400，每單位變動成本＝$220，固定成本＝$390 萬，產量＝85,000 單位。假設公司認為這些估計值誤差是在上下 15% 內。在最佳情境分析時，公司應該使用哪些估計值？最差情境下又如何？

4. **敏感度分析**　承前一題，假設公司最關心的是價格估計值對專案獲利率的影響。你如何回答這個問題呢？描述你將如何計算答案。其他預測變數，你將使用怎樣的估計值呢？

5. **敏感度分析和損益兩平分析**　我們正在評估某項專案，其成本為 $924,000，沒有殘值，期限為八年，假設以直線法在專案年限內折舊至零。預測每年銷售量是 75,000 單位，每單位價格是 $46，每單位變動成本是 $31，每年固定成本是 $825,000，稅率是 35%，專案的必要報酬率是 15%。

a. 計算會計損益兩平點。在會計損益兩平點下的營運槓桿程度是多少？
b. 計算基本狀況的現金流量和NPV。NPV對銷售量變動的敏感度為何？請解釋。如果預測的銷售量減少了500單位，NPV的變動為何？
c. OCF 對變動成本變動的敏感度為何？請解釋，如果估計的變動成本減少了$1，OCF的變動為何？

6. **情境分析** 承前一題，假設價格、數量、變動成本和固定成本等估計值的誤差在上下10%。請計算最佳狀況和最差狀況下的NPV。

7. **計算損益兩平點** 計算下列每一個狀況下的會計損益兩平點和現金損益兩平點。在計算現金損益兩平時，不必考慮稅的影響。

單位價格	單位變動成本	固定成本	折舊
$3,020	$2,275	$9,000,000	$3,100,000
46	41	73,000	150,000
11	4	1,700	930

8. **計算損益兩平點** 找出下列每個狀況下的未知變數。

會計損益兩平	單位價格	單位變動成本	固定成本	折舊
112,800	$39	$30	$ 820,000	?
165,000	?	27	3,200,000	$1,150,000
4,385	92	?	160,000	105,000

9. **計算損益兩平點** 某項專案的估計資料如下：每單位價格＝$62，每單位變動成本＝$41，固定成本＝$15,500，必要報酬率＝12%，期初投資＝$24,000，年限＝4年。不考慮稅的影響，求算會計損益兩平點、現金損益兩平點和財務損益兩平點。在財務損益兩平點產量下，營運槓桿程度是多少？

10. **使用損益兩平分析** 某項專案的相關資料如下：會計損益兩平點＝13,400 單位，現金損益兩平點＝10,600 單位，年限＝5年，固定成本＝$150,000，每單位變動成本＝$24，必要報酬率＝12%。不考慮稅的影響，請問，財務損益兩平點為多少？

11. **計算營運槓桿** 在73,000單位的產量下，營運槓桿程度為2.90。如果產出上升為78,000 單位，營運現金流量的變動百分比是多少？新的營運槓桿水準是較高或較低呢？請解釋。

12. **槓桿** 承前一題，假設固定成本是 $150,000，則在 67,000 單位下的營運現金流量是多少？營運槓桿程度又是多少？

13. **營運現金流量和槓桿** 某專案的每年固定成本為 $84,000。在 7,500 單位下的營運現金流量為 $93,200。不考慮稅的影響，則營運槓桿程度為多少？如果銷售量從 7,500 單位增加至 8,000 單位，營運現金流量將增加多少？新的營運槓桿程度又是多少？

14. **現金流量和槓桿** 在 15,000 單位的產出水準下，營運槓桿程度是 2.61。此時，營運現金流量是 $57,000。不考慮稅的影響，固定成本是多少？如果產出水準提高到 16,000 單位，營運現金流量是多少？如果產出水準下降到 14,000 單位呢？

15. **槓桿** 承前一題，每一種狀況下的新營運槓桿程度各為多少？

進階題

16. **損益兩平點直覺** 專案的必要報酬率為 $R\%$，成本為 I，年限為 N 年。該專案使用直線法，在 N 年年限內折舊至零。沒有殘值，也沒有淨營運資金需求。

    a. 在會計損益兩平點產量下，該專案的 IRR 是多少？還本期間是多少？NPV 是多少？

    b. 在現金損益兩平點產量下，該專案的 IRR 是多少？還本期間是多少？NPV 又是多少？

    c. 在財務損益兩平點產量下，該專案的 IRR 是多少？還本期間是多少？NPV 又是多少？

17. **敏感度分析** 某四年期專案的資料如下：期初固定資產投資＝$420,000，在四年內以直線法折舊至零，無殘值，價格＝$25，每單位變動成本＝$16，固定成本＝$180,000，銷售量＝75,000 單位，稅率＝34%。OCF 對銷售量變動的敏感度是多少？

18. **營運槓桿** 承前一題，在已知產量下的營運槓桿程度是多少？在會計損益兩平點產量下的營運槓桿程度又是多少？

19. **專案分析** 你考慮進行新產品開發案，成本為 $1,400,000，為期四年，沒有殘值，以直線法折舊至零。預估每年銷售量是 180 單位，每單位售價是 $16,000，每單位變動成本是 $9,800，每年固定成本是 $430,000，必要報酬率是 12%，相關的稅率是 35%。

    a. 根據你的經驗，你認為銷售量、變動成本和固定成本的預測值誤差在上下 10% 內。求這些預測值的上下限？基本狀況下的 NPV 是多少呢？最佳狀況和最差狀況的 NPV 又是多少呢？

b. 評估基本狀況下的NPV對固定成本變動的敏感度。

c. 在不考慮稅的影響下，專案的現金損益兩平點是多少？

d. 會計損益兩平點是多少？在會計損益兩平點的營運槓桿程度又是多少？你如何解釋這個數字？

20. **專案分析**　McGilla Golf 決定推出新的高爾夫球具，每套售價為 $825，變動成本為每套 $395。公司花費了 $150,000 在市場調查上，報告結果顯示，在未來七年期間中，公司每年可銷售出 55,000 套。但是在同時，公司在高價位球具的銷售量將減少 10,000 套；高價位球具的售價與變動成本分別為 $1,100 與 $650。因此，公司決定增加低價球具的銷售量 12,000 套；低價球具的售價與變動成本分別為 $410 與 $185；公司每年的固定成本為 $9,200,000；研發費用為 $1,000,000；設備支出為 $29,400,000，採用直線折舊法；新的球具需要增加淨營運資金 $1,400,000，專案結束時回收；稅率為 40%，資金成本為 10%；計算此項專案的回收期間、NPV 及 IRR。

21. **情境分析**　在前一題中，假設估計值的預測誤差在上下 10% 內，請問最佳狀況下與最差狀況下的 NPV 各是多少呢？（提示：現有高價與低價球具的售價與變動成本均為確定，只有銷售量是不確定的。）

22. **敏感度分析**　McGilla Golf 想了解 NPV 對新球具的價格及銷售量變動的敏感度。請計算 NPV 對這兩個變數變動的個別敏感度？

23. **損益兩平點分析**　汽電混合車常是「綠化」的一個選擇，但是擁有汽電混合車的財務面考量，就不是很吸引人了。2010 年生產的 Lexus RX 450h 汽電車的售價高出傳統 Lexus RX 350 型轎車售價約 $5,565；另外，汽電車的其他成本（不包含油費）也高出約 $300；EPA 協會估計汽電車每加侖的駕駛里程是 29 英里，而傳統型則是 21 英里。

a. 假設每加侖油價是 $3.25，你預計持有車子六年期間，每年必須駕駛多少里程時，才值得擁有汽電混合車？暫時忽略貨幣的時間價值。

b. 假設你每年駕駛里程是 15,000 英里，車子駕駛期間也是六年，請問每加侖油價為多少時，才值得挑選汽電混合車？忽略貨幣的時間價值。

c. 重做 (a) 和 (b)，假設利率是 10%，現金流量都發生在年底。

d. 在前述的這些問題中，有關每年的轉手價格之假設是如何呢？

24. **損益兩平點分析**　為了搶奪噴射客機市場，Airbus 投資 $130 億，以研發載客量高達 800 人的 A380 型客機，A380 的售價是 $2 億 8 千萬，Airbus 指出當 A380 的銷售架數是 249 架時，就可以達到損益兩平。

a. 假設上述的損益兩平是現金損益兩平，請問每架飛機的營運現金流量是多少？
b. Airbus答應股東這項投資將帶來20%報酬率，假如A380的銷售可以永遠持續下去，Airbus每年必須銷售多少架A380客機，才能履行它給股東的承諾呢？
c. 假設A380的銷售只持續了十年，要達到20%的報酬率，Airbus每年要賣出多少架A380客機呢？

迷你個案

Conch Republic Electronics：第二部份

Shelley Couts 是 Conch Republic Electronics 的老闆，她收到了 Jay McCanless 為公司新型智慧型手機專案所做的資本預算分析，Shelley 對結果很滿意，但她對新型的智慧型手機仍有些疑慮。過去 20 年，Conch Republic 都委託一家小型的市調公司，但最近其創立者退休了，因此她不相信市調公司的銷售預估完全正確。另外，因為科技的快速發展，她擔心競爭者可能進入市場，這很可能迫使 Conch Republic 調降新型智慧型手機的售價。這些原因促使她請 Jay 分析新型智慧型手機售價及其銷售量的變動，對新計畫的 NPV 所造成的影響。

Shelley 請 Jay 準備一份簡報，以回答下列問題。

問 題

1. NPV 對新型智慧型手機售價改變的敏感度為何？
2. NPV 對新型智慧型手機銷售量改變的敏感度為何？

風險與報酬

第12章　資本市場的一些歷史準則

第13章　報酬、風險與證券市場線

12 資本市場的一些歷史準則

在2010年，S&P 500 股價指數上漲了大約 15%，而 NASDAQ 股價指數上漲了大約 17%，該年股市的整體表現是中上程度。但對於通信公司 IDT 的投資者而言，那真是很棒的一年，足足大賺了 429%。網路保全公司 VirnetX Holdings 的投資者也該對所持股票 405% 的獲利感到高興。當然並不是所有股票在那年都大幅上漲，First Bancorp 公司的股票當時就跌了 80%，而 Allied Irish 銀行的股票則跌了將近 75%。這些例子顯示在 2010 年有賺得巨額報酬的機會，但也有賠掉大部份資本的風險。所以，身為股票市場的投資者，當你投資資金到股市時，你應該抱持怎樣的期望呢？本章研究超過 80 年之久的股市歷史資料，希冀能找出這個答案。

到目前為止，我們尚未說明什麼因素決定一項投資的必要報酬率。其實，答案很簡單：必要報酬率視投資的風險而定。風險愈高，必要報酬率就愈大。

談到這裡，我們卻碰到一個更困難的問題：如何衡量投資案的風險呢？換言之，一項投資案的風險高於另一項投資案，這是什麼意思呢？顯然地，如果要回答這個問題，就必須先定義所謂的風險，這是接下來兩章的課題。

由前面幾章的內容得知，財務經理的責任之一就是評估實物資產投資案的價值。在評估實物資產的價值之前，我們必須要先看看金融資產投資的報酬率。在最低限度上，非金融投資案的必要報酬，必須高於相同風險等級的金融資產投資所提供的報酬。

本章的目的是從資本市場的歷史面來思索投資的風險和報酬。本章最重要的是讓你對這些數字有一點感受，何謂高報酬？何謂低報酬？我們預期從金融資產投資獲取多少的報酬呢？而這些投資的風險是多少呢？這些感受與預期有助於我們了解如何分析以及評價風險性投資案。

我們以美國金融市場的歷史經驗來展開本章的風險與報酬的討論。例如，在

1931 年，股票市場下跌了 43%。兩年後，股票市場上漲了 54%。以最近的例子來看，股票市場單單在 1987 年 10 月 19 日這一天就下跌了 25%，財務經理可以從這些股票的變動學到什麼功課？我們將藉著探討過去半世紀的歷史經驗，以找出答案。

並非每個人都認同歷史的價值。一方面，哲學家 George Santayana 有句名言：「不記取歷史教訓的人，註定會再犯錯。」（Those who do not remember the past are condemned to repeat it.）但另一方面，企業家 Henry Ford 也有一句名言：「歷史只不過是廢話罷了。」（History is more or less bunk.）雖然如此，也許每個人都會同意 Mark Twain 的看法：「10 月，是投機股票市場最危險的一個月份。其他危險的月份則是 7 月、1 月、9 月、4 月、11 月、5 月、3 月、6 月、12 月、8 月和 2 月。」

研讀市場的歷史可以得到兩個重要的準則。第一，承擔風險是可以得到報酬，第二，風險愈大，潛在的報酬也愈大。為了說明市場報酬的事實，本章的大部份內容是介紹美國資本市場至今的歷史統計資料和數字。這些數據和資料可供作為下一章討論金融市場風險定價的基礎。

12.1 報　酬

我們要討論幾種不同型態金融資產的歷史報酬，首先，我們簡短地介紹如何計算投資的報酬。

報酬金額

如果你購買一項資產，那麼你從這項投資所獲得的報酬（或是損失）就是你的投資報酬（return on your investment）。報酬通常分成兩個部份：第一，在擁有這項投資的期間，你可能從這項投資收到一些現金，這就稱為報酬的收益部份（income component）；第二，你所購買的資產的價值經常會變動。在這種情況下，你的投資就會出現資本利得或資本損失。[1]

例如，假設 Video Concept 公司流通在外的股票有好幾千股。你在年初買了這家公司的部份股票，現在是年底，你想知道你的投資成果。

---

[1] 就如同在前面章節的討論，嚴格來說，資本利得（或損失）是由 IRS 來認定，這裡的用法較不嚴謹。

第 12 章 資本市場的一些歷史準則

　　首先，在這一年中，公司可能會發放現金股利給股東。身為 Video Concept 公司的股東，你擁有這家公司的部份所有權。如果公司獲利，它可能選擇發放部份利潤給股東（後面的章節會詳細地討論股利政策）。由於擁有股票，你將會收到一些現金，而這些現金就是由於擁有股票所獲得的收益部份。

　　除了股利之外，報酬的另一部份就是股票的資本利得或資本損失。這一部份是來自於投資價值的改變。例如，圖 12.1 列示出現金流量，在這一年的開始，股票的價格是每股 $37。如果你買了 100 股，那麼你就有 $3,700 的支出。假設在年中，每股收到 $1.85 的股利。那麼到年底為止，你的股利收入是：

　　股利＝$1.85×100＝$185

而在年底時，股價已經上漲到每股 $40.33。你持有的 100 股的價值為 $4,033，因此資本利得為：

　　資本利得＝($40.33－37)×100＝$333

另一方面，如果股價下跌至每股 $34.78，將會有資本損失：

　　資本損失＝($34.78－37)×100＝－$222

請注意，資本損失就是一項負的資本利得。

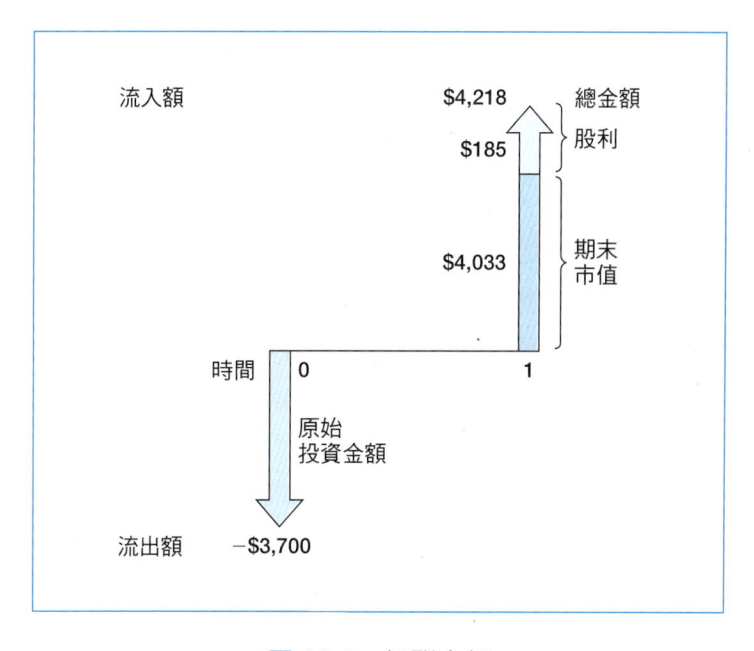

圖 12.1　報酬金額

投資的總報酬金額就是股利和資本利得的和：

總報酬金額＝股利收入＋資本利得（或資本損失） [12.1]

在這個例子裡，總報酬金額是：

總報酬金額＝$185＋333＝$518

請注意，如果在年底時賣出股票，那麼你收到的現金總額就是原始投資金額加上總報酬金額。就前面的例子來看：

出售股票的現金總額＝原始投資金額＋總報酬金額 [12.2]
　　　　　　　　＝$3,700＋518
　　　　　　　　＝$4,218

下面驗證這個答案，注意現金總額等於出售股票的所得加上股利收入：

出售股票的所得＋股利＝$40.33×100＋185
　　　　　　　　　＝$4,033＋185
　　　　　　　　　＝$4,218

假設你在年底時未出售 Video Concept 股票，那麼是否仍然可將資本利得視為你的一部份報酬呢？如果你不賣掉股票，資本利得不就是「紙上」的獲利，並沒有實際的現金流入嗎？

第一個問題的答案是資本利得可視為報酬的一部份，而第二個問題是沒有現金流入，只是「紙上」獲利。資本利得就像股利一樣，同屬報酬的一部份，因此必須把它計算在你的報酬內。你決定繼續持有股票與報酬的計算是非攸關的，因為你可以出售股票只要你願意，是否出售股票完全由你決定。

畢竟，如果你堅持變現你的資本利得，你可以在年底賣出股票，再立刻買回股票。這樣做跟不賣股票是沒有差異的（假設買賣股票不需負擔任何稅負及交易費用）。再強調一次，你變現資本利得，購買日常用品，或者繼續持有股票再投資，皆不會影響你賺得的報酬。

報酬率

通常以報酬率（percentage returns）來表示投資報酬的資訊比報酬金額來得方便。因為報酬率不會受到實際投資金額大小的影響。我們要回答這個問題：每 $1 投資的回報是多少呢？

第 12 章 資本市場的一些歷史準則

為了回答這個問題，令 P_t 代表年初的股票價格，D_{t+1} 代表在這一年內所發放的股利金額。圖 12.2 列示相關的現金流量。圖 12.1 和圖 12.2 是完全一樣的，只是以每股為基礎來表示。

在這個例子裡，年初每股價格是 \$37，而且這一年的每股股利是 \$1.85。如同第 8 章所討論的，把股利表示為期初股價的百分比就是股利收益率：

股利收益率 $= D_{t+1}/P_t$
$= \$1.85/37 = 0.05 = 5\%$

換言之，每投資 \$1 就可以得到 \$0.05 的股利。

報酬率的第二個部份就是資本利得收益率。回想第 8 章的內容，資本利得收益率定義為一年投資期間中價格的變化（資本利得）除以期初價格：

資本利得收益率 $= (P_{t+1} - P_t)/P_t$
$= (\$40.33 - 37)/37$
$= \$3.33/37$
$= 9\%$

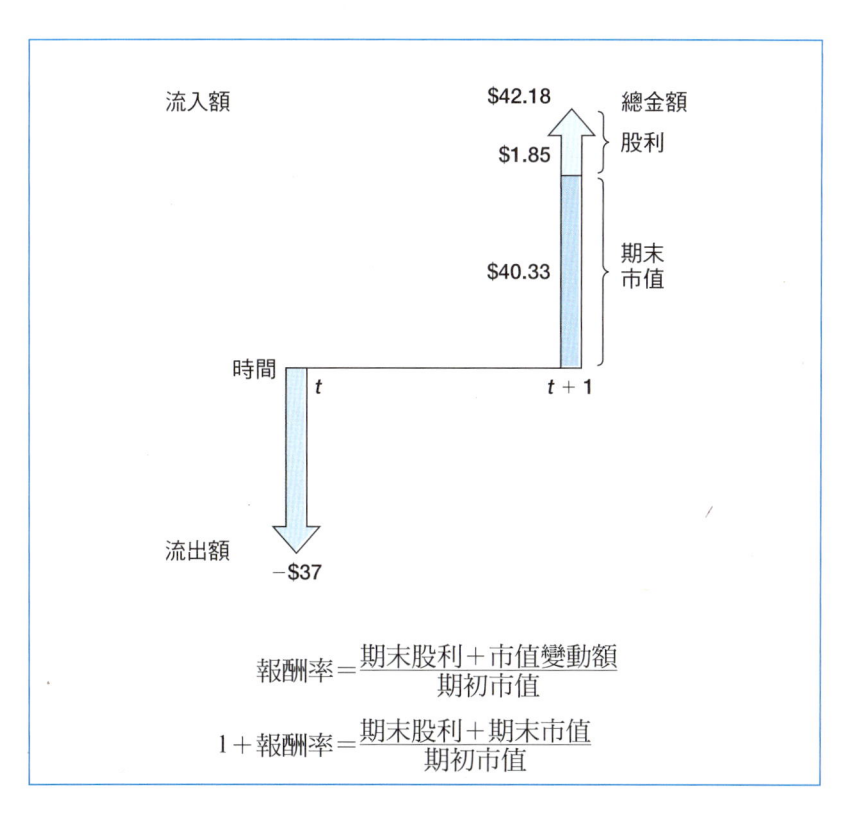

$$報酬率 = \frac{期末股利 + 市值變動額}{期初市值}$$

$$1 + 報酬率 = \frac{期末股利 + 期末市值}{期初市值}$$

圖 12.2　報酬率

所以，每投資 $1 就可以得到 $0.09 的資本利得。

綜合起來，每投資 $1 就可以得到 $0.05 的股利和 $0.09 的資本利得，因此總共是 $0.14。所以每 $1 的報酬金額是 $0.14，也就是 14% 的報酬率。

我們投資了 $3,700，在最後得到了 $4,218，若以百分比方式來表示，到底增加了多少百分比呢？如同先前的計算，我們賺了 $4,218－3,700＝$518，也就是增加了 $518/3,700＝14%。

範例 12.1　計算報酬率

假設你在年初時以每股 $25 買進一些股票，到了年底的時候，每股價格變為 $35。在這一年中，你得到了每股 $2 的股利，如圖 12.3 所示。股利收益率是多少？資本利得收益率是多少？報酬率又是多少呢？如果你的總投資金額是 $1,000，那麼你在年底時會有多少錢呢？

每股股利是 $2，所以股利收益率是：

股利收益率＝D_{t+1}/P_t
　　　　　＝$2/25＝0.08＝8%

每股的資本利得是 $10，所以資本利得收益率是：

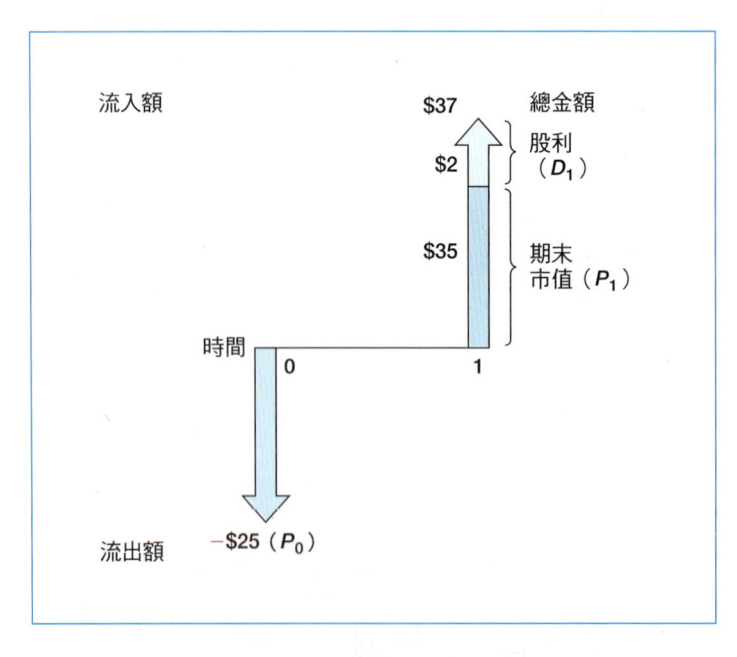

圖 12.3　投資的現金流量

$$資本利得收益率 = (P_{t+1} - P_t)/P_t$$
$$= (\$35 - 25)/25$$
$$= \$10/25$$
$$= 40\%$$

因此，總報酬率就是 48%。

如果你投資 $1,000，那麼在年底時你將有 $1,480，增加了 48%。再檢查一下，你用 $1,000 買了 $1,000/25＝40 股股票，而此 40 股可以收到 40×$2＝$80 的現金股利。每股的資本利得是 $10，所以總資本利得是 $10×40＝$400。把這兩項金額加起來，你賺到了 $480。

再舉一個例子，頗負盛名的電腦軟體公司 Oracle 其 2010 年年初的公司股價是 $24.53。在 2010 年間，Oracle 支付每股 $0.20 的股利，其年底的股價收在 $31.30，則該年 Oracle 股票的報酬率是多少呢？自行驗算，看看你的答案是否為 28.41%。當然也會出現負的報酬，例如：在 2010 年，石油巨人 BP 公司的年初股價是 $57.97，支付了 $1.68 的股利，年底的股價是 $44.17，請驗算一下，該年的損失是 20.91%。

觀念問題

12.1a 總報酬包括哪兩個部份？
12.1b 為何將未實現的資本利得或損失算入報酬？
12.1c 報酬金額與報酬率的差異何在？為什麼報酬率比較方便？

12.2 歷史紀錄

Roger Ibbotson 和 Rex Sinquefield 針對美國金融市場的報酬率進行了一系列的研究，[2] 他們分析了五種最重要的投資資產在過去一年的歷史報酬率，下面就是這些投資資產（或投資組合）：

---

[2] R. G. Ibbotson and R. A. Sinquefield, *Stocks, Bonds, Bills, and Inflation* [SBBI] (Charlottesville, VA: Financial Analysis Research Foundation, 1982).

1. **大型普通股**：這個股票組合就是 Standard & Poor's（S&P） 500 股價指數，這個投資組合涵蓋全美前500大公司（以流通在外股票的總市價為準）。
2. **小型普通股**：這個投資組合是由紐約證券交易所內價值較小的公司組成，總數佔上市股票數目的20%。同樣地，公司價值是以流通在外的股票市價為標準。
3. **長期公司債**：這個投資組合是由 20 年期較高等級的公司債所組成。
4. **長期美國政府公債**：這個投資組合是由 20 年期的美國政府公債所組成。
5. **美國國庫券**：這個投資組合是由一個月期的國庫券所組成。

這些報酬都沒有經過通貨膨脹和稅的調整，因此它們都是稅前的名目報酬。

除了這些金融工具的年報酬外，我們也計算了每年消費者物價指數（consumer price index, CPI）的變動百分比，將它作為通貨膨脹率。所以，我們可以計算經過通貨膨脹率調整後的實質報酬率。

初步探討

在深入探討各投資組合的報酬之前，我們先概略地探討大致的情形。圖 12.4 顯示出，在 1925 年年底投資 $1 在各投資組合上，這些投資組合到 2010 年年底的 85 年期間的價值成長變化（長期公司債除外）。請注意，為了要把各個投資組合的成長結果同時放在同一張圖上，我們在縱座標的刻度上做了一些修改。就如同財務序列資料一般的處理，我們將縱軸調整成以同樣的距離代表相等的變動百分比（而非相等的變動數量）。[3]

由圖 12.4 中可以看出，小型普通股表現最佳。在這 85 年期間， $1 的小型股投資成長到相當可觀的 $16,054.70；大型普通股的表現則較差，每 $1 的投資只成長到 $2,982.24。

在另一方面，國庫券投資組合僅成長至 $20.55。如果將這段期間的通貨膨脹納入考量之後，實質成長就更微不足道了。如圖所示，由於價格水準的上揚，2010 年年底的 $12.23 相當於 1925 年年初的 $1 價值。

看到這些歷史紀錄後，為什麼不是每位投資者都購買小型股呢？如果仔細觀察圖 12.4，你可能會找到答案。國庫券和長期政府公債的成長比普通股慢，不過，它們的成長比較穩定。小型股的成長在最後的結果是最佳的，但誠如你所看到的，它們的成長過程有時非常的不穩定。例如，小型股在最初十年的表現是最差的，而且大約有 15 年的時間，小型股的報酬低於長期政府公債的報酬。

---

[3] 換言之，這些尺度只是對數值。

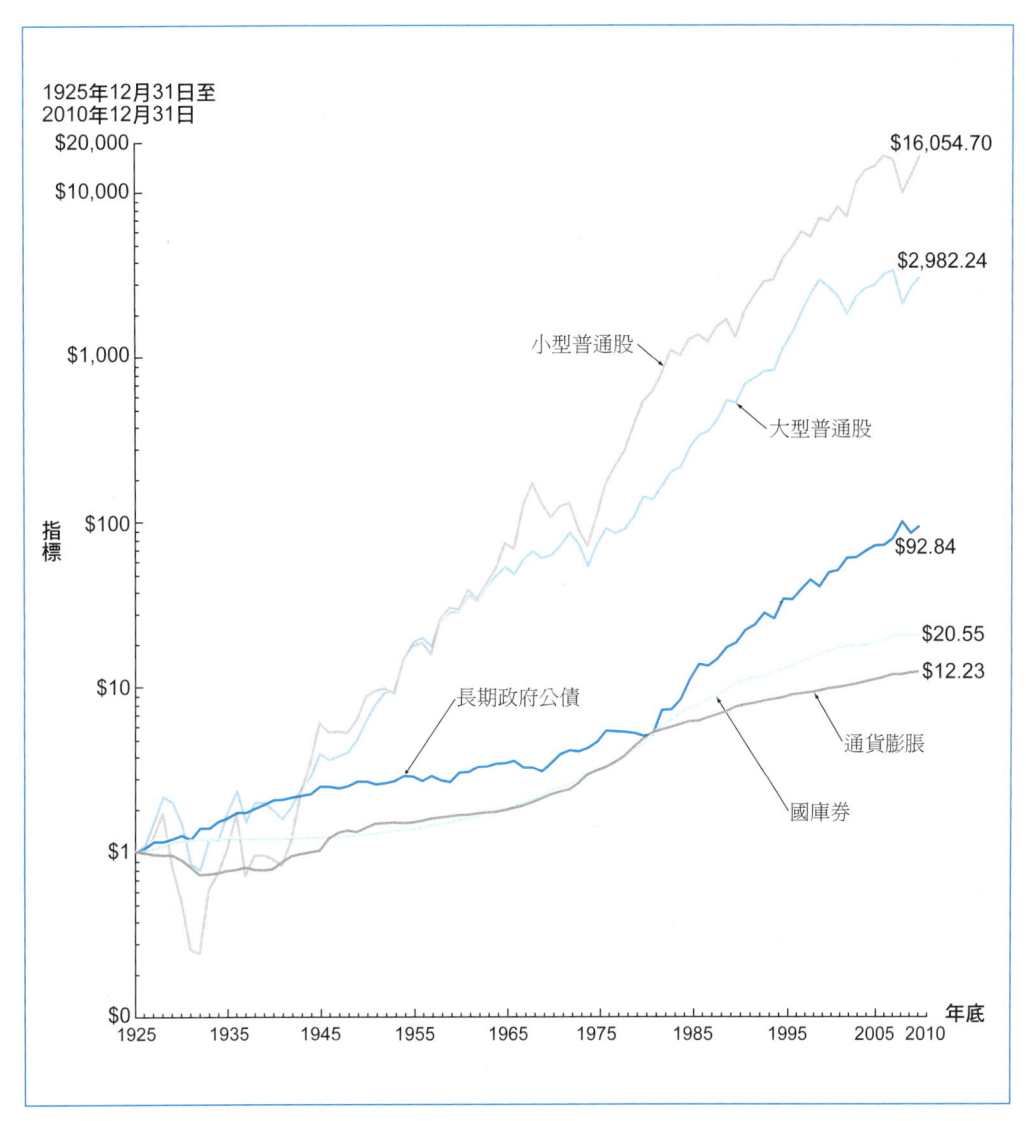

資料來源：Redrawn from *Stocks, Bonds, Bills, and Inflation: 2011 Yearbook*™, annually updates work by Roger G. Ibbotson and Rex A. Sinquefield (Chicago: Morningstar). All rights reserved.

圖 12.4　各投資組合 $1 投資的成長：1925－2010（1925 年年底＝$1）

深入探討

為了說明不同投資組合間的差異性，圖 12.5 至圖 12.8 在橫座標上以長條圖形式來表示每年的報酬率。長條圖的高度代表該年度的報酬。例如，長期政府公債的歷史最高報酬（44.44%）發生在 1982 年（見圖 12.7），對債券市場而言，這是表現很好的一年。在比較這些圖形時，要注意到橫座標上刻度的差異。了解這些

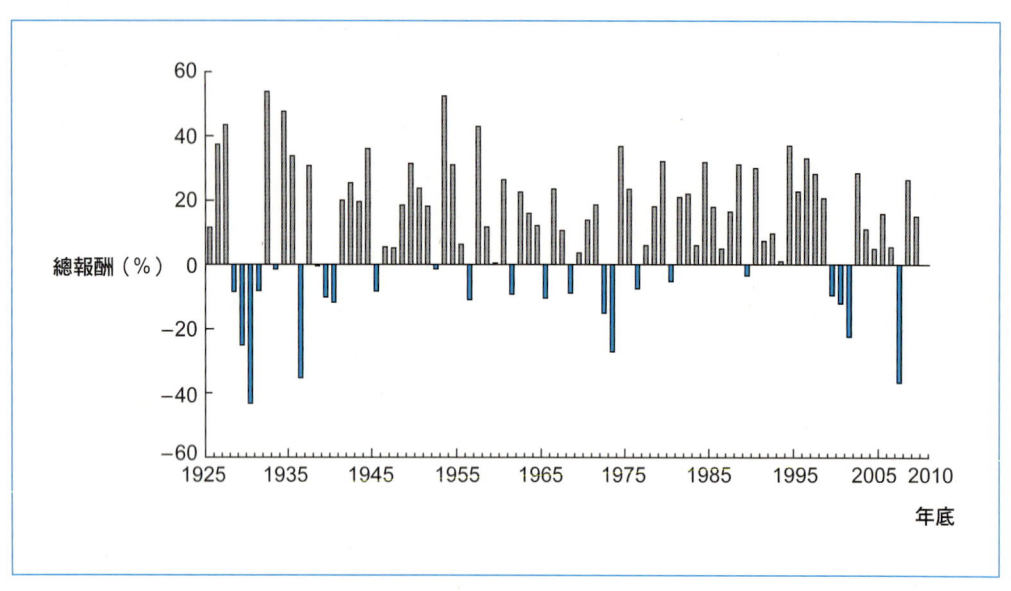

財務管理 第五篇 風險與報酬

資料來源：Redrawn from *Stocks, Bonds, Bills, and Inflation: 2011 Yearbook*™, annually updates work by Roger G. Ibbotson and Rex A. Sinquefield (Chicago: Morningstar). All rights reserved.

圖 12.5　普通股年報酬率

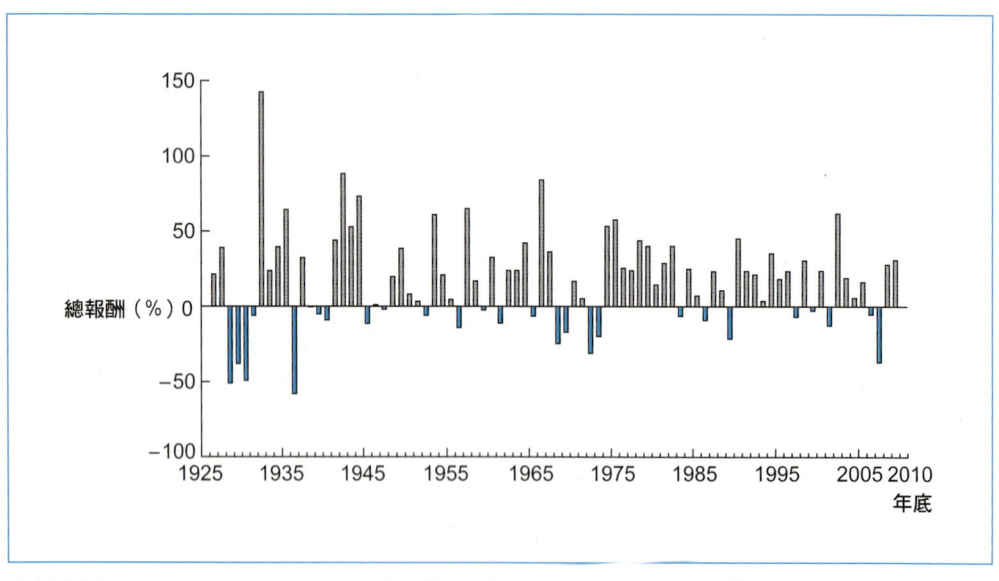

資料來源：Redrawn from *Stocks, Bonds, Bills, and Inflation: 2011 Yearbook*™, annually updates work by Roger G. Ibbotson and Rex A. Sinquefield (Chicago: Morningstar). All rights reserved.

圖 12.6　小型股年報酬率

刻度上的差異後，相對於小型股（圖 12.6），你發現國庫券（圖 12.7）的報酬是比較有軌跡可循的！

第 12 章 資本市場的一些歷史準則　　**475**

長期政府公債

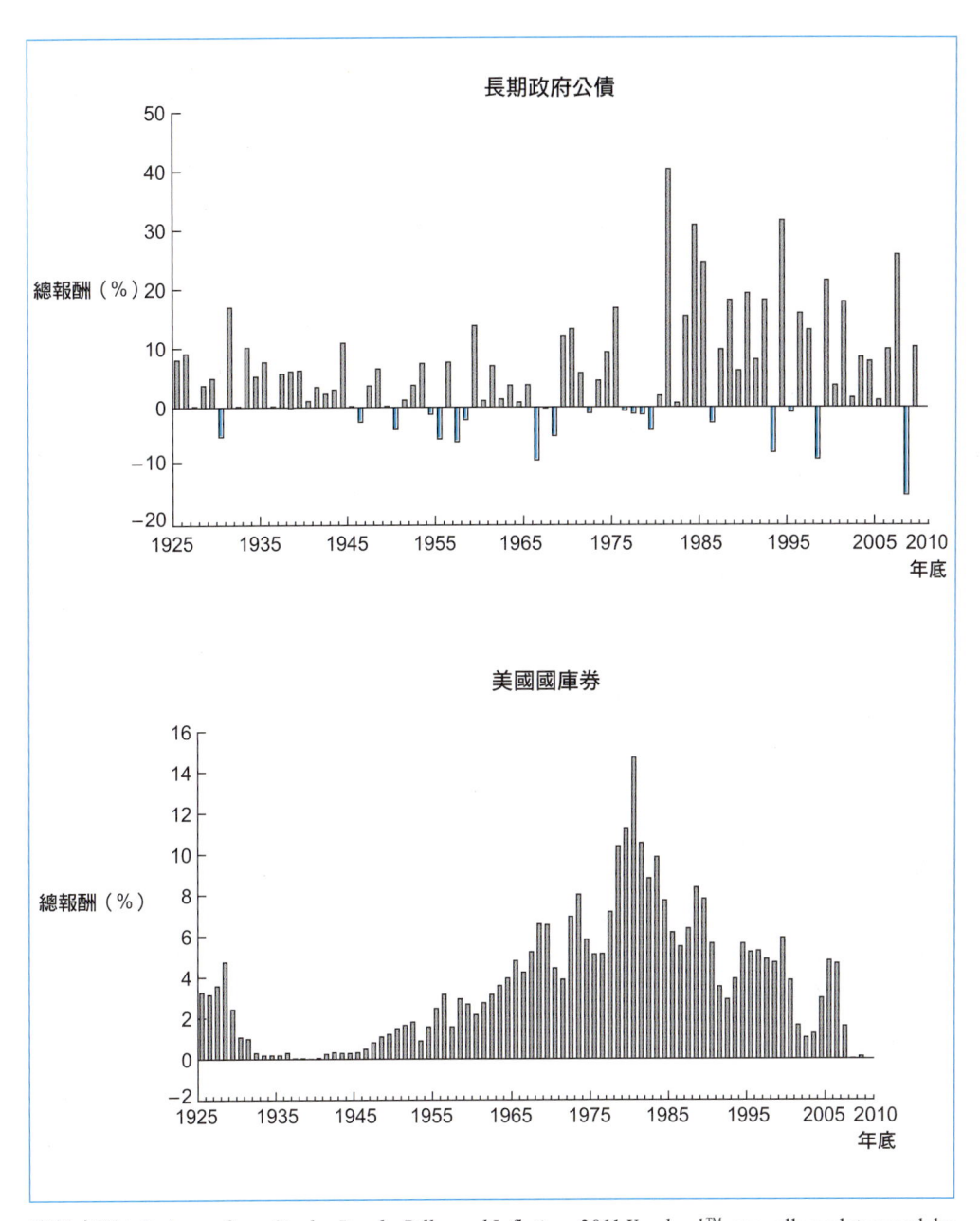

美國國庫券

資料來源：Redrawn from *Stocks, Bonds, Bills, and Inflation: 2011 Yearbook*™, annually updates work by Roger G. Ibbotson and Rex A. Sinquefield (Chicago: Morningstar). All rights reserved.

圖 12.7　公債和國庫券年報酬率

　　有些長條圖形的報酬很高。例如，由圖形可以看出，小型股單一年的最大報酬是 142.87% 發生在 1933 年。同年，大型股的報酬則「只有」52.94%。

```
通貨膨脹率 (%)
```

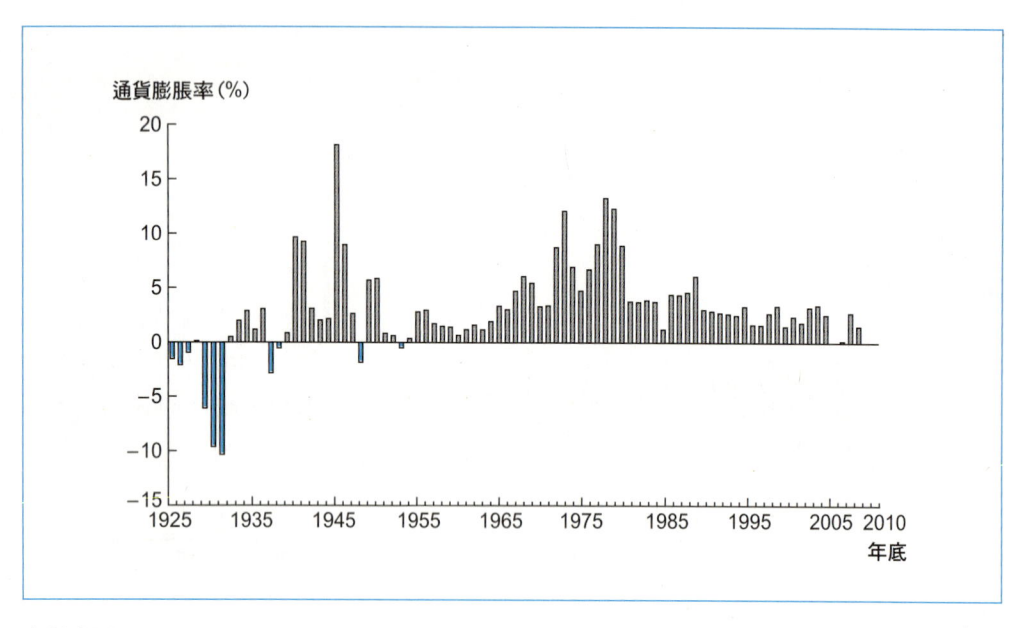

[Figure: 年通貨膨脹率 bar chart from 1925 to 2010]

資料來源：Redrawn from *Stocks, Bonds, Bills, and Inflation: 2011 Yearbook*™, annually updates work by Roger G. Ibbotson and Rex A. Sinquefield (Chicago: Morningstar). All rights reserved.

圖 12.8　年通貨膨脹率

相對地，國庫券的最大報酬 15.21% 則是發生在 1981 年。另外，為了未來參考之用，我們將 S&P 500、長期政府公債、國庫券，以及 CPI 的年報酬率標示於表 12.1。

觀念問題

12.2a 事後來看，你認為從 1926 年至 1935 年期間的最佳投資組合是什麼？

12.2b 為什麼並不是每個人都投資小型股呢？

12.2c 在這 80 多年中，各投資組合的最小報酬是多少？發生在什麼時候呢？

12.2d 大型股的年報酬超過 30% 的次數有多少？有多少次低於 −20%？

12.2e 大型股的「連續」獲利期間（沒有負報酬的年份）是多久呢？長期政府公債又是多久呢？

12.2f 國庫券經常有負的年報酬嗎？

聽聽他們怎麼說…

Roger Ibbotson 談資本市場史

在所有的人類現象中，金融市場的檔案是史上最被小心保存下來的，每天約有 2 千種紐約證券交易所股票在交易，至少超過 8 千種股票在其他交易所或櫃檯市場交易。債券、商品、期貨及選擇權也提供了豐富的資料。每天這些資料佔滿了《華爾街日報》及其他無數報紙數十頁的篇幅與為數眾多的財務金融網路，而這些篇幅還只是當日交易的摘要而已，每次交易皆留下了即時的紀錄，這些紀錄不只提供了歷史資料，而且很多紀錄超越了一世紀長的歷史資料。

全球性的市場也擴大了這些豐富資料的面向，超過 2 千種股票在日本股票市場上交易，而在倫敦證券交易所，每天則有超過 3 千種國內外股票交易，整體而言，全球股市一天的交易量超過 100 億股。

這些交易所產生的資料可被量化、快速分析及傳佈，經由電腦而更容易取得，因為這樣，財務學愈來愈像科學。財務市場資料的使用，從最簡單的，諸如使用 S&P 500 來衡量投資組合的績效到難以想像的複雜分析都有可能。例如，僅在 25 年前，債券市場是華爾街最死氣沉沉的市場，今天卻吸引了一窩蜂的投資者，趁機從小而短暫的市價中套利，他們就是使用即時資料及電腦來作分析。

金融市場資料是我們目前能對金融市場作廣泛且實際了解的基礎，以下是一些這類研究的主要發現：

- 風險性的證券，諸如股票，比無風險證券，例如國庫券，有較高的平均報酬率。
- 小型股比大型股有較高的平均報酬率。
- 長期債券比短期債券有較高的平均收益率。
- 一家公司、一個專案計畫或一個部門的資金成本可使用市場資料來預測。

因為金融市場的現象可以如此精準地被衡量，財務是經濟學領域中最可被立即量化的一支。比起其他的經濟領域，財務研究者可進行較廣泛的實證研究，而研究結果也可馬上被應用在市場上。

Roger Ibbotson 是耶魯管理學院（Yale School of Management）的管理實務教授，他是 Ibbotson Associates（現更名為 Morningstar Inc.）的創辦人，提供財務數據資料給金融機構。他也是 Zebra Capital 對沖基金公司的董事長，作為一位出色的學者，他最廣為人知的是，對史上不同金融市場報酬率作估計，及新上市股票的研究。

表 12.1　年報酬率：1926－2010

年	大型普通股	長期政府公債	美國國庫券	消費者物價指數	年	大型普通股	長期政府公債	美國國庫券	消費者物價指數
1926	13.75%	5.69%	3.30%	−1.12%	1969	−8.43%	−5.63%	6.90%	6.20%
1927	35.70	6.58	3.15	−2.26	1970	3.94	18.92	6.50	5.57
1928	45.08	1.15	4.05	−1.16	1971	14.30	11.24	4.36	3.27
1929	−8.80	4.39	4.47	0.58	1972	18.99	2.39	4.23	3.41
1930	−25.13	4.47	2.27	−6.40	1973	−14.69	3.30	7.29	8.71
1931	−43.60	−2.15	1.15	−9.32	1974	−26.47	4.00	7.99	12.34
1932	−8.75	8.51	0.88	−10.27	1975	37.23	5.52	5.87	6.94
1933	52.95	1.92	0.52	0.76	1976	23.93	15.56	5.07	4.86
1934	−2.31	7.59	0.27	1.52	1977	−7.16	0.38	5.45	6.70
1935	46.79	4.20	0.17	2.99	1978	6.57	−1.26	7.64	9.02
1936	32.49	5.13	0.17	1.45	1979	18.61	1.26	10.56	13.29
1937	−35.45	1.44	0.27	2.86	1980	32.50	−2.48	12.10	12.52
1938	31.63	4.21	0.06	−2.78	1981	−4.92	4.04	14.60	8.92
1939	−1.43	3.84	0.04	0.00	1982	21.55	44.28	10.94	3.83
1940	−10.36	5.70	0.04	0.71	1983	22.56	1.29	8.99	3.79
1941	−12.02	0.47	0.14	9.93	1984	6.27	15.29	9.90	3.95
1942	20.75	1.80	0.34	9.03	1985	31.73	32.27	7.71	3.80
1943	25.38	2.01	0.38	2.96	1986	18.67	22.39	6.09	1.10
1944	19.49	2.27	0.38	2.30	1987	5.25	−3.03	5.88	4.43
1945	36.21	5.29	0.38	2.25	1988	16.61	6.84	6.94	4.42
1946	−8.42	0.54	0.38	18.13	1989	31.69	18.54	8.44	4.65
1947	5.05	−1.02	0.62	8.84	1990	−3.10	7.74	7.69	6.11
1948	4.99	2.66	1.06	2.99	1991	30.46	19.36	5.43	3.06
1949	17.81	4.58	1.12	−2.07	1992	7.62	7.34	3.48	2.90
1950	30.05	−0.98	1.22	5.93	1993	10.08	13.06	3.03	2.75
1951	23.79	−0.20	1.56	6.00	1994	1.32	−7.32	4.39	2.67
1952	18.39	2.43	1.75	0.75	1995	37.58	25.94	5.61	2.54
1953	−1.07	2.28	1.87	0.75	1996	22.96	0.13	5.14	3.32
1954	52.23	3.08	0.93	−0.74	1997	33.36	12.02	5.19	1.70
1955	31.62	−0.73	1.80	0.37	1998	28.58	14.45	4.86	1.61
1956	6.91	−1.72	2.66	2.99	1999	21.04	−7.51	4.80	2.68
1957	−10.50	6.82	3.28	2.90	2000	−9.10	17.22	5.98	3.39
1958	43.57	−1.72	1.71	1.76	2001	−11.89	5.51	3.33	1.55
1959	12.01	−2.02	3.48	1.73	2002	−22.10	15.15	1.61	2.38
1960	0.47	11.21	2.81	1.36	2003	28.89	2.01	0.94	1.88
1961	26.84	2.20	2.40	0.67	2004	10.88	8.12	1.14	3.26
1962	−8.75	5.72	2.82	1.33	2005	4.91	6.89	2.79	3.42
1963	22.70	1.79	3.23	1.64	2006	15.79	0.28	4.97	2.54
1964	16.43	3.71	3.62	0.97	2007	5.49	10.85	4.52	4.08
1965	12.38	0.93	4.06	1.92	2008	−37.00	41.78	1.24	0.09
1966	−10.06	5.12	4.94	3.46	2009	26.46	−25.61	0.15	2.72
1967	23.98	−2.86	4.39	3.04	2010	15.06	7.73	0.14	1.50
1968	11.03	2.25	5.49	4.72					

資料來源：*Global Financial Data*.

12.3　平均報酬：第一個準則

你或許已經注意到，資本市場的歷史報酬資料實在是太繁雜了，所以無法直接應用這些原始資料。因此，必須先將這些資料匯總，下面討論如何來濃縮這些詳細的資料。首先，我們從平均報酬開始。

計算平均報酬

要計算表 12.1 中不同投資的平均報酬，最簡單的方法就是將所有的年報酬加總，再除以 85。結果就是這些個別報酬值的歷史平均值。

例如，如果加總圖 12.5 中大型股的 85 年年報酬，你將得到大約是 10.12。所以，年平均報酬就是 10.12/85＝11.9%。你可以用平均值的意義來解釋 11.9% 這個數值。如果隨意地從 85 年的歷史中抽出一年，並且猜該年大型股的報酬是多少，那麼最好的猜測值是 11.9%。

平均報酬：歷史紀錄

表 12.2 列示出我們已討論過的投資組合的平均報酬。如表所示，在一般的年度中，小型股的股票價值上漲了 16.7%。請注意，股票的報酬一般而言高出債券的報酬。

因為我們尚未考慮通貨膨脹，所以這些都是名目平均值。在這 85 年期間，平均年通貨膨脹率是 3.1%。美國國庫券的平均年名目報酬是 3.7%。因此，美國國庫券的每年平均實質報酬大約只有 0.6%，可見國庫券的實質報酬一直是非常

表 12.2　平均年報酬：1926－2010

投資	平均報酬
大型股	11.9%
小型股	16.7
長期公司債	6.2
長期政府公債	5.9
美國國庫券	3.7
通貨膨脹率	3.1

資料來源：Redrawn from *Stocks, Bonds, Bills, and Inflation: 2011 Yearbook*™, annually updates work by Roger G. Ibbotson and Rex A. Sinquefield (Chicago: Morningstar). All rights reserved.

低的。

而另外一個極端,小型股的平均實質報酬大約是 16.7%－3.1%＝13.6%,這個報酬是相當高的。如果你記得第 5 章的 72 法則,那麼你可以很快地算出,在 13.6% 的實質成長下,你的購買力每過五年就會增加一倍。另外,在一般的年度中,大型股投資組合的實質報酬差不多是 9%。

風險溢酬

既然有了這些平均報酬,就應該來比較這些平均報酬。一種比較方式是將政府發行的證券也納入比較,這些證券報酬的變動並不像股市報酬那麼大。

政府藉著發行債券來募集資金,這些債券有不同的形式。這裡的重點放在國庫券上,國庫券是各種政府債券中到期期限最短的。因為政府隨時可以以徵稅的方式來償還國庫券的欠款,所以國庫券可以說是沒有任何違約風險的。因此,我們稱這類債務的報酬為無風險報酬(risk-free return)。我們可以使用它作為報酬的比較標準。

較特別有趣的比較是涵蓋無風險的國庫券報酬和高風險的普通股報酬。這兩個報酬間的差異可以解釋為一般風險性資產(假設美國大公司股票的風險相對於所有風險性資產的風險,可稱為一般的風險水平)的超額報酬(excess return)。

我們稱它為「超額」報酬,因為我們從無風險的投資轉移到風險性投資時,它是我們所能獲取的額外報酬。它也可以解釋為承擔風險的報酬,所以又稱為風險溢酬(risk premium)。

根據表 12.2 的資料,我們可以算出不同投資的風險溢酬,這些結果列示於表 12.3。由於過去的名目風險溢酬和實質風險溢酬的差異非常小,所以我們只列出名目風險溢酬。

表中顯示國庫券的風險溢酬是零,因為我們假設國庫券是無風險的。

第一個準則

從表 12.3 中可以看出,一般大型公司股票的平均風險溢酬是 11.9%－3.7%＝8.2%。這個報酬是相當高的。過去的歷史資料是重要的觀察值,所以我們得到的第一個準則是:一般而言,風險性資產賺到風險溢酬。換言之,承擔風險會有報酬。

為什麼是這樣?為什麼小型股的風險溢酬會比大型股的風險溢酬大這麼多?更具體一點,到底是什麼因素決定資產的風險溢酬的大小?這些問題的答案是現代財務學的核心,也是下一章要探討的重點。到目前這個階段,藉由觀察不同投

表 12.3　平均年報酬和風險溢酬：1926－2010

投資	平均報酬率	風險溢酬
大型股	11.9%	8.2%
小型股	16.7	13.0
長期公司債	6.2	2.5
長期政府公債	5.9	2.2
美國國庫券	3.7	0.0

資料來源：Redrawn from *Stocks, Bonds, Bills, and Inflation: 2011 Yearbook*™, annually updates work by Roger G. Ibbotson and Rex A. Sinquefield (Chicago: Morningstar). All rights reserved.

資組合歷史報酬的變動情形，你可以得到一部份的答案。所以，下面把重點轉移到報酬的變動性上。

觀念問題

12.3a 何謂超額報酬與風險溢酬？
12.3b 何謂普通股投資組合的實質（相對於名目）風險溢酬？
12.3c 何謂公司債的名目風險溢酬和實質風險溢酬？
12.3d 資本市場歷史資料的第一個準則是什麼？

12.4　報酬變異性：第二個準則

我們已經看到普通股的年報酬波動程度大於長期政府公債。下面介紹如何衡量股票報酬的變異性，以便探討風險這個課題。

次數分配和變異性

我們從圖 12.9 的普通股報酬的次數分配圖（frequency distribution）著手。圖 12.9 以 10% 為一個級距，將 85 筆（年）普通股投資組合報酬分到個別的級距內。例如，10% 至 20% 這個級距的高度是 14，表示在 85 個年報酬中，有 14 個落在這個範圍內。

現在我們要做的就是實際地衡量報酬的離散情形。例如，小型股的年報酬一般是 16.7%。我們想了解實際的報酬與一般的年平均報酬的差異有多少。換言

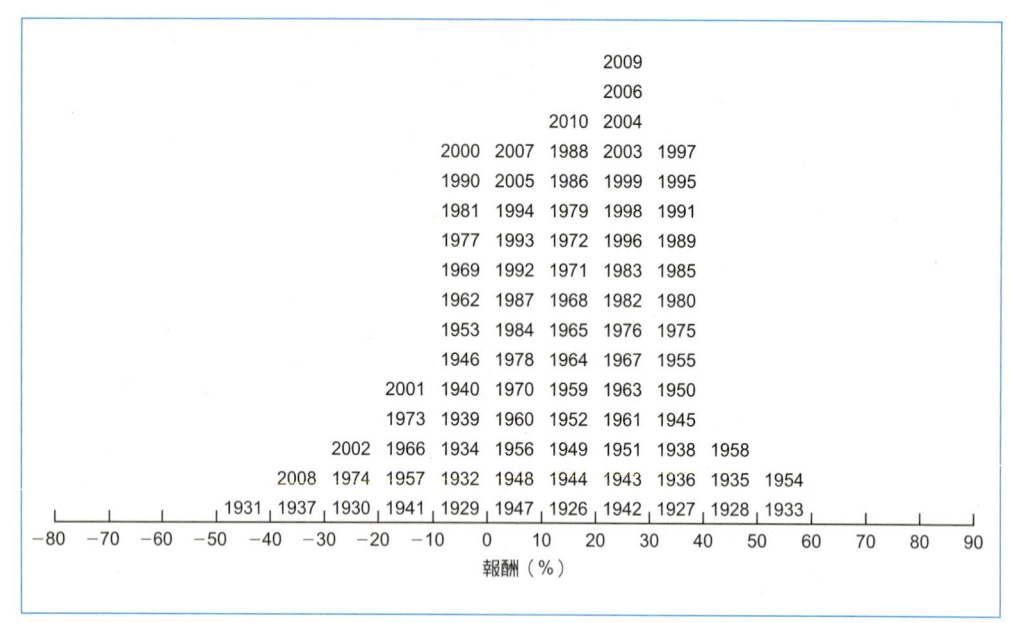

資料來源：Redrawn from *Stocks, Bonds, Bills, and Inflation: 2011 Yearbook*™, annually updates work by Roger G. Ibbotson and Rex A. Sinquefield (Chicago: Morningstar). All rights reserved.

圖 12.9　大型股報酬次數分配圖：1926－2010

之，我們需要一個報酬波動程度的衡量標準。最常使用的衡量標準是變異數（variance）和變異數的平方根，即標準差（standard deviation）。接下來介紹如何計算這些衡量標準。

歷史變異數和標準差

實質上，變異數是實際報酬和平均報酬平方差的平均值。這個數值愈大，代表實際報酬和平均報酬的差異愈大。而且，變異數或是標準差愈大，表示報酬分配愈分散。

計算變異數和標準差的方法視特定的情況而定。本章所探討的是歷史報酬，所以，下面介紹的是計算歷史變異數和標準差的方法。如果我們所探討是預估的未來報酬，那麼，計算的方法是不相同的，下一章將介紹這種方法。

為了說明如何計算歷史變異數，假設某項投資在過去四年的報酬分別是 10%、12%、3% 和 −9%，則平均報酬就是 (0.10＋0.12＋0.03−0.09)/4＝4%。請注意，沒有一個實際報酬剛好等於 4%。第一個報酬偏離平均報酬 0.10−0.04 ＝0.06；第二個報酬偏離平均報酬 0.12−0.04＝0.08，以此類推。在計算變異數時，我們把每一個偏離值平方，再加總起來，然後除以報酬樣本個數減 1，在這

個例子裡就是除以 3（＝4－1），詳細計算過程如下表：

	(1) 實際報酬	(2) 平均報酬	(3) 偏離值 (1)－(2)	(4) 偏離值平方
	0.10	0.04	0.06	0.0036
	0.12	0.04	0.08	0.0064
	0.03	0.04	－0.01	0.0001
	－0.09	0.04	－0.13	0.0169
合計	0.16		0.00	0.0270

第一欄列出四個實際報酬。第三欄將實際報酬減 4%，得到它們和平均報酬間的偏離值。最後，第四欄則是第三欄的數值平方，就是平均報酬偏離值的平方。

現在，我們把偏離值的平方和 0.0270，除以報酬樣本個數減 1，就可以得到變異數。以 Var(R)，或是 σ^2 代表報酬的變異數：

Var(R)＝σ^2＝0.027/(4－1)＝0.009

標準差是變異數的平方根。所以，如果以 SD(R) 或是 σ 代表報酬的標準差，則：

SD(R)＝σ＝$\sqrt{0.009}$＝0.09487

由於變異數是以百分比的「平方」作為計算單位，所以變異數較不易解釋。因此，採用變異數的平方根，就是標準差。標準差是以百分比作為計算單位，答案直接以百分比表示 9.487%。

在表中，所有偏離值的和等於零。這是必然的結果，可供我們檢查計算過程是否有誤。一般而言，如果我們有 T 個歷史報酬，其中 T 是某個數字，那麼就可以把變異數寫成：

$$\text{Var}(R) = \frac{1}{T-1}[(R_1 - \overline{R})^2 + \cdots + (R_T - \overline{R})^2] \qquad [12.3]$$

這個公式就是上述計算變異數的公式：把 T 個個別報酬（R_1，R_2，…）分別減掉平均報酬 $\overline{R}$，把結果平方，再全部加起來，最後把這個總和除以報酬個數減 1，即 $T-1$。標準差就是變異數的平方根。標準差經常被用來衡量波動性的一種指標。下一頁的網路作業就是一個實務界的範例。

網路作業

共同基金經常刊載標準差這個數值，例如，Fidelity Magellan 基金在本文撰寫時，是美國第二大基金，它的波動程度是如何？為了找出答案，進到網站 www.morningstar.com，輸入代碼 FMAGX，並且點選 "Risk Measures" 的連結，以下是我們所找到的：

MPT Statistics FMAGX

3-Year | 5-Year | 10-Year | 15-Year

3-Year Trailing vs. Best-Fit Index	Index	R-Squared	Beta	Alpha	Currency
FMAGX	Russell Mid Cap Growth TR USD	97.38	1.04	-8.04	USD
vs. Standard Index					
FMAGX	S&P 500 TR	91.52	1.21	-2.64	USD
Category: LG	S&P 500 TR	95.30	1.01	0.37	USD

12/31/2010

Volatility Measures FMAGX

3-Year | 5-Year | 10-Year | 15-Year

3-Year Trailing	Standard Deviation	Mean	Sharpe Ratio	Bear Market Percentile Rank
FMAGX	28.12	-0.28	-0.14	90.00
S&P 500 TR	22.16	-0.04	-0.05	--
Category: LG	22.85	-0.01	-0.03	--

Fidelity Magellan 基金的標準差是 28.12%，當你想到股票平均的標準差是 50% 時，這個數字似乎不高。低標準差的原因來自於投資多角化的魔力，這個主題將在下一章中討論。平均值指的是平均報酬率，在過去三年中，Fidelity Magellan 基金的投資人每年損失 0.28% 的報酬率。並且，在波動度衡量的段落中你會看到 Sharpe 比值，它是資產的風險溢酬除以標準差，用來衡量承擔風險（以標準差衡量）所獲得報酬的多寡，Fidelity Magellan 基金的「貝它」值是 1.21，在下一章中，我們會對這個數字作更多的討論。

問題

1. 進入 Morningstar 的網站 www.morningstar.com，夏普比率（Sharpe ratio）在衡量什麼？"Bear Market Percentile" 又是衡量什麼？
2. 從 Morningstar 網站取得富達麥哲倫基金（Fidelity Magellan fund）的報價資訊，此基金的最高持股比率是在哪五個產業？此基金的最高個股持股比率是在哪五檔股票？

範例 12.2 計算變異數和標準差

假設Supertech公司和Hyperdrive公司在過去四年的報酬如下所示：

年	Supertech 報酬	Hyperdrive 報酬
2008	−0.20	0.05
2009	0.50	0.09
2010	0.30	−0.12
2011	0.10	0.20

求算平均報酬、變異數和標準差。哪一項投資的波動程度較大？

把報酬加起來後除以4，就是平均報酬：

Supertech 平均報酬 $=\overline{R}= 0.70/4 = 0.175$

Hyperdrive 平均報酬 $=\overline{R}= 0.22/4 = 0.055$

為了計算Supertech的變異數，我們把相關的計算整理成下表：

年	(1) 實際報酬	(2) 平均報酬	(3) 偏離值 (1)−(2)	(4) 偏離值的平方
2008	−0.20	0.175	−0.375	0.140625
2009	0.50	0.175	0.325	0.105625
2010	0.30	0.175	0.125	0.015625
2011	0.10	0.175	−0.075	0.005625
合計	0.70		0.000	0.267500

因為共有四年報酬，所以變異數是把0.2675除以 (4−1)=3：

	Supertech	Hyperdrive
變異數（σ^2）	$0.2675/3 = 0.0892$	$0.0529/3 = 0.0176$
標準差（σ）	$\sqrt{0.0892} = 0.2987$	$\sqrt{0.176} = 0.1327$

你可以練習Hyperdrive公司，看看是否得到相同的答案。Supertech的標準差是29.87%，超過Hyperdrive的標準差13.27%的兩倍；因此，投資Supertech的波動程度比較大。

歷史紀錄

圖 12.10 匯總了到目前為止所討論的資本市場歷史資料；包括平均報酬率、標準差和年報酬的次數分配。例如，圖 12.10 顯示，小型股投資組合的標準差（每年 32.6%）比國庫券投資組合的標準差（每年 3.1%）大出十倍。我們稍後會再回來探討這些數值。

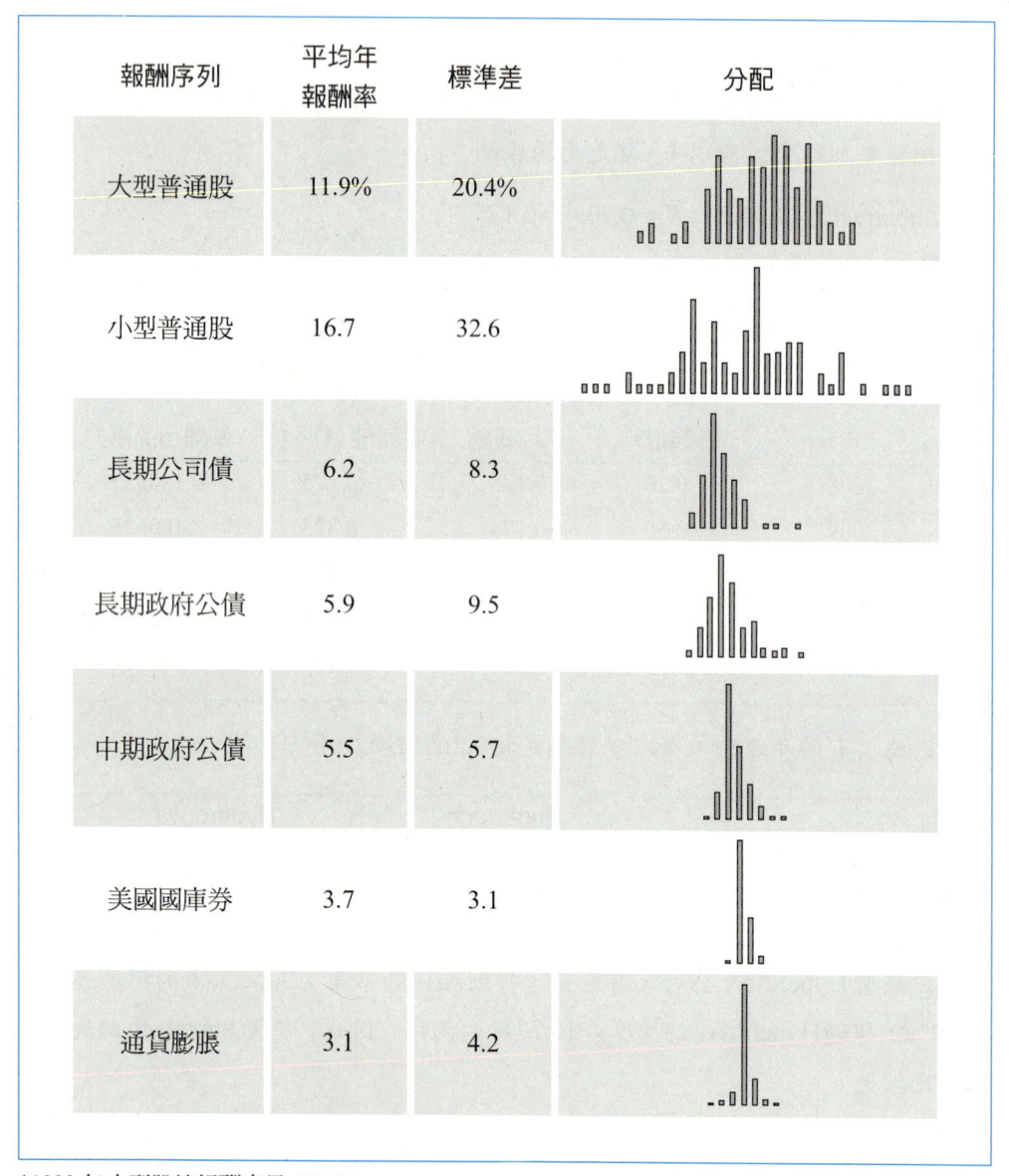

報酬序列	平均年報酬率	標準差	分配
大型普通股	11.9%	20.4%	
小型普通股	16.7	32.6	
長期公司債	6.2	8.3	
長期政府公債	5.9	9.5	
中期政府公債	5.5	5.7	
美國國庫券	3.7	3.1	
通貨膨脹	3.1	4.2	

*1933 年小型股總報酬率是 142.9%。

資料來源：Modified from *Stocks, Bonds, Bills, and Inflation: 2011 Yearbook*™, annually updates work by Roger G. Ibbotson and Rex A. Sinquefield (Chicago: Morningstar). All rights reserved.

圖 12.10 歷史報酬率、標準差和次數分配：1926－2010

常態分配

對於各類不同的隨機事件,有一個特別的次數分配——常態分配〔(normal distribution,或稱為鐘形曲線(bell curve)〕經常使用在衡量事件發生在某一特定範圍內的可能性。例如,「依常態分配來配分」這個概念,主要是考試分數經常呈現鐘形曲線的緣故。

圖 12.11 是一個常態分配的獨特鐘形狀。這個分配形狀比圖 12.10 內實際報酬分配形狀更具規則性。但實際報酬的分配粗看起來也有點像山的形狀,且是對稱的。所以,常態分配通常可作為實際分配的近似分配。

另外,請記住,圖 12.10 的分配只有 85 年的觀察值。而圖 12.11 的分配則有無限多個觀察值。所以,如果有 1,000 年的觀察值,就可以補齊很多不規則的地方,得到一個比圖 12.10 更平滑的分配。就我們的要求而言,報酬分配約略呈現常態分配的形狀就可以了。

為什麼常態分配這麼有用,主要是常態分配的特性可以完全由分配的平均數和標準差所捕捉。只要知道這兩個數值,你就不需要再知道其他數值了(也就是說,兩個常態分配的差異只在於平均數和標準差而已)。例如,在任一常態分配下,報酬落在平均值上下一個標準差範圍內的機率大約是 2/3,落在平均值上下兩個標準差內的機率大約是 95%。最後,落在平均值上下三個標準差外的機率小於 1%。這些範圍和機率都標示在圖 12.11 中。

為了了解這些機率值的用途,我們回到圖 12.10。在圖 12.10 中,大型股報酬

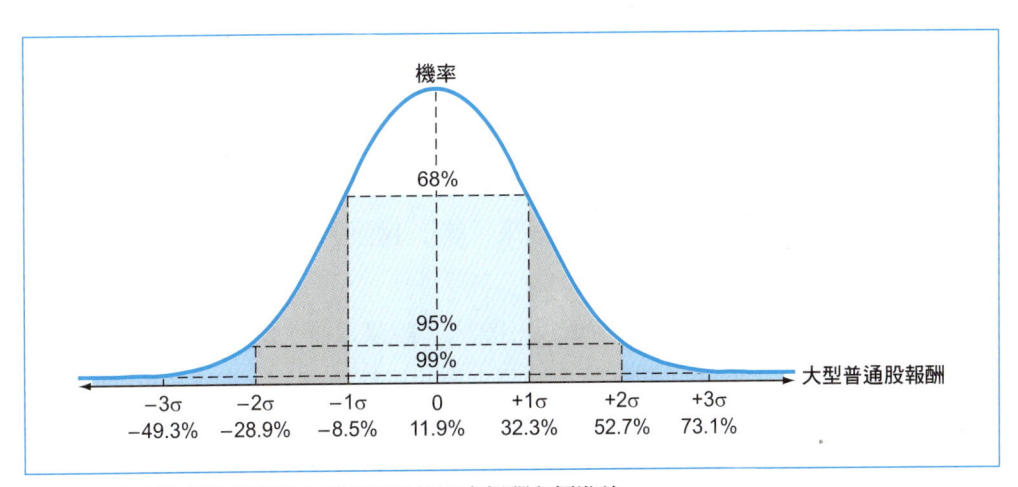

	-3σ	-2σ	-1σ	0	$+1\sigma$	$+2\sigma$	$+3\sigma$
	−49.3%	−28.9%	−8.5%	11.9%	32.3%	52.7%	73.1%

注意:這裡所使用的報酬是大型普通股的歷史報酬和標準差。

圖 12.11　常態分配

的標準差是 20.4%，平均報酬是 11.9%。所以假設次數分配是近似常態，報酬落在 −8.5% 和 32.3%（11.9% 分別加減一個標準差，20.4%）之間的機率是三分之二。這個範圍標示在圖 12.11 中。換言之，在三個報酬當中，有一個報酬會落在這個範圍之外，它意味著如果你投資大型股，預期每三年就有一年的報酬會落在這個範圍之外。這強化了我們先前對股票市場波動程度的看法。然而，大約只有 5% 的機會，報酬會落在 −28.9% 和 52.7% 之外（11.9% 分別加減 2×20.4%）。這些點標示在圖 12.11 上。

第二個準則

資本市場歷史的第二個準則是根基於每年報酬變異性上。一般而言，承擔風險可以得到很不錯的報酬。然而，就特定的一年來看，投資價值仍相當可能變化很大。因此，第二個準則是：潛在報酬愈大，風險愈大。

2008 年：熊市咆哮，投資者哀號！

為了強調股市波動性此觀點，看一看幾年前的股市就會明白，2008 年可以算是美國史上股票投資者最悽慘的一年，有多悽慘呢？就如本章的一些圖表所顯示的，S&P 500 股價指數重挫 37%，在 500 檔成份股中，485 檔股票在該年是下跌的。

在 1926 年至 2010 年期間，只有 1931 年的報酬比 2008 年低（−44% 對比 −37%），更糟糕的是，2009 年元月股價指數繼續下跌了 8.43%，所以在 2007 年 11 月（下跌開始點）到 2009 年 3 月（下跌結束點）這段期間，S&P 500 指數下跌了 50%

圖 12.12 畫出 S&P 500 指數在 2008 年 12 個月份的月報酬率資料，在 12 個月份中，有 8 個月份的報酬率是負的，重挫的月份大抵是出現在秋季，單單在 10 月這個月份，投資者就損失了 17%，小型股也好不到哪裡，2008 年共下挫了 37%（10 月份下挫 21%），是自 1937 年以來（該年小型股下跌了 58%）表現最差的一年。

圖 12.12 也顯示出股價的波動幅度相當大，說來奇怪，該年 S&P 500 指數上漲與下跌天數都是 126 天（記住股市於週末及假日都休市），當然，下跌的情況比較糟糕，2008 年股市波動性有多大呢？S&P 500 指數單日變動超過 5% 的天數有 18 天，而在 1956 年至 2007 年間，這樣的天數只有 17 天！

股價下跌是全球性的現象，很多世界主要股市下跌幅度比 S&P 500 指數還大，例如：中國、印度及俄羅斯等股市下跌幅度都超過 50%，而冰島這個小國家

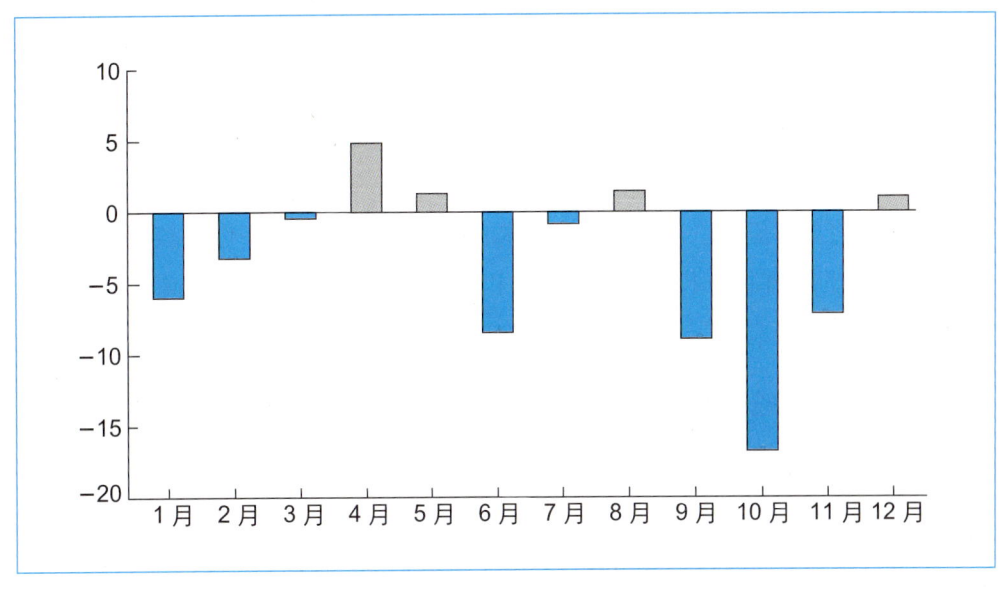

圖 12.12　S&P 500 指數的月報酬率：2008

的股市下跌幅度超過 90%，在 10 月 9 日冰島證券交易所暫停交易，而在 10 月 14 日股市恢復交易當日，股市就下挫了 76%，創下了現今股市單日下跌幅度紀錄。

　　對美國投資者而言，2008 年是否還有亮光呢？答案是還有亮光可言，因為股票失利，債券卻獲利，特別是美國政府公債，事實上，長期政府公債價格上漲 40%，而短期政府公債也上漲 13%，長期公司債表現稍差，但也上漲了 9%，而 2008 年的通貨膨脹率大約是零，所以這些報酬率算是相當亮麗的。

　　當然，股價往上或往下大幅波動都是有可能的，在 2009 年 3 月至 2011 年 2 月這段大約 700 天的期間，S&P 500 指數上漲了一倍，算是 1936 年以來，上漲一倍所費時間最短的一段期間，在 1936 年該期間，S&P 500 指數於 500 天內就上漲了一倍，所以從最近期、最震盪的資本市場歷史紀錄中，投資者學習到那些教訓呢？首先，很明顯的，股票投資的風險相當高！但是有另一個同等重要的教訓，在 2008 年股債混合的投資組合也遭受損失，但損失幅度遠小於單純由股票組成的投資組合，換句話說，分散投資是相當重要的，下一章將探討這個概念。

應用資本市場經驗

　　從本節的討論中，你應該對投資的風險和報酬有了概念。例如，在 2011 年初，國庫券的報酬大約是 0.13%。假設某項投資的風險和大型股投資組合的風險相當。那麼，這項投資的報酬至少應該是多少才值得我們投資呢？

從表 12.3 得知，過去大型股的風險溢酬是 8.2%。所以，合理的大型股必要報酬應該是這個溢酬加上國庫券報酬率，0.13%＋8.2%＝8.3%。可是如果一項新事業的風險和小型股投資組合的風險相當，則必須要求較高的報酬率。在這個例子裡，已知小型股的風險溢酬是 13%，因此新事業的必要報酬至少是 13.1%。

下一章將更詳細地介紹風險和必要報酬之間的關係。現在你應該了解到，專案的預估內部報酬率（IRR）介於 10% 和 20% 之間，並不是特別高的。報酬視風險的大小而定，這也是資本市場歷史的一個重要準則。

範例 12.3　投資成長股

成長股（growth stock）這個名詞經常是小型股的代名詞。這類股票適合「寡婦和孤兒」嗎？在回答這個問題之前，你應該先看看小型股過去的波動程度。例如，從過去的紀錄來看，如果你購買小型股投資組合，那麼在一年當中，你的投資損失超過16% 的機率有多少呢？

回到圖 12.10，小型股的平均報酬是 16.7%，標準差是 32.6%。假設報酬近似常態分配，那麼大約有三分之一的機率，你的報酬會落在 －15.9% 和 49.3% 之外（16.7%± 32.6%）。

因為常態分配是對稱的，在這個範圍之上和之下的機率是一樣的。因此，有 1/6 的機會（1/3 的一半）你將損失超過 15.9%。所以，你應該預期這種情形平均每六年就會發生一次。因此，這種投資可以說是非常不穩定的，並不適合那些不能承受這樣風險的人。

股市風險溢酬：進一步探討

就如我們所觀察到的，股市的歷史風險溢酬數據相當高；事實上，依照標準的經濟理論模型推估，歷史風險溢酬是太大了，所以它可能會高估了未來的風險溢酬。

當然，使用歷史數據預測未來有其危險性，未來可能不會再出現歷史的景象。例如，在本章所觀察的股市期間 1925 年至 2010 年間，投資者很幸運地賺得高報酬，而更早期的數據（精確度較差）顯示，回溯至 1802 年，投資者所賺得的風險溢酬雖然較小，但差異並不是很大。

另一個可能原因是美國股市在該段期間表現相當優異。因為世界其他主要國家的股市，受到戰爭、內戰及惡性通膨的影響，表現就沒有美國股市亮麗。最近有一篇研究報告，比較了 17 個國家的股市在 1900 年至 2005 年期間的績效。

圖 12.13 列出了這 17 個國家在過去 106 年期間的歷史股票風險溢酬之年平均值，資料顯示出，美國的風險溢酬是 7.4%（由於統計期間的差異，這個數據不同於先前所看到的數據），排行第八位，而這 17 個國家的平均風險溢酬是 7.1%，所以美國投資者的獲利不錯，但相對於其他國家的投資者的獲利，並不是很突出。

所以，美國在 1925 年至 2010 年期間的股票風險溢酬是否太高呢？證據顯示，「或許是有點」偏高，但是即使擁有 106 年資料，我們仍然無法精確地求得平均風險溢酬的數值，從統計的觀點來判斷，美國風險溢酬標準差是 2%，[4]因此上下一個標準差的區間是從 5.4% 至 9.4%。

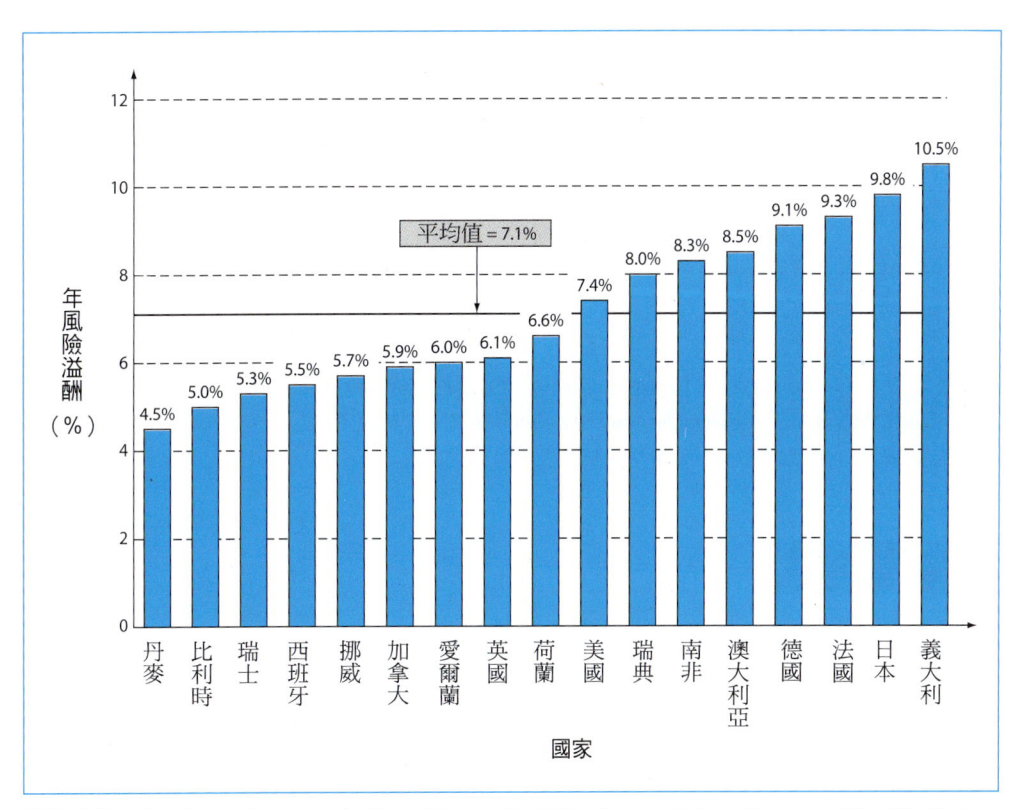

丹麥 4.5%、比利時 5.0%、瑞士 5.3%、西班牙 5.5%、挪威 5.7%、加拿大 5.9%、愛爾蘭 6.0%、英國 6.1%、荷蘭 6.6%、美國 7.4%、瑞典 8.0%、南非 8.3%、澳大利亞 8.5%、德國 9.1%、法國 9.3%、日本 9.8%、義大利 10.5%

平均值 = 7.1%

資料來源：Based on information in Elroy Dimson, Paul Marsh, and Michael Staunton, "The Worldwide Equity Premium: A Smaller Puzzle," in *Handbook of the Equity Risk Premium*, Rajnish Mehra, ed. (Elsevier: 2007).

圖 12.13　17 個國家股票風險溢酬：1900－2005

---

[4] 回想一下基礎的「統計學」，樣本平均值的標準誤（standard error）就是樣本標準差除以樣本數的平方根值，在我們的範例中，1900 年至 2005 年期間的標準差是 19.6%，所以標準誤是 $0.196/\sqrt{106} = 0.019$。

聽聽他們怎麼說⋯

Jeremy J. Siegel 談長期股票投資

我所收集的金融市場實質報酬率資料中，最吸引人的特色是，在1802年至2010年間，美國股市權益證券的年平均實質報酬率為6.7%，而此數據在長期間是相當的穩定。1802 年至 1871 年的年平均實質報酬率為7.0%，而Cowles Foundation在1871年至1925年的數據顯示，股市的實質報酬率為 6.6%，從1925 年開始，著名的 Ibbotson 數據顯示，實質報酬率為 6.4%。雖然股價從二次世界大戰結束後上漲了將近十倍，股市的年平均實質報酬率仍是 6.4%

股市實質報酬的長期穩定性強烈意味著股票報酬率有回歸平均值的現象，換言之，短期的股市報酬會上下震盪，然長期的股市報酬則是相當的穩定。當我的研究首次發表時，大家對權益證券報酬回歸平均值的現象有諸多質疑，但現在這個概念已廣為大家所接受。如果市場報酬存在著回歸平均值的現象，那麼投資期間較長的投資組合，其權益證券的配置權重應該高於投資期間較短投資組合之配置權重，這個結論長久以來都是投資學的「經典」（conventional）智慧，但市場報酬若呈現如同在 1970 年代及 1980 年代廣為學界所接受的隨機漫步之現象，那麼投資期間較長的投資組合就未必要配置較高的權益證券配置權重。

當我的結果首次出現時，也是有很多「倖存者誤差」（survivorship bias）的討論，因為美國是最成功的資本主義國家，導致美國的股市獲利通常不錯。但英國的三位研究者 Elroy Dimson、Paul Marsh 和 Michael Staunton 調查了 16 個國家自二十世紀初的歷史股票報酬，並將結果寫在《樂觀者的勝利》（Triumph of the Optimists）一書中。作者的結論是美國股市獲利符合全世界股票報酬勝於債券報酬之結果。

Jeremy J. Siegel 是賓州大學（University of Pennsylvania）華頓商學院（Wharton School）Russell E. Palmer 財務講座教授，著有《長期股票投資》（Stocks for the Long Run）和《未來的投資人》（The Future Investors），他的研究包括總體經濟學、貨幣政策、金融市場報酬及長期經濟趨勢。

觀念問題

- **12.4a** 以文字敘述如何計算變異數和標準差。
- **12.4b** 在常態分配下，報酬落在平均值下方一個標準差外的機率是多少？
- **12.4c** 假設長期公司債報酬近似常態分配，那麼一年賺得超過 14.6% 報酬的機率有多少？如果換成國庫券，這個機率大約又是多少呢？
- **12.4d** 什麼是資本市場歷史的第二個準則？

12.5 平均報酬的進階探討

截至目前為止，本章只介紹了簡單的平均報酬，但還有另一個計算平均報酬的方法。事實上，有兩種計算平均報酬的方法，因而造成了一些混淆，所以本節

算術平均與幾何平均

讓我們以一個簡單的例子開始，假設你以 $100 買了某支股票，不幸的是，第一年價格下跌至 $50，第二年則回升到 $100，讓你又回到原地（你沒拿到半毛股利）。

這個投資的平均報酬是多少呢？你的平均報酬似乎剛好是零，因為你開始投資時是 $100，結束時也是 $100。但如果我們一年一年來計算平均報酬，我們看到第一年損失了 50%（你損失了一半的錢），第二年賺了 100%（你把你的錢變雙倍了），因此你這兩年的平均報酬是 (−50%＋100%)/2＝25%。

所以哪一個是正確的呢？0% 或 25%？答案是兩個都正確，它們只是回答了不同的問題。0% 是幾何平均報酬（geometric average return）；而 25% 就是算術平均報酬（arithmetic average return）。幾何平均報酬回答了「一段特定時間內的每年的複利報酬為何」這個問題；而算術平均報酬則回答了「一段特定時間內平均年報酬」這個問題。

在前一節中，我們算出的平均報酬都是算術平均報酬，所以我們已知如何算出它們。現在要做的是：(1) 如何計算幾何平均報酬；(2) 在何種狀況下，哪個平均報酬會比較有意義。

計算幾何平均報酬

為了要介紹如何計算幾何平均報酬，假設某項投資過去四年的年報酬分別是 10%、12%、3% 及 −9%，這四年的幾何平均報酬計算如下：$(1.10 \times 1.12 \times 1.03 \times 0.91)^{1/4} - 1 = 3.66\%$。相反地，先前計算的算術平均報酬則是 $(0.10 + 0.12 + 0.03 - 0.09)/4 = 4.0\%$。

一般而言，如果有 T 年的報酬率資料，這 T 年來的幾何平均報酬可以使用下列公式來計算：

$$幾何平均報酬 = [(1+R_1) \times (1+R_2) \times \cdots \times (1+R_T)]^{1/T} - 1 \qquad [12.4]$$

這個公式包含下列四個步驟：

1. 將每一年的報酬 $R_1, R_2, \ldots, R_T$（把它們化為小數點後）加上 1。
2. 將步驟 1 的數字相乘。
3. 將步驟 2 的結果開 $(1/T)$ 次方。
4. 最後，將步驟 3 的結果減 1，答案就是幾何平均報酬。

範例 12.4　計算幾何平均報酬

計算表 12.1 內 S&P 500 大型普通股在 1926 年至 1930 年期間的幾何平均報酬。

首先，將百分比化成小數點報酬，加 1，然後算出其值：

S&P 500 報酬率	乘積
13.75	1.1375
35.70	×1.3570
45.08	×1.4508
−8.80	×0.9120
−25.13	×0.7487
	1.5291

請注意，如果我們以 $1 開始投資，五年後投資價值為 1.5291，幾何平均報酬計算如下：

幾何平均報酬 $= 1.5291^{1/5} - 1 = 0.0887$ 或 8.87%

因此，幾何平均報酬約為 8.87%，這裡有一個提示：如果你使用的是財務計算機，你可以用 $1 作為現值，以 $1.5291 作為終值，而 5 則是期數，之後算出報酬率，你應該會得到和我們一樣的答案。

到目前為止，你可能有注意到，在一些例子中，幾何平均報酬似乎都比較小，這種結果是千真萬確（每一期的報酬不是完全相等時，幾何平均報酬與算術平均報酬就不會相同）。為了說明這種狀況，我們將圖 12.10 的算術平均報酬與標準差列示在表 12.4，而表 12.4 也算出幾何平均報酬。

正如表 12.4 所顯示的，幾何平均報酬都比較小，但其差異的程度變化很大，風險程度較高的投資，其差異較大。事實上，有一種估算幾何平均報酬的方法。假設所有的報酬都用小數點表示（而不是用百分比），幾何平均報酬大約是算術平均報酬減掉二分之一的變異數。例如，大型普通股的算術平均報酬與標準差分別是 0.119 與 0.204，所以變異數是 0.42，因此概略的幾何平均報酬是 0.119 − 0.42/2 = 0.098，和實際的值（0.099）相當接近。

表 12.4　幾何平均報酬與算術平均報酬：1926－2010

投資	幾何平均報酬	算術平均報酬	標準差
大型股	9.9%	11.9%	20.4%
小型股	12.1	16.7	32.6
長期公司債	5.9	6.2	8.3
長期政府公債	5.5	5.9	9.5
中期政府公債	5.4	5.5	5.7
美國國庫券	3.6	3.7	3.1
通貨膨脹率	3.0	3.1	4.2

範例12.5　幾何平均報酬進一步探討

回到圖12.4，該圖顯示了 $1投資了85年後的終值，以大型普通股的數據，計算出表12.4內的幾何平均報酬。

在圖12.4中，$1 的大型普通股投資85年後成長到 $2,982.24，因此幾何平均報酬如下式所計算：

$$\text{幾何平均報酬} = 2{,}982.24^{1/85} - 1 = 0.0987 \text{ 或 } 9.9\%$$

9.9% 就是表12.4所列的數據；請自行練習計算其他投資標的之幾何平均報酬。

幾何平均報酬或算術平均報酬？

當我們觀察歷史資料時，幾何平均報酬與算術平均報酬的差異性並不難理解。幾何平均報酬說明在每年複利的情況下，投資者所得到的實際平均年報酬率，而算術平均報酬則是在一般典型的年度中，投資者可能獲得的報酬。到底使用哪一種報酬，視你個人的需要而定。

一個棘手的問題是，當預測未來財富增長時，該使用哪一個平均報酬呢？分析師及財務規劃者都被搞混淆了。首先，我們先明說：如果你知道實際的算術平均報酬的話，那麼這就是你在預測中要使用的報酬，舉例來說，如果你知道算術平均報酬率是 10%，那麼 $1,000 投資十年後的終值最佳預測值，便是十年期間，$1,000 以 10% 每年複利的終值，也就是 $2,593.74。

然而，我們所面臨的問題是，我們通常只有算術報酬和幾何報酬的估計值，

而非實際值,而估計值會有誤差。以上述這個案例來說,對較長投資期間而言,算術平均報酬偏高,而對較短期投資期間而言,幾何平均報酬可能偏低。所以,使用算術平均報酬所估計的較長投資期間後的財富數值,可視為較樂觀的估計值,而使用幾何平均報酬所估計的較短投資期間後的財富數值,可視為較悲觀的估計值。

好消息是我們可以使用 Blume 公式,[5] 來整合這兩個平均報酬數值,假如我們使用 N 年的資料,求得幾何平均報酬和算術平均報酬,我們想使用這兩個數值預測未來 T 年（$T < N$）期間的平均報酬：$R(T)$,下面是 Blume 公式的作法：

$$R(T) = \frac{T-1}{N-1} \times 幾何平均值 + \frac{N-T}{N-1} \times 算術平均值 \qquad [12.5]$$

例如,從 25 年的資料,我們求得算術平均報酬和幾何平均報酬分別是 12% 和 9%,而我們想預估未來一年期間、五年期間及十年期間的平均報酬,這三個預測值可以估計如下：

$$R(1) = \frac{1-1}{24} \times 9\% + \frac{25-1}{24} \times 12\% = 12\%$$

$$R(5) = \frac{5-1}{24} \times 9\% + \frac{25-5}{24} \times 12\% = 11.5\%$$

$$R(10) = \frac{10-1}{24} \times 9\% + \frac{25-10}{24} \times 12\% = 10.875\%$$

所以,這三個估計值分別是 12%、11.5% 及 10.875%。

Blume 公式顯示出,當使用過去長期間（正如我們使用了 85 年的資料）歷史報酬,以推測未來十年左右的財富成長,此時,你應該使用算術平均報酬；若推測未來 20、30 年後的財富增長（例如,你的退休金計畫）,此時,最好使用算術平均與幾何平均報酬的平均值。最後,若推測未來一段很長（40、50 年或以上）期間的財富增長,則應該使用幾何平均報酬。

有關幾何平均與算術平均報酬的討論就停在這裡。在後面章節中,當我們提及平均報酬時,指的是算術平均報酬,除非有另外聲明。

---

[5] 此結果出自 Marshal Blume ("Unbiased Estimates of Long-Run Expected Rates of Return," *Journal of the American Statistical Association*, September 1974, pp. 634-638).

> **觀念問題**
>
> 12.5a 如果你要預測下一年股市走向,你應該使用算術平均或幾何平均報酬?
>
> 12.5b 如果你要預測下一世紀的股市走向,你應該使用算術或幾何平均報酬?

12.6 資本市場效率性

　　資本市場歷史顯示,股票和債券的市價每年的波動程度可能很大。為什麼會發生這種情形呢?部份原因是價格會因新訊息的來到而變動,且投資者會根據這些新訊息來重新評估資產價值。

　　學者專家已廣泛地研究市場價格的行為。其中一個特別受重視的課題是,當新訊息到達時,價格是否能迅速且正確地進行調整。如果是的話,那麼這個市場就稱為是「有效率的」。更精確地說,在一個效率資本市場(efficient capital market)中,現行市價完全地反映出所有的訊息。基於此概念,在現有的訊息下,我們沒有理由認為現行價格太低或太高。

　　市場效率性是個非常豐富的課題,相關的文獻研究很多。要完整地討論這個主題已超出本書的範圍。然而,市場效率性在資本市場歷史之研究是非常重要的觀念,我們很簡短地介紹一些重點。

效率市場內的價格行為

　　為了說明價格在效率市場內的變動,假設 F-Stop 照相機公司(FCC)歷經多年的祕密研究與發展,現在已經成功地發展出一種具有加倍速度自動對焦系統的照相機。FCC 的資本預算分析顯示,生產這種新型照相機的利潤將非常高;換句話說,NPV 是正的,而且相當大。假設目前 FCC 尚未透露出任何關於這個新系統的消息。所以,這個消息只是個「內部」消息而已。

　　現在,以 FCC 的股票為例。在一個效率市場中,FCC 的股票價格反映了所有目前已知 FCC 的營運和獲利性的相關消息,而且也反映了市場對 FCC 未來成長和獲利潛力的看法。但新自動對焦系統的價值並沒有反映在股票上,因為市場尚未獲悉這套系統的存在。

如果市場同意 FCC 對這個新專案所評估的價值，那麼當這項生產計畫的消息公佈時，FCC 的股票價格將會上漲。例如，假設這項宣告刊登在星期三早上的報紙上。在一個效率市場上，FCC 的股價迅速調整以反映這項消息。投資者不可能在星期三下午買進股票，而在星期四賣出股票以獲得利潤。因為投資者若能獲取利潤，表示股票市場必須花費一整天的時間，才能反映出報上消息的影響。如果市場是有效率的，星期三下午的 FCC 股價應該充分反映了星期三早上的消息。

圖 12.14 是三種 FCC 公司股價的可能調整方式。在圖 12.14 中，第 0 日代表宣告日（announcement day）。如圖所示，在宣告之前，FCC 的股票價格是每股 $140。如果新系統的每股淨現值是 $40，那麼一旦新專案的價值完全被反映出來，則股票價格將上揚至 $180。

圖 12.14 中的實線代表效率市場內股價的行徑。在這個情況下，價格對新的消息做立即的調整，之後就不會再有任何變動。圖 12.14 中的虛線是股價延遲反應的情況。在這個情況下，市場花了八天的時間才完全反映這個消息。最後，點線所代表的是過度反應和後續的調整到正確的價格。

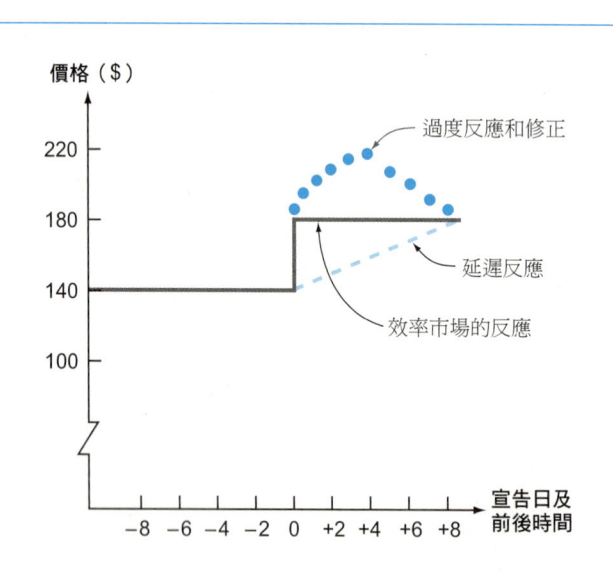

效率市場反應：價格立即調整，而且完全反映新消息，沒有發生任何後續上升或者下跌的傾向。
延遲反應：價格對新消息只作部份調整，經過八天後價格才完全反映新消息。
過度反應：價格對新消息作出過度反應，先是越過了正確的價格，然後再調整回正確位置。

圖 12.14　效率市場和非效率市場中股價對新訊息的反應

圖 12.14 中的虛線和點線代表股價在非效率市場中可能的行徑。例如，如果股價沒有對新消息作出立即的調整反應，那麼在新消息發佈時立刻買進股票，然後在幾天後賣出股票，就可以獲得正的 NPV，因為價格在消息宣告後的幾天期間偏低。

效率市場學說

效率市場學說（efficient markets hypothesis, EMH）認為健全的資本市場，譬如紐約股票市場，應該可以算是個效率市場。換言之，效率市場學說的擁護者辯稱，即使不效率性可能存在，但它的程度非常小，且不常出現。

假如市場是有效率的，則市場對市場的投資者有個非常重要的涵義：在效率市場上，所有投資的淨現值都是零。這個理由很簡單，如果價格不是太低也不是太高，那麼一項投資的價值和它的成本是相同的；所以，NPV 為零。因此，在一個效率市場中，投資者能以合理的價格買進股票。同樣地，公司也能以合理的價格發行股票和公司債券。

投資者之間的競爭促使市場有效率。眾多的投資者終其一生在尋找出價格偏低或偏高的股票（mispriced stocks）。對於任何股票，他們研究股票過去的價格和股利。他們盡可能去了解公司過去的盈餘、債務、公司所得稅、公司所處的行業、規劃中的新投資案，以及受經濟情況變遷的影響等。

了解某家特定公司是非常重要，但背後還有一個很強的動機存在，那就是利潤動機。如果你對某家公司的了解比市場上的其他投資者更深入的話，你便可以藉由你所知道的好消息買入股票或壞消息賣出股票，以獲取利潤。

當這些消息經投資者收集和分析之後，結果是股價低估或高估的機會會變得愈來愈少。也就是說，因為投資者間的競爭，市場變得愈來愈有效率，而市場會呈現某種均衡，在此種均衡下，市場上股票低估或高估的機會只夠給予那些最擅於分析的投資者維生罷了。對於大部份其他的投資人而言，從事消息的收集和分析只是浪費財力罷了。[6]

關於 EMH 的一些常見錯誤觀念

在財務學說裡，沒有其他課題像效率市場這麼受重視，而且它所受到的重視程度並未有所降低。與其在這裡敘述這些相關論點，不如先來討論哪類市場會比其他

---

[6] EMH 的背後觀念可以用下列這則故事說明：某位學生與她的財務教授正步行在走廊上，她們看到一張 $20 美鈔掉在地上，當學生彎腰去撿美鈔時，教授面帶失望地搖搖頭對學生說：「不用麻煩了，如果是真的美鈔，老早有人撿走了。」這則故事的寓意反映出效率市場學說的理論：如果你認為已找出股價的走勢或挑股的方法，你可能並沒有找到。

聽聽他們怎麼說…

Richard Roll 談市場效率性

所謂效率市場，就是「天下沒有白吃的午餐」此原則的應用。在效率市場內，沒有投入成本的交易策略不會帶來「超額」報酬。在對風險作調整後，投資者的平均獲利不會超過一個隨機組成的投資組合。

這常被認為是意指一些「消息」已反映在價格上，然而實際上，這並不意味著價格反映了所有的訊息或公開的資訊。相反地，它意味著未反映出的資訊和價格之間的關係太微妙，很難輕易地或不用花費成本地被察覺。

要發覺並評估相關的資訊是困難的，而且所費不貲。因此，若不用花費成本的交易策略是無效的話，一定有一些投資者能以「擊敗市場」來維生。他們藉交易回收成本（包括他們時間的機會成本）。這類交易者的存在，實際上是市場變得有效率的先決條件。沒有這些專業投資者，價格將無法反映所有廉價且易評估的資訊。

效率市場的價格應該就像隨機漫步，意思是說它們或多或少會隨機震盪。價格也可以不隨機震盪到某種程度，但要察覺出此種震盪仍需耗費巨大成本。此外，由於投資者偏好和期望的改變，觀察到的價格數列可能偏離明顯的隨機性，但這只是價格型態的改變，並不意味著有白吃的午餐。

Richard Roll 是加州大學洛杉磯分校（UCLA）的 Japan Alumni 國際財務講座教授，他是傑出的財務研究者，幾乎在現代財務學各領域都有著作，他以對實證現象具洞見的分析及創意而聞名。

市場更具有效率。例如，整體而言，金融市場可能要比不動產市場更有效率。

然而，許多針對 EMH 的批評大多是誤解了 EMH 的內容。例如，當效率市場的概念被提出，並作公開的討論時，人們經常以下列一段話來形容效率市場學說：「隨機地從股市挑出股票所組成的投資組合的報酬績效，將與專業證券分析師所管理的投資組合的績效是一樣好。」[7]

這類含糊的介紹經常無法了解市場效率學說的內容。例如，效率市場經常被誤解為任何投資的績效是沒有差異的，因為市場的效率性會保證你免於錯誤。然而，隨意挑選投資標的可能會挑到從事遺傳工程業務的高風險股票。你希望你所有的資金都投資在兩支這樣的股票上嗎？

《華爾街日報》所舉辦的一項投資競賽，對有關市場效率性的爭論提供了一個很好的典範。在每個月月初，《華爾街日報》要求四位基金經理人各挑選一支股票標的。《華爾街日報》也隨機地挑出四支股票組成比較組。在 1990 年 7 月至 2002 年 9 月間的 147 月次競賽中，經理組贏了 90 次。

然而，經理組以 90 比 57 領先比較組，代表市場是無效率的嗎？或是有效率

---

[7] B. G. Malkiel, *A Random Walk Down Wall Street* (revised and updated ed.) (New York: Norton, 2003).

的呢？這種競賽存在著一個問題，隨機選取的方式會傾向於選到具平均風險的股票。相對地，經理組為了贏得競賽，會傾向於選取風險較高的股票。假使有這種現象，一般而言，我們預期經理組會贏。另外，經理組所選取的股票馬上就對外宣佈，可能會造成投資者追漲這些股票，而促使經理組的表現較佳。很可惜地，《華爾街日報》已中止了此項競賽，因此效率市場的驗證也就無法進行。

效率性的中心意思是，當公司出售它的股票所能賣到的是個「公正」價格。此公正價格反映了當時所有有關該公司的訊息。由於市場已經把所有的訊息反映在股價上，股東就不需要擔心是否對低股利或低帳面價值等的股票付出太高的價錢。因為這些訊息（低股利或低帳面價值）都已經「定價了」（priced out）。

效率市場的觀念可以進一步用來答覆一個常見的反對觀點。股價每天都在變動，所以市場不可能是有效率的。如果價格是公正的，為什麼價格經常變動這麼大呢？根據上面的討論，我們了解到價格的波動未必與效率性相衝突。因為投資者每天都接收到各種不同的訊息。價格的波動反映了這些訊息在市場上的流通。事實上，在一個快速改變的市場裡，價格不變動才是市場無效率。

市場效率性的各種形式

市場效率性通常區分為三種形式。依照市場的效率程度，市場不是呈現弱式效率（weak form efficient）、半強式效率（semistrong form efficient）或強式效率（strong form efficient）。這些形式的差異在於價格反映了哪些類型的訊息。

我們從極端的例子開始介紹。如果市場呈現強式效率，那麼所有各類型的訊息都會反映在股價上。在這樣的市場中，沒有所謂的內部消息。因此，在前面FCC公司的例子裡，我們假設市場並不是呈現強式效率。

觀察最近幾年的股市，內部訊息確實是存在的，而且擁有內部訊息常可獲利。使用內部訊息是否合法或合乎道德則是另一個有待討論的課題。在任何情況下，假如股價沒有充分反映出某些訊息，我們就說私下資訊（private information）存在市場上。例如，事先知道公司購併的訊息可能是相當有價值的資訊。

第二種的效率性（半強式效率）是最受到爭議的。一個市場如果呈現半強式效率，那麼所有公開的資訊都將會反映在股價上。這種形式的效率性引起爭議的理由是，半強式效率認為證券分析師嘗試使用財務報表資料去找出股價偏高或偏低的股票，只是在浪費時間罷了，因為這些訊息已經反映在現行價格上了。

第三種形式的效率性（弱式效率）認為現行股價至少反映其過去的價格訊息。換言之，如果市場呈弱式效率，那麼想從過去的價格資料找出股價偏高或偏低的股票將是徒勞無功的。雖然這種形式的效率性似乎是較溫和的，但是弱勢效

率認為想從過去的股價資料中找出股價偏高或偏低的股票是不可行的（此方法稱為技術分析，常見於實務界）。

資本市場歷史資料所顯示的對市場效率性又是如何呢？這又是個大有爭議的問題。目前的證據似乎透露出下列三件事情：第一，價格確實很快地反映新訊息，而且這些反應和在效率市場下預期的反應並沒有很大差異；第二，根據目前已公開的資訊來預測未來短期間內的市場價格是很困難的；第三，如果股價偏高或偏低的現象確實存在，也沒有可靠的方法可以用來辨認它們。換言之，純粹以公開資訊的分析來辨認高估或低估的股價是不太可能成功的。

觀念問題

12.6a 何謂效率市場？
12.6b 市場效率性的形式有哪些？

12.7 總　結

本章已探討了資本市場歷史的主題。這種歷史紀錄是很有用的，因為它告訴我們從風險性資產預期得到怎樣的報酬。我們把對市場歷史的研究總結成兩個主要的準則：

1. 一般而言，風險性資產賺得風險溢酬，即承擔風險會得到報酬。
2. 對於風險性資產的投資所獲得的潛在報酬愈大，所面臨的風險就愈高。

這些準則對於財務經理而言有重大的涵義。在接下去幾章中，我們將探討這些涵義。

我們也討論了市場效率性的觀念。在一個效率市場中，價格快速而且正確地調整以反應出新訊息。結果，在效率市場中的資產價格很少會偏高或偏低。資本市場（例如，NYSE）的效率性程度，是倍受爭議的課題。但是，至少它們的效率程度可能比大部份的實物資產市場高出很多。

財務連線

假如你的課程有使用 Connect™ Finance 的話,請上線做個練習測驗(Practice Test),看一看學習輔助工具,及你需要哪些額外練習。

	Chapter 12 Some Lessons from Capital Market History			
☐	12.1 Returns	eBook	Study	Practice
☐	12.2 The Historical Record	eBook	Study	Practice
☐	12.3 Average Returns: The First Lesson	eBook	Study	Practice
☐	12.4 The Variability of Returns: The Second Lesson	eBook	Study	Practice
☐	12.5 More about Average Returns	eBook	Study	Practice
☐	12.6 Capital Market Efficiency	eBook	Study	Practice

你能回答下列問題嗎?

12.1 Chase Bank 每年支付每股 $1.05 的普通股股利,一年前股票價格是 $48,今天的股價是 $31,資本利得收益率是多少呢?

12.2 在 1926 年至 2010 年期間,哪些投資類別的每一年報酬率均為正?

12.3 風險溢酬指的是證券報酬率超過哪項資產報酬率的超額報酬呢?

12.4 風險與報酬呈現怎樣的關聯呢?

12.5 一支股票過去四年的報酬率分別是 11%、-17%、2% 及 14%,請問這段期間的幾何平均報酬率是多少呢?

12.6 在怎樣的市場上,公司內部人士無法使用所擁有的內線消息謀取財務利益?

登入找找看吧!

自我測驗

12.1 **最近歷史報酬** 使用表 12.1 計算 1996 年至 2000 年間大型股、長期政府公債和國庫券的平均報酬。

12.2 **更多最近歷史報酬** 利用第 12.1 題所得到的資料計算各項投資的標準差。在這段期間內,哪一項投資的波動性最大?

自我測驗解答

12.1 我們算出平均值如下：

		實際報酬	
年	大型股	長期政府公債	國庫券
1996	0.2296	0.0013	0.0514
1997	0.3336	0.1202	0.0519
1998	0.2858	0.1445	0.0486
1999	0.2104	−0.0751	0.0480
2000	−0.0910	0.1722	0.0598
平均值	0.19368	0.0726	0.0519

12.2 首先，我們計算實際報酬與平均報酬的差距。使用第 12.1 題的平均值，可以得到：

		與平均報酬的差距	
年	大型股	長期政府公債	國庫券
1996	0.0357	−0.0713	−0.0005
1997	0.1397	0.0476	0.0000
1998	0.0919	0.0719	−0.0033
1999	0.0165	−0.1477	−0.0039
2000	−0.2847	0.0996	0.0079
合計	0.0000	0.0000	0.0000

然後，我們把這些偏離值平方，以計算變異數和標準差：

		與平均報酬偏離值的平方	
年	大型股	長期政府公債	國庫券
1996	0.0012773	0.0050865	0.0000003
1997	0.0195273	0.0022639	0.0000000
1998	0.0084530	0.0051667	0.0000112
1999	0.0002736	0.0218212	0.0000155
2000	0.0810427	0.0099162	0.0000618
變異數	0.0276691	0.0110636	0.0000222
標準差	0.1663402	0.1051838	0.0047104

計算變異數時，我們把偏離值的平方加總起來，再除以 4，即報酬個數減 1。股票的波動度只比公債高出一些，可是平均報酬卻高出許多。對於大型股而言，這段期間的表現非常好，平均報酬率為 19.39%。

觀念複習與思考

1. **投資挑選** 2010 年 IDT 公司的股價上漲超過 429%。為什麼不是所有的投資者都會持有 IDT 股票呢？
2. **投資挑選** 2010 年 First Bancorp 的股價下跌超過了 80%。為什麼還有投資者握有該股票呢？為什麼他們不在價格急遽下跌之前賣掉它呢？
3. **風險與報酬** 就長期間而言，股票投資的獲利將遠高於債券投資的獲利。然而，我們還是看到長期的投資者只持有債券。這些投資者是不理性嗎？
4. **效率市場涵義** 請解釋為什麼效率市場的涵義是該市場內投資的 NPV 是零。
5. **效率市場學說** 一位股市分析師能夠藉著比較前十天的平均價格和前 60 天的平均價格來辨認股價偏高或偏低的股票。果真如此，你認為這是一個怎樣的市場呢？
6. **半強式效率** 如果市場是屬於半強式效率市場，那麼它也符合弱式效率市場嗎？請解釋。
7. **效率市場學說** 效率市場學說對於想征服股海的投資者有何涵義？
8. **股票與賭博** 評論下列這段話：「玩股票就像是賭博。除了從賭博中獲得娛樂效果之外，這種投機性質的投資並沒有任何社會價值。」
9. **效率市場學說** 許多傑出的投資者經常在財經報章上指出，在過去 20 年期間，他們的投資獲得了巨額的報酬。這些成功的例子是否意味著 EMH 的不適用呢？請解釋。
10. **效率市場學說** 針對下列每一情境，分別討論在各種市場效率形式下，是否存在著交易股票的獲利機會：(1) 市場非弱式效率；(2) 市場是弱式效率，卻非半強式效率；(3) 市場是半強式效率，卻非強式效率；(4) 市場是強式效率。

    a. 在過去 30 天，每天股價都是穩定地上漲。

    b. 公司在三天前發佈了財務報表。你確信你發現公司的存貨和成本控制報告有些錯誤，導致公司的流動性被低估了。

    c. 你觀察到某公司的高階主管在過去一週已經自公開市場上買回許多自家公司的股票。

問　題

初級題

1. **計算報酬**　假設某一支股票在年初時市價是 $72，年底時市價是 $79，在這一年當中，每股發放了 $1.20 的股利。試計算總報酬百分比。

2. **計算收益率**　在第1題中，股利收益率是多少？資本利得收益率又是多少？

3. **計算報酬**　重做第1題和第2題，假設年底每股價格是 $61。

4. **計算報酬**　假設去年你以 $920 購買了一張 6% 的附息債券。這張債券現在市價是 $940。

   a. 假設面值是 $1,000，在過去的這一年中，你從這項投資得到多少總報酬金額？

   b. 在過去的這一年中，你從這項投資得到多少總名目報酬率？

   c. 如果去年的通貨膨脹率是 3%，你從這項投資得到的總實質報酬是多少？

5. **名目報酬和實質報酬**　從1926年至2010年，大型股的年平均報酬是多少？

   a. 以名目報酬表示。

   b. 以實質報酬表示。

6. **債券報酬**　過去長期政府公債的實質報酬是多少？長期公司債呢？

7. **計算報酬和變異性**　利用下列的報酬率資料，分別計算 X 和 Y 的平均報酬、變異數及標準差。

年	報酬 X	報酬 Y
1	17%	23%
2	22	34
3	8	11
4	−15	−32
5	10	21

8. **風險溢酬**　回到課文中表 12.1 內的 1970 年至 1975 年的期間資料：

   a. 計算這段期間大型股和國庫券的平均報酬。

   b. 計算這段期間大型股和國庫券報酬的標準差。

   c. 計算每一年大型股相對於國庫券的風險溢酬。這段期間的平均風險溢酬是多少？這段期間風險溢酬的標準差是多少？

   d. 在接受一項投資之前，風險溢酬可不可能是負的？之後可能是負的嗎？請

第 12 章　資本市場的一些歷史準則　　507

解釋。

9. **計算報酬和變異性**　你觀察到 Crash-n-Burn 公司在過去五年的股票報酬：14%、−9%、16%、21%、3%。

   a. 在這五年期間，Crash-n-Burn公司股票的平均報酬是多少？
   b. 這段期間，Crash-n-Burn公司股票報酬的變異數是多少？標準差是多少？

10. **計算實質報酬和風險溢酬**　在第9題中，假設這段期間的平均通貨膨脹率是3.5%，國庫券的平均報酬率是4.2%，則：

    a. Crash-n-Burn股票的平均實質報酬是多少？
    b. Crash-n-Burn股票的平均名目風險溢酬是多少？

11. **計算實質利率**　利用第10題的資料，計算這段期間的平均實質無風險報酬率和平均實質風險溢酬。

12. **通貨膨脹的影響**　回到課文中的表12.1和圖12.7，在1926年至2010年期間，國庫券的最高報酬率發生在何時？你認為為什麼在這段期間內國庫券報酬率會這麼高？有哪些關聯支持你的看法？

進階題

13. **計算投資報酬**　你在一年前以 $1,030 購買一張 Great White Shark Repellant 製造公司的 8% 附息債券。這些債券每年付息一次，14 年後到期。假設債券的必要報酬是 7%，而你決定今天把它賣掉。如果去年的通貨膨脹率是 4.2%，那麼這項投資的總實質報酬是多少？

14. **計算報酬與變異性**　某股票過去五年中，四年的報酬率分別是9%、−16%、21%與17%，過去五年市場平均報酬率是11.3%。請問，還有一年的該股票報酬率應當是多少？這支股票投資報酬率的標準差為多少？

15. **算術平均與幾何平均報酬率**　某股票過去六年的報酬率是：14%、18%、26%、−19%、34%、−9%。請求出算術平均和幾何平均報酬率。

16. **算術平均與幾何平均報酬率**　某股票過去六年年終之股價和股利如下表：

年	股價	股利
1	$43.15	—
2	48.13	$0.45
3	57.05	0.49
4	45.13	0.55
5	52.05	0.62
6	61.13	0.68

請求出算術平均和幾何平均報酬率？

17. **應用報酬率分配**　假設長期政府公債的報酬呈現常態分配。根據過去的紀錄，在一年中你的報酬低於 −2.1% 的機率大約是多少？你預期 95% 的時間報酬會落在什麼範圍內？99% 的時間會落在什麼範圍內？

18. **應用報酬率分配**　假設小型股的報酬呈現常態分配，那麼在一年中你的投資會變成兩倍的機率大約是多少？三倍的機率又是多少呢？

19. **分配**　在第 18 題中，報酬低於 −100% 的機率有多少（用想的）？報酬率的分配的涵義是什麼？

20. **Blume 公式**　某項資產過去 40 年期間的算術平均報酬和幾何平均報酬分別為 11.7% 和 9.6%，請使用 Blume 公式估計該資產在未來五年期間、十年期間和 20 年期間的年報酬率？

21. **Blume 公式**　假設大型股的歷史報酬率是未來報酬率的預測值，大型股下一年的報酬估計值是多少呢？未來五年呢？未來 20 年呢？未來 30 年呢？

22. **計算報酬率**　回到課文中的表 12.1，檢視 1973 年至 1980 年間的相關資料：

　a. 計算國庫券在這段期間的平均報酬率，平均通貨膨脹率又是多少？

　b. 計算這段期間的國庫券和通貨膨脹的標準差？

　c. 計算國庫券的每年實質報酬率，平均實質報酬率是多少呢？

　d. 很多投資者認為國庫券是無風險的，上述的結果透露出國庫券的哪些潛在風險？

迷你個案

S&S Air 公司的工作

你最近剛從大學畢業，找工作時也將 S&S Air 列入考慮，因為你覺得這家公司的業務正要起飛，因此你接受他們的聘用。當你第一天上班，填妥新進職員的各類文件時，財務部門的 Chris Guthrie 過來告知你關於公司的 401(k) 計畫。

401(k) 計畫是許多公司所提供的退休計畫，諸如此類的計畫是抵稅的儲蓄方式，這意味著你存入此計畫的錢會從你現繳稅前的所得中扣除，所以你不必為這筆錢繳稅。舉例來說，假設你的年薪是 $50,000，如果你存了 $3,000 在 401(k) 計畫中，你只需繳收入為 $47,000 的所得稅。在你加入 401(k) 計畫期間內，也不必為任何資產買賣獲利或收入繳稅，只有當你退休提領錢時才需繳稅。一般的作法是，公司相對提撥薪資的 5% 存入員工的 401(k) 計畫中，這意味著公司會相對你的提撥，最高提撥你薪水的 5% 到 401(k) 計畫中，但你必須相對做出相同的提撥，才能拿到公司的提撥款項。

401(k) 計畫有幾個投資的選項，大部份是共同基金，共同基金是個投資組合，當你購買共同基金的股份時，你實際上是買了基金資產的部份所有權，基金報酬率是基金所持個別資產的加權平均報酬率扣除任何支出與成本。最大筆的支出基本上都是付給基金經理人的管理費，此乃給經理人的薪酬，酬謝他為基金所作的投資決策。

S&S Air 選擇 Bledsoe Financial Service 作為其 401(k) 計畫的管理者。以下是提供給員工的投資選項：

公司股票　401(k) 計畫的一個選項是 S&S Air 的股票，目前公司股票未上市，然而當你和兩位老闆 Mark Sexton 及 Todd Story 面談時，他們告訴你未來三、四年公司股票會上市，在這之前，公司股價每年由董事會決定。

Bledsoe S&P 500 指數基金　這個基金追蹤 S&P 500 股價指數，基金所持股票種類與權重完全和 S&P 500 股價指數相同，這意味著基金報酬大約就是 S&P 500 的報酬減去管理費。因為指數型基金所買入的股票，是根據所追蹤指數的成份股，基金經理不需要作個股研究或投資決策，所以基金管理費通常不高。Bledsoe 的 S&P 500 指數基金每年收取資產規模的 0.15% 管理費用。

Bledsoe Small–Cap 基金　這個基金主要是投資小型股，所以此基金的報酬率較不穩定。此基金也可以將 10% 的資金投資於美國國外的公司，此基金收取 1.70% 的管理費用。

Bledsoe Large–Company 股票基金　此基金主要投資美國國內的大型股，基金經理人是 Evan Bledsoe，在過去八年中，此基金績效有六年擊敗大盤績效。此基金收取 1.50% 的管理費用。

Bledsoe 債券基金　此基金投資於美國公司所

發行的長期公司債，其限制是只能投資於投資等級的債券。此基金收取 1.40% 的管理費用。

Bledsoe Money Market 基金　此基金投資短期高信用等級的債券工具，包括短期國庫券，因此基金的報酬只略高於短期國庫券的報酬。因為此類投資的信用等級高且到期日短，所以風險很小。此基金收取 0.60% 的管理費用。

問題

1. 和股票相比，共同基金有哪些優點？
2. 假設你投資了 5% 的薪資，也從 S&S Air 得到全額薪資 5% 的相對提撥，你從此項相對提撥賺到了多少 EAR（effective annual rate）？關於相對提撥計畫你得到了何種結論？
3. 假設你決定將部份的資金投資在美國大型股上，你選擇 Bledsoe Large-Company 股票基金作為投資標的，相較於 Bledsoe 的 S&P 500 指數基金有何利弊？
4. Bledsoe Small-Cap 基金的報酬是所有 401(k) 計畫所提供的基金中最不穩定的，你為何會想投資此基金？當你檢視這些共同基金的管理費用時，你會發現此基金收費最高，這會影響你投資此基金的決定嗎？
5. 夏普比率（Sharpe ratio）常作為風險調整後的績效評估工具，夏普比率的計算方式是以某項資產的風險溢酬除以其標準差。過去十年來基金的標準差和報酬率如下表所示，請計算每一種基金的夏普比率。假定公司股票預期報酬率及標準差分別為 18% 和 70%，請計算公司股票的夏普比率。使用夏普比率計算這些資產的績效是合適的作法嗎？你何時會使用夏普比率？

	年報酬率	標準差
Bledsoe S&P 500 指數基	11.48%	15.82%
Bledsoe Small-Cap 基金	16.68	19.64
Bledsoe Large-Company 股票基金	11.85	15.41
Bledsoe 債券基金	9.67	10.83

6. 你會選擇怎樣的資產配置？為什麼？請詳細解釋你的想法。

13

報酬、風險與證券市場線

2011 年 2 月，Home Depot 公司、Campbell Soup，及租車公司 Avis Budget Group 和許多其他公司一樣，宣佈了公司的盈餘數據。Home Depot 宣佈其第四季的盈餘比前一年增加了 72%，公司每股盈餘是 $0.36，超越了分析師的預估值 $0.31，而 Campbell Soup 的每股盈餘是 $0.71，正如分析師預估值，就 Avis Budget 而言，分析師預估每股盈餘是負的 $0.07，但公司的實際值是負的 $0.36，你可能會預期這三則消息分別是好消息、沒有新消息，以及壞消息，在一般情況下，你的猜測是對的，但即使是如此，Home Depot 的股價下跌超過 1%，Campbell Soup 的股價則下跌大約 3.9%，而 Avis Budget 則上漲不到 1%

股價的反應似乎與你所預期的不一致，所以在什麼時候，好消息才真的是好消息呢？這個答案將有助於你理解風險及報酬這兩個概念，而這裡的好消息：本章會詳細探索這個概念。

在前一章中，我們從資本市場學到了一些準則。其中最重要的是，一般而言，承擔風險會得到報酬，我們稱這個報酬為風險溢酬（risk premium）。第二個準則是，風險性愈高的投資，風險溢酬就愈大。本章探討這個基本觀念的經濟上和管理上的涵義。

到目前為止，我們的注意力只放在少數大型投資組合的報酬行為。本章的注意力將擴大包含個別資產。本章將達成下列兩個目標：第一，定義風險，及討論如何衡量風險；第二，把資產的風險和應有報酬間的關係數量化。

在探討個別資產的風險時，有兩種型態的風險：系統性風險和非系統性風險。區別這兩種風險是非常重要，因為系統性風險會影響經濟體系內的幾乎所有資產，只是影響的程度不同罷了，而非系統性風險則只影響少數的資產。我們接著介紹分散投資原則，此原則顯示高度投資分散的投資組合幾乎沒有非系統性風險。

分散投資原則有一個重要涵義：對於一個分散投資的投資者而言，他只考量系統性風險的影響。因此，在決定是否投資某項個別資產時，一個分散投資的投資者將只關心該資產的系統性風險。這是一個重要的涵義，在這個涵義上，我們可以對個別資產的風險和報酬做很多延伸性的探討。尤其著名的風險和報酬關係——證券市場線（security market line, SML）就是建立在這個涵義上。在探討 SML 時，我們介紹現代財務學裡的一大支柱——「貝它」係數。貝它係數和 SML 都是非常重要的觀念，因為它們解答了如何決定投資的必要報酬率的部份問題。

13.1 預期報酬和變異數

前一章介紹如何使用歷史報酬資料計算平均報酬和變異數。本節則討論如何使用未來可能的報酬和機率資料，以分析資產的報酬和變異數。

預期報酬

我們以一個簡單的單期例子來開始。假設有 L 和 U 兩支股票，它們分別具有下列特性：股票 L 在未來一年的預期報酬是 25%，而股票 U 在同一期間的預期報酬則是 20%。

在這種狀況下，如果所有投資者都預期會有相同的預期報酬，那麼為什麼還會有人願意持有股票 U 呢？畢竟如果某支股票預期會表現較好，為什麼還要投資另外一支股票呢？很明顯地，答案要視這兩項投資的風險而定。雖然股票 L 的預期報酬是 25%，但是它的實際報酬可能比 25% 來得高或低。

例如，假設經濟景氣很好，股票 L 將有 70% 的報酬。如果經濟呈現蕭條，報酬將只有 −20%。在這個例子中，我們假設有兩種經濟情境（states of the economy），意指僅有兩種可能的狀況。當然，這樣的假設是過份簡化了，但是不需要作很多計算，這個例子就可以說明一些重要的觀念。

假設經濟景氣和經濟蕭條發生的可能性一樣，也就是各有 50% 的機會。表 13.1 列示了上述的基本假設和一些關於股票 U 的相關資料。請注意，股票 U 在經濟蕭條時的報酬是 30%，在經濟景氣時的報酬則是 10%。

明顯地，如果購買其中一支股票，例如，股票 U，所能賺得的報酬端視該年的經濟狀況而定。然而，假設景氣好壞的機率不變，如果持有股票 U 好幾年，則大約有一半的時間你會賺得 30%，而另一半的時間將只賺得 10%。在這種狀況下，可以

表 13.1　經濟情境和股票報酬

經濟情境	發生機率	各經濟情境下之證券報酬	
		股票 L	股票 U
蕭條	0.50	−20%	30%
景氣	0.50	70	10
	1.00		

表 13.2　計算預期報酬

(1) 經濟情境	(2) 發生機率	股票 L		股票 U	
		(3) 各情境下的報酬率	(4) 等於 (2)×(3)	(5) 各情境下的報酬率	(6) 等於 (2)×(5)
蕭條	0.50	−0.20	−0.10	0.30	0.15
景氣	0.50	0.70	0.35	0.10	0.05
	1.00		$E(R_L)=0.25=25\%$		$E(R_U)=0.20=20\%$

說你持有股票 U 的預期報酬（expected return）$E(R_U)$ 是 20%：

$$E(R_L)=0.50\times30\%+0.50\times10\%=20\%$$

換言之，你預期從這支股票平均可賺得 20%。

對股票 L 而言，機率雖然不變，但可能的報酬卻不同。這裡我們有一半的機會會損失 20%，一半的機會會賺得 70%。因此，持有股票 L 的預期報酬 $E(R_L)$ 是 25%：

$$E(R_L)=0.50\times(-20\%)+0.50\times70\%=25\%$$

表 13.2 說明了這些計算。

在前一章中，我們定義風險溢酬為風險性投資的報酬和無風險投資報酬的差額，並且求算了各種不同投資的歷史風險溢酬。現在藉由所預期的報酬，我們可以計算風險投資的預期報酬和無風險投資的確定報酬的差額，而得到預測的風險溢酬（projected risk premium），或預期的風險溢酬（expected risk premium）。

例如，假設無風險投資的現行報酬是 8%，以 R_f 代表無風險報酬率 8%。這樣，股票 U 的預期風險溢酬是多少呢？股票 L 呢？因為股票 U 的預期報酬 $E(R_U)$ 是 20%，所以預期風險溢酬是：

$$\text{預期風險溢酬} = \text{預期報酬} - \text{無風險報酬率} \quad [13.1]$$
$$= E(R_U) - R_f$$
$$= 20\% - 8\%$$
$$= 12\%$$

同樣地,股票 L 的風險溢酬是 $25\% - 8\% = 17\%$。

一般而言,有價證券或投資資產的預期報酬就等於各種可能的報酬乘以相對的機率後的加總。所以,如果有 100 種可能報酬,分別將每一種報酬乘以它發生的機率,再加總起來,就得到預期報酬。預期風險溢酬就是預期報酬和無風險報酬間的差額。

範例 13.1　發生的機率不相等

回到表 13.1 和表 13.2,假設經濟景氣很好的機率是 20%,而不是 50%。在這種狀況下,股票 U 和股票 L 的預期報酬各是多少?如果無風險報酬是 10%,風險溢酬是多少?

首先注意到,因為只有經濟景氣和蕭條兩種情況,所以經濟蕭條的機率就變成 80%(1−0.20＝0.80)。所以,股票 U 出現 30% 報酬的機率是 80%,10% 報酬的機率是 20%。計算預期報酬時,將可能的報酬乘以機率,然後加總起來:

$$E(R_U) = 0.80 \times 30\% + 0.20 \times 10\% = 26\%$$

表 13.3 匯總了這兩支股票的預期報酬的計算過程。股票 L 的預期報酬是 -2%。

股票 U 的風險溢酬是 $26\% - 10\% = 16\%$。股票 L 則是負的:$-2\% - 10\% = -12\%$,似乎有點奇怪,不過根據接下來的討論,這並不是不可能發生的。

表 13.3　計算預期報酬

(1) 經濟情境	(2) 發生機率	股票 L (3) 各情境下的報酬率	股票 L (4) 等於 (2)×(3)	股票 U (5) 各情境下的報酬率	股票 U (6) 等於 (2)×(5)
蕭條	0.80	−0.20	−0.16	0.30	0.24
景氣	0.20	0.70	0.14	0.10	0.02
			$E(R_L) = -0.02 = -2\%$		$E(R_U) = 0.26 = 26\%$

計算變異數

要計算這兩支股票報酬的變異數，必須先計算各經濟情境下報酬率與預期報酬間差異的平方，然後把每個差異的平方乘上發生的機率，再加總起來，就是變異數了。而標準差就是變異數的平方根。

回到前面的例子，股票 U 的預期報酬是 $E(R_U)=20\%$。而股票 U 的實際報酬不是 30%，就是 10%。因此，可能的差異是 30%−20%=10% 及 10%−20%=−10%。所以變異數是：

$$變異數 = \sigma^2 = 0.50 \times (10\%)^2 + 0.50 \times (-10\%)^2 = 0.01$$

標準差就是這個變異數值的平方根：

$$標準差 = \sigma = \sqrt{0.01} = 0.10 = 10\%$$

表 13.4 匯總了這兩支股票報酬變異數的計算。可以發現股票 L 的變異數較大。

當我們把這兩支股票的預期報酬和變異數放在一起時，就得到：

	股票 L	股票 U
預期報酬，E(R)	25%	20%
變異數，σ^2	0.2025	0.0100
標準差，σ	45%	10%

股票 L 的預期報酬較高，但是股票 U 的風險較低。投資在股票 L 上，你可能賺得 70% 的報酬，但是也可能損失 20%。然而，如果投資在股票 U 上，你至少會

表 13.4 計算變異數

(1) 經濟情境	(2) 發生機率	(3) 差異報酬	(4) 差異報酬的平方	(5) 等於 (2)×(4)
股票 L				
蕭條	0.50	−0.20−0.25=−0.45	$-0.45^2=0.2025$	0.10125
景氣	0.50	0.70−0.25= 0.45	$0.45^2=0.2025$	0.10125
				$\sigma_L^2 = 0.20250$
股票 U				
蕭條	0.50	0.30−0.20= 0.10	$0.10^2=0.01$	0.005
景氣	0.50	0.10−0.20=−0.10	$-0.10^2=0.01$	0.005
				$\sigma_U^2 = 0.010$

得到 10% 的報酬。

到底應該投資哪一支股票呢？我們無法給你確定的答案；這完全視你個人的偏好而定。但我們確信，有些投資者喜歡股票 L 勝於股票 U，有些投資者則偏好股票 U 勝於股票 L。

你或許已經注意到，這裡用來計算預期報酬和變異數的方法和上一章中所用的方法有點不一樣。因為第 12 章中所使用的是過去實際的報酬資料，所以我們用實際報酬來估計平均報酬和變異數。但本章則使用預測的未來報酬和機率，以計算預期報酬和變異數。

範例 13.2　機率不相等的進一步探討

回到範例 13.1，假使機率不相等時，這兩支股票報酬的變異數和標準差各是多少呢？

匯總必要的計算如下表：

(1) 經濟情境	(2) 發生機率	(3) 差異報酬	(4) 差異報酬的平方	(5) 等於 (2)×(4)
股票 L				
蕭條	0.80	$-0.20-(-0.02)=-0.18$	0.0324	0.02592
景氣	0.20	$0.70-(-0.02)=0.72$	0.5184	0.10368
				$\sigma_L^2 = 0.12960$
股票 U				
蕭條	0.80	$0.30-0.26=0.04$	0.0016	0.00128
景氣	0.20	$0.10-0.26=-0.16$	0.0256	0.00512
				$\sigma_U^2 = 0.00640$

根據以上的計算，股票 L 的標準差是 $\sigma_L = \sqrt{0.1296} = 0.36 = 36\%$，股票 U 的標準差則小很多，$\sigma_U = \sqrt{0.0064} = 0.08$ 或 8%。

觀念問題

13.1a 如何計算證券的預期報酬？
13.1b 如何計算預期報酬的變異數？

13.2 投資組合

到目前為止，本章將重點放在個別資產上。然而，大部份的投資者實際上都持有一個投資組合（portfolio）。也就是說，投資者傾向於擁有不只單一的股票、債券或其他資產。既然如此，投資組合報酬和投資組合風險應該是投資者所關心的，所以下面要討論投資組合的預期報酬和變異數。

投資組合權數

有各種方法可以用來定義一個投資組合。最簡便的方法就是列出投資組合內各資產的投資價值的百分比。我們稱這些百分比為投資組合權數（portfolio weights）。

例如，如果我們投資 $50 在某項資產，$150 在另一項資產，則投資組合總價值是 $200。整個投資組合中第一項資產的比例是 $50/$200＝0.25，第二項資產的比例則是 $150/$200＝0.75。因此，投資組合權數是 0.25 和 0.75。因為我們把全部的錢都投資出去了，所以權數和必等於 1.00。[1]

投資組合預期報酬

再回到股票 L 和股票 U 的例子中。假設你在這兩支股票各投資了一半的資金。所以，投資組合權數是 0.50 和 0.50。這個投資組合的報酬型態是什麼樣子呢？預期報酬又是多少呢？

為了回答這個問題，假設經濟進入蕭條情境。因此，你有一半的投資（投資在股票 L 的那部份）損失了 20%。另外一半（投資在 U 股票的那部份）則賺了 30%。所以這個投資組合的報酬 R_P 是：

$$R_P = 0.50 \times (-20\%) + 0.50 \times 30\% = 5\%$$

表 13.5　股票 L 和股票 U 的等權投資組合預期報酬

(1) 經濟情境	(2) 發生機率	(3) 各情境下之投資組合報酬	(4) 等於(2)×(3)
蕭條	0.50	0.50×−20%＋0.50×30%＝ 5%	0.025
景氣	0.50	0.50× 70%＋0.50×10%＝40%	0.200
			$E(R_P) = 22.5\%$

---

[1] 當然，有些資金可能放在現金上，我們就把現金當做投資組合內的一項資產。

表 13.5 匯總了所有的計算。當經濟進入景氣時，你的投資組合將得到 40% 的報酬：

$$R_P = 0.50 \times 70\% + 0.50 \times 10\% = 40\%$$

如表 13.5 所示，你的投資組合的預期報酬 $E(R_P)$ 是 22.5%。

下面介紹另一個較省力的計算方法。已知投資組合權數，所以我們預期一半的投資可以賺 25%（投資在股票 L 的那部份），另一半可以賺 20%（投資在股票 U 的那部份）。因此，投資組合的預期報酬是：

$$E(R_P) = 0.50 \times E(R_L) + 0.50 \times E(R_U)$$
$$= 0.50 \times 25\% + 0.50 \times 20\%$$
$$= 22.5\%$$

和前面所求得的投資組合預期報酬一樣。

不管投資組合內有多少資產，這種計算方法均可適用。假設投資組合內有 n 項資產，n 是任何數字。如果 x_i 代表總資金投資在第 i 項資產的比重，則預期報酬就是：

$$E(R_P) = x_1 \times E(R_1) + x_2 \times E(R_2) + \cdots + x_n \times E(R_n) \qquad [13.2]$$

上式說明了投資組合的預期報酬，就是投資組合內各項資產預期報酬的組合。這似乎是顯而易見的，但是誠如下面將討論的，這種計算方法未必是最適用的。

範例 13.3　投資組合預期報酬

假設三支股票的相關預測如下表所示：

經濟情境	發生機率	報酬 股票 A	股票 B	股票 C
很好	0.40	10%	15%	20%
很差	0.60	8	4	0

請計算在下列兩種情況下投資組合的預期報酬：第一，如果投資在每一支股票的金額都一樣，那麼這個投資組合的預期報酬是多少？第二，如果一半的資金投資在股票 A，另一半的資金平均地投資在股票 B 和股票 C，那麼這個投資組合的預期報酬是多少？

從前面的討論得知，個別股票的預期報酬是：

$E(R_A) = 8.8\%$

$E(R_B) = 8.4\%$

$E(R_C) = 8.0\%$

如果投資組合內各資產的投資金額均相等，那麼投資組合權數都相等。這樣的投資組合就稱為等權投資組合（equally weighted portfolio）。因此在這個例子裡的三支股票，權數都等於1/3。所以投資組合的預期報酬是：

$E(R_P) = (1/3) \times 8.8\% + (1/3) \times 8.4\% + (1/3) \times 8.0\% = 8.4\%$

至於第二種狀況，你可以自己求算，投資組合的預期報酬是8.5%。

投資組合的變異數

從上面的討論得知，等額投資在股票U和股票L的投資組合的預期報酬是22.5%。這個投資組合預期報酬的標準差是多少呢？直覺上，可能會認為一半投資金額的標準差是45%，另一半投資金額的標準差是10%，所以投資組合的標準差可以這樣求得：

$\sigma_P = 0.50 \times 45\% + 0.50 \times 10\% = 27.5\%$

很不幸地，這個方法完全錯誤。

讓我們來看看標準差究竟是多少。表13.6匯總了相關的計算。我們看到投資組合的變異數大約是0.031，標準差遠比我們所想像來得低，只有17.5%。這個例子顯示出，投資組合的變異數並不是投資組合內個別資產的變異數的線性組合。

表 13.6　股票L和股票U的等權投資組合變異數

(1) 經濟 情境	(2) 發生 機率	(3) 投資 組合報酬	(4) 差異報酬的平方	(5) 等於 (2)×(4)
蕭條	0.50	5%	$(0.05 - 0.225)^2 = 0.030625$	0.0153125
景氣	0.50	40	$(0.40 - 0.225)^2 = 0.030625$	0.0153125

$$\sigma_P^2 = 0.030625$$

$$\sigma_P = \sqrt{0.030625} = 17.5\%$$

藉著另一組不同的投資組合權數，我們可以更進一步地說明這一點。假設我們投資 2/11（大約 18%）在股票 L，剩下的 9/11（大約 82%）投資在股票 U。如果經濟蕭條，則整個投資組合的報酬就變成：

$R_P = (2/11) \times -20\% + (9/11) \times 30\% = 20.91\%$

如果經濟景氣很好，則整個投資組合的報酬是：

$R_P = (2/11) \times 70\% + (9/11) \times 10\% = 20.91\%$

可以發現到不管經濟情境如何，報酬都一樣。不需要進一步的計算，我們就知道這個投資組合的預期報酬變異數是零。顯然地，調整投資組合內各資產的組合可能會大大地改變整個投資組合的風險。這是一個很重要的發現，下一節探討這個發現的涵義。

範例 13.4 投資組合的變異數和標準差

在範例 13.3 中，兩個投資組合的標準差分別是多少？回答這個問題時，必須先分別計算兩種情境下的投資組合報酬。在這裡，我們以第二個投資組合為例：50% 投資在股票 A，而股票 B 和股票 C 分別投資 25%。相關的計算匯總如下表：

經濟情境	發生機率	股票 A	股票 B	股票 C	投資組合
很好	0.40	10%	15%	20%	13.75%
很差	0.60	8	4	0	5.00

當經濟情境很好時，投資組合報酬是：

$E(R_P) = 0.50 \times 10\% + 0.25 \times 15\% + 0.25 \times 20\% = 13.75\%$

以同樣方法求得經濟很差時的投資組合報酬，整個投資組合的預期報酬率是 8.5%，所以，變異數是：

$\sigma_P^2 = 0.40 \times (0.1375 - 0.085)^2 + 0.60 \times (0.05 - 0.085)^2$
$= 0.0018375$

標準差大約是 4.3%。至於另一個等權投資組合，可求得標準差大約是 5.4%。

觀念問題

13.2a 何謂投資組合權數？
13.2b 如何計算投資組合的預期報酬？
13.2c 投資組合的標準差和投資組合內各資產的標準差是否存在著線性關係？

13.3 宣告、意外和預期報酬

了解如何建構投資組合並評估它們的報酬之後，下面要詳細地介紹個別證券的風險和報酬。到目前為止，我們只介紹一項資產或投資組合的實際報酬 R，和它的預期報酬 $E(R)$ 之間的差距來衡量變動性（風險）。下面要探討為什麼這些差距會存在。

預期報酬和非預期報酬

我們從 Flyers 公司的股票報酬著手。哪些因素決定這家公司股票來年的報酬？

在金融市場上交易的股票的報酬包含兩部份。第一部份為股票的預期報酬，就是市場上股東所預期的報酬，這部份報酬視股東所擁有的有關股票的資訊而定，這些資訊就是目前市場上所認為會影響來年股價的一些重要因素。

股票報酬的第二部份是不確定的報酬部份，也就是具風險性的部份，這一部份是來自於未預期到的來年資訊。這些未預期到訊息的來源很多，下列是一些例子：

關於 Flyers 公司研究開發的報導
政府所公佈的國內生產毛額（GDP）資料
最近限武談判的結果
Flyers 的銷貨額高出所預期的消息
沒有預期到的利率下跌

根據以上討論，Flyers 股票來年的報酬可以表示成：

總報酬＝預期報酬＋非預期報酬

$$R = E(R) + U \qquad [13.3]$$

其中，R 代表這一年的實現總報酬，E(R) 代表預期報酬的部份，U 代表非預期報酬的部份。這說明了實現報酬和預期報酬的差異來自於這一年中所發生的意外事件。就某一年而言，非預期報酬可能是正的或是負的。但是長期來看，非預期報酬 U 的平均值會是零。這意味著，一般而言，實現報酬會等於預期報酬。

宣告和消息

當我們討論消息對報酬的影響時，務必非常小心。例如，假設 GDP 快速成長時，Flyers 的業務跟著興隆，GDP 成長遲緩時，公司則遭殃。在這種狀況下，當要決定 Flyers 股票的預期報酬時，股東必定會將這一年的 GDP 數字納入考慮。

當政府實際地宣佈這一年的 GDP 數字時，Flyers 股票的價值會怎樣變化呢？很明顯地，股票價值的變化視所公佈的 GDP 數字而定。更貼切地說，影響程度的大小取決於這個數字當中有多少是屬於新資訊。

年初的時候，市場投資者會對該年度的 GDP 作粗略的預測。投資者會將 GDP 預測值整合入股票的預期報酬部份，E(R)。另一方面，宣佈的 GDP 與預測的 GDP 的差異部份就會影響股票的非預期報酬部份，U。例如，假設市場上的投資者預測這一年的 GDP 會上升 0.5%。如果這一年最後發佈的統計數據正好是 0.5%，和預測的一樣，則投資者並沒有得到任何額外資訊，這項宣告（announcement）就不是一項消息（news）。因此，對股票的價格也不會有影響。這只是對你原先預測的事情加以確認罷了，並沒有帶來任何新內容。

如果一項宣告算不上是消息時，我們就說市場已經對該宣告做了「折現」了。這裡的折現（discount）有別於在計算現值時所使用的折現，但精神是一樣的。當我們把未來的 $1 折現時，因為貨幣具有時間價值，所以這 $1 的價值減少了。當我們將一項宣告或消息折現時，意味著市場對這項消息已經知道很多了，因此這項消息對市場的影響就很少了。

回到 Flyers 的例子，假設政府宣告這一年的實際 GDP 成長了 1.5%。投資者從宣告中得知 GDP 成長率比他們所預期的高了一個百分點。這個實際結果和預測之間的差異，也就是這個差異的一個百分點，通常稱為變化（innovation）或意外（surprise）。

上述這個「變化」或「意外」說明了為什麼有些看起來是負面的消息，實際上卻是正面的消息（反之亦然）。回到本章開頭 Campbell Soup 的例子，雖然 Campbell Soup 的季盈餘創新高，但公司在年底之前卻面臨了更多的壓力，預期

需要大量的價格促銷，以留住公司的顧客。另外，公司獲利較佳的濃湯產品銷售量已呈現下跌，因為競爭者積極地削價這些立即可食的產品。

要牢記一個有關消息和股價變化間的重要概念，關於未來的消息才是重要消息。對 Avis Budget 公司而言，雖然盈餘遠低於市場的預期，當季盈餘大幅下滑肇因於一次性的購併成本及提前償還債務，公司也同時宣告車子出租量上升 7% 及其他附屬項收入成長 10%，這兩件事對公司未來都具有正面的意義。對於 Home Depot 公司而言，盈餘宣告當日，整個股市卻轉壞，在研讀下面的章節時，要牢記消息和股價變化間的這個概念。

綜合以上討論，一項宣告可以分解成兩部份，預期部份和意外（或變化）的部份。

宣告＝預期部份＋意外部份　　　　　　　　　　　　　　　　　　[13.4]

宣告的預期部份就是市場用來預測股票報酬期望值（即 $E(R)$）的訊息。意外部份就是會影響股票非預期報酬（即 U）的消息。

前一章市場效率性的內容與這裡的討論內容有關。我們假設所有已知的相關訊息都已經反映在預期報酬裡。這就是說，目前的市價反映了所有公開的訊息。因此，上述討論所隱含的假設是，市場至少是處於半強式的效率。

此後，當我們談到「消息」時，指的是一項宣告裡的意外部份，而不是預期部份。

觀念問題

13.3a 報酬包括哪兩個部份？
13.3b 在什麼情況下，一項宣告對普通股的股價不會有影響？

13.4 風險：系統性和非系統性

由意外部份所造成的報酬部份，就是任何投資的風險所在。如果所接收到的結果正好就是我們所預期的，那麼一項投資是完全可預期的，也就是說，這項投資是無風險的。換言之，一項投資的風險是來自於意外部份，也就是非預期到的事件。

雖然如此，這些不同的風險來源仍有很大的差異。回頭看前面有關消息的例

子，有些消息是直接發生在 Flyers，有些則是屬於較一般性的。這些消息項目中的哪些項目對 Flyers 來說是比較重要的呢？

利率或 GDP 的宣告顯然地對所有公司都很重要。然而，有關 Flyers 的總裁、Flyers 的研究或 Flyers 的銷貨等訊息，則是 Flyers 特別感興趣的。我們將區分這兩種不同類型的訊息，因為誠如下面將討論的，它們有著非常不同的涵義。

系統性風險和非系統性風險

第一種類型的意外會影響大部份的資產，稱為系統性風險（systematic risk）。受系統性風險影響的資產非常多，只是影響程度深淺不一。因為系統性風險的影響遍及整個市場，因此又稱為市場風險（market risk）。

我們稱第二種意外為非系統性風險（unsystematic risk）。非系統性風險只會影響單一種資產或一部份資產的風險。因為這些屬個別公司或資產特有的風險，有時候也稱為獨特風險（unique risk），或資產特有風險（asset-specific risk）。我們將交替使用這些名詞。

一般經濟狀況上的不確定性，例如：GDP、利率或通貨膨脹等，都屬系統性風險。這些狀況多少會影響到每一家公司。任何非預期的通貨膨脹會影響到工資、公司的原料成本、公司的資產價值及公司產品的銷售價格。這些不確定性會衝擊到所有公司，就是系統性風險的本質。

相反地，一家油品製造公司的員工罷工將只會影響該公司，和少數其他公司（像公司的主要競爭者和供應商）。然而，它不可能對整個世界的石油市場產生影響，也不會對非石油產業的公司造成壓力，所以這是非系統性事件。

報酬的系統性部份和非系統性部份

系統性風險和非系統性風險的區分無法做到如我們心裡所想的那麼精確。即使只是一家公司的蛛絲馬跡消息，也會造成整個經濟的少許波紋，這是因為再小的公司也是經濟體系內的一份子。就好像是童話故事中，一匹馬的失蹄造成整個王國的覆沒。然而，這似乎有點強詞奪理，但有些風險確實比其他風險更重要，我們馬上就會看到一些證據。

系統性和非系統性風險的區分，讓我們可以將 Flyers 公司股票報酬的意外部份 U 分解成兩部份。在前面，我們把實際報酬分解成預期部份和意外部份：

$R = E(R) + U$

現在 Flyers 的意外部份 U，包含一個系統性部份和一個非系統性部份，因此：

$$R=E(R)+系統性部份+非系統性部份 \qquad [13.5]$$

習慣上，我們以希臘字母 ϵ 代表非系統性部份。因為系統性風險通常被稱為市場風險，所以我們以 m 代表意外的系統性部份。有了這些符號，就可以把總報酬重新表示如下：

$$R=E(R)+U$$
$$\quad =E(R)+m+\epsilon$$

從意外部份，U，分解出來的非系統性部份，ϵ 是 Flyers 公司的獨特的部份。因此，它和其他資產的非系統性報酬無關。為了說明這點的重要性，我們必須回到投資組合風險這個主題。

觀念問題

13.4a 風險包括哪兩種類型？
13.4b 這兩種類型風險的區別在哪裡？

13.5 分散投資與投資組合風險

前面已經提過，投資組合風險和投資組合裡各資產的風險可能有很大的差異。現在，我們進一步比較個別資產的風險，和由許多不同資產所組成的投資組合風險。我們也要再次探討一些市場歷史資料，以了解美國資本市場的實際投資績效。

分散投資的效果：市場歷史的另一個準則

由前一章得知，S&P 500 指數投資組合的歷史報酬的標準差大約是每年 20%。這是否意味著，在這 500 支股票中的任一股票的平均年報酬標準差大約是 20% 嗎？答案是否定的。這是非常重要的發現。

為了探討投資組合大小（指所含股票種類的多少）和投資組合風險間的關係，表 13.7 列出了從 NYSE 隨機選出數種不同證券所組成的等權投資組合的平均年標準差。

表 13.7　投資組合年報酬率的標準差

(1) 投資組合內的股票數目	(2) 投資組合年報酬的平均標準差	(3) 投資組合標準差和單一股票標準差的比
1	49.24%	1.00
2	37.36	0.76
4	29.69	0.60
6	26.64	0.54
8	24.98	0.51
10	23.93	0.49
20	21.68	0.44
30	20.87	0.42
40	20.46	0.42
50	20.20	0.41
100	19.69	0.40
200	19.42	0.39
300	19.34	0.39
400	19.29	0.39
500	19.27	0.39
1,000	19.21	0.39

這些數字來自於 Table 1 in M. Statman, "How Many Stocks Make a Diversified Portfolio？" *Journal of Financial and Quantitative Analysis* 22 (September 1987), pp. 353-64. They were derived from E. J. Elton and M. J. Gruber, "Risk Reduction and Portfolio Size: An Analytic Solution," *Journal of Business* 50 (October 1977), pp. 415-37。

　　表 13.7 的第二欄，列出由一支股票組成的「投資組合」的平均標準差是 49%。意味著如果你任意地選出一支 NYSE 股票，並將資金投入這支股票，那麼你每年的報酬標準差很可能是 49%。如果隨機選取兩支股票，並且將你的資金平均地投資在這兩支股票上，你的投資報酬標準差大約是 37%，餘此類推。

　　由表 13.7 可以看出，標準差隨著投資組合所持有的股票數目增加而減小。由 100 支任意選取的股票所組成的投資組合，其標準差從 49% 降到 20%，大約減少了 60%。由 500 支股票組成的投資組合，其標準差只有 19.27%，和前一章大型普通股投資組合的 20% 相近，這小小的差異是因為組成這兩個投資組合的證券和期間並不完全相同。

分散投資原則

圖 13.1 說明了前面所討論的重點，圖中表示出投資組合中不同股票的數目與報酬標準差的關係，從圖 13.1 可以看出風險下降的速度隨著股票數目增加而降低，當持有十種股票時，大多數的風險下降已經顯現，當持有 30 多種股票時，風險下降就變得很小。

圖 13.1 說明了兩個重點。第一，藉由所組成的投資組合，可以去除組合內一些個別資產的風險。這種分散投資到不同資產（並因而形成一個投資組合）的過程，就叫做分散投資（diversification）。**分散投資原則**（principle of diversification）就是藉由分散投資到許多不同資產，將可以去除部份風險。在圖 13.1 中，標示為「可分散風險」（diversifiable risk）的部份，就是可以經由分散投資來去除的風險。

圖 13.1 中的第二個重點是，有一部份的風險無法經由分散投資來消除。這部份的風險就是圖 13.1 中標示為「不可分散風險」（nondiversifiable risk）的部份。綜合這兩點，得到資本市場歷史的另一個重要準則：分散投資可以降低風

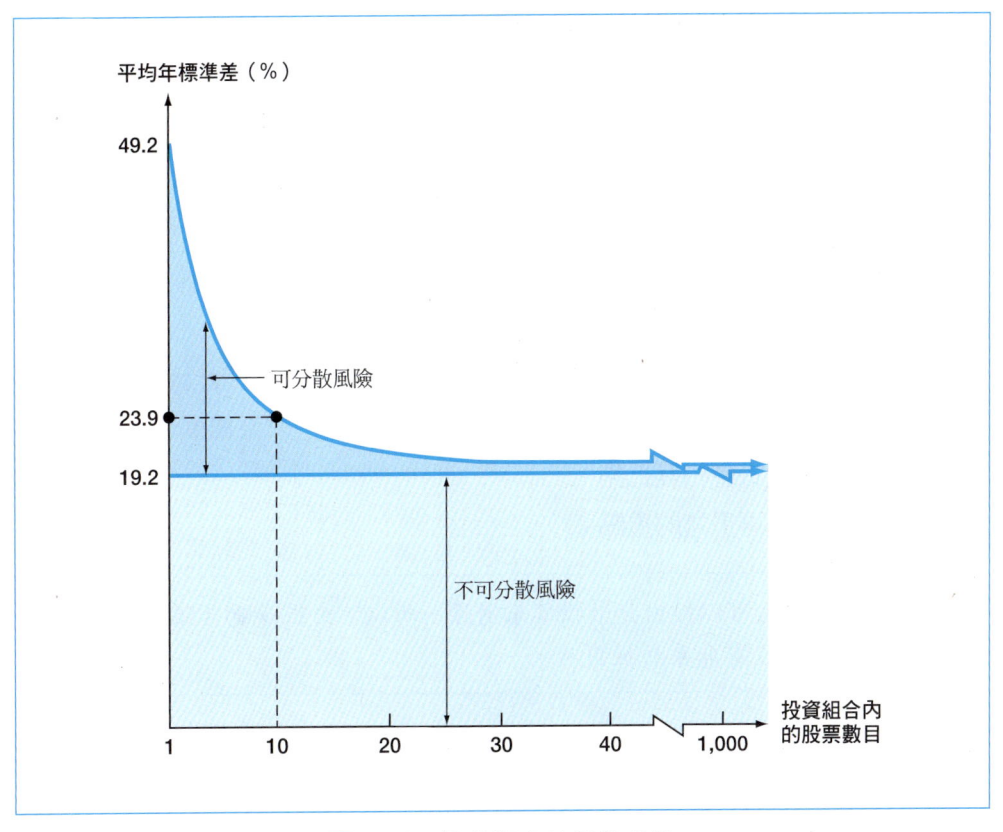

圖 13.1　投資組合的風險分散

險,但是,只能降到某一個程度。換言之,有些風險是可分散的,有些則否。

我們從最近的一個例子來看分散投資的影響力,道瓊工業指數(DJIA)是由 30 支美國大型公司的股票所組成,它在 2010 年上漲了大約 22.7%,由前一章得知,相對於大型股票投資組合來說,DJIA 報酬差了一點,股價上漲較多的 DJIA 個股有 Caterpillar(上漲了 65%)、DuPont(上漲了 48%)及 McDonald's(上漲了 23%);但並非所有個股都上漲;股價下跌的有 Hewlett-Packard(下跌 18%)、Bank of America(下跌 11%)及 Alcoa(下跌 4%)。因此,分散投資可供用來沖散個股極端報酬的影響力,不管股市是上漲或下跌。

分散投資和非系統性風險

從以上投資組合風險的討論得知,個別資產的風險,有些風險是可以分散掉的,有些則否。但是為什麼會這樣呢?答案的關鍵在於先前我們對系統性風險和非系統性風險所做的區分。

根據定義,非系統性風險是專屬於某一資產,或某一些資產的風險。例如,以某一家公司的股票為例,可以為公司帶來正 NPV 的投資專案,諸如開發的新產品和成本節省方案,都將有利於提升股票的價值。非預期的法律訴訟、工業意外、罷工和類似的事件都將減少公司未來的現金流量,也將降低股票的價值。

這裡的重要發現是:如果僅持有一支股票,則投資價值將受該公司特有的事件影響而波動。另一方面,如果持有眾多股票組成的投資組合,則投資組合裡的一些股票的股價將因該公司的正面事件而上漲,而另一些股票的股價則將因該公司的負面事件而下跌。對整個投資組合價值的綜合影響將是相當小,因為這些影響會彼此互相抵銷。

現在,我們已了解到為什麼個別資產的部份風險可藉由分散投資來消除。當我們把資產組合成投資組合時,公司獨有的事件,也就是非系統事件——包括正面的和負面的——將會相互抵銷。

這是一個值得再重述的重點:

> 非系統性風險可以經由分散投資來消除。所以,由很多資產組成的投資組合幾乎沒有非系統性風險。

事實上,可分散風險和非系統性風險這兩個名詞經常被交替使用。

分散投資和系統性風險

非系統性風險可以藉著分散投資來消除。那麼系統性風險呢？是否也可以經由分散投資來消除呢？答案是否定的。因為根據定義，系統性風險在某種程度上會影響所有的資產。因此，不管投資組合內包含了多少種資產，系統性風險都不會消失。所以，我們將交替地使用系統性風險和不可分散的風險。

我們已經介紹了這麼多不同的名詞，在繼續下面內容之前，最好先把這些討論整理一下。一項投資的總風險（以報酬的標準差來衡量）可以寫成下式：

總風險＝系統性風險＋非系統性風險　　　　　　　　　　　　　　　　[13.6]

系統性風險也叫做不可分散的風險（nondiversifiable risk）或是市場風險（market risk）。非系統性風險也叫做可分散的風險（diversifiable risk）、獨特風險（unique risk），或資產特有的風險（asset-specific risk）。對一個風險充分分散的投資組合而言，非系統性風險是很微小的。對這樣的投資組合而言，所有的風險都屬系統性風險。

觀念問題

13.5a 如果我們增加投資組合內的證券個數，則這個投資組合的報酬標準差會有什麼變化？
13.5b 何謂分散投資原則？
13.5c 為什麼有些風險是可分散的？而有些風險是不可分散的？
13.5d 為什麼系統性風險不能被分散？

13.6　系統性風險與貝它係數

現在要探討的問題是：什麼因素決定風險性資產的風險溢酬的大小？換言之，為什麼有些資產的風險溢酬比其他資產大？誠如下面所討論的，這些問題的答案來自於系統性風險和非系統性風險間的區別。

系統性風險原則

到目前為止，我們已經知道一項資產的總風險可以分成兩部份：系統性風險和非系統性風險。非系統性風險可以透過分散投資來消除。另一方面，一項資產的系統性風險則無法透過分散投資來消除。

根據資本市場歷史的準則，一般而言，承擔風險會得到報酬。**系統性風險原則**（systematic risk principle）就是承擔風險所得到報酬的大小視該投資的系統性風險而定。這個原則的道理非常直接：因為不需要花費任何成本（只要藉著分散投資）就可以消除非系統性風險，所以承擔非系統性風險沒有報酬補償。換言之，市場對那些不必承擔的風險不給予報酬。

系統性風險原則有一個非常重要的涵義：

> 一項資產的預期報酬視該資產的系統性風險而定。

這個原則的直接推論是：一項資產不管它的總風險是多少，只由系統性風險的部份來決定該資產的預期報酬及風險溢酬。

衡量系統性風險

因為系統性風險是決定資產預期報酬的關鍵性因素，所以必須有個方法來衡量投資案的系統性風險水平。這裡，我們要使用的是**貝它係數**（beta coefficient），以希臘符號 β 來代表。一項資產的貝它係數就是該項資產的系統性風險相對於平均一般資產的系統性風險的比值。根據貝它係數的定義，平均一般資產相對於它自己的貝它係數是 1.0。因此一項資產的貝它係數是 0.5，則其系統性風險是平均一般資產的一半，資產的貝它係數是 2.0，則系統性風險是平均一般資產的兩倍。

表 13.8 是一些知名公司股票的貝它係數估計值。表中的貝它係數範圍足以代表典型的美國大型公司股票。這個範圍之外的貝它係數有時也會發生，但是不

表 13.8　一些公司的貝它係數

	貝它係數（β_i）
Kroger Co.	0.29
Coca-Cola	0.58
3M	0.82
Microsoft	1.00
Google	1.08
eBay	1.52
Abercrombie & Fitch	1.68
Bon-Ton Stores, Inc.	2.74

資料來源：Yahoo! Finance 2011 (finance.yahoo.com).

常見。

要記住，一項資產的系統性風險決定了該資產的預期報酬和風險溢酬。因為貝它係數愈大的資產，系統性風險就愈大，則其預期報酬也愈高。因此，在表 13.8 中，購買貝它係數為 0.58 的 Coca-Cola 股票的投資者，平均而言，其預期報酬比購買貝它係數為 1.52 的 eBay 股票的投資者少。

要注意的是，並非所有公佈的貝它係數值是使用相同方法來估計。因為貝他係數提供者使用不同的方法來計算貝它係數，所以貝它係數估計值有時差異很大，因此最好能同時參考數個來源。下一頁的網路作業提供更多貝它係數相關資料。

範例 13.5　總風險和貝它係數

考慮下列兩個證券的資料哪一個的總風險較大？哪一個的系統性風險較大？哪一個的非系統性風險較大？哪一個的風險溢酬較高？

	標準差	貝它係數
證券 A	40%	0.50
證券 B	20	1.50

從本節的討論得知，證券 A 的總風險較大，但是它的系統性風險卻較小。因為總風險是系統性風險和非系統性風險的和，所以證券 A 的非系統性風險必定較大。至於證券 B，即使總風險較小，它的風險溢酬和預期報酬都較大。

投資組合的貝它係數

在前面曾討論過，投資組合的總風險和投資組合裡各資產的總風險並沒有一個簡單的線性關係。雖然如此，我們卻可以使用求得投資組合預期報酬的同樣方法來計算投資組合的貝它係數。例如，在表 13.8 中，假如我們把一半的資金投資在 Google，另一半的資金投資在 Coca-Cola。那麼這個投資組合的貝它係數是多少呢？因為 Google 的貝它係數是 1.08 且 Coca-Cola 的貝它係數是 0.58，所以投資組合的貝它係數 β_P 將是：

$$\beta_P = 0.50 \times \beta_{Google} + 0.50 \times \beta_{Coca\text{-}Cola}$$
$$= 0.50 \times 1.08 + 0.50 \times 0.58$$
$$= 0.83$$

一般而言，如果投資組合包括許多資產，那麼只要把每一項資產的貝它係數乘以它的投資組合權數，再加總起來，就是投資組合的貝它係數。

網路作業

你可以從許多網站上找到貝它估計值，其中一個最好網站就是 finance.yahoo.com，下面是化妝品公司 Revlon（REV）的 "Key Statistics" 資料：

Stock Price History	
Beta:	2.12
52-Week Change[3]:	-6.50%
S&P500 52-Week Change[3]:	20.18%
52-Week High (May 3, 2010)[3]:	18.79
52-Week Low (Dec 21, 2010)[3]:	9.22
50-Day Moving Average[3]:	10.32
200-Day Moving Average[3]:	11.13

Management Effectiveness	
Return on Assets (ttm):	15.19%
Return on Equity (ttm):	N/A

Balance Sheet	
Total Cash (mrq):	40.50M
Total Cash Per Share (mrq):	0.78
Total Debt (mrq):	1.22B
Total Debt/Equity (mrq):	N/A
Current Ratio (mrq):	1.27
Book Value Per Share (mrq):	-19.11

所報導的 Revlon 之貝它值是 2.12，它的意思是 Revlon 的系統風險是一般股票的兩倍，你可能會預期這家公司風險很高，看看其他數字資料後，我們都會同意你的看法。Revlon 的 ROA 是 15.19%，算相當不錯，但沒有 ROE 的數據，為什麼呢？假如你檢視公司的每股帳面價值，它是負的，在此種情況下，損失愈大，ROE 就會愈大，那可不太對勁，從這點來看，Revlon 似乎是高貝它係數的候選公司之一。

問 題

1. 我們曾提及 Revlon 公司的每股帳面價值是負的，網站上所登載的每股帳面價值金額是多少呢？
2. 分析師對 Revlon 公司成長率的預測值是多少呢？這樣的成長率相對於整個產業的成長率又是如何呢？

範例 13.6 投資組合的貝它係數

假設我們有下列的投資：

證券	投資金額	預期報酬	貝它係數
股票A	$1,000	8%	0.80
股票B	2,000	12	0.95
股票C	3,000	15	1.10
股票D	4,000	18	1.40

這個投資組合的預期報酬是多少？投資組合的貝它係數是多少？這個投資組合的系統性風險比平均一般資產高或低？

回答這個問題必須先計算投資組合權數。請注意，總投資額是 $10,000。其中，$1,000/10,000＝10% 投資在股票 A，同樣地，20% 投資在股票 B，30% 投資在股票C，40% 投資在股票D。因此，預期報酬，$E(R_P)$，是：

$$E(R_P)=0.10 \times E(R_A)+0.20 \times E(R_B)+0.30 \times E(R_C)+0.40 \times E(R_D)$$
$$=0.10 \times 8\%+0.20 \times 12\%+0.30 \times 15\%+0.40 \times 18\%$$
$$=14.9\%$$

同樣地，投資組合的貝它係數，β_P，是：

$$\beta_P=0.10 \times \beta_A+0.20 \times \beta_B+0.30 \times \beta_C+0.40 \times \beta_D$$
$$=0.10 \times 0.80+0.20 \times 0.95+0.30 \times 1.10+0.40 \times 1.40$$
$$=1.16$$

因此，這個投資組合的預期報酬是 14.9%，貝它係數是 1.16。因為貝它係數大於 1.0，所以這個投資組合的系統性風險比平均一般資產的系統性風險來得高。

觀念問題

13.6a 何謂系統性風險原則？
13.6b 如何衡量貝它係數？
13.6c 是或非：一項風險性資產的預期報酬決定於該資產的總風險。請解釋。
13.6d 如何計算投資組合的貝它係數？

13.7 證券市場線

現在要來討論市場如何定價風險。首先，假設資產 A 的預期報酬為 20%，貝它係數為 1.6，且無風險報酬率為 8%。根據定義，無風險資產沒有系統性風險（或非系統性風險），因此無風險資產的貝它係數為零。

貝它係數和風險溢酬

考慮由資產 A 和無風險資產所組成的投資組合。經由改變這兩項資產的投資百分比，我們可以求得許多不同的投資組合的預期報酬和貝它係數。例如，如果 25% 資金投資在資產 A，那麼投資組合的預期報酬是：

$$\begin{aligned} E(R_P) &= 0.25 \times E(R_A) + (1 - 0.25) \times R_f \\ &= 0.25 \times 20\% + 0.75 \times 8\% \\ &= 11\% \end{aligned}$$

同理，可求得投資組合的貝它係數，β_P，是：

$$\begin{aligned} \beta_P &= 0.25 \times \beta_A + (1 - 0.25) \times 0 \\ &= 0.25 \times 1.6 \\ &= 0.40 \end{aligned}$$

請注意，因為權數的和必須等於 1，所以投資在無風險資產的百分比就等於 1 減掉投資在資產 A 的百分比。

你或許會覺得好奇，投資在資產 A 的資金比例是否可能超過 100% 呢？答案是肯定的。當投資者可以用無風險利率借款就有可能。例如，如果投資者有 $100，並以無風險利率 8% 額外借了 $50，那麼他對資產 A 的總投資可達 $150，也就是投資者總財富的 150%。此時預期報酬將是：

$$\begin{aligned} E(R_P) &= 1.50 \times E(R_A) + (1 - 1.50) \times R_f \\ &= 1.50 \times 20\% - 0.50 \times 8\% \\ &= 26.0\% \end{aligned}$$

投資組合的貝它係數則是：

$$\beta_P = 1.50 \times \beta_A + (1-1.50) \times 0$$
$$= 1.50 \times 1.6$$
$$= 2.4$$

我們計算一些其他可能的情況如下：

投資在資產 A 的百分比	投資組合預期報酬	投資組合 β
0%	8%	0.0
25	11	0.4
50	14	0.8
75	17	1.2
100	20	1.6
125	23	2.0
150	26	2.4

圖 13.2A 標示了這些投資組合的預期報酬和貝它係數。所有的投資組合都落在同一條直線上。

報酬對風險的比率　圖 13.2A 中的直線的斜率是多少呢？直線的斜率永遠等於「預期報酬的變動除以貝它係數的變動」，在這個例子中，當我們從無風險資產移向資產 A 時，貝它係數從零增加到 1.6。而預期報酬則從 8% 上升到 20%。所以，這條線的斜率是 12%/1.6＝7.5%。

要注意的是，這條線的斜率正好是等於資產 A 的風險溢酬 $E(R_A) - R_f$，除以資產 A 的貝它係數 β_A：

$$斜率 = \frac{E(R_A) - R_f}{\beta_A}$$

$$= \frac{20\% - 8\%}{1.6} = 7.5\%$$

換言之，資產 A 的報酬對風險比率（reward-to-risk ratio）是 7.5%。[2] 也就是說，每單位系統性風險的風險溢酬是 7.50%。

---

[2] 這個比率有時稱為 *Treynor* 指標，以作者的姓來命名。

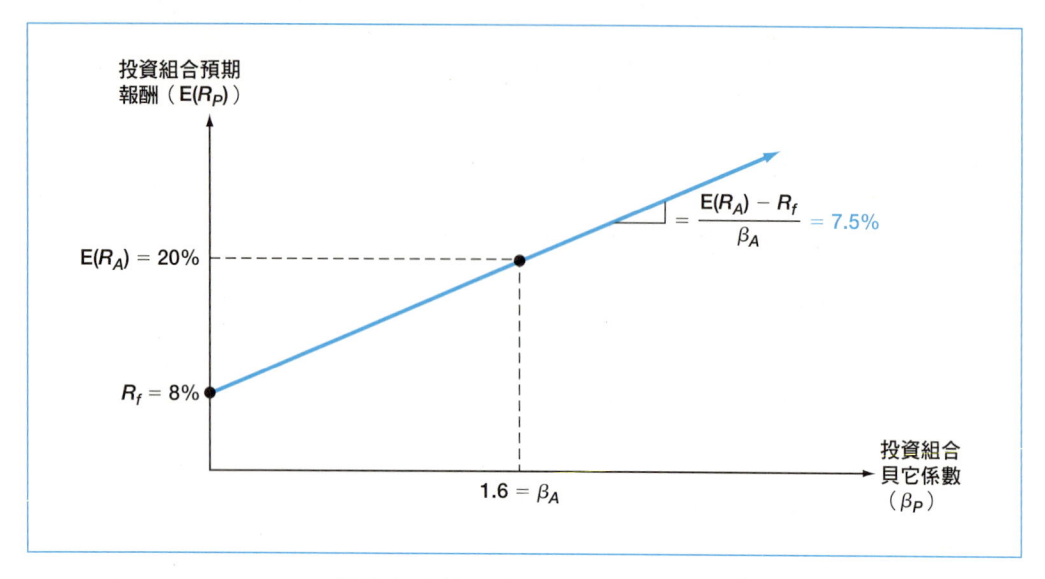

圖 13.2A　投資組合的預期報酬與資產 A 的貝它係數圖

基本論點　假設我們考慮第二項資產，資產 B。這項資產的貝它係數是 1.2，預期報酬是 16%。資產 A 和資產 B 中，哪一項比較好呢？你可能會認為無法判斷。因為有些投資者可能偏愛資產 A，有些投資者可能偏愛資產 B。然而，事實上資產 A 比較好。因為正如下面所計算的，資產 B 的系統性風險的報酬補償相對地低於資產 A。

首先，我們計算由資產 B 和無風險資產所組成的各種投資組合的預期報酬和貝它係數。例如，假設投資 25% 在資產 B，其餘的 75% 在無風險資產，那麼這個投資組合的報酬將是：

$$E(R_P) = 0.25 \times E(R_B) + (1-0.25) \times R_f$$
$$= 0.25 \times 16\% + 0.75 \times 8\%$$
$$= 10\%$$

同樣地，投資組合的貝它係數 β_P 是：

$$\beta_P = 0.25 \times \beta_B + (1-0.25) \times 0$$
$$= 0.25 \times 1.2$$
$$= 0.30$$

其他可能如下：

投資在資產A的百分比	投資組合預期報酬	投資組合 β
0%	8%	0.0
25	10	0.3
50	12	0.6
75	14	0.9
100	16	1.2
125	18	1.5
150	20	1.8

把這些投資組合的預期報酬和貝它係數的組合標在圖 13.2B 上，就得到像資產 A 的一條直線。

在這裡，要注意的是，在比較圖 13.2C 內資產 A 和資產 B 的結果時，資產 A 的預期報酬和貝它係數的組合線在資產 B 的上面。換言之，在任何一個系統性風險水準下（以 β 來衡量），資產 A 和無風險資產組成的投資組合永遠提供較高的報酬。這就是為什麼資產 A 是比資產 B 好的投資標的。

另外，也可以藉著比較資產 B 的斜率，看出資產 A 每單位風險的報酬較高：

$$斜率 = \frac{E(R_B) - R_f}{\beta_B}$$

$$= \frac{16\% - 8\%}{1.2} = 6.67\%$$

因此，資產 B 的報酬對風險比率是 6.67%，小於資產 A 的 7.5%。

基本結果　前面所描述的資產 A 和資產 B 的狀況不可能持續地出現在一個組織良好、交易熱絡的市場中，因為投資者都將投資資產 A，而不投資資產 B。因而資產 A 的價格將上升，資產 B 的價格將下跌。因為價格和報酬呈相反方向移動，所以資產 A 的預期報酬將下跌；資產 B 的預期報酬將上漲。

這種買和賣的交易將持續到兩項資產正好落在同一條直線上，也就是它們的報酬對風險比率相等。換言之，在一個熱絡、競爭的市場，我們會得到下列結果：

$$\frac{E(R_A) - R_f}{\beta_A} = \frac{E(R_B) - R_f}{\beta_B}$$

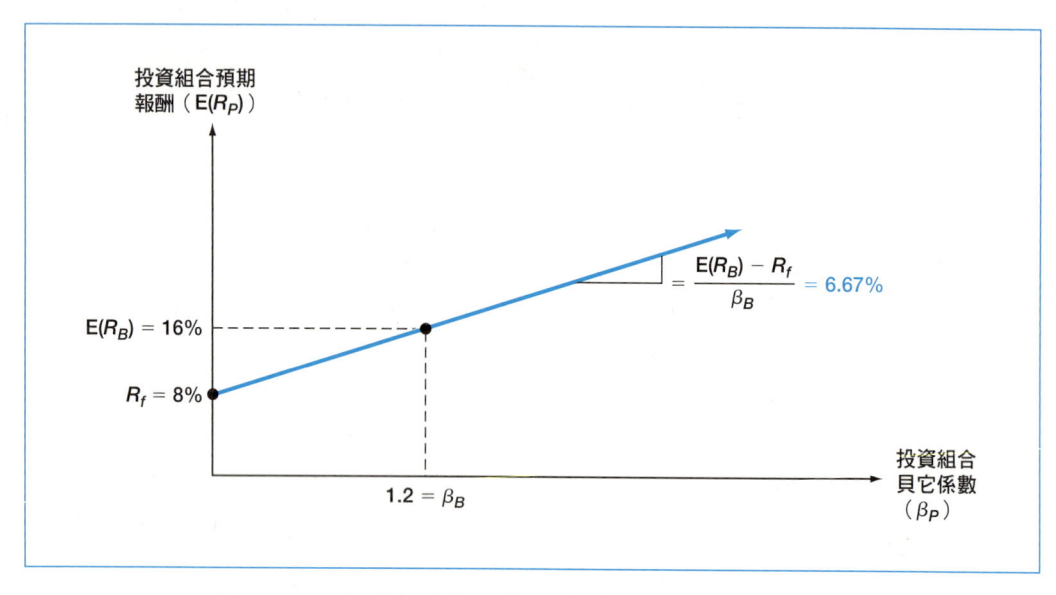

圖 13.2B　投資組合的預期報酬和資產 B 的貝它係數圖

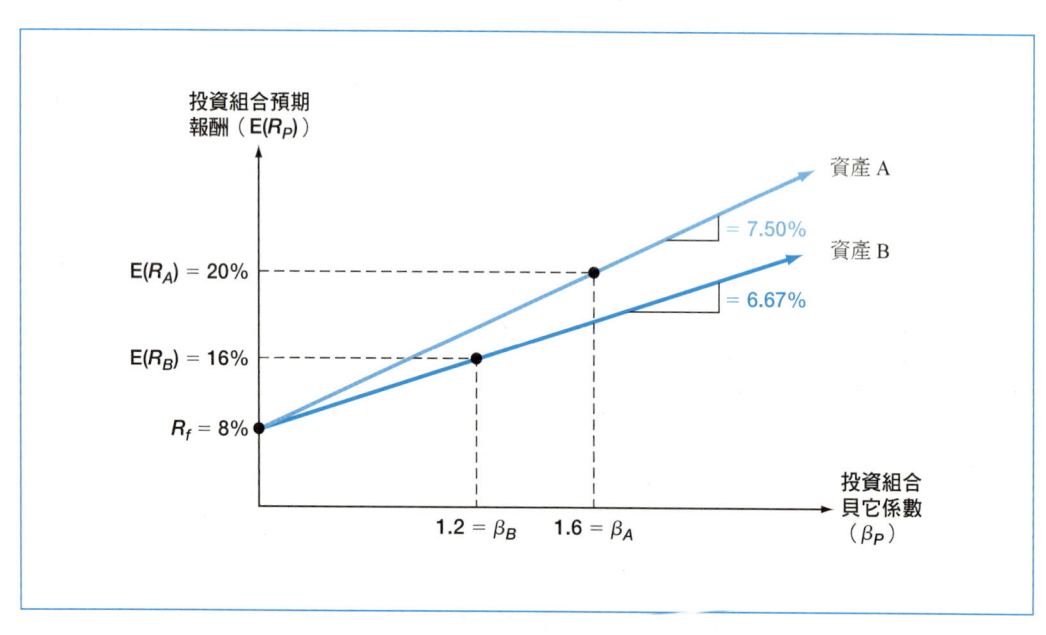

圖 13.2C　兩項資產的投資組合預期報酬和貝它係數

這是風險和報酬的基本關係。

這項基本論點可以延伸到兩種資產以上的情況。事實上，不管有多少資產，都可以得到相同的結論：

第 13 章　報酬、風險與證券市場線　　**539**

> 市場上，所有資產的報酬對風險比率必定相等。

這個結論一點也不奇怪。例如，如果一項資產的系統性風險是另一項資產的兩倍，那麼它的風險溢酬也必定是兩倍。

因為市場中所有資產的報酬對風險比率必須相等，它們必定全部落在同一條線上。這個論點就是圖 13.3 所示的。在圖中，資產 A 和資產 B 都落在同一條線上，所以它們具有相同的報酬對風險比率。如果一項資產落在這條線的上方，如圖 13.3 中的資產 C，則它的價格會上漲，預期報酬會下跌，直到它落在這條線上為止。同樣地，如果一項資產落在這條線的下方，如圖 13.3 中的資產 D，它的預期報酬會上升，直到它也正好落在線上。

此處論點適用在熱絡、競爭、組織良好的市場。一些金融市場，像 NYSE，都符合這些要求。其他市場，像不動產市場，則可能符合，也可能不符合。基於這些理由，這些觀念最適合用來評估不同的金融市場。我們的探討對象以這種組

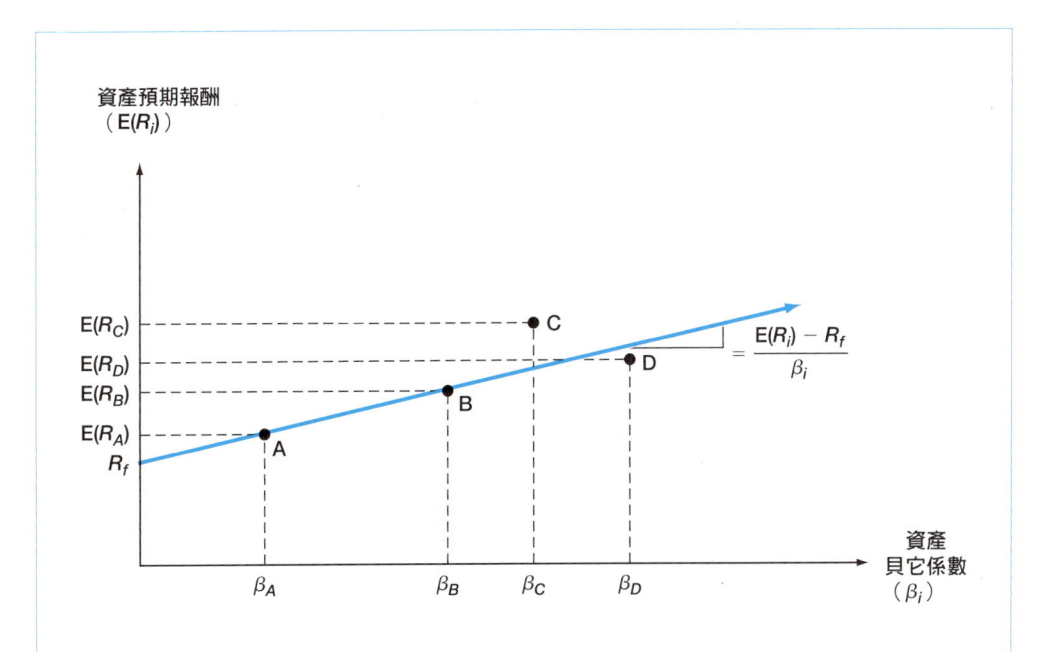

貝它係數和預期報酬的基本關係是，所有資產的報酬對風險比率，即 $[E(R_i) - R_f]/\beta_i$，都必須相等。意味著它們都落在同一條直線上。資產 A 和資產 B 就是這樣。另一方面，資產 C 的預期報酬太高，資產 D 則太低。

圖 13.3　預期報酬和系統性風險

織良好的市場為主。然而，誠如後面章節所討論的，從金融市場上得到的有關風險和報酬的資料，有助於公司評估實物資產的投資專案。

範例 13.7　買低、賣高

如果一項資產的價格相對高於它的預期報酬和風險，我們就說這項資產的價值被「高估」（overvalued）了。假設你觀察到下列情形：

證券	貝它係數	預期報酬
SWMS公司	1.3	14%
Insec公司	0.8	10

目前，無風險報酬率是6%。這兩種證券中是否有一種證券的價值相對於另一種的價值是高估了？

要回答這個問題，必須先計算這兩種證券的報酬對風險比率。對SWMS而言，這個比率是 (14% − 6%)/1.3 = 6.15%。對Insec而言，這個比率是5%。我們的結論是：至少相對於SWMS而言，Insec在它的風險水準下所提供的預期報酬不足。因為它的預期報酬太低，所以價格太高。換言之，相對於SWMS，Insec的價值被高估了。因此，相對於 SWMS，我們預期 Insec 的價格將下跌。請注意，也可以說，相對於Insec，SWMS的價值被低估了。

證券市場線

由預期報酬和貝它係數所組成的這條直線，在財務理論裡有某種程度的重要性，因此我們給它取名。用來描述金融市場中系統性風險和預期報酬間變動關係的直線，通常就稱為證券市場線（security market line, SML）。除了 NPV，SML 被認定為現代財務管理學中最重要的觀念。

市場投資組合　了解 SML 關係式將是很有幫助的。有許多不同方式來表示 SML，其中有一種最普遍的方式。假設有一個投資組合是由市場上所有資產所組成。這樣的投資組合就叫做市場投資組合，我們把市場投資組合的預期報酬表示成 $E(R_M)$。

因為市場上的所有資產都必須落在 SML 線上，所以由這些資產所組成的市場投資組合也一定會落在 SML 線上。要決定市場投資組合在 SML 上的位置，必須先知道市場投資組合的貝它係數 β_M。因為市場投資組合代表市場上的所有資產，所以它必定擁有平均的系統性風險。換言之，它的貝它係數是 1。因此，我

第 13 章　報酬、風險與證券市場線

們可以把 SML 的斜率寫成：

$$\text{SML 斜率} = \frac{E(R_M) - R_f}{\beta_M} = \frac{E(R_M) - R_f}{1} = E(R_M) - R_f$$

$E(R_M) - R_f$ 項通常就稱為**市場風險溢酬**（market risk premium），因為它是市場投資組合的風險溢酬。

資本資產定價模型　最後，以 $E(R_i)$ 和 β_i 分別代表市場中任一資產的預期報酬和貝它係數，此資產必落在 SML 線上，那麼，它的報酬對風險比率和整個市場一樣：

$$\frac{E(R_i) - R_f}{\beta_i} = E(R_M) - R_f$$

把這個式子移項重新整理，就可以將 SML 表示成：

$$E(R_i) = R_f + [E(R_M) - R_f] \times \beta_i \qquad [13.7]$$

這就是著名的**資本資產定價模型**（capital asset pricing model, CAPM）。

CAPM 認為，一項資產的預期報酬取決於下列三點：

1. 純粹貨幣的時間價值：以無風險利率 R_f 來衡量，它是僅僅等待你的投資成果，不接受任何風險下的報酬。
2. 承擔系統性風險的報酬：以市場風險溢酬 $E(R_M) - R_f$ 來衡量。這部份是市場承擔平均一般系統性風險所給予的報酬。
3. 系統性風險的大小：以 β_i 來衡量。這是某項特定資產相對於平均一般資產的系統性風險。

CAPM 不僅適用於個別資產，也適用於個別資產所組成的投資組合。前面已介紹過如何計算一個投資組合的 β。只要把這個 β 代入 CAPM 式子中，就可以得到投資組合的預期報酬。

圖 13.4 匯總了 SML 和 CAPM 的討論，我們畫出預期報酬與相對應 β 值的直線圖。根據 CAPM，SML 的斜率等於市場風險溢酬 $E(R_M) - R_f$。

這點總結了有關風險和報酬間取捨的討論。為了參考上的方便，表 13.9 依序匯總了我們所討論過的各種觀念。

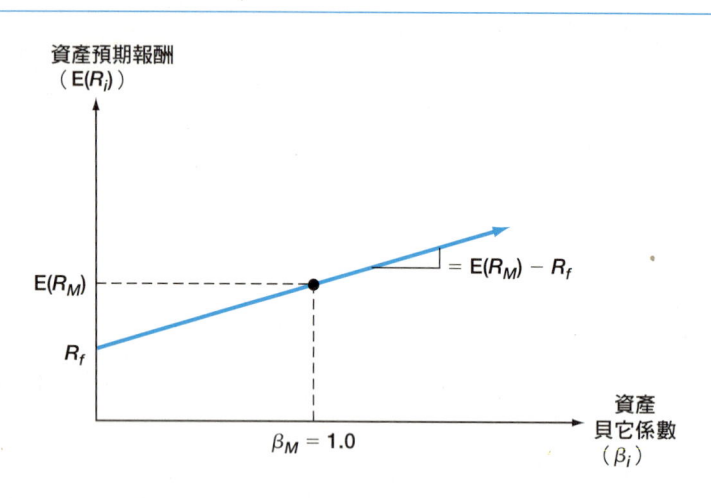

證券市場線的斜率等於市場的風險溢酬，即承擔平均數量之系統性風險的報酬。SML 的方程式可表示如下：

$$E(R_i) = R_f + [E(R_M) - R_f] \times \beta_i$$

這就是資本資產定價模型（CAPM）。

圖 13.4　證券市場線（SML）

範例 13.8　風險和報酬

假設無風險報酬是 4%，市場風險溢酬是 8.6%，而且某支股票的貝它係數是 1.3。根據 CAPM，這支股票的預期報酬是多少？如果貝它係數加倍，預期報酬將如何變化？

貝它係數是 1.3，所以這支股票的風險溢酬是 1.3×8.6%，即 11.18%。無風險報酬是 4%，所以預期報酬是 15.18%。如果貝它係數加倍變成 2.6，風險溢酬也將加倍為 22.36%，因此預期報酬就變成 26.36%。

觀念問題

13.7a　在運作健全的市場中，風險和報酬間的基本關係為何？

13.7b　何謂證券市場線？為什麼在運作健全的市場中，所有的資產都必須落在這條線上？

13.7c　何謂資本資產定價模型（CAPM）？它透露了哪些有關風險性投資的必要報酬之訊息？

表 13.9　風險和報酬匯總

I. 總風險

一項投資的總風險（total risk）以報酬的變異數或標準差來衡量。

II. 總報酬

一項投資的總報酬（total return）包括兩部份：預期報酬和非預期報酬。非預期報酬來自於非預期的事件。投資的風險來自於非預期事件的可能性。

III. 系統性風險和非系統性風險

系統性風險〔systematic risks，又稱為市場風險（market risks）〕是在某種程度上影響所有資產的非預期事件，其效應遍及整個經濟體系。非系統性風險（unsystematic risks）則是只影響單一資產或一小群資產的非預期事件，又稱為獨特風險（unique risks）或資產特有風險（asset-specific risks）。

IV. 分散投資的效果

分散投資可以消除風險性投資中的一部份風險，但非全部風險。因為在大型投資組合中，個別資產所特有的非系統性風險會互相沖銷掉，而影響投資組合中所有資產的系統性風險則沒辦法互相沖銷掉。

V. 系統性風險原則和貝它係數

因為非系統性風險可以經由分散投資而完全被消除掉，所以系統性風險原則（systematic risk principle）認為承擔風險所得到的報酬端視系統性風險多寡而定。一項資產的系統性風險相對於平均一般系統性風險的比率，稱為該資產的貝它係數。

VI. 報酬對風險比率和證券市場線

資產 i 的報酬對風險比率（reward-to-risk ratio）就是它的風險溢酬，$E(R_i)-R_f$，相對於它的貝它係數 β_i 的比率：

$$\frac{E(R_i)-R_f}{\beta_i}$$

在一個運作健全的市場中，每項資產的報酬對風險比率都一樣。因此，在資產預期報酬和資產貝它係數的關係圖中，所有的資產都落在同一條直線上，該直線就稱為證券市場線（security market line, SML）。

VII. 資本資產定價模型

根據 SML，資產 i 的預期報酬可以表示為：

$$E(R_i)=R_f+[E(R_M)-R_f]\times\beta_i$$

這就是資本資產定價模型（capital asset pricing model, CAPM）。因此，一項風險性資產的預期報酬包括三部份：第一部份是單純的貨幣的時間價值（R_f）；第二部份是市場風險溢酬，$[E(R_M)-R_f]$；第三部份是該資產的貝它係數，β_i。

13.8 證券市場線與資金成本

研究風險和報酬的關係有兩個目標:第一,幾乎在所有的商業決策中,風險都是極重要的因素,所以我們要討論風險到底是什麼,以及市場如何給予報酬。第二個目標是要了解哪些因素決定未來現金流量的折現率。本節簡單地討論第二個目標,詳細的討論將留待到後面的章節。

基本概念

證券市場線說明了在金融市場中承擔風險所應得的報酬。在最低限度上,公司任何新投資的預期報酬不應該低於金融市場上同等風險的投資所提供的報酬。理由很簡單,因為公司的股東可以隨時到金融市場上投資以獲取較高的報酬。

公司讓股東受益的唯一方法就是,找出一些預期報酬高於金融市場中具有同等風險的金融資產之投資專案。這些投資專案將會有正的 NPV。所以如果問題是:什麼是適當的折現率?答案就是金融市場上具有相同系統性風險的投資的預期報酬率。

換言之,要決定一項投資案的 NPV 是否為正的,實質上就是在比較該投資案的預期報酬和金融市場中具有相同貝它係數的投資之報酬。這就是為什麼 SML 是如此重要。它說明了在目前經濟體系下,承擔風險的現行報酬率。

資金成本

一項投資所必須提供的最低預期報酬率就是該專案的適當折現率。這個最低必要報酬率通常被稱為該投資的資金成本(cost of capital)。因為最低必要報酬就是公司在專案上的投資所必須賺得,以達損益兩平的報酬率。因此,它可以被視為公司資本投資的機會成本。

這裡要注意的是,如果某項投資的預期報酬高於金融市場同等風險的投資之報酬,那麼,這項投資就具有吸引力。這樣的推論就是第 9 章內部報酬率(IRR)準則的一種運用。唯一不同的是,現在我們對於什麼因素決定投資的必要報酬有了進一步的了解。這樣的了解將有助於我們討論本書第六篇中的資金成本和資本結構等課題。

觀念問題

13.8a 如果一項投資具有正的 NPV，那麼它會落在 SML 線的上方或下方？為什麼？

13.8b 資金成本的意義是什麼？

13.9　總　結

本章涵蓋了有關風險的重點。我們介紹了許多定義和觀念。其中，最重要的是證券市場線，即 SML。SML 非常重要，因為它說明了金融市場對承擔風險所提供的報酬。一旦有了 SML，我們就有了一個與實物資產投資的預期報酬作比較的基準，以決定它們是否值得投資。

因為本章涵蓋了許多基礎的探討，因此我們將 SML 背後的基本經濟邏輯匯總如下：

1. 根據資本市場歷史，承擔風險可以得到報償。這個報償就是資產的風險溢酬。

2. 資產的總風險包括兩部份：系統性風險和非系統性風險。非系統性風險可以經由分散投資來消除（這就是分散投資原則）。因此，只有系統性風險會得到報酬補償。所以，資產的系統性風險決定了它的風險溢酬。這就是系統性風險原則。

3. 一項資產相對於平均一般資產的系統性風險可以用它的貝它係數 β_i，來衡量。一項資產的風險溢酬就是它的貝它係數乘以市場風險溢酬，$[E(R_M) - R_f] \times \beta_i$。

4. 一項資產的預期報酬，$E(R_i)$，等於無風險報酬，R_f，加上風險溢酬：

    $E(R_i) = R_f + [E(R_M) - R_f] \times \beta_i$

這就是 SML 方程式，通常稱為資本資產定價模型（capital asset pricing model, CAPM）。

本章完成風險和報酬的討論，也總結了本書的第五篇。既然已經更加了解哪些因素決定公司投資的資金成本，下面幾章將要更詳細地介紹公司如何籌募投資所需的長期資金。

財務連線

假如你的課程有使用 Connect™ Finance 的話，請上線做個練習測驗（Practice Test），看一看學習輔助工具，及你需要哪些額外練習。

▼ Chapter 13 Return, Risk, and the Security Market Line			
13.1 Expected Returns and Variances	eBook	Study	Practice
13.2 Portfolios	eBook	Study	Practice
13.3 Announcements, Surprises, and Expected Returns	eBook	Study	Practice
13.4 Risk: Systematic and Unsystematic	eBook	Study	Practice
13.5 Diversification and Portfolio Risk	eBook	Study	Practice
13.6 Systematic Risk and Beta	eBook	Study	Practice
13.7 The Security Market Line	eBook	Study	Practice
13.8 The SML and the Cost of Capital: A Preview	eBook	Study	Practice

Section 13.3

你能回答下列問題嗎？

13.1 某支股票於經濟景氣好時的報酬率是 15%，在經濟情境正常時，報酬率是 7%，經濟景氣好的機率是 35%，正常的機率是 65%，請問報酬標準差是多少？

13.2 哪一類的風險可以經由分散投資加以去除？

13.3 貝它係數是什麼的衡量指標？

13.4 證券市場線的斜率是等於什麼？

13.5 淨現值為負的專案會落在證券市場線圖形的哪個位置？

登入找找看吧！

自我測驗

13.1 預期報酬和標準差 本題是讓你練習計算投資組合績效的一些數值。以下是兩項資產及三個可能經濟情境：

第 13 章　報酬、風險與證券市場線　　547

經濟情境	發生機率	各經濟情境下的報酬率 股票 A	股票 B
蕭條	0.20	−0.15	0.20
正常	0.50	0.20	0.30
景氣	0.30	0.60	0.40

這兩支股票的預期報酬和標準差各是多少？

13.2 投資組合風險和報酬　在前一題中，假設你有 $20,000。如果你把 $15,000 投資在股票 A，其餘投資在股票 B，則你的投資組合的預期報酬和標準差分別是多少？

13.3 風險和報酬　假設你觀察到下列狀況：

證券	貝它係數	預期報酬
Cooley公司	1.8	22.00%
Moyer公司	1.6	20.44%

如果無風險報酬是 7%，這些證券的定價是否正確？如果它們的定價正確，則無風險報酬應該是多少？

13.4 CAPM　假設無風險報酬是 8%，市場的預期報酬是 16%。如果某支股票的貝它係數是 0.7，根據 CAPM，該股票的預期報酬是多少？如果另一支股票的預期報酬是 24%，它的貝它係數應該是多少？

自我測驗解答

13.1 預期報酬就是各種可能的報酬乘上它們的機率：

$$E(R_A) = (0.20 \times -0.15) + (0.50 \times 0.20) + (0.30 \times 0.60) = 25\%$$
$$E(R_B) = (0.20 \times 0.20) + (0.50 \times 0.30) + (0.30 \times 0.40) = 31\%$$

變異數則是各種可能報酬與預期報酬差異的平方，再乘上個別機率後的總和：

$$\sigma_A^2 = 0.20 \times (-0.15 - 0.25)^2 + 0.50 \times (0.20 - 0.25)^2 + 0.30 \times (0.60 - 0.25)^2$$
$$= (0.20 \times -0.40^2) + (0.50 \times -0.05^2) + (0.30 \times 0.35^2)$$
$$= (0.20 \times 0.16) + (0.50 \times 0.0025) + (0.30 \times 0.1225)$$
$$= 0.0700$$

$$\sigma_B^2 = 0.20 \times (0.20-0.31)^2 + 0.50 \times (0.30-0.31)^2 + 0.30 \times (0.40-0.31)^2$$
$$= (0.20 \times -0.11^2) + (0.50 \times -0.01^2) + (0.30 \times 0.09^2)$$
$$= (0.20 \times 0.0121) + (0.50 \times 0.0001) + (0.30 \times 0.0081)$$
$$= 0.0049$$

標準差是：

$$\sigma_A = \sqrt{0.0700} = 26.46\%$$
$$\sigma_B = \sqrt{0.0049} = 7\%$$

13.2 投資組合權數是 $15,000/20,000 = 0.75$ 和 $5,000/20,000 = 0.25$。所以，預期報酬是：

$$E(R_P) = 0.75 \times E(R_A) + 0.25 \times E(R_B)$$
$$= (0.75 \times 25\%) + (0.25 \times 31\%)$$
$$= 26.5\%$$

或者，我們可以計算每一種情境下的投資組合報酬：

經濟情境	發生機率	各經濟情境下的投資組合報酬
蕭條	0.20	$(0.75 \times -0.15) + (0.25 \times 0.20) = -0.0625$
正常	0.50	$(0.75 \times 0.20) + (0.25 \times 0.30) = 0.2250$
景氣	0.30	$(0.75 \times 0.60) + (0.25 \times 0.40) = 0.5500$

投資組合的預期報酬是：

$$E(R_P) = (0.20 \times -0.0625) + (0.50 \times 0.2250) + (0.30 \times 0.5500)$$
$$= 26.5\%$$

和前面得到的答案一樣。

投資組合變異數是：

$$\sigma_P^2 = 0.20 \times (-0.0625-0.265)^2 + 0.50 \times (0.225-0.265)^2$$
$$+ 0.30 \times (0.55-0.265)^2$$
$$= 0.0466$$

所以，標準差是 $\sqrt{0.0466} = 21.59\%$。

13.3 如果我們計算報酬對風險比率，Cooley 的比率是 $(22\%-7\%)/1.8 = 8.33\%$，Moyer 是 8.4%。相對於 Cooley，Moyer 的預期報酬太高，也就是價格太低。如果它們的定價都是正確的話，則它們的報酬對風險比率就必須相等。

也就是說，無風險報酬必須滿足以下等式：

$$(22\% - R_f)/1.8 = (20.44\% - R_f)/1.6$$

經過代數運算，我們就會發現無風險報酬必定是 8%：

$$22\% - R_f = (20.44\% - R_f)(1.8/1.6)$$
$$22\% - 20.44\% \times 1.125 = R_f - R_f \times 1.125$$
$$R_f = 8\%$$

13.4 因為市場的預期報酬是 16%，所以市場風險溢酬是 16% − 8% = 8%（無風險報酬率是 8%）。第一支股票的貝它係數是 0.7，所以它的預期報酬是 8% + 0.7 × 8% = 13.6%。

至於第二支股票，風險溢酬是 24% − 8% = 16%，比市場風險溢酬大兩倍，所以貝它係數必定正好等於 2。我們可以根據 CAPM 來求證：

$$E(R_i) = R_f + [E(R_M) - R_f] \times \beta_i$$
$$24\% = 8\% + (16\% - 8\%) \times \beta_i$$
$$\beta_i = 16\%/8\% = 2.0$$

觀念複習及思考

1. **可分散與不可分散風險** 為什麼有些風險是可分散的？有些則是不可分散的？這是不是隱含著投資者可以控制投資組合中的非系統性風險的部份，但無法控制系統性風險的部份？

2. **消息與市場報酬** 假設根據一項剛完成的調查，政府宣佈未來一年的經濟成長率很可能是 2%，而去年是 5%。在政府宣佈之後，股價會上漲、下跌還是維持不變呢？原先市場的預期是否為 2%，會不會造成不同的結果呢？請解釋。

3. **系統性與非系統性風險** 將下列事件分類為系統性或非系統性。是否每一種情況都可明確地加以區別？
   a. 短期利率非預期地上漲。
   b. 銀行提高了公司的短期借款利率。
   c. 油價非預期地下跌了。
   d. 某運油船破裂，造成大量原油外流。
   e. 某製造商打輸了一場數百萬元產品責任官司。

f. 高等法院的判決，擴大了生產者對產品使用者所造成傷害的責任。

4. **系統性與非系統性風險** 指出下列哪些事件會引起一般股價變動，哪些會引起 Big Widget 公司的股價變動。

   a. 政府宣佈上個月的通貨膨脹率非預期地提高了2%。

   b. Big Widget剛公佈的季盈餘呈現下降，正如分析師所預測的。

   c. 政府公佈去年度的經濟成長率是 3%，這結果和大部份經濟學家的預測一致。

   d. Big Widget的董事在空難中喪生。

   e. 國會通過提高公司的最高邊際稅率。這項修法在過去已辯論了將近六個月。

5. **投資組合預期報酬** 如果某個投資組合內每一項資產的投資權數均為正，那麼這個投資組合的預期報酬是否可能高於投資組合內的每一項資產呢？是否可能低於投資組合內的每一項資產呢？如果你對於這兩個問題之一或兩者的答案皆是肯定的，請舉例支持你的答案。

6. **投資分散** 是非題：在決定充分分散投資組合的預期報酬時，最重要的因素是投資組合內個別資產的變異數。請解釋。

7. **投資組合風險** 如果投資組合內各項資產的投資權數均為正，那麼這個投資組合的標準差是否可能低於投資組合內各項資產的標準差？至於貝它係數呢？

8. **貝它係數與 CAPM** 風險性資產的貝它係數有可能為零嗎？請解釋。根據 CAPM，這種資產的預期報酬為何？風險性資產的貝它有可能是負的嗎？CAPM預測這種資產的預期報酬又會是多少？解釋你的答案。

9. **公司縮編** 近年來，經常看到許多公司的股價因大批裁員而大幅地波動。外界批評這些事件鼓勵公司開除資深員工，而華爾街卻為此歡呼。你是否贊同此論點？

10. **盈餘與股票報酬** 誠如本章中許多例子所指出，投資者密切注意公司的盈餘宣佈，而這些宣告也經常導致股價修正。這裡浮現兩個問題。第一，盈餘宣佈是有關過去期間的資料。如果市場對股票的評價是根據對未來的預期，為什麼會與過去的績效數字有關呢？第二，這類宣佈都是屬於會計盈餘。回溯到第2章，已知這些盈餘對現金流量可能沒什麼影響，為什麼股價與過去的盈餘兩者會有關係呢？

第13章 報酬、風險與證券市場線

問 題

初級題

1. **決定投資組合權數** 某一投資組合包括145股每股售價 $45 的股票 A 和110股每股售價 $27 的股票B。請問，投資組合權數是多少？

2. **投資組合預期報酬** 你擁有一個投資 $2,950 在股票 A 和 $3,700 在股票 B 的投資組合。如果這兩支股票的預期報酬分別是 8% 和 11%，則投資組合的預期報酬是多少？

3. **投資組合預期報酬** 你擁有一個投資組合，其中 35% 投資在股票 X，20% 投資在股票 Y，45% 投資在股票 Z。這三支股票的預期報酬分別為 9%、17% 和 13%。求此投資組合的預期報酬。

4. **投資組合預期報酬** 你投資 $10,000 在一個股票投資組合上。你選擇了 12% 預期報酬的股票 X 和 9.5% 預期報酬的股票 Y。如果你的投資組合的目標預期報酬是 11.1%，你應該分別投資多少金額在股票X和股票Y？

5. **計算預期報酬** 根據下列資料計算預期報酬：

經濟情境	發生機率	各情境下的報酬率
蕭條	0.30	−0.14
景氣	0.70	0.22

6. **計算預期報酬** 根據下列資料計算預期報酬：

經濟情境	發生機率	各情境下的報酬率
蕭條	0.20	−0.18
正常	0.50	0.11
景氣	0.30	0.29

7. **計算報酬和標準差** 根據下列資料，分別計算兩支股票的預期報酬和標準差。

		各經濟情境下的股票報酬率	
經濟情境	發生機率	股票 A	股票 B
蕭條	0.20	0.05	−0.17
正常	0.55	0.08	0.12
景氣	0.25	0.13	0.29

8. **計算預期報酬** 一個投資組合投資了15%在股票G、55%在股票J和30%在股票K。這些股票的預期報酬分別是8%、14%和18%。求此投資組合的預期報酬。如何解釋你的答案？

9. **報酬和標準差** 參考下列資料：

經濟情境	發生機率	股票A	股票B	股票C
極好	0.65	0.07	0.15	0.33
極差	0.35	0.13	0.03	−0.06

各經濟情境下的股票報酬率

a. 平均投資在這三支股票之等權投資組合的預期報酬是多少？

b. 分別投資20%在A和B、60%在C的投資組合的變異數是多少？

10. **報酬和標準差** 參考下列資料：

經濟情境	發生機率	股票A	股票B	股票C
極好	0.15	0.35	0.45	0.27
好	0.55	0.16	0.10	0.08
差	0.25	−0.01	−0.06	−0.04
極差	0.05	−0.12	−0.20	−0.09

各經濟情境下的股票報酬率

a. 投資組合中分別投資了30%在A和C，40%在B。請問此投資組合的預期報酬是多少？

b. 此投資組合的變異數是多少？標準差是多少？

11. **計算投資組合的貝它係數** 你所擁有的股票投資組合投資了35%在股票Q、25%在股票R、30%在股票S，和10%在股票T。這四支股票的貝它係數分別是0.84、1.17、1.11和1.36。求此投資組合的貝它係數。

12. **計算投資組合的貝它係數** 你擁有一個等權投資在無風險資產和兩支股票的投資組合。如果其中一支股票的貝它係數是1.27，而且這整個投資組合的風險和市場風險一樣，那麼你的投資組合裡另一支股票的貝它係數應該是多少？

13. **應用CAPM** 一支股票的貝它係數是1.05，市場的預期報酬是10%，無風險報酬率是3.8%。這支股票的預期報酬是多少？

14. **應用CAPM** 一支股票的預期報酬是10.2%，無風險報酬率是4.5%，市場風險溢酬是7.5%。求這支股票的貝它係數。

15. 應用 CAPM 一支股票的預期報酬是12.4%，貝它係數是1.17，無風險報酬率是4.2%。求市場的預期報酬。

16. 應用 CAPM 一支股票的預期報酬是13.3%，貝它係數是1.45，市場的預期報酬是10.5%。求無風險報酬率。

17. 應用 CAPM 一支股票的貝它係數是1.25，預期報酬是14%。無風險資產的報酬是2.1%。

a. 對於一個等權投資在這兩項資產的投資組合，其預期報酬是多少？

b. 如果由這兩項資產所組成的投資組合的貝它係數是0.93，那麼投資組合權數是多少？

c. 如果由這兩項資產所組成的投資組合的預期報酬是9%，請問，它的貝它係數是多少？

d. 如果由這兩項資產所組成的投資組合的貝它係數是2.50，請問，投資組合權數是多少？你如何解釋這兩項資產的權數？

18. 應用 SML 資產W的預期報酬是12.8%，貝它係數是1.25。如果無風險報酬率是4.1%，請完成下表中由資產W和無風險資產組成的投資組合的相關資料。在圖上畫出相對應的預期報酬和貝它係數，以說明投資組合預期報酬和投資組合貝它係數之間的關係。這條線的斜率是多少？

資產W佔投資組合的百分比	投資組合預期報酬	投資組合貝它係數
0%		
25		
50		
75		
100		
125		
150		

19. 報酬對風險比率 股票Y的貝它係數是1.30，預期報酬是15.3%。股票Z的貝它係數是0.70，預期報酬是9.3%。如果無風險報酬率是5.5%，而且市場風險溢酬是6.8%，那麼這些股票的定價是否正確？

20. 報酬對風險比率 前一題中，假設這兩支股票的定價是合理的，無風險利率應該是多少？

進階題

21. 投資組合報酬 根據上一章中關於資本市場歷史的資料，一個平均投資在大型公司的普通股和長期政府公債的投資組合的報酬是多少？一個平均投資在小型股和國庫券之投資組合的報酬又是多少？

22. CAPM 應用 CAPM，證明兩項資產的風險溢酬的比率，等於它們的貝它係數的比率。

23. 投資組合報酬和標準差 已知投資組合內三支股票的資料如下：

經濟情境	發生機率	各經濟情境下的股票報酬率		
		股票 A	股票 B	股票 C
極好	0.20	0.24	0.36	0.55
正常	0.55	0.17	0.13	0.09
極差	0.25	0.00	-0.28	-0.45

a. 如果你的投資組合分別投資了 40% 在 A 和 B，20% 在 C，這個投資組合的預期報酬是多少？變異數是多少？標準差是多少？

b. 如果預期國庫券報酬率是 3.80%，這個投資組合的預期風險溢酬是多少？

c. 如果預期通貨膨脹率是 3.50%，這個投資組合的預期實質報酬是多少？預期實質風險溢酬又是多少？

24. 解析投資組合 你想要創造一個風險程度和市場風險相等的投資組合，而且你有 $1,000,000 的資金。依照下列資訊，完成下表中的空格。

資產	投資（$）	β
股票 A	$195,000	0.90
股票 B	$340,000	1.15
股票 C		1.29
無風險資產		

迷你個案

Colgate-Palmolive 的貝它值

最近從財務系畢業的 Joey Moss，剛開始他在 Covili and Wyatt 投資公司的工作。此公司的創辦人之一——Paul Covili 對 Joey 談論公司的投資組合。

對任何投資標的而言，Paul 關心的是投資的風險和潛在的報酬。更確切地說，因為公司擁有風險充分分散的投資組合，Paul 關心的是目前和未來可能投資標的之系統性風險。公司目前持有 Colgate-Palmolive（CL）的股票，Colgate-Palmolive 是著名消費產品的製造商，其名下的品牌有 Colgate、Palmolive、Softsoap、Irish Spring、Ajax 及其他等等。

Covili and Wyatt 目前使用一家供應商所提供的資訊來分析投資部位的屬性，也因為如此，Paul 不確定該供應商如何求算其所提供的數據。資訊供應商認為這些方法是屬智慧財產，因此不願透露股票貝它值及其他數據的求算過程和方法。不知道這些數據的求算過程和方法，讓 Paul 感到不太舒服，而 Paul 相信公司內部自行研發並求算所需的數值，花費會較低。為了探討這個問題，Paul 請 Joey 做以下的分析。

問　題

1. 進入 finance.yahoo.com 的網站，下載過去 60 個月 Colgate-Palmolive 每個月月底的股價，這些股價是調整配息及股票分割後的收盤價。接下來，下載同期間 **S&P** 500 指數的收盤價。進入聖路易市聯準局網站（St. Louis Federal Reserve Web；www.stlouisfed.org）找出三個月到期國庫券的次級市場利率，作為無風險報酬率的代理數據，下載這個檔案。在這段期間，Colgate-Palmolive 股票、三個月到期國庫券及 S&P 500 指數這三種資產的每月報酬率、平均月報酬率及標準差各是多少？

2. 貝它值經常以線性方程式來估計，常用的模式有下列的市場模式：

$$R_t - R_{ft} = \alpha_i + \beta_i[R_{Mt} - R_{ft}] + \varepsilon_t$$

　　在此方程式中，R_t 是股票報酬率；R_{ft} 是同期間的無風險報酬率；R_{Mt} 是股價指數的報酬率，諸如 S&P 500 指數的報酬率；α_i 是截距；β_i 是斜率（及股票的貝它估計值）；ε_t 是殘差項。你認為此迴歸式的用處為何？α_i 常被稱為 Jensen's alpha。它衡量的是什麼？如果一項資產有正的 Jensen's alpha 值，則它相對於證券市場線的位置是如何？殘差項的財務意義為何？

3. 使用過去 36 個月的月報酬資料與市場模式來估計 Colgate-Palmolive 的貝它值（Excel 內有一迴歸式功能，可供輕易執行市場模型）。畫出 Colgate-Palmolive 相對於指數的月報酬的點型圖，並畫出所估計的迴歸線。

4. 當使用月報酬率資料來估計股票的貝它值時，大家經常爭論應使用多少個月份的資料。使用 60 個月份的報酬資料，重做前

一個問題。這個貝它估計值和你先前算出的估計值有何不同？有哪些論點支持或反對使用較短或較長的期間來求算估計值？另外，你也使用月報酬率的數據，這是一般人的選擇。你也可使用日資料、週資料、季資料或甚至年資料數據，你認為此處的爭論點是哪些呢？

5. 比較你所估計的 Colgate-Palmolive 貝它值和 finance.yahoo.com 網站上的貝它估計值。它們有多相近？為何它們會有差異？

資金成本和長期財務政策

第 14 章　資金成本

第 15 章　募集資金

第 16 章　財務槓桿和資本結構政策

第 17 章　股利和股利政策

14

資金成本

位於德國，在五大洲擁有超過 95,000 名員工的 BASF 是間重要的國際公司，該公司的營運涵蓋各類產業，包括農業、石油和天然氣、化學及塑膠製品。為了試圖提升公司的價值，BASF 發起了 Vision 2020，這是個全面性的計畫，涉及公司內所有的部門，並挑戰與鼓勵所有的公司員工，行事要如企業家般。此策略的主要財務面的重點是，公司期待除了賺得公司的加權平均資金成本（weighted average cost of capital, WACC）之外，應再加上一部份的溢酬。因此，確切來說，WACC 究竟是什麼？

　　WACC 是一家公司要滿足公司的投資者，所必須賺得的最低報酬。這些投資者包括普通股股東、債權人及特別股股東。例如，2010 年，BASF 將其 WACC 設定在 9%，而公司賺得超越資金成本的 €39 億溢酬金額，在 2011 年，BASF 將 WACC 設定在 11%。本章介紹如何估算一家公司的資金成本，並找出其對公司和投資者的意義。我們也會學到在何種情況下，要使用公司的資金成本，或許更重要的是，在何種情況下不要去使用它。

　　假設你剛當上某大公司的總裁，所面臨的第一個決策是，是否要更新公司倉儲配銷系統。這項計畫將花費公司 $5,000 萬，而且預期在接下來六年，每年可節省 $1,200 萬的稅後成本。

　　這是資本預算常見的問題。要處理這個問題，必須先決定攸關現金流量，將它們折現，然後如果淨現值（NPV）是正的，就接受這個專案；如果 NPV 是負的，就放棄它。到目前為止都沒問題，但是折現率應該是多少呢？

　　從風險和報酬的討論中得知，正確的折現率應視這個翻新倉儲配銷系統專案的風險而定。特別是，只有當這個專案的報酬超過市場中類似風險的投資所提供的報酬時，這個新專案才會有正的 NPV 值。我們稱這個最低的必要報酬為該專案的資金成本（cost of capital）。[1]

---

[1] 有時也使用貨幣成本（cost of money）一詞。

因此，為了要下一個正確的決策，你必須調查資本市場所提供的報酬，並藉由這個資訊以估計專案的資金成本。本章的主要目的在介紹如何進行這項工作。有許多不同的方法可供處理這項工作，但一些觀念性和實務上的課題也會浮現。

其中，最重要的一個觀念就是加權平均資金成本（weighted average cost of capital, WACC）。這是整個公司的資金成本，可以解釋為公司整體的必要報酬率。在討論 WACC 時，必須認清一個事實，即公司會以各種不同形式來募集資金，而這些不同形式資金的成本可能不一樣。

本章也點出一項事實，稅負會影響到投資案的必要報酬之設定，因為我們所關心的是專案的稅後現金流量，而非稅前現金流量。因此，本章將討論如何將稅負效果納入資金成本的估算上。

14.1　資金成本：基礎篇

第 13 章介紹了證券市場線（SML），並使用它來探討證券的預期報酬和系統性風險間的關係。第 13 章的重點是，從公司股東的觀點來評估證券的風險報酬，股東的觀點有助於我們了解，在資本市場上供投資者選擇的各種投資工具的特性。

本章從另外一個角度切入，探討一個相對應的問題，即從公司的觀點來看，公司所發行的證券的風險報酬又是如何呢？這裡的事實是，投資者從證券所獲得的報酬，正是該證券發行公司的資金成本。

必要報酬率和資金成本

當我們說一項投資的必要報酬是 10% 時，意味著只有在報酬超過 10% 時，這項投資的淨現值（NPV）才會是正值。另一種解釋是，公司必須從這項投資賺得 10%，才能提供給融資該專案的投資者足夠的報酬。這就是為什麼我們說該投資的資金成本是 10% 的道理所在。

為了進一步說明此點，假設我們正在評估一項無風險專案。在這個例子裡，如何決定必要報酬是相當直接的：觀察資本市場，並找出現今無風險投資的報酬率，使用這個報酬率來折現專案的現金流量。因此，無風險投資的資金成本就是無風險報酬率。

假如這個專案是有風險性，而其他資料不變，那麼必要報酬率顯然應該較高。換言之，如果這是個風險性專案，它的資金成本就會高於無風險報酬率，適

當的折現率會高於無風險報酬率。

因此,我們將交替使用必要報酬率、適當折現率和資金成本等名詞,因為本節的討論中認定,它們指的是同一件事。這裡的關鍵觀念是,一項投資的資金成本視該投資的風險而定。這是公司理財中最重要的課題之一,所以值得再重述一遍:

> 資金成本主要視資金用到何處而定,而非資金從何處來。

我們經常忘記這個重點,而掉入陷阱中,誤以為投資的資金成本主要視如何以及從哪裡募得資金而定。

財務政策和資金成本

我們知道,公司所選擇的負債和權益特定組合——公司的資本結構——是一項管理變數。本章將假設公司的財務政策為已知。尤其是將假設公司會維持一個固定的負債/權益比率,該比率反映出公司的目標資本結構。至於公司如何決定這個負債/權益比率,則是下一章的課題。

從上面的討論得知,一家公司的整體資金成本將反映出該公司整體資產的必要報酬。對一家同時使用負債和權益資金的公司來說,公司的整體資金成本結合了債權人和股東個別要求的報酬補償。換言之,一家公司的資金成本將同時反映出它的負債資金成本和權益資金成本。下一節將分別討論這些成本。

觀念問題

14.1a 一項投資的資金成本的主要決定因素是什麼?
14.1b 一項投資的必要報酬和它的資金成本之間有何關係?

14.2 權益成本

我們從資金成本最棘手的問題開始:何謂公司的整體權益成本(cost of equity)?這是個困難的問題,因為我們沒辦法直接觀察到,公司的權益投資者對他們的投資所要求的報酬。相反地,我們必須加以估計。本節討論兩種決定權益成本的方法:股利成長模型(dividend growth model)法和證券市場線(security market line, SML)法。

股利成長模型法

估計權益資金成本的最簡單方法是使用第 8 章的股利成長模型。假設公司股利以固定成長率 g 成長,則股票的價格 P_0 可以寫成:

$$P_0 = \frac{D_0 \times (1+g)}{R_E - g} = \frac{D_1}{R_E - g}$$

其中,D_0 是剛發放的股利,D_1 則是下一期的預期股利。我們在這裡使用 R_E(E 代表權益)代表股票的必要報酬。

如同第 8 章所討論的,可以重整上述式子求得 R_E:

$$R_E = D_1/P_0 + g \qquad [14.1]$$

因為 R_E 是股東對股票所要求的報酬,R_E 可以解釋為公司的權益資金成本。

執行此法 要使用股利成長模型法估計 R_E,必須要有三項資料:P_0、D_0 和 g。[2] 對公開交易且發放股利的公司而言,前兩項可以直接觀察到,所以資料容易取得。只有第三項的預期股利成長率,必須加以估計。

為了說明如何估計 R_E,假設 Greater States Public Service 公司的去年每股股利為 \$4,目前每股市價是 \$60。若股利將以每年 6% 無限期地成長下去。Greater States 的權益資金成本是多少呢?

使用股利成長模型,求得下一年的預期股利 D_1 為:

$$\begin{aligned} D_1 &= D_0 \times (1+g) \\ &= \$4 \times 1.06 \\ &= \$4.24 \end{aligned}$$

所以,權益成本 R_E,是:

$$\begin{aligned} R_E &= D_1/P_0 + g \\ &= \$4.24/60 + 0.06 \\ &= 13.07\% \end{aligned}$$

因此,權益成本是 13.07%。

估計 g 要應用股利成長模型,必須估計 g 值,也就是成長率。基本上,有兩種方法可供估計 g 值:(1) 使用歷史成長率,或 (2) 使用分析師對未來成長率的預估

---

[2] 請注意,如果我們有 D_0 和 g,則可以將 D_0 乘上 $(1+g)$ 得到 D_1。

值。後者可由許多不同來源取得。當然，不同來源的估計值將有所不同，所以方法之一是取得數個估計值，然後取平均值。

或是，我們可以觀察過去的股利，比如說，過去五年的股利，計算每年的成長率，然後再將它們加以平均。例如，假設某家公司的股利資料如下：

年	股利
2007	$1.10
2008	1.20
2009	1.35
2010	1.40
2011	1.55

我們可求得每一年股利變動的百分比如下：

年	股利	變動金額	變動百分比
2007	$1.10	—	—
2008	1.20	$0.10	9.09%
2009	1.35	0.15	12.50
2010	1.40	0.05	3.70
2011	1.55	0.15	10.71

請注意，我們係以年為基礎，計算股利的變動比例，以 2008 年為例，股利從 $1.10 上升至 $1.20，增加了 $0.10，代表股利增加了 $0.10/1.10＝9.09%。

如果把這四個成長率加以平均，將得到 (9.09＋12.50＋3.70＋10.71)/4＝9%，所以我們可以將 9% 作為預期成長率 g 的估計值。請注意，這個 9% 的成長率是簡單算術平均數，回到第 12 章，我們也可以計算幾何成長率，股利四年內從 $1.10 升至 $1.55。幾何成長率是多少呢？計算一下，答案是否就是 8.95%，你可以將此問題看待為貨幣的時間價值相關課題，$1.10 是現值，$1.55 是終值。

通常幾何平均數（8.95%）會低於算術平均數（9%），但這裡的差異並不是很顯著。一般而言，如果股利成長率相當穩定的話，那麼這兩種方法所得到的股利平均成長率，不會有太大差別。

此法的優缺點　簡單、易懂又容易使用是股利成長模型法的主要優點，但是它也有一些實務上的問題和缺點。

第一個問題，也是最主要的問題是，股利成長模型只適用於發放股利的公司，這意味著此種方法在很多情況下是不適用的。另外，即使公司有發放股利，

股利成長要呈固定比率成長。如上面的例子所示，股利成長絕對不可能正好是這個樣子。一般來說，這個模型只適用在那些股利呈穩定成長的情況下。

第二個問題是，權益成本的估計易受到所估計成長率的影響。例如，在某一股價之下，g 向上調整一個百分點，估計的權益成本就會增加至少一個百分點，因為 D_1 也可能向上調整，所以權益成本的增加量將更大。

最後一個問題是，這個方法事實上並沒有考慮到風險因素。不像 SML 法（下面將討論），股利成長模型法對投資風險並未作直接的調整。例如，對所估計的股利成長率的不確定性，我們並沒有加以考慮。因此，很難確定所估計的報酬是否與投資的風險量相稱。[3]

SML 法

第 13 章討論過證券市場線（SML）。SML 的主要結論是，一項風險性投資的必要報酬，也就是預期報酬，受到下列三個因素的影響：

1. 無風險報酬率，R_f。
2. 市場風險溢酬，$E(R_M) - R_f$。
3. 該資產的系統風險，也就是所謂的貝它係數，β。

利用 SML，可將公司的預期權益報酬 $E(R_E)$ 寫成：

$$E(R_E) = R_f + \beta_E \times [E(R_M) - R_f]$$

其中，β_E 是貝它估計值。為了讓 SML 法和股利成長模型一致，我們將省略期望值的 E 符號，因此 SML 法下的必要報酬 R_E 可寫成：

$$R_E = R_f + \beta_E \times (R_M - R_f) \qquad [14.2]$$

運用此種方法 要使用 SML 法，必須要有無風險報酬率（R_f）、市場風險溢酬（$R_M - R_f$）估計值和攸關的貝它（β_E）估計值。第 12 章列出大型股的市場風險溢酬估計值約 7%。而美國國庫券的利率大約是 0.10%（在本書撰寫期間），我們將這個利率作為無風險報酬率。而上市公開交易公司的貝它係數則很容易取得。[4]

舉例來說，在第 13 章中，我們看到 Abercrombie & Fitch 的貝它值估計是 1.68（表 13.8）。因此，Abercrombie & Fitch 的權益成本可以估計如下：

---

[3] 由於股利成長模型法使用目前的股價估計成長率，這就對風險做了內在的調整；當其他狀況不變下，風險愈高，股價愈低。此外，股價愈低，權益成本就愈高。

[4] 貝它係數可以使用歷史資料直接估計，詳細情形請參見 Chapters 10, 11, and 13 in S. A. Ross, R. W. Westerfield, and J. J. Jaffe, *Corporate Finance*, 9th ed. (New York: McGraw-Hill, 2010).

$$R_{A\&F} = R_f + \beta_{A\&F} \times (R_M - R_f)$$
$$= 0.10\% + 1.68 \times 7\%$$
$$= 11.86\%$$

所以，在 SML 法下，Abercrombie & Fitch 的權益成本大約是 11.86%。

此法的優缺點　SML 法有兩個主要優點：第一，它明確地調整了風險的影響；第二，它可適用在股利不呈穩定成長的公司上。因此，它的適用情況較廣。

當然，SML 法也有缺點。SML 法需要估計兩個數值：市場風險溢酬和貝它係數。假如估計值不甚精確，所求得的權益成本也就不精確了。舉例來說，我們所估計的市場風險溢酬 7%，是根據某一特定股票投資組合的 100 年期間報酬推估得到的。使用不同期間或不同股票組合，可能會得到差異很大的估計值。

最後，就像股利成長模型一樣，SML 法也是依賴過去的資料來預測未來。然而，經濟狀況可能快速變遷，所以過去未必是未來的最好指標。在最佳的情況下，這兩種方法（股利成長模型法和 SML 法）都適用，而且得到的答案也很相近。在這種情況下，我們對所估計的數值可能會有信心。我們也可把這些結果和其他相似公司所做的估計值作比較，以了解估計值的可靠性。

範例 14.1　權益成本

假設 Alpha Air Freight 股票的貝它值為 1.2，市場風險溢酬是 7%，無風險利率是 6%。Alpha 上一次的股利是每股 $2，預期股利將以 8% 無限期地成長下去。目前股票市價是 $30，那麼 Alpha 的權益資金成本是多少？

我們先以 SML 法，求得 Alpha Air Freight 的普通股預期報酬：

$$R_E = R_f + \beta_E \times (R_M - R_f)$$
$$= 6\% + 1.2 \times 7\%$$
$$= 14.4\%$$

這表示 Alpha 的權益成本是 14.4%。接下來使用股利成長模型法。預測股利是 $D_1 = D_0 \times (1+g) = \$2 \times 1.08 = \$2.16$，所以預期報酬是：

$$R_E = D_1/P_0 + g$$
$$= \$2.16/30 + 0.08$$
$$= 15.2\%$$

這兩個估計值非常接近，我們取其平均值 14.8% 作為 Alpha 的權益成本。

> **觀念問題**
>
> 14.2a 一家公司的權益資金成本是 16%，這句話是什麼意思？
> 14.2b 說明估計權益資金成本的兩種方法？

14.3 負債成本和特別股成本

除了一般的權益外，公司也使用負債和特別股來融通投資的資金。誠如下面所討論的，這兩種融資管道的資金成本比權益成本更容易求算。

負債成本

負債成本（cost of debt）是公司的債權人對公司的新借款所要求的報酬。原則上，我們也可以估計公司負債的貝它值，然後再利用 SML 法來估計負債的必要報酬，就像估計權益的必要報酬一樣。然而，我們並不需要這麼麻煩。

不同於權益成本，公司的負債成本可以直接或間接地觀察得到，因為負債成本就是公司對於新借款所必須支付的利息，我們可以從金融市場上觀察到這個利率值。例如，如果某家公司已經有債券流通在外，那麼這些債券的到期殖利率就是該公司負債的必要報酬率。

或者，如果知道公司債券的評等等級，比如說是 AA 級，我們就可以找出新發行 AA 等級債券的利率。不管使用哪一種方法，都不用估計負債的貝它值，因為我們可直接地觀察到所要的報酬率。

但有一點要注意的是，公司流通在外債券的票面利率在這裡是無關緊要的。票面利率只是代表債券發行時負債的概略成本，而不是今天的負債成本。[5] 這也就是為什麼我們必須查看今天市場上負債的收益率。為了保持符號的一致性，我們將以 R_D 來代表負債成本。

> **範例 14.2　負債成本**
>
> 假設 General Tool 公司在八年前發行了為期 30 年，7% 的債券。該債券目前市價是面值的 96%，也就是 $960。那麼，General Tool 的負債成本是多少？
>
> 回想第 7 章，我們必須計算該債券的到期殖利率。因為目前債券是以折價

---

[5] 根據歷史負債資料計算得到的公司負債成本有時稱為沉入負債成本（embedded debt cost）。

買賣，所以收益率必大於7%。假設每年支付票息一次，求得到期殖利率大約是7.37%。因此，General Tool 的負債成本（R_D）是7.37%。

特別股成本

決定特別股成本（cost of preferred stock）相當簡單。如同在第 6 章和第 8 章中所討論的，特別股每期發放固定股利。所以，特別股本質上就是永續年金（perpetuity）。因此特別股成本 R_P 就是：

$$R_P = D/P_0 \qquad [14.3]$$

其中 D 是固定股利，P_0 是目前特別股的每股價格。請注意，特別股成本就是特別股的股利收益率。另外，特別股類似債券的評等，因此特別股成本也可藉由觀察相近評等特別股的必要報酬率來加以估計。

範例 14.3　Alabama Power 公司的特別股成本

在 2011 年 2 月 23 日，Alabama Power 公司有兩支面額 $100 的特別股在 NYSE 交易。其中一支每年發放 $4.72 的股利，每股市價為 $84，另一支則每年發放 $4.60 的股利，每股市價為 $84.50。請問，Alabama Power 的特別股成本是多少？

第一支特別股的成本為：

$R_P = D/P_0$
　　$= \$4.72/84$
　　$= 5.6\%$

第二支特別股的成本為：

$R_P = D/P_0$
　　$= \$4.60/84.50$
　　$= 5.4\%$

所以，Alabama Power 的特別股成本大約 5.5%。

> **觀念問題**
>
> **14.3a** 為什麼票面利率不適合作為公司負債成本的估計值？
> **14.3b** 負債成本應如何計算？
> **14.3c** 特別股成本應如何計算？

14.4 加權平均資金成本

有了各種主要資金來源的成本資料後，接著我們來探討一些特定的資金組合。前面提過，我們將把這個組合視為已知，也就是公司的資本結構是固定的。另外，下面的討論中，將著重在負債和權益。

第 3 章曾經提過，財務分析師通常最注重公司的總資本，也就是公司的長期負債和權益的加總。在決定資金成本時，財務分析師尤其注重總資本。短期負債在資金成本的決定過程中，通常是被忽略的。在下面的討論中，我們將不明確區分總價值和總資本，然而，下面所介紹的方法均適用在總價值與總資本。

資本結構權數

我們用符號 E（equity）來代表公司權益的市場價值。將流通在外總股數乘以每股價格就得到 E。同樣地，符號 D（debt）則代表公司負債的市場價值。以長期負債為例，把流通在外債券總數乘以每張債券的市價，就得到 D。

如果同時有好幾筆債券流通在外（這是常見的現象），那麼可以針對每筆債券計算個別 D 值，然後再加總起來。若有非公開交易之負債（例如，由人壽保險公司所持有之債券），那麼我們必須觀察相似、公開交易負債的收益率，然後以該收益率作為折現率，估算未公開交易債券的市場價值。另外，短期負債的帳面（會計）價值和市場價值應該很相近，所以可以用帳面價值作為市場價值的估計值。

最後，我們用符號 V（value）來代表負債和權益的整體市場價值：

$$V = E + D \tag{14.4}$$

如果把兩邊除以 V，就可以算出負債和權益佔總資金的百分比：

$$100\% = E/V + D/V \tag{14.5}$$

這些百分比可以解釋成像投資組合權數一樣，通常它們就稱為資本結構權數（capital structure weights）。

舉例來說，如果某家公司股票總市價是 $2 億，負債總市價是 $5,000 萬，那麼整體價值是 $2 億 5,000 萬。其中，$E/V$＝$200（百萬）/250（百萬）＝80%，所以公司的資金來源中，權益部份佔 80%，負債部份佔 20%。

在這裡要強調的是，使用負債和權益的市場價值才是正確的作法。在某些情況下，例如私人擁有的公司，也許無法得到這些市場價值的可靠估計值，如此一來，我們只好採用負債和權益的會計價值。雖然有估計值總比沒有好，但是我們必須對這些數值持保留態度。

稅和加權平均資金成本

最後還有一個課題要討論。稅後現金流量是我們所關心的數字，如果要決定這些稅後現金流量的適當折現率，這適當折現率也應該以稅後基礎來表示。

誠如本書前面各章所討論過的（也是稍後將再討論的），公司支付的利息是可以抵稅的。然而，給股東的支付，譬如股利，則是無法抵稅的。這意味著政府分擔了部份公司的利息費用。因此，在決定稅後折現率時，必須區分稅前和稅後負債成本。

為了說明起見，假設某公司以 9% 利率借了 $100 萬。該公司適用 34% 的稅率，則這筆借款的稅後利率是多少呢？每年的利息總額是 $90,000。然而，這筆費用是可抵稅的，所以 $90,000 的利息可降低 0.34×$90,000＝$30,600 的稅額。因此，稅後利息金額是 $90,000－30,600＝$59,400。稅後利率則為 $59,400/$100 萬 ＝5.94%。

一般來說，稅後利率相當於稅前利率×(1－稅率)〔如果以 T_C 代表公司適用稅率，那麼稅後利率便可寫成：$R_D \times (1-T_C)$〕。以前述的數字為例，可求得稅後利率為：9%×(1－0.34)＝5.94%。

將本章所探討過的各課題整合起來，我們有了資本結構權數、權益成本，以及稅後負債成本。為了計算公司的整體資金成本，我們分別把每項成本乘以資本結構權數，再予以加總。所得的結果就是加權平均資金成本（weighted average cost of capital, WACC）：

$$\text{WACC} = (E/V) \times R_E + (D/V) \times R_D \times (1-T_C) \qquad [14.6]$$

WACC 的單純解釋就是為了維持股票價值，公司使用現有資產所必須賺得的整體報酬。同時 WACC 也是公司進行與現有資產風險相等的投資，必須獲得的報

酬。所以，如果評估從擴張現有營運而來的現金流量時，WACC 就是應該採用的折現率。

假如公司的資本結構包含了特別股，則 WACC 也要將特別股納入。以 P/V 代表來自於特別股的資金比率，WACC 就如下列所示：

$$\text{WACC} = (E/V) \times R_E + (P/V) \times R_P + (D/V) \times R_D \times (1 - T_C) \quad [14.7]$$

式中 R_P 是特別股的資金成本。

範例 14.4　計算 WACC

B.B. Lean 公司有140萬股股票流通在外，目前每股價格是 $20。公司的債券是公開交易，最近的報價是面值的93%。債券的總面值是 $500萬，目前債券的殖利率為11%。無風險利率是8%，市場風險溢酬是7%，Lean 的貝它估計值是0.74。如果公司稅率是34%，那麼 Lean 公司的 WACC 是多少？

首先，要計算權益成本和負債成本。根據 SML 法可以求得權益成本是 8% + 0.74×7% = 13.18%。權益總價值是 $140萬×20 = $2,800萬。稅前負債成本是流通在外負債的到期殖利率，11%。負債是以面值的93%出售，所以它目前的市場價值是 0.93×$500萬 = $465萬。權益和負債加起來的總市價是 $2,800萬 + $465萬 = $3,265萬。

由此，我們可以很容易地計算 WACC 了。Lean 公司的營運資金來源中，權益資金的百分比是 $2,800萬/$3,265萬 = 85.76%。因為權數和必須是1，所以負債百分比是 1 - 0.8576 = 14.24%。因此，WACC 是：

$$\begin{aligned}\text{WACC} &= (E/V) \times R_E + (D/V) \times R_D \times (1 - T_C) \\ &= 0.8576 \times 13.18\% + 0.1424 \times 11\% \times (1 - 0.34) \\ &= 12.34\%\end{aligned}$$

所以，B.B. Lean 的加權平均資金成本是 12.34%。

計算 Eastman Chemical 的 WACC

本節將示範如何計算 Eastman Chemical 的 WACC。Eastman Chemical 是家享有國際聲譽的化學和塑膠生產廠商，在1993年，它從母公司 Eastman Kodak 的一個事業部分離出來，成為獨立公司。我們將一步一步地帶領你從網站上找到所需的資料。雖然牽涉到許多細節，但所需的資料大抵可由網站上取得。

第 14 章　資金成本　　571

Eastman 的權益成本　首先進入 finance.yahoo.com（代碼：EMN）取得截至 2011 年初 Eastman 的財務概況，如下所示：

Eastman Chemical Company Common (NYSE: EMN)			
After Hours: 89.61 0.00 (0.00%) 4:01PM EST			
Last Trade:	89.61	Day's Range:	87.50 - 91.20
Trade Time:	4:01PM EST	52wk Range:	51.10 - 97.31
Change:	↓ 0.90 (0.99%)	Volume:	1,464,370
Prev Close:	90.51	Avg Vol (3m):	916,549
Open:	90.50	Market Cap:	6.34B
Bid:	89.17 x 200	P/E (ttm):	15.12
Ask:	90.08 x 100	EPS (ttm):	5.93
1y Target Est:	101.36	Div & Yield:	1.88 (2.00%)

接著，我們進入"Key Statistics"螢幕內，顯示 Eastman 有 7,070 萬股流通在外。每股帳面價值是 $23.01，市價是 $89.61。因此，權益的帳面價值大約是 $16.27 億，而總市值接近 $63.35 億。

Balance Sheet	
Total Cash (mrq):	516.00M
Total Cash Per Share (mrq):	7.30
Total Debt (mrq):	1.60B
Total Debt/Equity (mrq):	98.59
Current Ratio (mrq):	1.91
Book Value Per Share (mrq):	23.01

Stock Price History	
Beta:	2.11
52-Week Change[3]:	53.38%
S&P500 52-Week Change[3]:	20.18%
52-Week High (Feb 17, 2011)[3]:	97.31
52-Week Low (Jul 6, 2010)[3]:	51.10
50-Day Moving Average[3]:	91.44
200-Day Moving Average[3]:	78.60
Share Statistics	
Avg Vol (3 month)[3]:	916,549
Avg Vol (10 day)[3]:	1,071,230
Shares Outstanding[5]:	70.70M
Float:	65.68M
% Held by Insiders[6]:	6.68%
% Held by Institutions[6]:	80.10%
Shares Short (as of Jan 31, 2011)[3]:	5.90M
Short Ratio (as of Jan 31, 2011)[3]:	6.00
Short % of Float (as of Jan 31, 2011)[3]:	8.20%
Shares Short (prior month)[3]:	6.16M

為了估計 Eastman 的權益成本，假設市場風險溢酬為 7%，接近於第 12 章的估計值。Yahoo! 所估計的 Eastman 貝它估計值為 2.11；Eastman 的貝它估計值遠高於市場。為了確認這個數值，我們進入 Value Line Investment Survey 資料庫，此資料庫會調整偏高或偏低的貝它估計值，找出 Eastman 貝它估計值是比較合理的 1.25，所以我們將使用這個貝它估計值。從 finance.yahoo.com 網站內的債券區，找到國庫券利率大約是 0.10%；利用 CAPM 法，估計權益成本如下式：

$$R_E = 0.001 + 1.25 \times (0.07) = 0.0885 \text{ 或 } 8.85\%$$

因為 Eastman 只有少數幾年的股利紀錄，所以使用股利折現模型估計權益成本將遭遇問題。然而，聯絡 finance.yahoo.com 網站上的分析師預估值，得到下列內容：

Growth Est	EMN	Industry	Sector	S&P 500
Current Qtr.	29.90%	37.70%	25.30%	50.10%
Next Qtr.	3.40%	39.10%	27.80%	37.50%
This Year	10.90%	39.60%	19.70%	19.10%
Next Year	9.60%	16.80%	4.20%	14.30%
Past 5 Years (per annum)	1.14%	N/A	N/A	N/A
Next 5 Years (per annum)	12.35%	14.14%	15.64%	10.43%
Price/Earnings (avg. for comparison categories)	12.28	14.23	12.11	9.42
PEG Ratio (avg. for comparison categories)	0.99	3.73	2.13	1.18

分析師估計 Eastman 未來五年期間的每股盈餘成長率為 12.35%。但請注意，股利折現模型假設成長率會持續到永遠，但 12.35% 算是較高的成長率，在此種情況下，我們將使用兩階段股利成長模型，並假設永續成長率是 5.5%，並請注意這個估計值是盈餘成長率，而不是股利成長率，後面的章節內容會討論盈餘成長與股利間的關聯，兩階段股利折現模型所估計的權益資金成本如下所示：

$$P_0 = \frac{\$1.88(1 + 0.1235)}{R_E - 0.1235} \times \left[1 - \left(\frac{1 + 0.1235}{1 + R_E}\right)^5\right] + \frac{1}{(1 + R_E)^5} \times \left[\frac{\$1.88(1 + 0.1235)^5(1 + 0.055)}{R_E - 0.055}\right]$$

求解 R_E 後，我們得到 8.48%。

請注意，我們所求得的兩個權益資金成本並不相同，這是常見之事。記住！每一種估計方法有其背後的假設，因此差異大也不必大驚小怪。有兩種方法可供處理這種現象：第一種方法是捨棄其中一個估計值。我們檢查每一項估計值，看看它是否偏高或偏低；第二種方法是取兩個估計值的平均值，Eastman 的兩個估計值 8.48% 與 8.85% 非常相近，所以我們取平均值 8.67%，下面以這個估計值作為 Eastman 的權益資金成本。

Eastman 的負債成本　　Eastman 的長期負債主要是由八筆長期債券組成。要計算負債成本，必須綜合這八筆債券，求出負債的加權平均成本值，我們進入 www.finra.org 網站，以找出這些債券的相關資料。找到所有發行在外債券的同一交易日到期收益率是件不易之事。因為從先前的討論，我們知道債券市場的流動性比股票市場差，在某些交易日，有些債券是沒有交易的；為了找出這些債券的帳面價值，我們進入 www.sec.gov 網站內，找出 Eastman 向證管會申報的 10K 報告，報告期間截至 2010 年 12 月 13 日，而申報日期是 2011 年 2 月 23 日，相關資料如下所示：

票面利率	到期日	帳面價值（面額，百萬美元）	價格（面額的 %）	到期殖利率
7.00%	2012	$ 151	106.432	1.317%
3.00	2015	250	98.789	3.273
6.30	2018	178	112.195	4.419
5.50	2019	250	106.150	4.633
4.50	2021	250	99.423	4.573
7.25	2024	243	113.342	5.765
7.625	2024	54	121.000	5.416
7.60	2027	222	116.450	5.984
		$1,598		

為了計算加權平均負債成本，將每一筆債券佔總負債的百分比，乘上該債券的殖利率。然後加總起來，即可求得加權平均負債成本。我們分別以帳面價值和市價作計算，以利比較。結果列示如下：

票面利率	帳面價值（百萬美元）	佔全部百分比	市價（百萬美元）	佔全部之百分比	到期殖利率	帳面價值	市價
7.00%	$ 151	0.09	$ 160.71	0.09	1.32%	0.12%	0.12%
3.00	250	0.16	246.97	0.14	3.27	0.51	0.47
6.30	178	0.11	199.71	0.12	4.42	0.49	0.51
5.50	250	0.16	265.38	0.15	4.63	0.72	0.71
4.50	250	0.16	248.56	0.14	4.57	0.72	0.66
7.25	243	0.15	275.42	0.16	5.77	0.88	0.92
7.625	54	0.03	65.34	0.04	5.42	0.18	0.21
7.60	222	0.14	258.52	0.15	5.98	0.83	0.90
	$1,598	1.00	$1,720.60	1.00		4.46%	4.51%

上述結果顯示，Eastman 的負債成本以帳面價值來計算是 4.46%，以市價來計算也是 4.51%。因此，對 Eastman 而言，無論以帳面價值或以市價作為計算基礎，答案差異很小。這是因為帳面價值和市價很接近。這種現象很常見，也解釋了為什麼公司在計算 WACC 時經常只使用負債的帳面價值。另外，Eastman 並沒有發行特別股，所以不用考慮特別股的成本。

Eastman 的 WACC 現在，我們已經有了計算 WACC 所需的各項資料。首先，必須計算資本結構權數。以帳面價值來看，Eastman 的權益和負債分別是 $16.27 億和 $15.98 億，總價值是 $32.25 億。所以，權益和負債所佔的比率分別是 $18.96 億/$32.25 億＝0.50 和 $15.98 億/$32.25 億＝0.50。假設稅率是 35%，則 Eastman 的 WACC 為：

$$WACC = 0.50 \times 8.67\% + 0.50 \times 4.46\% \times (1-0.35)$$
$$= 5.81\%$$

因此，利用帳面價值資本結構權數，我們得到 Eastman 的 WACC 約為 5.81%。

然而，如果採市價計算，WACC 就稍微高一點。為什麼會這樣呢？權益和負債的市價分別是 $63.35 億和 $17.21 億。因此，資本結構權數分別是 $63.35 億/$80.56 億＝0.79 和 $17.21 億/$80.56 億＝0.21，權益百分比提高了許多，而權益成本也較高，因此，市價的 WACC 會較高。Eastman 的 WACC 為：

$$WACC = 0.79 \times 8.67\% + 0.21 \times 4.51\% \times (1-0.35)$$
$$= 7.44\%$$

因此，使用市價資本結構權數所得到 Eastman 的 WACC 約為 7.44%，比使用帳面價值權數所得到的 5.81% 高出很多。

誠如這個例子所顯示，使用帳面價值可能會有麻煩，尤其是採用權益帳面價值時。回溯到第 3 章所討論過的市價對帳面價值比（每股市價對每股帳面價值比），這個比率值經常大於 1 很多。例如，Eastman 的市價對帳面價值比大約是 3.89。所以，帳面價值顯著的高估了 Eastman 來自負債的融資比率。除此之外，如果要計算一家未在市場公開交易的公司股票之 WACC 時，必須參考其他公開交易公司，設法得到一個適當的市價對帳面價值比，然後再藉這個比率來調整公司的帳面價值。假如不做調整，WACC 會低估很多。

下一頁的網路作業深入探究 WACC 及相關課題。

網路作業

Eastman 公司的 WACC 估計值與其他公司的比較起來如何？有一個可以找到 WACC 估計值的網站 www.valuepro.net，我們進到這個網站找到下列 Eastman 公司的資訊：

Online Valuation for EMN - 2 / 23 / 2011

Intrinsic Stock Value: 102.82　[Recalculate]　[Value Another Stock]

欄位	值	欄位	值
Excess Return Period (yrs)	10	Depreciation Rate (% of Rev)	5.43
Revenues ($mil)	6345.0	Investment Rate (% of Rev)	6.14
Growth Rate (%)	10.5	Working Capital (% of Rev)	7.55
Net Oper. Profit Margin (%)	8.44	Short-Term Assets ($mil)	1909.0
Tax Rate (%)	37.770	Short-Term Liab. ($mil)	1072
Stock Price ($)	77.3900	Equity Risk Premium (%)	3
Shares Outstanding (mil)	72.2	Company Beta	1.3125
10-Yr Treasury Yield (%)	5	Value Debt Out. ($mil)	1605
Bond Spread Treasury (%)	1.5	Value Pref. Stock Out. ($mil)	0
Preferred Stock Yield (%)	7.5	Company WACC (%)	7.85

如你所見，ValuePro 估計 Eastman 的 WACC（資金成本）是 7.85%，相近於我們所估計的 7.44%。因為它們的輸入值不盡然相同。例如，ValuePro 使用的市場風險溢酬輸入值只有 3%；估計 WACC 必須先估計各項輸入值，而你必須判斷這些輸入值是否合適。

問題

1. 進入 www.valuepro.net 網站，看看 Eastman Chemical 目前的 WACC 是多少？WACC 有變動嗎？什麼原因造成這樣的變動呢？
2. Celgene（CELG）是家生技藥品公司，你認為它的 WACC 會高於 Eastman Chemical 的 WACC 嗎？為什麼？進入 www.valuepro.net 網站，找出 CELG 的 WACC，你的看法是否正確呢？

解決倉儲問題和類似的資本預算問題

現在，我們可以利用 WACC 來解決本章開頭所提出的倉庫翻新問題。然而，在使用 WACC 折現現金流量以估計 NPV 之前，必須先確定我們所做的一切事前分析是對的。

首先，我們必須在金融市場上找到一個和倉庫翻新專案類似的替代方案。該替代方案必須與倉儲更新專案具有相同等級的風險。具有相同風險的專案，均歸類到同一風險等級。

WACC 反映出公司現有整體資產的風險和目標資本結構。所以，嚴格來說，只有當投資提案與公司現有的營運活動相同時（即兩者的資產風險與融資比率均相等），WACC 才是適當的折現率。

廣義地說，我們是否可以用公司的 WACC 來評估倉儲專案，完全視該專案和公司是否處於同一風險等級而定。假設這個專案是公司整體業務中不可或缺的一部份，在此情況下，由這個專案而來的成本節省可視為和公司目前的現金流量具有相同的風險，因此這個專案和整個公司係處於同一風險等級中。一般來說，像倉庫翻新這種和公司現有營運密切相關的專案，通常可被視為和整個公司處於同一風險等級中。

接著，我們來看看董事長應該怎麼做。假設公司的目標負債/權益比率是 1/3。從第 3 章中的討論得知，負債/權益比率＝D/E＝1/3，隱含著 E/V 是 0.75，D/V 是 0.25。負債成本是 10%，權益成本是 20%。假設稅率是 34%，則 WACC 為：

$$\begin{aligned}\text{WACC} &= (E/V) \times R_E + (D/V) \times R_D \times (1 - T_C) \\ &= 0.75 \times 20\% + 0.25 \times 10\% \times (1 - 0.34) \\ &= 16.65\%\end{aligned}$$

該倉庫專案的成本是 \$5,000 萬，而預期稅後現金流量（成本節省）是每年 \$1,200 萬，為期六年。因此，NPV 是：

$$\text{NPV} = -\$50 + \frac{12}{(1 + \text{WACC})^1} + \cdots + \frac{12}{(1 + \text{WACC})^6}$$

因為現金流量呈普通年金的形式，所以我們可以用 16.65%（WACC 值）計算 NPV，結果如下所示：

$$\text{NPV} = -\$50 + 12 \times \frac{1 - [1/(1 + 0.1665)^6]}{0.1665}$$

$$= -\$50 + 12 \times 3.6222$$
$$= -\$6.53$$

公司應該進行倉庫翻新嗎？以公司的 WACC 來計算，這個專案的 NPV 是負的。所以，答案很清楚：應該拒絕這個專案。為了方便以後參考，我們將 WACC 的討論匯總在表 14.1 中。

範例 14.5 使用 WACC

某項專案可為公司在第一年節省 $500 萬稅後現金流量。此項現金節省將以每年 5% 的速度成長。公司的負債/權益比率是 0.5，權益成本是 29.2%，負債成本是 10%。此項成本節省提案和公司的核心業務密切相關，所以被視為和整個公司具有相同的風險。請問，公司應該接受這個專案嗎？

假設稅率是 34%，如果專案的成本少於 $3,000 萬，公司就應該接受該專案。要得到這個答案，可以先求PV：

$$\text{PV} = \frac{\$500\,\text{萬}}{\text{WACC} - 0.05}$$

這是第 6 章中所討論過成長永續年金的一個例子。WACC 是：

$$\text{WACC} = (E/V) \times R_E + (D/V) \times R_D \times (1 - T_C)$$
$$= 2/3 \times 29.2\% + 1/3 \times 10\% \times (1 - 0.34) = 21.67\%$$

因此，PV 是：

$$\text{PV} = \frac{\$500\,\text{萬}}{0.2167 - 0.05} = \$3,000\,\text{萬}$$

所以，只有當成本小於 $3,000 萬時，NPV 才會是正的。

績效評估：WACC 的另一用途

WACC 的另一用途是可供作為績效評估之用。在績效評估這個領域裡，最廣為人知的就是 Stern Stewart 所發展出來的附加經濟價值法（economic value added, EVA）。許多著名公司，像 AT&T、Coca-Cola、Quaker Oats 和 Briggs & Stratton 等，都採用 EVA 作為評估公司績效的方法。其他類似方法包括附加市場價值法（markets value added, MVA）及附加股東權益價值法（shareholder value added, SVA）。

表 14.1　計算資金成本

I. 權益成本，R_E

　A. 股利成長模型法（根據第 8 章）：

$$R_E = D_1/P_0 + g$$

　其中，D_1 是一期後的預期股利，g 是股利成長率，P_0 是現今股價。

　B. SML 法（根據第 13 章）：

$$R_E = R_f + \beta_E \times (R_M - R_f)$$

　其中，R_f 是無風險報酬率，R_M 是整個市場的預期報酬，β_E 是權益的系統風險。

II. 負債成本，R_D

　A. 對於負債由大眾握有的公司而言，負債成本可以由流通在外負債的到期殖利率來衡量。票面利率是非攸關的。到期殖利率的討論請參見第 7 章。

　B. 如果公司沒有公開交易的負債，那麼負債成本可以由相似等級債券（債券等級的討論請參見第 7 章）的到期殖利率來衡量。

III. 加權平均資金成本，WACC

　A. 公司的 WACC 是整個公司的必要報酬率，對於和整體公司風險相似的現金流量而言，WACC 就是適當的折現率。

　B. WACC 可由下列求得：

$$\text{WACC} = (E/V) \times R_E + (D/V) \times R_D \times (1 - T_C)$$

　其中，T_C 是公司稅稅率，E 是公司權益的市場價值，D 是公司負債的市場價值，而且 $V = E + D$。請注意，E/V 是公司的融資中（以市場價值來看），權益所佔的百分比，D/V 是負債所佔的百分比。

　　雖然各公司的 EVA 未盡相同，但 EVA 和其他變化方法的背後基本概念都相當簡單。假設我們投入 $1 億的資金（負債和權益）到公司中，而公司的整體 WACC 是 12%。如果把這兩個數字相乘，就可以得到 $1,200 萬。回溯到第 2 章中所介紹的，如果來自資產的現金流量少於 $1,200 萬，那麼就整體來看，價值就減少了。相反地，如果來自資產的現金流量超過 $1,200 萬，那麼就創造了價值。

　　實務上，像這類型的評估方法在執行上會遭遇某種程度的困難。舉例來說，一般公司在計算資金成本時，都過度使用負債和權益的帳面價值。雖然如此，只要重點是放在價值的創造上，以 WACC 為基礎的評估方法可以迫使員工和管理階層集中注意力在最終目標：提高公司股價。

聽聽他們怎麼說…

Bennett Stewart 談 EVA

在資本計畫評估中，公司的加權平均資金成本除了可作為專案計畫的折現率之外，它還有其他重要的用途。舉例來說，它可用來衡量一家公司真正的經濟利潤，或所謂的附加經濟價值（Economic Value Added, EVA）。會計準則規定，公司舉債所付出的利息可以從其提報的利潤中抵減，然而諷刺的是，同樣的準則卻禁止扣除公司使用股東資金所付出的費用（股息）。就經濟觀點來說，權益資金事實上是成本頗高的資金來源，因為股東晚於所有利害關係人和其他的債權人，得到公司現金的支付，因此，股東承擔了最後受償的風險，但是根據會計師的看法，股東權益似乎是沒有成本的資金。

這個惱人的錯誤造成非常嚴重的後果，其一是，這意味著會計師所簽證的會計利潤數額本質上和淨現值決策法則是互相衝突的。例如，藉由將資金投注在專案報酬率低於公司加權平均資金成本，但高於稅後的債務資金成本（頂多是 2%）之投資計畫上，管理者可以很輕易地提升公司盈餘及每股盈餘數據，但卻使得股東受到實際的傷害。實質上，EPS 要求管理階層只要跳過三呎高的障礙欄，然而要滿足股東，管理階層卻必須跳過諸如權益資金成本的十呎高障礙欄。會計利潤數據誘使聰明經理人去做一些蠢事，其中一個主要例子是 Enron，其前任高階經理人 Ken Lay 和 Jeff Skilling 大膽地在公司的 2000 年年報中宣稱他們聚焦在「每股盈餘數據」上，他們的確是聚焦在每股盈餘上，因為紅利是依帳面利潤數據計算並支付，專案負責人只要簽呈新專案下來，而不必回收專案的合理報酬率，即可拿到紅利。結果是 Enron 的 EPS 持續上升，然而在扣掉資金的應有成本後，其真實的經濟利潤（EVA）卻在幾年內重挫，導致公司倒閉，此乃大筆資金錯誤地配置在能源及新計畫上的後果。此處的重點是，EVA 衡量經濟盈餘，亦即折現成淨現值後的利潤數值，極大化此利潤數值乃是每家公司最重要的財務目標。儘管使用者眾多，EPS 也僅是一個會計利潤數據，和股東財富極大化或傳遞給管理階層正確的決策信號是全然無關的。

從 1990 年代早期開始，全世界的公司，從美國的 Coca-Cola、Briggs & Stratton、Herman Miller 及 Eli Lilly 等公司，德國的 Siemens，及印度的 Tata Consulting 和 Godrej Group，到巴西的 Brahma Beer 及更多更多的公司，開始改用 EVA，作為績效評估及目標制定、決策和決定員工紅利與投資者溝通，並向經理人和員工講解商業及財務基本知識的新工具。如果能因地制宜並妥善實施，EVA 將很自然地可以活化資金成本的應用，並將公司上下員工變成心中懷有資金成本意識的企業主。

Bennett Stewart 是 Stern Stewart & Co. 的合夥創辦人，也是 EVA Dimensions 的總裁，此公司提供 EVA 資料、評價模型及對沖基金管理等服務。Stewart 是探索 EVA 實務發展的先驅者，其著作 *The Quest for Value* 記錄了整個過程。

觀念問題

14.4a　如何計算 WACC？
14.4b　計算 WACC 時，為什麼要把負債成本乘以 $(1-T_C)$？
14.4c　在什麼情況下，以 WACC 來決定 NPV 是正確的？

14.5 部門和專案資金成本

我們已經看過，只有當投資提案和公司目前的營運相類似時，WACC 才是未來現金流量的適當折現率。這個限制並不如它看起來那樣嚴格。例如，如果公司是在披薩行業，正考慮擴張一家新店，那麼公司的 WACC 就是新店應使用的折現率。其他類似的情況，譬如零售商考慮開一家新店，製造商考慮擴大生產，或是消費性商品公司考慮擴大它的市場等。

雖然以 WACC 作為基準有其好處，但在某些情況下，所考慮的專案現金流量的風險會明顯地不同於整個公司的風險。下面就來探討如何克服這個問題。

SML 和 WACC

當所評估的投資案風險和整體公司風險不同時，使用 WACC 會造成錯誤的決策。圖 14.1 說明了箇中原因。

在圖 14.1 中，我們畫了一條 SML，無風險利率是 7%，市場風險溢酬是 8%。為了簡單起見，假設有一家權益型公司（即公司沒有負債），其貝它值為 1。因為沒有負債，這家公司的 WACC 和權益成本都是 15%。

假設公司使用 WACC 評估所有的投資案。這表示任何報酬高於 15% 的投資案皆會被接受，低於 15% 則會被拒絕。然而，從風險和報酬的討論中得知，一項有利的投資案必須落在 SML 之上。如圖 14.1 所示，以 WACC 評估所有類型的專案可能導致公司錯誤的決策：接受高風險專案，卻拒絕低風險專案。

舉例來說，如果我們考慮 A 點，相較於公司的貝它值 1，這個專案的貝它值是 $\beta_A = 0.60$，預期報酬是 14%。這是一項有利的投資案嗎？答案是肯定的，因為必要報酬只要：

$$\begin{aligned}
\text{必要報酬} &= R_f + \beta_A \times (R_M - R_f) \\
&= 7\% + 0.60 \times 8\% \\
&= 11.8\%
\end{aligned}$$

然而，如果以 WACC 為取捨點，就應該拒絕這個專案，因為它的報酬低於 15%。這個例子說明了，以 WACC 為取捨點，公司將傾向於拒絕風險低於整個公司風險的有利專案。

另一方面，考慮 B 點。這個專案的貝它值是 $\beta_B = 1.2$。它提供了 16% 的報酬，高於公司的資金成本。然而，這並不是一項好的投資案，因為在它的系統風

第 14 章　資金成本　　581

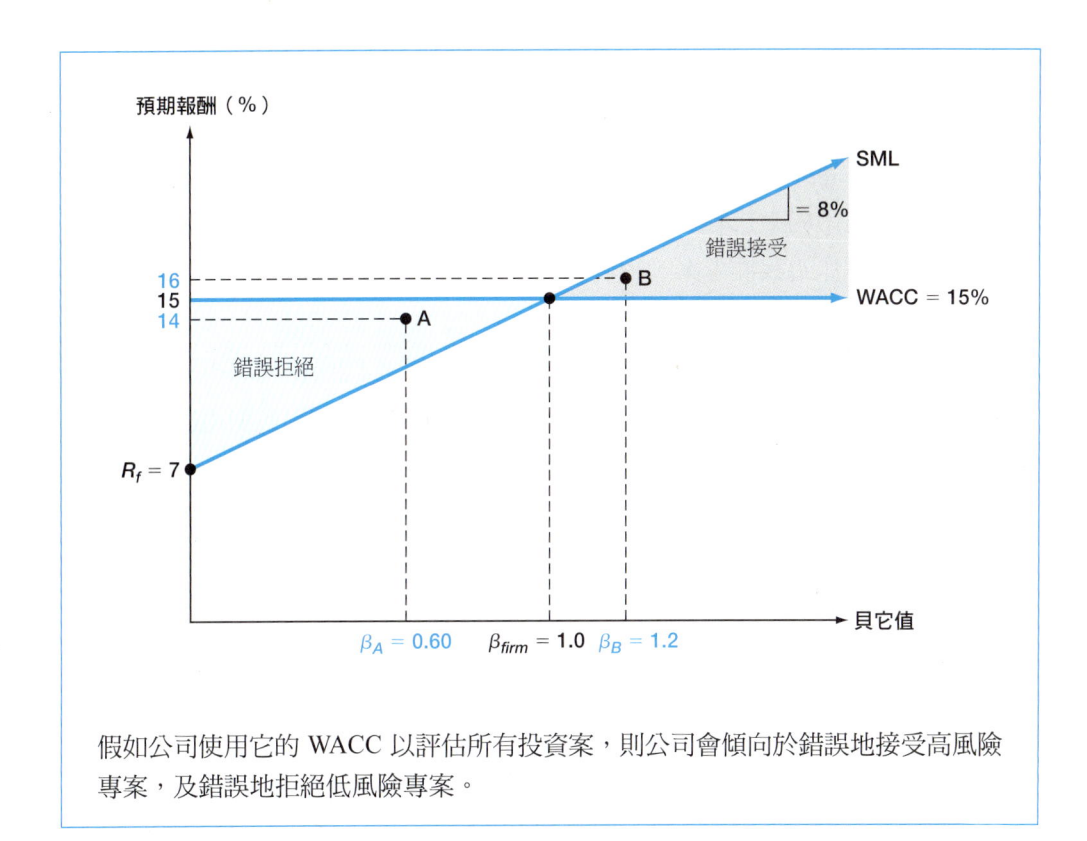

[圖：證券市場線（SML）與 WACC 水平線之比較圖，縱軸為預期報酬（%），橫軸為貝它值。$R_f = 7$，WACC = 15%，SML 斜率顯示 = 8%。A 點：$\beta_A = 0.60$，報酬 14%，位於 WACC 線下方（錯誤拒絕區）；B 點：$\beta_B = 1.2$，報酬 16%，位於 SML 與 WACC 之間（錯誤接受區）；$\beta_{firm} = 1.0$，報酬 15%。]

假如公司使用它的 WACC 以評估所有投資案，則公司會傾向於錯誤地接受高風險專案，及錯誤地拒絕低風險專案。

圖 14.1　證券市場線（SML）和加權平均資金成本（WACC）

險等級下，它所提供的報酬是不夠的。但是，如果以 WACC 來評估它，它是項具有吸引力的投資。所以，如果以 WACC 為取捨點，第二個將產生的錯誤是，公司將傾向於接受風險高於整個公司的不利專案。結果，隨著時間的經過，以 WACC 評估所有專案的公司將傾向於接受不利投資案，且公司風險會愈來愈大。

部門資金成本

　　上述 WACC 的同類型問題也會出現在擁有一個業務部門以上的公司。舉例來說，假設某家公司擁有兩個業務部，其中一個是電話公司，另一個是電子製造公司。前者風險較低（電話公司），後者的風險則相對地較高。

　　在這種情況下，公司的整體資金成本其實就是這兩個部門的資金成本的組合。如果這兩個部門競相爭取公司資源，而公司以單一的 WACC 作為取捨點，那麼哪一個部門會得到較多的投資資金呢？

　　風險較高的部門較可能獲取較高的報酬（忽略其較高的風險），所以也較有可能成為「贏家」。較不顯眼的部門雖然可能有較大的獲利，卻被忽視。美國的大公司意識到這個問題，所以很多公司都已著力於設計個別部門的資金成本。

單純遊戲法

WACC 的不當使用可能會導致一些問題。在這種情況下，如何找出適當的折現率？因為我們無法觀察到這些投資的報酬，所以也沒有方法可以供估計貝它值。此時應該從市場上找尋，和我們正考慮的投資案具有相同風險等級的投資，以其必要報酬率作為我們專案的折現率。換言之，我們可以從市場中找出一些類似投資，並求出這些投資的資金成本。

例如，回到上面的電話部門例子，如果要決定該部門所使用的折現率，我們可以找出一些證券公開交易的其他電話公司。我們或許會發現典型電話公司的貝它值是 0.80，負債的評等是 AA 級，而資本結構大約是負債和權益各佔 50%。根據這些資料，就可以求出典型電話公司的 WACC，並以它作為折現率。

或者，如果我們正考慮跨入某條新事業線，可以藉著觀察在該行業的公司之市場必要報酬率，以找出適當的資金成本。套用華爾街的術語，公司只經營單一事業線就稱為單純遊戲（pure play）。例如，如果要以買賣普通股來投機原油價格，你可能要設法找出那些只經營原油產品的公司，因為它們的股價受原油價格變動的影響最大。這種公司就稱為單純遊戲於原油價格。

我們盡可能找出那些僅經營我們有意要經營的單一事業線公司。因此，這種評估投資必要報酬率的方法就稱為單純遊戲法（pure play approach）。為了說明起見，假設麥當勞決定以 McPuters 品名，跨入電腦及網路事業。這個行業的風險與速食行業的風險差異甚大。因此麥當勞必須以電腦產業內公司的資料，計算新事業的資金成本。很明顯的，可供參考的「單純遊戲」廠商可能就是 Dell；而 HP 則不是理想的參考廠商，因為 HP 主要業務並不是在個人電腦，且其產品較廣泛。

第 3 章曾討論如何尋找可供比較之用的類似公司。現在，同樣的問題出現了。我們可能沒辦法找到任何合適可比較的公司。在這樣的情況下，如何客觀地決定折現率，是一個相當困難的問題。即使如此，我們若意識到這個問題，就比較不會隨意以 WACC 作為所有投資案的取捨點，也可以降低決策錯誤的可能性。

主觀法

要客觀地建立個別專案的折現率是不容易的事，所以公司通常會主觀地調整整體 WACC 以作為個別專案的折現率。例如，假設公司的整體 WACC 是 14%，公司的所有專案提案都歸納成四類：

分類	例子	調整因子	折現率
高風險	新產品	+6%	20%
中等風險	成本節省，現有產品	+0	14
低風險	重置現有設備	−4	10
強制性的	汙染控制儀器	n/a	n/a

n/a ＝不適用。

這種概略的劃分法假設所有專案不是屬於這三類風險等級中的一類，就是屬於強制性的。在最後一類中，因為專案一定要進行，所以資金成本是非攸關的。在主觀法下，隨著經濟狀況的改變，公司的 WACC 也會漸漸改變，因此不同風險類型專案的折現率也會跟著改變。

在每個風險等級內，某些專案可能較其他專案的風險稍高，所以，錯誤決策的風險仍然存在。圖 14.2 說明了這一點。比較圖 14.1 和圖 14.2，我們發現相似的問題存在圖 14.1 和圖 14.2，但是主觀法下的錯誤程度較輕。例如，如果使用

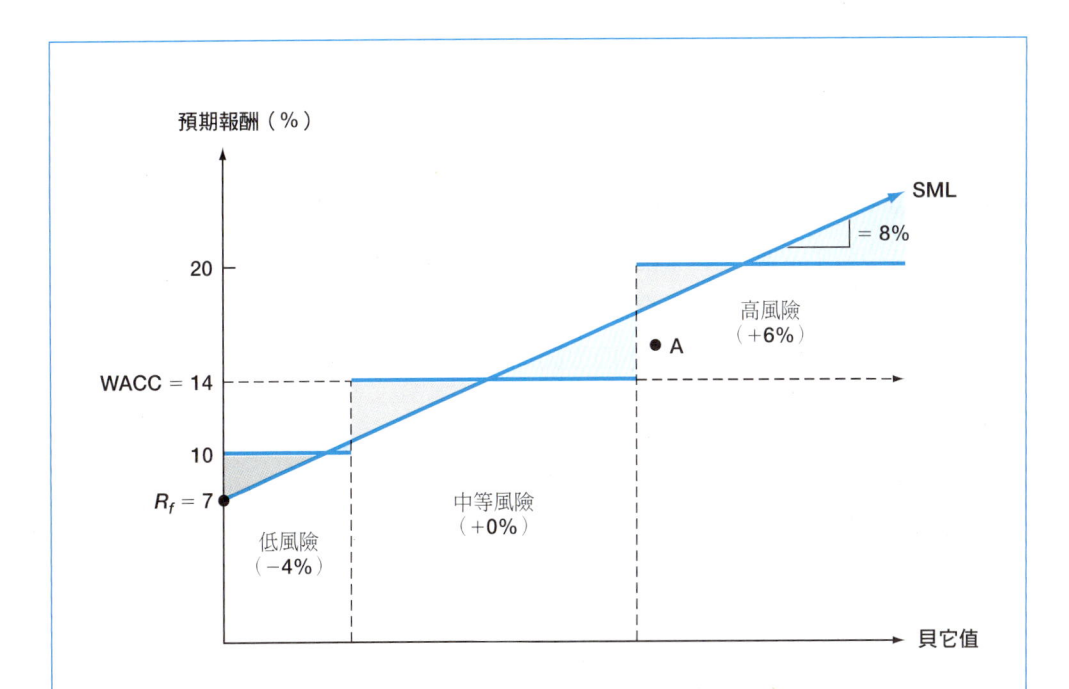

在主觀法下，公司將所有的專案分類成幾個風險等級，然後將公司的 WACC 加上（對高風險專案）或減掉（對低風險專案）一個調整因子，以求出個別專案的折現率。主觀法下的錯誤決策，會比純粹使用 WACC 來得少。

圖 14.2　證券市場線（SML）和主觀法

WACC 法，專案 A 將被接受，但是一旦它被列為高風險投資類，就被拒絕。這說明了即使是主觀的風險調整，可能也比沒有風險調整好。

原則上，最好能客觀地求算個別專案的折現率，但就實務考量，因為客觀求算過程中所需使用的資料欠缺或所需花費的成本不值得，所以一般不太可能越過主觀調整法的作法。

觀念問題

14.5a 若公司使用一個 WACC 來評估所有投資提案，會產生怎樣的結果？
14.5b 何謂單純遊戲法？何時可採用此法？

14.6 發行成本和加權平均資金成本

到目前為止，我們尚未將發行成本納入在加權平均資金成本的討論中。如果公司接受一個新專案，它可能必須發行新債券或股票。這表示公司將發生一些成本，這些成本稱為發行成本（flotation costs）。發行成本的特性和多寡將在第 15 章中詳細討論。

有時候，公司的 WACC 應該往上調整，以反映出發行成本。但這並非最好的方法，因為投資的必要報酬係視該投資案的風險而定，而不受資金來源的影響。但這並不意味著可以忽略發行成本。因為這些成本是由決定接受專案而產生的，它們是攸關的現金流量。因此，下面很簡短地介紹如何將它們包括在專案分析中。

基本方法

我們首先看一個簡單的例子。Spatt 公司是一家權益型公司，權益成本是 20%。因為公司權益佔 100%，所以它的 WACC 和權益成本一樣。Spatt 正在評估一項耗資 $1 億的營運擴充專案。這項擴充專案將以出售新股來籌募資金。

根據公司與其投資銀行的接洽，Spatt 認為發行成本大約是發行數額的 10%。換言之，來自銷售權益的實收額，將只有發行量金額的 90%。若將發行成本也考慮進去，擴充專案的成本是多少呢？

誠如將在第 15 章中討論的，Spatt 必須出售足夠的權益，以便在扣除發行成本後還能募得 $1 億。換言之：

$1\text{ 億} = (1-0.10) \times 募集金額$

募集金額 $= \$1\text{ 億}/0.90 = \$1\text{ 億 } 1{,}111\text{ 萬}$

因此，Spatt 的發行成本是 $1,111 萬。一旦把發行成本考慮進去，擴充專案的最後成本是 $1 億 1,111 萬。

如果公司同時使用負債和權益，事情將稍微複雜一點。例如，假設 Spatt 的目標資本結構是 60% 的權益和 40% 的負債。權益的發行成本仍然是 10%，但是負債的發行成本較低，只有 5%。

前面已討論過，當負債和權益的資金成本不同時，必須使用目標資本結構權數來計算加權平均資金成本。這裡的作法也是一樣的。我們可以把權益發行成本，f_E，乘上權益百分比（E/V），再把負債發行成本，f_D，乘上負債百分比（D/V）。然後，兩個再加起來，就可以求得加權平均發行成本，f_A：

$$f_A = (E/V) \times f_E + (D/V) \times f_D \quad [14.8]$$
$$= 60\% \times 0.10 + 40\% \times 0.05$$
$$= 8\%$$

因此，加權平均發行成本是 8%。這意味著新專案所需外部融資的每 $1，公司實際上必須募得 $1/(1-0.08) = \$1.087$。在上述的例子中，如果忽略發行成本，專案成本是 $1 億。若考慮發行成本，則專案成本是 $1 億$/(1-f_A) = \$1$ 億$/0.92 = \$1$ 億 870 萬。

在考慮發行成本時，不要使用錯誤的權數。即使公司能夠以負債或以權益來融資專案所需的全部資金，它還是應該使用目標權數計算專案的資金成本。因為資金來源的形式是非攸關的。例如，若公司的目標負債/權益比率是 1，但卻選擇全部以負債來融資某項專案，那麼日後公司勢必要發行額外的權益，以維持它的目標負債/權益比率。所以，公司總是應該以目標權數來計算發行成本。

範例 14.6　計算加權平均發行成本

Weinstein 公司的目標資本結構是 80% 的權益，20% 的負債。權益的發行成本是募得金額的 20%，負債的發行成本則為 6%。如果 Weinstein 需要 $6,500 萬來購置新生產設備，一旦考慮到發行成本，則最後的成本是多少呢？

首先，我們計算加權平均發行成本，f_A：

$$f_A = (E/V) \times f_E + (D/V) \times f_D$$

$$= 80\% \times 0.20 + 20\% \times 0.06$$
$$= 17.2\%$$

因此,加權平均發行成本是 17.2%。若忽略發行成本,專案成本是 \$6,500 萬。一旦我們把發行成本考慮進去,那麼最後成本是 \$6,500 萬/$(1-f_A)$=\$6,500 萬/0.828 = \$7,850 萬,在此,發行成本是一筆相當可觀的費用。

發行成本和 NPV

下面說明如何將發行成本納入 NPV 分析中,假設 Tripleday Printing 公司目前的目標負債/權益比率為 100%。它正考慮在 Kansas 興建一棟價值 \$500,000 的新印刷廠房,預期新廠房每年可以創造 \$73,150 的稅後現金流量,一直持續下去。稅率是 34%。公司有兩個融資選擇:

1. 發行 \$500,000 的新普通股。新普通股的發行成本是募得金額的 10%。這項新權益的必要報酬是 20%。
2. 發行 \$500,000 的 30 年期債券。新債券的發行成本是募得金額的 2%。公司新債券的必要報酬是 10%。

新印刷廠房的 NPV 是多少?

因為印刷業是公司的主要事業線,我們將以公司的加權平均資金成本來評估新印刷廠房:

$$\text{WACC} = (E/V) \times R_E + (D/V) \times R_D \times (1-T_C)$$
$$= 0.50 \times 20\% + 0.50 \times 10\% \times (1-0.34)$$
$$= 13.3\%$$

每年現金流量是 \$73,150,而且一直持續下去,所以在折現率 13.3% 下,永續現金流量的 PV 是:

$$\text{PV} = \frac{\$73,150}{0.133} = \$550,000$$

若不考慮發行成本,NPV 是:

$$\text{NPV} = \$550,000 - 500,000 = \$50,000$$

聽聽他們怎麼說…
Samuel Weaver 談赫雪公司的資金成本及障礙報酬率

在赫雪（Hershey Company），每年或當市場狀況需要時，我們都會重新評估資金成本，資金成本的計算本質上有三個不同的子題，每個子題又有一些替代方法：

- 資本結構權重
  歷史帳面價值或市場價值比重
  目標資本結構
- 債務成本
  歷史（票息）利率
  市場利率
- 權益證券成本
  股利成長模式
  資本資產定價模式（CAPM）

在赫雪，我們使用三年中程計畫期間，以預估的「目標」資本結構，計算資金成本。這使得管理階層能看出，策略性決策對赫雪資本結構的立即影響。債務成本的計算，是以計畫期間最後那一年的稅後加權平均債務成本來代理，而各債務成本則是以票息來計算。權益資金成本是以股利成長模式來計算。

最近我們對十家對手食品公司進行市場調查，調查結果顯示，大部份這些公司的資金成本介於7%至10%。尤有甚者，這十家公司全部毫無例外地使用資本資產定價模式來計算權益證券資金成本。我們的經驗是股利成長模式對赫雪較適合。我們支付股利，也經歷到股利穩健的成長，這樣的成長也反映在我們的策略計畫中。因此，股利成長模式在技術上行得通且吸引管理階層的使用，因為它反映了他們對未來長期成長率的最佳估計值。

除了上述的估算外，其他可能的資金組合也被計算，以作為比較的基礎。我們也非正式地以市場價值比重、邊際利率及資本資產定價模式來計算權益證券資金成本，因為資金成本取到百分比位數，因此大部份其他方式的計算結果均大同小異。

以上述資金成本為基礎，個別專案的障礙報酬率則依專案的特性，主觀認定並加總它的風險溢酬來導出。專案被分成不同的類別，諸如成本節省、產能擴充、生產線延伸及新產品。舉例來說，新產品專案一般而言比成本節省專案更具風險性，因此每個專案類別的障礙報酬率反映出它的風險程度及資深經理人所認定應有的報酬率。所以，專案的障礙報酬率從稍高於資金成本到資金成本的兩倍皆有之。

Samuel Weaver 博士曾任職北美赫雪巧克力的財務計畫及分析部主任，領有管理會計師執照，他能融合理論與實務，除了資本支出分析外，他也投入不同層面的財務分析。

若沒有發行成本，專案的 NPV 大於零，所以應該接受該專案。

至於融資安排和發行成本是如何呢？因為必須募集資金，所以發行成本是攸關的。從上面的資料得知，負債與權益的發行成本分別是 2% 與 10%。因為 Tripleday 使用相同額度的負債和權益，因此加權平均發行成本 f_A 為：

$$f_A = (E/V) \times f_E + (D/V) \times f_D$$
$$= 0.50 \times 10\% + 0.50 \times 2\%$$
$$= 6\%$$

記住，Tripleday 可以全部以負債或全部以權益募得資金，但這件事實是非攸關的。因為 Tripleday 需要 $500,000 的資金來籌建新廠房，一旦把發行成本考慮進去，最後的成本是 $500,000/(1−f_A)=$500,000/0.94=$531,915。現金流量的 PV 是 $550,000，工廠的 NPV 則為 $550,000−531,915=$18,085，所以它仍值得投資。然而，它的投資價值比當初所想像的小。

內部權益資金和發行成本

截至目前，發行成本的討論都假設公司總有辦法籌募新投資案所需的資金。事實上，大部份的公司甚少發行新的權益證券。相反地，公司的內部資金已足夠支應公司的資本支出，只有債務資金必須經由外部來籌措。

公司使用內部權益資金融資，並不會改變發行成本的估算方法，我們只要將內部權益資金的發行成本視為零，在上述 Tripleday 的案例中，加權平均發行成本將如下所示：

$$f_A = (E/V) \times f_E + (D/V) \times f_D$$
$$= 0.50 \times 0\% + 0.50 \times 2\%$$
$$= 1\%$$

請注意，內部權益資金和外部權益資金有一個大差異，就是外部權益資金的發行成本相當高。

> **觀念問題**
>
> **14.6a** 何謂發行成本？
> **14.6b** 如何把發行成本納入 NPV 分析中？

14.7 總　結

本章討論了資金成本。其中最重要的觀念是加權平均資金成本（WACC），我們把它解釋為整體公司的必要報酬率。它也可作為那些和整體公司營運具有相

同風險現金流量的適當折現率。我們敘述了 WACC 的計算方式，也說明如何應用 WACC 在一些類型的專案分析中。

也同時指出 WACC 不適用的情況。為了處理這些情況，我們介紹了一些替代方法，諸如單純遊戲法。我們也討論如何將發行成本納入 NPV 分析中。

財務連線

假如你的課程有使用 Connect™ Finance 的話，請上線做個練習測驗（Practice Test），看一看學習輔助工具，及你需要哪些額外練習。

	▼ Chapter 14 Cost of Capital			
☐	14.1 The Cost of Capital: Some Preliminaries	eBook	Study	Practice
☐	14.2 The Cost of Equity	eBook	Study	Practice
☐	14.3 The Costs of Debt and Preferred Stock	eBook	Study	Practice
☐	14.4 The Weighted Average Cost of Capital	eBook	Study	Practice
☐	14.5 Divisional and Project Costs of Capital	eBook	Study	Practice
☐	14.6 Flotation Costs and the Weighted Average Cost of Capital	eBook	Study	Practice

NPPT 19–26

你能回答下列問題嗎？

14.1 某家公司過去四年的每股股利分別是 $1.02、$1.10、$1.25，以及 $1.35，平均的股利成長率是多少呢？

14.2 某筆債券的面額是 $1,000，票面利率 7%，半年付息一次，14 年後到期，若債券的市場價格是面額的 101.4%，假如稅率是 35%，則此筆債券的稅後資金成本是多少呢？

14.3 在計算公司的加權平均資金成本時，為何債務資金成本要納入公司稅率，而普通股或特別股則否？

14.4 在計算專案的資金成本時，哪一種方法必須使用另外一家公司的資金成本，而不是公司本身的資金成本呢？

14.5 若一家公司有足夠的內部現金流量，可以傾注到資本支出所需的權益資金上的話，則公司的權益證券發行成本會是多少呢？

登入找找看吧！

自我測驗

14.1 計算權益成本 假設 Watta 公司股票的貝它值是 0.80。市場風險溢酬是 6%，無風險利率是 6%。Watta 上一次的股利是每股 $1.20，而且預期股利將以 8% 無限期地成長。目前股票售價是每股 $45，那麼 Watta 的權益資金成本是多少？

14.2 計算 WACC 除了前一題的資料外，假設 Watta 的目標負債/權益比率是 50%，稅前負債成本是 9%。如果稅率是 35%，則 WACC 是多少？

14.3 發行成本 假設在前一題中，Watta 正在為某新專案籌募 $3,000 萬的資金。且該資金必須由外部募集。Watta 負債和權益的發行成本分別是 2% 和 16%。如果考慮發行成本，則新專案的最後成本是多少？

自我測驗解答

14.1 我們先從 SML 法著手。根據已知的資料，求得 Watta 的普通股預期報酬為：

$$R_E = R_f + \beta_E \times (R_M - R_f)$$
$$= 6\% + 0.80 \times 6\%$$
$$= 10.80\%$$

然後，使用股利成長模型，求出預期股利是 $D_0 \times (1+g) = \$1.20 \times 1.08 = \$1.296$。所以，預期報酬是：

$$R_E = D_1/P_0 + g$$
$$= \$1.296/45 + 0.08$$
$$= 10.88\%$$

因為 10.80% 和 10.88% 這兩個估計值相當接近，我們取其平均值，得到 Watta 的權益成本約為 10.84%。

14.2 因為目標負債/權益比率是 0.50，所以每 $1 的權益，Watta 就使用了 $0.50 的負債。換言之，Watta 的目標資本結構是三分之一的負債和三分之二的權益。因此，WACC 是：

$$WACC = (E/V) \times R_E + (D/V) \times R_D \times (1 - T_C)$$
$$= 2/3 \times 10.84\% + 1/3 \times 9\% \times (1 - 0.35)$$
$$= 9.177\%$$

14.3 因為 Watta 同時以負債和權益融資它的營運，所以我們必須計算加權平均發行成本。和上一個問題一樣，權益融資百分比是三分之二，所以加權平均發行成本是：

$$f_A = (E/V) \times f_E + (D/V) \times f_D$$
$$= 2/3 \times 16\% + 1/3 \times 2\%$$
$$= 11.33\%$$

如果扣除發行成本後，Watta 需要 \$3,000 萬，那麼該專案的最後成本是 \$3,000 萬$/(1-f_A)=$ \$3,000 萬$/0.8867=$ \$3,383 萬。

觀念複習及思考

1. **WACC** 就最基本的觀念而言，如果公司的 WACC 是 12%，這意味著什麼？
2. **帳面價值與市場價值** 在計算 WACC 時，如果負債和權益兩者中之一必須使用帳面價值，那麼你會選擇哪一個？為什麼？
3. **專案風險** 如果你能夠以 6% 借得某項專案所需的所有資金，是否該專案的資金成本就是 6%？
4. **WACC 與稅** 為什麼負債成本是採用稅後數值，而權益成本則否呢？
5. **DCF 與權益成本** 利用 DCF 模型來決定權益資金成本的好處有哪些？使用這個模型找出權益成本時，你需要哪些特定資料？有哪些方法可供取得估計值呢？
6. **SML 與權益成本** 利用 SML 法來求得權益資金成本，有何優缺點？使用這種方法時，你需要哪些特定資料？這些變數都可以觀察得到嗎？或是必須估計呢？有什麼方法可以取得這些估計值呢？
7. **負債成本** 你如何決定一家公司的適當負債成本？如果公司的負債是私下募集，而非公開交易，會有什麼不同嗎？如果一家公司的負債都由機構投資者私下握有，你如何估計該公司的負債成本呢？
8. **資金成本** 假設 Bedlam Products 公司的總裁 Tom O'Bedlam 雇用你來計算公司的負債成本與權益資金成本。

a. 目前股價是每股 $50，每股股利可能大約是 $5。Tom 辯稱：「今年股東資金的成本是每股 $5，所以權益成本是10%（＝$5/50）。」這樣的結論有何錯誤？

b. 根據最近的財務報表，Bedlam Products 的總負債是 $800萬。下一年的總利息費用大約是 $100萬。Tom說：「我們欠 $800萬，付 $100萬的利息，所以我們的負債成本是 $100萬/$800萬＝12.5%。」這樣的結論有何錯誤？

c. 根據 Tom 本身的分析，他建議公司應增加權益的融資，因為「負債成本12.5%，而權益成本只有10%，因此權益較便宜。」若不考慮其他因素，你對權益成本小於負債成本這個結論有何看法？

9. **公司風險與專案風險** Dow Chemical Company 使用大量的天然氣；Superior Oil 則是天然氣的主要生產商。這兩家公司都考慮在休士頓附近投資天然氣井。它們都是權益型公司。兩家公司分析各自的天然氣井投資案後，發現這兩個投資案在期初有負的現金流量，但以後則有正的現金流量。這兩個投資案的現金流量均相同，它們也不採負債融資。兩家公司估計，當折現率分別為18%與22%時，專案的淨現值則分別為 $100萬及 －$110萬。Dow 的貝它值是1.25，Superior 的貝它值則是0.75。市場的預期風險溢酬是8%，無風險債券的殖利率是12%。哪家公司應該進行天然氣井投資呢？或是兩家都應該呢？請解釋你的看法。

10. **部門資金成本** 在哪些情況下，公司適合對不同營運部門採用不同的資金成本？如果以整個公司的 WACC 作為所有部門的必須報酬率（hurdle rate），那麼風險較高的部門還是較保守的部門會取得大部份的投資案呢？為什麼？如果你試著估計不同部門的適當資金成本，會遭遇什麼困難呢？哪兩種方法可供你估計各部門的概略資金成本？

問題

初級題

1. **計算權益成本** Muse 公司剛發放每股 $2.75的普通股股利。公司預期股利成長率永遠固定在5.8%。如果股票市價是每股 $59，那麼公司的權益成本是多少？

2. **計算權益成本** Zombie公司的普通股貝它值是1.2。如果無風險利率是4.8%，且市場的預期報酬是11%，則公司的權益資金成本是多少？

第 14 章　資金成本　593

3. **計算權益成本**　Stock in Dragula Industries的股票貝它值是1.1，市場風險溢酬是 7%，而國庫券的現行殖利率是 4.5%。公司最近一次所發放的股利是每股 $1.70，而且預期股利永遠以每年6%的速度成長。如果股票每股市價 $39，則你估計公司的權益成本是多少？

4. **估計DCF成長率**　假設In a Found公司剛發放每股 $1.69的普通股股利。過去四年來，公司發放的每股股利分別是 $1.35、$1.43、$1.50和 $1.61。如果目前股價是 $50，那麼該公司權益資金成本的估計值是多少？

5. **計算特別股成本**　Holdup Bank 有一特別股，每股股利為 $4.25，此特別股以每股 $92出售。請問，該銀行的特別股成本是多少？

6. **計算負債成本**　Mudvayne公司正設法決定它的負債成本。公司有一流通在外的負債，18年後到期，目前賣價是面值的107%。該負債每半年付息一次，而且隱含的年成本是6%。請問，公司的稅前負債成本是多少？若稅率是35%，那麼稅後負債成本又是多少？

7. **計算負債成本**　Jiminy's Cricket農場在三年前發行了一筆30年期、8%、每半年付息一次的債券。該債券目前售價是面值的 93%。公司的稅率是 35%。請問：
   a. 稅前負債成本是多少？
   b. 稅後負債成本是多少？
   c. 稅前和稅後負債成本，哪一個比較攸關？為什麼？

8. **計算負債成本**　在第7題中，假設債券的帳面價值是 $6,000萬。此外，公司在市場上還有第二筆債券，為十年後到期的零息債券，帳面價值是 $3,500萬，市價是面值的 57%。那麼，公司負債的總帳面價值是多少？總市價是多少？你估計稅後負債成本是多少？

9. **計算 WACC**　Mullineaux 公司的目標資本結構是60%的普通股、5%的特別股和35%的負債。它的權益成本是12%、特別股成本是5%、負債成本是7%。攸關稅率為35%。
   a. Mullineaux的WACC是多少？
   b. 該公司董事長找你商量有關Mullineaux的資本結構。他想要知道為什麼公司不使用多一點特別股融資，因為它比負債便宜。你如何解釋呢？

10. **稅負和WACC**　Sixx AM的目標負債/權益比率是0.45。它的權益成本是13%，負債成本是6%。若稅率是35%，則公司的WACC是多少？

11. **求出目標資本結構**　Fama's Llamas 公司的加權平均資金成本是9.6%。公司的

權益成本是12%，負債成本是7.9%，稅率是35%。請問，Fama's的目標負債/權益比率是多少？

12. **帳面價值和市場價值**　Erna 公司有 800 萬股普通股流通在外。目前股價是 $73，帳面價值是每股 $7。另有兩支債券流通在外。第一支債券的面值是 $8,500萬，票面利率7%，以面值的97%交易，21年後到期。第二支債券的面值是 $5,000萬，票面利率8%，以面值的108%交易，六年後到期。

　　a. 以帳面價值為計算基礎，Frna的資本結構權數是多少？
　　b. 以市場價值為計算基礎，Frna的資本結構權數是多少？
　　c. 帳面價值權數和市場價值權數哪一個比較攸關？為什麼？

13. **計算 WACC**　在第12題中，假設最近一次發放的股利是 $4.10，而且股利是以6%成長。假設整體負債成本是該兩筆流通在外負債成本的加權平均值，兩筆負債都是半年付息一次，稅率是35%。那麼，公司的WACC是多少？

14. **WACC**　Paget公司的目標負債/權益比率是1.25。它的WACC是9.2%，稅率是35%。

　　a. 如果Paget的權益成本是14%，稅前負債成本是多少？
　　b. 如果你知道稅後負債成本是6.8%，那麼權益成本是多少？

15. **求出WACC**　下列是有關Lightning Power公司的資料，求出該公司的WACC。假設公司的稅率是35%。

　　負　債：8,000張面額 $1,000，6.5%票面利率的債券流通在外，25年後到期，
　　　　　　以面值的106%交易，每半年付息一次。
　　普通股：310,000股流通在外，每股售價 $57；貝它值是1.05。
　　特別股：15,000股的4%特別股流通在外，目前市價是每股 $72。
　　市　場：市場風險溢酬是7%，無風險利率是4.5%。

16. **求出WACC**　Titan Mining 公司有850萬股普通股流通在外，25萬股的5%特別股流通在外，以及135,000張面額 $1,000，票面利率7.5%，每半年付息一次的債券流通在外。股票目前每股市價 $34，貝它值是1.25，特別股目前每股市價 $91，債券則還有15年到期，以面值的114%交易。市場風險溢酬是7.5%，國庫券殖利率是4%，稅率是35%。

　　a. 公司市場價值的資本結構為何？
　　b. 若Titan Mining正在評估一項和公司的專案具有相同風險的新投資案，公司對新專案的現金流量應採用多少折現率呢？

17. **SML 和 WACC**　一家權益型公司正在考慮下列專案：

專案	貝它值	IRR
W	0.60	8.8%
X	0.85	9.5
Y	1.15	11.9
Z	1.45	15.0

國庫券利率是4%，市場的預期報酬是11%。

a. 哪一個專案的預期報酬比公司的11%資金成本高？

b. 應該接受哪一個專案？

c. 如果以整體公司的資金成本作為最低報酬率（hurdle rate），哪些專案將被錯誤地接受或拒絕？

18. **計算發行成本**　假設你的公司需要 $1,500 萬，以建立一條新的裝配線。你的目標負債/權益比率是 0.60。新權益的發行成本是 8%，但是負債的發行成本只有 5%。因為舉債的發行成本較低，所需資金也相對較少，所以你的老闆決定以舉債來籌措專案所需的資金。

a. 以舉債取得所需資金的背後理由何在？

b. 你的公司的加權平均發行成本是多少？

c. 把發行成本納入考慮之後，建立新裝配線的最後成本是多少？在這個情況下，所有資金皆由負債途徑取得會受到影響嗎？

19. **計算發行成本**　Caughlin公司想藉由發行新債券籌募 $5,500 萬的資金，以進行一項投資專案。公司的目標資本結構為 70% 的普通股、5% 的特別股和 25% 的負債。發行成本分別為：新股票 9%，新特別股是 6%，新負債是 3%。在評估專案時，Caughlin應該使用的資金成本數值是多少？

進階題

20. **WACC 和 NPV**　Scanlin公司正在考慮某項專案，此專案在第一年年底將為公司節省 $180 萬的稅後現金。這項現金節省每年將以 2% 速度一直成長下去。公司的目標負債/權益比率是 0.80，權益成本是 12%，稅後負債成本是 4.8%。這項專案的風險比公司目前的一般專案高一點，管理階層採用主觀法，以 +2% 作為這項風險性專案資金成本的調整因子。在什麼情況下，公司應該接受這項專案？

21. **發行成本**　Lorre公司最近發行有價證券以融資一項新的電視節目專案。專案

的成本是 $1,400 萬，公司付了 $72.5 萬的發行成本。此外，權益的發行成本是募集金額的 7%，而負債的發行成本則是募集金額的 3%。如果 Lorre 是以目標資本結構的比例發行新證券，那麼公司的目標負債/權益比率是多少？

22. **計算負債成本** Ying Import 有幾筆債券發行在外，這些債券半年付息一次，其相關資料列於下表，公司稅率是 34%，請求算 Ying 的稅後負債成本？

債券編號	票面利率	價格	到期期限	帳面價值
1	6.00%	105.86	5年	$40,000,000
2	7.50	114.52	8年	35,000,000
3	7.20	113.07	15.5年	55,000,000
4	6.80	102.31	25年	50,000,000

23. **計算權益成本** Berta Industries 股票的貝它值是 1.25，公司剛發放每股 $0.40 現金股利，股利成長率為 5%；市場的預期報酬是 12%，國庫券利率是 5.5%，Berta 公司最近股價是 $72。

   a. 使用 DCF 方法，計算權益成本。
   b. 使用 SML 方法，計算權益成本。
   c. 為何 (a) 和 (b) 的估計值差距這麼大？

迷你個案

Hubbard Computer, Inc. 的資金成本

你最近受雇於 Hubbard Computer, Inc.（HCI）新成立的資金管理部門，HCI 在八年前由 Bob Hubbard 創立，目前在美國東南部有 74 家門市，公司為 Bob 和其家人擁有，去年營業額是 $9 千 7 百萬。

HCI 主要是銷售產品給來店購物的顧客，顧客光臨門市和銷售代表溝通所需產品，銷售代表協助顧客決定其所需的電腦機型及周邊設備。下單後，顧客立即付款，公司則依照訂單製造電腦。貨物送達平均天數是 15 天，保證不超過 30 天。

截至目前，HCI 的成長動力來自於它的獲利，當公司有足夠資金時，就開設新的門市，除了物色門市地點之外，HCI 的資本預算過程很少運用正規的分析工具。Bob 剛研讀了有關資本預算的相關分析工具，並求助於你。HCI 從未了解它的資金成本。Bob 希望你對公司的資金成本進行分析，因為公司是私人擁有，很難決定公司的權益資金成本。Bob 希望你使用單純遊戲方法求出

第 14 章　資金成本　　597

HCI 的資金成本，而他選擇戴爾（Dell）作為代表公司。以下步驟可助你做此估算：

問題

1. 大部份上市公司需要繳交季報（10Q）與年報（10K）給 SEC，報告內容分別詳述上一季與上一年公司的財務狀況。這些公司的檔案可以在 SEC 的網站 www.sec.gov 上找到。上 SEC 的網站，點選尋找公司檔案（Search for Company Filings）和公司及其他檔案（Companies & Other Files）的連結，鍵入 "Dell Computer" 並尋找 Dell 在 SEC 的相關檔案。找到最近的 10Q 及 10K，並下載其報表。從資產負債表，找出負債和權益證券的帳面價值。如果你往下看，你會找到標題是長期負債和利率風險管理（Long-term Debt and Interest Rate Risk Management）的相關資料，此處提供了戴爾長期債務的分析資料。

2. 要計算 Dell 的權益證券資金成本，可到 finance.yahoo.com，並鍵入 Dell 的代碼 "DELL"，循著連結回答下列問題：上面所列 Dell 最近的股價為何？權益證券市值是多少呢？Dell 發行在外的股數是多少股呢？最近一年的股利是多少呢？在此狀況下，你可以使用股利折現模型嗎？Dell 的貝它值是多少？現在再回到 finance.yahoo.com，循著債券（Bonds）的連結，三個月期的 Tbill 報酬率是多少呢？使用歷史的市場風險溢酬及 CAPM，計算 Dell 的權益資金成本。

3. 現在計算 Dell 債務資金成本，到 www.finra.org/marketdata，輸入 Dell，並找出 Dell 所發行的各期債券的到期收益率。使用帳面價值及市場價值作為權值，分別計算 Dell 的加權平均債務資金成本？這兩個估計值有任何差異嗎？

4. 你現在有了計算 Dell 加權平均資金成本所需的相關數據，假設 Dell 的稅率是 35%，使用帳面價值及市場價值作為權值，計算 Dell 的加權平均資金成本，哪一個估計值比較有意義呢？

5. 以 Dell 作為單純遊戲法的參考公司，估算 HCI 的資金成本。使用這樣的估算方法會有哪些潛在問題？

15

募集資金

2010 年 11 月 18 日，萬眾期待的「政府汽車」（Government Motors）*首次公開發行（IPO），以 General Motors（GM）的名義上市，在投資銀行 J. P. Morgan、Morgan Stanley 和 BofA Merrill Lynch 的協助下，通用汽車以每股 $33 的價錢賣出了 5 億股。儘管公司最近的財務風暴及隨後的美國政府紓困，股價當天收盤價漲到 $34.19，上漲了 3.6%。此筆 IPO 是史上最大的，GM 籌措了 $231 億；在 2010 年 7 月當時，Agricultural Bank of China 的 IPO 是最大的，籌措了 $121 億。本章將探討諸如 GM 這些公司的股票上市程序、成本及投資銀行在此過程中所扮演的角色。

所有公司都必須在不同時期取得資金。為了獲取資金，公司不是向外借款（負債融資），就是要賣出公司部份的股票（權益融資），或者兩者兼行。公司如何籌措資金，主要視公司的規模大小、所處的生命週期階段，和公司成長的前景而定。

本章將介紹公司實際籌措資金的方式。我們首先將重點放在公司剛成立時的狀況，以及創業投資資金對這類公司的重要性。然後，介紹公司的公開上市過程，和投資銀行在上市過程所扮演的角色。接下來，討論各類公司公開發行證券的各種相關課題，以及這些課題的涵義。最後，本章將討論債務資金的來源。[1]

---

* 在當時通用汽車陷入財務困境，由美國政府紓困救援。
[1] 我們感謝佛羅里達大學的 Jay R. Ritter 教授對本章內容的建議。

15.1 公司的融資生命週期：創始階段的融資和創業投資資金

有一天，你和朋友想要發展一種新的電腦軟體，來幫助人們利用下一代的 Meganet 互相溝通。充滿企業家的熱忱，你們決定將此產品命名為 Megacomm，並準備將它推出到市場上。

經過不眠不休的努力後，你們已經設計出這項新產品的雛形。雖然實際上尚不能執行，但是至少已經可以利用它來說明自己的想法。為了要進一步發展這項產品，你們必須雇用程式設計師、購買電腦、租用辦公室等。然而，你們兩個人都只是在學的大學生，就算將你們的所有資產全部加起來，還不夠辦一場披薩宴會，更何況是要開一家新公司。你們所需要的就是 OPM——別人的錢（other people's money）。

你們的第一個想法可能是向銀行貸款。然而，你們可能會發現，銀行通常不願意借錢給剛開始創業、沒有任何商業紀錄、沒有任何資產（除了理念）的公司。這個時候，你們所需要的資金很可能就要到創業投資資金（venture capital, VC）市場去找了。

創業投資資金

創業投資資金（venture capital）這個名詞，並沒有精確的定義。一般來說，它指的是融資給剛成立且風險很高的公司之資金。例如，在上市之前，Google 就是從 VC 取得資金的。個別的創業投資人士就是所謂的「天使投資者」，利用自己的資金投資，但他們傾向投資較小的計畫；而創業投資資金公司則專門集合各種來源的資金，再將這些資金投資出去。這些資金的來源，包括個人、退休基金、保險公司、大型企業等，甚至大學裡的捐贈基金。私人權益（private equity）一詞通常指的是未公開上市公司的權益融資。[2]

創業投資家和創業投資公司都知道，大部份的新創業公司並不會成功，但偶爾也會成功。當這種情況出現時，潛在利潤就相當可觀。為了控制風險，創業投資家通常會提出階段性的融資。在每一階段，都投資足夠的金額，以便可以達到下一個規劃中的階段。譬如，第一階段的融資可能足夠完成興建和製造計畫的雛形。根據這些成果，第二階段的融資將是最主要投資的階段，開始從事商品的生

---

[2] 所謂的貪婪資本家（vulture capitalists）是指專精於高風險投資案，投資於已成型但面臨財務危機的公司企業。

產、行銷和配銷。這樣的融資階段可能有很多，每一個階段都代表公司成長過程的關鍵。

不同的創業投資公司通常專精於不同階段。有些專精於公司創業初期的「種子資金」（seed money）（播種期）的融資，也就是所謂的底層融資。相反地，有些創業投資家專精於比較後階段的融資，也就是所謂的中層融資。這裡的中層（mezzanine level），就是指在底層之上的。

在各階段均可取得資金，和視目標是否達成才給予下一階段的融資之作法，給予公司創辦人強而有力的激勵。通常在公司草創的過程中，創辦人的薪資是相當少的，而且他們大部份的個人資產，也都投入在公司中。在每一融資階段，創辦人投入公司的資金會成長，而公司成功的機率也會增加。

除了提供融資外，創業投資家通常也會積極地參與公司的經營，提供本身過去創業投資和商業經營的經驗。特別是當公司的創辦人缺少或是根本沒有經營公司的經驗時，這些作法尤其明顯。

創業投資資金的真相

雖然創業投資資金的市場很大，但取得創業投資資金卻是非常不容易。創業投資公司會收到非常多的投資計畫書，其中大部份都淪落到放在檔案櫃的命運。創業投資者非常依賴律師、會計師、銀行家，以及其他創業投資人士的意見，來協助找出有潛力的投資案。因此，要從創業投資市場取得資金，個人的人際關係是相當重要的，這是一個需要他人「引介」的市場。

另一個事實是，創業投資資金的成本是非常昂貴的。在典型的融資交易中，創業投資公司會要求 40%，或者更高的公司股權。創業投資公司經常會持有有投票權的特別股，使他們在公司要賣掉或清算時擁有各種優先權利。通常，創業投資公司會要求取得公司董事會中數個席位，甚至也可能指定一位或數位資深經理人。

選擇創業投資公司

有些剛創立的公司，特別是由具有經驗及成功紀錄的企業家所創立的公司，在選擇創業投資公司時，所考慮不只是資金的來源。還包括下列幾個重要因素：

1. **財務實力**：創業投資者必須擁有雄厚的資源和財務能力，以便在必要的時候，可以提供額外的階段融資。然而，若考慮到下一個因素，財務實力就不一定愈雄厚就愈好。
2. **風格**：有些創業投資者非常想介入公司的日常營運和決策，有些則只對公司

每月的財務報表有興趣。哪一種較好則取決於公司和創業投資者的經營能力。此外，大型的創業投資公司會比較官僚，沒有小型創業投資公司有彈性。

3. **過去的紀錄**：創業投資公司在類似公司的投資是否成功？同樣重要的是，創業投資公司如何處理不成功的案子？
4. **交際層面**：除了提供融資和管理方面的協助之外，創業投資公司必須還能夠為公司引進潛在的重要顧客、供應商以及與其他產業接觸。創業投資公司通常都專精於少數特定產業，而這種能力確實非常有價值。
5. **退離策略**：創業投資公司通常不是長期投資者。創業投資公司將以什麼方式及在何種情況抽回資金，都應該加以審慎地評估。

結 論

假如新創立的事業能夠成功，當公司賣給其他公司或是股票上市時，通常可獲得高額報酬。不論是哪一種情形，投資銀行通常會涉入其中過程。下面數節討論公司公開發行股票的程序，尤其是公司上市的過程。

> **觀 念 問 題**
>
> **15.1a** 何謂創業投資資金？
> **15.1b** 為什麼創業投資資金的供應通常會分階段進行？

15.2 公開發行有價證券：基本步驟

有許多法令規範了股票公開上市的過程。1933年證券法案（Securities Act）是聯邦政府規範州際證券發行的根據。1934年證券交易法案（Securities Exchange Act）則是管理流通在外證券的根據。證管會（SEC）則是執行這兩個法案。

公開發行證券包含一連串的步驟。一般而言，基本程序如下：

1. 公司公開發行證券的第一個步驟是，管理階層要取得董事會的同意。在某些情況下，必須增加已授權的普通股股數時，就需經過股東會投票表決通過。
2. 公司必須準備<u>有價證券註冊申請書</u>（registration statement），向證管會提出申請。所有公開發行證券都必須提出此申請書，只有兩個例外：

a. 九個月內到期的貸款。

b. 發行金額少於 $500 萬者。

第二個例外就是所謂的小額發行例外（small-issues exemption）。在這個情況下，可以使用較簡單的程序。在基本的小額發行的例外中，證券發行量少於 $500 萬者，適用 A 條款（Regulation A），只需要一份簡要的發行申請書。一般來說，有價證券上市申請書至少要有 50 頁以上的財務資訊內容，包括公司過去的財務狀況、目前經營的細節、正在進行的融資，以及對未來的規劃。

3. 在等候期間，證管會將審查有價證券註冊申請書。此時，公司會分發許多初步公開說明書（prospectus）給潛在的投資者，這份公開說明書包括了許多有價證券註冊申請書內的資料。這份初步公開說明書有時候也稱為紅字書（red herring），稱為紅字書的原因是封面上通常印有粗紅鉛字。

如果 SEC 沒有寄給公司一份建議修改的意見信件（letter of comment），則有價證券註冊申請書在提出申請後的第 20 天即生效。如果必須修改，那麼改進之後，要再重新等待 20 天。值得注意的是，SEC 並不考慮此項新證券的發行利益和價值，它只確認該發行申請是否遵守法令。同時，SEC 通常不會檢查說明書的內容是否準確真實。

註冊申請書剛開始也不記載證券的發行價格。通常，在申請期間結束或快結束時才會補提發行價格，之後註冊就生效了。

4. 在證管會核准登記前，公司不可以銷售這些證券。然而，口頭上的銷售是可以的。

5. 在申請書生效日，發行價格決定後，就開始進行早已準備充分的銷售。最後的公開說明書必須和證券，或銷售的確認（看哪一個先到）一起遞送。

承銷商在申請期間和之後會刊登類似墓碑（tombstone）的廣告：廣告內有發行公司與承銷商的名稱，像墓碑的內容。圖 15.1 就是一個 tombstone 廣告，這廣告上會列出發行者的名稱。除了提供有關此證券發行的資料外，廣告上還會登載銷售該證券的投資銀行（承銷商）。至於投資銀行在銷售證券所扮演的角色，後面的內容會有更詳細的討論。

投資銀行會根據他們在證券發行所參與程度分組，叫做階層（bracket）。在每一階層裡，投資銀行依名稱的字母順序排列。這種階層通常被視為是一種順位次序（pecking order）。一般而言，階層愈高，承銷商的聲譽愈高。近年來，為了成本考量，墓碑或廣告的使用是愈來愈少了。

圖 15.1　tombstone 廣告範例

> **觀念問題**
>
> **15.2a** 發行新證券的基本程序為何？
> **15.2b** 什麼是有價證券註冊申請書？

15.3 各種證券發行方式

當公司決定要發行新證券時，它可以採公開發行或私下募集的方式銷售。如果公司決定要公開發行，則公司必須向證管會註冊登記。但是，如果整個發行對象少於 35 個投資者，那麼就可以採私下募集的方式完成。在這種情況下，就不需要有價證券註冊申請書。[3]

公開發行有兩種形式：<u>一般現金增資發行</u>（general cash offer），和<u>認股權增資發行</u>（rights offer）。在現金增資發行的情況，有價證券是提供給一般投資大眾。在認股權增資發行中，有價證券剛開始只提供給公司現有股東。認股權增資在其他國家非常普遍，但是在美國則不多見，尤其在近幾年更是如此。因此本章把重點放在現金增資發行的討論。

公司的證券第一次公開發行稱為<u>初次公開發行</u>（initial public offering, IPO），或是初次新發行（unseasoned new issue），這是發生在公司決定要公開上市（go public）的時候。顯而易見地，所有的初次公開發行都是現金增資發行，因為如果公司的現有股東願意購買這些股份，公司就不需要透過公開銷售的程序來發行這些證券。

<u>再次發行新證券</u>（seasoned equity offering, SEO）指的是以前已經發行過有價證券的公司，再次發行新證券。[4] 普通股的再次發行可以採現金增資發行，或是認股權增資發行。

這些發行新證券的方法匯整於表 15.1 中。在 15.4 節到 15.8 節中還會有詳細的討論。

---

[3] 權益證券私下募集有各種不同的作用，銷售未註冊的證券可以避免 1934 年證交法所要求的一些相關成本。這些未註冊證券的轉售受到嚴格管制，例如，投資者必須持有這些證券至少一年，然而，對大型機構投資者，這些限制在 1990 年已大幅地放寬。債券的私下募集在下一節討論。

[4] 有時也使用跟隨發行（follow-on offering）和第二次發行（secondary offering）。

表 15.1　發行新證券的方法

方法	形式	定義
公開發行 　傳統現金增資發行	包銷現金增資發行	公司和投資銀行對承銷和分配新股票的方式達成協議。承銷商買進特定數量的公司新發行的股份，並以較高價格出售。
	代銷現金增資發行	投資銀行以約定的價格盡力銷售新股票，並不保證公司募得現金的多寡。
	荷蘭式競拍現金增資發行	公司聘請投資銀行代為拍售股票，以決定所要發行的股份之最高發行價格。
特權認購	直接認股權增資發行	公司直接對現有股東發行新股票。
	餘額包銷認股權增資發行	就像直接認股權發行，此種發行包括現有股東的特權認股權安排，並由承銷商保證淨銷售所得。
非傳統現金增資發行	存架現金發行	合格的公司可以將註冊的股份在兩年內於需要資金之時銷售。
	競價現金發行	公司以公開競價方式取代協議來決定承銷契約。
私下募集	直接募集	證券直接賣給購買者，通常購買者至少在兩年內不可以轉售證券。

觀念問題

15.3a 認股權增資發行和現金增資發行有何不同？
15.3b 為什麼首次公開發行必定是以現金發行？

15.4　承銷商

　　如果公開發行的有價證券是以現金增資的方式發行，通常會牽涉到承銷商（underwriters）。對於大型的投資公司如摩根史坦利公司（Morgan Stanley）而言，證券承銷是重要的業務。承銷商會提供發行公司以下的服務：

1. 規劃證券發行的方式。
2. 新證券價格的訂定。
3. 將新證券銷售出去。

一般來說，承銷商以低於賣價（offering price）買入證券，但是要承擔賣不出去的風險。承銷涉及的風險很大，因此一些承銷商會組成聯合承銷集團，即聯合承銷（syndicate），來共同分攤風險並協助銷售。

在聯合承銷中，整個發行是由一個或幾個承銷商來主辦，或是一起管理。負責主辦的承銷商被授權為領導承銷商。領導承銷商通常要為新證券進行定價。而聯合承銷中的其他承銷商的主要工作則是將證券銷售出去，及隨後印製一些研究分析報告。

承銷商承銷新證券的買價和賣價的差異稱為價差（gross spread），或是折扣（discount）。這是承銷商的基本報酬。有時候在比較小的承銷業務上，承銷商還會收到價差以外的非現金報酬，如認股權證（warrants）或股票。[5]

如何選擇承銷商

公司若要將欲發行的新證券給標價最高的承銷商銷售，可以公開競價發行（competitive offer）的方式，另一個方式是直接和承銷商私下議價。除了少數大公司外，一般公司新發行負債和權益證券通常都是以議價發行（negotiated offer）來進行。但是公用事業的控股公司不能採議價方式，它們被規範必須採用競價的方式發行新證券。

有證據指出，競價承銷比議價承銷便宜，然而在美國議價承銷卻比較盛行，這正是目前非常受到爭議的課題。

承銷方式

現金增資發行包含兩種基本承銷方式：包銷（firm commitment）和代銷（best efforts）。

包銷承銷　包銷承銷（firm commitment underwriting）係指發行公司把整個發行的證券直接賣給承銷商，承銷商再把它們賣給投資大眾。這是美國最常見的承銷方式。這就是一種「買入－再賣出」的方式，承銷商得到的報酬即價差。至於已上市公司的再次發行新證券，承銷商可觀察這家公司原有股票目前的市價，藉以決定新證券的價格，在這種新證券的承銷中，95% 以上都是採包銷的方式承銷。

如果承銷商無法以議定的賣價賣出所有的證券，它就不得不降價出售未賣出的證券。在這種包銷情況下，發行公司不受到影響，它還是拿到先前議定的金額，而所有銷售風險都是由承銷商承擔。

因為承銷商會在分析市場對新證券的接受程度之後才決定賣價，所以新證券

---

[5] 認股權本質上就是股票選擇權，可於在一段期間內以某一設定價格買入股票。

賣不出去的風險通常是非常低。賣價通常是在銷售開始之前才決定，所以，發行公司在銷售之前無法精確地知道新證券的淨銷售金額。

　　為了訂定賣價，承銷商將會徵詢潛在投資者，特別是一些大型機構投資者，諸如共同基金，承銷商與發行公司的管理階層會在幾個城市進行發表會，推銷發行公司的股票，這類行程稱為巡迴發表（road show），而可能的買家會提出他（她）所願意申購的股票數量與價格，這個流程就稱為詢價圈購（bookbuilding），就如下面章節所介紹的內容，儘管有詢價圈購此過程，承銷商經常或似乎會定價錯誤。

代銷承銷　代銷承銷（best efforts underwriting）係指承銷商只盡力以議定的賣價銷售新證券，承銷商並不給予發行公司保證任何的募集金額。這種承銷方式近年來較不常見，而包銷承銷則是較常見的方式。

荷蘭式的競拍承銷　使用荷蘭式的競拍承銷（Dutch auction underwriting）時，承銷商並不設定固定的承銷價，而只是主持拍賣過程，由投資者競標，而承銷價則由投資者的標價來決定。荷蘭式的競拍另一個為人所知的名稱是單一價格競拍（uniform price auction）。這種承銷方式在 IPO 市場上算是相當新穎的，但尚未普及化，然而，這種承銷方法在債券市場上卻相當普遍。例如，美國國庫券及政府公債均使用此種方法銷售給投資者。

　　要了解荷蘭式競拍承銷的最好方法，便是透過例子說明，假設 Rial Company 要銷售 400 股股票給投資大眾，公司收到下列五筆標單：

投標者	數量	價格
A	100 股	$16
B	100 股	14
C	200 股	12
D	100 股	12
E	200 股	10

因此，投標者 A 願意以每股 $16 的價格買進 100 股；投標者 B 願意以每股 $14 的價格買進 100 股。Rial Company 審核每筆標單，以決定 400 股全數賣出能得到最高的價格。舉例來說，當價格是 $14，投標者 A 和 B 只會買 200 股，所以價格太高了。我們再繼續往下，只有將價格調至 $12 時，400 股才能全數賣出，$12 就是 IPO 的承銷價。而投標者 A 到 D 會配到股份；投標者 E 則不會。

　　上述的例子還有兩個重點：首先，所有得標者都只付 $12，即使是投標者 A

及投標者 B 也一樣，雖然他們的競標價格較高。所有得標者都付同等價格就是「單一價格競拍」名稱的由來。這種競拍旨在藉由保護得標價格不至於太高的情況下，來鼓勵投標者大膽下注。

其次，在 $12 的承銷價下，共有 500 股的標單，高過 Rial 要賣的 400 股。因此，需要某種分配機制，各種分配機制均不甚相同。但在 IPO 市場上，分配方式僅是將承銷股數除以承銷價及高於承銷價的競標股數，在上例中就是 400/500＝0.8，之後按照這比例將承銷股數配置給投標者。換句話說，投標者 A 至 D 每人會拿到他們所投標股數的 80% 股份數。

後　市

在新發行證券最初公開銷售後的期間，稱為後市（aftermarket）。在這段期間內，承銷團中的成員通常不會以比賣價低的價格賣出證券。

如果此新證券的市價下跌至原承銷賣價之下，領導承銷商可以將它買回。目的是要穩定市場和價格，以抵擋暫時性的價格下跌壓力。如果這些證券在一段期間（例如 30 天）後仍未賣出，承銷團的成員就可以離開承銷團，並可以在市場上以任何價格銷售他們手上的證券。[6]

綠鞋條款（增售條款）

許多承銷契約包含綠鞋條款（Green Shoe provision，有時叫做增售選擇權(overallotment option)），這個條款允許承銷團裡的成員以賣價向發行公司購買額外股份的權利。[7] 像 IPO 和 SEO 都會有此條款，但是一般債券發行通常沒有這個條款。綠鞋選擇權是為了要滿足超額需求和超額認購。這種選擇權通常在 30 天內有效，而且不能超過新發行股份的 15%。

實務上，承銷團會先賣出 115% 的新發行股份，假如股票需求很大，承銷商就會行使綠鞋條款，向公司取得另外 15% 的股份；假如需求疲軟，承銷商便從市場上買回股份，以便穩定上市後的股價。

閉鎖協議

法令雖然沒有股票閉鎖的規定，但一些承銷合約都含有閉鎖協議。閉鎖協議（lockup agreement）載明股票上市經過多少期間後，內部人始能出脫其持股。近

---

[6] 有時候，當承銷商放棄價格穩定措施時，價格就快速下挫。在這種情況下，華爾街的詼諧者（沒有買入任何一股該支股票）調侃後市後的這段期間為*劫後重生期*（aftermath）。

[7] 綠鞋條款聽起來很怪異，但它的起源是很世俗的，這個用語是由綠鞋公司的名稱而來，該公司是第一家使用增售選擇權的公司。

年來，閉鎖期間都設定為 180 天；所以，股票上市後，內部人不能出脫持股，他們仍持有相當比重的上市公司股權。

閉鎖期間的規定是相當重要的，因為閉鎖的股數常常超過一般投資大眾持有的股數，有時甚至是好幾倍。在閉鎖期結束當日，可能會有相當多的股票要出脫，造成股價下挫。實證研究顯示，閉鎖期結束當日，公司股價通常會下跌，特別是內部人包含創投公司的這些公司。

靜默期

一旦公司決定要進行上市動作後，SEC 要求新上市公司和其承銷商要遵守「靜默期」規定，在這一段期間內，公司及承銷商向投資大眾所作的公告，僅限於一般例常性事務和其他事實的陳述，靜默期結束於上市後的第 40 天。SEC 的背後邏輯是，所有相關的資訊都應該包含在公開說明書內，這項規定的主要目的是，禁止承銷商的分析師撰寫有關新上市公司的分析與推薦報告。然而，靜默期一結束後，主事的承銷商會出版推薦研究報告，通常都是有利的「買進」建議。

2004 年，有兩家公司違反了「靜默期」的規定，就在 Google 上市之前，一篇有關 Google 共同創辦人 Sergey Brin 及 Larry Page 的訪談出現在 *Playboy* 雜誌上，這個訪談幾乎迫使 Google 的 IPO 延期。但 Google 即時補上這些訪談內容到公開說明書內。2004 年 5 月，Salesforce.com 的 IPO 則被迫延期，原因是執行長 Marc Benioff 的訪談出現在《紐約時報》上，Salesforce.com 在延遲了兩個月後（7 月）上市。

觀念問題

15.4a 承銷商有何功能？
15.4b 何謂綠鞋條款？

15.5　初次公開發行和價格低估

在證券初次公開發行中，對承銷商來說最困難的工作就是決定正確的承銷賣價。承銷價訂得太高或太低，發行公司都會面臨到潛在的成本。如果價格訂得太高，則新證券可能銷售不佳，此公開發行的計畫就必須撤回；如果價格訂的比證

券真實價值還低，股票以低於真實價值的價格銷售時，公司的現有股東將遭受損失。

價格被低估的情況十分普遍。造成新股東在所購買的股票上賺得較高的報酬。但是，價格被低估對公司的現有股東卻沒有好處。對他們而言，這是發行新證券的一種間接成本。例如，本章開頭的 General Motors IPO 例子，首日交易的開盤價是 $33，盤中曾一度上漲至 $35.99，而首日交易的收盤價是 $34.19，股價上漲了 28%，承銷價明顯地低估 $1.19，易言之，公司損失了 $5 億 6 千 8 百萬；eToys 在 1999 年發行 820 萬股，每股價格低估了 $57，總損失大約是 $5 億；但 eToys 隨即於兩年內就破產了。

IPO 價格低估：1999 年至 2000 年的經歷

表 15.2 及圖 15.2 與圖 15.3 顯示，1999 年與 2000 年是 IPO 市場上較特別的兩年。大約有 900 家公司上市，平均上市首日報酬為 64%；其中 194 家公司的首日報酬是 100% 或超過 100%。相反地，在 1999 年之前的 24 年期間，只有 39 家公司的首日報酬超過 100%，而 VA Linux 則高達 698%！

在 2000 年，初次公開發行的籌資金額破紀錄高達 $650 億，1999 年以稍低於 $650 億緊隨其後。然而，1999 年價格偏低相當嚴重，初次公開發行的總損失金額達 $360 億，高於 1990 年至 1998 年的總金額；而 2000 年的總損失額也有 $270 億。換句話說，在 1999 年至 2000 年兩年期間，由於價格低估，首次公開發行的損失金額高達 $630 億。

1999 年 10 月 19 日是最值得懷念的一天，當日，World Wrestling Federation（WWF）與 Martha Stewart Omnimedia 這兩家公司同時上市，當收盤時間響鈴時，Martha Stewart 以 98% 的首日報酬擊敗 WWF 的首日報酬 48%；假如你有興趣，你可以從網路作業單元中取得最近期 IPO 的報酬資訊。

價格被低估的證據

圖 15.2 描述了價格低估的一般現象。圖 15.2 按照月份顯示出證管會註冊的 IPO 價格低估的情形，[8] 期間是從 1960 年到 2010 年。圖 15.3 是同時期內每個月的 IPO 公司的數目。

- 圖 15.2 顯示價格低估的程度有時候相當大，在某些月份甚至超過 100%。在這些月份當中，平均 IPO 的價值上漲超過一倍，有時候這是發生在幾個小時內。

---

[8] 本節的討論內容取自 R. G. Ibbotson, J. L. Sindelar, and J. R. Ritter, "The Market's Problems with the Pricing of Initial Public Offerings," *Journal of Applied Corporate Finance* 7 (Spring 1994).

表 15.2　初次公開發行個數、平均最初報酬和銷售毛額：1960－2010

年	發行個數*	平均首日報酬，%[+]	平均發行毛額（$百萬）[+]
1960	269	17.8	553
1961	435	34.1	1,243
1962	298	−1.6	431
1963	83	3.9	246
1964	97	5.3	380
1965	146	12.7	409
1966	85	7.1	275
1967	100	37.7	641
1968	368	55.9	1,205
1969	780	12.5	2,605
1970	358	−0.70	780
1971	391	21.20	1,655
1972	562	7.50	2,724
1973	105	−17.80	330
1974	9	−7.00	51
1975	12	−0.20	261
1976	26	1.90	214
1977	15	3.60	128
1978	19	12.60	207
1979	39	8.50	313
1980	75	13.90	934
1981	197	6.20	2,367
1982	82	10.60	1,064
1983	524	8.90	11,332
1984	222	2.50	2,841
1985	214	6.20	5,125
1986	481	6.00	15,793
1987	344	5.60	13,300
1988	130	5.40	4,141
1989	122	7.80	5,406
1990	115	10.50	4,325
1991	295	11.70	16,602
1992	416	10.20	22,678
1993	527	12.70	31,599
1994	412	9.80	17,560
1995	461	21.10	30,230
1996	688	17.20	42,425
1997	487	14.00	32,441
1998	318	20.20	34,614
1999	486	69.70	64,927

表 15.2　初次公開發行個數、平均最初報酬和銷售毛額：1960－2010（續）

年	發行個數*	平均首日報酬，%[+]	平均發行毛額（$百萬）[‡]
2000	382	56.20	65,088
2001	79	14.20	34,241
2002	70	8.60	22,136
2003	67	12.30	10,068
2004	184	12.20	32,269
2005	168	10.10	28,593
2006	162	11.90	30,648
2007	162	13.80	35,762
2008	21	6.40	22,762
2009	43	10.60	13,307
2010	100	8.80	31,291
1960-1969	2,661	21.20	7,988
1970-1979	1,536	7.10	6,663
1980-1989	2,391	6.80	62,303
1990-1999	4,205	21.00	297,441
2000-2010	1,438	23.40	326,165
1960-2010	**12,231**	**16.80**	**692,572**

*發行個股數排除了發行價格低於 $5.00 的發行、ADRs 的發行、代銷發行、配套發行（unit offers）、依條款 A 的發行（1980 年代的小額發行，金額少於 $150 萬）、房地產信託基金（REITs）發行、合夥事業的發行，以及封閉型基金發行。
[+]首日報酬是以首日交易收盤價對發行價格所求算的報酬率。
[‡]毛發行額資料，從 Securities Data 公司取得，該資料排除增售選擇的發行，但包含國外發行的金額。這些金額均未調整通貨膨脹的影響。
資料來源：Professor Jay R. Ritter, University of Florida.

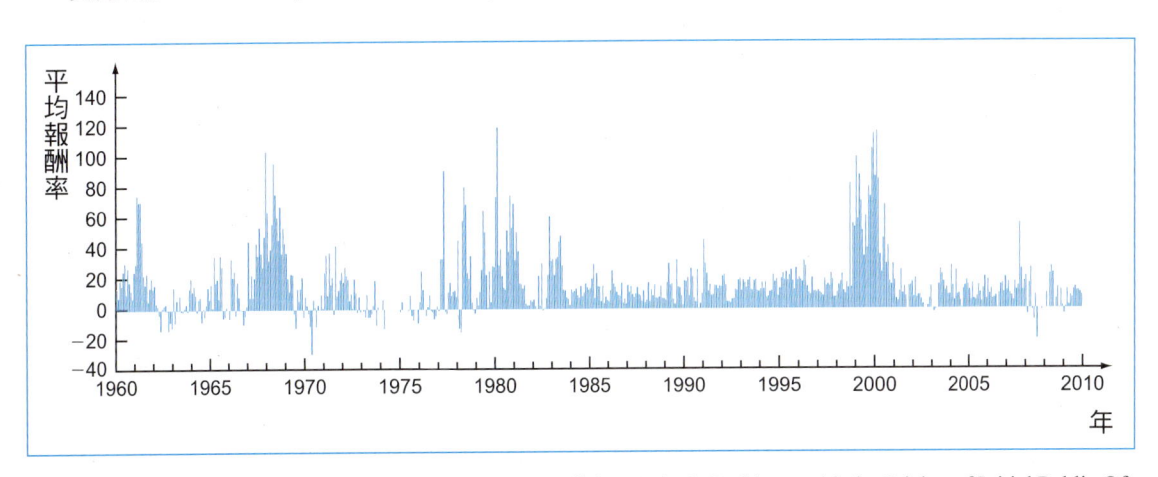

資料來源：R. G. Ibbotson, J. L. Sindelar, and J. R. Ritter, "The Market's Problems with the Pricing of Initial Public Offerings," *Journal of Applied Corporate Finance* 7 (Spring 1994), as updated by the authors.

圖 15.2　在證管會註冊的公司首次公開發行平均首月報酬：1960－2010

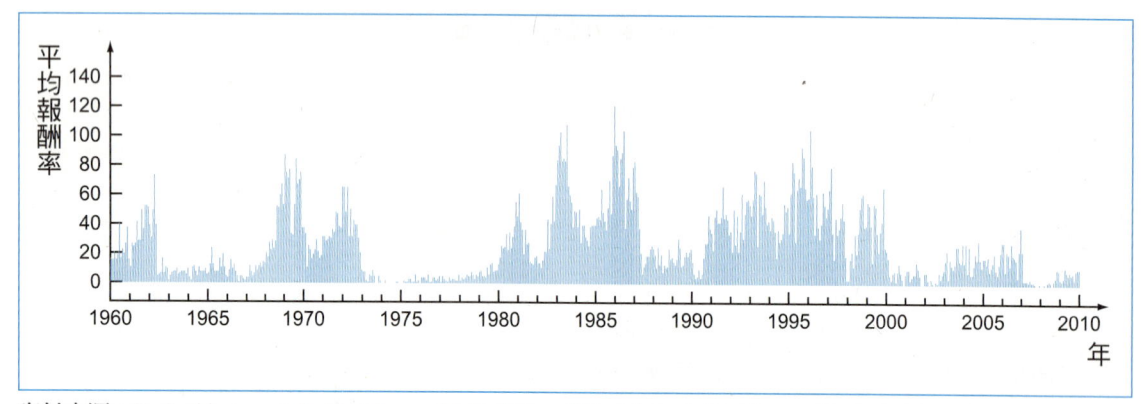

資料來源：R. G. Ibbotson, J. L. Sindelar, and J. R. Ritter, "The Market's Problems with the Pricing of Initial Public Offerings," *Journal of Applied Corporate Finance* 7 (Spring 1994), as updated by the authors.

圖 15.3 在證管會註冊的公司之首次公開發行的次數分配：1960–2010

網路作業

公司股票上市造成多少損失呢？我們可以到網站 www.hoovers.com 觀察究竟，下面是 2010 年第四季的結果：

Money Left On The Table

Company	Lead Underwriter	Offer Price	Pricing Valuation (mil.)	First Trade Price	First Trade Valuation (mil.)	Money on the Table (mil.)
General Motors Company	Morgan Stanley & Co. Incorporated	$33.00	16730	$35.00	$52,500	$956.00
Youku.com Inc.	Goldman Sachs (Asia) L.L.C.	$12.80	427.95	$27.00	$415	$225.10
The Fresh Market, Inc.	Merrill Lynch, Pierce, Fenner & Smith Incorporat	$22.00	448.12	$34.00	$1,632	$158.20
E-Commerce China Dangdang Inc.	Credit Suisse Securities (USA) LLC	$16.00	416.5	$24.50	$417	$144.50
ChinaCache International Holdings Ltd.	Merrill Lynch, Pierce, Fenner & Smith Incorporat	$13.90	181.8	$30.00	$11,191	$97.60

如你所見，General Motors 領先群雄，損失了 $9 億 5 千 6 百萬；請注意，這個數字與本章的數字有所差異，主要原因是此網站以第一筆成交價計算損失金額，而我們則使用收盤價格。

問　題

1. 進入 www.hoovers.com 網站，找出目前列在該網站上的上市損失之公司名單，這些公司的上市損失金額相對於上市所募集到金額之比率為何？
2. 進入 www.hoovers.com 網站，找出哪些公司即將進行 IPO 首日交易？哪些公司已提出 IPO 申請，但尚未開始交易？

另外，價格低估的程度隨時改變，嚴重價格低估期間（「活絡的發行」市場，hot issue market）緊接著輕微價格低估的期間（「冷淡的發行」市場，cold issue market）。例如，在 1960 年代，IPO 平均被低估了 21.2%。在 1970 年代，這個平均值更小了（7.1%），在大部份的期間，平均值非常小，甚至是負的。在 1980 年代，則平均值是 6.8%。在 1990 年至 1999 年之間，平均 IPO 被低估了 21%。而在 2000 年至 2010 年之間，平均 IPO 則被低估了 23.4%。

從圖 15.3 可以看出，IPO 的數目在各段期間有很大的差異。而且，價格低估的程度與 IPO 的數目兩者都有明顯的週期性。比較圖 15.2 和圖 15.3 可以發現，在價格顯著低估的期間大約六個月後，新發行的數目會趨向增加。這可能是當公司發現市場高度接受新發行證券後才決定上市。

表 15.2 以年為單位，匯總了 1960 年至 2010 年的資料。表中分析了總共 12,231 家公司。價格低估的幅度平均是 16.8%。在 51 年中，平均價格高估的期間只有五年。1999 年是另一個極端的例子，486 筆新發行平均價格低估了 69.7%。

為什麼價格會低估？

根據前面的資料顯示，我們有一個問題待解決：為什麼價格會持續地被低估呢？下面的討論舉出不同的解釋理由，但是到目前為止，研究學者們對於價格低估的真正理由，仍無共識。

現在，我們以上面討論內容中的兩個重要現象，來呈現價格低估的部份謎題。第一，以平均數值探討價格低估可能會掩蔽了一個真相：大部份顯著的價格低估都是來自於規模較小、投機性較高的股票，這點可從表 15.3 中看出。表 15.3 顯示了 1980 年至 2010 年期間價格低估的情形；以各公司在 IPO 之前 12 個月期間的總銷貨金額，作為公司規模的分類依據。

如表 15.3 所示，價格低估情況明顯集中在那些前一年幾乎沒有銷貨額的公司上。這些大部份是剛成立的公司，且公司的風險性很高，它們的價格必須顯著地低估，才能吸引投資者。這是價格低估現象的一種解釋。

第二個值得注意的地方是，幾乎沒有 IPO 的投資者能賺得所呈現得如此高的初次發行平均報酬，事實上很多人還賠錢。雖然平均初次發行的報酬實際上是正的，但是大部份的價格卻呈現下跌。另外，當價格過度低估的時候，該筆發行通常都會出現「超額認購」的情況。這表示投資者無法買到想要買的股份數量，承銷商將採取分配方式將股份賣給投資者。

一般投資者可能會發現，要從「成功」的發行（那些價格上漲者）中買到股份是非常困難的，因為股份的數量不夠分配。相反地，盲目認購 IPO 的投資者可

表 15.3　根據發行公司年銷貨額分組的平均初次發行報酬：1980－2010*

發行公司 年銷貨金額	1980-1989 公司數目	1980-1989 平均首日報酬	1990-1998 公司數目	1990-1998 平均首日報酬	1999-2000 公司數目	1999-2000 平均首日報酬	2001-2010 公司數目	2001-2010 平均首日報酬
$0≤銷貨金額<$10 百萬	424	10.40%	744	17.40%	334	68.80%	149	5.50%
$10 百萬≤銷貨金額<$20 百萬	255	8.50	392	18.40	138	80.70	43	7.90
$20 百萬≤銷貨金額<$50 百萬	495	7.70	792	18.70	154	75.70	143	13.50
$50 百萬≤銷貨金額<$100 百萬	353	6.60	585	12.90	87	60.40	161	16.30
$100 百萬≤銷貨金額<$200 百萬	238	4.80	451	11.90	58	39.10	144	14.40
$200 百萬≤銷貨金額	288	3.40	641	8.60	87	22.60	376	10.60
合計	2,053	7.20	3,605	14.80	858	64.40	1,016	11.60

*銷貨金額是指上市前12個月的銷貨金額，以百萬美元為計算單位。所有銷貨金額均已使用消費者物價指數，調整為2003年的貨幣購買力價值。排除下列發行樣本後，在本表內共有7,532個發行：價格低於$5.00的發行、配套發行、REITs發行，ADRs發行、封閉型基金發行、銀行及儲貸機構、公司未收集在CRSP及無銷貨金額的20家公司。銷貨金額取自Thomson Financial的SDC、Dealogic、EDGAR，以及Graeme Howard-Todd Huxster的pre-EDGAR公開說明書平均首日報酬為18.0%。

資料來源：Professor Jay R. Ritter University of Florida.

能會買到較多股價會下跌的股票。

下面以兩位投資者的故事來說明這種現象。一位投資者 Smith 非常清楚 Bonanza 公司股票的價值；她認為這些股票的發行價格被低估了。另一位投資者 Jones 只知道 IPO 的價格通常會在發行後的一個月內上漲。依照這個訊息，Jones 決定每筆 IPO 都購買 1,000 股的股份。他能從這項初次發行中得到高超額報酬嗎？

答案是不能。Smith 就是其中一個理由。因為了解 Bonanza 公司的情形，Smith 把她所有的資金都投資在 Bonanza 的 IPO 上面。當 IPO 被超額認購的時候，承銷商必須在 Smith 和 Jones 之間分配股份。所以當這個 IPO 的價格被低估的時候，Jones 無法買到他想要買到的股份數量。

另外，Smith 還知道 Blue Sky 公司的 IPO 價格被高估了。在這種情形下，她會避免購買 Blue Sky 的 IPO，結果 Jones 會買到整整 1,000 股的數量。總而言之，當愈多了解內情的投資者搶購價格低估的股票時，Jones 所買到的股份就愈少；而當這些投資者都避購某支股票時，Jones 就得到所有他想要的股份數量。

這是一個「贏家的詛咒」的例子，也是解釋 IPO 之所以會有這麼高的平均報酬的另一個理由。當一般投資者「贏」了而得到全部想要的配額時，這是因為了解實情的投資者不申購該支股票的緣故。承銷商要破解贏家的詛咒並吸引一般投

聽聽他們怎麼說⋯

Jay Ritter 談全球性首次公開發行（IPO）價格低估現象

美國並非是初次上市股票價格低估的唯一國家，有股票市場的國家都存在這樣的現象，雖然每個國家價格低估的程度不同。

一般而言，資本市場健全發展的國家比正在發展中的國家，其價格低估狀況較輕微，然而，1999 年和 2000 年間的網路泡沫期，在資本市場健全發展的國家，價格低估幅度戲劇性地擴增。例如，在美國，1999 年和 2000 年期間，平均第一天的報酬是六成五，在 2000 年中期的網路泡沫熱潮過後，在美國、德國及其他健全發展的資本市場裡，價格低估的程度回到先前傳統的情況。

中國初次上市股票價格低估的程度相當嚴重，但近年來已改善很多。在 1990 年代，中國政府法規要求賣價不能超過盈餘的 15 倍，即使該檔股票的比較公司之本益比是 45 倍。在 2010 年，平均上市首日報酬率是 40%，在中國，首次公開發行募集鉅額資金的案例比在其他國家來的多。

下表是世界許多國家初次上市股票平均第一天報酬率的摘要，數據來源取自一些學者的研究。

國家	樣本數	期間	平均首日報酬	國家	樣本數	期間	平均首日報酬
阿根廷	20	1991-1994	4.40%	約旦	53	1999-2008	149.00%
澳洲	1,103	1976-2006	19.80	韓國	1,521	1980-2009	63.50
奧地利	96	1971-2006	6.50	馬來西亞	350	1980-2006	69.60
比利時	114	1984-2006	13.50	墨西哥	88	1987-1994	15.90
巴西	264	1979-2006	34.40	荷蘭	181	1982-2006	10.20
保加利亞	9	2004-2007	36.50	紐西蘭	214	1979-2006	20.30
加拿大	635	1971-2006	7.10	奈及利亞	114	1989-2006	12.70
智利	65	1982-2006	8.40	挪威	153	1984-2006	9.60
中國	2,102	1990-2010	137.40	菲律賓	123	1987-2006	21.20
塞浦路斯	51	1999-2002	23.70	波蘭	224	1991-2006	22.90
丹麥	145	1984-2006	8.10	葡萄牙	28	1992-2006	11.60
埃及	53	1990-2000	8.40	俄羅斯	40	1999-2009	4.20
芬蘭	162	1971-2006	17.20	新加坡	519	1973-2006	27.40
法國	686	1983-2009	10.60	南非	285	1980-2007	18.00
德國	704	1978-2009	25.20	西班牙	128	1986-2006	10.90
希臘	373	1976-2009	50.80	斯里蘭卡	105	1987-2008	33.50
香港	1,259	1980-2010	15.40	瑞典	406	1980-2006	27.30
印度	2,811	1990-2007	92.70	瑞士	159	1983-2008	28.00
印尼	361	1990-2010	26.30	台灣	1,312	1980-2006	37.20
伊朗	279	1991-2004	22.40	泰國	459	1987-2007	36.60
愛爾蘭	31	1999-2006	23.70	土耳其	315	1990-2008	10.60
以色列	348	1990-2006	13.80	英國	4,205	1959-2009	16.30
義大利	273	1985-2006	16.40	美國	12,165	1960-2010	16.80

Jay R. Ritter 是佛羅里達大學（University of Florida）Cordell 財務講座教授，他是個出色的學者，以對初次上市課題提出具洞見的分析而廣受尊崇。

資者的唯一方法，就是將新股票價格低估（平均而言），使一般投資者仍能從中得到好處。

價格被低估的另一個理由是，價格被低估提供了投資銀行某種保障。可以預見的情況是，如果投資銀行都高估證券的價格，憤怒的投資者可能會控告投資銀行。至少，價格被低估較能保證投資者獲利。

價格低估的最後一個理由是，在制定上市價格之前，投資銀行通常會詢問機構投資者有關它們預計申購股數及心目中的申購價格。價格低估就是作為這些機構投資者提供資訊的一種補償。

> **觀念問題**
>
> 15.5a 為什麼價格被低估對發行公司來說是一種成本？
> 15.5b 假如有位股票經紀商在天還沒亮的時候就打電話告訴你，要賣給你「所有你申購的股數」。你認為這支股票的股價被低估程度會比一般大或小？

15.6 新權益的銷售和公司價值

我們現在來討論再次發行（seasoned offerings）的情況。前面已經提過，再次發行的意義是已有證券流通在外的公司再次發行新股。一般的情況是，當公司匯總了所有淨現值為正的計畫之後，才會展開新的長期融資安排。所以，當公司宣佈向外融資的消息時，公司的價值理論上應該會上漲。但有趣的是，實際情形並不是如此。公司宣佈發行新權益的消息後，股票價格都傾向下跌，但公司若是宣佈發行負債，股票價格則傾向於不變。許多學者針對這種怪異的現象做了許多研究，提出合理的解釋如下：

1. 管理階層的資訊（managerial information）。如果管理階層對公司的市場價值有較佳的資訊，他們可能會知道公司的價值是否高估了。如果真是如此，當股價高於其實際價值時，管理階層會想發行新股票，這樣可以使公司現有的股東受惠。但是，購買此股票的潛在新股東也不是笨蛋，他們了解管理階層的想法，所以會在股票發行日的時候，將管理階層的想法納入股價的折算內。

2. 公司負債的程度（debt usage）。公司發行新權益可能反映出公司負債太高，或是流動性太低。這種論點認為，發行權益對市場傳遞了一個壞訊息（bad

signal）。因為如果新的投資專案是有利可圖的，公司何必讓新股東加入分享？公司可以只發行負債，讓原有的股東得到所有的好處。

3. 發行成本（issue costs）。就如下面將討論的，銷售證券的相關成本很高。

在公司宣佈要發行新證券之後，現有股票價值的下跌，就是發行證券的一種間接成本。對一般產業公司而言，下跌幅度可能達到 3%（公共事業則稍微小一點）。這對大公司來說，是一筆很龐大的金額。在下面新股票發行成本的討論中，我們把這種價格下跌稱為異常報酬（abnormal return）。

舉兩個最近的例子，在 2011 年 2 月，天然氣及石油公司 EOG Resources 宣佈進行次級發行，宣告當日公司股價下跌 3.9%。另外，在 2011 年 2 月，Optimer 製藥公司宣佈進行私募方式的次級發行，發行價格低於當時市價 11%，公司的股價隨即下跌 9%。

觀念問題

15.6a 為何公司宣佈發行新權益時股票價格會下跌？

15.6b 對於有正淨現值投資計畫的公司而言，為什麼我們會預期它將以負債融資，而非以權益融資？

15.7 證券發行的成本

公司公開發行有價證券並不是沒有成本的，發行成本決定了公司所採用的發行方式。發行（floating）新證券的所有相關成本，通常稱為發行成本（floating costs）。本節進一步討論公開銷售權益的發行成本。

公開銷售股票成本

銷售股票的成本可以分為下列六類：(1) 價差；(2) 其他直接費用；(3) 間接費用；(4) 異常報酬（上面討論過）；(5) 價格低估；以及 (6) 綠鞋選擇權。

發行有價證券的成本

1. **價差**　　　　價差是發行公司給付承銷團的直接費用，就是發行公司得到的價格和承銷賣價之間的差額。

2. **其他直接費用**　這些直接成本是發行公司所引起的，並不是給承銷商報酬的部份。這些費用包括申請費、法律費用和稅，這全部都列在

公開說明書中。

3. 間接費用　　　沒有列在公開說明書中，這包括管理當局花費在新發行證券的工作時間成本。

4. 異常報酬　　　對再次發行的股票，在宣佈發行新股票時，現有股票的市價平均下跌 3%。此種下跌就稱為異常報酬。

5. 價格低估　　　對初次公開發行來說，承銷價格低於真實價格時所產生的損失。

6. 綠鞋選擇權　　綠鞋選擇權給予承銷商以承銷價購買額外股份的權利，以彌補超額分配的損失。

表 15.4 是 1990 年至 2008 年期間，美國公司的 IPOs、SEOs、一般債券和可轉換債券發行的直接成本佔發行總額的百分比。這些只是直接成本，不包括間接費用、綠鞋條款成本、IPO 的價格低估和 SEO 的異常報酬。

如表 15.4 所顯示，單是直接成本就非常大，尤其是較小額的發行（小於 $1,000 萬）。例如，對較小額的 IPO 來說，總直接成本就佔募集金額的 25.22%。這表示如果公司賣出 $1,000 萬的股票，它只能拿到 $750 萬左右的淨額。其他的 $250 萬則是給承銷商的價差和其他直接費用。IPO 承銷商的價差通常介於 5% 至 10% 左右。表 15.4 中大約有一半 IPO 的價差正好是 7%，由此可見，這大概是目前最普遍的價差。

整體來說，表 15.4 有四個明顯的型態：第一，除了一般債券外，證券的發行有很顯著的規模經濟。較大額發行的承銷價差較小，其他直接費用也隨募集金額增加而大幅下降，這反映出這些成本幾乎是固定的；第二，發行負債的成本明顯的比發行股權的成本低；第三，IPO 的費用比 SEO 高，然而其差距卻不如一般想像的大；第四，一般債券的發行成本比可轉換債券低。

就如先前所討論的，IPO 價格低估是發行公司的額外成本。表 15.5 匯總了表 15.4 中的 IPO 資料，和公司價格被低估的資料。比較總直接成本（第五欄）和價格低估（第六欄）情形，可以看出兩者大約相等，所以直接成本大概只佔全部的一半。整體 IPO 資料來看，總直接成本佔總募集金額的 10%，而價格低估則佔 19%。

最後討論到負債發行，在表 15.4 中的發行成本型態有些不明確。第 7 章曾介紹到不同的債券會有不同等級的信用評等。高等級債券稱為投資等級，而低等級債券則稱為非投資等級。表 15.6 是將債券區分為投資等級和非投資等級債券後，分別比較其直接成本。

表 15.4　美國公司所發行權益證券（IPO 和 SEO），一般債券和可轉換債券中，直接成本佔銷售毛額之百分比：1990–2008

權益

發行金額 （百萬美元）	IPOs 發行筆數	毛價差	其他直接費用	總直接費用	SEOs 發行筆數	毛價差	其他直接費用	總直接費用
2.00 – 9.99	1,007	9.40%	15.82%	25.22%	515	8.11%	26.99%	35.11%
10.00 – 19.99	810	7.39	7.30	14.69	726	6.11	7.76	13.86
20.00 – 39.99	1,422	6.96	7.06	14.03	1,393	5.44	4.10	9.54
40.00 – 59.99	880	6.89	2.87	9.77	1,129	5.03	8.93	13.96
60.00 – 79.99	522	6.79	2.16	8.94	841	4.88	1.98	6.85
80.00 – 99.99	327	6.71	1.84	8.55	536	4.67	2.05	6.72
100.00 – 199.99	702	6.39	1.57	7.96	1,372	4.34	0.89	5.23
200.00 – 499.99	440	5.81	1.03	6.84	811	3.72	1.22	4.94
500.00 以上	155	5.01	0.49	5.50	264	3.10	0.27	3.37
合計/平均	6,265	7.19	3.18	10.37	7,587	5.02	2.68	7.69

債券

發行金額 （百萬美元）	一般債券 發行筆數	毛價差	其他直接費用	總直接費用	可轉換債券 發行筆數	毛價差	其他直接費用	總直接費用
2.00 – 9.99	3,962	1.64%	2.40%	4.03%	14	6.39%	3.43%	9.82%
10.00 – 19.99	3,400	1.50	1.71	3.20	23	5.52	3.09	8.61
20.00 – 39.99	2,690	1.25	0.92	2.17	30	4.63	1.67	6.30
40.00 – 59.99	3,345	0.81	0.79	1.59	35	3.49	1.04	4.54
60.00 – 79.99	891	1.65	0.80	2.44	60	2.79	0.62	3.41
80.00 – 99.99	465	1.41	0.57	1.98	16	2.30	0.62	2.92
100.00 – 199.99	4,949	1.61	0.52	2.14	82	2.66	0.42	3.08
200.00 – 499.99	3,305	1.38	0.33	1.17	46	2.65	0.33	2.99
500.00 以上	1,261	0.61	0.15	0.76	7	2.16	0.13	2.29
合計/平均	24,268	1.38	0.61	2.00	313	3.07	0.85	3.92

資料來源：I. Lee, S. Lochhead, J. Ritter, and Q. Zhao, "The Costs of Rais-ing Capital," *Journal of Financial Research* 19 (Spring 1996), updated by the authors.

表 15.5　首次公開發行權益證券中，直接成本和間接成本的百分比：1990－2008

發行金額 （百萬美元）	發行筆數	毛價差	其他直接費用	總直接費用	價格低估
2.00 － 9.99	1,007	9.40%	15.82%	25.22%	20.42%
10.00 － 19.99	810	7.39	7.30	14.69	10.33
20.00 － 39.99	1,422	6.96	7.06	14.03	17.03
40.00 － 59.99	880	6.89	2.87	9.77	28.26
60.00 － 79.99	522	6.79	2.16	8.94	28.36
80.00 － 99.99	327	6.71	1.84	8.55	32.92
100.00 －199.99	702	6.39	1.57	7.96	21.55
200.00 －499.99	440	5.81	1.03	6.84	6.19
500.00 以上	155	5.01	0.49	5.50	6.64
合計/平均	6,265	7.19	3.18	10.37	19.34

資料來源：I. Lee, S. Lochhead, J. Ritter, and Q. Zhao, "The Costs of Raising Capital," *Journal of Financial Research* 19 (Spring 1996), updated by the authors.

表 15.6 澄清了負債發行的三個課題：第一，仍存在顯著的規模經濟；第二，投資等級債券的直接成本比非投資等級的債券低很多，尤其是一般債券；第三，非投資等級債券的發行規模很少是小規模的，這反映出這些債券通常都是以私下募集方式處理，稍後我們還會討論到這一點。

公開發行的成本：個案探討

在 2011 年 3 月 17 日，總部座落在 Santa Monica 的軟體公司 Cornerstone OnDemand 經由 IPO 的方式公開發行股票。公司發行了 750 萬股的股票，每股價格 $13，兩家領導承銷商 Goldman, Sachs & Co 與 Barclays Capital 結合其他四家投資銀行形成承銷集團。

雖然這個 IPO 籌到 $9,750 萬的資金，但是 Cornerstone 公司在支付所有費用之後，只拿到 $90,538,500 的金額。所支付的費用中最大的部份是承銷商的價差 7.14%。Cornerstone 公司將所發行的 750 萬股的股票以每股 $12.0718 賣給承銷商，承銷商再以每股 $13.00 的價格賣給投資大眾。

但這還沒結束！Cornerstone 公司也付給證管會 $15,421 註冊費用、$13,783 申請費及 $150,000 的 NASDAQ 掛牌費用。$1,012,700 的會計師查帳費；$9,350 的股務處理相關費用；$130,000 的印刷費用；$2,760,000 的法律費用；$5,000 的法律費用及開支；最後，還支付 $3,746 的雜項費用。

表 15.6　國內債券之平均毛價差和總直接成本：1990－2008

發行金額 （百萬美元）	可轉換債券							
	投資等級				非投資等級			
	發行筆數	毛價差	其他費用	總直接費用	發行筆數	毛價差	其他費用	總直接費用
2.00－ 9.99	—	—	—	—	14	6.39%	3.43%	9.82%
10.00－ 19.99	1	14.12%	1.87%	15.98%	23	5.52	3.09	8.61
20.00－ 39.99	—	—	—	—	30	4.63	1.67	6.30
40.00－ 59.99	3	1.92	0.51	2.43	35	3.49	1.04	4.54
60.00－ 79.99	6	1.65	0.44	2.09	60	2.79	0.62	3.41
80.00－ 99.99	4	0.89	0.27	1.16	16	2.30	0.62	2.92
100.00－199.99	27	2.22	0.33	2.55	82	2.66	0.42	3.08
200.00－499.99	27	2.03	0.19	2.22	46	2.65	0.33	2.99
500.00 以上	11	1.94	0.13	2.06	7	2.16	0.13	2.99
合計	79	2.15	0.29	2.44	299	3.31	0.98	4.29

發行金額 （百萬美元）	一般債券							
	投資等級				非投資等級			
	發行筆數	毛價差	其他費用	總直接費用	發行筆數	毛價差	其他費用	總直接費用
2.00－ 9.99	2,709	0.62%	1.28%	1.90%	1,253	2.77%	2.50%	5.27%
10.00－ 19.99	2,564	0.59	1.17	1.76	836	3.15	1.97	5.12
20.00－ 39.99	2,400	0.63	0.74	1.37	290	3.07	1.13	4.20
40.00－ 59.99	3,146	0.40	0.52	0.92	199	2.93	1.20	4.14
60.00－ 79.99	792	0.58	0.38	0.96	99	3.12	1.16	4.28
80.00－ 99.99	385	0.66	0.29	0.96	80	2.73	0.93	3.66
100.00－199.99	4,427	0.54	0.25	0.79	522	2.73	0.68	3.41
200.00－499.99	3,031	0.52	0.25	0.76	274	2.59	0.39	2.98
500.00 以上	1,207	0.31	0.08	0.39	54	2.38	0.25	2.63
合計	20,661	0.52	0.35	0.87	3,607	2.76	0.81	3.57

資料來源：I. Lee, S. Lochhead, J. Ritter, and Q. Zhao, "The Costs of Raising Capital," *Journal of Financial Research* 19 (Spring 1996), updated by the authors.

如 Cornerstone 公司的費用所示，IPO 的代價是相當高的！最後，Cornerstone 總共花費了 $11,061,500，其中的 $6,961,500 付給承銷商，$4,100,000 付給其他團體，初次承銷的總成本佔所有售股所得的 12.2%。

> **觀念問題**
>
> 15.7a 發行證券有哪些成本？
> 15.7b 從證券發行成本的研究中，我們得到什麼啟示？

15.8 認股權

當公司公開發行新股時，現有股東的所有權可能會遭到稀釋。然而，如果公司的組織章程中有優先認股權（preemptive right）的條款，則任何新發行普通股都必須優先賣給公司現有股東。如果組織章程中沒有優先認股權之規定，則公司可以選擇把新發行普通股直接賣給現有股東，或一般投資大眾。

發行普通股給現有股東就是認股權發行（rights offering，或簡稱為 offer），或特權認股（privileged subscription）。在認股權發行中，每位股東都可以得到在特定期間內以特定價格購買特定數量股票的認股權。認股權發行所使用的工具就是認股權證（share warrants）或是認股權（rights）。這些認股權通常在證券交易所或店頭市場交易。

相對於現金增資而言，使用認股權增資有一些好處，例如，對發行公司而言，認股權增資的相關成本較低。事實上，公司不需要承銷商介入，就可以完成認股權增資，而在現金增資幾乎都需要承銷商的協助。儘管如此，在美國很少公司使用認股權增資方式；然而，在其他國家，認股權增資比現金增資普遍。這種現象不易理解，且帶來諸多爭論，但就我們所知，並沒有確切的答案。

認股權發行的機制

為了說明財務經理在認股權發行中所考慮的各種因素，我們將以 National Power 公司為探討的對象。表 15.7 是這家公司的簡要財務報表。

如表 15.7 所示，National Power 的稅後盈餘是 $200 萬，流通在外的股票共有 100 萬股。因此，每股盈餘是 $2。每股市價是 $20，市價是盈餘的十倍（本益

比是 10）。為了進行擴充計畫，公司打算以認股權發行的方式，預計募集 $500 萬的資金。

為了執行認股權發行計畫，National Power 的財務人員必須解決下列問題：

1. 新股票的每股價格應訂為多少？
2. 應賣多少股的股票？
3. 每位股東可以買多少股的股票？

另外，管理階層可能也會問：

4. 認股權發行對現有股票價格的可能影響？

這些問題的答案有高度的相關性。我們很快就會討論這些課題。

認股權發行的前幾個步驟類似於一般現金增資發行。它們之間的差別在於以何種方式賣出股票。在認股權發行的情況下，National Power 的股東會收到通知，說明股東所擁有的每一股股票都可獲得一個認股權。National Power 會規定股東必須使用多少個認股權，才能以特定價格購買一股的新股票。

為了實現認股權發行的利益，股東必須執行認股權。他們將填好的認股單（subscription form）連同應付金額，寄給公司的認股代理機構（subscription agent，通常是銀行）。National Power 的股東通常有好幾個選擇：(1) 執行並認購所

表 15.7　National Power 公司認股權發行前的財務報表

National Power 公司			
資產負債表			
資產		股東權益	
資產	$15,000,000	普通股	$ 5,000,000
		保留盈餘	10,000,000
合計	$15,000,000	合計	$15,000,000
損益表			
稅前盈餘			$ 3,030,303
稅（34%）			1,030,303
淨利			$ 2,000,000
流通股數			1,000,000
每股盈餘			$ 2
每股市價			$ 20
總市價			$20,000,000

有分配到的股份；(2) 把所有的認股權賣掉；或 (3) 不採取任何行動而讓認股權失效。下面將說明第三個選擇是不智的。

購買一股新股票所需的認股權數目

National Power 要籌募 $500 萬的新權益資金。假如將認股價格（subscription price）設定為每股 $10。至於 National Power 為何把認股價格訂為 $10，我們稍後會討論，但值得注意的是，認股價格比目前每股 $20 的市價低很多。

在每股 $10 的情況下，National Power 必須發行 500,000 股新股。這是將所要募集的總金額除上認股價格所得到的數字：

$$新股股數 = \frac{募集資金}{認股價格} = \frac{\$5,000,000}{10} = 500,000 \text{ 股} \qquad [15.1]$$

因為公司原有股東對他們所擁有的每一股都可以得到一個認股權，所以 National Power 將發行 100 萬個認股權。為了要決定多少個認股權才能買一股新股時，我們將目前流通在外的股數除以新股股數：

$$購買一股新股所需認股權個數 = \frac{舊股數}{新股數} = \frac{1,000,000}{500,000} = 2 \text{ 個} \qquad [15.2]$$

由此可知，一個股東必須以兩個認股權加上 $10，換得一股新股。如果所有的股東都這樣做，National Power 就可以募得所需的 $500 萬。

從上面的討論可以清楚地看出，認股價格、新股股數和購買每一股新股所需的認股權個數是相關的。例如，若 National Power 降低認股價格，就必須發行更多新股票，才能募得 $500 萬的新權益資金。這裡列出了幾個可能的方案：

認股價格	新股股數	購買一股所需之認股權個數
$20	250,000	4
10	500,000	2
5	1,000,000	1

認股權的價值

認股權是有價值的，在 National Power 的案例中，可用 $10 買到市值 $20 股票的認股權絕對有其價值。事實上，思考一下，認股權本質上就是個買權，而後面章節所討論的選擇權觀念可以應用在認股權上，認股權與一般買權最大的差異

是，認股權是由公司發行，所以它們和認股權證非常相似。一般來說，選擇權、認股權及認股權證的評價相當複雜，所以相關的討論延至後面的章節，下面只討論認股權在到期前那一刹那的價值，以說明認股權的一些特性。

假設 National Power 的某位股東在認股權發行之前買進 2 股普通股。如表 15.8 所示。剛開始 National Power 的價格是每股 $20，所以這個股東持有價值 2×$20＝$40 的股票。National Power 的認股權發行允許股東以兩個認股權和 $10 購買額外 1 股普通股。但這一股普通股並不附有認股權。

持有兩股的股東將得到兩個認股權，經由執行認股權而買進一股新股，這位股東的持股增加到 3 股。總投資金額成為 $40＋10＝$50（$40 的原先買價加上付給公司的 $10）。

這位股東現在持有 3 股的股票，這 3 股都是一模一樣，因為新股沒有認股權，而附在舊股的認股權也已經被執行了。因為購買這 3 股的總成本是 $40＋10＝$50，所以每股價格是 $50/3＝$16.67（四捨五入至小數第二位）。

表 15.9 匯整了 National Power 股價的變動。如果所有股東都執行他們的認股權，股數將增加至 100 萬＋50 萬＝150 萬股。公司的價值將增加至 2,000 萬＋500 萬＝2,500 萬。所以在認股權發行之後，每股價值將下跌至 $2,500 萬/150 萬＝$16.67。

舊股價格 $20 和新股價格 $16.67 之間的差異反映出一個事實：舊股附有認

表 15.8　認股權價值：個別股東

期初狀態	
股數	2
股價	$20
持有價值	$40
發行條件	
認股價格	$10
所發行認股權個數	2
每一新股所需認股權	2
發行後	
股數	3
持有價值	$50
股價	$16.67
認股權價值：舊價－新價	$20－16.67＝$3.33

表 15.9　National Power 公司認股權發行

期初狀態	
股數	1,000,000
股價	$20
公司價值	$20,000,000
發行條件	
認股價格	$10
所發行認股權個數	1,000,000
每一股所需認股權	2
發行後	
股數	1,500,000
股價	$16.67
公司價值	$25,000,000
認股權價值	$20－16.67＝$3.33

購新股的認股權。這個差異必須等於一個認股權的價值，也就是 $20－16.67＝$3.33。

想要認購新股卻沒有持有 National Power 流通在外股票的投資者，可以買進一些認股權來達到目的。假設某位外部投資者買進兩個認股權，成本是 $3.33×2＝$6.67（考慮前面的四捨五入）。如果這位投資者以 $10 認股價格執行認股權，他的總成本是 $10＋6.67＝$16.67。投資者從這項投資所得到的回報是一股新股，而它的價值正是 $16.67。

範例 15.1　執行認股權：第一部份

在 National Power 的例子裡，假如認股價格設定為 $8，則該公司必須賣出多少股的股票？你需要多少個認股權才能買到一股新股？每一個認股權的價值是多少？在認股權發行後，每股價格是多少？

為了要籌募到 $500 萬，就必須賣出 $500 萬/8＝625,000 股。由於目前已有 100 萬股流通在外，所以需要 100 萬/625,000＝8/5＝1.6 個認股權才能買到一股新股（每擁有 8 股就可以購買 5 股新股）。在認股權發行之後，將有 1,625,000 普通股，總價值 $2,500 萬；所以，每股價值是 $25,000,000/1,625,000＝$15.38。在這個例子，每個認股權的價值是原始價格 $20 減去最後價格 $15.38，也就是 $4.62。

除 權

National Power 的認股權有頗高的價值。同時，認股權的發行對 National Power 的股價有很大的影響。在除權日（ex-rights date）當天，股票的價格將下跌 $3.33。

發行認股權的標準程序牽涉到公司設定持股基準日（holder-of-record date）。根據股票交易規定，通常股票在持股基準日的前兩個交易日除權。如果股票在除權日之前賣掉，也就是以「附權」（rights on）、「連權」（with rights）或「附帶認股權」（cum rights）交易，則新的股票持有人將擁有認股權。在除權日之後，購買股票的投資者將不會得到認股權。圖 15.4 就是 National Power 的除權情形。

如圖所示，National Power 在 9 月 30 日宣佈認股權發行，並將在 11 月 1 日寄出認股權給登記在 10 月 15 日股東名冊的股東。因為 10 月 13 日是除權日，只有在 10 月 12 日或之前持有股票的股東，才會收到認股權。

範例 15.2　執行認股權：第二部份

Lagrange Point 公司提出了認股權發行計畫。目前股票價格是每股 $40。在發行條件下，股東可用五個認股權加 $25 購買一股新股。每一個認股權的價值是多少？除權價格又是多少？

你可以用 5×$40＝$200 購買 5 股附權股，然後再以另外 $25 執行認股權。你的總投資是 $225，而且總共擁有 6 股除權股後的普通股。所以，除權後的價格是每股 $225/6＝$37.50。每個認股權價值是 $40－37.50＝$2.50。

範例 15.3　附　權

在範例 15.2 中，假如每個認股權市價為 $2，而不是我們所計算的 $2.50，你可以採取什麼行動呢？

你可以快速致富，因為你已經發現了一個生財器具。作法是這樣的：先用 $10 買進五個認股權，再付 $25 換得一股新股。得到一股除權股的總投資成本是 5×$2＋25＝$35。然後，再用 $37.50 賣掉這股，把 $2.50 的差額賺進荷包。重複如法炮製。

承銷協議

認股權發行通常都是採取餘額包銷（standby underwriting）方式。在餘額包

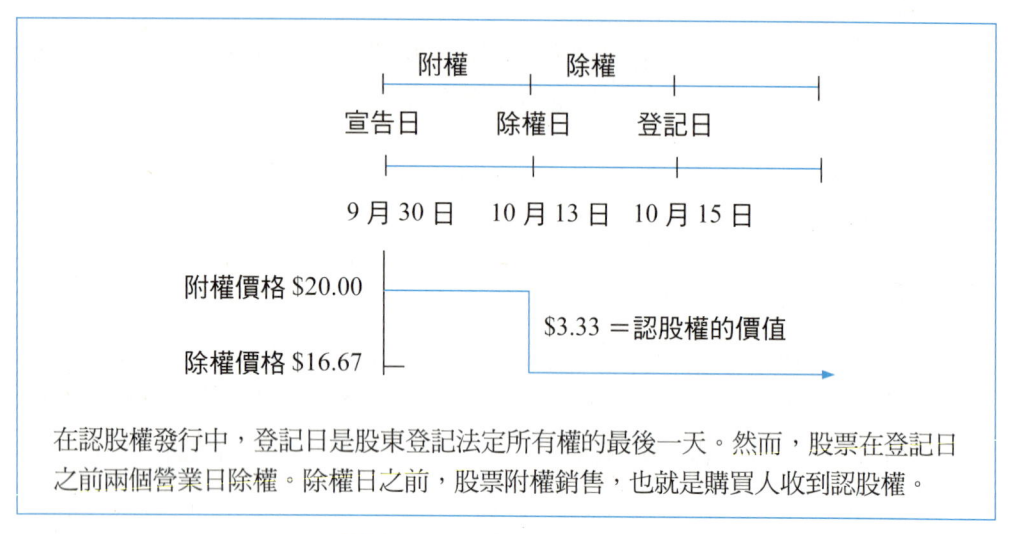

```
                    附權        除權
                   ┌────────┬─────────┐
            宣告日    除權日    登記日
                   ├────────┼────┬────┤
            9月30日   10月13日  10月15日

  附權價格 $20.00 ┐
                 │           $3.33 ＝認股權的價值
  除權價格 $16.67 └─────────┐
                            └──────────────────→
```

在認股權發行中，登記日是股東登記法定所有權的最後一天。然而，股票在登記日之前兩個營業日除權。除權日之前，股票附權銷售，也就是購買人收到認股權。

圖 15.4　除權後的股票價格

銷中，發行公司決定認股權發行，而由承銷商以包銷方式買進所有未被認購的股票。承銷商通常會得到固定的餘額包銷費（standby fee）及隨所包銷證券數目變動的包銷費。

若股東放棄他們的認股權，或是壞消息促使公司股票的市價跌破認股價格，將造成認購不足的情況；若採用餘額包銷的方式，公司就不會陷入認購不足的困境。

實務上，僅有很小比例（小於 10%）的股東不執行具有價值的認股權。這可能是疏忽或外出度假所造成的。此外，股東通常擁有超額認股權（oversubscription privilege），可以以認股價格購買未被認購的股份。超額認股權免除發行公司求助於其他承銷商。

對股東的影響

股東可以執行認股權，也可以把認股權賣掉。不論哪一種情況，股東不會因認股權的發行而賺錢或賠錢。在 National Power 這個例子，持有兩股的股東其投資組合的價值是 $40。如果這個股東執行了認股權，他最後將持有 3 股股票，總價值 $50。換言之，付出 $10，投資者持有的價值也增加 $10，意味著股東不賺不賠。

另一方面，如果股東以 $3.33 的價格將這兩個認股權賣掉，他將得到 $3.33×2 ＝$6.67，最後的總價值是每股各值 $16.67〔＝($40－$6.67)/2〕，再加上先前賣掉認股權所得到的現金（$6.67）：

$$手中持有的股份 = 2 \times \$16.67 = \$33.33$$
$$賣掉認股權所得 = 2 \times \$\ 3.33 = \underline{\ \ 6.67}$$
$$合計 = \underline{\$40.00}$$

$33.33 的市價,加上 $6.67 的現金,和原先所持有的 $40 正好相等。因此,股東並不能從執行或賣掉認股權中獲利或損失。

認股權發行之後,公司股票的新市價顯然將比認股權發行之前要低。雖然如此,就像先前提到的,股東不會因為認股權的發行遭受損失。這裡的股價下跌類似於第 17 章的股票分割情形。認股價格愈低,認股權發行的價格下跌的程度就愈大。特別值得注意的是,因為股東所得到認股權的價值正好和價格下跌的幅度一樣,所以認股權發行並不會對股東造成傷害。

最後一個課題是,應如何設定認股權發行的認股價格呢?其實認股價格並不重要。只要認股價格低於股票的市價就可以了,因為只有這樣,認股權才會有價值。除此之外,認股價格只要不是零,它可以是任何價格。換言之,不會有認股權價格被低估的情形。

觀念問題

15.8a 如何進行認股權的發行?
15.8b 在認股權發行中,財務經理必須解答哪些問題?
15.8c 如何決定認股權的價值?
15.8d 認股權發行在什麼情況下會影響公司的股票價值?
15.8e 認股權發行會導致公司的股價下跌嗎?現有股東會受認股權發行的影響嗎?

15.9 權益稀釋

在證券的銷售中,一個引起廣泛討論的主題是權益稀釋(dilution)。權益稀釋是指現有股東價值的損失。權益稀釋分為下列幾種情形:

1. 所有權百分比的稀釋。
2. 市價的權益稀釋。
3. 帳面價值和每股盈餘的權益稀釋。

這三種情形可能有點混淆，一般對於權益稀釋的認知可能有些誤解。本節將加以討論。

所有權百分比的權益稀釋

只要公司對一般投資大眾公開銷售股票，就會發生第一種權益稀釋。例如，Joe Smith 擁有 5,000 股 Merit Shoe 公司的股票。Merit Shoe 公司目前有 50,000 股流通在外，每一股都有一個投票權。因此，Joe 擁有了公司 10%（＝5,000/50,000）的投票權，而且可以得到 10% 的股利。

如果 Merit Shoe 公司採用一般現金增資發行的方式向投資大眾發行了 50,000 股新普通股，Joe 在 Merit Shoe 公司的所有權就可能會被稀釋。如果 Joe 不購買新股，他的所有權將下降至 5%（＝5,000/100,000）。要注意的是，Joe 的股票價值並沒有受到影響，只是他對公司的所有權百分比變小罷了。

因為認股權發行可以讓 Joe Smith 有機會繼續維持 10%，所以公司可藉著發行認股權來避免現有股東的所有權被稀釋。

價值的權益稀釋：帳面價值和市場價值

我們現在從一些會計數字來說明價值稀釋的問題，這樣做是為了解釋一個權益稀釋的謬論，並不是會計權益稀釋比市場價值權益稀釋更重要。就如下面的說明，市場價值稀釋比會計權益稀釋重要。

假設 Upper States Manufacturing（USM）為了滿足未來用電的需求，計畫蓋一座新的發電廠。如表 15.10 所示，USM 目前有 100 萬股的股票流通在外，沒有任何負債。每一股的市價是 $5，公司的總市場價值是 $500 萬。USM 的帳面價值總共是 $1,000 萬，也就是每股的帳面價值是 $10。

USM 在過去已經遭遇了各種的困境，包括成本過高、法令的限制使核能發電廠的建造進度落後，以及無法得到正常利潤。這些困境都反映在 USM 的市場對帳面價值比（market-to-book ratio）上：$5/10＝0.50（幾乎所有成功公司的市場價值會高於帳面價值）。

USM 的淨利目前是 $100 萬。在 100 萬股下，每股盈餘（EPS）是 $1，權益報酬率（ROE）是 $1/10＝10%。[9] 因此，USM 的股價是盈餘的五倍（本益比是 5）。USM 有 200 位股東，每一位股東都持有 5,000 股。新發電廠的成本是 $200

---

[9] 權益報酬率（ROE）等於每股盈餘除於每股帳面價值，或淨利除於股東權益。第 3 章討論了這個比率及其他財務比率。

表 15.10　新發行和權益稀釋：Upper States Manufacturing

	期初	接受新專案後 權益稀釋	接受新專案後 無權益稀釋
股數	1,000,000	1,400,000	1,400,000
帳面價值	$10,000,000	$12,000,000	$12,000,000
每股帳面價值（B）	$10	$8.57	$8.57
市場價值	$5,000,000	$6,000,000	$8,000,000
市價（P）	$5	$4.29	$5.71
淨利	$1,000,000	$1,200,000	$1,600,000
權益報酬（ROE）	0.10	0.10	0.13
每股盈餘（EPS）	$1	$0.86	$1.14
EPS/P	0.20	0.20	0.20
P/EPS	5	5	5
P/B	0.5	0.5	0.67
專案成本 $2,000,000		NPV = −$1,000,000	NPV = $1,000,000

萬，所以 USM 必須發行 400,000 股的新股（$5×400,000＝$2,000,000）。因此新股發行之後，USM 將有 140 萬股流通在外。

預期新廠的 ROE 和整個公司相同。換言之，預期淨利將提高至 0.10×$200 萬＝$20 萬。因此，淨利總共是 $120 萬。如果進行新廠的興建，將發生下列情況：

1. 由於流通在外股數增加為 140 萬股，所以 EPS 將從每股 $1 跌至 $1.2/1.4＝$0.857。
2. 公司原有的每位股東所有權百分比將由 0.50% 跌至 5,000/140 萬＝0.36%。
3. 如果股票以盈餘的五倍售出，則每股價值將下跌至 5×$0.857＝$4.29，每股損失 $0.71。
4. 總帳面價值將從原本的 $1,000 萬增加至 $1,200 萬。每股帳面價值將下降到 $1,200 萬/140 萬＝$8.57。

如果我們只看這個例子的表面，那麼所有權百分比權益稀釋、會計權益稀釋和市場價值權益稀釋這三種情況全都發生。USM 的股東似乎遭受嚴重的損失。

錯誤的看法　這個例子好像顯示，當市場價值對帳面價值比小於 1 時，發行股票將對原有股東不利。某些管理人員認為這種權益稀釋的原因是來自於 EPS 的下跌，當市場價值低於帳面價值時，公司發行股票就會造成 EPS 下跌。

當市場價值對帳面價值比小於 1 時，增加股票數目的確會導致 EPS 下跌。EPS 的下跌是屬於會計權益稀釋，在這些情況下，一定會發生會計權益稀釋的現象。

是否也會發生市場價值權益稀釋呢？答案是否定的。雖然上面的例子並沒有錯，但是市場價值下跌的原因並沒有解釋清楚。下面就來討論這一點。

正確的解釋 在這個例子中，市場價值從每股 $5 跌至 $4.29。這是實在的權益稀釋，但是為什麼會發生呢？答案的關鍵就是這個新專案。USM 為了建造這座新廠必須花費 $200 萬。但如表 15.10 所示，公司的總價值將從 $500 萬增加到 $600 萬，只增加了 $100 萬。這表示新專案的 NPV（淨現值）是 −$100 萬，而公司一共有 140 萬股流通在外，所以每股損失就是前面所提到的 $1/1.4＝$0.71。

由此可知，USM 公司股東的權益會被稀釋，真正的原因是新專案的 NPV 是負的，而不是市場價值對帳面價值比小於 1 的緣故。這個負的 NPV 引起市價的下跌，和會計權益稀釋並沒有關係。

如果新專案的 NPV 是正的 $100 萬，總市場價值將提高至 $200 萬＋$100 萬＝$300 萬。如表 15.10（第三欄）所顯示，每股價格上升到 $5.71。請注意，因為每股帳面價值仍然下跌，所以會計權益稀釋的情況仍然存在，但並不會產生任何實際上的影響。股票的市場價值會上升。

NPV 為 $100 萬的專案促使股票價值上升 $0.71，也就是每股價值增加了 $0.71。同時，如果本益比一直維持在 5，則 EPS 必定上升至 $5.71/5＝$1.14。總盈餘（淨利）上升至 $1.14×140 萬股＝$160 萬。最後，ROE 將增加到 $160 萬/$1,200 萬＝13.33%。

> **觀 念 問 題**
>
> **15.9a** 權益稀釋有哪些不同類型？
> **15.9b** 權益稀釋很重要嗎？

15.10 發行長期負債

一般來說，公開發行債券的程序和發行股票一樣，必須向證管會註冊，也需要有公開說明書等等文件。但是，公開發行債券的註冊申請書和普通股的申請書

並不相同。公開發行債券的申請書上必須載明債券合約條款。

另一個重大差異是，50% 以上的負債是以私下募集的方式進行的。直接私下的長期融資有兩個基本形式：定期貸款和私下募集。

定期貸款（term loans）是直接商業貸款。這類貸款的貸款期限通常在一年至五年間。大部份的定期貸款必須在到期日之前償還。放款人包括商業銀行、保險公司和專營公司理財的放款機構。私下募集（private placements）和定期貸款非常相似，只是期間較長而已。

直接私下的長期融資和公開發行負債的重要差異如下：

1. 直接長期貸款不需要支付註冊費用給證管會。
2. 直接募集可能有較多的限制條款。
3. 一旦發生違約，定期貸款或私下募集比較容易再次協議，若是公開發行的債券則比較難再協議，因為它通常牽涉到數以百計的投資者。
4. 人壽保險公司和退休基金佔據了私下募集的債券市場。商業銀行則是定期貸款市場的主要角色。
5. 私下募集市場的債券配銷成本較低。

定期貸款和私下募集的利率通常比條件相當的公開發行債券要高。這項差異反映出了私下募集的較高利率、財務困難時的較有彈性和較低的募集成本之間的取捨。

另外一個重點是，債券的發行成本遠低於權益的發行成本。

觀念問題

15.10a 債券私下募集和公開發行有何不同？
15.10b 債券私下募集的利率可能比公開發行高，為什麼？

15.11 存架註冊

為了簡化證券發行的程序，美國證管會在 1982 年 3 月試用規則 415（Rule 415），並在 1983 年 11 月決定永久採用。規則 415 允許存架註冊，負債和權益證券兩者都可以適用這個規則。

存架註冊（shelf registration）是指，公司可以先註冊兩年內預計要發行的證

券，證管會核准之後，公司就可以在往後的兩年內的任何時點銷售證券。例如，在 2011 年 2 月，住宅建築商 Beazer Homes 宣告一筆價值 $7.5 億的各類證券存架註冊，此筆存架註冊替代了該公司 2009 年的存架註冊。並不是所有的公司都可以使用規則 415，適用的主要條件包括：

1. 公司必須被評等為投資等級。
2. 公司在過去三年沒有任何債務違約的紀錄。
3. 公司流通在外的普通股總市值必須要超過 $1 億 5 千萬。
4. 公司在過去三年沒有違反 1934 年證券法案的紀錄。

存架註冊可供公司以點滴法（dribble method）來發行新證券。藉著點滴法，公司不時地註冊欲發行的證券，並雇用承銷商作為銷售代理商。公司直接經由證券交易所（例如 NYSE），隨時地以「一點一滴」銷售股票。使用這種方法的公司包括 Wells Fargo & Co.、Pacific Gas and Electric 和 Southern Company。

點滴法引起很大的爭論。反對存架註冊的理由有：

1. 新證券的發行成本可能增加，因為承銷商可能無法提供潛在投資者有關發行公司的最近訊息，所以投資者只願支付較低的價格。因此，點滴法的發行成本可能比全部一次賣出還要高。
2. 某些投資銀行認為存架註冊會有壓制市價的效果。換言之，因公司可能隨時會增加流通在外的股票數量，所以對股價會有負面的影響。

觀念問題

15.11a 何謂存架註冊？
15.11b 反對存架註冊的論點有哪些？

15.12 總　結

本章探討公司如何發行有價證券。主要的重點如下：

1. 發行有價證券的成本很高。以百分比成本來看，發行量愈大，成本會愈低。
2. 公開上市的直接成本和間接成本都很高。但是，公司一旦公開上市，就比較

容易募集到資金。

3. 認股權發行的成本比一般現金增資發行便宜很多,但是美國新權益發行大都採用一般現金發行的方式。

財務連線

假如你的課程有使用 Connect™ Finance 的話,請上線做個練習測驗(Practice Test),看一看學習輔助工具,及你需要哪些額外練習。

▼ Chapter 15 Raising Capital			
15.1 The Financing Life Cycle of a Firm: Early-Stage Financing and Venture Capital	eBook	Study	Practice
15.2 Selling Securities to the Public: The Basic Procedure	eBook	Study	Practice
15.3 Alternative Issue Methods	eBook	Study	Practice
15.4 Underwriters	eBook	Study	Practice
15.5 IPOs and Underpricing	eBook	Study	Practice
15.6 New Equity Sales and the Value of the Firm	eBook	Study	Practice
15.7 The Costs of Issuing Securities	eBook	Study	Practice
15.8 Rights	eBook	Study	Practice
15.9 Dilution	eBook	Study	Practice
15.10 Issuing Long-Term Debt	eBook	Study	Practice
15.11 Shelf Registration	eBook	Study	Practice

NPPT 35–36

你能回答下列問題嗎?

15.1 提供開始進行商品生產所需的資金是屬於創業投資資金的哪個階段融資呢?

15.2 Smythe Enterprises 公司使用 A 條款發行有價證券,所以證券發行量金額是或少於 $_____,或債務證券的到期期限會少於_____年。

15.4 價差就是_____與_____的差異。

15.7 異常報酬指的是什麼?

登入找找看吧!

自我測驗

15.1 發行成本 L5 公司為了擴充營業場所，擬發行一批權益證券。所需的權益資金一共是 $1,500 萬。如果發行的直接成本是募集金額的 7%，公司應該發行多少數量的證券？發行成本是多少？

15.2 認股權發行 Hadron 公司目前有 300 萬股流通在外，每股市價為 $40。公司需要 $2,000 萬以進行分子催化劑專案，公司擬以認股權發行來籌募資金，認股價格定為每股 $25。每個認股權的價值應是多少？除權價格是多少？

自我測驗解答

15.1 在付完 7% 的發行成本後，公司必須實得 $1,500 萬。所以，募集的金額是：

募集金額×(1－0.07)＝$1,500 萬

募集金額＝$1,500 萬/0.93＝$16,129,000

因此，總發行成本是 $1,129,000。

15.2 為了以每股 $25 募集 $2,000 萬，必須賣出 $2,000 萬/25＝80 萬股。在發行之前，公司的價值是 300 萬×$40＝$120,000,000。這個發行募集了 $2,000 萬，而且有 380 萬股流通在外。因此，除權後的每股價值是 $140,000,000/3,800,000＝$36.84。每個認股權的價值是 $40－36.84＝$3.16。

觀念複習及思考

1. **負債發行與權益發行** 整體來看，負債發行遠比權益發行普遍，且發行規模也比較大，為什麼？
2. **負債與權益發行成本** 為什麼銷售權益的成本遠大於銷售負債的成本？
3. **債券評等與發行成本** 為什麼非投資等級債券的直接發行成本遠大於投資等級債券？
4. **債券發行價格的低估** 為什麼在債券發行中，價格低估的情況並不嚴重？

使用下列的資料來回答下面三個問題：車輪共乘公司Zipcar於2011年4月

股票上市；藉由Goldman Sachs投資銀行的協助，Zipcar以每股$18承銷價，發行了968萬普通股，募得$17,428萬；上市當日，股價以$28收盤，低於盤中最高價$31.50；以收盤價計算，Zipcar的上市價格約低估$10，換言之，公司損失了約$9,680萬。

5. **IPO定價**　Zipcar的IPO價格低估56%，Zipcar是否會對Goldman感到失望？

6. **IPO 定價**　承上題，如果你知道 Zipcar 在發行 IPO 的時候，才成立了十年，2010年的總收入只有$1億8千6百萬，從未獲利。另外，公司的營運模式尚未經過考驗，你是否會改變對前一題的想法？

7. **IPO 定價**　在前兩題中，除了首次公開發行的968萬股普通股外，Zipcar 尚有3,000萬股發行在外，在這些股份中，創投公司擁有1,410萬股，1,550萬股由12位董事及高階主管持有，這樣的訊息會不會影響你的看法呢？

8. **現金增資發行與認股權發行**　Ren-Stimpy 國際公司正計畫以發行大批新普通股來募集權益資金。Ren-Stimpy 是上市公司，該公司擬從現金增資發行（有經過承銷）和認股權發行（不經過承銷）擇一進行。Ren-Stimpy 管理階層希望盡可能降低銷售成本，並且請教你對發行方式的看法。你會有什麼建議呢？為什麼？

9. **IPO 價格低估**　在1980年，某位財管系的助理教授買了12支初次公開發行的普通股。每支股票持有大約一個月之後就賣出。他所依循的投資規則是，對於石油和天然氣開發公司的初次公開發行包銷，他都提出申購。他一共向22家公司提出申購，每家公司都申購大約$1,000的股票。其中有十家，這位助理教授沒有分配到半股。而在買到的12家中，有五家公司所分配的股數少於他原來申購股數。

　　1980 年對石油和天然氣開發公司的股東而言是非常好的一年。平均而言，在上市一個月後，這22家公司的股價上漲了80%。這位助理教授評估了他的投資績效，發現投資在12家公司的$8,400，上漲到$10,000，報酬率大約只有20%（手續費不計）。他的手氣是否很差，或者他原本就應該想到他的績效會比投資初次公開發行的一般投資者差呢？請解釋原因。

10. **IPO定價**　下面的內容是Pest Investigation Control Corporation（PICC）首次公開發行說明書的封面和摘要。PICC將於明天上市，是由Erlanger and Ritter投資銀行負責包銷PICC的初次公開發行。請回答下列問題：

　　a. 假設除了公開說明書上的資料之外，你對PICC一無所知。根據你的財經知識，你預估明天PICC的股價會是多少？請對你的想法提出簡要的說明。

公開說明書　　　　　　　　　　　　　　　　　　　　　　　　　　　　PICC

200,000 股
PEST INVESTIGATION CONTROL CORPORATION

　　本文件要發行的 200,000 股，均由 Pest Investigation Control Corporation, Inc.（本公司）銷售。在這之前，PICC 的股票不曾在公開市場上交易，也不保證 PICC 的股票一定會在公開市場上交易。

　　證管會尚未通過或否決這些證券發行的申請，委員會也還未質疑本說明書的精確性和充足性。任何相反的聲明將被視為惡意渲染。

	公開價格	承銷折扣	公司的實收金額*
每股	$11.00	$1.10	$9.90
合計	$2,200,000	$220,000	$1,980,000

*未扣除預估公司應付之 $27,000 費用。

　　本文件是初次公開發行。普通股的發行是根據發行前的預售情形，投資者遞件至承銷商且被接受，並須經過承銷商法律顧問和發行公司法律顧問的同意，才可發行。承銷商保留撤回、取消或修改這項發行，和拒絕整項或部份發行的權利。

ERLANGER AND RITTER 投資銀行
2012 年 7 月 12 日
公開說明書摘要

公司	PICC 公司的主要業務是飼養和銷售蟾蜍和青蛙，是符合生態安全減少蚊蟲的控制機制。
發行股數	200,000 股普通股，無面額。
掛牌地點	公司希望能在 NASDAQ 上櫃交易。
流通股數	到 2012 年 6 月 30 日為止，共有 400,000 股普通股流通在外。這項發行之後，將有 600,000 股普通股流通在外。
資金用途	用來融資存貨、應收帳款和營運資金投入，並支付數位財經教授的鄉村俱樂部會員費。

部份財務資料
6 月 30 日結束的會計年度

	2010	2011	2012
收入	$60.00	$120.00	$240.00
淨盈餘	3.80	15.90	36.10
每股盈餘	0.01	0.04	0.09

2012 年 6 月 30 日

	實際	增資發行後
營運資金	$ 8	$1,961
總資產	511	2,464
股東權益	423	2,376

b. 假如你有數千美元可供投資。當你今晚下課回家後，很久沒聯絡的股票經紀商打電話給你。她留言說 PICC 明天就要上市，如果你明天早上馬上回電給她，她可以用承銷價幫你買到幾百股。請討論這個投資機會值得投資嗎？

問題

初級題

1. **認股權發行**　Bowman公司正規劃一項認股權發行的計畫。目前流通在外的股票共有400,000股，每股市價 $73。該項認股權發行將以每股 $65，發行50,000股的新股。
   a. 該公司的新市場價值為多少？
   b. 需要幾個認股權才能購買一股新股？
   c. 除權價格是多少？
   d. 一個認股權價值若干？
   e. 為什麼公司會選擇認股權發行，而不是一般現金增資發行？

2. **認股權發行**　為了發行新期刊 *Journal of Financial Excess*，Clifford公司宣佈要發行認股權來募集 $3,000萬。新期刊將要求作者支付每頁 $5,000的審查費，文稿是否被採用都不退還審查費。該公司目前有390萬股流通在外，每股價格 $48。
   a. 最高和最低的可能認股價格各是多少？
   b. 如果認股價格設定為每股 $43，必須賣出多少股的股票？要持有多少個認股權才能購買一股？
   c. 除權價格是多少？每個認股權的價值是多少？
   d. 對於在這項發行前就擁有1,000股的股東而言，如果他不購買額外股份，請證明認股權發行不會對他造成任何損失。

3. **認股權**　Red Shoe 公司已經決定要發行認股權來取得資金，以擴充公司的發展。該公司已經作過精確的評估，認股權發行後，股價將從 $65 跌至 $63.20（$65是附權價格；$63.20是除權價格）。公司以每股 $35的認股價格去籌措 $1,700萬的額外資金。該公司在認股權發行前有多少股的股票流通在外？（假設權益的市場價值增加量等於這項發行所得的毛額。）

4. **IPO價格低估**　Woods和Mickelson兩家公司都已經宣佈將要以每股 $40初次公開發行。其中有一支股票的價值被低估 $9，另一支則被高估 $4，但是你不知

道究竟是哪一支股票被低估，哪一支股票被高估。你計畫對這兩支股票各買 1,000 股。如果股票的價格被低估，它就會按比例分配，你只能得到原來想認購數量的一半。如果你能得到 Woods 和 Mickelson 兩家公司各 1,000 股的股票，你的利潤是多少？你的預期報酬實際上是多少？你的答案說明了哪個原則？

5. **計算發行成本** 為了進行新市場擴充計畫，The Huang 公司需要募集 $8,500 萬的資金。公司將採用一般現金增資發行的方式銷售新權益股，來募集所需資金。如果賣價是每股 $16，而且給予承銷商的價差費用是 8%，公司必須賣出多少股？

6. **計算發行成本** 承上題，如果申請費和發行的相關管理費是 $900,000，則公司必須賣出多少股？

7. **計算發行成本** Raven 公司剛上市。在承銷協議中，公司可收到每股 $17.67，將賣出 1,500 萬股。原來的賣價是每股 $19，在開始交易的幾分鐘後，價格就漲到每股 $23.18。Raven 公司付了 $900,000 的直接法律費用和其他費用，以及 $320,000 的間接費用。請問發行成本佔總募集資金的百分比是多少？

8. **價格稀釋** Canterbury 公司有 175,000 股普通股流通在外，每股價值 $68，所以公司股票的市場價值是 $11,900,000。如果公司以下列價格：$68、$65 和 $60，發行 30,000 股新股。每一個不同的賣價對現有的每股價格將有何影響？

進階題

9. **稀釋** Teardrop 公司想要擴充生產設備。公司目前有 500 萬股流通在外，沒有負債。股票每股市價 $31，而每股帳面價值是 $7。Teardrop 公司目前的淨利是 $320 萬。新設備需要 $4,500 萬的成本，它將會使淨利增加 $90 萬。

   a. 假設本益比是固定的，發行新權益資金來融資這項投資方案將有何影響？請計算增資後的帳面價值、總盈餘、EPS、股票價格，以及市場價值對帳面價值比，並解釋其中的改變。

   b. Teardrop 公司增資後淨利必須是多少，才能使股價維持不變？

10. **稀釋** Metallica Heavy Metal Mining（MHMM）公司想要多角化經營。公司最近的一些財務資料如下：

股價	$ 76
股數	40,000
總資產	$7,500,000
總負債	$3,100,000
淨利	$ 850,000

MHMM正考慮一個和公司本益比相同的投資方案。投資成本是 $800,000，而且將以發行新權益來融資。投資的報酬將等於公司目前的 ROE。這項投資對每股帳面價值、每股市場價值和 EPS 會有何影響？這項投資的 NPV 是多少？會發生權益稀釋嗎？

11. **稀釋** 承上題，如果我們希望發行後的價格是每股 $76（假設本益比仍維持不變），則這項投資的ROE必須是多少？這項投資的NPV是多少？權益稀釋會發生嗎？

12. **認股權** Keira Mfg. 公司正考慮發行認股權。公司已經決定除權價格是 $83。目前每股市價是 $89，有 2,400 萬股的股票流通在外，發行認股權將可募得 $5,000 萬。請問，認股價格是多少？

13. **認股權的價值** 證明認股權的價值可以寫成下列數學式：

$$\text{認股權價值} = P_{RO} - P_X = (P_{RO} - P_S)/(N+1)$$

其中，P_{RO}、P_S 和 P_X 分別代表附權價格、認股價格及除權價格，N 代表以認股價格購買一股新股所需的認股權個數。

14. **銷售認股權** Roth 公司想要發行認股權來籌募 $450 萬的資金。公司目前有 580,000 股流通在外，每股市價 $45。該公司的承銷商將每股認股價格設定為 $20，而且將向公司收取 6% 的價差。如果你目前持有這家公司的 5,000 股股票，而且決定不參與認股權的發行，如果賣出你的認股權，你可以得到多少錢？

15. **認股權的評價** Knight存貨系統公司已經宣佈了一項認股權發行計畫。只要有四個認股權，就可用 $35的認股價格購買一股新股。在除權的前一天，公司股票的收盤價是 $60。隔天一早，你發現這支股票的價格是 $53，每個認股權賣 $3。這支股票和認股權在除權日當天的定價是否正確呢？請敘述一個有利可圖的交易策略。

迷你個案

S&S Air 上市

　　Mark Sexton 和 Todd Story 持續討論 S&S Air 的未來，公司經歷了快速的成長，兩人看到的未來是萬里晴空，但快速的成長所需的資金已不可能由內部提供，所以 Mark 和 Todd 決定現在是公司上市的時間了，因此他們開始和 Crowe & Mallard 投資銀行討論。公司和 Renata Harper 有合作關係，她曾協助公司先前債券的發行。Crowe & Mallard 投資銀行曾協助過無數的小公司進行 IPO，因此 Mark 和 Todd 對他們的選擇很有信心。

　　Renata 向 Mark 和 Todd 介紹整個 IPO 過程，雖然 Crowe & Mallard 在債券承銷上收取 4% 的費用，以 S&S Air 這樣的首次股票上市規模，其承銷費用是 7%。Renata 告訴 Mark 和 Todd，公司預計要支付大約 $1,800,000 的法務費及開銷、$12,000 的 SEC 註冊費及 $15,000 的其他申報費。另外，要在 NASDAQ 上市交易，公司需支付 $100,000，還有 $6,500 的股務代理費用和 $520,000 的股務相關印刷費用，公司也要有心理準備支付 $110,000 和 IPO 有關的其他開銷。

　　最後，Renata 告訴 Mark 和 Todd，要在證管會（SEC）備案，公司必須提供三年簽證過的財務報表，她不確定簽證的費用。Mark 告訴 Renata，在公司債券條款中，有一條規定公司要提供簽證過的財務報表，公司每年支付 $300,000 給查帳的會計師。

問 題

1. 在討論結束前，Mark 問 Renata 有關荷蘭式競拍（Dutch auction）IPO 的過程事宜，如果使用荷蘭式競拍 IPO 代替傳統的 IPO，S&S Air 支出的費用會有何不同？公司上市應該使用荷蘭式競拍或傳統的承銷方式？

2. 在討論進行 IPO 及 S&S Air 的未來時，Mark 提到他覺得公司應該募集 $7 千 5 百萬，然而 Renata 指出如果公司在近期內需要更多現金，IPO 後緊接著進行第二次股票發行將會有問題，她建議公司應該在 IPO 時募集 $9 千萬。我們如何算出 IPO 所應募集的最佳金額？將 IPO 增加到 $9 千萬的利弊如何？

3. 深思熟慮後，Mark 和 Todd 決定公司應該使用包銷方式，並以 Crowe & Mallard 為主要承銷商，IPO 金額訂為 $7 千 5 百萬。若不考慮上市價格偏低此因素，IPO 相關費用將佔公司所募得資金的多少百分比？

4. 因為現行的員工認股計畫，許多 S&S Air 員工都持有公司股票。要賣出股票，員工可以配搭公司在 IPO 中以承銷價格出售股票，也可以將股票留著，等到 S&S Air 上市後在次級市場中賣出。Todd 請求你給員工建議一個最佳選擇，你會建議哪一個選擇呢？

16 財務槓桿和資本結構政策

在2011年2月16日,頗負盛名的書商 Borders Group 進入了公司旅程的新一章:破產重整法第11章,在面臨了同業 Amazon.com 及 Barnes & Noble 的激烈競爭,公司決定關閉462家分店中的200家分店,並轉移營運重心到電子書及非書籍類的產品上。公司主要債權人是一些出版商,事實上,公司積欠了前六大債權人的債務金額合計是$1億8千2百萬,而每$1債務的清償金額只有25美分。當然 Borders 並不是唯一的特例,在2009年,Honolulu 交響樂團也變了曲調,進入破產重整法第11章樂章,以重整它的財務狀況。然而,在2011年2月,Honolulu 被迫進入另一樂章:聯邦破產重整法第7章清算,被拍賣的資產包括兩台巨大鋼琴、一台大鍵琴,及11個牛鈴,就連披薩業者也難逃破產厄運。在2011年2月的一週期間內,以「最後一片真材實料披薩」為號召的 Round Table Pizza 公司及以風靡全球「厚皮披薩」起家的芝加哥披薩業者 Giordano's 公司陸續申請破產。

一家公司制定它的債務/權益資金比例就是所謂的資本結構決策,對公司而言,這項決策帶有許多涵義,而無論是在理論上或在實務上,這項決策也從未有定論,本章的內容就是探討資本結構的一些基本觀念及公司如何挑選它們的資本結構。

一家公司的資本結構事實上就是這家公司的舉債政策,公司應該借多一點錢或少一點錢呢?乍看之下,公司似乎應該避免舉債,反正債務愈多,破產風險就愈大,但是我們知道債務本質上是一把兩刃的刀,適當的舉債能為公司帶來重大的利益。

深入認識債務融資的效果是相當重要的事,因為很多公司誤解了債務所扮演角色,以致於在舉債上顯得相當保守。除此之外,公司有時又會錯誤的反其道而行,大量舉債而不幸陷入破產的地步,資本結構課題的重點就是要取得一個適當的平衡點。

到目前為止，我們都將公司的財務結構視為已知，但負債/權益比率並不會從天上掉下來，現在應該是討論它們從哪裡來的時候。第 1 章將有關公司負債/權益比率的決策稱為資本結構決策（capital structure decisions）。[1]

在一般情況下，公司可以選擇它所想要的資本結構，若管理階層願意的話，公司可以發行債券，並以取得資金買回一些股票，就可以提高負債/權益比率。相對地，公司也可以發行股票，再將其所得資金償還負債，因而降低負債/權益比率。公司用這樣的方式來改變現有的資本結構，就稱為資本重構（restructurings）。一般而言，資本重構就是公司以一個資本結構來取代另一個資本結構，但公司的總資產不變。

我們可以將公司的資本結構決策和其他活動分開來看，因為公司的總資產並不會直接受到資本重構的影響。這表示資本結構決策可以與投資決策分開來單獨地評估。因此，本章將不考慮投資決策，而將重點放在長期融資，即資本結構的課題上。

在本章中，我們會發現資本結構決策對於公司價值和資金成本，具有重要的涵義。資本結構決策內的相關重要因素很容易辨認出，但卻無法準確地加以衡量。因此，對於公司在特定期間內的最佳資本結構這類問題，我們無法給予一個完整的答案。

16.1　資本結構問題

公司如何選擇它的負債/權益比率呢？我們仍將假設公司的方針是追求股票價值的極大化。然而，就如以下的討論，資本結構決策本質上就是公司價值極大化的決策，因此為了方便起見，資本結構的討論將以公司的價值為基礎。

公司價值和股票價值：例子

下面的例子說明公司價值極大化的資本結構，也就是股東權益極大化的資本結構。所以，這兩個目標並沒有衝突。首先，假設 J. J. Sprint 公司的市場價值為 $1,000，公司目前沒有負債，有普通股 100 股，每股價格 $10。進一步假設 J. J. Sprint 進行資本重構，先借款 $500，並將所得以每股 $500/100 = $5 的額外股利

---

[1] 傳統上，將負債與權益的決策稱為資本結構決策（capital structure decisions），然而，財務結構決策（financial structure decisions）一詞是較正確的，我們交替使用這兩個用詞。

表 16.1　可能的公司價值：無負債和負債加上股利

	無負債	負債加上股利 I	負債加上股利 II	負債加上股利 III
負債	$ 0	$ 500	$ 500	$500
權益	1,000	750	500	250
公司價值	$1,000	$1,250	$1,000	$750

表 16.2　可能的股東報酬：負債加上股利

	I	II	III
權益價值減少	−$250	−$500	−$750
股利	500	500	500
淨報酬	+$250	$ 0	−$250

發放給股東。

　　以上的重構會改變公司的資本結構，但卻不會直接影響公司的資產。立即的影響是，負債增加而權益減少。然而，重構的最後影響是如何呢？表 16.1 說明了三種可能的結果。在第二種結果下，公司價值維持 $1,000 不變。在第一種結果下，公司價值增加至 $1,250；而在第三種結果下，公司價值減少了 $250，成為 $750。我們尚未討論到哪些因素造成這些改變。目前，我們只將它們視為可能的結果。

　　因為公司的目標是讓股東獲利，因此表 16.2 探討每一種結果對股東損益的影響。在第二種結果下，如果公司的價值不變，股東的資本損失與額外股利正好互相抵銷。在第一種結果下，公司價值增加至 $1,250，即股東賺了 $250。換言之，在第一種結果下，資本重構的淨現值是 $250。而第三種結果的淨現值是 −$250。

　　這裡所觀察到的是，公司價值的變動和股東權益的變動是相同的。因此，財務經理應該找出使公司價值極大化的資本結構。從另一個角度看待，NPV 法則應用到資本結構決策上時，整個公司價值的變動值就是資本重構的 NPV。如果 J.J. Sprint 預期第一種結果會出現，它就應該借款 $500。所以，哪一種結果最有可能發生是決定公司資本結構的關鍵因素。

資本結構和資金成本

　　第 14 章討論了公司加權平均資金成本（WACC）的觀念。你可能還記得，

WACC 認為公司整體的資金成本是資本結構內各不同組成因素成本的加權平均。在討論 WACC 時，我們假設公司的資本結構為已知。因此，本章所要討論的重點是，當負債融資金額變動時，即負債/權益比率變動時，資金成本會有什麼變化。

當 WACC 極小時，也是公司價值極大化，這是探討 WACC 的主要理由。因為 WACC 是公司整體現金流量的適當折現率，而公司價值和折現率呈反方向變動。因此，當 WACC 極小時，公司現金流量的價值就會極大。

因此，公司要選擇 WACC 極小化的資本結構。基於這個理由，加權平均資金成本較低的資本結構，是比較好的資本結構。所以 WACC 最小的負債/權益比率，就是最適資本結構（optimal capital structure），事實上，最適資本結構有時候稱為公司的目標（target）資本結構。

> **觀念問題**
>
> **16.1a** 為什麼財務經理應該選擇使公司價值極大化的資本結構？
> **16.1b** WACC 和公司價值有什麼關聯？
> **16.1c** 何謂最適資本結構？

16.2 財務槓桿的效果

前一節說明創造最高公司價值（或最低資金成本）的資本結構，是對股東最有利的資本結構。本節要探討財務槓桿對股東利益的影響。財務槓桿（financial leverage）是指公司使用負債的程度。公司在資本結構中，使用愈多的負債融資，就是運用愈多的財務槓桿。

如前所述，財務槓桿可以大幅地改變公司股東的利益。然而，財務槓桿或許不會影響公司整體的資金成本。果真如此，則公司的資本結構就是非相關的。因為資本結構的改變並不會影響公司的價值。稍後會回來討論這個課題。

財務槓桿的基本概念

我們先說明財務槓桿的功能，暫時不考慮稅負的影響。為了方便解說，我們將討論財務槓桿對每股盈餘（EPS）和權益報酬率（ROE）的影響。當然，這些會計數字並不是我們所要關心的。如果以現金流量來代替這些會計數字，結論會

表 16.3　Trans Am 公司目前的資本結構和提議的資本結構

	目前的	提議的
資產	$8,000,000	$8,000,000
負債	$ 0	$4,000,000
權益	$8,000,000	$4,000,000
負債/權益比率	0	1
股價	$ 20	$ 20
流通股數	400,000	200,000
利率	10%	10%

是相同的，只不過過程稍微複雜一點。下一節將討論財務槓桿對市場價值的影響。

財務槓桿、每股盈餘與權益報酬：例子　Trans Am 公司目前的資本結構內沒有負債。首席財務長 Morris 正考慮以發行負債所得的資金買回一些流通在外的公司股票。表 16.3 列示出目前與提議的資本結構。如表所示，公司資產的市場價值為 $800 萬，400,000 股普通股流通在外。因為 Trans Am 是權益型的公司，因此每股股價是 $20。

公司負債的發行將可募集 $400 萬，利率為 10%。因為股票每股售價為 $20，由負債發行而來的 $400 萬可以買回 $400 萬/20＝200,000 股股票，因此尚有 200,000 股流通在外。資本重構後，Trans Am 的資本結構將有 50% 的負債，所以負債/權益比率是 1。請注意，我們假設股價維持在 $20 不變。

為了評估資本重構的影響，Morris 準備了表 16.4，以供比較在三種不同情境下公司的現行資本結構和提議的資本結構。這三種情境分別代表公司 EBIT 的不同假設。在預期的情境下，EBIT 為 $100 萬。在不景氣的情境下，EBIT 減少到 $500,000。在擴張的情境下，EBIT 則提高到 $150 萬。

為了說明表 16.4 內數字的計算過程，以擴張情境下的 $150 萬 EBIT 為例。在無負債（現行資本結構）且無稅的情形下，淨利也是 $150 萬。400,000 股總市值為 $800 萬。因此 EPS 為每股 $150 萬/400,000＝$3.75。另外，會計權益報酬（ROE）是淨利除以總權益，所以 ROE 是 $150 萬/800 萬＝18.75%。[2]

在 $400 萬負債（提議中的資本結構）下，情況就有點不同，因為利率為 10%，所以負債的利息是 $400,000。EBIT 為 $150 萬，利息 $400,000 和無稅負，所以淨利為 $110 萬。而公司有 200,000 股流通在外，總價值為 $400 萬。因此

---
[2] ROE 在第 3 章有詳細的討論。

表 16.4　Trans Am 公司的各種資本結構情境

目前的資本結構：無負債			
	不景氣	預期	擴張
EBIT	$500,000	$1,000,000	$1,500,000
利息	0	0	0
淨利	$500,000	$1,000,000	$1,500,000
ROE	6.25%	12.50%	18.75%
EPS	$ 1.25	$ 2.50	$ 3.75
提議中資本結構：負債＝$400 萬			
	不景氣	預期	擴張
EBIT	$500,000	$1,000,000	$1,500,000
利息	400,000	400,000	400,000
淨利	$100,000	$ 600,000	$1,100,000
ROE	2.50%	15.00%	27.50%
EPS	$ 0.50	$ 3.00	$ 5.50

EPS 為每股 $110 萬/200,000＝$5.50，比之前的 $3.75 高。此外，ROE 是 $110 萬/$400 萬＝27.5%，遠比目前資本結構下的 18.75% 高。

EPS 相對於 EBIT　看過資本重構對 EPS 和 ROE 的影響後，財務槓桿的效果是顯而易見的。在提議的資本結構下，EPS 和 ROE 的波動程度變大了。這說明了財務槓桿擴大了股東損益的幅度。

在圖 16.1 中，我們進一步探討提議的資本重構的影響。圖 16.1 中分別標示出在目前的和提議的資本結構下，每股盈餘（EPS）和息前稅前盈餘（EBIT）的關係。第一條線標示著「無負債」，即表示無財務槓桿的情況。這條線從原點出發，若 EBIT 為零，則 EPS 也為零。由原點開始，EBIT 每增加 $400,000，EPS 就增加 $1（因為有 400,000 股流通在外）。

第二條線則代表提議的資本結構。此時，如果 EBIT 為零，則 EPS 是負的。因為不論公司是否有利潤，都必須給付 $400,000 的利息。如圖所示，在這樣的情形下，有 200,000 普通股，因此 EPS 是 －$2。同樣地，如果 EBIT 為 $400,000，EPS 將正好等於零。

在圖 16.1 中，第二條線的斜率較陡。事實上，EBIT 每增加 $400,000，EPS 就上升 $2，因此第二條線的斜率是第一條線的兩倍。所以，財務槓桿造成 EPS

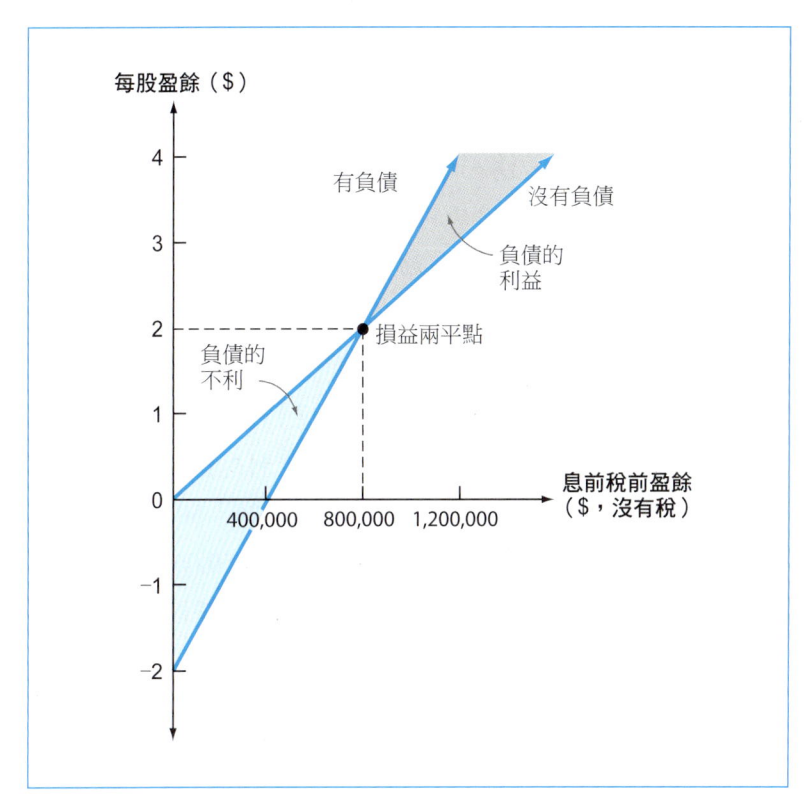

圖 16.1　財務槓桿：Trans Am 公司的 EPS 和 EBIT

對 EBIT 的變動倍加敏感。

圖 16.1 中的另一個現象是，這兩條線相交。在相交點上，兩種資本結構下的 EPS 正好相等。在無負債情況下，相交點的 EPS 是等於 EBIT/400,000；在有負債情況下，EPS 為 (EBIT － $400,000)/200,000。如果讓這兩個式子相等，則 EBIT 為：

EBIT/400,000＝(EBIT－$400,000)/200,000
　　EBIT＝2×(EBIT－$400,000)
　　　　＝$800,000

當 EBIT 是 $800,000 時，則兩種資本結構的 EPS 都是 $2。此相交點就是圖 16.1 所標示的損益兩平點，我們也可以稱它為無差異點。如果 EBIT 在此點之上，則財務槓桿是有利的，如果在此點之下，則財務槓桿是不利的。

還有一個直覺的方法可以看出損益兩平點是 $800,000。如果公司沒有負債，則 EBIT 是 $800,000，淨利也是 $800,000。在這種情況下，ROE 為 10%，正好和負債的利率相同。因此，公司所賺得的報酬正好足夠支付利息。

範例 16.1 損益兩平 EBIT

MPD 公司決定進行資本重構。目前，MPD 沒有使用負債融資。然而，資本重構後，負債將為 $100 萬。負債的利率是 9%。MPD 目前有 200,000 股流通在外，每股價格為 $20。如果預期資本重構可以提高 EPS，則預期的 EBIT 至少是多少？不用考慮稅負的影響。

要回答這個問題，先算出損益兩平的 EBIT。在這點以上的 EBIT，財務槓桿的增加會提高 EPS，因此損益兩平的 EBIT 就是預期的 EBIT。在原先的資本結構下，EPS 為 EBIT/200,000。在新的資本結構下，利息費用是 $100 萬 × 0.09 = $90,000。而 $100 萬負債融資，可以買回 $100 萬/20 = 50,000 股股票，剩下 150,000 股流通在外。所以，EPS 為 (EBIT − $90,000)/150,000。

既然有了這兩種情況下的 EPS 式子，設定這兩個式子相等，以求得損益兩平 EBIT：

$$EBIT/200,000 = (EBIT - \$90,000)/150,000$$
$$EBIT = (4/3) \times (EBIT - \$90,000)$$
$$= \$360,000$$

當 EBIT 是 $360,000 時，兩種資本結構下的 EPS 都是 $1.80。顯然地，MPD 的管理階層認為 EPS 會超過 $1.80。

公司借款和自製的財務槓桿

根據表 16.3、表 16.4 和圖 16.1，Morris 作出以下的結論：

1. 財務槓桿的效果視公司的 EBIT 而定，當 EBIT 相對較高時，財務槓桿是有利的。
2. 在預期的情境下，ROE 和 EPS 提高了，所以財務槓桿提高了股東的報酬。
3. 在提議的資本結構下，因為 EPS 和 ROE 對於 EBIT 的波動倍加敏感，所以股東會面臨較高的風險。
4. 由於財務槓桿會影響股東的預期報酬和風險，因此資本結構是重要的考慮因素。

前三個結論很明顯是正確的，但最後一個結論是否也如此呢？出人意料的，答案是否定的。誠如以下的討論，股東可以藉由本身的借貸來調整財務槓桿的程

第 16 章　財務槓桿和資本結構政策　　653

度。像這樣以個人借款來調整財務槓桿的程度，便稱為自製財務槓桿（homemade leverage）。

不論 Trans Am 是否採用提議的資本結構，其結果均是相同的。因為股東可以用自製財務槓桿來創造提議的資本結構。表 16.5 的第一部份就是在提議的資本結構下，擁有價值 $2,000 Trans Am 股票的股東可能面臨的情形。這位投資者擁有 100 股股票，由表 16.4 我們可以得知，在提議的資本結構下，EPS 不是 $0.50、$3 就是 $5.50，100 股的總盈餘不是 $50、$300 就是 $550。

假設 Trans Am 不採用提議的資本結構，則 EPS 可能是 $1.25、$2.50 或 $3.75。表 16.5 的第二部份說明股東如何以個人借款來創造提議的資本結構。這位股東以 10% 利率借款 $2,000。然後，將這 $2,000 和原先 $2,000 買入 200 股股票。如表所示，淨報酬將和提議的資本結構下完全相同。

我們如何知道 $2,000 借款就可以創造出完全相同的報酬呢？我們是在個人的立足點上複製提議的資本結構，它的負債/權益比率為 1，股東必須借款以創造出相同的負債/權益比率。因為股東的權益投資是 $2,000，因此借 $2,000 就能造成個人負債/權益比率為 1。

這個例子說明股東本身可以提高財務槓桿來創造不同型態的報酬。所以，不論 Trans Am 是否採用提議的資本結構，結果都是一樣。

表 16.5　提議的資本結構和原先資本結構下自製財務槓桿

提議的資本結構	不景氣	預期	擴張
EPS	$ 0.50	$ 3.00	$ 5.50
100 股的盈餘	50.00	300.00	550.00
淨成本＝100 股×$20＝$2,000			

原先資本結構和自製財務槓桿	不景氣	預期	擴張
EPS	$ 1.25	$ 2.50	$ 3.75
200 股盈餘	250.00	500.00	750.00
減：10% 借款 $2,000 的利息	200.00	200.00	200.00
淨盈餘	$ 50.00	$300.00	$550.00
淨成本＝200 股×$20－借款金額＝$4,000－2,000＝$2,000			

範例 16.2　反向財務槓桿

在 Trans Am 例子中，假設管理階層採用提議的資本結構。另外，假設這位擁有 100 股的投資者偏好原先的資本結構。這位投資者如何使用「反向財務槓桿」，以回復原有的報酬。

要創造財務槓桿，投資者必須借入款項，要解除槓桿，投資者就必須借出款項。就 Trans Am 而言，公司借款金額為其價值的一半。投資者只要以相同比率將錢借出去，就可以完成反向財務槓桿。在這種情況下，投資者賣出 50 股，得到 $1,000，再把這 $1,000 以 10% 利率借出去。下表列出此種情況下的報酬。

	不景氣	預期	擴張
EPS（提議的結構）	$ 0.50	$ 3.00	$ 5.50
50 股的盈餘	25.00	150.00	275.00
加：$1,000 利息	100.00	100.00	100.00
總報酬	$125.00	$250.00	$375.00

投資者的這些報酬就是原先資本結構下的報酬。

觀念問題

16.2a　財務槓桿對股東有什麼影響？
16.2b　什麼是自製財務槓桿？
16.2c　為何 Trans Am 的資本結構是非攸關的？

16.3　資本結構和權益資金成本

我們已經知道公司借款並沒有什麼稀奇的，因為投資者本身也可以借入或借出。所以，不論 Trans Am 選擇哪一個資本結構，股票價格皆是一樣的。因此，至少在上述的簡化架構下，Trans Am 的資本結構是非攸關的。

Trans Am 的例子是建立在兩位諾貝爾獎得主，Franco Modigliani 和 Merton Miller（以下簡稱為 M&M）的著名論證上。Trans Am 公司的例子就是 M&M 定理 I（M&M Proposition I）的特殊情況。M&M 定理 I 認為公司所選擇的融資方

式是完全不相關的。

M&M 定理 I：圓形派模型

以下說明 M&M 定理 I，想像兩家公司資產負債表的左邊完全相同；換言之，它們的資產和營運方式都完全一樣。這兩家公司資產負債表的右邊則是不相同，因為它們以不同方式融資。在這種情況下，我們可以用「圓形派」模型來探討財務結構問題。從圖 16.2 可以看出，我們採用「圓形派」這個名稱的原因。圖 16.2 列出將圓形派分成權益 E 和負債 D 的兩種切法：40%－60% 和 60%－40%。然而，圖 16.2 中兩家公司的圓形派都一樣大，因為兩家的資產價值是相同的。這就是 M&M 定理 I 的內容：圓形派的大小並不會因為切法的不同而改變。

M&M 定理 II：權益成本和財務槓桿

儘管改變公司的資本結構並不會改變公司的總價值，但它卻會改變公司的負債和權益。下面探討當負債/權益比率改變時，使用負債和權益融資的公司會有什麼改變。為了分析上的方便，將不考慮稅負的影響。

根據第 14 章的討論，若不考慮稅的影響，加權平均資金成本（WACC）是：

$$\text{WACC} = (E/V) \times R_E + (D/V) \times R_D$$

其中 $V = E + D$。WACC 也可以解釋為公司整體資產的必要報酬。所以，我們將以符號 R_A 來代表 WACC，並將其寫成：

$$R_A = (E/V) \times R_E + (D/V) \times R_D$$

如果把上式移項，就可以得到權益資金成本：

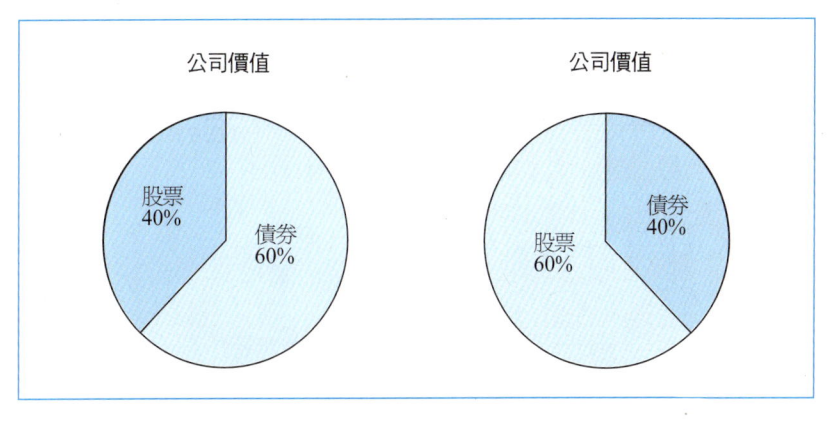

圖 16.2　資本結構的兩個圓形派模型

$$R_E = R_A + (R_A - R_D) \times (D/E) \qquad [16.1]$$

這就是著名的 M&M 定理 II（M&M Proposition II），權益資金成本是由下列三個因素決定：公司資產的必要報酬率（R_A）、公司的負債成本（R_D），以及公司的負債/權益比率（D/E）。

圖 16.3 扼要地說明權益資金成本（R_E）與負債/權益比率的關係。如圖所示，M&M 定理 II 指出權益成本（R_E）呈直線變動，其斜率為 $(R_A - R_D)$。y 截距則對應到公司的負債/權益比率為零，所以 $R_A = R_E$。圖 16.3 顯示出當公司提高負債/權益比率時，財務槓桿的增加將提高權益風險，也因此提高了必要報酬，即權益成本（R_E）。

在圖 16.3 中，WACC 並不隨著負債/權益比率的變化而變動，不論負債/權益比率是多少，WACC 都是相同的。M&M 定理 I 的另一種解釋：公司的整體資金成本不會受到其資本結構的影響。如圖所示，負債成本低於權益成本的部份，正好被因舉債而增加的權益成本所抵銷。換言之，資本結構權數（E/V 和 D/V）的改變正好被權益成本（R_E）的改變所抵銷。因此，WACC 仍然維持不變。

根據 M&M 定理 II，$R_E = R_A + (R_A - R_D) \times (D/E)$
$$R_A = \text{WACC} = \left(\frac{E}{V}\right) \times R_E + \left(\frac{D}{V}\right) \times R_D$$
其中，$V = D + E$

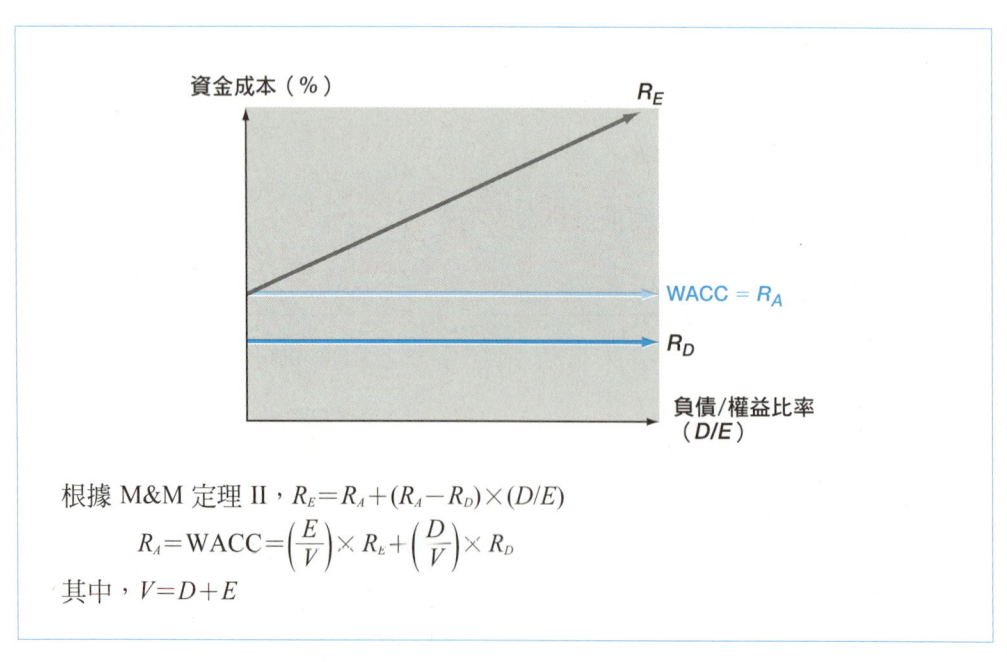

圖 16.3　權益成本和 WACC：無稅狀況下的 M&M 定理 I 與定理 II

聽聽他們怎麼說⋯

Merton H. Miller 談資本結構：30 年後的 M&M

要摘述這些論文的貢獻是很難的，這使我清晰地想起，當 Franco Modigliani 得到諾貝爾經濟獎時（得獎部份歸功於他在財務方面的研究貢獻），芝加哥當地電視台的採訪小組馬上找到我，他們說：「我們明白過去幾年，你與 Franco Modigliani 一同共事研究這些 M&M 定理，我們想你是否可以簡要地為我們的觀眾作說明？」我問道：「多簡要？」「嗯，十秒鐘。」是他們的回答。

十秒鐘要說明一輩子的研究，十秒鐘要描述兩篇謹慎立論的論文，每篇皆超過 30 頁，而且每篇均有 60 個這麼多的註解。當他們看到我臉上驚愕的表情時，便說：「你不需深入細節，只要用簡單人人皆懂的詞語，告訴我們重點即可。」

這篇談資金成本文章的重點，至少在原則上很容易陳述。它敘述在經濟學家的理想世界裡，一家公司所發行證券的市場總值由公司擁有的實質資產的獲利能力及風險來決定，而且不受到公司所發行的債務證券及權益證券配搭比率的影響。一些公司的財務主管可能會認為，他們可以藉由增加債務證券的比例來提高公司的總價值，因為債務證券的收益率，以其低風險的特性，一般比權益證券低。但在所假設的理想狀況下，股東將因公司發行較多債務，必須承擔較高的風險，因而會要求較高的報酬，而這高出的報酬剛好抵銷債務的低收益率利益。

這樣的摘要不只太長，而且所使用的詞語及概念，對經濟學家而言涵義豐富，但對一般大眾便有所不足。我想到在我們原先論文裡的一個譬喻，我說把公司設想成一個全脂牛奶的大盆子，酪農可以用全脂牛奶的原狀售出，或他也可以提出奶油，並以遠高於全脂牛奶的價格售出。（賣奶油就猶如公司賣低收益率、高價格的債務證券。）但當然酪農所留下的就只有脫脂牛奶，其售價遠低於全脂牛奶。脫脂牛奶就像是融資的權益證券。M&M 的立論是，如果提出奶油不需成本（當然沒有政府奶業的支助計畫），奶油加脫脂牛奶的售價會和全脂牛奶一樣。

電視台工作人員討論了一下，他們告訴我還是太長、太複雜、太學術。「你有沒有比較簡單的？」他們問我。我想到另一個陳述 M&M 的方式，重點是強調證券在分配公司利潤給各類資金提供者上所扮演的角色。我說：「將一個公司想像成一個切成四塊的巨大披薩，現在如果你將這四塊對切成八份，你有比較多塊，但披薩還是一樣多。」

又是竊竊私語的對話，這次他們關了攝影機，收拾了配備，感謝我的合作，並說他們會再和我聯絡，但我知道我已失去開始一個新生涯的機會——將經濟學智慧包裝成電視觀眾在十秒內能理解的內容。有些人有這樣的長才，有些人就是沒有。

已故的 Merton H. Miller 以他和 Franco Modigliani 在公司資本結構、資金成本及股利政策方面突破性的研究而聞名，他在這篇文章寫成不久之後，便因以上的貢獻得到諾貝爾經濟獎。

範例 16.3 權益資金成本

Ricardo 公司的加權平均資金成本（不考慮稅）是 12%。公司可以用 8% 利率借款。假設 Ricardo 的目標資本結構為 80% 的權益和 20% 的負債，那麼它的

權益成本是多少？如果目標資本結構是 50% 的權益，則權益成本又是多少？計算 WACC 並證明它是維持不變的。

根據 M&M 定理 II，權益成本 (R_E) 是：

$$R_E = R_A + (R_A - R_D) \times (D/E)$$

在第一個情況下，負債/權益比率是 0.2/0.8＝0.25，所以權益成本為：

$$\begin{aligned} R_E &= 12\% + (12\% - 8\%) \times (0.25) \\ &= 13\% \end{aligned}$$

在第二個情況下，負債/權益比率是 1.0，所以權益成本是 16%。

假設權益融資的百分比是 80%，權益成本是 13%，以及在零稅率之下，可以計算出 WACC 如下：

$$\begin{aligned} \text{WACC} &= (E/V) \times R_E + (D/V) \times R_D \\ &= 0.80 \times 13\% + 0.20 \times 8\% \\ &= 12\% \end{aligned}$$

在第二個情況下，權益融資的百分比是 50%，而且權益成本是 16%，因此 WACC 是：

$$\begin{aligned} \text{WACC} &= (E/V) \times R_E + (D/V) \times R_D \\ &= 0.50 \times 16\% + 0.50 \times 8\% \\ &= 12\% \end{aligned}$$

上述兩種情況下的 WACC 都是 12%。

營業風險和財務風險

M&M 定理 II 指出，公司的權益成本可以分成兩部份。第一部份是 R_A，即公司整體資產的必要報酬，其大小視公司營運活動的性質而定。公司營運所內含的風險稱為公司權益的營業風險（business risk）。在第 13 章中，營業風險視公司資產的系統風險而定。公司的營業風險愈高，R_A 就愈大，當其他情形不變時，公司的權益成本也將愈大。

權益成本的第二部份，$(R_A - R_D) \times (D/E)$，是由公司的財務結構來決定。對於權益型公司而言，這一部份為零。但當公司開始進行負債融資時，權益的必要報酬將上升，因為負債融資增加了股東所承擔的風險。這個由負債融資而來的額外

風險,就稱為公司權益的財務風險(financial risk)。

因此,公司權益的總系統風險包含兩個部份:營業風險與財務風險。第一部份(營業風險)視公司的資產和營運狀況而定,但並不會受到資本結構的影響。在已知公司的營業風險(和負債成本)下,第二部份(財務風險)則完全由財務政策來決定。如同上述的說明,因為權益的財務風險增加,而營業風險維持不變,所以公司的權益成本將隨著財務槓桿的提高而上升。

觀念問題

16.3a 何謂 M&M 定理 I?
16.3b 哪些是公司權益成本的三個因素?
16.3c 公司權益的總系統風險包含哪兩部份?

16.4 有公司稅下的 M&M 定理 I 和定理 II

我們尚未討論負債的兩個特性:第一,負債的利息是可以抵稅的,它可以增加負債融資的好處,所以對公司是有利的;第二,無法履行負債義務時將會導致破產,會增加負債融資的成本,所以對公司是不利的。因為尚未仔細地討論負債的這兩個特性,因此一旦將它們納入考量,前面的資本結構的答案可能會改變。本節先考慮稅的影響,下一節再討論破產的影響。

首先討論公司稅效果對 M&M 定理 I 和定理 II 的影響。假設有 U 公司(無舉債)和 L 公司(有舉債),這兩家公司的資產負債表左邊完全一樣,所以它們的資產和營運方式是相同的。

假設這兩家公司的預期 EBIT 永遠是每年 $1,000。它們之間的差別只在於 L 公司發行價值 $1,000 的永續債券,每年利息 8%。因此,每年所要支付的利息是 $0.08 \times \$1,000 = \$80$。同時,假設兩家公司的稅率是 30%。

U 和 L 這兩家公司的部份損益表如下所示:

	U 公司	L 公司
EBIT	$1,000	$1,000
利息	0	80
應稅所得	$1,000	$920
稅(30%)	300	276
淨利	$700	$644

利息稅盾

為了簡化起見，假設折舊為零，資本支出也是零，以及 NWC 沒有改變。在這種情況下，來自於資產的現金流量就等於 EBIT 減掉稅額。因此對於 U 公司和 L 公司，我們得到：

來自於資產的現金流量	U 公司	L 公司
EBIT	$1,000	$1,000
－稅	300	276
合計	$ 700	$ 724

我們立即可以看出資本結構的影響，因為即使兩家公司擁有完全相同的資產，U 公司和 L 公司的現金流量也不會相同。

為了找出原因，我們計算股東和債權人的現金流量。

現金流量	U 公司	L 公司
流向股東	$700	$644
流向債權人	0	80
合計	$700	$724

我們可以看出 L 公司的現金流量多了 $24，因為 L 公司的稅額（屬於現金流出）少了 $24。因為利息可以抵稅，所以稅額抵減正好等於利息支出（$80）乘以公司稅率（30%）：$80×0.30＝$24。這個稅額抵減稱為 利息稅盾（interest tax shield）。

稅和 M&M 定理 I

因為負債是永續的，每年 $24 稅盾是直到永遠的。因此，L 公司的稅後現金流量就等於 U 公司所賺的 $700 加上 $24 的稅盾。因為 L 公司的現金流量總是多出了 $24，L 公司就比 U 公司較有價值，差別就在於這 $24 的永續年金。

因為利息稅盾的風險和負債相同，所以 8%（負債成本）是適當的折現率。因此，稅盾價值為：

$$PV = \frac{\$24}{0.08} = \frac{0.30 \times \$1,000 \times 0.08}{0.08} = 0.30 \times \$1,000 = \$300$$

所以，利息稅盾的現值可以寫成：

利息稅盾現值 $=(T_C\times D\times R_D)/R_D$ [16.2]
$\qquad = T_C\times D$

我們得到另一個著名的定理：公司稅下的 M&M 定理 I。L 公司的價值（V_L）超出 U 公司的價值（V_U），超出的部份就是利息稅盾現值，$T_C\times D$。因此，在有公司稅下的 M&M 定理 I：

$V_L = V_U + T_C\times D$ [16.3]

可以藉圖 16.4 來說明舉債的效果。圖 16.4 畫出舉債公司的價值（V_L）與相對應的負債金額（D）的線性關係。公司稅下的 M&M 定理 I 意味著這條直線的斜率為 T_C，截距為 V_U。

圖 16.4 也畫出一條水平線來代表 V_U，圖中這兩條線之間的距離 $T_C\times D$，即為稅盾的現值。

假設 U 公司的資金成本是 10%。我們稱它為未舉債資金成本（unlevered cost of capital），並用符號 R_U 來表示。R_U 可以視為公司沒有負債時的資金成本。U 公司的每年現金流量永遠是 $700，因為 U 公司沒有負債，適當的折現率是 R_U = 10%。因此，未舉債公司的價值（V_U）就等於：

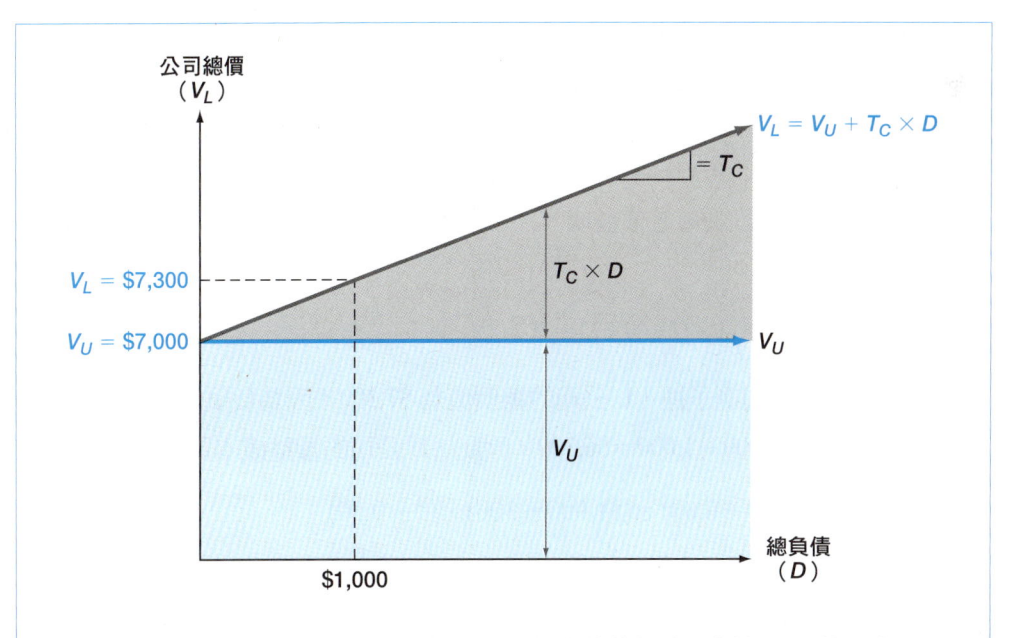

由於存在利息稅盾，因此公司的價值隨著總負債的提高而增加，這就是在公司稅下的 M&M 定理 I。

圖 16.4　公司稅下的 M&M 定理 I

$$V_U = \frac{\text{EBIT} \times (1-T_C)}{R_U}$$

$$= \frac{\$700}{0.10}$$

$$= \$7,000$$

有舉債公司的價值（V_L）為：

$$V_L = V_U + T_C \times D$$

$$= \$7,000 + 0.30 \times 1,000$$

$$= \$7,300$$

　　如圖 16.4 所示，當負債每增加 \$1 時，公司的價值將會提高 \$0.30；換言之，每 \$1 負債的 NPV 是 \$0.30。所以在這種情況下，我們很難想像為什麼公司不盡其所能去舉債。

　　本節的分析結果顯示，一旦將稅的因素納入考慮，那麼資本結構的確是有影響的。然而，我們立即有一個不合邏輯的結論：最適資本結構是 100% 的負債。

稅、WACC 和定理 II

　　從加權平均資金成本的角度來探討，也可以得到最佳資本結構是 100% 負債的結論。從第 14 章得知，一旦考慮稅的效果，WACC 就是：

$$\text{WACC} = (E/V) \times R_E + (D/V) \times R_D \times (1-T_C)$$

為了計算 WACC，必須知道權益成本。公司稅下的 M&M 定理 II 認為權益成本為：

$$R_E = R_U + (R_U - R_D) \times (D/E) \times (1-T_C) \qquad [16.4]$$

　　在前面的 L 公司例子裡，L 公司的總價值為 \$7,300。因為負債價值是 \$1,000，權益價值一定是 \$7,300−1,000=\$6,300。因此，L 公司的權益成本為：

$$R_E = 0.10 + (0.10 - 0.08) \times (\$1,000/6,300) \times (1-0.30)$$

$$= 10.22\%$$

加權平均資金成本為：

$$\text{WACC} = (\$6,300/7,300) \times 10.22\% + (\$1,000/7,300) \times 8\% \times (1-0.30)$$

$$= 9.6\%$$

如果沒有負債，WACC 會高於 10%。如果有負債，WACC 為 9.6%。因此，有負債對公司比較有利。

結　論

圖 16.5 匯總了權益成本、稅後負債成本，以及加權平均資金成本之間的關係。為了參考上的便利，未舉債的資金成本（R_U）也包括進來。在圖 16.5 中，橫軸是負債/權益比率，請注意，WACC 隨著負債/權益比率的上升而下降的情形。這再次說明公司使用愈多的負債，WACC 就愈低。表 16.6 匯總了 M&M 理論的重要結論，以供未來參考之用。

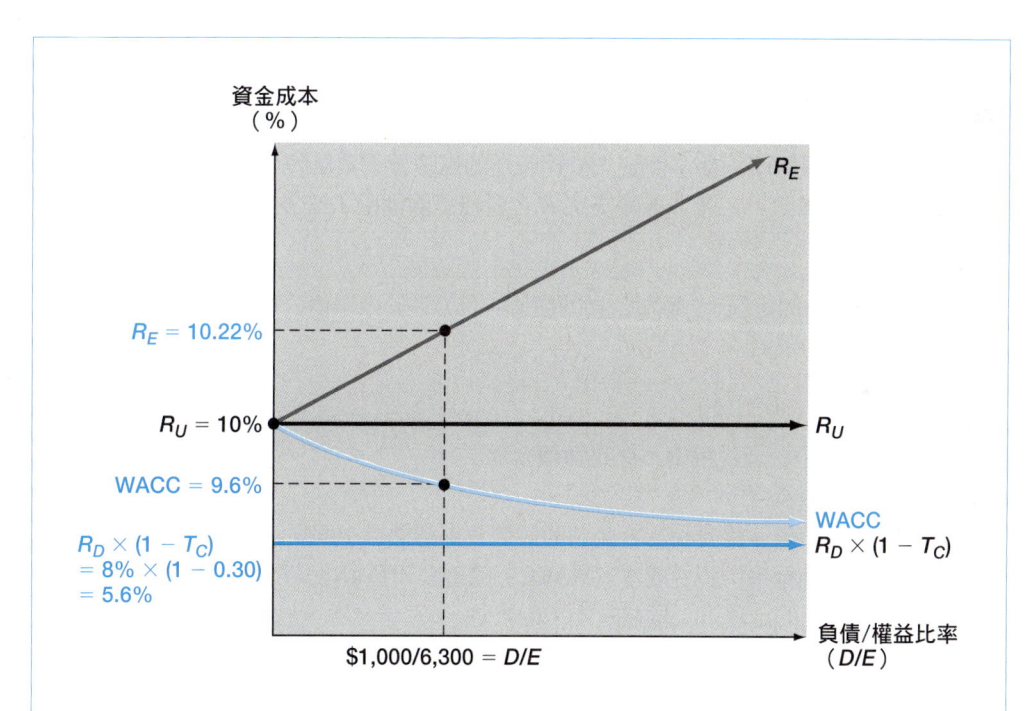

有公司稅下的 M&M 定理 I 認為，公司的 WACC 隨著公司負債融資的增加而降低：

$$\text{WACC} = \left(\frac{E}{V}\right) \times R_E + \left(\frac{D}{V}\right) \times R_D \times (1 - T_C)$$

有公司稅下的 M&M 定理 II 認為，公司的權益成本（R_E）隨著公司負債融資增加而上升：

$$R_E = R_U + (R_U - R_D) \times (D/E) \times (1 - T_C)$$

圖 16.5　權益成本和 WACC：公司稅下的 M&M 定理 II

表 16.6　Modigliani 和 Miller 匯總

I. 無稅情況

A. 定理 I：舉債公司的價值（V_L）等於未舉債公司的價值（V_U）：

$$V_L = V_U$$

定理 I 的涵義：
1. 公司的資本結構是非攸關的。
2. 不論公司在融資時所使用的負債和權益組合如何，公司的加權平均資金成本（WACC）都是相同的。

B. 定理 II：權益成本（R_E）是：

$$R_E = R_A + (R_A - R_D) \times (D/E)$$

其中，R_A 是 WACC，R_D 是負債成本，D/E 是負債/權益比率。

定理 II 的涵義：
1. 權益成本隨著公司負債融資的增加而提高。
2. 權益的風險視兩件事而定：公司營運的風險（營業風險）和財務槓桿的程度（財務風險）。營業風險決定 R_A，財務風險則由 D/E 決定。

II. 有稅情況

A. 有稅情況下的定理 I：舉債公司的價值（V_L）等於未舉債公司的價值（V_U）加上利息稅盾的現值：

$$V_L = V_U + T_C \times D$$

其中，T_C 是公司稅稅率，D 是負債金額。

定理 I 的涵義：
1. 負債融資是非常有利的，公司的最適資本結構是 100% 負債。
2. 公司的加權平均資金成本（WACC）隨著公司負債融資的增加而降低。

B. 有稅情況下的定理 II：權益成本（R_E）是：

$$R_E = R_U + (R_U - R_D) \times (D/E) \times (1 - T_C)$$

其中，R_U 是未舉債資金成本，也就是公司在沒有負債下的資金成本。不像定理 I 的情況，定理 II 的一般涵義在有稅或無稅下都是相同的。

範例 16.4　權益成本和公司價值

這個例子整合了上述所討論的一些重點。以下是 Format 公司的相關資料：

EBIT ＝ $151.52

$T_C = 0.34$

$$D = \$500$$
$$R_U = 0.20$$

已知負債資金成本是10%。Format的權益價值是多少？Format的權益資金成本是多少？WACC又是多少？

這個問題比它看起來還要簡單。所有現金流量都是永續年金，在沒有負債下的公司價值（V_U）為：

$$V_U = \frac{\text{EBIT} - \text{稅}}{R_U} = \frac{\text{EBIT} \times (1 - T_C)}{R_U}$$
$$= \frac{\$100}{0.20}$$
$$= \$500$$

根據公司稅下的M&M定理I，舉債公司的價值是：

$$V_L = V_U + T_C \times D$$
$$= \$500 + 0.34 \times \$500$$
$$= \$670$$

因為公司的總價值是$670，負債的價值是$500，所以權益價值為$170：

$$E = V_L - D$$
$$= \$670 - 500$$
$$= \$170$$

根據公司稅下的M&M定理II，權益成本是：

$$R_E = R_U + (R_U - R_D) \times (D/E) \times (1 - T_C)$$
$$= 0.20 + (0.20 - 0.10) \times (\$500/170) \times (1 - 0.34)$$
$$= 39.4\%$$

最後，WACC是：

$$\text{WACC} = (\$170/670) \times 39.4\% + (\$500/670) \times 10\% \times (1 - 0.34)$$
$$= 14.92\%$$

WACC 遠低於無負債下的資金成本（$R_U = 20\%$），所以負債融資是非常有利的。

觀念問題

16.4a 一旦將公司稅的影響納入考慮，則未舉債公司的價值和舉債公司的價值之間有什麼關係？

16.4b 如果只考慮公司稅的影響，最適資本結構為何？

16.5 破產成本

　　破產成本（bankruptcy costs）是影響公司舉債金額的一個限制因素。當負債/權益比率提高時，公司無法履行對債權人的約定之機率也跟著上升。當這種情形發生時，公司資產的所有權最終會從股東手中移轉到債權人手中。

　　原則上，當公司的資產價值等於負債價值時，公司就面臨破產。發生破產情形時，權益價值為零，股東將公司的所有權移交給債權人。此時，債權人所持有資產的價值正好等於負債價值。在完美的世界裡，沒有所有權移轉的相關成本，債權人並沒有任何損失。

　　當然，在實際情形下，這種理想的破產狀況是不會出現的。諷刺的是，破產成本是非常高的。誠如以下的討論，破產的相關成本足以抵銷財務槓桿的稅盾利益。

直接破產成本

　　當公司的資產價值等於它的負債價值時，由於權益已經不具任何價值，所以公司在經濟意義上可算是破產了。然而，資產移轉給債權人是法律程序，並不是經濟程序。破產時需付出法律費用和管理費用，因此破產之於律師，常被比喻為鮮血之於鯊魚。

　　例如，2008 年 9 月，著名的投資銀行 Lehman Brothers 宣告破產，是美國史上最大破產案例。到 2011 年初時，破產程序尚未完成，而破產的一些相關直接成本已相當嚇人，Lehman 花費了 $20 億在律師、會計師、顧問及稽查員身上，整理它在美國與歐洲的營運，而有一家律師事務所申請的成本費用就相當驚人：$20 萬商業用餐、$439,000 電腦搜尋費用、$115,000 國內交通費，以及 $287,000 影印費，每頁影印費是 $1，其他破產成本金額可能更大，一些專家估計 Lehman 迅速破產使它的資產被賤售，而損失了 $750 億。

因為破產有許多相關費用，債權人不能得到所有債務的償還。公司的某些資產在破產的法律過程中「消失」。這些是處理破產過程中的法律費用和管理費用，這些費用稱為直接破產成本（direct bankruptcy costs）。

這些直接破產成本是負債融資的嚇阻因素。如果公司破產，公司資產會突然地消失一部份，這就是所謂的破產「稅」。所以，公司面臨了一個取捨：舉債可以扣抵公司的稅額，但是舉債愈多，公司就愈可能破產，必須支付破產稅。

間接破產成本

因為破產是非常昂貴的，公司將會儘量避免破產。當公司可能無法履行負債的義務時，它就陷入了財務危機。財務危機的公司最後會提出破產申請，但大部份並不會這樣做，它們會想辦法恢復或存續下去。

發生財務危機的公司為了避免破產所花費的成本，就稱為間接破產成本（indirect bankruptcy costs）。我們以財務危機成本（financial distress costs）來涵蓋所有直接破產成本和間接破產成本。

當股東和債權人分屬不同群體時，財務危機所引發的問題會特別嚴重，財務危機成本也較大。股東會一直掌控公司直到公司被法定宣告破產。當然，股東的行動均以他們的經濟利益為主。因為在法定破產中，股東會被排除在公司外，所以股東有很強的動機不提出破產申請。

另一方面，債權人主要關心的是保護公司資產的價值，並設法從股東手中取得控制權。他們有很強的動機請求破產以保護自身的利益，並防止股東再浪費公司的資產。這種對抗的結果是展開一場耗時耗財的法律訴訟。

當進行法律程序時，公司的資產價值也漸漸地遭受損失。因為管理階層正忙著設法避免破產，而不是在經營業務。正常的營運瓦解並喪失原有的銷售業務，優秀的員工也離職，為了保留現金而放棄潛在有利的投資計畫。

例如，在 2008 年，GM 和 Chrysler 這兩家汽車廠商陷入財務困境，很多人認為其中一家，甚或兩家，終究會申請破產。由於眾多壞消息圍困這兩家公司，消費者對這兩家公司的產品失去信心。一項調查顯示 75% 美國消費者不會向破產公司買入車子，因為公司可能不會履行其產品保證，而且替換零件也較不易取得，因此這兩家公司喪失了可能的客源，財務危機更形惡化。

這些都是間接破產成本，也是財務危機成本。不論公司最後會不會破產，結果都是價值損失，因為公司選擇負債融資。就是因為這個損失的可能性限制了公司負債融資的額度。

觀念問題

16.5a 什麼是直接破產成本？
16.5b 什麼是間接破產成本？

16.6 最適資本結構

前兩節提供了決定最適資本結構的基礎。公司之所以會舉債，是因為利息稅盾的價值，在較低的負債水準下，破產和財務危機的發生機率較低，負債的好處高於它的成本。在非常高的負債水準下，財務危機的可能性變成公司經常面臨的問題，所以財務危機成本可能抵銷了負債融資的利益。根據上述的討論，最適資本結構似乎介於這兩個極端間。

資本結構的靜態理論

上面所描述的資本結構理論稱為資本結構的靜態理論（static theory of capital structure）。它認為公司應舉債至最後 $1 負債的稅盾利益，正好等於所增加的財務危機成本，因為這個理論假設公司的資產和營運均固定不變，只考慮負債/權益比率的變動，所以這個理論稱為靜態理論。

以圖 16.6 來說明靜態理論，圖 16.6 標示出公司價值（V_L）和負債金額（D）的關係。圖 16.6 中的三條線代表三種不同的情況。第一種情況是無公司稅下的 M&M 定理 I，就是從 V_U 往右延伸出來的水平線，公司的價值不會受到資本結構的影響。第二種情況有公司稅下的 M&M 定理 I，就是正斜率的那條直線。這兩種情況和先前的圖 16.4 是完全相同。

圖 16.6 的第三種情況就是現在所討論的：當公司的價值增加到一個極限，即超過 (D^*, V_L^*) 此點之後，公司價值便會開始往下降。這是靜態理論的圖形。當負債金額達到 D^* 時，公司的價值 V_L^* 最大，所以此點就是最適舉債金額。換言之，公司的最適資本結構是由 D^*/V_L^* 的負債和 $(1 - D^*/V_L^*)$ 的權益所組成。

有一點要注意的是，在圖 16.6 中，靜態理論下的公司價值和公司稅下 M&M 價值的差，就是財務危機的可能價值損失。另外，靜態理論的價值和無公司稅下 M&M 價值的差，就是扣除財務危機成本後的財務槓桿淨利得。

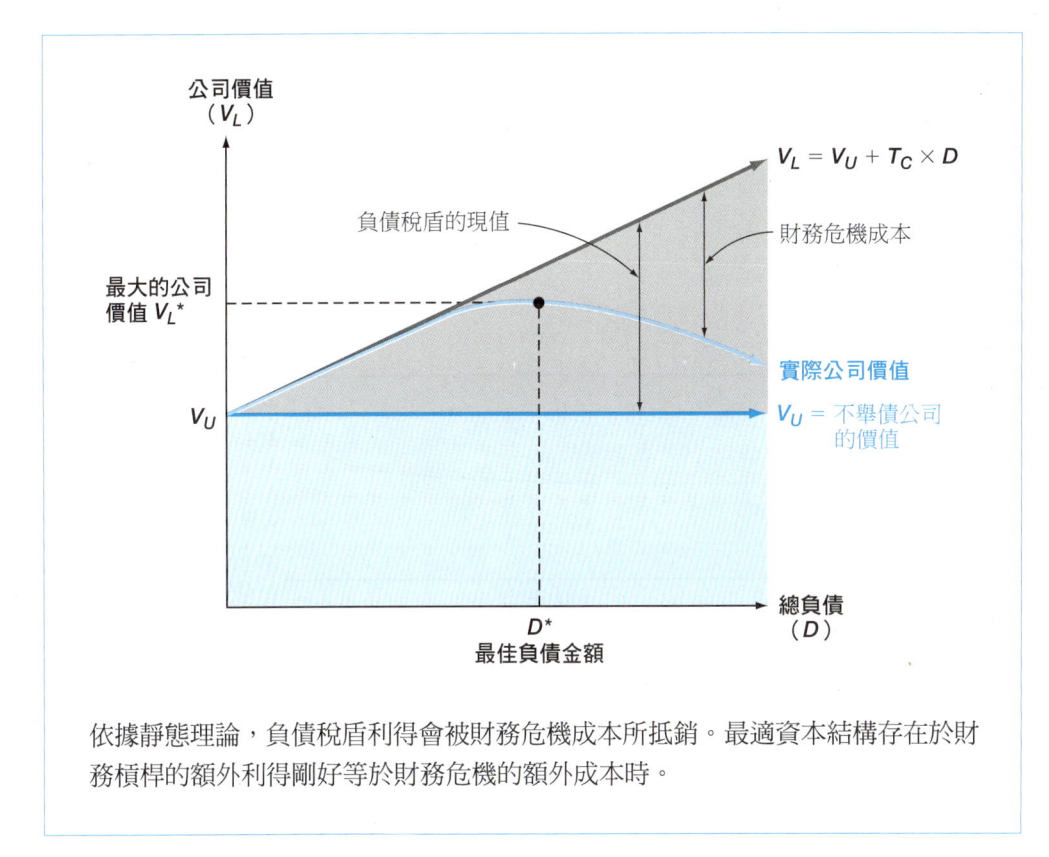

第 16 章 財務槓桿和資本結構政策

[圖表：資本結構的靜態理論示意圖，顯示公司價值 V_L 對總負債 D 的關係，包含 $V_L = V_U + T_C \times D$ 直線、負債稅盾的現值、財務危機成本、實際公司價值曲線、最大的公司價值 V_L^*、V_U = 不舉債公司的價值，以及最佳負債金額 D^*]

依據靜態理論，負債稅盾利得會被財務危機成本所抵銷。最適資本結構存在於財務槓桿的額外利得剛好等於財務危機的額外成本時。

圖 16.6　資本結構的靜態理論：最適資本結構和公司價值

最適資本結構和資金成本

如先前討論過的，公司價值極大化的資本結構，就是資金成本極小化的資本結構。圖 16.7 以加權平均資金成本和負債與權益成本，來說明資本結構的靜態理論。圖 16.7 標示出各不同資金成本和所對應的負債/權益比率（D/E）。

除了多一條 WACC 線外，圖 16.7 相似於圖 16.5。靜態理論的這條 WACC 線起初會下降，這是因為稅後負債成本比權益成本便宜，所以在最初階段，整體資金成本會下降。

在到達某一點之後，負債成本開始上升，即使負債成本比權益成本便宜，但無法抵銷財務危機成本。從這一點開始，所增加的負債將會造成 WACC 上升。圖中指出 WACC* 的最小值發生在 D^*/E^* 這點。

最適資本結構：重點重述

以圖 16.8 來重述資本結構和資金成本的重點。先前討論了三種情況，從最簡單的情況開始，然後建立起資本結構的靜態理論。我們將特別注意資本結構、

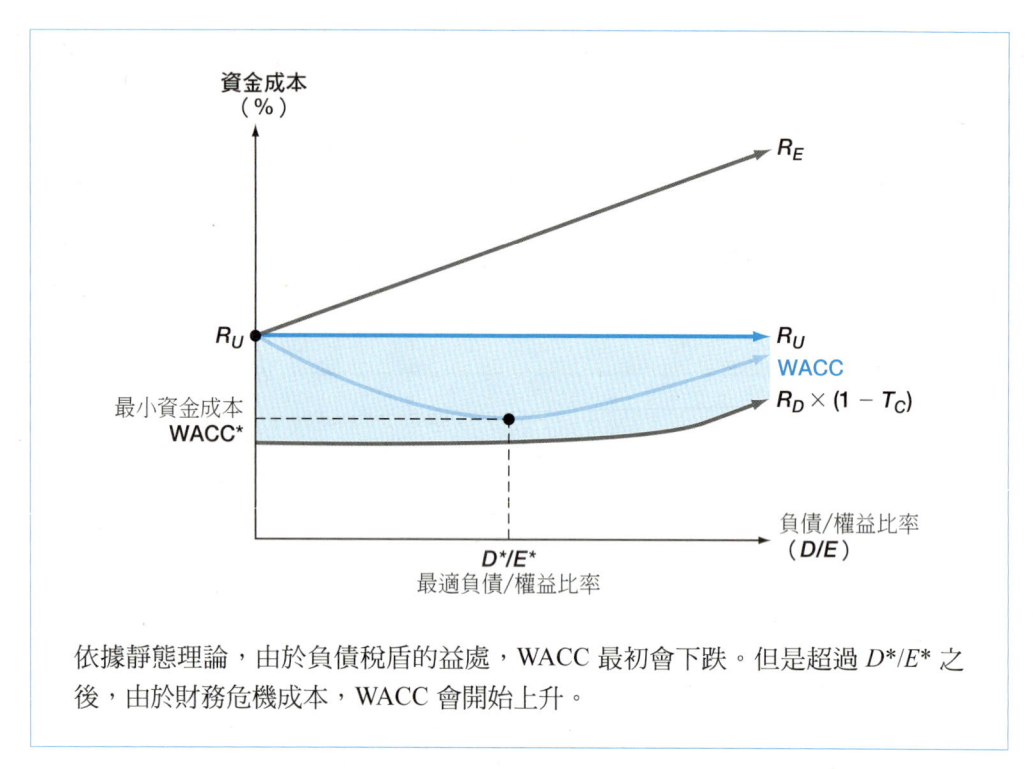

```
                    資金成本
                    （％）
                                                            R_E

                    R_U                                    R_U
                                                           WACC
           最小資金成本                                     R_D × (1 − T_C)
           WACC*

                              D*/E*                        負債/權益比率
                            最適負債/權益比率                  （D/E）
```

依據靜態理論，由於負債稅盾的益處，WACC 最初會下跌。但是超過 D^*/E^* 之後，由於財務危機成本，WACC 會開始上升。

圖 16.7　資本結構靜態理論：最適資本結構和資金成本

公司價值和資金成本之間的關聯。

圖 16.8 的第一種情況就是無稅，無破產的 M&M 論點，也是最基本的情況。在圖 16.8 的上半部，畫出了公司價值（V_L），和所對應的總負債（D）。在沒有稅、破產成本或其他不完美的因素下，公司的價值不會受到負債政策的影響，所以 V_L 是一常數。在圖 16.8 的下半部，以資金成本的觀點來顯示相同的結論，我們畫出加權平均資金成本（WACC），和相對應的負債/權益比率（D/E）。在這個基本的情況下，跟公司總價值一樣，總資金成本不會受到負債政策的影響，WACC 是一常數。

其次，將公司稅納入考量之後，原先的 M&M 論點會有什麼改變呢？如同第二種情況，公司的價值完全視其負債政策而定。從前面的討論得知，利息費用是可以抵稅的，而公司價值的增加剛好就是利息稅盾的現值。公司負債愈多，價值就愈高。

在圖 16.8 的下半部，公司增加使用負債融資時，WACC 就下降。當公司增加其財務槓桿時，權益成本也會增加了，但會被負債融資的稅盾利益所抵銷。因此，公司的整體資金成本會下降。

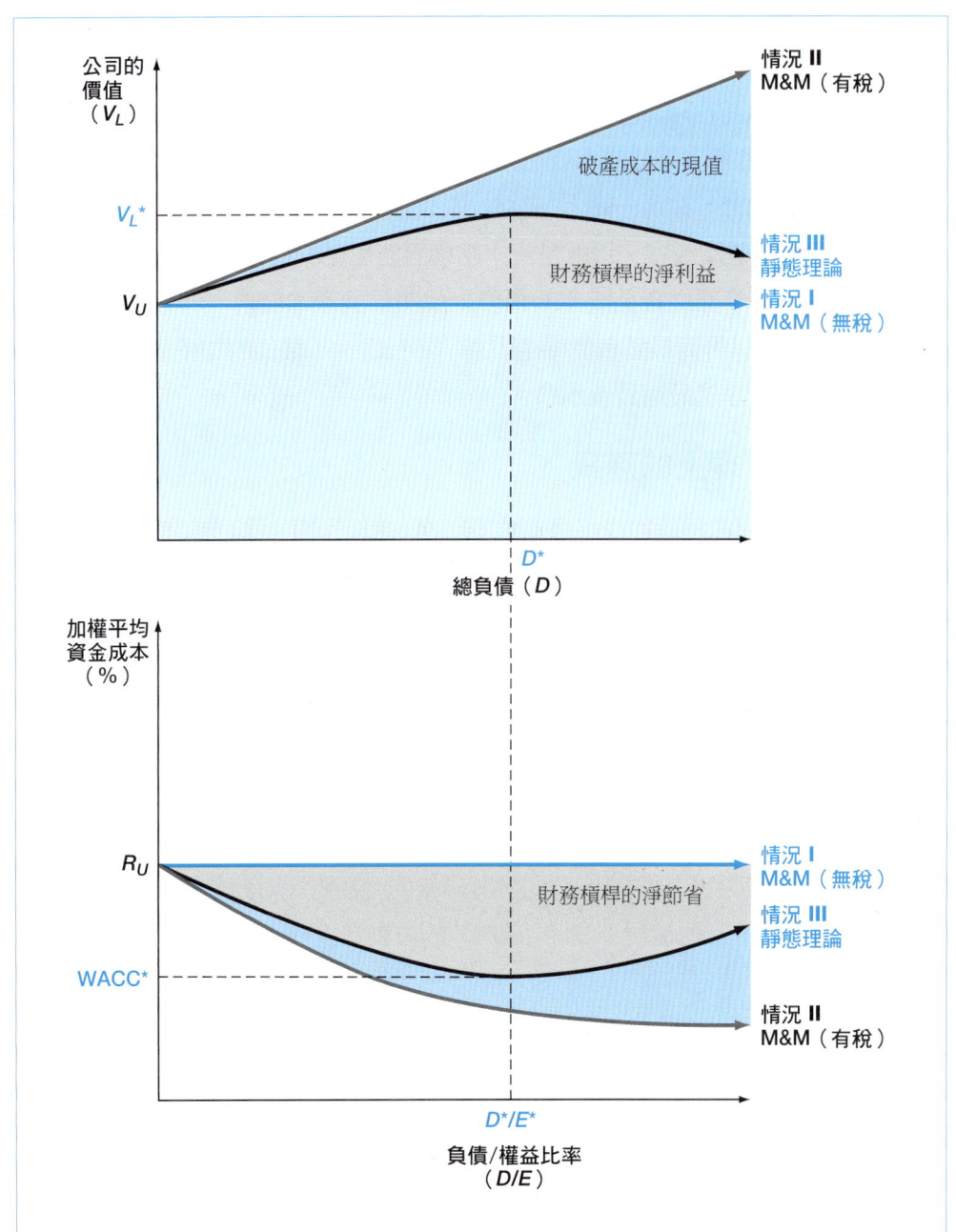

第一種情況：在無公司稅、無破產成本下，公司的價值和加權平均資金成本不會受到資本結構的影響。

第二種情況：在有公司稅、無破產成本下，當負債的金額增加時，公司的價值會隨著增加，而加權平均資金成本會隨著降低。

第三種情況：在有公司稅和破產成本下，公司的價值 V_L 在負債金額為 D^* 時最大，此 D^* 點就是最適負債金額。同時，加權平均資金成本 WACC 在 D^*/E^* 時最小。

圖 16.8　資本結構問題

最後，第三種情況將破產的影響或財務危機的成本納入考量。圖 16.8 的上半部顯示，公司價值不像先前那麼大，因為潛在破產成本的現值降低了公司的價值。當公司舉債愈多，這些成本就愈大，終究會超過負債融資的稅盾利益。最適資本結構發生在 D^*，在這一點上，額外 \$1 負債融資的稅盾利益，正好等於額外 \$1 借款所帶來的破產成本。這就是資本結構靜態理論的精義。

圖 16.8 的下半部從資金成本的角度來說明最適資本結構。在最適負債水準（D^*），我們可以得到最適負債/權益比率（D^*/E^*）。最低的加權平均資金成本（$WACC^*$）出現在這最適負債水準。

資本結構：管理上的建議

靜態模型並無法精確地找出最適資本結構，但它提出了資本結構的兩個更攸關的因素：公司稅與財務危機。我們對這兩個因素有下列的結論。

公司稅 首先，財務槓桿的稅盾利益只對那些必須繳稅的公司是有意義的。對於重大累積虧損的公司而言，利息稅盾是沒有價值的。其次，對於擁有其他重大稅盾來源（如折舊）的公司而言，財務槓桿的利益也較少。

另外，並不是所有公司都有相同的稅率。稅率愈高的公司，其舉債的誘因也就愈大。

財務危機 財務危機風險愈高的公司，其舉債的金額將比財務危機風險低的公司來得少。例如，當其他情況不變時，EBIT 的波動程度愈大，公司所應舉債的金額就愈小。

另外，某些公司的財務危機成本將高於其他公司。事實上，財務危機的成本主要是視公司的資產而定，特別是資產所有權轉移的難易度。

例如，若大部份的有形資產流動性高，則公司會舉較高額的負債。然而，依賴無形資產（人力資源或成長機會）的公司，其舉債金額將較低，因為這些資產是無法出售的。

觀念問題

16.6a 你能描述資本結構靜態理論下的取捨？
16.6b 哪些是資本結構決策的重要因素？

16.7 圓形派的再探討

當把現實世界因素，例如：公司稅和財務危機成本，納入考慮後，公司有一個最適資本結構，這個結果是令人欣慰的。但原先完美的 M&M 理論（即無稅狀況）卻因此而失效，又令人有點失望。

反對 M&M 理論的論點認為，一旦考慮現實世界的因素後，M&M 理論就不成立了；因此，M&M 理論並無法說明現實世界內的現象，它只是一個理論罷了。事實上，他們認為 M&M 理論是非攸關的，而資本結構則不是。然而，如同下面的討論，這些批評只是盲目地抹黑 M&M 理論的實際價值。

圓形派模型的延伸

為了說明原始 M&M 理論的價值，我們延伸先前的圓形派模型。在這個延伸模型中，稅代表對公司現金流量的一個請求權。因為稅隨著財務槓桿的增加而減少，政府對於公司現金流量的請求權（G）的價值隨著財務槓桿的增加而減少。

破產成本也是現金流量的另一個請求權，當公司接近破產邊緣，必須採取行動以避免破產時，破產成本就會發生，而且破產的成本會變得很大。因此，這個現金流量請求權（B）的價值隨著負債/權益比率的增加而上升。

延伸圓形派理論認為所有這些請求權的現金支付均來自於公司的現金流量（CF）。我們可以下列數學式表示之：

CF ＝對股東的支付＋對債權人的支付
　　＋對政府的支付
　　＋對破產法庭和律師的支付
　　＋其他公司現金流量請求權的支付

圖 16.9 說明延伸圓形派模型。注意圓形派多切了幾片給其他的請求權。當公司負債融資增加時，請注意，每一片派的大小變化。

上面所列的請求權並不是已包含了公司所有現金流量的各種請求權。舉個特別的例子，本書讀者對 General Motors 的現金流量都有請求權。如果你在汽車意外中受傷，你可能控訴 GM，不論輸贏，GM 都將付出一些現金流量來處理這件事情。因此，對於 GM 或任何其他公司而言，圓形派中有一片代表著潛在法律訴訟的部份。這就是 M&M 理論的要點所在：公司價值視公司的總現金流量而定。公司的資本結構只是將現金流量切成許多小塊，但並不能改變總價值。所以，股東和債權人並不是圓形派的僅有請求群體。

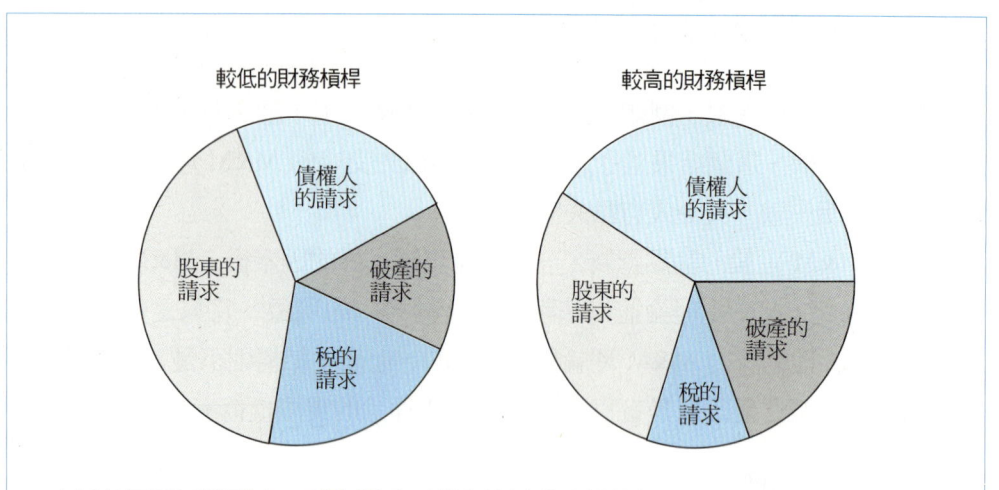

在延伸圓形派模型中,所有對公司現金流量請求權的價值並不會受到資本結構的影響,但當負債融資金額增加時,各請求權間的相對價值會變動。

圖 16.9　圓形派模型的延伸

流通請求權和非流通請求權

在延伸的圓形派模型中,股東和債權人的請求權,與政府和訴訟當事人的請求權之間是有重大差異的。第一組請求權是流通請求權（marketed claims）,第二組是非流通請求權（nonmarketed claims）。流通請求權可以在金融市場上買賣,非流通請求權則不行。

當我們談及公司價值時,通常指的是公司的流通請求權價值（V_M）,而不是非流通請求權的價值（V_N）。如果以 V_T 來代表所有對公司現金流量請求權的總價值,那麼:

$$V_T = E + D + G + B + \cdots$$
$$= V_M + V_N$$

延伸圓形派模型的要義是,公司現金流量的所有請求權總價值（V_T）,不會隨著資本結構的改變而改變。然而,流通請求權的價值（V_M）,則可能因資本結構的改變而有變化。

根據圓形派理論,任何 V_M 的增加必定造成 V_N 的等量減少。因此,最適資本結構就是極大化流通請求權價值的資本結構,也是極小化非流通請求權的價值,例如稅和破產成本。

> **觀念問題**
>
> **16.7a** 公司現金流量的請求權有哪幾種？
> **16.7b** 流通請求權和非流通請求權有何差異？
> **16.7c** 延伸圓形派模型對公司所有現金流量請求權的價值有何看法？

16.8 融資順位理論

本章所介紹的靜態理論主導了資本結構的思維有相當長的一段時間，但此理論有一些不足，或許最明顯的是，許多財務操作老練且高獲利的大公司卻使用極少的債務證券，這和我們所預期的正好相反。以靜態理論來說，這些公司應該使用最多的債務證券，因為破產的風險小，又可少付一大筆稅金，然而為何它們卻使用很少的債務證券呢？接下來我們要介紹的融資順位理論，或許可以提供部份的答案。

內部融資及融資順位理論

融資順位理論是靜態理論外的另一個資本結構理論，融資順位理論的一個重點是，公司在狀況允許時會傾向使用內部融資，一個簡單的理由是，出售證券募集資金所費不貲，所以如果可能的話，避免這樣做是有道理的。如果公司很賺錢，它可能永遠不需要外來資金，所以結果就是很少或完全沒有債務。例如，在 2011 年年初，Google 的資產負債表列有 $579 億的資產，其中將近 $350 億不是現金，就是有價證券。事實上，Google 持有如此之多的有價證券資產，它差一點就以共同基金型態加以列管！

還有另一個較難察覺的原因，使公司較喜愛內部融資。假設你是某家公司的經理，你需要為新投資案募集外部資金。身為公司內部人員，你能獲取許多不為投資大眾所知的資訊。就你所知，公司的前景比外面投資者所理解的更為美好，因此你認為公司目前的股價是被低估的，那你會發行債務證券或權益證券來為新投資案募集資金呢？

如果你仔細思量過的話，一定不會在這種狀況下發行權益證券，理由是公司的股價被低估，你不會想賤價出售，所以就會代以發行債務證券。

你會想發行權益證券嗎？假設你認為公司的股價被高估了，那以高估價格來募集資金是有道理的，但這會產生一個問題。如果你試著要賣權益證券，那投資

者就會明白股價或許被高估了，那公司股票的價格就會大跌。換句話說，如果藉由出售權益證券來募集資金，你會冒著讓投資者知道股價過高的風險。事實上，公司很少會出售新的權益證券，如果真的發生，市場對這樣的出售皆是負面反應。

所以我們就有了融資順位，公司首先會使用內部融資，然後需要時會發行債務證券，最後不得已才會出售權益證券。

融資順位的涵義

融資順位理論有幾個重要的涵義，當中有幾個正好和靜態抵換理論背道而馳：

1. **沒有所謂的目標資本結構**：以融資順位理論來說，並無所謂的目標或最適的負債/權益比率。相反地，公司的資本結構由其外部融資的需求來決定，外部融資主導著公司的舉債數額。
2. **獲利的公司使用較少的債務證券**：因為獲利的公司有較多的內部現金流量，他們需要較少的外部資金，因此債務也較少。正如先前所提到的，此模式似乎是我們所觀察到的模式，至少對一些公司而言是如此。
3. **公司會想要保有財務寬鬆**：為了避免賣出新的權益債券，公司會想積存內部產生的現金，此類的現金準備被稱為財務寬鬆（financial slack），它使管理階層有能力在新的投資計畫出現時就有資金，且在必要的狀況下迅速行動。

哪一個理論是正確的，靜態抵換理論或融資順位理論？針對此課題，財務學者並未有最終的結論，但我們可做一些觀察。靜態抵換理論所談的多是長期的財務目標或策略，在此狀況下，減少納稅和財務危機成本議題明顯就很重要。融資順位理論比較關注較短期外部融資的策略問題，所以兩個理論對理解公司債務證券的使用都有幫助。例如，或許公司有長期目標的資本結構，但在需要時可能也會偏離這些長期目標，以避免發行新的權益證券。

觀念問題

16.8a 在融資順位理論下，公司取得資金的來源順序為何？
16.8b 為何公司寧願不發行新的權益證券？
16.8c 靜態抵換理論的涵義或融資順位理論的涵義有哪些差異？

16.9 資本結構的實際面

沒有兩家公司會有相同的資本結構。然而,當我們觀察實際的資本結構時,會發現到一些共通的因素。下面討論這方面的課題。

對於公司的實際資本結構,我們很驚訝地發現,大部份公司的負債/權益比率都相當低,尤其是美國公司。事實上,大部份公司的負債融資遠少於權益融資。依照 SIC 碼分類(在第 3 章討論過),表 16.7 列出美國各產業的負債比率和負債/權益比率的中位數。

在表 16.7 中,各產業間的差異很大,製藥和電腦公司幾乎都無負債,而鋼鐵和百貨公司則債務很高。鋼鐵和百貨公司是負債超過權益的僅有兩種產業,大部份其他產業的權益都遠超過負債,即使這些產業內的許多公司都支付相當高額的稅,但它們的負債較少。從表 16.7 可以看出,公司所發行的債務尚未用盡稅盾利益。因此,我們推論必定有些因素限制了公司所能舉債的數額。下一頁的網路作業介紹更多的資本結構實務面。

因為不同產業間具有不同的營業特性,諸如 EBIT 波動性及資產類型,這些

表 16.7 美國產業的資本結構

產業	負債對總資本比*	負債對權益比	公司數目	SIC 碼	代表性公司
電器用品	48.54%	94.31%	33	491	American Electric Power、Southern Co.
電腦設備	9.09	10.02	48	357	Apple、Cisco
紙類	27.75	38.40	24	26	Avery Dennison、Weyerhaeuser
煉油業	32.27	47.65	18	29	Chevron、Sunoco
航空業	63.92	177.19	10	4512	Delta、Southwest
有線電視	63.56	193.88	5	484	Dish Network、TiVo
汽車	17.77	21.60	25	371	Ford、Winnebago
服飾業	15.86	18.84	14	23	Guess、Jones Apparel
百貨公司	27.40	37.73	8	531	J.C. Penny、Macy's
餐飲業	23.40	30.54	42	5812	McDonald's、Papa John's
藥品業	7.80	8.46	194	283	Merck、Pfizer
鋼鐵業	19.96	24.95	9	331	Nucor、U.S. Steel

*負債是特別股和長期負債的帳面價值,包括一年後到期的金額。權益則是流通在外股票的市價。總資本是負債和權益的總和。

資料來源:Ibbotson *Cost of Capital* 2010 Yearbook (Chicago: Morningstar, 2010).

網路作業

提到資本結構，所有的公司（行業）不盡相同，為了說明起見，我們可以利用網站 www.reuters.com 裡的 Ratio（財務比率）區塊資料，以比較 United Airlines（UAL）和 Johnson & Johnson（JNJ）的資本結構。United Airlines 的資本結構如下（請注意，槓桿比率是以百分比表示）：

FINANCIAL STRENGTH	Company	Industry	Sector	S&P 500
Quick Ratio (MRQ)	0.92	0.78	1.15	0.63
Current Ratio (MRQ)	0.95	0.86	1.45	0.95
LT Debt to Equity (MRQ)	722.06	142.91	49.24	104.85
Total Debt to Equity (MRQ)	876.26	183.58	69.04	150.86
Interest Coverage (TTM)	-0.20	0.04	0.05	16.38

相對於每 $1 的權益，United 有 $7.2206 的長期負債及 $8.7626 的總負債，把這個結果與 Johnson & Johnson 做比較：

FINANCIAL STRENGTH	Company	Industry	Sector	S&P 500
Quick Ratio (MRQ)	1.82	1.96	1.83	0.63
Current Ratio (MRQ)	2.05	2.55	2.27	0.95
LT Debt to Equity (MRQ)	16.18	18.29	17.19	104.85
Total Debt to Equity (MRQ)	29.65	22.37	22.30	150.86
Interest Coverage (TTM)	44.64	9.67	2.64	16.38

相對於每 $1 的權益，Johnson & Johnson 只有 $0.1618 的長期負債及 $0.2965 的總負債。當我們檢視行業別和部門別的平均水準時，它們的差異也很顯著。資本結構的選擇是管理上的考量，然而很明顯地，它也會受到行業特性的影響。

問題

1. 上述財務比率是 2011 年 3 月時的數據，進入 www.reuters.com 網站，找出 United Airlines 和 Johnson & Johnson 這兩家公司的目前長期負債對權益比率和總負債對權益比率，這些比率在過去這段時間有何變動呢？
2. 進入 www.reuters.com 網站，找出 Bank of America（BAC）、Dell（DELL）及 Chevron（CVX）這些公司的長期負債對權益比率和總負債對權益比率，為何這三家公司的債務金額會不相同呢？

第 16 章　財務槓桿和資本結構政策

特性與資本結構似乎有某些關聯。前面的稅負節省和財務危機成本，無疑地提供了部份答案，但截至目前，沒有一套理論可以完整解釋這些資本結構的共通性。

> **觀念問題**
> 16.9a 美國公司非常地依賴負債融資嗎？
> 16.9b 我們觀察到哪些資本結構的共通性？

16.10　破產程序速讀

誠如之前所討論的，使用舉債的可能後果之一是財務危機，財務危機有下列數種定義：

1. **經營失敗（business failure）**：這個名詞通常指在債權人受損的情形下，企業中止營業。然而，即使是全部權益的公司，也可能經營失敗。
2. **法定破產（legal bankruptcy）**：公司或債權人向聯邦法庭請求破產。破產（bankruptcy）是企業清算或重整的法定程序。
3. **技術性周轉不靈（technical insolvency）**：技術性周轉不靈發生在公司無法履行其財務上的責任。
4. **會計上周轉不靈（accounting insolvency）**：公司的淨值是負的，亦即帳面上周轉不靈。這種情形出現在公司總債務的帳面價值超過總資產的帳面價值時。

我們簡單地討論這些用語及與破產和財務危機相關的議題。

清算和重整

當公司無法或不願對債權人履行契約上規定的應付款項時，公司有兩種選擇：清算或重整。清算（liquidation）是指終止公司營運，賣掉公司的所有資產，扣除銷售成本後，將剩餘資金依照原先的債務清償順序分配給債權人。重整（reorganization）則是讓公司繼續營運，公司通常會發行新證券以取代舊證券。清算和重整都是破產過程的結果，應選擇哪一項，端視公司繼續營運或終止營運的價值而定。

破產清算　1978 年聯邦破產重整法第 7 章的內容是「直接」清算。以下是典型的清算程序：

1. 向聯邦法庭提出請求。公司可能提出無償請求（voluntary petition），或一些債權人可能對公司提出有償請求（involuntary petitions）。
2. 由債權人中選出破產管理人（trustee-in-bankruptcy）來接管破產公司的資產。管理人將試圖清算資產。
3. 資產清算完畢，且支付破產管理費用後，將所剩的金額分配給債權人。
4. 支付費用和債權人後，如果還有任何餘額，就把它們分配給股東。

所得資金依照下列優先順序分配：

1. 破產的管理費用。
2. 發生在申請有償破產請求之後，指定破產管理人之前的其他費用。
3. 工資、薪水和佣金費用。
4. 員工福利計畫的負擔額。
5. 消費者索賠。
6. 政府稅負請求。
7. 無擔保債權人。
8. 特別股股東。
9. 普通股股東。

這種清算優先順序就稱為絕對優先法則（absolute priority rule, APR）。求償權愈優先，獲得清償的可能性就愈高。在這些分類內，尚有不同的限制條件，但這裡省略不介紹。

　　清算優先順序表有兩個條件限制。第一，是有關擔保債權人，這些債權人有權分配銷售擔保品的款項收入，而不受這個順序表的限制。如果擔保品清算後的所得不足以償還所欠金額，擔保債權人可以加入無擔保債權人參與分配剩餘的清算資產。相反地，如果擔保品清算後的所得大於擔保請求權時，那麼剩下的淨額就可用來支付給無擔保債權人和其他人。APR 的第二個限制：破產事件的最後處理結果及誰得到怎樣的清償，通常是透過密集協議的妥協，而不是依照 APR。

破產重整　　公司重整是依照 1978 年聯邦破產重整法第 11 章進行，第 11 章的行動目標是在重整公司過程中加入清償債權人的條款。典型的重整順序是：

1. 公司可以提出無償請求，或債權人可以提出有償請求。
2. 聯邦法院會判決同意或拒絕請求。如果請求獲得批准，就會設定提出請求權證明的時限。

3. 在大部份情況下，公司（或已由「債權人接管」）仍繼續營運。
4. 公司（在某些情況，也由債權人）提交一份重整計畫書。
5. 將債權人和股東分成數個群體。如果某群體內的大多數債權人同意該計畫，意味著這群體內的全部債權人均接受該計畫。
6. 在債權人同意之後，該計畫交由法庭批准。
7. 支付現金財產、和有價證券予債權人和股東。計畫書可作為發行新的有價證券的根據。
8. 在某段固定期間內，公司依照重整計畫的條款來營運。

公司可能希望保留舊股東參與部份公司營運的權利。不用多說，無擔保債權人可能會抗議。

事先包裝破產是一種相當新鮮的現象。在這種情況下，公司先確保得到法定債權人人數同意破產計畫，然後公司再提出破產請求。結果公司提出破產後，就立刻重新出現。

例如，企業融資公司 CIT Group 於 2009 年 11 月 1 日依第 11 章事先包裝破產法申請破產，是至今最大的案例之一。在事先包裝破產協議中，公司股東完全被驅離公司，而債權人的債務被調降 $105 億。同時，債務到期期限展延三年，而當公司的 $23 億問題資產紓困專案（Troubled Assets Relief Program, TARP）申請案被拒絕後，公司的債務金額再度被調降，幸虧有事先包裝破產，CIT Group 很快地在 2009 年 12 月 10 日就從破產程序中脫離困境。

另一個案例發生在 2010 年 11 月 3 日，廣受尊崇的電影製作公司 MGM Studios 申請事先包裝破產，該公司創造了一些令人回憶的電影角色，如 Rocky Balboa 與 James Bond。在破產協議中，債權人 Credit Suisse 與 JP Morgan 兩家銀行同意於公司脫離破產困境時，將公司 $40 億債務交換成公司的股權。在破產過程之中，公司募集到 $5 億，俾便於脫離破產之時，能傾注到影片拍攝上，就如 Rocky 在影片中站立起來一樣，公司在 2010 年 12 月 10 日就脫離了破產困境。

在某些情況下，必須藉著破產程序來請求動用破產法庭的「強制」力量。在一些情境下，債權人可能被迫接受破產計畫，即使他們投了反對票，這是一個鮮明的強制力量。

2005 年，美國國會通過了過去 25 年來修正幅度最大的破產法案：2005 年防止用破產及消費者保護法案（Bankruptcy Abuse Prevention and Consumer Protection Act, BAPCPA）。大部份的改變是針對個人債務人，但公司也受到影響。在 BAPCPA 通過之前，只有申請破產的公司有權向破產法庭提出重組計畫。一直以

來有人辯稱這樣的權力是造成某些公司長時間處於破產狀態的原因，然而新的法令規定，公司破產 18 個月後，債權人可以提出自己的計畫給法庭參考。這個改變很可能會加速破產，也會導致更多的事先包裝破產案例。

BAPCPA 做了一個頗受爭議的改變，那就是所謂的重要員工留任計畫（key employee retention plans, KERPs）。這聽起來可能很奇怪，破產公司依慣例都會給管理階層紅利，即使這些人可能就是搞垮公司的同一批人。此類的紅利是為了避免有價值的員工跳槽到更成功的公司，但批評者辯稱這常常遭到濫用。新的法令只有在其他公司真的提供工作機會給破產公司的員工時，才會批准 KERPs。

最近，破產法規的第 363 節成為熱門話題，傳統的第 11 章破產申請要求破產計畫書必須以公開說明書的方式，向公司債權人與股東揭露，而破產計畫必須取得所有利害關係人票決同意，而第 363 節則較類似於資產競價拍賣，首位投標者，就是所謂的掩飾投標者（stalking horse），會標購破產公司的部份或所有資產，其他投標者則會加入競標，直到確定最高價格標。第 363 節破產申請的主要優點是處理速度快。傳統的第 11 章破產申請必須取得利害關係人的同意，破產過程經常會拖延好幾年，一般而言，第 363 節破產申請的速度較快。例如，在 2009 年年中，第 363 節破產申請的優點讓 GM 與 Chrysler 兩大汽車廠以少於 45 天的時間，就完成了破產流程。

財務管理和破產過程

或許有點奇怪，但擁有進行破產的權利是相當有價值的。下面的理由可以解釋這個論點。首先，從營運觀點來看，當公司申請破產時，債權人就立刻進入「停滯」狀態，公司就暫停對債權人的付款，債權人必須等到破產程序結束後，才知道自己能不能拿回及可以拿到多少債務。在這段等待期間，公司可以評估各種可行的方案，而債權人和其他人也無法採取其他法律對策。

此外，有些破產申請實際上是提升公司競爭力的策略性行動，即使公司沒有破產的危險，公司仍然可以進行破產申請。最著名的例子要算是 Continental Airlines。在 1983 年，隨著航空業管制的解除，Continental 發現自己必須與擁有較低勞工成本的新設立航空公司競爭。因此，Continental 就依第 11 章的法則申請重整，即使它並沒有破產。

根據預測的財務資料，Continental 辯稱該公司在未來將會破產，因此重整是必要的。藉由破產申請，Continental 可以終止目前的勞工雇用合約，解雇大批員工，並大幅裁減現有員工的薪水。換言之，Continental 本質上是利用破產程序作

為降低勞工成本的手段。國會因而修改破產法規，使公司不易透過破產過程來終止勞工合約。例如，在 2005 年，Delta Air Lines 申請破產，以便和工會的員工協商勞工雇用合約。

還有一些著名的策略性破產例子。舉例來說，Manville（即著名的 Johns-Manville）和 Dow Corning 分別因預期石棉和矽膠植入隆乳訴訟案的損失，而提出破產申請。同樣地，1987 年當時最大宗的破產案是 Texaco 公司的破產案，當 Texaco 被判決賠償 Pennzoil 高達 $103 億的金額，Texaco 隨即提出破產申請，後來藉由庭外和解並將賠償金額降為 $35 億，Texaco 隨即脫離破產困境。截至 2011 年年初，以資產總額來衡量，史上較大的破產案件當屬 Lehman Brothers（資產金額是 $6,910 億）和 Washington Mutual（資產金額是 $3,280 億），兩者都發生在 2008 年。然而，義大利酪農業鉅子 Parmalat 的 2003 年破產案例的規模則超越上述兩家公司的資產規模，Parmalat 本身的資產規模約佔義大利全國國民生產毛額的 1.5%。

免於破產的協議

當公司違約時，它仍然可以避免破產。因為破產的法定程序是費時且成本高，因此，設計一套免於破產的可行方案，才是符合每個人的利益。在大部份的情況下，債權人可以和違約公司的管理階層一起協商。解決方法通常是自發性的重設公司的負債償還時程。這可能牽涉到展延（extension）債務的期限或和解（composition）債務償還金額的降低。

觀念問題

16.10a 何謂 APR？
16.10b 清算和重整有何差異？

16.11 總　結

公司的理想負債和權益組合——即其最適資本結構——就是極大化公司價值和極小化整體資金成本的資本結構。如果沒有稅、財務危機成本和其他不完美的因素，並不存在著最適資本結構。在這些情境下，公司的資本結構是非攸關的。

如果納入公司稅的效果，資本結構就會有很大的影響。這個結論是基於利息可以抵稅，因而產生有價值的稅盾。不幸的是，在這種情況下的最適資本結構是

100%負債,然而,這不是一般健全公司的實際資本結構。

我們也介紹了破產成本,也就是財務危機成本。這些成本降低了負債融資的吸引力。最適資本結構出現在當額外$1債務所帶來的稅盾利益,正好等於這$1所帶來的預期財務危機成本時。這就是靜態資本結構理論的要義。

我們也介紹融資順位理論,它可以作為靜態抵換理論外的另一個資本結構理論。融資順位理論認為公司會儘量使用內部融資,有外部融資需求時,公司將發行債務證券,盡可能不發行權益證券。所以,公司資本結構只是反映出公司過去外部融資需求的結果,沒有所謂的最佳資本結構。

當我們觀察公司實際的資本結構時,發現到兩個共通性:第一,美國公司通常並不會大量使用負債,但它們繳了相當多的稅。這說明了使用負債融資來產生稅盾是有上限的;第二,同產業內的公司的資本結構是很相似的,這意味著,資產和營運的性質是決定公司資本結構的重要因素。

財務連線

假如你的課程有使用 Connect™ Finance 的話,請上線做個練習測驗(Practice Test),看一看學習輔助工具,及你需要哪些額外練習。

▼ Chapter 16 Financial Leverage and Capital Structure Policy			
16.1 The Capital Structure Question	eBook	Study	Practice
16.2 The Effect of Financial Leverage	eBook	Study	Practice
16.3 Capital Structure and the Cost of Equity Capital	eBook	Study	Practice
16.4 M&M Propositions I and II with Corporate Taxes	eBook	Study	Practice
16.5 Bankruptcy Costs	eBook	Study	Practice
16.6 Optimal Capital Structure	eBook	Study	Practice
16.7 The Pie Again	eBook	Study	Practice
16.8 The Pecking-Order Theory	eBook	Study	Practice
16.9 Observed Capital Structures	eBook	Study	Practice
16.10 A Quick Look at the Bankruptcy Process	eBook	Study	Practice

Section 16.1 Qui

你能回答下列問題嗎?
16.1 極大化哪樣東西就能極大化股東權益?
16.3 哪一項項目與公司舉債最有關聯?

16.5 請舉出一項直接破產成本？

16.7 當公司負債/權益比率增加時，哪一項公司現金流量請求權的價值會增加？

登入找找看吧！

自我測驗

16.1 EBIT 和 EPS 假設 BDJ 公司決定進行資本重構，將債務由現有的 $8,000 萬增加至 $12,500 萬，債務的利率仍維持在 9%。公司目前有 1,000 萬股流通在外，每股價格是 $45。如果預期資本重構可以提高 ROE，則 BDJ 的 EBIT 至少應達到多少？回答時無須考慮公司稅。

16.2 M&M 定理 II（無稅） Habitat 公司的 WACC 是 16%，負債成本是 13%。如果 Habitat 的負債/權益比率是 2，那麼它的權益資金成本是多少？回答時無須考慮公司稅。

16.3 M&M 定理 I（有公司稅） Gypco 公司預期每年的 EBIT 永遠是 $10,000。Gypco 的借款利率是 7%。假設 Gypco 目前沒有負債，且其權益成本是 17%。如果公司稅稅率是 35%，則公司價值是多少？如果 Gypco 借款 $15,000，並用來買回股票，則此時公司價值是多少？

自我測驗解答

16.1 要回答這個問題，首先計算損益兩平 EBIT。若 EBIT 超過此水準，增加財務槓桿將能提高 EPS。在原先的資本結構下，利息費用是 $8,000 萬 × 0.09 = $7,200,000。總股數為 1,000 萬股，所以在不考慮公司稅下，EPS 是 (EBIT − $720 萬)/1,000 萬。

在新的資本結構下，利息費用是 $12,500 萬 × 0.09 = $1,125 萬。負債增加了 $4,500 萬。這個金額可以買回 $4,500 萬/$45 = 100 萬股股票，剩下 900 萬股流通在外。因此，EPS 是 (EBIT − $1,125 萬)/900 萬。

現在設定這兩個 EPS 式子是相等的，以求出損益兩平 EBIT：

$$(EBIT − \$720 \text{ 萬})/1{,}000 \text{ 萬} = (EBIT − \$1{,}125 \text{ 萬})/900 \text{ 萬}$$
$$(EBIT − \$720 \text{ 萬}) = 1.11 × (EBIT − \$1{,}125 \text{ 萬})$$
$$EBIT = \$47{,}700{,}000$$

當 EBIT 是 $4,770 萬時，EPS 是 $4.05。

16.2 根據 M&M 定理 II（無稅），權益成本為：

$$R_E = R_A + (R_A - R_D) \times (D/E)$$
$$= 16\% + (16\% - 13\%) \times 2$$
$$= 22\%$$

16.3 在沒有負債下，Gypco 的 WACC 是 17%。這是未舉債的資金成本。稅後現金流量是 $10,000×(1−0.35)= $6,500，所以公司價值就是 V_U = $6,500/0.17 = $38,235。

發行負債之後，Gypco 的價值將是原先價值 $38,235，再加上稅盾的現值。根據有公司稅的 M&M 定理 I，稅盾的現值為 $T_C \times D$，也就是 0.35 × $15,000 = $5,250。所以，公司價值是 $38,235 + 5,250 = $43,485。

觀念複習及思考

1. **營業風險與財務風險** 解釋營業風險和財務風險的意義。假設 A 公司的營業風險高於 B 公司，A 公司的權益資金成本是否也比較高呢？請解釋。

2. **M&M 定理** 你對下列的爭論有何看法？
   問：如果公司增加負債融資的使用，公司權益的風險就會提高嗎？
   答：是的，這就是 M&M 定理 II 的要義。
   問：如果公司增加借款，違約的可能性就會提高，因此會提高公司負債的風險嗎？
   答：是的。
   問：換言之，增加負債會同時提高權益和負債的風險嗎？
   答：完全正確。
   問：假設公司只使用負債和權益融資，兩者的風險隨著負債的增加而提高，所以，增加負債會提高公司的整體風險，因此降低公司的價值？
   答：？

3. **最適資本結構** 是否存在著一個容易找著的極大化公司價值的負債/權益比率，為什麼？

4. **觀察到的資本結構** 參考課文中表 16.7 的資本結構。你觀察到各產業的平均負債/權益比率是什麼樣式呢？某些產業的槓桿比率是相對較高，這背後的原

因為何？公司的營運結果和稅負是否有影響呢？未來的盈餘前景也有影響嗎？請解釋。

5. **財務槓桿**　為什麼負債融資稱為財務「槓桿」？
6. **自製槓桿**　什麼是自製財務槓桿？
7. **破產與公司倫理**　課文中曾提及，有些公司因為實際或可能的訴訟損失，而申請破產。這是恰當的破產程序作法嗎？
8. **破產與公司倫理**　公司有時候會利用破產申請的手段來迫使債權人進行和解。在這種情況下，一些批評認為公司將破產法規「視為一把劍，而不是避難所」。這是合乎道德的策略嗎？
9. **破產與公司倫理**　課文中曾提及，Continental Airlines 申請破產的部份理由是為了降低勞工成本。這種作法是否適當合理，引起相當多的爭辯。請列舉正反雙方的論點。
10. **資本結構目標**　在延伸圓形派模型中，資本結構的財務管理目標為何？

問　題

初級題

1. **EBIT 和財務槓桿**　Pendergast 公司沒有負債，總市值是 $180,000。如果經濟景氣正常，預期息前稅前盈餘（EBIT）是 $23,000。如果經濟景氣擴張，則 EBIT 將增加 20%。如果經濟蕭條的話，EBIT 將降低 30%。Pendergast 正考慮以 7% 的利率發行 $75,000 的負債，將所得用來買回股票。目前有 6,000 股流通在外。請不用考慮公司稅。

    a. 在負債發行之前，計算三種經濟情況下的每股盈餘（EPS）。另外，當經濟擴張或蕭條時，計算 EPS 的變動百分比。

    b. 假設公司進行資本重構，重做問題 (a)，你發現了什麼結果？

2. **EBIT、稅和財務槓桿**　假設公司的稅率是 35%，重做第 1 題的 (a) 和 (b)。

3. **ROE 和財務槓桿**　假設在第 1 題中，公司的市場價值對帳面價值比是 1.0。

    a. 在負債發行前，計算三種經濟情況下的權益報酬率（ROE）。當經濟擴張和蕭條時，計算 ROE 的變動百分比。不需考慮稅。

    b. 假設公司進行資本重構，重做 (a)。

    c. 假設公司稅率是 35%，重做 (a) 和 (b)。

4. **損益兩平 EBIT**　Rise Against 公司正在比較兩種不同的資本結構，一個是全部

權資本結構（計畫I），另一個是有槓桿的資本結構（計畫II）。在計畫I下，公司將有210,000股流通在外。在計畫II下，將有150,000股和$2,280萬的負債流通在外。負債的利率是8%，沒有任何公司稅。

a. 如果EBIT是$500,000，哪一個計畫的EPS較高？

b. 如果EBIT是$750,000，哪一個計畫的EPS較高？

c. 計算損益兩平EBIT？

5. **M&M和股票價值** 重做第4題，應用M&M定理I分別計算兩種計畫下的每股股票價格，以及公司價值？

6. **損益兩平EBIT和財務槓桿** Destin公司正在比較兩種不同的資本結構。在計畫I下，公司將有10,000普通股和$90,000萬的負債。而在計畫II中，公司則將有7,600股和$198,000的負債。負債的利率是10%。

a. 不考慮公司稅，假設EBIT是$48,000，比較這兩個計畫和全部權益計畫。全部權益下，將有12,000股流通在外。在這三個計畫中哪一個的EPS最高？哪一個最低？

b. 在(a)中，比較每一個計畫和全部權益計畫的損益兩平EBIT？其中一個是否高於另一個？為什麼？

c. 不考慮公司稅，EBIT多少時，計畫I和計畫II的EPS會相同？

d. 假設公司稅率是40%，重做(a)、(b)和(c)。損益兩平EBIT是否會變動？為什麼？

7. **財務槓桿和股票價值** 第6題如果不考慮稅，則計畫I和計畫II下的每股權益價格各是多少？你的答案說明哪個原理？

8. **自製財務槓桿** 著名的消費品公司Mudpack，正在討論是否將全部權益資本結構調整成30%的負債。該公司流通在外的股票有7,000股，每股價格$55。EBIT預期每年永遠是$27,000，新負債的利率是8%，沒有稅。

a. 公司股東之一，Allison女士擁有100股。假設公司的股利發放率是100%，則在目前的資本結構下，Allison女士的現金流量是多少？

b. 在公司提議的資本結構下，Allison女士的現金流量是多少？假設她仍擁有100股。

c. 假設公司進行資本結構調整，但是Allison女士偏好目前的全部權益資本結構。說明她如何進行反財務槓桿，以回復原有的資本結構。

d. 用(c)的答案解釋為什麼公司的資本結構抉擇是非攸關的。

9. **自製財務槓桿和WACC** 除了資本結構之外，ABC公司和XYZ公司在各方面

都相同。ABC 是全部權益公司，權益價值為 $650,000，XYZ 則兼具股票和永續債券，它的股票價值是 $325,000，負債的利率是8%。兩家公司的預期EBIT是 $68,000，不考慮稅。

a. Rico 擁有價值 $48,750 的XYZ股票，他的預期報酬率為何？

b. 說明Rico如何藉由投資ABC公司和自製財務槓桿，創造出他目前投資的現金流量和報酬率。

c. ABC的權益成本是多少？XYZ又是多少？

d. ABC的WACC是多少？XYZ是多少？你的答案說明了哪個原理？

10. M&M　STP 公司沒有負債。加權平均資金成本是8%。如果權益的現行市場價值是 $1,800萬，而且沒有稅，EBIT是多少？

11. M&M 和稅負　在前一題中，假設公司稅率是35%，那麼EBIT是多少？WACC是多少？請解釋。

12. 計算 WACC　Skillet 企業的負債/權益比率是1.5。它的WACC是9%，負債成本是5.5%，公司稅率是35%。

a. Skillet的權益資金成本是多少？

b. 未舉債時，Skillet 的權益資金成本是多少？

c. 如果負債/權益比率是 2，那麼權益成本是多少？如果負債/權益比率是 1.0 呢？如果是零呢？

13. 計算 WACC　Chandeliers 公司沒有負債，但可以用6.1%成本舉債。公司目前的WACC是9.5%，稅率是35%。

a. 公司的權益成本是多少？

b. 如果公司使用25%的負債，權益成本是多少？

c. 如果公司使用50%的負債，權益成本又是多少？

d. 公司的WACC在 (b) 中是多少？在 (c) 中又是多少呢？

14. M&M 和稅負　O'Connell 公司預期 EBIT 每年永遠是 $74,000。公司可以7%舉債。公司目前並沒有負債，它的權益成本是12%，稅率是35%，請問公司的價值為何？如果公司舉債 $125,000，並將這筆資金用來買回股票，則公司的價值會是多少？

15. M&M 和稅負　在第14題中，資本重構後的權益成本是多少？WACC 是多少？公司資本結構決策隱含什麼意義？

進階題

16. M&M　Tool Manufacturing 預期 EBIT 每年永遠是 $73,000，稅率是35%。公司有

$145,000 負債流通在外，其利率為 7.25%，未舉債的資金成本是 11%。根據公司稅下 M&M 定理 I，公司的價值是多少？如果目標是極大化公司價值，Tool 是否應該改變它的負債/權益比率呢？請解釋。

17. **公司價值**　Cavo 公司預期 EBIT 每年永遠是 $19,750，目前沒有負債，而權益成本是 15%：

a. 公司目前的價值是多少？

b. 假設公司可以用 10% 利率來借款，公司稅率是 35%，以未舉債時的公司價值為基準，如果公司使用 50% 的負債，那麼公司價值會是多少？100% 的負債呢？

c. 以舉債後的公司價值為基準，公司使用 50% 的負債，公司價值會是多少？100% 負債呢？

18. **自製槓桿**　Veblen 與 Knight 這兩家公司各方面均完全相似，除了 Veblen 未舉債，而 Knight 有舉債，這兩家公司的財務資料列於下表，公司不用付稅，盈餘金額為永續年金，兩家公司都將盈餘配發給股東：

	Veblen	Knight
預估盈餘	$ 500,000	$ 500,000
利息費用	—	$ 78,000
股票市價	$3,100,000	$2,050,000
負債市值	—	$1,300,000

a. 某位投資者能以 6% 利率舉債，它想買下 Knight 公司 5% 的股權；假如這位投資者以舉債方式買下 Veblen 公司 5% 的股權，而買下 Knight 5% 股權與買下 Veblen 5% 股權這兩個交易對投資者個人的期初支出是完全相等，請問 Veblen 5% 股權的交易會創造較高的報酬金額嗎？

b. 在 (a) 中的兩個交易，投資者會挑哪一個？在什麼狀況下，這兩個交易就沒有不同？

迷你個案

Stephenson Real Estate 公司的資本重構

Stephenson Real Estate 公司於 25 年前由現任的執行長 Robert Stephenson 所創立。此公司購買包括土地和建築物的不動產，然後再出租。過去 18 年以來，公司每年都有獲利，股東對於公司的管理感到滿意。在建立 Stephenson Real Estate 之前，Robert 是一家失敗的羊駝農業公司的創始人及執行長，公司破產的結果讓他極端討厭負債融資。因此，Stephenson 公司全都是以權益證券融資，有 1,200 萬股發行在外的普通股，目前每股股價為 $31.40。

Stephenson 正在評估以 $8,000 萬購買美國西南部一大塊土地的計畫，這塊土地之後會租給佃農。此項收購預期會增加公司的每年稅前盈餘 $1,600 萬，此筆金額會一直持續下去。公司新財務長 Jennifer Weyand 被賦予負責這項計畫的重任。Jennifer 將公司目前的資金成本設定在 10.2%，她覺得如果把債務納入公司的資本結構內，公司會更有價值，所以她正在評估公司是否應該舉債來籌措此計畫的全部資金。根據她和投資銀行的一些對話後，她認為公司可以用債券面額賣出 6% 票面利率的債券。從她的分析結果，她也相信 70% 權益與 30% 負債將會是最佳資本結構。如果公司負債超過 30%，因為財務危機的可能性，及債券信評等級將較低，負債資金成本將較高，其他相關費用都會急速上升。Stephenson 公司目前的稅率是 40%（州和聯邦）。

問題

1. 如果 Stephenson 想要極大化公司的價值，你會建議公司發行債務或權益證券來融資此筆土地交易嗎？請解釋。
2. 在公司宣佈購買土地消息之前，編製以市場價值為基礎的資產負債表。
3. 假設 Stephenson 決定發行權益證券來融資此筆不動產交易：
   a. 此計畫的淨現值是多少？
   b. 在公司宣佈以權益證券融資的消息後，編製以市場價值為基礎的資產負債表。公司股價變成多少呢？Stephenson 需要發行多少股股票才能募集到所需的資金。
   c. 在公司發行權益證券後，但尚未完成土地交易之前，編製以市場價值為基礎的資產負債表。Stephenson 發行在外的普通股有多少股？公司每股股價是多少？
   d. 在土地交易完成後，編製以市場價值為基礎的資產負債表。
4. 假設 Stephenson 決定發行債券來融資土地交易：
   a. 如果使用債務融資，則 Stephenson 公司的市值為何？
   b. 在發行債券並完成土地交易之後，編製以市場價值為基礎的資產負債表。
5. 哪種融資方法可以極大化 Stephenson 的股價呢？

股利和股利政策

2011 年 2 月 16 日，有線電視與網路公司 Comcast 宣佈了一項公司經營成果的股東分享計畫。在此計畫中，Comcast 將 (1) 提高其每季股利 18%，由每股 $0.38 提高至每股 $0.45；(2) 提高買回庫藏股的金額，從 $12 億調升到 $21 億。此項訊息宣佈當天，投資者一陣歡呼，當天股價隨即上漲 4%，為什麼投資者會如此興奮呢？為了找出答案，本章將討論這些行動的效應及對股東的影響。

　　股利政策是公司理財中一個重要課題。對許多公司而言，股利是一項重要的現金支出。例如，在 2010 年，S&P 500 大公司預計發放 $2,060 億的股息，高出 2009 年的 $1,960 億，但遠低於 2008 年的紀錄金額 $2,480 億，AT&T 與 ExxonMobil 是發放最多現金股利的兩家公司，金額是多少呢？AT&T 在 2010 年支付了 $99 億的股利，ExxonMobil 則支付了大約 $83 億的股利。相反地，也有 23% 的 S&P 500 大公司沒有發放現金股利。

　　乍看之下，公司似乎想要以發放高額股利的方式來回饋股東。但同樣地，公司似乎想要留下股東的股利作進一步的投資。這就是股利政策的核心問題：到底公司應該把錢發放給股東，還是留下作投資呢？

　　本章將探討股利和股利政策的一些相關主題。首先，介紹各種類型的現金股利以及股利是如何發放，我們將討論股利政策是否與公司價值有相關，及偏愛高現金股利和低現金股利的一些論點。其次，我們將探討股票買回，它已成為現金股利的重要替代方案。接下來，我們將收集過去數十年的股利和股利政策之相關研究，以說明公司建立一套股利政策所涉及的利弊。最後，我們討論股票分割和股票股利等課題。

17.1 現金股利和股利發放

股利（dividend，或稱股息）通常指的是從盈餘支付出去的現金。如果所發放的現金不是來自於目前或累積保留盈餘，則稱為分配（distribution），而不是股利。然而，一般將盈餘的分配稱為股利，資本的分配稱為清算股利（liquidating dividend）。一般而言，公司直接發放給股東的任何支付都可視為股利或股利政策的一部份。

股利有多種形式。現金股利的基本類型有：

1. 普通現金股利。
2. 額外股利。
3. 特別股利。
4. 清算股利。

本章後面會討論以股票代替現金來發放股利，並介紹現金股利的替代方案：股票買回（stock repurchase）。

現金股利

最普遍的股利型態就是現金股利。通常，上市公司每年發放四次的普通現金股利（regular cash dividends）。顧名思義，這些是直接發給股東的現金，而且是在正常營運下所發放的。換言之，管理階層不認為股利有什麼不正常，也沒有道理不繼續發放。

公司有時候會發放普通現金股利和額外現金股利（extra cash dividend）。股利稱為「額外的」，是因為管理階層認為這些額外股利在未來可能會繼續發放，但也可能不會。特別股利（special dividend）類似於額外股利，但特別股利是不經常發生的，或僅此一次，將不會再重複。例如，在 2004 年 12 月，Microsoft 發放每股 $3 的特別股利，總支付金額高達 $320 億，是史上單次發放金額最大的現金股利。公司創辦人 Bill Gates 收到為數約 $30 億的股利，他聲明將全額捐出供作慈善事業之用。為了讓你體會此筆特別股利的巨大金額，當投資者於 12 月收到現金股利時，當月美國的個人所得增加了 3.7%。若無此筆股利，個人所得則只增加 0.3%，因此它佔了大約 3%的個人所得增加。最後，清算股利（liquidating dividend）通常指賣掉部份或全部的業務後，對股東的支付。

任何類型的現金股利都會減少公司的現金和保留盈餘，而清算股利也可能會減少實收資本（paid-in capital）。

現金股利發放的標準過程

股利發放的決策掌握在公司董事會的手中。當公司宣告股利後，股利就變成公司的負債，不能輕易取消。在宣佈後一段時間，股利就在某個特定的日子發放給所有股東。

現金股利的數額通常都以每股多少金額〔每股股利（dividends per share）〕來表示。就如前面章節所介紹的，股利也可以用市價的百分比（股利收益率，dividend yield）來表示，或是以淨利的百分比〔股利發放率（dividend payout）〕或每股盈餘來表示。

股利發放：時序表

我們以圖 17.1 的例子說明現金股利發放程序如下：

1. **宣告日**（declaration date）：在 1 月 15 日董事會通過決議，公司將在 2 月 16 日發放每股 $1 的股利給登錄在 1 月 30 日股東名冊上的股東。
2. **除息日**（ex-dividend date）：為了確定股利發放給正確的投資者，經紀商和證券交易所設定了一個除息日。這是在登記日（接下來要討論）之前兩個營業日。如果你在除息日之前買入股票，就有資格配發股利。如果你在這天或之後買入股票，那麼前一個持有人將得到股利。

   在圖 17.1 中，1 月 28 日星期三，就是除息日。在這天之前，股票是以「帶息」（with dividend 或 cum dividend）交易。之後，股票就以「除息」（ex dividend）交易。

   除息日的設定釐清了誰應該得到股利。因為股利是有價值的，當股票除

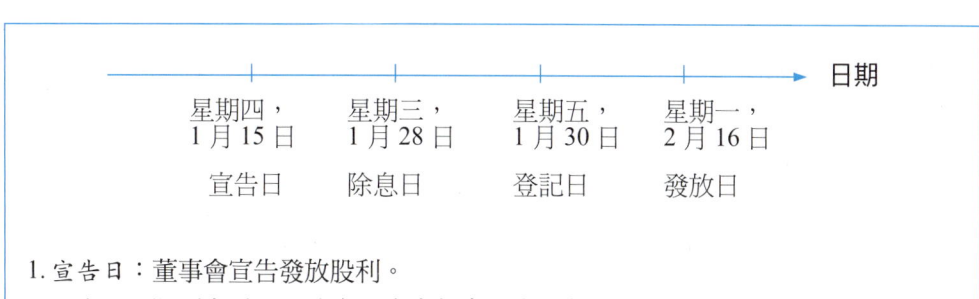

星期四， 1 月 15 日	星期三， 1 月 28 日	星期五， 1 月 30 日	星期一， 2 月 16 日	日期
宣告日	除息日	登記日	發放日	

1. 宣告日：董事會宣告發放股利。
2. 除息日：股票在這一天除息，賣方保有股利；依 NYSE 的規定，股票在登記日前兩個營業日或之後，就以除息交易。
3. 登記日：股利分配給在這個特定日期所登錄的股東。
4. 發放日：郵寄股利給登錄的股東。

圖 17.1 股利發放程序範例

息時，它的價格會受到影響。我們待會會探討除息的效果。

3. **登記日**（date of record）：公司根據 1 月 30 日的紀錄，準備了一份被認定為股東的名單。這些人就是紀錄上的持有人（holders of record），而 1 月 30 日就是登記日。「被認定為」是相當重要的關鍵。如果你在登記日之前買入股票，由於郵寄或其他延誤，公司的紀錄也許沒有你的名字。若股東名冊沒有經過修改，有些股利就會被誤寄給其他人。這就是為什麼有除息日的慣例。

4. **發放日**（date of payment）：股利在 2 月 16 日寄出。

除息日

除息日很重要，但也是混淆的來源。當股票進行除息時，對股票價格會有什麼影響。假設我們擁有每股市價 $10 的股票。董事會宣告發放每股 $1 的股利，登記日是 6 月 12 日星期二。根據前面的討論，除息日是登記日之前兩個營業日（非年曆日），也就是 6 月 8 日星期五。

如果你正好在 6 月 7 日星期四收盤之前買入股票，你將得到股利，因為股票是以帶息交易。如果你等到星期五開盤的時候才買入股票，你就拿不到 $1 的股利。一夜之間，股票的價值有何改變呢？

若仔細思考，你會發現股票的價值在星期五早上減少了 $1。所以，在星期四收盤和星期五開盤之間，股票價格將下跌 $1。我們一般會預期股票除息時，股票價值的下跌幅度大約等於股利。這裡的關鍵字是「大約」。因為股利必須繳稅，故實際價格的下跌應該接近股利的稅後價值。因為不同的購買者適用不同的稅率和稅法，確定股利的稅後價值就變得非常複雜。

圖 17.2 說明股票除息。

範例 17.1　除息日

Divided Airlines 的董事會宣告要在 5 月 30 日星期二，發放每股 $2.50 的股利給登錄在 5 月 9 日（星期二）股東名冊上的股東。Cal Icon 在 5 月 2 日星期二以每股 $150 購買了 100 股 Divided 帶息股票。哪一天是除息日？現金股利和股票價格將發生什麼變化。

除息日是登記日（5 月 9 日星期二）之前兩個營業日，所以股票將在 5 月 5 日星期五除息。Cal 在 5 月 2 日星期二買入股票，所以 Cal 買的是帶息股票。換言之，Cal 將收到 $2.50×100＝$250 的股利。股利將在 5 月 30 日星期二寄出。當股票在星期五除息時，每股價值將在一夜之間下跌大約 $2.50。

第 17 章　股利和股利政策　**697**

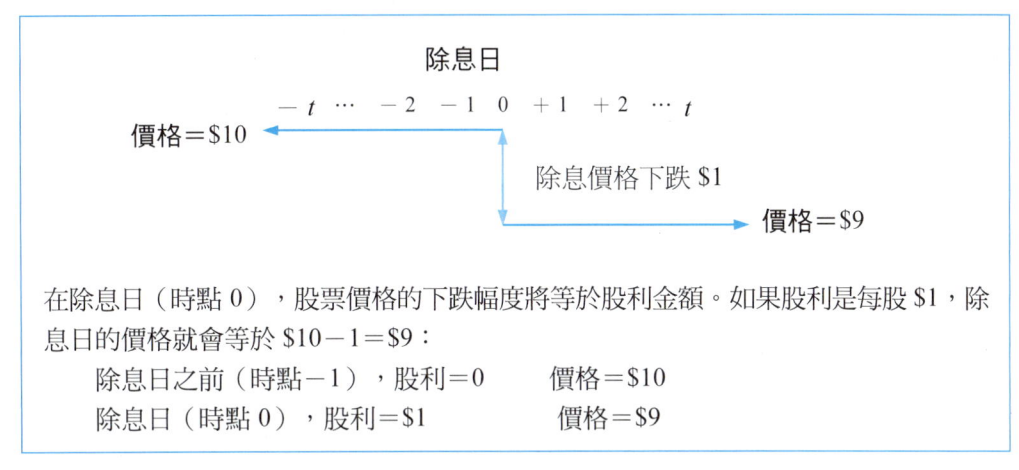

```
                        除息日
              − t  ⋯  − 2   − 1    0    + 1   + 2  ⋯  t
價格＝$10  ←─────────────────┐
                              除息價格下跌 $1
                                   └──────────────→ 價格＝$9
```

在除息日（時點 0），股票價格的下跌幅度將等於股利金額。如果股利是每股 $1，除息日的價格就會等於 $10−1＝$9：

　　除息日之前（時點−1），股利＝0　　價格＝$10
　　除息日（時點 0），股利＝$1　　　　價格＝$9

圖 17.2　$1 現金股利的除息日前後價格行為

假設要舉出發完股利隔天就造成股價下跌的例子，可以考慮投資顧問公司 Diamond Hill Investment Group 於 2010 年 12 月所支付的鉅額股利，每股股利是 $13，而當時公司股價是 $85，因此股利大約是股價的 15%。

公司股票在 2010 年 11 月 29 日除息，以下的股價圖表列示出 Diamond Hill 除息前四天及除息當天的股價。

11 月 26 日（星期五）收盤價是 $84.86，11 月 29 日開盤時股價是 $72.19，下跌了 $12.67。因為股利所得要繳納 15% 的稅，我們預期股價會跌 $11.05，所以實際的跌幅比所預測得稍多（後面章節將會詳細介紹股利和稅的內容）。

> **觀念問題**
>
> **17.1a** 現金股利有哪些不同類型？
> **17.1b** 敘述現金股利發放的程序？
> **17.1c** 當股票除息時，價格會有什麼改變？

17.2 股利政策有關嗎？

要探討股利政策是否有影響，我們必須先定義何謂股利政策（dividend policy）。在其他情況不變下，股利當然重要。股利是以現金發放，而現金又是每個人都喜歡的。在此，所要討論的問題是，公司是否應該發放現金，或將現金作投資，等以後再發放。因此，股利政策的關鍵就在股利發放的時程。特別是公司應該將目前大部份或小部份（甚至零）盈餘發放出去嗎？這就是股利政策的課題。

股利政策無關說的例子

有一個強而有力的論點支持股利政策是無關的。我們以 Wharton 公司為例來說明這個論點。Wharton 公司是一家成立已十年的權益型公司。財務經理計畫在兩年後解散公司。包括清算之後的所得，公司在未來兩年每年所能產生的現金流量是 $10,000。

目前政策：設定股利等於現金流量　目前，每年股利金額都設定為 $10,000 現金流量。因為公司有 100 股流通在外，所以每股股利是 $100。從第 6 章得知，股票價值等於未來股利的現值。假設必要報酬率是 10%，今天每股的價值，P_0，等於：

$$P_0 = \frac{D_1}{(1+R)^1} + \frac{D_2}{(1+R)^2}$$

$$= \frac{\$100}{1.10} + \frac{100}{1.10^2} = \$173.55$$

因此，整個公司的價值是 100×$173.55＝$17,355。

Wharton 公司董事會的一些成員對現行的股利政策表示不滿意，並要求你提出替代政策。

替代政策：設定前期股利大於現金流量
一個可能的替代政策是在第一年（日期 1）發放每股 $110 的股利。所以，這時候公司的總股利支出是 $11,000。因為現金流量只有 $10,000，額外的 $1,000 必須從別處募得。其中一種方法是在第一年發行 $1,000 的債券或股票。假設發行的是股票，新股東希望在第二年有足夠的現金流量，以便他們的投資可以賺得 10% 的必要報酬。[1]

在這個新股利政策下，公司的價值是多少呢？新股東投資了 $1,000。他們要求 10% 的報酬，所以在第二年他們將要求 $1,000×1.10＝$1,100 的現金流量，剩餘 $8,900 給舊股東。因此，舊股東的股利將如下所示：

	第一次發放日	第二次發放日
舊股東的總股利	$11,000	$8,900
每股股利	110	89

每股股利的現值是：

$$P_0 = \frac{\$110}{1.10} + \frac{89}{1.10^2} = \$173.55$$

和前面公司的價值一樣。

即使公司發行新股票來融通股利發放，但股票價值並不受到股利政策改變的影響。事實上，不管公司選擇以哪一種股利發放形式，在本例中的股票價值將永遠不變。換言之，對 Wharton 公司而言，股利政策對公司價值沒有影響。理由很簡單：在某一時點所增加的股利，正好被其他時點所減少的股利抵銷。所以，一旦考慮貨幣的時間價值後，股利的淨效果是零。

自製股利

為什麼股利政策在這個例子裡沒有影響，有一個更直覺的解釋方法。假設某位投資者 X 偏愛第一年和第二年的股利都是每股 $100。那麼當管理階層決定採納替代股利政策（兩個發放日的股利分別是 $110 和 $89）時，她會不會很失望呢？未必，因為她可以把第一年所收到的額外 $10 股利，再投資購買一些 Wharton 的股票。在 10% 的報酬率下，這部份投資將在第二年成長為 $11。如此，她就可以收到所希望的淨現金流量：第一年是 $110－10＝$100，第二年是 $89＋11＝$100。

---

[1] 發行債券也會有相同的結果，雖然論證較不易表達出來。

相反地，假設投資者 Z 偏愛第一年股利為 $110 和第二年股利為 $89，但卻發現管理階層決定在第一年和第二年各發放 $100 的股利。投資者 Z 可以在第一年時賣掉價值 $10 的股票，使他的總現金流量增加至 $110。因為這項投資的報酬是 10%，投資者 Z 在第二年放棄了股利 $11（＝$10×1.1），因而剩下 $100－11＝$89。

這兩位投資者都可以藉著買入或賣出股票，把公司的股利政策轉換成不同的政策。因此，投資者可以創造自製股利政策（homemade dividend policy）。這意味著，不滿意的股東可以把公司的股利政策轉換為適合自己需要的股利政策。所以公司所選擇的任一股利政策，並沒有特別的好處。

事實上，許多公司還提供股利自動再投資計畫（automatic dividend reinvestment plans, ADRs 或 DRIPs），協助股東進行自製股利政策。像 McDonald、Wal-mart、Sears 和 Procter & Gamble，以及其他 1,000 家的公司，都已經普遍地設立這類股利再投資計畫。顧名思義，在這種計畫下，股東可以選擇把現金股利的一部份或全部，再投資到股票上。在某些情況下，股東還可得到股價折扣，所以這種計畫非常有吸引力。

測　驗

到目前為止的討論可以綜合成下列的是非題：

1. 對或錯：股利是無關的。
2. 對或錯：股利政策是無關的。

第一題的答案當然是錯的，一般常識就可以判斷了，如果其他時點的股利數額均固定，但在某一時點股利有高有低，投資者當然偏愛高股利。進一步說明第一個問題，如果在某一時點的每股股利增加了，而其他時點的每股股利維持不變，則股票價格必定會上漲，因為未來股利的現值必定增加。這種股利增加可能是由於生產力的增進、稅負節省的增加、產品銷售力的強化或現金流量的效率管理所造成。

就我們剛看過的簡單例子而言，第二題的答案是對的。股利政策本身並沒有辦法增加某一時點的股利，而同時維持其他時點的股利不變。相對地，股利政策只是決定了某一時點的股利和另一時點的股利之間的取捨。一旦考慮貨幣時間價值，則股利流量的現值是不變的。因此，在這個簡單情況下，股利政策是無關的，因為不管經理人員選擇提高或降低目前的股利，都不會影響公司的

價值。然而，一些現實世界的因素可能會改變我們的看法，下一節將討論這些因素。

> **觀念問題**
>
> **17.2a** 投資者如何創造自製股利？
> **17.2b** 股利是無關嗎？

17.3 現實世界中偏愛低股利的因素

在上面股利政策無關說的例子裡，我們忽略了稅和發行成本（flotation costs）。本節說明這些因素可能會促使投資者偏愛低股利發放率。

稅

美國的稅法非常複雜，而且透過不同層面來影響股利政策。稅的影響主要來自於對股利所得（dividend income）和資本利得（capital gains）課徵不同的有效稅率。對個人股東而言，股利所得的有效稅率（effective tax rates）比資本利得高。股利收入在繳稅時被視為一般所得，資本利得則是以較低的稅率課徵。而且資本利得稅可以延遲至股票出售時才繳納，因此稅的現值較小，使得資本利得的有效稅率較低。[2]

最近的稅法改革點燃了人們關注稅金如何影響公司股利政策這個課題，正如先前提到的，以往股利是以一般所得稅課（以一般的所得稅率）的方式被扣稅。2003 年，當 Bush 總統執政時，股利及長期資本利得的稅率從最高的 35% 至 39% 範圍被降到 15%，因此新的股利稅率遠低於公司所得稅率，提供誘因促使公司支付股利，股利減稅是項爭論性的課題；然而，此項措施已被展期到 2013 年，之後的發展就不得而知了！

發行成本

在前面股利政策無關說的例子裡，公司可以以發行新股票來募集現金股利的

---

[2] 事實上，資本利得稅負有時可以全部規避掉；雖然我們不建議你採取此種稅負規避策略，但資本利得稅負可以藉由死亡來規避：當你死亡時，稅負就死亡了，因為你的繼承人並沒有資本利得稅負。在這種情形，稅負隨你而去。

資金。誠如第 15 章所討論，新股票的發行成本可能非常的高。如果將發行成本計入，銷售新股票會降低股票的價值。

進一步說明，若有兩家一模一樣的公司，其中一家發放較高的股利比率。另一家則保留較多盈餘，所以權益成長較快。如果這兩家公司要維持一模一樣，那麼股利發放率較高的公司就必須定期銷售新股票。因為發行新股的成本很高，所以公司可能傾向於較低的股利發放率。

股利限制

在某些狀況下，公司可能被限制發放股利。例如，在第 7 章的討論中，債券合約條款的一個共同特色是禁止股利發放超過某一上限。而且州政府也有法令限制公司發放超過保留盈餘數額的股利。

觀念問題

17.3a 低股利發放政策在稅負上有什麼優點？
17.3b 為什麼考量發行成本後，公司會偏好低股利發放政策？

17.4　有利於高股利的實務面因素

本節探討為什麼公司仍願意發放較高股利給股東，即使必須發行更多股票來融資股利所需的資金。

在他們的經典之作中，Benjamin Graham、David Dodd 和 Sidney Cottle 認為基於下列理由，公司應該採取高股利發放率：

1. 「較近期的股利現值高於較遠期的股利現值。」
2. 在「兩家擁有相同盈餘能力，及同等產業地位的公司中，發放較高額股利的公司其股價似乎總是較高。」[3]

贊同這種論點的人，經常以下列兩個因素來支持其論調：渴望現時的所得和不確定性的消除。

---

[3] B. Graham, D. Dodd, and S. Cottle, *Security Analysis* (New York: McGraw-Hill, 1962).

渴望現時的所得

很多人均渴望現時的所得，典型的例子是退休人員和依賴固定收入為生的個人，也就是所謂的「寡婦和孤兒」。這一群投資者願意付出一點代價，以換得較高股利收益率。假如這是實際的情況，那麼它就支持了 Graham、Dodd 和 Cottle 的第二個看法。

然而，第二個看法在我們的例子裡並不適用。偏愛較高現時的所得，但卻握有低股利證券的投資者，可以很輕易地賣掉一些股份，以取得所需的資金。同樣地，對現時所得需求較低，卻握有高股利證券的投資者，也可以將股利再投資。這就是前面的股利自製論點。因此，若沒有交易成本，較高的現時股利政策對股東並沒有價值。

現時所得的論點在現實世界裡可能是有關緊要的，因為賣出低股利股票必須支付經紀人佣金和其他交易成本。若投資在高股利證券，則可以節省這些成本與費用。此外，賣出證券的動作，會消耗股東的時間，而股東也害怕花費掉原先的投資本金，而競相購買高股利的證券。

即使如此，為了公平地看待這個論點，我們應記得，一些金融仲介機構，例如共同基金，可以（的確如此）為個人以非常低的成本完成這些「證券重新組合」的交易。這種仲介機構可以購買低股利的股票，配合調控股票的賣出以實現資本利得，他們可以支付投資者較高的所得。

高股利在賦稅上和法令上的優點

由前面的討論得知，股利的稅率對個人投資者較為不利。這個事實是低股利發放率的有力論證。然而，有一些投資者，並不會因為持有高股利收益率證券（未必要持有低股利收益率證券），而遭受到賦稅上不利的待遇。

公司機構投資者　當一家公司持有另一家公司的股票時，就可以享有不錯的股利賦稅減免。公司所收到的普通股或特別股股利，都可以享受 70% 股利（或更高）免稅的待遇。因為 70% 股利免稅的規定並不適用在資本利得，公司機構投資者的資本利得稅率就顯得較高。

由於股利部份免稅的優點，高股利、低資本利得的股票可能較適合公司機構持有。這就是為什麼公司持有相當高比率流通在外的特別股。這種稅上的優勢也促使公司以持有高收益的股票來代替長期債券。因為公司從債券所收到的利息，並不能享有類似股利的免稅優惠。

免稅投資者　前面已經指出低股利發放率在賦稅上的優缺點。當然，這些論點對處於零稅率級距的投資者是沒有影響的。這些投資者包括：退休基金（pension funds）、捐贈基金（endowment funds）和信託基金（trust funds）。

結　論

整體而言，個人投資者（不管理由為何）可能偏好現時所得，也願意支付股利稅（dividend tax）。另外，一些大型機構投資者，像公司和免稅機構可能較偏好高股利發放率的股票。

> **觀念問題**
> 17.4a　為什麼有些個人投資者偏好較高的股利發放率？
> 17.4b　為什麼有些非個人投資者偏好較高的股利發放率？

17.5　實務面因素的分解

前面的章節分別討論了贊同低股利政策的因素，和贊同高股利政策的因素。本節將討論股利和股利政策的兩個重要觀念：股利的資訊內容和股利顧客效果。第一個觀念不僅說明了股利的重要性，也說明了區分股利和股利政策的重要性。第二個觀念認為，儘管有許多實務面的因素要考慮，股利發放率並不如原先所想像的那麼重要。

股利的資訊內容

在開始探討這個課題之前，我們先將本章所討論的股利相關論點整理如下：

1. 根據自製股利論點，股利政策是無關的。
2. 因為股東的賦稅效果和新股發行成本的考量，低股利政策是最好的。
3. 因為投資者偏好現時所得和其他相關因素的影響，高股利政策是最好的。

到底哪一個論點是正確的？一種判斷方法就是觀察公司所宣告的股利金額變動時，公司股價會有怎樣的反應。大致的反應是，當所宣告的股利非預期地增加時，股價會上漲；當股利非預期地減少時，股價通常會下跌。這是否隱含地支持上面三個論點中的哪些論點呢？

乍看之下，股市的行為似乎和第三個論點一致，而與其他兩個不一致。事實上，很多學者都認為如此。假如股利增加，股票價格就上漲；股利減少，股票價格就下跌。市場豈不是透露出投資者偏好較高額的股利嗎？

其他學者則點出，這個事實並無助於我們了解股利政策。在其他條件不變的情況下，每個人均認同股利的重要性。在非不得已的情況下，公司才會削減股利。因此，股利削減通常是公司經營困難的一種信號。

更進一步的說法，股利削減通常不是自願的，也不是事先所規劃股利政策的改變。相反地，股利削減傳遞了管理階層無法再堅守現行股利政策的訊息。因此，對未來股利的預期會往下修正。而未來股利的現值會下降，所以股價也跟著下跌。

在此情況下，股票價格隨著股利的削減而下跌，這是因為預期未來股利會減少，並不是因為公司改變了股利支付率（股利佔盈餘的比例）。

例如，美國書商 Barnes & Noble 於 2011 年 2 月 22 日宣佈停止發放每年 $1 的股利，俾便將資金投入電子書產品的開發，公司股價在之前 52 週已從高點下跌了 25%，這則停發股利新聞再一次衝擊股東，公司的日常交易量大約是 650,000 股，但消息宣佈之後，交易量衝上 2,400,000 股，當日盤中股價最低點下挫了 16%，最後以下跌 14.3% 收盤。

當然，股利削減造成股價下跌不是美國股市獨有的案例，在 2010 年 2 月，德國製藥公司 Merck KGaA（不要與美國製藥廠 Merck 公司混淆）宣佈將削減三分之一的股利金額，公司股價隨即下跌了 €6.48，下跌了 10%。

同樣地，非預期的股利增加傳遞了好消息。只有當未來盈餘、現金流量，以及一般性前景都相當地看好時，公司的管理階層才會提高股利，以免日後要調降股利。股利提高是管理階層向市場傳達公司經營前景看好的訊息。股價隨著股利增加而上漲，這是因為預期未來股利會向上調整，並不是因為公司增加了股利支付比率。

在這兩種情況下，股價反映了股利的改變。這些反應歸因於未來預期股利的改變，未必是股利發放政策的改變。這種反應稱為股利的資訊內容效果（information content effect）。因為股利變動傳遞公司內部的資訊給市場，所以很難解釋為公司股利政策的效果。

股利顧客效果

由前面的討論可以看出，有些投資者（例如，家財萬貫的個人）傾向於持有

低股利支付率（或零股利支付率）的股票。其他投資者（例如，公司）則傾向於持有高股利支付率的股票。因此，高股利支付率的公司將吸引特定的投資者，而低股利支付率的公司則吸引另一群投資者。

這些不同的投資者稱為顧客群（clienteles），而上述所描述的就是**股利顧客效果**（clientele effect）。顧客效果的論點認為，不同投資群體要求不同股利水準。當公司選擇一個特定股利政策時，唯一的效果是為了吸引某一特定顧客群。如果公司改變它的股利政策，它只是吸引了另一群顧客罷了。

那麼，我們所能探討的只是股利的供需法則。假設所有的投資者中有40%偏愛高股利，但是只有20%的公司支付高股利。此時，支付高股利的公司將不夠滿足投資者，他們的股價就會上漲。結果低股利公司將發現改變股利政策對公司有利，公司會改變股利政策一直到40%的公司支付高股利。此時，股利市場（dividend market）處於均衡狀態。公司無須再改變其股利政策，因為所有顧客群都滿足於目前的狀態。此時，股利政策對各公司而言是無關的。

為了測驗你是否了解顧客效果，請回答下列這段話：「儘管理論上的論證支持股利政策無關說或者認為公司不需要發放股利，但是許多投資者偏好高股利。因此，公司可以採取高股利支付率來提升股價。」對或錯？

如果存在著顧客群，這段話就是「錯」的。只要市場上有足夠的高股利公司能滿足偏好高股利的投資者，公司就沒辦法藉著發放高股利來抬高公司的股價。只有市場存在著不滿足的顧客群時，公司才能抬高股價，然而，又沒有證據支持這種觀點。

觀念問題

17.5a 市場對非預期的股利改變如何反應？對於股利，這透露了什麼？對於股利政策，這又透露了什麼？

17.5b 何謂股利顧客群？在考慮所有情況之後，你認為高度不確定性的成長型公司其股利支付率會高或低？

17.6 股票買回：現金股利的替代方案

到目前為止，本章只考量了現金股利。然而，現金股利不是公司發放現金的唯一方式。另一種替代的方式是，公司可以買回（repurchase）自己的股票。股票買回已經成為愈來愈受歡迎的方式，股票買回的金額也變大了。例如，單單在 2011 年的第一個月，美國的公司就宣佈買回價值 $750 億的股票，而 2010 年一整年金額才只有 $3,570 億，2009 年也只有 $1,380 億。整體而言，2007 年所宣佈的股票買回計畫，創下了 $5,380 億的歷史紀錄。

另一個看待股票買回之重要性的方式是和現金股利作比較。圖 17.3 顯示美國的產業公司從 1984 年至 2004 年，現金股利對公司盈餘、股票買回對盈餘和兩者（股利加上股票買回）對盈餘的平均比率。正如我們所看到的，在早期，股票

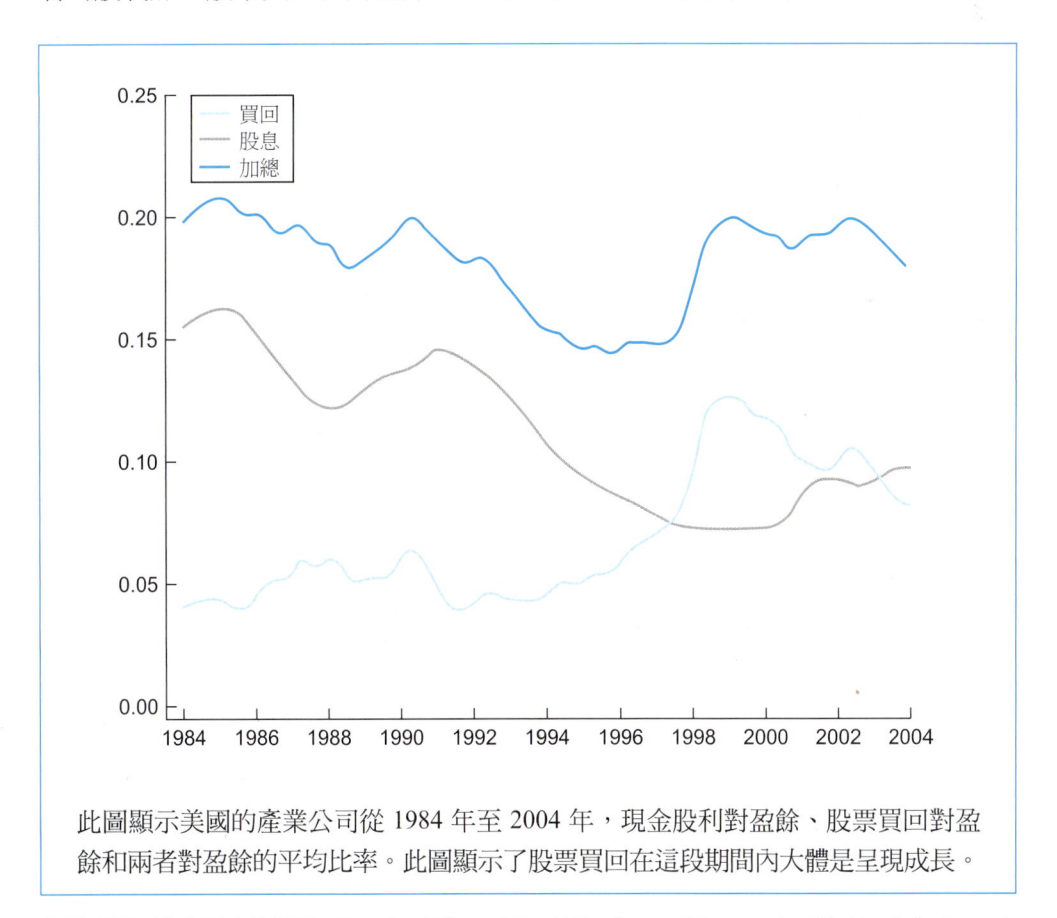

此圖顯示美國的產業公司從 1984 年至 2004 年，現金股利對盈餘、股票買回對盈餘和兩者對盈餘的平均比率。此圖顯示了股票買回在這段期間內大體是呈現成長。

資料來源：取自下文的圖三：Brandon Julio and David Ikenberry, "Reappearing Dividends," *Journal of Applied Corporate Finance* 16, Fall 2004.

買回對盈餘的比率遠低於股利對盈餘的比率。然而，在 1998 年，股票買回對盈餘的比率超過股利對盈餘的比率。這個趨勢在 1999 年後逆轉，在 2004 年，股票買回對盈餘的比率略低於股利對盈餘。

股票買回有三種典型的方式。第一種方式是，公司從公開市場上買回自己的股票，就像其他投資者買進某支特定的股票一樣。在公開市場上買回股票，公司並未透露自己就是買家的身分，因此賣方並不知道股票是賣回給公司或是賣給另一位投資者。

第二種方式是，公司會進行公開收購。在此，公司會對所有的股東宣佈，願意以特定的價格買回特定數量的股票。例如，假設 Arts and Crafts（A&C）公司有 100 萬股發行在外的股票，每股股價是 $50。公司進行公開收購，以每股 $60 的價格買回 300,000 股。A&C 選擇高於 $50 價格，來誘使股東賣出其持股。事實上，如果公司收購價格設定得夠高，公司所有股東想賣出的股數會超過 300,000 股。在較極端的公開收購方式中，A&C 也可以設定針對每位股東買回其 10 股持股中的 3 股股票（30% 持股）。

最後一種方式是，公司可能會向特定的個人股東買回其持股，這種方式稱為目標買回（targeted repurchase）。例如，假設 International Biotechnology Corporation 在 4 月以每股約 $38 的價格買進 Prime Robotics Company（P-R Co.）大約此家公司 10% 的股份。在當時 International Biotechnology 對證管會（SEC）宣稱，它最終可能會試著去取得 P-R Co. 的控制權。5 月時，P-R Co. 以每股 $48 的價格向 International Biotechnology 買回其持股，這個價格遠高於當時市價，然此買回優惠並未給予公司的其他股東。

現金股利相對於股票買回

假設有一家全部權益型公司擁有 $300,000 的超額現金。這家公司不發放股利，而剛結束的年度淨利是 $49,000。年底的市值資產負債表如下：

	市價的資產負債表 （發放超額現金之前）		
超額現金	$ 300,000	負債	$ 0
其他資產	700,000	權益	1,000,000
合計	$1,000,000	合計	$1,000,000

流通在外的股票有 100,000 股，權益的總市值是 $100 萬。所以每股股價 $10。每股盈餘（EPS）是 $49,000/100,000＝$0.49，本益比（PE）是 $10/0.49＝20.4。

公司正在考慮每股配發 $300,000/100,000＝$3 的額外現金股利，或以這筆資金買回 $300,000/10＝30,000 股的自家公司股票。

如果沒有佣金、稅和其他市場相關費用的話，股東應該不會在意哪一個方案。這樣的結果是否令人訝異呢？事實上，一點也不。在任一方案中，公司均支付了 $300,000 的現金，資產負債表變成：

市價的資產負債表 (發放超額現金之後)			
超額現金	$ 0	負債	$ 0
其他資產	700,000	權益	700,000
合計	$700,000	合計	$700,000

如果發放現金股利，則仍有 100,000 普通股流通在外，所以每股價值為 $7。

股價從 $10 跌至 $7，但股東並不擔心。假如有位股東擁有 100 股，發放股利前的股價是 $10，100 股的總價值是 $1,000。

發放 $3 的股利之後，這位股東仍擁有 100 股，但價值下跌至 $7，所以總共是 $700，加上 100×$3＝$300 的現金股利，總價值還是 $1,000。這證明了我們先前的看法：如果沒有市場交易相關費用的話，現金股利並不會影響股東的財富。在這個例子裡，股票除息時，股價就下跌 $3。

另外，因為總盈餘和流通在外的總股數不變，每股盈餘（EPS）仍維持在 $0.49。然而，本益比（PE）下跌至 $7/0.49＝14.3。

或者，如果公司買回 30,000 股，那麼就剩下 70,000 股流通在外。資產負債表變成：

市價的資產負債表 (股票買回之後)			
超額現金	$ 0	負債	$ 0
其他資產	700,000	權益	700,000
合計	$700,000	合計	$700,000

公司的價值是 $700,000，所以每股的價值是 $700,000/70,000＝$10。這位擁有 100 股的股東沒有受到任何影響。例如，如果她願意賣掉 30 股，就可以取得 $300 的現金及保留 $700 價值的股票，情況完全與收到現金股利的情況一樣，這又是一個自製股利的例子。

在第二種情況下，因為總盈餘維持不變，而流通股數減少了，所以每股盈餘

（EPS）上升，新的每股盈餘（EPS）是 $49,000/70,000＝$0.70。然而，本益比（PE）仍然是 $10/0.70＝14.3，和現金股利的情況一樣。

這個例子說明了，如果沒有市場交易費用，現金股利和股票買回實質上是一樣的。這是在沒有稅和其他市場障礙因素下，股利政策無關的另一種情況。

股票買回的實務面考量

上面的例子說明了，如果沒有稅和交易成本，股票買回和現金股利是一樣的。但在現實世界中，股票買回和現金股利有一些會計處理上的差異。其中，最重要的差異是在稅方面。

在現行稅法下，股票買回比現金股利更具有稅負上的優勢。股利是視同一般所得來課稅，股東沒有選擇的餘地。但在股票買回中，只有當(1)股東賣出股票；且(2)有出售股票的資本利得時，股東才必須繳稅。

例如，每 $1 的股利是以一般所得稅率課稅。擁有 100 股股票，稅率級距落在 28% 的投資者必須繳付 $100×0.28＝$28 的稅。如果在股票被買回的情況下，賣出股票的股東所付的稅則較少，因為只有資本利得的部份才必須付稅。因此，如果賣掉 $100 價值的股票，其原始成本為 $60，則資本利得就只有 $40。資本利得稅額將等於 0.28×$40＝$11.20。稅法調降股利及資本利得的稅率，對於股票買回的好處，並沒有帶來任何衝擊。

舉一些股票買回的近期案例，在 2011 年初，Pfizer 公司宣佈計畫買回價值 $50 億的庫藏股，Intel 公司也宣佈要買回價值 $100 億的公司股票，同期間的其他案例金額規模雖然不是那麼巨大，但也都佔了相當高比率的公司股票數量。例如，Medco Health Solutions 公司要買回 12% 的公司股票；Unum Group 則宣佈要買回 13% 公司股票，及 GameStop 公司宣告買回 17% 公司股票。

IBM 也以積極買回政策出名，在 2010 年 10 月，IBM 宣佈價值 $100 億的股票買回。自從 Samuel Palmisano 於 2003 年接手公司首席執行長後，到 2010 年年中，IBM 已買回價值 $680 億的公司股票。事實上，在 2003 年至 2010 年這段期間，公司發行在外的股數從 17.2 億股下降到 12.4 億股。只有 ExxonMobil 與 Microsoft 這兩家公司比 IBM 花費更多金額在股票買回上，在 2000 年至 2010 年間，Microsoft 總共買回價值 $1,030 億的公司股票。

值得注意的是，公司未必會完成所有股票買回的計畫。據針對 2004 年至 2007 年期間的研究，大約只有 57% 的股票買回計畫是確實地執行完成。[4]

---

[4] 請參見 A.A. Bonaimé, "Mandatory Disclosure and Firm Behavior: Evidence from Share Repurchases," University of Kentucky working paper (2011).

股票買回和每股盈餘

你可能看到財經報章的報導,股票買回對公司有利是因為每股盈餘增加了。這是必然的現象,因為股票買回減少了流通在外的股數,但總盈餘卻沒有改變。所以,每股盈餘(EPS)會上升。

然而,財經報章可能過度強調每股盈餘(EPS)的數據。在前面的例子中,我們看到股票價格並不受到每股盈餘(EPS)變動的影響。事實上,現金股利和股票買回兩者的本益比(PE)是完全一樣。

> **觀念問題**
>
> 17.6a 為什麼股票買回可能比額外現金股利合理?
> 17.6b 為什麼不是所有的公司都以股票買回來替代現金股利?

17.7 關於股利和支付政策,所知的與所不知的

股利和股利支付公司

正如我們已討論過的,有無數的好理由支持低(或無)股利支付的股利政策。然而,在美國,公司所支付的股利總金額是相當龐大的。例如,在 1978 年,在主要交易所上市的美國產業公司總共支付了 $313 億的股利。但在 2000 年,這個金額上升到 $1,016 億(未調整通貨膨脹率),增加幅度超過 200%。(將通貨膨脹列入考量而調整後,增加的數據較小,是 22.7%,但仍然是相當大的成長率。)

雖然總股利金額很大,但有支付股利的公司家數卻減少了。在 1978 年至 2000 年的這段時間,支付股利的產業公司家數從超過 2,000 家減少到 1,000 家以下;而有支付股利的公司家數比例下降至 19% 以下,比 1978 年的公司家數比例下跌了 65%。[5]

總股利金額增加然支付股利之公司家數如此急速下滑的事實,似乎有些矛盾,其背後原因是清楚易懂的:股利支付集中在少數的大型公司上。例如,在

---

[5] 這些數據和以下章節的數據取自下文:H. DeAngelo, L. DeAngelo, and D. J. Skinner, "Are Dividends Disappearing? Dividend Concentration and The Consolidation of Earnings," *Journal of Financial Economics* 72 (2004)。

2000 年，市場總股利金額的大約 80% 是由 100 家公司所支付。而排行最高的前 25 名公司，包括大名鼎鼎的 ExxonMobil 和 General Electric，這 25 家公司所支付的股利總額就佔了市場總股利金額的 55%。因此，總股利金額成長而支付股利之公司家數卻萎縮的原因是，支付股利公司家數的減少，幾乎全是小公司所造成的，這些小公司本來就傾向支付微小的股利金額。

　　支付股利公司家數比例減少的一個重要原因是，上市公司的群體結構改變了。在過去 25 年左右期間，新上市公司的數量大幅增加。新上市公司大部份較年輕且獲利較少，這類的公司需要以公司內部所創造的資金來支援公司的成長，其典型的作法是不支付股利。

　　另一個因素是，因為股票買回較具有彈性，公司比較有可能以股票買回而不是現金股利作為支付方式。回顧先前的討論，這樣的政策似乎很有道理。然而，排除了公司群體結構的改變及股票買回活動增加的影響後，我們發現一些成熟穩健的公司似乎也呈現出減少股利支付的趨勢，這個現象有待進一步的研究。

　　支付股利之公司家數急速降低的這項結果，是個有趣的現象。更有趣的是，證據顯示此下降趨勢可能已開始反轉。看一下圖 17.4，它顯示了 1984 年至 2004

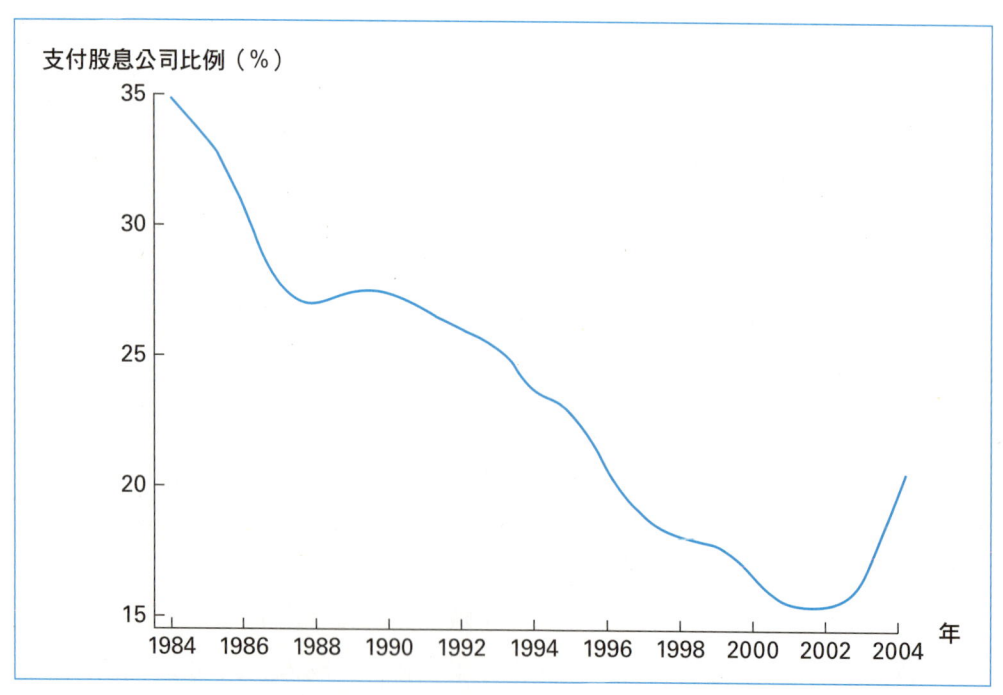

資料來源：Julio and David Ikenberry, "Reappearing Dividends," *Journal of Applied Corporate Finance* 16, Fall 2004.

圖 17.4　美國的產業公司支付股利的家數比例：1984－2004

年之間產業公司支付股利的公司家數比例。如圖所示，有明顯的下降趨勢，然此趨勢在 2000 年降到谷底，而在 2002 年則急速反轉。究竟發生了什麼事？

圖 17.4 中的明顯反轉可能是個假象。在 2000 年至 2005 年期間，主要證券交易所的掛牌公司家數急速減少，從超過 5,000 家減少到不足 4,000 家。在這段期間，大約有 2,000 家公司下市，其中 98% 不支付股利。所以，支付股利的公司家數比例上升，可能是由於這些不支付股利公司的下市所造成。[6]

然而，一旦我們控制了上述公司下市的因素後，支付股利公司的家數仍然增加了，但這發生在 2003 年。正如圖 17.5 所顯示的，此小幅增加集中在 2003 年 5 月後的月份，這個月有何特別之處呢？答案是在 2003 年 5 月，個人的股利所得稅率從最高大約 38% 被調降到 15%。因此，這個結果符合我們之前的稅率論

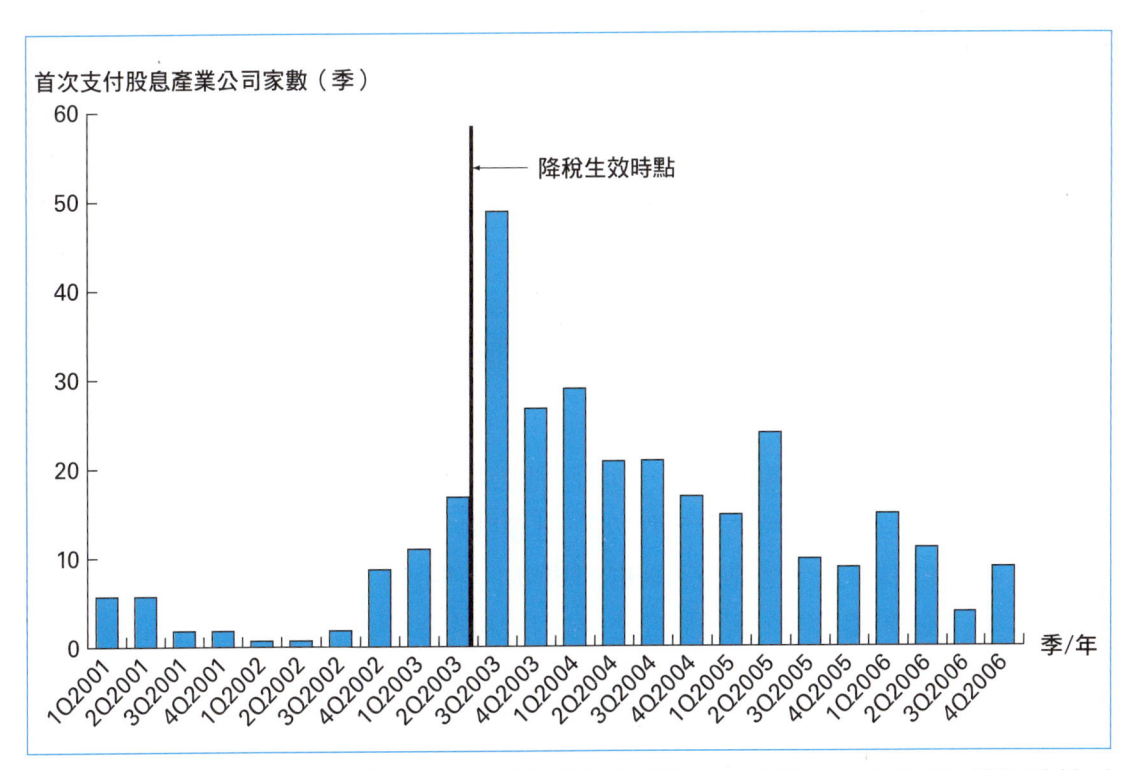

資料來源：A. P. Brav, J. R. Graham, C. R. Harvey, and R. Michaely, "Managererial Response to the May 2003, Dividend Tax Cut," Duke University working paper (2007).

圖 17.5　首次支付股息的公司家數：2001–2006

---

[6] 這些數據和解讀是取自下文：R. Chetty and E. Saez, "The Effects of the 2003 Dividend Tax Cut on Corporate Behavior: Interpreting the Evidence," *American Economic Review* Papers and Proceedings 96 (2006)。

點：個人稅率的調降會增加股利的發放金額。

然而，重要的是不要過度解讀圖 17.5。似乎很明顯的是，稅率的調降確有其效果，但持平而論，我們看到的是，只有 100、200 家公司開始首次發放股利。即使稅率調降幅度很大，還是有數千家公司沒有發放股利。因此，證據顯示稅率有其影響，但並非是決定股利政策的主要因素。這樣的詮釋符合 2005 年針對財務主管所做的調查結果，當中的三分之二財務主管表示，個人股利所得稅率調降也許或絕對不會影響他們的股利政策。[7]

第二個原因是歲月變遷的影響，我們先前曾提到許多（存活下來的）新上市公司逐漸成熟。當這些公司愈來愈穩定時，它們的獲利增加了（而它們的投資機會可能減少了），所以也開始支付股利。

第三個導致股利支付公司家數增加的可能因素則比較微妙。成份股偏重在科技股上的 NASDAQ 指數在 2000 年春重挫（因為網路科技公司的崩盤），顯然許多新上市公司可能會破產。不久之後，發生在 Enron 和 WorldCom 等公司的會計作帳醜聞，讓投資者懷疑公司盈餘數據的可信度。在此情況下，公司可能會選擇發放股利，以告訴投資者，公司不僅現在且在未來都擁有足夠現金來支付股利。

股利支付公司家數減少的明顯反轉是最近的現象，因此其重要性還有待觀察。終究它可能只是一個短暫現象，我們必須等著瞧。

公司平滑股利

正如我們先前觀察到的，削減股利經常被投資者視為壞消息。因此，公司只會在沒有其他可接受的替代方案時，才會削減股利。同樣的理由，除非公司確定可以維持新的股利水準，否則也不願增加股利金額。

我們所觀察到的實際狀況是，支付股利的公司傾向只有在盈餘上升後，才會提高股利，針對短暫的盈餘波動，他們不會採取增加或減少股利的動作。換句話說，(1) 股利成長落後盈餘成長；(2) 股利成長傾向比盈餘成長更平順。

為了明白股利的穩定及平順成長對財務經理而言有多重要，可參考下列事實：在 2010 年，美國有 1,729 家公司提高股利金額，只有 145 家公司調降股利金額。Procter & Gamble 和 Colgate-Palmolive 是兩家長期持續提高股利金額的公司。在 2010 年年底，Procter & Gamble 已連續 55 年增加其股利金額，而 Col-

---

[7] 請參見 A. P. Brav, J. R. Graham, C. R. Harvey, and R. Michaely, "Managerial Response to the May 2003 Dividend Tax Cut," Duke University working paper (2007)。

gate-Palmolive 則連續 47 年增加其股利金額。整體來說,在 S&P 500 大公司中,有 42 家公司已連續至少 25 年增加其股利金額。

總匯整

本章所討論的大部份內容(還有我們從過去數十年研究的結果,所獲知有關股利的大部份內容)可以匯整成以下五個重點:[8]

1. 總股利金額及股票買回金額的規模是巨大的,而且它們(無論以名目金額或實質金額衡量)隨著時間經過而穩定成長。
2. 股利金額發放大抵集中在相對少數的成熟大型公司上。
3. 經理人很不願意降低股利金額,只有當公司面臨特別的困境時,才會如此做。
4. 經理人會平滑股息的發放,當盈餘成長後才會慢慢地增加股利金額。
5. 股價會對未預期到的股利金額改變有反應。

目前的挑戰是將這五個重點拼湊成一個合理且前後連貫的圖騰。就一般支付而言,包括股票買回和現金股利的加總,一個簡單的生命週期理論可以解釋前述的第一個和第二個重點。這個理論概念很容易理解,首先,一般來說,比較年輕、獲利較少的公司不應該發放現金,它們需要現金來進行投資(而證券發行成本會打消公司進行外部融資的念頭)。

然而,當一家公司步入成熟期後,它開始會產生自由現金流量(就是融資完公司所有有利可圖的專案計畫後,所剩餘的內部現金流量)。大筆的自由現金流量如果沒被發放出去的話,會造成代理問題。經理人可能會被誘惑去擴充公司規模,或隨意花費掉多餘的資金,而不是以股東利益為依歸。因此公司被迫要發放現金,而不是囤積現金。所以和我們的觀察一致的是,獲利穩定的大型公司會發放較高額的現金。

因此,生命週期理論認為公司會權衡自由現金流量的代理成本和外部權益融資的未來資金成本這兩者間的輕重。當一家公司已擁有足以融資公司今天和未來投資案時,就應該開始發放現金。

比較棘手的議題是有關現金發放的方式:現金股息或股票買回。從節稅觀點來看,股票買回較有利。並且股票買回是比較有彈性的方式(而經理人非常地看

---

[8] 這些圖及其相關內容是節錄自下文:H. DeAngelo and L. DeAngelo, "Payout Policy Pedagogy: What Matters and Why," *European Financial Management* 13 (2007)。

重財務彈性的價值），因此這裡的問題是：為何公司還會選擇現金股利呢？

如果我們要回答這個問題，就必須從另外一個角度來看待這個問題。現金股利具有哪些股票買回所沒有的優點？其中一個答案是，當某家公司應允於現在及未來將會配發現金股利之時，它就對市場發送出兩個訊號。正如我們已討論過的，一個訊號是公司預期營運會獲利，而且有能力持續支付股息。在此要注意的是，公司無法藉由此事愚弄市場而獲利，因為當公司最終無法如期支付股息（或必須仰賴外部融資才能支付股息）時，就會遭受市場的懲罰。因此，現金股息可以供獲利的公司與較無獲利的公司區別開來。

第二個比較微妙的訊號涉及到自由現金流量的代理問題。藉由應允於現在及未來期間將支付現金股息，公司就向市場發出不會囤積現金（或至少不會囤積很多）的訊號，因此就會降低代理成本，進而提升股東的財富。

這個雙面訊號理論和第三個到第五個重點是一致的，但還是存在著一個明顯的矛盾。為何公司不宣示以下政策：公司將先把被用來支付股息的資金擺在一旁，然後使用這個資金買回股票？畢竟不管是哪個方式，公司都宣示了會支付現金給股東。

上述的股票買回策略有兩個缺點。第一個是它的可驗證性，一家公司可以宣佈將從公開市場上進行股票買回，然而卻未去執行。藉由妥善地捏造帳冊，騙局需時一段期間，才會被揭發。因此股東必須設計一套監控機制，以確認公司真的是有執行股票買回。這樣的機制並不難建立（它可以設計成類似債券市場上的簡單信託關係），但目前它並不存在。公開收購的股票買回就無須（或很少的）驗證，但公開收購有其相關的費用。現金股息的優點在於，它不需要監控，公司只要一年四次（在美國，公司每季配息一次），年復一年開立和寄出股息支票。

第二個反對股票買回策略的理由較具爭議性，假如公司內部經理人比股東更善於判斷公司股價是否過高或過低（在此要注意的是，這個論點和半強勢市場效率學說並不衝突，如果經理人是使用內線消息）。在這樣的狀況下，股票買回承諾將迫使管理者即使在股價被高估時，也要買回公司股票。換句話說，它迫使管理者去進行 NPV 為負的投資案。

關於現金股利和股票買回之間的問題，需要更多的研究，但歷史的數據似乎較傾向於股票買回的成長之於現金股利的成長。

整體市場的總支付額似乎相當穩定地維持在總盈餘金額的 20%（見圖 17.3），但股票買回逐漸地佔比較大的比率。1990 年代後期，兩者各佔一半，但近期的股票買回總金額已超過了股息總金額。

股息總金額可能具有很強的傳承效應，而這個現象尚未引起廣泛的重視。在 1982 年以前，有關股票買回的規則與法律條款尚未明確化。因此，造成公司進行股票買回的受挫。在 1982 年時，經過長年的討論之後，證管會（SEC）頒佈了一套股票買回所應遵循的準則，因此使得股票買回變得較有吸引力。

傳承效應因而興起，因為許多支付股息的大公司，其股息支付金額佔市場股息總金額的大部份，這些大公司在 1982 年之前（或許更早）就已在支付股息了。若在這些公司不願降低其股息金額的情況下，整體市場現金股息的總金額仍然會很大，但也應僅限於這些成熟的老公司而已。假如這些成熟老公司支付了大部份的市場股息總金額的話。我們應該會觀察到：(1) 一些剛跨入成熟階段並啟動股息支付的公司，它們的家數應會出現急遽減少的趨勢；(2) 相對於現金股息總金額，買回的總金額會隨著時間經過有較高的成長趨勢。事實上，我們已看到這兩個趨勢的證據。然而，傳承效應無法解釋所有配發現金股息的這些公司之行為。

股利的相關調查結果

最近有一則研究報告調查了財務主管對股利政策的看法，其中一個問題問及：「以下這些敘述是否就是影響貴公司股利決策的因素嗎？」表 17.1 列出了其中的一些結果。

正如表 17.1 所顯示的，財務經理不傾向削減股利，尤有甚者，他們對以往的股利念茲在茲，也想要維持穩定的股利。相反地，籌募外部資金的費用及吸引

支付股息的優缺點	
優點	缺點
1. 現金股息可以強化公司優異營運績效，對公司股價有支撐作用。 2. 股息可以吸引較偏愛股息的機構投資者。融合機構投資者及個人投資者的股東結構型態，有利於公司以較低的資金成本募集資金，因為公司可以接觸較廣的投資者。 3. 公司宣佈首次配發股息或提高配息金額的消息後，公司股價通常會上漲。 4. 股息會消化多餘的現金流量，紓解了管理者和股東間的代理問題，進而也降低了代理成本。	1. 股息所得必須納稅。 2. 股息會減少內部融資的資金。股息可能會迫使公司放棄 NPV 為正的計畫，或依賴資金成本偏高的外部資金來融資專案計畫。 3. 一旦建立配息制度後，削減股利金額造成股價下挫。

表 17.1　股利決策的調查報告

政策陳述	同意或強烈同意的百分比
1. 我們試著避免降低每股的股利。	93.8%
2. 我們試著逐年保持平穩的股利金額。	89.6
3. 我們會考量過去幾季的每股股利水準。	88.2
4. 我們不願意做未來可能會再遭翻案的任何股息改變政策。	77.9
5. 我們會考量每股股利變化或成長。	66.7
6. 我們認為籌募外部資金的代價會小於減縮股利的代價。	42.8
7. 支付股利可以吸引到受制於「善意管理者」條款約束的投資者。	41.7

*受訪者被問及這個問題：「上述這些敘述是否就是影響貴公司股利政策的因素？」
資料來源：取自 Table 4 of A. Brav, J. R. Graham, C. R. Harvey, and R. Michaely, "Payout Policy in the 21st Century," *Journal of Financial Economics*, 2005。

「善意管理者」的投資者則較不重要。

　　表 17.2 取自同一調查，但回答是針對這個問題：「上述這些因素對貴公司的股利政策有多重要？」看看表 17.1 所列出的回答及我們先前的討論，結果並不令人驚訝，最優先的措施是維持不變的股利政策，其他項目也與我們先前的討論不謀而合。財務經理在作股利決策時，非常關心盈餘的穩定性及未來盈餘的水準，同時也會考量是否有好的投資機會，受訪者也都相信，吸引法人及個人投資

表 17.2　股利決策的調查報告

政策陳述	同意或強烈同意的百分比
1. 貫徹我們固有的股利政策。	84.1%
2. 未來盈餘的穩定。	71.9
3. 可支撐的盈餘變動。	67.1
4. 吸引機構投資者購買公司的股票。	52.5
5. 好的投資機會的多寡。	47.6
6. 吸引個人投資者購買公司的股票。	44.5
7. 公司股東必須支付的股利所得稅額。	21.1
8. 新股的發行成本。	9.3

*受訪者被問及這個問題：「上述這些因素對貴公司股利政策有多重要？」
資料來源：取自 Table 5 of A. Brav, J. R. Graham, C. R. Harvey, and R. Michaely, "Payout Policy in the 21st Century," *Journal of Financial Economics*, 2005。

聽聽他們怎麼說…

Fischer Black 談為何公司發放股利

我認為投資者就是喜歡股利，他們相信股利會增加股票的價值（如果這公司有前景的話），當公司花掉資金時，他們會覺得不舒服。

到處都可以看到這樣的證據，投資顧問及機構把高獲利的股票看成既吸引人又安全，財務分析師藉預測及將股利折現來評估股票的價值，財務經濟學家研究股價和實際股利的關係，投資者則抱怨股利的縮減。

如果投資者對股利的態度無特別好惡，那會如何呢？投資顧問會建議客戶毫不在乎地花用股利收入及資本利得，如果要納稅的話，就避免有收入。財務分析師在評估股價時會忽略股利；財務經濟學家即使在股價被錯估時，也會將股價及股利折現值視為同等，而當公司因累積的保留盈餘要繳稅，而被迫配發股息時，公司會向必須繳納股利所得稅的投資人致歉，但這些並不是我們觀察到的現象。

尤有甚者，變動股息似乎不是向金融市場傳遞公司前景的好方法。公開的財務報表更能詳述公司的前景，且對公司發言人的聲譽及公司的信譽有較大的影響力。

我預測在目前的稅制下，股息會逐漸消失。

已故的 Fischer Black 是 Goldman Sachs 投資銀行的合夥人，在這之前，他是麻省理工學院的財務教授。他是選擇權價格理論創始人之一，被廣泛認定為最傑出的財務教授之一。他因創發性的觀點而有名，他的許多觀點起初不被認可，但到後來，當其他人能理解時，遂成為經典的一部份，他的同事皆深切懷念他。

者購買公司股票也是相當重要。

與本章先前章節所提到的稅負及證券發行費用不同的是，受訪查的財務經理不認為，股東個人所支付的股利所得稅額是非常重要的考量因素，甚至更少的人認為權益證券的發行成本有任何攸關性。

17.8 股票股利和股票分割

另一種型態的股利是以股票來支付，這類的股利稱為股票股利（stock dividend）。股票股利並不是真的股利，因為它所發放的並不是現金。股票股利的作用是增加每個股東所持有的股份數目。因為有更多股份流通在外，所以每 1 股的價值就變小了。

股票股利通常是以百分比表示，例如，20% 的股票股利意味著股東每持有 5 股，就可以配到 1 股新股（增加 20%）。因為每位股東所擁有的股數都增加了 20%，流通在外的總股數也增加了 20%，結果是每股的價值減少了 20%。

股票分割（stock split）本質上和股票股利是一樣的，只不過分割是以一個比例，而非百分比來表示。當宣佈股票分割時，每一股都被分割開來成額外股份。例如，在「3 對 1」的股票分割中，每 1 股舊股都被分割成 3 股新股。

股票分割和股票股利的細部探討

股票分割和股票股利對公司和股東的影響本質上是相同的。它們增加了流通在外股數，並降低了每股價值。但是會計上的處理卻不一樣，會計的處理視下列兩點而定：(1) 股票發放是屬股票分割或股票股利；及 (2) 如果是股利，那麼股票股利的百分比是多少。

依一般慣例，少於 20% 或 25% 的股票股利就稱為小額股票股利（small stock dividends），此類會計程序稍後再討論，大於 20% 或 25% 的股票股利就稱為大額股票股利（large stock dividend）。大額股票股利並非不尋常，例如，在 2010 年 10 月，熱水器製造商 A. D. Smith 公司宣告 50% 的股票股利，而在同一個月，Magna Internation 宣告 100% 股票股利。除了少許會計處理上的差異外，100% 股票股利與 2 對 1 股票分割的效果是一樣的。

小額股票分割例子

Peterson 公司是一家專門解決會計難題的顧問公司，它有 10,000 股流通在外的股票，每股 $66。權益的總市值是 $66×10,000＝$660,000。在 10% 的股票股利下，持有 10 股就可以收到額外的 1 股。所以發放股票股利之後，流通在外的總股數為 11,000。

發放股票股利之前，Peterson 資產負債表中的權益部份列示如下：

普通股（$1 面值，10,000 股流通在外）	$ 10,000
資本公積	200,000
保留盈餘	290,000
總業主權益	$500,000

會計人員以主觀的會計方法，來調整小額股票股利對資產負債表的影響。因為發行了 1,000 股新股，普通股科目增加了 $1,000（1,000 股，每股面額 $1），變成 $11,000。市場價格是 $66，比面額高出 $65，所以 $65×1,000 股＝$65,000 被加到資本公積科目（超過面額的資本），資本公積變成 $265,000。

總業主權益並不受股票股利的影響，因為並沒有現金的進出，所以保留盈餘減少了 $66,000，剩餘為 $224,000。經過這些會計帳務處理後，Peterson 的權益科目如下所示：

普通股（$1 面值，11,000 股流通在外）	$ 11,000
資本公積	265,000
保留盈餘	224,000
總業主權益	$500,000

股票分割例子　觀念上，股票分割類似於股票股利，只是股票分割通常是以比例來表示。例如，在「3 對 2」的分割中，每位股東只要持有 2 股，就可以得到額外的 1 股。所以，「3 對 2」的分割就是 50% 的股票股利。股票分割和股票股利都沒有支付現金，而整個公司的股東結構百分比並沒有受到影響。

股票分割的會計處理和股票股利有一點不一樣。假設 Peterson 宣佈「2 對 1」的股票分割，流通在外的股數將加倍為 20,000 股，而且每股價值將減半為 $0.50。分割後的業主權益如下所示：

普通股（$0.50 面值，20,000 股流通在外）	$ 10,000
資本公積	200,000
保留盈餘	290,000
總業主權益	$500,000

請注意，業主權益內的三個科目的金額完全不受分割的影響，唯一改變的是每股面額及流通股數。因為股數加倍，每股面額減半了。

大額股票股利例子　在前面的例子中，如果宣告 100% 的股票股利，10,000 股新股票將被配發出去，因此流通在外的總股數變成 20,000 股，每股面額 $1，所以普通股科目增加了 $10,000，總額變成 $20,000。保留盈餘科目減少 $10,000，剩下 $280,000，結果如下：

普通股（$1.00 面值，20,000 股流通在外）	$ 20,000
資本公積	200,000
保留盈餘	280,000
總業主權益	$500,000

股票分割和股票股利的價值

股票分割和股票股利可能：(1) 不會影響公司的價值；(2) 增加公司的價值；或 (3) 減少公司的價值。很不幸地，這個問題是如此的複雜，以致於沒辦法輕易地看出哪一個答案是正確的。

標準情況　舉例來說，股票股利和股票分割既不會影響股東的財富，也不會影響公司的價值。在前例中，股東權益的總市值是 $660,000。在小額股票股利下，股票數目增加至 11,000，所以每股的價值大約是 $660,000/11,000＝$60。

假設在發放股票股利之前，有位股東擁有 100 股，每股價值 $66，收到股票股利後，他將持有 110 股，每股價值 $60。兩者的總價值都是 $6,600，所以股票

股利並不會有任何影響。

股票分割之後，將有 20,000 股流通在外，所以每股價值是 $660,000/20,000 = $33。換言之，股票數目加倍而價值減半。從這些計算得知，股票股利和股票分割只是紙上交易罷了。

雖然這些結果相當清楚，但仍然有些看法被提出來，支持股票股利與分割對公司的益處。典型的財務經理了解實務市場的複雜性，因此在實務上，財務經理均會謹慎地處理股票分割或股票股利事務。

合適的股價交易區間 股票股利和股票分割的支持者認為，證券有個適合交易的價格區間（trading range）。當證券的價格在這個區間之上時，許多投資者沒有足夠的資金購買一個交易單位（100 股），也就是所謂的整股（round lot）交易。雖然證券也可以零股（odd-lot，少於 100 股）交易，可是佣金較高。因此，公司以分割股票來維持價格在恰當的交易區間內。

例如，自 1986 年上市以來，微軟已進行了九次股票分割，包含兩次的 3 對 2 分割和七次的 2 對 1 分割。所以，在 1986 年買進的一股微軟股票，到最後一次分割後，你將擁有 288 股微軟股票。同樣地，從 1970 年上市以來，Walmart 的股票已經進行了 11 次的 2 對 1 分割。自 1988 年上市以來，Dell 電腦公司進行了一次 3 對 2 及六次 2 對 1 的股票分割。

雖然這是個大家普遍認同的理由，但它的有效性卻值得懷疑。第二次世界大戰以後，共同基金、退休基金和其他金融機構的交易比重日漸增加。今天，它們的成交量佔市場的比重相當高（例如，成交量是 NYSE 交易量的 80%），因為這些機構的買賣金額很龐大，股票價格的交易區間並不是那麼重要。

有時候，有些股票價格雖然相當高，但卻不會引起任何交易上的困擾。眾所周知的例子是由巴菲特（Warren Buffett）經營管理，且備受尊重的 Berkshire Hathaway 公司，在 2007 年 12 月，該公司的每股股價約 $151,650，當然，你可以於 2011 年 3 月以較便宜的 $130,000 價格買進 1 股該公司股票。

最後，部份證據顯示，股票分割可能反而降低公司股票的流動性。隨著「2 對 1」的分割，如果分割增加流動性，交易的股數應該超過原先的兩倍。但實際的情況未必是如此，甚至有時出現相反的情況。

反向分割

較少看到的財務策略是反向分割（reverse split）。例如，在 2011 年 1 月，太陽能公司 Evergreen Solar 進行了 1 對 6 的反向分割，而在 2011 年 2 月，Premier West 銀行則進行了 1 對 10 的反向分割。在 1 對 10 的反向分割中，每個投資者以 10 股舊股交換 1 股新股。在這個過程中，面額變成十倍。史上最大的反向分割案例之一（以公司市價計算）或許就是花旗集團（Citigroup）於 2011 年 3 月宣佈的 1 對 10 反向分割，其發行在外的股數從 290 億股下降為 29 億股，類似於股票分割和股票股利的情形，在一般狀況下，反向分割對公司沒有任何實質的影響。

由於現實交易市場的不完美，有三個看法支持反向分割：第一，反向分割後，股東的交易成本可能較低；第二，當價格提高到恰當的交易區間時，股票的流通性和活絡性會增加；第三，股票以很低的價格交易對公司的聲譽有不利的影響，也意味著投資者低估了公司的盈餘、現金流量、成長和穩定性。一些財務分析師辯稱，反向分割可以使公司受到投資者的尊重。就像股票分割一樣，這些說法沒有一個能令人信服的，特別是第三個說法。

還有兩個理由支持反向分割：第一，證券交易所對每股交易價格有最低要求。反向分割可以把股價帶回到這個最低點之上。例如，若 NASDAQ 上市股票的股價跌至 $1 以下，且持續 30 天的話，該支股票將遭到下市的命運；在 2001 年至 2002 年網路股泡沫化之後，一大堆網路產業相關公司有下市的危機，這些公司就使用反向分割方式，讓股價回復到 $1 以上。第二，有時候公司藉著反向分割，買回持股數較少的股東所持有的股票。

例如，在 2011 年 1 月，鞋業者 Phoenix Footwear 公司進行 1 對 200 的反向分割，順便買回持股少於一股股東的股份，剔除公司的小股東，降低股東總人數，反向分割的目的是公司股票下市，藉由反向分割與股票買回，降低股東人數至 300 位以下，所以公司無須再定期向證管會申報財務報告書。令人歎為觀止的是當反向分割剛完成，Phoenix 立刻進行 200 對 1 的股票分割，將股票回復到原來的成本。

觀念問題

17.8a 股票分割對股東財富有何影響？
17.8b 股票分割和小額股票股利的會計處理有何差異？

17.9 總　結

　　本章首先討論股利的型態及股利發放的過程。接著，定義股利政策，並探討股利政策是否關係著公司的價值。其次，我們說明公司如何建立其股利政策，並介紹現金股利的一個重要替代方案：股票買回。

　　本章涵蓋這些主題，主要結論如下：

1. 在沒有稅或其他市場費用的情況下，股利政策是無關的，因為股東可以有效地反制公司的股利政策。如果股東收到的股利高於他所想要的，他可以把多餘的部份再投資。相反地，如果股東收到的股利低於他所想要的，他可以賣掉一些股份。
2. 個別股東的所得稅和新股票的發行成本，是實務界偏好低股利支付率的兩個重要因素。因為稅和發行成本的考量，公司應該在所有正NPV專案的資金有著落後，才發放股利。
3. 在經濟體系中，有些投資者可能偏好高股利發放率，包括許多機構投資者，例如退休基金。某些股東偏好高股利政策，某些股東偏好低股利政策，所以顧客效果認為股利政策反映了股東的需求。例如，如果40%的股東偏好低股利，60%的股東偏好高股利，那麼大約會有40%的公司採行低股利政策，60%的公司採行高股利政策。如此一來，將大大地降低了個別公司股利政策對其市價的影響。
4. 股票買回和現金股利很相似，但它有一個稅負上的優點。因此，股票買回是整個股利政策中重要的一環。
5. 我們討論了最近有關股利政策的一些研究和理論，發現現金股利的發放主要是集中在少數的歷史悠久大型公司上。我們也介紹一個簡單的公司配息生命週期理論，這個理論認為公司會權衡保留現金所衍生的代理成本和權益證券外部融資的未來資金成本兩者間的利弊，這個理論認為擁有眾多成長機會的新公司將不會配發股息。相反地，歷史悠久、高獲利且坐擁鉅額自由現金流量的公司將會配發股息。

　　在結束股利的討論之前，我們再次強調股利和股利政策的差異。股利很重要，因為股票的價值是由未來發放的股利所決定。比較不清楚的一點是，股利發放的時間型態（現在多一點或以後多一點）是否會影響公司的價值。這是股利政策的問題，但卻沒有一個肯定的答案。

財務連線

假如你的課程有使用 Connect™ Finance 的話，請上線做個練習測驗（Practice Test），看一看學習輔助工具，及你需要哪些額外練習。

	Chapter 17 Dividends and Payout Policy			Section 17.1
☐	17.1 Cash Dividends and Dividend Payment	eBook	Study	Practice
☐	17.2 Does Dividend Policy Matter?	eBook	Study	Practice
☐	17.3 Real-World Factors Favoring a Low Dividend Payout	eBook	Study	Practice
☐	17.4 Real-World Factors Favoring a High Dividend Payout	eBook	Study	Practice
☐	17.5 A Resolution of Real-World Factors?	eBook	Study	Practice
☐	17.6 Stock Repurchases: An Alternative to Cash Dividends	eBook	Study	Practice
☐	17.7 What We Know and Do Not Know about Dividend and Payout Policies	eBook	Study	Practice
☐	17.8 Stock Dividends and Stock Splits	eBook	Study	Practice

你能回答下列問題嗎？

17.1 股利是發放給登錄在哪一天的公司股東呢？

17.3 哪些因素造成公司偏好高股利發放率呢？

17.4 哪些股東會偏好低股利發放率呢？

17.8 Tomas 目前持有 300 股 Doo Little 公司的股票，假如公司進行 4 對 5 的反向分割，Tomas 將會擁有多少股票呢？

登入找找看吧！

觀念複習及思考

1. **股利政策無關** 怎麼可能股利是如此地重要，但同時股利政策卻無關緊要呢？

2. **股票買回** 股票買回對公司的負債比率有何影響？這是否意味著超額現金的另一用途嗎？

3. **股利發放時程** 在12月8日星期二，Hometown Power公司董事會宣佈，將在1月17日星期三發放每股 $0.75 的股利給1月3日星期三股東名冊上的股東。請問，除權日是哪一天？如果股東在這天之前買股票，誰會拿到股利，是買方或賣方？

4. **各種股利型態** 有些公司會以低於成本價的方式銷售公司的產品或服務給股東，就像英國一家公司提供大股東免費的火葬場服務，這些作法有點像是發放股利給股東。共同基金應該投資這類公司的股票嗎？（基金受益人並無法得到這些服務。）

5. **股利與股價** 如果提高股利會帶來股價的（立刻）上揚，那麼為何說股利政策是無關的呢？

6. **股利與股價** 受到核能電廠興建成本超支的困擾，Central Virginia Power公司在上個月宣佈：「由於公司的現金均傾注入電廠計畫內，公司將暫時擱置付款。」當這項宣告公佈時，公司的股價由 $28.50 跌至 $25.00。你如何解釋股票價格的變動（也就是說，什麼原因引起股價的變動）呢？

7. **股利再投資計畫** DRK公司最近設計了一套股利再投資計畫（DRIP）。這個計畫允許投資者自動地將現金股利再投資到 DRK，以取得新股份。藉著把股利再投資購買額外的公司股份，DRK的投資者可以增加他們的持股。

   超過1,000家公司提供股利再投資計畫。大部份實行 DRIP 的公司都不收取代理費或服務費。事實上，DRK的股票是以市價的九折賣給股東。

   DRK的顧問估計75%（比平均多了一些）的股東將參與這項計畫。

   評估 DRK 的股利再投資計畫。它會增加股東的財富嗎？討論這裡面所涉及的好處與壞處。

8. **股利政策** 對首次公開發行（initial public offerings）市場而言，2010年是非常冷淡的一年，所募集的金額大約 $307億。在這些首次公開發行公司中，只有少數的 94 家公司發放現金股利。為什麼大部份選擇不發放現金股利呢？

使用下面資料，回答第9至10題：

傳統上，美國稅法將股利收入視為股東的一般所得，在2002年，股利所得稅率可能高達38.6%；資本利得則適用另一稅率，資本利得稅率每年均有變動，在2002年是20%；為了提升經濟成長率，Bush總統主導稅率改革計畫，此項稅率改革在 2003 年實施，對於高稅率級距投資者，其股利所得及資本利得稅率都是15%；對於低稅率級距投資者，直到2007年其稅率則為5%，到2008年，稅率由5% 降至零。

9. **除息後股價** 你認為此項稅率改變，對除息後股價有何影響？

10. **股票買回** 你認為此項稅率改變，對於股票買回與發生股利的相對吸引力有何影響？

問 題

初級題

1. 股利和稅 Dark Day公司宣告每股$5.10的股利。假設資本利得不需繳稅，但是股利的稅率是15%。新的稅法規定，要求公司在發放股利時就要預扣稅。Dark Day的股票每股賣$93.85，而且即將除息。你認為除息價格將是多少？

2. 股票股利 Alexander國際公司的業主權益科目如下所示：

普通股（$0.50面額）	$ 20,000
資本公積	285,000
保留盈餘	638,120
總業主權益	$933,120

a. 如果公司的股票目前每股股價$30，而且宣告了10%的股票股利，應該分配多少股新股？說明權益科目的變動。

b. 如果公司宣告25%的股票股利，這些科目又將如何變動？

3. 股票分割 在第2題中，說明公司的權益科目將如何變動，如果：

a. Alexander宣告「4對1」的股票分割。現在有多少股數流通在外？每股的新面額是多少？

b. Alexander宣告「1對5」的反向股票分割。現在有多少股流通在外？每股的新面額是多少？

4. 股票分割和股票股利 Red Rocks公司目前有425,000股流通在外，每股賣$80。假設沒有市場交易的相關費用或稅的存在，在下列各事件後，每股價格將是多少？

a. 「5對3」的股票分割。

b. 15%的股票股利。

c. 42.5%的股票股利。

d. 「4對7」的反向股票分割。

5. 一般股利 下表是Chevelle公司以市價表示的資產負債表。流通在外的股數有9,000股。

以市價表示的資產負債表			
現金	$ 43,700	權益	$353,700
固定資產	310,000		
合計	$353,700	合計	$353,700

公司剛宣告每股 $1.40 的股利。股票將在明天除息，不考慮任何稅的影響，今天的股價是多少？明天的股價又是多少？股利發放後，上面的資產負債表將有何改變？

6. **股票買回** 在前一題中，假設 Chevelle 宣佈要買回 $12,600 價值的股票。這個交易對公司的權益會有什麼影響？將有多少股流通在外？股票買回後每股價格將是多少？不考慮稅的影響，說明股票買回和現金股利的實質效果是相同的。

7. **股票股利** 下面是 Sci-Fi Crimes 公司的市值資產負債表。Sci-Fi Crimes 已經宣告 25% 的股票股利，股票將在明天除權（股票股利的發放程序和現金股利相似）。目前有 14,000 股股票流通在外，除權價格是多少？

以市價表示的資產負債表			
現金	$ 86,000	負債	$145,000
固定資產	630,000	權益	571,000
合計	$716,000	合計	$716,000

8. **股票股利** 下列是某家公司的普通股權益科目資料，公司宣告 15% 的股票股利，當時每股股價為 $43。這項股票股利配發對權益科目有何影響？

普通股（$1 面額）	$ 385,000
資本公積	846,000
保留盈餘	3,720,800
總業主權益	$4,951,800

9. **股票分割** 在前一題中，假設公司決定以「4 對 1」的股票分割代替股票股利。股票分割將分發 $0.75 的現金股利，比去年的每股現金股利多出 10%。這些行動對權益科目有何影響？去年的每股股利是多少？

進階題

10. **自製股利** 你擁有 1,000 股 Avondale 公司的股票。一年後你將收到每股

$1.85 的股利。兩年後，Avondale 將發放每股 $58 的清算股利。Avondale 的必要報酬是 15%。目前股票的每股價格是多少（不考慮稅負）？如果你希望這兩年的股利都一樣，你如何藉著自製股利來達到你的目標？（提示：股利將是一種年金形式。）

11. **自製股利**　上一題中，假設你在第一年只要 $750 的股利。你在這兩年的自製股利各是多少？

12. **股票買回**　Rudolph 公司正在評估額外股利及股票買回。但在任一情況下，公司都將支出 $11,000。目前每股盈餘是 $1.40，每股售價 $58，2,000 股流通在外。回答下面的前兩個問題時，忽略稅和其他市場相關因素。
    a. 評估這兩個方案對每股價格和股東權益的影響。
    b. 這兩個方案對 Rudolph 的每股盈餘（EPS）和本益比（PE）各有何影響？
    c. 在現實世界中，你建議採用哪一個方案？為什麼？

迷你個案

Electronic Timing, Inc.

Electronic Timing Inc.（ETI）是 15 年前由兩位電子工程師 Tom Miller 和 Jessica Kerr 所創設的小公司。ETI 製造合成混合訊號（complex mixed-signal）設計技術的積體電路（integrated circuits），ETI 最近在市場上推出了頻率定時發報器，或稱為矽定時工具（silicon timing device），此產品提供同步電子系統所需的計時訊號或時鐘，其定時產品原先只用在 PC 影像繪圖裝置，後來市場又擴展到包括主機板、PC 周邊設備及其他數位消費電子產品，諸如數位電視盒及遊戲機。ETI 也為工業界的顧客量身設計特殊功能的積體電路（application-specific integrated circuits, ASICs），ASICs 的設計結合了類比或數位（或稱為混合訊號）科技。除了 Tom 和 Jessica，Nolan Pittman 是公司第三位主要出資老闆，每個人均擁有公司總計 100 萬普通股的 25% 股份，其餘的股票則分別由一些個人所持有，包括公司現職員工。

最近公司設計了一種新的電腦主機板，此設計更有效率，製造成本較低，且預期會成為眾多個人電腦的標準規格。在評估完生產此新主機板的可能性之後，ETI 認為單單生產此產品而蓋新廠是不符經濟效益。三位老闆也決定不願再對外尋找大投資者；相反地，ETI 要把設計賣給外面的公司，此主機板設計最後賣得的稅後價值是 $3,000 萬。

問　題

1. Tom 認為公司應該用這筆現金來支付特別的股利，此提議對公司的股價有何影

響？這會對公司價值有何影響？
2. Jessica 認為公司應該用這筆現金來償還債務，並更新和擴充現有的生產設備，Jessica 的提議對公司有何影響？
3. Nolan 較傾向用這筆現金來買回股票，他的論點是，股票買回會增加公司的 P/E、ROA 及 ROE。他的論點正確嗎？股票買回會如何影響公司的價值？
4. Tom、Jessica 和 Nolan 討論出的另一個可行方案，就是開始發放定期股利給股東，你會如何評估此方案？
5. 評估股價可使用股利永續成長模式。想想以下的陳述：股利發放率是 $1-b$，b 代表「保留盈餘比率」（retention ratio）或稱「再投資比率」（plowback），所以來年的股利將是來年的盈餘（E_1）乘以 1 減去保留盈餘比率。ROE 乘以保留盈餘比率（b）常被用來作為估算公司可支撐成長率的公式。將這些關係代入股利成長模式，我們得到估算今天股價的公式：

$$P_0 = \frac{E_1(1-b)}{R_s - \text{ROE} \times b}$$

此結果會如何影響到公司是否應支付股利或更新和擴充現有製造設備的決策呢？請解釋。

6. 公司該不該支付股利是否端視企業的組織型態是公司（Corporation）或兩合公司（Limited Liability Company, LLC）？

短期財務規劃與管理

第 18 章　短期財務與規劃

第 19 章　現金和流動性管理

第 20 章　授信和存貨管理

18

短期財務與規劃

在2011年年初，當石油每加侖的價錢衝破 $4 時，油電混合車的銷售量真的開始上升。例如，在 2011 年 2 月，Toyota 的 Prius 油電混合車的平均自營商庫存天數是 36 天。到了 2011 年 3 月，這個天數掉到 18 天。而更高檔的 Lexus CT 200h 油電混合車的庫存天數則只有四天。此外，利用插頭充電的 Chevrolet Volt 油電混合車的平均庫存天數是 10 天。誠如本章所探討的，貨品在售出之前的庫存時間是短期財務管理的重要課題，而一些產業諸如汽車產業對此會密切注意。

到目前為止，已討論過許多長期財務決策，例如：資本預算、股利政策和財務結構。本章則開始討論短期財務，短期財務所重視的是分析影響流動資產和流動負債的決策。

通常，短期財務決策的制定和淨營運資金（net working capital）有關。如同第 2 章及其他章節所提到，淨營運資金就是流動資產和流動負債的差額，因此短期財務管理通常稱為營運資金管理（working capital management），這些名詞的涵義是相同的。

短期財務（short-term finance）並沒有一個通用的定義。短期財務和長期財務主要的差異在於現金流入和流出的時機。與短期財務決策有關的通常是發生在一年，或是一年以內的現金流入和流出。例如，當公司訂購原料，付現金，預期在一年內把製成品賣出，並取得現金時，就和短期財務決策有關。相反地，例如公司購買一部特殊的機器，並且預期這部機器將減少接下來五年的操作成本，那麼，這就和長期財務決策有關。

什麼樣的問題是屬於短期財務決策呢？下面舉些例子：

1. 應該維持多少現金在手中（存放在銀行）以支付帳單，才算合理？
2. 公司應該借入多少短期借款？
3. 應給顧客多少信用額度呢？

本章介紹短期財務決策的基本要素,首先是討論公司的短期營業活動,然後介紹各種短期財務政策。最後,概略敘述短期財務計畫的基本要素和短期融資工具。

18.1 現金和淨營運資金

本節將探討一年至次年間的現金和淨營運資金的變化。在第 2 章、第 3 章和第 4 章中,已經從不同構面討論過這個主題,所以現在只是概略地回顧一些有關短期融資決策的討論,主要目的是描述公司的短期營業活動,以及這些活動對現金和營運資金的影響。

首先,流動資產(current assets)是指現金和其他預期將在一年內變現的資產。流動資產在資產負債表上的排列順序,是根據它們在會計上的流動性,即變現的難易程度和所需的時間。資產負債表最重要的四項流動資產是現金和約當現金、有價證券、應收帳款,以及存貨。

公司不但會投資在流動資產方面,同時也會使用一些短期負債,稱為流動負債(current liability)。流動負債是預期在一年內到期的債務(如果營業期間超過一年的話,則用一個營業期間),而且必須以現金償還。流動負債中的三個主要項目是應付帳款、應付費用(包括薪資和稅),以及應付票據。

由於我們關心現金的變動,所以先介紹現金與資產負債表上其他項目之間的關係式,之後就可以把現金項目分離出來,並且進一步探討公司營業決策和融資決策對現金的影響。基本的資產負債表恆等式可以寫成:

$$\text{淨營運資金} + \text{固定資產} = \text{長期負債} + \text{股東權益} \qquad [18.1]$$

淨營運資金是現金加上其他流動資產,減去流動負債,也就是:

$$\text{淨營運資金} = (\text{現金} + \text{其他流動資產}) - \text{流動負債} \qquad [18.2]$$

將淨營運資金代入資產負債表恆等式中,並稍做移項整理,可得到現金與其他項目的關係式為:

$$\begin{aligned}\text{現金} = &\text{長期負債} + \text{股東權益} + \text{流動負債} \\ &- \text{現金除外的流動資產} - \text{固定資產}\end{aligned} \qquad [18.3]$$

這式子告訴我們,某些項目的增加會增加現金,某些項目的減少則會減少現金。以下是會影響現金的一些活動:

增加現金的活動

增加長期負債（採用長期借款）

增加股東權益（發行股票）

增加流動負債（採用 90 天期的借款）

減少現金以外的流動資產（賣出存貨換取現金）

減少固定資產（出售財產）

減少現金的活動

減少長期負債（償付長期負債）

減少股東權益（買回股票）

減少流動負債（償付 90 天期的借款）

增加現金以外的流動資產（以現金購買存貨）

增加固定資產（以現金購買資產）

請注意，增加現金的活動和減少現金的活動效果正好相反。例如，發行長期債券會增加現金（至少在使用現金之前），而償還長期債券則會減少現金。

如同在第 3 章中所討論過的，使現金增加的活動稱為現金來源（sources of cash），使現金減少的活動稱為現金使用（uses of cash）。回顧前面的例子，現金來源總是與負債科目（或是權益科目）的增加有關，或是與資產科目的減少有關。這是非常清楚的，因為增加負債表示現金的籌措是透過舉債或出售公司所有權的方式，而減少資產科目則代表已賣掉或清算一些財產。這些都是現金流入。

現金使用則恰好相反。使用現金可能是為了清償債務，或是增購資產。這兩種活動都需要使用到公司的現金。

範例 18.1 現金的來源和使用

下列例子可以測驗你是否了解現金來源和現金使用：若應付帳款增加 $100，這個活動是現金來源還是現金使用？若是應收帳款增加 $100 呢？

應付帳款是對供應商的欠款，它屬於短期負債。如果它增加 $100，則相當於向供應商借用這筆錢，所以它屬於現金來源。應收帳款則是讓顧客積欠的款項，所以應收帳款增加 $100 代表貸出這筆錢，屬於現金使用。

> **觀念問題**
>
> **18.1a** 淨營運資金和現金的差異為何？
> **18.1b** 淨營運資金會隨著現金增加而增加嗎？
> **18.1c** 列出五種可能的現金來源。
> **18.1d** 列出五種可能的現金使用。

18.2 營業循環和現金循環

短期財務所探討的是公司的短期營運和融資活動。對傳統的製造商而言，短期活動可能包含下列的各事件和決策：

事件	決策
1. 購買原料	1. 應該訂購多少存貨
2. 支付現金	2. 應該借錢或降低現金餘額
3. 生產產品	3. 選擇哪種生產技術
4. 銷售產品	4. 是否要給予某個客戶信用額度
5. 收取現金	5. 如何收款

上述活動造成現金流入和現金流出。而這些現金流量既非同時發生，而且金額也不確定。例如，原料貨款的支付不會和產品貨款的收取同時發生。而這些金額也不確定，因為未來的銷貨額與銷貨成本無法精確地預測。

定義營業循環和現金循環

我們先探討一個簡單的例子，在某天（稱為第 0 天），我們賒購 $1,000 的存貨，30 天後付清帳單，再過 30 天後，某位顧客以 $1,400 購買這些成本為 $1,000 的存貨。而顧客在 45 天後才付款。這些交易按照先後順序整理如下：

天	交易	現金效果
0	購買存貨	無
30	支付貨款	$-$1,000
60	賒銷存貨	無
105	收帳	$+$1,400

營業循環　在這例子中，需要注意幾件事情。首先，從購入存貨到收取現金整個循環，一共需要 105 天，這稱為營業循環（operating cycle）。

如同本例的說明，營業循環是指購入存貨、賣掉存貨最後收到現金總共所需的時間。營業循環包括兩個部份：第一部份從購買到賣掉存貨所需的時間，在本例中總共是 60 天，稱為存貨期間（inventory period）；第二部份是收款所需的時間，在本例中是 45 天，稱為應收帳款期間（accounts receivable period）。

根據前面的定義，營業循環就是存貨期間與應收帳款期間的加總：

營業循環＝存貨期間＋應收帳款期間　　　　　　　　　　　　　　[18.4]
　　　105 天＝60 天＋45 天

營業循環敘述產品在流動資產各科目中的移動，產品起始紀錄在存貨，出售時就轉成應收帳款，最後收現後就變成現金。在每一個階段，資產就愈接近現金。

現金循環　其次，現金流量和其他事件並非同步發生。例如，進貨 30 天後，才支付貨款，這 30 天的期間稱為應付帳款期間（accounts payable period）。在第 30 天付出現金，但是到第 105 天才收回現金。我們必須為 105－30＝75 天籌措 $1,000 資金，此期間稱為現金循環（cash cycle）。

所以，現金循環是從存貨貨款支付日起，至收取銷貨貨款日間的天數。根據這個定義，現金循環就是營業循環減去應付帳款期間：

現金循環＝營業循環－應付帳款期間　　　　　　　　　　　　　　[18.5]
　　　75 天＝105 天－30 天

圖 18.1 以現金流量時間線（cash flow time line）說明一般製造商的短期營業活動和現金流量。如圖所示，現金流量時間線以圖形來表示營業循環和現金循環。在圖 18.1 中，現金流入和現金流出之間的缺口凸顯了短期財務管理的必要性，這又與營業循環和應付帳款期間的長短有關。

短期現金流入和流出之間的缺口，可以借款或高流動性資產如現金或有價證券來補足。或者藉由改變存貨、應收帳款和應付帳款期間來縮短缺口。這些都是管理階層可採取的方案，將在下面章節中討論。

下面以網路書商 Amazon.com 來說明現金循環管理的重要性。在 2011 年年初，Amazon 的市值比全美最大傳統連鎖書商 Barnes & Noble 還高（事實上，將近 150 倍），雖然 Amazon 書籍銷售量只是 Barnes & Noble 的 5.9 倍。

為何 Amazon 價值這麼高呢？背後有幾個因素，但是其中一個因素是短期財務管理，在 2010 年，Amazon 的存貨週轉次數約為十次，比 Barnes & Noble 快

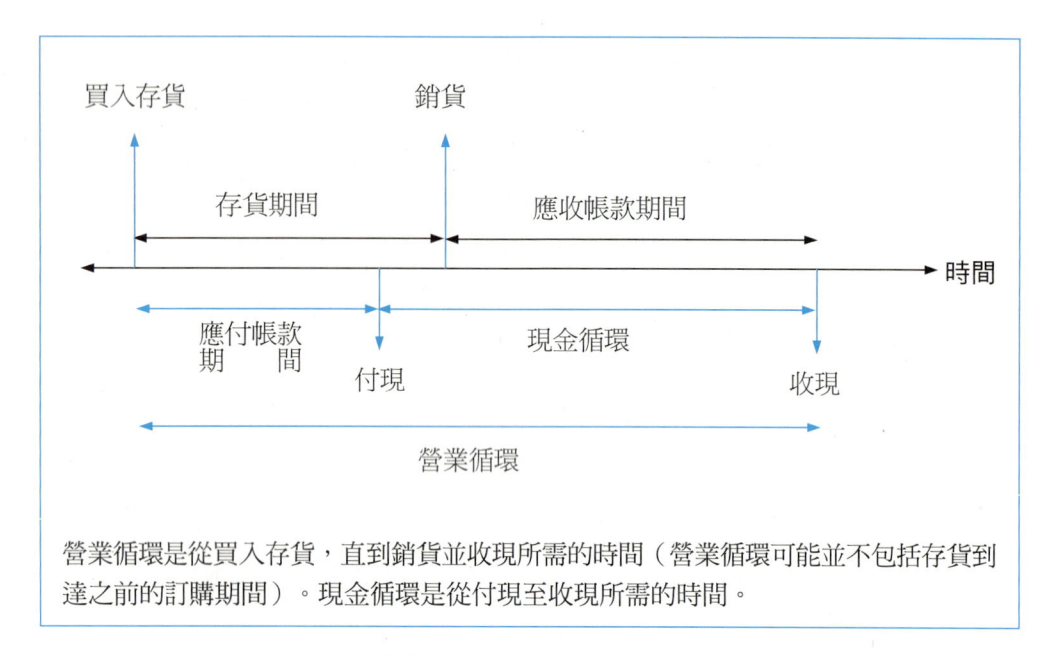

圖 18.1　一般製造商的現金流量時間線和短期營業活動

營業循環是從買入存貨，直到銷貨並收現所需的時間（營業循環可能並不包括存貨到達之前的訂購期間）。現金循環是從付現至收現所需的時間。

三倍，所以 Amazon 的存貨期間大為縮短，更重要的是，當書售出當日，Amazon 立即向信用卡公司請款，通常在一天內就可收到信用卡公司的付款。換言之，Amazon 現金循環是負值，事實上，在 2010 年，Amazon 的現金循環天數是 −69 天。

並不是只有 Amazon 擁有負天數的現金循環；在 2010 年，飛機製造商波音公司的存貨期間為 145 天，而應收帳款期間是 36 天，所以它的營運循環是 182 天（多出 1 天是四捨五入的結果）。波音公司的現金循環應該是相當長，對嗎？錯了！波音公司的應付帳款期間是 235 天，所以它的現金循環是 −53 天！

營業循環和公司組織圖

在深入探討營業循環和現金循環之前，先看看負責公司流動資產和流動負債管理的相關人員。如表 18.1 所顯示，大公司的短期財務管理涉及財務經理和其他部門經理。從表 18.1 可知，賒銷至少與三位不同主管有關：信用經理、行銷經理和主計長。其中兩位要對財務副總裁負責（行銷業務通常是由行銷副總裁所掌管），各部門經理只強調各自的重點時，則很可能會有衝突發生。例如，如果行銷部門正設法開發新客戶，它可能會提供更多的信用額度以吸引新客戶。然而，這會造成應收帳款金額增加，或是壞帳的風險升高，因此造成衝突。

表 18.1　負責短期財務活動的經理

經理職稱	和短期財務管理相關的任務	所影響的資產/負債
現金經理	收款、集中收付；短期投資；短期借款，銀行往來	現金、有價證券、短期借款
信用經理	監控應收帳款；信用政策決策	應收帳款
行銷經理	信用政策決策	應收帳款
採購經理	採購決策、供應商選定；協議付款條件	存貨、應付帳款
生產經理	設定生產流程和所需原料	存貨、應付帳款
付款經理	付款決策和是否接受折扣的決策	應付帳款
主計長	現金流量的會計資訊；應付帳款核對；應收帳款付款沖銷	應收帳款、應付帳款

計算營業循環和現金循環

前面的例子中，各種不同期間或循環的時間長度都非常明確。如果手上只有財務報表資料，則必須費一點功夫去換算，才能求得這些時間長度。以下說明如何計算。

首先，須計算出一些數字，例如賣出存貨平均需要花多少時間，以及收回貨款平均需要花多少時間。先從資產負債表收集下列資料（單位：千美元）：

項目	期初	期末	平均
存貨	$2,000	$3,000	$2,500
應收帳款	1,600	2,000	1,800
應付帳款	750	1,000	875

同時，從最近一期的損益表可以得到下列資料（單位：千美元）：

銷貨淨額	$11,500
銷貨成本	8,200

接著，我們就可以開始計算一些財務比率。詳細的內容已在第 3 章中討論過，此處，我們只針對提及的項目給予定義。

營業循環　一開始須求出存貨期間。存貨的成本（銷貨成本）一共是 $820 萬，而平均存貨是 $250 萬，所以在這一年中，存貨的週轉次數約為 $8.2/2.5 次：[1]

---

[1] 請注意，這裡存貨週轉率的計算是使用平均存貨，而不是第 3 章所使用的期末存貨。這兩種方法均為實務界所採用；為了多練習使用平均數值，本章的其他比率計算也都使用平均數值。

$$存貨週轉率 = \frac{銷貨成本}{平均存貨}$$

$$= \frac{\$820\ 萬}{\$250\ 萬} = 3.28\ 次$$

這代表在這一年中，買進、賣出存貨約 3.28 次。換言之，平均持有存貨的時間為：

$$存貨期間 = \frac{365\ 天}{存貨週轉率}$$

$$= \frac{365}{3.28} = 111\ 天$$

所以，存貨期間大約是 111 天。換言之，存貨在賣出之前平均留置了 111 天。[2]

同樣地，應收帳款平均是 $180 萬，銷貨額平均是 $1,150 萬。假設所有的銷售都是賒銷，則應收帳款週轉率就是：[3]

$$應收帳款週轉率 = \frac{賒銷}{平均應收帳款}$$

$$= \frac{\$1,150\ 萬}{\$180\ 萬} = 6.4\ 次$$

如果應收帳款週轉 6.4 次，則應收帳款期間就是：

$$應收帳款期間 = \frac{365\ 天}{應收帳款週轉率}$$

$$= \frac{365\ 天}{6.4} = 57\ 天$$

應收帳款期間也稱為應收帳款銷貨天數（days' sales in receivables），或是平均收款期間（average collection period）。不論名稱為何，顧客在進貨後平均 57 天才付款。

營業循環是存貨期間和應收帳款期間的加總：

---

[2] 這個數值與第 3 章的存貨銷售天數在觀念上是相同的。

[3] 如果賒銷所佔銷貨比率少於 100%，則我們必須取得當年的賒銷金額，有關這個比率的進一步討論，請參見第 3 章。

$$\text{營業循環} = \text{存貨期間} + \text{應收帳款期間}$$
$$= 111 \text{ 天} + 57 \text{ 天} = 168 \text{ 天}$$

所以，從購入存貨、出售存貨，直到收取貨款，這段期間平均為 168 天。

現金循環 接著必須算出應付帳款期間。從上述資料得知，平均應付帳款是 $875,000，銷貨成本是 $820 萬。應付帳款週轉率為：

$$\text{應付帳款週轉率} = \frac{\text{銷貨成本}}{\text{平均應付帳款}}$$

$$= \frac{\$820 \text{ 萬}}{\$87.5 \text{ 萬}} = 9.4 \text{ 次}$$

應付帳款期間為：

$$\text{應付帳款期間} = \frac{365 \text{ 天}}{\text{應付帳款週轉率}}$$

$$= \frac{365 \text{ 天}}{9.4} = 39 \text{ 天}$$

因此，平均 39 天後才付清帳單。

最後，現金循環是營業循環和應付帳款期間的差額：

$$\text{現金循環} = \text{營業循環} - \text{應付帳款期間}$$
$$= 168 \text{ 天} - 39 \text{ 天} = 129 \text{ 天}$$

從支付進貨的貨款起，至收到銷貨貨款，平均需要 129 天。

範例 18.2 營業循環和現金循環

以下是有關 Slowpay 公司的資料：

項目	期初	期末
存貨	$5,000	$7,000
應收帳款	1,600	2,400
應付帳款	2,700	4,800

年度賒銷金額是 $50,000，銷貨成本是 $30,000。Slowpay 多久才收回它的應收帳款？商品在售出之前，存放多久？Slowpay 多久才付清帳單呢？

首先計算三個週轉率：

存貨週轉率＝$30,000/6,000＝5 次
應收帳款週轉率＝$50,000/2,000＝25 次
應付帳款週轉率＝$30,000/3,750＝8 次

然後利用這些週轉率來計算各個期間：

存貨期間＝365/5 ＝73 天
應收帳款期間＝365/25＝14.6 天
應付帳款期間＝365/8 ＝45.6 天

Slowpay 收回貨款要 14.6 天，存貨在出售前存放 73 天，進貨 46 天後才付清帳單。營業循環是存貨期間和應收帳款期間的加總：73 天＋14.6 天＝87.6 天。現金循環是營業循環和應付帳款期間的差額：87.6 天－45.6 天＝42 天。

解釋現金循環

前面例子顯示，現金循環視存貨期間、應收帳款期間和應付帳款期間而定。現金循環將隨著存貨期間和應收帳款期間的增加而增加。若公司能延遲支付應付帳款，以延長應付帳款期間，則現金循環就會減少。

不像 Amazon.com，大部份公司的現金循環都是正的天數，因此它們須對存貨和應收帳款予以融資。現金循環愈長，所積壓的資金就愈多。而且，公司現金循環的改變通常被視為是一種早期的警訊。過長的現金循環代表公司在銷售存貨或是收取應收帳款上發生問題。這個問題可以藉由增加應付帳款期間予以掩飾（至少局部地）。所以，必須同時監視現金循環和應付帳款期間。

現金循環和獲利力之間的關係，可藉由公司獲利力和成長的基本因素（總資產週轉率）來說明。總資產週轉率定義為銷貨額/總資產。第 3 章曾提過，總資產週轉率愈高，資產報酬率（return on assets, ROA）和權益報酬率（return on equity, ROE）就愈大。因此假設其他情況不變，現金循環愈短，投資在存貨和應收帳款上的金額就愈少，公司的總資產也就愈少，總週轉率就愈高。

觀念問題

18.2a 請描述營業循環和現金循環。它們的差異為何？
18.2b 如果存貨週轉率是 4，它的涵義是什麼？
18.2c 解釋公司會計上的獲利和現金循環間的關係。

18.3 短期財務政策的一些課題

我們可從下面兩點看出公司的短期財務政策：

1. 公司在流動資產上的投資規模：通常以相對於公司的總營業收入水準來衡量。彈性的（flexible）或是融通的（accommodative）短期財務政策會維持較高的資產對銷貨比率；而嚴格的（restrictive）短期財務政策則會維持較低的比率。[4]
2. 流動資產的融資：流動資產的融資中，流動負債與長期負債所佔的比率。嚴格的短期財務政策意味著短期負債較多，而長期負債佔較少比率；彈性政策則意味著短期負債較少，長期負債較多。

將這兩點一起考量，採取彈性政策的公司在流動資產上將有較多的投資。因此，彈性政策產生的淨效果是淨營運資金會較高。換言之，公司會維持較高的流動性。

公司在流動資產上的投資規模

與流動資產相關的彈性短期財務政策，包括下列數點：

1. 維持高額現金和有價證券。
2. 維持較高的存貨部位。
3. 寬鬆的賒帳條件，使應收帳款餘額提高。

嚴格的短期財務政策則正好相反：

1. 維持低額現金和少量的有價證券。
2. 維持較低的存貨部位。

---

[4] 有些人使用保守的（conservative）代替彈性的（flexible）及積極的（aggressive）代替嚴格的。

3. 現金交易或少數賒帳，把應收帳款降至最低。

要決定短期資產的最適投資水準，必須先比較各種短期融資政策的成本差異，了解嚴格政策的成本和彈性政策的成本間的交替，以求出最佳的折衷政策。

在彈性短期財務政策下，公司將握有最多的流動資產，而在嚴格政策下，則最少。彈性短期財務政策需使用較多的資金，因為它必須投資於現金、有價證券、存貨和應收帳款上。然而，在彈性政策之下，可以預期未來會有較高的現金流量。例如，提供顧客寬鬆的融資授信政策可以激勵銷售金額；備有充足的存貨可以立即送貨給顧客，也會提高銷售金額。同樣地，庫存大量的原料可以降低因原料短缺而停工的次數。

在較嚴格的短期財務政策下，銷貨額可能會低於彈性政策的銷貨額。在彈性營運資金政策下，產品的售價可能較高，因為彈性政策提供了快速交貨服務和寬鬆的信用條件，顧客可能因此願意支付較高的價格。

流動資產管理可視為是對兩種不同成本的管理，其中一種成本會隨投資增加而增加，另一種成本則隨投資增加而下降。隨著流動資產投資增加而上升的成本，稱為持有成本（carrying costs）。公司投資於流動資產愈多，持有成本就愈高。而隨著流動資產投資增加而減少的成本，稱為短缺成本（shortage costs）。

一般而言，持有成本即流動資產的機會成本。與其他資產相較起來，流動資產的報酬率非常低。例如，美國國庫券（U.S. Treasury bills）的報酬率平均大約是3%至4%，這和公司整體的報酬率比起來，是非常低的（美國國庫券是現金和有價證券的重要資產項目）。

當流動資產太低時，會產生短缺成本。當公司現金不足時，將被迫出售有價證券。如果公司現金不足，也無法立即出售有價證券，就必須借款，否則會對債務違約；這種情形稱為現金短缺（cash-out）。若公司沒有庫存的存貨〔存貨短缺（stockout）〕，或無法讓顧客增加信用額度，那麼，公司就可能失去顧客。

一般而言，有兩種短缺成本：

1. 交易或訂購成本：訂購成本是為了取得更多的現金（例如，佣金成本），或更多的存貨（例如，生產安裝成本）所發生的成本。
2. 安全存量短缺的成本：這種成本包括銷售額的流失、對顧客失去商譽和生產排程受影響所引發的成本。

圖 18.2 中第一張圖說明了持有成本和短缺成本間的取捨。縱軸代表成本金

額，橫軸則是流動資產總額。當流動資產是零時，持有成本也為零，然後，隨著流動資產的增加，持有成本亦逐漸增加。短缺成本一開始時非常高，隨著流動資產的增加而降低。這兩種成本的和就是持有流動資產的總成本。總成本在 CA* 時最低，這點就是流動資產的最佳數額。

在彈性政策下，流動資產的最佳持有部位最高，其持有成本相對低於短缺成本。這就是圖 18.2 中的情況 A。另一方面，在嚴格政策下，持有成本較短缺成本高，將會持有較低的流動資產。這就是圖 18.2 中的情況 B。

流動資產的各種融資政策

前面的章節討論了一些影響流動資產投資數額的基本要素，焦點放在資產負債表的資產面。現在轉向融資面的課題，我們假設流動資產的投資數額不變，這裡的重點是關乎短期負債和長期負債的相對數額。

理想情況　從最簡單的情況開始：「理想」的經濟情況。在理想的經濟情況下，總是可以用短期負債融通短期資產，以長期負債和股東權益融通長期資產。在這種情況下，淨營運資金永遠是零。

以穀倉操作員為例。在農作物收成後，穀倉操作員收購農作物，加以儲存，並在來年賣掉。農作物收成時的存貨最高，在下一次收成之前時的存貨最低。

使用一年以內到期的銀行借款來融通穀物的採購成本和貯存成本，再以穀類銷售所得來償還借款。

以圖 18.3 來解釋上述情況。假設長期資產隨時間經過而增加，而流動資產則在收成之後增加，在年中遞減。在下一次收成之前，短期資產會到達零的水準。流動資產由短期負債融資，長期資產則由長期負債和股東權益融資。淨營運資金，等於流動資產減流動負債，永遠是零，流動資產的變化造成圖 18.3 呈現鋸齒狀。在下一章的現金管理討論，將會出現同樣的圖形。接下來討論非理想情況下的流動資產各種融資政策。

融資流動資產的不同政策　在實務上，流動資產降至零的情形不太可能發生。例如，如果銷貨額是長期持續上升，將會有一些流動資產是屬永久性的投資。此外，公司在長期資產上的投資可能會有重大的波動。

成長的公司必須擁有足夠的總資產以利營運效率，這些總資產包括流動資產和長期資產，會受許多因素的影響，而隨時呈現波動，這些因素包括：(1) 一般成長趨勢；(2) 季節性波動；和 (3) 無法預測的每日和每月波動。圖 18.4 顯示這些變動。（無法預測的每日和每月變動未列出來。）

短期財務政策：流動資產的最佳投資數額

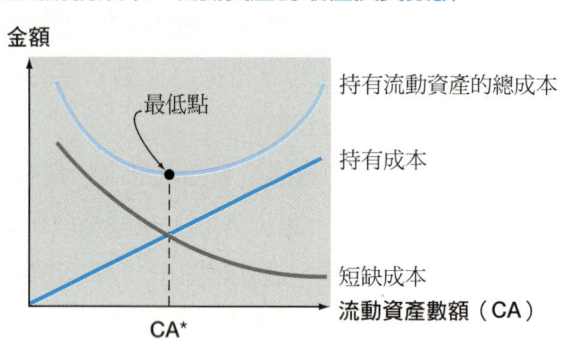

CA* 代表流動資產的最佳投資數額，
持有這個數額將使總成本為最低。

持有成本隨著流動資產的投資增加而增加。持有成本包括維持資產經濟價值的成本和機會成本。短缺成本則隨著流動資產的投資增加而減少。短缺成本包括交易成本，以及流動資產短少的相關成本（例如，現金短少）。公司的財務政策可以分為彈性的或嚴格的。

A. 彈性政策

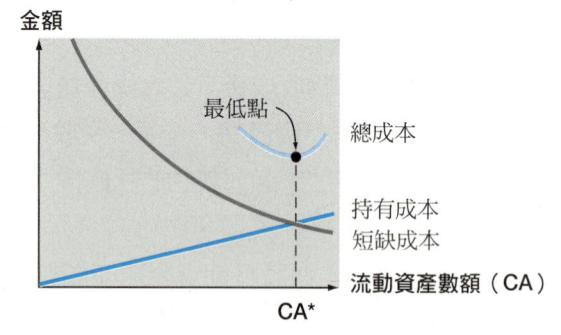

當持有成本相對低於短缺成本時，彈性政策是最佳的。

B. 嚴格政策

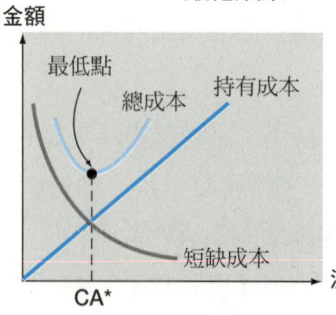

當持有成本相對高於短缺成本，嚴格政策是最佳的。

圖 18.2　持有成本和短缺成本

第 18 章 短期財務與規劃

在理想情況下，因為以短期負債來融通短期資產，淨營運資金總是為零。

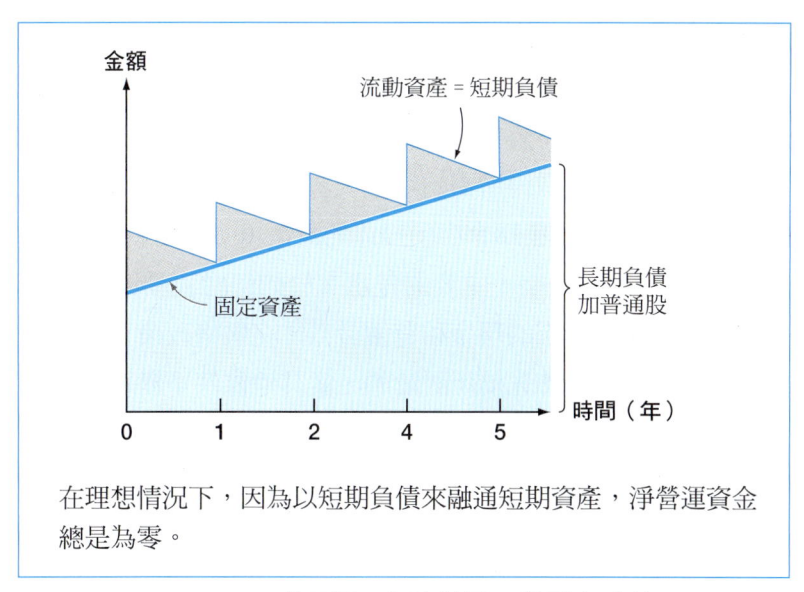

圖 18.3 「理想」經濟情況下的融資政策

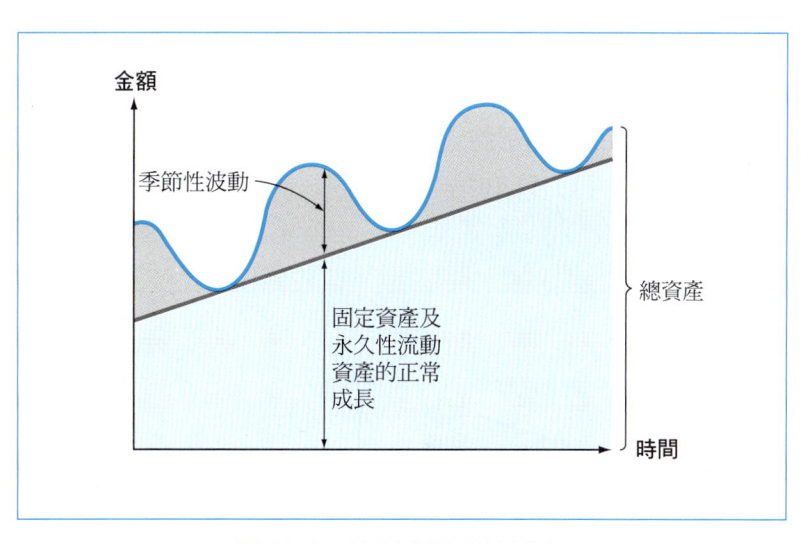

圖 18.4 總資產需求的變化

圖 18.4 中的尖峰和谷底分別代表公司在不同時期的總資產需求。例如，對園藝用品供應商而言，尖峰可能落在銷售旺季開始之前，因公司必須準備較高的庫存。谷底則發生在淡季，庫存存貨較低時。有兩種策略可供解決這種循環性需求。第一，公司可持有相當數量的有價證券，當存貨和其他流動資產的需求開始增加時，公司就賣掉有價證券換取現金以進貨或作其他支付。當存貨售出，庫存

量開始減少時，公司將現金再投資於有價證券。這種方式就是圖 18.5 中所描述的政策 F：彈性政策。公司基本上是以有價證券來調節流動資產需求的波動。

另一種策略是，公司只持有少量的有價證券。當存貨和其他資產的需求開始增加時，公司就以短期借款取得所需的現金，當資產需求開始減少時，公司就償還短期借款。這種方法就是圖 18.5 中所描述的政策 R：嚴格政策。

比較圖 18.5 中的兩種策略，主要的差別在於如何融資季節性的資產需求。在彈性政策下，公司使用內部的現金和有價證券。在嚴格政策下，公司使用外部的短期借款取得所需資金。如先前所討論的，當其他條件不變時，彈性政策在淨營運資金上的投資將較多。

哪一種融資政策最佳？

最佳短期借款金額是多少呢？這並沒有明確的答案。正確的答案視下列因素而定：

1. **現金儲備**：彈性融資政策下會有現金剩餘和少量的短期借款。這種政策降低公司發生財務困難的可能性，公司也不用擔心經常到期的短期債務。然而，現金和有價證券投資的淨現值至多是零而已。

2. **到期日避險**：大部份公司都將資產和負債的到期日互相配合。它們以短期銀行借款來融資存貨，以長期資金來融資固定資產。公司會避免使用短期借款

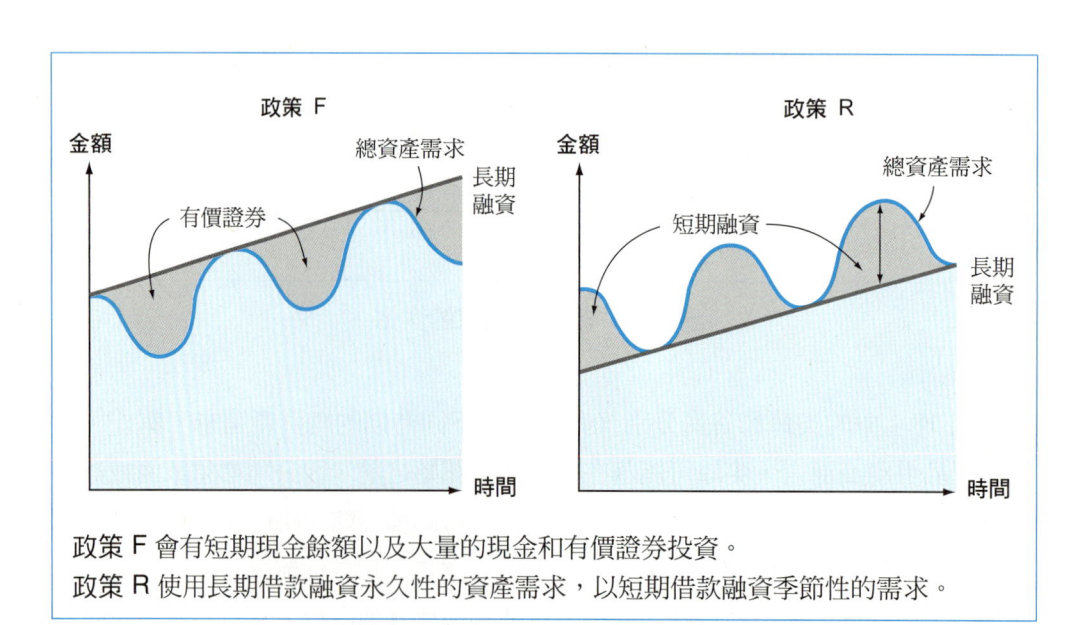

政策 F 會有短期現金餘額以及大量的現金和有價證券投資。
政策 R 使用長期借款融資永久性的資產需求，以短期借款融資季節性的需求。

圖 18.5　各種資產融資政策

融資耐久性資產，因為到期日無法配合，勢必要經常進行再融資，其風險會較高，因為短期利率的波動程度比長期利率高。

3. **相對利率**：短期利率通常比長期利率低。這意味著長期借款的成本比短期借款高。

上面所討論的政策 F 和政策 R 如圖 18.5 所描述的，都是較極端的情況。政策 F 從不使用短期借款；政策 R 從不保留現金（投資在有價證券）。圖 18.6 說明了這兩種政策和折衷政策 C。

在折衷政策下，公司以短期借款應付尖峰期的融資需求，但是在融資需求較少的期間，公司以有價證券形式保留現金。當流動資產逐漸增加時，公司先用完所保留的現金，然後才進行短期借款，在短期借款之前，公司的流動資產可以先適度的增加。

流動資產和流動負債的實務探討

對一般公司而言，總資產中的一大部份是流動資產。在 1960 年代時，美國的製造業、採礦業和貿易公司的流動資產佔總資產的比例約為 50%。這比例至今仍有 40%。流動資產比例降低是因為現金與存貨的管理更有效率。同時流動負債的比例卻增加，它佔總負債和權益的比例，從 20% 上升到將近 30%。結果是降

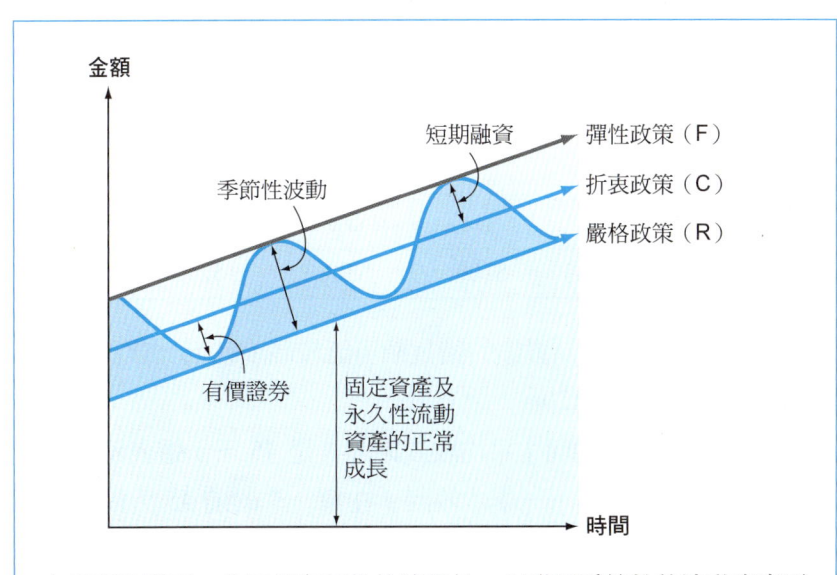

在折衷政策下，公司保有部份的流動性，以融通季節性的流動資產需求。當保留的流動資產用盡後，就採用短期借款。

圖 18.6　折衷融資政策

低了公司的流動性（以淨營運資金對總資產比來衡量），顯示企業漸漸採用較嚴格的短期財務政策。

> **觀念問題**
>
> **18.3a** 哪些因素造成真實世界中的淨營運資金無法維持在零？
> **18.3b** 哪些因素決定公司流動資產的最適投資金額？
> **18.3c** 公司在彈性和嚴格淨營運資金政策之間的折衷，取決於哪些因素？

18.4 現金預算

現金預算（cash budget）是短期財務規劃的重要工具，可供財務經理辨認出短期財務需求和投資機會。現金預算的功能是協助經理人探討公司短期借款的需求。現金預算的觀念很簡單：預估現金收入和現金支出，以得到現金餘額或赤字的估計值。

銷貨和收取現金

以 Fun Toys 公司為例編製季現金預算表，也可使用月、週甚至日來編製預算表。以季為單位是為了方便起見，另一方面季是短期規劃常用的基本期間單位。

所有 Fun Toys 的現金流入皆來自於玩具的銷售，所以現金預算從預測下年度各季的銷貨額開始：

	Q1	Q2	Q3	Q4
銷貨額（單位：百萬美元）	$200	$300	$250	$400

以上銷貨額皆是預測值，因為實際的銷貨額可能較高或較低，存在著預測風險。年度開始時的應收帳款是 $120。

Fun Toys 的應收帳款期間（平均收款期間）是 45 天，這表示每一季的銷貨額中，有一半的帳款要等到下一季才收回。在每一季的前 45 天銷貨，可以在當季收回貨款；而後 45 天的銷貨，則須等到下一季才能收回貨款。此處假設一季有 90 天，所以 45 天的收款期間相當於是半季的收款期間。

有了銷貨預測後，接著須預測 Fun Toys 的現金收入。期初所有應收帳款都將於當季收回，而在前半季的銷貨額也在當季收回。所以，當季所收到的現金：

現金收款＝期初應收款＋1/2×銷貨額　　　　　　　　　　　　　　　[18.6]

例如，在第一季中收回的現金是期初應收帳款 $120，加上銷貨額的一半，即 1/2×$200＝$100，總數是 $220。

期初應收帳款和當季銷貨的一半都已收回，所以期末應收帳款是當季銷貨的另一半。第一季的預測銷貨額是 $200，所以期末應收帳款是 $100，這金額也是第二季的期初應收帳款。因此，第二季收回的現金是 $100 加上第二季預測銷貨額 $300 的一半，總數是 $250。

重複上述步驟，就可以得到表 18.2 的現金收款預測表。

表 18.2 顯示，收款是現金的唯一來源。當然，未必全然如此，因為尚有其他現金來源包括出售資產、投資收入和長期融資的資金等。

現金流出

接著探討現金支出和現金付款，主要有四類：

1. **應付帳款付款**：這些付款是針對供應商所提供的商品和勞務，且一般都發生在進貨之後。
2. **工資、稅款和其他費用**：這類現金流出是企業在營運上的必要費用支出。折舊雖被視為企業的營運成本，但是它並沒有實際的現金流出，所以不包括在內。
3. **資本支出**：購買長期資產所支付的現金。
4. **長期融資費用**：包括支付長期負債的利息和發放給股東的股利。

Fun Toys 每季的進貨金額等於下一季的預測銷貨額的 60%；本季支付供應商上一季進貨的款項，所以應付帳款期間是 90 天。例如，在上一季結束時，Fun Toys 訂

表 18.2　Fun Toys 的現金收款（單位：百萬美元）

	Q1	Q2	Q3	Q4
期初應收帳款	$120	$100	$150	$125
銷貨額	200	300	250	400
現金收款	−220	−250	−275	−325
期末應收帳款	$100	$150	$125	$200

　　現金收款＝期初應收帳款＋1/2×銷貨額
　期末應收帳款＝期初應收帳款＋銷貨額−現金收款
　　　　　　＝1/2×銷貨額

購了 0.60×$200＝$120，而這筆貨款實際上是在來年的第一季（Q1）支付。

工資、稅款和其他費用通常是銷貨金額的 20%；利息和股利目前是每季 $20。此外，Fun Toys 在第二季有 $100 的工廠擴充計畫（資本支出）。將上述資訊匯總，現金流出就如表 18.3 所示。

現金餘額

預估的淨現金流入（net cash inflow）是現金收入和現金支出的差額。表 18.4 就是 Fun Toys 的淨現金流入，第一季和第三季有現金剩餘，而第二季和第四季則有現金短缺。

設 Fun Toys 的年初現金餘額是 $20。為了應付未知的緊急事件以及預測的誤差，Fun Toys 會維持最低現金餘額至少 $10。在第一季開始時，現金是 $20。在第一季當中，現金增加 $40，季末現金餘額是 $60，而其中的 $10 是最低保留額，所以扣除該項金額可得到第一季的現金剩餘為 $60－10＝$50。

Fun Toys 在第二季開始時現金是 $60（來自於第一季的期末餘額）。淨現金流入是 －$110，所以第二季期末餘額是 $60－110＝－$50。因為需要額外的 $10 以作為預備用，所以現金短缺金額是 －$60。全年四季的計算過程列於表 18.5 中。

Fun Toys 在第二季季初時短缺 $60 的現金，這是由於銷貨的季節波動（第二

表 18.3　Fun Toys 的現金支付（單位：百萬美元）

	Q1	Q2	Q3	Q4
支付貨款（銷貨額的 60%）	$120	$180	$150	$240
工資、稅和其他費用	40	60	50	80
資本支出	0	100	0	0
長期融資費用（利息和股利）	20	20	20	20
總現金支付	$180	$360	$220	$340

表 18.4　Fun Toys 的淨現金流入（單位：百萬美元）

	Q1	Q2	Q3	Q4
總現金收款	$220	$250	$275	$325
總現金支付	180	360	220	340
淨現金流入	$ 40	－$110	$ 55	－$ 15

表 18.5　Fun Toys 的現金餘額（單位：百萬美元）

	Q1	Q2	Q3	Q4
季初現金餘額	$20	$60	−$50	$5
淨現金流入	40	−110	55	−15
季末現金餘額	$60	−$50	$5	−$10
最低現金餘額	−10	−10	−10	−10
累積剩餘（赤字）	$50	−$60	−$5	−$20

季末較高）、收款的延誤，以及規劃中的資本支出所造成。

Fun Toys 預計在第三季時現金短缺縮小為 $5。但直到年終時，Fun Toys 仍有 $20 的現金短缺。若不進行任何融資，這個短缺金額就會持續到下一年。下一節就要討論這個問題。

現在針對 Fun Toys 的現金需求，做以下的討論：

1. Fun Toys 第二季的大額現金流出不一定代表營運產生困難，它是由收款延遲和已規劃的資本支出所造成的。
2. 上面例子中的金額只是預測數字，而實際的銷貨可能較預測的好（或壞）。

觀念問題

18.4a 如何為 Fun Toys 的淨現金餘額做敏感度分析（第 11 章的內容）？
18.4b 從這樣的分析中可以獲得哪些啟示？

18.5　短期借款

Fun Toys 有短期融資問題待解決，在第二季時，內部來源現金無法支應現金流出。如何融通這筆現金短缺，視公司的財務政策而定。如果採用彈性政策，Fun Toys 可能設法以長期負債的方式籌措這 $6,000 萬。

另外，大部份現金短缺是來自於資本支出。所以，應以長期融資來融通這筆支出。我們已經在別處討論過長期融資，此處著重短期融資的兩種選擇：(1) 無擔保借款；(2) 擔保借款。

無擔保貸款

融通暫時性現金短缺的最常用方法是無擔保銀行借款。公司使用短期銀行借款時,通常會取得某一信用額度。信用額度(line of credit)是銀行貸款給公司的上限金額。為了確保這筆借款是作為短期使用,銀行會要求借方付清借款,而且在某一段期間的借款金額維持在零〔通常為 60 天,稱為結清期間(cleanup period)〕。

短期信用額度可以分為承諾(committed)和非承諾(noncommitted)兩種。非承諾是一種非正式的約定,允許公司不需要經過正式的紙上作業程序,就可以借到先前約定的上限金額(類似於信用卡)。循環信用協定(revolving credit arrangement 或 revolver)類似於信用額度,但是它的期間通常是兩年或是更長,而信用額度通常每年會重新評估。

承諾的信用額度是較為正式、合法的約定,公司通常須支付銀行承諾費(一般是每年總承諾金額的 0.25%)。信用額度的利率通常是銀行的基本放款利率加上某一百分比,而且利率通常是浮動的。公司對承諾的信用額度支付承諾費,其效果類似於借款的保證費,以確保銀行不能無故抽回銀根(除非借款人的狀態有實質的變化)。

補償性餘額 通常是信用額度或其他借款下的附屬規定,銀行有時要求公司存放部份借款在銀行,稱為補償性餘額。補償性餘額(compensating balance)是公司存放在銀行的低利息或無利息的帳戶中。因為利息較低甚至沒有利息,所以實質上提高了公司信用借款的實際利率,銀行因而得到「補償」。補償性餘額一般是借款金額的 2% 至 5%。

補償性餘額也可以用來補償銀行的非借款服務,例如現金管理服務。一個爭議性的課題是,公司應該以費用或補償性餘額的方式來支付銀行的借款和非借款服務。如今大部份公司已經和銀行達成協議,以公司收得的資金作為補償性餘額,如果仍有不足則以費用方式來彌補。由於有這種協議和其他類似的方法(將於下一章中討論),因此最低餘額限制已不再是討論的主題。

補償性餘額的成本 補償性餘額有其機會成本,因為這筆錢是存在低利息或是零利息的帳戶內。例如,假設信用額度是 $100,000,補償性餘額是 10%,因此實際借款金額的 10% 必須存在不生息的帳戶內。

假設信用額度的利率是 16%,為了購買存貨需要 $54,000,則須借多少錢呢?實際利率是多少呢?

如果需要 $54,000，借款金額必須加上 10% 的補償性餘額，因此借款金額計算如下：

$54,000 = (1 - 0.10) \times$ 借款金額

$60,000 = \$54,000/0.90 =$ 借款金額

利率 16%，$60,000 的一年利息是 $60,000 \times 0.16 = \$9,600$。因為實際上只能使用 $54,000，所以有效利率是：

有效利率＝利息/可使用金額
$= \$9,600/54,000$
$= 17.78\%$

所以每 $0.90 的借款必須支付 $0.16 的利息，因為公司不能動支補償性餘額。因此，有效利率是 $0.16/0.90 = 17.78\%$。

其他的重點有：第一，補償性餘額通常是以每月的日平均餘額表示，意味著有效利率可能較例子所顯示的還低；第二，補償性餘額已逐漸改採未使用的信用額度為基礎，所以補償性餘額相當於隱性的承諾費；第三，也是最重要的，所有短期商業借款的合約條款均是可以協議的。通常銀行和公司會共同設定費用和利率。

信用狀　信用狀（letter of credit）是國際財務上常用的支付工具，信用狀的開狀銀行事先承諾貸款給公司，只要公司符合某些特定條件。通常信用狀就是銀行付款的保證，只要貨物如信用狀所規定地送達收貨人。信用狀可以是可撤銷的（可取消）或不可撤銷的（如果符合某些特定條件就不可以取消）。

擔保貸款

銀行和其他財務公司常要求對短期借款提供擔保品，如同長期借款的擔保品。通常短期借款的擔保品包括應收帳款、存貨，或是兩者兼有。

應收帳款融資　應收帳款融資（accounts receivable financing）涉及應收帳款轉讓（assigning），或應收帳款貼現（factoring）。在轉讓的情況下，借款人提供應收帳款作為擔保品，如果應收帳款無法收現，借款人仍負有清償責任。在傳統的貼現（conventional factoring）的情況下，應收帳款貼現售給代理商（客帳經紀商，factor）。應收帳款出售後，代理商自行收回應收款，並承擔所有壞帳的違約風險。在到期日貼現（maturity factoring）的情況下，代理商在事先約定的日期

支付款項。

應收帳款代理商在零售業中扮演了特別重要的角色，例如，服裝零售業業者必須在季初購入大批的新衣服，這些衣服通常要經過一段相當長的時間才能售出，所以他們要等到收款後才能付款給供給商，一般是 30 天至 60 天。若製衣廠無法久等這筆應收帳款的回收，它可以先將應收帳款轉售給代理商，由代理商接管收款事宜。事實上，在美國 80% 的應收帳款貼現業務是來自於成衣業。

貼現業務的其中一種最新型態稱為信用卡應收帳款融資（credit card receivable funding）或企業現金預借（business cash advances）。企業預借現金的運作方式如下，公司先從代理商借支現金，之後，公司的部份（6% 至 8%）信用卡銷貨款就直接轉移給代理商，直到公司償還借款。對小型企業而言，信用卡應收帳款融資很有吸引力，但其融資成本很高，貼現費用常高達 35%；換言之，在 $100,000 的融資交易中，公司必須在短期間內償還 $135,000。

客戶訂單融資（purchase order financing, PO financing）是中小企業常用的一種貼現工具，在一般情況下，當中小企業取得客戶訂單後，公司並沒有足夠資金支付供應商的貨款，在客戶訂單融資安排下，代理商（factor）支付款項給供應商，當公司完成銷貨並取得款項後，再還款給代理商，傳統客戶訂單融資利率是前 30 天 3.5%，之後每 10 天是 1.25%，所以年利率超過 50%以上。

範例 18.3　應收帳款貼現成本

在剛結束的這一年，LuLu's Pies 的平均應收帳款是 $50,000，賒銷金額是 $500,000。LuLu's 將應收帳款以 3% 貼現。換言之，每 $1 賣 $0.97。請問，這種方式的短期融資，其有效利率是多少？

要計算利率，必須先知道應收帳款期間（也就是平均收款期間）。在這一年中，LuLu's 的應收帳款週轉次數是 $500,000/50,000＝10 次，平均收款期間是 365/10＝36.5 天。

在這裡，利息是以貼現的形式支付（第 6 章已討論過）。每借 $0.97，LuLu's 就要付 $0.03 的利息。所以，36.5 天的利率是 0.30/0.97＝3.09%。APR 是 10×3.09%＝30.9%。但是，有效年利率則是：

EAR＝$(1.0309)^{10}-1$＝35.6%

在這個例子裡，應收帳款貼現是相當昂貴的融資工具。

應注意的是，若代理商承擔買方的違約風險，則貼現等於提供了保險和立

即現金的功能。一般而言，代理商本質上接下了公司的信用業務，如此可替公司省去不少費用。因此如果違約的可能性非常高，則這裡的利率是高估了。

存貨貸款 存貨貸款（inventory loans）是用來購買存貨的短期貸款，包括三種形式：總括存貨留置權（blanket inventory liens）、信託收據（trust receipts），以及存倉貨物融資（field warehouse financing）。

1. 總括存貨留置權：有了總括存貨留置權，放款人有權留置借款人所有的存貨（「總括」涵蓋所有的存貨）。
2. 信託收據：信託收據是由借款人替放款人保管特定存貨的一種工具。例如，汽車經銷商經常用信託收據的方式進行融資，這類型的擔保融資也稱為展銷借款（floor planning），它所指的是展示間的存貨。但如果把信託收據使用在大麥般的存貨，就顯得不適宜。
3. 存倉貨物融資：在存倉貨物融資下，公共倉儲公司（以存貨管理為專業的獨立公司）專門負責替債權人監督存貨，以扮演代理控制的角色。

其他來源

公司尚可運用許多其他短期資金來源。最重要的兩種是商業本票（commercial paper）和交易信用（trade credit）。

商業本票是由信譽良好的大型公司所發行的短期應付票據。這些應付票據的到期日都不長，最多 270 天（若超過 270 天，公司必須向證管會提出註冊申請）。因為公司係直接發行商業本票，且有銀行的信用額度作保證，因此商業本票的利息顯著地低於銀行直接借款。

公司的另一種選擇是延長應付帳款期間；換言之，公司拉長付款時間。就是以交易信用的方式向供應商融資。對中小企業而言，這是非常重要的融資工具。但就如第 20 章所討論的，利用交易信用的公司最終必須對所購買的貨品，支付較高的價格，所以，交易信用是非常昂貴的融資來源。

觀念問題

18.5a 短期融資有哪兩種基本形式？
18.5b 請敘述兩種擔保貸款。

18.6　短期財務計畫

下面介紹一套完整的短期財務計畫，假設 Fun Toys 均以短期借款方式融通所有資金需求。APR 利率是 20%，以季為計算基礎。由第 6 章得知，每一季的利率是 20%/4＝5%。假設 Fun Toys 在年初沒有短期負債。

從表 18.5 得知，Fun Toys 第二季現金短缺 $6,000 萬，所以必須籌措這筆金額。第三季的淨現金流入是 $5,500 萬，但是須付出 $6,000 萬×0.05＝$300 萬的利息，因此只剩下 $5,200 萬可供償還借款。

在第三季季末時，仍積欠 $6,000 萬－$5,200 萬＝$800 萬，而最後一季利息是 $800 萬×0.05＝$40 萬，淨現金流入是 －$1,500 萬，所以第四季需要借入 $1,540 萬，借款總額達 $1,540 萬＋$800 萬＝$2,340 萬。表 18.6 是表 18.5 的延伸，它包括相關的計算。

請注意，期末短期負債金額就是整年度累積的現金短缺，即 $2,000 萬加上年中所支付的利息 $340 萬，總共是 $2,340 萬。

上述財務計畫非常簡化，例如，我們不考慮短期負債利息的抵稅效果，也不考慮第一季剩餘現金所能賺得的利息（該利息收入也是要課稅的），當然，我們可以考慮更多的因素。即使如此，財務規劃透露出，Fun Toys 在未來 90 天後需要籌措 $6,000 萬左右的短期借款。公司必須對資金的來源預作安排。

財務規劃也指出公司必須支付 $340 萬的短期借款的利息費用（稅前）。所

表 18.6　Fun Toys 的短期財務計畫（單位：百萬美元）

	Q1	Q2	Q3	Q4
期初現金餘額	$20	$ 60	$10	$10.0
淨現金流入	40	－110	55	－15.0
新增短期借款	—	60	—	15.4
短期借款利息	—	—	－3	－0.4
償還短期借款	—	—	－52	—
期末現金餘額	$60	$ 10	$10	$10.0
最低現金餘額	－10	－10	－10	－10.0
累積剩餘（短缺）	$50	$ 0	$ 0	$ 0.0
期初短期借款	0	0	60	8.0
短期負債變動	0	60	－52	15.4
期末短期負債	$ 0	$ 60	$ 8	$23.4

以，Fun Toys 也應思考是否有其他方案以降低利息費用。例如，預計的 $1 億支出是否可以延後，或分期支出？每季 5% 的短期借款利率是非常高的。

如果 Fun Toys 預期銷貨會繼續成長，那麼 $2,000 多萬的資金缺口可能會擴大，而額外融資的需求可能會一直存在著。或許 Fun Toys 應該考慮改用長期借款來滿足資金的需求。

觀念問題

18.6a 在表 18.6 中，Fun Toys 預期有現金短缺或剩餘？

18.6b 在表 18.6 中，若最低現金餘額降至 $5，則 Fun Toys 的現金短缺或剩餘會有何改變？

18.7 總　結

1. 本章介紹短期財務管理。短期財務涉及短期資產和短期負債。我們探討財務報表內短期間的現金來源和去處，並且觀察流動資產和流動負債在短期營業活動和現金循環中的變化。
2. 短期現金流量的管理目標就是資金成本最小化。持有成本與短缺成本是兩項主要的資金成本，持有成本是短期資產的過多投資所失去的報酬，短缺成本則是短期資產投資不足的成本。短期財務管理和短期財務規劃的目標就是找出這兩種成本的最適交換。
3. 在「理想」的情境下，公司可以完全預測其短期現金支用和來源，而淨營運資金可維持在零。然而，在一般情況下，現金和淨營運資金可供公司調節短期債務的波動。財務經理應找出各流動資產的最適存量。
4. 財務經理使用現金預算來辨認短期財務的需求。現金預算提供財務經理公司短期內必須借貸的訊息。公司有各種途徑取得資金，以滿足短期資金缺口，這些途徑包括無擔保貸款和擔保貸款。

財務連線

假如你的課程有使用 Connect™ Finance 的話，請上線做個練習測驗（Practice Test），看一看學習輔助工具，及你需要哪些額外練習。

▼ Chapter 18 Short-Term Finance and Planning				Section 18.2
☐ 18.1 Tracing Cash and Net Working Capital	eBook	Study	Practice	
☐ 18.2 The Operating Cycle and the Cash Cycle	eBook	Study	Practice	
☐ 18.3 Some Aspects of Short-Term Financial Policy	eBook	Study	Practice	
☐ 18.4 The Cash Budget	eBook	Study	Practice	
☐ 18.5 Short-Term Borrowing	eBook	Study	Practice	
☐ 18.6 A Short-Term Financial Plan	eBook	Study	Practice	

你能回答下列問題嗎？

18.1 請舉一個會增加現金的活動？

18.2 某家公司的營業循環是 64 天、現金循環是 21 天，假如公司決定延長它的應付帳款期間三天的話，公司的應付帳款期間會變成多少天呢？

18.4 Galaxy Sales 公司的期初現金餘額是 $25，在這一季期間，淨現金流入量是 $20，假如最低現金餘額是 $10 的話，則季末的現金餘額會是多少呢？

18.5 放款人依賴專責執行存貨監管是屬於哪一類型的借款呢？

登入找找看吧！

自我測驗

18.1 營業循環和現金循環 下列是 Route 66 公司的財務報表資料：

項目	期初	期末
存貨	$1,273	$1,401
應收帳款	3,782	3,368
應付帳款	1,795	2,025
銷貨淨額	$14,750	
銷貨成本	11,375	

請計算營業循環和現金循環。

18.2 Greenwell 公司的現金餘額 Greenwell 公司的平均收款期間是 60 天，最低現金餘額要求是 $160 萬。請完成下列的現金預算表，你有何結論？

第 18 章　短期財務與規劃　　761

	GREENWELL 公司現金預算 （單位：百萬美元）			
	Q1	Q2	Q3	Q4
期初應收帳款	$240			
銷貨額	150	$165	$180	$135
現金收款				
期末應收帳款				
總現金收入				
總現金支出	170	160	185	190
淨現金流入				
期初現金餘額	$ 45			
淨現金流入				
期末現金餘額				
最低現金餘額				
累積剩餘（短缺）				

自我測驗解答

18.1 首先計算週轉率。請注意，資產負債表上的科目均採用平均值，以銷貨成本作為存貨和應付帳款週轉率的計算基礎。

$$存貨週轉率 = \$11,375/[(1,273+1,401)/2] = 8.51 \text{ 次}$$
$$應收帳款週轉率 = \$14,750/[(3,782+3,368)/2] = 4.13 \text{ 次}$$
$$應付帳款週轉率 = \$11,375/[(1,795+2,025)/2] = 5.96 \text{ 次}$$

下面計算各種期間：

$$存貨期間 = 365 \text{ 天}/8.51 \text{ 次} = 42.89 \text{ 天}$$
$$應收帳款期間 = 365 \text{ 天}/4.13 \text{ 次} = 88.38 \text{ 天}$$
$$應付帳款期間 = 365 \text{ 天}/5.96 \text{ 次} = 61.24 \text{ 天}$$

存貨取得至售出需 43 天。收款需 88 天，所以營業循環是 43＋88＝131 天。現金循環是營業循環減掉應付帳款期間，即 131－61＝70 天。

18.2 Greenwell 的收款期間是 60 天，所以每季的前 30 天銷貨能在當季收到貨款。第一季的總現金收入是當季銷貨額的 1/3，再加上期初應收帳款，也就是 1/3×$150＋240＝$290。第一季的期末應收帳款（即第二季的期初應收

帳款）是當季銷貨額的 2/3，即 2/3×$150＝$100。其他的計算非常容易，現金預算表如下所示：

<table>
<tr><td colspan="5">GREENWELL 公司現金預算
（單位：百萬美元）</td></tr>
<tr><td></td><td>Q1</td><td>Q2</td><td>Q3</td><td>Q4</td></tr>
<tr><td>期初應收帳款</td><td>$240</td><td>$100</td><td>$110</td><td>$120</td></tr>
<tr><td>銷貨額</td><td>150</td><td>165</td><td>180</td><td>135</td></tr>
<tr><td>現金收款</td><td>290</td><td>155</td><td>170</td><td>165</td></tr>
<tr><td>期末應收帳款</td><td>$100</td><td>$110</td><td>$120</td><td>$ 90</td></tr>
<tr><td>總現金收款</td><td>$290</td><td>$155</td><td>$170</td><td>$165</td></tr>
<tr><td>總現金支付</td><td>170</td><td>160</td><td>185</td><td>190</td></tr>
<tr><td>淨現金流入</td><td>$120</td><td>－$ 5</td><td>－$ 15</td><td>－$ 25</td></tr>
<tr><td>期初現金餘額</td><td>$ 45</td><td>$165</td><td>$160</td><td>$145</td></tr>
<tr><td>淨現金流入</td><td>120</td><td>－ 5</td><td>－ 15</td><td>－ 25</td></tr>
<tr><td>期末現金餘額</td><td>$165</td><td>$160</td><td>$145</td><td>$120</td></tr>
<tr><td>最低現金餘額</td><td>－ 160</td><td>－ 160</td><td>－ 160</td><td>－ 160</td></tr>
<tr><td>累積剩餘（短缺）</td><td>$ 5</td><td>$ 0</td><td>－$ 15</td><td>－$ 40</td></tr>
</table>

從預算表可以看出，在第三季，Greenwell 由現金剩餘變成現金短缺。在年底之前，Greenwell 需要籌措 $4,000 萬的現金。

觀念複習及思考

1. **營業循環** 營業循環較長的公司有何特徵？
2. **現金循環** 現金循環較長的公司有何特徵？
3. **來源與支用** 下列是 Holly 公司在年度結束時的相關資料：
   a. 支付 $200 的現金股利。
   b. 應付帳款增加 $500。
   c. 購入固定資產 $900。
   d. 存貨增加 $625。
   e. 長期負債減少 $1,200。

   將上述各項標示為現金來源或現金支用，並說明這些項目對公司現金餘額的影響。
4. **流動資產的成本** Loftis Manufacturing 公司最近剛建置及時存貨系統

（JIT）。請敘述此系統對公司的持有成本、短缺成本及營業循環的影響。

5. **營業與現金循環** 一家公司的現金循環可能長於營業循環嗎？解釋背後的原因。

以下列資料回答問題 6～10：上個月，BlueSky Airline 公司通知公司的 4,000 位供應商，即日起，付款期間從 30 天延長為 45 天，理由是為了控制成本及最佳化現金流量。

6. **營業與現金循環** 付款政策的改變對 BlueSky 的營業循環有何影響？對現金循環又有何影響？
7. **營業與現金循環** 此項宣佈對 BlueSky 供應商會造成什麼影響？
8. **公司倫理** 大公司片面延長付款期間的作法是否合乎道德，尤其是針對小型供應商？
9. **付款期間** 為何並非所有的公司均使用延長付款期間的方式來縮短現金循環？
10. **付款期間** BlueSky 以延長付款期間來「控制成本及最佳化現金流量」。這項改變對 BlueSky 的現金掌控有何好處？

問　題

初級題

1. **現金科目的變動** 下列公司的活動對現金有何影響，以 I 表示現金增加，D 表示減少，N 表示不變。
    a. 以發行債券所得的資金發放股利。
    b. 以短期負債方式購買不動產。
    c. 賒購存貨。
    d. 償還銀行短期借款。
    e. 預付隔年的稅款。
    f. 發行特別股。
    g. 賒銷商品。
    h. 支付長期負債的利息。
    i. 收回賒銷的貨款。
    j. 應付帳款餘額減少了。
    k. 發放股利。
    l. 簽發短期票據以支付生產原料。
    m. 支付水電費。

n. 以現金購買庫存原料。

o. 購買有價證券。

2. **現金等式** Saunders 公司的帳面淨值是 $13,205，長期負債是 $8,200，現金除外的淨營運資金是 $4,205，固定資產是 $17,380。公司擁有多少現金呢？如果流動負債是 $1,630，則流動資產是多少呢？

3. **營業循環的變動** 下列公司的活動對營業循環有何影響？以 I 表示營業循環增加，D 表示減少，N 表示不變。

   a. 平均應收帳款減少。

   b. 顧客賒帳的償還期間縮短。

   c. 存貨週轉率次數從三次變成六次。

   d. 應付帳款週轉率從六次變成 11 次。

   e. 應收帳款週轉率從七次變成九次。

   f. 對供應商的付款的速度加快。

4. **循環的變動** 下列公司的活動對現金循環和營業循環有何影響，以 I 表示增加，D 表示減少，N 表示不變。

   a. 對顧客的現金折扣條件變得更嚴格。

   b. 供應商降低現金折扣，公司提前付款。

   c. 以付現取代賒帳的顧客增加了。

   d. 公司進料比平常來得少。

   e. 公司賒購原料的百分比增加了。

   f. 更多的完成品是為存貨而生產，而不是為了客戶的訂單。

5. **計算現金收款** Morning Jolt Coffee 公司預測下一年度各季的銷貨額如下：

	Q1	Q2	Q3	Q4
銷貨額	$720	$750	$830	$910

   a. 期初應收帳款是 $310。Morning Jolt 的收款期間是 45 天。計算各季的現金收款數：

	Q1	Q2	Q3	Q4
期初應收帳款				
銷貨額				
現金收款				
期末應收帳款				

b. 重做 (a)，假設收款期間是 60 天。

c. 重做 (a)，假設收款期間是 30 天。

6. **計算循環**　下列是 Schwertzec 公司的財務報表資料：

項目	期初	期末
存貨	$10,583	$12,412
應收帳款	5,130	5,340
應付帳款	7,205	7,630
銷貨淨額	$97,381	
銷貨成本	69,382	

請計算營業循環和現金循環。如何解釋你的答案？

7. **應收帳款貼現**　公司的平均收款期間是 29 天。公司以 1.25% 的折扣將所有應收帳款立即貼現。在這種情況下，公司的實質借款成本是多少？假設應收帳款極不可能會違約。

8. **計算付款**　Iron Man Products 公司預測明年度的銷貨額如下：

	Q1	Q2	Q3	Q4
預估銷貨額	$790	$870	$830	$930

預測後年每季的銷貨額成長率是 15%。

a. 如果 Iron Man 以下一季的預估銷貨額 30% 來下訂單，請計算支付供應商的款項。假設 Iron Man 立即付款，在這種情況下，應付帳款期間是多少天？

	Q1	Q2	Q3	Q4
付款	$	$	$	$

b. 重做 (a)，假設應付帳款期間是 90 天。

c. 重做 (a)，假設應付帳款期間是 60 天。

9. **計算付款**　Torrey Pine 公司的每季進貨額是下一季預估銷貨額的 75%。應付帳款期間是 60 天。工資、稅和其他費用是銷貨額的 20%，而且每季的利息和股利是 $90。沒有任何預期的資本支出。

　　預估季銷貨額是：

	Q1	Q2	Q3	Q4
預估銷貨額	$1,930	$2,275	$1,810	$1,520

後年第一季的預測銷貨額是 $2,150。計算出 Torrey Pine 的現金支出：

	Q1	Q2	Q3	Q4
付款				
工資、稅和其他費用				
長期融資費用（利息和股利）				
合計				

10. 計算現金收款　Kulp公司的2012年第一季銷貨預算如下所示：

	1月	2月	3月
銷貨預算	$195,000	$215,000	$238,000

賒銷的收款情形如下：

　　65% 於銷貨當月

　　20% 於銷貨次月

　　15% 於銷貨後第二個月

上一季期末應收帳款餘額是 $86,000（其中 $59,000 是12月銷貨額中未收回的款項）。

a. 計算11月份的銷貨額。

b. 計算12月份的銷貨額。

c. 計算1月到3月，每個月從銷貨額中所收到的現金。

11. 計算現金預算　下列是Nashville Nougats公司在2012年第二季的一些重要預算數據：

	4月	5月	6月
賒銷金額	$312,000	$291,200	$350,400
賒購金額	118,240	141,040	166,800
現金支出			
工資、稅款和費用	43,040	10,800	62,640
利息	10,480	10,480	10,480
購買設備	74,000	135,000	0

公司預測5%的銷貨額會成為呆帳，35%的銷貨額將在銷貨當月收回，其餘的60%將在銷貨後一個月收回。賒購將在進貨的下個月付款。

　　在2012年3月，賒銷是 $196,000，賒購是 $134,400。請完成下列現金預算表：

	4月	5月	6月
期初現金餘額	$112,000		
現金收入			
來自賒銷的現金收款			
可用現金總額			
現金支付			
進貨			
工資、稅和費用			
利息			
購買設備			
現金支付總額			
期末現金餘額			

12. 來源與支用　Country Kettles 公司的資產負債表如下所列，暫不考慮累計折舊這個帳目，判斷其他帳戶是現金來源或現金支用及其金額：

COUNTRY KETTLES 公司
資產負債表
2011 年 12 月 31 日

	2010	2011
資產		
現金	$30,400	$29,520
應收帳款	69,904	73,344
存貨	60,800	63,736
固定資產：機器設備	147,000	157,180
減：累計折舊	45,730	52,280
總資產	$262,374	$271,500
負債和權益		
應付帳款	$ 44,994	$ 47,118
應計費用	6,280	5,632
長期負債	25,600	28,000
普通股	16,000	20,000
保留盈餘	169,500	170,750
負債和權益合計	$262,374	$271,500

進階題

13. 借款成本　你已獲准一個借款的信用額度，上限是 $5,000 萬。月利率 0.53%。借款總額的 5% 必須存入一個無息的帳戶中。銀行對信用借款以複利方式計息。

a. 這項貸款的有效年利率是多少？

b. 假設今天需要 $1,500 萬，六個月後償還，則需付多少利息？

14. **借款成本** 銀行提供 $7,000 萬的循環信用額度，季利率 1.9%，並且要求補償性餘額為未使用的信用額度的 4%，此餘額並不計息。假設你在銀行中有另一個短期投資帳戶，季利率 1.05%。假設銀行對循環信用借款採取複利計息。

a. 如果這一年都沒有動用這項循環信用借款，則擁有這項借款額度的有效年利率（機會成本）是多少？

b. 如果立即借 $4,500 萬，一年後還清，則這項借款的有效年利率是多少？

c. 如果立即借 $7,000 萬，一年後還清，則有效年利率又是多少？

15. **計算現金預算** Wildcat 公司估計接下來四季的銷貨額（單位：百萬美元）如下：

	Q1	Q2	Q3	Q4
預估銷貨額	$160	$175	$190	$215

明年第一季的預估銷貨額是 $1 億 7 千萬，今年期初的應收帳款是 $6,800 萬，Wildcat 的收款期間是 45 天。

Wildcat 每季以下一季預估銷貨額的 45% 向供應商進貨，通常在 36 天後付款。工資、稅和其他費用是銷貨額的 25%，每季的利息和股利是 $1,200 萬。

Wildcat 在第二季預計有一筆 $7,500 萬的大額資本支出。最後，年初的現金餘額是 $4,900 萬，公司希望維持最低現金餘額在 $3,000 萬。

a. 完成下列現金預算：

WILDCAT 公司 現金預算（單位：百萬美元）				
	Q1	Q2	Q3	Q4
期初現金餘額	$30			
淨現金流入				
期末現金餘額				
最低現金餘額	30			
累積剩餘（短缺）				

b. 假設 Wildcat 可以用 3% 的季利率，借到所需的資金，並且可以 2% 季利率將資金投資在短期有價證券。完成下表的短期財務計畫。這一年的現金成本（利息支出減投資收入）是多少？

WILDCAT 公司 短期財務計畫（單位：百萬美元）				
	Q1	Q2	Q3	Q4
期初現金餘額	$30			
淨現金流入				
新增短期投資				
短期投資收入				
銷售短期投資				
新增短期借款				
短期借款利息				
償還短期借款				
期末現金餘額				
最低現金餘額				
累積剩餘（短缺）	30			
期初短期投資				
期末短期投資				
期初短期負債				
期末短期負債				

16. **現金管理政策**　重做第15題，假設：

   a. Wildcat維持最低現金餘額在 $4,000萬。

   b. Wildcat維持最低現金餘額在 $2,000萬。

   根據 (a) 和 (b) 的答案，公司可藉由改變現金管理政策來大幅提高利潤嗎？是否有其他因素必須考慮？請解釋。

迷你個案

Piepkorn Manufacturing 的營運資金管理

你最近受雇於 Piepkorn Manufacturing 新成立的資金管理部門，Piepkorn Manufacturing 是個小公司，專為不同採購者製造各種規格的紙盒。Gary Piepkorn 是公司的老闆，他的工作主要是在銷售及生產方面。目前公司將所有應收帳款收集於一個鞋盒內，將應付帳款收集於另一個鞋盒內。因為缺乏有組織的系統，公司財務方面需要加強，這

也是你受雇要負責的工作內容。

目前公司有 $240,000 的現金餘額，並計畫在第四季買進價值 $445,000 全新的盒子摺疊機。為了享受現金折扣，購買機器貨款將以現金支付，公司的政策是將現金維持在最低的餘額 $125,000，所有的銷售和採購都是賒銷與賒購。

Gary Piepkorn 預測未來一年每季的銷貨金額如下：

	Q1	Q2	Q3	Q4
總銷貨額	$1,240,000	$1,310,000	$1,370,000	$1,450,000

明年第一季的銷貨金額預估為 $1,290,000，Piepkorn 目前的應收帳款收回天數是 53 天、應收帳款餘額為 $630,000，其中 20% 是一家剛破產的公司所積欠，而這部份的應收帳款可能無法收回。

基本上，Piepkorn 會在本季訂購 50% 下一季的銷貨預估金額，並於 42 天後支付供應商貨款，工資、稅金及其他營運成本約佔銷貨額的 30%，公司每季要支付長期債務利息 $130,000。

公司使用當地銀行融資短期資金需求，短期借款的每季利息是 1.5%，公司也在該銀行開立貨幣市場存款帳戶，其利率為每季 1%。

Gary 要求你在目前的公司政策下，準備一份現金預算表及短期財務計畫，他也要求你針對幾個輸入值的改變，準備應對方案。

問　題

1. 使用本案例所提供的數據，編製現金預算表及短期財務計畫。
2. 假設 Piepkorn 將最低現金餘額改成 $100,000，重新編製現金預算表及短期財務計畫。
3. 你觀察了競爭者的信用政策後，了解產業的標準信用政策是「1/10，淨 40」*，此項現金折扣將在第一季的首日開始生效，你想檢驗這個信用政策對現金預算及短期財務計畫的影響。如果推行這個信用政策，銷售額中的 40% 會享有現金折扣，而應收帳款收回天數會降至 36 天。在新的信用政策及最低現金餘額定為 $100,000 的情況下，重新編製現金預算及短期財務計畫。事實上，公司提供給客戶的有效年利率是多少呢？
4. 你已和公司的供應商談過有關 Piepkorn 的進貨條件，目前公司享有「淨 45」的條款，供應商表示會提供新的信用條件為「1.5/15，淨 40」，並在第一季的首日開始生效。供應商提供給公司的有效年利率是多少呢？假設在所有訂單，公司都享用現金折扣，而最低的現金餘額為 $100,000，重新編製現金預算及短期財務計畫。

---

* 假如你不明白這個信用條件，請參見本書第 20 章內容。

PIEPKORN MANUFACTURING 現金預算				
	Q1	Q2	Q3	Q4
期初現金餘額				
淨現金流入				
期末現金餘額				
最低現金餘額				
累積剩餘（赤字）				

PIEPKORN MANUFACTURING 短期財務計畫				
	Q1	Q2	Q3	Q4
期初現金餘額				
淨現金流入				
新增短期投資				
短期投資收入				
賣出短期投資				
新增短期借款				
短期借款利息				
償還短期借款				
期末現金餘額				
最低現金餘額				
累積剩餘（短缺）				
期初短期投資				
期末短期投資				
期初短期負債				
期末短期負債				

19

現金和流動性管理

在2011年，S&P 500 股價指數成份股內的非財務公司平均現金部位大約佔公司市值的 8%。例如，科技業巨人 Cisco 與 Microsoft 的現金部位分別是 $402 億與 $413 億。就 Cisco 而言，公司現金餘額遠超過整個公司市值的 40%，其他公司也坐擁鉅額現金部位，以投資銀行 Goldman Sachs 為最多，Goldman Sachs 的現金部位將近 $1,000 億，遠遠超過公司的總市值；換言之，Goldman 的每股現金金額超過它的股價。

本章探討公司如何管理現金。現金管理的基本目標是在公司能效率地經營下，盡可能地降低現金部位。這個目標通常可以簡化成一句格言：「早收款，晚付款。」（Collect early and pay late.）。因此，我們討論加速收款與管理付款的方法。

另外，公司必須將暫時性的閒置資金投資在短期有價證券上，這些證券可以在金融市場上買進賣出，它們的違約風險很低，流動性很高。有各種不同種類的貨幣市場證券，我們會討論較重要的幾種。

19.1 持有現金的理由

凱因斯（John Maynard Keynes）在他的經典之作《就業、利息和貨幣通論》（*The General Theory of Employment, Interest, and Money*）中，提出持有現金的三個理由：投機的動機、預防的動機，以及交易的動機。下面討論這些動機。

投機性動機和預防性動機

投機性動機（speculative motive）認為持有現金是為了要搶進拍賣的貨品、爭取較高的利率，以及有利的匯率變動（如跨國企業）。

對大部份企業而言，為了要滿足投機性動機，必須要保留融資額度和短期有價證券。因此，公司為了投機性動機會保有流動性但卻不一定會持有現金。你可以這樣想，假如你有一張額度極高的信用卡，不用攜帶現金，就可以隨時搶進超低價的拍賣商品。

這一點也能適用在預防性動機上。預防性動機（precautionary motive）就是為了要應付不時之需而持有現金，作為財務上的預備。當然，維持流動性也可以算是預防動機。然而，由於貨幣市場有價證券的價值均相當穩定，譬如國庫券的流動性非常高，所以公司並不需要為了預防的目的而持有大量的現金。

交易性動機

交易性動機（transaction motive）就是為了要支付帳單而持有現金。和交易相關的現金需求來自於公司日常的收支。現金支付包括對工資、薪水、交易的應付帳款、稅和股利。

現金的收入來自於銷貨、資產的賣出以及公司的新融資。現金流入和流出並不一定發生在同一時點，所以公司必須持有一些現金作為準備。

隨著電匯和其他快速「無紙張」付款方式的不斷發展，交易動機的現金需求有可能會完全消失。然而，即使如此，仍存在著流動性的需求和流動性管理的需要。

補償性餘額

補償性餘額是持有現金的另一個理由。就如前一章所討論的，公司會存入一些現金在商業銀行，以補償銀行所提供的服務。銀行所要求的最低補償性餘額，就是公司現金部位的一個下限。

持有現金的成本

當公司持有的現金超過所必須的最低部位時,就有機會成本。超額現金(以現金或銀行存款的方式持有)的機會成本就是次佳投資機會所能賺得的利息,例如投資在有價證券上的利息。

既然持有現金會有機會成本,公司為何要持有超過補償性餘額所需的現金呢?這是為了因應交易所需的流動性——支付帳單。如果公司所保留的現金餘額太少,則現金可能會不夠用。如果這樣,公司可能就必須籌募短期資金,例如,賣出有價證券或是借款。

賣出有價證券或借款都有相關的成本。就如前面所討論的,持有現金有機會成本。公司必須衡量持有現金的利益和成本,以決定公司適當的現金餘額。下一節更詳盡地討論這個課題。

現金管理和流動性管理

在進入下一個主題之前,分辨出真正的現金管理和一般流動性管理的差異是非常重要的。因為在實務上現金(cash)有兩種不同的意思,所以造成混淆。從字面上來看,它是指手上持有的現金。然而,財務經理經常用現金來代表公司所持有的現金和有價證券,而有價證券有時又稱為約當現金(cash equivalents)或近似現金(near-cash)。譬如,在本章開頭所討論的 Cisco 和 Microsoft 公司的現金部位,實際上就是該公司的總現金和約當現金。

流動性管理和現金管理的差別可以直接看出,流動性管理所關心的是公司流動性資產的最適數量,它也是前一章流動資產管理政策的一個主題。現金管理則與現金收入和支出的最佳策略有關,也是本章的重點。

> **觀念問題**
>
> 19.1a 何謂交易的動機?它為何會促使公司持有現金?
> 19.1b 公司持有多餘現金有什麼成本?

19.2 認識浮流量

眾所皆知,你的存款帳簿上所記載的金額和銀行認為你所擁有的金額,可能有很大的差異,原因是你所簽開的支票有些尚未兌現。公司也會有同樣的情況。

公司帳簿上所顯示的現金餘額，稱為公司的帳面餘額（book balance 或 ledger balance）；顯示在銀行帳戶中可使用的餘額，稱為可用餘額（available balance），或收得餘額（collected balance）。可用餘額和帳面餘額的差，就稱為浮流量（float），它代表支票在交換（clearing）過程中的淨效果。

支付浮流量

公司支票開出後就會產生支付浮流量（disbursement float），這會降低帳面餘額，但可用餘額沒有改變。例如，假設 General Mechanics 公司（GMI）目前有 $100,000 的存款。該公司在 6 月 8 日購買了 $100,000 的原料，並開立支票，結果公司的帳面餘額立刻減少了 $100,000。

然而，GMI 的往來銀行要到供應商向銀行提示支票以請求付款的那一天，假設是 6 月 14 日，才會知道有這張支票的存在。在支票兌現之前，公司的可用餘額都比它的帳面餘額高出 $100,000。換言之，在 6 月 8 日之前，GMI 的浮流量是零：

浮流量＝公司的可用餘額－公司的帳面餘額
　　　＝$100,000－100,000
　　　＝$0

在 6 月 8 日至 6 月 14 日之間，GMI 的浮流量如下：

支付浮流量＝公司的可用餘額－公司的帳面餘額
　　　　　＝$100,000－0
　　　　　＝$100,000

在支票進行交換的這段期間，GMI 的銀行餘額是 $100,000。GMI 可以在支票交換期間使用這些現金。例如，公司可將此餘額暫時投資在有價證券上，賺取利息，我們稍後會回到這個主題。

收款浮流量和淨浮流量

公司收到支票就會產生收款浮流量（collection float）。收款浮流量增加帳面餘額，但卻不會立刻改變可用餘額。例如，假設 GMI 在 10 月 8 日從顧客收到 $100,000 的支票。如果 GMI 在銀行的原先存款是 $100,000，浮流量是零，當公司存入支票後，帳面餘額就從 $100,000 增加到 $200,000。然而，直到 GMI 的往來銀行向顧客的銀行提示這張支票，並收到 $100,000 的那一天（假設是 10 月 14 日），GMI 才能動用這筆金額。在這段期間，GMI 的現金部位將出現 $100,000

的收款浮流量。我們將這些事件匯總如下。在 10 月 8 日之前，GMI 的現金部位是：

浮流量＝公司的可用餘額－公司的帳面餘額
　　　＝$100,000－100,000
　　　＝$0

在 10 月 8 日至 10 月 14 日之間，GMI 的部位是：

收款浮流量＝公司的可用餘額－公司的帳面餘額
　　　　　＝$100,000－200,000
　　　　　＝－$100,000

一般來說，公司的付款活動會產生支付浮流量，而收款活動則會產生收款浮流量。而其淨效果，也就是總收款浮流量和總支付浮流量的和，就稱為淨浮流量。在某一時點的淨浮流量就是公司的可用餘額與帳面餘額的差。若淨浮流量為正，表示公司的支付浮流量超過收款浮流量，同時公司的可用餘額超過帳面餘額。如果可用餘額低於帳面餘額，公司就有淨收款浮流量。

公司應該較關心淨浮流量和可用餘額，而不是帳面餘額。假如財務經理知道公司所開立的支票要過幾天才會交換，他就可以在銀行中保留較少的餘額，應用這筆差額去賺取利潤。

例如，ExxonMobil 公司平均每日銷貨額大約是 $10 億。假如 ExxonMobil 的收款加快一天，ExxonMobil 就有 $10 億可作投資。以日利率 0.01% 來計算，這筆錢每天可為 ExxonMobil 公司賺得 $100,000 的利息。

範例 19.1　保持浮流量

假設你有 $5,000 的存款。有一天，為了支付書款開了一張 $1,000 的支票，並存入 $2,000。你的支付浮流量、收款浮流量，以及淨浮流量各是多少？

當你開了 $1,000 支票之後，你的帳簿顯示 $4,000 的餘額，但是在支票交換期間，銀行顯示 $5,000 餘額。支付浮流量是 $1,000。

當你存入 $2,000 支票後，你的餘額顯示 $6,000。但是，要等到支票交換完成之後，你的可用餘額才會增加，這表示有 －$2,000 的收款浮流量。淨浮流量是收款浮流量和支付浮流量的和，即 －$1,000。

整體而言，你的帳簿上顯示 $6,000 的餘額，而銀行則顯示 $7,000 的餘額，但是你的可用餘額卻只有 $5,000，因為所存入的支票尚未完成交換。你的可用

餘額和帳面餘額的差就是淨浮流量（－$1,000），這對你來說是不利的。如果你又開了另一張 $5,500 的支票，你可能沒有足夠的資金而發生跳票。所以，財務經理必須更重視可用餘額，而不是帳面餘額。

浮流量的管理

浮流量管理是指現金收款和現金支付的掌控。現金收款的目標是要加速現金收取，和縮短從顧客收到支票至支票兌現所需的時間。現金支付的目標是在掌控付款，和儘量降低公司的付款成本。

收款或付款的總期間可分為三部份：郵寄時間、處理過程延誤，及取得延誤：

1. 郵寄時間（mailing time）是收款和支付過程的一部份，指支票在郵寄過程中。
2. 處理過程延誤（processing delay）是指支票收款人處理該筆支票，並至將支票存入銀行所需的時間。
3. 取得延誤（availability delay）是指銀行體系間交換支票所需時間。

為了要加速收現，就必須縮短上述三部份至少其一的時間。而為了要減緩支付，就必須增長時間。我們稍後會介紹管理收款時間和支付時間的一些方法。首先，必須討論如何衡量浮流量。

衡量浮流量 浮流量的大小視所牽涉的金額和所延誤的時間而定。例如，你每月寄一張 $500 的支票到另一州。郵寄的時間需要五天才會到達（郵寄時間），而對方需要一天的時間將支票存入銀行（處理過程延誤）。對方的銀行對外州支票需有三天的交換時間（取得延誤）。總延誤是 5＋1＋3＝9 天。

在這種情況下，你的平均每日支付浮流量是多少呢？有兩種方法可供算出答案。第一，在這九天你有 $500 的浮流量，所以總浮流量是 9×$500＝$4,500。假如一個月有 30 天，則平均每天的浮流量，就是 $4,500/30＝$150。

另一種算法是，在這九天你的支付浮流量是 $500，而其他 21 天是 0（假設一個月有 30 天）。因此平均日浮流量為：

$$\begin{aligned}
\text{平均日浮流量} &= (9 \times \$500 + 21 \times 0)/30 \\
&= 9/30 \times \$500 + 21/30 \times 0 \\
&= \$4,500/30 \\
&= \$150
\end{aligned}$$

這表示平均一天你的帳面餘額比可用餘額少 $150，平均支付浮流量為 $150。

當有多筆支付或收款時，計算會稍微複雜一點。假設 Concepts 公司每個月收到下列兩筆款項：

	金額	處理延誤和取得延誤	總浮流量
款項一：	$5,000,000	×9	=$45,000,000
款項二：	$3,000,000	×5	=$15,000,000
合計	$8,000,000		$60,000,000

平均每日浮流量等於：

$$\text{平均每日浮流量} = \frac{\text{總浮流量}}{\text{總天數}} = \frac{\$60,000,000}{30} = \$2,000,000 \qquad [19.1]$$

所以，平均一天公司就有 $2,000,000 的未收到款項，公司無法動用這些款項。

另一種方法是先計算平均日收款，再乘以加權平均延誤。平均日收款是：

$$\text{平均日收款} = \frac{\text{總收款}}{\text{總天數}} = \frac{\$8,000,000}{30} = \$266,666.67$$

在 $8,000,000 的總收款中，$5,000,000（也就是總收款的 5/8）延誤了九天才收到。其餘的 3/8 則延誤了五天。因此，加權平均延誤是：

$$\begin{aligned}\text{加權平均延誤} &= (5/8) \times 9 \text{ 天} + (3/8) \times 5 \text{ 天} \\ &= 5.625 + 1.875 = 7.50 \text{ 天}\end{aligned}$$

所以，平均日浮流量為：

$$\begin{aligned}\text{平均日浮流量} &= \text{平均日收款} \times \text{加權平均延誤} \qquad [19.2] \\ &= \$266,666.67 \times 7.50 \text{ 天} \\ &= \$2,000,000\end{aligned}$$

細節 在衡量浮流量時，要注意收款浮流量和支付浮流量間的一個重大差異。我們定義浮流量為公司的可用現金餘額和帳面餘額的差。公司支付款項時，公司的帳面餘額隨著支票的寄出而減少，所以郵寄時間在支付浮流量中是個重要因素。然而，在收款時，公司的帳面餘額一直要到收到支票時才會增加，所以郵寄時間並不會影響收款浮流量。

這並不意味著郵寄時間對收款不重要。只是在計算收款浮流量時，不用考慮

郵寄時間。下面將會討論到，在計算收款總時間時，郵寄時間是一項重要部份。

當我們探討取得延誤時，支票交換的時間實際上並不重要。重要的是，銀行讓我們動用該筆資金之前所必須等待的時間。銀行會設定取得款項的時程，該時程是根據支票存入時間和其他因素，以決定支票的持有時間。此外，取得延誤也可經由銀行和顧客間的協議來達成。同理，對於開出去的支票，重要的是我們的帳戶扣款的日期，而不是對方取得款項的日期。

浮流量的成本　收款浮流量的主要成本就是公司無法動用該筆現金的機會成本。若公司能取得該筆現金作投資，則至少也可以賺到利息。

假設 Lambo 公司的平均日收款為 $1,000，而加權平均延誤期間是三天。因此，平均每日浮流量是 3×$1,000＝$3,000。這表示在一天中，公司有 $3,000 無法賺取利息。假設 Lambo 公司可以完全消除浮流量，利潤將是多少呢？如果消除浮流量要花 $2,000 的成本，則這樣做的 NPV 是多少呢？

圖 19.1 說明了 Lambo 公司的情況。假設 Lambo 公司一開始的浮流量是零。第一天，Lambo 公司收到 $1,000 的支票，並把該支票存入銀行。三天後，也就是第四天，公司才可以取得現金。第一天結束時，帳面餘額比可用餘額多出 $1,000，所以浮流量是 $1,000。第二天，公司收到另一張支票，並將它存入銀行。三天後，也就是第五天，公司才收到現金。第二天結束時，公司有兩張尚未兌現的支票，帳面上顯示 $2,000 的餘額。但銀行所顯示的可用餘額是零，所以浮流量是 $2,000。第三天又發生同樣的事情，總浮流量增加到 $3,000。

第四天，Lambo 又再收到一張 $1,000 的支票。然而，公司也兌現了第一天的 $1,000 支票。帳面的餘額和可用餘額的變動是一樣的（＋$1,000），所以浮流量仍是 $3,000。如果同樣的事情發生在第四天及之後的每一天，則浮流量永遠是 $3,000。[1]

圖 19.2 說明浮流量在未來第 t 天完全消除時的情況。浮流量消除之後，公司每日的收入仍是 $1,000。因為浮流量消除了，公司在同一天的每日收款仍是 $1,000。如圖 19.2 所示，唯一的改變發生在圖 19.2 的第一天。在這一天，Lambo 公司收到三天前所銷售的 $1,000 款項。因為沒有浮流量，所以公司同時也收到了兩天前、一天前和當天的銷貨金額，總共是 $3,000。因此，這天（第 t 天）的總收款是 $4,000，而不是 $1,000。

Lambo 公司藉著消除浮流量，而在第 t 天收取額外的 $3,000。在接下去的每

---

[1] 這個永久浮流量將永遠存在，有時又稱為穩定狀態的浮流量。

	日					
	1	2	3	4	5	...
期初浮流量	$ 0	$1,000	$2,000	$3,000	$3,000	...
收到支票	1,000	1,000	1,000	1,000	1,000	...
支票兌現（可用現金）	− 0	− 0	− 0	− 1,000	− 1,000	...
期末浮流量	$1,000	$2,000	$3,000	$3,000	$3,000	...

圖 19.1　累積浮流量

	日			
	t	$t+1$	$t+2$	...
期初浮流量	$3,000	$ 0	$ 0	...
收到支票	1,000	1,000	1,000	...
支票兌現（可用現金）	− 4,000	− 1,000	− 1,000	...
期末浮流量	$ 0	$ 0	$ 0	...

圖 19.2　消除浮流量的影響

一天，Lambo 將收到 $1,000 的現金，與浮流量消除之前的情形一樣。因此，消除浮流量可供公司立即收現額外的 $3,000。其他的現金流量則不受影響，所以 Lambo 公司多了 $3,000 可供利用。

換言之，消除浮流量的 PV 就等於總浮流量。Lambo 公司可以使用這筆錢來發放股利、投資生息資產或做其他用途。如果消除浮流量的成本是 $2,000，則 NPV 是 $3,000 − 2,000 = $1,000，所以 Lambo 公司應該這樣做。

範例 19.2　降低浮流量：第一部份

假設 Lambo 公司不是消除浮流量，而是將浮流量降低成一天，則 Lambo 公司願意支付的最高成本是多少呢？

如果 Lambo 公司可以將浮流量從三天減為一天，則浮流量將從 $3,000 減少到 $1,000。根據以上的討論，PV 正好等於所減少的 $2,000 浮流量。所以，Lambo 公司最多願意支付 $2,000 的成本。

> **範例 19.3　降低浮流量：第二部份**
>
> 回到範例 19.2。假設有家大銀行願意提供降低浮流量的服務，該銀行的服務費為每年 $175，顧客可在年底付款。攸關折現率為 8%。Lambo 公司應該使用這項服務嗎？這項投資的 NPV 是多少？你如何解釋這個折現率呢？Lambo 公司每年最多願意付多少服務費呢？
>
> Lambo 公司的 PV 仍是 $2,000。為了降低浮流量，Lambo 公司每年都須付 $175，且持續下去，所以成本是永續年金，其 PV 是 $175/0.08＝$2,187.50。NPV 是 $2,000－2,187.50＝－$187.50。因此，銀行的服務對該公司不利。
>
> 如果忽略跳票的可能性，則這裡的折現率可視為短期借款的成本。因為 Lambo 公司每次存入支票時，可以向銀行借 $1,000，三天後償還借款。Lambo 公司借款的成本就是利息。
>
> Lambo 公司所願意付出的最大金額，就是使 NPV 等於零的金額。當成本的 PV 等於 $2,000 時，NPV 就為零。換言之，當 $2,000＝C/0.08 時，NPV 等於零，C 是每年成本。解 C，得到 C＝0.08×$2,000＝$160。

道德和法律問題　現金經理可以動用的是公司在銀行的現金餘額，而不是公司的帳面餘額（帳面餘額顯示存入銀行但未兌現的支票）。如果現金經理動用還未兌現的支票資金，從事短期投資時，大部份銀行會針對這部份的資金收取違約使用費。然而，銀行的會計和內控制度或許不會反映出這些違約的情形。此時就會引起公司的道德和法律問題。

例如，在 1985 年 5 月，E. F. Hutton（大型投資銀行）的總裁，Robert Fomon 認罪，承認從 1980 年至 1982 年期間，公司在 2,000 封郵件上舞弊。Hutton 的員工動用未收到的現金開出了數億美元的支票。然後將這些資金投資在短期貨幣市場工具上，這種規律性的帳戶透支是不合法也不道德的行為，也不是實務上的慣例。Hutton 使用當時無效率的銀行系統來剝削銀行，現在這種情形已被消除了。

因為這個事件，E. F. Hutton 被判罰款 $200 萬，需償還政府 $750,000，同時賠償受害銀行 $800 萬。在這個實例中，Hutton 被控告的主要罪名並不是他的浮流量管理，而是 Hutton 開立支票只是為了利用浮流量，並沒有其他合理的理由。

雖然支票詐欺（check kiting）的刑罰極為嚴厲，但實務界仍一直存在著這類現象。例如，在 2011 年 1 月，俄勒岡州一家汽車自營商被控告支票詐欺，在九天期間內，超過 500 張支票涉及支票詐欺，金額達 $1 千 9 百萬。

第 19 章　現金和流動性管理

電子資料交換和票據交換 21 法案（Check 21）：浮流量終結者？

　　電子資料交換（electronic data interchange, EDI）是一般性用語，泛指各類企業間的電子資料交換。財務 EDI 或 FEDI 是 EDI 的重要應用，它是以電子系統輸送各種財務資料和資金，這樣一來就不再經過發票、支票、郵寄等紙上程序。例如，你可以從支票存款帳戶支付各種帳單，公司也可以直接將薪水撥入員工的帳戶。更普遍的是，賣方可以使用 EDI 將帳單電傳給買方。買方也可以授權銀行將款項電匯至賣方的銀行帳戶。這樣一來，商業交易所需的時間將大幅地縮短。而浮流量也會大幅地減少或消除。隨著 FEDI 的廣泛應用，浮流量管理的焦點將轉移至資訊交換和資金移動上。

　　EDI（FEDI）的缺點是架設費用昂貴且複雜。然而，隨著網際網路的發展，出現新式的 EDI：網際網路電子商務（Internet e-commerce）。例如，網路巨人 Cisco Systems 的網站上，每天大約登錄了數百萬筆來自全世界經銷商的訂單。公司也與主要供應商及顧客以「企業間網路」（extranets）連線，該網路可供公司延伸其內部網路。但由於安全的顧慮以及產業規格未標準化，電子商務與企業間網路並不能立即取代 EDI；事實上，這些系統是互補的，未來也將並行不悖。

　　在 2004 年 10 月 29 日，所謂的二十一世紀票據交換法案（Check Clearing Act，簡稱為 Check 21）在當日生效，在 Check 21 生效之前，銀行收到一張支票後，必須將票據正本寄給付款銀行後，才能取得款項，Check 21 生效後，只要先傳送票據的電子影本，即可取得款項。在這之前，外州的票據交換需耗時三天，現在只要一天；通常當天開出的支票在當日就可以完成交換。所以，Check 21 將可以大幅降低浮流量。

觀念問題

19.2a 公司比較希望降低收款浮流量還是支付浮流量？為什麼？
19.2b 如何計算平均日浮流量？
19.2c 降低浮流量或消除浮流量有何好處？

19.3　現金收取和集中

從先前的討論得知，延誤收款對公司不利。因此，當其他情況不變時，公司將會採取加速收款的措施，以縮短收款時間。此外，在收到現金之後，必須將現金集中以便做最佳的利用。下面將討論一些常用的收款和集中現金的步驟。

收款時間的成份

根據上面的討論，現金收款的過程如下所示：整個收款過程時間是由郵寄時間、支票處理延誤時間和銀行的取得延誤時間所組成。

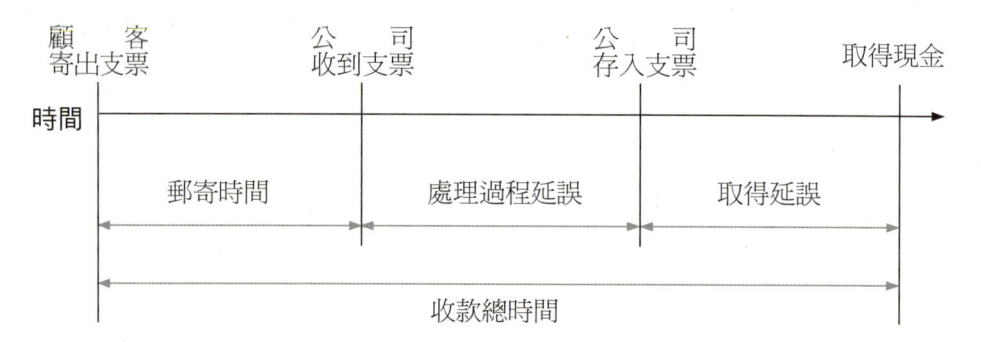

```
顧客          公司          公司          取得現金
寄出支票      收到支票      存入支票
時間 |------------|------------|------------|------->
      郵寄時間    處理過程延誤    取得延誤
     |<------------- 收款總時間 ------------->|
```

現金收款過程中各階段所花費的時間視公司的客戶和銀行所在地，以及公司現金收款的效率而定。

現金收款

公司如何向顧客收取款項端視公司的業務性質而定。最簡單的例子就是連鎖餐飲店，大部份的顧客都使用現金、支票或信用卡來支付帳單〔稱為*櫃檯收款*（over-the-counter collection）〕，因此沒有郵寄延誤的問題。一般來說，這些款項都會存入當地銀行，公司會採取一些方法（下面將討論）來動用資金。

當公司收到顧客所付款項是郵寄來的支票時，所有收款時間的三個組成要素都很重要。公司可能會要求顧客將支票都寄到同一個地點，或較普遍的作法是，公司可能會設立許多不同的收款地點，以縮短郵寄時間。公司也可以差遣員工去收款，或是委外給專業收款公司協助收款。下面將更詳細討論這些課題。

另外，還有其他的收款方法。其中有一種很普遍的方法就是預先授權付款。這種方法的付款金額和付款日期是預先約定的。當約定日到期時，就會自動從顧客的銀行帳戶轉到公司的銀行帳戶，有效地降低了收款的延誤。擁有終端機連線的公司也是採用這種方法，當交易一完成，款項就馬上轉到公司的銀行帳戶內。

鎖　箱

當公司收到郵寄來的支票時，必須決定支票要寄往何處，以及如何將支票收集起來存入銀行。謹慎地評估收款點的個數和位置，可以大幅節省收款的時間。許多公司使用特別的郵政信箱，鎖箱（lockboxes），來收取支票和加速現金收款的速度。

圖 19.3 就是鎖箱作業系統。收款過程的第一個步驟是顧客將支票寄到郵政信箱，而不是寄到公司。鎖箱是由一家當地銀行負責。大型公司在全國各地可能會設置 20 個以上的鎖箱。

在典型的鎖箱系統中，當地銀行每天數次收集鎖箱內的支票。銀行直接把支票存入公司的帳戶內，然後再將整個過程的詳細紀錄寄給公司。

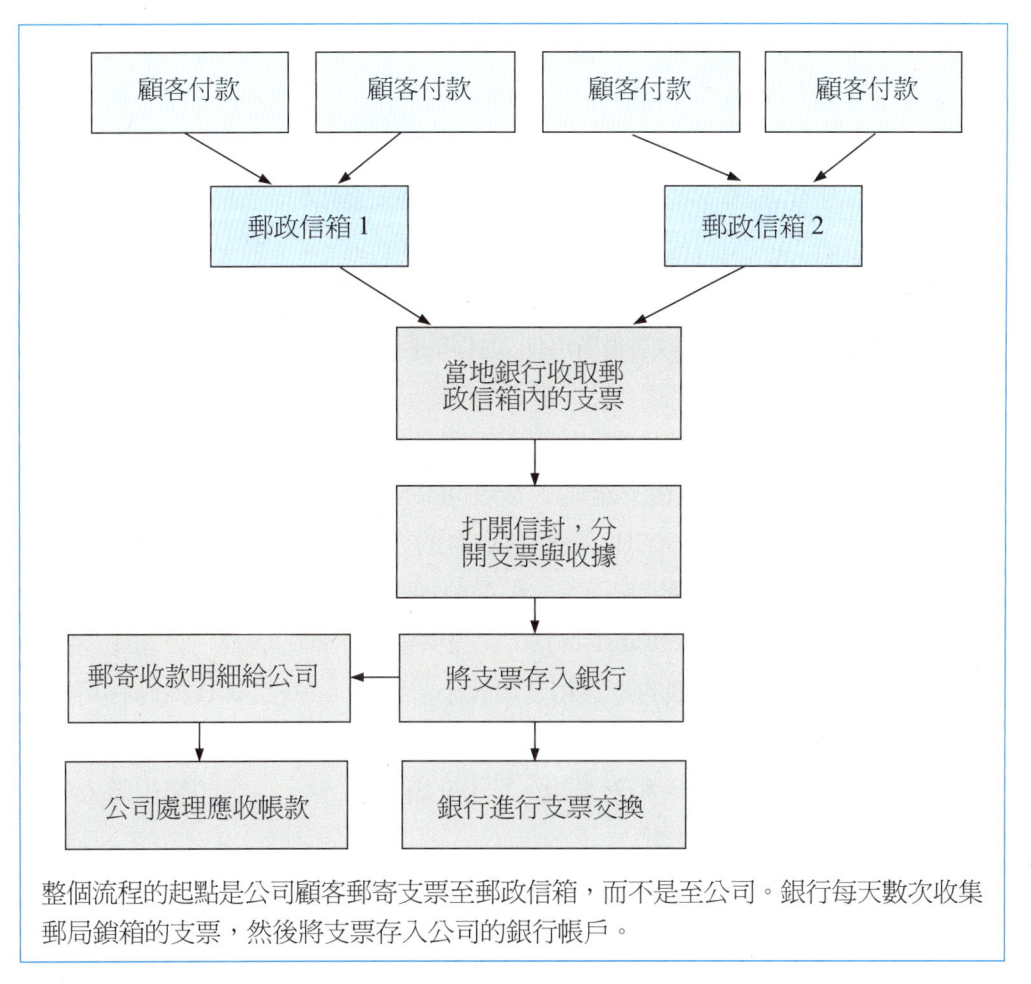

```
顧客付款   顧客付款     顧客付款   顧客付款
    ↓       ↓             ↓        ↓
   郵政信箱 1           郵政信箱 2
         ↓               ↓
      當地銀行收取郵
      政信箱內的支票
              ↓
         打開信封，分
         開支票與收據
              ↓
郵寄收款明細給公司 ← 將支票存入銀行
         ↓              ↓
   公司處理應收帳款   銀行進行支票交換
```

整個流程的起點是公司顧客郵寄支票至郵政信箱，而不是至公司。銀行每天數次收集郵局鎖箱的支票，然後將支票存入公司的銀行帳戶。

圖 19.3　鎖箱作業過程總覽

鎖箱系統縮短了支票的郵寄時間，因為支票是寄至顧客附近的郵局而不是公司的總部。鎖箱也減少了處理時間，因為公司不必再打開信封取出支票，再將支票存入銀行。總之，銀行鎖箱系統加速了支票的處理、存入和交換的過程，比支票寄至公司總部，再送存銀行交換的過程迅速很多。

近來，有些公司正從傳統鎖箱系統轉至電子鎖箱系統。在電子鎖箱系統中，顧客使用電話或網際網路管理他們的帳戶，例如，銀行信用卡帳戶、查閱票據及授權付款等，這些都無須書面憑據。顯然地，至少對開立帳單的廠商而言，電子鎖箱系統遠優於傳統單據付款方法。類似的系統將愈來愈受更多公司採用。

現金集中化

就像前面所討論過的，公司通常都有許多現金收款地點，所以現金收款可能存放在不同的銀行和帳戶內。此時，公司必須把這些現金轉移至主要帳戶內，這就是所謂的現金集中化（cash concentration）。藉著定期地將現金集中起來，公司只要看管少數幾個帳戶，可以簡化公司的現金管理。另外，藉著集中後的大筆款項，公司可能可以取得較高的短期投資報酬率。

在建立集中化系統時，公司一般會使用一家或一家以上的集中銀行（concentration banks）。集中銀行會匯集該地區內地方銀行的資金。集中化系統通常會和鎖箱系統結合使用。圖19.4描繪出現金收款和現金轉移到集中化整合系統的架構。如圖19.4所示，現金收款和集中化過程的關鍵就是資金轉移到集中銀行。有幾種方法可用來移轉資金。成本最低的方法就是存款轉移支票（depository transfer check, DTC），這是預先印好且不需署名的支票，但只作為同一家公司各帳戶間的資金轉移，公司在一至兩天後就可以動用資金。而自動票據交換所（automated clearinghouse, ACH）的轉移資金的方法基本上就是支票電子化。這種方式可能費用較高，要視情況而定，但是公司隔天便可用錢。最昂貴的資金轉移方法就是電匯移轉（wire transfers），它提供當天生效的服務。公司應選擇哪一種轉移方法則取決於付款的筆數和金額大小。譬如，一般ACH的轉移可能是$200，而電傳則是數百萬美元。擁有許多收款地點，且付款金額不大的公司，應該會選擇比較便宜的方式。相對來說，收款的筆數較少，但金額卻相當大的公司，則應該選擇較昂貴的方式。

加速收款：範例

公司是否要使用整合鎖箱和集中銀行的銀行現金管理服務，完全取決於公司顧客的所在位置和美國郵政系統的效率。假設位於費城的Atlantic公司考慮採用

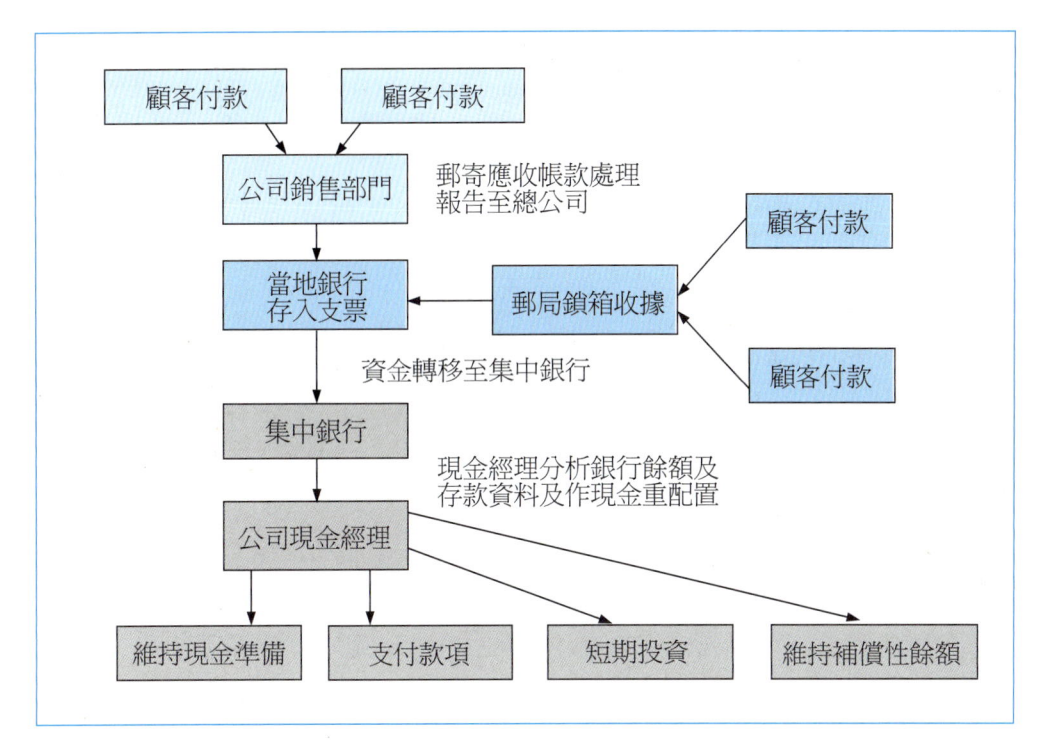

第 19 章　現金和流動性管理　787

```
     顧客付款        顧客付款
         │              │
         ▼              ▼
      公司銷售部門      郵寄應收帳款處理
         │            報告至總公司
         │                                顧客付款
         ▼                                    │
    當地銀行    ◄──  郵局鎖箱收據  ◄──────────┤
    存入支票                                   │
         │                                顧客付款
         │  資金轉移至集中銀行
         ▼
      集中銀行
         │
         │  現金經理分析銀行餘額及
         │  存款資料及作現金重配置
         ▼
     公司現金經理
    ┌────┬────┬────┬────┐
    ▼    ▼    ▼    ▼
 維持現金準備  支付款項  短期投資  維持補償性餘額
```

圖 19.4　現金管理系統中的鎖箱和集中銀行

鎖箱系統。目前，該公司的收款延誤期間是八天。

　　Atlantic 公司的業務範圍是在美國西南方（新墨西哥州、亞歷桑那州和加州）。公司想要將鎖箱系統設在洛杉磯，並由 Pacific Bank 負責運作。Pacific Bank 已經針對 Atlantic 公司的現金收集系統進行分析，並認為收款時間可以減少二天。銀行也已經得到下列有關鎖箱系統的資訊：

$$
\begin{aligned}
郵寄時間縮短 &= 1.0 \text{ 天} \\
交換票據時間縮短 &= 0.5 \text{ 天} \\
公司處理時間縮短 &= \underline{0.5 \text{ 天}} \\
總共 &= 2.0 \text{ 天}
\end{aligned}
$$

此外，公司還取得到下列資訊：

$$
\begin{aligned}
國庫券日利率 &= 0.025\% \\
平均每天到達鎖箱的付款筆數 &= 2,000 \\
平均每筆付款金額 &= \$600
\end{aligned}
$$

目前收款作業的現金流量如下面的現金流量時間表所示：

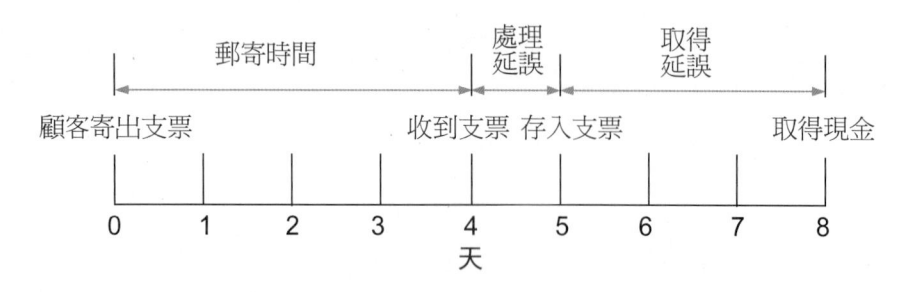

```
          郵寄時間          處理    取得
                          延誤    延誤
    |←——————————————→|←——→|←——→|
顧客寄出支票           收到支票 存入支票        取得現金
    |————|————|————|————|————|————|————|————|
    0    1    2    3    4    5    6    7    8
                          天
```

鎖箱收款作業的現金流量如下所示：

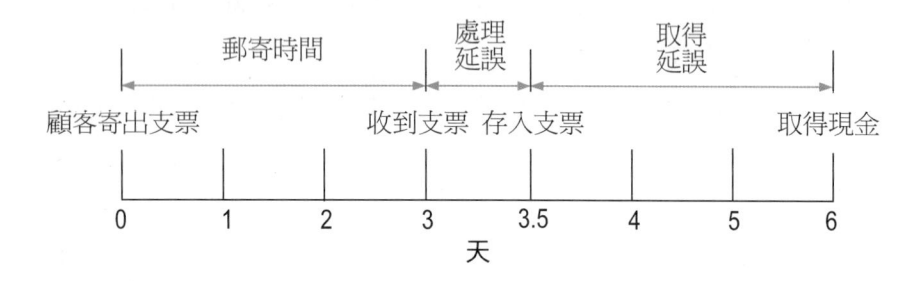

```
          郵寄時間       處理  取得
                       延誤  延誤
    |←—————————————→|←—→|←——→|
顧客寄出支票         收到支票 存入支票      取得現金
    |————|————|————|—|—|————|————|————|
    0    1    2    3 3.5 4    5    6
                        天
```

Pacific Bank 願意以每張支票收取 $0.25 費用來處理 Atlantic 公司的鎖箱系統。Atlantic 公司應該進行鎖箱系統嗎？

我們必須先求算該系統的利益。平均每天來自西南部地區的收款是 $120 萬（＝2,000×$600）。使用該系統後，收款時間將縮短兩天，因此鎖箱系統將增加公司 $120 萬×2＝$240 萬的銀行餘額。換言之，鎖箱系統縮短兩天的處理、郵寄和交換票據的時間，公司多了 $240 萬可用資金。從上面的討論得知，$240 萬就是這個方案的 PV。

要求算 NPV，需算出成本的 PV。有幾種方法可以算出成本。第一，每天有 2,000 張支票，每張處理成本 $0.25，所以每天的成本是 $500。這項成本將每天都發生，一直持續下去。在 0.025% 的日利率下，這項成本的 PV 是 $500/0.00025＝$200 萬。因此 NPV 是 $240 萬－$200 萬＝$400,000，這個系統似乎是不錯的。

第二種方法，Atlantic 公司可以將這 $240 萬投資在日利率 0.025% 的金融資產上，每天可賺得 $240 萬×0.00025＝$600 的利息。這個系統每天的成本是 $500，因此採用這個系統每天可以獲利 $100，一直持續下去，所以 PV 是 $100/0.00025＝$400,000，和前面的答案一樣。

第三種也是最簡單的方法，每張支票平均金額是 $600，如果採用此系統，可以提前兩天動用這筆資金。$600 兩天利息是 2×$600×0.00025＝$0.30。每一張支票的成本是 $0.25。所以，每張支票為 Atlantic 公司賺得 $0.05（＝$0.30

－0.25）。每天 2,000 張支票，為公司帶來 $0.05×2,000＝$100 的利潤，與前面的答案一致。

範例 19.4　加速收款

在上述 Atlantic 公司鎖箱系統的例子中，假設 Pacific Bank 除了收取每張支票 $0.25 的費用外，每年還要收取固定費用 $20,000。這個系統仍值得採用嗎？

要回答這個問題，必須計算這筆固定費用的 PV。日利率是 0.025%，換算成年利率是 $1.00025^{365}-1＝9.553\%$。每年都須支付這筆費用，所以它的 PV 是 $20,000/0.09553＝$209,358。在沒有固定費用情況下，此系統的 NPV 是 $400,000；在有固定費用下，此方案的 NPV 是 $400,000－209,358＝$190,642，公司仍可採用這個系統。

觀念問題

19.3a 何謂鎖箱？有何功能？
19.3b 何謂集中銀行？有何功能？

19.4　現金支付的管理

從公司的立場來看，支付浮流量對公司是有利的，所以支付浮流量的管理目標就是減緩支付的速度。為了達到這個目標，公司可能會採取某些策施，以增加郵寄浮流量、處理浮流量和流通在外支票的浮流量。此外，公司也設計各種方法，以降低為付款目的持有的現金餘額。本節討論一些普遍的作法。

增加支付浮流量

從前面的討論得知，延長郵件遞送、支票處理，以及對方收款的時間，可以減緩付款速度。公司可以開出支票，以位在偏遠地區的銀行為付款銀行，就可以增加支付浮流量。例如，位在紐約的供應商收到從洛杉磯的銀行開出的支票。這將會增加支票在銀行系統間交換的時間。從偏遠的郵局寄出支票付款是另一種減緩支付的方法。

這些極大化支付浮流量的策略在道德和經濟上是備受爭議的。首先，就如下一章將討論的，公司會給予提早付款的顧客相當大的現金折扣。這種折扣優惠通常會比上述「玩弄浮流量遊戲」帶給公司更多成本上的節省。在這種情形下，如果收款公司對於付款日的認定是根據支票收到日而不是根據郵戳日，則拉長郵寄時間對公司不利。

除此之外，供應商不太可能被公司這種延緩付款的意圖所愚弄。與供應商關係惡化的代價是很大的。廣義來看，故意拉長郵寄時間以延遲款項支付，就是不願支付到期的帳單，這是不道德的商業行為。

掌控支付

極大化支付浮流量可能是不道德的商業行為。然而，公司仍希望儘量降低支付所須持有的現金餘額。所以，公司會設計各種管理支付過程的效率系統。這些系統的主要概念是保留不超過支付帳單所需的最低金額在銀行帳戶內。下面方法可用來達成這個目標。

零餘額帳戶 在零餘額帳戶（zero-balance account）系統下，公司與銀行協議開設一個主要帳戶和數個子帳戶。當公司開出支票，必須子帳戶付款時，資金就從主帳戶轉入子帳戶，再由子帳戶支付款項。圖 19.5 說明了這種系統的運作過程。在這個例子中，公司保有兩個支付帳戶，一個是用來支付供應商，一個是用來支付員工薪資。如圖所示，假如公司不使用零餘額帳戶，則這兩個帳戶內都要維持安全的現金餘額，以備急需。如果公司採用零餘額帳戶，則只要在主帳戶內維持安全的現金餘額，並在需要的時候，將資金轉入兩個子帳戶。過程的關鍵是，在零餘額帳戶系統下，安全的現金總額可以較低，因此公司可以將現金移為他用。

可掌控的支付帳戶 在可掌控的支付帳戶（controlled disbursement account）系統下，公司一大早就知道當天必須支付的款項。銀行通知公司應付款的總額，公司再將所需金額轉入帳戶中（通常用電傳的方式）。

觀念問題

19.4a 支付浮流量極大化是一種良好的商業行為嗎？
19.4b 何謂零餘額帳戶？這種帳戶有什麼優點？

沒有零餘額帳戶

員工薪資帳戶　　供應商帳戶
　　　↖　　↗
　　　　安全存量

如果沒有零餘額帳戶，公司必須個別維持安全存量，因而凍結了一些現金。在零餘額帳戶下，公司只要在主帳戶維持安全現金存量。等到需要時，資金再轉入支付帳戶。

兩個零餘額帳戶

主帳戶 ← 安全存量
　↙　　↘
現金轉帳　　現金轉帳
員工薪資帳戶　　供應商帳戶

圖 19.5　零餘額帳戶

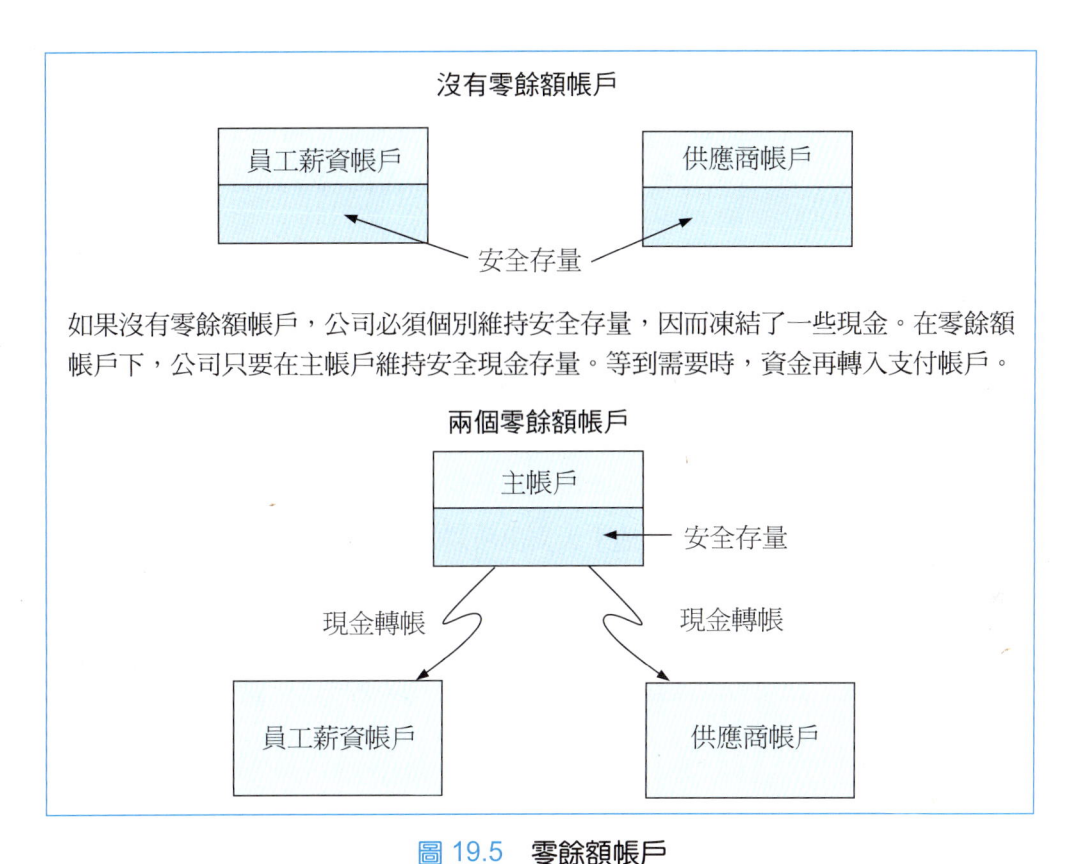

19.5　閒置現金的投資

　　如果公司有暫時性的現金餘額，可以將這些資金投資在短期有價證券上。前面已經討論過，交易短期金融商品的市場就稱為貨幣市場（money market）。在貨幣市場交易的短期金融資產的到期日是一年，或一年以下。

　　大部份的大型企業都透過銀行和自營商，來完成短期金融商品的交易。有些大型公司和許多小型公司則投資貨幣市場共同基金。這些共同基金投資在短期金融商品上，但會收取管理費以報償基金專業投資和風險分散的服務。

　　許多貨幣市場共同基金的顧客源集中在公司。另外，銀行也會提供服務，將公司多餘的資金投資在貨幣市場共同基金上。

暫時性的現金餘額

　　很多情況會造成公司有暫時性剩餘現金，其中最重要的兩種情況就是公司季節性或循環性營業業務的融資和規劃中的費用融資。

季節性或循環性業務　有些公司的現金流量型態是可預測的。在每年中的某段期間公司會有剩餘現金流量，但在其他時段，現金流量則可能不足。譬如，玩具零售公司 Toys "Я" Us 就會受聖誕節的影響，而出現季節性現金流量的型態。

像 Toys "Я" Us 這家公司，可以將剩餘現金流量投資在有價證券上，當公司現金流量不足時，再將有價證券賣掉。當然，公司也可以向銀行取得短期融資借款。圖 19.6 說明如何使用銀行借款和有價證券來滿足暫時性融資的需求。在這種情境下，公司採用前面章節介紹的折衷營運資金政策。

規劃中或可能的費用　公司通常會將所累積的暫時性資金投資在有價證券上，以供工廠建造計畫、股利發放或其他重大支出所需的資金。因此，公司可能會在需要現金之前就發行債券和股票，將所籌措的資金投資在短期有價證券上，當需動用現金時再將這些有價證券賣掉。公司也會碰到大筆付現的可能性。最明顯的例子就是訴訟失敗。公司可能要建立剩餘資金部位，以應付這些偶發事件。

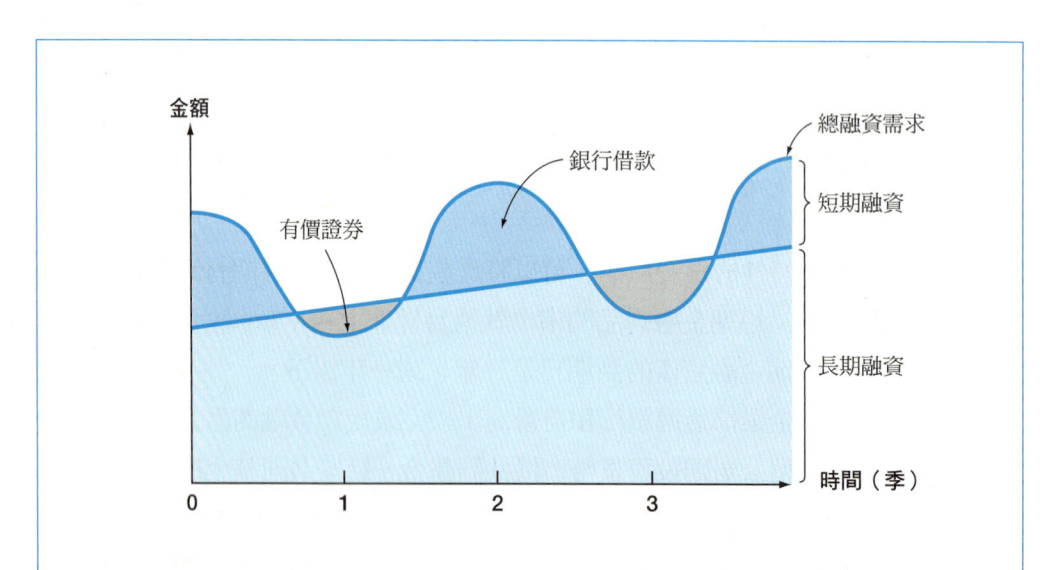

時點 1：出現了剩餘現金流量。資產的季節性需求低，剩餘現金流量投資在短期有價證券。

時點 2：出現現金流量不足。資產的季節性需求高，以賣出有價證券和銀行借款來融資資金的不足。

圖 19.6　季節性現金需求

短期有價證券的特性

當公司有暫時性的閒置資金時，可將這些資金投資在各種不同的短期有價證券。這些短期有價證券的重要特性包括：到期期限、違約風險、變現性，以及稅負的特性。

到期期限 從第 7 章得知，在某一利率變動率下，到期期限較長的證券價格的變動幅度大於到期期限較短的證券價格的變動幅度。因此，長期證券的投資風險大於短期證券的投資風險。

這類風險稱為利率風險（interest rate risk）。公司為了規避由利率風險而來的投資損失，通常只投資到期期限短於 90 天的有價證券。當然，短期有價證券的預期報酬通常會低於長期有價證券。

違約風險 違約風險（default risk）是指在到期時，債務人無法支付或只支付部份利息和本金的可能性。在第 7 章中，一些信用評等機構，例如 Moody's Investor Service 和 Standard & Poor's，會分析並公佈公司所發行的各類證券的信用等級。這些等級與違約風險的大小有關。當然，有些證券幾乎沒有違約風險，諸如短期國庫券。基於閒置現金的投資目標，公司通常不會投資高違約風險的有價證券。

變現性 變現性（marketability）是指資產變現的難易程度，所以變現性和流動性是很類似的。有些貨幣市場工具的變現性比較高，其中最容易變現的就是美國國庫券，只要少許的成本，投資者就可以很快地在市場上買賣國庫券。

稅負 只要不是政府（聯邦政府或州政府）所發行的貨幣市場有價證券，投資者所賺得的利息都要扣繳地方稅、州稅和聯邦稅。美國財政部所發行的證券，像國庫券，可免繳州稅，但是其他政府單位發行的證券則否。市政債券可免繳聯邦稅，但是必須繳州稅。

貨幣市場內的各類有價證券

貨幣市場有價證券通常流動性高，到期日短，違約風險較低。這些有價證券是由美國政府（如美國國庫券）、國內外銀行（如定期存單）和公司（如商業本票）所發行。所以種類繁多，下面只介紹其中幾種較普遍的有價證券。

國庫券是美國政府的債務，到期期限有 30 天、90 天或 180 天，國庫券每週公開拍售一次。

短期免稅證券（short-term tax-exempts）是由州政府、市政府、地方住宅機構和都市重建機構發行。因為這些都視為市政府證券，所以利息都免繳聯邦政府

稅。例如，RANs、BANs 和 TANs 分別是預期收入票據（revenue anticipation notes, RANs）、預期債券票據（bond anticipation notes, BANs），和預期稅捐票據（tax anticipation notes, TANs）。換言之，它們是以預期現金收入來償還的短期借款。

短期免稅證券的違約風險比國庫券高，變現性則較低。因為這些證券免繳聯邦所得稅，所以它們的稅前收益率比類似證券（如國庫券）低。同時，公司在投資免稅證券上，也有一些限制。

商業本票是由財務公司、銀行和公司所發行的短期有價證券。一般而言，商業本票是無擔保的，到期期限則從幾個星期到 270 天不等。

商業本票並沒有特別活絡的次級市場。因此，其變現性很低。但是發行商業本票的公司通常會在到期日前，直接買回這些商業本票。商業本票違約風險的高低視發行公司的財務狀況而定。Moody's 和 S&P 會定期公佈商業本票的評等。這些評等類似於第 7 章的債券評等。

定期存單（CDs）是指商業銀行的短期借款，最普遍的是超大額定存單，面額超過 $100,000。三個月期、六個月期、九個月期和 12 個月期的 CD 交易市場均相當活絡。

附買回條件的債券交易協定（repos）是指銀行或自營商以附買回條件的方式出售政府證券（例如國庫券）。當投資者向自營商購買政府證券時，同意在稍後以約定較高價格賣回給自營商。附買回交易通常是極短期的──從隔夜至數天。

因為公司從其他公司所得到的股利，其中的 70% 至 80% 股利是免稅的，所以高股利收益率的特別股是相當吸引公司的投資工具。但要顧慮的是，特別股股利通常是固定的，它的價格波動程度會比其他短期投資工具高。然而，貨幣市場特別股是一種新創的金融商品，它的股利是浮動的，股利經常重新設定（通常每 49 天調一次），因此這類特別股的價格波動程度比一般特別股小，是極受歡迎的短期投資工具。

觀念問題

19.5a 公司會有閒置現金的理由何在？
19.5b 貨幣市場有價證券有哪幾類？
19.5c 為何貨幣市場特別股是極受歡迎的短期投資工具？

19.6 總　結

本章探討了現金管理和流動性管理：

1. 公司持有現金是為了要進行交易和補償銀行所提供的服務。
2. 公司的可用餘額和帳面餘額的差就是公司的淨浮流量。淨浮流量反映出有些支票尚未交換兌現。財務經理必須只動用已收到的現金餘額，而不是公司的帳面餘額。若動用超過銀行帳戶的可用餘額，而銀行並不知情，就會造成道德和法律問題。
3. 公司可以使用各種方法來管理現金收支，以加速收款和延遲付款。加速收款的方法有鎖箱、集中銀行和電傳等。
4. 因為季節性和循環性業務的需求，規則中費用的融資需求，或緊急融資需求，公司會暫時持有閒置現金。公司可以將這些閒置資金投資在貨幣市場有價證券上。

財務連線

假如你的課程有使用 Connect™ Finance 的話，請上線做個練習測驗（Practice Test），看一看學習輔助工具，及你需要哪些額外練習。

▼ Chapter 19 Cash and Liquidity Management			
19.1 Reasons for Holding Cash	eBook	Study	Practice
19.2 Understanding Float	eBook	Study	Practice
19.3 Cash Collection and Concentration	eBook	Study	Practice
19.4 Managing Cash Disbursements	eBook	Study	Practice
19.5 Investing Idle Cash	eBook	Study	Practice

Section Quiz

你能回答下列問題嗎？

19.1 現金管理可以定義為_____。
19.2 公司最能掌握收款浮流量的哪一部份呢？
19.3 鎖箱的主要目的是什麼呢？

登入找找看吧！

自我測驗

19.1 衡量浮流量 某公司通常一天開出 $3,000 的支票，這些支票平均七天後兌現。同時，公司每天會收到 $1,700 的支票。平均兩天後可以兌現。計算支付浮流量、收入浮流量和淨浮流量。請解釋你的答案。

自我測驗解答

19.1 支付浮流量是 7 天×$3,000＝$21,000。收入浮流量是 2 天×(－$1,700)＝－$3,400。淨浮流量是 $21,000＋(－3,400)＝$17,600。換言之，在任何時點，公司有 $21,000 未兌現支票和 $3,400 的未收款。因此，公司的帳面餘額比可用餘額少 $17,600，淨浮流量是 $17,600。

觀念複習及思考

1. **現金管理** 公司有太多現金，可能嗎？為何股東會關心公司是否累積了鉅額的現金？
2. **現金管理** 如果公司認為現金過多，它有何選擇？如果公司持有的現金太少，又該如何？
3. **代理問題** 對於公司應持有多少現金，股東和債權人會有一致的看法嗎？
4. **持有現金的動機** 在本章的前言中，很多公司都持有鉅額現金。這些公司為何要握有高額的現金部位呢？
5. **現金與流動性管理** 現金管理與流動性管理有何差異？
6. **短期投資** 為什麼將股利與短期利率相連結的特別股，是公司閒置資金應該投資的標的呢？
7. **收款與付款浮流量** 公司比較偏好淨收款浮流量還是淨付款浮流量？原因何在？
8. **浮流量** 假設某公司擁有 $200 萬的現金帳面餘額。但是，財務經理從自動提款機發現銀行的餘額是 $250 萬。為何有這種現象呢？如果這種現象持續下去，會引起何種道德兩難問題呢？
9. **短期投資** 針對下列每一種短期有價證券，試舉例說明，這些有價證券應用在公司現金管理上的潛在缺點。

a. 美國國庫券。

b. 一般特別股。

c. 可轉讓定期存單（NCDs）。

d. 商業本票。

e. 預期收入票據。

f. 附買回協定。

10. **代理問題** 有人認為公司持有過多的現金，會使代理問題變嚴重（第1章所討論的課題），也會降低極大化股東財富的誘因。你如何看待這個問題？

11. **多餘現金的支用** 降低公司多餘現金的一種作法是加速付款給供應商。這種作法有何優缺點？

12. **多餘現金的支用** 另一種作法就是降低流通在外的債務。此種作法又有何優缺點？

13. **浮流量** 下面是一則不好的實務法則（請勿如法炮製）：假如你的支票帳戶已經沒錢了，然而，你家附近的雜貨店為了讓你方便，幫你兌現了一張 $200（你簽發支票交換到 $200）支票。除非你存錢到帳戶內，否則你的支票會跳票。為了避免跳票，第二天你跑到該雜貨店開了另一張 $200 的支票。你把這 $200 存入銀行。你每天都重複這個步驟，確定自己的支票不會跳票，後來天上掉下一筆錢，使你能夠支付你所開立的支票。

為了讓這個問題更有趣，假設你完全確定支票不會跳票。假如這是真的，若不考慮法律層面的問題，這樣做是否不道德？如果是，為什麼？在這個過程中，誰受害了？

問　題

初級題

1. **計算浮流量** Hampton 公司平均每個月會收到80張總價值 $139,000 的支票。這些支票平均會延誤四天。平均日浮流量是多少呢？

2. **計算淨浮流量** 某家公司平均營業日開出總值 $12,000 的支票給供應商。兌現支票需花費四天時間。同時，公司每天也收到總值 $23,000 的顧客支票。兩天後，公司就可以使用這些款項。

a. 計算公司的支付浮流量、收入浮流量和淨浮流量。

b. 如果收到的付款在一天後可以使用，而不是兩天後，那麼 (a) 的答案有何改

變？

3. **浮流量成本** Purple Feet Wine 公司平均每天收到 17,000 的支票。通常支票交換所需時間是三天，目前的日利率是 0.017%。

   a. 公司的浮流量是多少？

   b. Purple Feet 今天願意支付多少錢，以消除全部的浮流量呢？

   c. 該公司每天願意付多少費用，以消除全部的浮流量？

4. **浮流量和加權平均延誤** 你的鄰居每個月到郵局一次，收取兩張支票，一張是 $14,000，另一張是 $5,000。金額較高的支票在存入後四天才兌現，金額較小的則需三天。假設一個月有 30 天。

   a. 每個月的總浮流量是多少？

   b. 平均日浮流量是多少？

   c. 平均日收款和加權平均延誤各是多少？

5. **NPV 和收款時間** 你公司的平均每筆收款額是 $125。一家銀行願意提供鎖箱服務，以減少兩天的收款總時間。通常你每天收到 6,400 張支票，日利率是 0.016%。如果銀行每天收取 $175 的費用，該不該採用鎖箱服務呢？如果採用這項服務，每年的淨節省是多少呢？

6. **應用加權平均延誤** 某郵寄公司每月處理 5,300 張支票。在這些支票中，60% 的面額是 $43，40% 的面額是 $75。$43 的支票平均延誤兩天，$75 的支票則延誤三天。假設一個月有 30 天。

   a. 平均日收款浮流量是多少？如何解釋你的答案呢？

   b. 加權平均延誤是多少？利用這個數字計算平均日浮流量。

   c. 這家公司願意支付多少款項來消除浮流量呢？

   d. 如果年利率是 7%，請計算浮流量的每天成本？

   e. 這家公司願意支付多少款項，以降低 1.5 天的加權平均延誤呢？

7. **鎖箱的價值** Paper Submarine 正評估鎖箱系統，以降低收款時間。下列為已知資料：

平均每日付款個數	385
平均付款金額	$975
鎖箱的變動費用（每一筆交易）	$0.35
貨幣市場證券的日利率	0.068%

   如果採用鎖箱系統，總收款時間將減少三天。

a. 採用此系統的PV是多少？
b. 採用此系統的NPV是多少？
c. 採用此系統的每日淨現金流量是多少？每一張支票的淨現金流量又是多少呢？

8. **鎖箱和收款**　Cookie Cutter Modular Homes公司收到並存入顧客的支票，大約需要六天。該公司的管理階層正考慮使用鎖箱系統縮短收款時間。預期鎖箱系統可以將收款總時間降至三天。平均日收款是$130,000，必要年報酬率是5%。假設一年有365天。
   a. 鎖箱系統可以降低多少流通在外現金餘額？
   b. 這些節省的金額是多少呢？
   c. 公司每月願支付的鎖箱系統費用的最高金額是多少？假如費用在月底支付？假如在月初支付呢？

9. **延後付款的價值**　No More Pencils公司平均每兩星期支付$86,000的支票，這些支票需七天才能交換兌現。如果公司延後七天將資金從日利率0.011%的帳戶轉出付款，則公司每年可賺得多少利息？不考慮複利效果。

10. **NPV和降低浮流量**　No More Books公司和Floyd銀行有一項協議，在每天的$500萬收款中，銀行要求$350,000的補償性餘額。No More Books公司擬取消這項協議，將東區的收款業務分給其他兩家銀行處理。A銀行和B銀行每天將各處理$250萬的收款，但也要求$200,000的補償性餘額。如果將東區收款業務分開，No More Books的財務經理預期收款時間將可加速一天。公司應不應該進行這項新制度呢？每年淨節省是多少呢？假設國庫券年利率是2.5%。

進階題

11. **鎖箱和收款時間**　位在肯塔基州的Bird's Eye Treehouses公司，認定它的顧客大都位在賓州地區，所以該公司正考慮採用匹茲堡銀行所提供的鎖箱系統。利用鎖箱系統可以減少1.5天的收款時間。根據下列資料，是否應該採用鎖箱系統呢？

平均每天付款個數	800
平均付款金額	$750
鎖箱變動費用（每一筆交易）	$0.15
貨幣市場的年利率	5.5%

除了變動費用外，如果每年還收取 $5,000 的固定費用，你的答案會有什麼改變呢？假設一年有 365 天。

12. **計算所需交易**　Cow Chips 公司是位在加州的肥料配銷商，該公司正計畫利用鎖箱系統來加速東岸顧客的收款。一家費城地區的銀行願提供此項服務，但要收取年費用 $10,000，再加上每筆支票 $0.10 費用。預估收款和處理時間可以縮短一天。如果這區域顧客的平均付款額是 $5,700，公司平均每天要有多少位顧客，鎖箱系統才會有利可圖？國庫券的現行年收益率是 5%。假設一年有 365 天。

迷你個案

Webb Corporation 的現金管理

Webb Corporation 是由其總裁 Bryan Webb 在 20 年前創立的，公司原先以郵購起家，近幾年來成長快速主要歸功於公司網站。因為顧客分散各州，公司目前使用鎖箱系統（lockbox system），匯集中心則設在舊金山、聖路易、亞特蘭大，以及波士頓。

公司的財務經理 Holly Lennon 檢視目前的現金收款政策，每個匯集中心平均每天處理 $175,000 的付款。公司目前政策是每日將這些資金投資在匯集中心銀行的短期有價證券上，每兩星期結清這些投資戶頭的資金，並電匯到 Webb 位在達拉斯的總部以支付員工薪資。這些投資戶頭每天賺 0.012%，電匯的手續費是匯款金額的 0.20%。

位於達拉斯城外的 Third National Bank 和 Holly 洽談為 Webb Corp 建立集中銀行系統事宜，Third National 將以自動票據交換所（automated clearing house, ACH）替代電匯的方式，匯集每個鎖箱中心的每日顧客付款。ACH 轉帳的資金隔一天才能使用，一旦結算，資金會存到一個短期的戶頭，每天的利率是 0.012%。而每次 ACH 的轉帳費用是 $150。Bryan 請 Holly 決定哪一種資金管理系統對公司最有利，你是 Holly 的助理，她請你回答以下問題。

問　題

1. 使用目前的鎖箱系統，Webb Corporation 總共會有多少淨現金流量，以支付員工薪資？
2. 就 Third National Bank 所提出的條件，公司應該使用集中銀行系統嗎？
3. 當 ACH 轉帳費用多高時，公司採用任一系統將無太大差別？

19A 決定目標現金餘額

根據上一章流動資產的討論得知，目標現金餘額（target cash balance）涉及持有過多現金的機會成本（持有成本）和持有過少現金的成本〔短缺成本，也稱為調整成本（adjustment cost）〕之間的抵換。這些成本的性質視公司的營運資金政策而定。

如果公司採取彈性的營運資金政策，則它可能會持有一些有價證券。在這種情況下，短缺成本（或調整成本）就是買賣有價證券的交易成本。如果公司採取嚴格的營運資金政策，那麼公司可能會借入短期資金來支應現金的短缺。在這種情況下，短缺成本就包括短期借款的利息和其他相關費用。

在下面的討論中，假設公司是採用彈性的政策。因此，它的現金管理就包括現金在有價證券上的進出。這是探討本主題的一種傳統方法，也是說明持有現金的成本和利益的好方法。但要記得，現金和貨幣市場有價證券的區別已愈來愈模糊了。

譬如，可開支票的貨幣市場共同基金應屬於哪一類？這種近似現金的投資工具愈來愈普遍。它們為什麼不是很普及，最主要的原因是法規的限制。在下面的討論中，我們隨時會回到這個主題。

基本觀念

圖 19A.1 顯示出採彈性政策公司所面臨的現金管理問題。如果公司想儘量壓低現金餘額，則它將經常遭遇現金不足的情況。因此，必須經常賣出有價證券（稍後可能還要再重新買回）。所以，公司維持較低現金餘額時，交易成本會較高。當現金餘額增加時，交易成本就會降低。

相反地，如果公司持有少量現金，則持有現金的機會成本就很低。這些成本會隨著手上現金的增加而增加，因為公司放棄了愈多的利息收入。

在圖 19A.1 中的點 C^*，總成本線是兩種成本的總和。如圖所示，最小總成本發生在兩條成本線的相交點。在這一點，機會成本等於交易成本。這就是公司應設法找出的目標現金餘額。

圖 19A.1 和前一章的圖 18.2 是一樣的。在下面的討論，將介紹更多有關現金最適投資的決策，以及影響最適投資的一些因素。

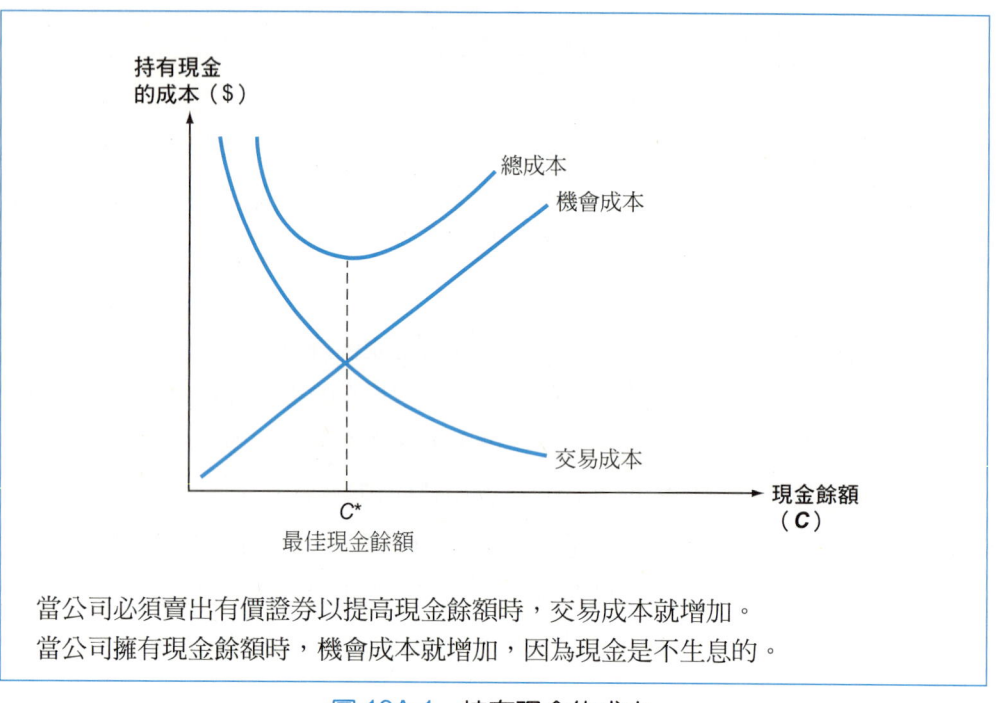

圖 19A.1 持有現金的成本

當公司必須賣出有價證券以提高現金餘額時，交易成本就增加。
當公司擁有現金餘額時，機會成本就增加，因為現金是不生息的。

BAT 模型

Baumol-Allais-Tobin（BAT）模型是分析現金管理問題的典型方法，我們將介紹如何使用這個模型來建立目標現金餘額。這是一個直覺的模型，有助於我們了解現金管理和流動資產管理的背後因素。

假設 Golden Socks 公司在第 0 週有現金餘額 $C=$120 萬。每週現金流出超過現金流入 $600,000。結果，在第 2 週週末時，現金餘額下跌至 $0。平均現金餘額就是期初餘額（$120 萬）和期末餘額（$0）的平均值，($120 萬 + 0)/2 = $600,000。在第 2 週結束時，Golden Socks 再存入另一筆 $120 萬現金。

因此，Golden Socks 的現金管理政策很簡單，就是每兩週存入 $120 萬。圖 19A.2 顯示了這種政策。請注意，現金餘額每週減少 $600,000。因為公司補足帳戶至 $120 萬，所以每隔兩週，餘額將下降至 $0。圖 19A.2 顯示出這種鋸齒狀的現金流量。

在這個例子裡，我們隱含假設每天的淨現金流出是確定且相同。這兩個假設讓我們能更加容易地說明圖 19A.2。如果這兩個假設不成立的話，會有怎樣的結果？下一節將探討這個課題。

如果 C 設定太高，例如 $240 萬，這筆現金可以支持四週。在這四週期間，

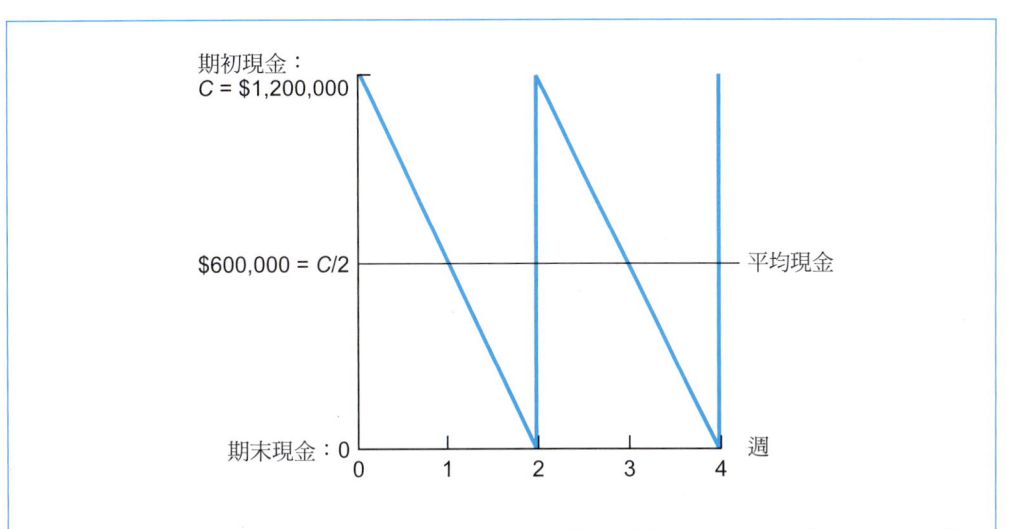

Golden Socks 公司在第 0 週的現金是 $1,200,000，現金餘額在第二週跌至 $0。這段期間的平均現金餘額是 $C/2 = \$1,200,000/2 = \$600,000$。

圖 19A.2 Golden Socks 公司的存貨部位狀況

公司不用賣出有價證券，而公司的平均現金餘額從 $600,000 增至 $120 萬。如果 C 設定在 $600,000，則現金會在每週結束時用盡，公司必須更頻繁地補充現金，但是公司的平均現金餘額會從 $600,000 降至 $300,000。

當公司補充現金時，就會有交易成本（例如，出售有價證券的佣金），因此較高的期初餘額可以降低現金管理的交易成本。但是平均現金餘額愈高，機會成本（有價證券的投資報酬）就愈大。

要找出最佳策略，Golden Socks 公司必須收集下列三項資料：

F＝出售有價證券所必須支付的固定成本。
T＝在攸關規劃期間（例如一年）內的現金需求總額。
R＝持有現金的機會成本，即有價證券的利率。

有了這些資料，Golden Socks 公司就可以找出任一現金餘額政策的總成本，也可以找出最適現金餘額政策。

機會成本 要決定持有現金的機會成本，必須算出所放棄的利息收益。Golden Socks 公司的平均現金餘額是 $C/2$，而利率為 R。所以，現金餘額的機會成本就等於平均現金餘額乘以利率：

$$機會成本 = (C/2) \times R \qquad [19A.1]$$

假設利率為 10%，各種平均現金餘額下的機會成本分別計算如下：

期初現金餘額	平均現金餘額	機會成本 ($R=0.10$)
C	$C/2$	$(C/2) \times R$
$4,800,000	$2,400,000	$240,000
2,400,000	1,200,000	120,000
1,200,000	600,000	60,000
600,000	300,000	30,000
300,000	150,000	15,000

在最先的情形下，期初現金餘額是 $120 萬，平均餘額是 $600,000，這些餘額可賺得 $60,000 的利息（在 10% 利率下）。這就是這個情況下所放棄的利息收益。請注意，機會成本隨著期初現金餘額（及平均餘額）的增加而上升。

交易成本 要找出一整年的總交易成本，必須知道 Golden Socks 公司在這一年中的有價證券交易次數。公司在這一年中的現金支付總額是 $T=$600,000（每週）$\times 52$ 週$=$3,120 萬。假如期初現金餘額 $C=$120 萬，則 Golden Socks 公司每次將賣出 $120 萬有價證券，全年共計 26 次（$T/C=$3,120 萬/$120 萬）。每次的成本是 F，所以交易成本是：

$$\frac{\$3,120 \text{ 萬}}{\$120 \text{ 萬}} \times F = 26 \times F$$

總交易成本就是：

$$\text{交易成本} = (T/C) \times F \qquad [19A.2]$$

在這個例子裡，如果 F 是 $1,000（事實上，交易成本不會這麼大），則交易成本為 $26,000。

下表列出數種情況下的交易成本：

某段期間的支付總額	期初現金餘額	交易成本 ($F=$1,000)
T	C	$(T/C) \times F$
$31,200,000	$4,800,000	$ 6,500
31,200,000	2,400,000	13,000
31,200,000	1,200,000	26,000
31,200,000	600,000	52,000
31,200,000	300,000	104,000

總成本 加總機會成本和交易成本就是總成本：

$$總成本 = 機會成本 + 交易成本$$
$$= (C/2) \times R + (T/C) \times F \qquad [19A.3]$$

使用上述數據，我們得到總成本如下：

現金餘額	機會成本	+	交易成本	=	總成本
$4,800,000	$240,000		$ 6,500		$246,500
2,400,000	120,000		13,000		133,000
1,200,000	60,000		26,000		86,000
600,000	30,000		52,000		82,000
300,000	15,000		104,000		119,000

請注意，總成本從 $250,000 開始，然後下降至 $82,000 後，又開始上升。

解答 從上表得知，當現金餘額是 $600,000 時，總成本最低：$82,000。若現金餘額是 $700,000 或 $500,000，或其他金額，總成本又是多少呢？最適餘額似乎應介於 $30 萬至 $120 萬之間。雖然可以使用試誤法輕易地找出最適餘額。然而，下列方法可直接地求出最適餘額。

回到圖 19A.1。如圖所顯示，最適現金餘額 C^* 正好位於兩條線的相交點。在這一點，機會成本正好等於交易成本。所以 C^* 點必須滿足：

$$機會成本 = 交易成本$$
$$(C^*/2) \times R = (T/C^*) \times F$$

移項可得：

$$C^{*2} = (2T \times F)/R$$

等號兩邊分別開根號，就可以解出 C^*：

$$C^* = \sqrt{(2T \times F)/R} \qquad [19A.4]$$

這就是最適期初現金餘額。

就 Golden Socks 來看，$T = \$3,120$ 萬，$F = \$1,000$，$R = 10\%$。所以，最適現金餘額為：

$$C^* = \sqrt{(2 \times \$31,200,000 \times 1,000)/0.10}$$
$$= \sqrt{\$6,240 \text{ 億}}$$
$$= \$789,937$$

我們可以算出在上述金額上下的總成本，以驗證所求得答案：

現金餘額	機會成本	+	交易成本	=	總成本
$850,000	$42,500		$36,706		$79,206
800,000	40,000		39,000		79,000
789,937	39,497		39,497		78,994
750,000	37,500		41,600		79,100
700,000	35,000		44,571		79,571

在最適現金餘額下的總成本是 $78,994，其他餘額的總成本均較高。

範例 19A.1 BAT 模型

Vulcan 公司在每週七天中，每天的現金流出是 $100，利率是 5%，每次補充現金餘額的固定交易成本是 $10。最適期初現金餘額是多少？總成本是多少？

這一年所需用的現金總額是 365 天 × $100 = $36,500。根據 BAT 模型，最適期初餘額是：

$$C^* = \sqrt{(2T \times F)/R}$$
$$= \sqrt{(2 \times \$36,500 \times 10)/0.05}$$
$$= \sqrt{\$1,460 \text{ 萬}}$$
$$= \$3,821$$

平均現金餘額是 $3,821/2 = $1,911，所以機會成本是 $1,911 × 0.05 = $96。因為公司每天都需要 $100，所以 $3,821 的餘額可以支援 $3,821/$100 = 38.21 天。公司每年的現金補充次數為 365 天/38.21 = 9.6 次。因此交易成本是 $96，總成本是 $192。

結論 BAT 模型可能是求算最適現金部位的最簡易方法，它的最大缺點在於假設現金流量是穩定且確定的。下面的模型放寬了這項假設限制。

Miller-Orr 模型：一般化模型

這套模型系統可以解決現金流入和流出量每天隨機波動的課題。這套模型把重點放在現金餘額上，但不同於 BAT 模型，這套模型假設現金餘額可以隨機上下波動，而平均變動量是 0。

第 19 章 現金和流動性管理

U^* 是現金餘額上限，L 是下限，C^* 是目標現金餘額，只要現金餘額介於 L 和 U^* 間，則不用交易有價證券。

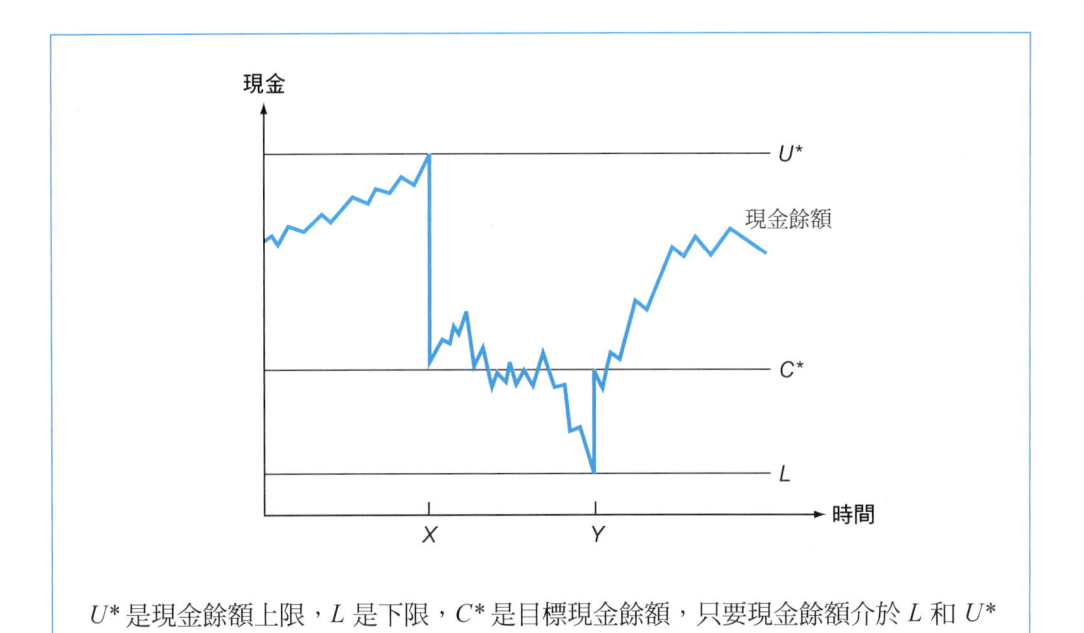

圖 19A.3 Miller-Orr 模型圖

基本概念 圖 19A.3 顯示這套系統的運作情形。它設定現金餘額上限（U^*）和下限（L），以及目標現金餘額（C^*）。公司的現金餘額可以在上下限間隨意波動。只要現金餘額介於 U^* 和 L 之間，公司就無須行動。

當現金餘額達到上限時，例如在 X 點，公司就從帳戶中提出 U^*-C^* 資金，投資在有價證券。因此，現金餘額回到 C^*。同樣地，如果現金餘額降至下限（L），例如 Y 點，公司將賣出 C^*-L 價值的有價證券，並將這些現金存入帳戶。所以，現金餘額提高到 C^*。

模型應用 管理階層一開始須設定下限（L）。這個下限基本上就是安全存量，所以下限的設定端視公司所能忍受的現金不足風險而定。或者，下限可能就是銀行的補償性餘額。

和 BAT 模型一樣，最適現金餘額視交易成本和機會成本而定。有價證券的每次交易成本是 F，假設 F 是固定的。另外，持有現金的機會成本為 R，就是有價證券的利率。

另外，我們還需要知道 σ^2，就是每期淨現金流量的變異數。每期時間的長短視公司需要而定，期間可以是一天或一星期，只要利率和變異數是在同一期間基礎上就可以。

在所設定的下限 L 下，Miller 和 Orr 證明最小的持有現金總成本之目標現金餘額 C^* 和上限 U^*，分別為：[2]

$$C^* = L + (3/4 \times F \times \sigma^2/R)^{(1/3)} \qquad [19A.5]$$

$$U^* = 3 \times C^* - 2 \times L \qquad [19A.6]$$

所以，Miller-Orr 模型的平均現金餘額為：

$$\text{平均現金餘額} = (4 \times C^* - L)/3 \qquad [19A.7]$$

這些式子的推導過程相當複雜，所以這裡只列出結果。可喜的是，這項結果很容易應用。

例如，假設 $F = \$10$，利率是每月 1%，每個月的淨現金流量標準差是 \$200，那麼每月淨現金流量的變異數就是：

$$\sigma^2 = (\$200)^2 = \$40,000$$

假設現金餘額下限是 $L = \$100$，則目標現金餘額（$C^*$）為：

$$\begin{aligned}
C^* &= L + (3/4 \times F \times \sigma^2/R)^{(1/3)} \\
&= \$100 + (3/4 \times 10 \times 40,000/0.01)^{(1/3)} \\
&= \$100 + 30,000,000^{(1/3)} \\
&= \$100 + 311 = \$411
\end{aligned}$$

上限（U^*）是：

$$\begin{aligned}
U^* &= 3 \times C^* - 2 \times L \\
&= 3 \times \$411 - 2 \times 100 \\
&= \$1,033
\end{aligned}$$

最後，平均現金餘額是：

$$\begin{aligned}
\text{平均現金餘額} &= (4 \times C^* - L)/3 \\
&= (4 \times \$411 - 100)/3 \\
&= \$515
\end{aligned}$$

BAT 和 Miller-Orr 模型的涵義

這兩個現金管理模型的複雜程度不同，但它們有些相似的涵義。當其他條件

---

[2] M.H. Miller and D. Orr, "A Model of the Demand for Money by Firms," *Quarterly Journal of Economics*, August 1966.

不變時，我們可以看出：

1. 利率愈高，目標現金餘額愈低。
2. 交易成本愈高，目標現金餘額愈高。

這兩點是顯而易見的。Miller-Orr 模型的優點是以淨現金流入的變動來衡量不確定性，提升我們對現金管理問題的了解。

Miller-Orr 模型顯示，如果不確定性愈高（σ^2 愈大），則目標現金餘額和最小現金餘額之間的差就愈大。相同地，不確定性愈高，上限就愈高，平均現金餘額也愈高。這些情況都符合直覺的看法。例如，變動愈大，餘額掉到下限之下的機會就愈大，所以維持一個較高餘額將可以防止這種情況的發生。

影響目標現金餘額的其他因素

在繼續討論之前，先簡短地討論另外兩個影響目標現金餘額的因素。

第一，在現金管理的討論中，我們都假設現金是投資在有價證券，如國庫券。公司賣出這些證券取得現金。另一種選擇則是借款。借款會帶來現金管理的其他的考慮事項：

1. 借款的費用可能會比出售有價證券高，因為利率可能較高。
2. 是否要借款端視管理階層是否想要維持較低現金餘額而定。一家公司的現金流量變動性愈大，且它在有價證券上的投資愈少，則它就愈有可能會使用借款來因應非預期的現金流出。

第二，大型公司買賣證券的交易成本遠比持有現金的機會成本小很多。例如，假設某公司持有現金 $100 萬，在 24 小時內不會動用這筆現金。請問，公司應該將這筆現金拿來投資，還是讓它閒置呢？

假設公司可以將這筆現金拿來投資，賺取年利率 7.57% 的利息。在這種情況下，日利率大約是 2 碼（0.02% 或 0.0002）。[3] 所以，$100 萬的日報酬是 0.0002×$100 萬＝$200。在很多情況下，交易成本將低於這個金額，因此大型公司將會頻繁地交易證券，而不會閒置大筆現金。

---

[3] 1 碼就是 0.01%，另外，以 $(1+R)^{365} = 1.0757$ 求得年利率，日利率（R）是 0.02%。

觀念問題

19A.1a 何謂目標現金餘額？
19A.1b BAT 模型中有何基本的抵換關係？
19A.1c 描述如何應用 Miller-Orr 模型。

附錄自我測驗

19A.1 BAT 模型 已知下列資料，使用 BAT 模型計算目標現金餘額。

年利率	12%
固定交易成本	$100
所需現金總額	$240,000

持有現金的機會成本、交易成本和總成本是多少？如果持有 $15,000，那麼這些成本又是多少？如果是 $25,000 呢？

附錄自我測驗解答

19A.1 根據 BAT 模型，目標現金餘額是：

$$C^* = \sqrt{(2T \times F)/R}$$
$$= \sqrt{(2 \times \$240,000 \times 100)/0.12}$$
$$= \sqrt{\$400,000,000}$$
$$= \$20,000$$

平均現金餘額是 $C^*/2 = \$20,000/2 = \$10,000$。在 12% 的利率下，持有 $10,000 的機會成本是 $10,000 \times 0.12 = \$1,200$。這一年中要交易 $240,000/20,000 = 12$ 次，所以交易成本是 $12 \times \$100 = \$1,200$。因此，總成本是 $2,400。

如果持有 $15,000，則平均餘額就是 $7,500。機會成本、交易成本和總成本分別是 $900、$1,600 和 $2,500。如果持有 $25,000，這些成本分別是 $1,500、$960 和 $2,460。

問 題

初級題

1. **目標現金餘額的變動**　指出下列各情況對公司目標現金餘額的可能影響。用 *I* 代表增加，*D* 代表減少。對每一種情況，簡短地解釋你的答案。
   a. 經紀商降低佣金。
   b. 貨幣市場證券利率上升。
   c. 銀行提高補償性餘額。
   d. 公司的信用評等升級。
   e. 借款成本增加。
   f. 銀行對所提供的服務收取直接費用。

2. **利用BAT模型**　已知下列資料，使用BAT模型計算目標現金餘額：

年利率	4.5%
固定交易成本	$25
所需現金總額	$10,200

   請解釋你的答案。

3. **機會成本和交易成本**　White Whale 公司每日的平均現金餘額為 $1,700。每年所需的現金總額是 $64,000，利率是 5%，而且每次補充現金的成本是 $8。請問持有現金的機會成本、交易成本和總成本是多少？你對White Whale公司的策略有何看法？

4. **成本和BAT模型**　Debit & Credit 公司在一年中需要 $21,000 的現金，作為交易和其他用途。每當現金變少時，它們就賣掉 $1,500 的證券，以取得現金。年利率是4%，每次賣出證券的成本是 $25。
   a. 現行政策下的機會成本是多少？交易成本又是多少？在進一步計算之前，你認為Debit & Credit公司保留了太多或太少現金呢？請解釋。
   b. 根據BAT模型，目標現金餘額是多少？

5. **決定最適現金餘額**　All Day公司目前持有現金 $690,000。該公司預測明年每個月的現金流出將超出現金流入 $140,000。目前持有的現金中，應該保留多少呢？多少現金應投資在有價證券呢？經由經紀商買賣證券的每次費用是

$250。貨幣市場證券的年利率是 3.2%。將多餘的現金投資後，在未來 12 個月內，公司需要出售證券多少次呢？

6. **解釋 Miller-Orr** All Night 公司採用 Miller-Orr 現金管理模型，其下限是 $43,000，上限是 $125,000，目標現金餘額是 $80,000。解釋這些點分別代表什麼意思，並說明如何運作這個系統。

7. **使用 Miller-Orr** Slap Shot 公司買賣有價證券的固定成本是 $40。目前的日利率是 0.013%，而且，公司估計每天的淨現金流量標準差是 $80。管理階層已經設定持有現金的下限是 $1,500。利用 Miller-Orr 模型，計算目標現金餘額和上限。描述這個系統如何運作。

8. **解釋 Miller-Orr** 根據 Miller-Orr 模型，如果淨現金流量的變異數變大，對上限、下限和差額（指這兩者的差）有什麼影響。請憑直覺說明為什麼會這樣呢？如果變異數降至 0，會怎樣呢？

9. **使用 Miller-Orr** Pele Bicycle Shop 公司的日現金流量的變異數是 $890,000。公司持有現金的機會成本是每年 4.1%。如果公司可忍受的下限是 $160,000，那麼目標現金餘額和上限是多少？買賣證券的固定成本是每筆 $300。

10. **使用 BAT** Rise Against 公司使用 BAT 模型求出公司的目標現金餘額為 $5,100。每一年所需的現金總額是 $31,000，交易成本是 $10。Rise Against 公司所採用的利率是多少？

20

授信和存貨管理

在2011年3月11日,一場毀滅性大海嘯襲擊了日本。出事附近區域的商業活動預期會遭遇困境,但事實上,影響的範圍延伸至更廣更遠的區域。例如,在3月17日,因為海嘯造成零件短缺,通用汽車宣佈將關閉位於路易斯安那州Shreveport的裝配廠。其他汽車製造商也遭遇同樣的問題。因為零件的短缺,日產汽車(Nissan)宣佈將暫時關閉位於北美境內的四個廠房幾個星期,而本田汽車(Honda)宣佈將削減位於北美境內七座廠房的工作班次,每天的工作時數從八小時降為四小時,俾便保存剩餘的零件。事實上,一位分析師預估美國市場上新車供應量一直到當年夏天將受到影響。就如這些例子所顯示的,這些零件存貨短缺會造成重大的商業活動問題,但為了某些原因,公司也不願意持有太多的存貨,本章將討論公司如何決定最佳的存貨數量。

20.1 授信和應收帳款

當公司銷售貨品和勞務時，公司可以要求顧客在交貨日或交貨日之前付款，也可以授信讓顧客稍微延遲付款。下面章節探討公司從事授信決策時所考慮的事項。對顧客授信就是對顧客投資，此項投資牽涉到貨品與勞務的銷售。

公司為什麼要授信呢？並非所有公司都授信。但這是實務上的慣例。最明顯的理由是，授信可以刺激銷售量。授信的相關成本並不小。第一，顧客有可能不付款。第二，公司必須承擔持有應收帳款的成本。所以，授信政策的決策就是銷貨增加的好處與授信成本兩者間的取捨。

從會計的觀點來看，授信便產生應收帳款。而這些應收帳款包括對其他公司的授信，稱為交易信用（trade credit），以及對消費者的授信，稱為消費信用（consumer credit）。美國產業公司的資產大約有六分之一是投資在應收帳款，可見應收帳款是美國企業財務資源的一項重要投資。

授信政策的要素

如果公司決定對顧客授信，那麼它必須設定授信和收款的步驟。尤其是必須處理下列授信政策的要素：

1. **銷貨條件**（terms of sale）：銷貨條件決定了公司如何銷售它的商品和勞務。基本的決策是公司要求收現或授信。如果公司對顧客授信，那麼銷售條件將會指明（或隱含地）信用期限、現金折扣、折扣期限，以及信用工具的類別。

2. **信用分析**（credit analysis）：當授信時，公司要決定花多少財力在區分會付款的顧客和不會付款的顧客上，公司也會使用一些工具和方法來評估顧客不付款的機率，這些統稱為信用分析。

3. **收款政策**（collection policy）：授信後，公司會面臨一些收款上的潛在困難，因此公司必須制定收款政策。

下面幾個小節討論這些授信政策的要素，這些要素就構成授信決策。

授信而來的現金流量

前一章的應收帳款期間就是收回貨款所需的時間，在這段期間會發生幾件事情，這些事件就是授信而來的現金流量，下面以現金流量圖來說明這些事件：

授信的現金流量

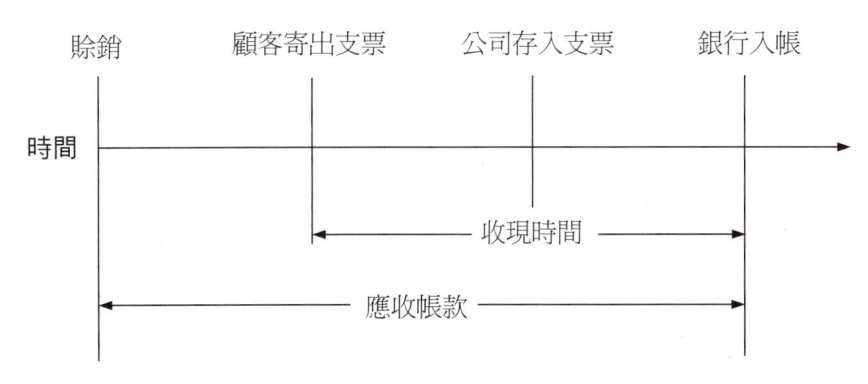

```
       賒銷      顧客寄出支票    公司存入支票    銀行入帳
        |            |              |             |
時間 ───┼────────────┼──────────────┼─────────────┼──────→
        |            |←──────── 收現時間 ────────→|
        |←──────────────── 應收帳款 ──────────────→|
```

如時間線所示，授信的事件順序如下：(1) 賒銷；(2) 顧客寄支票給公司；(3) 公司把支票存入銀行；(4) 支票的金額記入公司的帳戶。

根據前一章的討論，浮流量是影響應收帳款期間的因素之一。因此，縮短應收帳款期間的方法就是加速支票的郵寄、處理和結算。因為別處已討論了這個主題，所以下面的討論將專注在應收帳款期間的最主要決定要素：授信政策。

應收帳款的投資金額

公司在應收帳款上的投資視賒銷金額及平均收款期間而定。例如，如果公司的平均收款期間（ACP）是 30 天，那麼在任何時刻，都有 30 天的銷貨尚未收現。如果每天賒銷 $1,000，公司的平均應收帳款就是 30×$1,000＝$30,000。

這個例子指出，公司的應收帳款就是它的平均每日銷貨金額乘以平均收款期間（ACP）：

$$應收帳款 = \frac{平均每日}{銷貨金額} \times ACP \qquad [20.1]$$

因此，公司在應收帳款的投資取決於影響賒銷和收款的因素。

我們已經在第 3 章和第 18 章介紹過平均收款期間。我們曾交替使用應收帳款天數（days' sales in receivables）、應收帳款期間（receivables period）和平均收款期間（average collection period）來表示公司收回貨款所需的時間。

觀念問題

20.1a 哪些是授信政策的基本要素？
20.1b 如果公司選擇了授信，則哪些是銷貨條件的基本要素？

20.2　銷貨條件

如前所述，銷貨條件包括三個部份：

1. 信用期間。
2. 現金折扣和折扣期間。
3. 信用工具的類別。

在同一產業內，銷貨條件通常都相當標準化。但不同產業間，則變化很大。在很多情況下，銷貨條件都非常傳統，從前幾個世紀就傳了下來。目前系統性的交易信用制度，可以回溯至中古世紀歐洲的市集，事實上，在那之前，此套制度已存在很久了。

基本形式

了解銷貨條件內容的捷徑就是討論一個實例。「2/10，淨60」的銷貨條件非常普遍。這意味著從發票日起算，顧客有60天的時間可以支付全部貨款。然而，如果在10天內付款，顧客可以享有2%的現金折扣。

試想某位買主下了一張$1,000的訂單，假設銷貨條件是「2/10，淨60」。此時，買方可以選擇在10天後付 $1,000×(1−0.02)＝$980，或在60天後支付$1,000。倘若條件只註明「淨30」，那麼從發票日起算，顧客必須在30天內付清全部貨款$1,000，提早付款沒有現金折扣。

一般而言，授信條件可以解釋如下：

〈從發票價格中扣除折扣〉/〈如果你在這些天內付款〉，

〈否則，你必須在這些天內支付全額發票金額〉。

因此，「5/10，淨45」意味著如果在10天內付款，你有5%的現金折扣；否則，就要在45天內付清全額。

信用期間

信用期間（credit period）是授信的基本期間長度。各個產業的信用期間皆不相同，但大部份介於30天和120天之間。如果提供現金折扣，信用期間就包括兩部份：淨信用期間與現金折扣期間。

淨信用期間是指顧客必須付款的時間長度；現金折扣期間是指折扣的有效期間。以「2/10，淨30」為例，淨信用期間是30天，現金折扣期間是10天。

發票日 發票日期是信用期間的起算日。發票（invoice）是運送商品到買方的一種紀錄。為了方便起見，發票日通常是送貨日或帳單寄發日，而不是買方收到商品或帳單的日期。

此外，亦有其他發票日。例如，銷貨條件也許是收到商品（receipt of goods, ROG）。在這種情況下，信用期間是從顧客收到貨品時起算。這種銷貨條件適用在較偏遠的顧客。

若發票上有月底清算（EOM）的條件，則當月所有的銷貨都假設發生在月底。若買方的進貨散佈在整個月，而賣方每個月只寄一次帳單，對買賣雙方均很方便。

例如，「2/10，EOM」意味著買方在每個月 10 日前付款，就可以得到 2% 的折扣，否則買方必須支付全額。但月底有時候是指每個月的 25 日，這就會造成混淆，「月中結算」（middle of month, MOM）則是另一種變化情形。

按季結算法是要刺激季節性商品在淡季期間的銷售。在夏天銷售的商品（如防曬油），可以在元月出貨，而採用「2/10，淨 30」的授信條件。然而，發票日可能是 5 月 1 日，所以信用期間實際上是從 5 月 1 日開始。這種作法是鼓勵買方提早進貨。

信用期間的長度 信用期間的長度受到好幾個因素的影響，其中最重要的兩個因素是買方的存貨期間和營業循環。當其他條件不變時，存貨期間和營業循環愈短，信用期間就會愈短。

在第 18 章的討論中，營業循環分成兩部份：存貨期間和應收帳款期間。存貨期間是買方取得存貨、處理存貨，以及賣出存貨所需的時間。應收帳款期間則是賣方收回貨款所需的時間。這裡的信用期限，實際上就是買方的應付帳款期間。

授信提供了買方營業循環的部份融資，因而縮短了買方的現金循環（參見圖 18.1）。如果信用期間超過買方的存貨期間，那麼我們不僅提供買方存貨融資，也提供了買方應收帳款的部份融資。

此外，如果信用期間超過買方的營業循環，我們除了提供顧客立即購買和銷售商品的融資外，也提供了顧客業務融資。當買方賣出商品後，買方可以利用授信將資金作為他用。實際上是從我們這裡得到一筆借款。基於這個理由，買方的營業循環通常被當做信用期間的上限。

尚有其他因素會影響信用期間。在這些因素當中，有些會影響到顧客的營業循環。其中，最重要的因素包括：

1. **耗損難易度和擔保品價值**（perishability and collateral value）：容易耗損的貨品通常週轉比較快，其價值相對地較低。因此，這類商品的信用期間較短。例如，新鮮水果和農產品的批發商，可能就採用「淨七天」。相對地，珠寶業則採用「5/30，淨四個月」的銷貨條件。
2. **消費者需求**（consumer demand）：較暢銷的產品通常週轉率會較高。較新或較不暢銷的產品通常其信用期間會較長，以便吸引買方。另外，在淡季時（當顧客需求低時），賣方會延長信用期間。
3. **成本、獲利能力和標準化**（cost, profitability, and standardization）：較便宜的貨品的信用期間會較短，標準化的貨品和原料的信用期間也較短。這些都是低利潤和高週轉率的商品，所以信用期間較短。然而，也有例外的情形。例如，汽車自營商通常在收到車子時就要付錢。
4. **信用風險**（credit risk）：買方的信用風險愈大，信用期間可能就會愈短（假設在已授信的情況下）。
5. **帳款規模**（size of the account）：如果帳款規模小，信用期間可能會較短，因為小額帳款的管理成本較高。此外，這些通常不是重要顧客。
6. **競爭情況**（competition）：當賣方市場是高度競爭時，信用期間會較長，以吸引顧客。
7. **顧客型態**（customer type）：賣方也可能提供不同的授信條件給不同的買方。例如，食品批發商可能同時供貨給雜貨店、麵包店和餐廳。每組顧客群的授信條件可能不相同。比較常見的是，顧客群有批發商和零售商，賣方通常會提供不同的授信條件給這兩種類型的顧客。

現金折扣

如我們所知，現金折扣（cash discount）通常是銷貨條件的一部份。在美國，現金折扣，可以回溯到南北戰爭時代，而現金折扣目前已經非常盛行。給予折扣的理由之一是為了加速收回應收帳款，另外，給予折扣也可以降低授信額度，然而，公司必須評估降低授信額度與折扣成本之間的取捨。

當有現金折扣時，折扣期間內的授信事實上是免費的。買方在折扣過期後才需付整筆授信金額。在「2/10，淨30」條件下，理性的買方不是在第十天付款，以充分利用免費授信，就是在第30天付款，以充分利用所放棄折扣。所以，放棄折扣讓買方換得了 30－10＝20 天的授信。

另外，現金折扣可以供公司針對授信的顧客提高售價。如此一來，現金折扣是向顧客收取授信費用的簡便方法。

授信成本 在上面的例子中，折扣似乎很小。譬如，在「2/10，淨 30」條件下，提早付款給買方 2% 的折扣，這個折扣對提早付款是否有很強的誘因呢？答案是肯定的，因為這裡的隱含利率相當高。

為什麼折扣這麼重要，我們來算算買方不提早付款的成本。假設訂單金額是 $1,000。買方可以在十天後付款 $980，或再等 20 天後支付 $1,000。買方實際借款 $980，期間 20 天，而買方支付了 $20 的「借款」利息。那麼利率是多少呢？

這裡的利息就是第 5 章的普通貼現息。借款 $980，而利息是 $20，所以利率是 $20/980＝2.0408%。這是相當低的，卻只是 20 天的利息。一年有 365/20＝18.25 個 20 天。所以若沒有使用折扣，買方所付出的有效年利率（EAR）是：

$$EAR = (1.020408)^{18.25} - 1 = 44.6\%$$

從買方的觀點來看，這是非常昂貴的融資。

既然利率這麼高，賣方從提早付款中並無法獲利。不考慮買方違約的可能性，那麼顧客決定放棄折扣，則對賣方是有利的。

交易折扣 在某些情形下，折扣並非要誘使顧客提早付款，而是一種交易折扣（trade discount），例行性地給予某些顧客。例如，在「2/10，EOM」條件中，帳單若在每月第十日以前付清，買方就可以得到 2% 的折扣，但帳單同時在每月第十日到期，之後便是過期了。在這種情況下，信用期間和折扣期間實際上是相同的，在到期日之前付款並沒有任何好處。

現金折扣和 ACP 現金折扣可以鼓勵顧客提早付款，也可以縮短應收帳款期間。它也會降低公司在應收帳款上的投資。

例如，假設某家公司的授信條件是「淨 30」，平均收款期間（ACP）是 30 天。如果該公司提供「2/10，淨 30」的條件，那麼大約有 50% 的應收帳款金額會在十天內付款。而其餘的仍在第 30 天時才付款。試問，新的 ACP 是多長呢？如果公司全年銷貨額是 $1,500 萬（在折扣前），那麼應收帳款的金額會有什麼變化呢？

如果一半的顧客在十天後付款，而另一半的顧客在 30 天後付款，那麼新的平均收款期間將是：

新的平均收款期間（ACP）＝0.50×10 天＋0.50×30 天＝20 天

因此，ACP 從 30 天降到 20 天。而平均每日銷貨額是 $1,500 萬/365＝$41,096。所以，應收帳款將減少 $41,096×10＝$410,960。

信用工具

信用工具（credit instrument）是債務的基本證明。大部份的交易信用都使用往來帳（open account）。這意味著發票是唯一正式的信用工具，發票是隨著商品一起送出去的；另外，顧客必須在發票上面簽名，以作為收到商品的證據。之後，公司和它的顧客各自在他們的帳簿上登記這筆交易。

此時，公司可能要求顧客簽發一張本票（promissory note）。這是一張基本的借條（I Owe You, IOU），有時會適用在大訂單上，當沒有現金折扣或預期收款會有困難時，公司會採用這種本票。本票並不常見，但是它們可以消除日後對債務的爭議。

本票是在送貨之後顧客才簽名，這是本票的問題。要在送貨之前取得顧客的信用承諾就是運用商業匯票（commercial draft）。通常公司會草擬一份商業匯票，要求顧客在某特定日期之前支付特定金額。然後，這張匯票再隨著送貨發票送到顧客的銀行。

如果該匯票要求馬上付款，就稱為即期匯票（sight draft）。如果不要求馬上付款，就稱為遠期匯票（time draft）。當匯票被提示，而且買方也「接受」了，表示買方允諾在未來付款，它就稱為承兌匯票（trade acceptance），並將此匯票送交賣方，賣方可以保存這張承兌匯票，也可以將它轉售。如果銀行接受該匯票，意味著銀行保證付款，那麼這張匯票就是銀行承兌匯票（banker's acceptance）。上述銀行承兌匯票的作法在國際貿易上很普遍，而且銀行承兌匯票是貨幣市場上交易熱絡的工具。

公司也可以使用有條件的銷售契約作為信用工具。在這種安排之下，在顧客付款之前，公司仍保有貨品的合法所有權。條件式的銷售契約經常應用在分期付款的買賣上，利息成本則計入貨品售價內。

觀念問題

20.2a 在決定銷貨條件時，要考慮哪些因素？
20.2b 請解釋「3/45，淨 90」的意思。其有效利率是多少？

20.3 授信政策分析

本節進一步介紹影響授信決策的因素。只有授信決策的 NPV 是正值，授信才合理。因此，必須先看看授信決策的 NPV。

授信政策效果

在評估授信政策時，要考慮五個基本要素：

1. 收益效果：如果公司採用授信政策，一些顧客將使用授信而延後付款，公司就會延遲收入的收取。然而，公司也可能藉著授信而提高價格及增加銷售數量。因此，總收益可能增加。
2. 成本效果：雖然授信可能會延後公司的收現，但公司仍要立刻支付銷售成本。不管是現金銷售或賒銷，公司都必須先支出成本以取得或製造商品（並支付款項）。
3. 負債成本：當公司授信時，它必須安排應收帳款的融資。因此，公司的短期借款成本是授信決策的要素之一。[1]
4. 不付款的機率：如果公司授信，某些比率的賒購者最終不會付款。如果是現金銷售，就不會發生這類問題。
5. 現金折扣：當公司提供現金折扣作為授信條件的一部份時，有些顧客會選擇提早付款以享用折扣的好處。

評估授信政策

為了說明如何分析授信政策，我們先從一個簡單的例子著手。Locust Software 公司已成立兩年了，它成功地開發一些電腦程式。目前，Locust 只使用現金銷貨。

Locust 正在評估一些重要顧客的要求，這些顧客希望改變交易政策為「淨一個月（30 天）」。為了分析這項要求，先定義下列符號：

$P=$ 每單位價格
$v=$ 每單位變動成本

---

[1] 短期借款的成本未必就是應收帳款的必要報酬率，雖然我們經常這樣地認定；一項投資的必要報酬率視投資風險而定，而不是視融資來源而定。買方的短期借款成本是較貼切的必要報酬率，我們假設買方與賣方的短期借款成本是相等的；因為授信政策所涉及的信用期間均相當短，所以小小折現率差異對 NPV 估計值影響不大。

Q＝目前每月銷售量

Q'＝新政策下的月銷售量

R＝必要月報酬率

我們先不考慮折扣和違約的可能性。另外，也不考慮稅負的影響，因為稅負並不會影響到結論。

政策替代的 NPV　為了計算授信政策改變的 NPV，下列列舉 Locust 公司的資料：

P＝$49

v＝$20

Q＝100

Q'＝110

如果每個月的必要報酬率（R）是 2%，Locust 要不要改變授信政策呢？

目前，Locust 每個月銷貨金額是 $P \times Q$＝$4,900。每個月的變動成本是 $v \times Q$＝$2,000，所以每個月的現金流量是：

$$\text{舊政策下的現金流量} = (P-v)Q \qquad [20.2]$$
$$= (\$49-20) \times 100$$
$$= \$2,900$$

當然，這些並不是 Locust 的總現金流量，但不管是否改變政策，公司的固定成本和其他現金流量都不會改變，因此我們只需要上述現金流量就可以了。

如果 Locust 把銷貨條件改成「淨 30 天」，那麼銷貨量將增加至 Q'＝110。每個月的營收也將增加到 $P \times Q'$，而成本為 $v \times Q'$。因此，新政策下的每月現金流量將是：

$$\text{新政策下的現金流量} = (P-v)Q' \qquad [20.3]$$
$$= (\$49-20) \times 110$$
$$= \$3,190$$

從第 10 章得知，攸關增量現金流量就是新現金流量和舊現金流量的差額：

$$\text{增量現金流量} = (P-v) \times (Q'-Q)$$
$$= (\$49-20) \times (110-100)$$
$$= \$290$$

所以，改變授信政策所產生的每個月利益就是每單位毛利潤，$P-v=\$29$，乘以銷貨增加量，$Q'-Q=10$。因此，未來增量現金流量的現值為：

$$PV = [(P-v)\times(Q'-Q)]/R \qquad [20.4]$$

對 Locust 而言，現值是：

$$PV = (\$29 \times 10)/0.02 = \$14{,}500$$

因為每個月利益會一直持續下去，所以每個月現金流量可視為永續年金。

既然已經得到授信政策改變的利益，那麼成本是多少呢？計算成本必須考量兩個因素：第一，因為銷貨量從 Q 增加到 Q'，Locust 必須多生產 $Q'-Q$ 個單位，所增加的成本為 $v(Q'-Q)=\$20\times(110-100)=\$200$。第二，在新政策下，原先本月份的銷貨額（$P\times Q=\$4{,}900$）將無法在當月收現。因為在新政策下，這個月的銷貨額要在 30 天後才收現。所以，授信政策改變的成本是這兩個因素的總和：

$$\text{政策改變的成本} = PQ + v(Q'-Q) \qquad [20.5]$$

對 Locust 而言，成本是 $\$4{,}900+200=\$5{,}100$。

綜合起來，政策改變的 NPV 是：

$$\text{政策改變的 NPV} = -[PQ+v(Q'-Q)] + [(P-v)(Q'-Q)]/R \qquad [20.6]$$

Locust 的成本是 $\$5{,}100$，而每個月的利益永遠是 $\$290$。另外，月報酬是 2%，所以 NPV 是：

$$\begin{aligned}NPV &= -\$5{,}100 + 290/0.02 \\ &= -\$5{,}100 + 14{,}500 \\ &= \$9{,}400\end{aligned}$$

因此，授信政策改變對 Locust 很有利。

範例 20.1　不要改變政策

假設某家公司正考慮將現金銷貨改成「淨 30」的銷貨條件，預期銷售數量不會改變。授信政策改變的 NPV 是多少？請解釋。

在這個例子裡，$Q'-Q$ 是零，所以 NPV 就是 $-PQ$。因此，改變的效果只是延後一個月收款，對公司並沒有好處。

損益兩平的應用　根據截至目前的討論，就 Locust 公司而言，關鍵變數是 $Q'-Q$，即所增加的銷貨量。銷貨增加 10 個單位只是一個預估值，所以存在著預測風險。在這種狀況下，我們想知道銷貨單位必須增加多少，才會達到損益兩平。

回到前面的結果，我們定義政策改變的 NPV 如下：

$$\text{NPV} = -[PQ + v(Q'-Q)] + [(P-v)(Q'-Q)]/R$$

我們可以令 NPV 為 0，並解出 $(Q'-Q)$，就可以得到損益兩平點：

$$\text{NPV} = 0 = -[PQ + v(Q'-Q)] + [(P-v)(Q'-Q)]/R$$
$$Q'-Q = PQ/[(P-v)/(R-v)] \tag{20.7}$$

因此，Locust 的損益兩平銷貨增加量是：

$$Q'-Q = \$4{,}900/(29/0.02 - 20)$$
$$= 3.43 \text{ 單位}$$

只要我們確信每個月至少多賣 3.43 單位，那麼授信政策改變就是一個好主意。

> **觀念問題**
>
> **20.3a**　在授信決策中，要考慮哪些後果影響？
> **20.3b**　解釋如何估計授信政策改變的 NPV。

20.4　最適授信政策

到目前為止，我們討論了如何計算授信政策改變的淨現值。但我們還尚未討論最適信用額度，也就是最適授信政策。原則上，最適信用額度就是當銷貨增加而來的增量現金流量，剛好等於應收帳款投資增加而來的增量持有成本時的額度。

授信總成本曲線

授信和不授信間的取捨，並不是件難事，但要將分析數量化，卻有困難。因此，我們只以敘述方式說明最適授信政策。

首先，授信的相關成本來自下列三項：

圖 20.1 授信成本

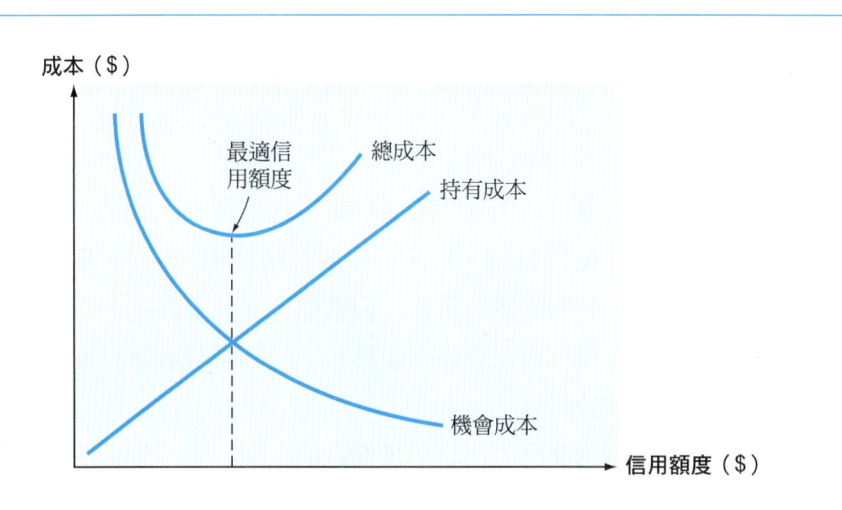

持有成本（carrying cost）是授信時必定會產生的現金流量。持有成本和信用額度兩者間是正相關。

機會成本（opportunity cost）是不授信的銷貨損失。授信時，機會成本就會下降。

1. 應收帳款的必要報酬。
2. 壞帳的損失。
3. 授信管理和信用收款的成本。

我們已討論過第一項和第二項成本。第三項成本包括公司信用部門的相關費用支出。若公司不採行授信，則不會設立信用部門，也不會有此項費用。當授信政策放寬時，這三項成本都會增加。

如果公司實行緊縮的授信政策，那麼這些成本將會很低。在這種情況下，公司會有授信「不足」，造成機會成本。這項機會成本是因授信不足而失去的賒銷利潤。失去的賒銷利潤來自於兩個部份：銷貨數量的增加 $Q'-Q$，以及潛在較高的賒銷價格。當授信政策放寬時，機會成本就會下降。

特定授信政策的持有成本及機會成本的總和，就構成授信總成本曲線（credit cost curve）。圖 20.1 畫出一條授信總成本曲線。如圖所示，在曲線上，有一點的總授信成本是最小。此點就是最適信用額度，也就是應收帳款的最適投資金額。

如果公司的授信超過此點，那麼新顧客的額外淨現金流量將不足以支付應收帳款的持有成本。如果應收帳款低於此點，那麼公司就放棄了獲利機會。

一般而言，授信而來的成本和利潤端視公司和產業的特性而定。例如：若公

司擁有(1)超額產能；(2)低變動營業成本；及(3)重複性顧客，則可能會提供較寬鬆的授信條件。你是否能解釋上述每一個特性，都會造成較寬鬆的授信政策。

建構授信運作

授信給客戶的公司會有信用部門的運作費用。實務上，公司會選擇將所有的或部份的授信運作交給貼現公司、保險公司或財務公司。第18章討論了應收帳款的貼現，就是公司出售它的應收帳款。視貼現交易內容而定，貼現公司可能對信用調查、授信和收款負有完全責任。規模較小的公司可能會發現這種運作方式比成立信用部門還要便宜。

若公司自己運作授信業務，本身須承擔違約風險。另一個選擇是向保險公司購買信用保險。保險公司針對每一顧客帳戶設定理賠上限。信用評等較高的公司，它的理賠上限也較高。這種類型的保險對出口商特別重要，而政府也針對一些特別的出口，提供這種類型的保險。

大型公司經常透過其下的**受控財務公司**（captive finance company）進行授信業務，這些財務公司是大型公司所擁有的子公司，專門為母公司處理授信業務。Ford Motor Credit（FMC）就是個著名的例子。Ford賣車子給自營商，然後自營商再將車子賣給顧客。FMC提供自營商的汽車存貨融資，同時也提供汽車融資給自營商的顧客。

為什麼公司要另設公司，來處理授信業務呢？這背後有幾個理由，但最主要的理由是為了要分開公司產品的生產與融資業務，以便有個別獨立的管理、融資和會計報表。例如，財務子公司可以自行融資，自行將應收帳款作抵押，通常子公司的信用評等都要比母公司好。所以，將生產與融資業務分開可以降低公司的整體負債資金成本。

觀念問題

20.4a 授信有哪些持有成本？
20.4b 不授信有哪些機會成本？
20.4c 何謂受控財務子公司？

20.5 信用分析

到目前為止，討論的重點放在授信條件的制定。一旦公司決定對顧客授信，它必須設定標準以決定哪些顧客能賒購，哪些不能。信用分析（credit analysis）就是決定是否要授信給某位顧客的過程。通常有兩個步驟：收集相關資料和決定信用等級。

信用分析是非常重要的，因為公司在應收帳款上的潛在損失可能相當大。例如，在 2010 年年度，IBM 就提列了 $7 億 3 千 4 百萬的壞帳，而 GE 也提列了 $81 億的壞帳準備。

在何時授信？

假設某家公司正決定是否授信給某位顧客。這個決策可能會很複雜。例如，如果不授信，顧客會有什麼反應呢？顧客會付現交易，或是根本就不進貨了呢？如何避免陷入這種困境呢？下面以一些特例來說明。

單次交易 下面是一個簡易例子。某位新顧客想要以價格 P 賒購一個單位的商品。如果賒購被拒絕，顧客就不購買了。

另外，假設如果授信給顧客，一個月後，顧客不是付款就是違約。不付款的機率是 π。在這種情況下，這個機率（π）可以視為新顧客中不付款的百分比。公司的交易不會有重複的顧客，所以這是所謂的單次交易。最後，應收帳款的月必要報酬率是 R，而每單位商品的變動成本是 v。

這裡的分析是很直接的，如果公司不授信，增量現金流量就是 $0。如果公司授信，那麼公司在這個月要花費 v（變動成本），預期在下個月可收到 $(1-\pi)P$。授信的 NPV 是：

$$\text{NPV} = -v + (1-\pi)P/(1+R) \qquad [20.8]$$

例如，就 Locust Software 而言，其 NPV 為：

$$\text{NPV} = -\$20 + (1-\pi) \times 49/1.02$$

若違約的機率是 20%，則 NPV 為：

$$\text{NPV} = -\$20 + 0.80 \times 49/1.02 = \$18.43$$

所以，公司應該授信。因為這是單次交易，因此折現率是 $(1+R)$，而不是 R。

上述例子說明了一個重點。授信給新顧客時，公司冒損失變動成本（v）的

風險,以獲得銷貨收入(P)。對新顧客而言,即使違約機率很高,公司還是可能會授信。例如:設定 NPV 為 0,就可以解出本例的損益兩平均的機率值(π):

$$NPV = 0 = -\$20 + (1-\pi) \times 49/1.02$$
$$1 - \pi = \$20/49 \times 1.02$$
$$\pi = 58.4\%$$

只要收回款項的機率大於 $1-0.584=41.6\%$,Locust 就應該授信。所以價格加成(markup)較高的公司,傾向於採用較寬鬆的授信條件。

這個百分比(58.4%)是公司可以承受新顧客違約的最大機率值。如果舊有現金交易的顧客想改成賒購,則分析過程就不一樣了,而可接受的違約機率上限將較低。

新、舊顧客間的主要差別如下:如果授信給舊顧客,公司冒損失銷貨價格(P)的風險,因為這是現金交易下可收到的金額。但授信給新顧客,公司只需冒損失變動成本的風險。

重複交易 第二個重要因素是重複交易的可能性。我們延伸上面單次交易的例子來說明第二個因素。這裡有個重要假設:新顧客只要在第一次不違約,就能成為我們的終生顧客,而且不會違約。

如果公司授信,這個月的花費是 v。如果下個月顧客違約,公司將拿不到一毛錢;如果顧客如期付款,公司將可拿到 P。如果顧客支付款項,他就會再賒購另外一個單位,而且公司將再花費 v。因此,這個月的淨現金流量是 $P-v$。在接下來的每個月份,顧客付清前一個月的款項,並下新訂單,所以淨現金流量仍然是 $P-v$。

從以上的討論可知,在一個月中,公司將有 π 的機率不會收到一毛錢。可是,公司也有 $(1-\pi)$ 的機率,得到一位終生新顧客。這位新顧客帶給公司的價值就是每個月 $(P-v)$ 永續年金的現值。

$$PV = (P-v)/R$$

所以,授信的 NPV 是:

$$NPV = -v + (1-\pi)(P-v)/R \tag{20.9}$$

就 Locust 公司而言,NPV 為:

$$NPV = -\$20 + (1-\pi) \times (49-20)/0.02$$
$$= -\$20 + (1-\pi) \times 1,450$$

即使違約機率高達 90%，NPV 仍是正的：

$$NPV = -\$20 + 0.10 \times 1,450 = \$125$$

除非確定顧客會違約；否則，Locust 公司就應該授信給顧客。因為分辨一位顧客是否會違約，只需花費 $20。但一位不會違約的顧客值 $1,450，所以 Locust 承受得了幾位顧客的違約。

這個重複交易範例可能誇大了可接受違約機率，但這項結果也說明了，最佳的信用分析方法就是授信給幾乎每位顧客。另外，重複交易的可能性是個關鍵性因素。在上述情況下，重要的是要控制第一次給新顧客的授信額度，以降低可能的損失。然後再增加授信額度，通常顧客未來是否會付款的最佳指標就是他過去是否有違約付款。

信用資料

公司可以經由數種途徑取得顧客的信用資料。用來評估顧客信用的資料包括：

1. **財務報表**：公司可以要求顧客提供財務報表，諸如：資產負債表和損益表。第 3 章討論的財務比率，可供作為授信與否的概略的評斷準則。
2. **顧客對其他往來公司付款紀錄的信用報告**：事實上，有少數企業會出售一般公司的信用能力和信用紀錄資料。例如，Dun & Bradstreet 是這類型公司中最大、最有名的公司，它提供訂戶個別公司的信用參考資料及信用報告。Experian 是另一家知名的信用報告公司，擁有眾多公司的信用評等和資料，包括非常小型的公司資料。Equifax、Transunion 與 Experian 都是主要的消費者信用資料提供者。
3. **銀行**：銀行通常會協助它的顧客，取得其他公司的部份信用資料。
4. **顧客在本公司的付款紀錄**：要取得顧客未來是否付款的資料，最直接的方式就是檢查顧客是否償還過去的債務以及償還的速度。

信用評估和評分

並沒有任何奇特的公式可用來評估顧客的違約機率。一般而言，傳統的信用 5C（five Cs of credit）是基本的評估因素：

1. **顧客品性（character）**：顧客償還債務的意願。

2. 償還能力（capacity）：顧客以營運現金流量償還債務的能力。
3. 資金（capital）：顧客的財務準備。
4. 擔保品（collateral）：發生違約時的抵押品。
5. 經濟狀況（conditions）：顧客所處行業的經濟景氣狀況。

信用評分（credit scoring）是指根據所收集的信用資料，給予顧客分數等級的過程，並根據等級結果，決定是否授信。例如，公司可以利用手上顧客的資料，針對 5C 的每一項給予 1（非常差）到 10（非常好）的評等，然後再綜合這些評等計算信用分數。依過去的經驗，公司可能只授信給信用分數 30 分以上的顧客。

像信用卡發卡公司大多使用統計模型計算信用分數。通常，這些模型會探討一大群樣本顧客的一些品性和相關資料與違約紀錄間的關係。根據這些結果，可以找出決定顧客如期付款的一些最佳預測變數，然後再根據這些變數計算出信用分數。

因為信用評分模型和過程，是用來判定授信給哪些顧客，因此這些模型受到政府的管制，特別是信用決策所能使用的個人背景和人口資料都受到相當限制。

> **觀念問題**
>
> **20.5a** 何謂信用分析？
> **20.5b** 何謂信用 5C？

20.6 收款政策

收款政策是授信政策的最後一個要素。收款政策牽涉到監控應收帳款，找出帳款問題點及收取過期帳款。

監控應收帳款

為了追蹤顧客的付款，大部份的公司都會監控應收帳款。首先，公司通常會追蹤平均收款期間（ACP）。如果公司的業務有季節性，那麼 ACP 可能會波動，如果 ACP 非預期地增加，則要特別注意。可能公司顧客都一致性地延遲付款，或者是一些顧客的應收帳款嚴重地過期了。

帳齡分析表（aging schedule）是監控應收帳款的第二種基本工具。為了編製帳

齡分析表，信用部門以帳齡為依據將帳戶分類。[2] 假如某家公司擁有 $100,000 的應收帳款，其中有些帳款才幾天而已，但其他的可能很久了。下面是帳齡分析表的範例。

帳齡分析表		
帳齡	金額	佔總應收帳款的百分比
0－10天	$ 50,000	50%
11－60天	25,000	25
61－80天	20,000	20
超過80天	5,000	5
	$100,000	100%

如果公司的信用期間是 60 天，則 25% 的帳款已經過期了。這種現象是否嚴重端視公司的收款和顧客特性而定。通常帳齡超過一定期限後，帳款就幾乎永遠收不回。因此，監控帳齡是非常重要的。

銷售呈現季節性的公司，帳齡分析表內的百分比也會有季節性的變動。例如，如果當月的銷貨額非常高，應收帳款總額也會突然增加。這意味著帳齡較久的帳款佔總應收帳款的比重會變小且較不重要。有些公司則改良帳齡分析表，以調整銷貨淡、旺季的影響。

催收帳款

公司通常會採取下列步驟來催收客戶的過期帳款：

1. 寄發信函，以告知顧客帳款已過期。
2. 打電話向顧客催收款項。
3. 雇用收帳代理商。
4. 對顧客採取法律行動。

有時公司也可以暫停對該顧客授信，除非顧客清償過期帳款，不過這種作法有可能會得罪正常良好的顧客，造成收款部門和銷售部門之間的衝突。

而最糟的情況下，顧客會申請破產。當這種情況出現時，授信公司就變成另一位無擔保的債權人。此時，公司可以等待結果，也可以轉售應收帳款。例如，當傳統書商 Borders 在 2011 年申請破產時，拖欠了供應商 $1 億 7,880 萬貨款與房東 $1,860 萬房租。而最大的供應商之一 Penguin Putnam 被積欠了 $4,110 萬，

---

[2] 帳齡分析表也應用到企業的其他業務上，例如，存貨追蹤上。

當然公司也可以就拋棄它的債權;另一家出版商 Wiley 公司則早已沖銷 Borders 所積欠的壞帳 $900 萬。

> **觀念問題**
>
> **20.6a** 經理人可以使用哪些工具來監控應收帳款呢?
> **20.6b** 何謂帳齡分析表?

20.7 存貨管理

如同應收帳款一樣,存貨是許多公司的重大投資項目。對典型的製造商而言,存貨佔總資產的比率超過 15%。對零售商而言,存貨的比率可能超過 25%。由第 18 章的討論得知,公司的營運循環是由存貨期間和應收帳款期間所組成,這就是本章同時討論授信政策和存貨政策的原因。此外,授信政策和存貨政策都可用來促銷,所以這兩者必須互相協調,以確保存貨的取得、銷售到收款整個過程的順暢。例如,改變授信政策來刺激銷售,必須有維持足夠存貨的計畫來配合。

財務經理和存貨政策

雖然典型公司在存貨上的投資非常大,然而,財務經理通常對存貨管理沒有主控權。相反地,其他的部門,諸如:採購、生產和行銷部門,共同決定存貨政策。存貨管理本身已經成為一個重要的專業領域。但財務部門通常只提供存貨決策所需的資料。基於這個理由,本章將只介紹一些基本的存貨概念和存貨政策。

存貨種類

對製造商而言,存貨通常分成三類。第一類是原料(raw material),是公司在生產開始所使用的東西。原料可能是一些非常基本的東西,就像鋼鐵廠的鐵礦,也可能是非常複雜的東西,像電腦廠商的磁碟機。

第二類存貨是在製品(work-in-progress),正如其名,在製品就是未完成的產品。這部份存貨的多寡端視生產過程時間的長短而定。例如,對飛機製造商而言,在製品就相當可觀。第三類存貨是製成品(finished goods),也就是已經可

以出廠或銷售的產品。

關於存貨種類，要記住下列三點：第一，由於一家公司的原料可能是另一家公司的製成品，所以存貨分類的名稱可能會引起一些誤解。回到前面鋼鐵廠的例子，鐵礦是原料，而鋼鐵是製成品。但汽車鋼板製造廠的原料是鋼鐵，製成品是鐵板；汽車裝配廠的原料則是鐵板，製成品是汽車。

第二，不同類型的存貨，其流動性差異可能很大。大宗物資或標準化的原料，可以很容易變現。另外，在製品的流動性相當低，也沒有什麼殘值。而製成品的流動性視產品的性質而定。

最後，製成品和其他類型的存貨有一個重大區別。如果一種存貨是另一種存貨的一部份，那麼對這種存貨的需求，就稱為衍生需求（derived demand），或依賴需求（dependent demand）。因為公司對這種存貨的需求，端視製成品的需求而定。相反地，若公司對於製成品的需求，並不是從其他類型存貨的需求而來，則可以稱它為獨立製成品。

存貨成本

如同在第 18 章中所討論的，一般而言，流動資產有兩種基本的成本類型，對存貨而言，第一種是持有成本（carrying costs）。持有成本指的是所有持有存貨的直接成本和機會成本，包括：

1. 倉儲成本和追蹤成本。
2. 保險費和稅。
3. 荒廢、過期和遭竊的損失。
4. 存貨資金的機會成本。

這些成本的總和相當可觀，大約是每年存貨價值的 20% 至 40%。

存貨的另一種成本是短缺成本（shortage costs），是因為手中存貨不足所產生的成本。這種短缺成本有兩個部份：再進貨成本及安全存量相關的成本。依公司的業務性質而定，再進貨成本或訂購成本是向供應商下訂單的成本，或是建立一條生產線的成本。與安全存量相關的成本就是機會損失，例如銷售損失，以及存貨不足而導致公司信譽的損失。

存貨管理存在著取捨的決策，因為持有成本隨著存貨水準的增加而增加，但短缺成本或再進貨成本，卻隨著存貨水準的增加而下降。因此，存貨管理的基本目標就是極小化這兩項成本的加總成本。下一節會討論如何達到這個目標。

為了說明平衡持有成本與短缺成本的重要性，以 Kleenex 與 Huggies 品牌而聞名的 Kimberly-Clark 公司在 2010 年第四季就削減生產量低於前一年同期間的產量，很不幸地，公司低估了市場需求而喪失大約 $2,000 萬的獲利金額。

> **觀念問題**
>
> **20.7a** 存貨有哪些不同種類？
> **20.7b** 在探討存貨種類時，要注意哪三件事？
> **20.7c** 存貨管理的基本目標為何？

20.8 存貨管理的技術

就如之前的討論，存貨管理的目標通常是極小化成本。本節討論從相當簡單到非常複雜的三種技術。

ABC 法

ABC 法是一種簡單的存貨管理方法，其基本的概念是把存貨分成三組（或更多組）。其中的道理是某組存貨數量雖少，但存貨價值卻很高。例如，這種情況會發生在同時使用相當昂貴、高科技的零件和一些便宜的基本材料的製造商。

圖 20.2 說明了 ABC 法下各組存貨的存貨價值和存貨數量所佔的百分比。如圖 20.2 所示，若以數量來計算，A 組只佔存貨的 10%，但是它的價值卻超過存貨價值的一半。所以，A 組存貨應密切注意，存貨水準應該保持較低。在另一方面，螺絲和螺絲帽這些基本存貨雖是必備但並不昂貴，所以應該大批訂購並持有。這些就是 C 組項目；B 組則是介於 A 組和 C 組之間。

經濟訂購量模型

經濟訂購量（EOQ）模型是所有決定最適存貨水準模型中最有名的。為了解釋 EOQ 的基本概念。圖 20.3 畫出不同存貨水準（橫軸）下，持有存貨的相關成本（縱軸）。如圖所示，當存貨水準上升時，存貨持有成本就隨著上升，再進貨成本則下降。從第 18 章的內容和本章總授信成本曲線的討論，讀者對總存貨成本曲線應相當熟悉。在 EOQ 模型內，我們要找出最小存貨總成本下的存貨水準，Q^*。

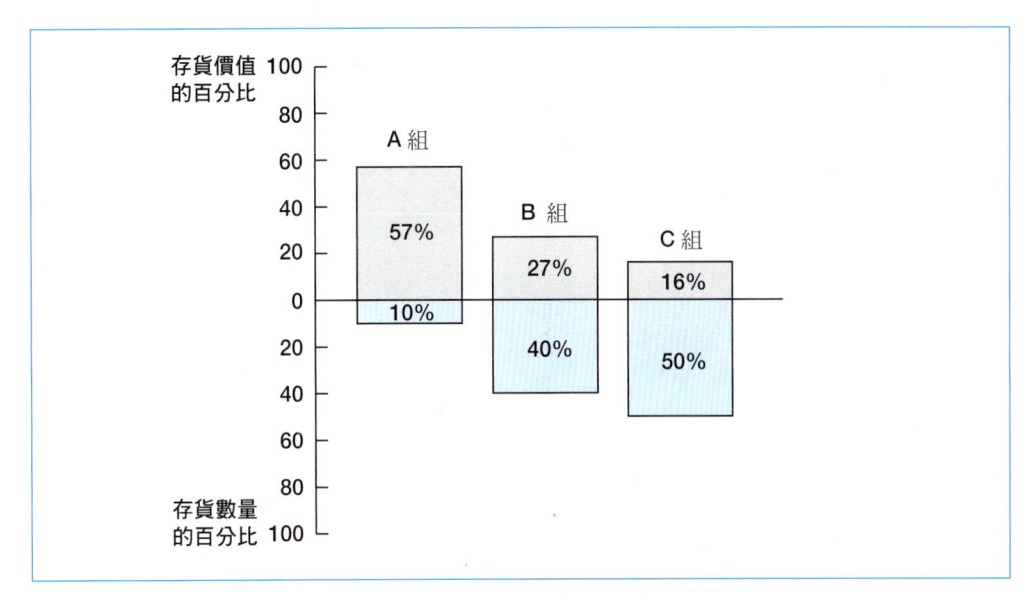

圖 20.2　ABC 存貨分析

　　在下面的討論中，請記住存貨本身的成本並未包含在存貨管理的總成本內。公司一年中所需的存貨總數量是受銷售量影響。我們分析的重點著重在，公司在某一特定時點應該持有多少存貨。更進一步說，我們要決定公司再進貨時應訂購多少數量。

存貨耗盡（inventory depletion）　在 EOQ 模型中，我們將假設公司的存貨以某一速度出售直至零存貨。然後，公司再補充存貨回復到最適水準。例如，假設 Eyssell 公司今天的某項存貨有 3,600 個單位，這項存貨的全年銷售量是 46,800 個單位，每星期大約是 900 個單位。如果 Eyssell 每星期賣掉 900 個單位的存貨，那麼四星期後，所有存貨都會賣光，Eyssell 就必須再訂購或製造 3,600 個單位存貨。這種型態的銷售和再進貨過程使存貨水準呈現鋸齒狀，就如圖 20.4 所示。Eyssell 的存貨水準從 3,600 單位開始，一直下降到零。所以，平均存貨是 3,600 的一半，即 1,800 個單位。

持有成本　如圖 20.3 所示，持有成本通常是存貨水準的某一比率。假設令 Q 是 Eyssell 每次訂購的存貨數量（3,600 單位），又稱為再進貨數量。所以平均存貨數量就是 $Q/2$，即 1,800 個單位。如果 CC 是每單位存貨的每年持有成本，則 Eyssell 的總持有成本是：

$$\text{總持有成本} = \text{平均存貨} \times \text{每單位持有成本}$$
$$= (Q/2) \times CC \qquad [20.10]$$

存貨總成本($)

總成本
持有成本
再進貨成本

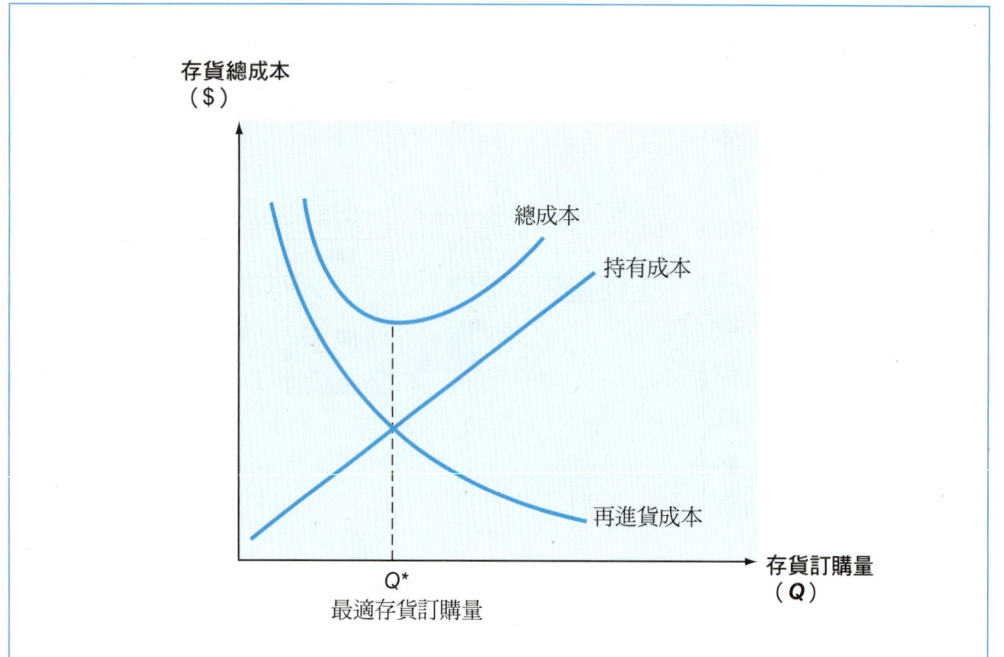

Q^*
最適存貨訂購量

存貨訂購量(Q)

當公司持有的存貨數量較小時，再進貨成本最大。當公司持有存貨數量最大時，持有成本最大。總成本就是持有成本和再進貨成本的加總。

圖 20.3　**存貨總成本**

在 Eyssell 的例子中，如果每單位的每年持有成本是 $0.75，那麼總持有成本將是平均存貨 1,800 單位乘以 $0.75，也就是每年 $1,350。

短缺成本　現在將重點放在再進貨成本上。假設公司永遠不會碰到存貨不足的情境，因此安全存量的相關成本可暫時不考慮。我們稍後再回到這個課題。

再進貨成本通常是固定的。換言之，每次下訂單時，都有訂貨的固定成本（記得，存貨本身的成本並不列入）。假設 T 是公司每年的銷貨總單位數。如果公司每次訂購 Q 單位，那麼一年必須下 T/Q 次訂單。Eyssell 的每年銷貨量是 46,800 單位，每次訂購量是 3,600 單位。因此，Eyssell 每年的訂購次數是 46,800/3,600＝13 次。假如每次訂單的固定成本是 F，那麼一年的總再進貨成本是：

總再進貨成本＝每次訂單的固定成本×訂單次數　　　　　　　　　　　　　[20.11]
　　　　　＝$F \times (T/Q)$

Eyssell 的每次訂單成本大約是 $50，所以 13 次訂單的總再進貨成本是 $50×13＝$650（每年）。

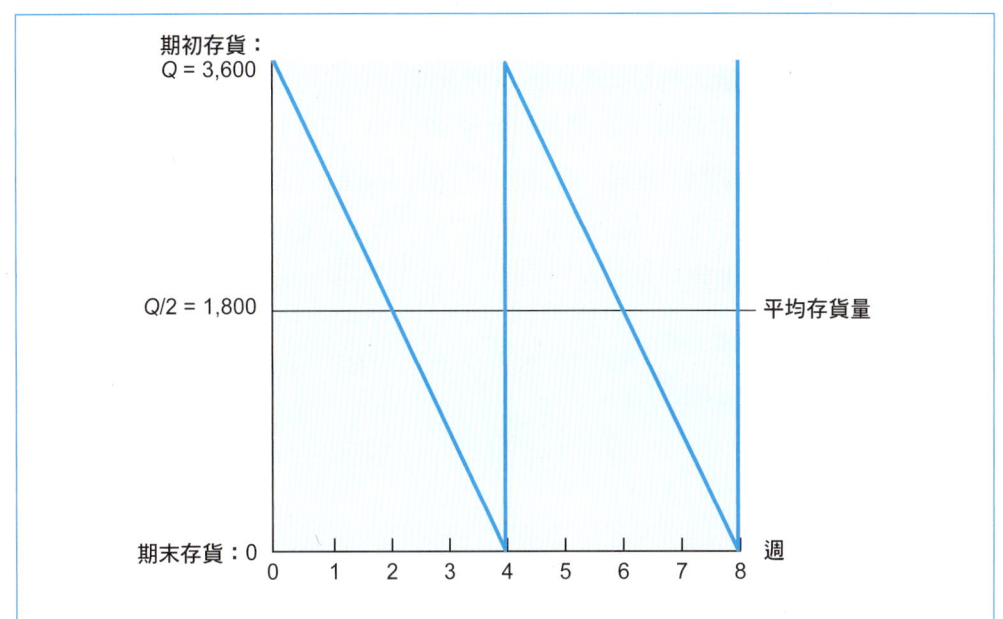

Eyssell 公司的存貨數量從 3,600 個單位開始。第四週結束時,存貨降至零。這段期間的平均存貨是 Q/2＝3,600/2＝1,800。

圖 20.4　Eyssell 公司的存貨部位狀況

總成本　握有存貨的總成本是持有成本和再進貨成本的加總:

$$總成本＝持有成本＋再進貨成本$$
$$＝(Q/2)\times CC＋F\times(T/Q) \quad [20.12]$$

我們的目標是要找出最小總成本的再進貨數量(Q)。可以計算一些 Q 值下的總成本,以找出最小總成本的再進貨數量。就 Eyssell 公司而言,每年每單位的持有成本(CC)是 \$0.75,每次訂單的固定成本(F)是 \$50,而總銷售量(T)是 46,800 單位。有了這些數字就可算出總成本(先練習一些看看):

再進貨數量 (Q)	總持有成本 ($Q/2 \times CC$)	+	再進貨成本 ($F \times T/Q$)	=	總成本
500	\$ 187.5		\$4,680.0		\$4,867.5
1,000	375.0		2,340.0		2,715.0
1,500	562.5		1,560.0		2,122.5
2,000	750.0		1,170.0		1,920.0
2,500	937.5		936.0		1,873.5
3,000	1,125.0		780.0		1,905.0
3,500	1,312.5		668.6		1,981.1

看過這些數字後，可以發現總成本大約從 $5,000 開始，然後下降至大約 $1,900。最小成本的再進貨數量大約是 2,500 個單位。

要找出最小成本的數量，我們可以回到圖 20.3。由圖 20.3 可以看出最小成本發生在兩條線的相交點。在這一點上，持有成本等於再進貨成本。在我們所假設的特定成本類型下，這項結論永遠是正確的。所以，這兩個成本相等時，就可以找出最小成本的再進貨數量（Q^*）：

持有成本＝再進貨成本

$$(Q^*/2) \times CC = F \times (T/Q^*) \quad [20.13]$$

經過運算後得到：

$$Q^{*2} = \frac{2T \times F}{CC} \quad [20.14]$$

將兩邊各取平方根，就得到 Q^*：

$$Q^* = \sqrt{\frac{2T \times F}{CC}} \quad [20.15]$$

最小總存貨成本的訂購數量稱為經濟訂購量（economic order quantity, EOQ）。就 Eyssell 公司而言，EOQ 是：

$$Q^* = \sqrt{\frac{2T \times F}{CC}}$$

$$= \sqrt{\frac{(2 \times 46,800) \times \$50}{0.75}}$$

$$= \sqrt{6,240,000}$$

$$= 2,498 \text{ 單位}$$

所以，Eyssell 的經濟訂購量是 2,498 單位。在這個訂購量下，再進貨成本和持有成本都是 $936.75。

範例 20.2 持有成本

Thiewes 期初存貨是 100 雙徒步靴子。期末時，存貨會下降至零，然後再訂貨。如果每雙靴子的每年持有成本是 $3，那麼徒步靴子的總持有成本是多少呢？

存貨從100雙開始下降至零,所以平均存貨是50雙。每雙的年成本是 $3,總持有成本就是 $150。

範例 20.3　再進貨成本

在前一個範例中(範例 20.2),假設 Thiewes 一年總共賣 600 雙,那麼 Thiewes 每一年要進貨多少次呢?假設每次訂購的再進貨成本是 $20,總再進貨成本是多少呢?

Thiewes 每次訂購 100 雙。每年的總銷售量是 600 雙,所以 Thiewes 每年要進貨 6 次,換言之,每兩個月要進貨一次。再進貨成本就是 6×每次訂購 $20 = $120。

範例 20.4　EOQ

根據前面兩個範例,Thiewes 最小總成本的每次訂單數量是多少?Thiewes 多久會進貨一次?總持有成本和再進貨成本各是多少?總成本是多少?

每年所訂購的靴子總雙數(T)是 600。每次訂購的再進貨成本(F)是 $20,持有成本(CC)是 $3。Thiewes 公司的 EOQ 計算如下:

$$\text{EOQ} = \sqrt{\frac{2T \times F}{CC}}$$

$$= \sqrt{\frac{(2 \times 600) \times \$20}{3}}$$

$$= \sqrt{8{,}000}$$

$$= 89.44 \text{ 單位}$$

Thiewes 每年賣 600 雙鞋,所以需再進貨 600/89.44 = 6.71 次。總再進貨成本就是 $20×6.71 = $134.16。平均存貨是 89.44/2 = 44.72。持有成本是 $3×44.72 = $134.16,等於再進貨成本。因此,總成本是 $268.33。

EOQ 模型的延伸

到目前為止,我們假設公司用完全部存貨,然後再訂貨。實務上,基於下列兩個理由,公司希望在存貨用盡之前就下訂單:第一,如果手中握有一些存貨,

公司就可以降低缺貨而失去顧客和銷貨的風險；第二，當公司再訂購時，存貨到達時間會有落差。所以在結束 EOQ 討論之前，我們討論兩個延伸課題：安全存貨及再訂購點。

安全存貨　安全存貨（safety stock）是指公司應保留的最低存貨水準。一旦存貨水準掉到安全存貨水準，就要再訂貨。圖 20.5 的 A 圖說明如何將安全存貨納入 EOQ 模型內。加上安全存貨的目的是避免公司用光存貨。除此之外，這裡的情況和前面 EOQ 的討論是一樣的。

再訂購點　為了將運送時間納入考量，公司會在存貨到達關鍵水準之前就訂貨。再訂購點（reorder points）就是公司實際下訂單的時點。這些時點顯示在圖 20.5 中間。如圖 B 所示，再訂購點發生在預測存貨會到達零的前幾天（或前幾週、前幾個月）。

公司保留安全存貨的一個理由，是考慮到運送時間的不確定性。我們可以整合再訂購點和安全存貨的討論如圖 20.5 的 C 圖。C 圖是一般化 EOQ 模型，公司在預期需求之前就預先訂貨，並且維持安全存貨。

衍生性需求存貨的管理

第三種存貨管理方法是用來管理衍生性需求存貨。就如先前的討論，某些存貨種類的需求是來自於其他存貨的需求或視其他存貨的需求而定。汽車製造產業就是很好的例子，製成品的需求，視消費者需求、行銷計畫，以及其他和銷售計畫有關的因素而定。然而，輪胎、電池、車前燈，以及其他零件的存貨需求則視計畫生產的汽車數量而定。原料需求規劃和及時存貨管理是管理衍生性需求存貨的兩個方法。

原料需求規劃　生產和存貨專業人員已經針對各類衍生需求型態的存貨，開發訂購與生產流程的電腦管理系統。這些系統通稱為原料需求規劃（materials requirements planning, MRP）。MRP 的基本概念是，一旦製成品的存貨水準設定後，就可以算出應持有多少在製品存貨，始能滿足製成品的需求，也可以算出應擁有的原料數量。由於在製品存貨和原料存貨具有衍生需求，所以可從製成品逆推出它們的需求特性。MRP 對於需使用眾多不同零件的較複雜製成品是相當重要的。

及時存貨　及時存貨（just-in-time (JIT) inventory）是管理衍生需求存貨的新方法。JIT 的目標是降低存貨至最小，也就是提高存貨週轉率至最大。這個方法起源於日本，是日本製造業基本概念之一。顧名思義，JIT 的基本目標就是公司要

A. 安全存貨

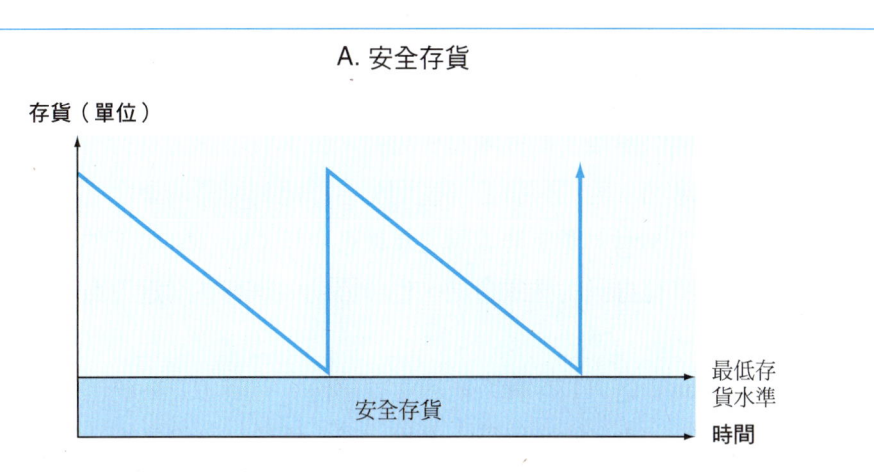

在安全存貨考量下，當存貨到達最低水準時，公司就會再訂購。

B. 再訂購點

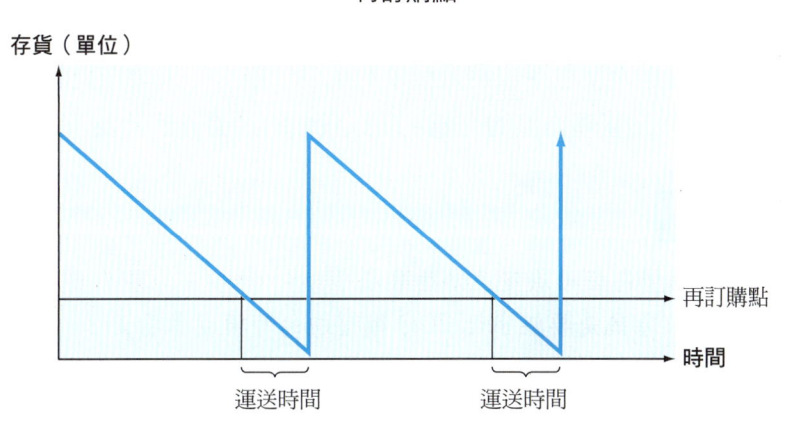

當運送或生產時間有落差時，公司在存貨到達再訂購點時，就必須要再訂購。

C. 合併再訂購點和安全存貨

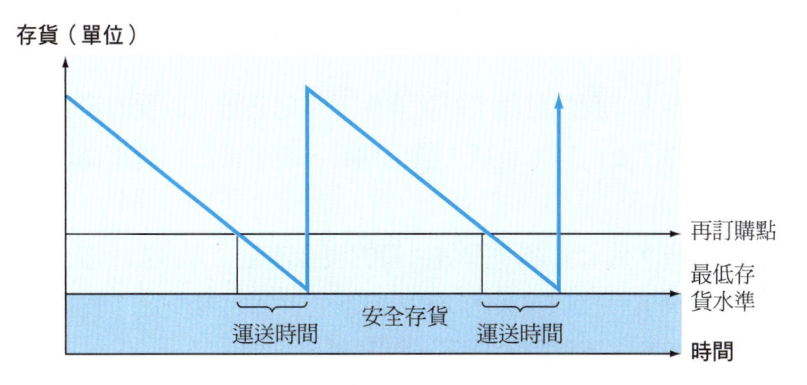

結合安全存貨和再訂購點後，公司對未預期事件就有緩衝空間。

圖 20.5　安全存貨和再訂購點

持有立即生產所需的原料數量。

採用 JIT 系統的結果是要經常再訂購和再進貨。JIT 系統要運作順利且避免存貨短缺，公司與供應商要高度地互相配合。日本製造商通常有一群規模較小，但密切整合的供應商。他們與製造商密切配合以達到所需的整合。這些供應商是大製造商（例如 Toyota）產業群或稱之為株式會社（keiretsu）下的公司。每家大製造商都傾向於擁有自己的株式會社，也會協助供應商在附近設廠，這種情形普遍地存在於日本。

看板（kanban）是 JIT 存貨系統的重要部份，有時 JIT 系統也稱為看板系統（kanban system）。看板的意思是「卡片」或「標誌」，但是廣泛地說，看板是給供應商的一種信息，請求運送更多存貨。例如，看板可能是一張附在零件箱裡面的卡片。當工人拉該箱子時，卡片就可取下，並送回供應商，然後供應商就送回一箱補充存貨。

JIT 存貨系統是大型生產規劃過程中的重要一環。如果要作更詳細的討論勢必會觸及生產及作業管理方面的介紹，所以我們的討論就到此為止。

觀念問題

20.8a EOQ 模型為公司決定了哪些事項？
20.8b JIT 存貨系統是要極小化 EOQ 模型內的哪項成本要素？

20.9 總　結

本章涵蓋了授信政策和存貨政策的基本觀念。討論的主題包括：

1. **授信政策的要素**：我們討論了銷貨條件、信用分析及收款政策，並描述一般銷貨條件中的主要內容，包括：信用期間、現金折扣、折扣期限，以及信用工具。
2. **授信政策分析**：我們介紹了授信決策的現金流量，以及如何使用 NPV 方法來分析授信決策。授信決策的 NPV 視下列五個因素而定：收益效果、成本效果、負債成本、不付款的機率，以及現金折扣。
3. **最適授信政策**：公司所提供的最適授信額度端視公司所處的競爭環境而定。這些競爭環境因素決定了授信政策的持有成本，以及因不授信所失去銷貨的機會成本。最適授信政策是以極小化這兩項成本加總為目標。

4. 信用分析：信用分析就是決定是否對特定顧客授信。要考慮兩項重要因素：銷貨價格對成本比，以及重複交易的可能性。
5. 收款政策：收款政策就是監控應收帳款帳齡及處理過期帳款的方法。我們介紹了如何編製帳齡分析表，以及如何收回過期帳款的步驟。
6. 存貨種類：我們介紹了各種存貨種類，以及這些存貨在流動性和需求上的差異。
7. 存貨成本：兩項基本的存貨成本是持有成本和再進貨成本。存貨管理就是牽涉到這兩種成本間的取捨。
8. 存貨管理技術：本章介紹了存貨管理中的 ABC 法和 EOQ 模型。我們也概念地介紹原料需求規劃（MRP）和及時（JIT）存貨管理。

財務連線

假如你的課程有使用 Connect™ Finance 的話，請上線做個練習測驗（Practice Test），看一看學習輔助工具，及你需要哪些額外練習。

▼ Chapter 20 Credit and Inventory Management				NPPT 40–41
20.1 Credit and Receivables	eBook	Study	Practice	
20.2 Terms of the Sale	eBook	Study	Practice	
20.3 Analyzing Credit Policy	eBook	Study	Practice	
20.4 Optimal Credit Policy	eBook	Study	Practice	
20.5 Credit Analysis	eBook	Study	Practice	
20.6 Collection Policy	eBook	Study	Practice	
20.7 Inventory Management	eBook	Study	Practice	
20.8 Inventory Management Techniques	eBook	Study	Practice	

你能回答下列問題嗎？

20.1 應收帳款期間與現金收款期間的差異是什麼？

20.2 Marsha 的進貨條件是「2/10，淨 25」，假如 Marsha 放棄一筆 $8,700 進貨的折扣優惠，則她所付出的有效年利率是多少呢？

20.7 假如 Rosie's Formal Attire 公司的存貨量偏低，則公司易有＿＿＿。

登入找找看吧！

自我測驗

20.1 授信政策 Cold Fusion 公司（生產家用發電機）正考慮採用新的授信政策。目前的政策是現金交易，新政策將延長一期信用期間。根據下列資料，公司是否應該改變授信政策？每期利率是 2.0%。

	現行政策	新政策
每單位價格	$ 175	$ 175
每單位成本	$ 130	$ 130
每月銷售單位數	1,000	1,100

20.2 該授信嗎？ 你正決定是否要授信給某特定顧客。每單位變動成本是 $15，售價是 $22。某位顧客今天想購買 1,000 單位，並在 30 天後付款。你認為這個顧客有 15% 的機率會違約。已知必要報酬率是每 30 天 3%，你應該授信嗎？假設這是一筆單次交易，如果不授信，顧客就不會購買。

20.3 EOQ Annondale Manufacturing 期初存貨是 10,000 支 "Long John" 高爾夫球桿。存貨在每個月賣完後才再進貨。假設每支高爾夫球桿的持有成本是 $1，固定訂購成本是 $5，Annondale 的存貨管理策略是否合乎經濟呢？

自我測驗解答

20.1 如果改變授信政策，每期就可以額外賣出 100 單位，每單位的毛利為 $175－130＝$45。因此，每期總利潤就是 $45×100＝$4,500。而每期利率永遠是 2.0%，PV 是 $4,500/0.02＝$225,000。

政策改變的成本等於這期的收益 $175×1,000 單位＝$175,000，加上生產額外 100 單位的成本 100×$130＝$13,000。因此，總成本是 $188,000，NPV 為 $225,000－188,000＝$37,000。所以，改變授信政策是有利的。

20.2 如果顧客在 30 天後付款，你將收到 $22×1,000＝$22,000。只有 85% 的機率會收到這筆錢，所以你預期在 30 天後收到 $22,000×0.85＝$18,700，其現值為 $18,700/1.03＝$18,155.34。你的成本是 $15×1,000＝$15,000，NPV 是 $18,155.34－15,000＝$3,155.34，所以應該授信。

20.3 我們先計算 Annondale 的持有成本和再進貨成本。平均存貨是 5,000 支球桿，而每支球桿的持有成本是 $1，所以總持有成本是 $5,000。Annondale

每個月以 $5 的固定訂購成本再進貨，總再進貨成本是 $60。持有成本相對大於再進貨成本，所以 Annondale 持有太多存貨了。

我們使用 EOQ 模型來決定最適存貨政策。Annondale 每年需訂貨 12 次，每次 10,000 支球桿，所以總訂貨（T）是 120,000 支球桿。固定訂購成本是 $5，每單位持有成本（CC）是 $1。因此，EOQ 是：

$$\begin{aligned} EOQ &= \sqrt{\frac{2T \times F}{CC}} \\ &= \sqrt{\frac{(2 \times 120,000) \times \$5}{1}} \\ &= \sqrt{1,200,000} \\ &= 1,095.45 \text{ 單位} \end{aligned}$$

所以，平均存貨大約是 550 支球桿，故持有成本是 $550。Annondale 將要再訂購 120,000/1,095.45＝109.54≈110 次。固定訂購成本是 $5，總再訂購成本也是 $550。

觀念複習及思考

1. **信用工具** 解釋下列術語：
   a. 即期匯票。
   b. 遠期匯票。
   c. 銀行承兌匯票。
   d. 本票。
   e. 商業承兌匯票。
2. **交易信用方式** 最普遍的交易信用方式為何？在這種情況下的信用工具是什麼？
3. **應收帳款成本** 持有應收帳款的相關成本是哪些？不授信的成本有哪些？各種應收帳款的相關成本的總和是什麼？
4. **授信5C** 何謂授信5C？解釋每一個的重要性。
5. **信用期間長度** 決定信用期間長短的因素有哪些？為什麼買方的營業循環通常作為信用期間的上限？
6. **信用期間長度** 在下列每一組中，指出哪一家公司可能有較長的信用期間，

並說明你的理由。

　　a. A公司銷售禿頭特效藥，B公司銷售假髮。

　　b. A公司的產品專門賣給房東，B公司的產品則專門賣給房客。

　　c. A公司以十倍的存貨週轉率銷貨給顧客；B公司以20倍的存貨週轉率賣給顧客。

　　d. A公司銷售新鮮水果，B公司銷售罐裝水果。

　　e. A公司銷售並安裝地毯；B公司銷售現成的地毯。

7. **存貨類型**　存貨有哪些不同的類型？這些類型的差異何在？為什麼有些類型是屬衍生需求的呢？而有些類型的需求則非衍生的呢？

8. **JIT存貨**　如果公司改採JIT存貨管理系統，它的存貨週轉率會有何改變呢？總資產週轉率呢？權益報酬率（ROE）又會有什麼變化呢？（提示：利用第3章的杜邦恆等式。）

9. **存貨成本**　如果某家公司的存貨持有成本是每年 $500萬，固定訂購成本是每年 $800萬，你認為這家公司持有太多或是太少的存貨呢？為什麼？

10. **存貨期間**　Dell電腦公司的利潤至少部份歸功於效率的存貨管理。採用及時存貨系統，Dell通常只需維持三至四天銷貨的存貨量；雖然競爭對手，諸如HP及IBM，試圖仿效Dell的存貨政策，但總是有一大段落差。在PC零組件價格持續下跌的個人電腦產業中，Dell顯然地有其競爭優勢，你為何認為較短的存貨期間對 Dell 是有利的？如果這樣做是有利的，為何其他個人電腦公司不採用Dell的作法？

問　題

初級題

1. **現金折扣**　你以每單位 $140 的價格訂購 350 單位的存貨。供應商的交易條件是「1/10，淨30」。

　　a. 你必須在多長時間內付款，帳款才不會過期？如果你選擇支付全額帳款，那麼應該支付多少錢？

　　b. 現金折扣是多少呢？你付款要多快，才能取得現金折扣呢？如果你選擇折扣，應該付多少錢呢？

　　c. 如果你不使用折扣，那麼隱含的利息是多少呢？你得到多少天的信用期間呢？

2. **應收帳款規模** Sand Surfer 公司每年的銷貨額是 $3,800 萬，平均收款期間是 34 天。資產負債表所顯示的應收帳款平均投資是多少？假設一年有 365 天。

3. **ACP 和應收帳款** Kyoto Joe 銷售日本各公司的盈餘預測資料，其授信條件是「2/10，淨 30」。根據經驗，65% 的顧客會選擇折扣。

   a. Kyoto Joe 的平均收款期間是多長？

   b. 如果 Kyoto Joe 以每單位 $1,750 的價格，每個月賣出 1,300 單位，那麼資產負債表上的平均應收帳款是多少？

4. **應收帳款規模** Skye Flyer 公司每星期有 $17,300 的賒銷，平均收款期間是 36 天。Skye Flyer 公司的平均應收帳款是多少？

5. **銷貨條件** 某公司提供「1/10，淨 30」的銷貨條件。如果顧客選擇不使用折扣，那麼公司賺得的有效年利率是多少？在不做任何計算之前，解釋下列各情況對有效年利率的影響：

   a. 折扣變成 2%。

   b. 信用期間增加到 45 天。

   c. 折扣期間增加到 15 天。

6. **ACP 與應收帳款週轉率** Rise Above This 公司的平均收款期間是 33 天，平均每天的應收帳款投資是 $42,300。每年的賒銷金額是多少？應收帳款週轉率是多少？假設一年有 365 天。

7. **應收帳款規模** Essence of Skunk Fragrances 每年以每單位 $430 的價格，銷售 8,200 單位的香水禮盒。所有的交易條件都是「1/10，淨 40」。60% 的顧客會選擇折扣。請問，公司的應收帳款金額是多少？為了對抗主要競爭對手 Sewage Spray 的銷售，Essence of Skunk 正考慮將授信政策改成「2/10，淨 30」，以保持市場佔有率。這個政策的改變對應收帳款有何影響？

8. **應收帳款規模** Arizona Bay 公司的銷貨條件是「淨 30」。它的帳款平均過期七天。如果每年的賒銷是 $930 萬，那麼公司資產負債表上的應收帳款金額會是多少？

9. **評估授信政策** Air Spares 是一家銷售商用飛機引擎零件和測試儀器的批發商。有位新顧客訂了八個高速渦輪引擎，為了提升燃料的使用效能。每單位引擎的變動成本是 $190 萬，而賒銷價格是 $201.5 萬。信用期間是一期，根據以往經驗，在這種訂單中，大約 200 筆中就有一筆是無法收到款項。假設每期的必要報酬率是 1.8%。

   a. 假設這是單次交易，我們應該接受嗎？如果不給予授信，顧客就不會購買。

b. 在 (a) 部份中，損益兩平的違約機率是多少？

c. 假設沒有違約的顧客就變成公司永遠的顧客，而每一期會重複相同的訂購。假設重複的顧客絕不違約。那麼應該接受訂購嗎？損益兩平的違約機率又是多少呢？

d. 為什麼在重複訂購的情形下，授信條件會比較寬鬆，請說明。

10. 評估授信政策　Devour 公司正考慮改變現行的現金交易政策。新的交易條件是「淨一個月」。根據以下資料，決定 Devour 公司是否應該進行新的授信政策，在此情況下，說明應收帳款的累積情形。已知每月的必要報酬率是 0.95%。

	現行政策	新政策
每單位價格	$720	$720
每單位成本	$525	$525
每月銷售單位	1,240	1,290

11. EOQ　Redan Manufacturing 每星期使用 2,500 個配電盒，然後再訂購另外的 2,500 個。如果每個配電盒的收闢持有成本是 $7.50，固定訂購成本是 $1,300，那麼 Redan 的存貨政策是否已達最適呢？為什麼？

12. EOQ　Trektronics store 每星期的期初存貨是 300 個鍋子。這些存貨在每星期售完後，公司再訂貨。如果每年每個鍋子的持有成本是 $38，固定訂購成本是 $75，那麼總持有成本是多少呢？再進貨成本又是多少呢？Trektronics 應該增加或減少每次訂購數量呢？以訂購量和訂購頻率說明 Trektronics 的最適存貨政策。

進階題

13. EOQ　推導證明本章的 EOQ 必定發生在持有成本和再進貨成本相等的時候。

14. 評估授信政策　Harrington 公司正考慮要改變目前現金方式的交易政策。新條件將是「淨一期」。根據下列資料，決定 Harrington 是否應該改變政策。已知每期的必要報酬率是 2.5%。

	現行政策	新政策
每單位價格	$86	$88
每單位成本	$47	$47
每月銷售單位數	3,510	3,620

15. **評估授信政策** Happy Times目前採用現金方式進行交易。它正考慮要把授信政策改成「淨 30 天」。依據下列資料，你有何建議？每月的必要報酬率是 0.95%。

	現行政策	新政策
每單位價格	$150	$154
每單位成本	$130	$133
每月銷售單位數	1,550	1,580

16. **授信政策** Silver Spokes自行車商號決定在春季促銷期間授信給客戶，銷售量預計是500台，每台成本為$390，96%的客戶確定會付款，其他4%將交由徵信公司來確定他們的付款能力，徵信公司的收費是$750，再加上客戶的徵信報告費用，每份$6，公司是否應採用徵信公司的服務？

迷你個案

Howlett 企業的授信政策

Sterling Wyatt 是 Howlett 企業的總裁，他一直在尋找方法改善公司財務狀況。Howlett 製造並販售辦公室的設備給零售商，最近幾年公司的成長相對遲緩，但經濟的蓬勃似乎顯示未來銷售量會成長較快。Sterling 請公司的財務經理 Andrew Preston 檢視 Howlett 的授信政策，看看是否改變它可以增加獲利。

公司目前有淨 30 天的政策，正如任何的賒銷，呆帳違約率一直都是關切的焦點，由於 Howlett 的篩選及收款方法，目前的呆帳違約率是 1.6%。Andrew 檢視了公司和其他經銷商相關的授信政策，他找到三種可能方案。

第一種可能性是放寬公司的授信時點決策；第二種則是將信用期間延長到淨 45 天；第三種是前兩者的綜合。就正面而言，這三個方案都會增加營業額。三個方案也都有以下缺點：呆帳違約率會增加、公司應收帳款的管理費用會增加、還有應收帳款的收款期間也會加長。授信政策的改變會對這四個變數造成不同的程度影響，Andrew 準備了下表，勾勒出每個變數所受到的影響。

Howlett 的變動製造成本佔營業額的 45%，而攸關的有效年利率是 6%。

	年銷貨金額 （百萬美元）	呆帳違約率 （銷貨額百分比）	管理成本 （銷貨額百分比）	收款期間 （天數）
現行政策	$120	1.6%	2.2%	38 天
方案一	140	2.5	3.2	41 天
方案二	137	1.8	2.4	51 天
方案三	150	2.2	3.0	49 天

問 題

1. 公司應該採用哪個授信政策？
2. 還有，請注意方案三的呆帳違約率和管理成本高於方案二，這合理嗎？為什麼？

20A 授信政策的更進一步探討

本節附錄進一步探討授信政策,重點放在授信政策變動的評估方法,以及現金折扣的影響與客戶違約可能性的評估。

兩種替代方法

從本章的討論,我們了解如何計算授信政策改變的 NPV。現在討論兩種替代方法:只此一次法和應收帳款法。這兩者都是非常普遍的;這裡的目的是要驗證這兩種方法和 NPV 法是一樣的。之後,我們就可以使用其中最方便的一種。

只此一次法 回到 Locust Software 公司(在 20.3 節中)的例子。如果授信政策沒有改變,這個月 Locust 公司就會有 $(P-v)Q=\$29\times100=\$2,900$ 的淨現金流量。如果改變,這個月 Locust 將會投資 $vQ'=\$20\times110=\$2,200$,而在下個月將會收到 $PQ'=\$49\times110=\$5,390$。如果不考慮其他月份和現金流量,把這個視為只此一次的投資。Locust 應該選擇這個月的 \$2,900 現金,還是應該選擇投資 \$2,200,並在下個月回收 \$5,390 呢?

下個月的 \$5,390 的現值是 \$5,390/1.02=\$5,284.31,成本為 \$2,200,因此淨利是 \$5,284.31−2,200=\$3,084.31。比較現行政策下的 \$2,900 淨現金流量,Locust 應該改變政策。因為 NPV 是 \$3,084.31−2,900=\$184.31。

實際上,Locust 每個月都可以重複這種只此一次的投資,因此每個月都有(包含目前的這個月)\$184.31 的 NPV。這一系列 NPV 的 PV 是:

現值=\$184.31+184.31/0.02=\$9,400

這個現值和 20.3 節中的答案一樣。

應收帳款法 第二種方法經常被提及,而且非常有用。經由授信,公司可以藉著毛利的增加而提高現金流量。然而,公司必須增加應收帳款的投資,及相關的持有成本。應收帳款法著重應收帳款增量投資的費用與所增加的毛利潤之間的比較。

由授信而來的每個月利益是每單位毛利潤 $(P-v)$,乘以增加的銷貨量 $(Q'-Q)$。就 Locust 公司而言,每個月利益是 $(\$49-20)\times(110-100)=\$290$。

假設 Locust 公司改變授信政策,則應收帳款將從 \$0(因為沒有賒銷)上升至 PQ',因此 Locust 公司必須投資此金額在應收帳款上。這部份的投資可分成兩部份。第一個部份是 Locust 在舊政策下收到的 (PQ)。但因改變授信政策,Locust 必須以應收帳款持有這些款項 30 天。

第二個部份是銷貨增加而來的應收帳款。因為銷售單位從 Q 增加到 Q'，即使 30 天後才能收到帳款，Locust 必須在今天就生產這些數量。對 Locust 公司而言，額外產量的每單位成本是 v，所以額外銷貨量的投資金額是 $v(Q'-Q)$。

總之，若 Locust 公司改變授信政策，它投資在應收帳款上的金額就是 $P \times Q$ 的收益，再加上 $v(Q'-Q)$ 的生產成本：

應收帳款的增量投資 $= PQ + v(Q'-Q)$

這項投資的必要報酬（應收帳款的持有成本）每個月是 R，因此 Locust 公司的應收帳款持有成本是：

$$\begin{aligned}持有成本 &= [PQ + v(Q'-Q)] \times R \\ &= (\$4,900 + 200) \times 0.02 \\ &= \$102（每個月）\end{aligned}$$

因為每個月的利益是 \$290，而成本只有 \$102，因此每個月的淨利是 \$290 － 102 ＝ \$188。Locust 公司每個月可賺得 \$188，因此改變授信政策的 PV 是：

$$\begin{aligned}現值 &= \$188/0.02 \\ &= \$9,400\end{aligned}$$

答案和前面的結果是一樣的。

應收帳款法的一項優點是幫助我們理解先前的 NPV 求算。正如我們所看到的，改變授信政策所需的應收帳款投資是 $PQ+v(Q'-Q)$。如果回到起初 NPV 的計算結果，你將發現這就是 Locust 公司的政策改變成本。因此，先前的 NPV 金額就是在比較應收帳款的增量投資和未來現金流量的增量 PV。

最後還要注意一點。應收帳款增加量為 PQ'，這就是資產負債表上的應收帳款金額。然而，應收帳款的增量投資是 $PQ+v(Q'-Q)$。我們可以直接地看出，第二個值比第一個值小 $(P-v)(Q'-Q)$，而這個差額就是新銷貨的毛利潤，在政策改變下，Locust 公司並不用投資這項金額。

換言之，當我們對新顧客授信時，我們所承擔的風險就是銷貨的成本，並不是銷貨價格。這就是 20.5 節的課題。

範例 20A.1 額外授信

回到 Locust Software 的例子。假設預測銷貨量只增加 5 單位，而不是 10 單位，那麼授信政策改變的 NPV 是多少？應收帳款投資是多少？持有成本是多少？每個月來自授信政策改變的淨利益是多少？

如果改變授信政策，Locust 公司在今天放棄了 $P \times Q = \$4,900$。而額外的五個單位銷貨的單位成本是 $20，所以政策改變的成本是 $4,900 + 5 \times 20 = \$5,000$。每個月銷售額外五個單位的利益是 $5 \times (\$49 - 20) = \$145$。政策改變的 NPV 是 $-\$5,000 + 145/0.02 = \$2,250$，因此改變對公司有利。

$5,000 的成本可解釋為應收帳款的投資。在月利率 2% 下，持有成本是 $0.02 \times \$5,000 = \$100$。因為每個月的利益是 $145，而改變的淨利益是每個月 $45（$145 - 100）。每個月淨利益永遠是 $45，在 2% 月利率下的 PV 就是 $45/0.02 = \$2,250$。

折扣和違約風險

現在探討現金折扣、違約風險，以及這兩者間的關係。首先定義下列符號：

π＝賒銷中不付款的百分比
d＝給予顧客的現金折扣百分比
P'＝信用價格（無折扣的價格）

現金價格（P）就等於信用價格（P'）乘以 $(1-d)$：$P = P'(1-d)$，即 $P' = P/(1-d)$。

現在，Locust 公司的狀況有點複雜，如果改變目前的不授信政策，那麼改變的利益就來自於較高的銷貨價格（P'），以及可能的銷貨增加量（Q'）。

另外，在前面的例子中，因為顧客可以免費取得授信，所以所有顧客都會享用授信。現在，因為新政策提供現金折扣，所以並不是所有顧客都會享用授信，而且享用授信的顧客中，有一定的百分比（π）將不會付款。

為了簡化下面的討論，假設政策改變不會影響到銷貨量（Q）。這個假設並不具關鍵性，但可以簡化計算（參考附錄後面的第 5 題）。我們也假設所有顧客都會享用授信。這個假設也不具關鍵性。實際上，多少百分比的顧客會享用授

信,是無關緊要的。[3]

授信決策的 NPV 目前,Locust 公司以每單位 $P=\$49$ 的價格出售 Q 單位。Locust 正考慮 30 天信用期間的新政策,信用銷售價格為 $P'=\$50$。現金價格將維持在 $49,所以現金折扣實際上是 $(\$50-49)/\$50=2\%$。

Locust 授信的 NPV 是多少呢?原先 Locust 每個月收到 $(P-v)Q$。假設在較高價格下,每個顧客都會付款,那麼收到的金額就增加到 $(P'-v)Q$。然而,因為有 $\pi\%$ 的銷貨將收不到款項,因此 Locust 只能收到 $(1-\pi)\times P'Q$,所以淨額為 $[(1-\pi)P'-v]\times Q$。

因此,政策改變的效果是新政策下和舊政策下現金流量的差額:

$$\text{淨增量現金流量} = [(1-\pi)P'-v]\times Q - (P-v)\times Q$$

因為 $P=P'\times(1-d)$,所以上式可簡化為:[4]

$$\text{淨增量現金流量} = P'Q\times(d-\pi) \qquad [20A.1]$$

假設 Locust 改變政策,因為 $Q=Q'$,所以投資在應收帳款上的成本是 $P\times Q$,政策改變後的 NPV 為:

$$\text{NPV} = -PQ + P'Q\times(d-\pi)/R \qquad [20A.2]$$

例如,依據產業經驗,「壞帳」百分比(π)是 1%,那麼 Locust 改變授信條件後的 NPV 是多少?代入相關數字得到:

$$\begin{aligned}\text{NPV} &= -PQ + P'Q\times(d-\pi)/R \\ &= -\$49\times 100 + 50\times 100\times(0.02-0.01)/0.02 \\ &= -\$2,400\end{aligned}$$

---

[3] 這背後原因是所有顧客均享用相同授信條件,假如顧客均享用授信,授信的 NPV 為 $100,則授信的 NPV 是 $50,假如只有 50% 的顧客享用授信,這背後隱藏的假設是違約率為賒銷的一個固定比例。

[4] 為了了解這個式子,請注意,淨增量現金流量可寫成下式:

$$\begin{aligned}\text{淨增量現金流量} &= [(1-\pi)P'-v]\times Q - (P-v)\times Q \\ &= [(1-\pi)P'-P]\times Q\end{aligned}$$

因為 $P=P'\times(1-d)$,上式可以寫成:

$$\begin{aligned}\text{淨增量現金流量} &= [(1-\pi)P'-(1-d)P']\times Q \\ &= P'Q\times(d-\pi)\end{aligned}$$

因為政策改變的 NPV 是負的，Locust 不應該改變授信政策。

在 NPV 的式子中，關鍵因素是現金折扣百分比（d）和違約率（π）。如果銷貨額中違約率超過折扣比，那麼 $d-\pi$ 就是負的。顯然地，政策改變的 NPV 當然也是負的。這項結果說明了，授信決策就是在較高價格所增加的銷貨金額，與無法收回該銷貨的部份款項之間的取捨。

了解這個要點後，$P'Q \times (d-\pi)$ 就是銷貨的增加量減掉違約部份的款項。這也是來自授信政策改變的增量現金流入。例如，如果 d 是 5%，π 是 2%，概略來看，因為價格較高，所以收入增加 5%，但是因為違約率是 2%。收款只增加 3%，除非 $d > \pi$，否則，改變授信政策實際上會減少現金流量。

損益兩平的應用　因為公司可以掌控折扣百分比（d），因此主要的未知數是違約率（π）。Locust Software 公司的損益兩平違約率是多少呢？

令 NPV 等於 0，就可以找出違約率：

$$\text{NPV} = 0 = -PQ + P'Q \times (d-\pi)/R$$

移項整理得到：

$$PR = P'(d-\pi)$$
$$\pi = d - R \times (1-d)$$

所以，Locust 公司的損益兩平違約率是：

$$\pi = 0.02 - 0.02 \times (0.98)$$
$$= 0.0004$$
$$= 0.04\%$$

這個違約率相當小，因為 Locust 對授信顧客所收取的隱含利率（每個月 2% 的折扣利率，即 0.02/0.98＝2.0408%）只比必要報酬率 2% 高出一點點。所以如果改變授信政策是可行的話，就不容許有太大的違約空間。

觀念問題

20A.1a　公司如果授信，那麼它在應收帳款上的增量投資有哪些？
20A.1b　說明違約率和現金折扣間的取捨。

附錄自我測驗

20A.1 授信政策 分別使用「只此一次法」和「應收帳款法」重做自我測驗中的第 20.1 題。和前面一樣，每期的必要報酬為 2.0%，沒有違約。以下是公司的基本資料：

	現行政策	新政策
每單位價格	$ 175	$ 175
每單位成本	$ 130	$ 130
每月銷售單位數	1,000	1,100

20A.2 折扣和違約風險 De Long 公司正考慮改變授信政策。現行政策只允許以現金進行交易，每單位價格 $110，每期銷售 2,000 單位。在新授信政策下，價格將變成每單位 $120，而信用期間為一期。銷售量維持不變，而且所有顧客都會享用授信。De Long 預估大約有 4% 的顧客會違約。如果每期的必要報酬率是 2%，這項改變是個好主意嗎？如果只有一半的顧客會享用授信，那麼情況又是如何呢？

附錄自我測驗解答

20A.1 就如先前的例子，如果改變授信政策，則每期可以多賣 100 單位，每單位毛利潤是 $175－130＝$45。因此，每期總利潤是 $45×100＝$4,500。在每期永遠是 2.0% 下，PV 是 $4,500/0.02＝$225,000。

政策改變的成本等於這一期的收益 $175×1,000 單位＝$175,000，加上額外生產 100 單位的成本，100×$130＝$13,000。總成本為 $188,000，NPV 是 $225,000－188,000＝$37,000，結果顯示公司應該改變政策。

在應收帳款法下，將 $188,000 成本視為應收帳款的投資。在每期 2.0% 下，每期的持有成本為 $188,000×0.02＝$3,760。每期的利益為 $4,500，因此每期的淨利為 $4,500－3,760＝$740。在每期 2.0% 下，PV 是 $740/0.02＝$37,000。

最後，在「只此一次法」下，如果不授信，公司在這一期將產生 ($175－130)×1,000＝$45,000；如果授信，公司須投資 $130×1,100＝$143,000，並在一期後收到 $175×1,100＝$192,500。第二個方案下的 NPV

是 $192,500/1.02-143,000=$45,725.49$。授信後，公司在未來每一期多出 $45,725.49-45,000=$725.49$，這些現金流量的 PV 就是 $725.49+$725.49/0.02=$37,000$（四捨五入）。

20A.2 不論是否授信，每期成本都是一樣，所以我們可以不考慮生產成本。目前，公司每期出售並收款 $110\times 2,000=$220,000$。如果授信，銷貨額將提高到 $120\times 2,000=$240,000$。

由於違約率是銷貨額的 4%，所以新政策下的現金流入是 $0.96\times $240,000=$230,400$，換言之，每期多出額外的 $10,400。在每期 2% 下，PV 是 $10,400/0.02=$520,000$。如果改變授信政策，De Long 將放棄這個月 $220,000 的收入，因此改變後的 NPV 是 $300,000。如果只有一半的客戶選擇折扣，那麼 NPV 也將只有一半，即 $150,000。不管享用授信的顧客比率有多少，所得到的 NPV 都是正的。所以，這種改變是個好主意。

問 題

初級題

1. **評估授信政策** Bismark 公司正考慮改變銷貨條件。目前政策是只限現金交易，新政策將給予一期的授信。每單位價格是 $450，每期賣 25,000 單位。如果授信，價格會變成 $472。銷售量預期不會改變，且所有顧客都會選用授信。Bismark 估計 3% 的賒銷無法收到款項。如果每期必要報酬率是 2.5%，這項改變是個好主意嗎？

2. **評估授信政策** Johnson 公司每個月以每雙 $99 的現金價格，賣出 2,400 雙慢跑鞋。公司正考慮採用 30 天的信用期間，而賒銷價格提高至每雙 $100。現金價格仍維持在 $99，預期新政策將不會影響到銷售量，折扣期間是 20 天，每個月的必要報酬是 0.75%。
   a. 新授信條件該如何敘述？
   b. 在新政策下，應收帳款的投資是多少？
   c. 為什麼鞋子的變動成本在這裡是非攸關的。
   d. 如果違約率預期是 8%，公司應該改變政策嗎？損益兩平的賒銷價格是多少？損益兩平的現金折扣又是多少？

3. **信用分析** Silicon Wafers 公司（SWI）正在討論是否應授信給某特定顧客。SWI 的產品主要是使用在半導體製造上，目前每單位售價是 $975。每單位變

動成本是 $540。這位特定顧客擬訂購 15 單位，並在 30 天後付款。

a. 如果違約機率是 20%，SWI 應該接受該訂單嗎？每個月的必要報酬是 2%。這是一筆單次交易，而且若不授信，顧客就不會購買。

b. 在 (a) 中，損益兩平的違約機率是多少？

c. 如果授信被拒絕，顧客會改以現金交易，請說明 (a) 的答案會有何改變？現金價格是每單位 $910。

4. 信用分析 下列是兩個授信策略的相關資料：

	不授信	授信
每單位價格	$64	$69
每單位成本	$32	$33
每季銷售數量	5,800	6,400
付款機率	1.0	0.90

較高的每單位成本反映出賒銷的較高相關費用；而較高的每單位價格則反映出現金折扣的因素。假設信用期間是 90 天，負債成本是每個月 0.75%。

a. 根據以上資料，是否應該授信？

b. 在 (a) 中，損益兩平的每單位賒銷價格是多少呢？

c. 在 (a) 中，假設取得每位顧客信用報告的成本是 $1.50，並假設每位顧客購買一單位，而且信用報告可正確地分辨出不會付款的顧客，那麼公司應該授信嗎？

5. 授信政策改變的 NPV 假設某公司目前只以現金價格 P，每個月賣出 Q 單位。新授信政策容許一個月的信用期間，銷售量將是 Q'，每單位價格將是 P'。違約金額是賒銷金額的 π%，每單位變動成本是 v，而且預期不會改變。選用授信的顧客百分比是 α，每個月的必要報酬率是 R。試問改變政策的 NPV 是多少？請逐步解釋你的答案。

財務管理專題

第 21 章　國際財務管理

8

21

國際財務管理

2011年年初，日圓漲到過去幾年來從未出現的水準，但對日本汽車生產商而言，這未必是好消息。截至2010年9月底的六個月期間內，本田汽車（Honda）宣佈公司共損失大約¥490億（$5億9千2百萬）。在同一段期間，日產汽車（Nissan）損失大約¥550億（$6億6千5百萬），而豐田汽車（Toyota）損失大約¥1,200億（$14億5千萬）。在這三家汽車公司中，日產的反應最為激烈。在2010年7月，日產宣告將Micra小型車的生產線移到泰國。之後，在2011年年初，公司進一步宣佈將於2012年移動100,000輛Rogue車型的生產至美國，並於2013年將Leaf電動車的生產移至位於美國田納西州境內的新完工廠房。本章會探討貨幣及匯率在國際財務管理中所扮演的角色，及幾個其他重要課題。

　　若企業有重大的國外營運業務，則這類企業通常稱為國際企業（international corporations）或跨國企業（multinationals），相對於單純的國內企業，這些國際公司必須考慮額外的財務因素，包括：匯率、不同國家間的利率、國外營運所牽涉的複雜會計方法、外國稅制，以及外國政府干預等。

　　公司理財的基本原則依然適用在國際營運，類似於國內企業，多國企業為股東尋找價值大於成本的投資方案，並以最低成本來募集資金。換言之，淨現值法則（NPV rule）適用在國內或國外營運，只是運用在國外投資時，NPV法則變得複雜一些。

　　在國際財務管理中，最複雜的一個因素就是匯率，當多國企業在進行資本預算和融資決策時，外匯市場上的匯率資料提供了決策所需的重要資訊。誠如即將討論的，匯率、利率與通貨膨脹率三者是緊密相關的。本章相當多篇幅將探討這些變數的關聯性。

　　這裡不會討論太多有關文化和社會差異在多國企業中的角色，我們也不討論政治與經濟體制差異的涵義。這些因素對於多國企業當然是十分重要的，但是這

需要一本書才能做完整的討論。因此，本章重心放在國際財務管理中的一些純財務上的考慮及外匯市場的一些重要層面。

21.1　專業術語

對商業財務的學生而言，全球化（globalization）是經常琅琅上口的術語。學習金融市場全球化課程的第一個步驟是要克服新詞彙。就像其他專業領域一樣，國際財務管理也充滿了專業術語。因此，我們就以解釋新名詞來開始本章的主題。

下面列出的名詞依照英文字母的順序排列，並不代表它們是同等重要。這些名詞的挑選主要是因為它們經常出現在財經報章上，或是因為它們可以顯示國際財管用語的多樣性。

1. 美國存託憑證（American Depositary Receipt, ADR）是在美國發行的有價證券以表彰外國股票，該股票就間接地在美國境內交易。外國公司利用美元計價的 ADR 來吸引潛在的美國投資者。愈來愈多的外國公司採用兩種不同形式的 ADR 以吸引投資者：一種是由交易所上市公司所發起主辦，另一種則是由投資銀行所發起主辦，並為 ADR 造市。個人投資者可以同時投資這兩種形式的 ADR，但是只有公司發起的 ADR 在報紙上有每天報價的資料。

2. 當兩個國家（通常是美國以外）的匯率分別以第三個國家（通常是美國）的貨幣報價時，這兩個匯率報價所隱含的這兩個國家貨幣匯率就是交叉匯率（cross-rate）。

3. 歐洲債券（Eurobond）是以一個國家的貨幣（通常是發行者的本國貨幣）來計價，在數個國家發行的債券。這種債券已經變成跨國企業和政府募集資金的重要工具。歐洲債券的發行並不受在國內發行的種種限制，而且大部份是在倫敦聯合承銷和交易。實際上，只要有買方和賣方的地方，就可以交易。

4. 歐洲通貨（Eurocurrency）是本國通貨存放在國外的金融中心。例如，普遍的歐洲通貨——歐洲美元（Eurodollars），就是在美國境內銀行體系以外的美元存款。

5. 外國債券（foreign bonds）和歐洲債券不一樣，它只在一個國家發行，而且通常是以該國貨幣來計價。這些債券所發行的國家會區分這些外國債券和當地國內發行者所發行的債券，外國債券適用不同的稅法、發行量的限制及更嚴苛的揭露規定等。

外國債券通常會依照它們發行的所在國家特性來命名，例如，洋基債券（Yankee bonds）——在美國發行、武士債券（Samurai bonds）——在日本發行、林布蘭特債券（Rembrandt bonds）——在荷蘭發行、拳師狗債券（Bulldog bonds）——在英國發行。因為更嚴苛的規定及揭露標準，外國債券市場在過去幾年的成長並不如歐洲債券市場那麼蓬勃。

6. 上等債券（Gilts）是專指英國和愛爾蘭的政府債券。雖然，它也可包括英國地方債券和英國公共事業在海外所發行的債券。

7. 倫敦銀行同業拆款利率（London Interbank Offered Rate, LIBOR）是在倫敦市場上，國際銀行同業間的歐洲美元隔夜拆款利率。LIBOR是政府和公司在貨幣市場發行票券以及其他短期工具的定價基準。這些票券利率通常是以LIBOR向上加碼，然後每期利率隨著LIBOR浮動。

8. 金融交換（swaps）。有兩種基本的金融交換：利率交換和貨幣交換。利率交換是交換的雙方以浮動利率和固定利率互相作交換，貨幣交換則是以一種貨幣交換另一種貨幣的契約。當所交換的負債是以不同貨幣單位計價時，同時會有利率交換和貨幣交換。

觀念問題

21.1a 歐洲債券和外國債券有何差異？
21.1b 何謂歐洲美元？

21.2 外匯市場和匯率

無疑地，外匯市場（foreign exchange market）是世界上最大的金融市場。在這個市場上，一個國家的貨幣兌換成另一個國家的貨幣。大部份的交易集中在少數的幾種貨幣，包括：美元（$）、英鎊（£）、日圓（¥）和歐元（€）。表21.1列出一些較常見的貨幣和它們的代號。

外匯市場是屬於店頭市場，所以交易者並不是集中在單一地點。市場參與者是散佈在世界各地的主要商業銀行和投資銀行，它們使用電腦終端機、電話和其他電訊設備互相聯繫。例如，位在比利時的一個非營利機構：全球銀行間財務電信通訊社（Society for Worldwide Interbank Financial Telecommunications, SWIFT）

表 21.1　各國貨幣符號

國家	貨幣	符號
澳大利亞	Dollar	A$
加拿大	Dollar	Can$
中國	Yuan（Renminbi）	元
丹麥	Krone	DKr
歐洲經濟暨貨幣聯盟	Euro	€
印度	Rupee	Rs
伊朗	Rial	Rl
日本	Yen	¥
科威特	Dinar	KD
墨西哥	Peso	Ps
挪威	Krone	NKr
沙烏地阿拉伯	Riyal	SR
新加坡	Dollar	S$
南非	Rand	R
瑞典	Krona	SKr
瑞士	Franc	SF
英國	Pound	£
美國	Dollar	$

就支援一個外匯交易通訊網路系統。利用資料傳輸管線，紐約的銀行可以經由 SWIFT 的資料處理中心，將訊息送至倫敦的銀行。

外匯市場中有許多不同類型的參與者，包括：

1. 使用外國貨幣付款的進口商。
2. 收到外國貨幣，並要轉換成本國貨幣的出口商。
3. 買賣外國股票和外國債券的基金經理人。
4. 撮合買單和賣單的外匯經紀商。
5. 在外匯市場造市的交易員。
6. 企圖從匯率變化中謀利的投機客。

匯　率

匯率（exchange rate）就是一個國家的貨幣，以另一個國家的貨幣來表示的

網路作業

你剛從牙買加的夢幻假期回來,並且還剩有 10,000 牙買加幣,你感覺自己相當富有。你現在想把它轉換成美元,則你有多少美元呢?你可以找出目前的匯率然後自己進行換算,或者是直接在網路上作業。我們進到網站 www.xe.com,然後使用站上的外匯轉換器進行計算,以下是我們所看到的:

```
CURRENCY CONVERTER WIDGET
Converter   Rates   News   Info
                Mid-market rates: 2011-07-28 17:48 UTC
View Chart   10,000.00 JMD = 117.716 USD
             Jamaican Dollar    US Dollar
             1 JMD = 0.0117716 USD   1 USD = 84.9500 JMD
                    New Conversion
```

看來你是在把錢花光之前,離開了牙買加。

問 題

1. 使用外匯轉換器,找出目前美元/牙買加幣的匯率?
2. www.xe.com 網站也列出交叉匯率,找出目前日圓(¥)/歐元($)的交叉匯率?

價格。實務上,幾乎所有的外匯交易都是以美元為對象。例如,法國法郎和德國馬克都是以美元報價來交易的。匯率是經常變動的,上面的網路作業示範如何取得即時匯率資訊。

匯率報價 圖 21.1 是從 2011 年《華爾街日報》節錄下來的外匯匯率報價,前兩欄(標示為"U.S."),代表購買一單位外國貨幣所需的美元數量。因為這是每一單位外國貨幣的美元價格,所以稱為直接報價(direct quote)或是美式報價(American quote)〔記得「美國人是直接的」(Americans are direct)這句話〕。例如,澳幣報價是 0.9930,代表你可以用 $0.9930 買到 1 澳幣。

第三欄及第四欄所顯示的是間接匯率(indirect exchange rate),也就是歐式匯率(European exchange rate),是每單位美元的外國通貨價值。在此,澳幣的報價是 1.0070,所以你可以用 $1 換得 1.0070 澳幣。自然地,第二個匯率正好是第一個的倒數,也就是 1/0.9930=1.0070。

Currencies

U.S.-dollar foreign-exchange rates in late New York trading

Country/currency	Fri in US$	Fri per US$	US$ vs, YTD chg (%)
Americas			
Argentina peso*	.2503	3.9952	0.6
Brazil real	.5944	1.6824	1.4
Canada dollar	.9990	1.0010	0.3
1-mos forward	.9984	1.0016	0.3
3-mos forward	.9970	1.0030	0.3
6-mos forward	.9948	1.0052	0.3
Chile peso	.002064	484.50	3.5
Colombia peso	.0005349	1869.51	-2.6
Ecuador US dollar	1	1	unch
Mexico peso*	.0819	12.2055	-1.1
Peru new sol	.3606	2.773	-1.2
Uruguay peso†	.05060	19.76	-0.6
Venezuela b. fuerte	.232851	4.2946	unch
Asia-Pacific			
Australian dollar	.9930	1.0070	2.9
China yuan	.1519	6.5821	-0.1
Hong Kong dollar	.1284	7.7885	0.2
India rupee	.02178	45.914	2.7
Indonesia rupiah	.0001108	9025	0.2
Japan yen	.012176	82.13	1.1
1-mos forward	.012178	82.12	1.1
3-mos forward	.012185	82.07	1.1
6-mos forward	.012199	81.97	1.2
Malaysia ringgit	.3273	3.0553	-0.9
New Zealand dollar	.7722	1.2950	0.8
Pakistan rupee	.01168	85.616	-0.1
Philippines peso	.0227	44.092	1.0
Singapore dollar	.7783	1.2849	0.1
South Korea won	.0008961	1115.95	-0.5
Taiwan dollar	.03439	29.078	-0.3
Thailand baht	.03218	31.075	3.4

Country/currency	Fri in US$	Fri per US$	US$ vs, YTD chg (%)
Vietnam dong	.00005129	19498	unch
Europe			
Czech Rep. koruna	.05613	17.816	-4.8
Denmark krone	.1826	5.4765	-1.8
Euro area euro	1.3609	.7348	-1.8
Hungary forint	.004983	200.68	-3.6
Norway krone	.1720	5.8140	-0.2
Poland zloty	.3446	2.9019	-2.1
Russia ruble‡	.03354	29.815	-2.5
Sweden krona	.1532	6.5274	-2.9
Switzerland franc	1.0617	.9419	0.8
1-mos forward	1.0619	.9417	0.8
3-mos forward	1.0626	.9411	0.8
6-mos forward	1.0636	.9402	0.9
Turkey lira**	.6194	1.6144	4.7
UK pound	1.5861	.6305	-1.7
1-mos forward	1.5858	.6306	-1.7
3-mos forward	1.5849	.6310	-1.7
6-mos forward	1.5832	.6316	-1.7
Middle East/Africa			
Bahrain dinar	2.6522	.3770	unch
Egypt pound*	.1707	5.8575	0.9
Israel shekel	.2721	3.6751	4.3
Jordan dinar	1.4119	.7083	unch
Kuwait dinar	3.5742	.2798	-0.6
Lebanon pound	.0006634	1507.39	0.5
Saudi Arabia riyal	.2666	3.7509	unch
South Africa rand	.1390	7.1942	8.6
UAE dirham	.2722	3.6738	unch
SDR††	1.5643	.6393	-1.6

*Floating rate †Financial §Government rate ‡Russian Central Bank rate **Rebased as of Jan 1, 2005
††Special Drawing Rights (SDR); from the International Monetary Fund; based on exchange rates for U.S., British and Japanese currencies.

資料來源：Reprinted by permission of *The Wall Street Journal*, © 2011 Dow Jones & Company, Inc., January 31, 2011. All Rights Reserved Worldwide.

圖 21.1　匯率報價

範例 21.1　歐元對日圓

假設你有 $1,000。根據圖 21.1 的匯率資料，你可以換得多少日圓？或者，如果一部保時捷（Porsche）跑車的價格是 €100,000（請記得 € 是歐元的縮寫），你需要多少美元才能買一部？

美元對日圓的匯率是 82.13（第三欄），所以 $1,000 可以換得：

$1,000 × 82.13　¥/$ ＝ ¥82,130

因為 € 對美元的匯率是 1.3609（第二欄），因此你需要：

€100,000 × $1.3609/€ = $136,090

交叉匯率和三角套匯　使用美元作為外匯報價的共同計價單位可以大大地降低交叉匯率報價的個數。例如，若有五種不同的貨幣，以美元作為共同計價單位只需四個匯率，不是十個。[1] 而且也可以避免外匯匯率的不一致性。

在之前，我們定義交叉匯率為一非美國貨幣以另一非美國貨幣表示的匯率。例如，若我們觀察到下列歐元（€）及瑞士法郎（SF）的資料：

€/$1 = 1.00C
SF/$1 = 2.00

假設交叉匯率報價為：

€/SF = 0.40

你覺得如何？

這裡的交叉匯率與其他匯率產生不一致性。假設你有 $100，如果你把它轉換成瑞士法郎，你將收到：

$100 × SF 2/$1 = SF 200

如果你以交叉匯率再將它轉換成歐元，你將有：

SF 200 × €0.4/SF 1 = €80

然而，如果直接把美元換成歐元，那麼你將有：

$100 × €1/$1 = €100

兩種方法產生兩個歐元價格，€1/$1 和 €0.80/$1。

想套利，就要買低賣高。在這個例子裡，以美元購買歐元的價格比較便宜，因為我們可以得到 €1，而不只是 €0.8。因此，我們應該依照下列方式進行操作：

---

[1] 有四種不同貨幣，若以其中一種為計價的單位，則需四個不同的匯率，因為要扣除本身對自己的交換，所以是 5 種－1 種＝4 種。有五種不同貨幣，若不以其中一種為計價的單位，則看來似乎需要 25 種匯率才能完成所有可能的交換，但是其中五種是本身對自己的匯率，扣除後，還剩 20 種，而這 20 種，其中一半是另一半的倒數，所以事實上有十種是多餘的。所以，最後剩下十種，若以其中一種貨幣為計價的單位，則可進一步縮減成四種匯率。

1. 以 $100 購買 €100。
2. 在交叉匯率下，以 €100 購買瑞士法郎。因為需要 €0.4 才能買 1 瑞士法郎，你將收到 €100/0.4＝SF 250。
3. 以 SF 250 購買美元，因為匯率是 $1 兌換 2 瑞士法郎，所以你收到 SF 250/2＝$125，這來回一趟的利潤是 $25。
4. 重複第 1 至第 3 步驟。

這種行為稱為三角套利（triangle arbitrage），因為這種套利牽涉到三種不同匯率間的轉換：

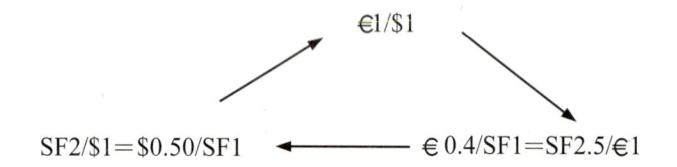

€1/$1

SF2/$1＝$0.50/SF1 ← €0.4/SF1＝SF2.5/€1

因為 $1 可以購買 €1，或 2 瑞士法郎，所以要防止這種套利機會，交叉匯率必須為：

(€1/$1)/(SF 2/$1)＝€1/SF 2

每 €1 必須要兌換 2 瑞士法郎。如果不是這個比值，那麼就存在著三角套利機會。

範例 21.2　英鎊

假設英鎊和瑞士法郎對美元的匯率分別是：

Pound/$1＝0.60
SF/$1＝2.00

交叉匯率是 £1 兌換 3 法郎，這樣具一致性嗎？試解釋如何進行套利。

交叉匯率應該是 £1 兌換 3.33 瑞士法郎（＝SF 2.00/£0.60），我們可以在市場中先以 3 瑞士法郎購買 £1，而在另一市場賣出 £1 換得 3.33 瑞士法郎，我們得先弄些瑞士法郎，然後以這些瑞士法郎去購買英鎊，然後再賣掉這些英鎊。假設你有 $100，你可以：

1. 把美元換成馬克：$100×2＝SF 200。
2. 把馬克換成英鎊：SF 200/3＝£66.67。
3. 把英鎊換成美元：£66.67/0.60＝$111.12。

結果將得到 $11.12 的利潤。

交易種類 外匯市場上有兩種基本的交易類型：即期交易和遠期交易。**即期交易**（spot trade）是一種「即刻」（on the spot）交換貨幣的契約，它的意思是指在兩個營業日內完成貨幣交割。即期交易中的匯率就稱為**即期匯率**（spot exchange rate）。到目前所討論的為止，所有匯率和外匯交易都是針對即期市場。

遠期交易（forward trade）是在未來某一時點交換貨幣的契約。契約到期日時的匯率是在今天設定的，所以稱為**遠期匯率**（forward exchange rate）。遠期交易通常是在未來 12 個月內交割。

圖 21.1 列出一些主要國家的遠期匯率報價。例如，瑞士法郎的即期匯率是 SF 1＝$1.0617，180 天期的遠期匯率是 SF 1＝$1.0636。你可以在今天以 $1.0617 購買 1 瑞士法郎，或者你可以在 180 天後以 $1.0636 取得 1 瑞士法郎。

請注意，瑞士法郎在遠期市場是比較貴（$1.0636 相對於 $1.0617），因為瑞士法郎在未來比今天貴。也就是瑞士法郎相對於美元是以溢價（premium）出售。同樣的道理，美元相對於瑞士法郎是以折價（discount）出售。

為什麼會有遠期市場呢？其中一個原因是，它可供企業和個人在今天鎖定未來的匯率，以消除匯率波動的風險。

範例 21.3　向前看

假設你預期在六個月後收到 £1,000,000，而且你以遠期交易把英鎊兌換成美元。根據圖 21.1，你將在六個月後拿到多少美元？相對於美元，英鎊是以折價或溢價出售呢？

在圖 21.1 中，以美元表示的英鎊即期匯率和 180 天期匯率分別是 $1.5861＝£1 和 $1.5832＝£1。如果你預期在 180 天後收到 £1,000,000，你將可以收到 £1 百萬 × $1.5832＝$1.5832 百萬。因為在遠期市場購買英鎊比在即期市場便宜（$1.5832 相對於 $1.5861），所以英鎊相對於美元是以折價出售。

正如前面所提過的，以美元對外匯報價是全世界的標準作法（只有非常少數的例外），這代表著匯率是以 $1 的外國貨幣數量來報價。下面的章節將維持這種報價方式，請記住這點，否則你很容易搞混淆。因此，當我們提及「預期匯率會上漲」時，要記得我們是以 $1 的外國貨幣數量作為報價的匯率。

> **觀念問題**
>
> 21.2a 何謂三角套利？
> 21.2b 何謂 90 天期的遠期匯率？
> 21.2c 如果我們說匯率是 SF 1.90，這代表什麼意思？

21.3 購買力平價假說

既然已經討論過匯率報價的意義，接下來的問題是：哪些因素決定即期匯率水準的呢？另外，匯率是一直在波動，因此另一個相關的問題是：哪些因素決定匯率的變動率呢？這兩個問題都可以從購買力平價假說（purchasing power parity, PPP）得到部份解答，PPP 認為匯率的調整是為了維持兩國貨幣有同等的購買力。下面討論兩種形式的 PPP：絕對購買力平價假說與相對購買力平價假說。

絕對購買力平價假說

絕對購買力平價假說（absolute purchasing power parity）的基本觀念是，同一商品不管以哪一種貨幣買賣，或是在哪裡買賣，其價格都一樣。這是個非常直覺的觀念，如果啤酒在倫敦的售價是 £2，匯率是 $1 兌換 £0.60，那麼啤酒在紐約的價格就是 £2/0.60＝$3.33。換言之，絕對購買力平價假說認為，$1 在全世界任何地方都可以買到一樣個數的吉士漢堡。

更進一步的探討，令 S_0 為目前（時點 0）英鎊對美元的即期匯率。記得，我們是以 $1 的外國貨幣數量作為匯率報價。令 P_{US} 和 P_{UK} 分別代表某一特定商品，例如蘋果，在美國和在英國的價格。絕對購買力平價假說認為：

$$P_{UK} = S_0 \times P_{US}$$

這個式子說明某商品在英國價格等於該商品在美國的價格乘上匯率。

絕對購買力平價假說的推理和三角套利類似。如果絕對購買力平價不成立，就可以把蘋果從一個國家運送到另一個國家以套取利益。例如，在紐約，每蒲式耳蘋果賣 $4，而在倫敦每蒲式耳賣 £2.40。絕對購買力平價假說隱含著：

$$P_{UK} = S_0 \times P_{US}$$
$$£2.40 = S_0 \times \$4$$
$$S_0 = £2.40/\$4 = £0.60$$

也就是說，隱含的即期匯率是 $1 兌換 £0.60，相當於每 £1 值 $1/£0.6＝ $1.67。

假設實際的匯率是 £0.50。貿易商可以用 $4 在紐約買一蒲式耳的蘋果，運到倫敦，並在那裡以 £2.40 賣掉。然後，這位貿易商可以以現行匯率，S_0＝ £0.50，把 £2.40 轉換成美元，總共是 £2.40/0.50＝$4.80，這中間的利得為 $0.80。

這個套利機會將造成匯率或蘋果價格的改變。在前面的例子中，蘋果從紐約運到倫敦，紐約的蘋果供給量減少，造成蘋果價格上漲，而英國的蘋果供給量增加，造成當地蘋果價格下跌。

另外，蘋果貿易商忙著把英鎊換成美元，以便購買更多的蘋果。這些外匯交易同時會增加英鎊的供給和美元的需求。我們將預期英鎊的價值下跌，這意味著美元的價值上升，需要更多的英鎊才能換成 $1。因為匯率是以 $1 的英鎊數量報價，我們預期匯率將會從 £0.50 上升。

絕對購買力平價假說要成立，下列條件必須先成立：

1. 蘋果的交易成本，包括運送、保險和損壞等，必須是零。
2. 蘋果交易沒有障礙，像關稅、市場稅或其他政治性障礙。
3. 最後，紐約的蘋果必須和倫敦的蘋果完全同質。如果英國人只吃綠蘋果，你把紅蘋果運到倫敦也沒有用。

事實上，交易成本不可能為零，而其他條件也未必能成立。所以，絕對購買力平價假設實際上只適用在同質性非常高的交易商品上。

因此，絕對購買力平價假說並不意味著賓士轎車和福特轎車的價格是一樣的，或位在法國核電廠的價格和位在紐約的價格一樣。在汽車的例子中，它們並非完全一模一樣；在核電廠的例子裡，即使它們完全一模一樣，運送也很困難，而且很昂貴。另一方面，如果黃金這項商品明顯地違反了絕對購買力平價假說，我們必定會很驚訝。

找尋違反絕對 PPP 的例子並不是困難之事，例如，在 2010 年年底，藍光鑽石版的《美女與野獸》DVD 影片在紐約的售價是 $36。在同一時間，在首爾的售價是 KRW 27,500（即 $25），而在倫敦的售價是 £16.83（即 $25）。在一些國家，售價則較昂貴，在香港的售價是 HK $325（即 $42），在曼谷的售價是 THB 1,334（即 $45）。想找一些比較高檔的例子嗎？德賴斯‧范諾頓（Dries Van Noten）的男士真絲流蘇方巾在紐約的售價是 $222，在倫敦的售價是 £165（即 $259），在東京的售價是 ¥23,100（即 $284）。

相對購買力平價假說

基於實用上的考量，相對購買力平價假說被提出來。相對購買力平價假說（relative purchasing power parity）並沒有說明哪些因素決定匯率的絕對水準，但它說明了哪些因素決定匯率的變動。

基本概念 假設英鎊對美元的匯率是 $S_0 = £0.50$，預期下一年英國的通貨膨脹率是 10%，而預期美國的通貨膨脹率是零。那麼，你預測一年後的匯率將是多少？

目前 \$1 的價格是 £0.50。在 10% 通貨膨脹率下，我們預期英國的價格將上揚 10%。所以，我們預期每 \$1 的價格將上升 10%，而匯率也將升至 £0.50×1.1 = £0.55。

如果美國的通貨膨脹率不是零，那麼我們必須考慮這兩個國家的相對通貨膨脹率。例如，如果預期美國的通貨膨脹率是 4%，相對於美國的價格，英國的價格以每年 10%−4%=6% 的速度上漲。所以，我們預期美元的價格會上升 6%，預期的匯率將會是 £0.50×1.06 = £0.53。

結果 一般而言，相對購買力平價假說認為匯率的變動是受到兩個國家間的通貨膨脹率差的影響。我們使用下列符號作進一步的說明：

$S_0 =$ 目前（時點 0）的即期匯率（每 \$1 的外國貨幣數量）
$E(S_t) = t$ 期後的預期匯率
$h_{US} =$ 美國的通貨膨脹率
$h_{FC} =$ 外國的通貨膨脹率

根據上面的討論，相對購買力平價假說認為下一年中的匯率預期變動率 $[E(S_1) - S_0]/S_0$ 是：

$$[E(S_1) - S_0]/S_0 = h_{FC} - h_{US} \qquad [21.1]$$

簡言之，相對購買力平價假說預期的匯率變動率等於兩國通貨膨脹率的差異。稍微移項整理，就可以得到：

$$E(S_1) = S_0 \times [1 + (h_{FC} - h_{US})] \qquad [21.2]$$

這個結果似乎蠻有道理的，但在匯率報價上必須小心。

就前述的英國和美國例子而言，相對購買力平價假說認為匯率每年將上升 $h_{FC} - h_{US} = 10\% - 4\% = 6\%$。假設通貨膨脹率的差異不變，那麼兩年後的預期匯率

E(S_2) 是：

$$E(S_2) = E(S_1) \times (1 + 0.06)$$
$$= 0.53 \times 1.06$$
$$= 0.562$$

我們也可以把上式寫成：

$$E(R_2) = 0.53 \times 1.06$$
$$= 0.50 \times (1.06 \times 1.06)$$
$$= 0.50 \times 1.06^2$$

一般而言，相對購買力平價假說認為在未來某一時點的預期匯率 E(S_t) 是：

$$E(S_t) = S_0 \times [1 + (h_{FC} - h_{US})]^t \qquad [21.3]$$

這是個非常有用的式子。

我們並不認為絕對購買力平價假說可以適用在大部份商品上，所以下面的討論將把重點放在相對購買力平價假說上。因此，當我們提到 PPP，若沒有特別聲明，它就是相對購買力平價假說。

範例 21.4 相對購買力平價假說

假設目前的匯率是 \$1 兌換 ¥105，在未來三年期間，日本的每年通貨膨脹率將是 2%，美國的每年通貨膨脹率則將是 6%。根據相對購買力平價假說，三年後的匯率將是多少？

因為美國的通貨膨脹率較高，我們預期美元將變得較沒有價值，每年匯率的變動將是 2% − 6% = −4%，三年後匯率將下降到：

$$E(S_3) = S_0 \times [1 + (h_{FC} - h_{US})]^3$$
$$= 105 \times [1 + (-0.04)]^3$$
$$= 92.90$$

貨幣升值和貶值 我們經常聽到「今天美元在市場上走強（或疲軟）」，或「預期美元對英鎊升值（或貶值）」這類說辭。當我們說美元強勢或升值，所指的是美元價值上升，所以需要更多的外國貨幣才能購買 \$1。

當貨幣價值波動時，匯率的變化完全視匯率的報價而定。因為我們是以 $1 的外國貨幣單位來報價，匯率和美元價值呈相同方向變動：當美元強勢，匯率就上升；美元疲軟，匯率就下跌。

相對購買力平價假說認為，如果美國的通貨膨脹率低於外國，匯率就會上升。這是因為外國貨幣貶值，對美元走弱。

觀念問題

21.3a 絕對購買力平價假說的內容是什麼？為什麼它不適用在眾多商品上？
21.3b 依據相對購買力平價假說，哪些因素決定了匯率的變動？

21.4 利率平價假說、不偏遠期匯率和國際費雪效果

接下來的課題是探討即期匯率、遠期匯率和利率間的關係。首先，定義一些符號：

F_t＝在時點 t 交割的遠期匯率
R_{US}＝美國的無風險名目利率
R_{FC}＝外國的無風險名目利率

就如先前一樣，以 S_0 代表即期匯率。美國的無風險名目利率 R_{US}，以國庫券利率來代表。

受拋補利息套利

假設我們從市場上觀察到下列有關美國和瑞士貨幣的資訊：

S_0＝SF 2.00
F_1＝SF 1.90
R_{US}＝10%
R_S＝5%

其中，R_S 是瑞士的無風險名目利率。期間是一年，所以 F_1 是 360 天期的遠期匯率。

這裡是否有套利機會呢？是的，假設你有 $1 要從事無風險投資。那麼你可以選擇把 $1 投資在美國的無風險資產上，例如，360 天期的國庫券。如果你這樣做的話，一年後，$1 將值：

$$一年後\ \$1\ 的價值 = \$1 \times (1 + R_{US})$$
$$= \$1.10$$

或者，你可以投資在瑞士的無風險資產。你必須先把 $1 轉換成瑞士法郎，同時簽訂一個遠期交易，約定在一年後將瑞士法郎轉換回美元。這些步驟如下：

1. 把 $1 轉換成 $1 × S_0 = SF 2.00。
2. 同時簽訂一個遠期契約，一年後把瑞士法郎換回美元，因為遠期匯率是 SF 1.90，一年後的 SF 1.90，可以換成 $1。
3. 將 SF 2.00 以 R_S 利率投資在瑞士。一年後，你將有：

$$一年後\ SF\ 的價值 = SF\ 2.00 \times (1 + R_S)$$
$$= SF\ 2.00 \times 1.05$$
$$= SF\ 2.10$$

4. 以約定的 SF 1.90 = $1 匯率，將 SF 2.10 換回美元：

$$一年後的\ \$\ 價值 = SF\ 2.10/1.90$$
$$= \$1.1053$$

一年後，這個策略所帶來的價值可以寫成：

$$一年後的\ \$\ 價值 = \$1 \times S_0 \times (1 + R_S)/F_1$$
$$= \$1 \times 2 \times 1.05/1.90$$
$$= \$1.1053$$

這項投資的報酬是 10.53%，比投資在美國的 10% 還高。因為這兩項投資都是無風險的，所以有套利機會。

要套取利率的差異，你必須以較低的美國利率借款（假設借款是 $500 萬），並將款項投資在較高的瑞士利率，這個策略的利潤是多少呢？我們可以依照先前的步驟找出答案：

1. 以 SF 2 = $1 轉換 $5,000,000，取得 SF 10,000,000。
2. 一年後以 SF 1.90 兌換 $1，將瑞士法郎換成美元。

3. 在 $R_s = 5\%$ 下，投資 SF 10,000,000 一年，一年後，你將有 SF 10,500,000。
4. 把 SF 10,500,000 換回美元，以履行遠期契約，你將收到 SF 10,500,000/1.90 = $5,526,316。
5. 償還借款和利息。你積欠 $5,000,000，加上 10% 的利息，共 $5,500,000。而你手上有 $5,526,316，所以無風險利潤是 $26,316。

上述這些套利活動就是所謂受拋補利息套利（covered interest arbitrage）。受拋補（covered）這個術語是指如果匯率變動，也不會受損，因為今天我們已經鎖定了遠期匯率。

利率平價假說

如果不存在著受拋補利息套利機會，那麼即期匯率、遠期匯率和相對利率必定存在著某種關係。為了明白這個關係，首先回顧上面的策略 1，也就是投資在美國的無風險資產上，每 $1 的投資將得到 $(1+R_{US})$；而策略 2，也就是投資在外國的無風險資產上，每 $1 的投資將可以得到 $S_0 \times (1+R_{FC})/F_1$。這兩個值必須相等，才不會有套利情形，所以下列等式必定成立：

$$1+R_{US} = S_0 \times (1+R_{FC})/F_1$$

移項整理，就可以得到著名的利率平價假說（interest rate parity, IRP）：

$$F_1/S_0 = (1+R_{FC})/(1+R_{US}) \qquad [21.4]$$

另外，有一個非常有用的 IRP 近似式。這個近似式不僅能清楚地說明 IRP 的內容，而且很容易記。如果將遠期折溢價百分比定義為 $(F_1-S_0)/S_0$，那麼利率平價假說認為，這個折溢價百分比約略等於利率的差異：

$$(F_1-S_0)/S_0 = R_{FC} - R_{US} \qquad [21.5]$$

IRP 認為在某段期間內兩個國家的利率差異，正好被貨幣相對價值的變動所抵銷，因而消除了套利的機會。我們也可以把上式寫成：

$$F_1 = S_0 \times [1+(R_{FC}-R_{US})] \qquad [21.6]$$

一般而言，如果有 t 期，而非僅一期，IRP 的近似式就可以寫成：

$$F_t = S_0 \times [1+(R_{FC}-R_{US})]^t \qquad [21.7]$$

範例 21.5　檢查平價關係

假設目前的匯率 S_0 是 ¥120＝$1。如果美國的利率是 R_{US}＝10%，而日本的利率是 R_J＝5%，遠期匯率必須是多少，才不會出現受抛補利息套利呢？

根據 IRP，得知：

$$F_1 = S_0 \times [1+(R_J - R_{US})]$$
$$= ¥120 \times [1+(0.05-0.10)]$$
$$= ¥120 \times 0.95$$
$$= ¥114$$

請注意，相對於美元，日圓是以溢價出售。（為什麼？）

遠期匯率和未來的即期匯率

除了購買力平價假說和利率平價假說外，還有一個基本關係式值得討論：遠期匯率和預期未來的即期匯率間的關係。不偏的遠期匯率（unbiased forward rates, UFR）認為遠期匯率 F_1，等於預期未來的即期匯率 $E(S_1)$：

$$F_1 = E(S_1)$$

如果是有 t 期，UFR 就可以寫成：

$$F_t = E(S_t)$$

概略地說，UFR 認為，平均而言遠期匯率等於未來的即期匯率。

如果不考慮風險，那麼 UFR 應該成立。假設日圓的遠期匯率一致地比未來即期匯率低，假設低 10 日圓。這意味著，若想在未來把美元轉換成日圓，只要不簽訂遠期契約，就可以兌換到更多日圓。因此，遠期匯率必須上升才能吸引投資者從事遠匯交易。

同樣地，如果遠期匯率都一直高於未來的即期匯率，那麼若想在未來把日圓轉換成美元，只要不進行遠期交易，就可以兌換到更多的美元。因此，遠期匯率必須下跌，以吸引交易者。

基於這些理由，平均而言，遠期匯率和實際的未來即期匯率必須相等。當然，未來即期匯率的實際值是不確定的。如果交易者願意付出代價以避免這種不確定性，那麼 UFR 可能不會成立。如果 UFR 成立，今天的 180 天期遠期匯率應

該就是 180 天後的實際即期匯率的不偏預測值。

綜合討論

我們已經導出三個關係式：PPP、IRP 和 UFR。這些關係式說明了利率、匯率和通貨膨脹率之間的互動關係。現在，我們整體地探討這些關係式的涵義。

未受拋補利息平價假說　首先把這些國際金融市場關係式全部列在下面：

PPP：$E(S_t) = S_0 \times [1 + (h_{FC} - h_{US})]$

IRP：$F_1 = S_0 \times [1 + (R_{FC} - R_{US})]$

UFR：$F_1 = E(S_1)$

我們先結合 UFR 和 IRP。從 UFR 得知 $F_1 = E(S_1)$，所以用 $E(S_1)$ 取代 IRP 中的 F_1，就得到下式：

UIP：$E(S_1) = S_0 \times [1 + (R_{FC} - R_{US})]$　　　　　　　　　　　　　[21.8]

這個重要關係式就稱為**未受拋補利息平價假說**（uncovered interest parity, UIP），下面的國際資本預算討論中，經常會使用這個關係式。如果有 t 期，UIP 就變成：

$$E(S_t) = S_0 \times [1 + (R_{FC} - R_{US})]^t$$　　　　　　　　　　　　　[21.9]

國際費雪效果　接下來，我們比較 PPP 和 UIP，這兩個關係式的左邊都是 $E(S_1)$，所以它們的右邊必須相等。因此我們得到：

$$S_0 \times [1 + (h_{FC} - h_{US})] = S_0 \times [1 + (R_{FC} - R_{US})]$$

$$h_{FC} - h_{US} = R_{FC} - R_{US}$$

所以，美國和外國間報酬率的差正好等於通貨膨脹率的差。移項整理，可以得到**國際費雪效果**（international Fisher effect, IFE）：

IFE：$R_{US} - h_{US} = R_{FC} - h_{FC}$　　　　　　　　　　　　　　　　　[21.10]

IFE 說明了每個國家的實質報酬率都相等。[2]

每個國家的實質報酬率都相等的結論是基本的經濟學觀念。如果巴西的實質報酬率比美國高，那麼資金就會從美國的金融市場流入巴西的金融市場。巴西的資產價格將上漲，報酬率將下跌；同時，美國的資產價格將下跌，報酬率將上漲。這種過程會導致兩者的實質報酬率相等。

---

[2] 請注意，我們在此所得到的結果是實質報酬率的近似值，$R - h$（參見第 7 章），因為所使用的 PPP 與 IRP 都是取其近似關係式。

探討了這些關係式後，有兩件事要注意第一，我們並沒有將風險納入討論。一旦將風險考慮進來，有關實質報酬的結論可能會不一樣。尤其是，當不同國家的投資者對風險持不同的態度時；第二，資金和資本的移動存在著眾多障礙。如果資金無法在兩個國家間自由地移動，那麼這兩個國家的實質報酬差異就可能存在一段長時間。

儘管有這些問題，我們預期未來資本市場將愈來愈國際化。屆時，任何實質報酬差異的現象都會慢慢地消失。經濟學的法則就是看輕各國間的交易壁壘。

> **觀念問題**
>
> **21.4a** 何謂受拋補利息套利？
> **21.4b** 何謂國際費雪效果？

21.5 國際資本預算

以美國為基地的跨國企業 Kihlstrom Equipment 正在評估某項海外投資方案。這家公司的鑽孔機螺旋錐外銷已經成長到相當水準，因此公司考慮在法國建廠。這個專案的期初成本為 €2,000,000，預期在未來三年期間內，每年的現金流量是 €900,000。

歐元的即期匯率是 €0.5。記得，這是 $1 的歐元價格，所以 €1 的價值是 $1/0.5 = $2。美國的無風險利率是 5%，「歐元」的無風險利率則是 7%。匯率和這兩個利率都是取自金融市場，不是估計得到的。[3] Kihlstrom 公司對這項投資所要求的報酬率是 10%。

Kihlstrom 公司是否應該進行這項投資呢？答案視 NPV 而定。但是我們如何以美元來計算這項專案的淨現值呢？有兩種基本方法可供採用：

1. **本國貨幣法**（home currency approach）：首先把所有的歐元現金流量轉換成美元，然後以 10% 折現，求出美元的 NPV。在這種方法下，必須先預測未來的匯率，以便將未來預期的歐元現金流量轉換成美元。
2. **外國貨幣法**（foreign currency approach）：首先決定出歐元投資的必要報酬，再把歐元現金流量折現，以求得的 NPV。然後把這個歐元 NPV 轉換成

---
[3] 例如，我們可藉由觀察大型金融行庫所提供的短期歐洲美元及歐元存款利率來代表無風險利率。

美元NPV。在這種方法下，必須先決定如何將10%的美元必要報酬，轉換成等值的歐元必要報酬。

這兩種方法的差別主要是把歐元轉換成美元的時點。在第一個情況下，在估計 NPV 之前就轉換；而在第二個情況下，則在估計完 NPV 之後才轉換。

第二種方法似乎比較好，因為只需估計一個數字——歐元的折現率。另外，第一種方法必須預測未來的匯率，所以在計算過程中，錯誤的機會比較大。然而，就如下面例子所示，這兩種方法實際上是一樣的。

方法一：本國貨幣法

要將專案的未來現金流量轉換成美元，必須應用未受拋補利息平價假說以求出預期的匯率。根據之前的討論，在時點 t 的預期匯率 $E(S_t)$ 是：

$$E(S_t) = S_0 \times [1+(R_{€}-R_{US})]^t$$

其中，$R_{€}$ 代表歐元的無風險名目利率。因為 $R_{€}=7\%$、$R_{US}=5\%$，而且即期匯率（S_0）是 €0.5，所以：

$$E(S_t) = 0.5 \times [1+(0.07-0.05)]^t$$
$$= 0.5 \times 1.02^t$$

因此，預期匯率是：

年	預期的匯率
1	€0.5×1.02¹＝€0.5100
2	€0.5×1.02²＝€0.5202
3	€0.5×1.02³＝€0.5306

根據這些匯率和目前即期匯率，我們可以把所有歐元現金流量轉換成美元（請注意，本例子裡所有現金流量都是以百萬為單位）：

年	(1) 以歐元計價 的現金流量	(2) 預期匯率	(3) 以美元計價 的現金流量 (1)/(2)
0	−€2.0	€0.5000	−$4.00
1	0.9	0.5100	1.76
2	0.9	0.5202	1.73
3	0.9	0.5306	1.70

最後，我們依照以前的方式計算出 NPV：

$$\text{NPV}_\$ = -\$4.00 + \$1.76/1.10 + \$1.73/1.10^2 + \$1.70/1.10^3$$
$$= \$300,000$$

所以，這個專案看起來是有利可圖的。

方法二：外國貨幣法

Kihlstrom 公司對以美元計價的現金流量所要求的報酬率是 10%。我們必須把這個 10% 的報酬率轉換成以歐元計價的現金流量報酬率。根據國際費雪效果，可知名目利率的差是：

$$R_\euro - R_{US} = h_\euro - h_{US}$$
$$= 7\% - 5\% = 2\%$$

所以，這個專案的歐元現金流量適當折現率，大約是等於 10% 再加上額外的 2%，以補償歐元較高的通貨膨脹率。

如果我們以這個報酬率來計算歐元現金流量的 NPV，就可以得到：

$$\text{NPV}_\euro = -\euro 2 + \euro 0.9/1.12 + \euro 0.9/1.12^2 + \euro 0.9/1.12^3$$
$$= \euro 160,000$$

這個專案的 NPV 是 €160,000。執行這項專案可以獲得 €16 萬，換成美元是多少呢？因為目前的匯率是 €0.5，這項專案的美元 NPV 是：

$$\text{NPV}_\$ = \text{NPV}_\euro / S_0 = \euro 160,000/0.5 = \$300,000$$

這和前面的美元 NPV 是一樣的。

從上面的例子可以看出一項重點，這兩種資本預算方法實際上是一樣的，而且答案必定一樣。[4] 在第二種方法中，我們隱約地預測未來的匯率。即使如此，外國貨幣法的計算比較簡易。

未匯出現金流量

上述例子假設所有國外投資的稅後現金流量都可以匯回母公司。實際上，國外投資的現金流量和實際匯回母公司的金額有很大的差距。

外國子公司可以使用下列方式將資金匯回母公司：

---

[4] 事實上，少許的誤差會存在，因為我們所使用的是近似關係式，若以 $1.10 \times (1+0.02) - 1 = 12.2\%$ 當成必要報酬率，那麼所得到的 NPV 將是完全一樣。

1. 股利。
2. 母公司所提供服務的管理費用。
3. 使用母公司商標或專利的權利金。

不管如何匯回現金流量，值得跨國企業特別注意匯款的理由是：目前或未來可能會有匯款管制。許多政府對外國企業洗錢這件事非常敏感。在這種情況下，當地政府就會企圖限制跨國企業匯出資金。這項不能匯出的資金就稱為被凍結（blocked）的資金。

觀念問題

21.5a 國際資本預算，有哪些複雜的財務問題？請說明估計國際投資案 NPV 的兩種方法？

21.5b 何謂被凍結的資金？

21.6 匯率風險

匯率風險（exchange rate risk）是在貨幣相對價值上下波動的世界市場中，跨國營運的自然結果。因此匯率風險管理就成了國際財務的重要課題。以下討論三種不同類型的匯率風險：短期風險、長期風險和換算風險。

短期風險

匯率每天的波動使跨國企業面臨了短期風險，大部份的跨國企業都以契約預先訂定的價格在未來交易商品，當交易涉及到不同貨幣時，就會多出一項風險因素。

例如，你從義大利進口通心麵條，以 Impasta 的品牌在美國銷售。你的大顧客訂購了 10,000 箱 Impasta，你今天下訂單給供應商。商品到達 60 天後，你才會付款。你的賣價是每箱 $6，成本是每箱 €8.4，而且目前的匯率是 €1.50，所以需要 €1.50 才能換得 $1。

在現行匯率下，此訂單的美元成本是每箱 €8.4/1.5＝$5.60，所以你從這張訂單賺到的稅前利潤是 10,000×($6－5.60)＝$4,000。然而，60 天後的匯率可能不一樣，所以你的利潤就要視未來的匯率而定。

例如，如果匯率變成 €1.6，那麼你的成本是每箱 €8.4/1.6＝$5.25，利潤是 $7,500；如果匯率是 €1.4，那麼你的成本就是每箱 €8.4/1.4＝$6，利潤則是零。

這裡的短期風險可以藉由一些方法來降低或去除。最簡單的方法就是簽訂遠期契約，以鎖定匯率。例如，假設 60 天期的遠期匯率是 €1.58，如果你進行避險，獲利是多少呢？如果不避險，預期獲利是多少呢？

如果你進行避險，把匯率鎖定在 €1.58，則你的美元成本是每箱 €8.4/1.58＝$5.32，利潤是 10,000×($6－5.32)＝$6,800。如果你不進行避險，那麼假設遠期匯率是個不偏預測值（換句話說，假設 UFR 成立），預期 60 天後實際匯率為 €1.58，而預期獲利是$6,800。

如果上述策略不可行，你也可以在今天借入美元，把它們換成歐元，再投資這些歐元 60 天，賺得一些利息。從 IRP 得知，這個策略就好像簽訂遠期契約。

長期風險

長期來看，國外營運的價值會受到未預期的兩國相對經濟情況變動的影響。例如，我們想在另一個國家籌建勞力密集裝配廠，以便利用當地的廉價勞工。隨著時間的經過，未預期到的經濟情況變動可能造成當地工資上揚，以致原先成本優勢消失了，甚至變成劣勢。

匯率的變動所帶來的影響可能相當深，例如，在 2011 年年初，美元對其他貨幣走弱。這意味著美國本國製造商在國外的銷售收入，可換得較多的美元貨幣，造成利潤大幅波動。根據 Coca-Cola 公司的估計，在 2011 年，由於匯率的波動造成該公司獲利 $1 億 5 千 1 百萬。而澳大利亞的採礦公司 Iluka Resources 公司估計，當澳幣對美元的匯率變動一分時，公司的淨利將變動 $5 百萬。

長期風險避險比短期風險避險更不容易操作。因為目前並沒有遠期市場可滿足這方面的需求。然而，公司可以儘量使外國貨幣的流入和流出互相相等；同樣地，也可以使外國貨幣計價的資產和負債相等。例如，商品在外國銷售的公司，應盡可能從該外國取得原料購買和勞力，這樣公司的收益和成本的美元價值將隨著匯率變動同上同下。這類避險型態的最佳範例，當屬所謂的「汽車製造廠之移植」，如 BMW、Honda、Mercedes 及 Toyota 等車廠現在已在美國當地大量製造及銷售，因此這些廠商對匯率的變動多少有一些免疫力。

例如，BMW 利用南卡羅萊那州廠房生產 16 萬輛轎車，並出口其中的 10 萬輛。這些車子的成本大抵以美元支付，而當出口到歐洲時，BMW 則是收取歐元。當美元貶值時，這些出口車輛帶給 BMW 更高的利潤。而在同時，BMW 每

年從歐洲出口 217,000 輛車子到美國，而這些車子的成本則是以歐元支付，當美元貶值時，這些車子的利潤將下降，因此匯率上的損失與獲利兩相抵銷，帶給 BMW 自然避險的功效。

當然，當匯率波動劇烈時，諸如近期美元的大幅貶值，自然避險策略可能會失敗。例如，由於美元/歐元匯率的激烈變動，BMW 在 2008 年將損失 €4 億 5 千萬（即 $6 億 7 千 3 百 50 萬），BMW 宣佈將採取提升美國境內的汽車生產量到 2012 年的 240,000 輛，而在 2010 年，BMW 宣佈在 2012 年將開始提高墨西哥的汽車零件採購金額，從每年的 $6 億 1 千 5 百萬提高至 $24 億。同樣地，Mercedes-Benz 也擴充它在阿拉巴馬州的廠房，而 Volkswagen 宣佈將在美國設廠的計畫。當然，當其他國家對某項產品的需求高時，公司也可以逃避匯率波動劇烈的貨幣，例如，Porsche 就宣佈將減少對美國的出口量，而轉移出口至匯率較佳的其他國家。

同樣地，公司可以利用外國當地的借款來降低匯率風險。如此，外國子公司資產價值的波動至少部份可以由負債價值的變動所抵銷。

換算風險

當美國公司計算某一段期間的會計淨利和 EPS 時，必須把每一項科目「換算」成美元。當國外營運比重很高時，會對會計人員造成困擾，特別是下列這兩個問題：

1. 在換算資產負債表的每一項目時，適當的匯率是多少？
2. 換算外國貨幣而來的資產負債表上會計利得和損失，應該如何處理？

為了說明這些會計問題，假設一年前我們在 Lilliputia（小人國）設立了一家外國子公司。當地的貨幣是 gulliver（格列佛），縮寫為 GL。在年初時，匯率是 GL 2＝$1，且以 gulliver 計價的資產負債表如下：

資產	GL 1,000	負債	GL 500
		權益	500

在 GL 2＝$1 匯率下，以美元計價的期初資產負債表是：

資產	$500	負債	$250
		權益	250

Lilliputia 是個平靜的國家，在這一年中沒有發生任何事情。因此，淨利是零（在考慮匯率變動之前）。然而，匯率卻變成 GL 4＝$1，因為 Lilliputia 的通貨膨脹率比美國高出很多。

因為沒有發生任何事情，期末的資產負債表和期初一樣。然而，如果我們以新的匯率把它轉換成美元，我們得到：

資產	$250	負債	$125
		權益	125

請注意，即使淨利是零，權益的價值卻下跌了 $125。雖然絕對沒有任何事情發生，卻有 $125 的會計損失。如何處理這 $125 的損失是個備受爭議的會計問題。

處理這筆損失的一致性作法，就是把它作為母公司損益表上的損失。在匯率波動幅度大的時期，這種作法可能對跨國企業的 EPS 有重大的影響，這純粹是個會計現象。即使如此，財務經理卻討厭這些波動。

目前處理換算損益的方法是根據 1981 年 12 月的財務會計準則委員會（Financial Accounting Standards Board, FASB）的 FASB 52。在大部份情況下，FASB 52 要求以現行匯率將所有子公司的資產和負債換算成母公司所在地的貨幣單位。

任何換算損益都累計在資產負債表中股東權益項下的一個特別科目，這個科目的名稱可能類似「未實現外匯利得（損失）」。從會計的觀點而言，涉及的金額可能相當龐大。例如，在 2010 年 12 月 31 日，在 IBM 公司資產負債表的股東權益項下，列有非美國本土子公司資產與負債的換算利得金額達 $6 億 4 千 3 百萬。這些利得和損失並不列入在損益表內，所以換算利得和損失的影響並沒有在損益表內認定，一直到該資產或負債被賣掉或清算時才加以認列。

匯率風險管理

對大型跨國企業而言，外匯風險管理是非常複雜的，因為眾多的子公司牽涉到眾多不同的貨幣。某個匯率變動會使某些子公司受益，卻使某些子公司受損。對整個公司的淨效果則視它的淨風險部位而定。

例如，假設某家公司有兩個部門，A 部門在美國以美元購買商品，然後在英國以英鎊出售；B 部門則在英國以英鎊購買商品，然後在美國以美元銷售。以它們的流入和流出來看，如果這兩家公司的規模大小差不多，那麼整個公司的匯率風險將非常低。

在上面的例子裡，公司的英鎊淨部位（流入金額減掉流出金額）很小，所以

匯率風險很小。然而，如果其中一個部門為了自身的利益，要獨自進行匯率避險，那麼整個公司的匯率風險就會增加。這個例子的涵義是，跨國企業必須意識到公司在任一外國貨幣所持有的部位。基於這個理由，匯率風險管理最好是集中管理。

觀念問題

21.6a 匯率風險有哪些不同類型？

21.6b 公司應如何規避短期匯率風險呢？長期匯率風險呢？

21.7 政治風險

國際投資的最後一項風險因素是政治風險（political risk）。政治風險是指政治活動所造成公司價值的變動，這並不是跨國企業獨有的問題。例如，美國稅法和條例的改變可能使一些美國公司受益，卻使另一些公司受害。所以，政治風險同時存在國內和國際間。

然而，某些國家的政治風險比其他國家高。在這種情況下，額外的政治風險導致公司對海外投資要求較高的報酬，以補償資金可能被凍結、重要營運被中斷，以及契約被取消的風險。在最嚴重的情況下，在政治環境相當不穩定的國家，公司必須顧慮可能被充公沒收。

政治風險的高低也視業務性質而定。有些業務較不可能被充公，因為一旦換到另一個業主手中，它們可能不再那麼有價值。例如，一個供應只有母公司才使用的零件裝配部門，將不是一個吸引人的接收對象；同樣地，一個必須使用來自母公司的特殊零件的製造部門，除非有母公司的合作，否則公司價值就不高。

自然資源的開發，例如銅礦或油礦，則正好相反。一旦營運正常，大部份的價值是商品本身。基於這個理由，這種投資的政治風險則較高，而且這種投資的「洗劫」問題明顯，更提高了政治風險。

政治風險，特別是沒收或充公風險，可以藉由幾種方法來規避。向政府取得融資，就可以降低可能的損失，因為發生不利的政治事件時，公司可以拒絕償還借款。根據本節的討論，建立一套需要母公司支援及參與子公司營運的架構，也是降低政治風險的另一種方式。

觀念問題

21.7a 何謂政治風險？

21.7b 政治風險的避險方式有哪些？

21.8 總　結

跨國企業比單純的國內企業要複雜許多，管理階層必須了解利率、匯率和通貨膨脹率間的關係。而且，它必須了解一大堆不同金融市場的法規和稅務制度。本章簡要地介紹國際投資中的一些財務課題。

本章涵蓋的範圍很簡要，討論的主題包括：

1. 一些基本詞彙：我們簡潔地定義了一些名詞，像 LIBOR 和歐洲通貨等。
2. 外匯報價的基本機制：我們討論了即期市場和遠期市場，以及學習如何解釋匯率。
3. 國際財務變數間的基本關係：
   a. 絕對和相對購買力平價假說（PPP）。
   b. 利率平價假說（IRP）。
   c. 不偏遠期匯率（UFR）。

   絕對的購買力平價假說認為 $1 在每一個國家的購買力應該相同。這意味著不管你是在紐約或是在東京，買一個柳橙的價格都是一樣的。

   相對購買力平價假說認為兩個國家間匯率的預期變動率，等於它們的通貨膨脹率的差。

   利率平價假說隱含著，遠期匯率和即期匯率差的百分比等於兩國利率的差。我們證明了受拋補利息套利迫使這個關係式成立。

   不偏遠期匯率指出，目前遠期匯率是未來即期匯率的一個不錯的預測值。

4. 國際資本預算：我們證明基本外匯關係隱含著另外兩個條件式：
   a. 未受拋補利息平價。
   b. 國際費雪效果。

   利用這兩個條件式，我們了解如何以外國貨幣估計 NPV，以及如何把外

國貨幣轉換成美元，再估計 NPV。
5. 匯率和政治風險：我們描述了各種不同類型的匯率風險，以及如何管理匯率波動對跨國企業現金流量和價值的影響。我們也討論了政治風險和一些管理政治風險的方法。

財務連線

假如你的課程有使用 Connect™ Finance 的話，請上線做個練習測驗（Practice Test），看一看學習輔助工具，及你需要哪些額外練習。

▼ Chapter 21 International Corporate Finance			
21.1 Terminology	eBook	Study	Practice
21.2 Foreign Exchange Markets and Exchange Rates	eBook	Study	Practice
21.3 Purchasing Power Parity	eBook	Study	Practice
21.4 Interest Rate Parity, Unbiased Forward Rates, and the International Fisher Effect	eBook	Study	Practice
21.5 International Capital Budgeting	eBook	Study	Practice
21.6 Exchange Rate Risk	eBook	Study	Practice
21.7 Political Risk	eBook	Study	Practice

Section 21.2

你能回答下列問題嗎？

21.1 United Travel 公司以固定利率債務交換 Foreign Travel 公司的浮動利率債務，此種交換稱為＿＿＿＿。

21.3 Roger 在加拿大以 189 加幣買了一支手機，匯率是 \$1 = 1.08 元加幣，假如絕對購買力平價假說成立的話，這支手機在美國的售價會是多少呢？

21.6 當一家美國公司將國外幣別的資產負債表換算為美元時，在什麼情況下，這家公司將認列這些後資產負債表而來的會計利得或損失呢？

登入找找看吧！

自我測驗

21.1 相對購買力平價假說 預測未來幾年美國的每年通貨膨脹率是 3%，預測同時期紐西蘭的通貨膨脹率則是 5%，現行匯率是 NZ$1.66。根據相對 PPP，預期兩年後的匯率是多少？

21.2 受抛補利息套利 瑞士法郎的即期匯率和 360 天期的遠期匯率分別是 SF 2.1 和 SF 1.9，美國的無風險利率是 6%，瑞士則是 4%。此時，是否有套利機會呢？你如何進行套利呢？

自我測驗解答

21.1 根據相對 PPP，預期兩年後的匯率，$E(S_2)$，是：

$$E(S_2) = S_0 \times [1 + (h_{NZ} - h_{US})]^2$$

其中 h_{NZ} 是紐西蘭的通貨膨脹率。現行匯率是 NZ$1.66，所以預期匯率為：

$$E(S_2) = NZ\$1.66 \times [1 + (0.05 - 0.03)]^2$$
$$= NZ\$1.66 \times (1.02)^2$$
$$= NZ\$1.73$$

21.2 根據利率平價假說，遠期匯率應該是（大約）：

$$F_1 = S_0 \times [1 + (R_{FC} - R_{US})]$$
$$= 2.1 \times [1 + (0.04 - 0.06)]$$
$$= 2.06$$

因為實際的遠期匯率是 SF 1.9，所以存在套利機會。

要進行套利，首先認知遠期市場上一美元是以 SF 1.9 賣出。根據 IRP，這太便宜了，因為它們應該賣 SF 2.06，所以我們要在遠期市場上以瑞士法郎購買美元。因此，進行下列交易：

1. 今天：借入 360 天期款項 $1,000,000，然後在即期市場上轉換成 SF 2,100,000 並訂定 SF 1.9 的遠期契約，在 360 天後轉換回美元，以 4% 利率投資 SF2,100,000。

2. 一年後：你的投資成長至 SF 2,100,000×1.04＝SF 2,184,000，在 SF 1.9＝$1 下轉換成美元。你將拿到 SF 218.4 萬/1.9＝$1,149,474。償還借款 $1,000,000×1.06＝$1,060,000，就可獲取差額 $89,474。

觀念複習及思考

1. **即期與遠期匯率** 假設即期市場與 90 天期遠期市場的瑞士法郎匯率報價分別是 SF 1.50 與 SF 1.53。
   a. 相對於瑞士法郎，美元是折價或溢價買賣呢？
   b. 市場會預期瑞士法郎對美元走強嗎？請解釋。
   c. 美國和瑞士的相對經濟狀況實情會如何呢？

2. **購買力平價假說** 假設在未來幾年內，墨西哥的通貨膨脹率將比美國高出 3%，當其他情況不變下，墨西哥披索對美元的匯率會有何變化？你的答案是根據哪一個關係式呢？

3. **匯率** 澳幣的目前匯率是 A$1.40。預計明年匯率會上升 10%。
   a. 你預期澳幣會走強還是走弱呢？
   b. 你認為美國和澳洲的相對通貨膨脹率如何？
   c. 你認為美國和澳洲的相對名目利率如何？相對實質利率呢？

4. **洋基債券** 對於洋基債券的描述下列何者最正確？
   a. General Motors 在日本發行以美元支付利息的債券。
   b. General Motors 在日本發行以日圓支付利息的債券。
   c. Toyota 在美國發行以日圓支付利息的債券。
   d. Toyota 在美國發行以美元支付利息的債券。
   e. Toyota 在全世界發行以美元支付利息的債券。

5. **匯率** 對某特定公司而言，匯率變動必定是有利或是不利的嗎？

6. **國際風險** Duracell International 確定要在中國和印度成立電池製造廠。在這些國家生產可以使 Duracell 免去 30% 至 35% 的關稅，如此對某些消費者而言，鹼性電池不再是那麼昂貴。Duracell 的這項計畫尚有哪些額外的優勢呢？Duracell 又會面臨哪些風險呢？

7. **跨國企業** 許多跨國企業的國外銷售量遠高於國內銷售量。在這種情形下，本國貨幣對這些企業有何特別攸關？

8. **匯率變動** 下列敘述是對或錯？請解釋。
   a. 如果英國的物價指數上漲得比美國快，我們預期英鎊相對於美元將會升值。
   b. 假設你是德國機械五金出口商，你的銷售完成以外國貨幣開立發票。假設德國貨幣當局開始採行擴張性的貨幣政策。如果寬鬆的貨幣政策將導致德

國的通貨膨脹高於其他國家，你應該利用遠期市場來保護自己，以避免馬克貶值所帶來的損失。

　　c. 如果你能長期地精準估計兩個國家的相對通貨膨脹率，而其他市場參與者則沒辦法。你將可以在這兩個即期外匯市場投機獲利。

9. **匯率變動**　有些國家會任由匯率變動，以解決短期貿易的失衡。試就下列每一種情況，評估這些宣佈對美國進口商和出口商的影響。

　　a. 美國政府官員表明他們對於歐元對美元走強感到欣慰。

　　b. 英國貨幣當局認為英鎊已經被投機客炒作至價位相對於美元過低了。

　　c. 巴西政府宣佈，將印製數十億的里拉鈔票並流入國內經濟體系內，以降低失業率。

10. **國際資本市場關係式**　我們討論了五種國際資本市場的關係式：相對 PPP、IRP、UFR、UIP 和國際費雪效果。你覺得何者最可能成立？你認為何者最可能與事實相違？

問　題

初級題

1. **匯率之運用**　參考圖 21.1 以回答下列問題：

　　a. 如果你有 $100，可以換得多少歐元？

　　b. €1 價值多少？

　　c. 如果你有 €5,000,000，相當於有多少美元呢？

　　d. 哪一個價值較高：紐西蘭幣或新加坡幣？

　　e. 哪一個價值較高：墨西哥披索或智利披索？

　　f. €1 可以換得多少墨西哥披索呢？這個比率稱為什麼？

　　g. 在圖21.1中，哪一種貨幣的單位價值最高？哪一種最低？

2. **交叉匯率之運用**　使用圖 21.1 的資料，回答下列問題：

　　a. 你要擁有 $100 或 £100？為什麼？

　　b. 你要擁有 100 瑞士法郎或 £100？為什麼？

　　c. 以英鎊表示的瑞士法郎交叉匯率是多少？以瑞士法郎表示的英鎊交叉匯率是多少？

3. **遠期匯率**　根據圖 21.1 的資料，回答下列問題：

　　a. 以 $1 的日圓數量表示的 180 天期日圓遠期匯率是多少？日圓是溢價或折價買賣？請解釋。

b. 以 1 加幣的美元數量表示的 90 天期加幣遠期匯率是多少？美元是溢價或折價買賣？請解釋。

c. 根據表中的資料，美元相對於日圓和加幣的價值會有何變化？請解釋。

4. **即期匯率和遠期匯率**　假設加幣的即期匯率是 Can$1.05，六個月的遠期匯率是 Can$1.07。

a. 哪一種貨幣比較有價值，美元或加幣？

b. 假設絕對 PPP 假說成立，如果 Elkhead 啤酒在加拿大的價格是 Can$2.50，那麼它在美國的價格會是多少？為什麼實際上該啤酒在美國的價格可能不同於 (a) 的答案？

c. 相對於加幣，美元是以溢價或是折價買賣？

d. 預期哪一種貨幣會升值？

e. 哪一個國家的利率較高，美國或加拿大？請解釋。

5. **交叉匯率和套利**　假設日圓匯率是 ¥80＝$1，英鎊匯率是 £1＝$1.58。

a. 以每 £1 表示的日圓交叉匯率是多少？

b. 假設交叉匯率是 ¥129＝£1，是否有套利機會？如果有，解釋如何進行套利。

6. **利率平價假說**　根據圖 21.1 回答下列問題：假設利率平價假說成立，而且目前美國的六個月無風險利率是 1.4%，則英國、日本與瑞士的六個月無風險利率應各是多少？

7. **利率和套利**　一家美國公司的財務長有 $30,000,000 可以投資三個月。美國的利率是每個月 0.24%。英國的利率是每個月 0.29%，即期匯率是 £0.631，而且三個月期的遠期匯率是 £0.633。若不考慮交易成本，公司的資金應該投資在哪一個國家？為什麼？

8. **通貨膨脹率和匯率**　假設波蘭幣的現行匯率是 Z 2.86，預期三年後的匯率是 Z 2.94。在這段期間，美國和波蘭的年通貨膨脹率差是多少？假設兩個國家的預期通貨膨脹率的差是常數。你的答案是依據哪個關係式？

9. **匯率風險**　假設你的公司從新加坡進口電腦主機板，匯率如圖 21.1 所示。你剛以 233.5 新幣的單位成本，下了一筆 30,000 個主機板的訂單，你將在 90 天後貨到付款。你可以以單價 $195 出售主機板，如果 90 天後的匯率上升或下降 10%，請分別計算出你的利潤。損益兩平的匯率是多少？在損益兩平的匯率下，以新幣與美元分別計價，利潤增加或下降的百分比是多少？

10. **匯率和套利**　假設挪威克郎的即期和 180 天期遠期匯率分別是 Kr 5.78 和

Kr 5.86，美國的無風險年利率是 3.8%，挪威則是 5.7%。

a. 是否有套利機會？如果有，你將如何進行套利？

b. 180天期的遠期匯率必須是多少，才能去除套利空間？

11. **國際費雪效果**　你觀察到美國每年的通貨膨脹率是 2.6%，而國庫券殖利率是 3.4%：

a. 如果澳洲的短期政府債券的殖利率是 4%，則澳洲的通貨膨脹率應是多少？

b. 如果加拿大的短期政府債券的殖利率是 7%，則加拿大的通貨膨脹率應是多少？

c. 如果台灣的短期政府債券的殖利率是 9%，則台灣的通貨膨脹率應是多少？

12. **即期匯率和遠期匯率**　假設日圓的即期和90天期匯率分別是 ¥79.12 和 ¥78.64：

a. 日圓預期會走強或走軟？

b. 美國和日本的通貨膨脹率差是多少？

13. **預期的即期匯率**　假設匈牙利 forint 的即期匯率是 HUF 204.32，美國的年利率是 1.9%，匈牙利的利率則是 4.5%，你預期一年後的匯率將會是多少？兩年後呢？五年後呢？你應用了哪個關係式？

進階題

14. **資本預算**　Lakonishok Equipment 公司在歐洲有一個投資專案，專案的期初成本為 €1,200 萬，之前三年可帶來下列現金流量：第一年 €180 萬、第二年 €260 萬、第三年 €350 萬。目前匯率是 $1.36/€，美國無風險利率為 2.3%，歐洲則是 1.8%，專案應有報酬率為 13%，另外，三年後，此專案可以賣得 €890 萬歐元，請求算此專案的 NPV？

15. **資本預算**　你正在評估瑞士子公司的擴充專案，成本是 SF 21,000,000。這項專案在未來五年的每年現金流量將是 SF 5,900,000。美元的必要年報酬率是 12%，目前匯率是 SF 1.09，歐洲美元的年利率是 5%，瑞士法郎的年利率是 4%。

a. 在未來四年期間，匯率會有何變化？

b. 根據 (a) 的答案，轉換預期的瑞士法郎現金流量成美元現金流量，並計算 NPV。

c. 瑞士法郎現金流量的必要報酬率是多少？計算以瑞士法郎為計價基礎的 NPV，然後再將其轉換成美元。

16. **換算風險**　Atreides International 公司在 Arrakis 境內設立一分支部門，這個部

門的資產負債表列有資產 Arrakis 幣 27,000 solaris、負債 11,000 solaris，以及權益 16,000 solaris：

a. 假如目前匯率是 1.50 solaris/$，求出以美元表示的資產負債表。
b. 假設一年後，以 solaris 表示的資產負債表沒有任何變動，但匯率變成 1.60 solaris/$，以美元表示的資產負債表有何變化呢？
c. 假設匯率是 1.41 solaris/$，重做 (b) 部份。

迷你個案

S&S Air 國際化

S&S Air 的老闆 Mark Sexton 及 Todd Story 與位於 Monaco 市的一家輕型飛機仲介商討論將公司的飛機賣到歐洲。中介商 Jarek Jachowicz 想將 S&S Air 所生產的飛機加入他目前的目錄內。Jarek 告訴 Mark 和 Todd，他覺得每個月的銷售金額大約是 €500 萬。所有的銷售皆以歐元成交，Jarek 會抽取零售價的 5% 作為佣金，佣金也是以歐元支付。因為飛機訂單是根據顧客需求量身打造，首宗銷售將於一個月內成交。Jarek 會在交貨後 90 天付錢給 S&S Air。此付款期程會持續到兩家公司合約期滿時。

Mark 和 Todd 以公司現有的設備有信心可處理額外的訂單，但他們不確定在歐洲賣飛機所潛藏的財務風險。在和 Jarek 的討論中，他們發現目前的匯率是 $1.35/€。以目前的匯率來說，公司銷售額的 80% 會花在製造成本上，這還不包括付給 Jarek 的佣金。

Mark 和 Todd 決定請公司的財務分析師 Chris Guthrie，準備一份此宗跨國銷售的分析報告，他們請 Chris 回答下列問題：

問題

1. 此筆國際銷售的利弊為何？公司必須面臨哪些額外的風險？
2. 如果美元走強，公司的獲利會如何？如果美元疲軟，情況又會如何？
3. 先不算稅金，以目前 $1.35/€ 的匯率而言，此提案預計會帶給 S&S Air 多少獲利或損失？如果匯率變成 $1.25/€，利潤會如何？匯率多少時公司收支會打平？
4. 公司如何規避匯率的風險？此法有何影響？
5. 將所有的因素納入考量，公司應該更進一步擴大國際銷售嗎？為什麼？

附錄 A　附　表

表 A.1　$1 在 t 期後的終值 $=(1+r)^t$

期間	1%	2%	3%	4%	5%	6%	7%	8%	9%
1	1.0100	1.0200	1.0300	1.0400	1.0500	1.0600	1.0700	1.0800	1.0900
2	1.0201	1.0404	1.0609	1.0816	1.1025	1.1236	1.1449	1.1664	1.1881
3	1.0303	1.0612	1.0927	1.1249	1.1576	1.1910	1.2250	1.2597	1.2950
4	1.0406	1.0824	1.1255	1.1699	1.2155	1.2625	1.3108	1.3605	1.4116
5	1.0510	1.1041	1.1593	1.2167	1.2763	1.3382	1.4026	1.4693	1.5386
6	1.0615	1.1262	1.1941	1.2653	1.3401	1.4185	1.5007	1.5869	1.6771
7	1.0721	1.1487	1.2299	1.3159	1.4071	1.5036	1.6058	1.7138	1.8280
8	1.0829	1.1717	1.2668	1.3686	1.4775	1.5938	1.7182	1.8509	1.9926
9	1.0937	1.1951	1.3048	1.4233	1.5513	1.6895	1.8385	1.9990	2.1719
10	1.1046	1.2190	1.3439	1.4802	1.6289	1.7908	1.9672	2.1589	2.3674
11	1.1157	1.2434	1.3842	1.5395	1.7103	1.8983	2.1049	2.3316	2.5804
12	1.1268	1.2682	1.4258	1.6010	1.7959	2.0122	2.2522	2.5182	2.8127
13	1.1381	1.2936	1.4685	1.6651	1.8856	2.1329	2.4098	2.7196	3.0658
14	1.1495	1.3195	1.5126	1.7317	1.9799	2.2609	2.5785	2.9372	3.3417
15	1.1610	1.3459	1.5580	1.8009	2.0789	2.3966	2.7590	3.1722	3.6425
16	1.1726	1.3728	1.6047	1.8730	2.1829	2.5404	2.9522	3.4259	3.9703
17	1.1843	1.4002	1.6528	1.9479	2.2920	2.6928	3.1588	3.7000	4.3276
18	1.1961	1.4282	1.7024	2.0258	2.4066	2.8543	3.3799	3.9960	4.7171
19	1.2081	1.4568	1.7535	2.1068	2.5270	3.0256	3.6165	4.3157	5.1417
20	1.2202	1.4859	1.8061	2.1911	2.6533	3.2071	3.8697	4.6610	5.6044
21	1.2324	1.5157	1.8603	2.2788	2.7860	3.3996	4.1406	5.0338	6.1088
22	1.2447	1.5460	1.9161	2.3699	2.9253	3.6035	4.4304	5.4365	6.6586
23	1.2572	1.5769	1.9736	2.4647	3.0715	3.8197	4.7405	5.8715	7.2579
24	1.2697	1.6084	2.0328	2.5633	3.2251	4.0489	5.0724	6.3412	7.9111
25	1.2824	1.6406	2.0938	2.6658	3.3864	4.2919	5.4274	6.8485	8.6231
30	1.3478	1.8114	2.4273	3.2434	4.3219	5.7435	7.6123	10.063	13.268
40	1.4889	2.2080	3.2620	4.8010	7.0400	10.286	14.974	21.725	31.409
50	1.6446	2.6916	4.3839	7.1067	11.467	18.420	29.457	46.902	74.358
60	1.8167	3.2810	5.8916	10.520	18.679	32.988	57.946	101.26	176.03

（續下頁）

表 A.1　$1 在 t 期後的終值 = $(1+r)^t$（續）

10%	12%	14%	15%	16%	18%	20%	24%	28%	32%	36%
1.1000	1.1200	1.1400	1.1500	1.1600	1.1800	1.2000	1.2400	1.2800	1.3200	1.3600
1.2100	1.2544	1.2996	1.3225	1.3456	1.3924	1.4400	1.5376	1.6384	1.7424	1.8496
1.3310	1.4049	1.4815	1.5209	1.5609	1.6430	1.7280	1.9066	2.0972	2.3000	2.5155
1.4641	1.5735	1.6890	1.7490	1.8106	1.9388	2.0736	2.3642	2.6844	3.0360	3.4210
1.6105	1.7623	1.9254	2.0114	2.1003	2.2878	2.4883	2.9316	3.4360	4.0075	4.6526
1.7716	1.9738	2.1950	2.3131	2.4364	2.6996	2.9860	3.6352	4.3980	5.2899	6.3275
1.9487	2.2107	2.5023	2.6600	2.8262	3.1855	3.5832	4.5077	5.6295	6.9826	8.6054
2.1436	2.4760	2.8526	3.0590	3.2784	3.7589	4.2998	5.5895	7.2058	9.2170	11.703
2.3579	2.7731	3.2519	3.5179	3.8030	4.4355	5.1598	6.9310	9.2234	12.166	15.917
2.5937	3.1058	3.7072	4.0456	4.4114	5.2338	6.1917	8.5944	11.806	16.060	21.647
2.8531	3.4785	4.2262	4.6524	5.1173	6.1759	7.4301	10.657	15.112	21.199	29.439
3.1384	3.8960	4.8179	5.3503	5.9360	7.2876	8.9161	13.215	19.343	27.983	40.037
3.4523	4.3635	5.4924	6.1528	6.8858	8.5994	10.699	16.386	24.759	36.937	54.451
3.7975	4.8871	6.2613	7.0757	7.9875	10.147	12.839	20.319	31.691	48.757	74.053
4.1772	5.4736	7.1379	8.1371	9.2655	11.974	15.407	25.196	40.565	64.359	100.71
4.5950	6.1304	8.1372	9.3576	10.748	14.129	18.488	31.243	51.923	84.954	136.97
5.0545	6.8660	9.2765	10.761	12.468	16.672	22.186	38.741	66.461	112.14	186.28
5.5599	7.6900	10.575	12.375	14.463	19.673	26.623	48.039	85.071	148.02	253.34
6.1159	8.6128	12.056	14.232	16.777	23.214	31.948	59.568	108.89	195.39	344.54
6.7275	9.6463	13.743	16.367	19.461	27.393	38.338	73.864	139.38	257.92	468.57
7.4002	10.804	15.668	18.822	22.574	32.324	46.005	91.592	178.41	340.45	637.26
8.1403	12.100	17.861	21.645	26.186	38.142	55.206	113.57	228.36	449.39	866.67
8.9543	13.552	20.362	24.891	30.376	45.008	66.247	140.83	292.30	593.20	1178.7
9.8497	15.179	23.212	28.625	35.236	53.109	79.497	174.63	374.14	783.02	1603.0
10.835	17.000	26.462	32.919	40.874	62.669	95.396	216.54	478.90	1033.6	2180.1
17.449	29.960	50.950	66.212	85.850	143.37	237.38	634.82	1645.5	4142.1	10143.
45.259	93.051	188.88	267.86	378.72	750.38	1469.8	5455.9	19427.	66521.	*
117.39	289.00	700.23	1083.7	1670.7	3927.4	9100.4	46890.	*	*	*
304.48	897.60	2595.9	4384.0	7370.2	20555.	56348.	*	*	*	*

*這些因子大於 99,999。

表 A.2　t 期後 $1 的現值 $= 1/(1+r)^t$

期間	利率								
	1%	2%	3%	4%	5%	6%	7%	8%	9%
1	.9901	.9804	.9709	.9615	.9524	.9434	.9346	.9259	.9174
2	.9803	.9612	.9426	.9246	.9070	.8900	.8734	.8573	.8417
3	.9706	.9423	.9151	.8890	.8638	.8396	.8163	.7938	.7722
4	.9610	.9238	.8885	.8548	.8227	.7921	.7629	.7350	.7084
5	.9515	.9057	.8626	.8219	.7835	.7473	.7130	.6806	.6499
6	.9420	.8880	.8375	.7903	.7462	.7050	.6663	.6302	.5963
7	.9327	.8706	.8131	.7599	.7107	.6651	.6227	.5835	.5470
8	.9235	.8535	.7894	.7307	.6768	.6274	.5820	.5403	.5019
9	.9143	.8368	.7664	.7026	.6446	.5919	.5439	.5002	.4604
10	.9053	.8203	.7441	.6756	.6139	.5584	.5083	.4632	.4224
11	.8963	.8043	.7224	.6496	.5847	.5268	.4751	.4289	.3875
12	.8874	.7885	.7014	.6246	.5568	.4970	.4440	.3971	.3555
13	.8787	.7730	.6810	.6006	.5303	.4688	.4150	.3677	.3262
14	.8700	.7579	.6611	.5775	.5051	.4423	.3878	.3405	.2992
15	.8613	.7430	.6419	.5553	.4810	.4173	.3624	.3152	.2745
16	.8528	.7284	.6232	.5339	.4581	.3936	.3387	.2919	.2519
17	.8444	.7142	.6050	.5134	.4363	.3714	.3166	.2703	.2311
18	.8360	.7002	.5874	.4936	.4155	.3503	.2959	.2502	.2120
19	.8277	.6864	.5703	.4746	.3957	.3305	.2765	.2317	.1945
20	.8195	.6730	.5537	.4564	.3769	.3118	.2584	.2145	.1784
21	.8114	.6598	.5375	.4388	.3589	.2942	.2415	.1987	.1637
22	.8034	.6468	.5219	.4220	.3418	.2775	.2257	.1839	.1502
23	.7954	.6342	.5067	.4057	.3256	.2618	.2109	.1703	.1378
24	.7876	.6217	.4919	.3901	.3101	.2470	.1971	.1577	.1264
25	.7798	.6095	.4776	.3751	.2953	.2330	.1842	.1460	.1160
30	.7419	.5521	.4120	.3083	.2314	.1741	.1314	.0994	.0754
40	.6717	.4529	.3066	.2083	.1420	.0972	.0668	.0460	.0318
50	.6080	.3715	.2281	.1407	.0872	.0543	.0339	.0213	.0134

（續下頁）

表 A.2　t 期後 $1 的現值 $=1/(1+r)^t$（續）

10%	12%	14%	15%	16%	18%	20%	24%	28%	32%	36%
.9091	.8929	.8772	.8696	.8621	.8475	.8333	.8065	.7813	.7576	.7353
.8264	.7972	.7695	.7561	.7432	.7182	.6944	.6504	.6104	.5739	.5407
.7513	.7118	.6750	.6575	.6407	.6086	.5787	.5245	.4768	.4348	.3975
.6830	.6355	.5921	.5718	.5523	.5158	.4823	.4230	.3725	.3294	.2923
.6209	.5674	.5194	.4972	.4761	.4371	.4019	.3411	.2910	.2495	.2149
.5645	.5066	.4556	.4323	.4104	.3704	.3349	.2751	.2274	.1890	.1580
.5132	.4523	.3996	.3759	.3538	.3139	.2791	.2218	.1776	.1432	.1162
.4665	.4039	.3506	.3269	.3050	.2660	.2326	.1789	.1388	.1085	.0854
.4241	.3606	.3075	.2843	.2630	.2255	.1938	.1443	.1084	.0822	.0628
.3855	.3220	.2697	.2472	.2267	.1911	.1615	.1164	.0847	.0623	.0462
.3505	.2875	.2366	.2149	.1954	.1619	.1346	.0938	.0662	.0472	.0340
.3186	.2567	.2076	.1869	.1685	.1372	.1122	.0757	.0517	.0357	.0250
.2897	.2292	.1821	.1625	.1452	.1163	.0935	.0610	.0404	.0271	.0184
.2633	.2046	.1597	.1413	.1252	.0985	.0779	.0492	.0316	.0205	.0135
.2394	.1827	.1401	.1229	.1079	.0835	.0649	.0397	.0247	.0155	.0099
.2176	.1631	.1229	.1069	.0930	.0708	.0541	.0320	.0193	.0118	.0073
.1978	.1456	.1078	.0929	.0802	.0600	.0451	.0258	.0150	.0089	.0054
.1799	.1300	.0946	.0808	.0691	.0508	.0376	.0208	.0118	.0068	.0039
.1635	.1161	.0829	.0703	.0596	.0431	.0313	.0168	.0092	.0051	.0029
.1486	.1037	.0728	.0611	.0514	.0365	.0261	.0135	.0072	.0039	.0021
.1351	.0926	.0638	.0531	.0443	.0309	.0217	.0109	.0056	.0029	.0016
.1228	.0826	.0560	.0462	.0382	.0262	.0181	.0088	.0044	.0022	.0012
.1117	.0738	.0491	.0402	.0329	.0222	.0151	.0071	.0034	.0017	.0008
.1015	.0659	.0431	.0349	.0284	.0188	.0126	.0057	.0027	.0013	.0006
.0923	.0588	.0378	.0304	.0245	.0160	.0105	.0046	.0021	.0010	.0005
.0573	.0334	.0196	.0151	.0116	.0070	.0042	.0016	.0006	.0002	.0001
.0221	.0107	.0053	.0037	.0026	.0013	.0007	.0002	.0001	*	*
.0085	.0035	.0014	.0009	.0006	.0003	.0001	*	*	*	*

*這些因子至小數點第四位都是零。

表 A.3　每期 $1 的 t 期年金現值 $= [1 - 1/(1+r)^t] / r$

期間	1%	2%	3%	4%	5%	6%	7%	8%	9%
1	.9901	.9804	.9709	.9615	.9524	.9434	.9346	.9259	.9174
2	1.9704	1.9416	1.9135	1.8861	1.8594	1.8334	1.8080	1.7833	1.7591
3	2.9410	2.8839	2.8286	2.7751	2.7232	2.6730	2.6243	2.5771	2.5313
4	3.9020	3.8077	3.7171	3.6299	3.5460	3.4651	3.3872	3.3121	3.2397
5	4.8534	4.7135	4.5797	4.4518	4.3295	4.2124	4.1002	3.9927	3.8897
6	5.7955	5.6014	5.4172	5.2421	5.0757	4.9173	4.7665	4.6229	4.4859
7	6.7282	6.4720	6.2303	6.0021	5.7864	5.5824	5.3893	5.2064	5.0330
8	7.6517	7.3255	7.0197	6.7327	6.4632	6.2098	5.9713	5.7466	5.5348
9	8.5660	8.1622	7.7861	7.4353	7.1078	6.8017	6.5152	6.2469	5.9952
10	9.4713	8.9826	8.5302	8.1109	7.7217	7.3601	7.0236	6.7101	6.4177
11	10.3676	9.7868	9.2526	8.7605	8.3064	7.8869	7.4987	7.1390	6.8052
12	11.2551	10.5753	9.9540	9.3851	8.8633	8.3838	7.9427	7.5361	7.1607
13	12.1337	11.3484	10.6350	9.9856	9.3936	8.8527	8.3577	7.9038	7.4869
14	13.0037	12.1062	11.2961	10.5631	9.8986	9.2950	8.7455	8.2442	7.7862
15	13.8651	12.8493	11.9379	11.1184	10.3797	9.7122	9.1079	8.5595	8.0607
16	14.7179	13.5777	12.5611	11.6523	10.8378	10.1059	9.4466	8.8514	8.3126
17	15.5623	14.2919	13.1661	12.1657	11.2741	10.4773	9.7632	9.1216	8.5436
18	16.3983	14.9920	13.7535	12.6593	11.6896	10.8276	10.0591	9.3719	8.7556
19	17.2260	15.6785	14.3238	13.1339	12.0853	11.1581	10.3356	9.6036	8.9501
20	18.0456	16.3514	14.8775	13.5903	12.4622	11.4699	10.5940	9.8181	9.1285
21	18.8570	17.0112	15.4150	14.0292	12.8212	11.7641	10.8355	10.0168	9.2922
22	19.6604	17.6580	15.9369	14.4511	13.1630	12.0416	11.0612	10.2007	9.4424
23	20.4558	18.2922	16.4436	14.8568	13.4886	12.3034	11.2722	10.3741	9.5802
24	21.2434	18.9139	16.9355	15.2470	13.7986	12.5504	11.4693	10.5288	9.7066
25	22.0232	19.5235	17.4131	15.6221	14.0939	12.7834	11.6536	10.6748	9.8226
30	25.8077	22.3965	19.6004	17.2920	15.3725	13.7648	12.4090	11.2578	10.2737
40	32.8347	27.3555	23.1148	19.7928	17.1591	15.0463	13.3317	11.9246	10.7574
50	39.1961	31.4236	25.7298	21.4822	18.2559	15.7619	13.8007	12.2335	10.9617

（續下頁）

表 A.3　每期 $1 的 t 期年金現值 $= [1 - 1/(1+r)^t]/r$（續）

10%	12%	14%	15%	16%	18%	20%	24%	28%	32%	36%
.9091	.8929	.8772	.8696	.8621	.8475	.8333	.8065	.7813	.7576	.7353
1.7355	1.6901	1.6467	1.6257	1.6052	1.5656	1.5278	1.4568	1.3916	1.3315	1.2760
2.4869	2.4018	2.3216	2.2832	2.2459	2.1743	2.1065	1.9813	1.8684	1.7663	1.6735
3.1699	3.0373	2.9137	2.8550	2.7982	2.6901	2.5887	2.4043	2.2410	2.0957	1.9658
3.7908	3.6048	3.4331	3.3522	3.2743	3.1272	2.9906	2.7454	2.5320	2.3452	2.1807
4.3553	4.1114	3.8887	3.7845	3.6847	3.4976	3.3255	3.0205	2.7594	2.5342	2.3388
4.8684	4.5638	4.2883	4.1604	4.0386	3.8115	3.6046	3.2423	2.9370	2.6775	2.4550
5.3349	4.9676	4.6389	4.4873	4.3436	4.0776	3.8372	3.4212	3.0758	2.7860	2.5404
5.7590	5.3282	4.9464	4.7716	4.6065	4.3030	4.0310	3.5655	3.1842	2.8681	2.6033
6.1446	5.6502	5.2161	5.0188	4.8332	4.4941	4.1925	3.6819	3.2689	2.9304	2.6495
6.4951	5.9377	5.4527	5.2337	5.0286	4.6560	4.3271	3.7757	3.3351	2.9776	2.6834
6.8137	6.1944	5.6603	5.4206	5.1971	4.7932	4.4392	3.8514	3.3868	3.0133	2.7084
7.1034	6.4235	5.8424	5.5831	5.3423	4.9095	4.5327	3.9124	3.4272	3.0404	2.7268
7.3667	6.6282	6.0021	5.7245	5.4675	5.0081	4.6106	3.9616	3.4587	3.0609	2.7403
7.6061	6.8109	6.1422	5.8474	5.5755	5.0916	4.6755	4.0013	3.4834	3.0764	2.7502
7.8237	6.9740	6.2651	5.9542	5.6685	5.1624	4.7296	4.0333	3.5026	3.0882	2.7575
8.0216	7.1196	6.3729	6.0472	5.7487	5.2223	4.7746	4.0591	3.5177	3.0971	2.7629
8.2014	7.2497	6.4674	6.1280	5.8178	5.2732	4.8122	4.0799	3.5294	3.1039	2.7668
8.3649	7.3658	6.5504	6.1982	5.8775	5.3162	4.8435	4.0967	3.5386	3.1090	2.7697
8.5136	7.4694	6.6231	6.2593	5.9288	5.3527	4.8696	4.1103	3.5458	3.1129	2.7718
8.6487	7.5620	6.6870	6.3125	5.9731	5.3837	4.8913	4.1212	3.5514	3.1158	2.7734
8.7715	7.6446	6.7429	6.3587	6.0113	5.4099	4.9094	4.1300	3.5558	3.1180	2.7746
8.8832	7.7184	6.7921	6.3988	6.0442	5.4321	4.9245	4.1371	3.5592	3.1197	2.7754
8.9847	7.7843	6.8351	6.4338	6.0726	5.4509	4.9371	4.1428	3.5619	3.1210	2.7760
9.0770	7.8431	6.8729	6.4641	6.0971	5.4669	4.9476	4.1474	3.5640	3.1220	2.7765
9.4269	8.0552	7.0027	6.5660	6.1772	5.5168	4.9789	4.1601	3.5693	3.1242	2.7775
9.7791	8.2438	7.1050	6.6418	6.2335	5.5482	4.9966	4.1659	3.5712	3.1250	2.7778
9.9148	8.3045	7.1327	6.6605	6.2463	5.5541	4.9995	4.1666	3.5714	3.1250	2.7778

表 A.4　每期 $1 的 t 期年金終值 $= [(1+r)^t - 1] / r$

期數	1%	2%	3%	4%	5%	6%	7%	8%	9%
1	1.0000	1.0000	1.0000	1.0000	1.0000	1.0000	1.0000	1.0000	1.0000
2	2.0100	2.0200	2.0300	2.0400	2.0500	2.0600	2.0700	2.0800	2.0900
3	3.0301	3.0604	3.0909	3.1216	3.1525	3.1836	3.2149	3.2464	3.2781
4	4.0604	4.1216	4.1836	4.2465	4.3101	4.3746	4.4399	4.5061	4.5731
5	5.1010	5.2040	5.3091	5.4163	5.5256	5.6371	5.7507	5.8666	5.9847
6	6.1520	6.3081	6.4684	6.6330	6.8019	6.9753	7.1533	7.3359	7.5233
7	7.2135	7.4343	7.6625	7.8983	8.1420	8.3938	8.6540	8.9228	9.2004
8	8.2857	8.5830	8.8932	9.2142	9.5491	9.8975	10.260	10.637	11.028
9	9.3685	9.7546	10.159	10.583	11.027	11.491	11.978	12.488	13.021
10	10.462	10.950	11.464	12.006	12.578	13.181	13.816	14.487	15.193
11	11.567	12.169	12.808	13.486	14.207	14.972	15.784	16.645	17.560
12	12.683	13.412	14.192	15.026	15.917	16.870	17.888	18.977	20.141
13	13.809	14.680	15.618	16.627	17.713	18.882	20.141	21.495	22.953
14	14.947	15.974	17.086	18.292	19.599	21.015	22.550	24.215	26.019
15	16.097	17.293	18.599	20.024	21.579	23.276	25.129	27.152	29.361
16	17.258	18.639	20.157	21.825	23.657	25.673	27.888	30.324	33.003
17	18.430	20.012	21.762	23.698	25.840	28.213	30.840	33.750	36.974
18	19.615	21.412	23.414	25.645	28.132	30.906	33.999	37.450	41.301
19	20.811	22.841	25.117	27.671	30.539	33.760	37.379	41.446	46.018
20	22.019	24.297	26.870	29.778	33.066	36.786	40.995	45.762	51.160
21	23.239	25.783	28.676	31.969	35.719	39.993	44.865	50.423	56.765
22	24.472	27.299	30.537	34.248	38.505	43.392	49.006	55.457	62.873
23	25.716	28.845	32.453	36.618	41.430	46.996	53.436	60.893	69.532
24	26.973	30.422	34.426	39.083	44.502	50.816	58.177	66.765	76.790
25	28.243	32.030	36.459	41.646	47.727	54.865	63.249	73.106	84.701
30	34.785	40.568	47.575	56.085	66.439	79.058	94.461	113.28	136.31
40	48.886	60.402	75.401	95.026	120.80	154.76	199.64	259.06	337.88
50	64.463	84.579	112.80	152.67	209.35	290.34	406.53	573.77	815.08
60	81.670	114.05	163.05	237.99	353.58	533.13	813.52	1253.2	1944.8

（續下頁）

表 A.4　每期 $1 的 t 期年金終值 $= [(1+r)^t - 1] / r$（續）

10%	12%	14%	15%	16%	18%	20%	24%	28%	32%	36%
1.0000	1.0000	1.0000	1.0000	1.0000	1.0000	1.0000	1.0000	1.0000	1.0000	1.0000
2.1000	2.1200	2.1400	2.1500	2.1600	2.1800	2.2000	2.2400	2.2800	2.3200	2.3600
3.3100	3.3744	3.4396	3.4725	3.5056	3.5724	3.6400	3.7776	3.9184	4.0624	4.2096
4.6410	4.7793	4.9211	4.9934	5.0665	5.2154	5.3680	5.6842	6.0156	6.3624	6.7251
6.1051	6.3528	6.6101	6.7424	6.8771	7.1542	7.4416	8.0484	8.6999	9.3983	10.146
7.7156	8.1152	8.5355	8.7537	8.9775	9.4420	9.9299	10.980	12.136	13.406	14.799
9.4872	10.089	10.730	11.067	11.414	12.142	12.916	14.615	16.534	18.696	21.126
11.436	12.300	13.233	13.727	14.240	15.327	16.499	19.123	22.163	25.678	29.732
13.579	14.776	16.085	16.786	17.519	19.086	20.799	24.712	29.369	34.895	41.435
15.937	17.549	19.337	20.304	21.321	23.521	25.959	31.643	38.593	47.062	57.352
18.531	20.655	23.045	24.349	25.733	28.755	32.150	40.238	50.398	63.122	78.998
21.384	24.133	27.271	29.002	30.850	34.931	39.581	50.895	65.510	84.320	108.44
24.523	28.029	32.089	34.352	36.786	42.219	48.497	64.110	84.853	112.30	148.47
27.975	32.393	37.581	40.505	43.672	50.818	59.196	80.496	109.61	149.24	202.93
31.772	37.280	43.842	47.580	51.660	60.965	72.035	100.82	141.30	198.00	276.98
35.950	42.753	50.980	55.717	60.925	72.939	87.442	126.01	181.87	262.36	377.69
40.545	48.884	59.118	65.075	71.673	87.068	105.93	157.25	233.79	347.31	514.66
45.599	55.750	68.394	75.836	84.141	103.74	128.12	195.99	300.25	459.45	700.94
51.159	63.440	78.969	88.212	98.603	123.41	154.74	244.03	385.32	607.47	954.28
57.275	72.052	91.025	102.44	115.38	146.63	186.69	303.60	494.21	802.86	1298.8
64.002	81.699	104.77	118.81	134.84	174.02	225.03	377.46	633.59	1060.8	1767.4
71.403	92.503	120.44	137.63	157.41	206.34	271.03	469.06	812.00	1401.2	2404.7
79.543	104.60	138.30	159.28	183.60	244.49	326.24	582.63	1040.4	1850.6	3271.3
88.497	118.16	158.66	184.17	213.98	289.49	392.48	723.46	1332.7	2443.8	4450.0
98.347	133.33	181.87	212.79	249.21	342.60	471.98	898.09	1706.8	3226.8	6053.0
164.49	241.33	356.79	434.75	530.31	790.95	1181.9	2640.9	5873.2	12941.	28172.
442.59	767.09	1342.0	1779.1	2360.8	4163.2	7343.9	22729.	69377.	*	*
1163.9	2400.0	4994.5	7217.7	10436.	21813.	45497.	*	*	*	*
3043.8	7471.6	18535.	29220.	46058.	*	*	*	*	*	*

*這些因子均大於 99,999。

表 A.5　累積常態分配

d	N(d)	d	N(d)	d	N(d)	d	N(d)	d	N(d)	d	N(d)
−3.00	.0013	−1.58	.0571	−.76	.2236	.06	.5239	.86	.8051	1.66	.9515
−2.95	.0016	−1.56	.0594	−.74	.2297	.08	.5319	.88	.8106	1.68	.9535
−2.90	.0019	−1.54	.0618	−.72	.2358	.10	.5398	.90	.8159	1.70	.9554
−2.85	.0022	−1.52	.0643	−.70	.2420	.12	.5478	.92	.8212	1.72	.9573
−2.80	.0026	−1.50	.0668	−.68	.2483	.14	.5557	.94	.8264	1.74	.9591
−2.75	.0030	−1.48	.0694	−.66	.2546	.16	.5636	.96	.8315	1.76	.9608
−2.70	.0035	−1.46	.0721	−.64	.2611	.18	.5714	.98	.8365	1.78	.9625
−2.65	.0040	−1.44	.0749	−.62	.2676	.20	.5793	1.00	.8413	1.80	.9641
−2.60	.0047	−1.42	.0778	−.60	.2743	.22	.5871	1.02	.8461	1.82	.9656
−2.55	.0054	−1.40	.0808	−.58	.2810	.24	.5948	1.04	.8508	1.84	.9671
−2.50	.0062	−1.38	.0838	−.56	.2877	.26	.6026	1.06	.8554	1.86	.9686
−2.45	.0071	−1.36	.0869	−.54	.2946	.28	.6103	1.08	.8599	1.88	.9699
−2.40	.0082	−1.34	.0901	−.52	.3015	.30	.6179	1.10	.8643	1.90	.9713
−2.35	.0094	−1.32	.0934	−.50	.3085	.32	.6255	1.12	.8686	1.92	.9726
−2.30	.0107	−1.30	.0968	−.48	.3156	.34	.6331	1.14	.8729	1.94	.9738
−2.25	.0122	−1.28	.1003	−.46	.3228	.36	.6406	1.16	.8770	1.96	.9750
−2.20	.0139	−1.26	.1038	−.44	.3300	.38	.6480	1.18	.8810	1.98	.9761
−2.15	.0158	−1.24	.1075	−.42	.3372	.40	.6554	1.20	.8849	2.00	.9772
−2.10	.0179	−1.22	.1112	−.40	.3446	.42	.6628	1.22	.8888	2.05	.9798
−2.05	.0202	−1.20	.1151	−.38	.3520	.44	.6700	1.24	.8925	2.10	.9821
−2.00	.0228	−1.18	.1190	−.36	.3594	.46	.6772	1.26	.8962	2.15	.9842
−1.98	.0239	−1.16	.1230	−.34	.3669	.48	.6844	1.28	.8997	2.20	.9861
−1.96	.0250	−1.14	.1271	−.32	.3745	.50	.6915	1.30	.9032	2.25	.9878
−1.94	.0262	−1.12	.1314	−.30	.3821	.52	.6985	1.32	.9066	2.30	.9893
−1.92	.0274	−1.10	.1357	−.28	.3897	.54	.7054	1.34	.9099	2.35	.9906
−1.90	.0287	−1.08	.1401	−.26	.3974	.56	.7123	1.36	.9131	2.40	.9918
−1.88	.0301	−1.06	.1446	−.24	.4052	.58	.7190	1.38	.9162	2.45	.9929
−1.86	.0314	−1.04	.1492	−.22	.4129	.60	.7257	1.40	.9192	2.50	.9938
−1.84	.0329	−1.02	.1539	−.20	.4207	.62	.7324	1.42	.9222	2.55	.9946
−1.82	.0344	−1.00	.1587	−.18	.4286	.64	.7389	1.44	.9251	2.60	.9953
−1.80	.0359	−.98	.1635	−.16	.4364	.66	.7454	1.46	.9279	2.65	.9960
−1.78	.0375	−.96	.1685	−.14	.4443	.68	.7518	1.48	.9306	2.70	.9965
−1.76	.0392	−.94	.1736	−.12	.4522	.70	.7580	1.50	.9332	2.75	.9970
−1.74	.0409	−.92	.1788	−.10	.4602	.72	.7642	1.52	.9357	2.80	.9974
−1.72	.0427	−.90	.1841	−.08	.4681	.74	.7704	1.54	.9382	2.85	.9978
−1.70	.0446	−.88	.1894	−.06	.4761	.76	.7764	1.56	.9406	2.90	.9981
−1.68	.0465	−.86	.1949	−.04	.4840	.78	.7823	1.58	.9429	2.95	.9984
−1.66	.0485	−.84	.2005	−.02	.4920	.80	.7881	1.60	.9452	3.00	.9987
−1.64	.0505	−.82	.2061	.00	.5000	.82	.7939	1.62	.9474	3.05	.9989
−1.62	.0526	−.80	.2119	.02	.5080	.84	.7995	1.64	.9495		
−1.60	.0548	−.78	.2177	.04	.5160						

本表列出數值小於或等於 d 所累積的機率值 [N(d)]，例如，若 d 值是 −0.24，則 N(d) 是 .4052。

附錄 B 主要公式

第 2 章

1. 資產負債表恆等式：
   資產＝負債＋股東權益   [2.1]

2. 損益表等式：
   收益－費用＝利得   [2.2]

3. 現金流量恆等式：
   來自資產的現金流量＝   [2.3]
   流向債權人的現金流量
   ＋流向股東的現金流量

   其中
   a. 來自資產的現金流量＝營運現金流量(OCF)－淨資本支出－增額淨營運資金(NWC)
      (1) 營運現金流量＝息前稅前盈餘(EBIT)＋折舊－稅
      (2) 淨資本支出＝期末淨固定資產－期初淨固定資產＋折舊
      (3) 增額淨營運資金＝期末 NWC－期初 NWC
   b. 流向債權人的現金流量＝利息－新借款淨額
   c. 流向股東的現金流量＝股利－新權益淨額

第 3 章

1. 流動比率：
   $$\text{流動比率}=\frac{\text{流動資產}}{\text{流動負債}} \quad [3.1]$$

2. 速動比率：
   $$\text{速動比率}=\frac{\text{流動資產}-\text{存貨}}{\text{流動負債}} \quad [3.2]$$

3. 現金比率：
   $$\text{現金比率}=\frac{\text{現金}}{\text{流動負債}} \quad [3.3]$$

4. 淨營運資金對總資產比率：
   $$\text{淨營運資金對總資產比率}=\frac{\text{淨營運資金}}{\text{總資產}} \quad [3.4]$$

5. 期間衡量：
   $$\text{期間衡量}=\frac{\text{流動資產}}{\text{平均每日營運成本}} \quad [3.5]$$

6. 總負債比率：
   $$\text{總負債比率}=\frac{\text{總資產}-\text{總權益}}{\text{總資產}} \quad [3.6]$$

7. 負債/權益比率：
   $$\text{負債/權益比}=\text{總負債}/\text{總權益} \quad [3.7]$$

8. 權益乘數：
   $$\text{權益乘數}=\text{總資產}/\text{總權益} \quad [3.8]$$

9. 長期負債比率：
   $$\text{長期負債比率}=\frac{\text{長期負債}}{\text{長期負債}+\text{總權益}} \quad [3.9]$$

10. 利息保障倍數比率 (TIE)：
    $$\text{利息保障倍數比率}=\frac{\text{EBIT}}{\text{利息費用}} \quad [3.10]$$

11. 現金涵蓋比率：
    $$\text{現金涵蓋比率}=\frac{\text{EBIT}+\text{折舊}}{\text{利息費用}} \quad [3.11]$$

12. 存貨週轉率：
    $$\text{存貨週轉率}=\frac{\text{銷貨成本}}{\text{存貨}} \quad [3.12]$$

13. 庫存天數：
    $$\text{庫存天數}=\frac{365\ \text{天}}{\text{存貨週轉率}} \quad [3.13]$$

14. 應收帳款週轉率：
    $$\text{應收帳款週轉率}=\frac{\text{銷貨金額}}{\text{應收帳款}} \quad [3.14]$$

15. 應收帳款收回天數：
    $$\text{應收帳款收回天數}=\frac{365\ \text{天}}{\text{應收帳款週轉率}} \quad [3.15]$$

16. 淨營運資金 (NWC) 週轉率：
    $$\text{NWC 週轉率}=\frac{\text{銷貨金額}}{\text{淨營運資金}} \quad [3.16]$$

17.固定資產週轉率：

$$\text{固定資產週轉率} = \frac{\text{銷貨金額}}{\text{淨固定資產}} \quad [3.17]$$

18.總資產週轉率：

$$\text{總資產週轉率} = \frac{\text{銷貨金額}}{\text{總資產}} \quad [3.18]$$

19.邊際利潤：

$$\text{邊際利潤} = \frac{\text{淨利}}{\text{銷貨金額}} \quad [3.19]$$

20.資產報酬率 (ROA)：

$$\text{資產報酬率} = \frac{\text{淨利}}{\text{總資產}} \quad [3.20]$$

21.權益報酬率 (ROE)：

$$\text{權益報酬率} = \frac{\text{淨利}}{\text{總權益}} \quad [3.21]$$

22.本益比 (PE)：

$$\text{本益比} = \frac{\text{每股價格}}{\text{每股盈餘}} \quad [3.22]$$

23.市價對帳面價值比：

$$\text{市價對帳面價值比} = \frac{\text{每股市價}}{\text{每股帳面價值}} \quad [3.23]$$

24.企業價值：

$$\text{企業價值} = \text{股票總市值} + \text{債務帳面價值} - \text{現金金額} \quad [3.24]$$

25.息前稅前折舊攤銷前盈餘比 (EBITDA)：

$$\text{EBITDA 比} = \frac{\text{企業價值}}{\text{EBITDA}} \quad [3.25]$$

26.杜邦恆等式：

$$\text{ROE} = \underbrace{\frac{\text{淨利}}{\text{銷貨}} \times \frac{\text{銷貨}}{\text{資產}}}_{\text{資產報酬率}} \times \frac{\text{資產}}{\text{權益}}$$

$$\text{ROE} = \text{邊際利潤} \times \text{總資產週轉率} \times \text{權益乘數} \quad [3.26]$$

第 4 章

1.股利發放率：

$$\text{股利發放率} = \text{現金股利}/\text{淨利} \quad [4.1]$$

2.內部成長率：

$$\text{內部成長率} = \frac{\text{ROA} \times b}{1 - \text{ROA} \times b} \quad [4.2]$$

3.可支撐成長率：

$$\text{可支撐成長率} = \frac{\text{ROE} \times b}{1 - \text{ROE} \times b} \quad [4.3]$$

第 5 章

1.在每期利率為 r 之下，$1 投資 t 期的終值 (FV)：

$$\text{終值} = \$1 \times (1+r)^t \quad [5.1]$$

2.在 r 折現率下，t 期後將收到的 $1 的現值：

$$PV = \$1 \times [1/(1+r)^t] = \$1/(1+r)^t \quad [5.2]$$

3.終值和現值間的關係：

$$PV \times (1+r)^t = FV_t$$
$$PV = FV_t/(1+r)^t$$
$$= FV_t \times [1/(1+r)^t] \quad [5.3]$$

第 6 章

1.當報酬率或是利率是 r 時，連續 t 期，每期 C 的年金現值是：

$$\text{年金現值} = C \times \left[\frac{1 - \text{現值因子}}{r}\right]$$
$$= C \times \left\{\frac{1 - [1/(1+r)^t]}{r}\right\} \quad [6.1]$$

2.年金終值因子：

$$\text{年金終值因子} = (\text{終值因子} - 1)/r$$
$$= [(1+r)^t - 1]/r \quad [6.2]$$

3.期初年金價值：

$$\text{期初年金價值} = \text{普通年金價值} \times (1+r) \quad [6.3]$$

4.永續年金之現值：

$$\text{永續年金之現值} = C/r = C \times (1/r) \quad [6.4]$$

5.成長型年金現值：

$$= C\left[\frac{1 - \left(\frac{1+g}{1+r}\right)^t}{r-g}\right] \quad [6.5]$$

6.成長型永續年金現值 $= \dfrac{C}{r-g} \quad [6.6]$

7.令 m 為一年中的複利次數，有效年利率 (EAR) 是：

$$EAR = [1 + \text{牌告利率}/m]^m - 1 \quad [6.7]$$

8.以 q 代表牌告連續利率，則有效年利率 (EAR) 是：

$$EAR = e^q - 1 \quad [6.8]$$

第 7 章

1. 如果知道債券的 (1) 到期面值 F；(2) 每期票面息 C；(3) 到期期限 t；(4) 每期收益率 r，則該債券價值為：

   債券價值 $= C \times [1 - 1/(1+r)^t]/r + F/(1+r)^t$

   債券價值 $=$ 票面利息的現值 $+$ 面值的現值   [7.1]

2. 費雪效果：

   $1 + R = (1+r) \times (1+h)$ [7.2]

   $R = r + h + r \times h$ [7.3]

   $R \approx r + h$ [7.4]

第 8 章

1. 股利成長模型：

   $P_0 = \dfrac{D_0 \times (1+g)}{r-g} = \dfrac{D_1}{r-g}$ [8.3]

2. 必要報酬率：

   $R = D_1/P_0 + g$ [8.7]

第 9 章

1. 淨現值 (NPV)：

   NPV＝未來現金流量的現值－投資成本

2. 還本期間：

   還本期間＝某項投資的累積現金流量總數等於投資成本所需的時間

3. 折現還本期間：

   折現還本期間＝某項投資的累積折現現金流量等於投資成本所需的時間

4. 平均會計報酬率 (AAR)：

   $\text{AAR} = \dfrac{\text{平均淨利}}{\text{平均帳面價值}}$

5. 內部報酬率 (IRR)：

   IRR＝淨現值等於零的報酬折現率

6. 獲利指數：

   獲利指數 $= \dfrac{\text{現金流量的 PV}}{\text{投資成本}}$

第 10 章

1. 營運現金流量 (OCF) 的由下往上法：

   OCF＝淨利＋折舊   [10.1]

2. 營運現金流量 (OCF) 的由上往下法：

   OCF＝銷貨－成本－稅   [10.2]

3. 營運現金流量 (OCF) 的稅盾法：

   OCF＝(銷貨－成本)$\times (1-T)$ ＋折舊$\times T$ [10.3]

第 11 章

1. 會計損益兩平點：

   $Q = (\text{FC} + D)/(P - v)$ [11.1]

2. 營運現金流量 (OCF) 和銷售量的關係：

   $Q = (\text{FC} + \text{OCF})/(P - v)$ [11.3]

3. 現金損益兩平點：

   $Q = \text{FC}/(P - v)$

4. 財務損益兩平點：

   $Q = (\text{FC} + \text{OCF}^*)/(P - v)$

   其中

   OCF* ＝ NPV 為零之現金流量

5. 營運槓桿程度 (DOL)：

   $\text{DOL} = 1 + \text{FC}/\text{OCF}$ [11.4]

第 12 章

1. 報酬變異數，$\text{Var}(R)$ 或 σ^2：

   $\text{Var}(R) = \dfrac{1}{T-1}[(R_1 - \overline{R})^2 + \cdots + (R_T - \overline{R})^2]$ [12.3]

2. 報酬標準差，$\text{SD}(R)$ 或 σ：

   $\text{SD}(R) = \sqrt{\text{Var}(R)}$

第 13 章

1. 風險溢酬：

   $\dfrac{\text{風險}}{\text{溢酬}} = \dfrac{\text{預期}}{\text{報酬}} - \dfrac{\text{無風險}}{\text{報酬率}}$ [13.1]

2. 投資組合預期報酬：

   $\text{E}(R_P) = x_1 \times \text{E}(R_1) + x_2 \times \text{E}(R_2) + \cdots + x_n \times \text{E}(R_n)$ [13.2]

3. 報酬對風險比率：

   $\dfrac{\text{報酬對}}{\text{風險比率}} = \dfrac{\text{E}[R_i] - R_f}{\beta_i}$

4. 資本資產定價模式 (CAPM)：

   $\text{E}(R_i) = R_f + [\text{E}(R_M) - R_f] \times \beta_i$ [13.7]

第 14 章

1. 權益的要求報酬率，R_E (股利成長模型)：
$$R_E = D_1/P_0 + g \quad [14.1]$$

2. 權益的要求報酬率，R_E (CAPM)：
$$R_E = R_f + \beta_E \times (R_M - R_f) \quad [14.2]$$

3. 特別股的要求報酬率，R_P：
$$R_P = D/P_0 \quad [14.3]$$

4. 加權平均資金成本 (WACC)：
$$\text{WACC} = (E/V) \times R_E + (D/V) \times R_D \times (1 - T_C) \quad [14.6]$$

5. 加權平均發行成本，f_A：
$$f_A = \frac{E}{V} \times f_E + \frac{D}{V} \times f_D \quad [14.8]$$

第 15 章

1. 認股權發行：

    a. 新股股數：
    $$\text{新股股數} = \frac{\text{募集資金}}{\text{認股價格}} \quad [15.1]$$

    b. 所需認股權個數：
    $$\frac{\text{購買一股新股所}}{\text{需認股權個數}} = \frac{\text{舊股數}}{\text{新股數}} \quad [15.2]$$

    c. 認股權價值：
    $$\frac{\text{認股權}}{\text{價 值}} = \frac{\text{附權}}{\text{價格}} - \frac{\text{除權}}{\text{價格}}$$

第 16 章

1. Modigliani-Miller 定理 (無稅)：

    a. 定理 I：
    $$V_L = V_U$$

    b. 定理 II：
    $$R_E = R_A + (R_A - R_D) \times (D/E) \quad [16.1]$$

2. Modigliani-Miller 定理 (有稅)：

    a. 利息稅盾的價值：
    $$\begin{aligned}\frac{\text{利息稅盾}}{\text{的 價 值}} &= (T_C \times D \times R_D)/R_D \\ &= T_C \times D\end{aligned} \quad [16.2]$$

    b. 定理 I：
    $$V_L = V_U + T_C \times D \quad [16.3]$$

    c. 定理 II：
    $$R_E = R_U + (R_U - R_D) \times (D/E) \times (1 - T_C) \quad [16.4]$$

第 18 章

1. 營業循環：
$$\text{營業循環} = \text{存貨循環} + \frac{\text{應收帳}}{\text{款期間}} \quad [18.4]$$

2. 現金循環：
$$\text{現金循環} = \text{營業循環} - \frac{\text{應付帳}}{\text{款期間}} \quad [18.5]$$

第 19 章

1. 衡量浮流量：

    a. 平均每日浮流量：
    $$\frac{\text{平均每日}}{\text{浮 流 量}} = \frac{\text{總浮流量}}{\text{總天數}} \quad [19.1]$$

    b. 平均日浮流量：
    $$\begin{aligned}\frac{\text{平均日}}{\text{浮流量}} &= \text{平均日收款} \\ &\quad \times \text{加權平均延誤}\end{aligned} \quad [19.2]$$

2. Baumol-Allais-Tobin (BAT) 模型：

    a. 機會成本：
    $$\text{機會成本} = (C/2) \times R \quad [19A.1]$$

    b. 交易成本：
    $$\text{交易成本} = (T/C) \times F \quad [19A.2]$$

    c. 總成本：
    $$\text{總成本} = \frac{\text{機會}}{\text{成本}} + \frac{\text{交易}}{\text{成本}} \quad [19A.3]$$

    d. 最適期初現金餘額： $\quad [19A.4]$
    $$C^* = \sqrt{(2T \times F)/R}$$

3. Miller-Orr 模型：

    a. 最適現金餘額：
    $$C^* = L + (3/4 \times F \times \sigma^2/R)^{1/3} \quad [19A.5]$$

    b. 上限：
    $$U^* = 3 \times C^* - 2 \times L \quad [19A.6]$$

第 20 章

1. 應收帳款規模：
$$\text{應收帳款} = \text{平均日銷貨} \times \text{ACP} \quad [20.1]$$

2. 改變授信條件的 NPV：

a. 改變授信條件的現值

$$PV = [(P-v)(Q'-Q)]/R \quad [20.4]$$

b. 改變授信條件的成本：

改變授信條件的成本
$$= PQ + v(Q'-Q) \quad [20.5]$$

c. 改變授信條件的 NPV：

改變授信條件的 NPV
$$= -[PQ + v(Q'-Q)]$$
$$+ [(P-v) \times (Q'-Q)]/R \quad [20.6]$$

3. 授信的 NPV：

a. 單次交易
$$NPV = -v + (1-\pi)P/(1+R) \quad [20.8]$$

b. 重複交易
$$NPV = -v + (1-\pi)(P-v)/R \quad [20.9]$$

4. 經濟訂購量 (EOQ) 模型：

a. 總持有成本：

$$\text{總持有成本} = \text{平均存貨} \times \text{每單位持有成本}$$
$$= (Q/2) \times CC \quad [20.10]$$

b. 總再進貨成本：

總再進貨成本 = 每次訂購的固定成本 × 訂購次數
$$= F \times (T/Q) \quad [20.11]$$

c. 總成本：

總成本 = 持有成本 + 再進貨成本
$$= (Q/2) \times CC + F \times (T/Q) \quad [20.12]$$

d. 最適訂購量 Q^*：

$$Q^* = \sqrt{\frac{2T \times F}{CC}} \quad [20.15]$$

第 21 章

1. 購買力平價假說 (PPP)：

$$E(S_t) = S_0 \times [1 + (h_{FC} - h_{US})]^t \quad [21.3]$$

2. 利率平價假說 (IRP)：

a. 精確；單期：
$$F_1/S_0 = (1+R_{FC})/(1+R_{US}) \quad [21.4]$$

b. 近似；多期：
$$F_1 = S_0 \times [1 + (R_{FC} - R_{US})]^t \quad [21.7]$$

3. 未受拋補利息平價假說 (UIP)：

$$E(S_t) = S_0 \times [1 + (R_{FC} - R_{US})]^t \quad [21.9]$$

4. 國際費雪效果 (IFE)：

$$R_{US} - h_{US} = R_{FC} - h_{FC} \quad [21.10]$$

索 引

A

absolute priority rule, APR　絕對優先法則　680

accelerated cost recovery system, ACRS　加速成本回收制　393

accounting break-even　會計損益兩平　440

accounts payable period　應付帳款期間　737

accounts receivable financing　應收帳款融資　755

accounts receivable period　應收帳款期間　737

adjustment cost　調整成本　801

agency problem　代理問題　15

aggregation　加總　122

aging schedule　帳齡分析表　830

American Depositary Receipt, ADR　美國存託憑證　862

annual percentage rate, APR　年百分率　219

annuity　普通年金　202

annuity due　期初年金　211

arithmetic average return　算術平均報酬　493

asked prices　賣價　276

average accounting return, AAR　平均會計報酬率　348

average tax rate　平均稅率　39

B

balance sheet　資產負債表　28

bankruptcy　破產　679

bearer form　不記名形式　261

best efforts underwriting　代銷承銷　608

beta coefficient　貝它係數　530

bid prices　買價　276

bid-ask spread　買賣價差　278

broker　經紀商　315

business risk　營業風險　658

C

call premium　贖回溢價　263

call protected　贖回保護　263

call provision　贖回條款　263

capital asset pricing model, CAPM　資本資產定價模型　541

capital budgeting　資本預算　4

capital gains yield　資本利得收益率　306

capital intensity ratio　資本密集比率　129

capital rationing　資本配額　453

capital structure　資本結構　6

captive finance company　受控財務公司　826

carrying costs　持有成本　744

cash break-even　現金損益兩平點　446

cash budget　現金預算　750

cash concentration　現金集中化　786

cash cycle　現金循環　737

cash discount　現金折扣　818

cash flow from assets　來自資產的現金流量　43

cash flow time line　現金流量時間線　737

909

cash flow to creditors　流向債權人的現金流量　45
cash flow to stockholders　流向股東的現金流量　46
clean price　淨價　278
clientele effect　股利顧客效果　706
collection policy　收款政策　814
commission brokers　佣金經紀商　316
common stock　普通股　308
common-base year statements　共同基期的財務報表　72
common-size balance sheets　共同比資產負債表　70
common-size income statements　共同比損益表　71
common-size statements of cash flows　共同比現金流量表　72
common-size statements　共同比的財務報表　70
compensating balance　補償性餘額　754
compounding　複利　162
compound interest　複利利息　162
consols　統合公債　212
controlled disbursement account　可掌控的支付帳戶　790
corporation　公司　9
cost of capital　資金成本　544
cost of debt　負債成本　566
cost of equity　權益成本　561
coupon rate　票面利率　246
coupons　票面利息　246
credit analysis　信用分析　814
credit cost curve　授信總成本曲線　825
credit instrument　信用工具　820
credit period　信用期間　816

credit scoring　信用評分　830
cross-rate　交叉匯率　862
cumulative voting　累計投票法　310
current yield　現行收益率　253

D

date of payment　發放日　696
date of record　登記日　696
dealer　自營商　315
debenture　信用債券　262
declaration date　宣告日　695
default risk premium　違約風險溢酬　286
deferred call provision　遞延贖回條款　263
degree of operating leverage, DOL　營運槓桿程度　450
depreciation tax shield　折舊稅盾　405
dilution　權益稀釋　631
direct bankruptcy costs　直接破產成本　667
dirty price　毛價　278
discount rate　折現率　173
discounted cash flow (DCF) valuation　折現現金流量評價　173
discounted cash flow (DCF) valuation　現金流量折現評價　337
discounted payback period　折現還本期間　345
distribution　分配　694
dividend growth model　股利成長模型　300
dividend payout ratio　股利發放率　128
dividend yield　股利收益率　306
dividend　股利　312, 694
DuPont identity　杜邦恆等式　91
Dutch auction underwriting　荷蘭式的競拍

承銷　608

E

economic order quantity, EOQ　經濟訂購量　838
effective annualrate, EAR　有效年利率　216
efficient capital market　效率資本市場　497
efficient markets hypothesis, EMH　效率市場學說　499
electronic communications networks, ECNs　電子傳輸網路系統　319
Enterprise Value-EBITDA Ratio　企業價值對息前稅前折價攤銷前盈餘比　88
equivalent annual cost, EAC　約當年度成本　411
erosion　侵蝕　384
Eurobond　歐洲債券　862
Eurocurrency　歐洲通貨　862
exchange rate　匯率　864
exchange rate risk　匯率風險　882
ex-dividend date　除息日　695
ex-rights date　除權日　629
expected return　預期報酬　513

F

face value 或 par value　面值　246
financial break-even　財務損益兩平點　447
financial distress costs　財務危機成本　667
financial ratios　財務比率　74
financial risk　財務風險　659
firm commitment underwriting　包銷承銷　607
Fisher effect　費雪效果　280
five Cs of credit　信用 5C　829

fixed costs　固定成本　437
float　浮流量　776
floor brokers　交易廳經紀商　317
floor traders　交易廳交易員　317
forecasting risk　預測風險　427
foreign bonds　外國債券　862
foreign exchange market　外匯市場　863
forward exchange rate　遠期匯率　869
forward trade　遠期交易　869
free cash flow　自由現金流量　45
future value, FV　終值　162

G

general cash offer　一般現金增資發行　605
Generally Accepted Accounting Principles, GAAP　一般公認會計原則　32
geometric average return　幾何平均報酬　493
Gilts　上等債券　863
Green Shoe provision　綠鞋條款　609
gross spread　價差　607

H

hard rationing　硬性配額　453
holder-of-record date　持股基準日　629
homemade dividend policy　自製股利政策　700
homemade leverage　自製財務槓桿　653

I

income statement　損益表　34
incremental cash flows　增額現金流量　382
incremental cost　增量成本　438
incremental revenue　增量收益　439
indenture　債券合約條款　260
indirect bankruptcy costs　間接破產成本

667
inflation premium 通貨膨脹溢酬 284
information content effect 資訊內容效果 705
initial public offering, IPO 初次公開發行 605
interest on interest 利上加利 162
interest rate parity, IRP 利率平價假說 876
interest rate risk premium 利率風險溢酬 284
interest tax shield 利息稅盾 660
internal consistency 內部一致性 123
internal growth rate 內部成長率 138
internal rate of return, IRR 內部報酬率法 351
international Fisher effect, IFE 國際費雪效果 878
inventory depletion 存貨耗盡 835
inventory loans 存貨貸款 757
inventory period 存貨期間 737
invoice 發票 817

J

just-in-time (JIT) inventory 及時存貨 840

L

line of credit 信用額度 754
liquidation 清算 679
liquidity premium 流動性溢酬 287
lockboxes 鎖箱 785
lockup agreement 閉鎖協議 609
London Interbank Offered Rate, LIBOR 倫敦銀行同業拆款利率 863

M

M&M Proposition I M&M 定理 I 654
M&M Proposition II M&M 定理 II 656
marginal cost 邊際成本 438
marginal revenue 邊際收益 439
marginal tax rate 邊際稅率 40
market risk premium 市場風險溢酬 541
materials requirements planning, MRP 原料需求規劃 840
maturity 到期期限 246
members 會員 316
multiple rates of return 多重報酬率 356
mutually exclusive investment decisions 互斥投資決策 358

N

net present value profile 淨現值曲線 353
net present value, NPV 淨現值 337
net working capital 淨營運資金 29
nominal rates 名目利率 279
noncash items 非現金項目 36
normal distribution 常態分配 487
note 票據 262

O

operating cash flow, OCF 營運現金流量 43
operating cycle 營業循環 737
operating leverage 營運槓桿 448
opportunity cost 機會成本 383
order flow 委託流單 317
oversubscription privilege 超額認股權 630
over-the-counter (OTC) market 櫃檯市場 319

P

partnership　合夥　8
payback period　還本期間　341
percentage of sales approach　銷貨百分比法　128
perpetuity　永續年金　212
planning horizon　規劃期間　122
political risk　政治風險　886
portfolio weights　投資組合權數　517
portfolio　投資組合　517
precautionary motive　預防性動機　774
preferred stock　特別股　313
present value, PV　現值　171
primary market　初級市場　315
principle of diversification　分散投資原則　527
private placements　私下募集　635
pro forma financial statements　預估財務報表　386
profitability index, PI　獲利指數法　365
prospectus　公開說明書　603
protective covenant　保護契約　263
proxy　委託書　311
purchasing power parity, PPP　購買力平價假說　870
pure play approach　單純遊戲法　582

Q

quoted interest rate　牌告利率　216

R

real rates　實質利率　279
red herring　紅字書　603
registered form　記名形式　261
registration statement　有價證券註冊申請書　602
regular cash dividends　普通現金股利　694
Regulation A　A 條款　603
reorganization　重整　679
repayment　償還　262
repurchase　買回　707
retention ratio 或 plowback ratio　盈餘保留比率　128
reverse split　反向分割　722
rights offer　認股權增資發行　605
risk premium　風險溢酬　480

S

scenario analysis　情境分析　430
seasoned equity offering, SEO　再次發行新證券　605
secondary market　次級市場　315
security market line, SML　證券市場線　540
security　擔保　261
seniority　優先權　262
sensitivity analysis　敏感度分析　433
shelf registration　存架註冊　635
shortage costs　短缺成本　744
simple interest　單利利息　162
simulation analysis　模擬分析　435
sinking fund　償債基金　262
soft rationing　軟性配額　453
sole proprietorship　獨資　7
sources of cash　現金來源　64
specialist's post　專業會員板　317
specialists　專業會員　316
speculative motive　投機性動機　774
spot exchange rate　即期匯率　869
spot trade　即期交易　869
stakeholders　利害關係人　19

stand-alone principle　獨立原則　382
standard deviation　標準差　482
Standard Industrial Classification, (SIC) codes　標準產業分類碼　96
standby fee　餘額包銷費　630
standby underwriting　餘額包銷　629
stated interest rate　設定利率　216
statement of cash flows　現金流量表　67
static theory of capital structure　資本結構的靜態理論　668
stock dividend　股票股利　720
stock split　股票分割　720
straight voting　直接投票法　310
sunk cost　沉入成本　383
SuperDOT system　SuperDOT 系統　317
sustainable growth rate　可支撐成長率　139
swaps　金融交換　863
syndicate　聯合承銷　607
systematic risk principle　系統性風險原則　530
systematic risk　系統性風險　524

T

target cash balance　目標現金餘額　801
taxability premium　稅負溢酬　287
term loans　定期貸款　635
term structure of interest rates　利率期間結構　282
terms of sale　銷貨條件　814
time trend analysis　時間趨勢分析　95
tombstone　墓碑　603
total costs　總成本　438
trading range　價格區間　722

transaction motive　交易性動機　774
Treasury yield curve　政府債券殖利率曲線　285

U

U.S. Securities and Exchange Commission, SEC　美國政府證管會　37
unbiased forward rates, UFR　不偏的遠期匯率　877
uncovered interest parity, UIP　未受拋補利息平價假說　878
underwriters　承銷商　606
unlevered cost of capital　未舉債資金成本　661
unsystematic risk　非系統性風險　524
uses of cash　現金使用　64

V

variable costs　變動成本　436
variance　變異數　482
venture capital, VC　創業投資資金　600

W

weighted average cost of capital, WACC　加權平均資金成本　569
working capital　營運資金　6

Y

yield to maturity, YTM　到期收益率　246

Z

zero coupon bonds 或 zeroes　零息債券　268
zero growth　零成長率　298
zero-balance account　零餘額帳戶　790